Bach, Troost, Rhein

Sekt – Schaumwein – Perlwein

Dipl. Ing. Hans-Peter Bach wurde 1944 als Sohn des Kellermeisters Hans Bach aus Mehring an der Mosel geboren. Er absolvierte 1970 das Studium für Weinbau und Kellerwirtschaft in Geisenheim. Seitdem ist er an der Staatlichen Lehr- und Versuchsanstalt Trier/Mosel (jetzt DLR Mosel) Leiter der Lehr- und Versuchskellerei. Zahlreiche Publikationen über Versuchs- und Forschungsergebnisse auf dem Gebiet der Wein- und Sektbereitung. Schwerpunkte sind die Prüfung verschiedener Verfahren zur Schaumweinherstellung; außerdem war die Erforschung des Verhaltens des CO_2 im Sekt (Desorption, Mousseux, Gushing) zentraler Gegenstand der Forschungstätigkeit.

Hans-Peter Bach, Gerhard Troost, Otto H. Rhein

Sekt – Schaumwein – Perlwein

3. völlig neu bearbeitete Auflage

174 Schwarz-Weiß-Abbildungen
61 Tabellen

Inhaltsverzeichnis

Ein ausführliches Literaturverzeichnis finden Sie unter www.ulmer.de.
Bitte den webcode **1288585** ins Suchfenster unserer Homepage eingeben.

Vorwort

Eine Vielzahl von technischen Neuerungen in der Sektbereitung im Laufe der vergangenen Jahre, aber auch die erfreuliche Nachfrage nach diesem Werk macht es notwendig, die vorliegende Auflage in großen Teilen neu zu fassen.

Leider konnten die bisherigen Mitautoren, mein väterlicher Freund, Professor Gerhard Troost und Otto H. Rhein an der Neufassung nicht mehr mitwirken. Beide sind zwischenzeitlich verstorben. Wichtige Ausführungen dieser beiden herausragenden Fachleute sind aber auch in dieser Auflage zu finden.

Auf Wunsch des Verlages wurde der Technik der traditionellen Flaschengärung ein breiterer Raum gewidmet, ohne jedoch bedeutsame Fakten anderer Herstellungsvarianten zu vernachlässigen.

Wichtig bei der Behandlung der Thematik war der Wunsch, dem Praktiker bei seiner täglichen Arbeit Hilfestellung zu geben. Dabei sollen ihm auch einige fachbezogene theoretische Grundlagen helfen.

Auf ein Bezugsquellen-Verzeichnis wurde verzichtet; machen die neuen Kommunikationsmöglichkeiten – wie z. B. das Internet mit seinen Suchprogrammen – dies doch entbehrlich.

Ein umfangreiches Literaturverzeichnis finden Sie im Internet unter www.ulmer.de webcode: **1288585**. Dieser muss auf unserer Homepage ins Suchfenster eingegeben werden. Dies hat den zusätzlichen Vorteil, dass es vom Autor und Leser aktualisiert und angepasst werden kann.

Zum Zeitpunkt der Drucklegung sind bedeutsame weinrechtliche Regelungen auf dem Wege, neu bestimmt zu werden. So werden Begriffe wie „Qualitätswein bestimmter Anbaugebiete (QbA)“ entfallen und neue Begriffe formuliert werden (wie z. B. „geschützte geographische Angabe (g.g.A.)“, analog dem bisherigen Landwein). Da der Gesetzgebungsprozess in vollem Gange ist, war es nicht möglich, die weinrechtlichen Einzelheiten, die in den nächsten Jahren zu beachten sind, in diesem Buch im Detail zu berücksichtigen.

Von den zahlreichen Informationshilfen, die in diesem Werk verarbeitet wurden, seien hier beispielhaft erwähnt:

Herr Christof Gloger (Buse Gastec), Herr Dr. Jochen Hamatscheck (GEA Westfalia Separator), Herr Wolfgang Kappes (Sektkellerei Schloss Wachenheim) und Herr Christian Molitor (KHS). Ihnen und vielen anderen Persönlichkeiten, die stets offen und hilfsbereit das Werden dieses Buches begleiteten, sei sehr herzlich gedankt.

Hans-Peter Bach
Trier, Herbst 2009

1 Allgemeines über schäumende Weine

Sekt oder Qualitätsschaumwein sowie Schaumwein und Perlwein sind **Wein** in verarbeiteter, veredelter Form. Sie unterscheiden sich vom stillen Wein, aus dem sie hervorgegangen sind, in artbestimmender Weise durch den hohen Gehalt an Kohlensäuregas, welches das bekannte Perlen, Schäumen und Moussieren hervorruft. Die Bestandteile des Weines, seine Art, sein Geschmack und sein Charakter werden durch die Verarbeitung zu Schaumwein im Wesentlichen nicht verändert, sie bleiben vielmehr erhalten und sind daher auch maßgebend für Art, Geschmack und Charakter des Schaumweins.

Die entscheidende Verwandlung des Weines zu Schaumwein wird durch die **Gärung im geschlossenen Gefäß** hervorgerufen. Infolge dieser Gärung entstehen neben Kohlensäuregas und Alkohol unter anderen auch flüchtige Gärungsnebenprodukte, die alle im Erzeugnis verbleiben und die durch ihre Beteiligung an den Veränderungen, die das Erzeugnis im Zuge der Lagerung und Reifung erfährt, die Veredlung des verarbeiteten Weines bewirken.

Moussieren, Schäumen und Perlen sind Eigenschaften des Getränks, die einen besonderen, verstärkenden Reiz auf das Geschmacks- und Geruchsempfinden des Genießers ausüben. Sie harmonieren sehr gut mit einem leichten, feinen zierlichen, neutralen bis fruchtigen Aroma, einer erfrischenden bis rassigen Säure und einem eleganten, schlanken bis stabilen Körper des Weines.

Schäumende Weine werden gedanklich gerne assoziiert mit Temperament, Jugendlichkeit, Finesse, Eleganz und Vornehmheit.

1.1 Oberbegriff „Wein“

Im Sprachgebrauch der Europäischen Gemeinschaft wird der Begriff „Wein“ benutzt, um die Gesamtheit von Erzeugnissen aus Weintrauben zu erfassen und um das Erzeugnis aus frischen Weintrauben zu bezeichnen, das durch alkoholische Gärung daraus gewonnen wird.

So gilt in Artikel 1 der Verordnung Nr. 822/87 über die gemeinsame Marktorganisation für Wein das Wort **Wein** als Oberbegriff für alle Erzeugnisse, die vom Traubensaft über Traubenmost und Wein bis zu Traubentrester reichen. Innerhalb der für Statistik und Zolltarif geschaffenen kombinierten Nomenklatur (KN-Code) betrifft die Code-Nummer 2204 die Position „Wein aus frischen Weintrauben“. Code-Nummer 2204.10 ist das Kennzeichen der Unterposition Schaumwein allgemein, die wiederum in einzelne Erzeugnisse unterteilt ist, wie Code-Nummer 2204.10.11 für Champagner, bzw. 2204.10.19 für anderen Schaumwein etc. (siehe auch Tab. 1)

Die Definitionen der unter dem Oberbegriff Weinbauerzeugnisse zusammengefassten Erzeugnisse sind in den Anhängen I der VO (EG) 1234/2007 und 1493/1999, sowie in Anhang IV der VO (EG) 479/2008 aufgeführt.

Bezüglich der önologischen Verfahren und Behandlungen werden in der VO (EG) 1493/1999, Anhang IV, V und VI auch Verfahren und Behandlungen für Schaumweine genannt.

Schaumwein ist also sowohl nach technologischen als auch nach weinrechtlichen Maßstäben eine der verschiedenen Erscheinungsformen der Weinbauerzeugnisse. Diese Feststellung scheint deshalb sehr wichtig zu sein, weil nach dem älteren Weinrecht und nach der älteren deutschen Fachliteratur Schaumwein als ein „Kunstprodukt“ verstanden wurde, das nicht den Regeln für Wein unterlag, sondern für das es eigene Regeln gab. Obwohl die

Tab. 1 Codes der „Kombinierten Nomenklatur“ (KN-Codes), die im Schaumwein/Wein-Bereich Gültigkeit haben (Stand 2007)

1701 11	Rohrzucker
1701 12	Rübenzucker
2009 60	Trauben
2009 61	Traubensaft
2202	Wasser, einschl. Mineralwasser und CO_2-haltiges Wasser mit Zusatz von Zucker, anderen Süßmitteln oder Aromastoffen, und anderen nichtalkoholischen Getränken
2203 00	Bier aus Malz
2204	Wein aus frischen Weintrauben, einschl. mit Alkohol angereicherter Wein; Traubenmost außer 2009 (= Fruchtsäfte)
	<u>**Schaumwein**</u>, mit einem vorh. Alk. von 8,5 %vol oder mehr
2204 10 11 [1)]	Champagner
2204 10 19	anderer <u>**Schaumwein**</u>, mit einem vorh. Alk. von mehr als 8,5 %vol
2204 10 91	Asti spumante
2204 10 99	anderer
2204 21	anderer Wein; Traubenmost, dessen Gärung durch Zusatz von Alkohol verhindert oder unterbrochen worden ist (außer 2204 10..) in Behältnissen von < 2 l Inhalt
2204 29	wie zuvor nur in Behältnissen von > 2 l Inhalt
2204 30	Traubenmost
2205	Wermutwein und andere Weine aus frischen Weintrauben, mit Pflanzen oder anderen Stoffen aromatisiert
2206	Andere gegorene Getränke (z.B. Apfelwein, Birnenwein und Met); Mischungen gegorener Getränke und nicht alkoholische Getränke, anderweit weder genannt noch inbegriffen
2206 00 310/ 390 [2)]	schäumend

Fortsetzung Tab. 1 Codes der „Kombinierten Nomenklatur" (KN-Codes), die im Schaumwein/Wein-Bereich Gültigkeit haben (Stand 2007)

2207 10 00	**Ethylalkohol mit einem Alkoholgehalt von 80 % und mehr unvergällt**
2208	Ethylalkohol mit einem Alkoholgehalt von weniger als 80 %vol unvergällt; Branntweine, Liköre und andere Spirituosen; zusammengesetzte alkoholhaltige Zubereitungen der zum Herstellen von Getränken verwendeten Art
2209 00 11	Weinessig
2307 00 11	Weintrub
2307 00 90	Weinstein, roh
2308 90 11	Traubentrester

1) Als Schaumwein gilt solcher Wein, der in geschlossenen Behältnissen bei einer Temperatur von 20 °C einen Überdruck von 3 bar oder mehr aufweist.
2) Als schäumend gilt:
- gegorene Getränke in Flaschen mit Schaumweinstopfen, die durch besondere Haltevorrichtungen befestigt sind;
- gegorene Getränke in anderer Aufmachung mit einem Überdruck von 1,5 bar oder mehr (bei 20 °C).

Einordnung des Schaumweines in das europäische System „Wein" schon 1971 begann, werden in der Kellereipraxis auch heute noch Auffassungen und Meinungen überliefert, die überholt und ungültig sind und die deshalb zu Unannehmlichkeiten führen können.

1.2 Stillwein – Grundwein

Unter stillem Wein versteht man einen Wein im engeren Sinne, der nicht perlt oder schäumt, der also nicht mit Kohlensäuregas übersättigt ist. Der weitaus größte Teil aller Weintrauben wird zu **Stillwein** verarbeitet. Nur ein sehr kleiner Teil der Trauben wird, manchmal direkt, meistens aber über den Weg des Stillweins, zu schäumendem Wein weiterverarbeitet. Stillwein, der zu schäumendem Wein verarbeitet werden soll, ist der **Grundwein**, die **Basis** des Schaumweins.

Die heutigen Möglichkeiten der Technologie erlauben es, nahezu jeden gärfähigen Wein zum Schäumen zu bringen. Aus ökonomischer Sicht wird es allerdings zweckmäßig sein, nur solchen Wein als Grundwein zu verwenden, den man nach Verarbeitung zu Schaumwein auch gewinnbringend verkaufen kann. Verkaufen lässt sich im Allgemeinen ein Schaumwein, der nach Art, Geschmack und Preis den Erwartungen der Verbraucher entspricht.

In Deutschland und Österreich bevorzugt man Schaumweine, die aus **Weißwein** hergestellt und daher von heller, grünlich gelber Farbe sind, mit zartfruchtigem Bukett, mit einer belebenden, erfrischenden Säure und mit glattem, schlankem, elegantem Körper. Diese Schaumweine haben um 11 %vol vorhandenen Alkohol, sie sind also nicht schwer und sie werden, um harmonisch zu sein, nur sehr schwach bis mäßig dosiert, entsprechend den Zuckerangaben „brut" bis „trocken". Der ideale Schaumwein wirkt anregend, er darf daher nicht schwer, nicht üppig, nicht dick oder plump sein.

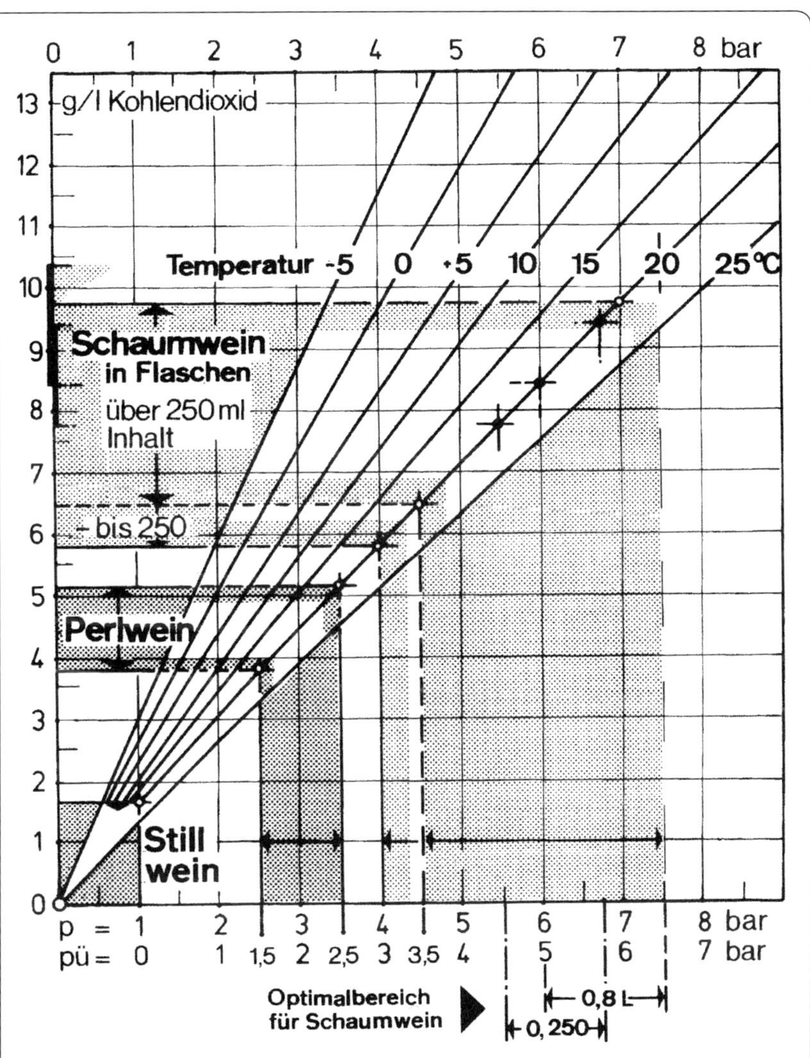

Abb. 1. Löslichkeitsbereiche der Kohlensäure im Wein, in Abhängigkeit von Druck und Temperatur (Übersicht). Das Diagramm zeigt anhand der Löslichkeitskurven für CO_2 (Bachmann, 1967) die gesetzlichen Grenzen der CO_2-Gehalte für Perl- und Schaumweine der EG-Länder sowie die Optimalbereiche für 0,25- und 0,75-l-Flaschen.

Diese Eigenschaften müssen schon den Grundwein auszeichnen. Die eigentliche Kunst der Schaumweinherstellung besteht in der Auswahl der geeigneten Grundweine und ihrer geschickten Zusammenstellung zur Cuvée.

1.3 Schäumende Weine

Es handelt sich um Wein, der mit Kohlensäuregas deutlich **übersättigt** ist.

1.3.1 Merkmale von Perlwein, Schaumwein und Sekt

Hinsichtlich der weinrechtlich geregelten „inneren“ Merkmale unterscheiden sich diese Erzeugnisse voneinander

- in Bezug auf den **Überdruck** des Kohlendioxids im geschlossenen Behältnis (siehe Abb. 1),
- in Bezug auf den **Gesamtalkohol**, der im Grundwein enthalten sein muss und auf

den vorhandenen Alkohol im fertigen Erzeugnis
- und hinsichtlich der **Herstellungsdauer** und **Alterung** im Herstellungsbetrieb gemäß der Übersicht auf der gegenüberliegenden Seite.

Bezüglich der „äußeren" Merkmale sind Unterschiede nur noch in der Bezeichnung vorgeschrieben. Man kann also nur an der **Bezeichnung** erkennen, ob es sich um Perlwein, Schaumwein oder Sekt handelt. Die typische **Schaumweinflasche**, der pilzförmige Stopfen mit Sicherung und die Verkleidung von Stopfen und Flaschenhals sind für Schaumweine zwar vorgeschrieben (VO (EG) Nr. 1493/99, Anhang VIII, Buchstabe G, Nr. 1), aber anderen Getränken (Nr. 2 der genannten Stelle) nicht untersagt, sodass diese Teile der Aufmachung bezeichnungsrechtlich nicht mehr als Unterscheidungsmerkmal dienen können. Sie werden in Deutschland allenfalls noch als Merkmal zur Begründung der Schaumweinsteuerpflicht herangezogen. Um eine Irreführung zu vermeiden, ist es jedoch ratsam, auf eine Halsverkleidung dann zu verzichten, wenn es sich nicht um Schaumwein oder Sekt handelt.

1.3.2 Entwicklungsgeschichte, Übersicht

Das Prickeln und Schäumen gärenden Mostes hat schon seit den Anfängen der Weinbereitung die Neugier sowie die Belustigung der Menschen hervorgerufen. Neben Ledersäcken und Schläuchen, wie sie gelegentlich beschrieben werden, dienten seit Anbeginn irdene Gefäße, Töpfe, Kannen, Amphoren zum Aufbewahren und zum Befördern des Weines. In den nördlicheren Weinbaugegenden wurden etwa zurzeit Christi Geburt bereits Fässer oder Bottiche aus Holz zum Gären und Aufbewahren des Mostes oder Weines benutzt. Plinius d.J. beschreibt solche um 100 n.Chr., die er im Etschtal (rätischer Weinbau) fand, mit Staunen. Diese frühen Fässer waren mit hölzernen Reifen aus Weiden- oder Kastanienholz gebunden. Später, nachdem es erschwinglich geworden war, Reifen aus Eisen herzustellen, fanden Eisenreifen auch Eingang in den Fassbau, wo sie besonders bei Transportfässern vorteilhaft verwendet wurden.

Nun bedurfte es nur noch eines kleinen Entwicklungsschrittes, um Fässchen aus sehr dicken Dauben mit vielen, besonders starken Reifen herzustellen. Wenn solch ein Fässchen mit gärendem Most der Kälte des Spätherbstes ausgesetzt und mit einem Eichenspund fest verschlossen wurde, kam die Gärung zum Stillstand und man hatte für eine Weile die Möglichkeit, einen prickelnden, schäumenden, duftenden und süßen Wein zu zapfen. Solche schäumenden Erzeugnisse sind gegen Ende des Mittelalters in wohl fast allen Weinbaugebieten erzeugt worden, in denen es im Herbst schon hinreichend kühl wurde, wie z. B. an den Abhängen der Pyrenäen, im norditalienischen Voralpenland und an den von Karpaten umsäumten Hügeln Siebenbürgens.

Nach der Einführung druckfester Flaschen und dicht schließender Korkstopfen, auch in die Weinwirtschaft, entwickelten sich aus diesen Anfängen mancherorts Produkte, die sich noch heute hauptsächlich regionaler Beliebtheit erfreuen, wie die Appellation „Blanquette de Limoux" (seit 1540, s. H. Arntz) und die Appellation „Clairette de Die". Die Methode ihrer Herstellung direkt aus dem Traubenmost wird als **„Methode rurale"**, d. h. ländliche Methode bezeichnet. Aus ebensolchen Anfängen entwickelte sich auch der **Asti spumante** im Gebiet von Piemont, der ebenfalls direkt aus Traubenmost, also durch **„erste Gärung"** hergestellt wird und weit über die Grenzen seines Ursprungslandes bekannt geworden ist.

Die Methode der **„zweiten Gärung"** wurde viel später und unabhängig von der

Tab. 2 Merkmale der CO_2-übersättigten Weine

Merkmal	Perlwein	**Schaumweine** Schaumwein	Qualitätsschaumwein, Schaumwein b.A. = Sekt und Sekt b.A.	Winzersekt	Crémant	Aromatischer Qualitätsschaumwein, Aromatischer Qualitätsschaumwein b.A.
CO_2-Überdruck bei 20 °C im geschlossenen Gefäß						
mindestens, bar	1,0	3,0	3,5	3,5	3,5	3,0
höchstens, bar	2,5	–	–	–	–	–
Alkoholgehalt						
Grundwein/Cuvée:						
Gesamtalkohol mindestens %vol	9,0	8,5	9,0	9,0	9,0	10,0
Erzeugnis, fertig:						
vorhandener Alkohol mindestens %vol	7,0	9,5	10,0	10,0	10,0	6,0
Gesamtalkohol mindestens %vol	–	–	–	–	–	10,0
Schwefelige Säure = SO_2						
Gesamte mg/l	210/260	235	185	185	150	185
wenn Restzucker g/l	< 5/5 >					
Lagerzeit auf der Hefe (=„Nichttrennung") bei Gärung im „Cuvéefaß"=Tank						
mit Rührwerk Tage	–	30 **)	30			–
ohne Rührwerk Tage	–	60 **)	90			–
Flaschengärung Tage	–	–	90	9 Monate	9 Monate*)	–
Gesamte Herstellungsdauer						
Gärung im Tank Monate	–	3 **)	6			1
Flaschengärung Monate	–	–	9	9	9	
Trennung von der Hefe	–	–	–	degorgieren	degorgieren	–
zusätzliche Auflagen: (Bezeichnung)	–	–	QbA-Gebiet	Jahrgang, Rebsorte, Betrieb	Ganztraubenpressung*)	–

Stand Sommer 2009

*) darüber hinaus gelten Länderregelungen für die einzelnen Gebiete

**) bei Angabe einer Rebsorte

erstgenannten aus zufälligen Vorkommnissen entwickelt.

Obwohl Flaschen aus Glas schon im Altertum hergestellt wurden und man auch schon lange gelernt hatte, aus der Rinde der Korkeiche rundliche Stopfen zu schneiden, waren erst im 17. Jahrhundert die Voraussetzungen gegeben, diese zu erschwinglichen Preisen herzustellen und sie über größere Entfernungen zu transportieren.

Sofern der Wein in Gegenden weit außerhalb des Weinbaugebiets befördert werden musste, war es allerdings wirtschaftlicher, den Wein im Fass zu transportieren und die leeren Flaschen von einer Glashütte der Gegend zu beziehen, um den Wein erst im Verbrauchsgebiet abzufüllen. Junger Wein, noch während des Winters im Fass befördert und am Zielort in Flaschen gefüllt, war aber nicht immer vollständig vergoren und konnte daher, sobald es wärmer wurde, erneut in Gärung geraten. Sofern im Zeitpunkt der Abfüllung noch ein unvergorener Zuckerrest von etwa 15 g/l vorhanden war, reichte das bei der erneuten Gärung entstehende Kohlendioxid aus, um entweder die Stopfen aus den Flaschen zu drücken oder die Flaschen zu sprengen. Es kam jedenfalls zu bösen Betriebsunfällen und Weinverlusten, bei denen zuweilen fast die ganze Füllung zerstört wurde. Einzelne Flaschen, die eine derartige Katastrophe überlebten, erweckten die Neugier und fanden manchmal sogar den Beifall der Besitzer. Solche Zufälligkeiten spielten sich vielerorts ab.

Zu einer absichtlichen Wiederholung, mit dem Wunsch, ein schäumendes Getränk zu erzeugen, kam es wahrscheinlich auch an mehreren Orten. Es gibt verschiedene Legenden, aber keine eindeutigen Belege. Die Vermutung ist berechtigt, dass die ersten Bemühungen um die Herstellung schäumender Weine, die nachhaltigen Erfolg hatten, im Weinkeller eines englischen Herrschaftshauses stattfanden, wobei ein Wein aus der Gegend um Reims, also aus der Champagne, als Grundlage diente. So geschehen um etwa 1660. Näheres darüber kann man in dem sehr schönen Buch „Sekt“ von Arntz/Heinen (1982) nachlesen.

Der tüchtige Klosterverwalter von Hautvillers, **Dom Perignon**, den man post mortem zum Erfinder des schäumenden Champagnerweines ernannt hatte, und der dieserhalb von allen Schaumweinherstellern geehrt und verehrt wird, hatte mit dieser Entwicklung in Wahrheit nichts zu tun. Sein großes Verdienst bezüglich des Weines der Champagne bestand darin, dass er die Bedeutung des Vermischens von Trauben (bzw. Mosten oder Weinen) verschiedener Sorten und Herkünfte erkannte, weil dadurch aus den vielen sehr ungleichen Kleinpartien ausgeglichene Weine in großer Menge gewonnen werden konnten. Durch angemessene Abwandlung des **Mischverhältnisses** konnte man erreichen, dass die Jahrgangsunterschiede weitgehend ausgeglichen wurden. Das bedeutet, dass man den Wein mit relativ **konstanter Qualität** anbieten und dadurch Vertrauen bei der Kundschaft schaffen konnte. Dom Perignon hat zwar in seinen alten Tagen Kenntnis davon bekommen, dass manche Händler versuchten, einen „Stopfensprenger“ (= saute-bouchon), d. h., einen schäumenden Wein herzustellen, er verachtete aber diese nach seinem Empfinden unwürdige modische Entgleisung.

Immerhin begannen um 1700 bei den Weinhändlern der Champagne erste Aktivitäten, das zunächst zufällige Zustandekommen eines schäumenden Weines nunmehr gezielt und methodisch weiter zu betreiben, weil man sich davon eine neue Absatzmöglichkeit erhoffte.

Problematisch waren zu dieser Zeit zwei Tatsachen:

1. der große Flaschenbruch durch die Nichtberechenbarkeit des erforderlichen Zuckergehaltes zur Erzielung der gewünschten CO_2-Drücke,

2. die Beseitigung der nach der 2. Gärung verbliebenen Hefetrübung mit allen ihren nachteiligen Einflüssen auf den Wohlgeschmack des Schaumweines.

Das große Problem der **Entdeckergeneration** war, dass sie die Ursache der alkoholischen Gärung noch nicht kannte, nichts von den Hefen und auch nicht allzu viel von der Behandlung süßer Weine mit geringem Alkoholgehalt wusste. Zuerst gesehen, aber die Gebilde unter dem Mikroskop nicht als Hefe erkannt, hat sie wohl 1687 Antony Van Leeuwenhoek (1632–1723). Lavoisier fand die Hefezellen um 1789 noch unbedeutend. Erst 1803 entdeckte L. J. Thenard die Hefe als Urheber der Gärung, die Lavoisier und Gay Lussac 1810 noch als rein chemischen Vorgang ansahen. Damals entstand aber schon die Summenformel der alkoholischen Gärung (Gay-Lussac). Erst 1837 erkannten CH. Cagniard De Latour, FR. Kützing und TH. Schwann unabhängig voneinander die Hefe als Ursache der alkoholischen Gärung. Die größten Impulse gingen aber von Louis Pasteur aus, dessen „Études sur le vin" 1865 erschien. Danach erst nahm die Praxis allmählich Notiz davon.

Die Grundlagen der **Hefereinzucht** verdankt die Praxis dann Emil Christian Hansen, der in den 80er-Jahren des 19. Jahrhunderts wirkte, und danach Forschern wie Hermann Müller-Thurgau, Julius Wortmann, Karl Kroemer, Hugo Schanderl und anderen, die sie bis auf den heutigen Stand weiterentwickelten.

Das damalige Wissen beschränkte sich auf die Kenntnis der geeigneten Trauben, ihre optimale Mischung und die Gewinnung von Most, war also reines Erfahrungswissen. Die Herstellung des Champagners erfolgte auf gut Glück, ohne Kenntnis wissenschaftlicher absichernder Methoden. **Zuckerzusatz** bedeutete ohne zuverlässige Kontrollmethoden eine große Anzahl geplatzter Flaschen und der Flaschenbruch war für die Herstellerfirmen ein ständiger Alpdruck.

Die **Zufuhr von Hefe** ergab aber auch viel Hefedepot, das man nur durch mehrmaliges Dekantieren der Flaschen zum großen Teil aus dem unruhigen Wein herausbrachte. Dieses Dekantieren oder Umgießen von schäumendem Wein aber war schwierig. Das **Abrütteln** der Hefe in der geschlossenen Flasche (Remuage), um die Hefe auf den Kork und den Schaumwein hell zu bekommen, war vor dem 19. Jahrhundert aber noch nicht bekannt. „Irgendwann um 1800" erlernte man auch das (Arntz 1975). Erst 1813 beschrieb A. Jullien ein solches Verfahren, von dem die Praxis aber, wie üblich, lange Zeit nichts erfuhr und daher auch nichts übernehmen konnte. Bis zu diesem Zeitpunkt darf man sich daher den Champagner auch nur als relativ klar, d. h. blind vorstellen. Trotzdem entstanden um 1750 bis 1790 in Epernay, Reims und Châlons-en-Champagne die ersten Kellereien, die Vin mousseux = Schaumwein nach dem Verfahren der Flaschengärung herstellten, mit schwankender Qualität, entsprechend der Auswahl des Weines und der jahrgangsabhängigen Traubenreife.

Den **Qualitätsausgleich** fand S.A. Chaptal (1756–1832) durch den Zuckerzusatz zur Maische bzw. zum Most vor der Gärung und führte damit die Anreicherung des Alkohols bei den oft grasigen und dünnen Champagnerweinen ein.

Verwendet wurde erst Kolonial-Rohrzucker, später Rübenzucker (Saccharose). Das nach ihm benannte **„Chaptalisieren"** hat sich bis heute als sinnvolle Maßnahme zur Hebung der Weinqualität in fast allen Weinbauländern der Erde durchzusetzen vermocht.

Der große Aufschwung der Schaumweinindustrie kam erst mit dem 19. Jahrhundert, als die **Rüttel- und Enthefungstechnik** (degorgieren, dégorger = Enthefen, ausräumen) an Stelle des Dekantierens (décanter = abgießen) eingeführt wurde und als der Apotheker M. Francois 1836 in Châlons-en-Champagne endlich eine Bestimmungsmethode zur

Ermittlung der richtigen Zuckermenge für die Erzielung des gewünschten CO_2-Druckes entwickelt hatte.

Seine Methode bestand darin, durch „Reduktion", d. h., eindampfen des Weines auf 1/6 des Ausgangsvolumens eine solche Dichte zu erreichen, dass diese mithilfe des „Gleukoönometers" (einer Senkwaage mit Skala 0–15 entsprechend Eichung in Wasser = 0 und 15 % Kochsalz = 15) auf den noch gärfähigen Zuckergehalt schließen ließ.
Später wurde das Messverfahren so geändert, dass man den nicht mehr eingedickten Wein mit dem Gleukoönometer prüfte und ihm so viel Wasser zusetzte, bis die Skala „Null" anzeigte. Die Berechnung galt nur für Weine von etwa 10–12 Vol.-% Alkohol. Auch die willkürliche Annahme des Zuckergehaltes und der Gradeinteilungen war ungenau.

Aber allein durch die **„Réduction François"** wurde der Flaschenbruch und Weinverlust von vorher 40 % auf 10–15 % gesenkt (Schanderl 1959, 1964). Sehr zuverlässig war diese Methode jedoch nicht und so haben dann Maumené und Salleron 1895 auf besserer Grundlage Verfahren ausgearbeitet, um den zum gewünschten Druck erforderlichen Zuckerzusatz zu ermitteln.

Maumené bestimmte die CO_2-Löslichkeit im Wein nach der Löslichkeit in Wasser und Alkohol bei bestimmter Temperatur und interpolierte die gefundenen Werte (z. B. 11 % Alkohol + 89 % Wasser bei a °C = b Liter CO_2 gelöst). (Vgl. dazu C. v. d. Heide. Der Wein, Braunschweig 1922).

Für die Druckverhältnisse galt das **Henry-Daltonsche Gesetz**, nach dem die gelösten Gasgewichtsmengen proportional dem Druck sind, unter dem das Gas in der Lösung steht, also mit zunehmendem Druck proportional ansteigt. Erst in jüngerer Zeit fand man, dass das CO_2-Gas diesem Gesetz nur bedingt folgt. Daher sind die alten Löslichkeitstabellen unsicher (vgl. auch Deinhard 1961, 1965, Siegrist 1962, Kielhöfer und Würdig 1963, Bachmann 1967). Auch J. Salleron wusste schon, dass die Löslichkeit des CO_2 mit steigendem Extraktgehalt im Wein abnimmt. Er bestimmte die Löslichkeit von CO_2 durch ein sog. Absorptiometer zwar umständlich aber genauer als früher.

Erst E. Manceau (1902) legte den Grundstein zur heutigen Technik der Méthode Champenoise mit der Anwendung von Reinzuchthefe bei der Flaschengärung. Und es war u. a. H. Schanderl, der sich in den Jahren 1959 bis 1970 besondere Verdienste um die Mikrobiologie der Gärung beim deutschen Schaumwein erworben hat.

Eine größere Literaturarbeit über französischen Schaumwein stammt von P. Bidan, Les vins mousseux, Dijon 1975.

Etwa um 1860 begann man, die sehr aufwendigen Arbeitsvorgänge der Schaumweinherstellung zu mechanisieren. Erste Hilfsmaschinen zum Abfüllen, Verkorken, Agraffieren etc. kamen auf. Aus dem Wunsch, den Arbeitsaufwand und die Produktionsverluste zu mindern, wurden auch Versuche angestellt, die Schaumweingärung nicht in vielen kleinen Gefäßen, d. h. Flaschen, sondern in einem großen Gefäß zu vollziehen. In der Champagne wurden 1856 einige Stahlbehälter, innen versilbert, mit einem Fassungsvermögen von je 3200 Liter versuchsweise eingesetzt. In anderen Gegenden Frankreichs, aber auch u.a. in Deutschland wurden ähnliche Metallbehälter und auch große Holzfässer aus extra dicken Dauben und mit vielen sehr starken Stahlreifen ausprobiert. Diese Bemühungen um eine **„Großraumgärung"** blieben zu dieser Zeit aber ohne Erfolg, weil die Konkurrenzangst zu groß und die Technik noch nicht reif waren. Erst die Erfindung von **Filtern** etwa um 1930, die auch bei einem Arbeitsdruck um 8 bar noch benutzt werden konnten, ermöglichte es, die alten Ideen der Großraumgärung wieder aufzugreifen.

Wertvolle Anregungen erhielt man auch aus der Süßmosterei (Drucktanks, Seitz-Böhi-Verfahren), der Brauerei (Drucktanks, Arbeiten unter Gegendruck, Hefe-Reinzucht) und von den Mineralbrunnenbetrieben. Etwa um 1936 kam es dann zur Wiedergeburt des **Großraum- oder Tankgärverfahrens** sowohl in Deutschland (L. Rilling) als auch in Frankreich (Charmat, Chaussepied), das sich nun auf Dauer durchsetzen konnte.

Die nach dem Zweiten Weltkrieg einsetzende starke Zunahme des Schaumweinkonsums in allen Industrieländern und der gleichzeitig wachsende Wettbewerbsdruck führten zur Weiterentwicklung der Verfahren und Apparaturen für die Herstellung von Schaumwein mittels Großraumgärung, mit dem Ergebnis, dass es inzwischen möglich geworden ist, Perlweine und Schaumweine nach beliebigen Verfahren vollmechanisch und weitgehend automatisiert herzustellen, also so, dass das Produkt zu keiner Zeit mehr „mit der Hand“ angefasst werden muss.

Dank dieser Entwicklung, die es vor allem den großen Betrieben ermöglichte ihre Herstellung extrem zu rationalisieren, gibt es zurzeit **Perlweine** und **Schaumweine**, die qualitativ besser und sicherer sind als jemals in der Vergangenheit und die trotz aller Kostensteigerungen **preisgünstiger** hergestellt werden können, als dies je möglich war.

Schaumweine werden in Betrieben verschiedenster Art und Größe hergestellt. Es gibt **Weinbaubetriebe**, die aus eigenem Wein nur etwa 1000 Flaschen Sekt im Jahr herstellen und vertreiben, und – über alle Zwischengrößen hinweg – **Großbetriebe**, in denen weit mehr als 50 Millionen Flaschen pro Jahr hergestellt werden. Entsprechend sind sowohl modernste Hochleistungsanlagen als auch kleinste Handapparate gegenwärtig in Gebrauch. Die Entwicklung aber bleibt nicht stehen, sie schreitet fort im Bemühen um höhere Qualität, mehr Sicherheit und bessere Wirtschaftlichkeit.

1.3.3 Arten der schäumenden Weine

Die Arten der schäumenden Weine bzw. die Herstellungsverfahren unterscheiden sich grundsätzlich in der Herkunft des Kohlenstoffdioxids, der Farbe des Schaumweines, seines Charakters (Marken- oder Winzersekt) und seines Alkoholgehaltes (z. B. alkoholfreie schäumende Weine).

1.3.3.1 Schaumbildung durch erste Gärung, zweite oder weitere Gärung, Imprägnierung

Grundsätzlich bleibt es jedem Hersteller unbenommen, seinen Schaumwein durch **erste Gärung**, also vom Traubenmost ausgehend, herzustellen. Man begegnet dieser Methode in der Praxis hauptsächlich in solchen Gegenden, in denen sie schon seit vielen Generationen angewandt wird und wo man das Besondere dieser Erzeugung schätzt. Bekannte Beispiele sind der **Asti spumante** in Italien und die **Clairette de Die**, sowie die **Blanquette de Limoux** in Frankreich, die aber alle zugleich auch **aromatische Qualitätsschaumweine** sind.

Aus systematischer Sicht muss hier herausgestellt werden, dass zwar aromatische Qualitätsschaumweine und aromatische Qualitätsschaumweine b.A. immer durch eine „erste Gärung“ hergestellt sein müssen, dass aber auch anderer Schaumwein durch eine erste Gärung hergestellt werden darf (VO (EG) Nr. 1493/99, Anhang V, Buchstabe H, Nr. 10).

Da für eine **Schaumweinherstellung aus erster Gärung** nur Traubenmost oder teilweise angegorener Traubenmost als Grundlage dienen können, müssen sowohl der erforderliche Alkoholgehalt als auch das für den Überdruck benötigte Kohlendioxid aus der ersten Gärung stammen, die aber im Laufe der Herstellung unterbrochen und später fortgesetzt werden darf. Das Zusetzen einer Fülldosage ist bei aromatischem Qualitätsschaumwein erlaubt; das Zusetzen einer Versanddosage jedoch nicht (VO (EG) Nr. 1493/99, Anhang V, Buchstabe I, Nr. 3, Buchstabe c).

Das Zusetzen einer Versanddosage ist dann erlaubt, wenn es sich **nicht** um aromatischen Qualitätsschaumwein oder aromatischen Qualitätsschaumwein b.A. handelt.

Ein Schaumwein, der durch erste Gärung hergestellt wird, muss selbstverständlich alle vorgeschriebenen Merkmale des Kohlensäuredrucks und des Alkoholgehalts für normalen Schaumwein aufweisen. Ausnahmen gelten nur für die aromatischen Schaumweine (siehe Tab. 2)

Mit dem Begriff **zweite Gärung** wird zum Ausdruck gebracht, dass als Basis dieser Art der Schaumweinherstellung in der Hauptsache ein Wein dient, dessen erste Gärung bereits beendet war. Damit es zur sogenannten „Schaumbildung" kommt, ist es nötig, durch Zusatz einer **„Fülldosage"** erneut eine Gärung einzuleiten, die sog. „zweite Gärung".

Dass weltweit Schaumweine hauptsächlich durch zweite Gärung hergestellt werden, beruht darauf, dass der Grundstoff Wein problemlos über längere Zeit aufbewahrt und über größere Entfernungen befördert werden kann, während es zur fachgerechten Aufbewahrung und Beförderung von Traubenmost größerer Sorgfalt und eines deutlich größeren Aufwandes an Apparaturen bedarf. Hierfür waren die technischen Voraussetzungen erst nach 1950 gegeben.

Man kann auch den Wein zum Schäumen bringen, indem das erforderliche Kohlendioxid nicht durch Gärung, sondern durch Zusatz in den Wein gebracht wird. Das Einbringen des Kohlensäuregases wird **Imprägnieren** genannt. Schaumweine oder Perlweine, denen Kohlendioxid zugesetzt wurde, müssen durch die Angabe „Schaumwein mit zugesetzter Kohlensäure" bzw. „Perlwein mit zugesetzter Kohlensäure" bezeichnet werden. Auch die Technik des Imprägnierens hat eine lange, nicht immer rühmliche, Tradition. Sie wird schon seit etwa 160 Jahren angewandt.

1.3.3.2 Farbe: weiß – rosé – rot

Nur blaue und rote Trauben enthalten, und zwar fast ausschließlich in den Schalen der Weinbeeren, den aus Anthocyanen bestehenden Rotweinfarbstoff. Zu Beginn der Rotweinbereitung lässt man traditionsgemäß die gemahlenen, abgebeerten, gemaischten, aber noch nicht abgepressten Erzeugnisse „auf der Maische" gären, wobei die Zellen der Schalen aufgeschlossen werden, sodass die Farbstoffe und mit ihnen auch Gerbstoffe heraustreten können. Der sehr blasse, nahezu farblose Saft des Fruchtfleisches dunkler Trauben wird erst durch das **Aufschließen der Beerenschalen** mehr oder weniger stark rot gefärbt.

Bei der Herstellung von Schaumwein durch **erste** Gärung dient als Basis stets der abgepresste frische Traubenmost, der dann naturgemäß „weiß", d. h., sehr blass, nahezu farblos ist und immer einen weißen Schaumwein ergibt.

Bei der Schaumweinbereitung mithilfe der **zweiten** Gärung, deren Anfänge in der Champagne liegen, hatte man von den Trauben auszugehen, die dort wuchsen. Es waren dies hauptsächlich **blaue oder rote Trauben**, die aber, da sie am nördlichen Rand der Weinbauzone wuchsen, fast nie richtig reif wurden und nur selten eine befriedigende Rotweinfarbe erbrachten. Es hatte sich daher bewährt, diese Trauben nicht auf der Maische gären zu lassen, sondern sie alsbald abzupressen, um daraus einen immerhin passablen, nahezu farblosen, also weißen Wein zu gewinnen.

Eines der großen Verdienste von **Dom Perignon** besteht darin, erkannt und gelehrt zu haben, dass man diese Trauben bei der Lese mit größter Schonung und Sorgfalt abschneiden und in kleinen Gefäßen (früher Körbe, heute Plastikkisten), in denen sie nicht gedrückt werden, befördern und schließlich **ungemahlen pressen** soll, sodass die Schalen bis zuletzt unversehrt bleiben und mithin so gut wie kein Farbstoff heraustreten kann. Dank dieses schonenden Umgangs mit den Trauben gehen auch andere Polyphenole nur in sehr geringer Menge in den Most über und der daraus bereitete Wein ist nahezu farblos, blass, sehr polyphenolarm und glatt.

Schaumwein, der aus dem Most oder **Wein von weißen Trauben** hergestellt wird, hat zwar von Natur aus eine helle Farbe, das darf die Weinbereiter aber nicht verführen zu glauben, man dürfte mit den weißen Trauben getrost derb und grob umgehen und ihnen womöglich auch noch den „letzten Blutstropfen“ auspressen. Aus der Erfahrung der Weißweinbereitung und des Umgangs mit roten Trauben ist vielmehr die Lehre zu ziehen, dass auch der aus Weißwein hergestellte Schaumwein um so heller, feiner und glatter sein wird, also weniger belastet mit Polyphenolen, je schonender mit den Trauben und ihrem Abpressen umgegangen wird.

Gegenwärtig werden weltweit schätzungsweise Dreiviertel aller Schaumweine aus **Weißweintrauben** bzw. deren Erzeugnissen hergestellt. Von Anbeginn an waren Schaumweine stets weiße Weine.

Erst gegen Ende des 19. Jahrhunderts begann man, im Bemühen um die Erzeugung von Spezialitäten, auch **roten Schaumwein** und schließlich auch **Roséschaumweine** herzustellen. Ihr Anteil an der Gesamtmenge aller Schaumweine erreicht jedoch nur wenige Prozente (siehe auch Kap. 1.3.7).

1.3.3.3 Charakter

Die Verarbeitung des Grundweins zu Schaumwein oder zu Perlwein stellt einen tief greifenden Eingriff in das Gefüge des Erzeugnisses dar, wobei der Hersteller es durch sein Tun bewirkt, welchen Charakter das fertige Erzeugnis haben wird. Dieses Tun des Herstellers wird sich vernünftigerweise danach richten, was er am besten verkaufen kann. Er wird sich vor allem an den Erwartungen und dem Geschmack seiner Kunden ausrichten und andererseits auch berücksichtigen, welche Grundweine für ihn greifbar sind und welche Produktionsmittel ihm zur Verfügung stehen.

Erwartungen und Geschmack der Kunden sind Größen, die zwar nicht unveränderlich sind, die sich aber nur langsam und allmählich entwickeln und verändern. Sie werden stark geprägt von regionalen Gewohnheiten, von Gebräuchen und Sitten der jeweiligen gesellschaftlichen (sozialen) Gruppierungen, sie werden beeinflusst von der Mode und sie können durch Medien und Werbung gezielt gelenkt werden.

In den Weinbaugebieten selbst ist bei den Kunden mit dem Vorhandensein einer gewissen **Kenntnis des Weines** zu rechnen und damit, dass das Trinken von Wein bzw. Schaumwein zu den öfter ausgeübten Gewohnheiten gehört. Je weiter entfernt vom Weinbaugebiet die Konsumenten leben, desto seltener sind entsprechende Kenntnisse und Gewohnheiten anzutreffen, desto größer ist auch die Unsicherheit im Umgang mit Wein. Es ist daher verständlich, dass Schaumweine, die ja seit eh und je für einen größeren, meist weiter entfernt lebenden Kundenkreis hergestellt wurden, von Anbeginn an Merkmale von **Markenartikeln** aufwiesen und auch gegenwärtig fast immer als Markenartikel vertrieben werden. Das Markenschutzgesetz des Deutschen Reichs wurde im Jahr 1874 erlassen. Einige noch heute existierende Traditions-Sektmarken wurden schon damals als Warenzeichen eingetragen und unter den Schutz des Gesetzes gestellt. Alle später geschaffenen Schaumweinmarken sind stets auch sogleich als **Warenzeichen** eingetragen worden.

Was ist denn nun das Besondere, das Kennzeichnende eines Markenartikels? Der

Vertreiber eines Markenartikels garantiert mit seinem Firmenzeichen oder mit seinem Warenzeichen, dass der solchermaßen bezeichnete Artikel unabhängig von Zeit und Ort des Kaufs, stets die gleiche Qualität, die gleiche Aufmachung und sehr oft den gleichen Preis hat. Sofern der Kunde den Artikel einmal kennengelernt hat und dieser seinen Beifall fand, kann er sich darauf verlassen, dass der Artikel dieser Marke bei einem beliebigen späteren Kauf sich wieder genau so präsentieren wird, wie bei früheren Gelegenheiten. Der Kunde kann sicher sein, dass der Markenartikel seiner Wahl keine Nachahmung, sondern echt ist, da er unter dem Schutz des Markenschutzgesetzes steht. Dies gilt gleichermaßen für Markenautos wie für Markenbutter und für Markengetränke, besonders eben auch für Marken-Schaumweine.

Den Weg in diese Richtung hatte schon **Dom Perignon** gegen 1700 gewiesen, als er erkannt hatte und lehrte, dass man durch geschickte Mischung von Trauben (bzw. Most und Wein) verschiedener Art, Herkunft und Güte, größere Mengen von Erzeugnissen sehr gleichmäßiger Eigenschaften herstellen und auch jahrgangsbedingte Qualitätsschwankungen weitgehend ausgleichen kann. Die Kunst, derartige Mischungen, sog. Cuvées, zu bereiten, wurde eine wichtige Grundlage der bekannten Champagnermarken und sie bildet ebenso die Basis des Erfolgs vieler renommierter deutscher Schaumweinmarken.

Das Wesentliche einer **reinen Marke** eines Schaumweins besteht mithin in der **Gleichmäßigkeit und Stetigkeit** ihrer Qualität und ihres Aussehens. Damit verbunden ist der Verzicht auf alle Zusatzangaben, wie Jahrgang, Rebsorte oder geographische Herkunft.

Abwandlungen oder Abweichungen von der reinen Lehre der Marken kamen auf den Markt, nachdem das Gedränge im Kampf um die Gunst der Kunden dichter und der Wettbewerb härter geworden waren.

Als eine solche Abweichung oder Modifikation ist der **Markenschaumwein mit Rebsortenangabe** zu verstehen. Durch die Nennung der Rebsorte erfolgt eine Einschränkung der Auswahl der Grundweine auf nur diese eine, angegebene Rebsorte und damit zwangsläufig eine Minderung der Möglichkeiten, z. B. Jahrgangsunterschiede auszugleichen. Sofern die Marke mit Rebsortenangabe es jährlich auf eine große Absatzmenge bringt, kann es außerdem schwierig werden, die erforderliche Mengen geeigneter Grundweine der genannten Sorte zu finden.

In ähnlicher Weise müssen Einschränkungen und Behinderungen in der Wahl der Grundweine in Kauf genommen werden, wenn ein **Markenschaumwein mit Jahrgangsangabe** hergestellt werden soll. Die Absicht, einen Schaumwein mit Jahrgangsangabe herzustellen, kann, ohne zu große Abweichungen von der reinen Markenlehre, eigentlich nur dann vertreten werden, wenn man in besonders geeigneten Jahren sich so reichlich mit Grundwein eindeckt, dass man daraus während mehrerer Jahre Schaumwein herstellen und verkaufen kann. Der Übergang auf den nächsten Jahrgang ist mit dem Risiko verbunden, dass zwar möglicherweise das vorherige Qualitätsniveau beibehalten wurde, aber die charakteristischen Geschmackseigenschaften infolge des Jahrgangswechsels verändert werden. Immerhin kommt diese Möglichkeit durch die Jahrgangsangabe klar zum Ausdruck.

Wenn man allerdings Schaumwein herstellt, in dessen Bezeichnung sowohl die Rebsorte als auch der Jahrgang genannt werden sollen, dann bleibt von dem Markengedanken kaum noch etwas übrig.

Anders aber verhält es sich mit einem **Marken-Qualitätsschaumwein**, der nur insoweit von der reinen Lehre abweicht, als er unter Angabe des geographischen Ursprungs vertrieben wird. Hier besteht einerseits die Möglichkeit einer Herkunftsangabe dann, wenn der verwendete Wein ausschließlich einem **Weinbaugebiet**, z. B. „Rhein und Mosel" (= Tafelweinbaugebiet) entstammt, bzw., etwas differenzierter, wenn er ausschließlich einem Untergebiet entstammt, z. B. „Rhein" oder „Mosel" **oder** andererseits die Möglichkeit der Angabe eines **bestimmten Anbaugebietes** (nur bei Qualitäts(schaum)wein b.A.).

Derartige Marken-Schaumweine, deren einzige ergänzende Bezeichnung in der geographischen Bezeichnung besteht, werden in Deutschland kaum hergestellt, sie sind aber in anderen Ländern durchaus üblich. Der bekannteste und renommierteste Vertreter dieser Art ist der Qualitätsschaumwein aus dem bestimmten Anbaugebiet **Champagne**, der üblicherweise unter der traditionellen Kurzbezeichnung **Champagne** weltweit vertrieben wird. Die Rebsorte wird nie angegeben und der Jahrgang normalerweise auch nicht. Man behält also ein großes Maß an Ausgleichsmöglichkeiten bis die Grundweine, die ja (seit 1917) nur aus dem bestimmten Anbaugebiet stammen dürfen, in ausreichender Menge angeboten werden. Größere Veränderungen des Markencharakters können dann weitgehend vermieden werden, wenn stets ein **Grundweinvorrat** bereitgehalten wird, der einem oder zweier älterer Jahrgänge entstammt und dazu eingesetzt werden kann, den Übergang „gleitend", also wenig auffallend, zu gestalten. In ähnlicher Weise als Markenschaumwein und ebenfalls nur auf das geographische Ursprungsgebiet mit allen darin zugelassenen Rebsorten beschränkt, präsentieren sich die Qualitätsschaumweine b.A. der Anbaugebiete Saumur, Touraine, Loire, Bourgogne, Alsace usw. in Frankreich, die spanischen Qualitätsschaumweine mit der Bezeichnung „Cava" aus dem Anbaugebiet Penedes und die aromatischen Qualitätsschaumweine des nördlichen Italiens, deren bekanntester Vertreter der Asti spumante oder kurz „Asti" ist.

In Deutschland kam es nie zur Ausbildung eines geschlossenen Anbaugebiets für Sektgrundwein. Es ist zwar theoretisch möglich, im Sinne einer Marke, einen Qualitätsschaumwein b.A. Mosel oder Rheingau etc. herzustellen, für eine derartige Produktion werden aber immer nur begrenzte Weinmengen zur Verfügung stehen, weil es das vordringliche Interesse der Weinerzeuger ist, Stillwein der Prädikatsstufen zu erzeugen. In der Verfügbarkeit von Wein, der als Grundwein für die Schaumweinherstellung geeignet wäre, fehlt es an Volumen und an Kontinuität. Deshalb kann es deutschen **Markenschaumwein b.A.** nicht geben.

Stattdessen hat sich in Deutschland, angelehnt an die Gepflogenheiten bei den stillen Qualitätsweinen b.A., eine Herstellung von **Qualitätsschaumwein b.A.** entwickelt, bei der in aller Regel ein noch engerer geographischer Bereich und sowohl Rebsorte als auch Jahrgang angegeben werden. Ganz im Gegensatz zur Idee der Marken-Schaumweine nimmt man bei den deutschen Qualitätsschaumweinen b.A. ganz bewusst in Kauf, dass Unterschiede von Ort zu Ort, Unterschiede der Rebsorten und der Jahrgänge deutlich zum Ausdruck kommen. Man wünscht die **Parallele zum stillen Qualitätswein** so sehr, dass der entsprechende Qualitätsschaumwein b.A. nur noch als eine schäumende Variante desselben erscheint. Es besteht hier also eine andere „Philosophie", was natürlich nichts daran ändert, dass es in der großen Vielfalt von Qualitätsschaumweinen b.A. zahlreiche Produkte von sehr hohem Genusswert gibt. Sie sind aber mehr oder weniger einzelne Individuen bzw. Produktionen von wenigen Hundert bis zu einigen Tausend Flaschen pro Jahr und Füllung.

Eine Sonderform des Qualitätsschaumweins b.A. ist der **Winzersekt**. Diese Bezeichnung ist jenen Qualitätsschaumweinen b.A. vorbehalten, bei denen der Erzeuger des Weines zugleich auch der Hersteller des

Sekts ist, bei denen die Herstellung nach der traditionellen Methode mit Rütteln und Degorgieren erfolgte und die eine Lagerdauer auf der Hefe von neun Monaten im Herstellungsbetrieb aufweisen.

Ähnliche Auflagen des Herstellungsverfahrens und der Herstellungsdauer gibt es für die Schaumweine, die unter den Sonderbezeichnungen Champagne, **Crémant** und Cava in Verkehr gelangen. Diese Sonderbezeichnungen dienen dazu, eine Sonderstellung zu bewirken, eine U.S.P. (unique sales position). Hinsichtlich der Qualität dieser Erzeugnisse sagen diese Bezeichnungen jedoch nur bedingt etwas aus. Anders beim Crémant: Ein als **Crémant von der Mosel** in den Verkehr gelangender Sekt muss bei der amtlichen Qualitätsprüfung mit 3,0 DLG–Punkten eine Bewertung aufweisen, die einem hohen Anspruch genügt. Auch bei der Herstellung sind Besonderheiten zu berücksichtigen, die in den Kap. 2.2.5 (Tab. 9) und Kap. 5.3 behandelt werden.

Aromatische Qualitätsschaumweine und Aromatische Qualitätsschaumweine b.A. sind Spezialitäten, deren Cuvée ausschließlich aus Traubenmost oder teilweise gegorenen Mosten jener Rebsorten bestehen dürfen, die in Anhang III der VO (EG) Nr. 1622/2000 genannt sind. Darin enthalten sind auch die deutschen Rebsorten Gewürztraminer, Huxelrebe, Müller-Thurgau, Perle, Scheurebe. Mit Rücksicht auf gewisse traditionelle Praktiken und im Hinblick darauf, dass das Aroma mancher Rebsorten, die im Anhang III genannt sind, angeblich nur eine kurze Lebensdauer haben, wurden für diese Spezialitäten Sonderbedingungen geschaffen. Die **Herstellungsdauer** muss nur mindestens einen Monat betragen, der vorhandene Alkohol muss nur mindestens 6 %vol einnehmen und der **CO_2-Überdruck** nur 3 bar im Minimum erreichen (siehe Tab. 2). Der Zusatz einer Versanddosage ist verboten.

Die Sonderbedingungen sind vermutlich darin begründet, dass die Herstellung von der Stufe des Mostes oder des teilweise gegorenen Mostes auszugehen hat. Hinsichtlich des Aromas hat die Erfahrung allerdings gezeigt, dass ein unter den Bedingungen für normalen Qualitätsschaumwein aus entsprechendem Wein aromatischer Rebsorten hergestelltes Erzeugnis ein durchaus ebenbürtiges Aroma aufweist und dies auch länger als ein Jahr behält.

Die Herstellung eines **aromatischen Qualitätsschaumweins b.A.** muss im namengebenden Anbaugebiet erfolgen. Anderer aromatischer Qualitätsschaumwein kann an beliebigem Ort innerhalb der EG hergestellt werden. Dort wo in deutschen Weinanbaugebieten die Rebsorten, die im Anhang III aufgeführt sind, zugelassen sind (z. B. Gewürztraminer, Huxelrebe, Müller-Thurgau, Muskatsorten und Scheurebe) kann aus Mosten oder teilweise gegorenen Traubenmosten dieser Sorten durch erste Gärung ebenfalls ein aromatischer Qualitätsschaumwein b.A. hergestellt werden.

Einfacher Schaumwein wird in Deutschland nur in relativ kleiner Menge hergestellt. Einfacher Schaumwein unterscheidet sich vom Qualitätsschaumwein in mehreren Punkten:

Bei einfachem Schaumwein sind die Mindestwerte für den CO_2-Überdruck um 0,5 bar, für den Gesamtalkohol der Cuvée um 0,5 %vol und für den vorhandenen Alkohol des fertigen Erzeugnisses ebenfalls um 0,5 %vol geringer angesetzt als bei Qualitätsschaumwein und es ist keine Mindestzeit für die Herstellungsdauer vorgeschrieben, es sei denn, es wird eine Rebsorte angegeben (siehe Tab. 2).

Diese Merkmalsunterschiede sind vom Verordnungsgeber festgelegt worden, um eine Unterscheidung in zwei Qualitätsstufen zu begründen. Sie sind aber in ihrer Art weder aus fachlicher noch aus ökonomischer

Sicht zu rechtfertigen. Die Tatsache, dass in Deutschland 1991 nur etwa 4,5 % (und in 2007 nur 0,1 %) der Gesamtherstellung als einfacher Schaumwein, aber 95,5 % als Qualitätsschaumwein (2007 entsprechend 99,9 %) hergestellt wurden (Tab. 5), zeigt, dass es angebracht wäre, die Maßstäbe der Qualitätsbeurteilung sinnvoller zu gestalten.

Schaumwein mit zugesetzter Kohlensäure wird in Deutschland kaum noch hergestellt, weil der geringe Vorteil in den Herstellkosten nicht ausreicht, den Nachteil im Image gegenüber den durch Gärung hergestellten Schaumweinen zu überwiegen. Gegenüber dem einfachen, durch Gärung hergestellten Schaumwein unterscheidet er sich nur darin, dass sein Gehalt an CO_2 ganz oder teilweise auf dem Zusatz dieses Gases beruht. Die Herstellung von Schaumwein mit zugesetzter Kohlensäure war nur in den Anfängen der Schaumweinherstellung wirtschaftlich interessant, weil die Produktionskosten und das Produktionsrisiko erheblich geringer waren als bei Gärungsschaumwein. Die Technologie unserer Tage und die technischen Vorrichtungen sind dermaßen ausgereift, dass es keinen ausreichenden Anreiz mehr gibt, Schaumwein durch den Zusatz von Kohlensäure herzustellen.

Obst-, Beeren- oder Fruchtschaumweine (siehe Kap. 4.6) können wirtschaftlicher und mit durchaus zufriedenstellender Qualität durch den Zusatz von Kohlensäure hergestellt werden, weil dort die Betriebsverhältnisse und die Marktbedürfnisse nicht mit denen für Traubenschaumweine verglichen werden können.

Perlweine, die sich im Grundsätzlichen nur durch den geringeren CO_2-Gehalt von den Schaumweinen unterscheiden, können im Ausland ebenfalls auf eine lange Geschichte zurückblicken. Man kennt sie in vielen weinbautreibenden Ländern unter traditionellen Bezeichnungen, wie vin pétillant, vino frizzante, Sternliwein, crackling wine etc. Hier in Deutschland bestand eine vergleichbare Tradition nicht. Ursprünglich als eine Möglichkeit entwickelt, Weine lebhafter, anregender und genussreicher zu machen, wurden nach 1920 in nennenswerten Mengen Perlweine hergestellt, um Wege zusätzlichen Absatzes für den Wein zu erschließen. Nach 1952 kam der Perlwein zu unrühmlicher Bekanntheit, als hierzulande der wirtschaftliche Aufschwung einsetzte. Als Ersatz für den teuren, mit Schaumweinsteuer belasteten Sekt fand der steuerfreie, billige Perlwein reißenden Absatz. In dem Maße, wie einerseits durch rechtliche Maßnahmen eine klare **Abgrenzung vom Sekt** bewirkt wurde, andererseits durch die Schaffung preisgünstiger Konsum-Sektmarken eine überzeugende Alternative zum Perlwein geboten werden konnte, reduzierte sich die Bedeutung des Perlweins auf seine ursprüngliche, sinnvolle Rolle.

1.3.3.4 Akoholreduzierte oder alkoholfreie schäumende Weine

Verhältnismäßig neu auf dem Markt, jedoch mit einer zunehmenden Absatzdynamik sind schäumende Getränke aus Wein, dessen Alkoholgehalt durch physikalische Behandlungsmethoden entweder nur teilweise oder auch sehr weitgehend herabgesetzt wurde. Man strebt danach, die Eigenschaften des Weines, trotz des Alkoholentzugs, möglichst unverändert zu erhalten. Mit den Möglichkeiten der Vakuumdestillation, der Dialyse und anderer Membranprozesse und der Aromarückgewinnung, die zum Teil in Kombination miteinander angewandt werden, gelingt es, wohlschmeckende, erfrischende Getränke herzustellen.

Es wird zwischen dem „schäumenden Getränk aus alkoholfreiem Wein", der weniger als 0,5 %vol Alkohol und einem „schäumenden Getränk aus alkoholreduziertem Wein", der mehr als 0,5 und weniger als 4 %vol Alkohol enthält, unterschieden. Derzeit ist überwiegend die erstgenannte Variante auf dem Markt.

Bei der Herstellung des Ausgangsproduktes Wein sind sämtliche nach dem Gemeinschaftsrecht und nationalem Recht für Wein zugelassenen önologischen Verfahren erlaubt. Ein bestimmter CO_2-Gehalt ist nicht vorgeschrieben. Die Kohlensäure wird dem „Sekt" durch Imprägnierung vermittelt. Bei einem Gehalt von unter 0,5 %vol Alkohol muss ein Zutatenverzeichnis (Wein, Kohlensäure, Zucker, SO_2, ...) auf der Flasche angebracht sein. Jahrgangs- und Rebsortenangabe sind erlaubt, müssen aber zu 100 % aus der Rebsorte und dem Jahrgang entstammen (Verschnittverbot). Auch das bestimmte Anbaugebiet oder das Tafelweinbaugebiet kann angegeben werden, nicht aber Bereiche, Lagen oder Gemeindenamen. Die für Schaumwein zugelassenen Geschmacksangaben sind verboten. Alkoholfreier „Sekt" unterliegt nicht der Schaumweinsteuer.

Solche alkoholreduzierten, schäumenden Erzeugnisse mögen wie Sekt aussehen und auch wie Sekt serviert werden und angesichts der Erfordernisse des modernen Straßenverkehrs auch eine gewisse Daseinsberechtigung haben, dennoch sind sie nicht Sekt, Schaumwein oder Perlwein und sollen hier auch nicht weiter beschrieben werden.

1.3.4 Die amtliche Prüfung der Qualitätsschaumweine

Die VO (EG) Nr. 2332/92 ermächtigt in Art. 19 die Mitgliedstaaten, für Qualitätsschaumweine **zusätzliche Merkmale und Bedingungen** festzulegen. Deutschland hat von dieser Ermächtigung Gebrauch gemacht und im Weingesetz, sowie in der Schaumwein-, Branntwein-Verordnung bestimmt, dass Qualitätsschaumwein/Sekt und Qualitätsschaumwein b.A./Sekt b.A. als solche nur bezeichnet werden dürfen, wenn sie u.a. auf Antrag eine Amtliche Prüfungsnummer (A.P.Nr.) erhalten haben.

Der Forderung der Schaumweinwirtschaft, diese Anforderung zu streichen, wurde in der DVO WeinG 1995 entsprochen. Nur noch für Qualitätsschaumwein b.A. oder Sekt b.A. ist grundsätzlich eine Qualitätsprüfung mit nachfolgender Zuteilung einer amtlichen Prüfungsnummer Voraussetzung der Bezeichnung (§ 19 Abs. 1 WeinG).

Einem **Qualitätsschaumwein** oder Sekt ohne den Zusatz „b.A." darf grundsätzlich auch auf Antrag keine amtliche Prüfungsnummer zugeteilt werden. Dies ist nur in einem einzigen **Ausnahmefall** zulässig, nämlich wenn ein solches Erzeugnis mit einer **Rebsortenangabe** versehen werden soll (§ 19 Abs. 2 WeinG), (Koch, 2007).

Nach rund 30-jähriger Erfahrung mit der A.P. Nummer darf man feststellen, dass im Allgemeinen der Zwang zu dieser Prüfung und ihre Ergebnisse sich sehr positiv auf die Qualität der Erzeugnisse ausgewirkt haben. Wenn es auch gelegentlich an einzelnen Prüfstellen zu Schwierigkeiten und Reibereien gekommen war – wenn zur Prüfung des Sekts solche Prüfer herangezogen wurden, die zwar geübt waren, mit Wein umzugehen, die jedoch keine Erfahrung in der Beurteilung von Sekt hatten –, ist doch im Laufe der Zeit die Zahl der Ablehnungen relativ zurückgegangen.

Die amtliche Prüfung der Qualitätsschaumweine b.A erstreckt sich auf

- Bezeichnung und Zusammensetzung des Erzeugnisses,
- sensorischen Befund,
- Werte der chemischen Analyse (zukünftig wird neben den bekannten Parametern auch die flüchtige Säure untersucht).

Nach § 24 der Weinverordnung vom 9. Mai 1995 – zuletzt geändert durch Art. 2 der VO vom 27. September 2007 – darf Schaumwein nur dann als Qualitätsschaumwein b.A. bezeichnet werden, wenn er unter anderem

1. die für ihn typischen Bewertungsmerkmale aufweist und
2. in Aussehen, Geruch oder Geschmack frei von Fehlern ist sowie
3. bei der Sinnenprüfung die festgesetzte Mindestpunktzahl erhalten hat.

In Bezug auf die Qualität der Erzeugnisse ist es mithin Aufgabe der amtlichen Prüfung festzustellen, ob die Erzeugnisse die verlangte Mindestqualität aufweisen.
Es muss bei den Merkmalen
- Farbe,
- Klarheit,
- Mousseux,
- Rebsorte (wenn angegeben),
- eine ja-/nein-Entscheidung getroffen werden.

Um eine gewisse Vereinheitlichung des Vorgehens der verschiedenen Prüfstellen herbeizuführen und um die Entscheidungsfindung zu erleichtern, soll der sensorischen Prüfung das Beurteilungsschema nach Anlage 9 der Weinverordnung als Grundlage dienen.

Mit diesem Schema sollen drei Eigenschaften (Geruch, Geschmack und Harmonie) nach Punkten bewertet werden, wobei insgesamt fünf Punkte erreicht werden können (Tab. 3). Als Mindestpunktzahl müssen Qualitätsschaumweine b.A. 1,5 Punkte (Crémants von der Mosel 3,0 Punkte) erreichen.

Wird eine Beurteilung unter 1,5 Punkte abgegeben, dann gelten die Mindestanforderungen für eine positive Beurteilung als nicht erfüllt.

1.3.5 Genusswerte und Inhaltsstoffe schäumender Weine

Stellvertretend für alle perlenden und schäumenden Weine wird im Folgenden nur von Sekt die Rede sein, weil dieses Wort angenehm kurz und leicht zu handhaben oder auszusprechen ist.

Der **Genusswert des Sekts** erwächst aus dem Zusammenwirken von
- Erlebniserwartung, Erlebnisumfeld, Erlebnisgeschehen,
- Sinneseindrücken, wie Aussehen, Geruch, Geschmack, Wärmeempfinden und Tastsinn,
- physiologischer Wirkung auf die Gesundheit und das körperliche Befinden des Genießers.

Sekt ist nicht Lebensmittel im engeren Sinn, aber auch nicht nur Genussmittel. Sekt ist für die Ernährung des Menschen nicht erforderlich, dennoch wirkt er sich oft positiv auf das Befinden der Genießer aus. Sekt ist kein Durstlöscher. Das körperliche Bedürfnis nach Flüssigkeitsaufnahme stillt man besser mit Wasser oder Ähnlichem. Der Genuss des Sekts erhöht die Lebensfreude und verhilft zu mehr Lebensqualität ohne nachteilige Nebenwirkungen.

Der Genusswert des Sekts besteht somit in einem maßvollen Zusammenwirken psychologischer, physischer und physiologischer Faktoren.

Gerade bei Sekt haben die psychologischen Faktoren der Erlebniserwartung und des tatsächlichen Erlebens eine überragende Bedeutung in Bezug auf den Genusswert.

Das **Genießen** ist ein ganz subjektives, situationsabhängiges Erleben. Sofern die hohe Erwartung, die von den Vorinformationen über das Produkt ausgelöst wurde, durch geeignete, den Genuss vorbereitende Rahmenhandlungen verstärkt und ergänzt wird, kann das Probieren, Schlürfen, Trinken des Sekts dann als Hochgenuss erlebt werden, wenn Mousseux, Geruch und Geschmack wohl abgestimmt sind und sich beim Genießer alsbald eine angenehme Erfrischtheit, Anregung und Beschwingtheit einstellen (siehe auch Kap. 6.5).

Zu den genannten **Rahmenbedingungen** gehören z. B. die Auswahl des Sekts, das stil-

Tab. 3 Bewertung der Sinnenprüfung (nach dem 5-Punkte-Schema der DLG)

a) Punkteskala

Punkte	Intervalle	Qualitätsbeschreibung
5	4,50-5,00	hervorragend
4	3,50-4,49	sehr gut
3	2,50-3,49	gut
2	1,50-2,49	zufriedenstellend
1	1,00-1,49	nicht zufriedenstellend

keine Bewertung = Ausschluss des Schaumweines von der Prämiierung

b) Vorbedingungen

Mousseux	feinperlig	ja/nein
Rebsorte	typisch	ja/nein
Anbaugebiet	typisch	ja/nein (falls angegeben)
Farbe	typisch	ja/nein (falls angegeben)
Klarheit	typisch	ja/nein

Eine Beurteilung mit nein schließt den Qualitätsschaumwein von weiteren Beurteilungen aus bzw. führt zur Aberkennung der Rebsortenangabe und/oder geographischen Herkunftsangabe.

c) Sensorische Prüfmerkmale und Möglichkeiten der Punktevergabe

Jedes Prüfmerkmal ist einzeln zu bewerten und seine Punktzahl niederzuschreiben.

Prüfmerkmal	Möglichkeiten der Punktvergabe									
Geruch	5	4,5	4,0	3,5	3,0	2,5	2,0	1,5	1,0	0
Geschmack	5	4,5	4,0	3,5	3,0	2,5	2,0	1,5	1,0	0
Harmonie *)	5	4,5	4,0	3,5	3,0	2,5	2,0	1,5	1,0	0

*) das Zusammenwirken aller Vorbedingungen und Prüfmerkmale, einschl. der Abstimmung von Süße – Säure – Alkohol

d) Mindestpunktzahl und Qualitätszahl

Die Mindestpunktzahl für jedes Prüfmerkmal beträgt 1,5. Die durch 3 geteilte Summe der für Geruch, Geschmack und Harmonie erteilten Punkte ergibt die Qualitätszahl. Sie muss für alle Qualitätsschaumweine mindestens 1,5 Punkte betragen.

volle Gedeck mit feinen Gläsern, das gekonnte Öffnen und Einschenken des Sekts sowie die Bekanntgabe der Sektbezeichnung und auch des Anlasses für diesen Genuss.

Im Rahmen eines Buches über die Technologie der Herstellung können die psychologischen Faktoren jedoch nicht eingehend betrachtet werden, man kann nur auf sie hinweisen. Wertvolle Anregungen hierzu können der einschlägigen Fachliteratur (z. B. Uhr, 1979) entnommen werden. Zum Genusswert des Sekts tragen seine Inhaltsstoffe wesentlich bei.

1.3.5.1 Kohlensäure und Mousseux

Allen voran ist die **Kohlensäure** zu nennen und das durch sie hervorgerufene Mousseux, das Schäumen und Perlen.

In vielen fachwissenschaftlichen Veröffentlichungen, aber auch in der Werbung und besonders in mündlichen Kommentaren wird erklärt, dass der „gute“ Sekt ein besonders feinperliges, lang anhaltendes Mousseux habe. Je größer aber die aufsteigenden Gasbläschen sind und je schneller das Mousseux abklingt, desto weniger gut ist der Sekt. Diese Behauptungen entbehren indes jeder Grundlage, sie entspringen dem Wunschdenken und sie erfreuen sich einer beachtlichen Beliebtheit, weil sie „einleuchten“ und seriös klingen und weil sie nicht kontrollierbar sind.
Es ist zutreffend, dass man als Sekthersteller sehr gerne ein feinperliges und lang anhaltendes Mousseux im eigenen Erzeugnis hätte. Manchmal hat man sogar Glück und es tritt tatsächlich auf. Es ist aber ebenso zutreffend, dass man bis heute noch nicht in der Lage ist, das Erscheinungsbild des Mousseux durch technologische Maßnahmen gezielt zu beeinflussen.
Tröstlich ist, dass in jüngerer Zeit ernsthafte Anstrengungen in mehreren Ländern unternommen werden, mit Hilfe moderner physikalischer Meßmethoden und chemischer Analysen zu erkennen, wovon die Form des Mousseux abhängt. Näheres hierzu siehe Kap. 6.2.

Das Entweichen der Kohlensäurebläschen ergötzt nicht nur das Auge des Betrachters durch ihr lebhaftes Spiel. Die platzenden Bläschen schleudern auch winzige Tröpfchen durch die Luft, sie treffen zuweilen in belustigender Weise die Nase des Genießers, sie knistern hörbar und, sofern das Glas dünnwandig und fein ist, versetzen sie durch ihr Auftreffen die Glaswand in Schwingungen, wodurch sehr zarte, helle Glockentöne und Obertöne hervorgerufen werden, die man allerdings nur in stiller Umgebung wahrnehmen kann, wenn man das Glas nahe ans Ohr hält. (Auf dieses Phänomen hat H. Schanderl als Erster hingewiesen.) Dieses interessante Entweichen der Kohlensäurebläschen hat eine weitere wichtige Bedeutung. Während des Aufsteigens nehmen die Bläschen flüchtige Geruchs- und Aromastoffe aus dem Sekt auf und setzen sie, oben angelangt, durch ihr Platzen in Freiheit. Dies hat die Wirkung einer „Gaswäsche“, mit der Folge, dass die riechbaren guten, aber ggf. auch weniger guten Bestandteile des Weinaromas viel intensiver zum Vorschein kommen, als dies im stillen Wein möglich ist.

Schließlich ist von besonderem Einfluss auf den Genusswert, dass die Kohlensäure des getrunkenen Sekts die Resorptionsfähigkeit der Magen-Darm-Schleimhaut verbessert (Kliewe 1981) wodurch unter anderem der Alkohol rascher aufgenommen wird.

Die Kohlensäure erregt ferner die Geschmackspapillen des Mundes, wodurch der Appetit angeregt wird (vgl. Kap. 6.5). Die Kohlensäure ist also ein wichtiger Geruchs- und Geschmacksverstärker.

1.3.5.2 Sektgläser

Zum Genuss des Sekts tragen auch die Sektgläser durch ihre Form und die Beschaffenheit ihrer Oberflächen bei. Dickwandige, schwere Gläser, auch solche mit Schliff, sind vielleicht geeignet um Süd- oder Dessertwein daraus zu trinken, zum Sekt passen sie indes nicht. Sehr gut und mit erhöhtem Genuss kann man Sekt aus dünnwandigen, glatten, leichten und zierlichen Gläsern trinken.

Die Vielfalt der **Formen von Sektgläsern**, die im Handel angeboten werden, ist groß und es ist Sache des persönlichen Stilempfindens, welche Form man bevorzugt. Schlanke, hohe Gläser werden deswegen am häufigsten verwendet, weil in solchen Gläsern das Mousseux des Sekts besonders gut zu beobachten ist und weil Bukett und Aroma des Sekts darin nicht so schnell verfliegen.

Nur aus ganz **sauberen Gläsern** kann man Sekt mit ungetrübtem Genuss genießen. Sauber bedeutet hier, dass nach dem Spülen

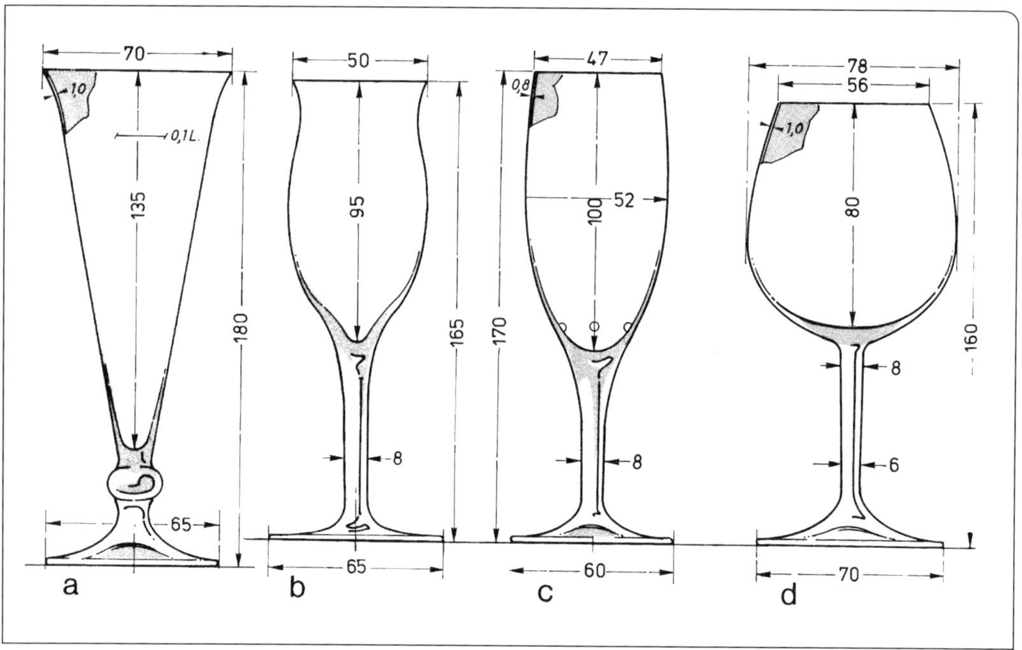

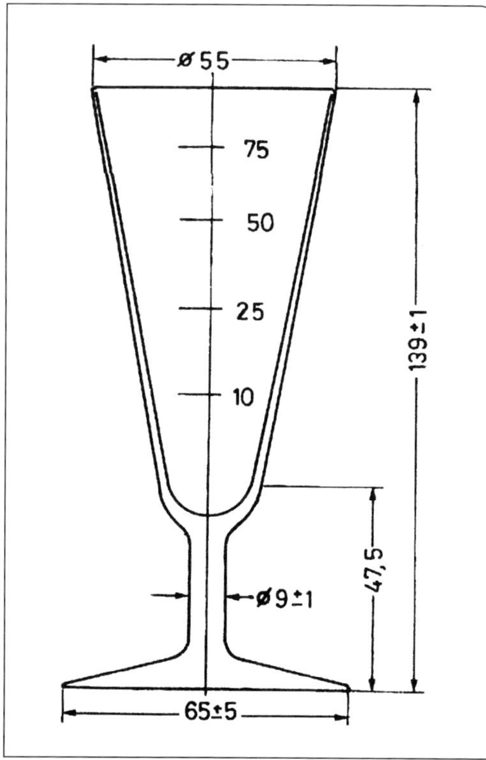

Abb. 2 (oben). Gebräuchliche Glasformen für Schaumweinproben (alle Maße in mm).
a = Spitzkelch („Flöte", von „la flûte") sowohl Kostglas als auch Trinkgefäß; b = tulpenförmig geschweifte Form eines Sektprobenglases; c = eingezogenes Sekt-Kostglas, praktische Glasform; d = Ballonglas für Proben und Gebrauch von vollmundigen Sekten, vorwiegend Rotsekt.

Abb. 3. Prüfglas für die sensorische Analyse von Sekt. Maße in mm. Inhalt randvoll 105 cm^3, füllvoll 75 cm^3. Moussierpunkt in der Mitte des Kelchbodens ø 1 mm. (nach Rhein in Koch 1986).

auch die Spülmittelreste vollständig von der Glaswand entfernt werden, indem man das Glas in frischem, sauberem Wasser nachspült. Spülmittelreste verhindern jegliches Mousseux. Anschließend sollen die Gläser abtropfen und an der Luft trocknen. Geschirrtücher hinterlassen oft feine Fasern oder Fusseln am Glas, manchmal sogar Fettspuren, die dem Mousseux abträglich wären.

Eine ungeschmälerte Freude am Mousseux kann man seinen Gästen dann bieten, wenn die Gläser am Grunde des Kelchs mit einer feinen Aufrauung von etwa 1 mm Durchmesser versehen wurden, dem „Moussierpunkt“. Beispiele einiger gebräuchlichen Glasformen sind in Abb. 2 gegeben.

Für professionelle sensorische Sektprüfung wird zum einheitlichen Gebrauch und in Anlehnung an DIN 10960 ein Prüfglas vorgeschlagen, das der Darstellung in Abb. 3 entspricht.

Näheres hierzu siehe im Kapitel Beurteilung von Sekt, Schaumwein und Perlwein in J. Koch (1986).

1.3.5.3 Klarheit, Farbe, Temperatur

Die modernen Möglichkeiten der **Klärung** des Sekts ermöglichen es, den Sekt, unabhängig vom Herstellungsverfahren, vollkommen klar und brillant-glänzend herzustellen. Alle Beeinträchtigungen der Klarheit und des Glanzes, wie mattes Aussehen, leicht staubige „Blindheit“, herumschwebende Partikel oder gar eine kräftige Trübung, sind sichtbare Zeichen dafür, dass im Laufe der Herstellung nicht einwandfrei gearbeitet wurde. Je ausgeprägter die Trübung ist, desto deutlicher tritt auch eine Störung im Geruch und im Geschmack des Sektes auf.

Die **Farbe** des Sekts lässt Schlüsse zu in Bezug auf die Rebsorte seiner Grundweine, auf die Sorgfalt der Traubenverarbeitung und auf den Oxidationsgrad des Erzeugnisses. Sekte aus Weißwein, wie Riesling, Silvaner, Müller-Thurgau, Gutedel, Grüner Veltliner etc. sind von blass-gelber Farbe mit mehr oder minder deutlich sichtbarer grüner Farbkomponente. Sekte aus weißgekelterten Rotweintrauben hingegen haben eine gold-gelbliche Grundfarbe mit grauer, zuweilen auch rötlicher Komponente. Kräftigere Farben deuten im Allgemeinen auf eine härtere Beanspruchung der Trauben während der Verarbeitung hin und das Auftreten von braunen Farbtönen zeigt an, dass die Oxidation der phenolischen Bestandteile, je nach Intensität, weniger oder schon mehr fortgeschritten ist. Mit dem Auftreten der braunen Farbtöne geht in aller Regel auch eine Veränderung von Geruch und Geschmack einher. In Deutschland und Österreich hergestellte weiße Sekte sind normalerweise von blasser, hellgelblich-grünlicher Farbe, während französische Erzeugnisse, insbesondere solche aus der Champagne normalerweise eine helle goldgelbe Farbe mit grauer Komponente zeigen.

Die **Temperatur** des Sektes im Trinkglas beeinflusst recht spürbar seinen Genusswert. Entsprechend der leichten Flüchtigkeit der Aroma- und Bukettstoffe soll weißer Sekt im Glas eine Temperatur von knapp 10 °C aufweisen. Beim genussbewussten Schlürfen des Sekts wird er dann im Munde des Genießers gerade ausreichend erwärmt, sodass die feinen, zuweilen recht zarten oder filigranen Bukettstoffe verdampfen und voll wahrgenommen werden können. Bei 10 °C Trinktemperatur ist das Entweichen der Kohlensäure gebremst, das Mousseux zeigt sich von seiner schönsten Seite und im Munde des Genießers wirkt das frei werdende Gas wohltuend erfrischend und noch kaum irritierend.

Roten Sekt darf man ohne Minderung des Genusswertes bei etwas höherer Temperatur von etwa 12–14 °C servieren.

1.3.5.4 Alkoholgehalt

Der **Alkohol** erhöht den Genusswert des Sekts in zweifacher Hinsicht: durch seine physiologische Wirkung und durch seinen Einfluss auf den Geruch des Sekts. Physiologisch wirkt er auf den Genießer in sehr milder Weise wärmend, anregend und euphorisierend. Im Bukett des Sekts tritt er einerseits durch seinen Eigengeruch in Erscheinung, der wahrnehmbar wird, sobald seine Konzentration etwa 4 %vol überschreitet, andererseits dadurch, dass die Aromastoffe der Rebsorte und die, während der Gärung oder später gebildeten, Bukettstoffe in Alkohol löslich sind und daher mit dem Alkohol besser aus dem Sekt heraus getragen werden, wobei die Kohlensäurebläschen als Transportmittel wesentliche Hilfe leisten. Der Alkohol dient also auch als Aromaträger.

Sofern die Konzentration des vorhandenen Alkohols zwischen 10 und 12 %vol liegt, trägt der Alkohol optimal zum Genusswert des Sektes bei. Je geringer der Alkoholgehalt des Schaumweins ist, desto ärmer und dünner wirkt er. Je mehr der Alkoholgehalt den Idealwert überschreitet, desto weniger harmonisch ist der Sekt und umso mehr belastet er den Genießer.

1.3.5.5 Geruchs- und Aromastoffe

Das **Geruchsbild** des Sekts besteht aus dem Zusammenspiel von mehreren Hundert riechbaren Bestandteilen. Es sind dies Aroma-Anteile des Traubenaromas, ferner gehören die flüchtigen Stoffe und Stoffwechselprodukte dazu, die während der ersten und/oder zweiten Gärung durch die Hefen gebildet werden, aber auch solche, die von einer Apfel-Milchsäuregärung oder von anderen, meist unerwünschten Aktivitäten von Mikroorganismen im Sekt verblieben sind; und es sind schließlich von besonderer Bedeutung jene Bukettstoffe, die während der Lagerung und Reifung, ohne Mitwirkung von Mikroorganismen, aus vorhandenen Bestandteilen allmählich neu entstehen. Zu letzteren gehören hauptsächlich Ester, das sind Verbindungen aus Carbonsäuren und Alkoholen (siehe Würdig/Woller, 1989, S. 584, A. Rapp, Aromastoffe).

Die Nase des Genießers ist ein empfindlicher „Detektor", d. h. Erkenner von Gerüchen. Die Geruchswahrnehmung wird unmittelbar mit bereits früher wahrgenommenen und im Gedächtnis gespeicherten Gerüchen verglichen. Es wird geprüft, inwieweit der Geruch des Sekts mit der Erwartung übereinstimmt. Es stellen sich Assoziationen ein und es werden Emotionen ausgelöst.

Das **Aroma** eines erwartungsgemäßen Sekts kann unterstützt durch die Kohlensäure bewirken, dass dem Genießer „das Wasser im Munde zusammenläuft", noch bevor er den ersten Schluck genommen hat.

Im besonders günstigen Falle löst der Sekt schon beim Riechen helles Entzücken aus und der Genießer gerät in Hochstimmung, die allerdings nur dann bestehen bleibt, wenn der durch das Riechen gewonnene Eindruck anschließend im Mund durch den Geschmack bestätigt wird, d. h., wenn der Sekt „hält, was er verspricht". Im ungünstigen Fall kann der Geruch aber Befremden auslösen, unter Umständen sogar Widerwillen, Abscheu oder Ekel.

Der Genusswert des Sekts wird, wie man erkennt, in ganz hohem Maße von seinem Geruch bestimmt. Vor allem deswegen ist es so sehr wichtig, dass der Grundwein mit größter Sorgfalt ausgewählt wird und dass durch Sauberkeit und Hygiene während der Herstellung störende Einflüsse vermieden werden.

1.3.5.6 Zuckergehalt

Der **Zuckergehalt** des Sekts kann analysiert und sehr deutlich in Zahlen ausgedrückt werden. Derartige Zahlen sind für die Qualitätssicherung und Betriebskontrolle von großer Bedeutung. Für die geschmackliche Beurteilung bringen sie nur wenig Nutzen, weil der Geschmackseindruck „süß" sich aus dem Zusammenspiel von Zucker, Säure, Alkohol und Extrakt ergibt. Den Kohlensäuregehalt müsste man korrekterweise auch in Betracht ziehen. Da er aber in der Mehrzahl der Fälle stets in der gleichen Größenordnung vorliegt, ist es kein Fehler, wenn er hier als „konstante Größe" ausgeklammert wird.

In den Anfängen der gewerblichen Herstellung schäumender Weine, also ab etwa 1750 und bis etwa 1900, wurde die **Süße** dieser Produkte sehr geschätzt. Es war die Zeit, da Zucker noch ein Luxusartikel war, der z. B. im Privathaushalt unter Verschluss gehalten wurde. Je billiger und somit je mehr allgemein verfügbar Zucker wurde, desto weniger wichtig war die Süße des Schaumweins und umso mehr gewannen die weintypischen Geschmackskomponenten an Wertschätzung. Heute spielt Zucker im Sekt im wahren Sinne des Wortes eine untergeordnete Rolle. Die „dienende Süße“ ist gefragt, wie Troost schon früher erkannt und gelehrt hat. Der Zucker soll also nicht hervorschmecken oder dominieren, sondern er soll die anderen riechbaren und schmeckbaren Teile des Sekts wohltuend ergänzen und hervorheben. Es ist bemerkenswert, dass in einem Sekt ohne jeden Restzucker das Aroma weniger intensiv wahrgenommen wird, als in dem gleichen Sekt mit einer kleinen, unauffälligen Dosage. Eine wissenschaftliche Erklärung dieser beobachteten, aromaverstärkenden Wirkung des Zuckers ist uns nicht bekannt. Die praktische Erfahrung lehrt indes ähnliche Effekte des Zuckers auch in der Zubereitung von Speisen. Ob in Suppen oder Soßen, bei Salaten und Gemüsen, stets verhilft „eine Prise“ Zucker zur deutlichen Verbesserung des Aromas.

Die **Fruchtsäuren** des Weines können, verstärkt durch den hohen Kohlensäuregehalt, im Sekt recht spitz und aggressiv erscheinen. Bei Anwesenheit von Zucker in wohlbemessener Menge verliert die Säure ihre aggressive Wirkung. Sie wird als angenehm erfrischend empfunden, ohne dass der Zucker merklich in Erscheinung tritt.

Der **Alkoholgehalt** des Sekts (etwa 10–12 %vol) würde, wäre er ohne die anderen Bestandteile allein vorhanden, als leicht süßlich und wärmend empfunden werden. Alkohol ist also geeignet, die Wirkung des Zuckers zu ergänzen. Man wird mithin, um einen bestimmten Effekt zu erzielen, dann etwas weniger Zucker benötigen, wenn etwas mehr Alkohol vorhanden ist.

Ähnliches gilt hinsichtlich des **Extraktgehalts**, wobei mit dem Wort Extrakt nicht eine bestimmte Substanz, sondern eine von Wein zu Wein unterschiedliche Summe der nicht verdampfbaren Weinbestandteile verstanden wird. Darin hat Glycerin den größten Anteil.

Während der Gehalt des Sekts an **zuckerfreiem Extrakt** und an **titrierbaren Säuren**, sowie – bis auf Ausnahmen – auch der Gehalt an vorhandenem **Alkohol** als gegeben, d. h. nicht mehr veränderbar angesehen werden muss, hat es der Sekthersteller in der Hand, die Höhe des Zuckergehalts durch Zugabe der **Versanddosage** von Fall zu Fall einzustellen. Er wird sich bei seiner Entscheidung einerseits nach der Art seines Sekts richten, andererseits aber auf die Geschmackswünsche seiner Kunden Rücksicht nehmen.

Es gibt keine allgemeingültigen Regeln oder gar Berechnungsmethoden für die Harmonie der Geschmackskomponenten. Auch hier kommt es auf das Einfühlungsvermögen und die Erfahrung des Herstellers an.

In der Absicht, die Verbraucher umfassend zu informieren, hat der Verordnungsgeber vorgeschrieben, dass die „Art des Erzeugnisses“ anzugeben sei. Gemeint ist die Angabe des **Rest-Zuckergehalts**. Bei Schaumwein müssen diese Angaben durch entsprechend vorgeschriebene Begriffe erfolgen. Das sind u.a. gemäß VO (EG) Nr. 607/2009, Anhang XIV.

Begriff	Zuckergehalt g/l
brut nature, naturherb (nur wenn kein Zucker bei der Versanddosage zugegeben wurde)	0 bis 3
extra brut oder extra herb	0 bis 6
brut oder herb	niedriger als 12
extra dry, extra trocken oder extra secco	12 bis 17
sec, trocken, secco, asciutto, dry, tør, xeros oder secco	17 bis 32
demi-sec, halbtrocken, abboccatao medium-dry, halvtør, semi secco oder meio secco	32 bis 50
doux, mild, dolce, sweet, sød, dulce oder doce	50 und höher

Für Perlwein lauten die Geschmacksangaben nach § 41 Abs. 2 WeinVO:

trocken	0 bis 35
halbtrocken	33 bis 50
mild	50 und höher

Diese Angaben zeigen, dass der Begriff extra herb mit 0 bis 6 g/l Restzucker als so **gut wie nicht dosiert** gilt, weil dieser Zucker infolge der Kohlensäure und der Fruchtsäuren nicht als „süß" wahrgenommen wird. Er dient in dieser Größenordnung ausschließlich zur Verstärkung und Hervorhebung der anderen Geschmacks- und Geruchskomponenten.

Im Rahmen des bevorstehenden neuen EU Bezeichnungsrechtes ist zu erwarten, dass bei Schaumwein eine Toleranz von 3 g/l Restzucker erlaubt sein wird.

Die Angaben zeigen ferner, dass die Grenzen nicht scharf festgelegt werden können, weil das Zusammenspiel von Alkohol, Extrakt, Säure und Zucker so viele, nicht berechenbare Variationen hervorbringt, sodass z. B. ein mit 17 g/l als extratrocken dosierter Sekt unter Umständen weniger süß schmeckt als ein anderer, der mit 17 g/l als trocken dosiert wurde.

Es wird verwundern, dass die vorstehenden teils französischen, teils englischen Bezeichnungen, die aus traditionellen Exportgepflogenheiten stammen, oft nicht mit dem bei Stillwein tolerierten Zuckergehalt übereinstimmen. Dazu ist zu bemerken, dass der CO_2-Gehalt der Sekte den dem Zuckergehalt entsprechenden Eindruck „süß" drückt. Man empfindet nicht so süß, wie es beim CO_2-freien oder -armen Stillwein der Fall ist und wo deshalb andere Relationen gelten. Während man beim Stillwein die Geschmacksschwelle für Zucker etwa bei 3 g/l findet, beträgt sie beim Schaumwein etwa 12 g/l, wie die obige Einteilung zeigt.

1.3.5.7 Titrierbare Säuren und pH-Werte

Ein wesentlicher Qualitätsfaktor ist die titrierbare Säure, die in der Hauptsache durch den Gehalt an **freier** Wein-, Äpfel- und Milchsäure bestimmt ist. Obwohl sich der saure Geschmack kaum in Zahlenwerten wie pH-Wert, Säuregrad, titrierbare Säure u.a. richtig ausdrücken lässt, messen und beurteilen wir ihn doch nach g/l (= ‰) titrierbare Säure; im Übrigen nach der Geschmacksharmonie, weil hier viele Komponenten mitspielen.

Entsprechend der Art des Schaumweines wird man höhere Säuregehalte eher tolerieren als zu niedrige; zwischen ø 6–7, extrem 4,8–9,3 g/l, seltener bis 8,0 g/l liegt das Geschmacksoptimum. Beim pH-Wert liegt dieser Zahlenbereich zwischen ø 2,9–3,15, extrem 2,8–3,4. pH-Werte > 3,2 deuten auf weniger freie und mehr gebundene Säuren. Beim Sekt wird ein optimaler Anteil an freien Fruchtsäuren bevorzugt. Sie machen einen Teil des frischen und fruchtigen Charakters aus (Manceau 1929, Schanderl 1943, 1959), können aber auch die Neigung zum Weinsteinausfall begünstigen.

1.3.5.8 Extraktgehalt

Der Extraktgehalt wird im Allgemeinen als Ursache für den Geschmackseindruck „vollmundig", „Körper", „Fülle" angesehen. Er wird mindestens 15 g/l und höchstens 24 g/l als zuckerfreier Extrakt betragen, je nach Art und Herkunft der Grundweine. Bei der angestrebten Leichtigkeit und Flüchtigkeit der Schaumweine wird er im Allgemeinen nicht überbewertet, er kann durch Kühlung (Weinsteinausfall) beträchtlich sinken. Meist liegen die Sekte bei 17–20 g/l zuckerfreiem Extrakt, auch in der Champagne. Die Ursache für die relativ niedrigen Werte liegen in der dort üblichen fraktionierten Kelterung der Trauben und der ausschließlichen Verwendung des Vorlaufs „Cuvée" für Qualitätsschaumweine; aber auch im Standort, den leichten Kalk- und Kreideböden und im Jahrgang. Trockene Jahrgänge zeitigen immer extraktarme Weine. Extraktarme Schaumweine perlen länger, weil mit abnehmendem Extraktgehalt die Löslichkeit des CO_2 zunimmt. Auch wirken solche Schaumweine nicht sättigend.

1.3.5.9 Glycerinanteil

Der im Extrakt enthaltene Glycerinanteil wird in gleicher Richtung wahrgenommen. Er ist an sich geschmacksneutral bis süß, tritt aber mehr in Richtung „Vollmundigkeit" in Erscheinung. Sein Gehalt entspricht meist 6–11 % des Alkoholgewichtes, zumal edelfaule Moste und Weine aus botrytisfaulen Beeren nicht zu Sekt verarbeitet werden und deshalb botrytogenes Glycerin keine Rolle spielt. Er dürfte nur bei Herkunfts- oder Jahrgangssekten eine positive Rolle spielen.

1.3.5.10 Schwefelige Säure

Die schwefelige Säure ist kein natürlicher Bestandteil des Weines. Die Hefe kann im Verlaufe ihres Stoffwechsels schwefelhaltige Aminosäuren des Traubenmostes umbauen und dabei Schwefel freisetzen, zum Beispiel als Schwefelwasserstoff (H_2S) oder als elementarer Schwefel (S_8) oder als Schwefeldioxid (SO_2). Die aus diesem Stoffwechsel stammende SO_2-Menge ist sehr gering und ohne praktische Bedeutung.

Unter geeigneten Bedingungen können Hefen eine merkbare Menge SO_2 dann bilden, wenn Most spontan vergoren wird und in dieser Hefepopulation sog. schwefelbildende Hefen vorkommen (Würdig/Woller 1989, Seite 211). Hierbei entsteht das SO_2 sowohl aus natürlichen Mostbestandteilen als auch aus dem Schwefel, der z. B. als Rückstand von der Schädlingsbekämpfung in den Most gelangt ist und dann von der Hefe umgebaut wird.

Die weitaus größte Menge der im Wein vorkommenden Schwefelverbindungen stammt aber aus dem Zusatz, der im Zuge der Weinbereitung in den Wein gelangt.

Die Frage nach den Gründen, derentwegen in der Weinbereitung SO_2 verwendet wird (siehe Troost 1988, Seite 317), ergibt Folgendes:

- Rund 80 % des zugesetzten SO_2 werden benötigt, um den Acetaldehyd (Ethanal) zu binden.
- Sofern das Lesegut faul war oder nach einer gestörten, unvollkommenen Gärung, verbleibt im Wein Brenztraubensäure, auch Pyruvat genannt. Sie ist auch ein Zwischenprodukt der alkoholischen Gärung und kann ebenfalls größere Mengen SO_2 binden.
- Keto-2-Glutarsäure, ein dem Zitronensäurestoffwechsel verschiedener Mikroorganismen entstammendes Zwischenprodukt, kann auch SO_2 binden.
- Einen zwar wechselnden, oft aber doch bemerkenswerten Anteil des SO_2 binden die ketonischen Stoffwechselprodukte Aceton, Acetoin und Diacetyl, die meist auf faulen Trauben von Bakterien gebildet werden.
- Ähnliche Größenordnung erreicht der SO_2-Anteil, der an phenolische Verbindungen gebunden wird, insbesondere an Chinone.
- Zum Schutz vor Oxidation und den damit verbundenen Bräunungsreaktionen wird das freie, also das noch nicht gebundene SO_2 benötigt. Dieses wird aber im Laufe der Zeit verbraucht, wobei es enzymatisch oder katalytisch zu Schwefelsäure (Sulfat) oxidiert wird.

Die enzymatischen Oxidationen können zum Teil durch SO_2-Zusatz verhindert werden.

Bei genauer und nüchterner Betrachtung ist zu erkennen, dass die Menge des benötigten SO_2 sehr unterschiedlich sein kann und sehr stark davon abhängt wie die Mostgewinnung und die Weinbereitung durchgeführt werden.

Im **Idealfall**, d. h. bei sauberem und gesundem Lesegut, bei schonendem Transport der Trauben, bei fachlich richtiger, korrekter Mostgewinnung und Weinbereitung und bei guter Betriebshygiene, könnte vollständig ohne jeden Zusatz von SO_2, Sektgrundwein und Sekt hergestellt werden. Dies geht aus entsprechenden Versuchen hervor.

In der Praxis wirkt es sich erschwerend aus, dass an der Lese, Mostgewinnung, Weinbereitung und Sektherstellung normalerweise mehrere Unternehmens- oder Handelsstufen nacheinander beteiligt sind, wobei der jeweilige Produktbesitzer nicht weiß, was die Vorbesitzer an dem Produkt getan oder unterlassen haben. In der Praxis kommt man deshalb nicht ohne SO_2-Zusatz aus.

Man kann aber die Schlussfolgerung ziehen, dass die Weinbereitung und Sektherstellung umso besser ausgeführt werden und der Sekt eine umso bessere Qualität aufweist, wenn mit weniger SO_2 ein haltbarer, wohlschmeckender Sekt gewonnen wurde.

Um Missverständnisse zu vermeiden, sei deutlich gesagt, dass hier nicht einem unterschwefelten Produkt das Wort geredet werden soll. Selbstverständlich müssen alle Bestandteile eines Sekts, die SO_2 zu binden befähigt sind, **vollständig** an SO_2 gebunden werden, damit ein angemessener Bestand an freiem SO_2 übrig bleibt. Das Ziel muss aber darin bestehen, den Most und den Wein so zu bereiten und den Sekt so herzustellen, dass möglichst wenig SO_2-bindende Bestandteile im Produkt enthalten sind. Nur dann ist ein Minimum an SO_2 nötig.

In der Bierbrauerei finden die wesentlichen Produktionsvorgänge stets in nur einem Betrieb statt, da ist es schon seit Langem möglich geworden, sehr wohlschmeckende Produkte ohne den geringsten SO_2-Zusatz herzustellen.

Die schwefelige Säure trägt im Sekt jedenfalls nicht direkt zur Erhöhung des Genusswertes bei. Aber sie verhilft indirekt zur Erhöhung des Genusswertes, indem sie durch ihre Bindung verhindert, dass einige, oft weitgehend vermeidbare, unvorteilhafte Bestandteile sich Genusswert-mindernd auswirken.

1.3.5.11 Acetaldehyd (Ethanal)

In dem Maß, wie man vor etwa vierzig Jahren in der Weinbereitung dazu übergegangen ist, eine scharfe **Mostvorklärung** mit anschließender **Reinhefegärung** vorzunehmen, gelangte man auch zu Weinen mit geringerem Acetaldehydgehalt. Alle Maßnahmen, die geeignet sind, eine bessere, möglichst perfekte **Endvergärung** herbeizuführen, tragen dazu bei, dass weniger Zwischenprodukte der alkoholischen Gärung im Erzeugnis verbleiben. Dies betrifft sowohl die Brenztraubensäure (Pyruvat) als auch vor allem den Acetaldehyd (Ethanal). Bei fachlich guter Arbeitsweise werden Erzeugnisse erzielt, deren Gehalt an Pyruvat unter 4 mg/l und Acetaldehyd unter 20 mg/l beträgt.

In der älteren Literatur wurde u.a. von F. Paul (1961) der Acetaldehyd als eine wesentliche Geschmackskomponente der Schaumweine angesehen. Aus heutiger Sicht ist festzustellen, dass Acetaldehyd nur in unterschwefelten Erzeugnissen riechbar hervortritt, und zwar dann, wenn der freie Acetaldehyd, der Teil also, der nicht an SO_2 gebunden ist, mehr als 20 mg/l beträgt. **Freier Acetaldehyd** dieser Größenordnung war früher bei Schaumweinen der Champagne verhältnismäßig oft anzutreffen, er galt sogar als Charakteristikum. Inzwischen hat man sich auch in der Champagne weitgehend auf die „reduktive" Geschmacksrichtung umgestellt und es gibt hervorragende Champagner, deren Acetaldehydgehalt im Idealbereich von 15 bis 20 mg/l liegt, wohlgemerkt der gesamte Acetaldehyd!

In das Geschmacksbild der fruchtig-frischen Schaumweine, wie sie in Deutschland und Österreich erzeugt werden und beliebt sind, passt der Geruch des Acetaldehyds (= Luftton) **überhaupt** nicht hinein, er wird hier als Fehler empfunden.

1.3.5.12 Polyphenole oder „Gerbstoffe“

Diese besonders reaktionsfreudige Stoffgruppe von Weinbestandteilen bereitet dem Sekthersteller mehr Sorge als Freude.

Sofern die Polyphenole in geringen Konzentrationen vorkommen, tragen sie sehr positiv zum Geschmacksbild des Sekts bei. Sie bilden, zusammen mit den Fruchtsäuren (= titrierbare Gesamtsäure), das Rückgrat oder das Korsett des Sekts.

In vereinfachender Unterscheidung kann man sagen, dass im Saft und im Fruchtfleisch der Traubenbeeren die **„nichtflavonoiden“ Polyphenole** gebildet werden. Auf ihren Anteil an den Gesamtpolyphenolen hat der Weinerzeuger kaum Einfluss, da dieser Anteil vor allem durch die Rebsorte bedingt ist. Er gehört zum charakteristischen Bild der Rebsorte. Von den gesamten Polyphenolen entfallen bei Weißwein etwa 100 bis 200 mg/l auf die „nichtflavonoiden“. Aus den Schalen der Traubenbeeren, den Kernen und den Stielen aber stammen hauptsächlich die „flavonoiden“ Polyphenole, die unerwünscht sind. Ihr Anteil an den Gesamtpolyphenolen ist dann groß, wenn mit dem Lesegut unsachgemäß und grob umgegangen wird. Er wird hingegen recht gering sein, wenn das Lesegut sachgemäß schonend verarbeitet wird.

Die Menge dieser unerwünschten flavonoiden Polyphenole kann im günstigen Fall um etwa 20 mg/l betragen, in ungünstigen Extremfällen aber auf weit über 100 mg/l ansteigen.

Ein zu hoher Gehalt an **flavonoiden Polyphenolen** (Leukoanthocyane, Catechine, Gerbstoffe) kann unter anderem zur Folge haben,

- dass der Wein/Sekt rapsig und rau schmeckt,
- dass der Wein/Sekt nach Verschwinden der freien schwefeligen Säure hochfarbig oder rahn wird,
- dass das Mousseux beeinträchtigt oder grob gestört ist,
- dass der Geruch des Weines/Sektes gestört ist,
- dass beim Rütteln Probleme infolge Maskenbildung auftreten.

Durch Verwendung nur gesunden Leseguts, durch schonende Verarbeitung der Trauben, Vermeidung von Maische- und Mostschwefelung, kräftige Mostvorklärung in Verbindung mit einer reichlichen Einsaat von Reinhefe zur Weinbereitung gelingt es Sektgrundwein zu erzeugen, der einen nur sehr kleinen Anteil unerwünschter, flavonoider Polyphenole enthält. Damit wird die Voraussetzung für einen wohlschmeckenden Sekt von langer Haltbarkeit geschaffen.

1.3.5.13 Stickstoffverbindungen, Aminosäuren, Eiweißstoffe

Diese hochinteressante Großfamilie der Stickstoffverbindungen ist die Grundlage allen Lebens schlechthin. Stickstoffverbindungen befinden sich demgemäß in allen Teilen der Rebe, also auch in Most und Wein. Alle Mikroorganismen, die Hefen, die Bakterien, die Pilze benötigen Stickstoffverbindungen zum Aufbau der eigenen Körpersubstanz. Sie alle haben in ihrem Zellsaft zahlreiche Enzyme, das sind ebenfalls Eiweißstoffe, die es der Zelle ermöglichen, chemische Veränderungen zum Abbau oder Aufbau oder Umbau der Eiweiße und anderer lebenswichtiger Substanzen zu vollziehen (siehe u.a. Würdig/Woller 1989, Kap. 2.2.5, Rapp).

Der Einfluss der Stickstoffverbindungen auf das Geschmacks- und Geruchsbild des Weines ist indes nicht bedeutend und wenig erforscht. Den Genusswert des Sekts beeinflussen sie dennoch indirekt.

Nur wenn genügend einfache Stickstoffverbindungen, z. B. als Ammoniumsalz oder als Nitrat für die Ernährung der Hefe zur Verfügung stehen, wird die Gärung bis zum vollständigen Abbau des Zuckers und der Zwischenprodukte Acetaldehyd und Pyruvat ablaufen. Ein Mangel an einfachen Stickstoffverbindungen kann auftreten, wenn im Lesegut viele faule Trauben enthalten waren.

Von besonderer Bedeutung ist hierbei das Vitamin B1 = Thiamin = Aneurin, das als Thiaminphosphat ein Co-Enzym der Carboxylase ist und wesentlich zum Abbau der SO_2-bindenden Gärungszwischenprodukte Pyruvat und Acetaldehyd beiträgt.

Stickstoffverbindungen, insbesondere die höhermolekularen Eiweiße, sind „oberflächenaktiv", sie setzen die Grenzflächenspannung zwischen Gasblasen und Sekt herab und tragen dazu bei, dass das Mousseux schöner ausgebildet wird und länger anhält. Die Untersuchungen von Bach und Zimmer (1988) ergaben, dass ein längeres Hefelager die Stabilität der Blasenhaut und damit die Schaumstabilität verbessert.

Die Aminosäuren des Weines und Sektes sind eine Gruppe von Stickstoffverbindungen, die relativ gut untersucht sind. Während man früher annahm, der Sekt würde durch den Zerfall der Hefe um so reicher an Aminosäuren werden, je länger er auf der Hefe gelagert wird, haben Untersuchungen von L. Usseglio-Tomasset (1985) und besonders von W. Postel und Ziegler (1991) gezeigt, dass diese Annahme falsch ist. Zu Beginn der Sektgärung tritt nur eine **Umbildung** ein, die Hefe verzehrt einige Aminosäuren, um daraus andere zu bilden. Die Veränderungen sind aber gering. Bereits einen Monat nach Beginn der Sektgärung treten stabile Verhältnisse ein und die Aminosäuren nehmen im Laufe von 18 und mehr Monaten nicht oder nicht nennenswert zu. Es ergab sich bei den genannten Versuchen auch keine Abhängigkeit (Korrelation) zwischen Aminosäuregehalt und Qualität.

1.3.5.14 Mineralstoffe

Die Mineralstoffe des Schaumweins sind, vom Standpunkt der menschlichen Ernährung betrachtet, unbedeutend. Zur Deckung des Mineralstoffbedarfs sind Gemüse und Frischsäfte viel besser geeignet als Wein oder Sekt, denn sie enthalten etwa zehnmal mehr Mineralstoffe.

Abb. 4. Gehalte an gesamter titrierbarer Säure und pH-Werte von verschiedenen Schaumweinen (nach Bach und Holbach 1993).

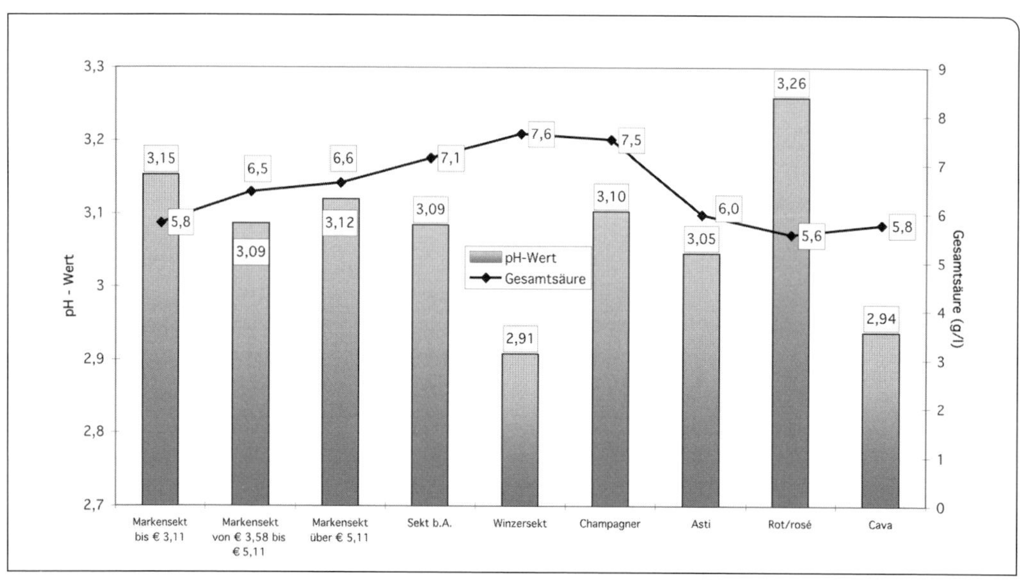

Die Mineralstoffe des Schaumweins spielen auch in geschmacklicher Beziehung eine nur sehr untergeordnete Rolle. Bei höherem Gehalt des Weines an Kationen sind die Säuren besser „gepuffert", der pH-Wert ist etwas erhöht und der Wein wirkt im Geschmack weniger spitz. Dies ist bei der Herstellung übergebietlicher Verschnitte von einer gewissen Bedeutung.

Der Gehalt der Schaumweine an Mineralstoffen findet einen summarischen Ausdruck im Gehalt an **Asche**. Er bewegt sich zwischen 1,1 bis 1,9 g/l bei weißem Schaumwein und kann bei rotem Schaumwein bis zu 2,2 g/l betragen.

Von den Kationen hat das **Kalium** den größten Anteil und es interessiert den Schaumweinhersteller deswegen sehr, weil es den kationischen Bestandteil des Weinsteins bildet.

Von den Schwermetallen sind **Eisen** und **Kupfer** vor allem deshalb von großer Bedeutung, weil sie als Katalysatoren bei der Oxidation und anderen Vorgängen mitwirken. Für diese Mitwirkung genügen schon sehr geringe Mengen, die normalerweise auch nach einer korrekt ausgeführten Blauschönung noch vorhanden sind. Früher waren diese Schwermetalle oft an Trübungen beteiligt (schwarzer Bruch, weißer Bruch, Kupferbruch).

Unter den anorganischen Säuren sind die **Phosphate** am stärksten vertreten, sie spielen im Stoffwechsel der Hefe eine wesentliche Rolle.

Näheres über Mineralstoffe vgl. Würdig/Woller (1989) und Koch (1986).

1.3.6 Analysen von Schaumweinen deutscher und ausländischer Herstellung

Die folgende Vergleichsübersicht zeigt die Zusammenfassung von Ergebnissen einer Untersuchung vom Herbst 1993. Es wurden im Handel (SB-Markt, LEH etc.) 66 verschiedene Schaumweine gekauft, nach ihrer Art in neun Gruppen eingeteilt und aus den Analysen jeder Gruppe die Mittelwerte gebildet.

Die Analysenmittelwerte der Gruppen lassen einige interessante gruppentypische Merkmale erkennen, die jeweiligen Streubreiten überschneiden sich zwar oft. Da, wo größere Unterschiede auftreten wie z. B. beim Zucker, lassen sie in Einzelfällen einen Zusammenhang mit der Gruppe erkennen, wie bei der Gruppe Asti mit durchschnittlich 89,4 g/l Gesamtzucker und einem entsprechend geringen vorhandenen Alkoholgehalt (57, 3 g/l). Die Champagner weisen ebenfalls Besonderheiten auf. Mit dem höchsten Gehalt an Milchsäure geht ein geringer Ethanalgehalt (44 mg/l) einher. Sowohl der Gesamtstickstoff (476 mg/l) als auch der Gehalt an Aminosäuren (960 mg/l) liegt beim Champagner weit über dem Mittelwert der anderen Schaumweine – was sicherlich in den dort zur Sektherstellung verwendeten Burgundersorten begründet ist (Dittrich, Grossmann, 2005). Die Übersicht (Tab. 4) zeigt sehr deutlich, in welchen Größenordnungen die verschiedenen Analysenwerte vorkommen.

Bei den **Gesamtsäuren** (Abb. 4) scheint eine gruppenabhängige Tendenz vorzuliegen. Der tiefste pH-Wert beim Winzersekt und Cava lässt auf eine schonende Verarbeitung der Trauben schließen (siehe Abb. 12). Logisch ist auch der höchste pH-Wert der Rot/Rosé-Sekte. Durch die zur Farbstoffgewinnung notwendige Beerenhautextraktion sind ebenfalls die Säure puffernde Mineralstoffe in den Sekt gelangt (siehe Zeile 16 der Tab. 4).

In der Darstellung des **Gesamtdrucks** (Abb. 5) lässt sich zwar erkennen, dass die Mittelwerte aller Proben den für Sekt geforderten Druck aufweisen, doch wurden bei einigen Sekten Werte von < 3 bar gefunden. Dies muss als Hinweis dafür verstanden werden, dass bei diesen Schaumweinen keine ausreichende Druckreserve eingehalten wurde und es vermutlich an einer konsequenten Endkontrolle des Herstellers fehlte (siehe auch Kap. 6.1.5).

Tab. 4 Vergleichsübersicht von Qualitäts-Schaumweinen des Getränkehandels in Deutschland (Bach und Holbach 1994)

Gruppe			1	2	3	4	5	6	7	8	9
Proben je Gruppe			7	6	13	8	6	6	5	11	4
Bezeichnung			Markensekt								
Pos.	Mittelwerte	Einheit	bis € 3,11	von 3,58 bis € 5,11	über € 5,11	Sekt b. A.	Winzer-Sekt	Champagne	Asti	rosé und rot	Cava
1	ges. Überdruck 20 °C	bar	3,9	4,2	4,5	5,1	4,6	5,3	4,0	3,9	5,0
2	rel. Dichte 20/20	–	1,0057	0,9997	0,9997	0,9969	1,0015	0,9962	1,0311	1,0112	0,9967
3	vorh. Alkohol	g/l	87,2	93,1	91,7	94,2	90,3	97,6	57,3	89,5	94,0
4	Gesamt-Extrakt	g/l	52,8	39,4	39,0	32,8	43,0	32,0	106,7	70,2	32,1
5	ges. Zucker nach Inv.	g/l	30,9	20,5	20,1	12,8	20,7	13,4	89,4	45,6	15,9
6	zuckerfreier Extrakt *)	g/l	18,4	19,3	19,9	21,0	21,0	19,7	18,2	23,9	17,2
7	Glycerin	g/l	6,1	6,2	6,5	7,1	7,0	5,8	4,7	6,7	5,3
8	pH-Wert	–	3,15	3,09	3,12	3,09	2,91	3,10	3,05	3,26	2,94
9	Gesamtsäure	g/l	5,8	6,5	6,6	7,1	7,6	7,5	6,0	5,6	5,8
10	Weinsäure	g/l	2,4	2,7	2,4	2,3	2,2	2,8	2,3	2,1	3,1
11	Äpfelsäure	g/l	0,5	1,0	1,4	2,0	3,2	1,1	1,6	0,7	0,4
12	Milchsäure	g/l	1,0	1,2	1,2	1,0	0,4	2,8	0,5	1,3	0,6
13	Citronensäure	g/l	0,5	0,4	0,3	0,2	0,2	0,2	0,5	0,3	0,4
14	flüchtige Säuren	g/l	0,17	0,17	0,10	0,08	0,00	0,17	0,14	0,23	0,30
15	Asche	g/l	1,6	1,6	1,5	1,5	1,4	1,1	1,6	2,0	1,1
16	Kalium	mg/l	610	560	529	530	484	378	506	773	323
17	ges. Polyphenole	mg/l	238	249	212	210	186	226	213	938	243
18	Acetaldehyd (Ethanal)	mg/l	65	76	53	59	44	44	63	44	58
19	SO_2, gesamtes	mg/l	164	138	122	142	135	55	134	120	110
20	SO_2, freies + Red.	mg/l	17	14	13	19	16	5	8	12	9
21	ges. Stickstoff	mg/l	179	210	240	243	224	476	163	270	165
22	ges. Aminosäuren	mg/l	147	175	265	283	260	960	300	244	114
23	ges. biogene Amine	mg/l	19	17	18	22	19	26	27	35	16

*) Die Zahlen stellen Mittelwerte aus den jeweiligen Sektgruppen dar. Somit ist die rechnerische Ermittlung aus den Zeilen 4 und 5 nicht möglich.

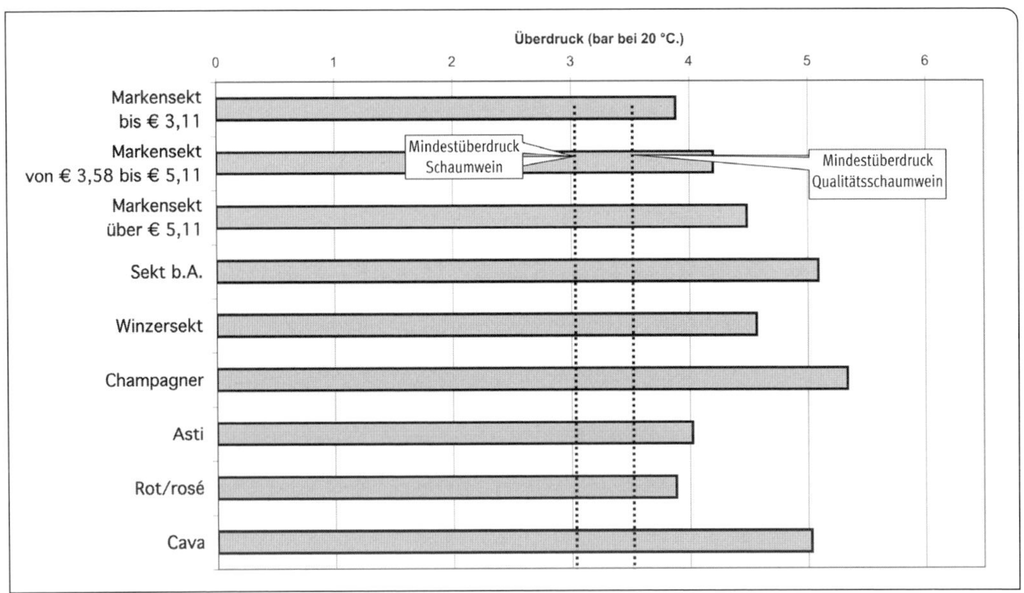

Abb. 5 (oben). CO_2-Überdruck in bar von Schaumweinen verschiedener Herkunft und Herstellungsverfahren (nach Bach und Holbach 1993).

Abb. 6. SO_2-Gehalt und seine Bindungen bei verschiedenen Schaumweinen (nach Bach und Holbach 1993).

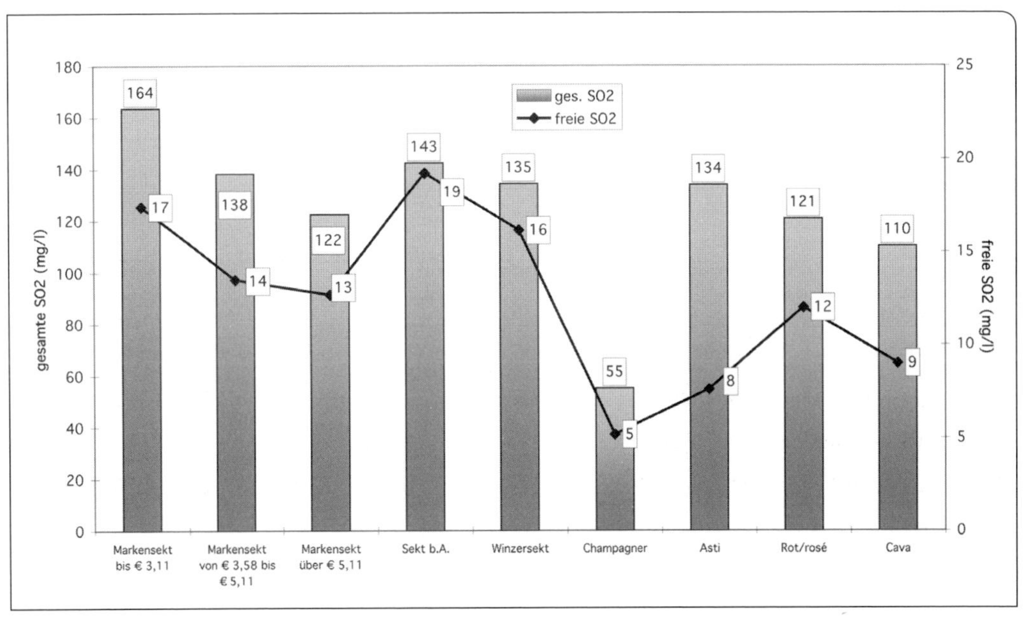

Tab. 5 Verkaufszahlen und Verbrauch schäumender Weine in Deutschland in den Jahren 1991 und 2007, Zusammenstellung aus Zahlen des Statistischen Bundesamtes und des Verbandes Deutscher Sektkellereien

		Mio. 1/1 Flaschen		Prozent	
		1991	2007	1991	2007
	Schaumweine (insgesamt)	431,5	359,6	100,0	100,0
Herstellung	Verkauf Inland	414,0	335,4	95,9	93,3
	Export	17,5	24,2	4,1	6,7
Charakter	Qualitätsschaumwein/Sekt	412,1	95,5	95,5	99,9
	einfacher Schaumwein	19,4	4,5	4,5	0,1
	weiß	405,6	332,3	94,0	92,4
Farbe	rot	20,7	11,5	4,8	3,2
	rosé	5,2	15,8	1,2	4,4
Flaschengrößen	¼ Fl. (0,200 l)	56,5	43,5	13,1	12,1
	½ Fl. (0,375 l)	1,3	0,7	0,3	0,2
	1/1 Fl. (0,750 l)	371,1	314,3	86,0	87,4
	andere Größen	0,2	1,1	0,6	0,3

In der Darstellung der **schwefligen Säure** (Abb. 6) sind die Mittelwerte angegeben. Jeder Balken des Diagramms zeigt, wie viel Gesamt-SO_2 im Mittel gefunden wurde und wie viel davon als freie SO_2 vorliegt (Linie). In den dargestellten Werten für die freie SO_2 sind auch die „sonstigen Reduktone" enthalten. Reduktone sind Weinbestandteile mit reduzierender Eigenschaft (L-Ascorbinsäure, oxidierbare Polyphenole etc.), die bei der Jod-Titration freies SO_2 vortäuschen. In den meisten der hier dargestellten Werte ist echtes freies SO_2 nicht vorhanden. Diese Erzeugnisse haben trotz des scheinbaren freien SO_2 keinen ausreichenden Oxidationsschutz.

1.3.7 Verkaufszahlen und Verbrauch schäumender Weine in Deutschland

In Tab. 5 ist die Herstellung von Schaumwein des Jahres 1991 im Vergleich mit dem Jahr 2007 dargestellt. Es geht daraus hervor, dass unter den in Deutschland hergestellten Schaumweinen der Qualitätsschaumwein den weitaus größten Anteil hat. Zwar ist der weiße Schaumwein am gängigsten, doch wird deutlich, dass der Rosé-Sekt stark gestiegen ist. Hauptsächlich werden 1/1 Flaschen gefüllt.

Aus Abb. 7 wird bei der langfristigen Betrachtung des Sektabsatzes deutlich, dass sowohl der Absatz deutscher Schaumweine wie ebenfalls der Champagner stark von der jeweiligen politisch/wirtschaftlichen Situation abhängig ist, aber auch – wenn doch nur vorübergehend – von der Höhe der Sektsteuer. Während der Absatz aus deutscher Sektproduktion seit den 90er-Jahren zurückgeht, steigt der Champagner-Verkauf stetig. Seit 2009 scheint dieser Trend gebrochen.

Der Vergleich der Betriebsgrößen (Abb. 8) zeigt in beeindruckender Weise eine Zunahme der kleinen Betriebe, das sind fast ausschließlich Weinerzeuger, die aus eigenem Wein Schaumwein herstellen lassen oder selber herstellen. Diese haben für ihre Betriebe zusätzliche Absatzmöglichkeiten eröffnet, ohne damit den „hauptberuflichen" Schaumweinkelle-

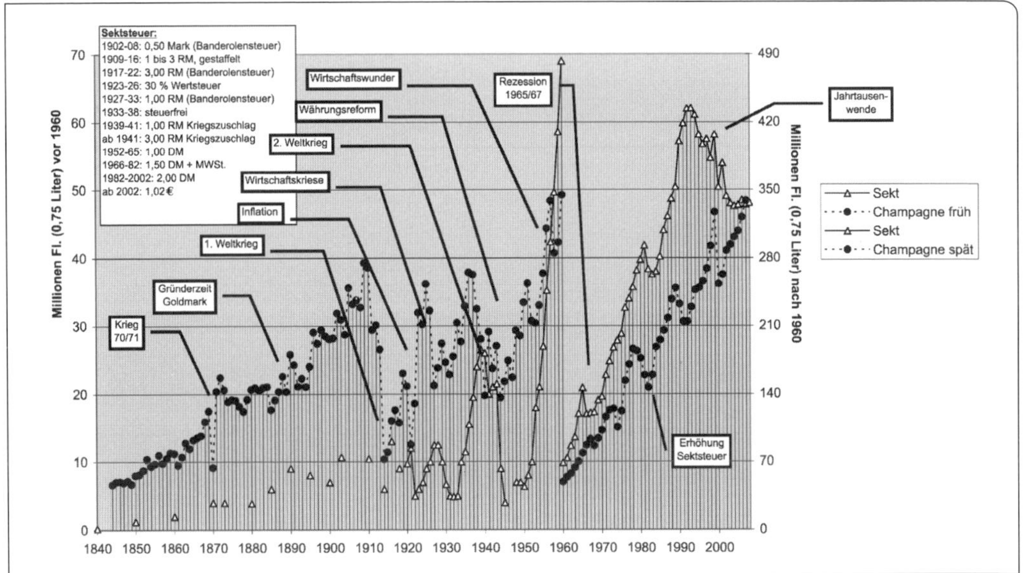

reien Marktanteile beschnitten zu haben. Ihr Anteil ist zwar im Beobachtungszeitraum von 0,4 % auf 0,7 % gestiegen, aber an der Gesamtherstellung immer noch marginal.

Augenfällig ist in Abb. 8, dass nur fünf Betriebe (im Jahre 1990 waren es noch fünfzehn) 87,6 % der Schaumweine herstellen!

Abb. 7. Schaumweinerzeugung in Deutschland als versteuerter Umsatz. Im Vergleich dazu die jährlich hergestellte Menge an Champagner.

Abb. 8. Entwicklung der Betriebsgrößen zwischen 1990 und 2007.

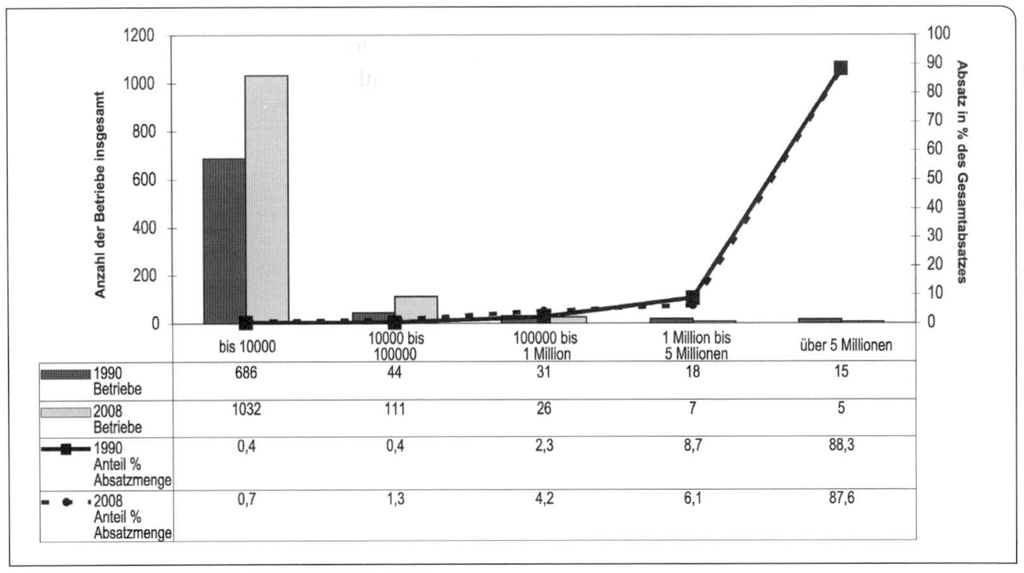

	bis 10000	10000 bis 100000	100000 bis 1 Million	1 Million bis 5 Millionen	über 5 Millionen
1990 Betriebe	686	44	31	18	15
2008 Betriebe	1032	111	26	7	5
1990 Anteil % Absatzmenge	0,4	0,4	2,3	8,7	88,3
2008 Anteil % Absatzmenge	0,7	1,3	4,2	6,1	87,6

2 Grundwein

Grundwein ist das Rohprodukt für die Herstellung von Schaum- und Perlwein.

2.1 Beschaffung

Die Beschaffung von Grundweinen in geeigneter Qualität und Menge ist Voraussetzung für eine optimale Produktplanung.

2.1.1 Zielsetzung und Bedarfsplanung

Im Sinne einer klaren Trennung der Aufgaben muss herausgestellt werden, dass die Schaffung (Kreation) neuer Produkte nicht Aufgabe dessen ist, der für die Beschaffung von Grundwein zuständig ist. Neue Produkte werden ausgedacht und entwickelt – je nach Unternehmensgröße – vom Unternehmer selber, von der Unternehmensplanung, vom Marketing, von der Abteilung Produktentwicklung bzw. ggf. von der Qualitätsplanung (siehe auch Kap. 7). Erst wenn ein Produkt ausgedacht, versuchsweise hergestellt und geprüft worden ist, und erst dann, wenn die unternehmerische Entscheidung gefällt wurde, dass dieses Produkt mit den gewollten Eigenschaften und mit einem bestimmten, durch Geschmacksmuster und chemische Analysen genau beschriebenen Charakter hergestellt werden soll, und wenn außerdem die erforderlichen Mengen festgelegt wurden, beginnt die Aufgabe der Beschaffung.

Ob es sich also um ein bereits seit längerer Zeit bestehendes oder um ein neu geschaffenes Produkt handelt, muss immer hinsichtlich seiner Qualität im Sinne einer **Soll-Qualität** definiert und bezüglich der Menge als **Soll-Menge** festgelegt worden sein.

Aufgabe der Beschaffung ist es somit, die qualitativen und mengenmäßigen Voraussetzungen dafür zu schaffen, dass das Produkt gemäß der Soll-Qualität **reproduziert** und gemäß der Soll-Menge in entsprechendem Volumen hergestellt werden kann.

Darüber hinaus ist es Aufgabe der Beschaffung, darauf zu achten, dass die Kosten der Weinbeschaffung den hierfür vorgegebenen Rahmen nicht überschreiten. Es ist ferner wichtig, dass der benötigte Wein zur richtigen Zeit zur Verfügung steht.

Die **Beschaffung** bewegt sich also in dem Spannungsfeld zwischen den vier begrenzenden Punkten: Qualität, Menge, Preis und Termin.

Es ist offensichtlich, dass man in der Weinbeschaffung immer Kompromisse eingehen muss und dass man gezwungen ist, das Vorgehen von Fall zu Fall immer wieder anzupassen und zu optimieren.

Bezüglich der Mengen und der Termine muss die Beschaffungsstelle nicht nur beachten, wie die Marktlage bei Lieferanten und Spediteuren ist, sondern ebenso auch, welche Möglichkeiten im Betrieb bestehen, den ankommenden Wein zu übernehmen.

In der Unternehmensleitung oder bei der von ihr dazu beauftragten Stelle des Unternehmens wird der **Bedarfsplan** erstellt.

Im aller einfachsten Fall gibt der Bedarfsplan an, welche Menge Wein für jedes einzelne Produkt im bevorstehenden Geschäftsjahr benötigt wird. Ist das Planungssystem etwas besser entwickelt, dann werden kürzere Zeitabschnitte betrachtet, sodass der Bedarf z. B. pro Quartal oder gar pro Monat ermittelt wird.

Bei der Bedarfsplanung für die Sektherstellung besteht indes die Schwierigkeit, dass der **Weinbedarf** lange Zeit vor dem Verkauf des Produkts entsteht. Je nach Art des Produkts können zwischen dem geplanten Verkauf und dem daraus abgeleiteten Weinbedarf mehrere Monate oder gar Jahre liegen. Um grobe **Planungsfehler** zu vermeiden, die sich in kostspieligen Über- oder Unterbevorratungen bemerkbar machen, ist es daher erforderlich, dass die Unternehmensleitung eine weit in die Zukunft gerichtete Verkaufs- bzw. Absatzplanung erstellt, wobei auf kurze Frist (z. B. 1 Jahr) genau, auf mittlere Frist (z. B. 2 bis 3 Jahre) näherungsweise und auf lange Frist wenigstens tendenziell geplant wird. Diese Planung muss dann, orientiert an der tatsächlichen Entwicklung, in kurzen Abständen (z. B. alle 6 Monate) korrigiert und jeweils weiter fortgeschrieben werden.

Die Weinlese findet jedes Jahr nur einmal statt. Innerhalb weniger Wochen muss bei den Erzeugern die gesamte Ernte untergebracht werden. Es muss dort mithin genügend Platz verfügbar sein. Schon wenige Wochen später ist der neue Wein vergoren und kann alsbald probiert werden. Die **Preise** für Altwein und für Jungwein sind ständig in Bewegung und sie unterliegen nicht nur den Einflüssen von Angebot und Nachfrage, sondern hängen oft noch von anderen Gegebenheiten ab.

Aus qualitativer Sicht kann es von großem Vorteil sein, wenn man den **Weinbedarf** für eine längere Bedarfsperiode möglichst bald nach der Ernte, also so früh wie möglich, beziehen und in der Sektkellerei einlagern kann, weil dieser Jungwein dann nach eigenen Bedürfnissen ausgebaut und behandelt werden kann. Das setzt natürlich voraus, dass in der Sektkellerei **genügend geeigneter Fassraum** gerade dann verfügbar ist. Preislich könnte es zwar vielleicht besser sein, wenn man erst kurz vor der Lese Altwein in größerer Menge kauft, aber das Risiko, dann doch nicht eine wirklich geeignete Qualität zu finden, ist sehr bedeutend.

Bei den Erzeugern müssen zum Herbst jedenfalls große Lagerkapazitäten bereitstehen, damit die Ernte eingebracht werden kann.

In der Sektkellerei müssen ebenfalls große **Lagermöglichkeiten** vorhanden sein, um den jeweiligen Weinbezug einlagern zu können.

Das kann bedeuten, dass in Extremfällen der für die Menge eines Jahresbedarfs benötigte **Weinlagerraum** zunächst beim Erzeuger und kurz danach abermals bei der Sektkellerei bereitgehalten werden muss. Man braucht also faktisch den doppelten Lagerraum. Volkswirtschaftlich gesehen ist das nicht sinnvoll. Es können die Kosten für die Bereitstellung und das Instandhalten des Lagerraums vermindert werden, wenn zwischen den Sektherstellern und den Weinerzeugern entsprechende Abmachungen getroffen werden. Eine Abmachung darüber, dass der Grundwein hauptsächlich beim Erzeuger gelagert wird, bedingt konsequenterweise, dass die Arbeitsleistungen der Behandlung und des Ausbaus der Jungweine zwar nach den Bedürfnissen der Sektkellerei ausgerichtet sind, in der Praxis aber auch vom Erzeuger erbracht werden. Wenn der Erzeuger diese Leistungen korrekt und zuverlässig erbringt, kann sich die Sektkellerei entsprechende Maßnahmen sparen. In diesem Falle entstehen der Sektkellerei auch nahezu keine Behandlungsverluste und die Abwasser- bzw. die Sondermüllbelastung werden weitgehend reduziert.

Sofern sich die Erzeuger und die Sekthersteller nicht als Kontrahenten, sondern als Partner verstehen und füreinander Verständnis aufbringen, können die Maßnahmen der Behandlung präzise miteinander vereinbart und entsprechende Entgelte ausgehandelt werden, sodass daraus beiden Seiten ein gewisser Vorteil gegenüber früheren Abwicklungen erwächst.

Die **Beschaffung von Grundweinen** kann das ihr gesetzte Ziel, die geeignete Qualität in der erforderlichen Menge zu angemessenem Preis und zum richtigen Zeitpunkt bereitzustellen, nur dann bestmöglich erreichen, wenn von der Unternehmensleitung eine möglichst wirklichkeitsnahe Bedarfsplanung vorgegeben wird und wenn Kellerei und Erzeuger geeignete partnerschaftliche Vereinbarungen treffen.

2.1.2 Grundwein für Markensekt

Nach den Regeln der EG besteht für den Markensekthersteller hinsichtlich der Herkunft der Weine freie Auswahl im gesamten Geltungsbereich des gemeinsamen Marktes. Weine beliebiger Herkunft aus dem EG-Raum nehmen gleichberechtigt am Wettbewerb um die Zuneigung der Kunden teil. Diese „Gleichberechtigung" bedeutet selbstverständlich nicht, dass die Weine alle gleich gut zur Sektherstellung geeignet wären, oder dass sie auf gleichem Qualitätsniveau stünden.

Wem aber der klare Blick nicht durch lokalpatriotische Voreingenommenheit oder durch regionale Überheblichkeit getrübt wird, der wird erkennen, dass die Technologie der Weinbereitung nicht nur in Deutschland, sondern in allen Erzeugerländern der Gemeinschaft recht entwickelt und fortgeschritten ist und dass auch normale, gängige Weine recht oft ein bemerkenswert **hohes Qualitätsniveau** besitzen. Die vielen Anbaugebiete bringen, dank der Verschiedenheit der Böden, der Klimate und der Rebsorten Weine von recht unterschiedlicher Art hervor, sodass die Gemeinschaft eine sehr abwechslungsreiche Fülle interessanter Weine zu bieten hat. Bei angepasster Technologie bringen auch wärmere, südlichere Regionen fruchtige, leichte, rassige Weine hervor (frühe Lese, kräftige Mostklärung, Reinzuchthefe, gekühlte Gärung etc.) und es zeigt sich einerseits, dass Weine vieler Anbaugebiete der EG gut geeignet sind, als **Komponente in der Cuvée eines Markensekts** verwendet zu werden, und andererseits, dass viele Weine des EG-Raumes, einschließlich Deutschlands, gegeneinander austauschbar sind. Bei geschickter Abwandlung der Rezeptur können Cuvées des gleichen Charakters aus Komponenten recht verschiedener Herkunft zusammengestellt werden. Das ermöglicht es demjenigen Sekthersteller, der den Grundweinmarkt gut übersieht, sich an die Veränderungen des Marktes anzupassen, ohne Gefahr zu laufen, dass die **Soll-Qualität** seiner Marke nicht erreicht wird.

Wichtige Helfer in der Beobachtung des Grundweinmarktes sind die **Makler, Agenten oder Kommissionäre**, also die Vermittler. Sie kennen ihr Einzugsgebiet bis in die Einzelheiten. Sie berichten über die Entwicklung in ihrem Gebiet und sie geben die Wünsche der Sekthersteller an die Grundweinerzeuger weiter. Sie beschaffen Angebotsproben, helfen beim Kaufabschluss, überwachen die Verladung bei Bezug des Weines und beobachten meist auch die Verrechnung der Lieferung. Manche Weinvermittler betreiben ihr Geschäft schon in zweiter oder dritter Generation, sie genießen einen guten Ruf und vermeiden es tunlichst, ihn aufs Spiel zu setzen.

Verantwortungsbewusste **Wein-Einkäufer** werden sich dennoch nicht allein auf den Weinvermittler verlassen, sondern sich bemühen, sich eine eigene Meinung vor Ort zu bilden, wobei der Vermittler ebenfalls helfen kann.

Zur Herstellung von **Markensekt** werden in Deutschland – schon seit den Anfängen der Herstellung –, neben Weinen deutscher Herkunft, in beachtlichem Maße auch Weine aus Frankreich verarbeitet. Seit Gründung der EWG/EG wurden mit rasch zunehmendem Anteil auch italienische Weine ins Programm aufgenommen und seit dem Beitritt Spaniens zur EWG/EG erwiesen sich auch spanische Weine als durchaus interessante und geeignete Kombinationspartner.

Die Person, die in einer Sektkellerei für die Beschaffung des Grundweins zur Herstellung von Markensekt zuständig ist, das ist in aller Regel der **Wein-Einkäufer**, wird auf dem EG-weiten Feld des Grundweinmarkts vor allem Ausschau nach Wein von geeigneter **Qualität** halten. Der Einkäufer bezieht die Informationen, deren er für seine Entscheidungen bedarf, soweit möglich aus eige-

Die hohen Erwartungen der Konsumenten an die Qualität des Sekts, der große Investitionsaufwand für die apparative Ausrüstung eines Erzeugerbetriebs, um deren Anschaffung und **Ergänzung** nach dem Stande der Technik jeder Erzeuger bemüht sein muss, wenn er konkurrenzfähig bleiben will und die stark gesteigerten Anforderungen an das Fachwissen des Erzeugers führen dazu, dass immer mehr Erzeuger sich zu **Erzeugergemeinschaften** zusammenschließen oder einer **Erzeugergenossenschaft** beitreten. Diese großen Erzeugereinheiten verfügen meist über gute Fachkräfte, haben gute technische Ausrüstung und oftmals auch ein Betriebslabor, sodass sie imstande sind, die Weinbereitung recht rationell sowie sauber und zuverlässig zu betreiben.

ner Anschauung und Marktkenntnis, im Übrigen aber aus den Mitteilungen der Vermittler. Unter mehreren angebotenen Weinen geeigneter Qualität und Zuverlässigkeit (der Erzeuger) werden jene Weine herausgesucht, die in hinreichend großer Menge vorrätig sind und pünktlich zum gewünschten Termin geliefert werden können. Den Zuschlag erhält dann schließlich der Weinerzeuger, bei dem man die günstigsten Preiskonditionen erreicht.

2.1.3 Grundwein für Spezialitäten (rosé, rot, Sorte, Jahr)

Zur Beschaffung des Grundweins für Sekt-Spezialitäten dürfen zwar ebenfalls Weine aus dem gesamten Geltungsbereich der EG herangezogen werden, die Möglichkeiten der Auswahl sind hierbei aber sehr eingeschränkt, weil gerade die Bedingung der Spezialität begrenzend wirkt. Bei **Rotwein** spielen die Farbe und der Gerbstoffgehalt eine maßgebende Rolle, weil sie von großer Bedeutung sowohl für den Geschmack als auch für die Haltbarkeit sind. Gewisse Gerbstoffe stehen im Verdacht, verantwortlich für das explosionsartige Entweichen der Kohlensäure aus dem Sekt der frisch geöffneten Flasche zu sein, also für das sog. **Gushing** (siehe Kap. 6.4). Sofern dieses Unheil einmal auftreten sollte, ist es zweckmäßig, zu ermitteln, welche Komponente der Cuvée der Verursacher war, um sicherheitshalber beim Erzeuger dieses Weines künftig nicht mehr zu kaufen.

Roséwein trägt zu der Erscheinung des Gushing zwar nur sehr selten bei, größte Aufmerksamkeit verdient aber seine Farbe, weil sie leicht veränderlich ist.

Sofern die Forderung erhoben wird, eine Cuvée aus Wein nur einer Rebsorte zusammenzustellen, schränkt das die Beschaffungsmöglichkeiten erheblich ein. So wird man Riesling in Spanien, obwohl zugelassen, vergeblich suchen. In Frankreich wachsen Rieslingweine nur im Elsass und sie finden nur sehr selten Verwendung als Sektgrundwein.
In Norditalien gibt es zwar recht interessante Rieslingweine in kleinen Mengen (Rheinriesling), man muss aber sehr kritisch aufpassen, dass nicht ein Welschriesling erwischt wird, der nur einen ähnlichen Namen hat, ampelografisch aber eine ganz andere, eigene Rebsorte darstellt.
Relativ gering sind die Einschränkungen, die durch die Aufgabe entstehen, Wein von nur einem **Jahrgang** für die Herstellung einer Sektmarke zu verwenden, sofern man im Übrigen danach strebt, einen weinigen, neutralen Sekt herzustellen.

Im Übrigen gelten für die Beschaffung des Grundweins für Spezialitäten die gleichen Überlegungen, wie sie bei Grundwein für Markensekt ausgeführt wurden.

2.1.4 Grundwein für Sekt b.A.

Ein Sekt b.A. muss nicht nur **aus** Wein von diesem bestimmten Anbaugebiet, sondern auch **in** diesem Gebiet hergestellt werden. Unter gewissen Bedingungen darf die Herstellung auch in einem Gebiet in unmittelbarer Nähe erfolgen. Es ist im Einzelfalle zu klären, wie diese Bedingungen auszulegen sind, und ob der Hersteller ggf. eine Sondergenehmigung aufgrund nachweisbarer traditioneller Übung erhalten wird (VO (EG) Nr. 1493/99, Anhang VI, Buchstabe D, Nr. 1, b)

Grundsätzlich darf der **Sekt b.A.** aus beliebigem Qualitätswein dieses bestimmten Anbaugebiets hergestellt werden. Das bedeutet, dass die Cuvée aus einer einzelnen oder aus einer Mischung der in diesem b.A.-Gebiet zugelassenen bzw. empfohlenen Rebsorten bestehen darf. Eine A.P.-Nummer wird dem Sekt auf Antrag aber nur erteilt, wenn er bei der sensorischen Prüfung als typisch für die Gebietsart oder den **Gebiets-Charakter** beurteilt wird.

Was ist aber nun typisch für ein Anbaugebiet?

Das, was als typisch gilt, unterliegt ja einem langsamen Wandel. Die moderne Kellerwirtschaft ermöglicht es inzwischen, mit Edelstahl- oder Kunststofftanks, mit Edelstahlrohren und Edelstahlarmaturen, mit Zentrifugen und Filtern in einem solchen Maße sauber, hygienisch und oxidationsarm zu arbeiten, wie es früher nicht möglich war. Da in allen Anbaugebieten mit diesen **modernen Technologien** und Geräten gearbeitet wird, sind unsere Weine zwar reiner und feiner geworden, zugleich sind aber einige charakteristische **Gebietsmerkmale** der Weine deutlich zurückgegangen. Die Unterschiede von einem Anbaugebiet zum anderen sind kleiner geworden und innerhalb eines Gebiets ist es oft kaum möglich, noch feinere Unterschiede sicher zu erkennen wie Bereich, Gemeinden, Lagen.

Was also ist das Typische am Wein eines Anbaugebietes?

Es ist das Echte, das Wahre, die von Überlagerungen befreite, eigentliche Art des Weines, die, unter vergleichbaren Umständen der Technologie, allein aus dem wirklich standortabhängigen Zusammenwirken des Bodens und der Witterung mit der physiologischen Leistung der Rebe erwächst.

Die **Rebsorte Riesling**, synonym auch Rheinriesling genannt, ist genetisch gesehen überall die gleiche, ungeachtet dessen, ob sie am Kaiserstuhl oder im Remstal, am Main, im Rheingau oder an der Mosel wächst. Vergleichende Verkostungen zeigen, dass diese Weine tatsächlich nach Geruch und Geschmack und nach ihrer Art verschieden ausfallen, je nach Gebiet und Boden.

Im Prinzip trifft diese Beobachtung auch auf andere Rebsorten zu, wobei der Unterschied zwischen Tonschiefer und Muschelkalk sich z. B. bei Riesling anders auswirkt, als bei Silvaner.

Sofern aber Weine verschiedener Rebsorten eines Anbaugebiets im zulässigen Rahmen miteinander kombiniert werden, wird es noch schwerer, zu beurteilen, ob der Gebietstyp gewahrt ist.

Sekt b.A., der aus einer Mischung mehrerer Rebsorten des Gebiets hergestellt und ohne Nennung der Rebsorten, allein unter Angabe des Anbaugebiets in Verkehr gebracht wird, wird in Deutschland so gut wie nicht produziert. Es passt nicht in das Denkschema der Herstellung.

In anderen Weinbauländern der EG, in Frankreich, Italien oder Spanien sind in den verschiedenen bestimmten Anbaugebieten, wie ja auch hier, stets mehrere Rebsorten zum Anbau empfohlen oder zugelassen. Die Namen der **Rebsorten** werden allerdings fast nie in der Bezeichnung des Sekts oder des Weins genannt und das ist schon seit Generationen so. Ursprünglich wurden die Reben im gemischten Satz angebaut, sodass man die Sorten bei der Lese gar nicht auseinanderhalten oder trennen konnte. Diese Art der Kultur ist zum Teil heute noch anzutreffen. Dort, wo man zum sortenreinen Anbau übergegangen ist, werden Parzellen oder andere Teilflächen zwar mit jeweils verschiedenen Rebsorten bepflanzt, werden aber entweder gemeinsam gelesen und dabei vermischt oder getrennt gelesen und erst später miteinander vermischt. Sie kommen also in aller Regel zusammen. Der Gebietstyp ergibt sich dort aus der üblichen **Mischung der meist gebietstypischen Rebsorten** in Verbindung mit Boden und Wetter.

Die **Tradition und die Gewohnheit** sind in anderen Ländern anders als in Deutschland. Deshalb wird in Deutschland ein Sekt b.A. außer dem Namen des bestimmten Anbaugebiets, immer ergänzender Angaben bedürfen. Er wird zusätzlich zum b.A.-Gebiet vor allem den Namen der Rebsorte in der Bezeichnung enthalten. Qualitätsschaumweine b.A. werden meist, ebenso wie die Qualitätsweine b.A., in der Bezeichnung neben der Rebsorte noch die engere geographische Einheit der Herkunft, den Jahrgang und den Namen des Erzeugers nennen.

Es ergibt sich also für die Beschaffung der Grundweine zur Herstellung von Sekt b.A., dass der Schaumwein nach Art, Geschmack und Geruch möglichst nahe an den stillen Wein von gleicher Herkunft, Rebsorte und Jahrgang herankommen soll, er soll sein schäumender Zwilling sein. Dennoch sind wichtige Unterschiede zu beachten:

- Der **Sektgrundwein** soll nur aus gesunden, botrytisfreien Trauben bereitet werden.
- Die Trauben sollen besonders schonungsvoll befördert und verarbeitet werden, um den Übergang flavonoider Polyphenole in dem Most weitgehend zu vermeiden.
- Jegliche **Schwefelung von Trauben, Maische oder Most** ist zu unterlassen. Der Most soll kräftig vorgeklärt und mit Reinzuchthefe vergoren werden. Die Gärung soll so gefördert werden, dass sowohl der vergärbare Zucker als auch die Zwischenprodukte Pyruvat und Acetaldehyd vollständig abgebaut werden.

Auf allergrößte **Sauberkeit und Hygiene** bei allen Gefäßen, Schläuchen, Rohren und Geräten ist zu achten, um Fremdgeruch, Fremdgeschmack und Infektionen zu vermeiden.

Vorbeugen ist besser als Heilen! (siehe auch Kap. 2.2)

2.1.5 Einkaufsbedingungen, qualitativ

Mit der früher üblichen Methode, den Grundwein allein nach Kostprobe zu kaufen, kann man den heutigen hohen Anforderungen an die Eigenschaften des Grundweins nicht mehr genügen.

Sofern der Wein z. B. mit SO_2 ausreichend versorgt ist, sodass noch 10 bis 15 mg/l freies SO_2 vorhanden sind, kann durch Geschmacksprobe allein nicht erkannt werden, ob und wie viel **Acetaldehyd** vorliegt.

Ebenso ist es dann nicht möglich, sich ein Urteil über den Polyphenolgehalt zu bilden. Man kann es auch nicht schmecken, ob der Wein viel oder wenig gebundenes SO_2 enthält.

Um sich vor Enttäuschung und Schaden zu schützen, ist es zweckmäßig, dem Lieferanten des Weins sehr genau und im Einzelnen mitzuteilen, wie der Wein beschaffen sein soll und welche analytischen Grenzwerte eingehalten werden müssen.

Das bedeutet in der Praxis, dass mit dem Anstellen der Angebotsprobe stets auch eine **aktuelle Analyse des Weines** vorliegen muss, bevor die Kaufentscheidung getroffen werden kann.

Klarheit: Sofern nicht frischer Most zum Kauf ansteht, sondern Wein, ist es am besten, wenn der Wein blank filtriert ist, weil jede Trübung auch Geruch und Geschmack stört.

Farbe: Die Farbe kann mit Worten beschrieben werden, z. B. bei Weißwein blassgelblich-grünlich oder kräftig rubinrot beim Rotwein. Bei Rosé- und Rotwein ist es zuweilen schwierig, sich zu verständigen, da kann es sehr hilfreich sein, wenn Käufer und Verkäufer je einen optischen Farbkomparator

(z. B. Fa. Sigrist, Hach-Lange) gleichen Modells zu Hilfe nehmen. Besser zur Messung der Farbe geeignet ist ein Spektralphotometer. Diese Geräte sind aber wegen ihres hohen Preises in der Praxis selten anzutreffen (siehe Troost 1988, Seite 672).

Geruch und Geschmack: Die Weine müssen fehlerfrei und sehr sauber sein sowie typisch für die Sorte.

Analytische Daten: Hier müssen Grenzwerte oder Bereiche genannt werden. Der Gehalt an vorhandenem Alkohol soll zum Beispiel nicht unter 9,0 und nicht über 10,5 %vol liegen.

Die **titrierbare Gesamtsäure** soll, je nach Art und Sorte, nicht unter 8 g/l liegen und der pH-Wert zwischen 3,0 und 3,2.

Der **Restzucker**, ausgedrückt als der gesamte reduzierende Zucker nach Inversion, soll z. B. 2,0 g/l nicht überschreiten.

Der **Acetaldehydgehalt** (Ethanal) muss umso niedriger sein, je länger die Zeit der Haltbarkeit des Sekts sein soll. Für Sekt, der bald konsumiert werden wird, genügt es, wenn der Acetaldehydgehalt den Wert von 50 mg/l nicht überschreitet. Soll der Sekt aber eine lange, d. h. mehrjährige Haltbarkeit aufweisen, dann muss der Acetaldehydgehalt niedriger sein, möglichst unter 25 mg/l. Bei manchen Mosten ist es sehr hilfreich, etwas Thiamin zuzusetzen, um eine bessere Endvergärung zu erreichen (bis 0,6 mg/l, siehe (VO (EG) Nr. 1493/99, Anhang IV, Nr. 3, tb).

Bei den **Polyphenolen** besteht in der Praxis zzt. noch die Schwierigkeit, dass reproduzierbare Analysenwerte nur von routinierten Labors erbracht werden. Dort, wo es nicht gelingt, die Gesamtpolyphenole, möglichst unterschieden in **flavonoide und nichtflavonoide Polyphenole,** zu analysieren, sollte man wenigstens den pH-7-Test nach Schanderl anwenden, um näherungsweise zwischen „gut" und „böse" zu trennen. Dieser Test hat den Vorteil, dass er mit bescheidenen Mitteln von jedermann angewandt werden kann. Es sollte jedenfalls verlangt werden, dass die Gesamtphenole, je nach Rebsorte, z. B. 200 mg/l nicht überschreiten, besser noch, dass der Anteil der flavonoiden Polyphenole weniger als 40 mg/l beträgt und, für den Fall des pH-7-Tests, dass die Verfärbung nur bis zu dunkelgelb gehen darf.

Die **schwefelige Säure** kann wertvolle Hinweise über den Zustand des Weines geben. Sofern einige Milligramme an echtem freiem SO_2 vorhanden sind, zeigt dies an, dass die schwefelbindenden Bestandteile des Weins bis zum Erreichen des Dissoziationsgleichgewichts an SO_2 gebunden wurden. „Echt" ist nur jener Teil des gefundenen Wertes für freies SO_2, der tatsächlich aus SO_2 besteht, aber nicht der andere Teil, der durch den sog. „Rest-Reduktionswert" oder die sonstigen „Reduktone" hervorgerufen wird und ein scheinbares SO_2 vortäuscht. Solche Reduktone kommen in unterschiedlicher Menge in jedem Wein vor. Es gehören zu den Reduktonen z. B. die Ascorbinsäure sowie einige flavonoide Polyphenole (Chinone etc.). Man kann den Anteil der Reduktone analytisch erfassen, indem die Bestimmung des freien SO_2 zweimal nacheinander durchgeführt wird. Einmal wie üblich und dann abermals, jedoch nach Zusatz von Propionaldehyd (oder Acetaldehyd), wodurch das echte SO_2 gebunden wird. So erscheinen in der Analyse nur noch das scheinbare freie SO_2, nämlich die Reduktone (siehe Hennig/Jakob 1973, Seite 98). In den Fällen, da nur eine einfache Bestimmung des freien SO_2 erfolgte, muss man von dem gefundenen Wert pauschal 6 mg/l für die sonstigen Reduktone abziehen. Was dann noch übrig bleibt, entspricht dem echten freien SO_2. Der Wert für sonstige Reduktone kann zwischen 0 und 20 mg/l, bei Rotwein auch noch höher liegen (siehe Würdig/Woller 1989, Seite 359). Für weiße Sektgrundweine trifft der Erfahrungswert von durchschnittlich 6 mg/l recht gut zu.

Wurde L-Ascorbinsäure dem Wein zugesetzt, dann erscheint der Wert der Reduktone viel höher.

Der Gehalt an echtem freiem SO_2 soll möglichst nahe bei 10 mg/l liegen, also nur so viel betragen, dass er sicher zu erkennen ist. Alles, was darüber hinaus vorhanden ist, stört später bei der Sektgärung und hat zur Folge, dass dieser SO_2-Überschuss von der Hefe durch neues Acetaldehyd abgebunden wird, wodurch die Haltbarkeit des Sekts unnützerweise gemindert wird.

Echtes freies SO_2 kann, wie gesagt, im Wein nur dann vorliegen, nachdem alle SO_2-bindenden Substanzen des Weines an SO_2 gebunden wurden. Es gibt zahlreiche SO_2-bindende Substanzen im Wein (siehe Würdig/Woller 1989, 4.2.4, bes. Seite 358–367), die aber größtenteils nur von akademischem Interesse sind. Für die Praxis ist es wichtig, zu wissen, dass in den Weinen, die üblicherweise zu Sekt verarbeitet werden, der Hauptteil des gebundenen SO_2, nämlich etwa 80 %, alleine an Acetaldehyd gebunden ist. Jedes Milligramm Acetaldehyd bindet 1,45 Milligramm SO_2.

Der andere Teil des gebundenen SO_2 ist an verschiedene andere Substanzen gebunden und bildet das sogenannte Rest-SO_2 oder Depot-SO_2. Sofern echtes freies SO_2 im Wein vorhanden ist, ist es sehr einfach zu erkennen, wie viel vom gebundenen SO_2 als Rest-SO_2 vorliegt:

Man multipliziert den gefundenen Wert für mg/l Acetaldehyd mit 1,45 und erhält in mg/l den Wert des an Acetaldehyd gebundenen SO_2.

Nun folgt

gesamt-SO_2	______mg/l
minus freies SO_2 (echtes u. scheinbares)	______mg/l
bleibt gebundenes SO_2	______mg/l
minus das an Acetaldehyd gebundene SO_2	______mg/l
bleibt Rest-SO_2	______mg/l

Ein erhöhter Wert für Rest-SO_2 lässt erkennen, dass die Trauben faul waren und/oder die alkoholische Gärung gestört war.

Ein erhöhter **Acetaldehydgehalt** zeigt an, dass die alkoholische Gärung gestört war und/oder unvollständig verlief. Aus der Sicht des Sektherstellers muss verlangt werden, dass sowohl das an Acetaldehyd gebundene SO_2 als auch das Rest-SO_2 so gering wie möglich ist. Je weniger gebundenes SO_2 ein Wein enthält (bei Anwesenheit von 10 mg/l echtem freiem SO_2!), desto gesünder ist der Wein und desto besser ist seine Haltbarkeit gegen Oxidation. Oder mit anderen Worten, es ist derjenige Wein vorzuziehen, bei dem das Verhältnis von echtem freiem SO_2 zum gebundenen SO_2 das engere ist. (Beispiel: 1:4 ist besser als 1:6).

Sollte der Wein aber gar kein echtes freies SO_2 enthalten, dann kann aus der Analyse nicht abgelesen werden, wie groß die Unterdeckung ist. Die Beurteilung fällt schwer und das Risiko, dass es sich um einen für Sekt untauglichen Wein handelt, ist groß.

Eine sichere Beurteilung der Haltbarkeit des Weines ist nur dann möglich, wenn außer dem SO_2 auch der Acetaldehydgehalt und der Gehalt an Polyphenolen analytisch bestimmt wurden.

Folgende Beispiele mögen den Zusammenhang erkennen lassen:

Sulfat oder Schwefelsäure kommt von Natur aus im Most oder Wein allenfalls in Spuren, sonst aber nicht vor.

Sulfat entsteht im Most oder Wein durch Oxidation des SO_2. Ein erhöhter Sulfatgehalt des Weines zeigt an, dass der Wein eine **ungute Vergangenheit** hatte, er musste wegen rascher Oxidation mehrfach nachgeschwefelt werden und er enthält folglich vermutlich vermehrt Polyphenole in der Form von p-Chinon, er stammt von faulen Trauben. Weine mit einem Sulfatgehalt, der über 400 mg/l berechnet als Kaliumsulfat liegt, sind abzulehnen.

Tab. 6 Der Einfluss des SO_2- und Acetaldehydgehaltes auf die Eignung eines Weines zur Sektherstellung (Gesamt-SO_2 = Destillation; freies SO_2 = Jod-Titration)

Die Haltbarkeit gegen Oxidation ist ... wenn	sehr gut mg/l	sehr gut mg/l	akzeptabel mg/l	akzeptabel mg/l	für Sekt nicht geeignet mg/l	für Sekt nicht geeignet mg/l
a) Acetaldehyd (Ethanal) wurde analytisch bestimmt						
Gesamtes SO_2		50		80		130
freies SO_2, scheinbar	16		16		16	
davon Reduktone	6		6		6	
„echtes" freies SO_2	10	⇒ − 10	10	⇒ − 10	10	⇒ − 10
gebundenes SO_2		40		70		120
davon an Acetaldehyd zum Beispiel		20 • 1,45 = 29		34 • 1,45 = 50		60 • 1,45 = 87
bleibt Rest-SO_2		11		20		33
Verhältnis frei (echt) : gebunden		1 : 4		1 : 7		1 : 12
b) Acetaldehyd (Ethanal) nur geschätzt						
Gesamtes SO_2		50		80		130
freies SO_2, scheinbar	16		16		16	
davon Reduktone	6		6		6	
„echtes" freies SO_2	10	⇒ − 10	10	⇒ − 10	10	⇒ − 10
gebundenes SO_2		40		70		120
davon an Acetaldehyd etwa 80 %		32		56		96
bleibt Rest-SO_2		8		14		24

Schwermetalle, Eisen, Kupfer und andere kommen natürlicherweise im Wein nur in Spuren vor. Höhere Gehalte stammen meistens aus ungeeigneten oder ungepflegten Kellereigeräten. Schwermetalle sind im Grundwein sehr unerwünscht, wegen ihrer Rolle als Katalysatoren (z. B. Oxidation) und weil durch sie, besonders durch Eisen, Gärstörungen hervorgerufen werden können (siehe Abb. 34 und Würdig/Woller 1989, Seite 216).

Die Schwermetalle werden nicht einzeln analysiert, sondern es wird der zur Entfernung der Schwermetalle benötigte Blauschönungs-Bedarf durch Vorversuche ermittelt (Hennig/Jakob 1973, Seite 122). Dabei wird zunächst der Gesamtbedarf ermittelt, davon wird ein Sicherheitsbetrag abgezogen. Was dann noch verbleibt, ist der Netto-Bedarf, ausgedrückt in Gramm Blutlaugensalz pro Hektoliter.

Weine mit einem Blauschönungs-Nettobedarf von mehr als 3 g/hl können zu Gärstörungen führen. Es ist deshalb notwendig, dass Sektgrundweine bis zum Erreichen dieses Nettobedarfs ausgeschönt werden (siehe auch Würdig/Woller 1989, Seite 271–275).

Um beim **Einkauf** die erwünschten sensorischen und analytischen Eigenschaften möglichst genau in den angebotenen Grundweinen vorzufinden, ist es nützlich, die **Anforderungen** aufzuschreiben oder aufzulisten (siehe nachfolgenden Vorschlag) und dieses Blatt den daran interessierten Lieferanten, Erzeugern bzw. Weinvermittlern zukommen zu lassen. Es sollte sinnvoller Weise damit die Mitteilung verbunden sein, dass die in dem Blatt genannten Anforderungen wichtige Merkmale und Analysenwerte enthalten, deren Beachtung bzw. Einhaltung unerlässliche Vorbedingung für einen Kauf ist.

Der Effekt solcher Bedingungen ist allerdings davon abhängig, ob der Käufer, also

Tab. 7 Vorschlag für die Formulierung von Qualitätsbedingungen für den Einkauf von weißem Sekt-Grundwein: Der Sektgrundwein ist dann zur Sektbereitung nutzbar, wenn er die folgenden Qualitätsmerkmale und Analysenwerte aufweist:

Sensorik		
Klarheit		mindestens klar, besser blank (weniger als 1,0 EBC-Einheiten)
Farbe		blass gelblich – grünlich
Geruch		weinig, neutral bis fruchtig (ggf. sortentypisch) absolut sauber, ohne Fremd- oder Fehlgeruch
Geschmack		sauber, frisch bis rassig, durchgegoren, schlank, glatt, nicht rau (Gerbstoff) nicht bitter, nicht stumpf (Sulfat), nicht metallisch
Analyse		
Alkohol, gesamt	%vol	9,0 bis 10,5
vorhanden	%vol	9,0 bis 10.5
Gesamt-Säure	g/l	7.0 bis 9.0 (je nach Sorte)
pH-Wert		3.0 bis 3.2
Gesamte reduzierende Zucker n. I.	g/l	weniger als 2,0
Acetaldehyd	mg/l	weniger als 40
Gesamte Polyphenole	mg/l	weniger als 200 (je nach Sorte)
davon Flavonoide	mg/l	weniger als 40
pH-7-Test, Farbe		hellgelb bis mittelgelb
SO_2, gesamte	mg/l	weniger als 80
freie SO_2, nach Abzug der Reduktone	mg/l	10 bis 20
Sulfat, als K_2SO_4	mg/l	weniger als 400
Blauschönung, Netto-Bedarf	g/hl	weniger als 3
flüchtige Säure (ber. als Essigsäure)	g/l	weniger als 0,5

die Sektkellerei, auch konsequente Kontrollen vornimmt. Ohne Kontrollen gerät die ganze Bemühung zur Farce.

Man sollte grundsätzlich die Angebotsproben analytisch und sensorisch prüfen. Falls eine Probe abgelehnt werden muss, weil die Grenzwerte nicht eingehalten wurden, ist es sehr zu empfehlen, diesen Grund der Ablehnung dem Lieferanten mitzuteilen, um ihm einen Anreiz zu geben, künftig bei der Erzeugung des Sektgrundweins sorgfältiger vorzugehen. Es sollte dem Lieferanten auch mitgeteilt werden, nach welchen Prüf- oder Analysemethoden der Wein untersucht wird und ihm empfehlen, sich der gleichen Methoden zu bedienen, damit jeder „die gleiche Sprache" spricht.

Selbstverständlich müssen nicht nur die Angebotsproben, sondern auch die Lieferungen in der gleichen Weise kontrolliert werden.

2.1.6 Einkaufsverträge

Neben dem fassweisen Kauf von Sektgrundwein (Fuder, Stück), wie er bis etwa 1960 vorherrschte und der hier, zur besseren Unterscheidung, **„Einzelkauf"** genannt wird, wird seitdem in steigendem Umfang Sektgrundwein in größeren **Partien** gekauft. Da größere Partien normalerweise nicht in einer einzigen Lieferung zum Käufer gelangen, sondern in mehreren **Teillieferungen**, die sich u.U. über eine gewisse Zeit erstrecken, wird für die Partie ein Vertrag abgeschlossen, in welchem unter anderem vereinbart wird, welche Qualitätsmerkmale die Partie aufweist, in wie viel Teillieferungen und zu welchen Terminen der Wein geliefert und in welcher Weise er jeweils bezahlt wird. Solche Verträge über den Kauf größerer Partien, deren Abwicklung sich über eine gewisse Zeit erstreckt, werden hier **„Großkaufverträge"** genannt.

Das Herstellen und Bereithalten größerer Partien von Sektgrundwein löste nach 1960 eine weitere Entwicklung aus, nämlich eine Verlagerung von Tätigkeiten oder Aufgaben, die bis dahin allein von der Sektkellerei ausgeführt oder wahrgenommen wurden, auf den **Verkäufer** des Weins. Er erbringt diese Tätigkeit jeweils nach Vereinbarung, gewissermaßen als Dienstleistung, die selbstverständlich zu honorieren ist. Die Vereinbarung solcher Dienstleistungen erfolgt am besten im Rahmen des Großkaufvertrags.

Einzelkauf

Bei jedem einzelnen Kauf eines Weins, auch wenn er nur auf „Handschlag", d. h., ohne Schriftform abgeschlossen wird, kommt ein Kaufvertrag im Sinne des BGB zustande. Der Kauf einzelner Kleinposten (Fass, Fuder, Stück, Tank) ist ein Einzelkauf, weil er stets ein in sich geschlossener Vorgang ist.

Einzelkäufe, auch wenn sie zwischen den gleichen Parteien schon wiederholt zustande kamen, begründen für keinen der Partner einen Anspruch auf Fortsetzung des Geschäfts.

Solange die von einer Sektkellerei benötigte Menge Grundwein ohnehin nicht groß ist und wenn man als Käufer sich die Zeit nehmen kann, so lange unter den angebotenen Posten herumzusuchen, bis der vermutlich richtige Wein gefunden ist, dann reicht diese Methode der Einzelkäufe vollkommen aus, um den Bedarf zu decken.

Großverträge

Sofern der **Weinbedarf** aber größer ist, ist es hilfreich, wenn der Sektgrundwein in größeren Partien angeboten wird. Solche größeren **Partien**, die mehrere Hunderttausend Liter umfassen können, werden selten von einzelnen Erzeugern angeboten. Es gibt einige Handelskellereien, die sich darauf eingerichtet haben, Grundweine bei den Erzeugern zu kaufen und sie zu größeren Partien zusammenzustellen. Meistens sind es aber Erzeugergemeinschaften oder Genossenschaftskellereien, die eine entsprechende Lagerkapazität haben und die in der Lage sind, gleichartige Weine, die zueinanderpassen, gewissermaßen von ihrer Entstehung an zu größeren Partien zu vereinigen.

Mit dem **Zusammenstellen größerer Partien** führen diese Betriebe eine Tätigkeit aus, die in der Vergangenheit ausschließlich Sache der Sektkellereien war. Dies ist der erste Schritt auf dem Wege der Verlagerung von Tätigkeiten vom Sekthersteller zum Lieferanten des Grundweins.

Ein weiterer Schritt kann darin bestehen, dass der Lieferant den Grundwein so lange **lagert und pflegt**, bis der Sekthersteller ihn abruft. Beim Lieferanten belegt dieser Wein einen Fass- oder Tankraum, der ohnehin vorhanden ist. Der Sekthersteller kann daher mit entsprechend weniger Fassraum auskommen.

Der nächste konsequente Schritt im Zuge dieser Umverteilung von Aufgaben besteht dann darin, dass der Lieferant, nach Absprache mit dem Sekthersteller, diesen noch in seiner Obhut liegenden Wein kellertechnisch behandelt und ausbaut.

Schließlich ist die logische Fortsetzung der Aufgabenverteilung, dass der Lieferant (Genossenschaft, Gemeinschaft, Kellerei) mit den Erzeugern der Trauben klare Abmachungen trifft und **Kontrollen** vereinbart, die sich auf den Gesundheitszustand der Trauben, den Lesezeitpunkt und die Lesemethode sowie auf die Art der Anlieferung beziehen.

Falls der Erzeuger seine Trauben selbst keltert und daraus Most gewinnt oder Wein bereitet, müssen die Abmachungen zwischen den einzelnen Erzeugern und dem Lieferanten auch diese Arbeiten einschließen. Derartige Abmachungen sind unerlässlich, wenn man Sektgrundwein zielbewusst erzeugen will. Die **Lieferanten** haben den Vorteil, dass sie „näher an der Quelle“ sitzen als der Sekthersteller und dass sie deshalb die technologischen Bedingungen für die Erzeugung von Sektgrundwein besser durchsetzen und überwachen können. Großkaufverträge sind erfüllt, sobald die letzte Teillieferung vereinbarungsgemäß geliefert und im Gegenzug bezahlt wurde.

Auch **Großkaufverträge** begründen für keinen der Partner einen Anspruch auf Fortsetzung des Geschäfts.

Die Festlegung der Erzeuger und der Lieferanten (Genossenschaft etc.) auf die Erzeugung und Bereithaltung von Sektgrundwein hat für diesen Personenkreis zur Folge, dass hinsichtlich anderer Verwendungsmöglichkeiten dieses Erzeugnisses Einschränkungen bestehen.

Das damit verbundene **Risiko** ist indes von der gleichen Art und Größenordnung wie jenes Risiko, das sie ohnehin auch für ihre sonstigen Erzeugnisse tragen oder tragen würden. Es ist übrigens von ähnlicher Art wie das Risiko, das die Sektkellerei hinsichtlich ihres Sektes trägt, mit dessen Herstellung sie beginnt, lange Zeit bevor der Sekt verkaufsreif ist, und ohne sicher zu wissen, ob und wann sie ihn verkaufen können wird.

Erzeuger und Lieferanten von Sektgrundwein befinden sich im Wettbewerb **mit anderen Erzeugern und Lieferanten des EG-Raums**. Sie können ihr unternehmerisches Risiko dadurch mindern und überschaubar machen, indem sie sehr wirtschaftlich arbeiten und die Qualitätsanforderungen an ihr Erzeugnis bestmöglich, das bedeutet noch besser als andere, erfüllen. Das Preis-/Leistungsverhältnis ist entscheidend.

Abnahmeverträge hingegen, die für mehrer Jahre oder gar unbefristet gültig sein sollen und die den Abnehmer verpflichten, jedes Jahr eine bestimmte Mindestmenge Grundwein zu kaufen, ungeachtet der jahrgangsbedingten Schwankungen der Qualität und der Menge, gibt es nirgends. Sie stünden im Widerspruch zu den Prinzipien unserer Marktwirtschaft und des Qualitätsstrebens.

Vor einigen Jahren wurde die Idee erörtert, eine zentrale **Sammelstelle für Sektgrundwein** zu schaffen, an die die Erzeuger ihre Erzeugnisse abliefern sollten. Nach einer Variante dieser Idee sollten die Sektkellereien verpflichtet werden, im prozentualen Verhältnis ihres Absatzmarktanteils, von diesem gesammelten Wein zu kaufen. Auch diese Idee ist gänzlich unverträglich mit Marktwirtschaft und Qualitätsstreben. Inländische **dirigistische Eingriffe** in den EG-weit freien Wettbewerb auf dem Weinmarkt könnten, wenn überhaupt, nur vorübergehend und für wenige Erzeugerbetriebe von Nutzen sein. Auf lange Sicht würden sie sich nachteilig auf die Qualität der Erzeugnisse auswirken und ebenso auf die Stellung der inländischen Sekthersteller im Wettbewerb mit allen anderen Schaumweinherstellern der EG.

Die Einkommenslage der Erzeuger von Sektgrundweinen kann sicherer und deren Absatzrisiko erheblich vermindert werden, wenn diese Erzeuger einer Genossenschaft beitreten oder sich zu **Erzeugergemeinschaften** zusammenschließen. Das unternehmerische Risiko geht dann sehr weitgehend auf die Genossenschaft bzw. die Gemeinschaft über. Da dieser Zusammenschluss über die geeigneten Fachleute und die erforderlichen Einrichtungen verfügt und er ein bedeutend höheres Weinvolumen aufweist, sind seine Marktchancen erheblich besser als die des einzelnen Erzeugers.

Wichtig ist hierbei aber, dass die Anforderungen an die Qualität von Sektgrundwein bestmöglich erfüllt werden.

Solchermaßen erzeugter und bereiteter Sektgrundwein und sein Vorhandensein in größeren Partien, bilden den Boden für **Großkaufverträge**. Die Einzelheiten der Ausgestaltung von Großkaufverträgen werden, in Abhängigkeit von den Erfordernissen des Käufers und von den Möglichkeiten des Verkäufers in gemeinsamer Verhandlung vereinbart.

Die bisherige Erfahrung mit Großkaufverträgen zeigt, dass der Käufer gerne einen neuen Großkaufvertrag mit dem gleichen Verkäufer abschließt, weil man sich allmählich aufeinander einspielt. Voraussetzung ist selbstverständlich, dass keine Pannen vorkommen. Die gegenseitige Beziehung muss stets aufs Neue den Herausforderungen des Wettbewerbs standhalten.

2.2 Eigene Traubenerzeugung

Liegt die Traubenproduktion und die Sektherstellung in denselben Händen, so kann schon frühzeitig die Önologie auf das spätere Produkt ausgerichtet werden. Dies trifft auch dann zu, wenn die eigentliche Sektbereitung im Lohn vergeben wird. Die Menge des speziell zu behandelnden Gutes wird über die Jahre bekannt sein, sodass ein bestimmter Teil der Ernte gezielt als Sektgrundwein behandelt werden kann.

2.2.1 Lese

Der Zeitpunkt der Lese bestimmt wesentlich die Güte des späteren Weines. Je später gelesen wird, desto besser ist der Wein. Dies gilt auch für den Sekt. Der enzymatische Aufschluss der Beerenhautzellen am Rebstock löst die wertvollen Inhaltsstoffe aus der Beerenhaut. Somit werden Aromastoffe, Aminosäuren (einschl. Hefenährstoffe), aber auch Gerbstoffe verfügbar gemacht. Da die nicht erwünschten flavonoiden Phenole vornehmlich in Kernen und Stielen lokalisiert sind, wird die spätere Lese keinen wesentlichen Anstieg dieser Stoffgruppe bewirken.

Die spätere Lese hat aber da ihre Grenzen, wo Botrytis auftritt. Abb. 9 zeigt deutlich, dass Sekte aus faulem Lesegut hochfarbig werden, die Folge einer unerwünschten Enzymaktivität (Laccase). Besser als alle Reparaturmaßnahmen bei Weinen/Mosten aus Botrytis-befallenem Lesegut ist die Lese gesunder Trauben (Tribaut-Sohier und Valade, 2000).

Abb. 9. Der hohe Botrytisanteil des mittleren Sektes zeigt sich u.a. in der Farbe (Krebs und Bärmann).

Botrytis befallene Trauben führen zudem zu einer geringeren Schaumbildung beim Sekt. Bereits bei 20 % Infektion ist die Schaumbildung beim Einschenken ins Glas um 60 % geringer (Marchal et al., 2002). Dies hat den Ursprung in der geringeren Blasenhautstabilität bei diesen Sekten (siehe Abb. 10).

Soll „blanc de noir" hergestellt werden, so ist eine späte Lese ebenfalls kontraproduktiv: Durch den Aufschluss der Beerenhaut gelangen Farbstoffe in den Most, die eine nicht gewünschte Farbnuance hervorrufen (siehe auch Kap. 2.2.2).

Eine frühere Lese ist dann empfehlenswert, wenn ein zu geringer Säuregehalt zu erwarten ist – entweder aufgrund des Jahrgangs oder der Rebsorte. Bevor aber wegen des Säureerhalts durch eine frühe Lese auf ein wichtiges Qualitätspotential verzichtet wird, sollte bedacht werden, dass Sektgrundwein mit max. 1,5 g/l Weinsäure gesäuert werden darf (VO (EG) Nr. 1493/99, Anhang V, Buchstabe H, Nr. 8). Auch kann durch ein gezieltes Säuremanagement (siehe auch folgende Kapitel) auf einen weitgehenden Säureerhalt hingewirkt werden.

2.2.2 Traubenbehandlung

Da nur gesundes Lesegut zur Sektherstellung Verwendung finden sollte, ist eine **Schwefelung** entbehrlich.

Das **Abbeeren** führt zu einem höheren Trubgehalt im Most (Abb. 11). Gleichzeitig ist die Optimierung des Verfahrens schwierig und von Rebsorte und Jahrgang abhängig (Seckler et al., 2006). Wegen der nicht vorhandenen „Trainage" durch die Rappen ist der Entsaftungsprozess schwieriger. Eine sensorisch wahrnehmbare Qualitätsverbesse-

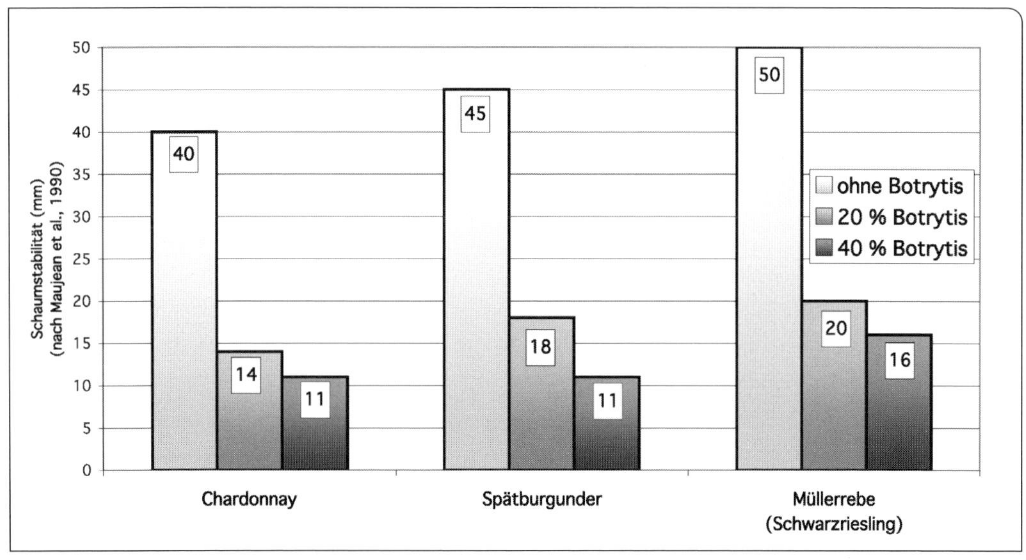

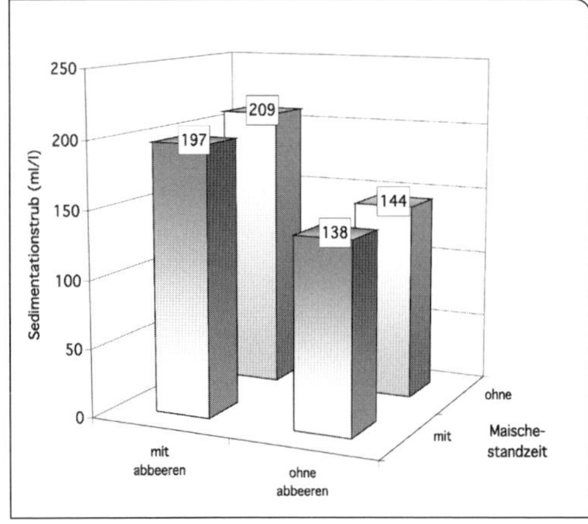

Abb. 10. Der Einfluss der Botrytis – Belastung des Lesegutes auf die Schaumstabilität des Sektes

Abb. 11. Einfluss der Traubenbehandlung auf den Trubgehalt des Mostes.

rung ist nicht zu erwarten. Auf diesen Arbeitsgang kann demnach bei Herstellung weißen Sektes verzichtet werden.

Es stellt sich die Frage, ob eine **Ganztraubenpressung**, wie sie in der Champagne geübt wird und bei uns im Rahmen der Crémant-Herstellung vorgeschrieben ist, eine sinnvolle „Traubenbehandlung" darstellt.

Versuche (Bach, 2000, 1989 u.a.) ergaben eindeutig, dass die Ganztraubenpressung zwar zu Mosten mit geringerem Trubgehalt führt, dass aber die sensorische Qualität leidet. Dies ist einfach damit zu erklären, dass die wertvollen Inhaltsstoffe der Beerenhaut in nur geringem Umfang aufgeschlossen werden und damit dem Sekt nicht zur Verfügung stehen. Daneben hat sich gezeigt, dass in den Beeren auch Hefenährstoffe enthalten sind.

Andererseits kann die Ganztraubenpressung (GTP) dann einen positiven Effekt ausüben, wenn ein zu geringer Säuregehalt zu erwarten ist. Abb. 12 macht deutlich, dass damit die Säure „erhalten" wird. Der Grund dafür liegt in der geringeren Extraktion von Kalium aus der Beerenhaut. Je weniger Kalium in den Most gelangt, desto weniger Weinsäure fällt als Weinstein aus. In der Summe führt dies zu einem Rückgang des pH-Wertes bei der Ganztraubenpressung. Tiefe pH-Werte verbessern die Hygiene und erhöhen den Anteil der wirksamen SO_2.

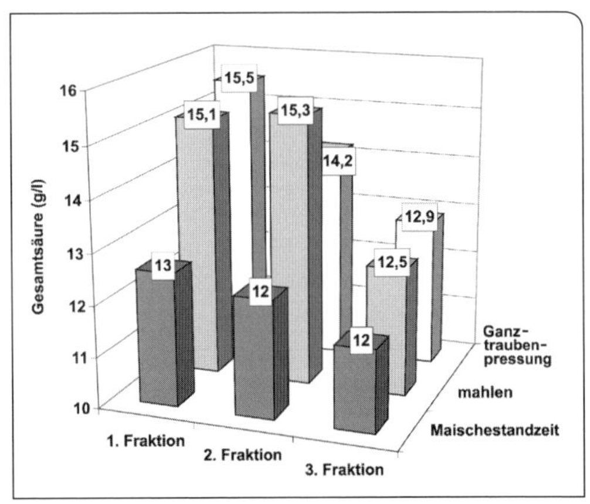

Abb. 12. Der Gehalt an Gesamtsäure in Abhängigkeit von der Traubenbehandlung und der Pressfraktion.

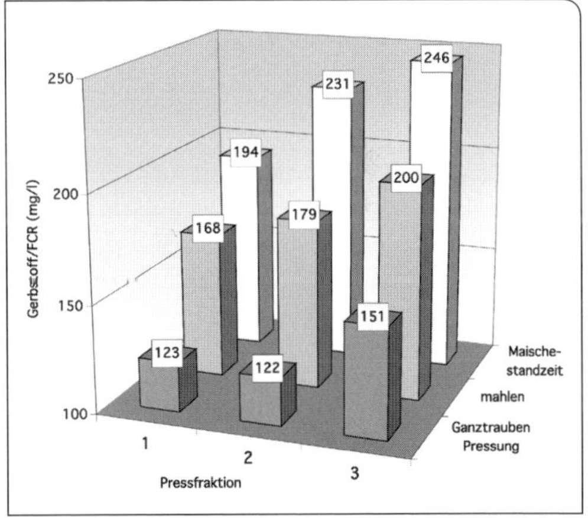

Abb. 13. Der Gerbstoffgehalt in Abhängigkeit von der Pressfraktion und der Traubenbehandlung.

Schließlich führen Weine mit weniger Kalium zu weinsteinstabileren Weinen.

Weshalb die Ganztraubenpressung in der Champagne traditionell praktiziert wird und gesetzlich vorgeschrieben ist, kann mit dem Umstand begründet werden, dass dort aus etwa 70 % rote Trauben (Pinot noir und Pinot meunier) fast 100 % weißer Schaumwein hergestellt wird. (Die in neuerer Zeit festzustellende höhere Nachfrage nach Rosé-Sekten kommt den Champagner-Herstellern entgegen, da trotz exakter Anwendung der Ganztraubenpressung Farbstoffe in den Most gelangen und diese dann nicht gewollte Farbnuancen im Sekt nach sich ziehen.)

Eine **Maischestandzeit** – wie sie bei der Bereitung von Weißwein empfehlenswert ist – sollte bei der Herstellung weißen Sektes nicht angewandt werden, weil wie Abb. 13

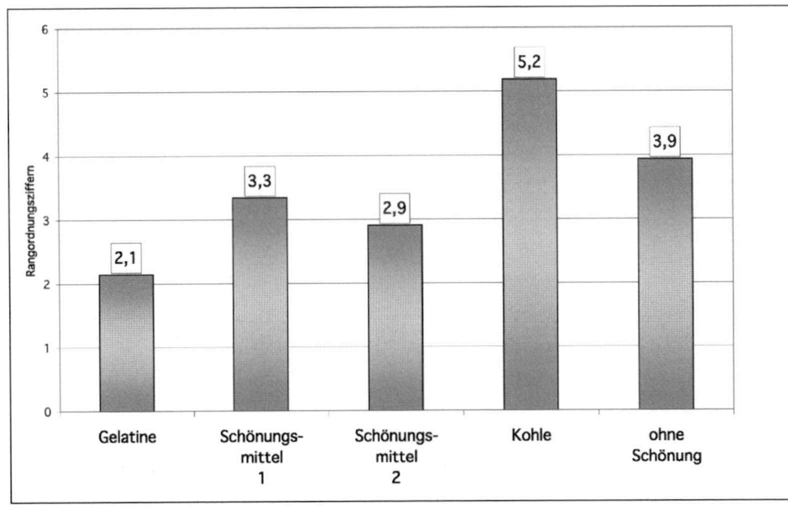

Abb. 14. Einfluss der Mostschönung auf die Sensorik (je kleiner die Zahl, desto besser der Wein).

zeigt, damit der Gerbstoffgehalt eine Dimension annimmt, die beim Sekt nicht gewünscht ist.

Soll jedoch der sensorische Vorteil einer Maischestandzeit genutzt, aber das Problem des damit verbundenen höheren Gehaltes an Gerbstoff ausgeschaltet werden, ist eine Gelatineschönung des Mostes anzuraten. Wie aus der Abb. 14 ersichtlich, führt eine solche Behandlung zu einem besseren Wein. Gleichzeitig (hier nicht dargestellt) vermindert eine Gelatineschönung im Most den Gerbstoffgehalt.

2.2.3 Pressung/Entsaftung

Es werden Pressen mit einem „Sektprogramm" angeboten. Diese unterscheiden sich in der Häufigkeit der Press- und Scheiterintervalle. In Abb. 15 ist ein typisches Sektprogramm aufgeführt (—). Während des einstündigen Pressablaufes wird fünfmal gepresst, während die ausgefüllten Balken den „normalen" Pressablauf darstellen, hier wird in derselben Zeit zehnmal gepresst. Der Unterschied im Pressergebnis – zumindest was die Qualität des gewonnenen Saftes betrifft – ist marginal.

Einen wesentlich größeren Einfluss auf den Pressvorgang hat die Vorbehandlung der Trauben. Beim Aufschütten lief bei der Verarbeitung der gemahlenen Trauben (schräg gestrichelte Balken) bereits 28 % des Saftes ab, nach 7 Minuten waren bereits 56 % der gesamten Saftausbeute erzielt. Anders bei der GTP (ausgefüllte Balken): hier waren nach 12 Minuten erst 26 % und nach 23 Minuten 52 % des insgesamt gewonnenen Saftes abgepresst. Zwar konnten andere Versuchsansteller auch bei der Ganztraubenpressung bereits einen „Vorlauf" feststellen (Degünther, 1995), doch ist dies nur bei faulem Lesegut, das bei der Sektherstellung keine Verwendung finden sollte, zu erwarten. – Die Ganztraubenpressung hat zudem zur Folge, dass die Presskapazität schlechter genutzt wird.

Das Scheitern während der Entsaftung führt zu einem Aufschluss der Beerenhautzellen und damit gehen deren Inhaltsstoffe in den Saft über. Die Abhängigkeit des Gerbstoff-Anstiegs von der Traubenbehandlung und der Pressfraktion ist in Abb. 13 dargestellt. Da das Scheitern ein mechanischer Vorgang ist, bei dem Stiele und Kerne stark beansprucht werden, ist zu erwarten, dass bei diesem Vorgang eher flavonoide (nicht gewünschte) Gerbstoffe in den Most gelangen. Entsprechend sollte der Most, der zur Sektbereitung Verwendung finden soll, nicht zu stark ausgepresst werden.

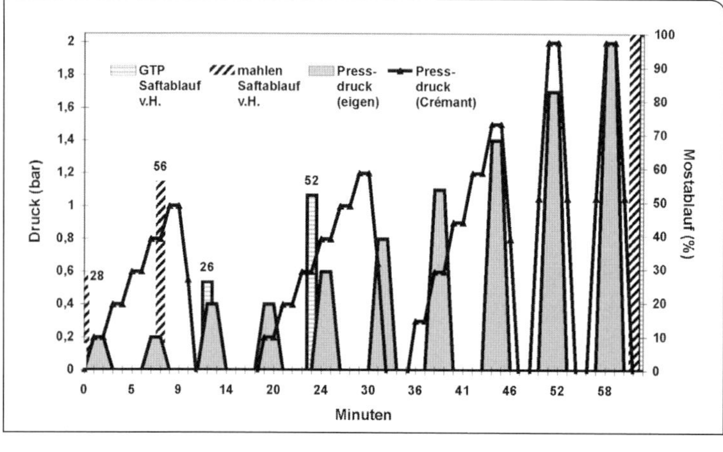

Abb. 15. Druckdiagramm der Pressungen und des Saftablaufs in Abhängigkeit von der Traubenbehandlung.

Tab. 8 Empfehlungen der SO_2-Zugabe zum Most in Abhängigkeit vom Lesegut und dem Biologischen Säureabbau (Rinville et al., 2006) (mg/l)

Biologischer Säureabbau	gesundes Lesegut		faules Lesegut je nach Geschmack und Belastung mit Oxidasen	
	Vorlauf (Cuvée)	Nachlauf (Taille)	Vorlauf (Cuvée)	Nachlauf (Taille)
gewünscht	60–70	80–90	70–80	90–100
nicht gewünscht	70–80	90–100	80–90	100–120

Für die roten Rebsorten werden die höheren Werte empfohlen.

In der Champagne ist zwar nicht die Presse, aber die Ausbeute geregelt. So werden aus 1000 kg Trauben gewonnen:

- 512,5 Liter Cuvée (hellster Teil = Seihmost)
- 125,0 Liter Taille

Die darüber hinausgehende Ausbeute (Nachpressung, deuxième Taille, Rebêche) werden nicht zur Sektbereitung herangezogen. Es stellt sich die Frage, ob diese traditionelle Regelung tatsächlich der Qualität förderlich ist oder ob die Begründung darin liegt, dass aus etwa 2/3 roter Trauben (pinot meunier und pinot noir) 100 % weißer (neuerdings auch rosé) Schaumwein hergestellt wird. Das wäre önologisch erklärlich, weil mit dieser Arbeitsweise der rote Farbstoff aus der Beerenhaut **nicht** extrahiert wird. In jedem Fall führt dies zu einem geringen Kaliumgehalt (siehe Tab. 4) und wahrscheinlich zu einem geringen Gehalt an Flavonoiden.

2.2.4 Mostbehandlung/erste Gärung

Ob es empfehlenswert ist, den Most zu schwefeln, hängt sowohl vom Gesundheitszustand des Leseguts als auch von der Frage ab, ob ein biologischer Säureabbau gewünscht ist. So empfehlen Rinville et al. (2006) zum noch nicht vorgeklärten Most in Abhängigkeit vom Gesundheitszustand der Trauben und der Absicht, ob ein biologischer Säureabbau gewünscht ist, die in der Tab. 8 angegebenen Werte. Die Empfehlungen bewegen sich zwischen 60 und 120 mg/l. Sie steigen mit höherem Gerbstoffgehalt und Fäulnisgrad. Rote Trauben werden höher geschwefelt als weiße. Wenn ein biologischer Säureabbau im Grundwein gewünscht ist, werden geringere Zugaben genannt.

Mit den angegebenen Werten wird die zweite Gärung nicht behindert. So wurde bei einem Wein, der eine Mostschwefelung von 100 mg/l erfuhr, nur 30 mg/l mehr gesamte SO_2 gefunden als beim Wein aus nicht geschwefeltem Most (Bach, 2007 [nicht veröffentlicht]). Da beim biologischen Säureabbau auch die gebundene SO_2-Menge wirkt, könnte eine Mostschweflung die Gefahr des Säureabbaus bei der zweiten Gärung vermindern.

Die **Vorklärung** sollte in der Kellerwirtschaft Standard sein. Dabei ist es von untergeordneter Bedeutung, mit welcher Technik gearbeitet wird: Flotation, Kieselgurfiltration, mit Separator oder wie herkömmlich, durch Sedimentation, führen in etwa zum gleichen Ergebnis. Die Schärfe der Vorklärung kann variieren. Auch bewirkt eine Flotation mit Luft eine Verringerung des Gerbstoffes.

Die bei der Weinbereitung übliche Zugabe von **Bentonit** (<2g/l) sollte bei der Sektherstellung unterbleiben. Zwar hat die Bentonitschönung des Mostes zur Folge, dass die Vorklärung effektiver wird und später beim Wein weniger Bentonit benötigt wird, doch haben Versuche ergeben (Bach, 1997), dass die Zugabe von Bentonit zum Most eine verzögerte Gärung bei der Sektgärung nach sich zieht (Abb. 16). Eine verzögerte Gärung in Folge der Mostschönung mit Bentonit ist bei der ersten Gärung durchaus gewollt und mit der damit verbundenen Verminderung der „inneren Oberfläche" erklärbar. Wenn diese Maßnahme aber, wie in Abb. 16 dargestellt, zu einer verschleppten **Sektgärung** führt, muss davon ausgegangen werden, dass an das Bentonit Hefenährstoffe adsorbiert werden, die bei der zweiten Gärung fehlen.

Es darf nicht unterschätzt werden, dass sich beim Sekt evtl. die Bentonit-Zugabe kumuliert: Bentonit zum Most, zur Cuvée und als Rüttelhilfe zur Sektgärung.

Auf weitere **Mostschönungen** kann weitestgehend verzichtet werden, zumal es sich bei der Sektbereitung um gesundes Lesegut handelt. Eine Ausnahme kann in seltenen Fällen ein zu hoher Gerbstoffgehalt sein. Abb. 14 macht deutlich, dass die Zugabe von Gelatine das beste Mittel ist, den Wein sensorisch zu verbessern, wobei es sich bei dem hier dargestellten Versuch um Most aus Trauben mit Maischestandzeit handelte (Bach, 2006, [nicht veröffentlicht]). Der Effekt der Gelatineschönung ist auch analytisch durch eine merkliche Verminderung des Gerbstoffgehaltes nachzuweisen.

Bei der **Erhöhung des Alkohols** im Most ist Vorsicht geboten. Der rechtlich vorgeschriebene Mindestgesamtalkoholgehalt in der Cuvée beträgt 71 g/l und im fertigen Sekt sind 79 g/l vorhandener Alkohol vorgeschrieben. Ein gesetzlicher Grenzwert nach oben existiert nicht.

Die Abb. 17 macht den Einfluss des Alkohols in der Cuvée auf den Endvergärungsgrad des Sektes deutlich. Grundweine verschiedener Rebsorten und Standorte von der Mosel gingen mit unterschiedlichen Gesamtalkoholgehalten in die zweite Gärung. Ein Alkoholgehalt ab etwa 91 g/l ist offenbar

Abb. 16. Abhängigkeit des Gärverlaufes von der Bentonitzugabe zum Most.

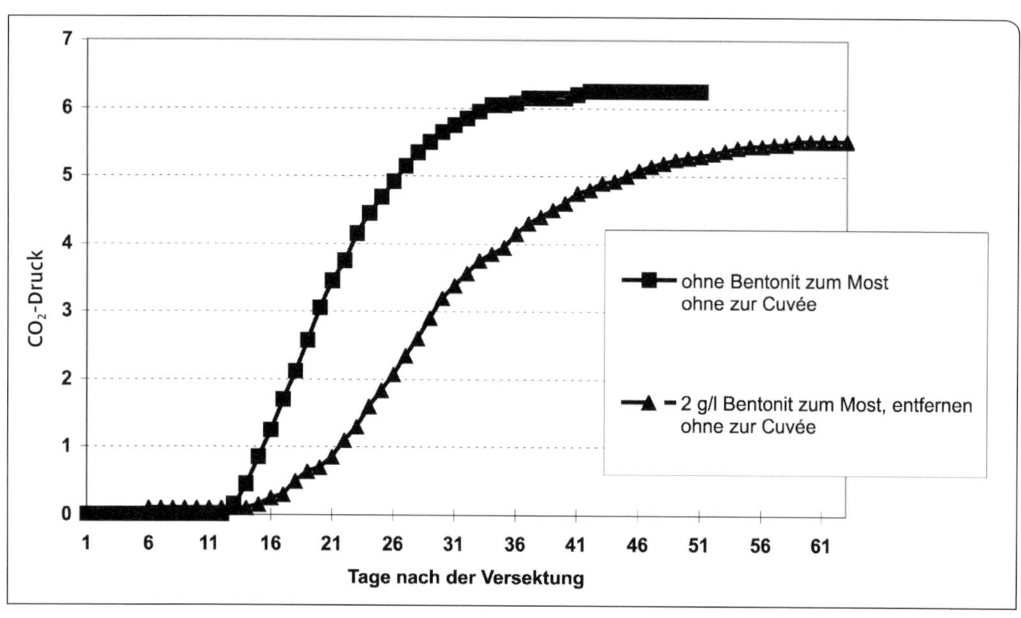

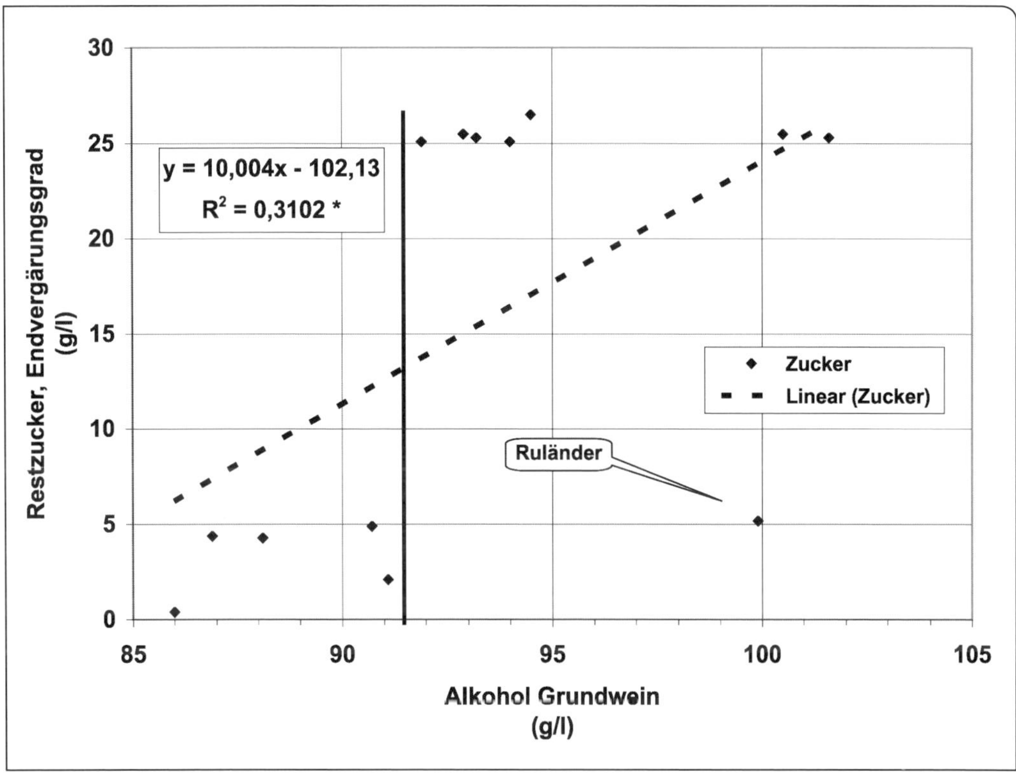

Abb. 17. Einfluss des Alkohol-Gehaltes im Grundwein auf den Endvergärungsgrad bei der 2. Gärung (Bach, 2006).

die Grenze, ab der die Sektgärung Gefahr läuft, nicht in Gang zu kommen. Interessant ist, dass es sich hier nur unwesentlich um lineare Verhältnisse handelt, sondern dass abrupt über 91 g/l Alkohol die Gärung nicht mehr beginnt (der Ruländer aus Trier ist in diesem Zusammenhang sicherlich als Ausreißer zu werten). – Nicht umsonst wird in der Champagne eine maximale Anreicherung auf 11,5 %vol (90,7 g/l) Alkohol empfohlen (Tusseau und Valade, 2001).

Somit bewegt sich der Sekthersteller in einem engen Korridor zwischen technologisch bedingten Höchstgehalten und weinrechtlich vorgeschriebenen und vom Genusswert des Sektes empfehlenswerten Mindestgehalten an Alkohol (siehe Kap. 1.3.5.4). Eine zu frühe Lese ist wegen dem damit nicht genutzten Qualitätspotenzial nicht sinnvoll. Eher sollte die Möglichkeit der Verwendung von Traubenmost als Tiragelikör und der damit verbundenen „Verdünnung" des Alkohols bedacht werden (siehe Kap. 3.1.1).

Bei der Einstellung der **Säure** ist dem Sekthersteller ein breites Spektrum an Möglichkeiten an die Hand gegeben. Weniger eine zu frühe Lese als eher eine gezielte Traubenbehandlung (Abb. 12) ist zum Erhalt eines bestimmten Säureniveaus empfehlenswert. Daneben darf bei der Sektbereitung 1,5 g/l Weinsäure zur Cuvée zugegeben werden. Zusätzlich besteht die Möglichkeit, den Gehalt des Grundweines an Citronensäure auf max. 1 g/l einzustellen (VO (EG) Nr. 1493/99, Anhang IV, Abschnitt 3, Buchstabe j).

Wenn ein zu hoher Gehalt an Säure vorliegt, bieten sich die bekannten Entsäuerungsverfahren an. Bei der herkömmlichen Entsäuerung mit Calciumcarbonat ($CaCO_3$) ist wegen der gesetzlich vorgeschriebenen Herstellungsdauer der Ausfall von Calciumtartrat in der Flasche nicht zu befürchten. Wenn bei der Flaschengärung dieses Salz ausfällt, kann es mit dem Rütteln leicht entfernt werden. Zu beachten ist dabei der Gehalt der Cuvée an Rest-Weinsäure. Ist er zu gering (< 0,5 g/l) liegt der pH-Wert bei der zweiten Gärung zu hoch, was mikrobiologische Probleme nach sich ziehen kann, aber auch sensorisch zu pappigen Sekten führt.

Vorsicht bei der Entsäuerung mit Kaliumhydrogencarbonat ($KHCO_3$). Durch die Zugabe vermindert sich die Säure nur um die Hälfte des rechnerisch ermittelten Wertes. Der Rest bleibt als Weinstein in Lösung, was tendenziell zu einer **Weinsteininstabilität** beiträgt. Dies ist umso problematischer, als durch die zweite Gärung mit dem dann gebildeten Alkohol die Löslichkeit zurückgeht. Mit dieser Art der Entsäuerung muss immer eine nachfolgende Weinsteinstabilisierung einhergehen (Kap. 2.4.1).

Zur Einleitung der **Gärung** ist die Zugabe von Reinzuchthefen zu empfehlen. Eine sichere und zügige Gärung mit einem weitestgehenden Endvergärungsgrad ist das Ziel, zu dessen Unterstützung auch Hefenährstoffe verwendet werden sollten.

Auf „Experimente" bei der ersten Gärung wie z. B. spontane Gärung, zu tiefe Temperatur, zu scharfe Vorklärung muss dann verzichtet werden, wenn aus dem Wein Sekt bereitet werden soll.

Der **biologische Säureabbau** (BSA) ist zwar in der Champagne traditionell, doch kann dort ein Abrücken von dieser Form der Säureminderung beobachtet werden. Der BSA hatte früher einen Sinn: War beim Grundwein keine Äpfelsäure mehr vorhanden, konnte bei der Sektgärung in der Flasche kein ungewollter, spontaner und unkontrollierbarer Äpfelsäureabbau erfolgen. Geschah dies doch, ergab es zähe Sekte ohne Mousseux. Bei der heutigen Hygiene ist dieser Aspekt zu vernachlässigen, obwohl vereinzelt sowohl bei der Flaschen- als auch bei der Tankgärung diesbezügliche Probleme zu beobachten sind.

Der Sekttyp wird sich durch den BSA verändern. Während Weine mit BSA mit den Attributen „weich, füllig, stoffig, nachhaltig, rund und komplex" versehen werden, sind (Riesling-)Weine eher „saftig, frisch, fruchtig, mit Apfelton" (Bach, 2006). Die Beantwortung der Frage „BSA ja oder nein" richtet sich demnach – neben technologischen Überlegungen – nach dem Sekttyp, der angestrebt wird.

Zur Behandlung des Grundweines (Cuvée) siehe Kapitel 2.4.

2.2.5 Sonderfall Crémant

In der VO (EG) Nr. 1493/99, Anhang VIII, Buchstabe E Abschnitt 6b sind die gesetzlichen Vorgaben zur Herstellung eines Crémant-Sektes beschrieben. Danach sind die Voraussetzungen für die Angabe „Crémant" (soweit die Bezeichnung nicht traditionell ist),

- dass es sich um einen nach dem Verfahren der traditionellen Flaschengärung hergestellten Schaumwein handelt, dem die Bezeichnung „Crémant" von dem Mitgliedstaat, in dem er hergestellt wird, in Verbindung mit den Namen des bestimmten Anbaugebietes zugeordnet wurde,
- dass er weiterhin bei weißem Qualitätsschaumwein b.A. aus ganzen Trauben gewonnen wurde (Grenzwert von 100 Litern für 150 kg Lesegut), (dies schließt die Ernte durch einen Vollernter aus),
- dass er ferner einen Höchstgehalt von 150 mg/l Schwefeldioxid und einen Zuckergehalt von unter 50 g/l aufweist
- und dass er gegebenenfalls unter Einhaltung der besonderen zusätzlichen Regeln gewonnen wurde, die von dem Herstel-

lungs-Mitgliedstaat festgelegt wurden (Koch, 2008).

Diese im letzten Abschnitt genannten Regeln sind vom Land Rheinland-Pfalz durch die LVO vom 14. August 1998 (Art. 2 bis 7) festgesetzt worden. Eine Zusammenfassung ist in Tab. 9 dargestellt. Daraus ist ersichtlich, dass der Restzucker auf 20 g/l begrenzt ist (außer Pfalz auf 15 g/l). An der Mosel und am Mittelrhein darf kein roter Sekt als Crémant verkauft werden. Schließlich ist für die Mosel das Hefelager mit mindestens zwölf Monaten und die Mindestpunktzahl bei der Amtlichen Prüfungsnummer mit drei Punkten vorgeschrieben.

2.2.6 Sonderfall Winzersekt/Hauersekt

Gemäß VO (EG) Nr. 1493/99, Anhang VIII, Buchstabe E Abschnitt 6a muss Winzersekt (wie auch Hauersekt in Österreich)

- aus Trauben gewonnen sein, die in demselben Weinbaugebiet geerntet wurden, in dem der Hersteller die zur Herstellung von Qualitätsschaumwein b.A. bestimmten Trauben verarbeitet (dies schließt die Fülldosage und die Versanddosage ein). Bei Erzeugergemeinschaften ist Voraussetzung der Bezeichnung, dass diese aus von den Mitgliedern gelieferten Trauben (Traubenmost) sowohl den Grundwein als auch den Sekt herstellen. Die Versektung des bereits fertig ausgebauten Grundweines genügt nicht.
- durch eine zweite alkoholische Gärung auf der Flasche zum Schaumwein geworden sein,
- mindestens neun Monate lang ununterbrochen in demselben Betrieb auf seinem Trub gelagert haben,
- durch Degorgieren von seinem Trub getrennt worden sein,
- von dem Hersteller, der die Trauben zu Wein verarbeitet hat, vermarktet werden und

Tab. 9 Bedingungen für Crémant in den rheinland-pfälzischen Weinbaugebieten

	Mosel	Ahr	Mittelrhein	Nahe	Pfalz	Rheinhessen
Restzucker (max. g/l)	20	20	20	20	15	20
Rebsorten	Weißer Burgunder Elbling (rot,weiß) Riesling Ruländer Spätburgunder kein roter Sekt	Weißer Burgunder Chardonnay Riesling Ruländer Spätburgunder Frühburgunder Müllerrebe	Weißer Burgunder Riesling Ruländer Spätburgunder kein roter Sekt	Weißer Burgunder Riesling Ruländer Silvaner Dornfelder Spätburgunder	Weißer Burgunder Chardonnay Riesling Ruländer Spätburgunder Müllerrebe	Weißer Burgunder Chardonnay Riesling Ruländer Silvaner Spätburgunder
Hefelager (Monate)	12	–	–	–	–	–
Mindespunktebei der AP-Nr.	3	–	–	–	–	–

- mit Etiketten angeboten werden, die Angaben über den Weinbaubetrieb, die Rebsorte und den Jahrgang enthalten.

Die Herstellung im Lohnversektungsverfahren ist zulässig und nicht begriffsschädlich (Koch, 2008).

2.3 Die Cuvée

Das dem Französischen entlehnte Wort Cuvée bedeutet ursprünglich die Weinmenge, die sich in einer „cuve", also in einem Fass befindet. Das Wort „cuve" ist mit dem deutschen Wort Kufe stammverwandt und es bedeutet in beiden Sprachen Fass oder Tonne oder Bottich. Das entsprechende lateinische Wort heißt „cupa". Derjenige, der Kufen herstellt oder sich mit ihnen beschäftigt, ist der Küfer.

Das Fachwort die „Cuvée" bedeutet in seiner heutigen Bedeutung diejenige Menge, die aus einem einzigen Wein oder aus der Mischung mehrerer Weine besteht und die dazu bestimmt ist, zu Sekt verarbeitet zu werden.

Die Definition in VO (EG) Nr. 1493/99, Anhang V, Buchstabe H Abschnitt 1a lautet: Cuvée ist

- der Traubenmost,
- der Wein oder
- die Mischung von Traubenmost oder Weinen mit verschiedenen Merkmalen, die zur Herstellung einer bestimmten Art von Schaumweinen bestimmt sind.

Traubenmost und die Mischung von Traubenmost werden hier genannt, weil sie die Grundlage zur Herstellung aromatischer Qualitätsschaumweine durch erste Gärung sind.

Für Schaumweine, die durch zweite Gärung hergestellt werden, darf man zwar ebenfalls Traubenmost mit verwenden, man wird dies dennoch in den meisten Fällen nicht tun, weil es keinen Vorteil bringt und weil man nicht übersehen kann, wie sich der Mostanteil nach der Sektgärung qualitativ auf die Gesamtheit der Cuvée auswirken wird. Zur Verringerung des Alkoholgehaltes der Cuvée (siehe Abb. 17) kann es aber eine willkommene Maßnahme sein.

2.3.1 Rechtliche Auswirkung der Bildung einer Cuvée

- Verordnung (EG) Nr. 884/2001 der Kommission mit Durchführungsbestimmungen zu den Begleitdokumenten für die Beförderung von Weinbauerzeugnissen und zu den Ein- und Ausgangsbüchern im Weinsektor vom 24. April 2001, – zuletzt geändert durch Art. 4 der VO (EG) Nr. 2016/2006 vom 19. Dezember 2006,
- Weingesetz vom 8. Juli 1994 i.d.F. vom 16. Mai 2001 – zuletzt geändert durch Art. 3 des Gesetzes vom 5. November 2007
- Wein-Überwachungsverordnung vom 9. Mai 1995 i.d.F. vom 14. Mai 2002 – zuletzt geändert durch Art. 3 der VO vom 27. September 2007,
- die Landesverordnungen zur Durchführung der Weinüberwachung, soweit solche erlassen wurden,
- das Schaumweinsteuer-Gesetz (einschl. der dazu erlassenen Durchführungs-Verordnung und Dienstanweisungen),

verpflichten die Hersteller von Schaumwein zur **Buchführung** und somit zu der Eintragung, dass der betreffende Wein, beginnend mit dem Tag der Eintragung, zur Herstellung von Schaumwein bestimmt ist. Zur gleichen Zeit muss neben dem **Kellerbuch** etc. auch das **Betriebsbuch für die Schaumweinsteuer** geführt werden.

Mit dieser Eintragung in die Bücher bekommt der Sektgrundwein einen neuen **Rechtsstatus**, nämlich den Status der Cuvée.

Mit dem neuen Rechtsstatus bleibt der Grundwein, ebenso wie die daraus hergestellten Zwischen- und Endprodukte, **zwar Wein** im Sinne dieses Wortes als Oberbegriff, sodass die auf Wein zutreffenden Bestimmungen über die önologischen Behandlungen etc. weiterhin auch für die Erzeugnisse vom eingetragenen Grundwein (Cuvée) bis zum Schaumwein gelten, aber es gibt einige, ausdrücklich genannte Abweichungen oder Ausnahmen, die in den speziell für Schaumwein erlassenen Verordnungen enthalten sind.

Das Wesentliche dieser **Statusänderung** besteht darin, dass zur Bildung einer Cuvée gemäß VO (EG) Nr. 2332/92 (s.o.) Most oder Weine mit verschiedenen Merkmalen miteinander vermischt werden dürfen (VO EG 479/2008, Anhang I). So ist es gestattet, inländischen mit ausländischem Wein (nur aus EG) oder Tafelwein mit Qualitätswein zu verschneiden. (Siehe hierzu ausführlich H.-J. Koch, Kommentar, Erläuterungen zum Stichwort Schaumwein, bes. 6.1.3.2.)

Die Cuvée darf, je nach Bedarf, gesäuert oder entsäuert werden, und zwar ungeachtet der Frage, ob eine ihrer Komponenten bereits vorher eine derartige Behandlung erfahren hatte.

Zur Einleitung der Schaumweingärung darf **Fülldosage** und zur Erzielung eines bestimmten Geschmacks **Versanddosage** zugesetzt werden. Beide Maßnahmen gelten jedoch weder als Anreichung, noch als Süßung.

Der Vorgang der Änderung des **Rechtsstatus** ist nicht umkehrbar. Eine „Cuvée" kann nicht in „Wein" zurückverwandelt werden. Das Gleiche trifft auf die Zwischenerzeugnisse der Schaumweinherstellung bis zum fertigen Schaumwein zu.

Sofern solche Zwischenerzeugnisse bzw. fertiger Schaumwein während der Herstellung als Rest verbleiben oder danach als Rückware zurückgenommen werden und, gegebenenfalls nach Entleeren der Flaschen, als Flüssigkeit gesammelt werden, hat diese Flüssigkeit, der sogenannte **„Anfallwein"**, stets den Rechtsstatus der Cuvée.

Voraussetzung dafür ist selbstverständlich, dass diese Flüssigkeit, soweit nötig, mit den üblichen, erlaubten Mitteln der Kellertechnik wieder hergestellt werden kann, also nicht verdorben ist. Näheres hierzu siehe unter Kap. 2.5 **Weinreste** und **„Anfallwein"**.

Hinsichtlich des Volumens einer Cuvée gibt es keine ausdrücklichen Regelungen. So kann eine Cuvée wenige Hektoliter umfassen oder auch mehrere Hunderttausend Liter. Entscheidend ist, dass die ganze Cuvée in Behältern geeigneter Größe mithilfe einer angemessenen Mischtechnik bis zur Gleichförmigkeit gemischt (homogenisiert) wird.

Für die Herstellung einer Sektmarke kann es erforderlich sein, im Laufe der Zeit mehrere oder sogar viele Cuvées herzustellen, von denen jede eine Einheit für sich ist (mit eigener Cuvée-Nummer), auch wenn sie einander gleichen, wie ein Ei dem anderen.

Ob man aber die **Mischung der Komponenten eines Schaumweins** vornimmt, solange die Komponenten noch Stillwein sind, oder erst später, wenn sie schon Brutsekt geworden sind, ist nicht eine Frage der Qualität und auch nicht eine Frage des Rechts. Diese Frage entscheidet sich vielmehr danach, welche **Einkaufspolitik** man betreibt, ob die Voraussetzungen zum Abschluss entsprechender Einkaufsverträge gegeben sind und welche Art und Menge von Schaumwein man herstellen will. – Bei der Herstellung von Sekt mittels der traditionellen Flaschengärung erübrigt sich diese Fragestellung natürlicher Weise.

2.3.2 Die Bildung der Cuvée in der Praxis

In den meisten Kellereien findet die Bildung der Cuvée, das Zusammenfügen der verschiedenen Kombinationspartner, schon in der Stillweinphase der Sektherstellung statt.

Wegen der großen Verantwortung, die mit der Cuvée-Zusammenstellung verbunden ist, wird diese Aufgabe in kleineren Unternehmen vom **Betriebsinhaber** selber, in größeren Betrieben vom **Betriebsleiter** wahrgenommen und es werden stets zwei oder drei Mitarbeiter mit Probiererfahrung, u.a. z. B. der **Einkäufer**, hinzugezogen. Diese Gemeinschaftsarbeit ist wichtig, um Fehlentscheidungen zu vermeiden, die durch eine Indisposition eines Einzelnen verursacht werden könnten.

Da es sehr darauf ankommt, mit der Cuvée diejenige Kombination zusammenzustellen, die später als Endprodukt möglichst genau dem gewünschten Produkt nach Geschmack, Art und Charakter entsprechen soll, müssen die Grundweine, wenn sie auf ihre Verwendungsmöglichkeit geprüft werden sollen, kellertechnisch stabil und geschmacklich probierbar sein. Kellertechnisch stabil in diesem Zusammenhang sind Weine, deren SO_2-Haushalt in Ordnung ist, deren Blauschönungsbedarf nicht mehr als 3 g/hl beträgt und die blank filtriert sind.

Die Stabilisierung gegen **Weinsteinausscheidung** wird zweckmäßigerweise später gemacht, weil nach dem Zusammenfügen der Kombinationspartner sich in der Mischung eine neue Gleichgewichtssituation einstellt, die für die **Stabilitätsbeurteilung** der ganzen Cuvée maßgebend ist. Die Stabilisierungsbehandlung nimmt man vor, entweder alsbald nachdem die Stillweine zur Cuvée zusammengestellt wurden oder, bei Großraum- und Transvasiersekt, am besten unmittelbar vor der Abfüllung.

Seitdem Drucktanks oder **Großraumbehälter** Eingang in die Praxis gefunden hatten, wurde es technisch möglich, Mischungen und Verschnitte auch später aus bereits durchgegorenen Roh- oder Brutsekten unter Druck, also unter isobaren Bedingungen zusammenzufügen.

Diese Arbeitsweise kann von Nutzen sein, wenn es z. B. gilt, eine **Geschmackskorrektur** am Produkt vorzunehmen. Es kann außerdem aber sowohl qualitativ als auch ökonomisch von Vorteil sein, wenn man grundsätzlich die Zusammenstellung der Mischung erst dann vornimmt, wenn die Erzeugnisse schon den Zustand des Brutsektes erreicht haben. Der qualitative Vorteil besteht darin, dass der gewünschte Geschmack und Charakter der Sektmarke viel genauer getroffen werden kann, wenn Brutsekt mit Brutsekt gemischt wird, statt stille Grundweine miteinander zu kombinieren. Dies hängt damit zusammen, dass es nicht exakt vorhersehbar ist, inwieweit der Grundwein durch die Sektgärung verändert werden wird. Ökonomisch kann diese Arbeitsweise von Vorteil sein, weil sie es ermöglicht, Zeit zu gewinnen. Sofern es z. B. durch den Abschluss von Großkaufverträgen mit den nötigen Dienstleistungen (siehe Kap. 2.1.6) erreicht wird, fertig ausgebaute und stabilisierte Weine zu beziehen, können diese im Extremfall sogleich nach ihrem Eintreffen in der Kellerei als Cuvée in die Bücher eingetragen und zur Sektgärung angesetzt werden. Es wird dann kein größeres Lagervolumen für Stillwein benötigt und es entfällt die Zeit der Aufbewahrung des Stillweins, die ja in der Herstellungsdauer des Schaumweines nicht mitzählt. Das bedeutet, dass in diesem Fall die Herstellungsdauer unmittelbar beginnt.

Bei der Zusammenstellung von Mischungen oder Verschnitten aus Brutsekt unter Druck zum Zwecke der Herstellung von Qualitätsschaumwein ist zu beachten, dass auch der jüngste Partner in dieser Mischung bis zum Inverkehrbringen die Bedingung der 6-monatigen Herstellungsdauer gemäß (VO (EG) Nr. 1493/99, Anhang VI, Buchstabe K, Nr. 8) erfüllt. Die Bildung eines Durchschnitts aus der Herstellungsdauer zu junger und zu alter Brutsekte ist nicht zu empfehlen, sie würde gegen den Sinn dieser Vorschrift verstoßen.

Die Proben, die für die Zusammenstellung der Cuvée benötigt werden, zieht man aus dem hefetrüben Brutsekt mit Hilfe eines Probenziehgerätes über Filter und unter Gegendruck, sodass blanke Proben anfallen. (siehe auch Abb. 56).
Man weiß aus Erfahrung, welche Zusammensetzung die Cuvée für ein bestimmtes Endprodukt ungefähr haben soll. Von den in Betracht kommenden Weinen werden Proben entnommen und zur Beurteilung bereitgestellt. Damit die Proben repräsentativ für den Wein sind, muss der Fass- oder Behälterinhalt unmittelbar vor Entnahme der Probe gründlich durchgemischt werden.
Aktuelle Analysen der bereitgestellten Weine müssen vorliegen und greifbar sein. Weine, deren Analysenwerte nicht in den vorgegebenen Rahmen der **Soll**-Werte passen, werden nicht zur Probe angestellt. Die bereitgestellten Proben, die meistens in 1/1 Flaschen gefüllt und mit Spitzkork oder ähnlichen, wieder verwendbaren Verschlüssen verschlossen sind, werden etwa drei Stunden vor der Probe in einem Raum bereitgestellt, in welchem sie gleichmäßig Raumtemperatur annehmen sollen.
Eine **Rückstellprobe** von der vorhergehenden Cuvée des gleichen Endprodukts wird im gleichen Raum ebenfalls bereitgestellt, sie dient als Orientierungsprobe, als Standard.
Als Rückstellproben geeignet sind normale Sektflaschen, die nahezu randvoll gefüllt und mit Kronenkorkverschlüssen versehen werden. Dank der sehr kleinen Luftblase von nur etwa 2 ml und des gasdichten Kronenkorkverschlusses, können solche Proben monatelang aufbewahrt werden, ohne dass sie sich nennenswert verändern.

Die Arbeit im Probierraum

Einzelheiten des Probierens, der Raumgestaltung und der Begleitumstände sind anschaulich und ausführlich beschrieben in Troost 1988, 5.3 Sensorische Analyse bei der Betriebskontrolle, Seite 663–698.

Ergänzende Informationen können dem Buch J. Koch (Hrsg.): Getränkebeurteilung (1986) entnommen werden, darin 5. F. Zürn, Beurteilung von Wein und Fruchtwein, Seite 145–173 und 6. O.H. Rhein, Beurteilung von Sekt, Schaumwein und Perlwein, Seite 174–204.

Der erste Schritt auf dem Wege zur neuen Cuvée besteht normalerweise in einer groben Annäherung an das Ziel, das ist der Probeverschnitt. Man fügt, ausgerichtet an dem Mischungsverhältnis der zurückgestellten Probe, das man den damaligen Aufzeichnungen entnimmt, Weine von den angestellten Proben im gleichen Mischungsverhältnis zusammen.

Als Messgefäß wird zweckmäßigerweise ein graduierter **Mischzylinder** von 1 Liter (= 1000 ml) Inhalt, mit Glas- oder PE-Stopfen, verwendet (siehe Abb. 18).

Bei diesem Zylinder entspricht eine Marke von 10 Millilitern dem Anteil von 1,0 % des Inhalts. Man füllt die Prozentanteile nacheinander in den Zylinder, bis die 100 % (= 1000 ml) erreicht sind, wobei jeder Anteil schriftlich im Arbeitsprotokoll vermerkt wird, sobald er in den Zylinder gefüllt wurde. Danach muss der Inhalt des Zylinders gründlich gemischt werden, indem die Öffnung mit dem Stopfen verschlossen und danach der Mischzylinder mehrmals umgewendet wird. Gewöhnliche Messzylinder haben eine weite Öffnung mit Ausguss, sie können zum Mischen nicht richtig verschlossen werden und sind daher für die Cuvée-Zusammenstellung nicht gut geeignet.

Der **Probeverschnitt** wird danach verkostet und mit dem Standard verglichen. Man erkennt, dass der eine oder andere Weinanteil verändert, oder eine weitere Komponente hinzugefügt werden müsste. Es wird erneut ein Probeverschnitt hergestellt und überprüft. Dieser Vorgang wird so oft wiederholt, bis das richtige Mischungsverhältnis erreicht ist.

Zur **Kontrolle** wird danach die als richtig betrachtete Mischung genau nach den

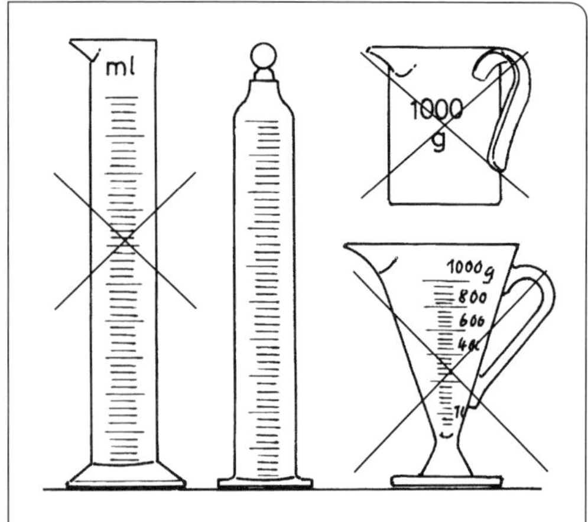

Abb. 18. Graduierter Mischzylinder von 1 000 ml Inhalt mit Glas- oder PE-Stopfen zur Abmessung der Verschnittanteile (aus Römpp 1991).

schriftlichen Aufzeichnungen wiederholt. Wenn sich die Richtigkeit der Mischung bestätigt, ist die Mischung festgelegt. Nun werden die solchermaßen ermittelten Prozentanteile entsprechend des gewünschten Volumens der Cuvée in Liter umgerechnet. Mithilfe einfacher Mischungsrechnung berechnet man aus den Analysen der Komponenten die entsprechenden Werte der Mischung und prüft, ob die gewünschten Werte und die Grenzwerte eingehalten sind.

Falls erforderlich, wird anschließend berechnet, ob der aus den Anteilen sich ergebende **Mischpreis** in den vorgegebenen Kalkulationsrahmen passt.

Schließlich werden die ausgerechneten Mengenangaben dem Betrieb durch die schriftliche **Arbeitsanweisung** mitgeteilt.

Sobald der Betrieb die Cuvée zusammengestellt und bis zur Homogenität gemischt hat, wird eine **Probe** davon im Probierraum im Vergleich zum Standard geprüft und im Labor untersucht. Wenn die Kontrollen gute Ergebnisse zeigen, wird der Auftrag zur weiteren Verarbeitung erteilt. Werden aber Mängel erkannt, oder die Notwendigkeit einer Schönung festgestellt, dann muss ein dementsprechender Betriebsauftrag erteilt werden.

Zur Cuvée-Arbeit im Stillweinkeller

Bis vor etwa 30 Jahren war es normal, dass die Grundweine nicht blankfiltriert, sondern mehr oder weniger blind oder „bauernhell“ angeliefert wurden. Außer dem ersten und dem zweiten Abstich hatten die meisten Weine noch keine önologische Behandlung erfahren. In der Kellerei wurden sie zu Cuvées zusammengestellt und dann im Labor daraufhin untersucht, welche Behandlungen erforderlich waren. Man vertrat die Meinung, dass in Bezug auf den Blauschönungsbedarf, aber auch auf den Eiweißgehalt und hinsichtlich der Weinsteinstabilisierung nach erfolgter Vermischung, sich neue Gleichgewichtsverhältnisse einstellen. Durch das Hinausschieben der Kellerbehandlung bis nach der Cuvée-Zusammenstellung wollte man vermeiden, dass der Wein oder Anteile der Cuvée u.U. zweimal behandelt werden. Es wurde außerdem vermutet, dass die Komponenten einer Cuvée sich inniger miteinander verbinden oder „verheiraten“ würden, wenn sie erst nach erfolgter Vermischung geschönt und filtriert werden. Da manche Weine recht wenig, andere aber sehr viel SO_2 enthielten, konnte man erst nach erfolgter Vermischung erkennen, wie die SO_2-Situation der Cuvée aussah und welche Maßnahmen zu ergreifen waren.

Der Wandel in den Gepflogenheiten des Weineinkaufs bringt es mit sich, dass immer mehr blanker Wein in großen Partien durch Großkaufverträge gekauft wird (siehe Kap. 2.1.6) und dass auch bei Einzelkäufen gefordert wird, dass die Weine die qualitativen Einkaufsbedingungen erfüllen und blank sind (siehe Kap. 2.1.5).

Sofern Grundweine auch heute noch durch Einzelkauf zur Sektkellerei gelangen, das wird insbesondere dann vorkommen, wenn **Sektspezialitäten** hergestellt werden sollen, ist es arbeitswirtschaftlich von Vorteil, aus mehreren gleichartigen Einzelkäufen in der Sektkellerei einen Vorverschnitt im Sinne einer Partie zu bilden und diesen Vorverschnitt, sofern das noch nötig ist, den erforderlichen önologischen Behandlungen zu unterziehen. Die endgültige Cuvée wird dann, wie bereits dargestellt, aus behandelten, blankfiltrierten Weinpartien zusammengestellt.

Die Erfahrung zeigt, dass die Vorverlagerung eines wesentlichen Teils der Weinbehandlung zum Lieferanten der Partie, entgegen früherer Vermutungen, sich qualitativ günstig auswirkt. Nur die Korrektur des SO_2-Gehalts und die Weinsteinstabilisierung sind Maßnahmen, die man nach wie vor am treffsichersten in der Sektkellerei vornimmt.

In der Praxis der Schaumweinherstellung indes bedeutet „Cuvéefass" seit eh und je dasjenige Gebinde (Holzfass, Beton-, Kunststoff- oder Stahlbehälter), in welchem die Cuvée zusammengestellt und homogenisiert wird. Die Größe oder das Fassungsvermögen eines Cuvéefasses kann sehr verschieden gewählt werden, je nach den betrieblichen Erfordernissen. Das Cuvéefass soll jedenfalls so bemessen sein, dass es das ganze Volumen einer Cuvée fasst. Da die Cuvée nur vorübergehend in dem Cuvéefass untergebracht wird, um darin die Zusammenstellung und ggf. eine Behandlung durchzuführen, ist man in der Regel daran interessiert, dieses Behältnis bald wieder frei zu bekommen, um darin die nächste Cuvée zusammenstellen zu können.

Das Cuvéefass soll deshalb mit Befüllungs- bzw. Entleerungsanschlüssen so ausgestattet sein, dass es möglichst rasch, z. B. in einem Arbeitstag befüllt bzw. entleert werden kann. Die Innenseite der Gefäßwand soll fugenlos und glatt sein, damit das Cuvéefass leicht zu reinigen ist. Sowohl für Beton- als auch für Stahlbehälter haben sich Auskleidungen mit **Epoxydharz** sehr gut bewährt.

Das Ziel der Cuvée-Zusammenstellung besteht darin, eine größere Menge einer bestimmten Komposition verschiedener Weine so zu **vermischen**, dass eine homogene, d. h., in allen Teilen gleichmäßige Einheit daraus entsteht.

Langsam laufende Rührwerke mit großen Rührblättern, wie man sie noch bis etwa 1960 antreffen konnte, sind zu schwach und ungeeignet. Ebenfalls ungeeignet ist das Umpumpen, selbst wenn man mehrere Pumpen gleichzeitig einsetzt, weil die damit erzeugbare Strömungsgeschwindigkeit im Innenraum des Cuvéefasses viel zu gering ist, um auch die entlegeneren Bereiche zu erfassen. Eine wirklich gute Wirkung haben **Propellerrührgeräte** oder **Propellerrührwerke**. Bei kleinen Behältern bis etwa 20 000 l kann man mit Einsteckrührern eine ausreichende Wirkung erzielen. Für größere Behälter sind stationäre, d. h. fest eingebaute Rührer erforderlich. Die Hersteller solcher Rührwerke sind darauf eingerichtet, die Konstruktionsmerkmale (Propellerform, Propellerdurchmesser, Umdrehungszahl, Antriebskraft, Einbauwinkel bezogen auf die Längsachse des Behälters in Abhängigkeit von der Gestalt des Behälters) orientiert an den Bedürfnissen des Anwenders genau auszurichten. Eine gute Homogenisierung erreicht man, wenn die Förderleistung des Rührwerks geeignet ist, den Inhalt des Behälters innerhalb von etwa vier Stunden einmal durchzusetzen (siehe auch Kap. 4.3.2)

Rührwerke, deren Laufzeit über **Schaltuhren** gesteuert wird, können Zeit und Kosten sparend nachts laufen (Nachtstromtarif). Frühmorgens kann man Proben entnehmen, die dann analytisch und sensorisch überprüft werden. Sofern nur blanker Wein in die Cuvée gelangte, und wenn nach Vorliegen der Befunde keine Nachbehandlung erforderlich ist, kann die Cuvée aus dem Cuvéefass herausgepumpt werden, und zwar meistens in eine Reihe kleinerer **Bereithaltungsbehälter**, manchmal auch direkt zu den **Gärbehältern**. Sofern zur nächsten Belegung des Cuvéefasses eine Cuvée der gleichen Zusammensetzung wie die vorhergehende gelangt und zwischen dem Leerpumpen und dem erneuten Befüllen nur einige Stunden liegen, kann das Cuvéefass ohne eine Reinigung wieder befüllt werden. Sobald aber eine Cuvée anderer Zusammensetzung nachfolgt oder wenn das Cuvéefass längere Zeit leer stehen wird, ist immer eine gründliche Reinigung zu empfehlen.

2.4 Die önologische Behandlung einer Cuvée

(siehe auch Kap. 2.2)

Normalcuvée aus blanken, behandelten Grundweinen

Bei Weinen, deren Beschaffenheit den geforderten Qualitätsbedingungen entspricht, sind auch nach dem Zusammenstellen zur Cuvée und nach erfolgter Homogenisierung keine Veränderungen der Klarheit und der Farbe zu erwarten. Bei ihrem niedrigen pH-Wert (3,0–3,2) und dem geringen Polyphenolgehalt sind spätere Eiweißausscheidungen ebenfalls nicht zu befürchten.

Es hat sich zudem gezeigt, dass eine vollkommene Eiweißentfernung zu einer Verminderung der Hefenährstoffe führt. Dies kann besonders bei der Flaschengärung durch die Zugabe von Rüttelhilfen, die ja auch wesentlich aus Bentonit bestehen, eine Verzögerung der Sektgärung bewirken (Bach, 1997). Es ist aus diesem Grunde empfehlenswert, bei der Flaschengärung die Cuvée nicht ganz auszuschönen.

Eine möglichst umfassende **chemische Analyse** und eine **mikroskopische Prüfung der homogenisierten Cuvée** sind zur Kontrolle aber unerlässlich. Die Ergebnisse dieser Kontrolle und die daraus abgeleiteten Folgerungen oder Maßnahmen müssen selbstverständlich im Analysenbuch schriftlich eingetragen werden.

Wenn die Analyse zeigt, dass wider Erwarten doch eine Behandlung erforderlich ist, dann sollte sie unverzüglich durchgeführt werden.
Danach ist die Kontrolle zu wiederholen.
Hinsichtlich des SO_2-Haushalts wird folgendes empfohlen:

- Falls echtes freies SO_2 (nach Abzug der Reduktone) vorhanden ist, soll auf keinen Fall ein SO_2-Zusatz erfolgen. Die Hefe würde damit gezwungen, dieses SO_2 mit Acetaldehyd zu neutralisieren. Die daraus folgende Erhöhung des im Wein verbleibenden gebundenen Aldehyds, mindert die Haltbarkeit des Sekts.
- Sofern kein echtes freies SO_2 vorhanden ist und auch keine Angaben über die Gehalte an Acetaldehyd und Polyphenolen vorliegen, ist es ratsam, SO_2 in vorsichtig bemessenen Gaben zuzusetzen, bis etwa 10 mg/l echtes freies SO_2 erreicht sind.
- Wenn kein echtes freies SO_2 vorhanden ist, aber genaue Angaben der Gehalte an Acetaldehyd und Polyphenolen gegeben sind, aus denen zu erkennen ist, dass diese Werte innerhalb der geforderten Grenzwerte liegen, dann kann man ohne Risiko auf einen SO_2-Zusatz verzichten. Eventuell vorhandener freier Acetaldehyd hat in diesem Fall gute Voraussetzungen, im Zuge der Sektgärung von der Hefe „aufgezehrt“ zu werden, zum Vorteil der Haltbarkeit des Sekts. (Siehe dazu auch Tab. 6.)

Die Cuvée sollte nach der Homogenisierung jedenfalls einer scharfen, möglichst **entkeimenden Filtration** unterzogen werden, mit dem Ziel, eine Klarheit von etwa 0,2 EBC-Einheiten herzustellen. Dadurch wird eine Einschleppung unerwünschter Mikroorganismen in den Gäransatz vermieden.

Cuvée aus unzureichend oder aus nicht behandelten Grundweinen

Eine möglichst umfassende chemische Analyse und eine mikroskopische Prüfung der homogenisierten Cuvée sind nötig, um zu erkennen, welche Behandlungsmaßnahmen vorgenommen werden müssen. Eine ausführliche Darstellung der Anwendung und der Wirkung von Schönungsmitteln ist in Troost (1988), Kap. 3.7 beschrieben.

Zusätzliche Informationen sind in Würdig/Woller (1989) Kap. 4.2 und 7 zu finden.

Falls der Blauschönungsbedarf größer ist als 3 g/hl, muss blau geschönt werden.

Sehr zu empfehlen ist jedenfalls eine **Schönung mit Gelatine und Kieselsol**. Für Sektgrundwein ist eine sauer aufgeschlossene Gelatine mit niedriger Bloomzahl am besten geeignet. Als Kieselsol sind 15%ige oder 30%ige Zubereitungen gleichgut geeignet, aber Achtung, Umrechnung! Die benötigten Mengen an Gelatine und Kieselsol müssen durch Vorversuch im Labor ermittelt werden.

Sofern eine **Blauschönung** nötig ist, soll nach ihrem Zusatz und erst nach gründlichem Durchmischen, die Gelatine zugesetzt und nach erneutem gründlichem Durchmischen das Kieselsol zugegeben werden. Danach ist selbstverständlich abermals gründlich zu mischen.

Die **Gelatine-Kieselsol-Schönung** bewirkt nicht nur, dass die Blauschönung ggf. besser ausflockt, sie hilft vor allem, den Gehalt des Weins an unerwünschten flavonoiden Polyphenolen (Leucoanthocyane, Catechine etc.) deutlich zu mindern und somit Farbe, Geschmack und Haltbarkeit des Sekts zu verbessern. Die Filtrierbarkeit des Weins wird z.T. deutlich verbessert, weil kolloidale Bestandteile des Weins, je nach ihrer elektrischen Ladung, teils durch die Gelatine, teils durch das Kieselsol ausgefällt werden.

Bentonit, der zur Beseitigung von Eiweißstoffen verwendet wird, nimmt auch einige Polyphenole mit. Er kann einen eventuell vorhandenen Gehalt an Histamin auch empfindlich senken. Seinen größten Nutzen entfaltet Bentonit, wenn er im Zuge der Weinbereitung schon beim Most eingesetzt wird. Aber Achtung: Damit ist auch eine Verminderung der zur zweiten Gärung notwendigen Hefenährstoffe verbunden!

Sektgrundweine für Markensekt, die nach den Grundsätzen der Qualitätsbedingungen für den Weineinkauf bereitet wurden, benötigen in aller Regel keine Bentonitschönung.

Sektgrundweine für Sondermarken, z. B. Rebsortensekt aus säurearmen Weinen und von schweren Böden, sollten auf ihre Neigung zu **Eiweißtrübung** geprüft und nötigenfalls mit Bentonit, aber mit möglichst geringer Menge, geschönt werden.

Bei Weinen, die **entgegen** der empfohlenen Zielsetzung bereitet wurden, sodass sie z. B. zu viele unerwünschte flavonoide Polyphenole enthalten, kann der eingetretene Schaden nachträglich einigermaßen repariert werden, allerdings unter Inkaufnahme von z.T. deutlichen Nebenwirkungen. Hier gilt es also, den erzielbaren Nutzen gegen den begleitenden Schaden abzuwägen.

Kasein musste früher etwas umständlich durch ein Mischrohr mit eingebautem Drallkörper in den turbulent strömenden Wein eingebracht werden. Die Wirkung tritt sofort ein, die Abtrennung kann ohne Wartezeit erfolgen. Die unerwünschten Flavonoiden werden stark vermindert, andere Polyphenole auch, aber weniger. Kaum nachteilige Nebenwirkungen, aber einige vorteilhafte (Schneider, 1988). Da heute Kasein als Kaliumkaseinat angeboten wird, wird die Einbringung vereinfacht und die Dispergiereigenschaften verbessert. Auf eine gute Durchmischung und baldige Abtrennung des Weines vom Trub ist zu achten.

PVPP (=Polyvinylpolypyrrolidon) hat ähnlich gute Wirkung, besonders bezüglich der Flavonoiden, und ist in der Anwendung problemlos; es wird in den Wein eingerührt.

Aktivkohle adsorbiert ziemlich unspezifisch Polyphenole, daneben aber – je nach Typ der Kohle – auch mehr oder weniger Geruchstoffe. Das Einrühren ist schwierig, es geht besser, wenn die Kohle vorher angeteigt wird (siehe Troost 1988, Seite 383). Kohle in pelletierter Form ist leichter anwendbar (ohne anteigen).

Die Wirkung dieser Mittel kann eventuell verbessert werden, wenn sie z. B. mit Gelatine-Kieselsol oder untereinander kombiniert werden. Sorgfältige Schönungsvorversuche sind in jedem Fall anzuraten, um Schaden infolge zu weit gehender Wirkung zu vermeiden!

Die **Reaktion der Schönungsmittel** verläuft innerhalb sehr kurzer Zeit, aber sie ist temperaturabhängig. Bei niedriger Temperatur des Weines im Keller, ggf. im Winter, können die Reaktionen 2- bis 3-mal so viel Zeit beanspruchen, wie bei 20 °C im Labor. Es ist deshalb zweckmäßig, insbesondere nach einer Blauschönung, dem Weine beispielsweise über Nacht Zeit zum Ausreagieren zu geben.

Bei Weinspezialitäten, deren pH-Wert über 3,4 liegt, kann der Effekt der Blauschönung verbessert werden, indem dem Wein etwa 1–2 Tage vorher zur Reduzierung des dreiwertigen Eisens 100 mg/l **L-Ascorbinsäure** zugesetzt werden.

Danach sind die ausgefällten Trubpartikel ausreichend groß, dass sie mit einem Klärseparator abgetrennt werden können. Kieselgurfilter können ebenso gut zur Abtrennung des Weines vom Schönungstrub benutzt werden.

In beiden Fällen verläuft die Abtrennung am gleichmäßigsten und rationellsten, wenn die Trubstoffe mithilfe des Rührwerks in Schwebe gehalten werden. Sofern man aber vorzieht, den Wein erst nach dem Absetzen (= Sedimentieren) der Schönung vom Trub zu trennen, muss der Wein, je nach der Höhe des Weinstandes im Behälter, etwa 5–8 Tage ruhen. Danach kann der Abstich über den Klarablauf erfolgen. Egal, ob der Trub durch Sedimentation oder durch Separator bzw. Kieselgurfilter abgetrennt wird, in jedem Fall soll der Wein anschließend einer scharfen, möglichst **entkeimenden Filtration** unterzogen werden, wie bereits weiter oben ausgeführt, mit dem Ziel, eine Klarheit von etwa 0,2 EBC-Einheiten herzustellen. Dadurch wird eine Einschleppung unerwünschter Mikroorganismen in den Gäransatz vermieden.

Bezüglich des SO_2-Haushalts gilt auch hier das, was zu Beginn dieses Kapitels für die Normalcuvée aus blanken, behandelten Grundweinen empfohlen wurde.

Bei der Wahl der Schönungsmittel ist darauf zu achten, dass Schönungsmittel aus Eiern und Milch (Kasein) ab dem 01.01.2011 auf dem Etikett zu deklarieren sind (VO (EG) Nr. 415/2009).

Weinstein – Stabilisierung

Für alle Schaumweine, deren Schaumweingärung in Großraumbehältern (= Drucktanks) stattfindet oder die nach ihrer Flaschengärung durch Transvasieren in Großraumbehälter befördert werden, ist es von Vorteil, die Stabilisierung des Produkts gegen die Weinsteinausscheidung erst kurz vor der Abfüllung in Flaschen vorzunehmen.

Bis dahin sind die im Wein vorhandenen **Kristallisations-Inhibitoren**, das sind kolloidale, die Kristallbildung hemmende natürliche Weinbestandteile, infolge der Schaumweingärung und der Reifung in ihrer Hemmwirkung stark geschwächt worden.

Falls der Sekt **kalt abgefüllt** werden soll (um 0 °C), geht der Abfüllung eine **Kühlung des Sekts** im Tank voran, die Gelegenheit gibt, den gekühlten Sekt **kalt** zu filtrieren, wodurch ein wesentlicher Teil der noch vorhandenen, in der Kälte unlöslich gewordenen Inhibitoren entfernt werden kann. Danach wird der Sekt in der Kälte durch Anwendung des **Kontaktverfahrens** von seinem Weinsteinüberschuss befreit und abermals kalt filtriert.

Für Schaumweine, die durch **Flaschengärung** nach der traditionellen Methode mit Rütteln und Degorgieren hergestellt werden, besteht keine Möglichkeit, die Weinsteinstabilisierung erst gegen Ende der Herstellungsdauer vorzunehmen. Diese müssen deshalb schon als Cuvée noch **vor** der Flaschenfüllung zur zweiten Gärung (Tirage) kältestabilisiert werden. Es kommt hierbei darauf an, den Weinsteingehalt des Weines auf ein derart niedriges Niveau zu senken, dass das fertige Produkt später keine Kristalle bilden kann, obwohl nach dieser Stabilisierung infolge der Schaumweingärung der vorhandene Alkohol um 1 bis 1,5 %vol angehoben wird und obwohl infolge Gärung und Reifung die Hemmwirkung der weineigenen Inhibitoren bis dahin nachlässt. Dies gelingt am besten dadurch, dass man den geschönten, noch trüben Wein zunächst im Durchfluss auf z. B. -4 °C abkühlt. Infolge dieser Temperaturabsenkung werden die Trubteilchen dichter, also besser abtrennbar und es wird ein wesentlicher Teil der kolloidalen Inhibitoren unlöslich, sodass auch dieser Teil anschließend im KG-Filter abgetrennt werden kann. Die **Verminderung der Inhibitoren** gestattet eine intensivere Weinsteinabscheidung. Der solchermaßen kalt filtrierte Wein fließt in die Kalthaltebehälter, wo er kontaktiert wird. Der Weinsteinüberschuss des Weines setzt sich an die vorgelegten Kontakt-Kristalle an. Danach wird der kalte Wein von den Kristallen getrennt und im Durchfluss (Gegenstromapparat) auf Normaltemperatur aufgewärmt. Hieran soll eine scharfe, möglichst entkeimende Filtration angeschlossen werden, um das Einschleppen unerwünschter Mikroorganismen in den Gäransatz zu vermeiden.

Bei Anwendung des **Kontaktverfahrens** zur Weinsteinstabilisierung ist für die erzielte Stabilität allein diejenige Temperatur maßgebend, die der Wein am Ausgang der Abtrennvorrichtung (Filter, Separator) aufweist. Um auf dem Fließwege des Weins, vom Beginn der Abkühlung im Durchflusskühler bis zum Ausgang der Abtrennvorrichtung, die Wärmeaufnahme (= „Kälteverlust") möglichst gering zu halten, sollten die Rohrleitungen, die Kontaktbehälter und, soweit möglich, auch die Abtrennvorrichtung selbst gut wärmeisoliert oder wärmegedämmt sein.

Wenn der zu stabilisierende Wein erst gekühlt und filtriert wird, bevor er mit den Kontaktkristallen in Berührung kommt, bleibt der Kontaktweinstein so sauber, dass die Kristalle nahezu unbegrenzt oft wieder verwendet werden können. Da die Masse der Kristalle mit jeder Anwendung zunimmt, muss der Überschuss immer wieder entnommen werden, um die Masse nicht zu groß werden zu lassen.

Die Kontaktkristalle können sich im kalten Wein niemals lösen, weil der Wein ja schon stark übersättigt ist. Sie können somit auch nicht eine Übersättigung bewirken. Die starke Übersättigung tritt dadurch ein, dass infolge der Kühlung die Temperatur des Weines vermindert und folglich die Löslichkeit des im Wein vorhandenen Weinsteins herabgesetzt wird. Weil die Löslichkeit herabgesetzt wird, befindet sich ein größerer Anteil des weineigenen Weinsteins im Zustand des Überschusses. Dieser Überschuss ist aber nicht fähig, von selbst, also spontan Kristalle zu bilden, weil es ihm an Energie fehlt. Indem man Kontaktkristalle in den Wein einbringt und sie durch kräftiges Umrühren längere Zeit (mehr als 2 Stunden) in Schwebe hält, ist dem Weinsteinüberschuss Gelegenheit gegeben, sich schnell und mit einem Minimum an Energie an die vorgelegten Kristalle anzulagern. Die Kontaktkristalle dienen also als vorgefertigte Keime.

2.4.1 Kühlung und Weinstein-Kältestabilisierung
(siehe auch Kap. 4.3.6.3 sowie 5.4.4.2)

Die recht kostenaufwendige Kühlung entweder des Grundweines oder des vergorenen Schaumweines war früher bei fast allen Betrieben die Regel. Man bewirkte damit

- eine Verbesserung der CO_2-Löslichkeit (damit eine Verminderung des notwendigen Partialdruckes beim Umlagern und Füllen des Sektes),
- die Weinsteinstabilisierung des Grundweines (bzw. des Sektes),
- das Ausfällen von kältelabilem Eiweiß,
- eine biologische Stabilität (vor allem gegenüber Milchsäurebakterien),
- eine gewisse Gärverzögerung zur Verbesserung der Qualität,
- das Einfrieren des Flaschenhalses zum Zwecke des Kaltdegorgierens.

Durch die **Entwicklung der Technik** ist ein Großteil der Gründe, weshalb früher gekühlt wurde, heute nicht mehr so zwingend. Sowohl beim Klären als auch beim Füllen des Sektes wird heute vielfach bei Umgebungstemperatur gearbeitet. Auch ist die Angst vor einem biologischen Säureabbau in den Hintergrund getreten, seitdem die Cuvée vor der Zugabe der Tirage keimfrei filtriert wird. Eine Gärverzögerung zum Zwecke eines möglichen Qualitätsanstieges kann sich der Betrieb aufgrund der Kostensituation kaum leisten. Die Ausfällung von Eiweiß kann – wenn überhaupt notwendig – auf kostengünstigere Weise mit Bentonit erfolgen. Die **Weinsteinstabilisierung** erfolgt – vor allem bei Konsumsekten mit höherer Umschlaggeschwindigkeit – teilweise durch die Zugabe von **Metaweinsäure (oder zukünftig auch CMC)**.

Bei der Zugabe von Metaweinsäure muss bedacht werden, dass die Dauer ihrer Wirksamkeit umso schneller nachlässt, je höher die Lagertemperatur ist. Es wurde beobachtet, dass der Gehalt des Sektes an Metaweinsäure durch Filtration reduziert wird. Wirksam ist aber nur die Menge, die in die Flasche gelangt.

Die zu erwartende Zulassung der **Carboxy-Methyl-Cellulose** (CMC) ermöglicht, da sie nicht hydrolysiert, einen dauerhaften Schutz (Wucherpfennig und Dietrich, 1984, 1985, Rosch und Friedrich, 2007). Sie ist in der EU als Lebensmittelzusatzstoff (Nummer E 466) zugelassen. Eine Calciumtartratausscheidung kann damit zwar verzögert, aber nicht verhindert werden.

Da bei Sekten höherer Preisklassen ein längeres Lager zu erwarten ist, werden diese Schaumweine einer **Kältebehandlung** unterworfen, um eine Weinsteinstabilisierung zu bewirken. In manchen Betrieben wird nach der Abkühlung des Sektes zum Zwecke des Weinsteinausfalls sofort kalt gefüllt. Damit hat man einen Kühlvorgang eingespart, aber Probleme beim direkten Ausstatten (siehe Kap. 5.7.1).

Beim **Kaltdegorgieren** ist das **Einfrieren des Trubes** im Flaschenhals zwingend notwendig. Vor allem das Degorgieren bei einem hohen Automatisierungsgrad wurde erst durch das **Einfrieren des Flaschenhalses** möglich gemacht. Es sind jedoch Bemühungen zu beobachten, auch das Warmdegorgieren zu automatisieren, sodass sich auch bei diesem Arbeitsgang der Kälteeinsatz erübrigen würde (siehe Kap. 5.4.4.1).

Dass Kälte auch „reifend“, d. h. oxidierend wirkt, ist nicht immer als Vorteil zu werten, vor allem dann, wenn der Sekt nur über einen unzureichenden Oxidationsschutz verfügt. Positiv ist dieser Einfluss höchstens bei rasch fertiggemachten und zum baldigen Verbrauch vorgesehenen einfachen Schaumweinen, deren „Ausreife“ noch im Minimum liegt.

Obwohl – wie oben ausgeführt – die Entwicklung der Technik eindeutig dahin geht, möglichst viele der kostenträchtigen Kühlvorgänge einzusparen, darf doch davon ausgegangen werden, dass die Kühlung auch heute noch in vielen Sektkellereien angewendet wird. Der **Einsatz trockener immobilisierter Hefen** (siehe Kap. 3.2.4) macht zudem die **Weinsteinstabilisierung** durch Kälte zwingend erforderlich.

Wird eine nicht weinsteinstabilisierte Cuvée mit trockenen immobilisierten Hefen (Immoferm) versetzt, bilden sich zwischen den Kügelchen „Brücken“, die dazu führen, dass sich **Verbände** dieser Kügelchen bilden, die wegen ihrer Sperrigkeit später nicht in den Flaschenhals gelangen können (Bach und Könitz, 2007), siehe auch Abb. 119.

Es sollen deshalb im Nachfolgenden einige grundsätzliche Aspekte dieses Themenkomplexes behandelt werden.

2.4.2 Kältemaschinen

Die zur Kühlung erforderliche Kälte wird durch Kälteerzeuger, Kompressions-Kältemaschinen (Kolben- oder auch Rotationsverdichter) gewonnen, in denen ein dampfförmiges Kältemittel, z. B. Ammoniak (NH_3) (R717), Freon oder Frigen 12 (Difluordichlormethan = R 12) verdichtet wird. (Da die beiden letztgenannten Kältemittel FCKW abgeben und somit ozonschädlich sind, ist die Industrie derzeit bei der Entwicklung FCKW-freier Kältemittel. NH_3-Kühlung wird heute wirtschaftlich bis -50 °C ausgenutzt.) Die dabei entstehende Wärme wird im Kondensator oder Verflüssiger mit Wasser oder Luft abgeführt. Der Wasserverbrauch kann dabei erheblich sein. Durch Anwendung der Verdunstungskühlung kann der Wasserverbrauch deutlich gesenkt werden.

Nach der Kühlung wird das Kältemittel unter Druck verflüssigt und kann bei der Direktkühlung (Röhrenkühler, Kratzkühler, Raumkühlung) über Rohrleitungen zum Ort des Kältebedarfs weitergeleitet werden, wo es durch das Expansions- oder Regelventil im Verdampfer auf einen niedrigeren Druck entspannt wird und dabei der Umgebung Wärme entzieht, also kühlt.

Das gasförmige Kältemittel wird zum Verdichter zurückgesaugt und bildet so den **Kältemittelkreislauf**, in dem es zum Teil dampfförmig, zum Teil flüssig umläuft. Normal wird der Umlauf durch die Druckdifferenz zwischen Verflüssiger und Verdampfer erzeugt. Abb. 19 zeigt den Kreislauf schematisch.

Der oder die Verdampfer können bei der Raumkühlung als Blockkühlsatz wirksam werden, von wo aus die Kaltluft durch einen oder mehrere Radiatoren im Raum verteilt wird. Vorteil der **Raumkühlung**: Die Küh-

Abb. 19. Schematische Darstellung des Kältemittel-Kreislaufs bei einer einstufigen Kaltdampf-Verdichter-Kältemaschine (nach Plank/Kuprianoff). a-b = Kühlmittel, c-d = Kälteträger (Sole-, Luft-)Ein- und Austritt. A = Verdichter, B = Verflüssiger (Kühler), C = Unterkühler, D = Regelventil, E = Verdampfer. Das Kältemittel (NH_3) ist bei 1 (Ansaugzustand) = trockengesättigt, 2 = (verdichteter Zustand) = überhitzt, 3 = verflüssigt, 3u = verflüssigt und unterkühlt, 4u = flüssig entspannt (Mischung von Dampf und Flüssigkeit), verdampft und „kühlt“ auf dem Wege nach 1.

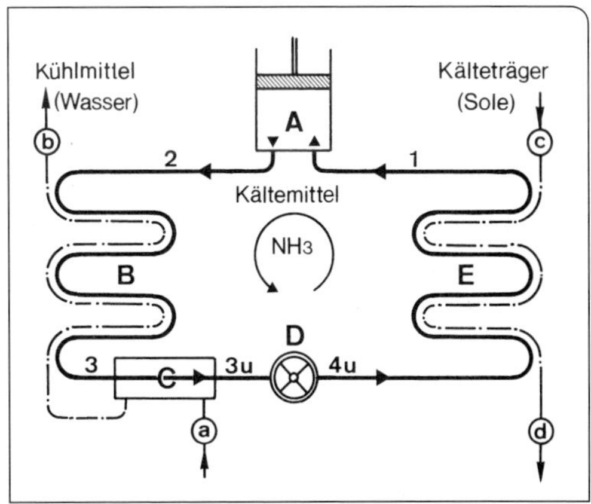

lung erfolgt direkt, es fallen Soleleitungen, Solepumpen und Rohrisolierungen weg, aber die Abkühlung des Schaumweins im Tank geht langsam vor sich.

Von der Raumkühlung (Kühlraum) macht man in der Regel nur dann Gebrauch, wenn man beabsichtigt, den Sekt dort länger unter Minustemperaturen zu lagern, um ihn erst durch Kälte zu stabilisieren, d. h., eine **Abscheidung des Rest-Weinsteines** zu erzwingen, wenn das nicht schon durch entsprechende Vorbehandlung geschah.

Bei der indirekten Kühlung mit Sole als Kälteüberträger, wie bei der Kühlung in Doppelmanteltanks, muss die **Wärmeübertragung** in zwei Temperaturstufen geführt werden. Einmal von der Kühlsole auf das Kältemittel (Solekreislauf) und dann vom Tankinhalt auf die Sole. Hier spielt der Wärmeübergang der **Mantelfläche** (Größe und Form des Tanks) eine Rolle. Ein lang gestreckter Tankmantel ist ein wirksamerer Kälteüberträger als ein kurzer Tank mit weitem Durchmesser. Die Kühlung erfolgt rasch, über Nacht.

Wegen der **indirekten Kühlung** muss die Verdampfungstemperatur der Kühlanlage tiefer sein als bei der Kühlung durch direkte

Abb. 20. Eiskurven von Kühlsolen. Gefrierpunkte und Dichte, oberhalb deren die Lösungen flüssig sind.

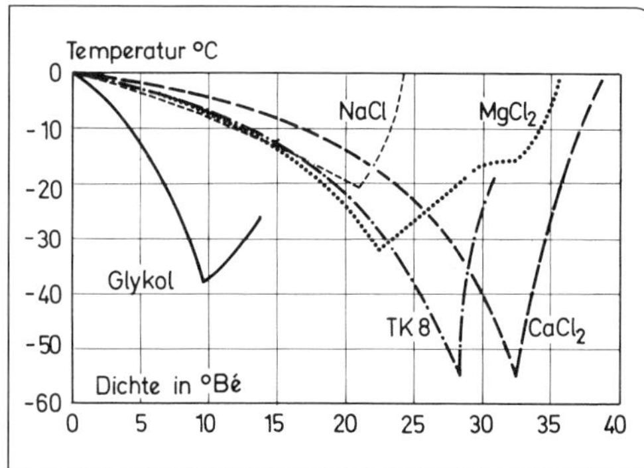

Verdampfung. Die **Gefriertemperatur** von bewegter oder strömender Kühlsole soll 5 bis 10 °C unterhalb der Verdampfungstemperatur liegen, d. h., die Konzentration der Kühlsole muss gegebenenfalls durch Nachfüllen von konzentrierter Lösung oberhalb der Eiskurve gehalten werden (vgl. Abb. 20 und Tab. 13 und 14).

Die gewünschte Kühltemperatur im Sekt wird über **Thermostate** geregelt, ihre Einstellung durch **Thermometer** kontrolliert. Bei Standtanks ist diese Temperaturanzeige oft ungenau, weil die bei ruhendem Tankinhalt mit zunehmender Höhe unterschiedlichere Temperatur nicht gleichmäßig erfasst wird. Die Temperaturablesung bedarf oft einer erfahrungsgemäßen Korrektur.

Beispielsweise kann es **unten** im Tank schon zur Eisbildung kommen, wenn in Höhe des Thermometers noch 0 °C gemessen werden.

Ein bewegter Inhalt kühlt rascher ab als ein ruhender (Abb. 61). Es kommt dort auch nicht zur Wassereis-Bildung, was bei unbewegtem Sekt bei Soletemperaturen von -10 °C, die unter dem Gefrierpunkt des Weines/Sektes liegen, eintritt. Eine einwandfreie Kühlung ist ohne periodisch laufendem Rührwerk nicht möglich.

Näheres über die Kühlung im Tank ist in Kap. 4.3.6.3 ausgeführt.

2.4.3 Durchflusskühler

Von den verschiedenen Arten, den Wein/Sekt im Durchfluss zu kühlen, ermöglicht der **Plattenapparat** wohl die individuellste Anpassung an das Getränk und an die betrieblichen Bedingungen. Mit einem Plattenapparat kann je nach Bedarf eine Flüssigkeit sowohl erhitzt als auch gekühlt werden. Bei der Nutzung des **Wärmeaustauschs** (bei dem ein bereits gekühlter Wein im Gegenstrom einen noch zu kühlenden Wein „vorkühlt“ und selbst dabei „vorgewärmt“ wird) kann eine Energieersparnis von 65 bis 90 % erzielt werden.

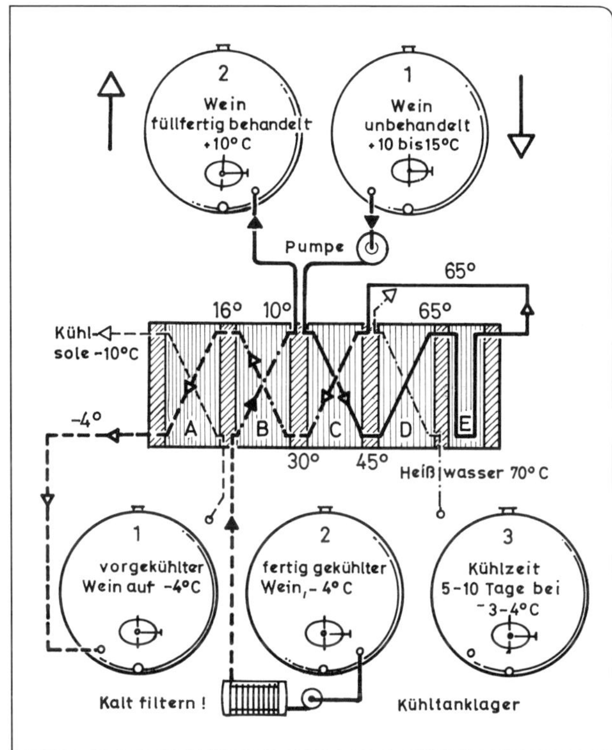

Abb. 21. Schema einer thermischen Weinstabilisierung mittels Plattenapparat nach dem Erhitzungs- und Unterkühlungsverfahren. A = Kälteabteilung mit Solekühlung (+16 °C auf -4 °C). B = Austauschabteilung (Wasserkühlung oder Austausch mit zurücklaufendem Wein [von -4 °C auf +10 °C bzw. von 30 auf 16 °C]). C = Wärmeaustausch mit Wein (von 15 auf 45 °C bzw. 65 auf 30 °C). D = Erhitzungsabteilung mit Heißwasser von 70 °C (von 45 auf 65 °C). E = Heißhalteabteilung (65 °C). Es handelt sich bei dieser Darstellung um idealisierte Verhältnisse. Die Temperieraufgaben in einem Betrieb sind selten so verteilt, dass sie die hier dargestellte optimale Energieausnutzung ermöglichen. (Troost 1988).

In Abb. 21 ist ein Beispiel für den Wärmeaustausch mit einem Plattenapparat dargestellt. A ist die Abteilung für Tiefkühlung mit Sole, B die Abteilung für Wärmeaustausch, wo die Temperatur des vorgekühlten Weines mit dem tiefgekühlten ausgetauscht wird. C ist die Abteilung für Wärmeaustausch zwischen erhitztem und dem einfließenden, unbehandelten Wein. D ist die Erhitzungsabteilung mit Heißwasser als Hitzeüberträger. E ist die Abteilung für Heißhaltung.

Die Form der Platten hat einen großen Einfluss auf den Wärmeaustausch. Die **Geometrie der Platten** erzwingt eine Wirbelung und Richtungsänderung des Flüssigkeitsstromes, was u.a. zu dem Wärmedurchgangskoeffizient K von 12 600 kj/m² · h · °C führt. Im Vergleich dazu weisen Röhren-Erhitzer nur einen K-Wert von 5024 kj/m² · h · °C auf.

Da Plattenapparate Drücke bis zu 10 bar aushalten, sind sie auch zur Kühlung des Sektes verwendbar.

Die Regelung der Temperatur und deren Überwachung erfolgt über automatische **Regeleinrichtungen** wie Kontaktfühler, Thermostate und Magnet- oder Membranventile.

Auch über **Röhren-Austauscher** kann Wein/Sekt gekühlt werden. Wie aus der Abb. 22 a ersichtlich, strömt der Wein durch ein Rohr, das von einem zweiten Rohr ummantelt wird. Zwischen beiden Rohren fließt die Kühlsole und entzieht dem Wein die Wärme. Der Kälteübergang ist umso geringer, je größer der Querschnitt der Weinleitung ist. Statt der indirekten Kühlung des Weines mit Sole (Abb. 22 a) kann auch eine Verdampfung des Kältemittels direkt im Röhrenaustauscher stattfinden (Abb. 22 b). Eine Bauart der Rohrenkühler ist der Rohrbündelkühler. In einem zylindrischen Mantelgefäß sind Röhrenbündel eingebaut, durch die der Wein fließt.

Bei unregelmäßigem oder zu langsamem Durchfluss, besonders bei Unterbrechungen, können Röhrenkühler (aber auch Plattenapparate) zufrieren. Dies erfordert eine automatische **Überwachung durch Temperaturfühler oder Strömungswächter**. Auch verschmutzen Durchlaufkühler leicht und können durch die Bildung von Weinstein zuwachsen. Sie müssen deshalb so gebaut sein, dass sie leicht zu öffnen und zu reinigen sind. Dies geschieht meist dadurch, dass die Umleitköpfe entweder der Röhren oder Röhrenbündel abgenommen werden können.

Kratzkühler (mit einem Schaber-Rührwerk) haben den Vorteil, dass ein Weinsteinansatz oder eine Eisbildung beim Kühlen verhindert wird. Zusätzlich bewegen die Schaber die Flüssigkeit, was zu einem besseren Kälteübergang führt.

Alfa-Laval bietet mit dem „Contherm"-Wärmeaustauscher eine andere Technik an, Flüssigkeiten zu kühlen. In einem stehenden Zylinder bewegt sich ein ständig umlaufender Abstreifer, der das von unten zulaufende Produkt von den präzise bearbeiteten Wänden abstreift. Bei besonderer Feinheit der Oberfläche des flüssigkeitsführenden Zylinders und der präzisen Führung der Abstreifer werden ein außergewöhnlich dünner Produktfilm und hohe Wärmeaustauschleistungen erzielt. In dem Ringraum zwischen dem Wärmeaustauschzylinder und dem äußeren Mantelrohr wird die Sole im Gegenstrom zum Produkt geführt. Durch ein Spiralrohr im Ringraum werden die Durchströmungsgeschwindigkeit der Sole und damit die Wärmeaustauschleistung weiter gesteigert. Der zulässige Betriebsdruck auf der Produktseite beträgt 56 bar. Das Gerät hat einen Wärmedurchgangskoeffizient von 2100 bis 6300 kj/ $m^2 \cdot h \cdot °C$.

Abb. 22. Durchlaufkühler
a: Röhrenkühler (Doppelrohr-Kühler) im Schnitt. 1 = Wein/Sekt-Eintritt, 2 = Wein/Sekt-Austritt, 3 = Sole-Eingang, 4 = Sole-Ausgang zum Verdampfer (= indirekte Kühlung). (Troost 1988).
b: Durchlaufkühlung mit direkter Verdampfung des Kältemittels im Kühler. Der Wein/Sekt wird mit der Pumpe (1) in das System befördert. Dort verdampft das Kältemittel, das vorher im Kompressor verdichtet wurde (3) und entzieht so dem Produkt „direkt" die Wärme. Vorteil: geringer Energieverlust; Nachteil: schlechte Temperaturregelung, Gefahr der Vereisung des Produktes bei Störungen im Arbeitsablauf (Padovan).

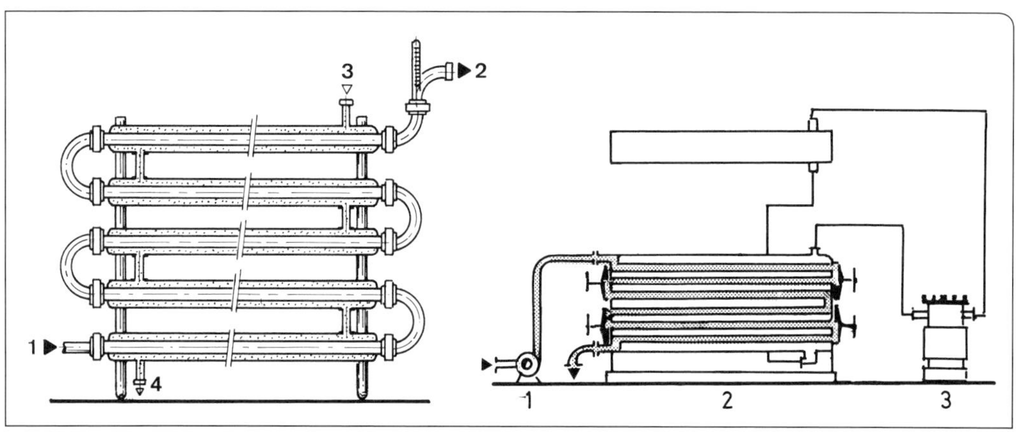

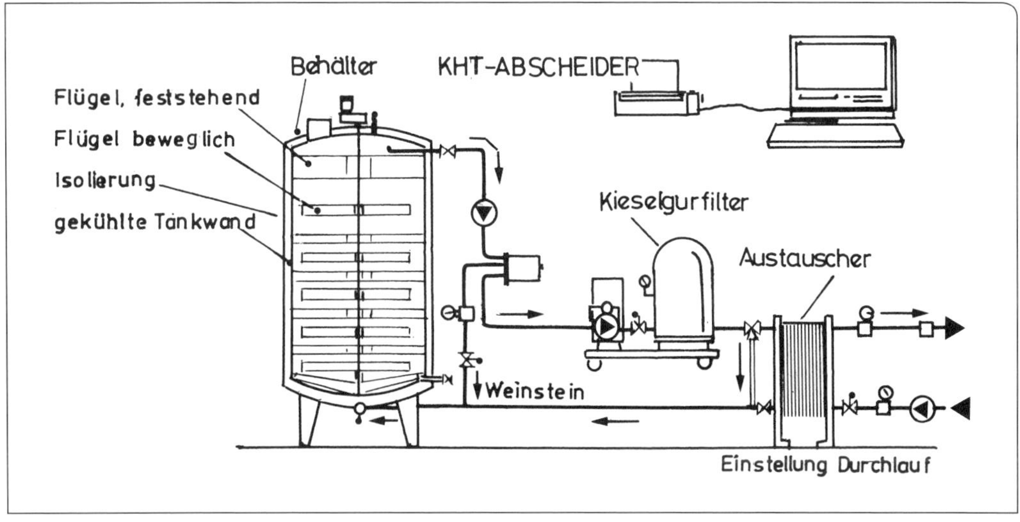

Abb. 23. Kombinierte Kühlung mit Plattenapparat und Kühltank mit Kühlmantel zum Zwecke der Weinsteinstabilisierung. Der Wein wird in einem Austauscher durch den aus dem System abfließenden Wein vorgekühlt und gelangt in den Kühltank, der mit einem Kühlmantel ausgestattet ist. Im Zulauf zum Tank wird der Wein mit Weinsteinkristallen beimpft. Die Reaktion erfolgt unter ständigem Umrühren durch ein fest installiertes Rührwerk. Der stabilisierte Wein wird oben aus dem Tank abgeleitet, von einem Teil des Weinsteins befreit, über einen Kieselgurfilter geschickt und kühlt im Austauscher den einlaufenden Wein während er selbst erwärmt wird. Der Verfahrensablauf ist weitestgehend automatisiert und der Effekt der Weinsteinstabilisierung kann am Monitor eines Computers verfolgt werden. (Station Oenotechnique).

Es ist eine „Einfriersicherung" zur Verhinderung des Einfrierens des Produktes bei Unterbrechung des Produktstromes vorhanden. Durch die senkrechte Bauweise benötigt diese Kühleinrichtung mit 0,2 m² Bodenfläche sehr wenig Platz. Dadurch, dass das Produkt von unten der Kühleinrichtung zugeführt wird, ist eine vollständige Verdrängung der Luft möglich. Dies baut einer möglichen Oxidation vor und verbessert den Wärmeaustausch, weil im Produkt enthaltene Luftblasen kälte- oder wärmeisolierend wirken können.

Eine **Mischform von Durchflusskühler und Kühlung im Tank** wird von **Oeno Concept** angeboten. In Abb. 23 ist deren Funktionsweise dargestellt. Der Wein wird im Plattenapparat im Gegenstrom zu dem austretenden Produkt gekühlt. Danach gelangt er in einen Reaktionstank, dessen Außenmantel gekühlt ist. Der nach der Behandlung aus dem Kühltank austretende Wein kühlt im Austauscher den zu behandelnden Wein ab.

Die genannten Kühltechniken werden zum Teil kombiniert, um sie den betrieblichen Bedingungen anzupassen, bzw. um einen möglichst weitgehenden Wärmeaustausch zu erzielen. So können z. B. Kälteanlagen mit Zusatzwärmetauschern zur Wärmerückgewinnung ausgestattet werden, wodurch die im Kühlgut entzogene Wärme zur Warmwasserbereitung oder zur Raumheizung benutzt werden kann.

Weitergehende Informationen über die Durchflusskühlung entnehme man Troost (1988).

2.4.4 Weinstein-Kältestabilisierung

Nachdem die Weinsteinstabilisierung durch **Ionenaustausch** verboten ist und die **Membranprozesse** (Umkehrosmose, Elektrodialyse) bisher noch keinen Eingang in die Kellerwirtschaft gefunden haben, ist neben der Zugabe von **Meta-Weinsäure** (und zukünftig auch CMC) die Weinstein-Abscheidung durch Kühlung der Weine die einzige Methode, den Wein/Sekt vor späterem Weinsteinausfall auf der Flasche zu schützen.

Kälte wird in Deutschland seit 1950 angewendet. Da früher bei der Sektherstellung im Großtank vor der Füllung unbedingt gekühlt werden musste, um die Füllung zu ermöglichen und die Füllleistung zu steigern, war das Verfahren solange interessant, als es kein besseres gab.

Die wirksame **Kühltemperatur** wird durch den Gefrierpunkt des Weines begrenzt (siehe Abb. 24). Sie soll aber in dessen Nähe liegen, etwa zwischen -2 und -4 °C.

Rechnerisch kann die Unterkühlungstemperatur (U) annähernd mit folgender Formel ermittelt werden:

$$U\,°C = \frac{g/l\ \text{Alkohol}}{20}\ \text{(bei trockenem Wein)}$$

oder

$$U\,°C = \frac{\%\ \text{vol Alkohol}}{2} + 0{,}5\ \text{bis}\ 1{,}0$$

(bei Weinen mit Restsüße)

Die **Kühldauer** wird unterschiedlich angegeben: mit drei bis fünf Tagen, aber auch mit einer Woche bis zehn Tagen. Diemair und Maier (1962) fanden, dass bei eiweißfreien Weinen bis zu 25 bis 30 Tage, bei eiweißhaltigen noch längere Zeit erforderlich sein kann. Diese Zeiten sind für die Praxis indiskutabel.

Mit dem **Kontaktverfahren** kann nach entsprechender Vorbehandlung des Weines (siehe auch Kap. 2.3) die Weinsteinstabilisierung innerhalb von zwei bis drei Stunden

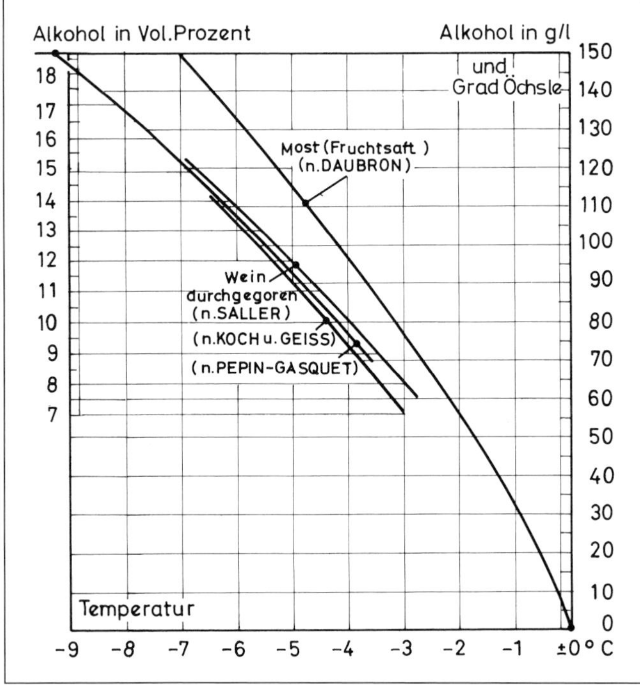

Abb. 24. Gefrierpunkte von Fruchtsaft (Most) und vergorenem Wein bei verschiedenen spezifischen Gewichten (Oechsle) und Alkoholgehalten.
Beispiel: Ein Wein von 10,7 %vol Alkohol gefriert bei −4,6 °C; bei 98 g/l Alkohol liegt sein Gefrierpunkt bei −5,4 °C, während Fruchtsäfte z.B. von 80 °Oe bei −3,2 °C gefrieren. Ein schwererer alkoholischer Likörwein, etwa von 18 %vol Alkohol gefriert erst unterhalb von -9 °C.

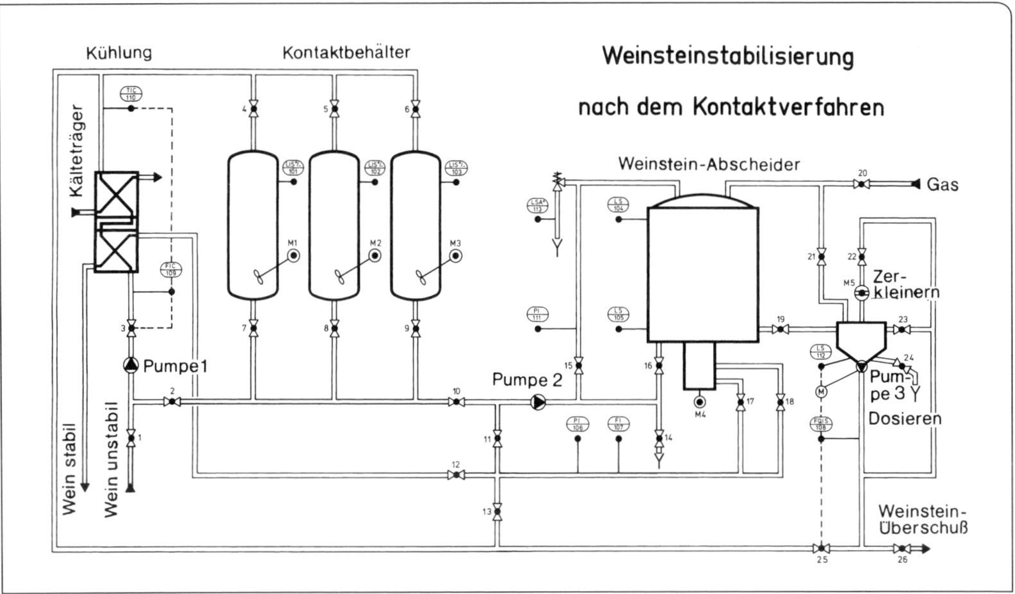

erfolgen (Rhein 1975, Müller-Späth 1977). Die Verfahrensabläufe sind in den Abb. 25 (KHS) und 26 (Westfalia) zeichnerisch dargestellt.

Prinzipiell verlaufen beide Systeme nach dem gleichen Verfahren. Es wird der auf etwa 0 °C gekühlte Wein mit 4 g/l Weinstein versetzt. Die Tab. 10 (Postel und Prasch 1977) macht deutlich, dass der Effekt des Weinsteinzusatzes umso besser ist, je kleiner die Kristalle sind. In dem Reaktionsbehälter wird der Weinstein durch ein Rührwerk in

Abb. 25. Weinsteinstabilisierung nach dem Kontaktverfahren Henkell-KHS (Zeichnung KHS Maschinenbau).

Tab. 10 Einfluss der Kristallgröße des beim Kontaktverfahren zugegebenen Weinsteins auf den Ausfall von Kalium und Weinsäure (nach Postel und Prasch 1977)

Weinbehandlung	Kalium (mg/l)	K *) (mg/l)	Weinsäure (g/l)	WS *) (g/l)
unbehandelt	625	–	2,59	–
behandelt: ohne Zusatz	610	15	2,52	0,07
+ 5 g/l KHT grobkristallin	580	45	2,44	0,15
+ 5 g/l KHT feinkristallin	500	125	2,14	0,45

KHT = Kaliumhydrogentartrat = Weinstein

Nach dreistündiger Behandlung betrug die Abnahme an Kalium bei feinkristallinem KHT 125 mg/l, bei grobkristallinem KHT nur 45 mg/l.

*) Ausfall

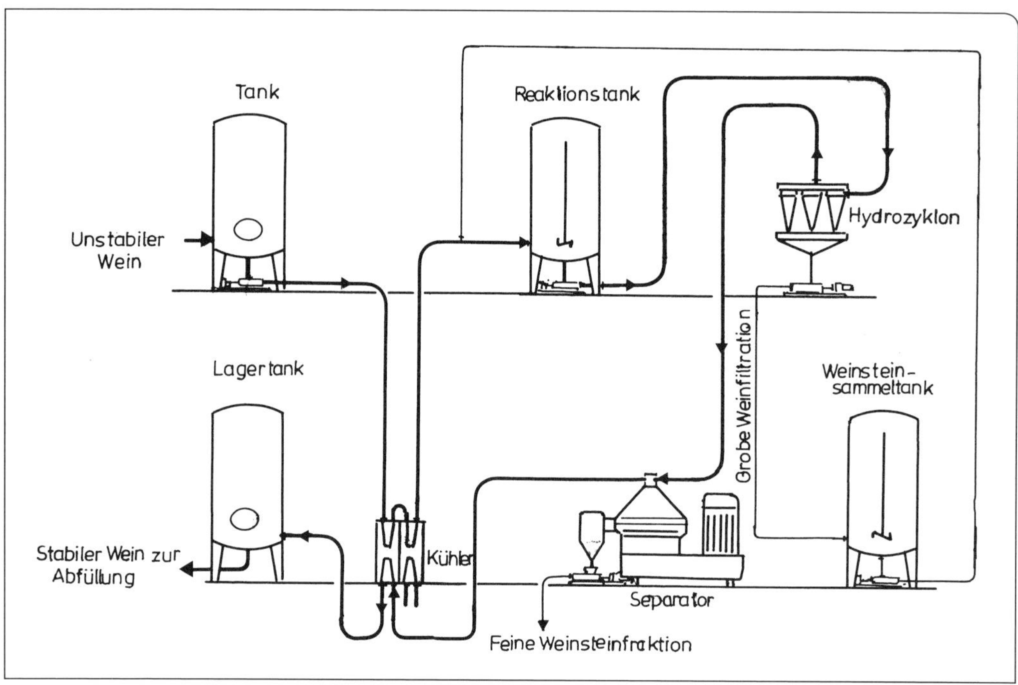

Abb. 26. Fließschema einer Weinstein-Stabilisierung und -abtrennung nach dem Kontaktverfahren mittels Hydrozyklon-Batterie und Westfalia Separator SA 100 nach W. Dörr E.W. Bott und B. Nagel 1985.
Verfahrensschritte: Kühlen – Impfen mit 4 g/l Weinstein – Zwischenlagerung im Rührtank – Abtrennung des Weinsteins im Hydrozyklon und Separator. Anschließend kann die Wiedererwärmung über Austauscher erfolgen, oder es wird kalt gefüllt.

der Schwebe gehalten, damit sich der überschüssige Weinstein des zu stabilisierenden Weines an die Impfkristalle anlagert und somit ausscheidet. Dieser Vorgang ist nach spätestens drei Stunden abgeschlossen. Danach erfolgt die Trennung des Weinsteins aus dem kühlen Wein. Nach einer Aufbereitung des Weinsteins (Reinigung und Zerkleinerung) kann dieser wieder als Impfkristall Verwendung finden.

Beim **Cristallflow-Verfahren** von Alfa-Laval wird kein Kontaktweinstein benötigt. Die Abb. 27 macht das Verfahrensschema deutlich. Danach wird der Wein so tief gekühlt und kalt gehalten, dass seine Temperatur um den Gefrierpunkt zu liegen kommt. Dies geschieht während 90 Minuten in isolierten Reaktionstanks. Es entsteht ein Wein-Wassereis-Weinsteinkristall-Gemisch, das zur Konzentrierung des Alkohols führt und ein neues Gleichgewicht für den Weinstein erzeugt, das den Ausfall der Kristalle anregt. Der ausgefallene Weinstein wird sodann mittels Separator abgetrennt. Um eine teilweise Konzentrierung des Weines zu vermeiden, wird dieser vor dem Separator angewärmt, damit das vorher gebildete Eis schmelzen kann.

Eine weitere Variante des **Kontaktverfahrens** ist in Abb. 23 dargestellt. Hier gelangt der zu behandelnde Wein durch einen Plattenapparat in einen Reaktionstank, der mit einem Rührgerät versehen ist. Beim Zulauf zum Tank werden dem Wein Impfkristalle zugeführt. Der Tank ist mit einer Mantelkühlung versehen, um ihn weiter zu kühlen und kühl zu halten. Nach der notwendigen Reaktionszeit wird der stabile Wein oben aus dem Tank entnommen, über einen Weinsteinabscheider geführt, anschließend kieselgurfiltriert und über den Plattenapparat, in dem er im Austausch den zulaufenden Wein kühlt, abgeführt. Mittels eines computergesteuerten Messverfahrens (Leitfähigkeit) kann kontinuierlich die Wirksamkeit der Behandlung überwacht werden.

2.4.5 Kühlmittel, Kühlsolen

Während man unter **Kältemittel** die gasförmigen Substanzen versteht, die bei ihrem Übergang aus dem flüssigen in den dampfförmigen Zustand der Umgebung Wärme entziehen (NH_3, Freon, Frigen 12), sind **Kühlsolen** Kälteträger, die die bei der Verdampfung des Kältemittels erzeugte Kälte an den Ort des Verbrauches bringen. Man unterscheidet

- wässrige Lösungen organischer Stoffe und
- wässrige Lösungen anorganischer Salze (den eigentlichen Kühlsolen).

Anorganische Kühlsolen sind vornehmlich Chloridsolen (z. B. Natriumchlorid und Calciumchlorid) und Carbonatsolen (z. B. Kaliumcarbonat).

Häufig werden auch **organische** Kühlsolen verwendet, meist Ethylenglykol oder Propylenglykol in einer Glykol-Wassermischung.

Bei der Verwendung von Solen muss bedacht werden, dass die damit in Berührung kommenden Teile korrodieren. So sind z. B. Chloridsolen für den Werkstoff Edelstahl nicht geeignet, weil diese dort Lochfraß erzeugen. Bei den organischen Solen muss darauf geachtet werden, dass deren **pH-Wert**

Abb. 27. Fließschema des Alfa-Laval-Crystalflow-Verfahrens zur kontinuierlichen Weinstein-Stabilisierung nach K. Hähn und Lund 1981. 1 = unstabiler Wein, 2 = Pumpe, 3 = Plattenapparat (Vorkühlung und Wärmeaustausch), 4 = Kratzkühler, 5 = Reaktionstank, 5a = Reserve, 6 = Wärmeaustausch und Eisschmelze, 7 = Separator zur Abtrennung der ausgefallenen Weinsteinkristalle. Vgl. Text.

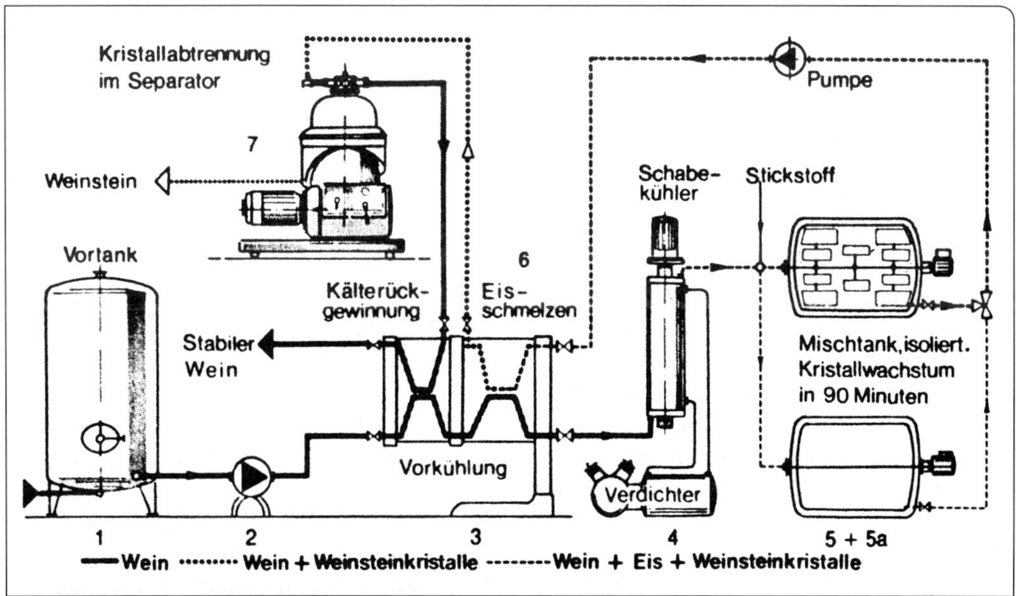

nicht sinkt. Ist dies durch den Eintrag von Kohlendioxid oder durch die Oxidation der Alkohole zu organischen Säuren der Fall, so findet Korrosion statt. Kälteträger sind im Allgemeinen mit Korrosions-Inhibitoren versetzt. Tab. 11 zeigt deren Einfluss auf die korrodierende Wirkung der Solen.

Die Spalte 3 zeigt z. B. die **Korrosion** eines Ethylenglykol-Wassergemisches ohne Inhibitoren im Vergleich zu einem konfektionierten Mittel, dem Inhibitoren beigemischt sind (Spalte 2). Die Zugabe von „Korrosionshemmern" führt demnach zu einer drastischen Verminderung der Korrosion, die dann sogar unter die des Leitungswassers (Spalte 1) zu liegen kommt.

In jedem Fall ist die Anwendung von **„konfektionierten"** Kühlsolen zu empfehlen. Diese sind so aufbereitet, dass sie gegenüber den meisten Werkstoffen nicht korrodierend wirken.

Ähnliches gilt auch für die **anorganischen** Solen. Neben der Konzentration ist bei deren Anwendung auch auf einen optimalen

Physikalische Begründung der Eigenschaften von Kühlträgern. Die molale (Mole Stoff g gelöst in 1000 g Lösungsmittel) Gefrier- (Erstarrungs-) punktdepression E eines nicht ionisierenden Stoffes in einer Lösung ist dem osmotischen Druck der Lösung proportional und beträgt bei 1-molaler Konzentration (1 Mol Stoff gelöst in 1000 g Lösungsmittel) für das Lösungsmittel Wasser 1,86 °C (kryoskopische Konstante des Wassers). E ist daher eine für jedes Lösungsmittel spezifische Konstante. Die tatsächlich zu erwartende Gefrierpunktserniedrigung Δt bei einer beliebigen Lösung (Sole) beträgt bei beliebigen Stoffen, Lösungsmitteln und Konzentrationen

$$\Delta t = \frac{E \cdot m}{M} E \cdot n \; [°C]$$

wobei m die Masse, M die Molekularmasse und n die Anzahl der Mole des in 1000 g Lösungsmittel gelösten Stoffes bedeutet.

Für Lösungen von = 1000 g Lösungsmittel gilt folgende Gleichung:

$$\Delta t = \frac{E \cdot m \cdot 1000}{M \cdot m_L}$$

m_L ist die Masse des Lösungsmittels in Gramm.
Berechnungsbeispiel für eine Ethylenglykol-Wasser-Lösung:
E = 1,86 °C
m = 60 g Ethylenglykol
M = 62 g (Molekulargewicht des Ethylenglykols)
m_L = 400 g Wasser

Die zu erwartende Senkung des Gefrierpunktes gegenüber Wasser beträgt

$$\Delta t = \frac{1{,}86 \cdot 60 \cdot 1000}{62 \cdot 400} = 4{,}5\,°C$$

Würde man die gleiche Berechnung mit dem Kälteträger Kaliumcarbonat (K_2CO_3, Molgewicht 140) durchführen, so ergäbe sich die Formel

$$\Delta t = \frac{1{,}86 \cdot 60 \cdot 1000}{140 \cdot 400} = 1{,}99\,°C$$

Wie der große Unterschied zwischen Ethylenglykol und Kaliumcarbonat zeigt, ist die Gefrierpunktserniedrigung von Wasser durch die Anzahl der darin gelösten Teilchen, wie Moleküle, Ionen oder Atome, bedingt.
Setzt man einem Wasser eine Substanz zu, die darin – wenigstens teilweise – in Ionen zerfällt, elektrisch dissoziiert, so wird der Gefrierpunkt dem Dissoziationsgrad entsprechend stärker erniedrigt. Natriumchlorid, Kochsalz, in einer Menge von 58,5 g (= 1 Mol) in 1 l Wasser gibt demnach eine Erniedrigung, die größer als 1,86 °C ist, die aber nicht mehr sein kann als das Doppelte, nämlich 3,72 °C, da letzterer Wert nur erreichbar ist, wenn alle NaCl-Moleküle vollständig in Natrium- und Chlor Ionen gespalten sind.

Tab. 11 Korrosion von Metallen durch verschiedene Solen im Vergleich zu Leitungswasser (Hoechst) Die Prüfung erfolgte nach ASTMD 1384-80; die Zahlen bedeuten den Abtrag in g/m² während 336 Stunden bei 88 °C und 6 l Luft/h

Metalle	Leitungswasser (14 °dH) ohne Zusätze	Antifrogen N*) 1:2 Wassergemisch	Ethylenglykol Wassergemisch 1:2 ohne Inhibitoren	Antifrogen L**) 1:2 Wassergemisch	Calcium-chlorid-sole (21% m/m)
Spalte ⇒	1	2	3	4	5
Edelstahl (V2A)	−0,5	<−0,5	nicht geprüft	< −0,3	nicht einsetzbar (Lochfraß)
Messing (MS 63)	−1	−0,6	−7,6	−0,8	−36
Kupfer	−1	−0,5	−2,8	< −0,5	−11
Weichlot (WL 30)	−11	−2,4	−135	−2,3	−433

* Ethylenglykol; ** Propylenglykol

Tab. 12 Verdünnungstabelle Hoesch PA 9 rot (K_2CO_3). Bei den angegebenen Temperaturen ist ein angemessener Wert (5–10 °C) für Verdampfervoreilung zuzurechnen. (JohnsonDiversey)

		HOESCH PA rot			
Dichte g/cm³	Wasser Vol. Teile	Vol. Teile (l/100 l)	Gew. Teile (kg/100 l)	Gew.-% (kg/100 kg)	Abkühlgrenze **) °C
1,195	62,0	40,0	58,0	48,5	− 8,8
1,215	57,2	45,0	65,3	53,7	−10,3
1,238	52,2	50,0	72,6	58,6	−12,3
1,260	47,0	55,0	79,8	63,3	−14,3
1,282	41,7	60,0	87,1	67,9	−16,6
1,304	36,7	65,0	94,3	72,3	−18,8
1,325	31,3	70,0	101,6	76,7	−21,4
1,349	26,3	75,0	108,8	80,7	−24,3
1,363	21,0	80,0	116,1	85,2	−26,3
1,393	15,7	85,0	123,3	88,5	−30,6
1,415	10,5	90,0	130,6	92,3	−34,7
1,424	7,9	92,6	134,4	94,4	−36,5*)

*) Für die Praxis nur bedingt verwendbar
**) bei diesem Mischungsverhältnis (Wasser/Sole) erreichbare Temperatur ohne dass die Mischung friert Quelle: JohnsonDiversey GmbH & Co oHG

pH-Wert zu achten. Dieser sollte bei organischen Solen über pH 7,5 und bei anorganischen Solen über 12 liegen. Die Verwendung von Chromaten als Inhibitor in einer Sektkellerei sollte vermieden werden, weil von ihnen schädliche physiologische Wirkungen ausgehen können. (Sie sind als krebserregend eingestuft.)

Tab. 13 Verstärkungstabelle für Hoesch PA 9 rot (K_2CO_3) (JohnsonDiversey)

vorhandene Werte		erforderlicher Zusatz in kg/m³ **erforderlicher Austausch in l/m³ (fett)**										
°C	d_{20}	−10,3 °C	−12,3 °C	−14,3 °C	−16,6 °C	−18,8 °C	−21,4 °C	−24,3 °C	−26,3 °C	−30,6 °C	−34,7 °C	−36,5 °C
− 8,8	1,195	122	243	363	484	604	726	846	967	1087	1208	1272
		84	**167**	**250**	**333**	**416**	**500**	**582**	**666**	**748**	**832**	**875**
−10,3	1,215		135	263	396	527	659	790	923	1053	1186	1255
			93	**181**	**273**	**363**	**453**	**544**	**635**	**725**	**816**	**864**
−12,3	1,238			144	290	434	580	724	869	1013	1159	1235
				99	**199**	**299**	**399**	**498**	**598**	**697**	**798**	**850**
−14,3	1,260				162	322	484	643	805	965	1127	1211
					112	**221**	**333**	**443**	**554**	**664**	**775**	**834**
−16,6	1,282					180	362	542	724	904	1086	1181
						124	**249**	**373**	**498**	**622**	**748**	**813**
−18,8	1,304						208	413	621	826	1034	1143
							143	**284**	**428**	**569**	**712**	**786**
−21,4	1,325							240	482	722	965	1091
								165	**332**	**497**	**664**	**751**
−24,3	1,349								251	577	868	1020
									173	**397**	**597**	**701**
−26,3	1,363									359	722	911
										247	**497**	**627**
−30,6	1,393										462	733
											318	**505**
−34,7	1,415											376
												259

Quelle: JohnsonDiversey GmbH & Co oHG

Berechnung einer Solekonzentration. Da die kryoskopische Konstante E eines jeden nicht in Ionen zerfallenden Stoffes für Wasser als Lösungsmittel 1,86 °C beträgt, lässt sich nach der obigen Formel jederzeit die erforderliche Molalität für eine beliebige Gefrierpunktsenkung Δt einer Lösung berechnen: Soll Δt für eine Ethylenglykol-Wassers-Sole 10 °C betragen, so sind in 1000 g Wasser Δt : E = n = 10:1,86 = 5,38 Mole oder 5,38 · 62 = 333 g Ethylenglykol zu lösen.

Es soll hier nicht verhehlt werden, dass solche rechnerischen Ermittlungen stark idealisierte Werte liefern, und es daher besser

Tab. 14 Verstärkungstabelle für Ethylenglykolsolen (JohnsonDiversey)

vorhandene Werte		erforderlicher Zusatz in kg/m³ **erforderlicher Austausch in l/m³ (fett)**									
°C	d_{20}	−10,3 °C	−12,2 °C	−13,6 °C	−16,2 °C	−21,7 °C	−26,5 °C	−32,2 °C	−38,8 °C	−44,5 °C	−55,3 °C
− 8,5	1,026	33	70	96	139	222	279	346	418	471	556
		30	**63**	**86**	**125**	**199**	**250**	**311**	**375**	**423**	**499**
−10,3	1,031		38	65	108	194	253	322	395	451	539
			34	**58**	**97**	**174**	**227**	**289**	**355**	**405**	**484**
−12,2	1,033			28	74	162	223	295	371	428	519
				25	**66**	**145**	**200**	**265**	**333**	**384**	**466**
−13,6	1,036				47	137	199	274	352	411	504
					42	**123**	**179**	**246**	**316**	**369**	**452**
−16,2	1,040					95	160	237	319	380	477
						85	**144**	**213**	**286**	**341**	**428**
−21,7	1,048						71	156	245	312	418
							64	**140**	**220**	**280**	**375**
−26,5	1,052							90	185	257	370
								81	**166**	**231**	**332**
−32,2	1,059								104	182	305
									93	**163**	**274**
−38,8	1,064									86	222
										77	**199**
−44,5	1,071										147
											132

Quelle: JohnsonDiversey GmbH & Co oHG

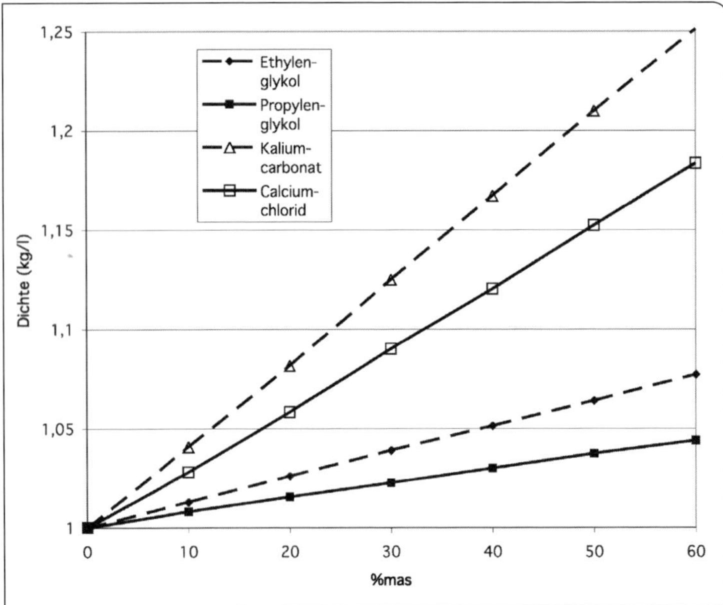

Abb. 28. Abhängigkeit der Dichte von der Konzentration verschiedener Solen (in % mas). Mit Hilfe eines passenden Refraktometers kann die Konzentration der Sole geprüft werden, um sie evtl. „nachzuschärfen". (siehe Tab. 13 und 14). (nach Lever Sutter).

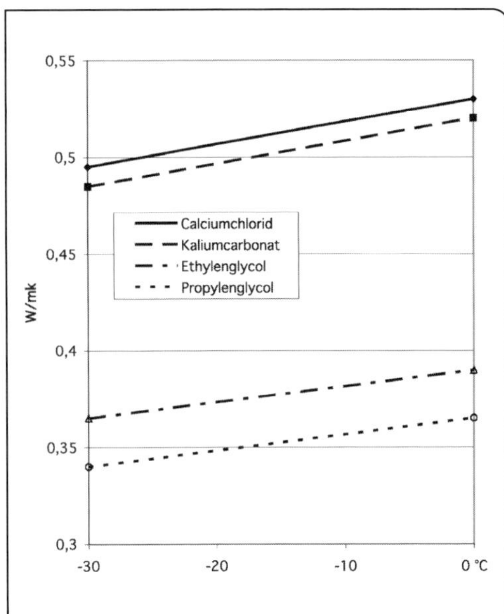

Abb. 29. Vergleich der Wärmeleitfähigkeit verschiedener Solen. Es wird die gegenüber den organischen Solen bessere Wärmeleitfähigkeit der anorganischen Solen deutlich. Dies ist bei der Kostenrechnung zu berücksichtigen. (nach Lever Sutter).

wäre, diese den diversen physikalisch-chemischen Taschenbücher zu entnehmen, z. B. D'ans-Lax (1967).

Aber auch die Lieferfirmen geben entsprechende Verdünnungstabellen, mithilfe derer die Sole je nach gewünschtem Gefrierpunkt angesetzt werden kann. Ein Beispiel ist in Tab. 12 angegeben. Hat z. B. ein Solebad eine Temperatur von −14 °C, d. h., eine Verdampfertemperatur von minimal −24,3 °C einschließlich der zu beachtenden Temperaturvoreilung (Verdampfertemperatur abzüglich Temperatur am Ort des Verbrauchs), so besteht die Sole lt. Tab. 12 aus 75 Vol.Teilen **Hoesch PA 9 rot** (JohnsonDiversey) und 26,3 Vol.Teilen Wasser. (Wegen der Volumenkontraktion ergibt die Summe keine 100 %.)

Ähnliches gilt für das **„Nachschärfen" der Sole**. Auch hierfür gibt es Hilfstabellen, die am Beispiel der Kühlsole Hoesch PA 9 rot in Tab. 13 dargestellt ist. Wird z. B. in einer Kaliumcarbonatsole eine Dichte von 1,325 festgestellt, was einer Soletemperatur von −21,4 °C entspricht, aber −30,6 °C benötigt, so muss der Lösung 497 l/m³ entnommen und 722 kg Hoesch PA 9 rot zugegeben werden.

Die Tab. 14 gibt die zum „Nachschärfen" notwendigen Daten bei einer Ethylenglykol-Sole wieder.

Wieweit die einzelnen Kälteträger in Abhängigkeit von ihrer Konzentration zurückgekühlt werden können, zeigt die Abb. 20. Bei Temperaturen unterhalb der Kurven gefriert die Solelösung. Sie muss dann verstärkt (nachgeschärft) werden.

Da die Konzentration der Solelösungen in einer Beziehung zu ihrer Dichte steht (siehe Abb. 28), kann über die Dichte der Gehalt der Wirkstoffe an der Sole ermittelt werden. Gut geeignet zur **Ermittlung der Dichte** sind entsprechende Refraktometer.

Bei der Beurteilung der Kosten der verschiedenen Solen ist neben deren Korrosionsbeständigkeit auch der Anschaffungspreis wichtig. Danach ist die Kaliumcarbonatsole die kostengünstigste Lösung. Hinzu kommt noch deren gute Wärmeleitfähigkeit, dargestellt in Abb. 29, was die Energiekosten beim Betrieb des Kälteaggregates mindert. Eine Übersicht über Vor- und Nachteile gibt Tab. 15.

2.5 Weinreste, Anfallwein, Abschüttwein, „Kantflaschen" und Retouren

Wein und Sekt sind wertvolle, teure Flüssigkeiten.

Man tut gut daran, bei der Be- oder Verarbeitung von Wein und Sekt den Arbeitsablauf so zu gestalten und die Vorrichtungen (Geräte, Maschinen) so zu konstruieren und so anzuwenden, dass

a) keine Weinreste entstehen oder zurückbleiben und auch keine Verluste durch undichte Stellen oder durch Flaschenbruch anfallen,
b) dennoch entstandene Weinreste oder angefallene Verluste so aufgefangen und durch Rinnen und Gefäße so abgeleitet und gesammelt werden, dass sie nicht verunreinigt werden.

Abschüttwein entsteht beim Degorgieren (= Enthefen) flaschenvergorenen Sekts dadurch, dass eine kleine Menge Sekt aus der entheften Flasche entfernt werden muss (durch Abschütten, Absaugen oder Herausdrücken), damit man Platz für die Dosage

Tab. 15 Vor- und Nachteile anorganischer Sole und Glykol (Tusseau, 2003)

anorganische Solen		Glykol	
Vorteil	**Nachteil**	**Vorteil**	**Nachteil**
	sehr korrosiv	gering korrosiv	
	Reste können die Agraffe korrodieren	Reste bewirken keine Korrosion der Agraffe	
preiswert			teuer
geringe Viskosität			hohe Viskosität
gute Wärmeleitfähigkeit			20 % geringere Wärmeleitfähigkeit
geringe Verluste			erhöhte Verluste
	keine Wiederaufbereitung möglich	Wiederverwendung ist möglich	

schafft. Dies kommt dann vor, wenn größere Dosagemengen benötigt werden (trocken, halbtrocken, mild). In modernen Dosiermaschinen erfolgt dieses Entnehmen des Sektüberschusses (frz. „le trop de vin“) maschinell und die entnommene Flüssigkeit wird wenigstens zum Teil verwendet, um, ebenfalls in dieser Maschine, nach beendetem Zusatz der Dosage die Flaschen bis zum Normalniveau wieder bei- oder aufzufüllen. Es bleibt aber immer noch eine gewisse Menge übrig, die dann infolge der Verminderung ihres CO_2-Gehalts als Sekt nicht mehr verwendet werden kann.

Zuweilen werden die **Verschlüsse von gefüllten Sektflaschen**, die in der Kellerei gelagert werden, undicht, sodass Sekt heraussickert. Der in der Flasche verbleibende Sekt verliert außerdem meistens auch einen beträchtlichen Teil seines Kohlensäuredrucks. Diese Panne kann bei der Flaschengärung während der Lagerung des Brutsekts vorkommen oder bei der Zwischenlagerung von versandreifem Sekt nach dem Degorgieren oder nach dem Abfüllen und noch vor dem Ausstatten und Verpacken. Solche Flaschen werden **Ausläufer** genannt, früher bezeichnete man sie auch als „Kantflaschen“ oder (Re-)Couleuse. Man öffnet solche Flaschen (aber Vorsicht: Bruchgefahr!, Schutzmanschette, Schutzbrille!) und entleert ihren Inhalt in ein Sammelgefäß.

Aus verschiedenen Gründen kann es notwendig werden, original verschlossene Sektflaschen von der Kundschaft zurückzunehmen. Das sind **Retouren oder Rücklaufflaschen**. Es kann sein, dass der Sekt blind oder trüb geworden ist oder dass er Kristalle ausgeschieden hat. Es kann sein, dass Flaschenverschlüsse undicht wurden, sodass Sekt heraussickerte der auch andere Flaschen dadurch schädigte, dass deren Ausstattung fleckig wurde. Es kann sein, dass Flaschen beim Kunden überlagert wurden oder dass man sie zurückholt, weil der Kunde zahlungsunfähig wurde. Da die Rücklaufflaschen sich fast immer in einem Zustand befinden, der ihre unveränderte Wiederverwendung nicht erlaubt, müssen sie „gestürzt“, d. h. geöffnet und in geeignete Behälter entleert werden (auch hier Vorsicht: Bruchgefahr!).

Eine besondere Beachtung finden diese **„Anfallweine“** aus weinrechtlicher Sicht. Bei all diesen Anfallweinen handelt es sich um Produkte oder Zwischenprodukte der Schaumweinherstellung, ungeachtet dessen, in welcher Stufe der Produktion sie „angefallen“ sind.

Anfallweine werden vernünftigerweise zurückgeführt zur Basis der Sekt-Herstellung, das ist die **Stufe des Grundweins oder der Cuvée**.

„Wein“ im engeren Sinne können diese Anfallweine nicht werden, weil, wie unter

Ob **Wein- oder Sektreste** aus der Produktion, ob Abschüttwein, ob der Inhalt entleerter Ausläufer oder der Inhalt gestürzter Retouren, in all diesen Fällen handelt es sich um kleine Mengen, die, sofern sie sachgemäß und sauber gesammelt werden, durchaus wieder verwendet werden können. Sie müssen sobald wie möglich durch Filtration vom Trub befreit und durch mäßige Schwefelung vor Oxidation geschützt werden. Man bewahrt diese Reste in kleinen Behältnissen auf, sodass die Gefäße randvoll gefüllt sind und ihr Inhalt bis zu seiner Verwendung luftfrei gelagert werden kann. Wenn die Sammlung und Aufbewahrung solcher Reste unter ordentlichen hygienischen Bedingungen erfolgt, gelten sie nicht als „verdorben“ in lebensmittelrechtlichem Sinne und es steht ihrer Verwendung nichts im Wege. Selbstverständlich müssen sie vor ihrer Verwendung analytisch und sensorisch ebenso gewissenhaft geprüft werden, wie andere Grundweine auch.

In dem besonderen Falle von Anfallwein, der bei einem Erzeuger anfällt, der ausschließlich aus selbsterzeugtem Wein selber Sekt herstellt, ist die Zulässigkeit der Verwendung in der Cuvée oder in der Fülldosage davon abhängig, ob die Herkunft des Anfallweines aus dem betreffenden b.A.-Gebiet glaubhaft nachgewiesen werden kann.

Kap. 2.3.1 ausgeführt, eine Rückverwandlung von Cuvée in Wein juristisch nicht möglich ist.

Anfallwein soll in der **Kellerbuchführung** unter einer eigenen Nummer geführt werden.

Anfallwein ist bezeichnungsrechtlich namenlos. Er hat normalerweise weder eine geographische Herkunft, noch eine Rebsorte oder einen Jahrgang.

Anfallwein kann in der Zusammenstellung einer **Cuvée** oder bei der Zubereitung von **Fülldosage oder Versanddosage** mitverwendet werden. Ausgenommen hiervon ist die Zusammenstellung einer Cuvée für **Qualitätsschaumwein b.A.**, weil alle Trauben, aus denen dieses Erzeugnis gewonnen wird, aus dem b.A.-Gebiet stammen müssen. Ebenso ausgenommen ist die Mitverwendung bei der Zubereitung der Fülldosage für Qualitätsschaumwein b.A. (VO (EG) Nr. 1493/99, Anhang VI, Buchstabe K Abschnitt 5), weil hierfür nur solche Erzeugnisse verwendet werden dürfen, die geeignet wären, den gleichen Qualitätsschaumwein b.A. zu ergeben.

Von diesen Einschränkungen ist nur die Zubereitung der **Versanddosage** nicht betroffen (Koch, 2008, Kommentar Abschn. 6.1.4.1.2).

3 Hilfsmittel der Schaumweinherstellung

Hilfsmittel in diesem Sinne sind Zucker, Hefe, Hefenährstoffe und Rüttelhilfe. Also die Stoffe, ohne die Sektherstellung nicht möglich ist.

3.1 Fülldosage

Nach der Definition der VO (EG) Nr. 1493/99, Anhang V, Buchstabe H, Nr. 11 b ist „Fülldosage" das Erzeugnis, das der Cuvée zur Einleitung der Schaumbildung zugesetzt wird.

Die Fülldosage darf nach dieser VO grundsätzlich nur bestehen aus

- Traubenmost,
- teilweise gegorenen Traubenmost,
- konzentrierten Traubenmost,
- rektifiziertes Traubenmostkonzentrat oder
- Saccharose und
- Wein

sowie ferner Most und Wein, unterschieden nach Art des Schaumweins (siehe Tab. 16).

Es ist nicht so, dass die Fülldosage eine Mischung oder Zubereitung aus den oben genannten Erzeugnissen und Stoffen wäre, die nach ihrer Vermischung der Cuvée als ein Ganzes zugesetzt würde.

Die den Zucker für die Schaumweingärung liefernde Flüssigkeit (Saccharoselösung, RTK, Mostkonzentrat etc.) wird, aus einem eigenen Behältnis kommend, meistens als erstes in die Cuvée eingebracht und die in Wein suspendierte Reinhefe oder die (meist rehydratisierte) Trockenhefe wird danach, stets für sich allein, zur Cuvée hinzugefügt.

Der Begriff „Fülldosage" ist eine unglücklich gewählte Wortkonstruktion, die dazu

Tab. 16 Erzeugnisse für die Herstellung der Fülldosage. (VO (EG) Nr. 1493/99)

Schaumwein	**Qualitätsschaumwein** = Sekt	**Qualitätsschaumwein b.A.** = Sekt b.A.
(Anhang V, Buchstabe H, Nr. 11 b)	(Anhang V, Buchstabe I, Nr. 2)	(Anhang VI, Buchstabe K, Nr. 5)
aus	aus	aus
· Traubenmost, · teilweise gegorenen Traubenmost, · konzentrierten Traubenmost, · rektifiziertes Traubenmostkonzentrat oder · Saccharose	· Saccharose, · konzentrierten Traubenmost, · rektifiziertes Traubenmostkonzentrat, · Traubenmost oder teilweise gegorenen Traubenmost, aus denen ein zur Gewinnung von Tafelwein geeigneter Wein gewonnen werden kann,	· Saccharose, · konzentrierten Traubenmost, · rektifiziertes Traubenmostkonzentrat, · Traubenmost, · teilweise gegorenen Traubenmost,
Wein	zur Gewinnung von Tafelwein geeigneter Wein Tafelwein Qualitätswein b.A.	Wein Qualitätswein b.A. die den gleichen Qualitätsschaumwein b.A. ergeben können, wie derjenige, dem die Fülldosage zugefügt wird.

dienen soll, unter einem Obertitel all das zusammenzufassen, was zu der Cuvée hinzugegeben wird, damit die Schaumweingärung zustande kommt.

Traubenmost und teilweise gegorener Traubenmost können in besonderen Fällen dann als **Zuckerquelle** für die Schaumweingärung verwendet werden, wenn man damit hinsichtlich der Produktaussage einen besonderen Effekt erzielen will oder bei einem Gesamtalkoholgehalt der Cuvée, z. B. über 92 g/l, mithilfe der Fülldosage den Alkohol erniedrigt, weil durch einen zu hohen Alkoholgehalt die Sektgärung behindert wird (Bach, 2006 – siehe auch Abb. 17). Es muss dabei aber beachtet werden, dass die vorgeschriebenen **Grenzwerte** für Gesamtalkohol und für den vorhandenen Alkohol des fertigen Produktes eingehalten werden (siehe. Tab. 2). Normalerweise werden jedoch weder Traubenmost noch teilweise gegorener Traubenmost zur „Einleitung der Schaumbildung" genommen, weil nicht richtig vorhergesehen werden kann, welchen Einfluss sie auf den Geschmack des Endprodukts ausüben und weil der Mostzucker jedenfalls teurer ist als Saccharose.

Der Zucker aus **Traubenmostkonzentrat** und aus rektifiziertem Traubenmostkonzentrat ist erheblich teurer als Saccharose. Die Nennung dieser Erzeugnisse in der Verordnung erfolgte in der Absicht, dadurch den Übergang auf diese Produkte, für den angestrebten Fall des Verbots der Saccharose, vorzubereiten. In der Praxis der Schaumweinbereitung werden diese Konzentrate kaum verwendet. Abgesehen von der ungünstigen Preisdifferenz, wäre die Anwendung der Konzentrate auch umständlich, weil die Zuckerkonzentration dieser Produkte nicht standardisiert ist. Man müsste jede Lieferung erst auf ihren Zuckergehalt analysieren und müsste zur Erzielung des gleichen Effekts einmal mehr und einmal weniger Konzentrat einsetzen. Immerhin könnte man, allerdings nur beim **rektifizierten Traubenmostkonzentrat**, voraussetzen, dass es, abgesehen von seiner Süße, so gut wie ohne Geschmack und Geruch ist, also das Geschmacksbild des Sekts ebenso wenig beeinflusst, wie die übliche Zuckerlösung.

Nach den Definitionen der VO (EG) Nr. 1493/1999, zuletzt geändert durch VO (EG) Nr. 2165/2005 Anhang I, Nr. 7 muss **konzentrierter** Traubenmost, gemessen bei 20 °C, einen Refraktionswert ergeben, der nicht unter 50,9 % liegt, das entspricht einem Invertzuckergehalt von 582,5 g/l und **rektifizierter** konzentrierter Traubenmost (RTK), gemessen bei 20 °C, müsste einen Refraktionswert aufweisen, der nicht unter 61,7 % liegt, das entspricht einem Invertzuckergehalt von 821,3 g/l.

Über Messmethoden siehe Verordnung (EWG) Nr. 2676/90 – zuletzt geändert durch VO (EG) Nr. 1293/2005, Anhang.

Die übliche Zuckerlösung, der **Tiragelikör**, der seit den Anfängen der Schaumweinherstellung in allen Herstellerländern verwendet wird, besteht aus einer **Lösung von Saccharose** (= Rohr- oder Rübenzucker) in Wein.

In den Anfängen der gewerblichen Schaumweinherstellung wurde **Rohrzucker** verwendet, der aus Indien, aus Martinique oder Kuba etc. importiert wurde. Dies war ein relativ unsauberer Rohzucker mit strengem Eigengeschmack. Seit Mitte des 18. Jahrhunderts gab es in Europa einige Raffinerien. Anfang des 19. Jahrhunderts kam der Anbau der **Zuckerrüben** in Europa auf.

Das hatte zur Folge, dass Zucker in größeren Mengen produziert werden konnte und er demzufolge allmählich billiger wurde. Es war zunächst schwierig, einen einigermaßen sau-

Tab. 17 Wichtige Beurteilungskriterien von Kristallzucker (Südzucker-Handbuch, 2005)

Zuckersorte	Korngrößenbereich für 90 Gew.-% des Zuckers (mm)	Schüttdichte* (kg/m³)	Stampfdichte** (kg/m³)	Spezifische Oberfläche (m²/kg)	Teilchenanzahl in 100 g
G (grob)	1,0–1,60	822	987	3	$35 \cdot 10^3$
M (mittel)	0,5–1,25	864	987	5	$293\ 10^3$
F (fein 1)	0,2–0,75	887	987	11	$8 \cdot 10^6$
FS (fein 2)	0,2–0,50	894	987	13	$5 \cdot 10^6$
FF (fein 3)	0,1–0,35	902	987	22	$57 \cdot 10^6$
P (Puder)	80 % < 0,1 mm	565	830	109	$19 \cdot 10^9$

* mit 250 ml Messzylinder (DIN 53 912)
** nach DIN 53 194

beren Zucker herzustellen, weil die Behandlung mit Kalk erst um 1860 erfunden wurde und es an geeigneten Filtern fehlte. Deshalb galt für mehr als ein Jahrhundert der **Kandiszucker** mit großen Kristallen von über 1 cm Kantenlänge als die sauberste Form des Zuckers. Eine andere, relativ saubere Zuckerform war der **Hutzucker**. Kegelförmige Zuckerhüte von 7,5 bis 10 kg Nettogewicht wurden in speziellen Zentrifugen aus dem kristalldurchsetzten Konzentrat ausgeschleudert. Einfacher, rieselfähiger **Kristallzucker** glitzerte zwar hell, war dennoch aber weniger sauber.

Im Allgemeinen sah man es als ausreichend an, für die Tirage einfachen Kristallzucker zu verwenden. Die Verunreinigungen des Zuckers würden später, wie man hoffte, zusammen mit der Hefe im Depot beim Rütteln ausgeschieden und beim Degorgieren entfernt. Für bessere Schaumweine wurde Hutzucker zur Bereitung des Tiragelikörs verwendet. Für die Bereitung des Expeditionslikörs, der heutigen Versanddosage, wurde dann aber **Kandiszucker** genommen, weil der am saubersten war. Während es bei der Bereitung des Tiragelikörs mehr darauf ankam, sich die Arbeit zu erleichtern, weswegen man z. B. eine weniger konzentrierte Lösung bereitete, kam es bei dem Expeditionslikör darauf an, ihn so konzentriert wie möglich zu machen, um möglichst wenig Volumen für die Dosage zu benötigen.

Die Technologie der Zuckerherstellung ist inzwischen so fortgeschritten und vervollkommnet, dass auch der normale Gebrauchszucker (Weißzucker) ganz sauber ist. Eine Auflösung zur Prüfung des Zuckers, z. B. in destilliertem Wasser, ist klar, farblos und frei von fremdartigem Geruch oder Geschmack.

3.1.1 Zuckerlösung oder Tirageliköṙ

Unter Zucker verstehen wir im Allgemeinen Saccharose oder Rohrzucker bzw. Rübenzucker. Die EG stuft den Zucker in Kategorien ein. Kategorie I ist **Raffinade**, Kategorie II **Weißzucker** (Grundsorte). Letztere ist die Zucker-Standardqualität.

Von Bedeutung ist die **Körnung oder Absiebung** der Zuckerkristalle. Zu kleines Korn neigt zur Staub- oder Klumpenbildung und rieselt schlecht. Zu grobes Korn löst sich langsam auf. Praktisch sind Körnungen von 0,5–1,25 mm, weil hier das Verhältnis von Oberfläche zu Kristallvolumen am günstigsten ist. Die Lösung erfolgt ja von der Oberfläche her.

Lösen ist ein endothermer Vorgang, bei dem Wärme verbraucht wird. So sinkt z. B. bei der Herstellung einer 65%igen Lösung die Temperatur der Lösung um etwa 3 °C ab. Die Lösungswärme ist bei 30 °C − 10,47 kJ/mol oder − 2,5 kcal je mol Zucker.

Die Korngrößen können Tab. 17 entnommen werden.

Zucker sollte weder Eintrübungen verursachen noch schäumen (Saponingehalt). Er soll auch keine Farbstoffe enthalten (gebläuter Zucker). Und schließlich ist auch der Feuchtigkeitsgehalt der Zuckersorte, abhängig von der relativen Luftfeuchte, vor allem bei der Bevorratung im Silo von Bedeutung. Oberhalb 80 % RF löst sich der Zucker mit der Zeit, darunter wird seine Lagerfähigkeit weniger beeinflusst. Possmann und Dorsch (1971) geben die optimale Luftfeuchte im Lagerraum oder Silo mit 60 % RF an, den Wassergehalt mit maximal 0,03 % (vgl. dazu Abb. 30).

Abb. 30. Feuchtigkeitsgehalte von Zucker in Abhängigkeit von der relativen Luftfeuchte der umgebenden Luft. Lageroptimum 60 % RF. Vgl. Text.

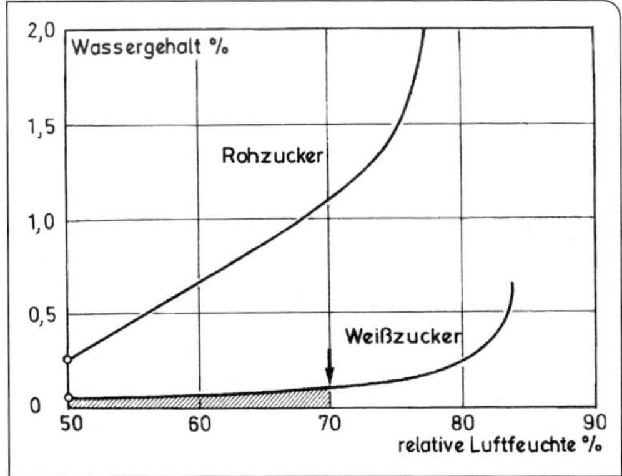

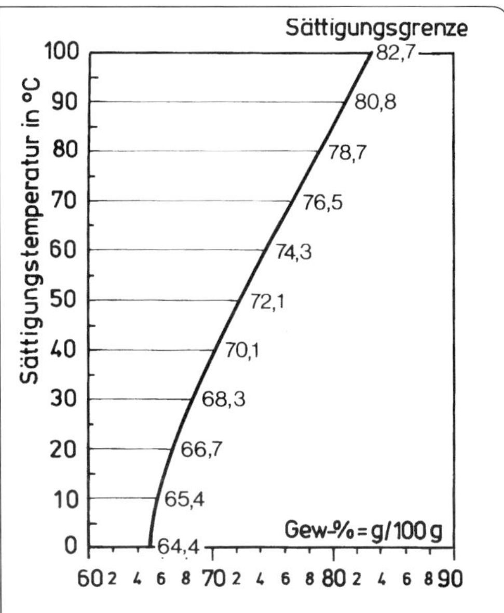

Abb. 31. Sättigungsgrenze von wässriger Saccharose-Lösung in Abhängigkeit der Temperatur von 0–100 °C. Vgl. auch Abb. 32.

Abb. 32. Lösungszeit von Saccharose in Wasser von 20 °C nach Luca (Sättigungsgrenze ≈ 66,7 Gew.-%). Das Lösen geht bei einer bestimmten Rührintensität umso schneller, je kleiner die Korngröße ist, je niedriger die Konzentration der Zuckerlösung und je weiter sie von der Löslichkeitsgrenze der jeweiligen Temperatur des Lösungsmittels entfernt ist. Oberhalb der Lösungsgrenzen ist auch eine zusätzliche Rührdauer zwecklos. Vgl. auch Abb. 031.

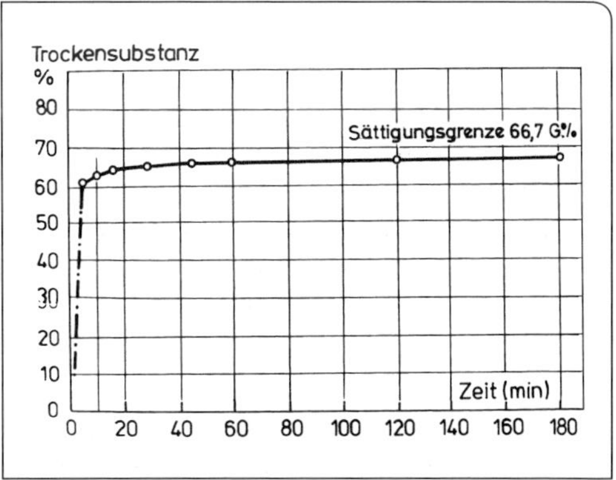

Die folgende Übersicht (Tab. 18) zeigt einige Beispiele der gängigsten Zuckerlösungen mit Angaben der Gewichte, Mengen, Dichten und Konzentrationen.

Rohrzucker lässt sich kalt (etwa bis 15 °C) nur bis zu 65 Gewichtsprozent in Wasser oder Wein lösen (Abb. 31 und 32), in Alkohol gar nicht. Für höhere Konzentrationen müsste der Lösevorgang heiß erfolgen. Bei Wein als Lösungsmittel vermeidet man das.

Die Hefe vergärt den Rohrzucker nicht direkt, sondern sie spaltet ihn mithilfe des Enzyms Invertase zunächst in Glucose und Fructose, also in Invertzucker auf. Schon im Wein selbst, im Vorratsbehälter, wird der Rohrzucker unter dem Einfluss von Fruchtsäuren, Wärme und Zeit invertiert. Rohrzucker nimmt dabei Wasser auf und hydrolisiert nach folgender Gleichung:

Tab. 18 Gängige Zuckerlösungen für Tirage und Dosage

Produkt	Masse kg	Gewichts- %	Dichte g/cm³	Volumen Liter	Volumen- %	Konzentrationen g/l	als
1. Traditioneller Tiragelikör mit 500 g/l Saccharose							
Saccharose	500,0	42,3	1,588	314,86	31,5		
Wein	682,4	57,7	0,996*	685,14	68,5		
Lösung	1182,4	100,0	1,1824	1000,0	100,0	500,0 526,3	Saccharose Invertzucker
2. Lösung „1:1“, oft als Expeditionslikör, d.h. auf 1 kg Saccharose kommt 1 l Wein							
Saccharose	500,0	50,1	1,588	314,86	38,6		
Wein	498,0	49,9	0,996*	500,00	61,4		
Lösung	998,0	100,0	1,2248	814,86	100,0	613,6 645,9 (≈ 646)	Saccharose Invertzucker
3. Einheitslikör für Tirage und Dosage mit 700 g/l Invertzucker							
Saccharose	800,0	53,4	1,588	503,8	41,9		
Wein	697,2	46,6	0,996*	700,0	58,1		
Lösung	1497,2	100,0	1,2437	1203,8	100,0	664,6 699,5 (≈ 700)	Saccharose Invertzucker
4. Hochkonzentrierte Lösung – 1 Wagen Silozucker in 1 Großraumlöser							
Saccharose	24000,0	65,0	1,588	15113,35	53,8		
Wein	12923,0	35,0	0,996*	12974,90	46,2		
Lösung	36923,0	100,0	1,3145	28088,25	100,0	854,4 899,4 (≈ 900)	Saccharose Invertzucker

*) hier als Beispiel angenommene Dichte eines trockenen Weines

Rohrzucker		Wasser		Invertzucker (Glucose u. Fructose)
$C_{12}H_{22}O_{11}$	+	H_2O	⇨	$2\ C_6H_{12}O_6$
342 g		18 g		360 g

Aus 342 Gewichtsteilen Rohrzucker entstehen 360 Gewichtsteile Invertzucker.

Aus dieser Beziehung ergibt sich, dass 342 sich zu 360 so verhalten, wie 0,95 zu 1,00 und es folgt daraus für die Umrechnung

Saccharose : 0,95 = Invertzucker
bzw. Invertzucker · 0,95 = Saccharose.

Wie viel Invertzucker der Ansatz enthalten soll, ist eine Frage des angestrebten Drucks und des bei der Schaumbildung entstehenden Alkohols. Es muss soviel Kohlensäure gebildet werden, dass im fertigen Produkt, nach Abzug der unvermeidbaren Verluste, der gesetzlich geforderte Mindest-Überdruck von 3,0 bar bei Schaumwein, bzw. von 3,5 bar bei Qualitätsschaumwein wenigstens vorhanden ist und es darf dabei der Gesamtalkohol um nicht mehr als 1,5 %vol erhöht werden.

Man wird in der Praxis die qualitativen und die ökonomischen Gesichtspunkte berücksichtigen und auf keinen Fall hart an die Grenze des Zulässigen herangehen. Diese Vorsicht ist geboten, weil die **Ausbeute bei der alkoholischen Gärung** eine gewisse Streubreite aufweist (je nach Heferasse, Grundwein, Temperatur etc.) und weil die Messungen der Mengen von Wein und Zucker in der Praxis immer gewisse Fehler oder Ungenauigkeiten enthalten.

Bei der **Schaumweingärung** ist die Ausbeute besser, als bei der Weinbereitung, weil die Schaumweingärung stets im geschlossenen Gefäß stattfindet, sodass während der Gärung keine Verluste durch Ausgasung oder Verdampfung entstehen können.

Dass bei der Vergärung des Zuckers nicht alleine Alkohol und Kohlensäure im stöchiometrischen Verhältnis entstehen, ist bekannt. Die Angaben über die Ausbeute schwanken in der Literatur, je nach Voraussetzungen und Begleitumständen in relativ weiten Grenzen.

Man kommt den Verhältnissen bei der **Schaumweingärung** am nächsten, wenn folgende Werte zugrunde gelegt werden:

Der als Invertzucker in g/l berechnete vergärbare Zucker eines Gäransatzes sei 100,0 %.

Es entstehen daraus:

- 47,0 % Alkohol,
- 46,0 % CO_2-Gas,
- 4,9 % Glycerin,
- 1,5 % diverse Säuren und höhere Alkohole,
- 0,6 % bleiben als unvergorener Zuckerrest (etwa).

Sofern im Gäransatz unmittelbar vor Beginn der Schaumweingärung ein vergärbarer Zucker von

- 24,0 g/l Invertzucker = 100,0 % vorlag, entstehen daraus
- 11,3 g/l Alkohol = 47,0 % und
- 11,0 g/l CO_2-Gas = 46,0 %.

Die Dichte des Alkohols beträgt bei 20,0 °C = 0,78924.

Die 11,3 g/l Alkohol entsprechen 11,3 : 0,78924 = 14,32 ml und das sind, bezogen auf 1 Liter,

$$\frac{14{,}32 \cdot 100}{1000} = 1{,}432\ \%\text{vol}$$

Die Umrechnung kann auch in einem Schritt erfolgen, nämlich

$$\frac{11{,}3 \cdot 100}{0{,}78924 \cdot 1000} = 1{,}432$$

oder noch einfacher

$$11{,}3 = \frac{1 \cdot 100}{0{,}78924 \cdot 1000}$$

Wenn der Bruch ausgerechnet ist, gelangt man zu dem Faktor 0,1267, der bei allen Umrechnungen von g/l in %vol angewandt werden kann.

Auf unser Beispiel bezogen ergibt das 11,3 · 0,1267 = 1,432 %vol. Die Umrechnung von g/l Alkohol in %vol mit Hilfe dieses Faktors ist bequem und genau und oftmals leichter auszuführen als das Nachsuchen in der Tabelle.

Die Löslichkeit der Kohlensäure im Wein wird ausführlich im Kap. 6.1 beschrieben.

Berechnung des Ansatzes

Bei Berechnung des Ansatzes einer Cuvée muss der ggf. vorhandene vergärbare Zuckerrest der Cuvée angerechnet und die Konzentration der Zuckerlösung (= Tiragelikör) berücksichtigt werden. Da die Zuckerlösung selbst auch ein Volumen darstellt, welches in die Berechnung der Ansatzmenge eingeht, ist es zweckmäßig, eine **Mischungsrechnung** mithilfe des „Andreaskreuzes“ (siehe Seite 99) nach folgendem Schema zu machen:

Prinzip: Die gewünschte Menge des Ansatzes wird auf die Summe der Teile aufgeteilt. Daraus ergibt sich, wie viel Liter auf einen Teil entfallen und man findet durch Multiplikation der jeweiligen Anzahl Teile mit der auf 1 Teil entfallenden Litermenge, wie groß die benötigten Mengen der Cuvée und des Tirageliköрs sein müssen.

In das Schema werden zunächst jene Angaben eingesetzt, die bekannt sind. Beispiel: es sollen 8000 Liter Ansatz gebildet werden, die Cuvée hat einen vergärbaren Restzucker von 0,8 g/l und der Tirageliköр enthält 700 g/l vergärbaren Zucker. Der fertige Ansatz soll hier 24 g/l vergärbaren Zucker enthalten (alles als Invertzucker). Nach Eintragung dieser Werte bietet das Schema folgendes Bild:

Vorgehen:

a) Es werden die Differenzen zwischen den vorhandenen Konzentrationen und der Zielkonzentration ausgerechnet und in Pfeilrichtung, also über Kreuz, in die Spalte Differenz ohne Vorzeichen eingetragen. Die Summe der beiden Differenzen wird gebildet und eingesetzt.
b) Die gewünschte Menge des Ansatzes wird durch die Summe der Teile geteilt. Das ergibt, wie viel Liter auf ein Teil entfallen.
c) Die berechnete Menge Liter je Teil wird mit der Anzahl Teile multipliziert. Man erhält die benötigten Mengen der Cuvée bzw. des Tirageliköрs.

Ausführung:

a) Die Differenz zwischen

0,8 und 24,0 ist	23,2
700 und 24,0 ist	676,0
Die Summe der Differenzen ist	699,2

b) Liter je Teil: 8000 : 699,2 = 11,44165 l
c) Menge Cuvée: 11,44165 · 676,0 = 7734,6 l
Menge Tirageliköр:
11,44165 · 23,2 = 265,4 l
Zusammen, Ansatz 8000,0 l

Die ausgerechneten Werte werden in das Schema eingesetzt, das danach wie in Schema 3 dargestellt aussieht:

Das ausgefüllte Schema ist Grundlage des Betriebsauftrags und es wird zweckmäßigerweise zur Selbstkontrolle bei den Unterlagen der Cuvée aufgehoben.

3.1.2 Zucker: Lieferung, Auflösen und Dosage-Technik

Kristallzucker kann in 50-kg-Papiersäcken bezogen und eingelagert werden oder in loser Schüttung mit Silofahrzeugen für das mechanisch oder pneumatisch zu beschickende Silo oder für den Großraumlöser.

Das Abladen, Stapeln und Lagern von Sackzucker und dessen Transport zur Verarbeitungsstelle ist nur noch in kleineren Betrieben üblich. Das Beschicken durch Anheben der Zuckersackpaletten mit Hebebühne

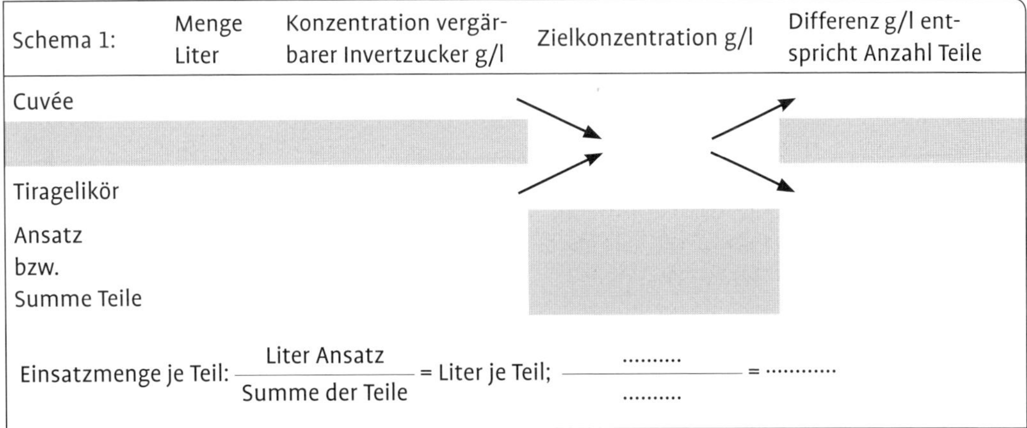

Schema 1:	Menge Liter	Konzentration vergärbarer Invertzucker g/l	Zielkonzentration g/l	Differenz g/l entspricht Anzahl Teile
Cuvée				
Tiragelikör				
Ansatz bzw. Summe Teile				

Einsatzmenge je Teil: $\frac{\text{Liter Ansatz}}{\text{Summe der Teile}}$ = Liter je Teil; $\frac{\text{..........}}{\text{..........}}$ = ...

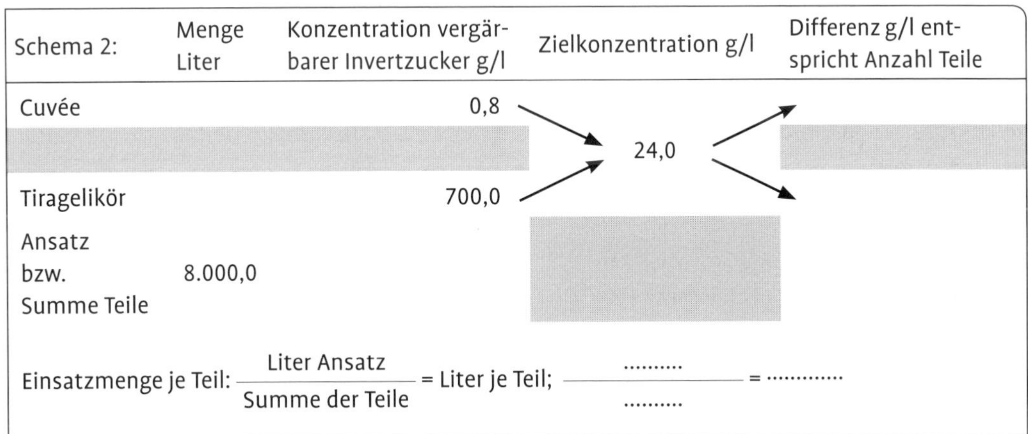

Schema 2:	Menge Liter	Konzentration vergärbarer Invertzucker g/l	Zielkonzentration g/l	Differenz g/l entspricht Anzahl Teile
Cuvée		0,8	24,0	
Tiragelikör		700,0		
Ansatz bzw. Summe Teile	8.000,0			

Einsatzmenge je Teil: $\frac{\text{Liter Ansatz}}{\text{Summe der Teile}}$ = Liter je Teil; $\frac{\text{..........}}{\text{..........}}$ = ...

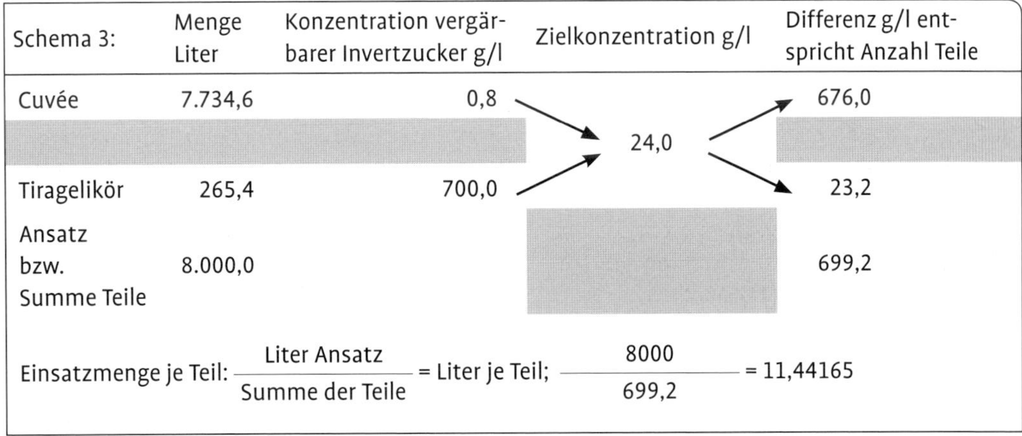

Schema 3:	Menge Liter	Konzentration vergärbarer Invertzucker g/l	Zielkonzentration g/l	Differenz g/l entspricht Anzahl Teile
Cuvée	7.734,6	0,8	24,0	676,0
Tiragelikör	265,4	700,0		23,2
Ansatz bzw. Summe Teile	8.000,0			699,2

Einsatzmenge je Teil: $\frac{\text{Liter Ansatz}}{\text{Summe der Teile}}$ = Liter je Teil; $\frac{8000}{699{,}2}$ = 11,44165 oder Gabelstapler ist, weil nicht unfallsicher genug, nicht mehr zeitgemäß. Senkrecht- oder Schrägförderer sind besser. Der Bezug von **Zucker in loser Schüttung** ist einfacher und wirtschaftlicher.

In neuerer Zeit wird der Transport von Zucker auch in flexiblen Schüttgutbehältern, auch **Big Bags** genannt, durchgeführt. Sie enthalten 1000 bis 1200 kg Zucker, können aber auch kleinere dem jeweiligen Bedarf angepasste Mengen enthalten. Sie haben den Vorteil des flexiblen Handlings, geringes Leergewicht, mögliche Zweitnutzung und minimale Rücktransportkosten. Am einfachsten erfolgt die Entleerung durch das Hochziehen des Behälters an den Halteschlaufen mittels Gabelstapler. Für größere Mengen gibt es auch spezielle Entleerstationen (Näheres siehe Südzucker-Handbuch, 2005).

Der Bezug von Zucker in loser Schüttung hat gegenüber der Einlagerung in 50 kg-Papiersäcken wesentliche Vorteile:

- die Frachtkosten sind bei der Annahme ganzer Silozugladungen geringer,
- der Preisaufschlag für Papiersäcke fällt weg,
- der Silozug wird kostenfrei durch den Fahrer abgeladen,
- es fallen die spezifischen Kosten für Papiersäcke (Lohnkosten für Transport, Lösen, Entsorgen der Papiersäcke) weg,
- die Lagerung von Sackware hat einen höheren Platzbedarf als dies bei der Lagerung in Silos der Fall ist,
- das Handling ist beim Zucker in loser Schüttung einfacher als beim Zucker in Papiersäcken.

Für die reibungslose Annahme des Zuckers durch Silofahrzeuge sind seitens des abnehmenden Betriebes einige **Vorbedingungen** zu erfüllen.

Das Silofahrzeug ist mit einem festmontierten Kompressor ausgerüstet, der ölfreie Druckluft erzeugt, die für die Entleerung des Fahrzeuges notwendig ist. Da der Kompressor elektrisch angetrieben wird, muss ein entsprechender Elektroanschluss in der Nähe der Anschlusskupplung für die Zuckerleitung angebracht werden. Der Antrieb des Kompressors hat eine Motorleistung von 30 kW und benötigt eine genormte fünfpolige CEE-Kragensteckvorrichtung (Steckdose nach DIN 49463, 32 bis 63 Ampere, 380 Volt, Leitungsquerschnitt 25 mm²). Wenn auch der Antrieb des Kompressors in manchen Fällen vom LKW aus getätigt wird, sollte eine solche elektrische Installation vorgehalten werden.

Bei der Anschlusskupplung für die **Zucker-Förderschläuche** ist eine Vaterkupplung mit der Nennweite 80 mm vom Typ TW 501 nach DIN 28450 üblich. Da aber auch andere Kupplungsstücke in Umlauf sind, sollte man sich frühzeitig mit dem Lieferanten in Verbindung setzen, um evtl. ein passendes Zwischenstück vorzuhalten.

Gummischläuche müssen mit einer abriebfesten Innenschicht ausgestattet sein, die für Lebensmittel zugelassen ist. Zur Ableitung elektrostatischer Aufladung sind die Förderschläuche mit einer Kupferlitze auszurüsten. Beim Anschluss an den Förderrohrstutzen ist für eine entsprechende Erdung zu sorgen. Zuckerschläuche sind als solche deutlich kenntlich zu machen.

Die Gummischläuche sind heute überwiegend durch **Metallförderschläuche** (Edelstahlwellschläuche) ersetzt. Ihre Vorteile liegen in dem geringen Verschleiß und der entsprechend höheren Lebensdauer, dem gleichmäßigen stoßfreien Verlauf der pneumatischen Förderung, der geringen Geräuschentwicklung, der um etwa 10 bis 20 % kürzeren Entladezeit sowie der hygienischen Arbeitsweise durch bessere Reinigungsmöglichkeiten mit heißem Wasser und Dampf.

Die **pneumatische Entladung** des Silofahrzeuges erfolgt mit einer Förderluftmenge von etwa 480 m³/h und einem Betriebsdruck von 0,8 bis 1,6 bar bei einer Stundenleistung von 20 t Zucker. Die Förderluft wird über einen Filter aus dem aufnehmenden Behälter abgeführt. Damit wird der durch Abrieb entstehende Zuckerstaub gesondert abgetrennt. Das Fördersystem ermöglicht die Überwindung einer Höhe von 20 m. Waagerechte Leitungen, die länger als 15 m sind, können zu Förderproblemen führen.

Die Zwischenlagerung des angelieferten Zuckers bis zu seiner weiteren Verwendung kann entweder in kristalliner Form im Silo erfolgen, oder der Zucker wird direkt bei der Anlieferung im Wein aufgelöst und lagert bei z. B. 65 Gew.-% flüssig.

Bei der **Silolagerung** ist darauf zu achten, dass die Lagerfähigkeit des Zuckers erhalten bleibt. Dies ist bei einer relativen Luftfeuchte zwischen 20 und 60 % und 20 °C gewährleistet. Wird z. B. ein Siloraum (Zucker und Zwischenluftvolumen) auf 10 °C abgekühlt, so erhöht sich die relative Luftfeuchte auf über 90 %, d. h., der Zucker nimmt Feuchtigkeit auf. Es besteht die Gefahr, dass der Zucker bei Wiedererwärmung zusammenbackt. Diese Gefahr ist umso größer, je höher der Staubanteil im Zucker ist. Das muss vor allem bei Silos bedacht werden, die im Freien stehen. Außensilos benötigen daher eine gute Isolierung und/oder eine Möglichkeit zur Erwärmung des Silomantels. Neben der Stabilisierung der Temperatur kann die Luftfeuchte im Kopfraum des Zuckersilos auch dadurch gemindert werden, dass dieser mit getrockneter Luft belüftet wird. Es existieren dazu spezielle Lufttrocknungsgeräte.

Die **Silogröße** richtet sich nach dem Silozug. Silo und Silofahrzeug sollten im Fassungsvermögen übereinstimmen. Das Volumen des Silos sollte vorteilhafterweise so bemessen sein, dass eine Silofahrzeugladung von max. 28 t zuzüglich einer Vorratsmenge aufgenommen werden kann.

Schwierigkeiten können beim Silo durch elektrostatische Aufladungen infolge Reibung der einfließenden Zuckerkristalle auftreten (Brückenbildung). Als Gegenmittel wird das Leitfähigmachen der Silo-Innenbeschichtung genannt, um die statische Energie abzuführen.

Auch die Verstaubung des Zuckers verursacht Schwierigkeiten durch Ablagerungen an den Silowänden, wenn sie mehr als 10 % ausmacht.

Bei der Entnahme des kristallinen Zuckers aus dem Silo werden Austragsorgane und Austragshilfen benötigt. Unter **Austragsorgan** werden die Einrichtungen verstanden, die das ausfließende Lagergut weitertransportieren. Dies können z. B. sein: Schnecken- und Gurtbandförderer, Plattenbandförderer, Trogkettenförderer, Drehteller, Drehkratzer, Schwenkförderer und Zellenradschleusen.

Austragshilfen sind Geräte oder Vorrichtungen, die dazu dienen, im Zusammenwirken mit dem Austragsorgan den Abfluss aus dem Silo in Gang zu halten und zu fördern. Dies sind z. B. Vibrationsböden, die sich bei richtiger Dimensionierung des Auslaufquerschnittes durch Förderung des Massenflusses für Zucker bewährt haben. Die beste Austragshilfe ist jedoch die richtige Geometrie des Silos. So sollte die Auslaufschräge des Konus im unteren Teil des Silos mindestens um 55° gegen die Horizontale geneigt sein. Ein zu flacher Auslaufwinkel behindert nicht nur den zügigen Abzug aus dem Silo, sondern führt auch zur Entmischung, da bevorzugt die gröberen Zuckerkristalle ausfließen. Feinere Kristalle hingegen werden auf der Gleitfläche des Konus liegen bleiben und sich aufbauen, was letztlich zur Brückenbildung führt.

Nicht zuletzt muss bei der Aufstellung von Zuckersilos darauf geachtet werden, dass sicherheitstechnische Auflagen eingehalten werden. Im Einzelnen wird man sich diesbezüglich mit der zuständigen Berufsgenossenschaft und dem Gewerbeaufsichtsamt in Verbindung setzen. Sicherheitstechnische Auflagen können sein:

- druckstoßfeste Bauweise (nach VDI 3673, Abs.8),
- Auslegung von Druckentlastungsflächen (VDI-Richtlinie 3673),
- Installation von Berstscheiben oder Explosionskappen mit einem Ansprechdruck von 0,1 bar,
- Ableitung elektrostatischer Aufladungen der Förderleitung und der Silowandung,
- Installation eines Füllstandsgrenzschalters mit „Staub-Ex" Bescheinigung, der das Silo gegen Überfüllung sichert.

Weitergehende sicherheitstechnische Auflagen enthält die Richtlinie 99/92/EG. (Näheres darüber in Südzucker Handbuch, 2005).

Die **Auflösung des Zuckers im Wein** kann diskontinuierlich und kontinuierlich erfolgen. In beiden Fällen gilt, dass für den praktischen Betrieb Zucker einer mittlerer Kristallgröße von 0,5 bis 1,25 mm am besten geeignet ist.

Bei der diskontinuierlichen Auflösung des Zuckers erfüllt der Propellerrührer die gestellten Aufgaben hinsichtlich Suspendierverhalten, Auflösezeit und spezifischem Leistungseintrag am besten.

Bei der Zuführung von Zucker in den Lösebehälter ist zu beachten, dass der Zuckerstrom in den Bereich höchster Turbulenz geleitet wird. Wenn Zucker in die ansaugende Rührerströmung gegeben wird, kommt er sofort mit dem Rührelement in Kontakt und wird vollständig in der Flüssigkeit suspendiert.

Die **Großlösertechnik** ist ein Verfahren mit wirtschaftlichen und technologischen Vorteilen. Es wird die Gesamtmenge des mit einem Silofahrzeug angelieferten losen Zuckers in einer Charge gelöst und weiterverarbeitet. Um die **Förderluft** bei der pneumatischen Beschickung des Großlösers abzuführen, muss eine entsprechend groß dimensionierte Austrittsöffnung von mindestens NW 180 vorhanden sein. Die Förderluft wird über einen Luftfilter entstaubt und abgeführt. Der Antrieb des Drucklufterzeugers zur Entleerung des Silofahrzeuges sollte mit den Rührwerksmotoren und dem Abluftventilator des Luftfilters elektrisch so verriegelt sein, dass Zucker erst eingeblasen werden kann, wenn die Rührwerke und der Abluftventilator bereits in Betrieb sind.

Taucht die Blasleitung in die Flüssigkeit ein, so erübrigt sich ein Staubfilter (Sackfilter). Wird der Zucker auf die Flüssigkeit geblasen, was wegen der Qualität der Druckluft u.U. vorzuziehen wäre, dann muss die Abluft gefiltert werden, sonst verklebt die ganze Umgebung. Der Tank soll 20 % Luftraum zur Lösung des Zuckers behalten.

Soll ein Großraumlöser z. B. für eine heute übliche Kristallzucker-Anlieferung von 24 t ausreichen, dann muss er bei einer Zuckerlösung von 65 Gew.-%, – entsprechend 28 100 Liter Lösung, zuzüglich eines Steigraums von knapp 4000 Liter –, ein Bruttofassungsvermögen von etwa 32 000 Liter haben.

Der Wirkungsgrad des Propellerrührers hängt stark von der **Rührwerksmontage** ab. So wird beim Einbau des Rührers von oben der Bodenabstand im Bereich des 0,73- bis 0,94-fachen des Propellerdurchmessers empfohlen. Bei seitlichem Einbau soll der Abstand das 0,5-fache bis 0,75-fache des Propellerdurchmessers betragen. Ist der Bodenabstand geringer, so tritt Staubbildung auf und die Gefahr eines unruhigen Wellenlaufs. Der seitliche Einbau des Rührwerks erfordert einen Eintauchwinkel von etwa 15° gegen die Waagerechte, sofern die Behälterhöhe im Bereich von 0,8 bis 1,5 des Durchmessers liegt. Mit steigender Höhe des Behälters vergrößert sich auch der Eintauchwinkel. So beträgt er 50° bei einem Verhältnis des Durchmessers zur Höhe wie 1 : 5.

Der Rühr- bzw. Lösevorgang ist nach dem Entladen des Silofahrzeuges solange fortzusetzen, bis der Trockensubstanzgehalt bei mehreren, aufeinanderfolgenden refraktometrischen Kontrollen konstant ist.

Bei stehendem Großlöser reicht meist ein Rührwerk mit einer Antriebsleistung von 18,5 kW, das exzentrisch schräg angeordnet ist. Die Drehzahl des Propellerrührwerkes sollte im Bereich von 960 Umdrehungen pro Minute liegen.

Die **kontinuierlichen Löseverfahren** gleichen sich in ihrer Verfahrensweise und variieren nur hinsichtlich der Prozesssteuerung sowie der Mess- und Regeltechnik für die Konzentrationseinstellung.

So wird z. B. mittels einer Dosierrinne, Dosierschnecke oder einer Zellenradschleuse kontinuierlich Zucker aus dem Vorratssilo in einen Vorlöse- bzw. Suspensionsbehälter dosiert. Während die Zuckerzufuhr konstant ist, wird der Weindurchlauf entsprechend der gemessenen Konzentration über ein Dosierventil geregelt. Der im Wein suspendierte Zucker wird teilweise schon durch Umwälzung mithilfe einer Kreiselpumpe gelöst, wobei durch Einsatz bestimmter Einbauten, wie Injektordüsen oder sog. Turbulenzrohre eine starke Turbulenz erzeugt wird. Ein Teilstrom der Suspension verlässt kontinuierlich den Umwälzkreislauf und durchströmt eine Nachlösekammer, in der die noch verbliebenen Zuckerkristalle restlos aufgelöst werden.

Auch mittels **Kippwaage** über dem Lösebehälter ist eine automatische Dosierung möglich. Zu achten ist hier auf das Verkrusten der Wandflächen, die das Gewicht verändern. Die Kippwaage kippt den Zucker beim Erreichen des eingestellten Gewichtes in den mit Wein gefüllten Lösebehälter. Anschließend wird die Zuckerlösung in den Vorratsbehälter gepumpt und filtriert.

Die **Dosage des Tiragelikörs** erfolgt in den meisten Fällen so, dass die errechnete Menge (siehe Kap. 3.1.1) in die Cuvée gepumpt wird. Bei der Versektung kleiner Mengen (z. B. 1000 l) wird eine bestimmte Literzahl aus dem Gebinde entnommen, die berechnete Menge Zucker darin aufgelöst, und der so erzielte „Tiragelikör“ ins Fass zurückgepumpt. Es ist einleuchtend, dass in diesem Falle vor der Zugabe der Hefe der gezuckerte Grundwein filtriert werden muss.

Es ist auch möglich, diesen Arbeitsvorgang zu automatisieren, indem Wein, Likör und Hefeansatz mittels Dosierpumpen im vorgewählten Verhältnis kontinuierlich gemischt werden. Dabei wird die Gesamtmenge vorgewählt und automatisch nach den erreichten Grenzwerten abgeschaltet. Näheres entnehme man dem Südzucker Handbuch 2005.

In Abb. 33 ist beispielhaft das Schema einer vollautomatischen kontinuierlichen Mehrkomponenten-Dosieranlage für Wein, Tiragelikör und Anstellhefe dargestellt. Die Dosierkolbenpumpen messen die Anteile im vorher eingestellten Mengenverhältnis zu. Die fertige Mischung fließt über einen Ausgleichsbehälter (Puffer- oder Zwischentank mit Grenzwertkontakten für den Flüssigkeitsstand), wo je nach Bedarf die Dosierpumpen durch die Kontakte ein- und ausgeschaltet werden. Das Mischverhältnis wird durch Verstellen der Kolbenhublänge und/oder der Kolbenfrequenz eingestellt. Produktmangelsicherungen schließen bei leer gewordenen Behältern Fehldosierungen aus.

3.2 Hefe

Seit einigen Jahrtausenden werden Trauben gelesen und ausgepresst, der Most wird in Gefäße gefüllt und er gerät „von selbst“ in Gärung, es wird Wein daraus. Sobald sich im jungen Wein die Trubstoffe abgesetzt haben, kann man den klaren Wein in ein anderes, sauberes Gefäß abziehen und der Weinkonsum kann beginnen. Den Rückstand (den Trub, die Drusen, die Gischt, den „Dreck des Weines“, „faeces vini“ oder die Hefen)

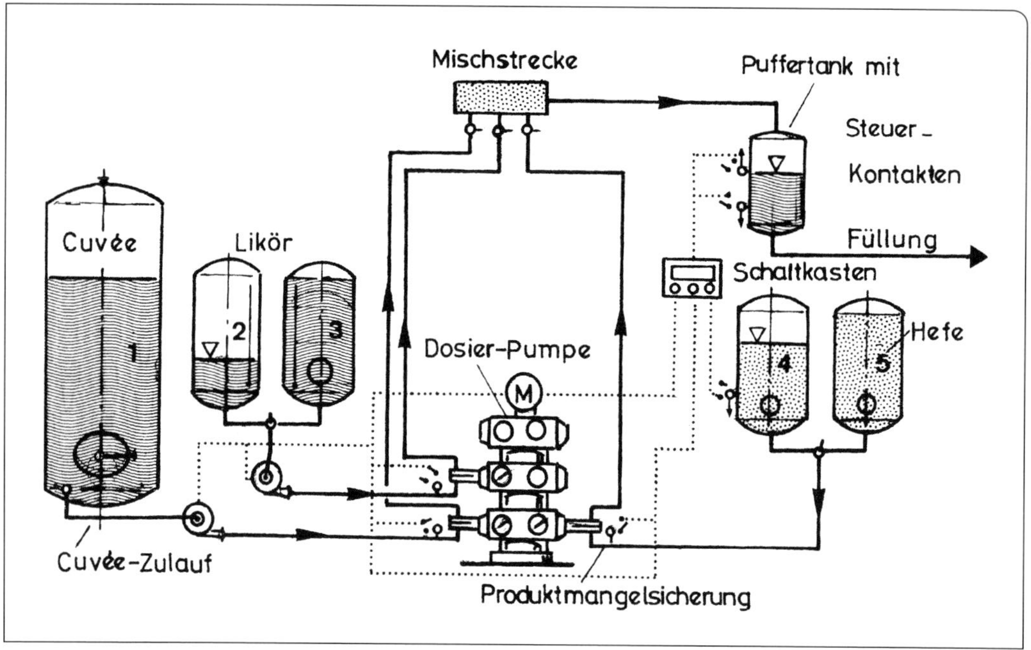

Abb. 33. Prinzipschema einer Mehrkomponenten-Dosieranlage für Wein, Zuckerlikör und Anstellhefe von Bran und Lübbe.
Die Dosierkolbenpumpen messen die Anteile in vorher eingestelltem Mengenverhältnis zu. Die fertige Mischung fließt über einen Ausgleichbehälter (Puffer- oder Zwischentank mit Grenzwertkontakten für den Flüssigkeitsstand), wo die Dosierpumpen durch die Kontakte ein- und ausgeschaltet werden. Das Mischverhältnis wird durch Verstellen der Kolbenhublänge eingestellt. Produkt-Mangelsicherungen schließen bei leer gewordenen Behältern Fehldosierungen aus.

konnte man früher nicht verwerten und verwarf ihn.

Als zu Beginn des 18. Jahrhunderts in der Champagne damit begonnen wurde, den schäumenden Wein gewerbsmäßig herzustellen, hing das Gelingen dieses Vorhabens von mehreren Zufälligkeiten ab.

Allmählich stellten die Weinhersteller fest, dass in Flaschen gefüllter **neuer** Wein im Allgemeinen ganz gut von selbst ins Gären kam. **Alter**, d. h., vorjähriger Wein hingegen begann in Flaschen nie von selbst zu gären. Wenn aber der alte Wein in kleinen Anteilen zum jungen hinzugefügt wurde, dann fand wieder eine Gärung statt.

Ähnlich der von Bäckern praktizierten Bereitung eines „Sauerteiges“, erlernte man es, von einem in guter Gärung befindlichen Jungwein einen Teil zu jener Cuvée, aus der Schaumwein entstehen sollte, hinzuzugeben. Dieser Anteil gut gärenden Jungweins hieß „Levain“, das ist „Sauerteig“. Das Wort ist abgeleitet vom Tätigkeitswort „lever“, d. h. **heben**, also von dem, was den Teig hebt oder treibt.

Die Praktiker haben von jeher scharf beobachtet und aus Erfahrung gelernt. Die Wissenschaft kommt meistens hinterher, um zu klären, warum etwas funktioniert und nach einigen Fehldeutungen ist dann meist auch die richtige Erklärung gefunden.

Erst hundert Jahre nach den Anfängen der Schaumweinherstellung, also Anfang des

19. Jahrhunderts kamen Stimmen auf, die auf einen direkten Zusammenhang zwischen Gärung und Hefen hinwiesen. (L.J. Thenard, Berzelius, Cagniard de Latour, Kützing, Schwann u.a., siehe H. Schanderl 1959). Von einigen Forschern wurde erkannt, dass die „Hefe“ aus vielen winzigen, einzelligen Lebewesen besteht, den Zuckerpilzen oder Saccharomyceten. Diese Erkenntnis verstieß damals aber gegen die offizielle Lehrmeinung. Erst L. Pasteur gelang es mit seinen bahnbrechenden Arbeiten von 1865 „Études sur le Vin“ und 1876 „Études sur la Bière“ den Beweis zu erbringen, dass es wirklich die Hefe ist, durch deren Tätigkeit der Zucker zu Alkohol und Kohlensäure vergoren wird.

Der dänische Botaniker E. Chr. Hansen griff Pasteurs Erkenntnisse auf und entwickelte sie entscheidend weiter. Die vielen Nachteile, unter denen man vor allem in der Bierbrauerei infolge von Fehlgärungen und von Infektionen mit anderen Mikroorganismen zu leiden hatte, versuchte er zu vermeiden, indem er **Hefe-Reinkulturen** anlegte. Aus einer Menge gesunder Hefen isolierte er einzelne Hefe-Zellen und ließ sie unter sterilen Bedingungen wachsen und sich vermehren. Das war etwa 1878 und damit der Beginn der **Hefereinzucht**. In Geisenheim begann H. Müller-Thurgau die neuen Erkenntnisse und Methoden auch auf Wein anzuwenden und sein Nachfolger J. Wortmann gründete 1894 in Geisenheim die erste deutsche Weinhefe-Reinzuchtstation. Weinerzeuger, Weinhändler und Sekthersteller können seitdem flüssige Reinhefekulturen kaufen, die in kleinen druckfesten Fläschchen auch per Post versandt werden, und damit ihre Gärung wesentlich sauberer, sicherer und zügiger durchführen.

3.2.1 Flüssige Reinhefe

Aus Weinbergsboden, der u.a. auch Hefesporen enthält, aus dem Geläger eines abgestochenen Jungweins oder z. B. aus dem Depot einer Flasche Brutsekt, der gerade degorgiert wurde, werden durch aufschwemmen, verdünnen und zerteilen in winzige Tröpfchen einzelne Hefezellen isoliert und auf geeigneten Nährböden zur vegetativen, also ungeschlechtlichen Vermehrung durch Sprossung gebracht. Auf diese Weise gelingt es, stets unter sterilen Arbeitsbedingungen, von jeder einzelnen Zelle eine große Menge gleicher, reinerbiger Zell-Abkömmlinge als Nachkommen zu erhalten, also eine **Zellkultur anzulegen**.

Die Kulturen können durch Gärversuche im Labor darauf geprüft werden, ob sie begehrenswerte Eigenschaften des Stoffwechsels oder des Verhaltens besitzen. Untaugliche oder ungeeignete Kulturen werden verworfen. Interessante Kulturen werden weiterhin kultiviert und regelmäßig überprüft. Man betreibt eine Auslese oder eine **Selektion**.

Die Hefen einer Kultur haben alle die gleichen Erbanlagen, sie bilden einen **Klon**.

Gelegentlich treten in solchen Kulturen durch Mutation Veränderungen einzelner Eigenschaften auf. Diese fallen bei der nächsten Kontrolle auf und zwingen dazu, aus dieser Kultur durch verdünnen und zerteilen in winzige Tröpfchen abermals einzelne Hefezellen zu isolieren und sie auf besonderen Nährböden vegetativ zu vermehren. Durch Gärversuche im Labor gelingt es zu erkennen, inwieweit Änderungen der Erbanlagen aufgetreten sind und ob dabei Varianten gefunden werden, deren Eigenschaften besser sind, als die der Vorgänger oder ob neue, begehrenswerte Eigenschaften auftreten. Die interessanten neuen Klone werden weiter kultiviert.

Durch **Selektion und Mutation** entstehen im Laufe der Zeit mehrere, verschiedene Hefestämme mit besonderen Eigenschaften.

Nach diesem Prinzip wurden bis etwa 1938 Hefen in Reinkulturen ausschließlich vegetativ vermehrt und herangezogen. Dann gelang es erstmals (Winge und Lausten) von Menschenhand zusammengebrachte Zellen bzw. Sporen verschiedener Hefestämme zur Kopulation zu bringen, d. h. eine generative,

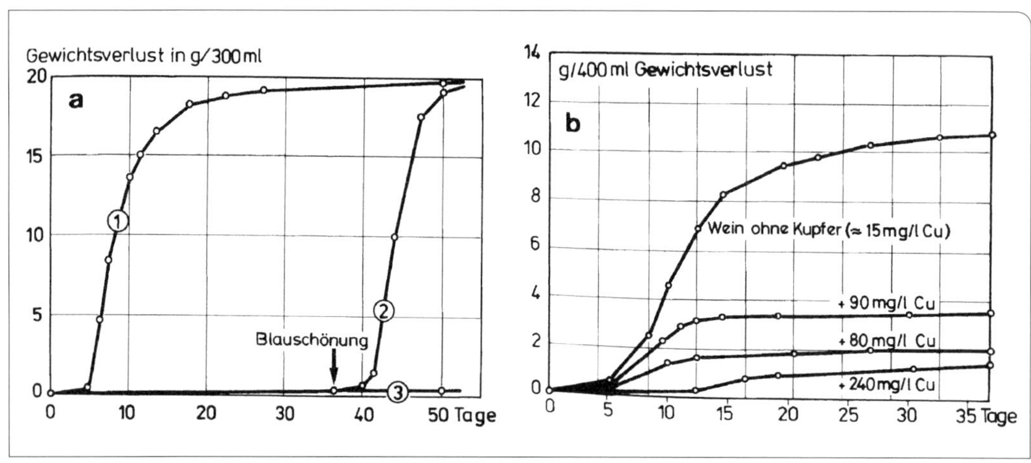

Abb. 34a (links). Einfluss des Eisengehaltes bei der Umgärung von Stillwein (nach Schanderl und Schulle, 1936) 1 = Wein ohne Eisen, 2 und 3 = Wein mit 25 mg/l Eisen; Wein 2 wurde am 35. Tag durch Blauschönung auf 5,8 mg/l Fe herabgesetzt: die Gärung setzte danach ohne erneuten Reinzuchthefe-Zusatz ein. Bei 3 verhinderte der hohe Eisengehalt die Gärung.

Abb. 34b. Einfluss von hohem Kupfergehalt auf den Gärverlauf bei der Umgärung von Wein (nach Schule).

eine geschlechtliche Vermehrung hervorzurufen. Die Abkömmlinge dieser Kreuzung (Bastardisierung, Hybridisierung) werden dann wieder vegetativ weitervermehrt, als Klone weitergeführt und, wie oben dargestellt, regelmäßig überprüft.

Erst seit es die Möglichkeit der gezielten Kreuzung von Hefen gibt, kann von einer **Hefe-"Züchtung"** gesprochen werden.

Hefen, die in der Schaumweinherstellung eingesetzt werden sollen, müssen geeignet sein, unter den Verhältnissen der Schaumweine zu leben und Stoffwechsel zu betreiben und sie sollen ein Verhalten zeigen, das den Wünschen der Schaumweinhersteller möglichst genau entspricht. Von den Weinhefe-Reinzuchtstationen oder -Institutionen werden zur Schaumweinherstellung geeignete Stämme angeboten. Aus dem breit gefächerten Angebot kann sich der Sekthersteller heraussuchen und an Hand von Versuchsgärungen überprüfen, welcher Stamm sich am ehesten eignet, im eigenen Betrieb eingesetzt zu werden.

Nur ganz wenige Herstellerbetriebe, z. B. u.a. einige in der Champagne, betreiben ihre eigene Hefe-Reinzucht. Eine firmeneigene Hefestation ist indes ökonomisch nicht zu rechtfertigen, sie stützt ihre Existenzberechtigung ausschließlich auf die dadurch vermutete Hebung des Firmenimages.

Für die Vergärung der Cuvée kommen heute im Wesentlichen Reinkulturen von Hefen der Gattung *Saccharomyces* und ihrer Spezies *cerevisiae* einschließlich der Art *S. bayanus* in Frage, deren physiologische und biochemische Eigenschaften bekannt sind.

Zu den speziellen, aber unterschiedlichen **physiologischen Eigenschaften** gehören nach Radler (1973):

- eine bestimmte Vermehrungsgeschwindigkeit,
- die Fähigkeit Zucker vollständig, auch unter CO_2-Druck zu vergären,

- eine gewisse Ausbeute an Zellmasse, schon im Hinblick auf die Abgabe von qualitätssteigernden Aminosäuren,
- die Widerstandsfähigkeit gegenüber chemischen Stoffen, wie Alkohol, SO_2, elementarem Schwefel, die Bildung oder der Abbau von Säuren wie Äpfelsäure, keine SO_2-Bildner, keine Schwefelböckserbildung, Unempfindlichkeit gegen Gerbstoffe und Schwermetalle,
- Widerstandsfähigkeit gegen niedrige oder zu hohe Temperaturen oder Temperaturschwankungen und gegen höheren CO_2-Druck,
- auch die Absterbegeschwindigkeit der Hefezellen und die „Autolyse"-Geschwindigkeit sind von Bedeutung.

Zu den **biochemischen Eigenschaften** zählt Radler die Alkoholbildung der Hefen, die Bildung von flüchtiger Säure und nicht flüchtigen Säuren, die Glycerinbildung und die von 2,3-Butandiol als Gärungsnebenprodukt, die Bildung von Acetaldehyd, der beim Sekt eine besondere Rolle spielen kann, die Bildung von höheren Alkoholen (Fuselöle) und die von Aminosäuren. Über die Gäreigenschaften der Hefen und ihre Auswirkung für die Praxis der Sektherstellung liegt eine umfangreiche Literatur vor. Man vergleiche dazu Schanderl (1959), Dittrich (1987), Bidan (1975) sowie das Literaturverzeichnis auf www.ulmer.de webcode 1288585.

Schanderl (1959) hat an einer Reihe von Beobachtungen die Einflüsse aufgezeigt, die bei Umgärungen und Schaumweingärungen von den verschiedenen Weininhaltsstoffen, hier Fremdstoffen, herrühren und die, wenn sie beim Ausbau der Grundweine eingeschleppt werden, gärstörend wirken.

Hierzu zählen die Schwermetalle Eisen und Kupfer, ferner Gerbstoffe (gemeint

Abb. 35a (links). Einfluss von elementarem Schwefel (S_8) auf die Umgärung von Wein (nach Schanderl, 1959). Gegenmittel: scharfe Filtration vor der Gärung.

Abb. 35b. Einfluss von elementarem Schwefel auf die 2. Gärung von Wein (nach Schanderl 1959). 1 = Kontrolle, Wein ohne Zusatz; 2 = Wein mit Schwefelblüte versetzt und erst bei F, nach Abtrennen des Schwefels durch Filtration, in Gärung gekommen. Elementarer Schwefel kommt – außer durch Pflanzenschutzmittel in trockenen Jahren – durch den Holzfass-Einbrand als sublimierter Schwefel in den Wein, aber auch über tote Hefezellen, wo er als Schwefelöl auftritt und dann schwer zu filtrieren ist, weil die Tröpfchen plastisch sind.

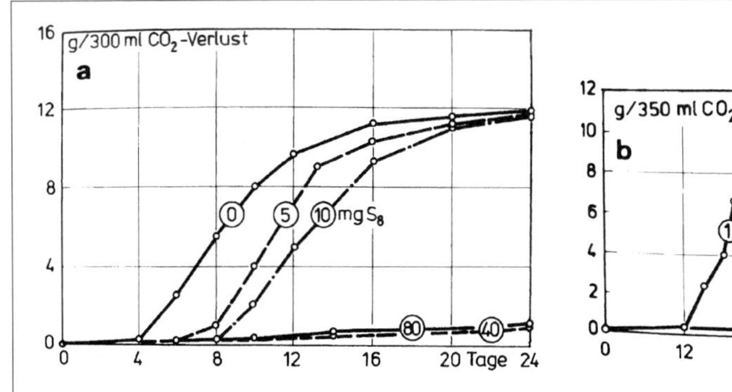

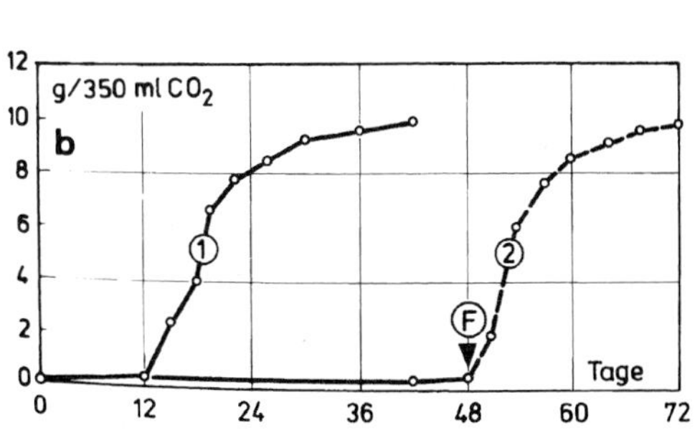

sind flavonoide Polyphenole) und elementarer Schwefel, der in mikroskopisch kleinen Schwefelkügelchen vorliegen kann.

Störungen dieser Art können nicht auftreten, wenn der Grundwein so vorbehandelt wurde, wie in Kap. 2.2 bis 2.4 beschrieben.

Vermehrung und Heranführen der Hefe im Betrieb

Von der Weinhefe-Reinzuchtstation bezieht man eine Kultur des ausgewählten, im eigenen Betrieb meistens schon erprobten und bewährten Hefestammes, das sind etwa 100 oder 200 ml Flüssigkeit in einem druckfest verschlossenen Fläschchen.

Die **Vermehrung** erfolgt in kleinen Schritten nach den meist mitgelieferten Vorschriften der Reinzuchtanstalt, ungefähr nach dem folgenden Schema.

Als **Vermehrungsflüssigkeit** dient in der Regel ein Wein, der in seiner Zusammensetzung möglichst genau der zu vergärenden Cuvée entsprechen soll, der also das Milieu darstellt, in dem die Hefe arbeiten und an das sie sich nun gewöhnen soll. **Dieser Wein soll EK-filtriert sein!** Für den ersten Schritt benötigt man 1 Liter dieses Weins. Es wird Tiragelikör hinzugefügt, und zwar etwa 50 ml eines Likörs von 700 g Zucker pro Liter oder 70 ml eines Likörs von 500 g Zucker pro Liter. Diese Mischung wird erhitzt bis zum Sieden, um sie zu sterilisieren und um den Alkohol größtenteils daraus auszutreiben.

Danach lässt man die Lösung auf Raumtemperatur abkühlen. In einen rund 2 Liter fassenden, hervorragend gereinigten Glaskolben oder in eine entsprechende Flasche werden nun zunächst der Inhalt des Hefekultur-Fläschchens und danach die abgekochte Lösung eingefüllt und diese Hefeaufschwemmung (= Suspension) gründlich gemischt, indem der Kolben oder die Flasche in kreisende Bewegung gebracht wird. Diese Mischung soll einen Zuckergehalt von etwa 35 g/l haben. Der Kolben oder die Flasche wird anschließend mit einem durchbohrten Gummistopfen mit eingestecktem Gärröhrchen verschlossen.

Diese Hefesuspension wird bei Zimmertemperatur im Schatten, d. h. nicht im grellen Tageslicht aufbewahrt und im Abstand von einigen Stunden wiederholt gemischt. Am nächsten Tag zeigt sich eine muntere Folge von Gasblasen, die durch das Gärröhrchen entweichen. Die Hefezellen haben begonnen zu sprossen, sich zu vermehren und auch zu gären. Nach gründlichem Mischen muss die Suspension deutlich stärker getrübt sein, als am ersten Tag. Im Laufe des Tages wird die Gasentwicklung intensiver, um dann, nach Überschreiten eines Höhepunktes, am dritten Tag wieder abzuklingen. Nun ist der meiste Zucker verbraucht, die Suspension soll kräftig getrübt sein.

Sofern die tatsächliche Entwicklung mit der hier beschriebenen übereinstimmt, kann am 3. Tag mit dem zweiten Vermehrungsschritt begonnen werden. Die Suspension ist nun auf eine Menge von etwa 10 Liter zu erweitern. Hierzu benötigt man 8,5 Liter Wein. Dann erfolgt die Zugabe von 0,5 l Tiragelikör mit einem Gehalt von 700 g/l Invertzucker. Die Lösung wird gründlich gemischt und aufgekocht. Zum Aufkochen nur Glas- oder Edelstahlgefäße verwenden!

Als Kulturgefäß benötigt man nun einen Glasballon oder einen PE-Ballon von etwa 20 Liter Fassungsvermögen, der ebenfalls einwandfrei sauber sein muss. Nach dem Abkühlen der abgekochten Lösung werden wieder zunächst der Inhalt der Hefesuspension und danach die abgekochte Lösung eingefüllt, durch Kreisbewegung gemischt und mit Gummistopfen und Gärröhrchen verschlossen. Es sollen nun gut 10 Liter Hefesuspension in dem Ballon enthalten sein und der Zuckergehalt soll rund 35 g/l betragen.

Nach etwa 2 bis 3 Tagen wird der dritte Schritt unternommen und auf rund 100 Liter erweitert. Beim dritten und den weiteren Schritten ist es nicht mehr nötig, den zum Erweitern (Vermehren) benötigten Wein abzukochen. Sofern die Hefesuspension unmittelbar vor dem Erweitern kräftig trüb und der zum Erweitern benutzte Wein EK-filtriert und blitzblank ist, besteht keine Gefahr mehr, dass einzelne eingeschleppte Hefen anderer Art sich gegen die Kulturhefen durchsetzen können. Selbstverständlich muss auch weiterhin mit der Hefesuspension sehr sorgfältig und äußerst sauber umgegangen werden, um Infektionen oder Fehlentwicklungen zu vermeiden.

Für die folgende Erweiterung werden am besten Edelstahltanks geeigneter Größe genutzt, immer mit Gäraufsatz und möglichst mit eingebautem Rührwerk.

Während der Vermehrung benötigt die Hefe Sauerstoff.

Die Vermehrung der Hefe erfolgt rascher und die spätere Gärleistung ist deutlich besser, wenn die Hefe während der Vermehrungsphase im Vermehrungsbehältnis 2- bis 3-mal während 24 Stunden kräftig **belüftet** wird. Sehr wirksam ist es, hierfür eine kleine Pumpe zu verwenden, welche die Luft durch einen Schlauch mit Fritte so in das Behältnis drückt, dass sie im tiefer gelegenen Teil der Flüssigkeit einströmt und in der Suspension möglichst fein verteilt wird. Belüftungsdauer jeweils etwa 10 Minuten. Die Hefesuspension soll täglich sorgfältig **kontrolliert** werden. Man bestimmt analytisch den Zuckergehalt und beobachtet im Mikroskop, ob die **Zellen** gleichmäßig und gleichartig sind und ob sie vielfältig sprossen. Die Trübungsmessung mit Nephelometer oder Spektralphotometer zeigt an, ob die Vermehrung der Hefe bereits bis zum Erreichen des gewünschten Trübungsgrades gediehen ist oder ob es notwendig erscheint, mit der nächsten Erweiterung besser noch einen Tag zu warten.

Eine „gute“ Hefe soll etwa 62,5 Millionen Zellen pro Milliliter (= $62{,}5 \cdot 10^6$) enthalten, das entspricht z. B. bei Messung mit dem Nephelometer etwa 90 Skalenteilen (s. Tab. 19).

Die Kontrolle der Hefesuspension mithilfe der Dichtemessung ergibt keine verwertbaren Ergebnisse, weil die Hefe nicht echt gelöst, sondern nur suspendiert ist und weil die Anzahl der Hefezellen und das Gewicht der Zellen keine konstanten Größen sind. Außerdem verändert sich die Zuckerkonzentration in der Hefesuspension fortlaufend.

Wenn man einen mittleren Durchmesser der Hefezellen von 10 µm annimmt und eine mittlere Dichte der Zellen von 1,050, dann ergeben sich die in Tab.19 aufgeführten Werte.

Die Besiedlungsdichte von 62 500 Mio. (62,5 Milliarden) Zellen pro Liter kann nicht wesentlich gesteigert werden, weil sich die Zellen dann gegenseitig stören.

Dies konnte experimentell von Laurent et. al. (2007) bestätigt werden. Wie aus der Abb. 36 ersichtlich, wurden zur Anpassung der Hefe (Zeile 1 in Abb. 38) 3, 6, und 12 g/l Trockenreinzuchtefe zugegeben (dabei gilt 3 g/l ≙ 15 g pro 5 Liter [Wasser + Likör] entsprechend der Abb. 38).

Tab. 19 Zellzahl im Gäransatz

sich befinden	Anzahl Zellen		Nettovolumen der Hefezellen	Masse der Hefezellen
	pro ml	pro Liter	ml pro Liter	Gramm / Liter
In der Suspension einer „guten“ Hefe = 100 %	62,5 Mio.	62 500 Mio	32,5	34,125
im Gärsatz Hefeanteil 4 %	2,5 Mio	2 500 Mio	1,3	1,365

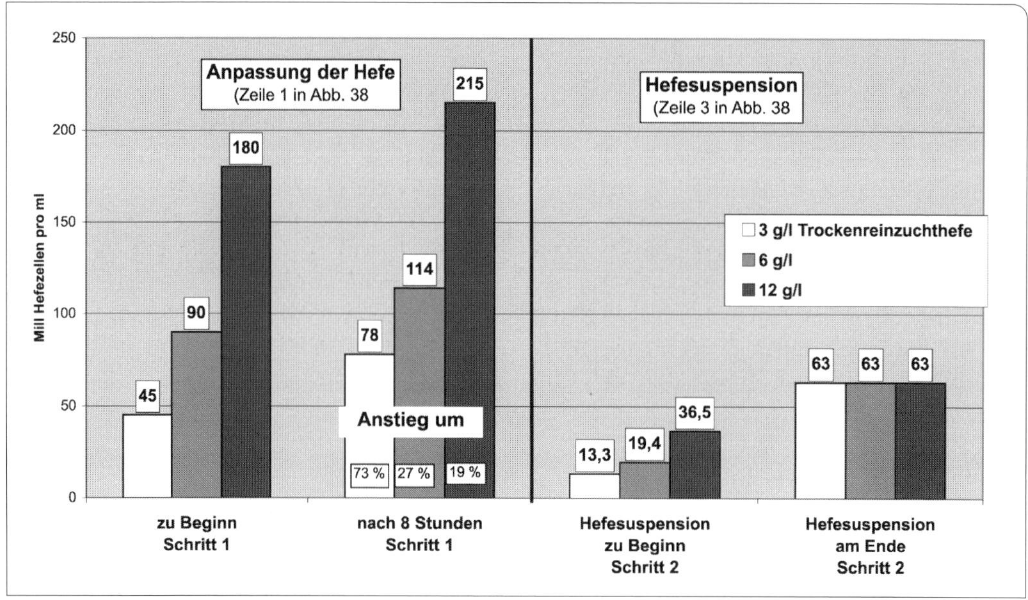

Abb. 36. Einfluss der Hefeeinsaatmenge auf die Anzahl der Hefezellen am Ende der Vermehrung (vgl. Abb. 38 und Text nach Laurent und Valade, 2007).

Aufgrund dessen stieg die Zellzahl gemäß der Einsaat an. Während der acht Stunden der Anpassung und des Zuckerverbrauchs von etwa 20° Oechsle vermehrten sich die Zellen. Dies jedoch in v. H. der eingesäten Hefemenge degressiv, d. h., je höher die Hefeeinsaat, desto geringer das Wachstum der Hefezellzahl. Während der Anstieg bei der Einsaat von 3 g/l 73 % vom Ausgangswert ausmachte, sank er bei der Einsaatmenge von 12 g/l auf nur noch 19 % der Ausgangsmenge (von 180 auf 215 · 10^6 Hefen pro ml).

Da bei der Herstellung der Hefesuspension eine weitere Verdünnung stattfand, sank zu Beginn dieses Schrittes die Hefezahl auf 13,3 bis 36,5 Mill. Hefen pro ml. Nach etwa zwei Tagen – also vor der Zugabe der Hefen in den Tiragetank und einem weiteren Zuckerverzehr von etwa 30° Oechsle – stieg die Zellzahl wieder an, aber unabhängig von der ursprünglichen Einsaatmenge auf einheitlich 63 · 10^6 Zellen/ml. Demnach bewirkt – bei ansonsten gleichen Bedingungen – die Erhöhung der Hefeeinsaat bei der Hefevermehrung keine Erhöhung der Zellzahl in der Hefesuspension zum Zeitpunkt der Tirage.

Der **Zuckergehalt der Suspension** soll durch tägliches Hinzufügen von Tiragelikör immer wieder auf etwa 35 g/l gebracht werden und möglichst nicht unter 15 g/l absinken, also im Mittel bei 25 g/l liegen. Für diese tägliche „Fütterung“ sind **Zuckeranalysen** unerlässlich. Weder das Verkosten der Suspension, noch die Beobachtung der Gasblasenhäufigkeit im Gärrohr geben ausreichend Auskunft darüber, ob sich die Hefe wunschgemäß entwickelt.

Die Hefe muss so oft erweitert werden, bis ihre Menge das benötigte Arbeitsvolumen erreicht hat. Als Beispiel kann die Abb. 37 gelten.

Erfahrungsgemäß benötigt man einen **Anteil von 4 % einer „guten“ Hefesuspension im fertigen Ansatz.** Wenn angenom-

Soll es genauer sein, dann muss man zunächst den Zuckergehalt der Hefesuspension unmittelbar vor Zusammenstellung des Ansatzes analytisch bestimmen. Bis die Analyse fertig gestellt ist, wird allerdings ein Teil des Zuckers vergoren sein. Danach erfolgt die Rechnung als Beispiel

Soll-Menge Gäransatz

8000 l à 24 g/l = gesamt 192 000 Gramm

davon aus 4 % Hefe

– 320 l à 15 g/l = – 4800 Gramm

bleiben für Cuvée und Likör

7680 l · 24,375 = 187 000 Gramm

Nun folgt die Mischungsrechnung, wie auf den Seiten 98 und 99 beschrieben, jedoch nur für die fehlende Menge Cuvée und Likör, hier im Beispiel also für 7680 l, die aber auf 24,375 g/l eingestellt werden sollen. Diese „genaue" Rechnung ist in Wahrheit aber auch nicht genau, weil die Hefe unentwegt Zucker abbaut (etwa 0,5 g/l pro Stunde). Den Erfordernissen der Praxis wird man am besten gerecht, wenn dafür gesorgt wird, dass die Hefesuspension im Zeitpunkt ihrer Verwendung möglichst dicht bei 25 g/l Zucker liegt.

men wird, dass die Hefesuspension im Mittel rund 24 g/l vergärbaren Zucker enthält, dann verhält sich die Menge der Hefesuspension neutral hinsichtlich der Mischungsrechnung des Gäransatzes, der Zuckergehalt des Ansatzes wird also nicht oder nur unwesentlich verändert.

Arbeit mit der Hefe, Weiterführen (vermehren) und Auswechseln

Sofern nur ein einmaliger Ansatz vorgesehen ist, dessen Menge einen Tagesverbrauch nicht überschreitet, wird man die herangezogene Hefesuspension für diesen Ansatz verbrauchen, ohne dass davon etwas übrig bleibt.

Wenn aber beabsichtigt wird, während einer längeren Zeit Cuvée zur Gärung anzusetzen, dann muss für jeden Tag des Ansetzens eine ausreichende Menge „guter" Hefe zur Verfügung stehen. In großen Betrieben wird täglich über mehrere Monate hinweg eine bestimmte Menge Cuvée zur Gärung angesetzt. Für diesen sozusagen **kontinuierlichen Betrieb** werden mehrere Behälter mit Hefesuspension herangezogen, von denen aus je einem im täglichen Wechsel Hefe entnommen wird und die man sogleich wieder mit zuckerhaltigem Wein befüllt, damit sich die Hefe darin bis zur nächsten Entnahme vermehre. Der zuckerhaltige Wein stammt zweckmäßigerweise von der Cuvée, die angesetzt werden soll und der man zunächst die durch Mischungsrechnung ermittelte Menge Tiragelikör zugesetzt hatte. In der Praxis wird dieser Vorgang „Auswechseln" genannt, d. h. zuckerhaltige Hefesuspension gegen zuckerhaltigen blanken Wein.

Es führt selbstverständlich zum gleichen Resultat, wenn nach der Entnahme der Hefesuspension die fehlende Flüssigkeit dadurch ersetzt wird, dass man nacheinander erst den Wein von der Cuvée und danach den Tiragelikör genau abgemessen zum Rest der Hefesuspension zugibt.

Bei normalem Verlauf ist damit zu rechnen, dass die Hefe die Anzahl ihrer Zellen innerhalb von 24 Stunden verdoppelt. Wenn zum Beispiel in einem Behälter 800 Liter einer „guten" Hefe vorliegt, kann davon drei Viertel, also 600 Liter Hefe entnommen werden. Man füllt anschließend mit 600 Liter zuckerhaltigem Wein wieder auf, mischt gründlich und bläst Luft hinein. Die nach der Entnahme in dem Rest von 200 Liter verbliebenen Hefezellen werden sich nach 24 Stunden soweit vermehrt haben, dass sie mit ihrer Zellenzahl 400 Liter dicht besiedeln könnten. Nach weiteren 24 Stunden, d. h., nach abermaliger Verdopplung werden sie die 800 Liter voll besiedeln, die Hefe ist wieder „gut" und man kann erneut davon entnehmen.

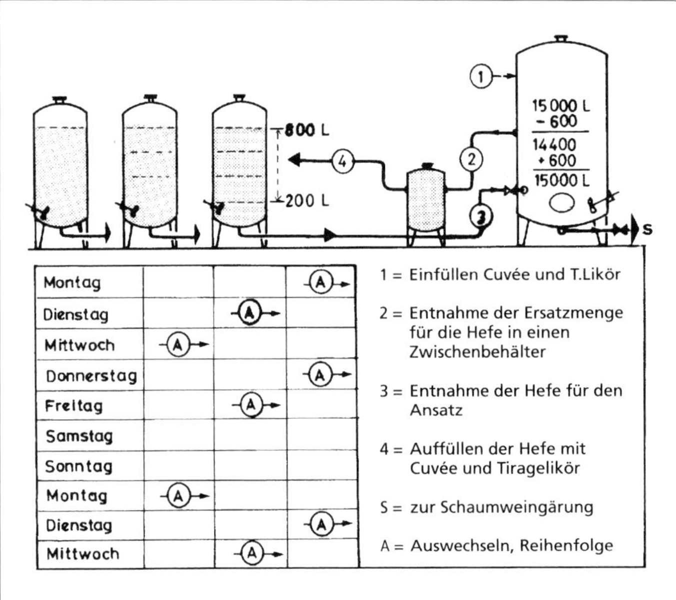

Abb. 37. Beispiel eines Arbeitsablaufes bei der Vermehrung von Hefe im eigenen Betrieb im Laufe einer Woche. 1 = Einfüllen der Cuvée und des Tiragelikörs, 2 = Entnahme der Ersatzmenge für die Hefe in einen Zwischenbehälter, 3 = Entnahme der Hefe für den Ansatz, 4 = Auffüllen der Hefe mit Cuvée und Tiragelikör, S = zur Schaumweingärung, A = Auswechseln, Reihenfolge. Vgl. auch Text.

Die Abb. 37 mag dieses Prinzip darstellen. An Wochenenden oder an anderen Tagen ohne Hefeverbrauch muss die Hefe mit kleineren Gaben von Tiragelikör durchgefüttert werden, sodass der Zuckergehalt sich stets in den genannten Grenzen von 35 bis 15 g/l, im Durchschnitt etwa um 25 g/l, bewegt.

Anders als bei Reinhefe, die Most vergären soll, wo sie keinen Alkohol, aber viel Zucker vorfindet, muss die für die Schaumweingärung heranzuführende Reinhefe mit dem schon vorhandenen Alkohol leben, sie kann daher nicht auch noch viel Zucker vertragen, sie muss vielmehr öfter mit kleinen Rationen gefüttert und immer wieder ausreichend mit Luftsauerstoff versorgt werden. Die Temperatur in der Hefesuspension soll um 20 °C liegen.

Bei guter Betriebshygiene und sehr sorgfältiger Arbeitsweise kann die Hefesuspension ohne Nachteil 1 bis 2 Jahre lang geführt und verwendet werden. Es empfiehlt sich, danach auf eine neue Kultur überzugehen, um zu vermeiden, dass durch Degeneration, Mutation oder Infektion, deren Anfänge schwer zu erkennen sind, nachteilige Folgen für den Betrieb entstehen.

Die in Weißwein vermehrte Hefe kann ohne Nachteil auch zum Ansetzen einer **Rosée-Cuvée** verwendet werden.

Für den Ansatz einer **Rotwein-Cuvée** zweigt man rechtzeitig eine Teilmenge von der weißen Hefesuspension ab und vermehrt sie mit Rotwein weiter, um eine Farbaufhellung des Rotsekts zu vermeiden. Die rote Hefe soll mit dem Ende der Rotwein-Cuvée aufgebraucht werden.

Ein Beispiel für eine einwöchige Tiragefüllung von täglich etwa 3000 Liter und der dazu notwendigen Vermehrung sei in Tab. 20 wieder gegeben (Laurent und Valade, 1998). Es wurde in der Woche zuvor 323 Liter Hefesuspension gemäß der Abb. 38 hergestellt. Für die Füllung am Montag werden 100 Liter benötigt. Zum (teilweisen) Ersatz werden 63 Liter im Verhältnis wie in der rechten Spalte angegeben, gemischt. Diese Lösung wird der Hefesuspension zugegeben. Für Dienstag stehen dann 286 Liter zur Verfügung. Daraus werden am Dienstag wieder 100 Liter entnommen. Am gleichen Tag erfolgt eine neue Mischung von 52 Litern – wie angegeben. Für Mittwoch stehen 238 Liter Hefesuspension zur Verfügung. Nachdem auch an diesem Tage wieder 100 Liter zur Tiragefüllung genutzt wurden, erfolgt eine neue Mischung von 40 Litern, die der Hefesuspension zugesetzt wird. Am Donnerstag werden von der dann nutzbaren Menge von 178 Litern wieder 100 Liter entnommen. Am gleichen Tag werden 22 Liter Mischung hergestellt, sodass am Freitag die letzten 100 Liter für die Tiragefüllung zur Verfügung stehen.

Welche der Zahlen in den beiden rechten Spalten zur Grundlage der Mischung dienen, hängt davon ab, ob der Likör 500 oder 613,5 g/l (= 1 kg Zucker zu 1 kg Wein) Zucker enthält. Die etwas erhöhte Menge an Wasser wird damit begründet, dass dadurch im Laufe der Vermehrung der Alkoholgehalt nicht ansteigt. Die Zahlen gelten für die Temperatur von 16 °C. Bei höherer Temperatur ist der Zuckerabbau in der Hefesuspension höher. Dadurch muss auch der tägliche Ersatz erhöht werden. Bei tieferer Temperatur – und geringerer Zuckerabnahme – ist die tägliche Nachlieferung zu verringern. Der Grund liegt in dem Zwang, die Hefe nicht ohne Zucker zu lassen.

Aus dem Brauwesen wurde eine andere Technik der Hefevermehrung übernommen:

Die im Labor selektionierte und vorvermehrte Hefe wird in einen sogenannten **Karlsbergkolben** oder in einen anderen sterilisierbaren Behälter gegeben. In diesem gelangen die Hefen zum Vermehrungstank. Nachdem der Tank durch Dämpfen sterilisiert wurde, wird nach der Rückkühlung der mit 35 g/l Zucker versetzte vorher keimfrei filtrierte Wein hinzugegeben. Sodann wird der Karlsbergkolben angeschlossen und der Tankinhalt mit Hefe beimpft. Zum guten Durchmischen ist der Tank mit einem Rührgerät ausgestattet. Zur Konstanthaltung der Temperatur kann der Tank gekühlt/erwärmt werden. Zur besseren Vermehrung der Hefe ist auch eine Sterilluftzufuhr angebracht, die über einen Sprühkopf in die Hefesuspension gelangt.

Für eine **kontinuierliche Heranzucht** der Hefe wird eine Geräteanordnung angeboten. Hier wird in einem sogenannten Vorpropagator mittels des Karlsbergkolbens der auf 25 g/l Zucker gesüßte Grundwein beimpft. Bei entsprechender Vermehrung der Hefe gelangt die Hefesuspension über eine feste Leitung und bei sterilen Bedingungen in den Propagator, in dem ebenfalls steriler, auf 35 g/l Zucker gesüßter Grundwein vorgelegt wurde. Hier kann sich die Hefe weitervermehren und gelangt nach Erlangung der ausreichenden Keimzahl pro ml entweder direkt in die zu vergärende Cuvée oder zur Zwischenlagerung und/oder weiteren Vermehrung in einen Hefevermehrungstank. Diese Verfahrensweise ist in der Brauwirtschaft eingeführt und – je nach Betriebsbedingungen – auch in der Sektkellerei nutzbar.

3.2.2 Trockenhefe

Flüssige Reinzuchthefe, die, wie unter Kap. 3.2.1 beschrieben, selektioniert und vermehrt wurde, wird unter Anwendung von Kälte und Vakuum sehr schonend entwässert und getrocknet (Zerstäubungs-Gefrier-, Sublimationstrocknung). Die staubartig, pulverig erscheinenden Hefezellen werden durch den Entzug des Wassers in einen Ruhezustand versetzt, aus dem sie erst durch Wasseraufnahme (Rehydratation) wieder zur Tätigkeit erweckt werden können. In der ungeöffneten Originalverpackung hat die Trockenhefe noch eine Restfeuchte von etwa 8 %. Eine frisch hergestellte Trockenhefe besitzt eine Aktivität von etwas mehr als 90 % verglichen mit der gleichen, nicht getrockneten Reinzuchthefe. Während der Lagerung (beim Hersteller, im Handel, in der Kellerei) tritt ein schleichender Verlust an Aktivität ein, der umso größer ist, je wärmer die Trockenhefe gelagert wird. Sofern die Trockenhefe im Kühlschrank aufbewahrt wird (+4 bis +5 °C), nimmt die Aktivität um etwa 3 % pro Jahr ab. Wenn die Lagertemperatur aber z. B. 20 °C beträgt, steigt der Verlust an Aktivität auf über 10 % pro Jahr.

Tab. 20 Beispiel einer Hefevermehrung (Propagation) für eine Woche Tiragefüllung bei 16 °C. (Laurant und Valade, 2007) (siehe auch Abb. 38 und Text)

Arbeitstag	**verfügbare** Hefesuspension (Liter)	**täglich nutzbare** Hefesuspension (Liter)	**Zugabe zur** Hefesuspension (Liter)		Saccharose im Likör (g/l)	
					500	613,5 *)
		100		Wein (Liter)	32,68	34,87
Montag	323		63	Likör (Liter)	12,09	9,86
				Wasser (Liter)	18,23	18,27
				DAHP (g)**	57,2	57,2
		100		Wein (Liter)	26,74	28,56
Dienstag	286		52	Likör (Liter)	10,04	8,19
				Wasser (Liter)	15,22	15,25
				DAHP (g)**	47,6	47,6
		100		Wein (Liter)	21,18	22,55
Mittwoch	238		40	Likör (Liter)	7,55	6,16
				Wasser (Liter)	11,27	11,29
				DAHP (g)**	35,6	35,6
		100		Wein (Liter)	11,39	12,16
Donnerstag	178		22	Likör (Liter)	4,23	3,45
				Wasser (Liter)	6,38	6,39
				DAHP (g)**	20,0	20,0
Freitag	100	letzter Tag der Tiragefüllung				

Die Rechnung erfolgt für eine Hefesuspension mit 50–60 · 106 Hefen pro ml, gezuckert auf 20 g/l, eine tägliche Zuckerabnahme von 18 g/l bei einem Alkoholgehalt von 12 %vol und es erfolgt die Zugabe zu einem Wein von 11 %vol

*) =1 kg Zucker und 1 kg Wein ** Diammoniumhydrogenphosphat

In einem Gramm neuer Trockenhefe sollen wenigstens 20 Milliarden aktive Hefezellen enthalten sein.

Es wird von den Herstellern empfohlen, für den Ansatz von 100 Liter zuckerhaltiger Cuvée 20 Gramm Trockenhefe einzusetzen, das entspricht

20 · 20 = 400 Milliarden Hefezellen pro Hektoliter Ansatz

oder 4 Milliarden = 4000 Millionen Hefezellen pro Liter Ansatz

oder 4 Millionen Hefezellen pro Milliliter.

Das ist somit eine um das 1,6-fache größere Zahl Hefezellen als bei flüssiger Reinzuchthefe.

Die **Rehydratation** der Trockenhefe kann wahlweise in lauwarmem Wasser (35 °C) oder in lauwarmem Wein erfolgen. Nach etwa 15 bis 20 Minuten ruhigen Quellenlassens wird die Hefe aufgerührt und zu der vorgesehenen Menge der zuckerhaltigen Cuvée zugegeben.

Wenn kein Risiko eingegangen werden soll, kann man die Trockenhefe nach der Rehydratation zunächst in einen kleinen Teil der zuckerhaltigen Cuvée einbringen, um zu beobachten, ob sie tatsächlich wieder aktiv wird und zu gären beginnt. Sobald am Gärrohr deutlich lebhaft CO_2-Entwicklung beobachtet wird, ist der Beweis erbracht, dass die Hefe in Ordnung ist. Dann kann sie anschließend zur Gesamtmenge des Ansatzes gegeben werden. Darüber hinaus ist auf die Gebrauchsanleitung der Hersteller zu achten.

Beispiel: Es sollen 15 000 Liter Ansatz zur Schaumweingärung gebracht werden. Pro Hektoliter werden 20 g Trockenhefe benötigt, insgesamt also

$$\frac{15\,000}{100} \cdot 20 = 3000 \text{ g oder 6 Dosen à 500 g.}$$

Diese 3000 g Hefe sollen zunächst in etwa 30 bis 35 Liter zuckerhaltigen Wein eingerührt und dann 15 bis 20 Minuten lang ruhig stehen gelassen werden. Danach mischt man kräftig um und gießt diese etwa 35 Liter Suspension in einen etwa 1000 Liter fassenden GfK- oder Edelstahltank, in dem sich bereits 800 Liter von der zuckerhaltigen Cuvée befinden. Man rührt gut um, bläst Luft hinein und setzt das Gärrohr auf. Wenn am nächsten Tag frühmorgens eine kräftige CO_2-Entwicklung beobachtet wird, kann diese nun gärende Teilmenge zu der übrigen Menge der zuckerhaltigen Cuvée zugegeben und kräftig gemischt werden.

Die rehydratisierte Trockenhefe verhält sich nach ihrer Wiederbelebung genauso wie normale Flüssighefe. Wenn sie ausreichend mit Luftsauerstoff und selbstverständlich auch mit Zucker versorgt ist, beginnt sie zu sprossen und sich zu vermehren. Man kann diese Hefe dann flüssig weiterführen und mit ihr so verfahren, wie dies unter Kap. 3.2.1 im Absatz „Arbeit mit der Hefe, Weiterführen und Auswechseln“ beschrieben ist. Auch hier ist es ganz wichtig, sehr sauber zu arbeiten, um Infektionen zu vermeiden.

Die Technik der Zugabe zur Cuvée kann diskontinuierlich erfolgen, indem eine Pumpe die Hefesuspension aus dem Vermehrungstank in die Cuvée befördert oder kontinuierlich bei der Befüllung des Gärgebindes im Durchlauf. Die Abb. 33 gibt hierfür ein Beispiel. Die Technik der kontinuierlichen Dosage von Zuckerlikör und Hefesuspension unterscheidet sich grundsätzlich nicht. Die kontinuierliche Zugabe der Hefe hat den Vorteil, dass die Hefe gut mit der Cuvée durchmischt und damit eine Kontamination anderer Mikroorganismen ausgeschaltet wird.

Empfehlung der Hefe-Vorbereitung aus der Champagne

(CIVC, Laurant und Valade, 2007.)
Für die Vorbereitung der Hefen sollten drei (bei niedriger Temperatur vier) Tage vorgesehen werden. Die Arbeit erfolgt in zwei Abschnitten (Vergleiche Abb. 38):

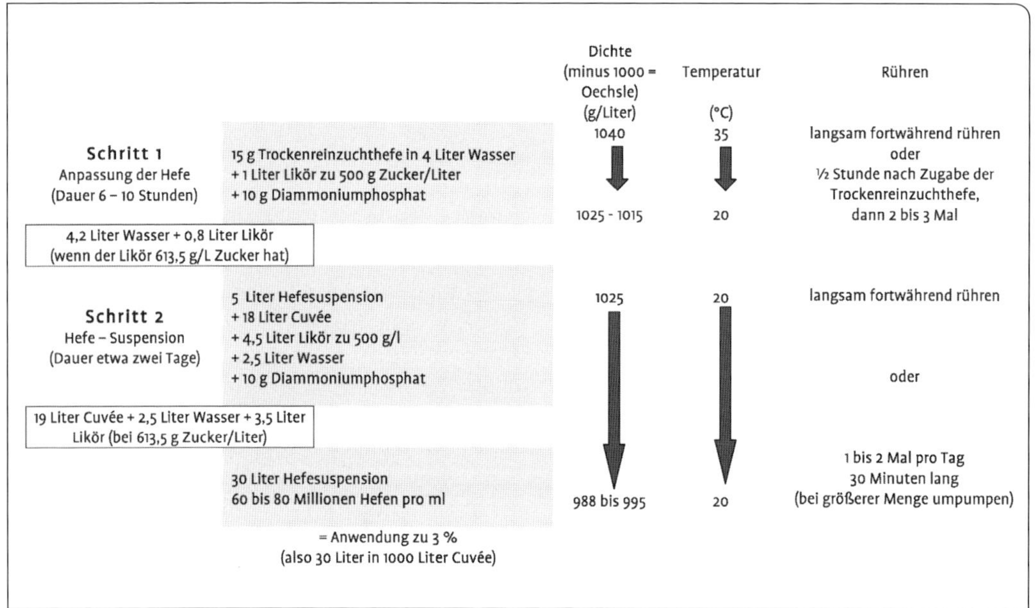

Abb. 38. Bereitung einer Hefesuspension für die Tirage mit Trockenreinzuchthefen für 1 000 Liter Cuvée-Zugabe 3 % zur Tirage (nach Laurant und Valade, 2007).

1. Anpassung an den Wein

Dieser Schritt dauert 6–10 Stunden.
In 40 °C warmem Wasser wird Diammoniumphosphat aufgelöst, dann wird der Likör hinzugefügt. Gut durchmischen, dabei wird eine Temperatur von 35 °C erreicht; – es soll kein enthärtetes Wasser verwendet werden. Nun kann direkt (ohne zu rehydrieren) die Trockenreinzuchthefe hinzugegeben werden, indem sie unter Umrühren hineingestreut wird. Es ist auf eine gute Durchmischung zu achten. Wenn es möglich ist, sollte langsam andauernd gerührt werden. Ansonsten ½ Stunde nach der Hefe-Zugabe, anschließend 2- bis 3-mal. Eine Temperatur von 20 °C ist anzustreben. Anschließend soll die Dichte (g/Liter) verfolgt werden. Am Beginn liegt sie bei 1,040. Am Ende dieses ersten Schrittes geht sie auf 1,015 bis 1,025 zurück.

2. Die Hefesuspension

Achtung: Die Zugabe von kaltem Wein bei diesem Schritt ist oft ein Grund für eine Verlangsamung der Hefe-Vorbereitung. Wein und Likör müssen also auf 20 °C erwärmt und die Temperatur aufrechterhalten werden. Nun ist die Entwicklung der Dichte zu verfolgen. Die Hefesuspension ist verwendbar, wenn die Dichte zwischen 0,998 und 0,995 liegt. Sie darf nicht ohne Zucker lagern. Sollte der Rückgang der Dichte schneller sein als geplant (oder sich die Tiragefüllung verzögern), muss die Temperatur vermindert werden. Es ist darauf zu achten, dass der Alkohol nicht über 12,5 %vol ansteigt.

3.2.3 Agglomerierende Hefe

Das lateinische Wort glomus bedeutet Knäuel und agglomerieren heißt ein Knäuel bilden, sich zusammenballen.

Agglomerierende Hefen sind spezielle Trockenhefen, deren Zellen sich im Wein aneinanderhängen, sodass sie Klumpen oder Knäuel bilden. Dank dieser Eigenschaft setzen sich diese Hefen im Wein rasch ab. Das rasche Absetzen ist in der Weinbereitung dort interessant, wo man schon bald nach der Gärung den ersten Abstich möglichst ohne andere Hilfsmittel vornehmen will. Das rasche Absetzen ist vor allem aber bei der Herstellung von Schaumwein nach der traditionellen Methode interessant, weil es das **Rütteln enorm erleichtert**. Im Handel befindliche agglomerierende Hefen sind **getrocknete** Reinzuchthefen, die im Hinblick auf ihre erblich bedingte Fähigkeit sich zusammenzuballen selektiert wurden. Nach langer Zeit des Versuchens haben agglomerierende Hefen erst vor wenigen Jahren Eingang in die Praxis der Schaumweinherstellung gefunden, und zwar vor allem in Frankreich und in Spanien. Durch sorgfältiges Beobachten und geduldiges Selektieren konnte die Eigenschaft des Agglomerierens nach und nach bedeutend verbessert werden.

Das Zusammenballen der agglomerierenden Hefe wird durch den Zusatz einer Suspension von **Calcium-Alginat-Partikeln** zum Gäransatz unterstützt.

Im flaschenvergorenen Schaumwein, dessen Flaschen gegen Ende der Zeit seiner „Nichttrennung von der Hefe" auf den Kopf oder auf die Spitze gestellt werden, sinkt agglomerierende Hefe innerhalb von wenigen Stunden (nahezu) vollständig ab und versammelt sich, wie es sein soll, auf engstem Raum im Flaschenhals. Es werden aber immer wieder einzelne Flaschen beobachtet, bei denen ein dünner Belag von Hefe noch in der Flaschenschulter hängt. Wenn man diese Flaschen in eine wackelnde Bewegung oder leichte Vibration versetzt, dann rutscht auch die **hängen gebliebene Hefe** ab. Ein Rütteln im engeren Sinne ist bei agglomerierenden Hefen jedenfalls nicht erforderlich. Es bleibt zu hoffen, dass die Eigenschaft des Agglomerierens in näherer Zukunft noch weiter verbessert und vervollkommnet wird.

Wegen der guten Sedimentationseigenschaft agglomerierender Hefen und der damit einhergehender geringen Grenzfläche Sekt/Hefe, ist deren Gärgeschwindigkeit etwas langsamer (Bach, 1996), was aber bei der Lagerdauer, wie sie bei der traditionellen Flaschengärung nötig ist, nicht ins Gewicht fällt.

Trotz der noch bestehenden Unvollkommenheit stellt der Einsatz agglomerierender Hefen den derzeit kostengünstigsten Weg zur Rationalisierung der Abtrennung des Schaumweins von der Hefe dar. Vor allem beim Rütteln mit automatischen Rüttelpulten hat sich die Verwendung solcher Hefen bewährt. Hierbei kann der gesamte Rüttelvorgang auf einige Tage reduziert werden (siehe auch Abb. 119 c).

3.2.4 Immobilisierte Hefe, Technik der Zugabe

Immobilisieren heißt **unbeweglich** machen.

Pflanzenzellen, Pilze, Hefen, Bakterien oder auch isolierte Enzyme werden unbeweglich (immobilisiert), indem man sie an einem Träger befestigt. Diese Mikroorganismen oder Enzyme sollen eine Stoffwechselarbeit verrichten und zwar in einer Flüssigkeit. Der Träger ermöglicht es, die Mikroorganismen genau nach Wunsch in die Flüssigkeit, also in ihren Wirkungsraum, einzusetzen und sie zu einem bestimmten Zeitpunkt wieder daraus zu entfernen. Das Immobilisieren ist eine moderne Biotechnologie, die seit Mitte der sechziger Jahre in zahlreichen verschiedenen Ausbildungsformen angewandt und ständig weiter entwickelt wird (siehe Römpp Lexikon Biotechnologie 1992 und Römpp Chemie Lexikon 9. Aufl. 1989–92). Aus diesen Ausbildungsformen wurde eine Technik in die Schaumweinherstellung übernommen, um aus Calciumalginat eine unlösliche Matrix zu bilden, in welche lebende Zellen einer Reinzuchthefe, wie in einem Käfig eingeschlossen werden.

Diese „Käfige“ sind kugelförmig und sie kommen dadurch zustande, dass eine dickflüssige Mischung aus Hefezellen und Alginsäure zu kleinen Tropfen versprüht wird, die in eine Calciumchloridlösung fallen, wodurch an der Oberfläche der Tropfen eine unlösliche Schicht aus Calciumalginat entsteht, und zwar eine halbdurchlässige (semipermeable) Haut. Durch diese Haut kann unter anderem Zucker eindringen und zur Hefe gelangen. Im Gegenzug können Alkohol und Kohlensäure aus den Kügelchen wieder heraustreten, aber die Hefezellen bleiben in den Kügelchen gefangen.

Gibt man solche Kügelchen in eine Flasche, die mit zuckerhaltiger Cuvée gefüllt ist und verschließt die Flasche anschließend mit einem Kronenkork, dann setzt alsbald in der Flasche eine Gärung ein, bei der die Flüssigkeit vollkommen glanzklar bleibt. Die Hefe kann den Wein bzw. den Brutsekt nicht trüben, weil sie in den Kügelchen eingeschlossen ist. Wenn am Ende der Lager- und Reifezeit die Hefe aus der Flasche entfernt werden soll, wird die Flasche mit dem Kopf nach unten in das Gefrierbad gestellt. Die Kügelchen sinken in Sekundenschnelle herab in die Flaschenmündung (siehe Abb. 119 h) und frieren dort in den Eispfropfen ein mit dem sie dann beim Degorgieren herausgeschleudert werden, das Rütteln entfällt (Bach, 1991, 1994).

Die Durchmesser der Kügelchen betragen 1 bis 2 mm. Es werden mindestens 1,75 Gramm Kügelchen für eine 1/1 Flasche benötigt. Dies entspricht einem Mehrfachen der Zellzahl, wie bei nicht immobilisierter Trockenreinzuchthefe dosiert wird (siehe Seite 115).

Die Sektgärung verläuft bei den immobilisierten Hefen langsamer. Die Alginathülle, welche die Hefen einschließt, erschwert den Stoffaustausch zwischen Hefe und Substrat (Cuvée/Sekt). Die Gärtemperatur von 15 °C ist z. B. für die rehydrierten Hefen optimal, doch nicht für die Immobilisate. Eine tiefere Temperatur führt zu einer Erhöhung der Viskosität der Alginate, was für den Transport von Zucker zu den Hefen und CO_2 und Alkohol aus den Kügelchen eine Erschwernis darstellt. Es ist zu erwarten, dass eine Gärtemperatur von z. B. 18 °C die Unterschiede in den Gärverläufen vermindert (Bach, Könitz, 2007).

Innerhalb der immobilisierten Hefen streuen die Gärverläufe stärker als dies bei den rehydrierten Hefen zu beobachten ist. Offensichtlich verhalten sich verschiedene Hefen als Immobilisate unterschiedlich (Malik, F. et al. 1991).

Voraussetzung für ein erfolgreiches Arbeiten mit Immobilisaten

Da die Hefe im Immobilisat zunächst gehandicapt ist und damit evtl. mit der Tirageabfüllung eingeschleppte Fremdorganismen einen Überlebensvorteil haben, muss eine vollkommen sterile Arbeitsweise angewandt werden (Könitz, R., 2006). Dazu gehören nicht nur die Sterilfiltration des bereits mit 24 g/l Zucker versetzten Grundweines, sondern auch die Sterilisierung der Flaschen und die sterile Handhabung der Kronenkorken sowie der Hefe-Dosiereinrichtung.

Es ist auf eine absolute Weinsteinstabilität zu achten, damit die Kügelchen nicht durch Kristallwachstum Verbünde bilden, die den Vorteil der Immobilisate zunichtemachen (siehe Abb. 119 g).

Auch ist auf eine im Vergleich zur rehydrierten Hefe höhere Gärtemperatur von vorzugsweise 16 bis 18 °C zu achten, damit ein möglichst weitgehender Endvergärungsgrad erreicht wird.

Was die analytischen Werte betrifft, sollten noch mehr als bei den hydrierten Hefen bestimmte Grenzwerte eingehalten werden:

- vorhandener Alkohol < 11 %vol,
- Restzucker < 2 g/l,

- freie SO_2 < 25 mg/l,
- Weinsäure < 3 g/l und
- Calcium < 100 mg/l,
- Weinstein-Sättigungstemperatur von < 10 °C und Calciumtartrat-Sättigungstemperatur von < 20 °C.

Vorteile des Einsatzes immobilisierter Hefen

Auf das Rütteln kann verzichtet werden, was eine erhebliche **Kostenersparnis** zur Folge hat: es werden Platz, Arbeit und Investitionen eingespart. Dies wirkt sich besonders bei Kapazitätserweiterungen stark aus:
- Bei Bedarf kann sofort degorgiert werden, was eine Erhöhung der **Flexibilität** bewirkt.
- Es ist keine Hefeanzucht/Rehydrierung notwendig.
- Maskenbildung und Rüttelprobleme fallen weg.
- Es können Flaschen mit Sonderformen verwendet werden, bei denen ein herkömmliches Rütteln nicht möglich ist.

Technik der Zugabe

Die Dosage der immobilisierten Hefen, die ja nur beim traditionellen **Flaschengärverfahren** von Interesse ist, bedarf einer besonderen Technik. Wegen der Gefahr der Beschädigung des Immobilisates darf nicht gepumpt werden, die Hefekügelchen müssen unverletzt in die Flasche gelangen. Dieses Problem wurde inzwischen gelöst.

Die Firma Schmitt, Gau-Algesheim, hat in Zusammenarbeit mit Erbslöh eine Dosiereinrichtung für **Trockenimmobilisate** entwickelt, die durch ihren einfachen Aufbau vor allem überbetrieblich eingesetzt wird. Eine ähnliche Anlage wird ebenfalls von SMB, Teningen, angeboten.

Die Abb. 39 a gibt eine perspektivische Darstellung des Dosierschieberventils in einem Halbschnitt, die Abb. 39 b zeigt das Dosierschieberventil in der Draufsicht. Das Dosierschieberventil wird durch einen Dosierblock (7) nebst Dosierschiebern (1, 2) gebildet. Der Dosierblock (7) ist H-förmig ausgebildet und besitzt eine Durchgangsbohrung (3). Die Schieberwannen (in denen sich die Schieber 1 und 2 bewegen) sind jeweils durch einen Anschlag begrenzt, welcher durch eine Passfeder (6) gebildet wird. In die Dosierschieber (1) und (2) sind die Bohrungen (4) oben und (5) unten eingebracht. Sie sind wahlweise abwechselnd zum Steg (7) des Dosierblockes verstellbar, sodass diese eine Freigabe oder Sperrstellung miteinander bilden.

Die von einer Füllmaschine kommenden Flaschen werden über einen Transporteur der Einlaufschnecke und dem Einlaufstern der Dosiermaschine zugeführt. In der Dosiermaschine wird die Flasche genau unter das Dosierventil zentriert und durch Öffnen des Dosierventils mit einer bestimmten Menge immobilisierter Hefe dosiert. Dies geschieht dadurch, dass über eine Nockenscheibe und einem bestimmten Transportweg der Dosierschieber (2) in Pfeilrichtung A bewegt wird, sodass die Federklammer (6) zusammengedrückt wird und die Dosierbohrung (5) mit ihrer Achse annähernd koaxial zur Achse der Dosierbohrung (3) des Dosierblockes gesetzt wird. Dadurch fallen die Hefekügelchen in die Flasche. Von einer hier nicht näher dargestellten Abgabeeinrichtung wird das Hefeimmobilisat aus einem Vorratsbehälter in die Dosierbohrung (3) eingebracht. Dies geschieht in der abgebildeten Stellung. Durch eine weitere Bewegung der Nockenscheibe schließt der Dosierschieber (1) durch Verfahren in Pfeilrichtung B, wobei die Feder (6) entspannt wird. Sollte sich hierbei eine Hefekugel zwischen Schieber (1) und Dosierblock bzw. dessen Bohrung (3) einklemmen, verbleibt die Feder (6) in der dort eingenommenen Position, da die Federrückstellkraft kleiner ist als die Kraft, die zum Verletzen der Hefekugel notwendig ist. Eine weitere Zu-

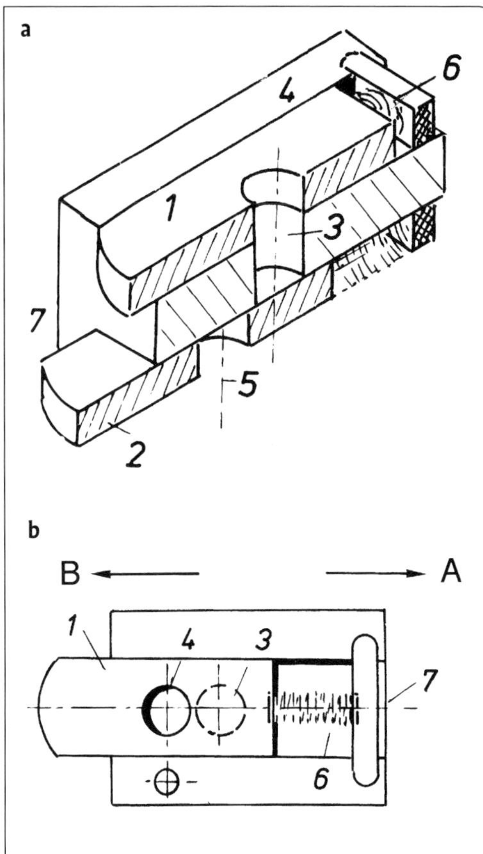

Abb. 39. Dosiereinrichtung für Trockenimmobilisate a perspektivisch, b Draufsicht.
Das Dosierventil besteht aus einem zentralen H-förmigen Teil (7). Über und unter diesem Steg sind 2 bewegliche Schieber (1) und (2), die mit einer Bohrung (4, 5) versehen sind, angebracht. In der Stellung a gelangen die Hefekügelchen in die Bohrung des Steges (4). Bei entsprechender Stellung der Flasche verschiebt sich der Schieber (2) so nach rechts, dass die Bohrung (5) unter die Bohrung (3) zu liegen kommt. Damit ist der Weg frei für die Kugeln, um in die Flasche zu fallen. Die Federn (6) haben eine solch geringe Kraft, dass keine Hefekügelchen zerquetscht werden können.

fuhr von Immobilisat ist nicht mehr möglich. Der Dosiervorgang kann von Neuem beginnen.

Eine wesentlich aufwendigere und deshalb auch teurere Technik erfordert das Dosieren von **Nassimmobilisaten**. Nassimmobilisate werden kaum noch eingesetzt, weil die Dosierung sehr aufwändig ist und die Haltbarkeit gering. Die Hefekügelchen müssen direkt – während der Tiragefüllung – hergestellt werden. Die Haltbarkeit der Trockenimmobilisate hingegen beträgt bei einer Lagertemperatur von < 4 °C ein Jahr.

3.3 Sonderfall Fülldosage für Sekt b.A.

Für die Herstellung von Qualitätsschaumwein b.A. = Sekt b.A. gilt hinsichtlich der Fülldosage eine besondere Regelung. Darauf wurde schon in Kap. 3.1 „Fülldosage" hingewiesen.

VO (EG) Nr. 1493/99, Anhang VI Buchstabe K Nr. 5 schreibt vor, dass für die Zubereitung der Fülldosage, gemeint ist hier die Zuckerlösung = Tiragelikör, zum Auflösen des Zuckers nur solche Erzeugnisse verwendet werden dürfen, die den gleichen Qualitätsschaumwein b.A. ergeben können, wie derjenige Wein, dem die Fülldosage zugefügt wird. Dank dieser Bestimmung ist es bezeichnungsrechtlich unerheblich, welche **Konzentration** die Zuckerlösung hat, weil alle Erzeugnisse, die zum Auflösen des Zuckers verwendet werden können, geeignet sein müssen, den gleichen Qualitätsschaumwein b.A. zu ergeben. Somit ist es in das Ermessen des Herstellers gestellt, ob er für die Schaumbildung eine hochkonzentrierte oder eine ganz dünne Zuckerlösung zubereitet.

Ausdrücklich ausgenommen von der Vorschrift betreffend die Eignung der Erzeugnisse, den gleichen Qualitätsschaumwein b.A. ergeben zu können, ist derjenige Wein, in dem die Hefe suspendiert ist. Der in der Hefesuspension enthaltene Wein muss nicht dem gleichen b. A.-Gebiet entstammen, er ist bezeichnungsunschädlich. Diese liberale Regelung erfolgte aus praktischen Erwägungen und aus Rücksicht auf die traditionelle Praxis der Vermehrung und des Auswechselns flüssiger Reinzuchthefe. Vermehrung und Auswechseln sind in Kap. 3.2.1 Flüssige Reinhefe, im Abschnitt „Arbeit mit der Hefe, Weiterführen und Auswechseln" ausführlich beschrieben.

Ähnlich der bei einer Rotwein-Cuvée üblichen und dort beschriebenen Handhabung, wird man auch für die Verarbeitung einer Cuvée für Qualitätsschaumwein b.A. rechtzeitig eine Teilmenge von der vorhandenen Hefesuspension abzweigen und sie mit Wein aus der b.A.-Cuvée vermehren, um sich eine ausreichende Menge „guter" Hefe für diesen besonderen Zweck aufzubauen.

3.4 Gärhilfen, Hefenährstoffe

Während ihrer Vermehrung benötigt die Hefe Stickstoff zum Aufbau ihrer körpereigenen Aminosäuren und Proteine. Die im Most reichlich vorkommenden Stickstoffverbindungen (Ammonium, Aminosäuren etc.) reichen normalerweise aus, um eine Hefevermehrung im Most zuzulassen.

VO (EG) Nr. 1493/99, Anhang IV, Nr. 3, Buchstabe tb wird der Zusatz von **Ammoniumsalzen** oder von **Thiamin** zur Förderung der Hefebildung bei der Herstellung von Schaum- und Perlwein zugelassen. Gemäß Buchstabe x des o.a. Anhangs ist auch die Verwendung von Heferindenzubereitung gestattet.

Für die Vermehrung der Hefe in der Schaumweinherstellung sind diese Zusätze bei der traditionellen Flaschengärung interessant. Die Flaschengärung erfordert zur besseren Rüttelfähigkeit Rüttelhilfe. Diese besteht zum großen Teil aus Bentonit. Teilweise wird dem Most Bentonit zur besseren Klärung zugegeben. Dies sind Maßnahmen, die den hefeverwertbaren Stickstoff, welche die Hefe bei der zweiten Gärung vorfindet, vermindert.

Hinzu kommt, dass der Wein bei der ersten Gärung eine erhebliche Minderung der Aminosäuren erfährt (Dittrich, Grossmann, 2005). Weitere Gründe für einen Mangel an Hefenährstoffen können sein: unreifer Jahrgang, faules Lesegut (das möglichst nicht zur Sektbereitung verwendet werden

Das **Vitamin B1** oder Thiamin oder früher auch Aneurin ist Bestandteil fast jeder pflanzlichen oder tierischen Zelle, so auch der Hefezelle. In der Hefe kommt es größtenteils als Thiamin-Diphosphat vor. Als solches ist es Coenzym für die Decarboxylierung von 2-Ketosäuren. Zwar kann die Hefe diesen Stoff selbst synthetisieren, doch geschieht dies bei den Erfordernissen der heutigen Weinbereitung zu langsam. Es ist deshalb unter bestimmten Bedingungen ratsam, dem Most Thiamin zuzugeben, um SO_2-bindende Gärungsnebenprodukte und somit den SO_2-Bedarf der Weine zu vermindern.
Das **Diammoniumhydrogenphosphat** [$(NH_4)_2HPO_4$] gilt insofern als Hefenährstoff, weil die Hefe das Ammonium-Ion (im Gegensatz zum Nitrat-Ion) assimilieren kann und es somit zum eigenen Zellaufbau nutzt. Eine Beschleunigung des Hefewachstums ist demnach die Folge. Ammoniumzusätze zu stickstoffarmen Mosten in Südafrika führten zu einer Erhöhung der Gärintensität und einer Verringerung der Bildung von Schwefelwasserstoff (Dittrich, 1983).
Hefezellwandpräparate beinhalten Wachstumsfaktoren, wodurch die Hefe hohe Zellzahlen ohne zusätzlichen Sauerstoff bilden kann (Sponholz et al., 1990). Ihre Zugabe wird empfohlen bei Mosten mit hohen Zuckergehalten, mit Rückständen von Pflanzenschutzmitteln und bei Mosten aus edelfaulem Lesegut.

soll). Auch zwischen den Rebsorten gibt es erhebliche Schwankungen im Gehalt an Aminosäuren. Es weisen die Burgundersorten höhere Gehalte auf als z. B. die Rebsorte Riesling.

So ergaben Untersuchungen (Bach, 1994), dass die Zugabe von Thiamin und Diammoniumhydrogenphosphat (DAHP) einen schnelleren Gärverlauf bei der Sektgärung bewirkt. Dieser Effekt war beim Riesling ausgeprägter als bei einem Sekt aus Weißburgunder. Ein anderer Versuch ergab, dass die Zugabe von Thiamin und/oder Heferinde zur Sektgärung nur dann die Sektgärung beschleunigt, wenn gleichzeitig eine Rüttelhilfe eingesetzt wird (Bach, 1997). Da die Rüttelhilfe bei der Flaschengärung Standard ist, darf dieser Befund verallgemeinert werden.

Da es keinen Hinweis darauf gibt, dass sich die Zugabe von Hefenährstoffen negativ auf die Qualität des Sektes auswirkt, die Gärung aber dadurch beschleunigt und damit die Gärsicherheit verbessert wird, sind diese Hilfsstoffe empfehlenswert.

Damit die Hefenährstoffe aber nicht durch kellerwirtschaftliche Maßnahmen unnötig vermindert werden, sollten auch die in den Kap. 2.2.4 und 2.4 beschriebenen Sachverhalte bedacht werden.

Wird Sektgrundwein eingekauft, tut der Schaumweinhersteller daher gut daran, dem Erzeuger des Sektgrundweins den Zusatz von Thiamin zum Most in den erlaubten Grenzen zu empfehlen.

3.5 Rüttelhilfen

Seit der Erfindung des Rüttelns zu Anfang des 19. Jahrhunderts bereitete das Abrutschen des Depots in den Flaschenhals immer wieder Schwierigkeiten, weil die Trubstoffe sich z. B. nicht richtig absetzten oder weil sie an der Innenwand der Flasche hängen blieben. Deshalb bemüht man sich seit dieser Zeit, Mittel zu finden, die dem Gäransatz der Cuvée zugesetzt werden und die dann lange Zeit später, wenn der Schaumwein von seiner Hefe getrennt wird, helfen sollen, das Depot ohne Rückstand in den Flaschenhals bis zum Stopfen bzw. Kronenkork zu befördern. In diesem Bemühen wurde alles ausprobiert, was als Schönungs- oder Klärungshilfsmittel in der Weinwirtschaft bekannt war. Da keines dieser Mittel eine wirklich zuverlässige Wirkung zeigte, kamen sehr bald Wundermittel unter Phantasienamen auf den Markt. Deren Zusammensetzung wurde geheim gehalten. Diese Wundermittel halfen indes auch nicht mehr als die anderen, aber man vermied es, darüber zu reden, um sich nicht zu blamieren.

Seit Einführung der gemeinsamen Marktordung gibt es eine **EG-weit gültige Regelung** für die in der Weinwirtschaft **zulässigen Behandlungsmittel**. In der derzeitigen Fassung ist es die VO (EG) Nr. 1493/99, Anhang IV, Nr. 3, die all das aufzählt, was an önologischen Behandlungen und Verfahren zur Behandlung von Wein und Schaumwein zugelassen ist. Behandlungsmittel, die hier nicht aufgezählt sind, sind **nicht** zugelassen!

Es kommen aus der Aufzählung der zugelassenen Mittel im Einzelnen folgende Dinge in Betracht:

m) Klärung durch einen oder mehrere der folgenden önologischen Stoffe:
   - Speisegelatine,
   - Proteine pflanzlichen Ursprungs,
   - Hausenblase,
   - Kasein und Kaliumkaseinate, (Achtung: ab 01.01.2011 deklarationspflichtig!),
   - Eieralbumin und/oder Molkenproteine (Lactalbumin), (Achtung: ab 01.01.2011 deklarationspflichtig!),
   - Bentonit,
   - Siliziumdioxid in Form von Gel oder kolloidaler Lösung,
   - Kaolinerde,
   - enzymatische Zubereitung von Betaglucanase unter noch festzulegenden Bedingungen;

n) Zusatz von Tannin;

t) Verwendung zur Bereitung von Schaumwein, der durch Flaschengärung gewonnen wurde und bei dem die Enthefung durch Degorgieren erfolgte,
 – von Kalziumalginat
 oder
 – von Kaliumalginat.

Der Hersteller des Schaumweins ist verantwortlich für das, was mit seinem Schaumwein geschieht. In Erfüllung seiner **Sorgfaltspflicht** sollte er vor dem Kauf einer Rüttelhilfe sich vom Lieferanten verbindlich und schriftlich erklären lassen, aus welchen Stoffen die Rüttelhilfe besteht bzw., dass die Rüttelhilfe keine Stoffe enthält, die nicht ausdrücklich in der VO (EG) Nr. 1493/99, Anhang IV, Nr. 3 aufgeführt sind. Es lohnt sich außerdem, durch Versuche zu ermitteln, ob eine Rüttelhilfe tatsächlich hilft. Es ist auch denkbar, mehrere Präparate nebeneinander in der gleichen Cuvée auszuprobieren und zu vergleichen. Man sollte aber stets auch einige Flaschen ohne Rüttelhilfe füllen, um den Unterschied zu erkennen.

Die wichtigste **Voraussetzung für gutes Rütteln** besteht jedoch in der Auswahl des geeigneten Grundweins und in der schaumwein-gerechten Verarbeitung und Lagerung des Erzeugnisses. Einzelheiten siehe Kapitel Grundwein. Hier sei nur darauf verwiesen, dass ein möglichst niedriger Gehalt an flavonoiden Polyphenolen zur Vermeidung von Masken, gesundes Lesegut zur Vermeidung von Glucanen und anderen Substanzen aus dem Stoffwechsel der Botrytis, EK-Filtration, niedriger pH-Wert und relativ niedrige Lagertemperatur um 14 °C zur Vermeidung der Entwicklung von Milchsäurebakterien zu den Voraussetzungen gehören. Selbstverständlich ist auch die Auswahl der richtigen Hefe für ein gutes Rütteln wichtig.

Wenn vom Wein her, von der Hefe und der Lagertemperatur die Voraussetzungen erfüllt sind, dann kann der Zusatz einer Rüttelhilfe zu einer weiteren Verbesserung beitragen. Dazu können Zubereitungen gerechnet werden, die z. B. Bentonit als wesentlichen Teil enthalten und das dann gewissermaßen als Scheuersand wirkt, oder eine Zubereitung mit Kalziumalginat, das mit seiner (mikro-)faserigen Struktur und den elektrischen Ladungsverhältnissen an seiner Oberfläche zur Zusammenballung des Trubs beiträgt.

Rüttelhilfen sind jedenfalls keine Wundermittel und man muss ihnen den Weg sehr gründlich ebnen, wenn sie je eine günstige Wirkung erbringen sollen.

3.6 Versanddosage

Gemäß VO (EG) Nr. 1493/99, Anhang V, Buchstabe H, Nr. 2 darf die Versanddosage nur bestehen aus

- Saccharose,
- Traubenmost,

Der früher weit verbreitete **Zusatz von Tannin** (10 g/hl) und **Gelatine** (5 g/hl) hatte seine Berechtigung, weil die Weine vor dem Ansetzen nicht EK-filtriert waren (vor 1950). Es kamen immer sog. „wilde Hefen“ in den Ansatz hinein (*Apiculatus*, *Brettanomyces*), die zwar keine Gärung vollbrachten, aber sich langsam vermehrten und, weil sie so kleinzellig sind, sich nicht recht absetzten, also **Rüttelprobleme** bereiteten. Der Zusatz von Tannin hinderte diese tanninempfindlichen wilden Hefen an der Vermehrung. Die Gelatine sollte bewirken, dass der Tannin-Überschuß ausgefällt wird. Oft genug hat aber die Gelatine als Nährboden für unerwünschte Mikroorganismen gedient und somit ihren Zweck verfehlt. Nach dem heutigen Stand der Kellertechnik kann man vom Zusatz des Tannins und der Gelatine nur abraten.

- teilweise gegorenem Traubenmost,
- konzentriertem Traubenmost,
- rektifiziertem Traubenmostkonzentrat,
- Wein oder
- ihrer Mischung, gegebenenfalls mit Zusatz von Weindestillat.

Nach Nr. 6 des o.a. Anhangs der VO darf der vorhandene Alkohol der Schaumweine durch den Zusatz von Versanddosage um höchstens 0,5 %vol erhöht werden.

Nr. 1 c) des o.a. Anhangs besagt, dass „Versanddosage" das Erzeugnis ist, das dem Schaumwein zugesetzt wird, um einen bestimmten Geschmack zu erzielen.

Wein hat bei der Versanddosage nur eine „Trägerfunktion" und ist nur das Medium für die Zuckerlösung. Seine charakteristischen Eigenschaften sind in diesem Falle unerheblich. Deshalb muss der in der Versanddosage verwendete Wein nicht derselben Herkunft (Rebsorte) sein wie der Grundwein (Koch, 2007).

Die Verwendung von Traubenmost, teilweise gegorenem Traubenmost, konzentriertem Traubenmost und rektifiziertem Traubenmostkonzentrat entspricht keinesfalls der Tradition. Die Nennung dieser Erzeugnisse verfolgt den Zweck, wie bereits im Kap. 3.1 unter Fülldosage ausgeführt, den Übergang auf diese Produkte für den angestrebten Fall des Verbots der Saccharose vorzubereiten.

Traditionell wird die Versanddosage als **Expeditionslikör** bezeichnet und der Expeditionslikör wurde bis weit in unser Jahrhundert hinein aus **Kandiszucker mit großen Kristallen** von > 1 cm Kantenlänge bereitet. Die Fortschritte in der Technologie der Zuckerherstellung brachten es schließlich mit sich, dass der gewöhnliche Haushaltszucker (Grundsorte, Weißzucker) heute viel reiner ist, als es der teuerste Kandiszucker zu Beginn des 20. Jahrhunderts war.

Die **Versanddosage**, also der Zusatz des Expeditionslikörs ist, insbesondere bei Schaumwein, der nach dem traditionellen Verfahren hergestellt wird, der letztmögliche Eingriff in die Zusammensetzung des Schaumweins. Das Ziel dieses Eingriffs ist es, dem Schaumwein einen bestimmten Geschmack zu verleihen. Nach heutigem Verständnis betrifft dies vor allem die Herstellung einer bestimmten Süße. Es ist darüber hinaus aber durchaus möglich und erlaubt, einen bestimmten Geschmack auch dadurch zu erreichen, dass man zum Auflösen des Zuckers einen Wein auswählt, der eine ausgeprägte Eigenart hat, z. B. eine deutliche Altersnote oder ein kräftiges Aroma etc. Auch der Zusatz von Weindestillat verfolgt, sofern er angewandt wird, das Ziel, dem Schaumwein eine besondere Geschmacksnote zu geben. Die damit verbundene Alkoholerhöhung ist ein unwichtiger Nebeneffekt, der aber auf 0,5 %vol begrenzt und daher ggf. zu beachten ist.

Zum historischen Verständnis dieser Variationsmöglichkeiten des Eingriffs sei daran erinnert, dass es bis vor etwa 50 Jahren keine Möglichkeit gab, den Wein oder die Zuckerlösung steril zu filtrieren. Beobachtungen und Erfahrung haben die Praktiker jener Zeit gelehrt,

a) dass der Roh- oder Brutsekt erst etwa 1 Jahr, besser noch 2 Jahre nach Beginn der Flaschengärung degorgiert werden sollte, weil bis dahin in dem Sekt so gut wie keine Hefezelle mehr lebt,
b) dass der Wein zum Auflösen des Zuckers ebenfalls mindestens 1 Jahr, besser noch 2 Jahre alt und wiederholt abgestochen worden sein soll, damit er so gut wie keine lebende Hefezelle mehr enthält.

Nur auf dieser Basis konnte man es wagen, den Sekt, je nach Kundengeschmack, mit 10, 20, 50 oder noch mehr Gramm Zucker pro Liter zu dosieren, ohne dass sich Hefe darin vermehrte und das Erzeugnis erneut trübte.

Diese aus dem damaligen Stande der Technik sich ergebenden Maßnahmen und

Zwänge hatten unter anderem zur Folge, dass der Schaumwein, bis er endlich zum Konsumenten gelangte, reif, gealtert, manchmal auch oxidiert und firn war.

Die fortgeschrittene Reife des Erzeugnisses harmonierte nicht mit der Lebhaftigkeit und Jugendlichkeit seines Mousseux. Der Sekthersteller bemühte sich daher, den Alterston dadurch zu verbergen, indem er mithilfe des Expeditionslikörs in den Schaumwein ein angenehmeres Aroma einbrachte. Dieses **angenehmere Aroma** konnte aus dem Wein kommen, der zum Auflösen des Zuckers diente oder aus dem Weinbrand (oft ein alter Cognac) oder auch aus einem Auszug aromatischer Pflanzen (z. B. Holunderblüten), den man dem Zuckerlösewein zusetzte. In gleicher Weise bot sich Gelegenheit, den Zuckerlösewein kräftig aufzusäuern, falls der zu dosierende Brutsekt eine entsprechende Auffrischung nötig hatte. (siehe u.a. P. Pacottet u. L. Guittonneau 1918). Erst in jüngerer Zeit gab es die Möglichkeit, dem Zuckerlösewein gasförmiges SO_2 zuzusetzen.

Als Mittel gegen Oxidation und im gleichen Sinne gelangte gelegentlich auch Vitamin C (= L-Ascorbinsäure) zur Anwendung. Dies ist zwar gemäß VO (EG) Nr. 1493/99, Anhang IV, Abs. 3, Buchstabe i) erlaubt, doch nicht empfehlenswert. Da SO_2 zur Abbindung der Gärungsnebenprodukte zwingend erforderlich ist, bringt eine zusätzliche Gabe von Ascorbinsäure nichts. Im Gegenteil: Bei hoher Lagertemperatur und Vorhandensein von Sauerstoff, führt die Ascorbinsäure-Zugabe mit der Versanddosage zu einer stärkeren Bräunung des Sektes (Marks und Morris, 1993).

In dem Maße, wie sich der Stand der Technik und das Wissen um den Wein fortentwickelten, gelang es, unerwünschte Hefen und Bakterien zu vermeiden (EK-Filtration), eine vorzeitige Alterung zu verhüten (weniger Polyphenole, vollständigere Gärung) und reintönige, fruchtige Weine bzw. Schaumweine zu bereiten (Reinzuchthefe). Man erkannte, dass **aromatische Auszüge und alter Weinbrand weit weniger harmonisch** zum Mousseux passten und sich weniger mit dem Ideal eines frischen, fruchtigen, eleganten Schaumweins vertrugen als die natürliche, vor störenden Einflüssen bewahrte, feine Art der Weine.

Von dem **einstigen Geheimnis**, das die Bereitung des Expeditionslikörs umgab und das von jeder Sektkellerei eifersüchtig gehütet wurde, ist nichts mehr übrig geblieben. Der Expeditionslikör unserer Tage, die Versanddosage, ist weiter nichts als eine so gut wie keimfreie Auflösung von Zucker in Wein, mit der man das Endprodukt auf einen bestimmten Süßegrad einstellt, das aber die natürliche, feine, fruchtige Art des Schaumweins keineswegs beeinträchtigen, sondern als dienende Süße fördern und steigern soll.

Da nun die Versanddosage von ihrem Geheimnis befreit ist, steht dem vernünftigen Bemühen um Vereinfachung des Betriebsablaufs nichts mehr entgegen. Für die Fülldosage, gemeint ist der Tiragelikör, und für die Versanddosage, gemeint ist der Expeditionslikör, ist ein und dieselbe Zubereitung zu verwenden, nämlich der **Einheitslikör**. Auch aus der Sicht des Weinrechts spricht nichts gegen den Einheitslikör, ausgenommen den Sonderfall des Qualitätsschaumweins b.A., bei dem der zum Lösen des Zuckers für die Fülldosage verwendete Wein dem gleichen b.A.-Gebiet entstammen muss, wie die Cuvée. Es kann aber auch in diesem Fall überhaupt nicht schaden, wenn die **gleiche Zuckerlösung ebenfalls als Expeditionslikör** benutzt wird.

Auch bei **Rosé-Schaumwein** und **Rot-Schaumwein** bestehen keine Auflagen oder Beschränkungen bezüglich des Weines zum Auflösen des Zuckers für den Expeditionslikör. Falls die Farbe des Brutsekts einer kleineren Korrektur bedarf, bietet sich dazu eine bescheidene Möglichkeit durch die Auswahl

Tab. 21 Likörmenge (in ml), die in eine Flasche (zu 750 ml) zugeführt wird, um den Zucker um 1g/l zu erhöhen – in Abhängigkeit von dem jeweils eingesetzten Likör (Tusseau und Valade, 1997)

Zuckergehalt des Likörs (g/l)	Likör Ausgedrückt in g/l Saccharose	Likör Ausgedrückt in g/l Glucose
500	1,43	1,50
600	1,19	1,25
KiloLiter [*)]	1,16	1,16
700	1,02	1,07
750	0,95	1,00

*) = 613,5 g/l bei Saccharose und 650 g/l bei Glucose

eines entsprechenden Weines für das Lösen des Zuckers.

Hinsichtlich der **Konzentration der Versanddosage** gibt es ebenfalls keine Vorschriften. Es besteht auch in der Tat kein Reglungsbedarf. In den allermeisten Fällen wird es von Vorteil sein, eine relativ hoch konzentrierte Zuckerlösung zu bereiten. Beispiele hierfür wurden im Kap. 3.1.1 Zuckerlösung oder Tiragelikör in Tab. 18 genannt.

VO (EG) Nr. 1924/2006 Art. 4 Abs. 3 UAbs. 1 bestimmt, dass Getränke mit einem Alkoholgehalt von mehr als 1,2 %vol keine gesundheitsbezogenen Angaben tragen dürfen. Dies gilt ebenfalls für Schaumwein. Da auch die auf dem Markt befindlichen alkoholreduzierten schäumenden Weine keine diesbezüglichen Angaben machen, wird an dieser Stelle auf Ausführungen über die **Zuckeraustauschstoffe** in der Versanddosage verzichtet.

Eine einfache Hilfe, um die beim Degorgieren zuzugebende Menge an Versanddosage zu ermitteln, gibt die Tab. 21. Wird z. B. ein Sekt auf 20 g/l Süße mit einem Likör von 500 g/l Zucker dosiert, so werden pro Flasche 28,6 ml (20 g/l Zucker · 1,43 ml) benötigt. Entsprechend viel muss vorher aus der Flasche entnommen werden (siehe Kap. 5.4.5).

4 Verschiedene Methoden der Schaumerzeugung

Allen angewandten Methoden der Herstellung von Schaumwein ist gemeinsam, dass die Kohlensäure aus der Gärung stammen muss (es sei denn, er wird als „Schaumwein mit zugesetzter Kohlensäure" deklariert, was aber praktisch nicht vorkommt). Die drei am häufigsten genutzten Herstellungsverfahren sind in Abb. 40 schematisch dargestellt.

Zur Einleitung der Gärung wird ein Füllansatz zusammengestellt, der aus dem Grundwein, der Fülldosage und der Hefe besteht. Je nach Herstellungsverfahren gelangt diese Mischung in Großraumbehälter (Tanks) oder wird in druckfeste Flaschen gefüllt.

Abb. 40. Übersichtsschema der Herstellungsverfahren für Schaumwein im Fließbild.

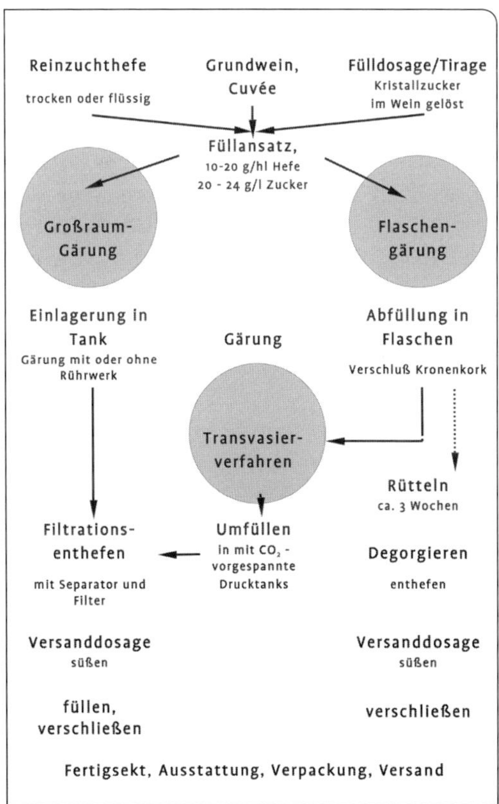

Bei der Großraumgärung (Kap. 4.3) gärt der Sekt in Tanks und wird unter isobarischen Verhältnissen zur Behandlung umgelagert, filtriert, stabilisiert, gesüßt und unter Gegendruck abgefüllt (linke Spalte der Abb. 40).

Wird der Füllansatz in Flaschen gefüllt, so gibt es **zwei Möglichkeiten**: Entweder er **verbleibt in der Flasche**, wird degorgiert, erhält die Versanddosage, wird verschlossen und kann dann als nach der „klassischen Methode" der Flaschengärung unter Berücksichtigung weiterer gesetzlicher Regeln als **Winzersekt oder Crémant** in den Verkehr gelangen (Kap. 5), oder der Schaumwein wird nach der Gärung in der Flasche unter isobarischen Bedingungen in einen Tank gefüllt, durchläuft ab diesem Zeitpunkt das Verfahren wie bei der Großraumgärung, kann dann aber später ebenfalls mit der Bezeichnung „Flaschengärung" verkauft werden (Kap. 4.2).

4.1 Die „klassische Methode" der Flaschengärung und ihre Abwandlungen

Seit vor ungefähr dreihundert Jahren begonnen wurde, schäumenden Wein in der Weise herzustellen, dass man Wein in Flaschen füllte, um ihn in den Flaschen erneut zur Gärung zu bringen, haben die damit beschäftigten Menschen sich unentwegt bemüht, ihre Arbeitsweise und ihre Arbeitsmittel zu verbessern. Stets danach strebend, das Ziel ihrer Mühen sicherer, mit weniger Arbeitsaufwand und mit qualitativ besserem Ergebnis zu erreichen.

Etwa hundert Jahre nach den ersten Anfängen wurde ein bedeutender Fortschritt in der Methode der Herstellung schäumender Weine erzielt, der es verdient, besonders hervorgehoben zu werden. Bis dahin gab es nur eine Möglichkeit, den Wein von seinem Trub zu trennen: Man stellte die Flaschen aufrecht hin und wartete, bis der Trub zu Boden gesunken war. Dann öffnete man die Flaschen vorsichtig und goss den relativ klaren Wein in eine andere, saubere Flasche ab. Dieser Vorgang hieß damals und heißt auch heute noch **„Dekantieren"**.

Es blieb also der **Trub in der Gärflasche** zurück und der schäumende Wein gelangte in eine andere Flasche, wobei allerdings ein Großteil seines Mousseux verloren ging.

Nun kamen findige Menschen auf die Idee, den Vorgang umzukehren, indem sie den **schäumenden Wein in der Gärflasche** beließen und den Trub aus der Flasche entfernten. Voraussetzung dazu war aber, dass die Flaschen nicht auf ihren Boden, sondern auf ihren Kopf bzw. auf die Spitze zu stehen kamen, sodass der Trub sich im Flaschenhals absetzen konnte. Dann wurde die Flasche, mit der Mündung nach unten gerichtet, in die Hand genommen, die Agraffe entfernt und der Stopfen so mit der Zange angefasst, dass man dann mit akrobatischer Geschicklichkeit die Flasche mit Schwung aufrichtete und den Stopfen mit lautem Knall aus der Flasche entfernte, wobei der Trub möglichst vollständig mit dem Stopfen herausflog, dabei aber möglichst wenig Wein verloren ging (= **Degorgieren**).

Das Absetzen des Trubes im Flaschenhals wurde durch Erfindung der Rüttelpulte und durch Entwicklung des **Rüttelns** (und des nachfolgenden Degorgierens) im Laufe von einigen Jahren soweit verbessert, dass man etwa seit 1830 in allen Schaumweinkellereien diese neue Methode, die seitdem **„Méthode Champenoise"** hieß, anwandte.

Während der nun folgenden etwa 130 Jahre blieb die Methode des Rüttelns und Degorgierens im Prinzip unverändert. Sie war die einzige Methode zur Herstellung sauberer, klarer Sekte unter weitgehender Erhaltung des Mousseux, die wegen ihrer grundsätzlichen Bedeutung auch die **„klassische Methode"** genannt wurde.

Die Einzelheiten dieser klassischen Methode unterlagen jedoch ständiger Weiterentwicklungen. Es wurden Flaschen, Stopfen und Haltevorrichtungen (Agraffen) verbessert: Man lernte, den Wein besser vorzubehandeln, reineren Zucker herzustellen und die Menge des Zuckerbedarfs zu kalkulieren, geeignetere Hefen heranzuziehen, Mittel zur Verbesserung der Depotbildung zuzusetzen und die Schritte des Rüttelns zweckmäßiger zu gestalten. Gegen Ende des 19. Jahrhunderts, nachdem die Kältemaschine erfunden worden war, wurde es möglich, die Hälse der hell gerüttelten Flaschen einzufrieren, wodurch das Degorgieren sehr vereinfacht und ohne Akrobatik für jedermann möglich war. Dank dieser zahlreichen Verbesserungen wurde das Absetzen der Hefe und das Rütteln zu einer von Zufälligkeiten befreiten, zeitmäßig planbaren, sicheren Sache, sodass es seit Mitte der fünfziger Jahre des vorigen Jahrhunderts möglich war, die Flaschen auch mechanisch zu rütteln. Es wurden Vorrichtungen ersonnen, die es erlaubten mehrere Flaschen gleichzeitig zu rütteln. Es wurden würfelförmige Kisten aus Holz, aus Blech oder aus Stahldrahtgeflecht konstruiert, in denen etwa 500 Flaschen gleichzeitig geklärt und gerüttelt werden konnten, wobei die Bewegungen elektromotorisch ausgeführt und mit einem Programm elektronisch so gesteuert werden konnten, dass kein menschlicher Handgriff mehr beim Rütteln erforderlich war und auch die Nächte, sowie Sonn- und Feiertage für die Arbeitsvorgänge verfügbar waren.

Schließlich wurde durch **Immobilisierung der Hefen** in Gestalt der Hefekügelchen bzw. durch Selektion agglomerierender Hefen erreicht, dass der Zeitaufwand für das

Klären und Rütteln von ehedem etwa 6 Wochen auf wenige Minuten zusammengerafft werden konnte.

Das **Degorgieren**, das akrobatische Öffnen der Flaschen mit dem Abschleudern des Depots, das während anderthalb Jahrhunderten allein von den hochgeschätzten Spezialisten, den Degorgeuren, ausgeführt werden konnte, wurde inzwischen ebenfalls mechanisiert und automatisiert.

Alle die vielen Beiträge zur Verbesserung und Vervollkommnung der Herstellung von Schaumwein in Flaschen haben dazu geführt, dass es heute möglich geworden ist, in größeren Betrieben Schaumwein nach der sogenannten klassischen, traditionellen Methode, der **„Méthode Champenoise“**, vollmechanisiert so herzustellen, dass die Flaschen zu keiner Zeit mit der Hand angefasst werden müssen. Die Romantik der spezialisierten Handarbeit lebt in der Erinnerung weiter.

Das Verfahren wird im Detail in Kapitel 5 beschrieben.

4.2 Flaschengärung mit Transvasieren

Unter Transvasieren (französisch „transvaser“ = „umfüllen“) versteht man schon seit dem Ende des 19. Jahrhunderts das Umfüllen eines frisch degorgierten Schaumweins aus normalen 1/1 Flaschen in andere, meist kleinere Gefäße. Schon damals wurde CO_2-Gas aus Stahlflaschen zu Hilfe genommen, um den durch diesen Eingriff verursachten Kohlensäureverlust zu mindern und um eine Oxidation zu vermeiden. Der ganze Vorgang spielte sich im geschlossenen System in entsprechenden Apparaten unter mäßigem Überdruck ab.

Die bei den Dosiermaschinen des traditionellen Flaschengärverfahrens praktizierte Technik des Hinüberdrückens von „Füllwein“ aus einer Flasche in das Sammelgefäß des „trop de vin“ (siehe auch Kap. 5.4.5), war der eigentliche Ursprung des Transvasierens von Schaumwein.

Um 1900 war die Zeit reif geworden, aus den diversen Umfüll- und Transvasier-Praktiken eine Methode zu entwickeln, die es erlaubte, das aufwendige Rütteln der Flaschen und all die damit verbundenen Risiken zu vermeiden.

Es wurde die Idee verfolgt, den Schaumwein auf seinem Weg von Flasche zu Flasche zu filtrieren und es wurde auch die Idee geboren, den Schaumwein aus der Flasche in einen Tank zu drücken und dann über Filter und Gegendruckfüller wieder in Flaschen zu bringen.

M. Mayer-Oberplan, ein Pionier auf diesem Gebiet, berichtete seit 1954 über Versuche in den 30er-Jahren und über ihre Entwicklung. L.A. Berti, Saratoga, USA, teilte 1960 u.a. mit, dass schon 1903 K. Kiefer in Cincinnati, USA, ein Patent für ein Verfahren zum Umfüllen des Schaumweins von Flasche zu Tank erteilt worden war.

Transvasiert hat man auch z. B. in Italien beim Asti spumante schon seit 1907, wie Strucchi und Dalmasso 1923 mitteilen und zwar mit Stickstoff als Druckgas nach einem Patent von A. Marone.

Anfang der 50er-Jahre, als in Deutschland im stürmisch wachsenden Sektgeschäft plötzlich viele Flaschen wegen der **Ausscheidung von Weinsteinkristallen** von der Kundschaft beanstandet wurden, war man gezwungen, diese Flaschen zurückzunehmen. Da entstand die Idee, die Flaschen nicht zu stürzen, sondern den vorhandenen Transvasierapparat so abzuwandeln, dass der Inhalt der beanstandeten Flaschen nicht in eine andere Flasche, sondern zunächst in einen **Drucktank** gedrückt wurde. Man benutzte auch hierbei CO_2 als Druckgas, um das Mousseux weitgehend zu erhalten. Im Tank setzte sich der Weinstein ab und der Sekt konnte anschließend über Filter mithilfe eines Gegendruckfüllers wieder in Flaschen gefüllt werden.

Diese Idee konnte allerdings nur deshalb in die Tat umgesetzt werden, weil damals schon Drucktanks, Gegendruckfüller und das nötige Zubehör, wenn auch noch in den Anfängen, vorhanden waren.

Als anschließend, infolge des anhaltend raschen Absatzwachstums, die Kapazität der Anlagen zum Enthefen durch Rütteln und Degorgieren nicht mehr ausreichte, lag es nahe, die aus der Not entstandene Modifikation der Transvasiertechnik nunmehr dafür heranzuziehen, Sekt aus Gärflaschen mitsamt seinem Trub in den Drucktank zu transvasieren, ihn dort mittels Filter zu enthefen und ihn anschließend mithilfe des Gegendruckfüllers wieder in Flaschen zu füllen. Es waren in der Tat die gleichen Flaschen, in denen der Sekt auch gegoren hatte, die aber inzwischen gründlich gespült worden waren.

Eine andere Variante dieser Entwicklung stellte damals auch das sog. **„Kupferberg-Verfahren“** dar, dessen zusätzliches Merkmal darin bestand, **besondere Gärflaschen** zu verwenden, die immer wieder zur Gärung befüllt wurden, der Schaumwein aber wurde nach der Filtration in handelsübliche Flaschen gefüllt.

Schaumwein, der durch Tankgärung hergestellt worden war, stand damals, wegen etlicher Kinderkrankheiten dieser Methode, noch in keinem guten Ruf. So erscheint es verständlich, dass man damals bei transvasiertem Schaumwein gerne hervorhob, dass er durch Flaschengärung hergestellt sei. Die erwähnten Kinderkrankheiten des Großraum- oder Tankgärverfahrens konnten allerdings sehr bald überwunden werden, sodass aus qualitativer Sicht eine Unterscheidung des Schaumweins nach Gärverfahren schon lange nicht mehr berechtigt ist.

Abb. 41. Arbeitsschema zum Transvasieren von Flaschengärsekt in einem Kühltank bei gleichzeitiger Ausnutzung der Leerflaschen zur Füllung eines neuen Füllungsansatzes für die Flaschengärung im Unterdruckfüller.

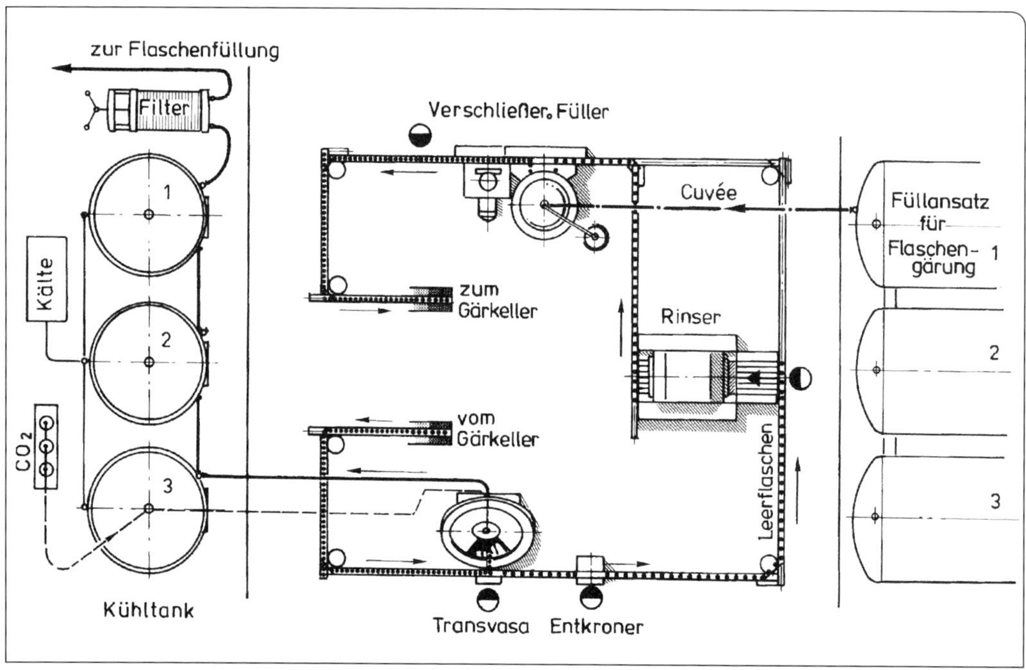

Die umgebauten **Transvasiergeräte** alter Art genügten sehr bald nicht mehr, die steigenden Anforderungen zu erfüllen. Es wurden bessere und leistungsfähigere Apparate entwickelt.

VO (EG) Nr. 1493/99, Anhang VIII, Buchstabe E, Nr. 3 bestimmt, dass der Begriff **„Flaschengärung"** nur zur Bezeichnung eines Qualitätsschaumweins b.A. oder eines Qualitätsschaumweins verwendet werden darf, wenn u.a. die Herstellungsdauer mindestens 9 Monate und die Dauer der Nichttrennung der Cuvée vom Trub mindestens 90 Tage betragen und nur, wenn das Erzeugnis durch Abzug oder durch Degorgieren von seinem Trub getrennt worden ist (siehe Tab.2).

4.2.1 Önologie

Flaschenfüllung oder Tirage in Gärflaschen

Es gelten hier die gleichen Grundsätze, wie sie in Kap. 5.1 für die „klassische Methode" der Flaschengärung beschrieben werden.

Wenn von vornherein feststeht, dass die Cuvée, die zur Tirage kommt, später transvasiert werden soll, dann entfällt lediglich der Zusatz einer Rüttelhilfe.

Als **Gärflaschen** werden meistens normale 1/1 Flaschen mit einem Gewicht von 750 Gramm oder mehr verwendet. Die Flaschen werden nach dem Entleeren gespült und dann zur Abfüllung des transvasierten Sekts benutzt. In manchen Betrieben werden die vom Entleeren kommenden Gärflaschen nicht gespült, sondern sogleich, also noch frisch und feucht, mit **neuem Gäransatz** wieder befüllt (Abb. 41). Für das Abfüllen des transvasierten Schaumweins nimmt man dann Leichtflaschen. Es werden dadurch die Kosten des Spülens und die Preisdifferenz zwischen Schwer- und Leichtflaschen gespart. Andererseits muss man in Kauf nehmen, dass bei den Gärflaschen, bedingt durch die Schwächung infolge ihrer wiederholten Befüllung, das **Bruchrisiko** deutlich höher ist. – Erfahrungsgemäß können 750-g-Flaschen etwa 10-mal befüllt werden, bevor sie zur Vermeidung vermehrten Bruchs zu verwerfen sind.

Solange es sich einrichten lässt, dass das Entleeren von Brutsekt und das Abfüllen von neuem Gäransatz gleichzeitig und mit gleicher Stundenleistung stattfinden, bleibt das biologische **Risiko der Infektion** gering. Wenn aber die Gleichzeitigkeit der Vorgänge nicht hergestellt werden kann, dann müssen die entleerten Flaschen zur Vermeidung von Infektion doch gespült werden.

Es gibt auch Betriebe, die als **Gärflaschen** eine besondere, walzenförmige, bordeauxflaschenähnliche Form von Magnumflaschen verwenden (sog. „Kupferberg-Verfahren"). Zu ihrer Verarbeitung benutzt man Maschinen oder Geräte, die dieser Flaschenform angepasst sind. Hinsichtlich der Gleichzeitigkeit der Vorgänge und der Risiken von Bruch und Infektion gilt im Prinzip das Gleiche, wie für normale 1/1 Flaschen.

Gärung in der Flasche

Die biochemischen Vorgänge während der Gärung werden in Kap. 5.2 beschrieben. Nach dem Weinrecht muss die Dauer der Gärung und die Dauer der Nichttrennung vom Trub mindestens 90 Tage betragen, während für das „traditionelle Verfahren" diese Zeit auf 9 Monate festgesetzt wurde. Diese Unterscheidung ist ausschließlich durch wirtschaftspolitische Interessen zu begründen. Aus naturwissenschaftlicher Sicht gibt es keinen Anhalt dafür.

Da aber die **gesamte** Herstellungsdauer bei der „Flaschengärung", wie bei der „Flaschengärung nach dem traditionellen Verfahren", jedenfalls 9 Monate betragen muss, ist es aus ökonomischer Sicht unter gewöhnlichen Umständen günstiger, die Abtrennung vom Trub, also das eigentliche Transvasieren, zu einem möglichst späten Zeitpunkt vorzunehmen, weil dann die Kosten der Weiterverarbeitung erst später entstehen und die Zinsbelastung mithin geringer ist.

Rohsekt oder Brutsekt, Lagerung und Reifung

Die Vorgänge der Reifung werden im Kap. 5.3 beschrieben. Sofern der Brutsekt transvasiert werden soll, ist es unwichtig, ob der Wein zur **Maskenbildung** neigt. Es sollte aber nicht dazu verführen, in Bezug auf das Streben zur Vermeidung von flavonoiden Polyphenolen und von Botrytis, großzügiger zu verfahren, weil dadurch die Haltbarkeit des Schaumweins vermindert würde.

Umfüllen oder Transvasieren

Es ist nicht zu übersehen, dass das Herausdrücken des Brutsekts aus der Gärflasche und seine Beförderung in einen Drucktank verschiedene Gefahren bergen. Das muss dem Sekthersteller bewusst sein und er sollte die Bedingungen des Zustandekommens entsprechender Schäden kennen, wenn er sein Produkt davor bewahren will.

Arbeitsprinzip

Um den Brutsekt aus der Flasche herauszudrücken, wurde bei der ursprünglichen, manuellen Arbeitsweise zunächst die Flasche geöffnet. Aus dem Transportwagen oder aus dem Gitterbehälter wurden die Flaschen herausgenommen und aufrecht auf einen Arbeitstisch oder ein Transportband gestellt. Mit Hakenschlüsseln, wie sie vom Degorgieren bekannt sind, werden die Kronenkorken von den Flaschenmündungen entfernt. Ein fünfarmiger **Umfüllstern**, wie er für das Zuführen des Beifüllweins zu großen Dosiermaschinen verwendet wurde, war die erste Vorrichtung, die es erlaubte, Brutsekt in nennenswerter Menge umzufüllen.

Im Umfüllstern wird der Wein bzw. Sekt mithilfe eines Druckgases, meistens CO_2, aus der Flasche gedrückt. Er fließt durch das Zentrum des Sterns über eine Gas-Abscheide-Laterne durch einen Schlauch zu einem Drucktank.

Dieser Drucktank wurde vor Beginn des Umfüllens mit CO_2-Gas vorgespannt, sodass der Druck im Tank ebenso groß ist, wie der Sättigungsdruck des CO_2-Gases im Brutsekt. Am Gasrohr des Tanks ist ein Regulierventil angebracht, das nur so viel Gas aus dem Tank entweichen lässt, wie durch den ankommenden Schaumwein aus dem Tank verdrängt wird, der eingestellte Sättigungsdruck wird konstant beibehalten.

Der **Arbeitsdruck** des Gases, das in die Flasche gedrückt wird, muss so bemessen sein, dass er den Sättigungsdruck des Schaumweines übersteigt und ausreicht, den Reibungswiderstand der Apparatur und der Schlauchleitung sowie eventuelle Höhendifferenzen zu überwinden, sodass das Gas den Brutsekt in den Tank hinüber drücken kann. Der Arbeitsdruck wird im Allgemeinen um etwa 0,5 bar über dem Sättigungsdruck liegen.

An jedem Arm des Sterns ist ein Splitterschutz aus Drahtgeflecht o.Ä. angebracht, der die aufgesteckte Flasche umgibt. Durch das Gitter des Drahtgeflechts beobachtet der Arbeiter, der den Umfüllstern bedient, das Verdrängen des Weins aus der in Arbeitsposition befindlichen Flasche. Er dreht den Stern um eine Position weiter, wenn er sieht, dass die Flasche leer geworden ist.

Die entleerten Flaschen werden der Spülmaschine zugeführt.

An der Rückseite des Umfüllsterns ist, wie oben erwähnt, eine Schauglaslaterne angebracht. In diese strömt der vom Stern kommende Brutsekt zunächst ein. Die **Laterne** dient sowohl als Gasabscheider als auch als Schauglas. Nach oben kann überschüssiges Gas entweichen, nach unten fließt der Brutsekt durch die Schlauchleitung in den Tank.

Nach dem gleichen, hier beschriebenen Arbeitsprinzip des Umfüllsterns mit reiner Handbedienung, wurden sehr bald größere, leistungsfähigere Apparate entwickelt, die mit automatischer Flaschenzuführung und

Flaschenabführung arbeiteten. Bei diesen Maschinen wurde das bewegliche Röhrchen für die Druckgaszuleitung ersetzt durch ein starres Dreikantrohr mit scharfer Spitze. Die Brutsektflaschen kommen aufrecht stehend auf dem Transportband an. Sie laufen ungeöffnet automatisch in den Umfüllstern ein. Ein Hubzylinder hebt die Flasche, das Dreikantrohr mit seiner scharfen Spitze durchbohrt den Kronenkork und dringt etwa 10 cm tief in den Flaschenhals ein, bis die Flasche mit ihrer Mündung und dem Kronenkork fest an die Dichtung des Entleerungsorgans gepresst ist. Die Flasche wird in drei Schritten nach oben befördert. In der Arbeitsstellung öffnen sich die Kanäle für Gas und für Sekt. Das Arbeitsgas, meistens CO_2, strömt durch das Dreikantrohr und gelangt durch ein seitlich an der Rohrspitze befindliches Loch in die Flasche, wo es nach oben zum Flaschenboden steigt und auf die Flüssigkeit drückt. Der Brutsekt entweicht durch eine Öffnung, die sich am Dreikantrohr, nahe seiner Basis befindet, also ganz dicht über der Innenseite des Kronenkorks, sodass die Flasche gut entleert werden kann. Die leere Flasche wird automatisch auf das Transportband ausgeschoben. Danach wird der Kronenkork automatisch von der Mündung entfernt. Die Maschine arbeitet ohne Bedienungsperson.

Maschinen neuerer Bauart werden im Kap. 4.2.2 beschrieben.

Aus önologischer Sicht ist beim Transvasieren Folgendes zu bedenken:

Arbeitsgas: Durch VO (EG) Nr. 1493/99, Anhang IV, Nr. 3 b) ist die Belüftung und nach Buchstabe e) ist die Verwendung von Kohlendioxid, Argon oder Stickstoff, auch gemischt, erlaubt, damit eine inerte Atmosphäre hergestellt wird.

Man benötigt Arbeitsgas zunächst, um den Drucktank, in welchen der Brutsekt transvasiert werden soll, und das ganze System von Rohr-/Schlauchleitung, Ventilen und Umfüllapparat auf den erforderlichen Druck vorzuspannen, d. h. auf den Druck des Brutsekts (Sättigungsdruck). Das Arbeitsgas wird außerdem benötigt, um den Brutsekt aus den Flaschen heraus und durch das Leitungssystem bis in den Drucktank zu drücken, d. h., um den dynamischen Druck zu erzeugen, der die Arbeit verrichtet.

Wenn als Arbeitsgas z. B. **Stickstoff** Verwendung findet, dann hat das zur Folge, dass die Menge des im Sekt enthaltenen Kohlendioxids sich im gesamten zugänglichen Raum des Systems gleichmäßig verteilt. Der Brutsekt wird aus der Flasche mit dem Arbeitsgas Stickstoff herausgedrückt. In der Gasabscheidelaterne wird der turbulent bewegte Brutsekt von Stickstoff überlagert und weitergedrückt. Im Drucktank trifft der Brutsekt auf einen riesigen, mit Stickstoff gefüllten Hohlraum, in den er durch den Bodenanschluß einströmt. Es ist gar nicht zu vermeiden, dass bei diesen Vorgängen Gasblasen durch den Brutsekt hindurchwirbeln. Der Brutsekt kommt somit reichlich in Berührung mit einer großen Summe von **Grenzflächen**, durch die CO_2-Gas aus dem Sekt, als dem Bereich hoher Konzentration, in den Gasraum, als den Bereich niedriger CO_2-Konzentration, diffundiert. Es wird während dieser Arbeit ständig Stickstoffgas nachgedrückt. An den Regulierventilen der Laterne und des Drucktanks wird der Gasüberschuss abgeblasen. Dieser Gasüberschuss besteht mithin aus einer **Mischung von Stickstoff und Kohlendioxid**. Obwohl es nicht möglich ist, die Volumenanteile rechnerisch nachzuweisen, muss man nach vorsichtiger Abschätzung annehmen, dass das im Brutsekt vorhanden gewesene Kohlensäuregas sich ziemlich gleichmäßig in dem ganzen zugänglichen Raum des Systems verteilt. Als zugänglichen Raum des Systems ist zu berücksichtigen: das Fassungsvermögen des anfangs noch leeren Drucktanks, das Volumen der Rohrleitungen und das eigentliche Volumen des Brutsekts selber (siehe hierzu auch Kap. 6.1 und 6.3). Der zugängliche Raum ist mithin etwa 2,2-mal so groß, wie das Volumen des Brutsekts. Wenn der Druck des Brutsekts anfangs z. B. 6 bar Überdruck betragen hat, das sind 7 bar Normaldruck, dann sinkt er infolge der Verteilung des CO_2-Gases auf 7 : 2,2 = 3,2 bar Normaldruck oder auf 2,2 bar Überdruck ab!

Maßgebend für diese gewaltige Absenkung des CO_2-Gehaltes ist die Tatsache, dass das Kohlendioxidgas sich im gesamten verfügbaren Raum so verteilt und sich so verhält, als wäre es ganz allein vorhanden. Sein Verhalten folgt damit genau den Regeln für den **„Partialdruck"**, die von den englischen Physikern Henry und Dalton um etwa 1800 entdeckt wurden. (siehe auch Kap. 6.1)

Nach Beendigung des Transvasierens werden alle Zu- und Abgänge des Drucktanks geschlossen. Der Manometer des Tanks zeigt zwar den erwarteten Druck an, also z. B. 6,0 bar Überdruck bezogen auf 20 °C. Dieser Druck ist aber die **Summe der Teildrücke oder Partialdrücke aller in dem Tank enthaltenen Gase**, z. B. Stickstoff, der als Arbeitsgas verwendet wurde, anteilige Mengen anderer Gase aus der Normalatmosphäre des Tanks, bevor er vorgespannt wurde und das Kohlendioxid aus dem Sekt. Der **Partialdruck des Kohlendioxids**, auf das es uns ankommt, stellt aber nur 2,2 bar Überdruck dar (s.o.). Nach der Definition des Anhangs IV Nr. 4 c) der VO (EG) Nr. 479/2008 kann aber ein Erzeugnis nur dann als Schaumwein gelten, wenn es in geschlossenen Behältnissen bei 20 °C **einen auf gelöstes Kohlendioxid zurückzuführenden Überdruck von mindestens 3 bar aufweist**. Bei Qualitätsschaumwein = Sekt muss der allein durch Kohlendioxid gebildete Überdruck (= Partialdruck!) sogar mindestens 3,5 bar betragen (VO (EG) Nr. 479/2008, Anhang IV, Nr. 5 c)).

Fazit: Die Gase Stickstoff und Argon sind nicht geeignet, als Arbeitsgase beim Transvasieren verwendet zu werden.

Druckluft wäre noch weniger geeignet, weil dadurch zusätzlich eine starke **Oxidation** des Schaumweins hervorgerufen würde.

Wenn man, was alleine vernünftig ist, Kohlendioxid als Arbeitsgas verwendet, dann gelingt es, das im Sekt enthaltene Kohlensäuregas zu erhalten. Da sich dann im gesamten Gasraum (nahezu) nur Kohlendioxid befindet, findet keine, durch zu niedrigen Partialdruck bedingte Auswanderung von Kohlendioxid aus dem Sekt statt.

Durch die richtige Einstellung der Regulierventile wird dafür gesorgt, dass auch keine Anreicherung des Brutsekts mit CO_2 stattfindet. In VO (EG) Nr. 1493/99, Anhang V, Buchstabe H, Nr. 10 wird bestimmt, dass die Verwendung von Kohlendioxid bei der Umfüllung durch Gegendruck gestattet ist, sofern dadurch der Druck des Kohlendioxids im Schaumwein nicht erhöht wird.

CO_2-Verlust und Blasenbildung

Beim Öffnen der Flasche vor dem Transvasieren, wie es in den Anfängen üblich war, entweicht das im Gasraum der aufrecht stehenden Flasche (= Kammer) enthaltene Gas. Insoweit ist dieses Geschehen mit dem Öffnen der Flaschen beim Degorgieren vergleichbar. Da die Flasche unmittelbar nach dem Öffnen in den Umfüllapparat gelangt, wo sie hermetisch eingespannt und mit Arbeitsgas unter Druck gesetzt wird, bietet nur die recht kurze Zwischenzeit des Offenseins Gelegenheit zum Entweichen von Kohlendioxid aus dem Sekt. In dieser Zeit kann CO_2 aus dem Sekt nur durch die kleine Grenzfläche des Flüssigkeitsspiegels im Flaschenhals, sowie durch die Grenzflächen eventuell aufsteigender Gasblasen entweichen. Der hierdurch auftretende CO_2-Verlust ist normalerweise vernachlässigbar gering.

Nach dem Herausdrücken des Sekts aus der Flasche strömt das Arbeitsgas Kohlendioxid so lange durch die Kanäle des Umfüllapparates in die Gas-Abscheide-Laterne nach, bis die Gaszufuhr durch Weiterdrehen des Sterns unterbrochen wird. Dieses nachströmende Gas bildet im Sekt in der Laterne Blasen, die zum Flüssigkeitsspiegel aufsteigen und dort platzen. Das Gas gelangt in den Gasraum der Laterne und wird dort in dem Maße durch das Regulierventil abgeblasen, wie es den eingestellten Druck überschreitet. Da es sich bei dem Arbeitsgas um Kohlendioxid handelt, ist nicht zu befürchten, dass **Mikroblasen**, wie es bei der Verwendung von Stickstoff oder Luft der Fall wäre, im Sekt verbleiben und später Störungen hervorrufen könnten. Mikroblasen aus CO_2 werden, sofern sie nicht aufsteigen, durch die Grenzflächenkräfte des Sekts sofort aufgelöst.

Es ist dennoch sehr zu empfehlen, das Entstehen von Blasen möglichst gering zu halten, und zwar dadurch, dass der **Arbeitsdruck** nicht höher eingestellt wird, als unbedingt erforderlich ist, und indem der Umfüllstern sogleich weitergedreht wird, sobald der Sekt aus der Flasche entwichen ist. Der Grund zu dieser Empfehlung besteht darin, dass durch die Grenzfläche der Gasblasen ja nicht nur Gas der gleichen Art, sondern jegliche Art von Gas aus der Flüssigkeit austreten wird, solange die Konzentration dieser Gase in der Flüssigkeit größer ist als im Gasraum. Zu diesen Gasen gehören auch der Alkoholdampf und die Geruchs-und Aromastoffe. Je stärker die **Blasen- und Schaumbildung** während des Transvasierens ist, desto fühlbarer sind Alkohol- und Aromaverluste.

CO_2-Rückgewinnung

Rechenbeispiel:
Es wird ein Tank von 5000 Liter Fassungsvermögen vorgespannt.
Zum Vorspannen des Tanks auf 7 bar Normaldruck werden benötigt

1 bar vorhandener Luftinhalt	= 5 000 Normliter
6 bar Vorspanngas CO_2	= 30 000 Normliter
zus. 7 bar Gasinhalt	= 35 000 Normliter

Es sollen 6000/1 Flaschen à 0,75 l = 4500 Liter Sekt transvasiert werden.

Zum Hinausdrücken des Sekts aus der Flasche muss das ganze Fassungsvermögen der Flasche von 0,75 l Flüssigkeit und von 0,03 l Gasraum (= Kammer), zusammen also 0,78 l pro Flasche bis zum Erreichen des Arbeitsdrucks von 7,5 bar mit Gas gefüllt werden. Man braucht daher als Arbeitsgas zum Hinausdrücken
6000 · 0,78 · 7,5 = 35 100 Normliter CO_2-Gas.
Davon bleibt eine Grundfüllung von 1 bar Normaldruck in der entleerten Flasche zurück, das sind
6000 · 0,78 · 1,0 = 4 680 Normliter
Die übrigen
6000 · 0,78 · 6,5 = 30 420 Normliter
gehen in die Laterne, von wo sie nahezu vollständig abgeblasen werden.

Während der Brutsekt in den Tank einströmt, verdrängt er ein seinem Volumen entsprechendes Gasvolumen, das unter Vorspanndruck steht.
Es strömen in den Tank 4500 Liter Brutsekt.
Es werden dadurch verdrängt
4500 · 7 = 31 500 Normliter
Gas, das durch das Regulierventil abgeblasen wird.

Es werden aufgewandt:		
Vorspanngas im Tank	30 000	Normliter
Arbeitsgas zum Transvasieren	35 100	
	65 100	Normliter

Es werden abgeblasen:		
aus der Laterne	30 420	Normliter
aus dem Tank	31 500	
	61 920	Normliter

Diese 61 920 Normliter = 61,92 Normkubikmeter · 1,9 = 117,6 kg/CO_2 können mithilfe eines Kompressors aufgefangen und wieder verwendet werden. Bei einem Einkaufspreis

von z. B. € 0,30 pro kg CO_2 stellt diese Kohlensäure einen Wert dar von € 35,30
Für Energie und Amortisation müssen abgesetzt werden etwa € 9.50
bleiben durch Rückgewinn sparbar etwa € 25,80
das sind bei 6000 Flaschen gut 0,4 Cts pro Flasche.

Diese CO_2-Verluste sind durch das Verfahren der Firma SMB, wie es in Abb. 42 beschrieben ist, vermeidbar.

Sektverlust

Beim Leerdrücken der Flaschen im Transvasiergerät bleibt an der Glaswand der leeren Flasche ein Flüssigkeitsfilm zurück, der, bei hervorragend guter Arbeitsweise, etwa 1,5 bis 2,0 ml pro Flasche beträgt. Bei obigem Rechenbeispiel wären dies 6000 · 0,002 = 12 Liter Brutsekt oder 0,27 % von der Gesamtmenge. Sofern der Sekt in den frisch geöffneten Flaschen schäumt, sofern in den leergedrückten Flaschen Schaum zurückbleibt, und/oder sofern im Transvasierstern die Flaschen schon weiter gedreht werden, bevor sie richtig leer wurden, kann der Verlust aber leicht auf das Zehnfache der genannten Menge steigen.

Solche Verluste bedeuten Schaden in mehrfacher Hinsicht:

- Es geht Wein verloren.
- Die Ausbeute wird vermindert und – sofern die Flaschen gespült werden –,
- wird deutlich mehr Lauge verbraucht und das Abwasser zusätzlich belastet.

Abstimmung oder Dosage und Kühlung

Nach dem Ende des Transvasierens wird der nun im Tank befindliche Brutsekt üblicherweise gekühlt. Obwohl in manchen Betrieben

Abb. 42. CO_2-Rückgewinnung beim Transvasieren (System SMB, Teningen). Erklärung siehe Text.

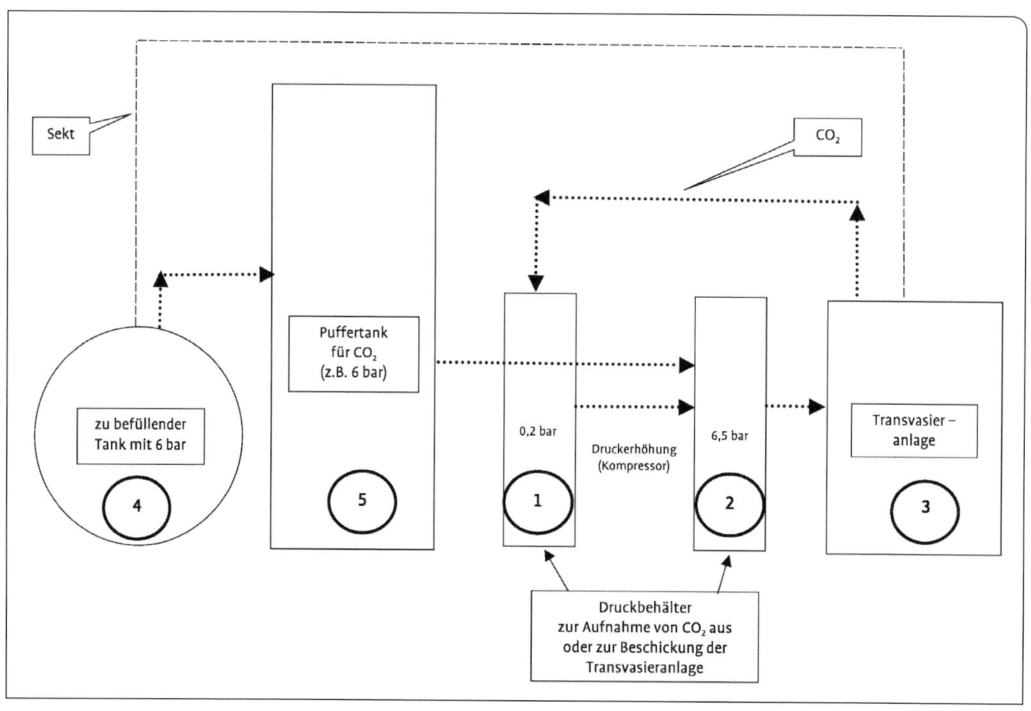

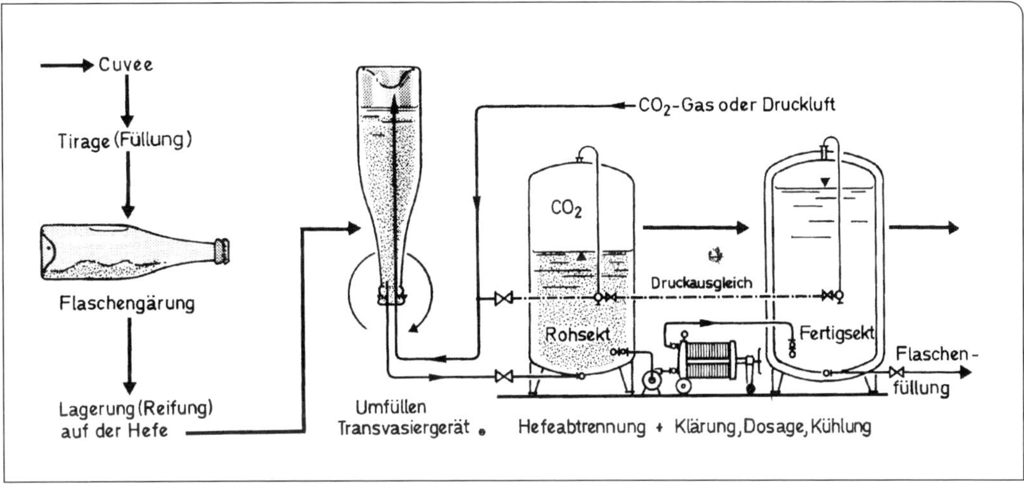

Abb. 43. Schematische Darstellung des Transvasierverfahrens (Filtrationsenthefens) bei Flaschengärsekt.

schon während des Transvasierens mit der Kühlung begonnen wird, ist dieses Vorgehen nicht zu empfehlen, weil infolge des Kühlens die Druckverhältnisse während des Transvasierens bis zur Unübersichtlichkeit verzerrt werden, sodass die Gefahr einer ungewollten Anreicherung des Sekts mit CO_2-Gas besteht.

Sofern der umgefüllte Brutsekt nicht schon als Grundweincuvée **kältestabilisiert** wurde, bietet sich hier Gelegenheit dazu.

Die Vorgänge während des Kühlens sowie während der Dosage und die Möglichkeiten ihrer praktischen Durchführung sind in dem Kap. 2.4.1 beschrieben. Sie treffen ohne Einschränkung auch auf den transvasierten Schaumwein zu.

Bezüglich der nachfolgenden Arbeiten (Filtrieren, Füllung in Versandflaschen, Verschließen) wird auf die entsprechenden Abschnitte des Kap. 4.3 Großraumgärung verwiesen.

Die chemisch-physikalischen Vorgänge und die Arbeitsweisen beider Verfahren sind in diesen Produktionsabschnitten identisch.

4.2.2 Maschinen und Geräte

Die Vorläufer der heutigen Transvasiergeräte waren die bekannten Umfüllgeräte der dreißiger bis fünfziger Jahre, die es erlaubten, trüb gewordenen Wein von Flasche zu Flasche umzufüllen und auf dem Weg zur nächsten Flasche zu filtrieren.

Das Transvasieren erfolgt heute entweder zum Zwecke des Filtrationsenthefens oder zum Umfüllen von Flasche zu Flasche, was dann erforderlich ist, wenn man Sekt, der in 0,75-l-Flaschen vergoren ist, in Flaschen eines anderen Nennvolumens umfüllt.

Filtrationsenthefen

Beim Filtrationsenthefen wird zwar in der Flasche vergoren, jedoch wird der Trub nicht durch das aufwendige Rütteln und Degorgieren entfernt, sondern die Flaschen werden in einen Tank umgefüllt (transvasiert). Sodann erfolgt die Hefeabtrennung, Klärung, Dosage und Füllung wie beim im Tank vergorenen Schaumwein (Abb. 43).

Während früher der „Umfüller Transvasa II“ von **Winterwerb, Streng & Co.** weit verbreitet war, hat sich in neuerer Zeit auf diesem Gebiet die Firma **SMB** erfolgreich etabliert. Die Anlage besteht aus der eigentlichen Entleerungsvorrichtung, der CO_2-Rückgewinnungsanlage und die den Rohsekt aufnehmenden Tanks.

In Abb. 44 ist im Prinzip die Flaschenentleerung dargestellt, wie sie von SMB entwickelt wurde. Die noch volle Flasche gelangt stehend unter das Entleerungsventil. Dort wird der Kronenkork mit einem Stechrohr durchstochen und ein flexibles, langes Rohr bis zum Flaschenboden eingebracht. Mit einem Differenzdruck von etwa 0,5 bis 1 bar über dem Druck, der in der Flasche herrscht, wird CO_2 in den Kopfraum der Flasche geleitet. Der so erzeugte Druck auf der Flüssigkeitsoberfläche drückt den Flascheninhalt schonend über das abgesenkte Entleerrohr in den Zentralkessel bis die Flasche völlig entleert ist.

Durch eine Schwimmerkugel, die nahezu die gesamte Rohsektoberfläche im Zentralkessel bedeckt, wird die Kontaktfläche zwischen CO_2 und Rohsekt auf einen schmalen Ringspalt reduziert. Die an dem Schwimmer befestigte Steuerstange bewirkt die mechanische Ansteuerung eines Schwimmerventils, das beim Absinken des Flüssigkeitsspiegels im Zentralkessel (Überdruck) das Ventil öffnet, sodass das Druckgas zur Ansaugseite der CO_2-Rückgewinnungsanlage strömen kann (Vakuum-Abgang, Abb. 42, 1). Beim Erreichen der oberen Schwimmerstellung schließt das Schwimmerventil wieder. Der CO_2-Druck steigt im Zentralkessel wieder an und bewirkt dadurch ein Absinken des Flüssigkeitsspiegels bis zur unteren Schwimmerstellung. Es wiederholt sich der Schaltvorgang, sodass auch der Kreislauf CO_2-Zufuhr und die Rohsektzuführung zur Filteranlage automatisch abläuft. Das aus der entleerten Flasche evakuierte CO_2 wird nicht über den Zentralkessel gelenkt, sondern gelangt sofort über eine Ventilsteuerung zur CO_2-Rückgewinnungsanlage.

Die so weitgehend leeren Flaschen gelangen in eine Entkorkvorrichtung, in denen der durchstochene Kronenkork mit einem Entkorkrad automatisch entfernt wird. Die entfernten Kronenkorken werden über einen Druckluftstrom in einen Sammeltrichter/Behälter geblasen. Sodann werden die Flaschen

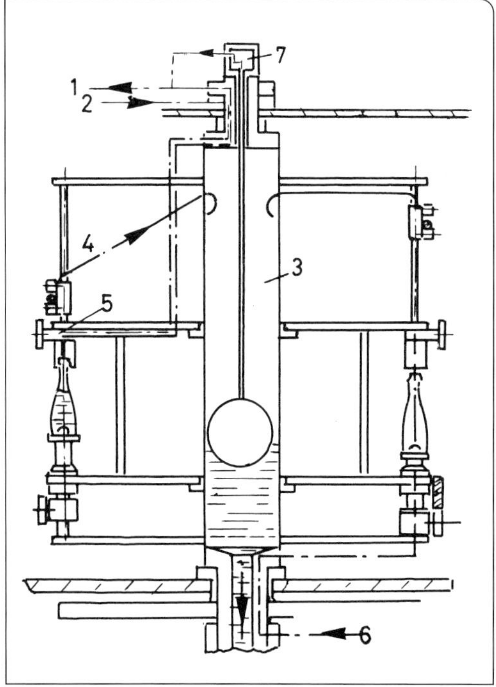

Abb. 44. Transvasiergerät von SMB im Schnitt. Im linken Teil wird eine volle, verschlossene Flasche durch einen Hubzylinder (6) an ein Entleerungsventil (5) gepresst. Ein darin fest angebrachtes Stechrohr durchsticht den Kronenkork. Durch dieses Stechrohr gelangt ein biegsames Entleerungsrohr bis an den Boden der Flasche. Durch eine CO_2-Zufuhr, die etwa 0,5 bar über dem Sättigungsdruck der Flasche liegt (2), wird der Rohsekt über das Entleerungsrohr (4) in den Zentralkessel (3) gedrückt. Die vom Rohsekt entleerte, aber mit CO_2 gefüllte Flasche wird dann abgeleitet. Über einen Vakuumabgang (1) gelangt das CO_2 in eine Wiederaufbereitungsanlage (siehe Abb. 42), von wo es dann einer nochmaligen Verwendung zugeführt werden kann. Das Schwimmerventil (7) regelt das Sektniveau im Zentralkessel.

Abb. 45. Die TRANSVASA 18 6EK ist mit einem Entkorker kombiniert und verfügt über eine Leistung von 6000 Fl./h. Der Entleerungsvorgang erfolgt wie in Abb. 44 beschrieben. Rechts im Bild ist der Flaschenwender zur Gewinnung der Restflüssigkeit abgebildet. Links im Bild: CO_2-Rückgewinnung (GRU = Gas Recuperation Unit) 80 % CO_2 kann zurückgewonnen werden – siehe Text. (SMB, Teningen).

um 180° gewendet, damit auch die letzten Rest-Rohsektmengen aus der Flasche laufen können. Die so aufgefangene Flüssigkeit kann filtriert und als Anfallwein (siehe Kap.2.5) wieder verwendet werden. Nach der völligen Entleerung wird die Flasche in einem weiteren 180°-Wender wieder in die stehende Position zurückgeführt und an eine Flaschenwaschanlage abgegeben oder wieder direkt befüllt.

CO_2-Rückgewinnung beim Transvasieren mit dem SMB-System.
Nach dem Entleervorgang des Sektes (Abb. 42, 3) gelangt das in der Flasche befindliche CO_2-Gas durch das Öffnen eines Ventils in einen CO_2-Behälter (Abb. 42, 1). Die Flasche wird dadurch soweit entleert, dass darin noch ein marginaler Überdruck von 0,2 bar herrscht. Dieser Druck besteht ebenfalls in dem aufnehmenden Gasbehälter (1). Damit dieses Gas wieder zum Herausdrücken der nächsten Flasche genutzt werden kann, erfolgt eine Druckerhöhung auf 6,5 bar auf dem Weg in den zweiten Behälter (Abb. 42, 2). Der transvasierte Sekt gelangt in den aufnehmenden Tank (Abb. 42, 4). Dieser ist auf 6 bar Druck vorgespannt. Der einlaufende Sekt verdrängt CO_2. Damit auch dieses Gas nicht verloren geht, kann es in einem weiteren Behälter (Abb. 42, 5) zwischengelagert werden, um es nach Bedarf dem System wieder zuzuführen. Somit gehen pro Flasche nur 0,94 Liter (= 0,78 Liter · 1,2 bar) – oder ≈ 2 g verloren.

Es ist bei dieser Verfahrensweise darauf zu achten, dass der Sekt-aufnehmende Tank vor dem Vorspannen mit Wasser gefüllt war. Erst nachdem das Wasser mit CO_2 herausgedrückt ist, kann auf 6 bar Überdruck vorgespannt werden. Genau so muss auch der Puffertank von evtl. vorhandenen Fremdgasen – vor allem Luft – befreit werden. Wird nicht darauf geachtet, kann sich CO_2 mit Sauerstoff und

Stickstoff anreichern, was zu den weiter oben beschriebenen Problemen führt.

Die früher mancherorts vorgenommene **Kühlung des Sektes** ist bei diesem Verfahrensablauf nicht notwendig. Das System ist hermetisch abgeschlossen, sodass weder Kohlensäure verloren geht, noch Sauerstoff aufgenommen wird.

Abb. 46. Beispiel eines Saftvorfüllorgans im Schnitt. a = Füllstellung. Das Messgerät ist mit Sirup gefüllt, der Messkolben (2) bis zum Anschlag des Mengeneinstellungsstiftes (1) hochgedrückt.
b = Entleerungsstellung. Eine Kurvenbahn bringt die Flasche unter die Füllglocke (4), hebt die Ventilstange an, die damit den Ablaufkanal freigibt und gleichzeitig den oberen Zulaufkanal schließt. Die eingestellte Menge Sirup (Saft, Zuckerlikör) wird durch das Gewicht des massiven Messkolbens (2) in die Leerflasche gedrückt. Nach dem Abziehen der Flasche nimmt das Organ wieder die Stellung a ein. 3 = Zulaufsirup, 5 = Entlüftungsschraube.

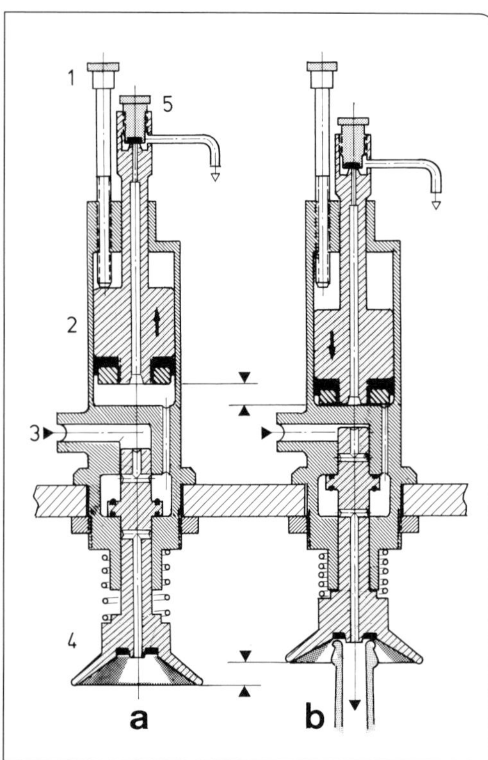

Für kleine Betriebe mit geringerer Verarbeitungsmenge ist die **Transvasa II** geeignet. Die Kapazität dieser halbautomatisch arbeitenden Transvasiermaschine liegt bei 500 Flaschen (Fl.)/Stunde (h). Die verschlossenen Flaschen werden von Hand in die Vorschubeinrichtung gestellt und dann automatisch in Position unter die Entleerventile gebracht. Das vollständige Entleeren der Flasche erfolgt über den auf den Flüssigkeitsspiegel wirkenden Differenzdruck. Der Entleervorgang selbst wird durch eine Zeitvorgabe über ein Zeitrelais gesteuert.

Die **Transvasa 2000/18/6-EK** mit einer Leistung von 6000 Fl./h ist in Abb. 45 dargestellt. Die Flaschen gelangen senkrecht über ein Förderband auf einen pneumatisch arbeitenden Hubzylinder, der die Flasche gegen das Entleerungsventil drückt. Während des Rundlaufes erfolgt der oben beschriebene Entleerungsvorgang. Die leeren Flaschen gelangen in eine automatische Kronenkorken-Abreißeinrichtung. Ihre Kapazität ist auf die der Transvasiermaschine abgestimmt. Links im Bild ist die CO_2-Rückgewinnung mit dem Kompressor und sind die aufnehmenden Behälter (Abb. 42, 1 und 2) zu sehen.

Umfüllen von Flasche zu Flasche

Sekt wird im Allgemeinen in 0,75-l-Flaschen vergoren. Erfordert es aber der Markt, so kann es sinnvoll sein, diesen Sekt in größere Flaschen (siehe auch Kap. 5.1.2) umzufüllen. Dieser Vorgang ist nicht mit einer Klärung verbunden, sondern die zu entleerenden Flaschen sind fertige Sekte, die degorgiert und mit einer Versanddosage versehen sind. Das **Umfüllen** erfolgt dergestalt, dass zwischen zu befüllender Flasche und der vollen Flasche isobare Verhältnisse hergestellt werden. Sodann gelangt der Sekt durch Falldruck von einer in die andere Flasche. Vor allem manuell betätigte Geräte arbeiten nach diesem System.

Größere Umfüllanlagen arbeiten automatisch. In einem Entleerer werden die Flaschen entleert und gelangen unter immer isobarischen Verhältnissen entweder in einen Kleinflaschenfüller oder einen Großflaschenfüller. Beim Befüllen der Flaschen ist das zu beachten, was auch beim Füllen des Sektes im Großraumverfahren ausgeführt ist (Kap. 4.3.11).

Soll der Sekt gleichzeitig eine Versanddosage erhalten, so wird die noch leere Flasche mit dem Expeditionslikör versehen (Abb. 46) und dann erst mit dem Brutsekt befüllt.

Die Abb. 47 zeigt die halbautomatische Befüllung der Flaschen. Mit der Anlage können Flaschen bis 15 Liter Inhalt abgefüllt werden. Die Flaschen werden von Hand eingehängt und nach der Füllung wieder von Hand entnommen.

4.3 Gärung in Tanks oder Großraumgärung

Zu Beginn des Kap. 4.1 über die „klassische Methode" wurde darüber berichtet, dass von jeher die Menschen, die sich mit der Herstellung schäumenden Weines befassten, stets bemüht waren, ihre Arbeitsweise und die Arbeitsmittel so zu verändern, dass die Herstellung wirtschaftlicher, die Qualität besser und die Sicherheit größer wurden.

Nachdem seit etwa 1830 eine bedeutende qualitative Verbesserung dank der Entwicklung des Rüttelns und des Degorgierens erreicht worden war, setzte eine stürmische Entwicklung technischen Hilfsgeräts und einfacher Maschinen ein. Das Ziel war, die Arbeit einfacher zu machen und die Leistungen zu verbessern. Noch immer war das Risiko des Flaschenbruchs sehr groß. Da kamen Maumené, Professor in Reims und Jaunay, Kellermeister in Reims, auf die Idee, metallene Gefäße für die Schaumweingärung zu verwenden. Nach einigen Vorversuchen wurden 1858 mehrere Tanks aus Kupfer, die innen versilbert waren, in Betrieb genommen.

Es waren zylindrische, stehende **Tanks** von 4 Metern Höhe und 3200 Liter Fassungsvermögen, die mit einem „Garde mousse", einem Druckventil ausgestattet waren. Sie wurden **„Aphrophore"** genannt (griechisch: aphros = Schaum und phoreys = Träger, also Schaumträger). Die Idee war bestechend, die Versuchsergebnisse qualitativ durchaus vergleichbar mit den üblichen Produkten. Es gab auch etliche Nachahmer, aber die Zeit war noch nicht reif. Es fehlte an Kenntnis der

Abb. 47. Gerät zum Befüllen von Großflaschen. Die Flaschen werden in eine Haltevorrichtung eingehängt und von dieser gegen das Füllventil gedrückt. (SMB, Teningen).

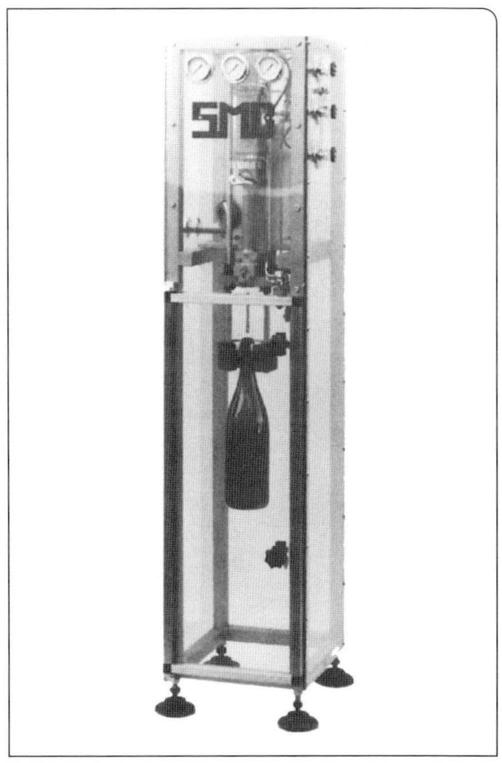

physikalischen Grundlagen und es fehlte an geeigneter Ausrüstung, wie Ventile, Röhren, Schläuche, Filter usw. in druckfester Ausführung. Es kam die Konkurrenzangst hinzu. Die Begeisterung schlief ein, das Verfahren wurde vergessen.

In der **Brauerei** verwendete man aber schon seit längerer Zeit Stahltanks mit Auskleidung und dort ging die Entwicklung weiter. Auch Armaturen und anderes Gerät wurden verbessert.

Während des Ersten Weltkriegs wurden die ersten **Schichtenfilter** erprobt, die für die Trinkwasserversorgung der Truppen gebraucht wurden. Nach dem Ersten Weltkrieg fanden ausgekleidete Stahltanks Eingang in die Süßmosterei.

Schließlich war es so weit, dass die technischen Voraussetzungen und die naturwissenschaftlichen Kenntnisse hinreichend weit gediehen waren. Nach dem Ersten Weltkrieg fand auch ein Wandel der Auffassungen statt. Manches Tabu wurde entkräftet und manche Hemmungen überwunden. Und so gelang es in Frankreich, unabhängig voneinander, Charmat und Chaussepied Schaumwein in Gärtanks herzustellen und in Deutschland hatte die Firma Ludwig Rilling den Mut und das Durchhaltevermögen, Schaumwein im Tank herzustellen und sich gegen viele Anfeindungen durchzusetzen.

Zu Beginn des Zweiten Weltkriegs, als in Deutschland der Sektkonsum anstieg, richteten sich einige Sektkellereien kleinere Tankanlagen ein, um Erfahrung in dieser ungewohnten Technologie zu sammeln. Die Entwicklung wurde durch das Kriegsende und die ersten Nachkriegsjahre unterbrochen.

Als zu Beginn der 50er-Jahre der wirtschaftliche Aufschwung anfing, wurde es wieder interessant, sich auch mit der **Gärung in Großraumbehältern** zu befassen. Es waren aber noch etliche Schwachpunkte vorhanden. So waren die Auskleidungen nicht dauerhaft genug. Es musste andauernd repariert werden, andernfalls wurde die Tankwand angegriffen und Eisen ging in Lösung. Manche Tanks hatten **Standgläser** nach Art der Dampfkessel, lauter etwa 30 cm lange, an den Enden U-förmig gebogene, dicke Glasrohre, die in entsprechenden Stutzen steckten. Bei einem stehenden Tank von etwa 5 m Höhe waren z. B. gleich fünf Standgläser übereinander mit zusammen zehn Stutzen angebracht. Diese verursachten Dichtungsprobleme und sie waren kaum zu reinigen. Resultat: Fehlgeschmack aus nicht beseitigtem Hefeautolysat. Die Tanks hatten **kein Rührwerk** und auch keine andere Möglichkeit des Ummischens. Die Folgen waren Entmischungen und somit deutliche, qualitative Unterschiede zwischen Anfang, Mitte und Ende einer Abfüllung. Mit der **Kühlung** gab es Probleme. In manchen Betrieben war es üblich, den Kühlmantel eines Doppelmanteltanks mit warmem Wasser zu füllen, um die Gärung in Schwung zu bringen. Später wurde das Wasser abgelassen und eine Chlorcalciumlösung als Kühlsole eingefüllt, ehe die Kühlmaschine in Gang gesetzt wurde. Dadurch wurde die Wand des Kühlmantels stark angegriffen und es kam zu Schäden. Die **Isolierung** mit Steinwolle war unzureichend. Die Filtertechnik war unausgereift. Zum **Dosieren** wurden die Flaschen erst durch einen „Saft-Vorfüller" (siehe Abb. 46) geleitet und danach in den Gegendruckfüller. **Starkes Schäumen** der Flaschen, die aus dem Füller kamen, war an der Tagesordnung. Die Technik der Zugabe von SO_2 in den Tank unter Druck fehlte noch, die angewandten Behelfe waren ungenügend.

Kurzum, diese Herstellungsmethode steckte in den Anfängen und sie litt, wie auch die Flaschengärung während ihrer ersten 150 Jahre, an Kinderkrankheiten.

Die technischen Mängel und die Wissenslücken wurden aber, dank der allgemein stürmischen Entwicklung und der Fortschritte im Apparate- und Maschinenbau sowie in den Naturwissenschaften, rasch behoben. Bis Ende der 50er-Jahre, also innerhalb von weniger als einem Jahrzehnt, war die **Großraumtechnologie** ausgereift. Produkte aus Großraumgärung waren Produkten aus Flaschengärung bei streng objektivem Vergleich, **gleichwertig** geworden. Damit war das Eis gebrochen. Ermutigt durch das Anhalten des Absatzwachstums begannen die Sektkellereien ab 1960 sich auf breiter Basis auf das Verfahren der Großraumgärung umzustellen. Gegenüber der Flaschengärungsmethode, mit der man ja nun wirklich reichlich Erfahrung hatte, bot das Verfahren der Großraumgärung beachtliche **Vorteile:** Bedeutend weniger Platzbedarf für Gärung und Lagerung, Fortfall des platzaufwendigen Rüttelns, sowie ganz erheblich weniger Personalbedarf, da die Bereiche Tirage, Gären und Lagern, Rütteln und Degorgieren entfielen und somit die Tätigkeiten von ganz wenigen Personen geleistet werden konnten.

Im Vorkriegs-Rekordjahr der deutschen Schaumweinproduktion 1938/39 wurden in Deutschland 27 Millionen Flaschen hergestellt, selbstverständlich nur in Flaschengärung (siehe Abb. 7). Im Jahre 1991 betrug die Schaumweinherstellung in Deutschland rund 430 Millionen Flaschen, von denen schätzungsweise 40 Millionen durch Flaschengärung hergestellt worden waren, während fast **400 Millionen Flaschen aus der Großraumgärung** kamen. Dieser gewaltige Produktionszuwachs wäre ohne die Methode der Großraumgärung nicht zu bewältigen gewesen. Und es sei auch hier noch einmal gesagt, wie schon im Kap. 1.3.2 beschrieben, dass, trotz des Mengenzuwachses, der Schaumwein deutscher Herstellung ganz allgemein noch nie so gut, so sauber, so wohlschmeckend und haltbar war und noch nie so preisgünstig angeboten werden konnte wie heute.

4.3.1 Drucktanks

Schaumweintanks sind großen Beanspruchungen ausgesetzt, die eine ständige Materialprüfung erforderlich machen. Sekttanks unterliegen Druckzunahmen von 0 bis 6 bar Überdruck, Druckentspannungen von 6 auf 1 bar, Temperaturwechsel von +20 °C auf -4 °C und umgekehrt. Sie werden für einen Betriebsdruck von 8 bar (10,4 bar Prüfdruck) gebaut.

Beim **Großraumgärverfahren** nimmt das Tanklager einen wesentlichen Teil der gesamten Sektproduktion für längere Zeit auf. Seiner Aufgabenzuordnung nach gliedert sich das Behälterlager in die größere Gruppe der **Großraum-Gärtanks** und in die kleinere der **Behandlungs- (Blank-)oder Kühltanks** einschl. der (oder des) **Abfülltanks** (Abb. 48).

In diesen Tankeinheiten lagern die zur Gärung vorbereiteten Cuvées und der gärende oder bereits vergorene Rohsekt, sowie kurzfristig der durch Filtration enthefte, geklärte, gekühlte und auf den vorgesehenen Geschmackstyp der Sektmarke abgestimmte (dosierte) Fertigsekt. Das bedeutet die Bevorratung etwa einer knappen Jahresproduktion an Qualitätssekt in verschiedenen Produktionsstufen.

Die Organisation des **Großraumlagers** zielt auf die Kontinuität der Produktion und eine möglichst durchlaufende Flaschenfüllung von Fertigsekt. Das macht entsprechende Räume und eine zweckvolle Zuordnung von Tanks geeigneter Größe und Aufstellung erforderlich. Aber auch eine maschinelle Ausstattung des Betriebes an Pumpen, Rohrleitungen, Schlauchverbindungen für Sekt und Druckgas, Kühlsole und Wasser (möglichst wenig Handarbeit!) sind zu installieren.

Die Lage der **Tankräume für Sekt** ist heute grundsätzlich ebenerdig. Nur der Ausbau der Stillweine (Sektgrundweine) findet aus klimatischen oder traditionellen Gründen noch im Keller statt.

Abb. 48. Übersichtsschema vom Ablauf einer Sektproduktion und der Aufteilung von Tankgrößen beim Großraum-Gärverfahren.

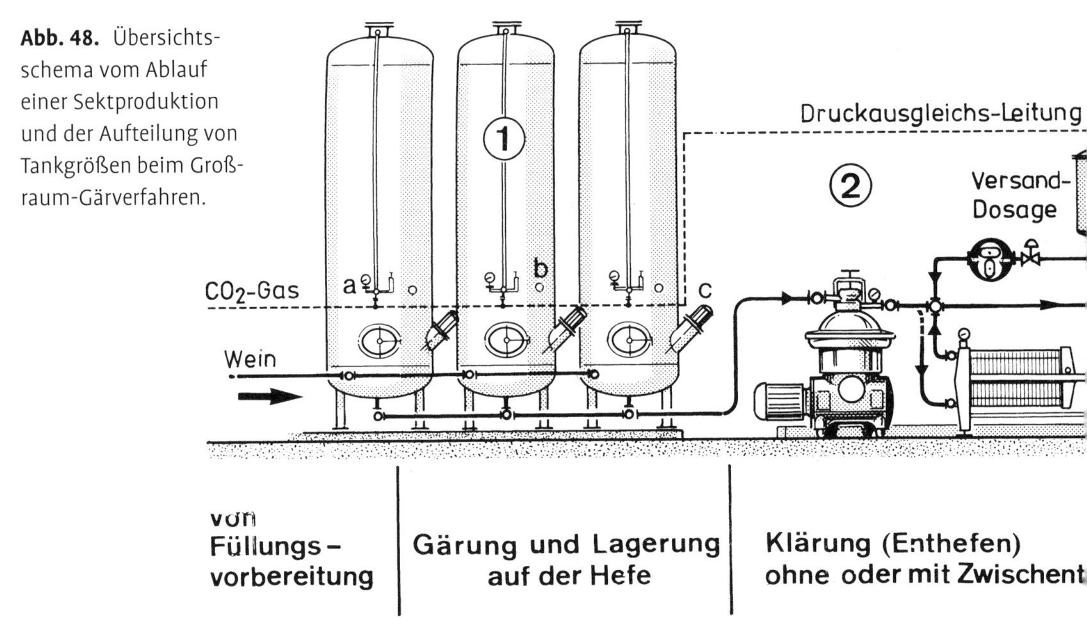

1 = Gärtankgruppe; 2 = Enthefung und Klärung mit Separator oder/und Schichtenfilter; 3 = Behandlungstank (Kühltank) für die Abstimmung und Nachschwefelung, in der Regel auch Abfülltank, dann direkte Leitung zum Füller ohne Pumpe, Filter und Zwischentank; 4 = letzte Fein-/ oder Entkeimungsfiltration, mit Leitung zum Abfülltank oder (e) direkt zum Füller, was die Regel ist.

Die **Organisation des Tanklagers**, die Aufstellung der Tanks – stehend – liegend – einfach oder mehrfach gesattelt, ist von der technischen wie wirtschaftlichen Seite besonders zu überlegen.

Das Raumvolumen wird von der Anzahl der Tanks, ihrer Größe und Form bestimmt. Der Flächenbedarf ergibt sich aus der Jahresproduktion an Sekt und aus dem gewählten Verhältnis zwischen Gär- und Behandlungstanks bei der Produktion und dem Raumbedarf bei der Fertigung, der Abfüllstraße und dem Zwischen- bzw. Vollgutlager für Fertigsekt.

Liegender oder stehender Tank? Als Gärtank bringt der liegende Druckbehälter wegen seiner größeren aktiven Hefegrenzfläche Gär- und Ausbauvorteile. Besonders vor der Zeit der Einbaurührwerke war das von Bedeutung.

Dagegen bevorzugte man als **Behandlungs- und Kühltank** von Anfang an den **Standtank** wegen der hier konstant bleibenden, nur vom Tankradius oder Querschnitt ($r^2 \cdot \pi$) abhängenden verhältnismäßig kleinen Grenzfläche zwischen Klarsekt und Geläger. Dadurch war die Trennung von Sekt und Trub einfacher und sicherer und die Klarfiltration billiger, soweit Schichtenfilter verwendet wurden.

Auch bei Verwendung von Druckgas erweist sich die kleinere Oberfläche des Standtanks als günstiger.

Beim Entleeren der teilweise sehr hohen stehenden Tanks ist darauf zu achten, dass sich während der Entleerung der **Druck** auf

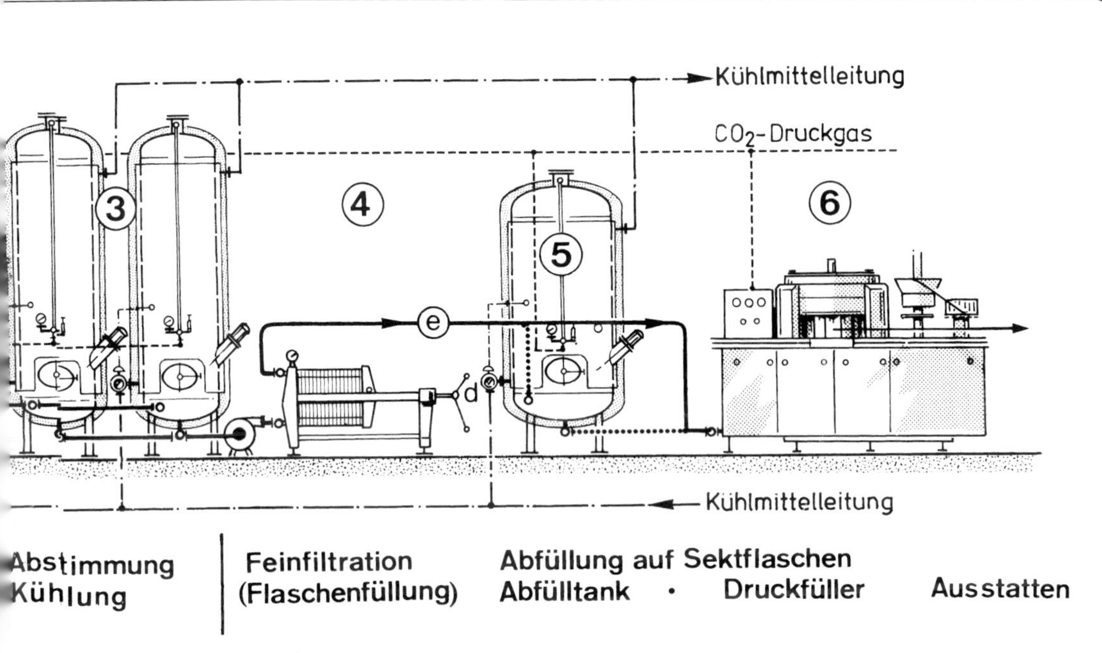

6 = Gegendruckfüller mit Verschließer. a = Sicherheitsarmatur, b = Thermometerkontrolle, c = Rührwerk, d = Regelung der Kühltemperatur durch Thermostat, e = direkte Leitung zum Behandlungs- (= Abfüll-) tank über EK-Filter (4) zum Füller (6). Punktiert: Leitung über Zwischentank (5).

die Pumpe verändert (Absinken der Flüssigkeitshöhe – Verminderung des Vordrucks). Dieser sich mit dem Entleervorgang ständig mindernde Druck auf der Saugseite der Pumpe wird dadurch ausgeglichen, dass auf die Oberfläche des Sektes mithilfe von CO_2 (oder Luft) ein entsprechend höherer Druck beaufschlagt wird. Dadurch erzielt man einen immer gleich bleibenden Druck auf der Saugseite der Pumpe.

Das Größenverhältnis von Durchmesser zu Tankhöhe oder -länge war am Anfang fast immer 1:2 bis 1:3. Heute werden Tanks mit Maßverhältnissen bis über 1:5 eingesetzt und zwar sowohl bei liegenden als auch bei stehenden Tanks, die sich mit zunehmender Größe dann als besonders raumsparend auswirken, wenn große Mengen an Wein oder Sekt auf relativ kleiner Bodenfläche untergebracht werden sollen. Dafür beanspruchen sie mehr Höhe. Arbeitswirtschaftlich sind stehende Tanks vorteilhaft, weil das Handling nur von einer Arbeitsebene aus erfolgt.

Allerdings stellen diese **Tanksäulen** an Lagerung, Misch- und Behandlungstechnik erhöhte Anforderungen, da schon die Druckverhältnisse bei einer statischen Höhe von h = 10 bis 17 m um p = 1,0 bis 1,7 bar Druckunterschiede im Tank aufweisen. Bei Mischungen erzeugt das Unruhe und Ungleichheiten, die durch das Rührwerk ausgeglichen werden müssen.

Liegende Tanks gleicher Größe haben gleichmäßigere Temperatur- und Druckverhältnisse, weil der Tankquerschnitt hier maximal d = 3 oder 4 m beträgt.

Eine **Mehrfachsattelung** der Tanks, die nötig wird, wenn man auf gleicher Bodenfläche dieselbe Masse unterbringen will wie beim Standtank, schafft aber verschiedene Arbeitsebenen und ist somit umständlicher und wegen der Arbeitsbühnen und Laufstege aufwendiger bei der Anlage. Die zusätzlichen Lagervorrichtungen machen ein Vielfaches von denen des Standtanks aus, die lediglich eine solide Grundsockelplatte benötigen, aber keinen Lagersattel oder Stahlskelettbau mit Traversen oder Bändern aus Stahl, falls die Tanks hängend gelagert werden.

Der Grad der **Raumausnutzung** spielt bei der Belegung von Tankräumen eine begrenzte Rolle. Haushofer (1966) entscheidet die Frage nach der besseren Raumausnutzung wie folgt:

Ausgehend von der Basis des sog. Tankfeldes dessen Größen sich aus dem Tankdurchmesser, der Länge (Höhe) und dem halben Abstand von Tank zu Tank ergibt und dem für den gleichen Tankraum erforderlichen Keller- bzw. Lagerraum beträgt der Nutzungsgrad

a) bei liegenden, direkt übereinander gesattelten Tanks mit einem Gang von 1,5 m = 47,4 %,
b) bei liegenden, versetzt gesattelten Tanks mit einem Gang von 1,5 m = 46,6 %,
c) bei stehenden Tanks mit zwei Gängen von je 1,5 m = 41,0 %.

Die **Tankform** ist nach wie vor beim Drucktank zylindrisch mit druckfest geformten Böden für max. 8 bar Überdruck. Drucktanks unterliegen den Unfallverhütungsvorschriften für Druckbehälter bzw. den Richtlinien des TÜV. Vergleiche auch Betriebssicherheitsverordnung (BetrSichV) vom 03.10.2002 und Troost (1988).

Ein Übersichtsschema des Arbeitsablaufes beim Großraumgärverfahren mit Standtanks vermittelt Abb. 48. Es deutet schematisch die einzelnen Produktionsstufen mit 1 bis 6 an und versucht eine Aufteilung der Behältergruppen bei einer Jahresproduktion von 1 und 5 Millionen 0,75-l-Flaschen im Jahr, wobei ein großer Teil des Jahres der Lagerung des Sektes auf der Hefe vorbehalten ist.

Die Zuordnung von Tanks, Separator und Filter und die Frage, wieweit noch ein eigener Abfülltank bei der Flaschenfüllung eingesetzt wird oder die Kühltanks auch als Abfülltank dienen, ist vom Betrieb, der Raumverteilung und der evtl. Zwischenlagerung des Fertigsektes abhängig. Ob der Abfülltank ebenfalls mit einem Rührwerk ausgestattet wird oder nicht, hängt u.a. von seiner Größe ab. Vorsehen sollte man wenigstens den Rührwerkstutzen.

Die Abb. 49 gibt ein Belegungsplan-Beispiel eines Tanklagers mit stehenden Tanks nach dem Stand der Baujahre 1971 bzw. 1972 der Firma Oberflächentechnik Munk & Schmitz wieder. Die Darstellungen haben auch heute noch ihre Gültigkeit.

Eine liegende Anordnung der Großraum-Gärbehälter ohne Sattlung, sondern in zwei Reihen ausgelegt, hat folgende Vorteile:

- nur eine Arbeitsebene (Behälter können ohne Befahreinrichtung manuell gereinigt werden),
- der Wegfall von teuren Lagereinrichtungen
- und die nur geringe statische Höhe der Tankinhalte bei einem Durchmesser von 3 m und einer Länge von 17,5 m,
- eine sehr große Hefeberührungs-Oberfläche im Ruhezustand und daher eine gute Beeinflussung des Rohsekte durch die Hefezellmasse, selbst bei einem Volumen von 120 000 Liter, die bei der Gärung durch wirksame Rührwerke noch unter stützt wird.

Werden die Tanks einfach und direkt gesattelt, so sind die Sicherheitsarmaturen vor die jeweilige Tankfront auf eine gemeinsame Arbeitshöhe heruntergezogen. Dadurch werden zusätzliche Arbeitsbühnen oder -ebenen vermieden. Flüssigkeits- und Gasanschlüsse sind so vom unteren Bedienungsgang aus alle zu erreichen.

4.3.1.1 Druckbehälter aus Edelstahl

Ein Tank-Werkstoff, der beim Stillwein heute häufiger angewendet wird, sind austenitische **Edelstahl-Legierungen**, die sich als Chrom-Nickel-Stahl mit den Werkstoff-Nr. 1.4301 oder 1.4541 und als Chrom-Nickel-Molybdän-Stahl mit Nr. 1.4401 oder 1.4571 bewährt haben. Zwar sind Drucktanks aus dem Werkstoff Nr. 1.4571 etwa 15 bis 20 % teurer (Stand Oktober 2008) als Drucktanks aus dem Werkstoff Nr. 1.4301, doch haben sie den unbestreitbaren Vorteil der größeren Korrosionsfestigkeit gegenüber SO_2.

Wichtig ist das **Oberflächenverhalten** der Edelstahlbleche. Die Innenoberfläche muss glatt, zumindest **walzpoliert** sein, was der Bezeichnung IIIc entspricht. Gebeizte Oberflächen, wie IIa und IIIb sind für Wein/Sekt ungeeignet, weil zu rau. An ihnen setzt sich Weinstein an und haftet sehr fest, sodass die Reinigungsarbeit aufwendig wird. Vergleiche im einzelnen Troost (1988) und Fetter (1968).

Materialgerechte Verarbeitung und Behandlung von nichtrostenden Chrom-Nickel-Stählen und Chrom-Nickel-Molybdän-Stählen vorausgesetzt, treten keine

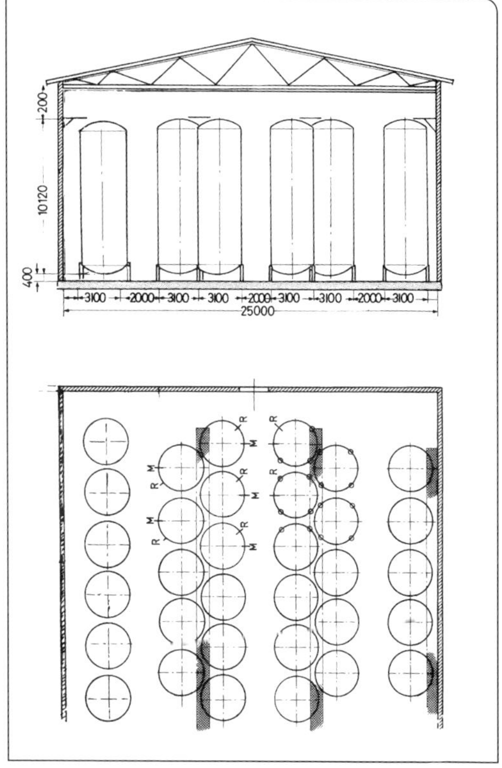

Abb. 49. Belegungsplan (Ausschnitt) einer Sektkellerei mit stehenden Gärtanks für 5 Mio. Liter (Beispiel von Oberflächentechnik Munk & Schmitz) Die Großraum-Gär- und Lagertanks mit Maßen ∅ 3 100 · 10 120 mm = 72 000 l Inhalt (Verhältnis 1 : 3,3) sind für 5 Mio. Liter ausgelegt. M = Mannloch, R = Rührwerk. Bodenbelastung 30,6 kg/cm².

Bisher hat man bei Sekt-Drucktanks auf Edelstahl-Legierungen aus Preisgründen verzichtet, weil die erforderliche Wandstärke die Anschaffung zu aufwendig macht. Bei den derzeitigen Preisen (Stand Frühjahr 2009) sind Drucktanks aus dem Werkstoff Nr. 1.4301 unter etwa 30 000 Liter Inhalt in der Anschaffung günstiger als vergleichbare Stahltanks mit Innenauskleidung.
Edelstahltanks sind als Chrom-Nickel-Stahllegierung (Nr. 1.4301) nicht unempfindlich gegenüber freier SO_2 und gegenüber Chloriden. Erst die Molybdän-Zusätze machen die Legierung SO_2-fester, dafür sind sie aber teurer.
Für die Praxis ist wichtig, zu wissen, dass Edelstahlbehälter nicht immer eine vollkommene Passiv-Schicht haben, die ihre Korrosionsbeständigkeit bewirkt. Diese Passiv-Schicht kann, wenn sie zerstört wird (SO_2, Chlorid), wieder durch Behandlung mit oxidierender Salpetersäure repassiviert werden.

Korrosions-Schadfälle in der Praxis auf. Ausnahmsweise aufgetretene Schadfälle können nicht dem Werkstoff angelastet werden. Aber selbst dann – und unter verschärften Versuchsbedingungen – bleiben önologisch die Migrationswerte von Chrom und Nickel – wenn auch nicht mehr vernachlässigbar – so doch in sehr engen Grenzen (Eschnauer 1987).

4.3.1.2 Stahltanks, Auskleidung mit Glasemail und Kunstharz

Stahltanks aus normalem Kesselblech, hergestellt aus Siemens-Martin-Stahl (SM-Stahl), bedürfen eines rost- und säurefesten **Oberflächenschutzes**, eines sog. Verbundes, wenn sie bei Getränken anwendbar sein sollen. Ihr Einsatz wurde erst mit dem Aufbringen eines säurefesten, temperaturunempfindlichen, geschmacksneutralen und haltbaren Verbundstoffs möglich.

Die Korrosionsanfälligkeit von Metalltanks muss bei der Kostenkalkulation mit berücksichtigt werden. Dabei fließen ein:

- der Anteil der Entwertung infolge Rostbildung und Korrosion,
- die notwendigen Maßnahmen zur Verhütung der Rostbildung,
- die Kosten des Rostschutzes, soweit sie in Anschlag zu bringen sind (Troost 1988).

Der beste **Rostschutz** ist die Lagerung von Metalltanks in möglichst trockenen Räumen. Angestrebt wird eine Luftfeuchtigkeit unter 70 % RF und die Möglichkeit, den Raum zu temperieren.

Die Tanks werden im Allgemeinen bereits mit einem Außenschutz geliefert. Ist dieser beschädigt, so kann er mit Lacken auf Chlor-Kautschuk-Basis, Bootslacke, PVC oder den Reaktion-Lacksystemen ausgebessert werden. Wichtig dabei ist die Untergrundbehandlung. Die Grundierung, die auf den späteren Schutzlack abgestimmt sein muss, wird auf den trockenen, vorher (mit Sandstrahlen) gesäuberten Untergrund aufgebracht. Bei der Wahl der Lacke wende man sich an eine der bekannten Spezialfirmen bzw. an die Lieferfirma des Tanks.

Über die bei den verschiedenen Tankoberflächen verwendbaren Reinigungsmittel gibt Tab. 22 Auskunft.

Ausgekleidet mit Glasemail

Eine der frühesten Tankauskleidungen von Sekt-Drucktanks war das Glasemail (Kobaltemail, Trisorit-Glasemail). Email hat eine sehr hohe Haftfähigkeit auf Stahl und eine große Druckfestigkeit. Aber die Glasschmelze ist sehr spröde und wenig elastisch, daher stoß- und spannungsempfindlich. Die glasemaillierten Sekttanks waren zudem in ihrer Größenauslegung nur begrenzt herzustellen, weil der Schmelzprozess im Ofen bei 960 bis 1000 °C entsprechend große Öfen erforderte. Die auch teuren emaillierten Tanks sind daher in den heutigen Betrieben, die größere Tankeinheiten bevorzugen, nicht mehr vor-

Tab. 22 Reinigungsmittel für Tankoberflächen

Reinigungsmittel anwendbar bei	alkalisch		sauer		Chlor-haltig	Fluor-haltig
	stark	schwach	stark	schwach		
Stahltank mit Kunststoffauskleidung	nein	ja	ja	ja	ja	ja
Stahltank mit Emailauskleidung	nein	ja	ja	ja	ja	nein
Edelstahltank	nein	ja	ja	ja	nein	nein

zufinden. Dazu kam, dass die Glasemailoberfläche den Spannungen als Folge von ständigen Druck- und Temperaturwechseln nicht Stand hielt.

Bei starken **Stößen und Spannungen** (Überdruck, Kühlsole) können Haarrisse entstehen oder die Emaillierung kann abspringen. Auch scharfe Krümmungen wie beim Übergang zum Ein- und Auslaufstutzen führen zu Spannungen und damit zum Abplatzen der Schicht.

Zwar ist bei kleineren Schäden die Reparatur im eigenen Betrieb mithilfe eines selbsthärtenden Kunststoffes möglich, doch muss bei größeren Beschädigungen der Emailschicht der gesamte Tank ins Werk, wo die ganze Auskleidung restlos abgestrahlt wird und der Tank eine neue Emailschicht erhält.

Der Anschaffungspreis glasemaillierter Tanks liegt im Allgemeinen über dem mit Kunststoffen ausgekleideten Behältern.

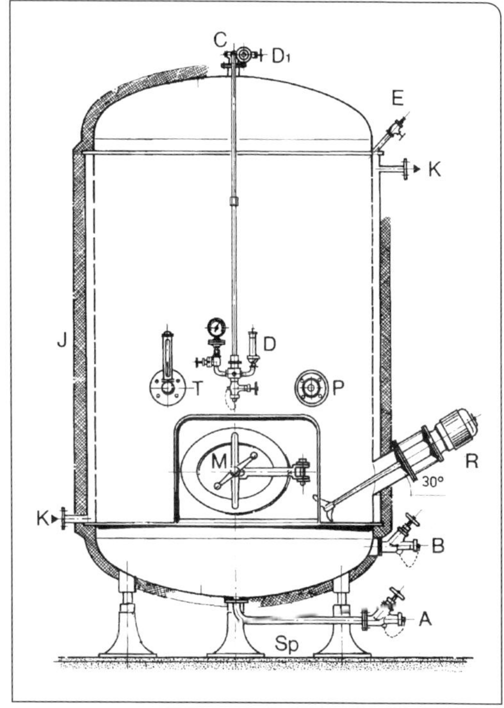

Abb. 50. Stehender Sekt-Drucktank (Kühltank) von 8 bar Überdruck mit Doppelmantel über dem zylindrischen Teil und Wärmeisolierung über Mantel und Böden (Oberflächentechnik Munk & Schmitz). Ausrüstung: A = Einfüll- und Restablaufventil; B = Blank- (Abfüll-)ventil; C + D = Sicherheitsarmatur, besteht aus Hauptabsperrventil C und Sicherheitsventil D_1, heruntergezogenem Gasrohr, Kreuzstück mit 2. Sicherheitsventil, Kontrollflansch und Manometer sowie CO_2-Ventil; E = Entlüftungshahn für Sole; J = Isolierung durch Schaumstoff; K = Kühlsole-Ein- und Austritt; M = Mannloch 350 · 450 mm; P = Probenventil; R = Rührwerk; Sp = Spindelfüße; T = Winkelthermometer.

Ausgekleidet mit Kunstharz

Am Anfang bewährten sich **Phenolharz-Einbrennlacke** wie Emaillit, EMS- und Prodor-Kunststoff, Akorrosit, Vetrodur u.a. Es waren Formaldehyd-Phenolharz-Überzüge, die im Ofen bei etwa 200 °C zu vollkommen geruchs- und geschmackslosen Schichten polymerisierten und trockneten. Diese Einbrennlacke mussten noch in 5 bis 7 Schichten aufgetragen werden, um eine porenfreie Oberfläche zu bilden.

Die Einbrennlacke wurden abgelöst von den **lösungsmittelfreien kalthärtenden Zweikomponenten-Systemen**, die aus einem niedermolekularen Kunstharz wie z. B. Epoxydharz bestehen und einer reaktiven Komponente, dem passenden Härter. Die Aushärtung erfolgt durch Polyaddition und geht ohne Abspaltung von Stoffen (Lösungsmittel) vor sich und dauert z. B. bei **Munkadur**-Schichten bei 20 °C bis zur vollen Aushärtung zwei Tage. Die Verarbeitung erfolgt zwischen +10 °C und +30 °C in der bekannten **Topfzeit** (etwa 20 Minuten). Der Auskleidung voraus geht eine Oberflächenvorbehandlung der Tanks durch Sandstrahlen.

Die Zweikomponenten-Systeme (auch Duroplasten genannt) sind sehr fest haftende

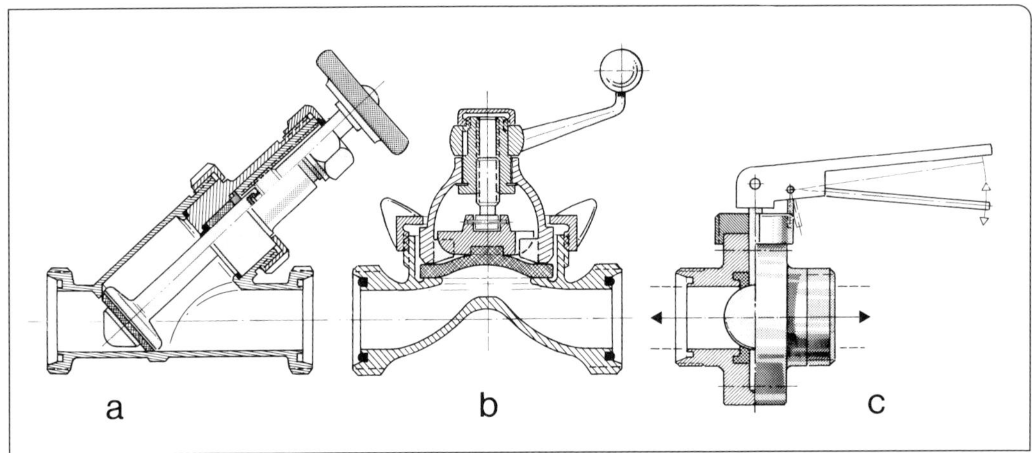

Abb. 51. a = Schrägsitzventil aus Edelstahl in Leerlaufausführung. Beispiel Südmo, DIN 11851, für NW 25-65. b = Membranventil (Schnellschluss-Ausführung) aus Edelstahl im Schnitt von Südmo. c = Absperrklappe, Edelstahl Nr. 1.4301, von Kieselmann mit Endlagenarretierung. „Auf-Zu“ und Rundschaltung. Betriebsdruck bis 10 bar und bis 120 °C für NW 25-150. Die Ventile a und b können durch Abschrauben der Überwurfmutter leicht auseinander genommen werden und sind leicht zu reinigen, ohne Reste zu hinterlassen.

Verbundüberzüge. Sie sind elastisch und relativ stoßfest. Die Oberfläche ist glatt, glänzend und benetzbar. Dadurch ist sie leicht zu reinigen, zuverlässig zu desinfizieren und ist ständig aufnahmebereit für neue Füllungen. Die Druckbelastung und die Widerstandsfähigkeit gegenüber Temperaturschwankungen sind gut. Gegenüber schwefliger Säure sind Zweikomponenten-Lacke wenig empfindlich. Ein großer Vorteil ist, dass Reparaturen im eigenen Betrieb vorgenommen werden können.

Kalthärtende Verbundstoffe erlauben auch, zu größeren Tankeinheiten überzugehen, weil sie einer Ofentrocknung nicht mehr bedürfen und die Kunstharze auch maschinell sehr gleichmäßig aufgespritzt oder gespachtelt werden können.

4.3.2 Ausstattung der Drucktanks, Armaturen, Rohrleitungen

Tankarmaturen (Abb. 50 bis 54) wie Ventile, Standglas, Hähne, Rohrleitungen oder Rohrverbindungen, die lange Jahre aus verzinntem oder versilbertem Rotguss oder aus Bronze gefertigt waren, sind zwischenzeitlich durch zwar teure, aber korrosionsfeste Chrom-Nickel-Stahl Neukonstruktionen ersetzt worden. Diese weisen bessere Strömungsverhältnisse auf und sind auch hygienisch einwandfrei; d. h., sie lassen keine Schmutznester und stehen bleibende und dann verkommende Sekt- und Weinreste zu, wie es bei vielen alten Messinghähnen und -ventilen die Regel war.

Sowohl die günstigen **Strömungsverhältnisse** und geringeren Druckverluste durch den klar gegliederten, glatten Innenraum als auch die einwandfreie **Abdichtung** von Spindel oder Kolben sind hier besonders herauszustellen. Sie rechtfertigen den höheren Preis. Die Abb. 51 a macht das bei einem Schrägsitzventil deutlich.

Für Schaumweine, bei denen es auch einen nicht unerheblichen Gegendruck zu überwinden gibt, haben sich Kurbeln anstatt Handräder als vorteilhaft erwiesen (Abb. 51, b).

Hervorzuheben ist bei den meisten Edelstahlventilen die Abdichtung der Spindel vor

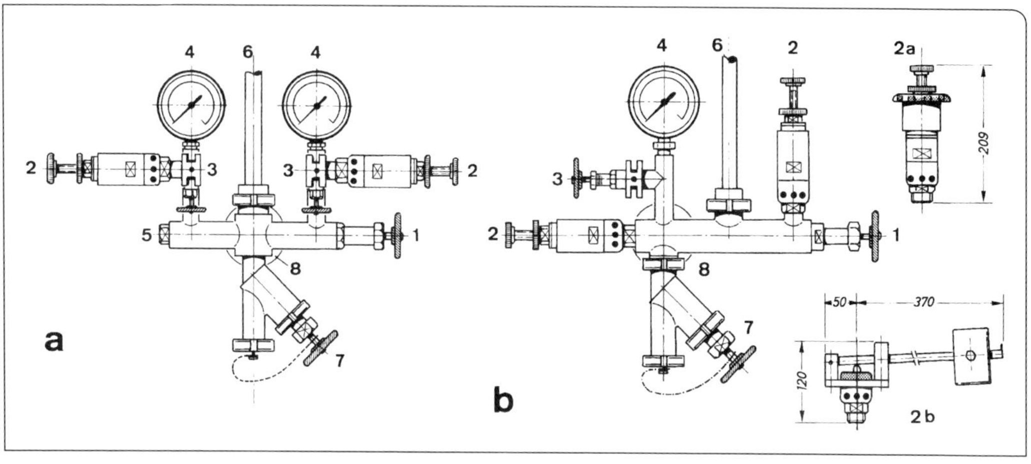

Abb. 52. Sicherheits- und Gasarmatur DBGM für Hochdrucktanks aus Edelstahl von Vogel.
a = Doppelarmatur mit 1 = Kreuzstück mit Hauptabsperrventil (Zweiwegeventil); 2 = Federsicherheitsventile TÜV-geprüft und fest eingestellt;
3 = Kontrollflansch mit 4 = Manometer und Federsicherheitsventil DBGM; 5 = Reinigungsstopfen zur Reinigung des Ventilblocks; 6 = Anschluss für das Luft- oder Gasrohr; 7 = Luft- oder Gasventil;
8 = Halteflansch ø 110/75, 4 à 14.
b = Sicherheitsarmaturenblock mit einem Manometer (vgl. a); 2 = Federsicherheitsventil, konstant eingestellt; 2a = Federsicherheitsventil, einstellbar, NW 15-25; 2b = Hebelsicherheitsventil, Typ K, konstant eingestellt, oder Typ E, einstellbar durch Verschieben des Gewichtes innerhalb des Höchstdruckes (vgl. Abb. 53).

dem Gewindeteil. Bei den meisten alten Ventilen befand sich die Abdichtung hinter dem Schraubengang, wobei Produktreste in das Gewinde gelangten und dort Infektionsnester bildeten.

Als Vorteil wäre auch die heute allgemein bevorzugte **Baukastenform** anzuführen, die das Auswechseln der Einzelteile oder der Armaturen erleichtert. Die Ventiltypen der Abb. 51 a, **Schrägsitzventile** aus Edelstahl, sind hierbei vorbildlich.

In Fällen, wo das Schrägsitzventil auch Regelventil ist, also nicht nur **Auf-Zu-Funktion** hat, sondern Zwischenwerte im Flüssigkeitsstrom einzustellen erlaubt (Klärfilter, Pumpe), legt man auf eine optimale Steigung des Schraubengewindes und dessen Leichtgängigkeit besonderen Wert.

Dort, wo es weniger auf Regelung, sondern auf Öffnen und Schließen einer Leitung ankommt, ist die billigere **Absperrklappe** praktischer (Abb. 51 c).

Zur Regelung der Strömungsgeschwindigkeit beim Filter, Füller und dort wo es auf besondere Hygiene ankommt, werden **Membranventile** verwendet, mit Handrad oder als Schnellschlussventil mit Kurbel (Abb. 51 b). Leider neigen viele Membranen mit der Zeit zur Porosität.

Kugelhähne haben den Vorteil, dass der Leitungsquerschnitt nicht eingeengt und somit der Leitungswiderstand nicht erhöht wird (Abb. 64 b1).

Alle diese Ventile sind in Leerlaufausführung überall dort einzusetzen, wo die Reinigung von Leitungssystemen automatisiert wird, wie beim CIP-Verfahren, und das ist beim Großbetrieb heute fast überall die Regel.

Außer von Hand lassen sich Ventile elektrisch oder pneumatisch steuern. Solche Fernsteuerungen innerhalb eines Arbeitsprogram-

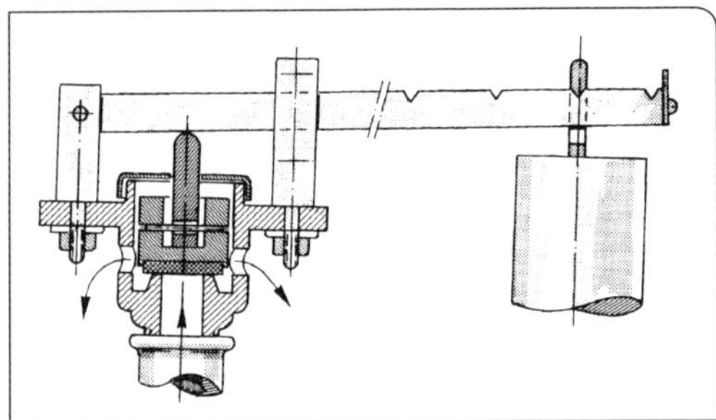

Abb. 53. Schnitt durch ein gewichtsbelastetes Hebel-Sicherheitsventil, einstellbar durch Verschieben des Gewichtes auf geringeren Druck, falls erforderlich.

mes finden wir bei volumetrischen Abläufen wie beim Verschnitt oder Dosieren. Ebenfalls ist sie bei **CIP-Reinigung** üblich.

Einzelheiten siehe bei Troost (1988) oder Firmeninformationen.

Der **Sicherheitsarmatur** kommt bei Drucktanks erhöhte Bedeutung zu. Verwendet werden TÜV-geprüfte Sicherheitsventile von NW 25 aufwärts, die doppelt angebracht sein können. Sie arbeiten meist mit einer erlaubten 10-prozentigen Überschreitung des höchstzulässigen Betriebsdrucks von 8 bar Überdruck. Dies bedeutet, dass die Federdruck-Sicherheitsventile häufig erst bei 10%iger Druckerhöhung **mit Verzögerung ansprechen** und, wenn der Ventilsitz klebt, noch später oder überhaupt nicht (daher ist eine Kontrolle unerlässlich!).

Verwendet werden federbelastete **Sicherheitsventile** verschiedenster Bauart (Abb. 52, 54). Über die Anordnung der Sicherheitsarmatur orientiert die Abb. 50. Sie besteht in der Regel aus dem Sicherheitsventil (Abb. 52 a), dem heruntergezogenen Gasrohr (6), einem Kontrollflansch zur Druckprüfung (1) und dem Manometer (4) sowie dem CO_2-Ventil (7).

Federdruck-Sicherheitsventile (Abb. 54) sind am meisten verbreitet. Sie müssen aber gepflegt und von Zeit zu Zeit auf ihre Funktion hin geprüft werden. Federdruck-Ventile verkleben leicht und arbeiten dann mit Verzögerung. Das ist normalerweise beim Sekt nicht von Bedeutung, weil der Druck durch die Zuckerzugabe begrenzt ist und kaum über 6,5 bar Überdruck ansteigt, falls die Temperatur normal bleibt.

Sicherer in der Ansprache sind gewichtsbelastete sog. **Hebel-Sicherheitsventile** (Abb. 53), die auch einfacher und übersichtlicher gebaut sind. Sie sprechen exakter auf den eingestellten Druck an, während Federdruck-Ventile mit der Zeit erlahmen.

Über den inneren Bau der bekanntesten Sicherheitsventile geben die **Funktionsschnitte** der Abb. 54 Auskunft.

Druckarmaturen werden auch nach dem Baukastensystem zu Armaturenblöcken (Abb. 52) zusammengefasst. Sie haben dann zwei Federdruck-Sicherheitsventile, ein CO_2-Anschlussventil und das oder die Platten-Manometer mit Abstellventil und Prüfanschluss.

Eine wichtige **Gasarmatur** ist das in Abb. 55 dargestellte Reduzierventil. Es ist dann notwendig, wenn aus der CO_2-Flasche oder dem CO_2-Tank Kohlensäure entnommen wird und der Druck auf den gewünschten Arbeitsdruck reduziert werden muss. Es ist ein Ventil mit Manometeranzeige. In der ersten Stufe wird der Druck auf 10 bis 15 bar und in der zweiten Stufe auf den eingestellten Arbeitsdruck reduziert. Weil beim Verdampfen der Kohlensäure Wärme gebunden wird und das Reduzierventil schneller einfriert, kann es mit einer Heizvorrichtung versehen sein (siehe auch Kap. 4.5.3.3). Ähnliche Ventile gibt es auch für die Druckreduzierung von Stickstoff. Sie unterscheiden sich durch das Gewinde, mit dem die Armatur an die Stahlflasche oder den Tank angeschlossen wird. Gemäß der EN (Europäische Norm) 1089-3 sind die Farbgebungen der Flaschenschultern für die verschiedenen Gase vorgeschrieben.

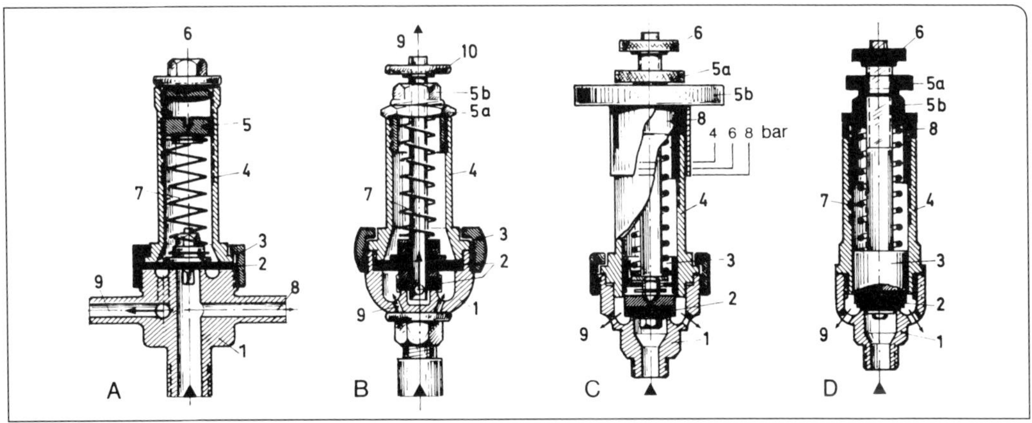

Abb. 54. Funktionsschnitte durch die bekanntesten Feder-Sicherheitsventile für Drucktanks bis 8 bar Überdruck. A = einfaches, veraltetes Ventil der fünfziger Jahre mit Gasaustritt bei 9 zum Schauglas und 8 zum Manometer. B = Federventil mit doppelter Membrane. Das CO_2-Gas entweicht durch die Hohlspindel. C = Federventil mit Stellrad zum Einstellen verschieden hoher Gegendrücke unterhalb von 8 bar Überdruck. Das Gas entweicht durch 6 Öffnungen im Ventil-Unterteil 1. D = vereinfachtes Ventil vom Typ C. Es bedeuten bei A und B: 1 = Ventil-Unterteil (-Boden); 2 = Dichtungsmembrane mit Spezialdichtung bei B; 3 = Überwurfmutter zum Fixieren und Abnehmen der Ventilhülse; 4 = Ventil-Oberteil; 5 = Einstellschraube für die Druckfeder (Druckeinstellung); 5a = Gegenmutter zum 5b = Druckstopfen für das Einregulieren des Gegendruckes; 6 = Sicherungsstopfen; 7 = Druckfeder; 8 = Verbindungskanal zum Manometer; 9 = Gasaustritt; 10 = Rändelschraube zum Drehen und Anheben der Ventilspindel mit Ventilteller (Prüfung auf dichten Abschluss). Bei C und D ist: 3 = Ventilspindel mit Ventilteller; 5a = Handrad zum Entlüften der Spindel mit Ventildichtung; 5b = Druckkopf bei D, Handrad zum Verstellen des Gegendruckes bei C; 6 = Rändelschraube zum Drehen der Spindel, falls undichter Sitz; 8 = Sperrhülse; 9 = Öffnungen für den Gasaustritt bei Überdruck.

So ist die Schulterfarbe schwarz für Stickstoff und grau für Kohlendioxid.

Eine wichtige Armatur am Tank ist auch das **Probenventil** (Abb. 50, P). Da der Sekt aber unter Druck steht, ist die Probeentnahme aufwendiger als dies beim Stillwein der Fall ist. Abb. 56 zeigt das Schema einer Einrichtung zur Probeentnahme aus dem Sekttank. Es besteht aus einer Halterung zur Aufnahme der Sektflasche und aus einem Schutzgitter, das um die Flasche gestülpt wird. Auf die Öffnung der Flasche wird ein Verschluss mit zwei Bohrungen aufgebracht. Eine Bohrung wird zum Druckausgleich benutzt, die zweite Bohrung nimmt die Leitung zur Befüllung der Flasche auf. Wenn der Druckausgleich stattgefunden hat, läuft der

Abb. 55. Kohlensäure-Druckminderer (Reduzierventil) mit 2 Manometern zur Kontrolle der Druckstufen (Messer Griesheim).

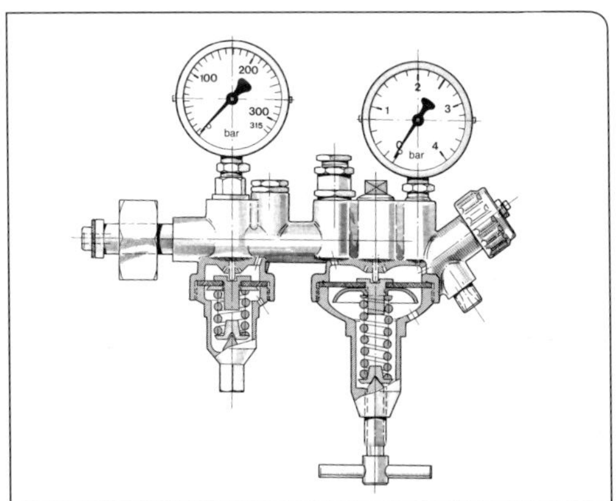

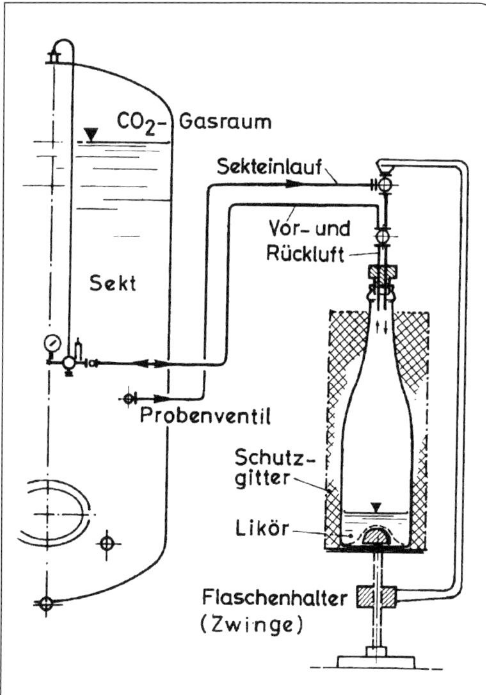

Abb. 56. Schema eines Gerätes zur Probenentnahme aus Druckbehältern.
Die leere Sektflasche wird mit der Zwinge gegen das Flaschenfüllventil gepresst und durch Öffnen des Vorlaufröhrchens der Druckausgleich Flasche –Tank herbeigeführt, danach wird zusätzlich die Verbindung Sekt – Flasche hergestellt und die Flasche mit Sekt vollgefüllt. Die Druckentlastung erfolgt nach Schließung aller Verbindungen zum Tank durch vorsichtiges Lockern der Zwingenspindel.

Sekt mit Falldruck in die Flasche. Es ist angebracht, die Flasche vorher mit etwa dem 5-fachen ihres Inhaltes mit CO_2 auszuspülen, damit bei der Probeentnahme kein Sauerstoffeintrag erfolgt.

Neben dieser einfachen Art der Probenentnahme werden von der Industrie Armaturen angeboten, die auch eine kontinuierliche Probenentnahme des Sektes unter Druck aus der Leitung ermöglichen.

Thermometer, Manometer

Als Thermometer kommen im einfachsten Falle **Winkelthermometer** infrage, die etwa 40 cm weit mit einer druckfesten **Hülse aus Edelstahl** in den Tank hineinragen und eine gut ablesbare, aber doch vor Bruch geschützte Skala in °C aufweisen sollen.

Neben den Flüssigkeits-Glasthermometern werden die Tank-Innentemperaturen mit elektrischen Widerstandsthermometern gemessen. Dabei wird sich die Tatsache zunutze gemacht, dass der Widerstand von Metallen (meist Platin) eine bekannte Abhängigkeit von der Temperatur aufweist. Gemessen wird mit einem direkt anzeigenden Widerstandsmesser, der in °C geeicht ist. Die Messeinrichtung besteht dann aus dem Widerstandsthermometer (Geber), dem Anzeigegerät (Schreiber, Signalgerät) und einer Gleichstromquelle von normal 6 Volt.

Temperaturwächter und -regler (Thermostate) benötigen z. B. Kühltanks, um das Ein- und Ausschalten der Solepumpe und des NH_3-Verdichters zu veranlassen. Thermostate schalten abhängig von der Soletemperatur oder besser der Temperatur des Tankinhaltes den Betrieb der Kältemaschine ein und aus. Die Schaltdifferenz liegt bei 1 bis 2 °C. Temperaturwächter können auch als Sicherheitsschalter dienen, indem sie bei Erreichen einer gefährlichen Grenztemperatur abschalten.

Der **Druckmesser (Manometer)** ist ein wesentlicher Teil der Druckarmatur. Er gibt Auskunft über den Beginn und Verlauf der Gärung und zusammen mit dem Thermometer auch über den erreichten und bestehenden temperaturabhängigen CO_2-Druck im Sekt und ist dann Kontrollarmatur.

Auch Manometeranzeiger unterliegen der **TÜV-Überprüfung**. Billige, einfache Rohrfeder-Manometer arbeiten mit der Zeit ungenau und in feuchten Räumen nur begrenzt lange Zeit richtig. „Billigen Manometern begegnet man am besten mit einer Portion ge-

Man verwendet die Ausdehnung einer Metallhohlfeder als Maß für den Druck oder, im Fall Plattenfeder-Manometer, einer gewellten Plattenfeder (Membrane) aus Stahl, die zwischen zwei Flanschen eingespannt ist. Sie biegt sich bei Überdruck nach oben und überträgt die Bewegung durch eine Zugstange auf das Zeigerwerk und den Instrumentenanzeiger.

sundem Misstrauen“, heißt ein Erfahrungssatz. Plattenfeder-Manometer sind hygienischer und genauer.

Heute werden bei der manometrischen wie auch bei der thermischen Kontrolle der Gär- und Kühltanks elektrische Messverfahren verwendet. Sie eignen sich für die Fernübertragung der Messwerte und es können Anzeige-, Registrier- oder Regelgeräte angeschlossen werden.

Bei den **Drucksensoren** handelt es sich überwiegend um piezoresistive Druckaufnehmer, welche die mechanische Größe Druck proportional in ein elektrisches Signal umwandeln. Dieses elektrische Signal (mA oder mV) kann dann zu allen möglichen Regel- und Registriervorgängen genutzt werden.

Rührwerke

Gär- und Behandlungstanks sind beide im Laufe der Zeit mit wirksamen **Einbaurührwerken** ausgestattet worden. Dadurch wurde es möglich, die Hefe in intensivem Kontakt mit dem Rohsekt zu halten, eine lebhaftere und **reduktivere** Gärung zu erreichen und die Wirksamkeit der Hefemasse durch gleichmäßige Verteilung besser auszunutzen. Auch die beim Umpumpen von

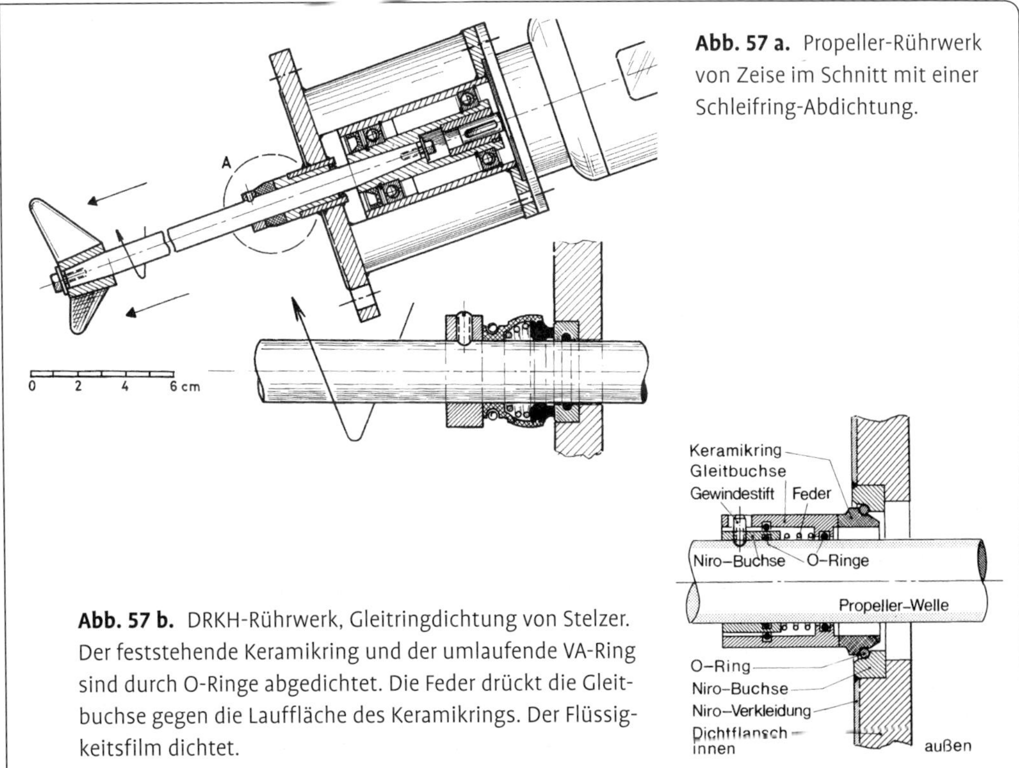

Abb. 57 a. Propeller-Rührwerk von Zeise im Schnitt mit einer Schleifring-Abdichtung.

Abb. 57 b. DRKH-Rührwerk, Gleitringdichtung von Stelzer. Der feststehende Keramikring und der umlaufende VA-Ring sind durch O-Ringe abgedichtet. Die Feder drückt die Gleitbuchse gegen die Lauffläche des Keramikrings. Der Flüssigkeitsfilm dichtet.

Tanks nie erreichte **Homogenität der Inhaltsstoffe** im Sekt ist bei richtig berechneten Propellermischgeräten kein Problem mehr.

Über deren Winkelstellung bei verschiedenen Tankhöhen gibt Abb. 58 eine Übersicht. Blattform und Umdrehungsgeschwindigkeit richten sich nach der Tankgröße und dem beabsichtigten Rühreffekt. Beides wird für den Großraum einzeln berechnet. Im Allgemeinen beträgt die Umdrehungsgeschwindigkeit 950 bzw.1450 U/min. Der Tankinhalt soll zwar gemischt, aber nicht mehr als nötig beunruhigt (und erwärmt) werden. Die Propellerachse wird grundsätzlich exzentrisch zur Tankachse angebracht.

Zur Abdichtung der **Propellerwelle** wurde zuerst eine sogenannte Stopfbuchsenpackung eingesetzt. Ihr Vorteil ist, dass sie von außen nachgezogen werden kann, wenn sie undicht wird. Ihr Nachteil ist, dass mit der Zeit die Propellerwelle eingeschnürt wird.

Bei Rührwerken, die ganz von der Tankflüssigkeit umspült werden, haben sich Gleitring-Abdichtungen verschiedener Bauart besser bewährt (Abb. 57 b). Ihre Dichtungsfunktion wird höchstens einmal durch Weinsteinablagerungen gestört. Beschädigte Gleitringe sind leicht zu erneuern. Wenn die Abdichtung über eine innenliegende Gleitring-Dichtung erfolgt wird diese durch das Mischgut (Sekt) gekühlt. Um eine Beschädigung der Dichtung zu vermeiden, ist deshalb eine Mindestfüllhöhe einzuhalten. Auch sollte eine Entlüftung vorhanden sein, damit

Abb. 58. Größenverhältnisse bei stehenden (oder liegenden) Tanks bis D:h = 1:6. Das Bild veranschaulicht die Rührtechnik bei Tanks mit verschiedenem Behältnis D:h und die Eintauchwinkel des Rührwerks (Druckrührer) (nach Stelzer, 1973).

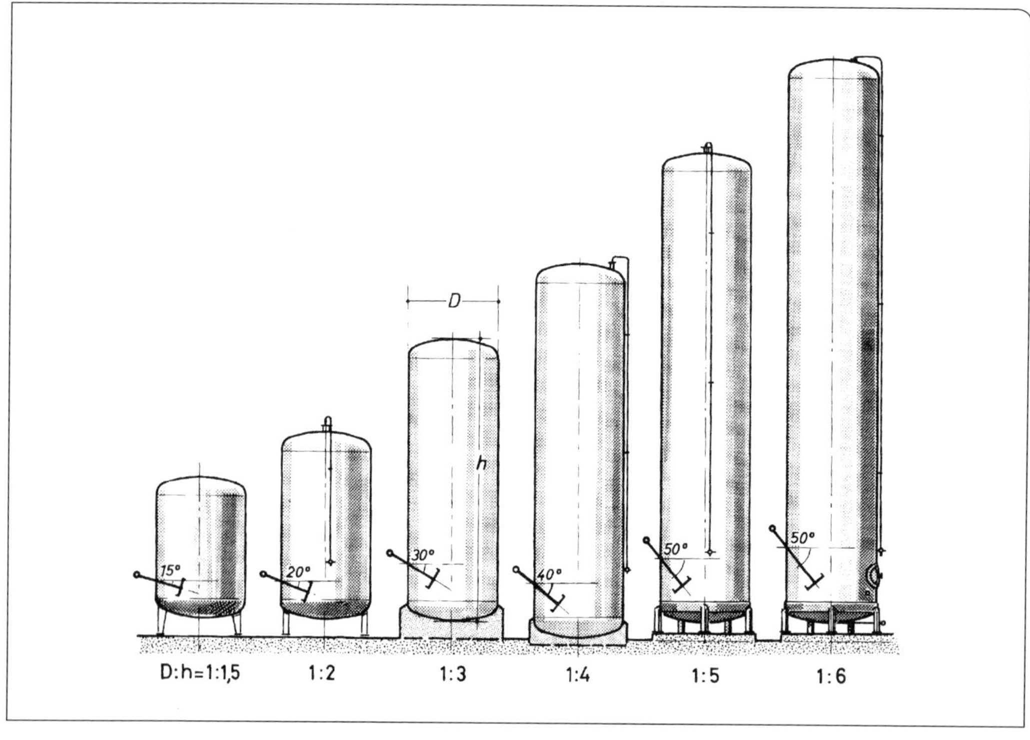

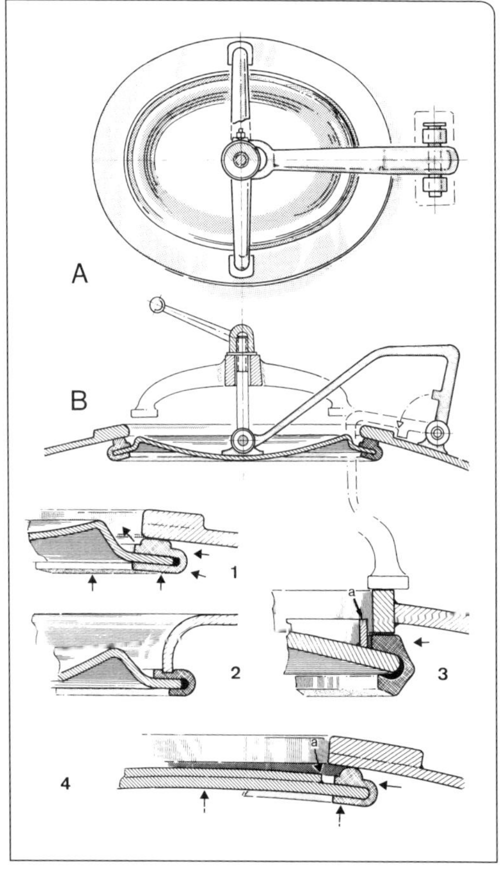

Abb. 59. Mannloch-Konstruktionen für Drucktanks. Die Schnitte 1–4 zeigen verschiedene Möglichkeiten der Abdichtung mit unterschiedlichen Profilen bei den Abdichtungs-Gummiringen.
A = Mannlochverschluss, meist 350 · 450 mm Öffnung mit Verstärkungsring nach innen schwenkbar mit Bügel und Schwenkarm (Aufsicht); B = Mannloch A im Schnitt mit gekröpftem Mannlochdeckel.
1 = unsichere Deckelbauart. Bei Druck kann der Gummiring herausgedrückt werden, weil die Deckelleiste (Kröpfung) zu flach verläuft (siehe Pfeile).
2 = sicherer Verschluss, aber Verschleiß an Gummiringen.
3 = sicherer Verschluss durch aufgeschweißten Sperrring (a). Der Mannlochrand ist durch eine Leiste aus Chromnickelstahl stoßfest.
4 = sicherer Verschluss durch aufgeschweißte, kantige Platte (a) auf dem Mannlochdeckel (Oberflächentechnik Munk & Schmitz), die das Herausgleiten des Dichtungsringes verhindert.

der Sekt in den Hohlraum um den Gleitring gelangen kann.

Die Propeller-Rührwerke werden einzeln oder durch eine Schaltzentrale ferngesteuert und die Laufzeit durch **Schaltuhren** geregelt. Die Rührintervalle richten sich nach Zahl und Größe der Tanks, die Pausen nach der Absetzzeit der Hefe oder des Schönungsmittels. Kürzere Rührintervalle sind wirksamer.

Da Nachtstrom billiger ist, wird man das Rührprogramm in die Nachtzeit verlegen und die Rührwerke in Gruppen hintereinander geschaltet laufen lassen.

Mannloch

Das Mannloch ist eine Öffnung zum Einsteigen in Tanks (z. B. zum Ausführen von Reparaturen und zur Reinigung der Behälter).

Die Mannlochverschluss-Konstruktionen für Drucktanks sind je nach Baufirma unterschiedlich. Das Mannloch (Abb. 59) hat meist eine elliptische Öffnung von 350 · 450 mm (bei alten Tanks auch 300 · 400 mm) und ist meist nach innen zu öffnen. Auch die Mannlochdeckel weisen Konstruktionsunterschiede auf. Abb. 59, B zeigt das im Schnitt.

Mannlochverschlüsse müssen sicher sein, wenn es nicht zu Leckagen kommen soll. Daher ist im Betrieb auf richtigen Sitz der Deckelplatte und des Profil-Gummidichtrings zu achten. Verschlüsse von Bauart Abb. 59, B 1 sind unsicher. Der Deckel ist zu flach gekröpft. Bei Druck kann ein schlecht sitzender Gummiring an der Schmalseite des Mannlochs herausgleiten. Er wird herausgedrückt und findet keinen Halt, weil bei glatten Wandflächen und zu weitem Abstand von Deckelwulst und Mannlochkante keine Sicherung gegen das Herausrutschen vorhanden ist.

Bei dem älteren Drucktanktyp 2 der Abb. 59, B, der ein eingezogenes, versenktes Mannloch hat und der Gummiring hier durch die Tanklochkante festgedrückt wird, ist diese Sicherheit gegeben, aber sie geht auf Kosten des Gummirings, der häufiger ersetzt werden muss.

Einen sehr sicheren, aber auch aufwendigen Verschluss zeigt Abb. 59, B 4. Hier ist der Mannlochdeckel mit einem Sicherheitsring (a) versehen, der ein Verrutschen des Deckels und Herausgleiten des Gummiprofilrings verhindert. Das Mannloch ist zudem mit einer Edelstahlleiste gegen Stoß und Beschädigung der Auskleidung geschützt.

Auch der Schnitt 3 zeigt eine sichere Deckelkonstruktion, bei der eine aufgeschweißte Stahlplatte mit kantigen Rändern das Herausgleiten des Gummiringes wirksam begrenzt.

Sicher ist schließlich auch die Deckelform bei B, wenn die gekröpfte Leiste steil genug verläuft, um den Gummiring festzuhalten, falls er herausgedrückt werden sollte. Oft genügt hier schon ein aufgeschweißter Ovalring aus Rundeisen, um das gleiche zu bewirken.

Man darf schließlich nicht übersehen, dass auf der Mannloch-Ovalfläche von 0,350 · 0,450 m = 1236,4 cm² bei 6 bar Überdruck ein gewaltiger Druck liegt, der einer Kraft von 7418 kg entspricht, bei 8 bar Überdruck sogar 9891 kg. Es tragen daher auch alle Drucktanks um das Mannloch herum einen Verstärkungsring.

Die **Lage des Mannlochs im Tank** ergibt sich aus der Abb. 50. Es liegt oberhalb der Trubzone und sollte den Einstieg in den Tank ermöglichen. Praktisch sind Handgriffe oberhalb des Mannlochs, wenn man schlupfen muss. Bei sehr hohen Standtanks entsprechenden Inhalts ist auch oben, an höchster Stelle, ein zentrales Mannloch (Tankdom) erforderlich, um die Tankreinigung und die Inspektion des Tankinnern durchführen zu können.

Bei **Kühltanks** wird um das Mannloch herum ein passendes Stück Mantelisolierung ausgespart (Abb. 50). Um Eisbildung zu verhindern, sind Vorhängeschürzen oder -türen sowie eine Blechschürze aus Edelstahl zur Ableitung des auftauenden Eiswassers empfehlenswert.

Dichtungen

Dichtungen sind sehr hohen mechanischen und chemischen Beanspruchungen ausgesetzt. Da es keinen Werkstoff gibt, der für alle Anwendungsgebiete gleichermaßen geeignet ist, muss zwischen verschiedenen Werkstoffen gewählt werden.

Perbunan, heute auch Nitrilkautschuk genannt, ist ein synthetischer Kautschuk. Dieser, wie auch durch Copolymerisation aus ihm entstandene Weiterentwicklungen (z. B. Buna), haben gute technologische Eigenschaften. Insbesondere O-Ringe werden aus diesem Werkstoff gefertigt. Je nach Mischungsaufbau dieses Polymerisates liegt eine Temperaturbeständigkeit zwischen -30 °C bis +100 °C vor. Darüber verhärtet der Werkstoff.

Ethylen-Propylen-Dien-Kautschuk (EPDM) ist ebenfalls ein Kunststoff und weist eine gute Quellbeständigkeit in Heißwasser, Dampf, Reinigungslaugen, oxidierend wirkenden Medien (z. B. Ozon), in Säuren und Basen auf. Die thermische Beständigkeit reicht von etwa -50 °C bis 130 °C.

Der Werkstoff **Teflon** zählt zu den fluorierten Kohlenwasserstoffen. Er ist unter den Namen Teflon (USA), Hydeflon (Deutschland) und Fluon (England) im Handel. Er zeichnet sich durch relativ hohe Hitzebeständigkeit und chemische Widerstandsfähigkeit aus. Teflon-Dichtungen sind normalerweise erheblich teurer als Dichtungen aus Alternativ-Materialien.

PVC (Polyvinylchlorid) ist als Werkstoff sehr verbreitet. Als an sich festes Material kann es durch Zusatz von Weichmachern elastische Eigenschaften erhalten. So werden z. B. auch Getränkeschläuche aus Weich-PVC hergestellt.

Bereits bei der Produktion des Dichtungsmaterials können Fehler und Toleranzen der Dichtung auftreten, die jedoch wegen ihrer Geringfügigkeit keinen Einfluss auf die Dichtungsfunktion haben.

Aber auch durch den Anwender kann die Funktion der Dichtungen gestört werden. Dies kann z. B. dann geschehen, wenn Dichtungen falsch eingesetzt werden. Insbesondere bei der asymmetrischen DIN 11851-Dichtung ist eine **Falschmontage** in der Praxis leicht möglich. Aus Sicht des Abdichtverhaltens ist eine Falschmontage relativ unerheblich, sie führt jedoch zu unnötigen Toträumen mit entsprechenden mikrobiologischen Infektionsgefahren.

Sitzgenauigkeit, Dichtungshalt, Zugänglichkeit zur Dichtung und die Gefahr der Beschädigung der Dichtung beim Wechsel sind Kriterien, die bei der Beurteilung von Dichtungen (neben dem Material) Beachtung finden müssen.

Auch der Einbau der Dichtungen hat sachgemäß zu erfolgen. So besteht z. B. bei zu großem Spalt die Gefahr, dass der unter Druck stehende O-Ring in den Freiraum des Spaltes hineingepresst und bei Bewegung zerstört wird. Daneben ist es wichtig, dass der Flächeninhalt der Aufnahmenut etwa 25 % größer sein soll als der O-Ring, damit der Druck, der auf ihn ausgeübt wird, auf einen relativ großen Teil der Ringoberfläche angreifen kann. Ebenfalls soll für evtl. auftretende Volumenzunahme genügend Platz im Einbauraum sein.

Zur weiteren Information zum Thema Dichtungen sei auf eine informative Schrift von W. Kettern (1989) verwiesen.

Je nach Verschraubungssystem erfolgt die Abdichtung durch Dichtungsringe mit Halbrundprofil, durch O-Ringe oder Flachdichtungen.

Kühlmantel, Kühlschlangen, Isolierung

Es kann sinnvoll sein, den Sekt oder Grundwein zu kühlen: Sei es zur Weinsteinstabilisierung, zur exakten Einstellung der gewünschten Temperatur während der Gärung und danach als auch zum Zwecke der Abfüllung, falls keine Möglichkeit besteht bei 20 °C „warm" zu füllen. Die Techniken dazu sind mannigfaltig. Am schnellsten kann eine Flüssigkeit mithilfe von **Durchflusskühlern** gekühlt werden (siehe auch Kap. 2.4.3). Wenn jedoch eine längere Zeit gekühlt werden muss, reicht dies nicht aus. Entweder der gekühlte Wein/Sekt gelangt in einen Keller mit **Raumkühlung** oder in einen **Tank, der wärmeisoliert ist**.

Kühlräume, die durch Kaltluftumwälzung auf die wirksame Kühltemperatur geblasen werden, haben den Vorteil, dass die Tanks ohne Doppelmäntel auskommen und der Kühlsole-Kreislauf sowie die aufwendigere indirekte Kühlung wegfallen. Die Kühlung kann durch direkte Verdampfung von NH_3 im Blockkühlsatz erfolgen, durch ein oder mehrere Verdampfungsaggregate mit Radiatoren, die die Kaltluft im Raum verteilen. Wird in solche Räume der vorher im Durchlauf gekühlte Wein/Sekt eingelagert, so hat der Kühlraum nur die Funktion des **Kalthaltens**.

Das ist für eine nur kurzfristige Kühlung aber zu umständlich. Lediglich bei der Weinsteinstabilisierung erscheint das zweckmäßig. Daher überwiegen in den Sektkellereien die freistehenden Doppelmantel-Kühltanks und man verzichtet auf Kühlräume.

Der Wein/Sekt kann aber auch im Tank gekühlt werden. Dies kann auf verschiedene Art und Weise geschehen. Einmal durch einen Außenmantel, wie dies in den Abb. 50 und 60 dargestellt ist. Im Falle des Kühlmantels kann nur so verfahren werden wie in Abb. 60 gezeigt. Die Sole muss von einem Verdampfer gekühlt werden und wird dann im Rundlauf durch den Außenmantel geleitet. Eine direkte Verdampfung im Kühlmantel ist nicht möglich, weil die Verdampfungsdrücke etwa 12 bar betragen, der Kühlmantel jedoch nur auf einen Druck von 2 bar ausgelegt ist.

Der Kühlmantel ist mit sog. Schikanen ausgestattet, damit die Sole auch die gesamte Außenfläche kühlt und keine „Wärmenester“ entstehen.

Als Bauform ist heute das HE Plate (**H**eat **E**xchange oder Wärmeübertragungsplatte) weit verbreitet. Dabei werden zwei Platten gleicher Stärke verwendet, die nach dem Punktschweißverfahren miteinander verbunden werden. Nach dem Schweißen werden die Platten unter hohem Druck aufgeblasen, damit der Zwischenraum eine genügende Menge an Sole aufnehmen kann.

Die Wärme kann aber auch durch Rohre übertragen werden. Sei es als Vollrohr oder Halbrohr an der Außenseite des Tanks angebracht oder als Kühlschlange innen. Aus fertigungstechnischen Gründen ist die Anbringung der Kühlschlange innen nur bei Tanks mit einem Durchmesser von über 2,50 m möglich. Bei einer entsprechenden Auslegung der Rohre kann das Kältemittel darin direkt verdampfen, was gegenüber der Solekühlung geringere Kosten verursacht. Es darf aber auch nicht übersehen werden, dass bei der Verdampfung des Kältemittels in der im Tank liegenden Schlange die Gefahr besteht,

Abb. 60. Automatische Steuerung einer indirekten Sole-Kühltank-Anlage (Ostertag). Kältetechnische Geräte: 1 = Kompressor, 2 = Block zum Kompressor, 3 = Kondensator, 4 = Verdampfer im Solebehälter, 5 = Flüssigkeitsabscheider, 6 = Regelventil, 7 = Rührwerk im Solebehälter. Elektrische Anlage: 8 = Schutzschalter zur Solepumpe, 9 = Schutzschalter zum Rührwerkmotor, 10 = Schutzschalter zum Kompressormotor, 11 = Drehstromnetz mit Netzschalter, 12 = Steuerstromnetz (zweipolig), 13 = Thermostat für Soletemperatur, 14 = Schaltuhr, 15 = Motorventil für Kühlwasserzulauf, 16 = Druckwächter an Kältemitteldruckleitung, 17 = Druckwächter an Kühlwasserleitung, 18 = Blende am Kühlwasserablauf, 19 = Solepumpe, 20 = Tank mit Doppelmantel, 21 = evtl. Druckarmatur, 22 = Propellerrührwerk für Wein (Sekt).

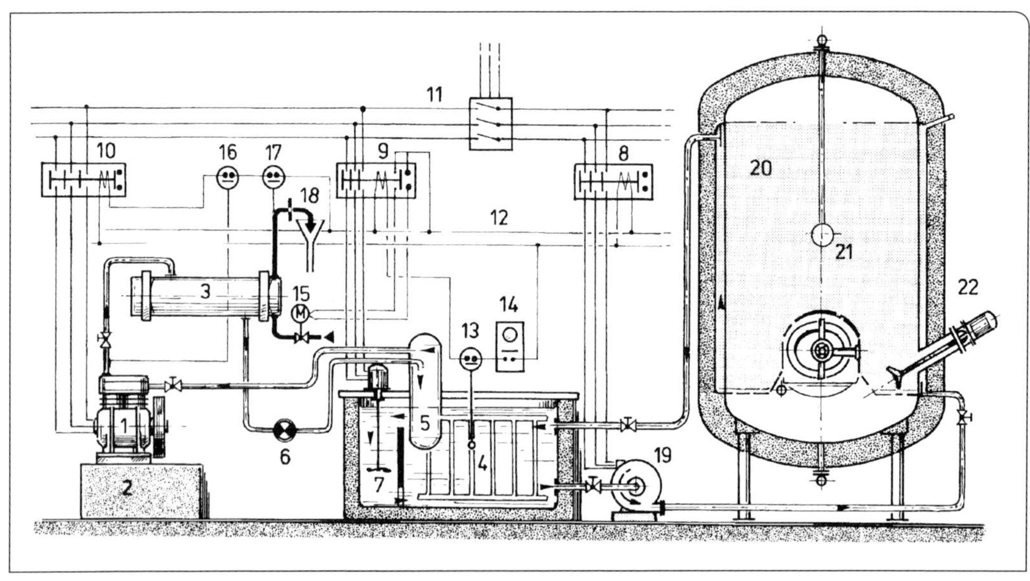

dass bei einer Leckage des Rohres das Kältemittel in den Sekt gelangt.

Mit Sole kann man eine Reihe von Kühltanks gleichzeitig befahren und man kann sich durch isolierte Vorratsbehälter eine zusätzliche **Kältereserve** schaffen, was bei billigem Nachtstrom oder hohem Spitzenkältebedarf von Vorteil sein kann.

Solekühlung hat den Vorteil der leichten Regelung. Das Kältemittel bleibt im Maschinenraum, der Soletransport ist einfach durch isolierte Rohrleitungen zu bewerkstelligen. Nachteil, neben der möglichen Korrosion – die jedoch durch Zusatz von Inhibitoren stark eingeschränkt oder ausgeschlossen ist – ist, dass zur Kälteübertragung zwei Temperaturstufen erforderlich sind und die Verdampfungstemperatur des Kältemittels daher tiefer liegen muss als bei der Kühlung durch direkte Verdampfung. Daher muss auch die Gefriertemperatur (Stockpunkt) der Kühlsole tiefer liegen als die im Kühlmantel notwendige Temperatur. Die Soletemperatur wird bei bewegter Sole (Rundlauf) daher meist mit 5 bis 10 °C unterhalb der Kühltemperatur angesetzt.

Bei **geschlossenem Kühlsolesystem** muss am höchsten Punkt der Anlage ein Sole-Ausgleichsbehälter vorhanden sein.

Es sind auch Eintauchgeräte zum Kühlen (und Wärmen) des Weines auf dem Markt. Sie haben den Vorteil, dass mit einem Kühlaggregat mehrere Tanks gekühlt werden können. Dies ist aber nur bei drucklos eingelagerten Flüssigkeiten (also nicht beim Sekt) möglich. Auch benötigen Eintauchgeräte einen entsprechend großen Tankdom, damit der Tauchkühler in den Wein gelangen kann.

Gegen Kälteverlust müssen die Kühltanks und die Leitungen durch eine **wirksame Isolierung geschützt** sein. Als Isoliermaterial wird heute bei Tanks überwiegend Polyurethanschaum mit einer Dicke von 100 mm genutzt. Dieser Werkstoff hat gegenüber den früher verwendeten Isoliermaterialien (Kork und Styropor) den Vorteil, dass er gut haftet. Das Ausschäumen von Schaumstoffen ist zudem einfacher und geht rascher vonstatten. Polyurethan hat jedoch den Nachteil, dass bei nicht fachgerechter Verarbeitung mit der Zeit **Kondenswasser** eindringen kann, was zur Eisbildung (Kälteverlust) und Korrosion führt. Zudem wurde früher beim Aufschäumen FCKW freigesetzt, was in neuerer Zeit nicht mehr der Fall ist, weil andere Gase benutzt werden. Neben Polyurethan dienen auch Polyester (Moltopren) und Polystyrol (Exporit) als Isoliermaterialien. Ihre Wärmeleitzahl ist 0,028 kcal/m · h · °C bei 0 °C Mitteltemperatur oder 0,1176 kJ. Im Allgemeinen ist eine stärkere Isolierung der Behälter billiger als eine Mehr- oder Dauerbeanspruchung der Kühlmaschine.

In neuerer Zeit ist ein Dämmstoff auf dem Markt, der wesentliche Vorteile gegenüber den herkömmlichen Materialien aufweist. – Es ist ein **aufgeschäumtes Glas** (Foamglas) und besitzt wichtige Eigenschaften, wie sie auch vom Glas her bekannt sind. So ist diese Isolierung säurebeständig, wasserdicht (keine Kältebrücken und Korrosion von Leitungen und Tank) und unverrottbar. Das Material wird in allen möglichen Formteilen geliefert und ist somit gut an die gewünschte Einrichtung anzupassen. Wegen der hohen Kosten dieses Materials (etwa das Doppelte von Polyurethan) hat es jedoch in der Weinkellerwirtschaft noch keine Verbreitung gefunden.

In Abb. 61 ist eine von **Saller** formulierte Erkenntnis wiedergegeben, dass die Raumtemperatur sich schneller dem Wein vermittelt, wenn dieser bewegt ist. Diese Feststellung macht man sich bei Tanks mit Kühlmantel (bzw. Kühlschlangen) zunutze und führt durch die Bewegung des Sektes mithilfe eines **Rührgerätes** die Kälte von der Außenwandung des Tanks ab. Dies ist auch deshalb wichtig, weil sonst der Wein/Sekt an der Wandung frieren würde und durch Konvektion eine Schichtung der Temperatur im Tank erfolgt. In einem solchen Falle ent-

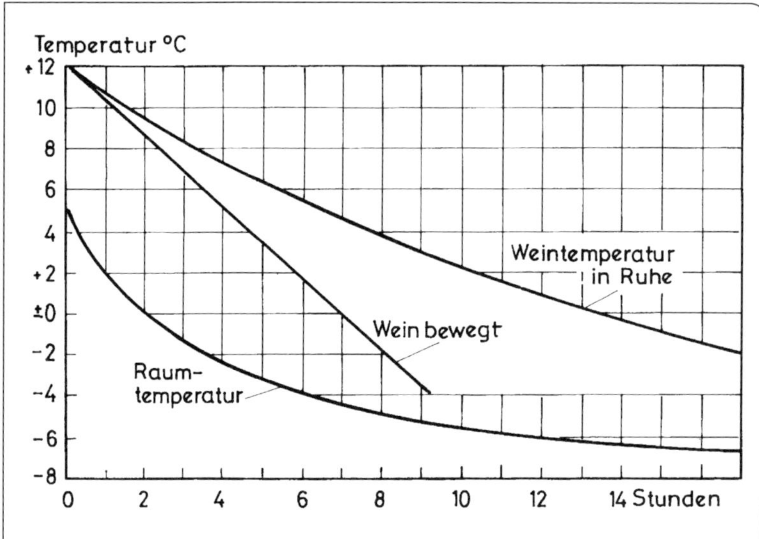

Abb. 61. Kälteübertragung im Kühlraum auf den im Tank ruhenden und bewegten Wein (nach Saller). Der Vorteil des Rührens ist offensichtlich. Die Verhältnisse gelten auch für Kühlmanteltanks.

spricht die vom Thermometer angezeigte Temperatur nicht der Wirklichkeit.

Bei dem **Rührprozess**, der im Übrigen bei der Weinsteinstabilisierung durch Kälte Voraussetzung für den Erfolg ist, muss darauf geachtet werden, dass durch eine Erhöhung der Rührerdrehzahl auf der einen Seite mehr Wärme abgeführt werden kann auf der anderen Seite allerdings auch mehr Leistung als Wärme in das Rührgut eingebracht wird (Dissipation). Hier ist eine Optimierung des Leistungseintrags durch das Rührwerk (Drehzahl) und dem Wärme- (Kälte-)Fluss durch die Behälterwandung notwendig. Die Fachleute der Rührwerkshersteller können dabei wertvolle Hilfe leisten.

Rohrleitungen, Verbindungen, Molchtechnik

Der Sekttransport wird heute in den Kellereien meist in stationären Rohrleitungssystemen mit wirtschaftlichen Nennweiten bewerkstelligt. Die Anforderungen, die im Sektbetrieb an eine Rohrleitung zu stellen sind, sind mannigfaltig. So benötigen sie eine Druckfestigkeit von über 10 bar, sie müssen hygienisch sein (glatte Innenwand, keine Abgabe von Geschmacksstoffen), korrosionsbeständig, gut verarbeitbar (schweißen, kleben, verlegen) und schließlich dürfen sie nicht zu teuer sein.

Edelstähle (meist Qualitäten der Werkstoffnummer 1.4301) sind in Sektkellereien gut eingeführt. Sie haben sich trotz ihres hohen Preises wegen ihrer Beständigkeit in der Praxis bewährt. Die nahtlos gezogenen Stahlrohre sind innen gebeizt und außen poliert. Die Rohrstücke können mit Bögen und Armaturen verschweißt werden. Häufig werden sie auch in die Stutzen und Bögen der Armaturen eingewalzt. Edelstahlrohre sind druckfest, vollkommen indifferent gegen alle Arten von Wein/Sekt. Ihre Korrosionsbeständigkeit ist hoch. Lediglich **Chlor** und – bei tiefem pH-Wert – chlorhaltigen Reinigungsmitteln gegenüber sind Edelstähle empfindlich. **Chlor und SO_2 (Kondensat) verursachen Lochfraß.** Berühren die Edelstahlrohre in nassen Räumen andere Metalle, dann kann es zu Kontaktkorrosionen kommen. Werden Edelstahlleitungen im Freien verlegt, sollten sie in einen Schutzkanal eingebaut werden. Über Edelstähle im Besonderen vergleiche Fetter (1967,1979).

Kunststoffrohre werden je nach ihrer Wandstärke für 2,5 bar (leichte Qualität), 5 bis 6 bar (mittelschwer), 10 bar (schwer) und für über 10 bar (extra schwere Qualität) hergestellt. Am häufigsten werden PVC-Rohre eingesetzt. Sie sind geschmacksfrei, säurefest und schlecht wärmeleitend, dazu sehr glattwandig. Der Druckabfall in der Rohrleitung ist daher gering. Rohrleitungen aus PVC müssen genügend oft (alle 50 cm) unterstützt werden, damit sie sich nicht durchbiegen oder durchhängen.

Wie viele andere Kunststoffe hat PVC eine größere Wärmedehnung (das 7-fache von Stahl). Das muss bei der Befestigung und der Verlegung der Rohre bedacht werden. Die Druckfestigkeit von Hart-PVC-Rohren ist temperaturabhängig. Sie beträgt:

	Qualität		
	leichte	mittlere	schwere
bei 20 °C	2,5	6,0	19,0 bar Überdruck
bei 40 °C	1,0	2,5	6,0 bar Überdruck
bei 60 °C	–,–	–,–	1,0 bar Überdruck

Ähnliche Zahlen gelten auch für **Polyethylen (PE)-Rohre**, die sich in ihren Festigkeitswerten aber etwas günstiger verhalten. Seltener gelangen andere Kunststoffe (z. B. Polystyrol, Polypropylen, Polyamid, Polyesterharze, Epoxydharze) zur Anwendung. Kunststoffrohre können geschweißt werden (Warmgas-, Hochfrequenz-Ultraschall-Schweißen) oder die Rohrverbindungen werden geklebt (Flanschen, Muffe, Fittinge) nachdem gute Kleber entwickelt wurden.

Zwecks Vermeidung von Unruhe, Blasenbildung, Aufschäumen etc. während des Sekttransportes in der Leitung sollten die Leitungen vor Inbetriebnahme nicht nur gründlich gereinigt, sondern danach mit einer konzentrierten Waschmittellösung durchspült werden, um durch die benetzende Wirkung Gasbildungskeime zu entfernen. Danach ist mit reinem Wasser „süß" zu spülen.

Die **richtige Dimensionierung der Rohrleitungen** ist zur Vermeidung zu hoher Fließgeschwindigkeiten sehr bedeutsam. Stundenleistung, Rohrleitungssystem und Pumpen müssen zueinanderpassen. Gerade beim Sekt sind zu hohe Fließgeschwindigkeiten in zu engen Rohrleitungen gleichbedeutend mit turbulenter Strömung und unruhigem Sekt sowie merklichem Druckverlust. Die „aufgelockerte" Kohlensäure macht sich weniger bei der Umfüllung von Tank zu Tank störend bemerkbar, weil sich der Sekt hier wieder beruhigen kann. Sehr stark aber tritt das bei der Flaschenfüllung als Störfaktor auf.

Schaumweine sollten daher, wie jedes CO_2-haltige Getränk, nur mit geringerer Geschwindigkeit fließen. Die dann geringere Leistung muss durch stärkere Rohrquerschnitte ausgeglichen werden oder der turbulent geförderte Sekt muss Gelegenheit zur Beruhigung haben. Die als optimal anzusehenden Fließgeschwindigkeiten in Rohrleitungen zeigt die Tab. 24 (siehe auch Kap. 4.3.7.1).

Während man bei glatten Rohrleitungen die oberen Fließgeschwindigkeiten ausnutzen kann, ist es besser bei Leitungen mit Ventilen, Rohrbögen, Rohrkrümmern und Abzweigungen (siehe auch Abb. 64) die unteren Werte anzuhalten, weil dann erhöhte **Turbulenzen und Druckverluste** auftreten. Der periodischen Reinigung des Rohrleitungssystems kommt hier besondere Bedeutung zu.

Über **Rohrverbindungen** hat Kettern (1989) ausführlich und aufschlussreich berichtet. Er unterscheidet:

- Rohr- und Schlauchverbindungen (Verschraubungen),
- reine Rohrverbindungen (Flanschverschraubungen),
- feste Rohrverbindungen (Verschweißungen, Verklebungen).

Derzeit befinden sich immer noch **über 40 unterschiedliche Gewindemuster** im praktischen Gebrauch. Erst seit 1964 hat die Getränkeindustrie die Milch-Norm aus der Milchwirtschaft, die seit 1936 mit einer einheitlichen Anschlussart arbeitet, übernommen. Der Nennweiten-Bereich wurde auf die Bedingungen der Getränkeindustrie ausgedehnt und als DIN 11887 festgelegt (Rundgewinde-Anschlüsse für Getränke- und Milchwirtschaftsarmaturen). Heute ist von den hierzu zählenden Teil-Normen die DIN 11851 (Rohrverschraubungen mit Einheitsgewinde) am bekanntesten.

Neben den DIN-Verbindungen werden vereinzelt auch noch andere Anschlussstücke angetroffen. Dazu gehören z. B. die **Clamp-Verbindungen**, die auf dem italienischen und amerikanischen Markt stark verbreitet sind. Es handelt sich dabei um einen **Klemmring**, der jedoch in unterschiedlichen Ausführungen geliefert wird. Die Scharniere werden entweder mit Flügelschrauben oder einem verstellbaren Schnellspannring per Hand (ohne Werkzeug) verschraubt.

Flanschverbindungen kommen in der Praxis viel seltener zum Einsatz. Man findet sie vor allem in festeingebauten Geräten. Sie werden mit vier (oder mehr) peripher angebrachten Sechskantschrauben zusammengepresst. Die Rohre sind entweder eingeschweißt, eingewalzt oder sind lose (bündig) in das Verbindungsteil eingelegt.

Neben diesen Verbindungen gibt es noch Muffenverklebung bzw. Muffenverschweißung, die nach der Befestigung nicht mehr demontierbar sind.

Durch die **Festverrohrung** wird die Anlage zu einem geschlossenen System. Zur Überwachung und zur Steuerung des Prozessablaufs können deshalb an den verschiedensten Stellen der Produktionsanlage **Messwertgeber** installiert werden. Diese geben der Steuerung und dem Bediener der Anlage Informationen über den Prozess und dem Zustand des Produktes. Wichtig ist es, dass die Installation solcher Messwertgeber so vorgenommen wird, dass keine hygienischen Problemstellen entstehen. Bereits bei der Verlegung der Rohre kann ein entsprechendes Zwischenstück eingebaut werden, dessen Verschlussplatte bei Bedarf durch einen Messwertgeber ersetzt wird. Sinnvolle Messwertgeber zur ständigen Prüfung des Produktionsablaufes können sein: Thermometer, Temperatursensor, Leitfähigkeitsmessgerät, Strömungswächter, Trübungs- und Farbmessung, Probenahmeventil oder Schauglas mit evtl. Beleuchtung.

Eine Vereinfachung von Rohrleitungssystemen sind **Mehrwegeweichen**. Sie erlauben es, mit wenigen Handgriffen Rohrleitungen umzukuppeln und so eine Vielzahl von Rohrleitungen auf einzelne Rohre zu konzentrieren oder umgekehrt. In Sektkellereien hat dieses System jedoch noch keine weite Verbreitung gefunden.

Die **Molchtechnik** ist eine Möglichkeit über wenige Rohrleitungen viele Produkte mit hochgradiger Trennung befördern zu können. Zeitaufwendige Entleerungs- und Spülvorgänge entfallen. Daneben werden Produktverluste vermieden. Durch das Molchen können Rohrsysteme frei von Ablagerungen gehalten werden. Durch Automatisation des Systems können Bedienungsfehler ausgeschaltet werden.

Zentrum des Molchsystems ist der **Molch**. Es ist ein Passkörper, der durch Treibgas (z. B. CO_2) oder Flüssigkeit durch die Rohrleitung geschoben wird. Voraussetzungen für den **Einsatz eines Molches** sind:

- molchgerecht verlegte Rohrleitungen,
- glatte Rohrinnenflächen,
- aufeinander abgestimmte Molche und Molcharmaturen,
- umfangreiche Systemplanung,
- Zu- und Ableitungen, die für das Molchtreibmedium (CO_2, Luft) ausreichend dimensioniert sein müssen.

Handelsübliche Ventile, Kükenhähne, Kugelhähne mit reduziertem Durchgang, Rückschlagklappen, Klappenventile, Kupplungen, T-Stutzen, Hosenstutzen, Schrägstutzen und Ähnliches sind nicht molchbar. Das Molchen setzt also entsprechende Armaturen voraus.

Füllstandsmessung

Ein Standglas gehört nicht zur Standardausrüstung des Sekttanks, es hat viele Nachteile und bringt kaum Nutzen. Deshalb seien im Nachfolgenden einige Alternativen aufgezeigt, die nicht die Problematik, vor allem im Zusammenhang mit der Hygiene, aufweisen, mit dem das Standglas behaftet ist.

In einer Sektkellerei wird der Grundwein, der Zucker (in kristalliner oder flüssiger Form, als Füll- oder Versanddosage), verdünnte SO_2, aber auch der fertige Sekt in geeigneten Behältern bevorratet. Bei vielen Prozessabläufen ist wichtig, den Füllstand dieser Behälter zu wissen, um entsprechend zu reagieren. Auch kann die **Füllstandsmessung** zur Automatisierung eines Prozesses genutzt werden. Dies ist z. B. der Fall, wenn Verschnitte zusammengestellt werden und ein Tank anteilig mit verschiedenen Verschnittanteilen belegt wird. **Füllstandsanzeiger** geben je nach verwendetem Messprinzip Signale ab, die zur Steuerung von Geräten (z. B. Pumpen, Dosiereinrichtungen) dienen können.

Die **konduktive Füllstandsmessung** beruht auf dem Leitfähigkeitsunterschied zwischen verschiedenen Medien. Die schlechte Leitfähigkeit der Luft (bzw. CO_2) steht dabei im Gegensatz zur guten Leitfähigkeit von Flüssigkeiten (z. B. Wein oder Sekt). Je nach Anforderung kann die Messspannung (etwa 2 Volt Wechselspannung) zwischen den Elektrodenspitzen oder zwischen Elektrode und Behälterwand, sofern diese aus Metall besteht, anlegen (Abb. 62 a). In Abb. 62 b ist das Prinzip der **kapazitiven Füllstandsmessung** dargestellt. Die Elektrodenfunktion übernehmen einmal die Sonde und einmal die metallische Behälterwand.

Gemessen wird die sich ändernde Kapazität mithilfe einer hochfrequenten Wechselspannung. Je höher der Füllstand, desto größer ist der Hochfrequenzstrom, der über diesen Kondensator fließt. Im dazugehörigen Messumformer wird dieser Strom in ein füllstandsproportionales Gleichstromsignal umgewandelt, das für eine Anzeige- oder Grenzwertsignalisierung weiter genutzt werden kann.

Auch mithilfe von **Druckaufnehmern** ist die Niveau-Messung in Flüssigkeiten aller Art möglich. Dies geschieht mit einer piezoresistiven Sonde. Der im Tank zu messende hydrostatische Druck wirkt auf eine Trennmembran, deren Materialart dem Füllgut angepasst ist. Die Beweglichkeit der Membran gestattet die Druckübertragung mithilfe einer Ölfüllung auf eine Siliciumzelle. Durch einen piezoresistiven Effekt ändern sich die Widerstandswerte einer dort eingebauten Messbrücke. Der mit dem Füllstand sich ändernde Widerstand wird in einem nachgeschalteten Umformer und Verstärker zu einem nutzbaren Messsignal umgesetzt. Ändert sich die Dichte (also das Gewicht) des Füllgutes, bewirkt dies die Anzeige einer scheinbaren Niveauänderung.

Die Abb. 62 c zeigt die verschiedenen **Einbauvarianten dieser Druckaufnehmer**. So können sie seitlich direkt angeflanscht werden (A). Bei einer evtl. Reparatur ist es hilfreich, den Druckaufnehmer mit einer zusätzlichen Absperrmöglichkeit zu versehen (B). C zeigt eine von oben eingehängte Ausführung mit Tauchrohr.

Die **Niveaumessung mithilfe von Ultraschall** erscheint überall dort zweckmäßig, wo völlig berührungslos gearbeitet werden soll (Abb. 62 d). Das Funktionsprinzip dieser Technik beruht auf der Laufzeit des Ultraschalls in der Luft und der Reflexion an der Füllgutoberfläche (z. B. Zucker). Die kontinuierliche Füllstandsmessung wird damit auch als Echolot-Technik bezeichnet.

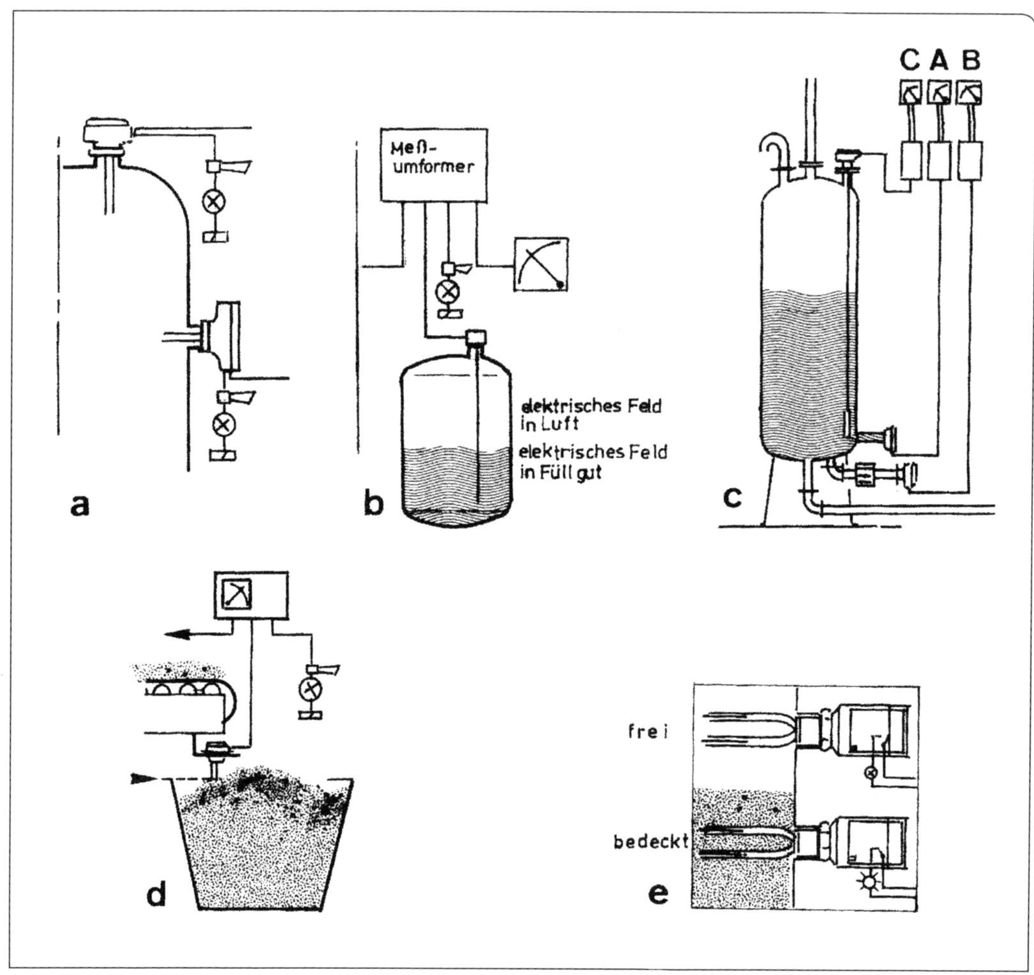

Abb. 62. Füllstandsmessungen. a: konduktive Füllstandsmessung, Grenzschalter. Mit einer Elektrode an der Behälterwand wird die Leitfähigkeit der Flüssigkeit gemessen.
b: Kapazitive Füllstandsmessung. Gemessen wird die sich ändernde Kapazität mit Hilfe einer hochfrequenten Wechselspannung. Je höher der Füllstand, desto größer ist der Hochfrequenzstrom, der über diesen Kondensator fließt.
c: Messung des Füllstandes mit Druckaufnehmern. Die Abbildung zeigt drei Einbauvarianten. A seitlich direkt angeflanscht, B angeflanscht mit zusätzlicher Absperrmöglichkeit für evtl. Reparaturzwecke, C von oben eingehängte Ausführung mit Tauchrohr.
d: Ultraschall-Niveauerfassung, kontinuierlich oder als Grenzwert. Es wird die Reflexion eines Ultraschalls gemessen. Dadurch ist die berührungslose Ermittlung des Füllstandes von Schüttgütern (Zucker) zu ermitteln.
e: Fibrationsgrenzschalter. Berührt das Füllgut die Gabel, so wird die Schwingung der Gabel gedämpft und das Auswerterelais ändert seinen Kontaktausgang. (Endres und Hauser in Südzucker-Handbuch, 2005).

Die Technik des **Vibrationsgrenzschalters** (Abb. 62 e) beruht auf der ungedämpften Schwingung einer über Piezo-Kristalle in ihrer Resonanzfrequenz angeregten Schwinggabel. Berührt das Füllgut (feinkörniges Schüttgut, z. B. Zucker) die Gabel, so wird die Schwingung gedämpft und das Auswerterelais ändert seinen Kontaktausgang.

Ähnlich arbeitet der **Universalgrenzschalter** bei Flüssigkeiten. Er dient häufig als Schwimmerschalter-Ersatz, ohne dessen Nachteile zu haben. So ist er unabhängig von Einbaulage, Temperatur, Dichte, Viskosität, Verschmutzung, Strömungen und hat keine beweglichen Teile.

Weiter können Füllstände mit Gammastrahlen und elektromechanischem Lotsystem ermittelt werden. Näheres im **Südzucker-Handbuch** (2005).

4.3.3 Befüllen der Tanks

Reinigen:
Sobald ein Tank oder Behälter leer geworden und der Überdruck seines Gasinhalts abgelassen ist, wird er gereinigt. Zu diesem Zweck wird das Mannloch geöffnet. Es muss so lange gewartet werden, bis das restliche Kohlensäuregas herausgeflossen ist und Luft in den Behälter einströmen konnte. Das kann, je nach Größe des Behälters einige Stunden dauern. Die Wartezeit kann abgekürzt werden, wenn man ein Gebläse zu Hilfe nimmt, durch das Luft in die obere Partie des Behälters geblasen und somit das schwere Kohlensäuregas nach unten herausgedrückt wird. Es muss dafür gesorgt werden, dass der Raum, in welchem sich der Gärtank befindet, ausreichend belüftet wird. Wenn durch **Kontrolle** festgestellt wird, dass „die Luft rein ist", kann die Reinigung beginnen. Durch das Mannloch „schlüpft" ein Mann mit dem Kopf voran in den Tank. Er muss zweckmäßig gekleidet sein. Er darf keine harten Gegenstände in seinen Taschen oder sonst wie bei sich haben, die im Behälter herunterfallen und die Auskleidung beschädigen könnten und er muss saubere Gummistiefel tragen, an denen kein einziges Sandkörnchen klebt, weil dies die Auskleidung verkratzen würde. Ein Helfer hilft dem einsteigenden Mann. Er wischt ihm sicherheitshalber die Sohlen der Gummistiefel sauber ab und er reicht ihm den Wasserschlauch, die Lampe und das Reinigungsgerät durch das Mannloch nach. Der Helfer **muss** so lange draußen in Behälternähe bleiben, bis der Mann wieder aus dem Behälter herausschlüpft (wieder Kopf voran!), damit er rechtzeitig helfen kann, falls der Person im Behälter etwas zustößt. Falls nötig, muss dem Mann im Behälter eine zusammenklappbare Alu-Leiter mit Gummipuffern an den Enden gereicht werden.

Zum Reinigen und Nachspülen wird sauberes Wasser benötigt.

Schmierige oder klebende Rückstände oder festsitzender Weinstein werden mit netzmittelhaltigen, meist sauer reagierenden Reinigungsmitteln entfernt und mit Wasser gut nachgespült. Falls Bürsten verwendet werden, muss man sich überzeugen, dass sich zwischen den Borsten keine Nägel, Schrauben oder Drahtenden befinden. Sie würden die Auskleidung des Behälters verkratzen. Vor allem bei Tanks aus Edelstahl sollen Bürsten aus Natur-, Kunststoff oder Rostfreiborsten verwendet werden.

Besonderes Augenmerk ist beim Reinigen auf Stutzen, Ventile und Dichtungen zu richten. Die **Mannlochdichtung** muss vom Mannlochdeckel abgezogen und gründlich gesäubert werden. Bei dieser Gelegenheit wird sie daraufhin geprüft, ob die Oberfläche noch unverletzt, glatt und elastisch ist. Schadhafte Dichtungen **müssen** ersetzt werden. Sehr große Behälter sind manchmal mit einer eingebauten **Reinigungsanlage** ausgerüstet oder sie können durch einen öffenbaren „Dom" von oben mit einer automatischen Reinigungsanlage „befahren" werden.

Das Reinigungs- und Spülwasser fließt durch den Bodenablauf (Restablauf) des Behälters ab. Es darf nicht direkt in den Abwasserkanal gelangen. Es muss vielmehr separat gesammelt werden und darf erst nach sachgerechter Behandlung (Filtration, Neutralisierung) in den Abwasserkanal gelangen.

Falls der Behälter nach der Reinigung nicht gleich wieder gefüllt wird, lässt man ihn mit geöffnetem Mannloch und mit geöffneten Ventilen stehen, damit er trocknet. Die Mannlochdichtung hängt lose am Deckel oder an der Deckelschraube. In einem trockenen, belüfteten Behälter können sich keine Mikroorganismen entwickeln.

Bis etwa Mitte der 60er-Jahre beherrschten es die Hersteller von Tanks noch nicht, **Auskleidungen** herzustellen, die vollflächig auf dem Untergrund hafteten, deren Schichtdicke hinreichend gleichmäßig war und die frei von Bläschen und Poren waren. Deshalb kam es immer wieder vor, dass Auskleidungsschäden auftraten. Es entstanden z. B. erst kleinere, später größere Vorwölbungen der Auskleidung von 2 bis 5 mm Durchmesser. Sie sahen aus wie Blasen, wenn man sich die Haut verbrüht hat, und konnten aber mit der Zeit auch handtellergroß werden. Wenn diese Blase angestochen wurde, dann spritzte Flüssigkeit hervor. Es handelte sich um eine Stelle, an der die Auskleidung nicht vollflächig an der Stahlwand des Behälters haftete. Durch das Material der Auskleidung diffundierten Wassermoleküle in den Minihohlraum dieser Stelle, sie kondensierten dort, sobald der Taupunkt infolge Temperaturabsenkung unterschritten wurde, und sie drückten allmählich die Auskleidung ab. Durch wiederholten Wechsel zwischen Druck und Drucklosigkeit im Behälter, bekamen solche Blasen Risse. Es konnte Wein eindringen und die Behälterwand anfressen.

Wegen des Auftretens dieses Fehlers und noch einiger anderer, war es sehr sinnvoll, den gereinigten Tank, nachdem er trocken geworden war, erneut zu „begehen“ und die Auskleidung mit Licht und Lupe sorgfältig zu überprüfen. Erkannte Schäden konnten sogleich mit Reparaturmasse repariert und somit das Entstehen eines größeren Schadens verhütet werden (siehe auch Kap. 4.3.1.2).

Auch in der Kunst des Tankauskleidens wurden Fortschritte gemacht. Die **heutigen Auskleidungen** zeigen nur noch selten Schäden. Sofern nach Lieferung und Montage eines Tanks eine sorgfältige **Abnahmekontrolle** seitens der Kellerei erfolgt und eventuell erkannte Schäden sogleich repariert werden, genügt es nach heutigem Stand der Erfahrung, wenn man jeden Behälter einmal pro Jahr einer sorgfältigen Prüfung seiner Auskleidung unterzieht und (selbstverständlich) erkannte Schäden sogleich sachgerecht repariert. Bei Lagertanks, bei denen der Wechsel zwischen Druck und Drucklosigkeit nur selten vorkommt, kann der Abstand zwischen zwei Auskleidungskontrollen größer sein.

Wenn der Behälter gefüllt werden soll, muss die Mannlochdichtung aufgezogen und das **Mannloch** gewissenhaft verschlossen und vorgezogen werden. Bodenablauf (Restablauf), Klarablauf und Probenventil werden geschlossen, nur der Gasanschluss bleibt geöffnet.

Achtung: Sonderfall

In manchen Betrieben, in denen es normal ist, dass ein leer gewordener Gärbehälter umgehend, das heißt spätestens drei Tage danach, wieder mit neuem Gäransatz gefüllt wird, wird aus dem leeren Behälter nur der CO_2-Überdruck abgelassen (Rückgewinnungsanlage). Der Tank wird nicht geöffnet und auch nicht gereinigt. Während der neue Gäransatz eingefüllt wird, verdrängt die Flüssigkeit das im Tank verbliebene CO_2-Gas ins Freie oder in die Rückgewinnungsanlage, sofern eine vorhanden ist und es wird auf diese Weise jegliche Luftberührung vermieden und auch noch CO_2 gespart.

Es besteht hierbei aber eine ernste Gefahr. Sofern nach dem Einfüllen des Gäransatzes das Gasventil geschlossen und auch noch, wie üblich, das Rührwerk eingeschaltet wird, nimmt der eingefüllte Ansatz innerhalb von 2 bis 3 Sekunden (!) das im Gasraum verbliebene Kohlensäuregas vollständig auf, es entsteht ein sehr starkes **Vakuum** und der Tank wird wie eine Ziehharmonika zusammengezogen, er **„implodiert"**. Das hängt damit zusammen, dass der Gäransatz infolge seiner diversen vorhergehenden Behandlungen nur noch Spuren von CO_2 enthält und die neu zugesetzte Hefe noch keine Zeit hatte, Kohlensäure zu bilden. Während des Umrührens wird der Gasgehalt des Hohlraums, der ja bewusst klein gehalten wird, ganz rasch vom Wein aufgenommen und dadurch ein gewaltiger **Unterdruck** hervorgerufen (siehe auch Kap. 6.1.6, Beispiel 2).

Diese Gefahr kann vermieden werden, indem das Gasventil des Tanks nach dem Einfüllen des Gäransatzes **nicht** geschlossen wird. Der evtl. vorhandene Schlauchanschluss zur Rückgewinnungsanlage wird entfernt, das Ventil bleibt aber offen, sodass Luft eingezogen wird. Das Rührwerk wird sicherheitshalber so lange nicht eingeschaltet, bis man merkt, dass am Gasventil Gas herausbläst. Das ist in der Regel nach etwa 24 Stunden der Fall. Dann ist in der Flüssigkeit durch die Gärung schon so viel CO_2 entstanden, dass sie gesättigt ist. Nun kann man ohne Gefahr das Gasventil schließen und das Rührwerk in gewohnter Weise einschalten.

Im Übrigen sei hierzu auch auf das Kap. 4.3.6.1 verwiesen: Umlagern, die Ausführungen zum Thema „Haftflüssigkeit".

Ansatz

Einzelheiten über die Komponenten des Ansatzes und ihre Zubereitung sind in den Kap. 2 Grundwein und Kap. 3 Hilfsmittel nachzulesen. Die Zusammensetzung des Ansatzes ist bei der Vergärung im Tank oder im Großraumbehälter grundsätzlich die gleiche, wie bei der Vergärung in der Flasche oder im „Kleinraum". Es findet im Großraum kaum Rüttelhilfe Anwendung, weil die Abtrennung des Schaumweins von der Hefe auf andere Art erfolgt.

Der Tank wird von unten durch den Bodenablauf gefüllt. Die durch den einströmenden Ansatz verdrängte Luft verlässt den Tank nach oben durch den geöffneten Gasanschluss.

Kellereien, die ihren Schaumwein teilweise durch Flaschengärung, teilweise durch Großraumgärung herstellen, verfügen über Füllfässer oder Füllbehälter, in denen der Ansatz zusammengestellt wird, so, wie dies im Kap. 5.1.1 unter dem Stichwort „Ansatz" beschrieben ist. Aus dem Füllfass wird dann der Ansatz in den Gärbehälter gepumpt. Wenn diese Einrichtung nicht besteht oder wenn die Gärbehälter sehr groß sind, gibt es im Wesentlichen zwei Methoden, den Gäransatz herzustellen, nämlich **diskontinuierlich**, indem man die im Voraus berechneten Mengen der Cuvée, der Hefesuspension und des Tragelikörs nacheinander aus getrennten Gefäßen über Zähluhr direkt in den Gärbehälter pumpt oder **kontinuierlich**, indem diese Komponenten gleichzeitig mithilfe einer Dosierkolbenpumpe o.Ä. aus getrennten Gefäßen angesaugt und im berechneten Mischungsverhältnis durch eine gemeinsame Abgangsleitung als fertige Mischung zum Gärbehälter gepumpt werden. Das erstere, das diskontinuierliche Herstellen des Ansatzes, ist in aller Regel die kostengünstigere Methode (siehe auch Kap. 3.1.2).

Es gibt verschiedene **Flüssigkeitsmengenzähler** auf dem Markt, wie Ringkolbenzähler, Ovalradzähler, magnetisch-induktive Durchflussmesser usw., die mit guter Genauigkeit zuverlässig arbeiten. Allerdings dürfen in keinem Falle Luftblasen oder gar größere Luftmengen in den Zähler gelangen. Das würde zu Zählfehlern führen und bei manchen Zählern auch einen Schaden hervorrufen (siehe auch Kap. 4.3.7.2).

Sobald alle Komponenten des Ansatzes im Gärbehälter beisammen sind, werden die Ventile geschlossen. Das Rührwerk wird eingeschaltet und nach vollständiger Durchmischung eine Probe für die Laborkontrolle gezogen. **Ausnahme:** der Behälter war noch mit CO_2 gefüllt, dann siehe Ausführungen weiter oben zum Stichwort „Sonderfall".

In manchen Betrieben wird nach dem Einfüllen des Ansatzes in die Gärbehälter das Gasventil zunächst noch nicht geschlossen. Man will abwarten, bis die erste Gärungskohlensäure aufsteigt und die im Hohlraum verbliebene Luft verdrängt. Es wird mit der Hand gefühlt, ob etwas aus dem Gasventil ausströmt. Je nach Größe des Hohlraums wartet man 12 bis 24 Stunden nach dem Einfüllen und schließt dann das Gasventil. Das **Verdrängen der Luft** gelingt im hohen, stehenden Tank besser, als im liegenden, aber in keinem Fall kann dadurch die Luft vollständig ausgetrieben werden. Im Hohlraum verbleibender Luftsauerstoff wird von der Hefe sehr bald verzehrt. Der **Stickstoffanteil** der Luft bleibt erhalten und bildet eine bleibende Gefahr als Quelle für die Entstehung von Mikroblasen, die allerdings durch die Verdrängungstechnik vermindert wird (siehe auch Kap. 6.3).

Am Behälter wird eine Tafel oder eine Karte angebracht, auf der die genaue Bezeichnung des Behälterinhalts, des Datums, des Ansatzes und der angesetzten Menge verzeichnet sind. Diese Angaben sind obligatorisch. Es hat sich bewährt, darüber hinaus auf der Behälterkarte Platz vorzusehen, worin die Werte für Temperatur und Druck der täglichen, später wöchentlichen Ablesungen eingetragen werden können.

In einem Europäischen Patent (Sektkellerei Schloss Wachenheim) wird ein Verfahren beschrieben, den Zucker zur Einleitung der Sektgärung in zwei Stufen zuzugeben: Die Hälfte zur Einleitung der Gärung, die zweite Hälfte zu einem späteren Zeitpunkt. Das Ergebnis soll zu einer stärkeren Aromaausprägung führen. Das Verfahren ist als Doublesse-Verfahren in der Anwendung.

Füllhöhe

In der Weinbereitung bedient man sich einer offenen, d. h. drucklosen Gärung, um den Most zu vergären. Das entstehende Gärgas, die Kohlensäure, kann weitgehend ungehindert in die Atmosphäre entweichen.

Je nach Rebsorte und je nach Art der Hefe kann eine, gelegentlich auch starke, Schaumbildung auftreten. Um Flüssigkeitsverluste zu vermeiden, ist es üblich, im Gärgefäß einen „Steigraum" freizulassen, der zwischen 3 und 10 % des Fass- oder Tankvolumens beträgt (siehe Troost 1988, Seite 145).

Die Schaumweingärung findet im geschlossenen Gefäß statt. Die Gärungskohlensäure kann nicht entweichen, es entsteht kein Schaum durch entweichendes Gas. Ein Steigraum für den Gärschaum wird mithin nicht benötigt.

Die Wärmedehnung des Schaumweins zwischen 0 °C und 25 °C beträgt weniger als 0,3 % des Volumens, das sind, bezogen auf je Tausend Liter knapp 3 Liter.

Die **Größe des Hohlraums** beeinflusst deutlich die Höhe des Drucks, der aufgrund der Vergärung des verfügbaren Zuckers bei der Schaumweingärung erreicht wird. Aus dem gärenden Wein wandert ständig etwas CO_2-Gas in den Hohlraum des geschlossenen Tanks, und zwar so lange, bis ein Druckgleichgewicht zwischen dem Gas im Hohlraum und dem im Wein gelösten Gas erreicht ist. Wenn der Hohlraum klein ist, reicht schon eine kleine Menge Gas aus, einen bestimmten Druck zu bilden. Ist der Hohlraum aber größer, dann muss eine größere Menge Gas in den Hohlraum vordringen, um den gleichen Druck zu bilden. Diejenige Menge des Gases, die in den Hohlraum gewandert

Durch Ungenauigkeiten beim Abmessen der Flüssigkeiten können Mengenabweichungen vorkommen, die mindestens von gleicher Größenordnung sind. Sofern der Tank nur als **Gärbehältnis** dient (also später nicht noch eine Dosage aufnehmen soll) kann er nahezu randvoll gefüllt werden. Man wird aus Sicherheitsgründen aber einen Hohlraum von etwa 1 % des Fassungsvermögens frei lassen. Sofern der Tank aber in einer Reihe gleichartiger Tanks liegt, die alle mit einem Standardvolumen gefüllt werden sollen, wird man beachten müssen, dass die Tanks untereinander Größenabweichungen haben. Es muss der Tank mit dem kleinsten Volumen geeignet sein, das Standardvolumen aufzunehmen. Die etwas größeren Tanks des gleichen Nenninhalts werden nach Einfüllen des Standardvolumens etwas größere Hohlräume aufweisen. Wenn aber der Tank, wie das in kleineren Betrieben häufig vorkommt, sowohl als Gärgefäß als auch als **Kühl- und Dosierungstank** dienen soll, dann muss nach Einfüllen des Gäransatzes noch so viel Hohlraum frei bleiben, dass später auch der Versandlikör oder die Versanddosage darin Platz findet.

ist, befindet sich aber nicht mehr im Wein, sie fehlt dort. Will man also einen **bestimmten Überdruck** erreichen, dann muss bei großem Hohlraum mehr Zucker vergoren werden, als bei einem kleinen Hohlraum. Der größere Hohlraum kostet somit mehr Geld (Abb. 168 a und 168 b). Ferner:

Der größere Hohlraum bringt keine größere Sicherheit und er bietet auch sonst keinen Vorteil. Er mindert aber die **Behälterkapazität**, wie unten stehende Übersicht anhand eines Beispiels zeigt.

Die **Einhaltung eines Hohlraums** von etwa 10 % des Tankvolumens ergab sich in der Anfangszeit der Anwendung der Großraumgärung aus Mangel an Kenntnis und aus übertriebener Vorsicht. In vielen Betrieben hat man seitdem aber nicht mehr über die Notwendigkeit des Hohlraums nachgedacht und hat das Übernommene beibehalten.

Wenn es aber um eine Erweiterung der Kapazitäten geht, ist es billiger, das **Schema der Tankfüllung** so abzuwandeln, dass die Tanks voller gefüllt werden, um dadurch Kapazität zu gewinnen, als neue Tanks mit allem was dazu gehört, anzuschaffen. Auch wenn es „nur“ um die Verbesserung der Wirtschaftlichkeit geht, sollte man den Hohlraum besser nutzen.

Tab. 23 Der Einfluss der Füllhöhe auf den Druck im Tank bei einem Ansatz mit 24 g/l vergärbarem Zucker und nach vollständiger Vergärung

Fall	Menge Ansatz	Füllstand		max. Überdruck	benötigte Tankgröße	Bei Füllstand 99 % wäre		
		Flüssigkeit	Hohlraum			Ansatz-möglich	Differenz zur bisherigen Menge	
	Liter	%	%	bar	Liter	Liter	Liter **)	%
A	8000	90,00	10,00	5,7	8888,9	8800	+ 800	+ 10
B	8000	96,15 *)	3,85 *)	6,3	8320,0	8236	+ 236	+ 3
C	8000	99,00	1,00	6,6	8080,0	8000	0	0

*) Der Anteil des Hohlraums am Randvollvolumen einer 1/1 Flasche beträgt bei der Flaschengärung ebenfalls 3,85 %.

**) Die Erhöhung des Füllstandes auf 99 % bewirkt in den Fällen A und B zugleich die Erhöhung des Drucks auf 6,6 bar Überdruck.

Beobachtungen über Unterschiede des erreichten Überdrucks bei Schaumweingärung mit gleich großem Ansatz sind meistens durch das Vorhandensein **unterschiedlich großer Hohlräume** zu erklären.

Näheres über die Bedeutung der Kohlensäure, über die Rechtsvorschriften und über die Berechnungsmethoden sind im Kap. 3.1.1 zu finden. Im Kap. 6.1 werden die wesentlichen Kennzahlen für **Druckberechnungen** gegeben.

4.3.4 Gärung in Großraumbehältern

Es wird empfohlen, das Kap. 5.2 Gärung in der Flasche aufmerksam zu lesen, ehe man sich diesem Abschnitt widmet. Die dort beschriebenen Vorgänge der Gärung in der Flasche sind identisch mit den Vorgängen der Gärung im Großraum. Deutlich verschieden sind aber einige Begleitumstände.

Zeit der Gärung

Die Zeit der Gärung und die Dauer der „Nichttrennung der Cuvée vom Trub" betragen bei „Gärung im Cuvéefass", gemeint ist der geschlossene Drucktank, mindestens 90 Tage bzw. mindestens 30 Tage, wenn es sich um Tanks mit Rührvorrichtung handelt. Die gesamte Herstellungsdauer muss bei Qualitätsschaumwein, der im Großraumverfahren hergestellt wird, mindestens 6 Monate betragen VO (EG) Nr. 1493/99, Anhang VI, Buchstabe K, Nr. 8 und 9 (siehe auch übernächstes Stichwort „Mindestzeit").

Rührwerk

Durch die o.g. Unterscheidung in eine Mindestdauer der Gärung von 90 Tagen ohne und von 30 Tagen **mit** Rührvorrichtung, wird die **Bedeutung des Rührens** unterstrichen. Gärtanks ohne Rührwerk sind in Deutschland allerdings kaum noch anzutreffen.

Alle biologischen und chemischen Veränderungen des Weins sind Vorgänge, bei denen „Teilchen" mindestens eines stofflichen Bestandteils, der im gesamten Volumen des Weines verteilt ist, mit „Teilchen" mindestens eines anderen stofflichen Bestandteils, der ebenfalls im gesamten Volumen des Weins verteilt ist, miteinander in Verbindung treten und miteinander reagieren. Alle „Teilchen", die zu solchen Reaktionen befähigt sind, z. B. Moleküle oder Ionen des Sauerstoffs oder der Phosphorsäure, der Proteine und Enzyme oder der Polyphenole, des Zuckers etc., aber auch die Bakterien- und Hefezellen und so weiter, sie alle können aus eigener Kraft keine größeren Wege zurücklegen. Sie zittern und tanzen infolge ihrer „Molekularbewegung" mehr oder minder nur auf der Stelle und sie können nur durch Gewichtsunterschiede weiterwandern oder durch thermische Bewegung und das geht sehr langsam.

Reaktionsbereite Teilchen können miteinander nur reagieren, wenn sie aufeinandertreffen. Dort, wo die ersten Teilchen zusammentreffen, scheiden sie nach erfolgter Verbindung aus dem Wettbewerb aus. Die Entfernungen zwischen den verbleibenden reaktionsfähigen Teilchen werden immer größer, die Begegnungen immer seltener, je weiter die Reaktion fortschreitet. Es dauert sehr lang, bis der Vorgang einer Reaktion erkennbar fortgeschritten ist und es wird innerhalb einer ökonomisch vernünftigen Zeit nie zu einem vollständigen Ende der Reaktion kommen.

Solange die Veränderungsvorgänge in einer **liegenden Gärflasche** stattfinden, sind von den Reaktionsteilchen nach der Länge der Flasche bis zu 30 cm und nach dem Durchmesser bis zu 8 cm Wegstrecke zu überwinden. Hier dauert es für manche Vorgänge etwa 2 Jahre, bis sie im Wesentlichen abgelaufen sind.

In **Großraumbehältern** mit 2 bis 4 m Durchmesser und mit 4 bis 20 m Länge bzw. Höhe würden die Veränderungsvorgänge so viel Zeit benötigen, dass ein Menschenleben nicht reichen würde, ihr Ende abzuwarten.

Die „Rührvorrichtungen“, meistens **Propellerrührwerke**, ermöglichen es aber, den Inhalt eines Behälters in eine rasche, turbulente Bewegung und Strömung zu versetzen. Dadurch werden schon innerhalb von 30 bis 60 Minuten z. B. absinkende, schwere Teilchen wieder aufgewirbelt und im ganzen Behälterinhalt gleichmäßig verteilt. Konzentrationsunterschiede werden alsbald ausgeglichen und die Begegnungshäufigkeit der reaktionsbereiten Teilchen wird immer wieder auf das Niveau der Anfangssituation zurückgehoben. Der Reaktionsablauf wird zeitlich enorm zusammengerafft und die Reaktionen laufen auch wesentlich vollständiger ab, als ohne Rührwerk.

Ohne die Wirkung des Rührwerks würde z. B. die Hefe im Gärbehälter zu Boden sinken und es würde unerträglich lang dauern, bis Zuckermoleküle aus dem oberen Bereich eines stehenden Tanks von 15 bis 20 m Höhe allein infolge ihres etwas größeren spezifischen Gewichts bis zur Hefe am Behälterboden abgesunken wären, wo sie schließlich mit der Hefe in Berührung kämen.

Mit Rührwerk hingegen, wenn das Rühren täglich 1- bis 2-mal für eine halbe Stunde eingeschaltet wird (Zeitschaltuhr, Nachtstrom!), gelingt es, die Gleichmäßigkeit der Verteilung aller Teilchen mit nur geringen zeitlichen Schwankungen ständig aufrecht zu erhalten, wodurch – je nach Temperatur – nicht nur der vergärbare Zucker innerhalb von längstens 2 Wochen vollständig vergärt, sondern auch die Gärungszwischenprodukte (Pyruvat, Aldehyd) weitestgehend abgebaut werden.

Die **Moleküle des Kohlendioxids**, das während der Gärung entsteht, bewegen sich im Schaumwein, wenn kein äußerer Einfluss mitwirkt, nur durch Diffusion, also durch ihre molekulare Eigenbewegung und somit sehr langsam. Durch die vom Rührwerk geleistete Arbeit werden Bereiche höherer CO_2-Konzentration mit solchen geringerer CO_2-Konzentration gleichmäßig vermischt und zugleich bewirkt, dass CO_2 aus der Flüssigkeit solange beschleunigt in den Gasraum des Tanks gelangt, bis das **Druckgleichgewicht** hergestellt ist. Man erkennt diese Wirkung daran, dass der Manometerdruck (des Gasraums) sogleich ansteigt, sobald man das Rührwerk einschaltet. Der Anstieg des Drucks kommt bald zum Stillstand, wenn der Ausgleich erreicht ist. Der Druck geht auch nach Abschalten des Rührwerks nicht mehr zurück, weil ja Gleichgewicht besteht.

Die **gärfördernde Wirkung des Rührens** besteht nicht nur in der schnelleren Zuführung des Zuckers zur Hefe, sondern auch in der schnelleren Wegführung des gärhemmenden Kohlendioxids von der Hefe.

Die **täglichen Kontroll-Ablesungen** des Drucks und der Temperatur erfolgen am besten, wenn die Laufzeit des Rührwerks fast beendet ist oder kurz danach. Denn nur die Werte nach Erreichen des Druckausgleichs geben die wahre Situation des Schaumweins wieder.

Später, wenn die Gärung beendet ist, wird eine Umkehrung des Vorgangs, d. h., eine Absenkung des Drucks infolge Abkühlung des Behälterinhalts eintreten, wobei das Rührwerk abermals hilft, das Druckgleichgewicht beschleunigt einzustellen.

Mindestzeit

Die Mindestzeit für die Dauer der „Nichttrennung der Cuvée vom Trub“ von 30 Tagen wird so gut wie nie beansprucht. Da eine gesamte **Herstellungszeit** von mindestens 6 Monaten verlangt wird, die aber auch meistens überschritten wird, muss der Schaumwein jedenfalls wenigstens so lange im Herstellungsbetrieb liegen. Man trennt die Cuvée normalerweise aber erst dann vom Trub und entnimmt den Schaumwein aus dem Tank erst dann, wenn er in Flaschen abgefüllt und verschlossen werden soll, weil die Lagerung im Tank preisgünstiger ist als die Lagerung des abgefüllten Sekts in Flaschen. Zinsen für Flaschen, Verschlüsse und sonstiges Material sowie Löhne fallen auf diese Weise erst an, wenn sie gebraucht werden. Während der Lagerung im Tank ist der Schaumwein außerdem am besten vor Außeneinflüssen geschützt.

Die längere Lagerung im Tank innerhalb der Gesamtlagerzeit ist mithin für seine Qualität und seine Haltbarkeit von Vorteil.

Temperatur

Für den Einfluss der Temperatur auf den Ablauf der Gärung und die dabei gebildeten Nebenprodukte gilt im Prinzip das, was hierzu im Kap. 5.2, Stichwort Temperatur, gesagt wird.

Wie dort ausgeführt, ist die Oberfläche der Flasche im Verhältnis zu ihrem Inhalt so groß, dass die entstehende Gärungswärme sogleich abwandern kann, ohne dass ein Wärmestau entsteht.

Während der Gärung entsteht Wärme.
1 Mol vergärbarer Zucker liefert 88 kJ (Römpp 1990, Seite 1245) oder 21 kcal.
Der vergärbare Zucker des Ansatzes von 24 g/l entspricht 0,133 Mol/l und
daraus entstehen 11,7 kJ = 2,8 kcal pro Liter.
Aus den Wärmeleitzahlen
von Stahl = 0,718 J
Glas = 0,0134 J
und Wasser = 0,6 J,
dessen Wert hier näherungsweise für den Wein eingesetzt wurde und bei Annahme einer Gärzeit von 15 Tagen ergeben die Berechnungen, unter Berücksichtigung der Wandstärken bzw. der mittleren Schichtstärken, dass auch im großen Tank kein Wärmestau zustande kommt, selbst wenn das Rührwerk nicht läuft.

Sofern die Gärung aber wesentlich rascher verliefe, würde es nur im großen, ruhenden Tank zu einer sehr mäßigen Erwärmung kommen. Sobald aber, wie es ja aus anderen Gründen ohnehin sein soll, das Rührwerk täglich eingeschaltet wird, ist der Wärmetransport in der Flüssigkeit so groß, dass dann keine Erwärmung stattfindet.

Chemische Veränderungen

Es gibt keine durch die Vergärung bewirkten Veränderungen der Cuvée, die im Großbehälter anders verlaufen oder zu anderen Ergebnissen führen würden, als diejenigen in der Flasche. Man lese dort nach (Kap. 5.2).

Ein rein technischer Vorteil der Gärung im Großraumbehälter besteht darin, dass das Vorhandensein von **Thermometer und Manometer** es erlaubt, sich jederzeit ein Bild über den Fortgang der Gärung zu machen. Es ist ferner möglich, zu beliebiger Zeit, jeweils nach gründlichem Umrühren, eine Probe zu ziehen, die für den ganzen Behälterinhalt repräsentativ ist und die analysiert oder verkostet werden kann.

4.3.5 Rohsekt oder Brutsekt, Lagerung und Reifung

Wenn die Gärung, je nach Temperatur, etwa 2 bis 4 Wochen nach dem Einfüllen des Ansatzes beendet ist, setzen die Vorgänge der **Reifung** ein. Es gilt auch hierbei das, was im Kap. 5.3 für die traditionelle Methode beschrieben wird. Die **Analysenbeispiele** für die Veränderungen in den Bereichen Aminosäuren, allgemeine Zusammensetzung und flüchtige Verbindungen sind aus Vergleichsgründen ebenfalls im Kap. 5.3 beschrieben. Es ergeben sich, wie dort ausgeführt, keine prinzipiellen Unterschiede zwischen den beschriebenen Gärverfahren. Aber es ist erkennbar, dass eine Reifung **zeitabhängig** stattfindet und dass sie sich hauptsächlich in den Veränderungen der flüchtigen Verbindungen also der Aromastoffe äußert. Der Großraumbehälter bietet die Möglichkeit, ebenso wie die Gärflasche, den Sekt nach der Gärung beliebig lange reifen zu lassen. Ob man einen Sekt länger oder weniger lang reifen lässt, ist nicht eine Frage des Gär- und

Lagergefäßes, sondern eine Frage der angestrebten Produkteigenschaften.

Der **Großraumbehälter** hat auch hierbei gegenüber der Flasche den technischen Vorteil, dass Manometer und Thermometer eine fortlaufende Überwachung erlauben, Auskunft über den Zustand des Erzeugnisses geben und dass jederzeit repräsentative Proben gezogen werden können. Wenn das Rührwerk während der gesamten Reifezeit z. B. in wöchentlichen Abständen jeweils etwa 1 Stunde läuft, wird in angemessener Weise der Vorgang der Reifung dadurch unterstützt, dass im Schaumwein eine gleichmäßige Verteilung aller Komponenten aufrechterhalten wird.

Eine Entmischung und die daraus entstehenden Unterschiede zwischen den Bereichen „unten“, „Mitte“ und „oben“ können dann nicht vorkommen.

Mikroblasen, die im Laufe der Weinbereitung und der Verarbeitung eingewirbelt worden waren und bis in den Gärtank erhalten blieben, können durch die mechanische Wirkung des Rührwerks dazu gebracht werden, zusammenzustoßen, sich zu vereinigen und danach aufzusteigen, sodass sie an der Oberfläche des Flüssigkeitsspiegels zerplatzen und verschwinden.

4.3.6 Umlagern in den Kühltank

Das Umlagern des Brutsekts aus dem Gär- und Lagertank in den Kühltank, die Zugabe der Versanddosage und das Enthefen durch Zentrifugen und Filter sind Vorgänge, die in einem sehr engen zeitlichen und räumlichen Zusammenhang zueinanderstehen. In der Praxis haben sich verschiedene Arten ihrer Anwendung herausgebildet. Diese Anwendungsarten unterscheiden sich voneinander vor allem hinsichtlich der Anpassung an örtliche Gegebenheiten oder bezüglich arbeitswirtschaftlicher Vorteile.

Ungeachtet der verschiedenen Formen und Kombinationen in der Anwendung werden diese Arbeitsvorgänge hier getrennt beschrieben, weil dadurch ihre önologischen oder technologischen Eigenheiten besser dargestellt werden können.

4.3.6.1 Umlagern, allgemein

In kleinen Betrieben, die über wenige Tanks verfügen, sind meistens alle Tanks mit Kühlmantel und Isolierung ausgestattet. Man kann dort den Brutsekt im gleichen Behälter vergären, lagern und kühlen, ohne ihn umzulagern.

In größeren Betrieben werden Tanks eingesetzt, deren Ausstattung den jeweiligen Aufgaben angepasst ist. **Nur Kühlbehälter** sind mit Doppelmantel und Isolierung ausgestattet. Hier ist ein Umlagern des Schaumweins immer dann erforderlich, wenn das Ende der Lagerzeit erreicht ist. Das Umlagern kann zum Ziel haben, den Schaumwein dem nächsten Verarbeitungsschritt zuzuführen oder auch, ihm lediglich einen anderen Aufenthaltsort zu geben. Die Gelegenheit kann aber auch benutzt werden, um eine Geschmackskorrektur herbeizuführen oder auch, um in dieser Phase den Verschnitt im eigentlichen Sinne herzustellen, wie dies in den Kap. 2.3.1 und 2.3.2 beschrieben wird.

Von dem früher allgemein üblichen **Absetzenlassen der Trubstoffe**, mit der Absicht, einen Abstich, wie er vom Fasswein her bekannt ist, vorzunehmen, ist man weitgehend abgekommen, und zwar aus zwei Gründen:

1. Insbesondere in großen, stehenden Behältern nimmt die **Selbstklärung** des Sekts viel Zeit in Anspruch. Während dieser Zeit tritt eine graduelle **Entmischung** ein, sodass die Zusammensetzung des Schaumweins im oberen Teil des Behälters von seiner Zusammensetzung im unteren Teil merkbar abweicht.
2. Nach dem Abstich des selbst geklärten Schaumweins bleibt ein dichter, nicht sehr voluminöser **Trub** im Tank zurück, dessen fachgerechtes Herausholen und Verwerten

viel Zeit und Mühe erfordert. Auf keinen Fall darf der Trub einfach in den Kanal gelangen. Die abtrennbaren Stoffe des Trubs müssen abgetrennt und auf die Deponie gebracht werden und die **Restflüssigkeit** muss man neutralisieren, bevor sie in das Abwasser gelangt. Es muss außerdem, um die Reinigungsarbeit vornehmen zu können, das unter Überdruck stehende Gas aus dem Behälter abgelassen und **durch Luft ersetzt werden**, bevor jemand zur Reinigung in den Behälter schlüpft (siehe auch Kap. 4.3.3, Stichwort „Reinigen").

Es ist viel rationeller, den Inhalt des Behälters unmittelbar vor dem Umlagern gründlich zu mischen, das heißt, die Trubteilchen gleichmäßig in der Flüssigkeit zu verteilen. Während der relativ kurzen Zeit des Umlagerns findet noch keine erkennbare Entmischung statt. Die Trubmenge, die nach dem Leerwerden in der Haftflüssigkeit im Tank verbleibt, ist sehr gering und sie kann vernachlässigt werden, sofern der Tank alsbald nach dem Leerwerden erneut mit Gäransatz oder mit Brutsekt gefüllt wird.

In einem Tank von etwa 17 000 Liter Fassungsvermögen beträgt die innen liegende Oberfläche der Behälterwand ungefähr 38 m².

Als **Haftflüssigkeit** bleibt an der Behälterwand nach dem Leerwerden ein Flüssigkeitsfilm von höchstens etwa 0,05 mm Dicke zurück. Da eine Schicht von der Stärke eines Millimeters auf der Fläche eines Quadratmeters ein Volumen von 1 Liter darstellt, entsprechen 0,05 mm auf 38 m² Fläche einem Volumen von 1,9 Liter (0,01 %), das ist eine Größenordnung, die bei der Größe des Tanks schon zum **Bereich des technisch Unvermeidbaren** gerechnet werden kann. Bei Tanks, deren Fassungsvermögen größer ist, als in dem hier genannten Beispiel, ist der Anteil der Haftflüssigkeit prozentual noch geringer.

Man tut gut daran, einige Stunden nach dem Entleeren eines Tanks, spätestens aber unmittelbar bevor er erneut gefüllt wird, das Bodenablaufventil vorsichtig zu öffnen (Achtung, **Vorsicht:** Druck!) und den im Ablaufrohr angesammelten Wein in ein sauberes Gefäß laufen zu lassen. Diesen Rest gibt man in den „Anfallwein" (siehe Kap. 2.5).

Der nach gründlichem Mischen **leergewordene Tank** wird in manchen Betrieben nicht geöffnet, sondern spätestens 1 bis 3 Tage später erneut mit Gäransatz oder mit Brutsekt gefüllt. Da dieser Tank nach dem Leerwerden noch mit Gas gefüllt ist, spart man die Arbeiten des Ausblasens und Vorspannens ebenso, wie das Reinigen und das kniffelige Vorziehen des Mannlochdeckels und man vermeidet den Luftanteil, der normalerweise beim Vorspannen im Tank verbleibt und der zu einer gewissen Sauerstoffaufnahme im Schaumwein führt. Aber es muss beim Einfüllen von Stillwein oder von frischem Gäransatz an die Gefahr des **Vakuums** gedacht werden! Siehe hierzu „Sonderfall", Kap. 4.3.3.

Bei jeder Umlagerung von Schaumwein aus einem Tank in einen anderen besteht eine wichtige Voraussetzung für verlustloses Arbeiten in der **isobaren Arbeitsweise**. Isobar bedeutet, dass der Empfangsbehälter und die verbindenden Schlauch- oder Rohrleitungen, Pumpen und Apparate unter dem gleichen Druck stehen, wie der Schaumwein im Ausgangsbehälter. Wenn überall in dem geschlossenen System ein Druck herrscht, der dem Sättigungsdruck des Schaumweins entspricht, dann verhält sich der Schaumwein während der Umlagerung wie Stillwein.

4.3.6.2 Vorspannen

Um ein leeres Behältnis unter den gleichen Überdruck zu versetzen, wie der, den der zu bearbeitende/umzulagernde Schaumwein aufweist, muss man es entsprechend mit Gas füllen und „vorspannen" also isobare Verhältnisse schaffen.

In aller Regel wird es sich um Kohlensäuregas handeln. Dieses Gas wird entweder aus Stahlflaschen von etwa 25 kg Füllinhalt oder aus dem Vorratstank einer größeren Anlage entnommen, falls man das Kohlensäuregas im Tankwagen kauft. Das Gas kann auch dem Vorratstank einer Rückgewinnungsanlage entstammen.

Näheres über die **technische Ausrüstung** siehe Kap. 4.5.3.3.

Als **Vorspanngas oder Druckgas** kann Kohlensäuregas verwendet werden, man kann aber auch reines Stickstoffgas einsetzen oder Druckluft.

In der Beschaffung ist **Druckluft** am kostengünstigsten. Zwischen Stickstoff und Kohlensäuregas besteht, je nach Bezugsmöglichkeit, kein wesentlicher Preisunterschied.

Bei der Wahl des Druckgases muss bedacht werden, dass die physikalischen **Gasgesetze** auch bei Schaumwein gelten. Insbesondere das Gesetz vom **Partialdruck** nach Henry und Dalton ist hier maßgebend. Näheres ist im Kap. 6.1 nachzulesen.

Bei der Verwendung von Stickstoff, Argon oder Druckluft ist der im Gasraum des Behälters vorhandene **Partialdruck für** CO_2 sehr gering. Es tritt daher jedenfalls im Sekt ein beachtlicher Verlust an Gärungskohlensäure auf, dessen Größe davon abhängt, wie groß der Hohlraum ist, wie stark die Oberflächen des Schaumweins in den beteiligten Behältern bewegt werden (Umwälzung, Wirbel, Blasen) und wie lange der Schaumwein mit diesen Gasen in Berührung bleibt.

Der CO_2**-Verlust** tritt jedenfalls auf, auch wenn der am Manometer angezeigte Druck dies nicht erkennen lässt. Das **Manometer** zeigt immer nur den **Gesamtdruck** an, aber nicht den Partialdruck für CO_2! Sofern Druckluft verwendet wird, wird deren Sauerstoffanteil von nahezu 20 %vol sehr weitgehend vom Schaumwein aufgenommen und er wird dort eine mehr oder weniger rasch zu bemerkende **Oxidation** hervorrufen. Sofern man sicher sein kann, dass der Schaumwein innerhalb weniger Wochen nach der Abfüllung konsumiert wird, mag das Risiko noch erträglich sein. Die praktische Erfahrung wird zeigen, ob Druckluft das richtige Vorspanngas ist (siehe auch Abb. 85).

Sofern eine längere **Haltbarkeit** des Schaumweins auf höherem Qualitätsniveau angestrebt wird, sind Druckluft, Argon und Stickstoff als Arbeitsgase abzulehnen (siehe hierzu ergänzend auch Kap. 4.2, Stichwort „Arbeitsgas").

Das Arbeitsgas wird in den **Vorratsbehältnissen** immer unter wesentlich höherem Druck aufbewahrt als es im Betrieb benötigt wird, weil man dadurch viel weniger Platz braucht. Bei Entnahme des unter hohem Druck stehenden Gases aus dem Vorrat muss deshalb sein Druck erst auf Betriebsdruck herabgesetzt oder reduziert werden. Hierzu dienen Reduzierventile. Der Gebrauch von Reduzierventilen und von betriebssicheren Druckschläuchen ist nicht nur vorgeschrieben (UVV), sondern ernstlich zu empfehlen. Es können andernfalls Unfälle mit bösen Folgen vorkommen.

Darum: **Niemals eine Stahlflasche mit Druckgas direkt, also ohne Reduzierventil, anschließen** (siehe auch Kap. 4.3.2 und 4.5.3.2).

4.3.6.3 Kühlen

Das Kühlen des Schaumweins kann erforderlich sein, um ihn „weinsteinstabil" zu machen oder um ihn besser abfüllen zu können. Sofern beides erwünscht ist, wird man diese Vorgänge miteinander kombinieren, um Energie zu sparen.

Sofern die Cuvée bereits als Stillwein kältestabilisiert worden war, erübrigt sich eine Kältestabilisierung des Brutsekts.

Wenn die Abfüllung des **ungekühlten** Schaumweins erfolgt, die Cuvée aber noch nicht kältestabilisiert wurde, wird man den Schaumwein erst kühlen, aber nach Abtrennung des Weinsteins versuchen, mithilfe von **Wärmetauschern** möglichst viel Energie im Austausch gegen ungekühlten Schaumwein zurückzugewinnen, um dann eine nahezu ungekühlte Abfüllung vorzunehmen.

Die **Kühlung des Schaumweins** wird meistens in **Doppelmanteltanks** vorgenommen.

Wärmeaustauscher in Gestalt von **Platten- oder Röhrenapparaten** können unter geeigneten Bedingungen anstelle der Doppelmanteltanks eingesetzt werden. Den größten Nutzen bieten Wärmeaustauscher aber, wenn sie zusätzlich zum Doppelmantel eingesetzt werden und darüber hinaus auch dazu dienen, **Energie zurückzugewinnen**. Über die verschiedenen Möglichkeiten des Aufbaus und des Einsatzes von Wärmetauschern siehe Kap. 2.4 und Troost (1988).

Sowohl bei Kühlung im Doppelmanteltank als auch bei Einsatz von Wärmetauschern wird eine Direktverdampfung des Kältemittels selten angewandt, weil dabei die Regelung der Temperatur zu schwierig und zu risikobehaftet ist. Man wählt in der Praxis der Schaumweinherstellung den sichereren Weg einer **indirekten Kühlung unter Zwischenschaltung einer Kühlsole als Kälteträger**. Hierbei ist es wichtig, dafür zu sorgen, dass sowohl die Kühlsole als auch der Schaumwein an der als Austauschfläche dienenden Behälterwand bzw. an den Trennwänden der Austauscherkammern **turbulent** entlang fließen, also so, dass die Strömung Wirbel bildet, damit möglichst viele Flüssigkeitsteilchen in der Zeiteinheit Gelegenheit bekommen, ihre Wärmeenergie an der Austauschfläche umzusetzen.

Im Plattenapparat sorgt der geringe Plattenabstand in Verbindung mit einer besonderen Profilgebung für ausreichende Turbulenz. Im Röhrenaustauscher bewirkt die Fließgeschwindigkeit in Verbindung mit den Röhrendurchmessern und ggf. speziellen Wirbelkörpern die Turbulenz. In **Doppelmanteltanks** muss während der ganzen Zeit des Herunterkühlens das Rührwerk laufen, um den Schaumwein so in Bewegung zu halten, dass die Grenzschicht des Schaumweins, die den **Kontakt zur Tankwand** hat, fortlaufend ausgewechselt wird (siehe Abb. 61). Später, nachdem die erwünschte Temperatur erreicht ist, also während des Kalthaltens, genügt es, das Rührwerk mehrmals am Tag für eine begrenzte Zeit laufen zu lassen. Man ist also in der Lage, auf der Schaumweinseite eine ausreichende Turbulenz herzustellen.

Unbefriedigend ist aber der Fluss der Kühlsole durch den **Kühlmantel**. Der Kühlmantel umschließt in der Regel den ganzen zylindrischen Teil der Tankwand. Zwischen der Außenwand des Kühlmantels und der Tankwand besteht aus Konstruktionsgründen ein Abstand von etwa 2 bis 3 cm.

Die **Kühlsole** strömt durch einen Rohrstutzen in den Kühlmantel ein und durch einen anderen, diagonal gegenüber befindlichen Rohrstutzen wieder hinaus. Man meint nun, die Kühlsole würde sich nach dem Einströmen ringförmig um den ganzen Umfang des Tanks ausbreiten und dann in breiter Front über die ganze Tankwand vorrücken, bis sie, am anderen Rande angekommen, wieder ringförmig zusammenströmt und dort hinausfließt. So einfach verhält sich die Sole leider nicht. Zwischen dem Eingangs- und dem Ausgangsstutzen sucht sich die Sole einen **ziemlich direkten** Weg. Sie strömt in der Hauptsache auf etwa 10 cm breiter Bahn entlang dieses Wegs. Eine Randzone links und rechts dieser Bahn jeweils von vielleicht 20 cm Breite zeigt ein nach den Seiten hin abflachendes Strömungsgefälle und alles, was außerhalb dieser insgesamt vielleicht nur 50 cm breiten **Fließspur** liegt, hat keine Strömung, ist tote Zone. In der Fließspur selbst ist die Fließgeschwindigkeit gering, es tritt keine Turbulenz ein, der Wärmeübergang vom Schaumwein auf die Sole ist ungenügend und der **Wirkungsgrad dieser Anlage ist sehr gering**. Ein Kühlmantel, der über die ganze Länge des zylindrischen Tankteils reicht, ist nicht sinnvoll.

Besser ist ein kleinerer **Kühlmantel**, der bei einem stehenden Behälter z. B. von unten her nur etwa ein Viertel der Höhe des zylindrischen Teils umschließt. Noch besser, allerdings auch teurer in der Anschaffung ist es, anstelle eines Kühlmantels eine als Halbschale ausgebildete, spiralig um den Tank verlaufende **Zwangsleitung für die Sole** aufzuschweißen, eine außen liegende Kühlschlange also, deren Querschnittsfläche der Fläche des Rohrquerschnitts der Soleleitung entspricht. Diese Spirale sollte wenigstens die untere Hälfte der zylindrischen Tankwand umschließen, um auch auf der Sole-Seite auf hinreichend großer Austauschfläche ausreichende **Turbulenz** und somit einen befriedigenden Wirkungsgrad zu erreichen.

Eine neuere Entwicklung stellt das HE-Plate-Wärmeübergangssystem dar. Dabei werden zwei Platten gleicher Stärke verwendet, die nach dem Widerstands-Punkt-Schweißverfahren miteinander verbunden werden. Sie sind am äußeren Rand rollnahtverschweißt. Nach dem Schweißvorgang werden die Platten unter hohem Druck aufgeblasen, damit der Zwischenraum eine genügende Durchflussmenge aufnehmen kann (Thermobleche von Striko). Dies führt sowohl zu einer erhöhten Turbulenz des Kühlmittels als auch zu dessen gleichmäßigerer Verteilung (siehe auch Kap. 2.4 und Kap. 4.3.2, Stichwort Kühlmantel ...).

Isolierung (siehe auch Kap. 4.3.2)

Alle Tanks, in denen Schaumwein gekühlt oder gekühlter Schaumwein kalt gehalten werden soll, müssen gegen das Eindringen von Wärme geschützt und deshalb mit einer hinreichend starken Dämmschicht, der sogenannten Isolierung, umhüllt werden. An dieser Stelle zu sparen, hätte teuere Energieverluste zur Folge. Als Faustregel für die Stärke der **Dämmschicht** gilt:
Temperaturdifferenz: 2 = Schichtdicke in cm.
Beispiel:

Raumtemperatur	= 20 °C
Sekttemperatur	= −4 °C
Differenz	= 24 °C
Isolierstärke	= 24 : 2 = 12 cm

Als Material für die **Wärmedämmung** sind Steinwolle und Glaswolle bei Schaumweintanks schon lange nicht mehr gefragt, weil sie nicht ausreichend wasserdampfdicht sind. Es bildet sich zwischen ihren Fasern Wasserdampfkondensat, sodass schließlich die ganze Dämmschicht nass und damit die Isolierwirkung aufgehoben ist.

Expansitkork isoliert gut, das Umhüllen eines Behälters erfordert aber viel Handarbeit und ist relativ teuer.

Die modernen, geschäumten Kunststoffe, wie **Styropor und Polyurethan** sind wasserdampfundurchlässig, sie isolieren gut und sind gut zu verarbeiten, sie sind daher relativ preiswert (siehe auch Kap. 4.3.2).

Es ist sinnvoll, bei Neuanschaffung von Drucktanks darauf zu achten, dass alle Stutzen für Rohranschlüsse, Thermometer, Probenventil und Rührwerk um die geplante Stärke der Isolierung länger sind, als bei Lagertanks und dass sie einen „Kragen“, also eine angeschweißte Blechscheibe tragen, gegen die sich der Blechmantel der Isolierung abstützt. Der Abstand des Kragens von der Tankwand soll so groß sein wie die geplante Stärke der Isolierung. Das Mannloch muss ebenfalls von einem Blechkragen umgeben sein, an dem eine umlaufende Leiste als Stütze für den Blechmantel der Isolierung dient. Wenn man den Mannlochkragen um etwa 1,5 cm über die umlaufende Leiste vorspringen lässt, kann man um die Vorderkante des Kragens außen herum einen Schweißdraht anschweißen lassen. Dieser dient als

Randwulst, hinter den eine Plastikhaube mit Gummizug greift und die dazu dient, das Mannloch selber und den angrenzenden Raum gegen die Raumluft abzuschließen. Dadurch wird auf billige und wirksame Weise die Bildung von Kondensat und Eis am Mannloch vermieden und auch etwas an Energie gespart.

Soweit möglich, sollen auch **Rohrleitungen** und größere unbewegliche Flächen an Apparaten mit wärmedämmendem Material isoliert werden, um die Kosten der Kühlung zu mindern und die vorzeitige Wiedererwärmung des Schaumweins zu vermeiden (siehe auch Kap. 4.3.2).

4.3.7 Sekt – Transport

Pumpen, Schläuche, Rohre und Armaturen, die bei jeder Art von Umlagerung unentbehrlich sind, sind nach den gleichen Grundsätzen auszuwählen, wie im Stillweinbetrieb (siehe Troost 1988, Seite 271–313). Es ist allerdings zu beachten, dass alle Vorgänge des Umlagerns bei Schaumwein sich auf einem **höheren Druckniveau** abspielen. So ist außer der statischen und der dynamischen Förderhöhe, wie sie von Troost (1988), Seite 295 dargestellt werden, noch der **Sättigungsdruck** (= Vorspanndruck) des Schaumweins bei der jeweiligen Temperatur hinzuzuzählen, wenn man den Gesamtdruck erfahren will, dem das Fördersystem standhalten soll.

Beispiel: statische Höhe 18 m

entspricht	1,8 bar Druck
dynamische Höhe (einschließl. des Strömungswiderstandes aus dem Druckausgleich) beträgt	3,2 bar
Vorspanndruck 6 bar Überdruck	= 7,0 bar
Gesamtdruck, bei 20 °C	12,0 bar(Normaldruck)

Anmerkung: Die **statische** Förderhöhe ergibt sich aus dem Höhenunterschied zwischen dem niedrigsten Flüssigkeitsspiegel der Saugseite und dem höchsten Flüssigkeitsspiegel der Druckseite. 10 m Höhenunterschied entsprechen rund 1 bar Druck.

Die **dynamische** Förderhöhe ergibt sich aus den Strömungswiderständen der Rohr-/Schlauchleitungen, Krümmer und Armaturen, wobei der Strömungswiderstand ausgedrückt wird in Meter Förderhöhe.

Luftsäcke in Rohrleitungen, ringförmige Hohlräume an den Rohrstößen in Rohrmuffen oder in Verschraubungen, **Luftreste in toten Ecken** von Ventilen usw. sind bei Schaumwein nicht nur wegen der Infektionsgefahr unerwünscht, sondern auch als ständige Quelle für das Entstehen von Blasen und Mikroblasen gefährlich.

Zu den Vorbereitungen für das **Umlagern** gehört es auch, die Verbindungen zwischen den beiden Tanks herzustellen, und zwar für den Weg der Flüssigkeit über Schläuche, Pumpe, Rohre und Ventile, aber auch für den Weg des Gases zum Druckausgleich zwischen den beiden Tanks, ebenfalls mit Schläuchen, Rohren und Ventilen. Es ist wichtig, dass sowohl für den Weg der Flüssigkeit als auch für den Weg des Gases Rohr- oder Schlauchquerschnitte gewählt werden, die der angestrebten Fördergeschwindigkeit angemessen sind.

Je glatter die **Durchgänge durch die Absperrorgane** (Ventile, Schieber, Kugelhähne, Scheibenventile) sind, desto weniger groß ist der Strömungswiderstand, desto weniger hoch muss die dynamische Höhe sein.

Beim Umlagern von Schaumwein ist zu berücksichtigen, dass die **Förderpumpe** nicht nur die statische Höhe der Flüssigkeit und die Strömungswiderstände des Flüssigkeitsweges überwinden muss, sondern auch den Strömungswiderstand des Gases durch die Druckausgleichsleitung. Bei Schaumwein wirkt sich mithin das zum Herstellen des **Druckausgleichs** erforderliche Verdrängen und Hinüberdrücken des Gases durch eine entsprechende Erhöhung der dynamischen Höhe aus.

Um die **Strömungswiderstände** möglichst gering zu halten, wird empfohlen, sowohl für Flüssigkeit als auch für Gas

- Rohre mit sehr glatter Innenwand zu verwenden, z. B. Hart-PVC,
- Rohrbogen, wo irgend möglich, mit sehr großem Krümmungsradius einzusetzen, also z. B. so, dass der Krümmungsradius mehr als das Zehnfache des Rohrdurchmessers beträgt,
- die Rohrdurchmesser oder die Rohrquerschnitte möglichst groß zu wählen.

Solche großzügig ausgelegten Rohrleitungen sind in der Anschaffung beachtlich teurer, als solche mit engeren Querschnitten. Der Aufwand lohnt sich aber auf lange Sicht dennoch, weil ein wesentlich geringerer dynamischer Druck aufgebaut werden muss, die Durchsatzleistung erheblich größer und der Energiebedarf deutlich geringer sind als bei den nur knapp ausgelegten Leitungen.

4.3.7.1 Fließgeschwindigkeit, Strömungswiderstand (Schläuche, Rohre, Armaturen, Nennweiten)

Es werden hier die der Tab. 24 zu entnehmenden mittleren Fließgeschwindigkeiten empfohlen.

Je nach spezieller Betriebserfahrung können diese Werte auch modifiziert werden. Größere Nennweiten lassen etwas größere Fließgeschwindigkeiten zu.

Nennweite: Aus den gewünschten Durchflussmengen und aus den Fließgeschwindigkeiten, die sich ggf. gemäß der speziellen Betriebserfahrung als vertretbar erwiesen haben, kann die benötigte Nennweite der Rohrleitung selbst berechnet werden. Die Grundlagen für die Berechnung der Nennweite sind der Tab. 25 zu entnehmen.

Durch Umrechnen der Einheiten und Kürzen der Brüche gelangt man zu folgender Formel für die gesuchte Nennweite:

$$\text{NW (in mm)} = \sqrt{\frac{\text{gewünschte Durchflussmenge Q in m}^3 \cdot 4000}{\text{gewünschte Fließgeschwindigkeit v(m/s)} \cdot \pi \cdot 3{,}6}}$$

Daraus ergibt sich:

$$\text{NW (in mm)} = \sqrt{\frac{Q}{v} \cdot \frac{4000}{\pi \cdot 3{,}6}}$$

$$\text{oder} \sqrt{\frac{Q}{v} \cdot 353{,}68}$$

Beispiel: Es sollen 14 000 l pro Stunde = 14 m³/h gefördert werden und die Fließgeschwindigkeit soll 1,2 m/s nicht übersteigen. Dann ist die gesuchte Nennweite der Rohrleitung, ausgedrückt in mm:

Tab. 24 Mittlere Fließgeschwindigkeiten in Rohrleitungen

Stoff	m/sec.	Stoff	m/sec.
stille Getränke	1,0 – 2,0	Kaltwasser	bis 3,0
CO_2-haltige Getränke	1,0 – 2,0	Heißwasser	1,5 – 3,0
Wein	0,8 – 1,5	Sole	bis 3,0
Perlwein	0,5 – 1,2	Kohlensäuregas	bis 10,0
Sekt	0,5 – 1,0	Druckgas (-luft)	bis 20,0
Bier	0,5 – 1,2	Dampf	20 bis 30

Tab. 25 Berechnung der wichtigsten Kenndaten von Rohrleitungen

Zeichen	Maßeinheit	Umrechnung
NW (Nennweite) = D (Rohrdurchmesser)	mm	
F (Querschnittsfläche)	cm^2	
Formel: $F = \frac{D^2}{4} \cdot \frac{\pi}{100}$		
I (Rohr-Inhalt)	1/m	
$I = \frac{\frac{D^2}{4} \cdot \frac{\pi}{100} \cdot 100}{1000}$		$I\ (1/m) = \frac{Q}{v}$
$= D^2 \cdot \frac{\pi}{4000}$		$= \frac{\text{Durchflussmenge (l/s)}}{\text{Fließgeschwindigkeit (m/s)}}$
v (Fließgeschwindigkeit)	m/s	$v\ (m/s) = \frac{Q}{V}$
		$= \frac{\text{Durchflussmenge (l/s)}}{\text{Rohrinhalt (l/m)}}$
Q (Durchflußmenge)	1/s	Q (1/s) $= I \cdot v$ = Rohrinhalt (1/m) · Fließgeschwind. (m/s)
oder · 60 =	1/min	
oder · 3.600 =	1/h	
oder · 3,6 =	m^3/h	
s = Sekunde		

$$NW = \sqrt{\frac{14}{1,2} \cdot 353,68} = 64,24\,mm$$

also **Standard NW 65**

Einen Überblick über die Abhängigkeit der idealen Strömungsgeschwindigkeit v = m/s von der Förderleistung Q = m^3/h und von der Nennweite NW = mm gibt Abb. 63.

Strömungswiderstand der Flüssigkeit

Die ideale Strömungsgeschwindigkeit, wie sie in Abb. 63 für glatte, gerade Rohre angegeben ist, wird in der Praxis niemals erreicht, weil ihr der **Strömungswiderstand** entgegen wirkt.

Selbst ganz gerade, hochglänzend glatte, saubere Rohre aus Glas oder Rohre aus PVC, deren Benetzung einen sehr kleinen Randwinkel aufweist, verursachen einen Strömungswiderstand, der bei geringen Nennweiten erheblich höher ist als bei großen Nennweiten. Rauheiten der Oberfläche und Verkrustungen verstärken den Strömungswiderstand.

In den Tabellenwerken findet man empirisch ermittelte Angaben, die sich auf „normal“ glatte und saubere Rohre beziehen. Sie

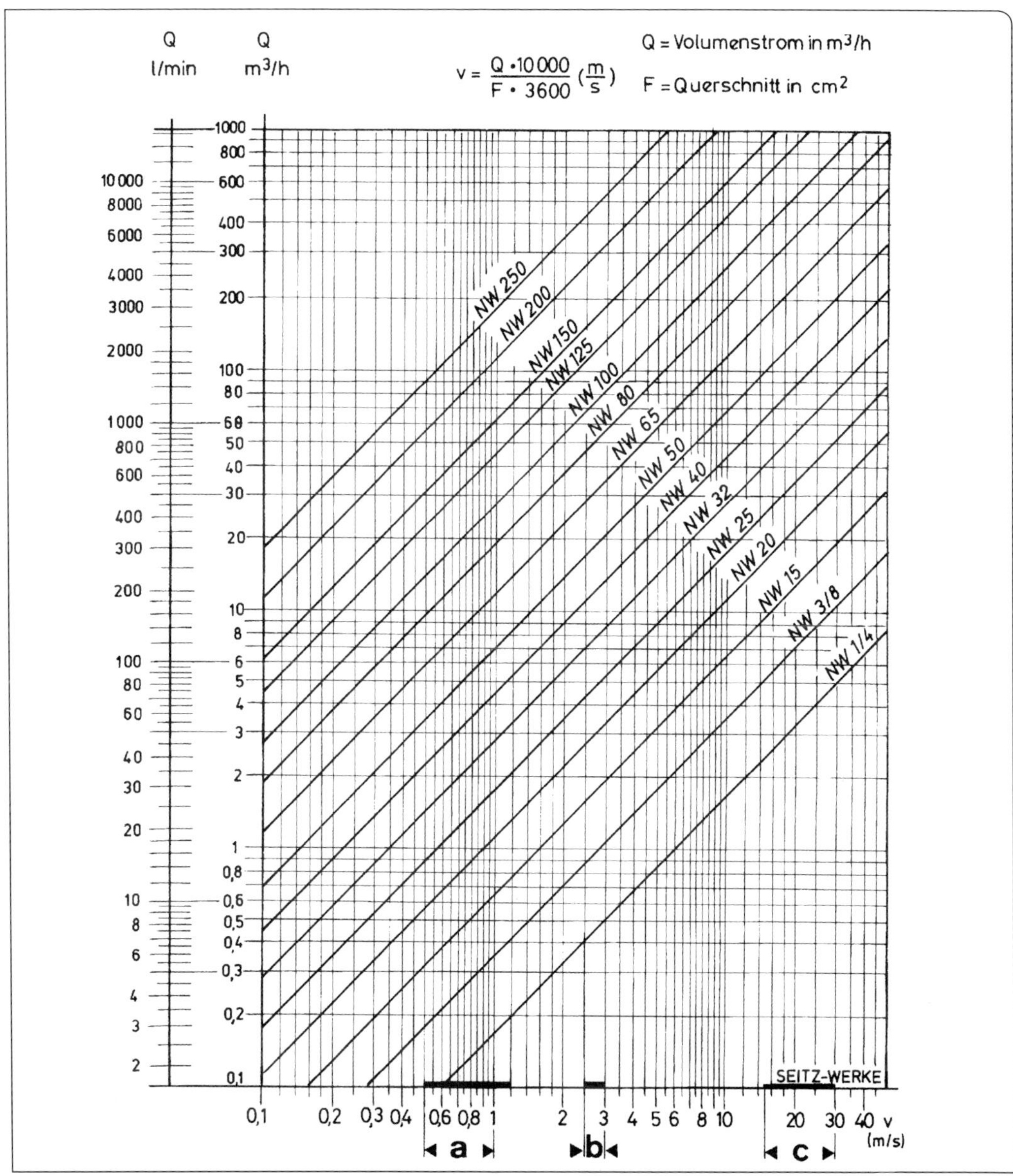

Abb. 63. Diagramm idealer Stömungsgeschwindigkeiten v in m/sec. in Rohrleitungen verschiedener Nennweiten (NW) und dem entsprechenden Volumenstrom Q in m³/h. Optimale Fließgeschwindigkeit bei a = Wein, Perlwein, Sekt; b = Reinigungslösungen; c = Druckgas und Dampf.
Beispiel: Bei einer gewollten Fließgeschwindigkeit von max. 1 m/sec (unten 1) erreicht man bei NW 65 etwa 10 400 l/h. Umgekehrt sind bei einer Förderleistung von 5 000 l/h (links 5) eine NW 40-Leitung erforderlich, bei 8 000 l/h reicht die NW nicht mehr aus, die Strömung würde 1,8 m/sec betragen, der Sekt unruhig werden (Seitz-Werke GmbH).

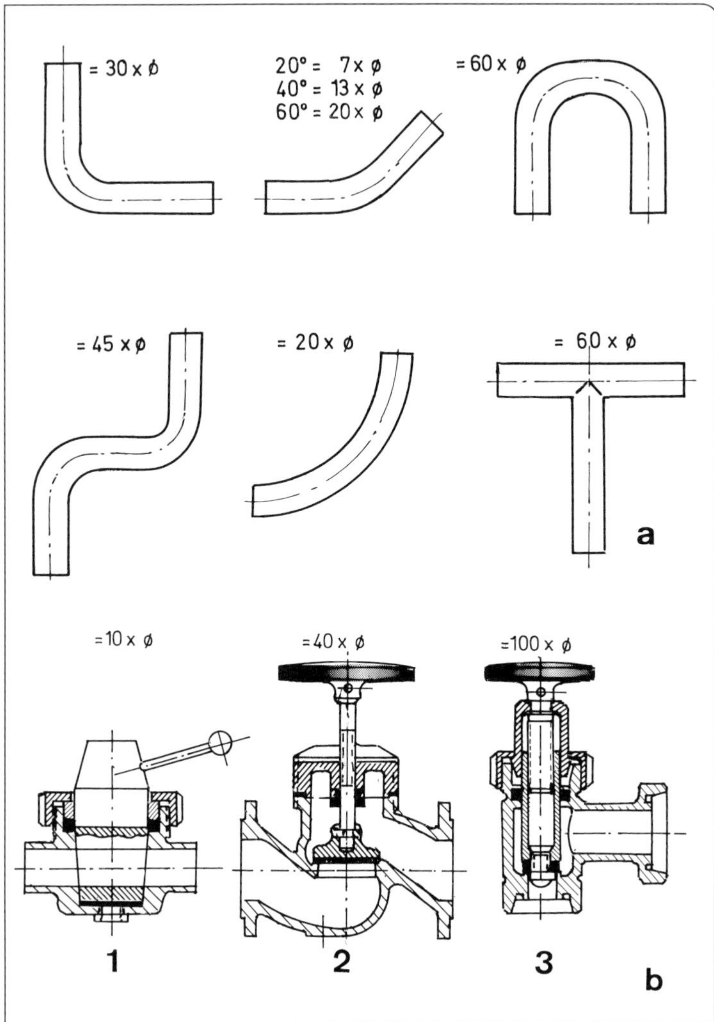

Abb. 64. Die Vervielfachung des Strömungswiderstandes durch Rohrteile, Formstücke und b durch Armaturen. siehe auch Tab. 26 und 27.

geben an, wie groß der Verlust an Förderhöhe (in m WS = 0,1 bar) je 100 m Rohrlänge ist.

In **Rohrbogen** ist der Strömungswiderstand deutlich höher, als im geraden Rohr und er wird umso größer, je enger der Bogen ist. Deshalb sollte man Rohrbögen immer so groß wählen, wie es der Raum zulässt. In der Tab. 26 ist zu erkennen, dass ein sehr enger Rohrbogen, dessen Radius nur 1,5-mal so groß ist, wie die Nennweite (r/d = 1,5), erheblich mehr Widerstand verursacht als ein etwas weiterer Rohrbogen, dessen Radius 3-mal so groß ist, wie die Nennweite (r/d = 3,0). Man kann sich leicht vorstellen, dass ein Rohrbogen, dessen Radius größer ist als das Zehnfache der Nennweite, nur noch einen Widerstand verursacht, der kaum größer ist als der Widerstand des geraden Rohrs. Siehe dazu auch Abb. 64.

Besonders großen Strömungswiderstand verursachen die **Abschlussorgane**, wie Schieber, Klappen, Schrägsitzventile, Eckventile, weil hier die innen liegenden Oberflächen nie so glatt sind wie bei Rohren, weil die Flüssigkeit im Ventil meist mit sehr kleinem Radius umgelenkt wird und weil der freie Querschnitt im Ventil sehr oft erheblich vermindert ist.

Als **Maß für den Strömungswiderstand**, den Rohrbogen und Armaturen verursachen, wird diejenige Länge geraden Rohrs der gleichen Nennweite angegeben, die den gleichen Widerstand verursachen würde (= äquivalente Rohrleitungslänge, siehe Abb. 64).

Alle Angaben zeigen nur die Größenordnung und die Tendenz auf. Sie können nicht exakt berechnet werden. Es darf aber angenommen werden, dass der wahre Strömungswiderstand einer Flüssigkeitsleitung in der Praxis deutlich höher ist, als er aus Tabellen ablesbar ist, weil es gar nicht möglich ist, alle Widerstand bildenden Einzelheiten richtig zu erfassen. Aus Diagrammen und Angaben der Firmen **KHS** und **Hilge** wurde die Tab. 27 zusammengestellt, aus welcher entnommen werden kann, welchen Strömungswiderstand, d. h. Verlust an Förderhöhe (H_v) eine Flüssigkeit (hier Wasser) erleidet, wenn bei verschiedenen Nennweiten und Formstücken durchweg eine mittlere Fließgeschwindigkeit (v) von 1,5 m/s angenommen wird.

Der Strömungswiderstand einer Rohrleitung, ausgedrückt als zu überwindende Förderhöhe oder als Druckverlust, kann somit näherungsweise wie in Tab. 26 ermittelt werden.

Einen Überblick über die Druckverluste infolge der Strömungswiderstände gibt Tab. 28 für die Armaturen und Rohrkrümmer.

Druckverlust in Gasleitungen

Ein weiterer Druckverlust entsteht bei der Umlagerung von Schaumwein dadurch, dass das Vorspanngas aus dem Empfangsbehälter herausgedrückt und durch die Druckausgleichsleitung in den Ausgangsbehälter des Schaumweins hinübergedrückt werden muss.

Tab. 26 Strömungswiderstand von Wasser bei konstanter Fließgeschwindigkeit von v = 1,5 m/s (siehe auch Abb. 64)

Rohr NW mm	Durch-fluss-menge Q=m³/h	Verlust an Förderhöhe Fv in mWS (=0,1 bar) je 100 m Rohrlänge	Reibungsverlust, ausgedrückt als äquivalente Rohrlänge in m, bei			
			Rohrbogen 90°		Schrägsitzventil	
			sehr eng r/d = 1,5 H_v m WS	weiter r/d = 3,0 H_v m WS	von – bis H_v m WS	H_v m WS
25	2,7	16,0	0,75	0,20	1,40	1,0
32	4,3	13,0	0,96	0,25	1,60	1,3
40	6,8	8,5	1,20	0,35	1,80	1,6
50	11,0	6,7	1,50	0,45	1,90	2,0
65	18,0	4,7	1,95	0,58	1,95	2,6
80	27,0	3,5	2,40	0,70	2,08	3,2
100	42,0	2,0	3,00	0,80	2,30	4,0

Tab. 27 Ermittlung des Druckverlustes in der Flüssigkeitsleitung infolge des Strömungswiderstandes: Fördergut: Wasser; Rohr NW 65; Durchflussmenge Q = 18 m³/h; mittlere Fließgeschwindigkeit v = 1,5 m/s

Fließweg	äquivalente Rohrlänge	Berechnung	Druckverlust Förderhöhe	
			H_v m WS	bar
Rohrlänge 60 m	60,00	$\frac{60 \cdot 4{,}7^{*)}}{100}$	2,82	0,282
8 Rohrbögen 90° von r/d = 3,0	4,64	$8 \cdot 0{,}58^{*)}$		
4 Schrägsitzventile	7,80	$4 \cdot 1{,}95^{*)}$		
	12,44	$\frac{12{,}44 \cdot 4{,}7^{*)}}{100}$	0,58	0,058
Summe Druckverluste in der Flüssigkeitsleitung			3,40	0,340

*) siehe Tab. 26, Rohr NW 65 mm

Der Druckverlust wächst mit steigender Fließgeschwindigkeit unverhältnismäßig stark an.

In Abb. 63 sind „ideale" Strömungsgeschwindigkeiten sowohl für Schaumwein im Bereich „a" als auch für Druckgas im Bereich „c" aufgezeichnet. Wenn man danach und passend zu dem Beispiel der Ermittlung des Druckverlustes der Flüssigkeit (Tab. 27) ausrechnet, welchen **Druckabfall** das CO_2-Gas erleidet, wenn es entweder bei größerer Nennweite mit mäßiger, oder bei kleinerer Nennweite mit höherer Fließgeschwindigkeit durch die Ausgleichsleitung strömen muss, ergibt sich das in Tab 29 erkenntliche Bild.

Es ist daraus ersichtlich, dass die Fließgeschwindigkeit des Gases im Druckausgleichsrohr den Wert von 10 m/s möglichst nicht überschreiten soll, weil sonst der Druckabfall in eine unvernünftige Größenordnung gerät. Die entsprechende Nennweite des Gasrohrs kann man mit der weiter unten angegebenen Formel berechnen, wobei die Durchflussmenge Q des Gases selbstverständlich als Gas im zusammengedrückten Zustand gerechnet wird und nicht etwa als Normkubikmeter. Das Volumen des Gases, das durch den Druckausgleich verdrängt wird, ist ja nur im zusammengedrückten Zustand gleich dem Volumen des Schaumweins, der umgelagert wird.

Bezogen auf das hier beschriebene Beispiel ist für die Ausgleichsleitung zu rechnen:

$$NW = \sqrt{\frac{Q}{v} \cdot 353{,}68} = \sqrt{\frac{18}{10} \cdot 353{,}68}$$

$$= 25{,}23\,\text{mm}, \textbf{ also rund NW 25}$$

Schließlich sei noch darauf hingewiesen, dass Rohrleitungen, Schläuche und besonders auch Schlauchbinder, Armaturen und die eventuell eingesetzten Apparate (Filter, Wärmetauscher, Separatoren, Pumpen), die während des Umlagerns benutzt werden, für bemerkenswert hohe **Betriebsdrücke** ausgelegt sein müssen.

Die Abb. 65 mag veranschaulichen, welche Drücke auftreten, wenn der Sättigungsdruck 7 bar beträgt und bei 20 °C gearbeitet wird.

Sofern auf niedrigerem Druckniveau gearbeitet werden soll, muss man für eine niedrigere Arbeitstemperatur sorgen.

Der Strömungswiderstand der Leitungen und der Widerstand des Filters werden von der **Temperatur** allerdings so gut wie nicht verändert. Rohre, Schläuche und Armaturen sollten sicherheitshalber für Betriebsdrücke von 15 bar ausgelegt sein.

4.3.7.2 Pumpen (Regelung, Mengenmesser)

In einer modernen Sektkellerei gibt es eine Vielzahl von Vorgängen, die den Transport von Flüssigkeiten, Gasen oder fester Substanzen notwendig machen. Für all diese Arbeitsgänge gibt es spezielle Fördersysteme, die

Tab. 28 Stömungswiderstände in Armaturen und Rohrkrümmern

A. Armaturen				
Armaturen für NW (mm)	25	32	40	50
	Widerstand entspricht einer Rohrlänge von m			
Absperrschieber offen	0,3	0,4	0,5	0,7
Schrägsitzventil	1,4	1,6	1,8	1,9
Rückschlagklappe	1,6	1,8	2,2	2,7
Eckventil	2,4	3,3	4,8	6,6
Rückschlagventil	3,8	5,3	7,7	11,4
B. Krümer				
90° Rohrkrümmer bei NW (mm)	25	32	40	50
1 für r/d – 2	0,25	0,3	0,4	0,5
1 für r/d – 3*)	0,2	0,25	0,35	0,45
1 für r/d – 4	0,15	0,2	0,3	0,4

*) r/d – 3 entspricht bei NW 25 ein Halbmesser (r) 75 mm, wenn der Halbmesser = Radius = r des Rohrbogens (mm) das Dreifache der Nennweite (mm) beträgt.

Tab. 29 Druckabfall von CO_2-Gas bei 7 bar Normaldruck am Rohreingang und einer Förderleistung von 18 m^3/h, bezogen auf 100 m Rohrlänge

NW	**mittlere Fließgeschwindigkeit**	**Reynolds'sche Zahl (aufgerundet)**	**der Druckabfall auf 100 m entspricht**	
mm	**v = m/s**		**bar**	**dynamischer Förderhöhe m WS**
25	10,19	240.000	0,41	4,1
18	19,65	333.000	1,96	19,6
15	28,29	400.000	4,65	46,5

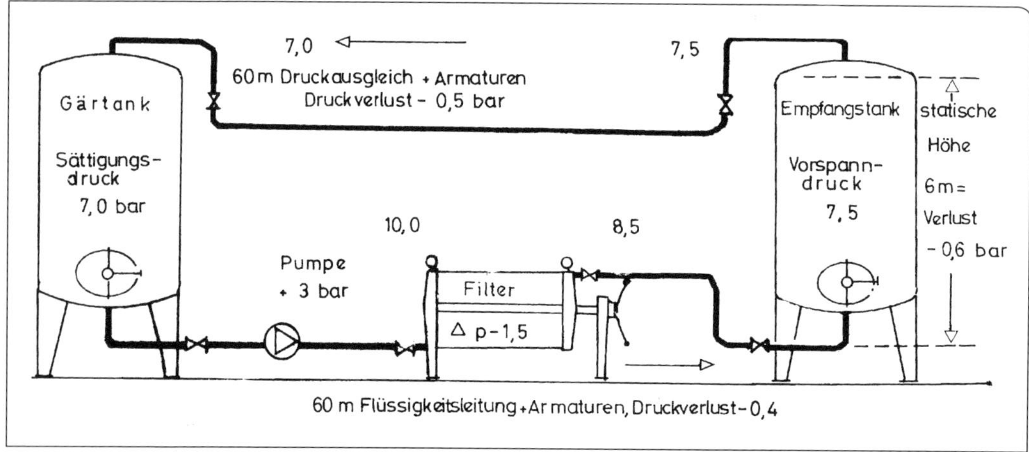

Abb. 65. Bei der Filtration auftretende Drücke, wenn unter isobarischen Verhältnissen gearbeitet wird.

sich noch zusätzlich durch ihre Leistung unterscheiden. Es ist demnach nicht möglich, bei der Herstellung von Sekt mit nur einem Pumpentyp auszukommen. Das nachfolgende Kapitel soll dem Kellermeister Hilfestellung für die **Auswahl einer Pumpe** geben und auf verschiedene Sachverhalte hinweisen, die beim Betrieb einer Pumpe zu beachten sind. Grundsätzliches über Pumpen und Fördersysteme wurden vor allem von Troost (1988), aber auch von Trogus und Kaufmann (1988) ausgeführt. Für ein weitergehendes Studium der Förderung von Flüssigkeiten durch Pumpen werden diese Arbeiten empfohlen.

Bei der Auswahl von Pumpen zum Zwecke der Förderung des Produktes muss unterschieden werden zwischen Grundwein und Sekt. Grundwein stellt nur geringe Anforderungen an das Fördersystem. Es werden deshalb beim Abladen preiswerte **Kolbenpumpen** eingesetzt. Es sind dies druckstarke Förderpumpen mit großer Förderleistung und einer robusten, sicheren und zuverlässigen Funktion. Ihr großer Nachteil sind die von ihnen erzeugten Druckstöße, die aber bei der Befüllung von Tanks keine Bedeutung haben. Bei der Beschickung eines Separators und/oder Filters muss jedoch auf eine möglichst **stoßfreie** Arbeitsweise geachtet werden. Wird der Wein von der Schönung abgezogen, so sollten möglichst trubunempfindliche Pumpen benutzt werden, wie dies z. B. Impeller-, Schieber-, Mohnopumpen oder auch Zentrifugalkreiselpumpen sind.

Bei CO_2-haltigen Weinen und vornehmlich bei Sekten und Perlweinen ist darauf zu achten, dass die verwendeten Pumpen stoßfrei, ruhig und stetig fördern. **Druckstöße** könnten bei diesen Getränken zum raschen Absinken der Arbeitsleistung führen. Wegen der meist isobarischen Arbeitsweise beim Transport des Sektes hat die Pumpe – außer beim Füllen und Filtrieren – keine größeren Drücke zu überwinden als beim Transport von Stillwein. Es ist jedoch darauf zu achten, dass wegen einer eventuell auftretenden Kavitation die Saugseite immer mit einem ausreichenden Druck versehen ist. Auch ist es gerade bei der Förderung des Sektes wichtig, die Pumpe mit der **passenden Kennlinie** zu wählen. Denn wird hier der Förderstrom am Pumpenausgang stärker gedrosselt, so wird der Sekt im Kreisel – da dieser weiter rund läuft – stärker durchwärmt und in einem nicht geringen Umfang „zerschlagen“.

Ein unerwünschter CO_2-Austritt aus der Flüssigkeit ist die Folge. Dies kann vor allem bei der Beschickung eines Filters zu Schwierigkeiten führen, aber auch zur Minderung der Leistung beim Abfüllen des Schaumweines. Bei der Klärung des Rohsektes von der Hefe ist auf die Trübungsunempfindlichkeit der Pumpe zu achten.

Die **Dichtigkeit der Leitungen** ist vor allem bei der Förderung von Sekt von großer Bedeutung. Undichte Leitungen haben nicht nur den Verlust von CO_2 zur Folge. Das Einsaugen von Luft kann – neben der damit verbundenen Oxidation – auch eine Anreicherung des Sektes mit Fremdgasen bewirken, was eine Beunruhigung des Sektes zur Folge hat.

Die Leistung der Pumpen wird durch die für sie typische Kennlinie (Menge/Druck) beschrieben.

Die Förderleistung ist auf der Abszisse aufgetragen (Q), wohingegen die Koordinate den jeweiligen Gegendruck in bar oder Meter Wassersäule (H) angibt. In diesem Wert H können sowohl die Förderhöhe, der Rohrleitungswiderstand als auch der Systemdruck (Filter, Füller) enthalten sein. Bei der Auswahl einer Pumpe ist deshalb die Information über ihre Kennlinie von Bedeutung. Sie gibt nicht nur Auskunft über die absolute Mengenleistung, sondern auch über die Veränderung dieses Parameters in Abhängigkeit vom Pumpengegendruck.

Da Pumpen immer Bestandteil eines Fördersystems sind, muss bei der Auswahl der Pumpen auch der Querschnitt der Saug- und Druckleitungen bedacht werden. Bei der Dimensionierung des Leitungsquerschnittes ist darauf zu achten, dass dieser der Förderleistung der Pumpe angepasst ist. Bei zu eng bemessenem Querschnitt erhöht sich der Fließwiderstand bzw. der Gegendruck auf die Pumpe.

Ebenfalls sollte die Fließgeschwindigkeit von 1 m/sec nicht überschritten werden (siehe Tab. 24), damit keine Turbulenzen und Strömungsabrisse, insbesondere auf der Saugseite, entstehen, die entweder die Qualität des Fördergutes beeinträchtigen oder die weitere Verarbeitung erschweren (z. B. beim Abfüllen des Sektes).

Die für die gegebene Fördermenge und Fließgeschwindigkeit erforderliche Dimensionierung des Leitungsquerschnittes ist aus Abb. 63 abzulesen.

Bei gegebener Förderleistung erhöht sich bei Verminderung des Leitungsquerschnittes der Gegendruck auf die Pumpe. Diese Erhöhung des Gegendruckes bewirkt bei der **Exzenterschneckenpumpe** keine wesentliche Verminderung der Pumpenleistung. Anders sieht es bei einer **Zentrifugalpumpe** aus: Hier führt die Erhöhung des Pumpenwiderstandes zu einem starken Abfall der Förderleistung.

Beispielhaft soll im nachfolgenden ein Rechengang zur Ermittlung der Pumpenauslegung bei der Abfüllung von Sekt dargestellt werden:

Beispiel einer Berechnung der Pumpenauslegung für Sekt bei der Abfüllung

1. Festlegung der mittleren **Fließgeschwindigkeit:** Gemäß Tab. 24 darf für Sekt eine mittlere Fließgeschwindigkeit von 1 m/sec nicht überschritten werden.
2. Festlegung des erforderlichen Leitungsquerschnittes anhand der Abb. 63: Es sollen z. B. 4000 Fl. à 0,75 l abgefüllt werden. Dies entspricht einer Stundenleistung von 3000 l pro Stunde. Man bildet den Schnittpunkt der zulässigen Fließgeschwindigkeit (in diesem Fall 1 m/sec) mit dem Volumenstrom (in diesem Fall 3 m³/h). Der Schnittpunkt liegt etwa auf der Geraden für die Nennweite NW 32. Es wird also, um die gewünschte Füllleistung bei der angegebenen Fließgeschwindigkeit zu erreichen, eine Rohr-(Schlauch-)Nennweite von 32 mm Durchmesser benötigt.

Der Rohrdurchmesser kann auch rechnerisch mit der Formel

$$d = \sqrt{\frac{Q \cdot 353{,}68}{v}}$$ · (Ableitung von Formel auf Seite 181)

ermittelt werden.
Dabei gilt:
d = Durchmesser des Rohres (mm)
Q = Abfüllleistung (m^3/h)
v = Fließgeschwindigkeit (m/sec)

In unserem Beispiel müsste die Rechnung lauten

$$d = \sqrt{\frac{3 \cdot 353{,}68}{1}}$$

d = 32,4 oder ≈ 32 mm NW

Durch Umstellen der Formel lässt sich die maximal mögliche Pumpenleistung bei gegebener Fließgeschwindigkeit und Rohrdurchmesser ermitteln. Die Formel lautet dann:

$$Q = \frac{d^2 \cdot v}{353{,}68}$$

Ebenfalls kann mit der Formel ermittelt werden, ob bei gegebener Pumpenleistung und Rohrquerschnitt die in Tab. 24 angegebene zulässige Fließgeschwindigkeit eingehalten wird. Die Rechnung lautet:

$$v = \frac{Q \cdot 353{,}68}{d^2}$$

3. Bestimmung des maximal erforderlichen **Pumpendruckes**, der sich zusammensetzt aus
   a) **der Saughöhe:** Sie wird in diesem Beispiel mit Null angenommen, weil die Pumpe neben dem zu entleerenden Tank steht; auch der durch den vollen Tank auf die Pumpe wirkende Druck soll unberücksichtigt bleiben, denn er ändert sich während des Pumpvorgangs ständig und tendiert gegen Ende zu Null. Bei hohen Tanks ist allerdings der saugseitig auf die Pumpe wirkende Druck zu berücksichtigen, da dieser – insbesondere bei Kreiselpumpen – die Förderleistung beeinflusst.
   b) **der Druckhöhe:** Die höchste Stelle des Füllers wird mit 8 m über der Pumpe angenommen. Es müssen demnach 8 m WS überwunden werden. Hinzu kommt
   c) der **Fließwiderstand** des Leitungssystems: Er kann aus Tabellen entnommen werden und beträgt etwa 5,2 m WS. Es müsste der schwierig zu ermittelnde Widerstand der Armaturen, Bögen usw. hinzugezählt werden. Der Einfachheit halber wird in unserem Beispiel eine 100 m lange gerade Leitung unterstellt. Eine genauere Ermittlung ist mit den Angaben der Abb. 64 möglich.
   d) dem maximal zu überwindende **Anlagendruck:** Aus Abb. 66 geht hervor, dass die Pumpe vor dem Kerzenfilter max. 8,5 bar (bei Kaltfüllung) bzw. 10,5 bar (bei Warmfüllung) überwinden muss.
   Da der Druck im Sekttank 3,5 bar (im Falle der Kaltfüllung) bzw. 5,3 bar (bei der Warmfüllung) beträgt, muss die Pumpe einen Druck von etwa 5,0 bis 5,2 bar aufbauen.
   Insgesamt ergibt die Rechnung

a) Saughöhe	0 bar
b) Druckhöhe	0,8 bar
c) Fließwiderstand	0,5 bar
d) Füller-(Anlagen-)druck	5,2 bar
Die Pumpe muss demnach	6,5 bar

   Druck aufbauen.

Die erforderliche Pumpe kann dann aus einem Diagramm ausgesucht werden.

Regelung der Pumpenleistung

Da bei der Auslegung einer Pumpe selten alle Betriebsbedingungen berücksichtigt werden können, ist die Anpassung der Pumpenleis-

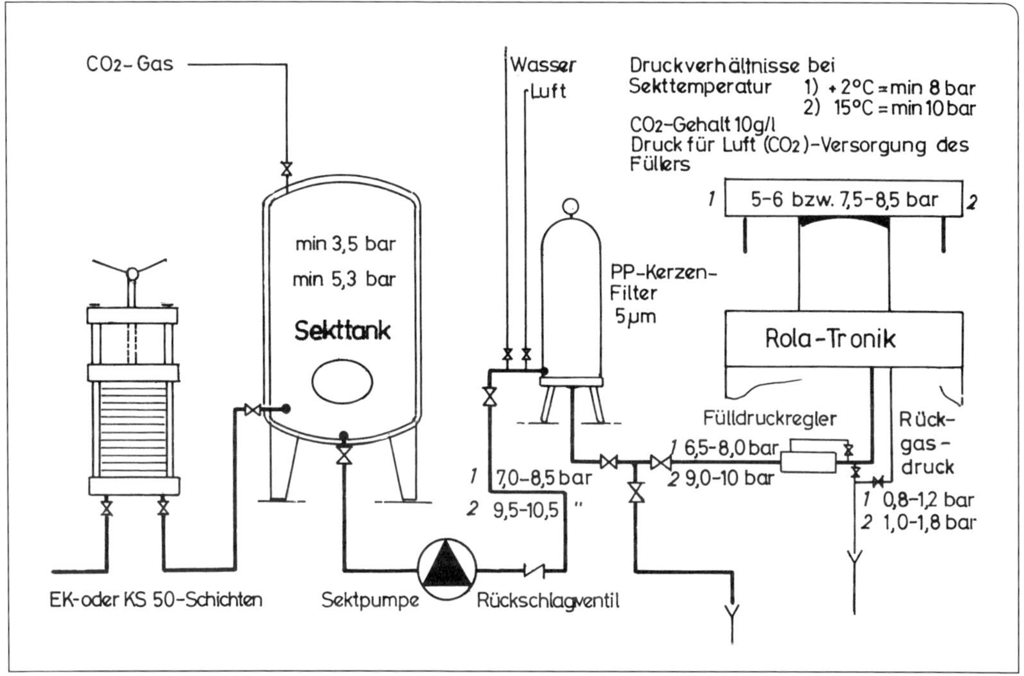

Abb. 66. Druckverhältnisse bei der Abfüllung von Sekt als Beispiel mit einem Rola-Tronic (KHS). Die oberen Zahlen (1) stellen die Druckverhältnisse bei einer Sekttemperatur von 2 °C, die unteren (2) Zahlen bei einer Sekttemperatur von 15 °C dar. Es wird von einem CO_2-Gehalt von 10 g/l ausgegangen. In dem Beispiel der Sekttemperatur von 15 °C muss die Sektförderpumpe eine Druckdifferenz von etwa 5 bar bei einem Systemdruck von 10,5 bar vor dem Kerzenfilter überwinden.

tung für den jeweils erforderlichen Fall notwendig.

Die druckseitige Drosselung kann nur bei Zentrifugal- oder Kreiselpumpen angewendet werden. Der Effekt ist der gleiche wie eine Verminderung des Querschnittes der Leitung. Durch diese Maßnahme vermindert sich zwar der Durchfluss der Flüssigkeit, doch es ändert sich nicht die Umlaufgeschwindigkeit des Kreisels. Dies hat zur Folge, dass ein hoher Energieeintrag erfolgt, der den Sekt erwärmt und „zerschlägt". Dem kann mit einer mehrstufigen Pumpe abgeholfen werden, womit eine geringere Erwärmung und ein besserer Wirkungsgrad erzielt werden. Erfolgt die Drosselung auf der Druckseite bei Verdrängerpumpen, so kann es zu hohen, materialzerstörenden Drücken kommen. Die saugseitige Drosselung muss vermieden werden, da dies mit Kavitation und aller damit einhergehenden Probleme verbunden ist (siehe unten).

Auch Verdrängerpumpen können mittels der Drosselung der Druckseite in ihrer Mengenleistung reduziert werden, wenn eine **Bypassregelung** genutzt wird. Ein Teil der Flüssigkeit wird von der Druckseite auf die Saugseite zurückgeleitet. Je weiter das Ventil des Bypasses geöffnet ist, desto mehr Flüssigkeit läuft zurück in die Saugleitung und desto geringer ist die Fördermenge. Damit sich das Fördergut nicht allzu stark erwärmt, kann der Rücklauf auch in das zu entleerende Gebinde geführt werden. In bestimmten Fällen kann es auch nützlich sein, auf der Druckseite ein Überströmventil einzubauen, das bei Erreichen eines bestimmten Druckes den Rücklauf in den Saugteil der Pumpe öffnet (siehe Abb. 87).

Eine energiewirtschaftlich wesentlich interessantere Art der Leistungsänderung einer Pumpe ist die Veränderung der **Drehzahl**. Die Umlaufgeschwindigkeit kann auf verschiedene Weise geändert werden: mithilfe der Zweigangschaltung, die z. B. zwischen den gängigsten Drehzahlen 1450 U/min und 2900 U/min wechseln kann. Mithilfe eines Regelgetriebes oder durch Frequenzumformer ist es möglich, die Umdrehungszahl stufenlos zu regulieren. Mit einer Verdoppelung der Drehzahl verdoppelt sich die Fördermenge, vervierfacht sich die Förderhöhe und verachtfacht sich die Antriebsleistung bzw. der Kraftbedarf.

Durch **Parallelschaltung von Pumpen** ist eine Erhöhung der Fördermenge möglich (nicht der Förderhöhe).

Die Gesamtfördermenge der beiden Pumpen ist jedoch kleiner als die Summe der beiden einzelnen Pumpen. Auch ist es wichtig, dass von jeder der beiden parallel geschalteten Pumpen die gleiche Förderhöhe erreicht wird, da sonst eine der beiden Pumpen nicht zur Erhöhung der Förderleistung beiträgt. Bei Serienschaltung zweier Pumpen kann bei annähernd gleichem Förderstrom ein Druck überwunden werden, der der Summe der beiden Einzelpumpen entspricht.

Die gleiche Wirkung haben auch mehrstufige Pumpen, bei denen zwei oder mehr Kreisel hintereinander geschaltet sind.

Eine Möglichkeit der Anpassung der Pumpe an die gewünschte Leistung stellt auch die Auswechselung des Laufrades durch ein solches mit einem anderen Durchmesser dar.

Bei der **Auswahl einer Pumpe** für einen bestimmten Einsatz muss neben den Leistungsmerkmalen auch bedacht werden, aus welchem Material eine Pumpe besteht. Zentrifugal- und Kreiselpumpen sind heute fast ausschließlich aus Edelstahl gebaut und damit für die Förderung von Wein und Sekt bestens geeignet.

So werden auch heute noch **Kolbenpumpen**, deren Gehäuse und Verdränger aus Bronze bzw. Rotguss bestehen, angeboten. Diese Fördereinrichtungen müssen nach jedem Gebrauch peinlichst gesäubert werden, damit keine Weinreste verbleiben, deren Säure Kupfer (aber auch Zinn und Zink) lösen, was zu den bekannten Problemen wie Gärhemmungen oder Trübungen im Fertigprodukt führen kann. Bauteile der Pumpen können auch **Kunststoffe** sein. So besteht das Flügelrad der **Impellerpumpe** oder der Stator der **Exzenterschneckenpumpe** aus Elastomeren. Auch können die Membran der **Membranpumpe** oder die Ventile der **Kolbenpumpe** aus einer synthetischen Membran hergestellt sein. Bei der Anschaffung sollte man sich bescheinigen lassen, dass die für die Pumpe verwendeten Materialien **physiologisch unbedenklich** und für die Wein- bzw. Sektbereitung geeignet und einsetzbar sind. Dies kann mit einer Bescheinigung über die Lebensmittelzulassung (z. B. FDA, PTB) geschehen. Werden Pumpen zu anderen Zwecken als der Förderung von Sekt eingesetzt (z. B. Umpumpen von Reinigungslösungen oder Dosage von SO_2), so muss darauf geachtet werden, dass die zu fördernden Substanzen nicht das Material der Pumpe angreifen. Auch dabei sollte man sich bei dem Pumpenlieferanten erkundigen, ob die Pumpe für das zu fördernde Medium geeignet ist.

Alle Pumpen sind mehr oder weniger **trockenlaufempfindlich**. Dies trifft besonders auf Pumpen zu, deren Verdränger aus Elastomeren bestehen wie z. B. Exzenterschneckenpumpen und Impellerpumpen. Aber auch die Zylinderlaufbüchsen der Kolbenpumpen und die Wellenabdichtungen halten keinen langen

Trockenlauf aus. Die Pumpe kann auf vielfältige Weise gegen Trockenlauf geschützt werden. Z. B. durch einen Temperaturfühler, der in einer Exzenterschneckenpumpe zwischen Rotor und Stator eingebaut ist.

Bei Erreichen eines vorgegebenen Grenzwertes wird entweder der Pumpenantrieb abgeschaltet oder auf ein anderes Sicherheitssystem umgeschaltet. Auch der Einbau einer Sonde in den zu entleerenden Behälter kurz über dem Boden des Tanks (z. B. Füllmeister von SKM) kann den Trockenlauf verhindern. Wenn die Flüssigkeit die Kontakte der Sonde freigegeben hat, wird die Pumpe sofort ausgeschaltet. Auch **Strömungswächter** an der Saugleitung können, wenn keine Flüssigkeit mehr nachkommt, ein Abschalten der Pumpe bewirken.

Die **Kavitation** kann ein großes Problem beim Flüssigkeits-Transport sein. Sie kann Betriebsstörungen und Energieverlust verursachen und bewirkt immer starke Lärmbelästigung und erhöhten Verschleiß der Pumpe. Schlimmstenfalls kann sie sowohl die Pumpe als auch das Produkt beschädigen. Die Kavitation lässt sich definieren als eine örtliche Verdampfung der Flüssigkeit, die durch einen örtlichen Unterdruck verursacht ist. Diese Situation ist vergleichbar mit dem Austritt der Kohlensäure aus dem Sekt in Form von Bläschen. Die Kavitation findet im Einlauf am Laufrad der Pumpe statt, wenn der Druck auf der Saugseite unter einen bestimmten kritischen Wert den NPSH-Wert (Net Positive Suction Head) der Pumpe sinkt. Der NPSH-Wert einer Pumpe gibt an, um wie viel Meter (m) der Druck im Einlauf am Laufrad einer Pumpe mindestens über dem Dampfdruck der zu pumpenden Flüssigkeit liegen muss, um ein einwandfreies Arbeiten zu gewährleisten. Der niedrige Druck im Saugstutzen der Pumpe kann entweder die Flüssigkeit zum Kochen bringen oder gelöste Gase (z. B. CO_2 im Sekt) als Blase aus dem Produkt aussteigen lassen.

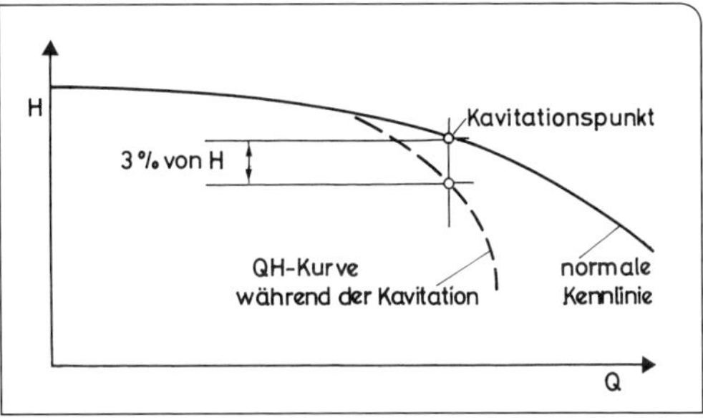

Abb. 67. Der Einfluss der Kavitation auf die Leistung einer Pumpe. Die durchgezogene Kurve zeigt die normale Kennlinie einer Pumpe, die gestrichelte Kurve macht den Rückgang der Pumpenleistung durch Kavitation deutlich.

Wenn diese Blasen weiter in das Laufrad geführt werden, erhöht sich der Druck im Laufrad, Kolben oder Excenter, wodurch die Blasen implodieren. Dadurch wird eine Schockwelle mit sehr großer Schlagkraft entwickelt, die die oben genannten negativen Auswirkungen hervorruft. Da Kavitation auch die Leistung der Pumpe vermindert (siehe Abb. 67), wird man bestrebt sein, ihr Auftreten zu verhindern.

Mithilfe einer für jede Pumpe typischen NPSH-Kurve kann bereits beim Einbau der Pumpe die Kavitation verhindert werden. Dabei ist darauf zu achten, dass der NPSH-Wert (oder auf deutsch: Haltedruckhöhe) der Pumpe immer kleiner ist als die Haltedruckhöhe der Anlage. Vereinfacht ausgedrückt, gibt der NPSH-Wert eine Aussage über das Saugverhalten der Pumpe.

Neben einer zu langen Saugleitung können auch andere Sachverhalte Kavitation bewirken: Die Pumpe läuft im Überlastbereich; die Saugleitung ist zu eng dimensioniert; die Pumpe wird an der Saugleitung gedrosselt.

Kreiselpumpen mit einem offenen Laufrad können je nach Pumpentyp die Kavitationsgefahr vermindern (Kößendrup 1986).

Gänzlich ausschalten lässt sich die Kavitation, indem die Drehzahl der Pumpe den jeweiligen Betriebsbedingungen angepasst wird (Kruft und Friedsch 1986). Die bei der Kavitation entstehenden Druckstöße werden über Körperschallmessung erfasst und über eine programmierbare Mikroelektronik zur Drehzahländerung einer Pumpe verwendet. Zur Umsetzung des Ausgangssignals der Steuerung in eine Drehzahländerung ist eine der Motorleistung entsprechende Leistungssteuerung erforderlich (Regelgetriebe, Gleichstrom-Thyristorsteuerung, Frequenzumrichter).

Da Pumpen im Regelfall Bestandteil eines Fördersystems sind, ist bei ihrer Installation auf eine optimale Zuführung bzw. Ablauf des Fördergutes zu achten. Dazu gehört, wie weiter oben bereits ausgeführt, die der Pumpe gemäße **Auslegung der Rohrnennweiten**. Scharfe Richtungsänderungen wie Krümmungen, Knicke und Abzweigungen sollten möglichst vermieden werden. Neben der Dichtigkeit der Saugleitung ist auch deren Geometrie von Bedeutung. Sie sollte so gestaltet sein, dass keine Luftsäcke entstehen.

Dasselbe Ziel ist auch beim Einbau der Ventile und Schieber in die Saugleitungen zu verfolgen. Damit Luftsäcke vermieden werden, sollten die Spindeln waagerecht oder senkrecht nach unten stehen. Die Druckleitung muss in kurzen Abständen unterstützt werden, damit Schläge und Schwingungen nicht schädlich auf die Pumpe wirken können. Bei dem **Einsatz der Pumpe in CIP-Systeme**, wo auch heiße Flüssigkeiten gefördert werden, sind Dehnungsbogen oder andere Dehnungsausgleiche einzubauen. Da die Pumpe nicht als Festpunkt der Rohrleitung angesehen werden darf, muss sowohl die Saugleitung als auch die Druckleitung so verlegt werden, dass keine größeren Spannungen auf die Pumpe übertragen werden können. Weiterhin ist es bei dem Aufstellen der Pumpe wichtig, darauf zu achten, dass die Welle der Pumpe und des Antriebsaggregates keinen Knick bilden.

Der Aspekt der **Hygiene** ist bei der Auswahl einer Pumpe ein bedeutendes Kriterium. So sollte darauf geachtet werden, dass das Pumpengehäuse zum Zwecke der Reinigung (und zum Austausch von Verschleißteilen) schnell zu öffnen ist. Auch müssen alle produktführenden Teile leicht erreichbar sein. Ist eine Pumpe in einem CIP-System eingebaut, so muss darauf geachtet werden, dass bei dem Reinigungsvorgang sowohl sämtliche Produktreste als auch die Reste der Reinigungslösung aus der Pumpe entfernt werden können. Dies kann vor allem bei mehrstufigen Pumpen zu Problemen führen. CIP-geeignete Pumpen erfüllen (z. B. durch Zwangsspülungen) diese Bedingung. Aber auch bei der Beschickung der Pumpe „von Hand" sollte nach jedem Gebrauch der Pumpe eine Reinigung erfolgen. Dies beugt nicht nur der Korrosion des Materials vor, sondern dient auch dem Schutz der zu pumpenden Flüssigkeit gegenüber nicht gewollten mikrobiellen Einflüssen als auch dem Übergang von Korrosionsprodukten in den Sekt.

Mengenmesser

In der Sektkellerei ist – wie in der gesamten Getränkeindustrie – die Mengenmessung eine häufig auftretende Größe im Verfahrensablauf. Um diese Aufgabe genau, sicher und schnell durchzuführen, werden auf dem Markt eine große Anzahl entsprechender Einrichtungen angeboten. Nicht jede Messmethode ist für alle Messaufgaben geeignet. Es soll deshalb im nachfolgenden auf einige bei der Sektbereitung anwendbare Messverfahren eingegangen werden.

Bei der Messung flüssiger Medien kann grundsätzlich zwischen volumetrischem Messverfahren und gravimetrischem Messverfahren (durch Wägung) unterschieden werden. Zu den ersteren gehören die Dosierpumpen, die an anderer Stelle bereits beschrieben wurden.

Beim Einsatz der **Messblenden** macht man sich die Gesetzmäßigkeit zunutze, dass durch einen bestimmten Querschnitt in einer Rohrleitung bei gleichem Druck und gleicher Viskosität eine genau bestimmbare Flüssigkeitsmenge fließt.

Werden mehrere Flüssigkeiten gemischt, so sind diese in getrennten Rohrsystemen bis zu den jeweils auf die gewünschte Menge abgestimmten Messblenden zu führen. Hinter den je nach Wunsch geöffneten Messblenden gelangen die Flüssigkeiten in ein nachgeschaltetes Mischrohr, in dem sie in dem gewünschten Verhältnis vermischt werden. Wegen der Probleme hinsichtlich der Konstanthaltung der Fließbedingungen und der ungleichen Abnahme durch die Produktion wird dieses Verfahren für die Mischung von max. zwei Komponenten angewendet. So ist mit der Messblende z. B. die kontinuierliche Zugabe der Fülldosage zum Grundwein oder der Versanddosage zum Sekt denkbar. Voraussetzung dafür ist jedoch die Konstanthaltung der Fließbedingungen.

Der **Ovalradzähler** lässt sich besonders gut an verschiedenen Leistungen, Temperaturen und Drücke anpassen. Dies ist sein besonderer Vorteil.

Zwei ovale Zahnräder rollen so aufeinander ab, dass in keiner Stellung zwischen ihnen ein Spalt entsteht. Die treibende Kraft ist der Druck der Flüssigkeit. Mithilfe einer Magnetkupplung wird die Drehbewegung der Ovalräder auf ein Zählwerk übertragen, welches die Teilvolumina zur Gesamtmenge addiert.

Beim **Ringkolbenzähler** wird in einem zylindrischen Gehäuse ein Hohlzylinder exzentrisch zum Umlauf gebracht. Wie beim Ovalradzähler werden auch hier definierte Teilvolumina transportiert. Jede Drehbewegung steht für die Verdrängung eines bestimmten Volumens. Mit einer Magnetkupplung wird die jeweilige Umdrehung auf ein Zählwerk übertragen.

Schwebekörper-Durchflussmesser werden in der Getränkeindustrie häufig eingesetzt.

Das Prinzip ist ein senkrecht stehendes, nach oben sich erweiterndes Rohr, in dem ein Schwebekörper entweder selbst zentrierend oder geführt wird. Die Flüssigkeit fließt nach oben und nimmt den Schwebekörper mit bis zum Gleichgewichtszustand zwischen seinem Gewicht abzüglich seines Auftriebs und der Kraft der strömenden Flüssigkeit, die dem Strömungswiderstand entspricht. Die Höhe des Schwebekörpers im Messrohr ist somit ein Maß für den Durchfluss pro Zeiteinheit. Mit dieser Messmethode können sowohl Flüssigkeiten verschiedener Viskositäten als auch Gase gemessen werden. Dazu ist der Austausch des Schwebekörpers und/oder des Messrohres möglich.

Eine weiterentwickelte Ausführung ermöglicht die Abtastung des Schwebekörpers durch **Sensoren**. Die so ermittelten Signale können z. B. einem Computer zugänglich gemacht werden, der dann seinerseits bestimmte Steuerungen in Gang setzt. Auch können bekannte Änderungen der Medienverhältnisse (z. B. Viskosität und Temperatur) durch einen Rechner zu einer neuen Kalibrierung verarbeitet werden.

Die **magnetisch-induktive Durchflussmesser** arbeiten nach dem Faradayschen Gesetz. Eine Spannung wird in einen Leiter induziert, wenn dieser sich durch ein magnetisches Feld bewegt. Die erzeugte Spannung ist proportional der Geschwindigkeit des Leiters. Das magnetische Feld wird künstlich mithilfe elektrischer Spulen erzeugt. Der Leiter ist die Flüssigkeitsstrecke zwischen den beiden Elektroden. Der Vorteil dieser Messmethode ist, dass das Gerät keine beweglichen Teile und Einbauten in der Rohrleitung aufweist. CIP-Reinigung, Ausblasen mit Luft sowie Sterilisieren mit Dampf bereiten keine Schwierigkeit. Flüssigkeiten mit festen Bestandteilen (Hefen, Fruchtmark) können ohne Weiteres gemessen werden. Da es sich um ein elektronisches Messgerät handelt, bereitet die Weiterverarbeitung der Messwerte keine Probleme. Die geforderte Mindestleitfähigkeit des zu messenden Mediums von 0,05 Mikrosiemens/cm überschreiten außer bidestilliertem Wasser praktisch alle Flüssigkeiten.

Das Messprinzip des **Massedurchflussmessers** macht die gleichzeitige Dichtebestimmung des Messstoffes möglich. Über eine eingebaute Elektronik wird der Volumendurchfluss ermittelt und die Dichte und Temperatur ist auf Tastendruck abrufbar. Der Vorteil dieser Messeinrichtung ist, dass die Flüssigkeit im Rohr frei fließen kann. Es gibt keine Ecken und Kanten, keine Strömungsteiler, an denen sich leicht Ablagerungen bilden können. Bei senkrechtem Einbau der Messeinrichtung läuft das Gerät von allein leer.

Neben den beschriebenen volumetrischen Messverfahren gibt es noch eine große Zahl anderer Messtechniken (z. B. Taumelscheiben-Durchflussmesser, Turbinenzähler, Wirbeldrallzähler, die Volumenzählung durch das Wirkdruckverfahren, die Ultraschallmessung u.a.). Auf ihre Beschreibung an dieser Stelle wird jedoch verzichtet, weil diese Messmethoden in der Getränkewirtschaft selten eingesetzt werden.

Das **gravimetrische Messverfahren, die Wägung**, ist die genaueste Erfassungsmethode, da deren Ergebnis weder von der Dichte, der Viskosität noch der Temperatur der Flüssigkeit abhängt. (Von der Systematik her müsste der Massedurchflussmesser ebenfalls unter die gravimetrischen Messmethoden eingereiht werden, da beide Verfahren nicht die Flüssigkeit, sondern das Gewicht bzw. die Masse messen.)

Zur Ermittlung des Gewichts werden **Kraftmessdosen** eingesetzt. Dies sind elektromechanische Wägegeräte, die unter Zug oder Druckbelastung über einen Messwertumformer ein elektrisches Signal abgeben, das eine Gewichtsangabe anzeigt.

Bei der verfahrenstechnischen Anwendung sind folgende Bedingungen zu beachten:

1. Das Einwägen der Komponenten (z. B. Zucker und Grundwein) muss bei einem Wägesystem nacheinander erfolgen.
2. Die unterschiedlichen Mengenverhältnisse erfordern wegen der Maßgenauigkeit getrennte Wägesysteme für Klein- und Großkomponenten.
3. Die Waagen müssen konstruktiv so ausgeführt sein, dass sie beim Wägevorgang von den übrigen Aggregaten wie Pumpen, Rohrleitungen und Ventilen nicht beeinflusst werden können.

Ein anderes gravimetrisches Messsystem ist der **Schüttstrommesser**.

Es kann damit kontinuierlich kristalliner Zucker zudosiert werden. Die Aufprallkraft eines Schüttstromes, z. B. die des Zuckers auf eine Platte, wird messtechnisch ausgenutzt. Das patentierte System von **Endres und Hauser** nutzt dabei nur den horizontalen Vektor im Kräfteparallelogramm. Die Auslenkung wird über einen Differenzialtransformator in ein durchsatzproportionales elektrisches Normsignal umgeformt. Es kann damit sowohl der Durchsatz in kg/Zeiteinheit als auch die geforderte Menge als laufende Addition in kg oder t ermittelt werden. Typische Messbereiche sind 0 bis 50 kg/h, 0 bis 100 kg/h aber auch bis 1000 t/h. Die erreichbare Genauigkeit liegt bei 1 bis 2 % vom Messwert. Wegen der leichten Einbaumöglichkeit kann diese Messeinrichtung auch nachträglich in das System integriert werden.

Bei der Wahl eines Mengenmessers ist auf den Mengenbereich zu achten, in dem das Gerät eingesetzt werden sollte. Die höchste Genauigkeit ist bei dem mittleren Durchfluss zu erwarten.

Vor allem bei der Mengenmessung des Schaumweines muss berücksichtigt werden, dass die gelöste Kohlensäure in Lösung bleibt und nicht als Gasblase mitgemessen wird. Dies würde die Genauigkeit stark beeinträchtigen. Es ist deshalb zweckmäßig, den **Zähler vor eine Druckhaltevorrichtung** zu montieren (z. B. vor den Filter), da hier der höchste Druck herrscht und dadurch die beste CO_2-Löslichkeit gegeben ist.

Nicht jeder Mengenzähler ist für jedes Medium geeignet. Bei der Anschaffung muss z. B. darauf geachtet werden, ob die Pulsation des Messstoffes einen Einfluss auf die Messgenauigkeit hat, ob feststoffhaltige Flüssigkeiten (z. B. Hefesuspensionen) gemessen werden können, ob die zu erwartenden Drücke, Temperaturen, Dichte und Viskosität des zu messenden Stoffes das Messergebnis verändern, ob die Messeinrichtung gut zu reinigen und zu sterilisieren ist (CIP-Verfahren) und nicht zuletzt, ob die verwendeten Werkstoffe für die jeweilige Messaufgabe geeignet sind. Bei einigen Mengenzählern ist auch auf die Einbaulage (waagerecht oder senkrecht) zu achten.

4.3.8 Abstimmung oder Dosage (Versanddosage, Schweflung)

Über die Herstellung und Zusammenstellung der Versanddosage wurde im Kap. 3.6 berichtet. Über die Angaben zur „Art des Erzeugnisses", d. h., die Restzuckergehalte und ihre Bezeichnung sei auf das Kap. 1.3.5.6 verwiesen.

Ermittlung der benötigten Menge

Die Ermittlung der benötigten Menge Versanddosage = Expeditionslikör erfolgt am besten durch Mischungsrechnung mithilfe des Andreaskreuzes. Man muss dazu wissen, welche Menge Sekt dosiert werden soll, wie viel vergärbaren Restzucker der Sekt noch enthält und wie viel Zucker der Expeditionslikör aufweist.

Tab. 30 Berechnung der benötigten Menge an Expeditionslikör

	Menge	Restzucker			Liter	Kontrolle
		vorhanden	Soll	Differenz	pro	Menge
					Teil	Zucker
	Liter	g/l	g/l	= Teile		Gramm
Brutsekt	14321	1,2		679,0	21,0913	
			21,0			
Exped.Likör	–	700,0		19,8		
Zusammen	–			698,8		
Ergebnis:						
Brutsekt	14321	2,1		679,0		17185,2
			21,0			
Exped.Likör	417,6	700,0		19,8	21,0913	292320,0
Zusammen	14738,6		20,9996			309505,2

Beispiel: Es sollen dosiert werden
14 321 Liter Sekt
Der vergärbare Restzucker
ist 1,2 g/l
Der Expeditionslikör enthält
700,0 g/l Invertzucker
Frage: Wie viel Likör wird
benötigt, um auf 21,0 g/l
vergärbaren Zucker im
fertigen Sekt zu kommen?

Rechengang vergleiche Tab. 30 sowie Kap. 3.1.1 – Zuckerlösung und Tiragelikör, Schlagwort „Berechnung des Ansatzes“ (Seite 99).

Da sowohl bei der Mengenmessung des Brutsekts, als auch bei der Abmessung des Expeditionslikörs Ungenauigkeiten vorkommen können, hat es sich bewährt, zunächst nur etwa 95 % der berechneten Menge des Expeditionslikörs als Hauptdosage zuzusetzen und, nach gründlichem Durchmischen, eine Zuckeranalyse vorzunehmen. Danach wird der Restbedarf berechnet und als Nachdosage zugesetzt. Anschließend wird erneut gründlich gemischt und analysiert.

Technik des Zusetzens

Bezüglich der Technik des Zusetzens sind drei Methoden gebräuchlich:

a) Einsatz von **Spezialpumpen**, die bei kleiner Mengenförderung hohen Druck erreichen und den Likör aus einem drucklosen Vorratsgefäß in den unter Druck stehenden Tank mit Brutsekt drücken (siehe Abb. 68),
b) **Einfüllen des Likörs** in den leeren, drucklosen Sekttank. Der Tank wird anschließend vorgespannt und der Sekt danach in diesen Tank umgelagert und mit dem Likör gründlich vermischt,
c) Benutzung eines kleinen **Drucktanks als Dosagetank**. Der Likör wird in den zunächst noch drucklosen Dosagetank eingemessen, anschließend wird der Dosagetank vorgespannt und dann unter Druckausgleich der Likör in den Tank des Brutsekts gepumpt. Dabei ist jedoch darauf zu achten, dass bei der Befüllung des Tanks mit Sekt ein ausreichender Steigraum verblieben ist, damit die Versanddosage auch „hineinpasst“.

Die **Nachdosage** kann auf dem gleichen Wege erfolgen. Wenn aber immer wieder etwa gleichgroße Mengen Likör gebraucht werden, ist es von Vorteil, außer dem Dosagetank für die Hauptdosage, noch einen kleinen Drucktank für die Nachdosage zu haben. Sowohl der große als auch der kleine Dosagetank können stationär installiert oder beweglich auf ein Fahrgestell montiert sein. Rohranschlüsse und Pumpe können ebenfalls auf dem Fahrgestell angebracht sein.

Wird die Zuckerlösung mit einer Pumpe aus einem drucklosen Behälter in den Sekt gepumpt, so ist bei der Auswahl der Pumpe zu berücksichtigen, dass die Zuckerlösung sowohl eine höhere Dichte als auch eine höhere Viskosität als Wein oder Sekt hat. Geeignet zur Förderung hochviskoser Flüssigkeiten sind Exzenterschneckenpumpen und Kreiskolbenpumpen. Diese Pumpentypen besitzen gleichzeitig eine steile Kennlinie, die für die Überwindung des Druckes im Sekttank von Bedeutung ist. Die höhere Dichte und die höhere Viskosität der Zuckerlösung beeinflussen nicht unerheblich die Leistungsdaten einer Pumpe. Beträgt z. B. die Dichte einer 65%igen Zuckerlösung 1,3, so erhöht sich der Förderdruck gegenüber Wasser um 30 %. Auch muss die Pumpe bei einer schwereren Flüssigkeit mehr Arbeit als bei einer leichteren leisten. Der Kraftbedarf ändert sich proportional mit der Dichte. Im oben beschriebenen Beispiel muss beim Transport einer 65%igen Zuckerlösung mit einem ebenfalls um 30 % erhöhten Kraftbedarf kalkuliert werden. Rechnerisch lässt sich der Leistungsbedarf einer Pumpe mit folgender Formel ermitteln:

$$P = \frac{Q \cdot H \cdot \rho}{3{,}67 \cdot 1000 \cdot \eta}$$

Dabei gilt: P = Leistungsbedarf (kW)
Q = Förderstrom (m^3/h)
H = Förderhöhe (m)
ρ = Dichte der Flüssigkeit (kg/m^3)
η = Pumpenwirkungsgrad (%)

Deutlich geht aus dieser Formel der Einfluss der Flüssigkeitsdichte auf den Kraftbedarf der Pumpe hervor.

In gleicher Richtung wirkt auch die hohe Viskosität der Zuckerlösung. Viskose Medien erhöhen den Strömungswiderstand im Pumpengehäuse und in den Leitungen. Dadurch werden die Förderhöhe und die Fördermenge reduziert und der Kraftbedarf der Pumpe erhöht (Abb. 69).

Eine weitere Möglichkeit, den Sekt mit der Versanddosage zu versetzen, ist die kontinuierliche Zugabe des Likörs im Durchfluss. Die Zufuhr zum Sekt erfolgt zweckmäßigerweise zwischen Separator und Filter. Dies hat den Vorteil, dass eventuell in der Zuckerlösung noch befindliche Staubpartikel mitfiltriert werden. Die Abb. 68 zeigt zwei Möglichkeiten auf.

Im Falle a erfolgt die Dosierung proportional zum Sektdurchlauf. Diese Dosiermöglichkeit ist ausreichend genau dann, wenn hinter dem System ein Tank geschaltet ist. Erfolgt jedoch die Dosage direkt vor dem Füller – wie es z. B. bei der Herstellung von Mischgetränken der Fall sein kann –, so ist die in Abb. 68 b genannte Regelung sinnvoller. Es wird dabei hinter dem Mischer (Q) z. B. die Dichte des Sektes gemessen, und je nach Überschreiten oder Unterschreiten des gewünschten Wertes schaltet sich automatisch die Dosierpumpe ein. Als Dosierpumpen dienen im Wesentlichen Membranpumpen und Tauchkolbenpumpen. Bei einigen Dosierpumpen ist der Pumpenkopf beheizbar, sodass auch Produkte hoher Viskosität dosiert werden können. Die Leistung der Dosierpumpe richtet sich nach der Hublänge des Kolbens und nach der Hubfrequenz. Beides kann geregelt werden.

Abb. 68. Dosierung der Zuckerlösung im Durchlauf (Bran und Lübe). a: Die Dosage wird proportional zum Sekt von einer Membranpumpe zudosiert. Dies ist bei immer gleichem Förderstrom des Sektes möglich. b: Der dosierte Sekt wird im Durchlauf z.B. auf Dichte gemessen (Q). Je nach dem Messergebnis regelt die Dosierpumpe den Zulauf der Dosage. Diese Art der Dosierung ist bei mangelnder Konstanz des Sektstromes notwendig.

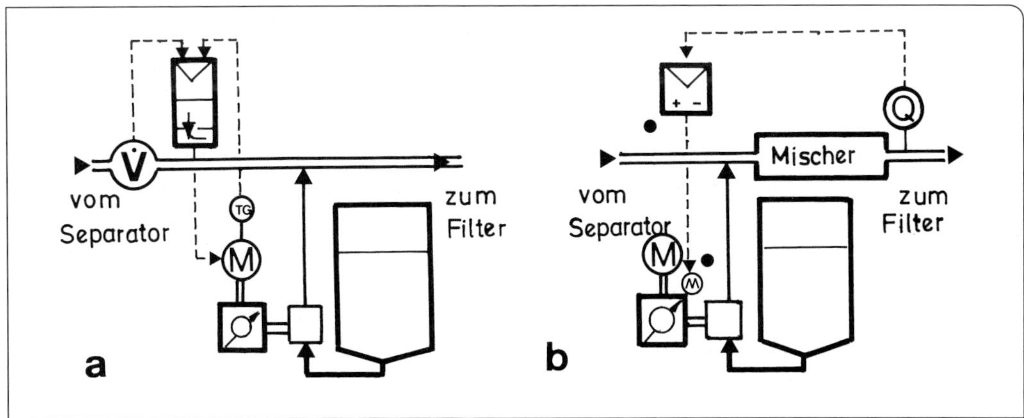

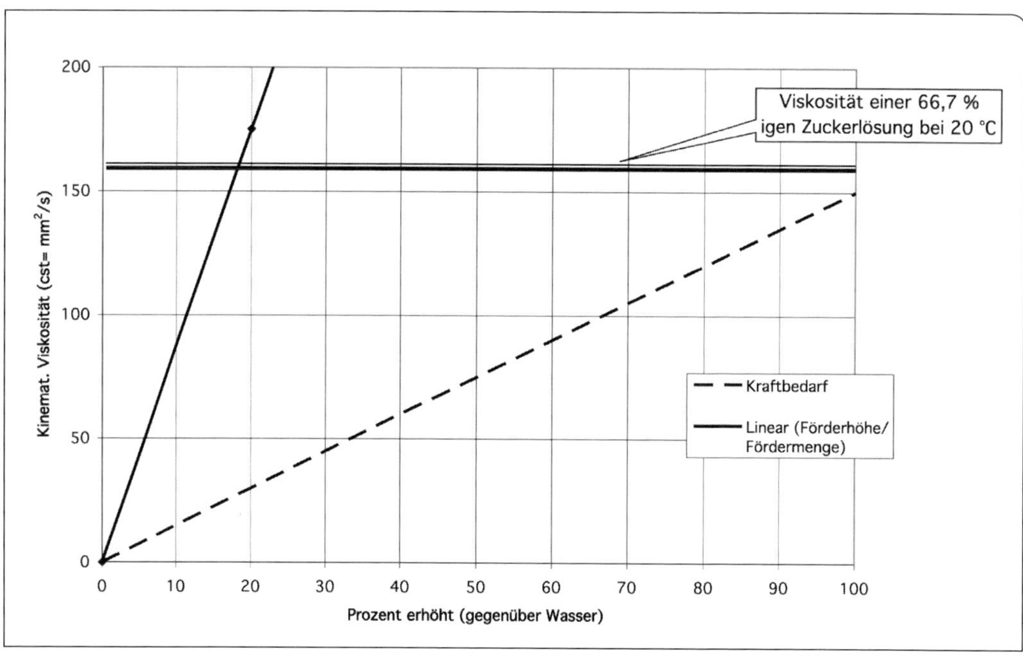

Abb. 69. Der Einfluss der Viskosität auf die Förderhöhe, die Fördermenge und den Kraftbedarf der Pumpe in Prozent gegenüber Wasser. Eine 66,7%ige Zuckerlösung weist bei 20 °C eine Viskosität von etwa 160 mm²/s auf. Dies hat zur Folge, dass sich der Kraftbedarf der Pumpe gegenüber Wasser um 100 % erhöht und die Förderhöhe bzw. -menge um etwa 20 % vermindert.

Aus der Vielzahl der Möglichkeiten, die Versanddosage in den Sekt zu bringen, wird sich die einzelne Sektkellerei das für ihre Bedingungen passende System aussuchen müssen. Entscheidungskriterien werden dabei sein: die Kosten, die Funktionssicherheit und Genauigkeit sowie die Einfachheit der Handhabung.

Schwefelung, Oxidationsschutz (siehe auch Kap. 3.6 – Versanddosage)
Die Gelegenheit des Zusatzes der Dosage kann benutzt werden, um den Schaumwein in angemessener Weise mit Schwefeldioxidgas SO_2 zu versorgen. Im Kap. 1.3.5.10 sind grundsätzliche Ausführungen zum SO_2-Bedarf zu finden.

Eine ausführliche Beschreibung der SO_2-Verwendung und der Anwendungsformen ist in Troost (1988) unter Kap. 3.6 „Technik des Schwefelns" zu finden.

Zur Schwefelung von Schaumwein wird üblicherweise komprimiertes, verflüssigtes SO_2 aus Stahlflaschen („Stahlbomben") verwendet. Sofern man ein **Dosiergerät** benutzt, wie es bei Wein üblich ist, kann das abgemessene SO_2 dem ebenfalls abgemessenen, noch drucklosen **Likör** zugesetzt werden, bevor er in den Sekttank gelangt.

Für einen direkten Zusatz des SO_2 zum Sekt stehen spezielle, druckfeste Dosiergeräte zur Verfügung. Während das flüssige SO_2 in das Dosiergerät einströmt, wird der Kopfraum des Dosiergeräts durch ein Entlüftungsventil entlüftet. Sofern es die Räumlichkeiten erlauben, wird die Entlüftung über einen dünnen Schlauch hinaus ins Freie geführt. Andernfalls kann die Abluft auch

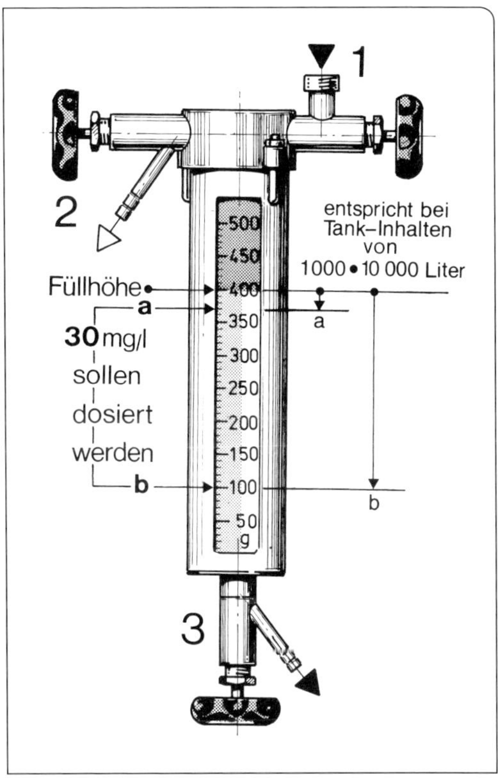

Abb. 70. SO_2-Dosiergerät in Chromnickelstahl für verflüssigtes SO_2 mit Skala für 500 g.
1 = Einlauf mit Ventilanschluss, 2 = Entlüftungsventil, 3 = Entleerungsventil auch Dosierventil. Das verflüssigte SO_2-Gas kann entweder unten bei 3 in flüssiger Form oder oben bei 2 gasförmig über die Schlauchleitung abgegeben werden. Bei der Zugabe der SO_2 zum Sekt wird der Anschluss 3 mit dem Tank verbunden und der Anschluss 2 mit einem Druckerzeuger (Druckluft oder CO_2). Bei geschlossenem Ventil 1 wird über das Ventil 2 ein um etwa 0,5 bar höherer Druck als er im Sekttank herrscht, aufgegeben und damit die flüssige schweflige Säure in den Tank gedrückt.

über Schlauch und Fritte in einen wassergefüllten Eimer o.Ä. geleitet werden, um eine Beeinträchtigung der Raumluft weitgehend zu vermeiden. Der Kopfraum des Dosiergeräts ist mit einer separaten Leitung über Reduzierventil an einer Kohlensäure-Stahlflasche angeschlossen. Das abgemessene SO_2 wird dann mit CO_2 in den Brutsekttank gedrückt, wobei der Arbeitsdruck um 0,3 bis 0,5 bar über dem Sättigungsdruck des Brutsekts liegen soll (siehe Abb. 70).

Das SO_2 gelangt am besten über das Probenventil in den Brutsekttank. Da verflüssigtes konzentriertes SO_2 die Auskleidung des Drucktanks angreift, muss das **Rührwerk schon vor dem SO_2-Zusatz eingeschaltet** werden, sodass das einströmende SO_2 sogleich im Sekt verteilt und gelöst wird, noch bevor es Schaden hervorrufen kann.

Es hat sich bewährt, Tanks, in denen sehr oft Sekt geschwefelt wird, mit Probeventilen auszurüsten, die ein Auslaufrohr aufweisen, das durch den Tankstutzen eingeführt ist und etwa 40 bis 50 cm in den Tank hineinragt.

Die Versanddosage beinhaltet zum einen SO_2 zum Abbinden des während der zweiten Gärung gebildeten Ethanals, zum anderen Zucker zum Zwecke der Abstimmung der gewünschten Restsüße. Beide Komponenten werden meist gemeinsam dem Sekt zugegeben. Erfolgt jedoch die Zugabe der schwefligen Säure getrennt, so müssen einige Besonderheiten beachtet werden:

1. Reines, **verflüssigtes Schwefeldioxyd** weist bei 20 °C einen Überdruck von 3,3 bar in der Stahlflasche auf. Wollte man das verflüssigte Gas mit seinem Eigendruck in den unter Druck stehenden Sekttank drücken, dann würde umgekehrt der Sekt in das Messglas, aber kein SO_2 in den Tank fließen.
   Diesem Umstand wird damit begegnet, dass die Dosiergeräte mit einem zweiten Druckventil versehen sind. Mit Druckluft oder CO_2 als Treibgas wird dann ein Gegendruck erzeugt, der etwa 0,5 bar über dem Druck des Sektes liegt. Dieses Druckgefälle genügt, um das flüssige SO_2 in den Sekt gelangen zu lassen (Abb. 70).

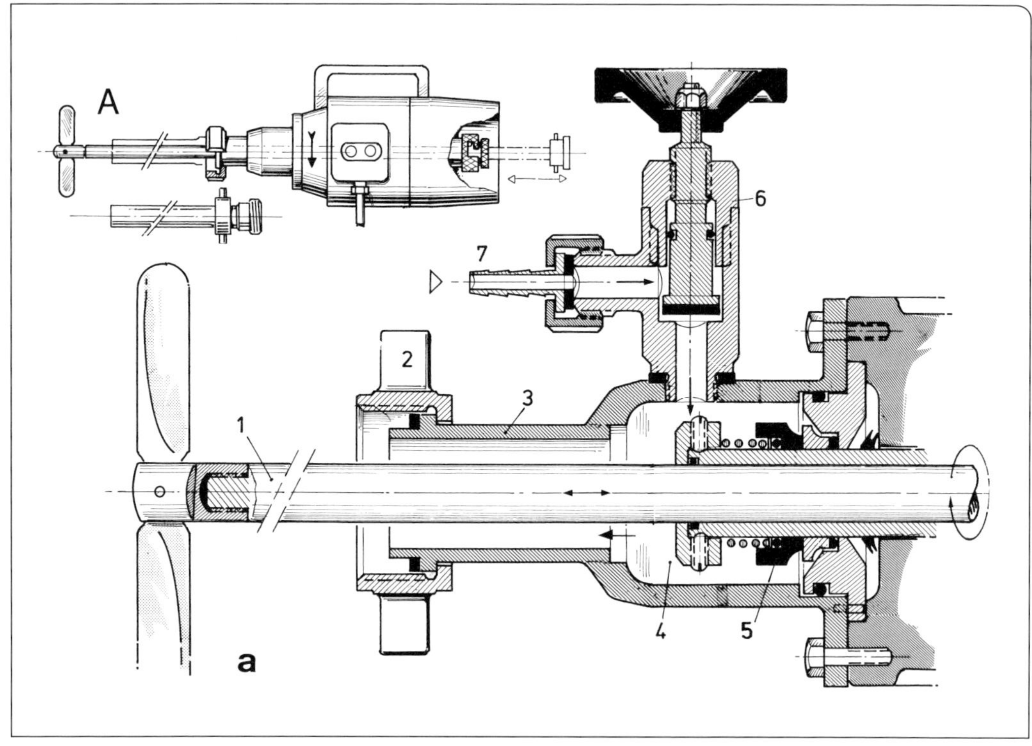

Abb. 71. Propeller-Rührgerät RA von Guth für frontalen Anschuss an die Behälterarmatur (Klarlauf-Ventil). Ausführung als Begasungsgerät für SO_2-Gas bei drehender Rührwelle. 1 = Propellerwelle, 2 = Überwurfmutter für das Anstechrohr bei Zapflochklappen, 3 = Stutzen zur Aufnahme des zurückgezogenen Propellers, 4 = Gasraum, 5 = Gleitring-Dichtung bis 10 bar Betriebsdruck, 6 = Gaseingangsventil, 7 = Gas-Anschluss.

2. Verflüssigtes SO_2 vergast unter den im Sekttank herrschenden Drücken nicht. Es **bleibt flüssig**. Flüssiges SO_2 hat bei +15 °C eine Dichte von 1,40. Es sinkt deswegen unter diesen Bedingungen ab (nur gasförmiges SO_2 perlt hoch). In wässriger Lösung oder in Sekt ist es aber sehr aggressiv und zerstört die Tankauskleidung, wenn nicht wirksam gemischt wird. Selbst Chromnickelstahl der Werkstoff-Nr. 1.4301 werden durch SO_2-Konzentrationen angegriffen, wenn diese an Teilstellen 500 mg/l erreichen, und das ist leicht der Fall. Es kommt auf die rasche und gleichmäßige Verteilung im gesamten Tankinhalt an. In Abb. 71 ist eine Möglichkeit aufgezeigt. Der SO_2-Zulauf sollte besser weiter in Richtung Propeller erfolgen. Bei der dargestellten Bauart kommen die Gleitringe mit SO_2 in Berührung, was zu deren Korrosion führen kann.

Im Rührwerk integriert ist ein Anschluss für SO_2. Beim Einleiten kann dann direkt durch das Einschalten des Rührwerkes eine gute Vermischung erreicht werden. Zweckmäßig ist es, bereits einige Minuten vor Einleiten des SO_2 zu rühren.

Es ist vorgekommen, dass die Schwefelung mit verflüssigtem SO_2 bei gleichgültigem Arbeiten ungleichmäßig im Tank verteilt blieb. Eine **Nachkontrolle**, die die Differenz zwischen Soll und Ist hätte aufzeigen können, unterblieb. Ein Teil der anschließend abgefüllten Sektflaschen, die SO_2-Gehalte über 100 bis 150 mg/l freies SO_2 aufwiesen, mussten zurückgenommen und aufgezogen werden. Meist ist das dann die ganze Tankfüllung oder sogar die Tagesfüllung.

Man kann auch so verfahren, dass eine bestimmte Menge Sekt oder Stillwein dem Tank entnommen, in einen offenen Druckbehälter eingefüllt wird und dann bei Atmosphärendruck die für den ganzen Tankinhalt vorgesehene und abgemessene Menge SO_2 (und Versanddosage) zugegeben wird. Der geschwefelte Sekt-(Wein-)Anteil wird dann mit einem Treibgas dem Tank wieder zugeführt. Auch hier ist gründlich zu mischen, aber jetzt ist mehr Masse da als bei direkter Einleitung von SO_2. Damit bereits eine Strömung im Tank entsteht, sollte auch hier eine Weile vorher das Rührwerk eingeschaltet werden.

In einer ähnlichen Form kann **weinhaltigen Getränken** auch das SO_2 als fünfprozentige wässrige Lösung zugegeben werden.

In Abb. 72 sind Möglichkeiten aufgezeigt, das SO_2 kontinuierlich zu dosieren.

Dies hat den Vorteil, dass auf den oben beschriebenen Arbeitsgang verzichtet werden kann. Auch ist damit eine sehr gute Durchmischung gewährleistet. Die Dosiereinrichtung wird in die Druckleitung eingebaut. Sie funktioniert in der Weise, dass von dem Förderstrom eine Strahlpumpe gespeist wird, die das SO_2 (flüssig oder gasförmig) ansaugt und diese in dem angeschlossenen Injektor mit dem Sekt innig vermischt. Damit werden die Funktionen Dosieren und Vermischen verbunden.

Meist erfolgt die Nachschwefelung mit der Abstimmung des Fertigsektes. Dazu wird die nach der Analyse berechnete Menge an SO_2 in der 66,7%igen Rohrzuckerlösung (siehe auch Kap. 3.6) gegeben. Die Gesamtmenge wird dann je nach gewünschter Süße des Fertigsektes zudosiert. Bei der Zugabe der Versanddosage ist zu bedenken, dass damit eine – wenn auch geringe – Senkung des CO_2-Sättigungsdruckes verbunden ist. Dies hat nur dann eine praktische Bedeutung, wenn damit der gesetzlich vorgeschriebene CO_2-Gehalt von 3,5 bar bei 20 °C unterschritten würde.

Abb. 72. Hygia-Dosier-Einheit von Hilge, im Schnitt für flüssige Medien zur Förderung und Dosierung von SO_2 (aber auch Schönungsmittel, Zuckerlösungen, Süßreserve) mit Strahlapparat (b) für SO_2-Gas oder CO_2 zum Wein.
Der Injektor = 3 arbeitet nach dem Injektorprinzip zusammen mit einer Kreiselpumpe = 1 und einem Durchlaufmesser = 6. Genauigkeit ± 2 %.
a = 1 = Pumpe, 2 = Mengenregler, 3 = Injektor,
4 = Rückschlagventil, 5 = Dosage-Einstellventil,
6 = Durchfluss-Mengenmesser.
b = Dosiereinheit für gasförmige Medien. Durch das Injektorprinzip kann die Zugabe der schwefligen Säure auf der Druckseite der Pumpe erfolgen.

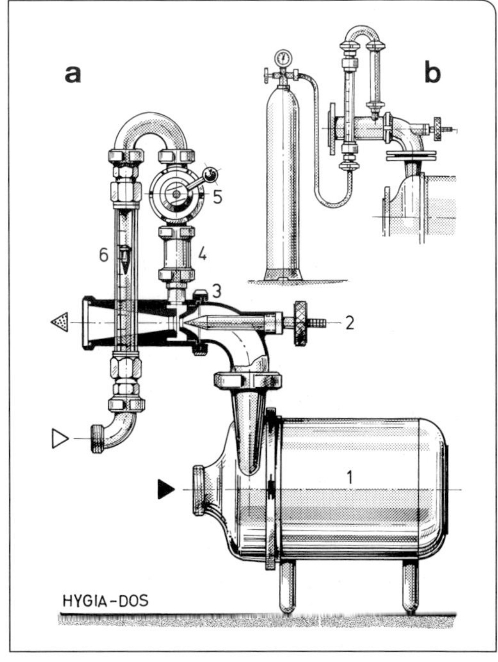

Kaliumpyrosulfit oder Kaliumdisulfit wird in der Schaumweinbereitung so gut wie nie verwendet.

L-Ascorbinsäure wurde in den 50er-Jahren wegen ihrer starken Reduktionswirkung mit großen Erwartungen eingesetzt. Man hoffte, dadurch mit weniger SO_2 auszukommen. Die Hoffnungen gingen nicht in Erfüllung. Es wurde inzwischen erkannt, dass die Gefahr der Oxidation des Schaumweins viel besser vermieden werden kann, wenn darauf geachtet wird, Grundweine zu verwenden, deren Gehalt an flavonoiden Polyphenolen, an Acetaldehyd und an Schwermetallen möglichst gering ist. Aus heutiger Sicht und bestätigt durch die praktische Erfahrung muss man feststellen, dass es in der Schaumweinherstellung nicht sinnvoll ist, L-Ascorbinsäure zu verwenden (siehe auch Kap. 3.6, sowie Kap. 5.4.5).

Zeitpunkt der Dosage, vor oder nach der Enthefung?

Den Zeitpunkt des Zusatzes der Versanddosage wählt man in Abhängigkeit von den betrieblichen Gegebenheiten.

Sofern der Schaumwein schon bald nach Abschluss der Schaumweingärung dosiert werden soll, muss damit gerechnet werden, dass noch viele aktive Hefezellen im Schaumwein enthalten sind. Es kann zwar der noch trübe Schaumwein dosiert werden, aber man sollte sich beeilen, die Abtrennung des Schaumweins vom Trub möglichst bald vorzunehmen, um zu vermeiden, dass die Hefe beginnt, erneut zu gären und ein Teil der Dosage zu verzehren.

Bei allen Schaumweinen, deren Schaumweingärung beendet ist, ist der Anteil noch aktiver Hefezellen umso kleiner, je weiter die Gärung zurück liegt. Bereits zwei Monate nach Ende der Gärung sind kaum noch lebensfähige Hefezellen vorhanden.

Man wird somit danach streben, dem Schaumwein die Dosage noch vor dem Enthefen zuzusetzen, weil dadurch eventuell mitgebrachte Keime oder Feststoffe des Expeditionslikörs im gleichen Arbeitsgang aus dem Schaumwein entfernt werden und weil damit ein höherer Grad der biologischen Sicherheit erreicht wird.

Auch, falls der Schaumwein noch einer **Kältebehandlung** zur Weinsteinausscheidung bedarf, ist die Dosage des **trüben** Schaumweins zweckmäßig. Die kristallisationshemmende Wirkung des durch Dosage eingebrachten Zuckers, die gelegentlich in der Literatur erwähnt wurde, ist sehr gering, sie kann vernachlässigt werden.

4.3.9 Enthefen durch Zentrifugen und Filter

Während es bei der Bereitung stiller **Konsumweine** – die jung, möglichst bald nach der Lese konsumfähig sein sollen – darauf ankommt, durch Schönungs- und Klärtechniken weit in den kolloidalen Bereich des Weines einzugreifen, um all das herauszuholen, was im Laufe der nächsten 8 bis 10 Monate zu einer Trübung führen könnte, hat man bei Weinen, die während längerer Zeit ausgebaut werden, ebenso wie auch bei den Grundweinen für die Sektherstellung, keinen Anlass, teuere Gewaltmaßnahmen zu ergreifen, da die Zeit für den Kellerwirt arbeitet.

Sofern bei der Mostgewinnung und der Weinbereitung sachgemäß und mit der erforderlichen Sorgfalt gearbeitet (gesundes Lesegut, schonende Traubenverarbeitung, Mostklärung, Betriebshygiene) und die Grundweine korrekt behandelt wurden, sind beim Schaumwein akute Gefahren für Geschmack und Geruch nicht gegeben.

Im Anschluss an die Schaumweingärung, also nach den damit verbundenen Veränderungen des Alkoholgehalts, des pH-Wertes und des Redoxwertes stellen sich neue **Löslichkeits-Gleichgewichte** im Schaumwein ein, in die auch die Zerfallsprodukte der abgestorbenen Hefe einbezogen sind. In Bezug auf die hier interessierende Klarheit des Schaumweins ist zu erkennen, dass ein Teil der Kolloide infolge der genannten Veränderungen und im Laufe der Zeit ihre Schutzwirkung verlieren, es kommt zur flockenartigen Ausscheidung unlöslich gewordener Weinbestandteile. Diese unlöslich gewordenen Teile können sich infolge von Unterschieden ihrer elektrischen Ladung (Eiweiße, Gerbstoffe) miteinander zu größeren Teilen zusammenballen und infolge ihrer höheren Dichte im Schaumwein absinken.

Davon profitiert man beim klassischen Verfahren, wo diese abgesunkenen Teile sich im Depot, also im Bodensatz versammeln, sie werden abgerüttelt und durch Degorgieren entfernt.

Die Zusammenballung der unlöslich gewordenen Teile wird umso dichter, je niedriger die Temperatur des Schaumweins ist. Sie wird wieder lockerer, wenn der Schaumwein wieder erwärmt wird. Da man Schaumwein üblicherweise kalt serviert, wird er in Bezug auf Klarheit und Brillanz umso besser beurteilt werden, je niedriger die Temperatur ist, bei der der Schaumwein vom Trub getrennt wird.

Schutzkolloide spielen eine wichtige Rolle u.a. auch bei der Bildung von Weinsteinkristallen. Sie können die spontane Entstehung von Kristallkeimen verhindern. Sie heißen dann „Inhibitoren" und sie können das Kristallwachstum, also die weitere Anlagerung von Weinstein an bereits vorhandene Keime, sehr stark behindern. Eigene Versuche haben gezeigt, dass ein wesentlicher Teil dieser Schutzkolloide (Eiweiße, Polyphenole, Polysaccharide etc.) dann aus dem Schaumwein entfernt werden kann, wenn man eine Filtration bei sehr niedriger Temperatur vornimmt. Infolge Zusammenballung in der Kälte wachsen diese Kolloide dann zu Teilchengrößen, die von Kieselgurfiltern oder gewöhnlichen Feinklärschichten festgehalten werden. Allerdings muss auch gesagt werden, dass die **Filterleistung**, im Vergleich zur Filtration bei Normaltemperatur, wesentlich geringer ist, wenn der Schaumwein gekühlt ist. Die durch Kühlung hervorgerufene **Verminderung der Filterleistung** wird sowohl dadurch verursacht, dass in der Kälte die Viskosität des Schaumweins höher ist als auch dadurch, dass kolloidale Substanzen im Filter festgehalten werden und ihn belasten, die andernfalls im ungekühlten Schaumwein verbleiben würden. Andererseits ist zu vermuten, dass das unerwünschte Entweichen von CO_2, wie „Wildwerden" beim Abfüllen und „Gushing" durch Filtration des gekühlten Schaumweins weitgehend vermieden wird, weil Mikroblasen mit den an ihrer Grenzfläche konzentrierten Kolloiden – als die Verursacher dieser Erscheinungen – bei der Kaltfiltration im Filter festgehalten werden. Dies ist besonders dann von Bedeutung, wenn der Schaumwein nachher auf Hochleistungsmaschinen „warm", d. h. bei Normaltemperatur abgefüllt werden soll.

Beim **Enthefen** bestehen in der Praxis Unterschiede in der Ausgangssituation, je nach dem, ob die Cuvée schon kältestabilisiert worden war, und es bestehen Unterschiede hinsichtlich der angestrebten Temperatur beim Abfüllen. Es ergeben sich somit verschiedene Möglichkeiten der Kombination des Enthefens mit dem Kühlen und mit der Abfülltemperatur.

Welche Kombination man anwendet, richtet sich nach den Gegebenheiten des Betriebs. Bei korrekter Anwendung der Methoden der Enthefung sind signifikante Qualitätsunterschiede, die sensorisch durch Triangeltest feststellbar wären, nicht zu erwarten.

Voraussetzung ist in jedem Fall, dass die eingesetzten Maschinen oder Apparate, auf die während des Prozesses auftretenden Drücke ausgelegt sind.

Falls keine ausreichende Sicherheit besteht, ist eine Absenkung des Drucks nur

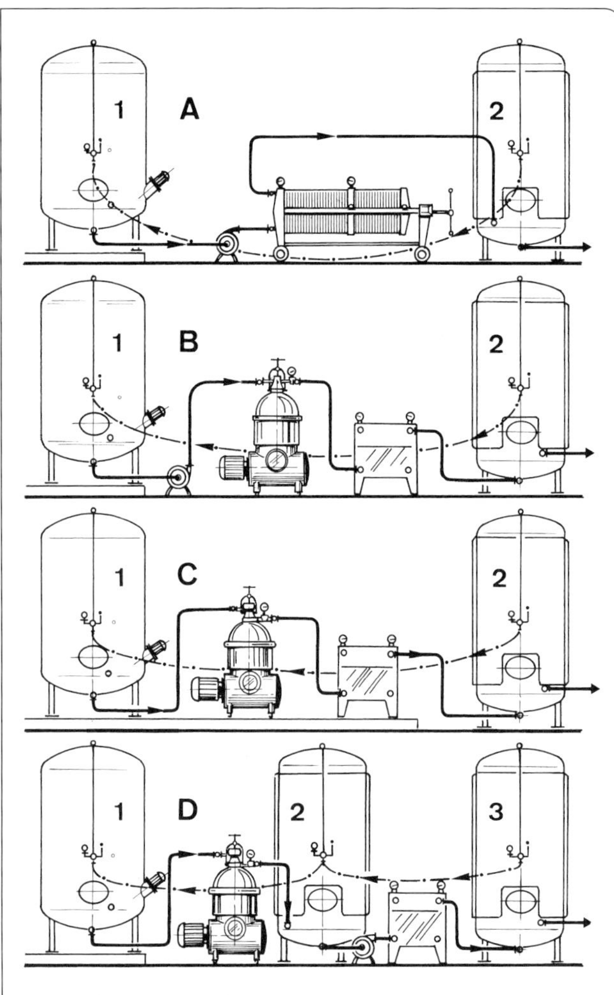

Abb. 73. Klärtechnik von Schaumwein unter isobarischen Verhältnissen. Die Klärung erfolgt mit
A = Pumpe, Vor- und Feinfilter (Umleitkammer) oder 2 nachgeschalteten Schichtenfiltern;
B = Pumpe, hermetischem Separator ohne Zulaufpumpe und nachgeschaltetem Schichtenfilter;
C = hermetischem Separator mit Zu- und Ablaufpumpe und Schichtenfilter; eine eigene Förderpumpe erübrigt sich.
D = hermetischer Separator – Zwischentank – Schichtenfilter – Abfülltank. Vorteil ist hier der Ausgleich der unterschiedlichen Durchsätze durch den Zwischentank. Das bedeutet, die Klärsysteme können mit ihrer optimalen Leistung arbeiten, während bei B und C der Separator sich nach der Klärkurve des Schichtenfilters richten muss und nicht ausgenutzt wird.
Der Druckausgleich im Tank erfolgt durch eine Druckschlauchverbindung. Vgl. auch Abb. 74.

durch entsprechende Absenkung der Temperatur des Schaumweins zu erreichen (siehe Kap. 6.1 Löslichkeit und Überdruck).

Die **Menge des Trubs**, die aus dem Schaumwein entfernt werden muss, ist wesentlich geringer, als die Menge, die bei der Klärung des Stillweins anfällt. Bei Schaumwein entsteht eine Menge von etwa 0,10 bis 0,15 % des Gesamtvolumens an **kompaktem** Trub, Flüssigkeitsverluste nicht mitgerechnet.

Das Klären von Sekt, der noch auf der Hefe liegt, unterscheidet sich von der des Stillweines grundsätzlich nur in der höheren **Druckstufe** und dem Zwang, durch **isobarische Arbeitsweise** den durch die gelöste Gärungskohlensäure erreichten Druck auch im Fertigsekt zu erhalten. Die Trübungseinflüsse sind die gleichen. Während Stillwein unter atmosphärischem Druck gefördert und gefiltert wird, ist Sekt ein auf 4 bis 6 bar Überdruck gespanntes Getränk, das weniger beim Separator als beim Schichtenfilter erhöhte Ansprüche an die **Druckfestigkeit** der Geräte stellt.

Bei den **Schichtenfiltern** ergab sich die Notwendigkeit, genügend druckfeste Filtergestelle und Filterplatten zu entwickeln, die

In Beispiel A der Abb. 73 ist Tank 1 mit Tank 2 durch die Filtrieranlage – Weinleitung, Förderpumpe und Schichtenfilter – verbunden. Das Schichtenfilter besteht aus Vorfilter, Umleitkammer und Nachfilter mit den entsprechenden Hochleistungs- und Feinklärschichten. Statt einem Filter mit Umleitkammer können auch zwei Filter mit Hochleistungsschichten und Feinklärschichten verwendet werden. Die zum Filtern erforderliche Druckerhöhung erzeugt die Pumpe, die nur den Leitungs- und Filterwiderstand zu überwinden hat und den statischen Druck der Flüssigkeitshöhe im Tank.

Klärschichten so zu verfestigen, dass es nur zu geringen Sekt- und CO_2-Verlusten kommt, dazu ein Schichtensortiment zu schaffen, das eine befriedigende Klärschärfe bei optimaler Durchlaufgeschwindigkeit bietet. Beides ist heute als gegeben anzusehen, sowohl was das Material (Edelstahl und Kunststoff) als auch die Konstruktion der Filter betrifft.

Die Kombination von **Separator** oder **Kieselgurfilter**, die beide die Hefe sehr gut abtrennen und dabei ein filterreif vorgeklärtes Produkt liefern, mit einem nachgeschalteten, genügend groß ausgelegten **Schichtenfilter**, ergibt eine wirtschaftlichere Klärung als beim ausschließlichen Einsatz von Schichtenfiltern. Im Durchschnitt verhalten sich die Kosten für die Filtration mit Vorklärfilter zu der Filtration plus Separator wie 100 : 16–21. Die **Kostenersparnis** an Arbeitszeit, Schichten und Hilfsmitteln ist also beträchtlich.

Für bestimmte Einsatzfälle ist in der Sektkellerei auch die Filtration mit Membrankerzen oder der Einsatz der **Cross-flow-Technologie** denkbar. Beide Filtersysteme halten die bei der Sektbereitung notwendigen Drücke aus und sind demnach – bei isobarischer Arbeitsweise – neben der Filtration für Wein auch für die Filtration von Sekt einsetzbar.

Die Enthefung und Klärung des Sektes kann auf verschiedene Arten erfolgen, je nach Größe und Einrichtung des Betriebes. Abb. 73 gibt mögliche Arbeitsabläufe an vier Beispielen wieder. Auch andere Kombinationen (z. B. Membran- oder Cross-flow-Filter) sind möglich. Bei allen Beispielen in Abb. 73 ist der Trübtank (1) mit dem vorgespannten Klartank (2) durch eine Druckausgleichsleitung verbunden. In beiden Behältern herrscht also der gleiche Druck (Sättigungsdruck p oder p + 0,5 bis 1 bar).

Die erste Art der Klärung ist sehr schichtenaufwendig und damit teuer, weil Hefe die Filterschichtenoberfläche rasch verlegt oder verstopft, und das Filter dann sehr groß ausgelegt werden müsste, um eine befriedigende Leistung zu bringen. Das führt zu öfteren Unterbrechungen und Zeitverlusten. Will man ohne Unterbrechung filtrieren, dann sind zwei Vorklärfilter nötig, die wechselweise beschickt werden. Im Fall der alleinigen Filtration wird man die **Hefe im Tank** vor dem Enthefen erst absetzen lassen und den hellen Sekt filtrieren. Das Hefedepot bleibt im Tank 1 und wird gegebenenfalls für einen weiteren (2. bis 3.) Gäransatz verwendet. Dies ist aber nur dann möglich, wenn der Sekt **nach** der Enthefung geschwefelt wird. Oder besser – sammeln des Hefedepots, überführen mittels geeigneter Techniken (z. B. Hefefilter, Vakuumdrehfilter) in einen deponierfähigen Zustand. Die getrocknete Hefe lässt sich als Futtermittel oder Dünger einsetzen. Das ist die einfachste und sauberste Form, sich von den Heferesten auf umweltfreundliche Art zu trennen.

Anstelle des Schichtenvorfilters kann auch ein geeigneter Kieselgurfilter eingesetzt werden.

In den Beispielen B und C der Abb. 73 ist das Schichtenfilter dem Separator direkt nachgeschaltet. Die Ablaufpumpe im Separator (Abb. 75) erzeugt genügend Druck, um den Filterwiderstand zu überwinden.

Eine Schwierigkeit bei dieser häufig angewendeten Geräteanordnung ist, dass die

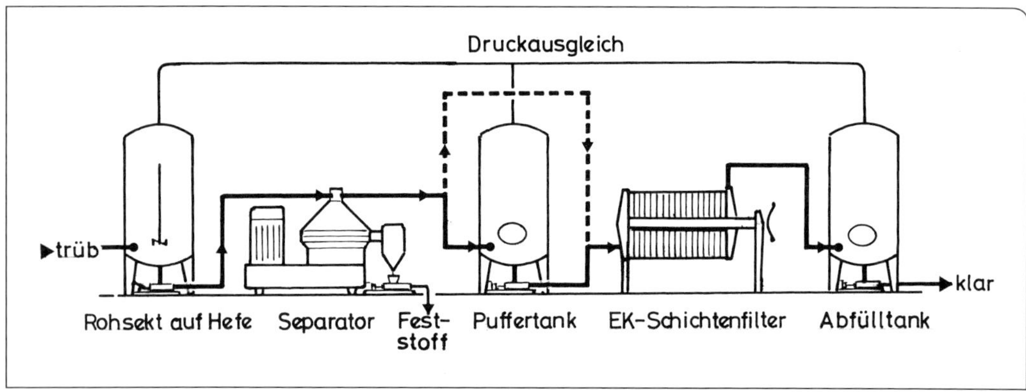

Abb. 74. Isobarische Klärung von Schaumwein. Es erfolgt ein Druckausgleich zwischen Empfängertank (rechts) und Ausgangstank (links). Damit Separator und Schichtenfilter unabhängig voneinander sind, kann ein Puffertank (Mitte) zwischengeschaltet werden. In diesem Falle muss hinter dem Puffertank eine Pumpe geschaltet werden. (Werkszeichnung: Westfalia Separator).

Durchlaufgeschwindigkeiten von Separator und Schichtenfilter nicht optimal übereinstimmen. Das Filter geht mit zunehmender Belastung oder Erschöpfung in der Leistung zurück, während die des Separators gleich bleibt.

Neben Problemen bei der Leistungsanpassung ist die Hauptschwierigkeit in den **Druckveränderungen** aufgrund der Entleerungen des Separators zu sehen. Dabei kommt es zu kurzen Unterbrechungen des Produktstromes und damit zu deutlichen Druckschwankungen. Das kann dazu führen, dass das Schichtenfilter mechanisch beschädigt wird, vor allen Dingen aber ist im Laufe der Zeit mit einem Durchschlagen von feinen, bereits abgeschiedenen Feststoffpartikeln zu rechnen. Die Ursache dafür liegt im Wesentlichen im kurzzeitigen Zusammenbrechen des Zeta-Potentials begründet.

Sicherer, wenn auch etwas aufwendiger – aber heute üblich –, ist die Verwendung eines **Zwischentanks** (Abb. 73, Beispiel D und Abb. 74), wobei mit voller Leistung des Separators der vorgespannte Zwischentank befüllt und die Feinfiltration leistungsunabhängig vom Separator in den eigentlichen Behandlungs- oder Abfülltank vorgenommen wird. Es ist zweckmäßig, wenn dann Tank 2 und 3 gleiche Größe haben, und sich ihre Inhalte auch nach der Tagesleistung des Füllers ausrichten. Die Größe der Gärtanks wird ja meist auch ein Mehrfaches der Tagesfüllleistung betragen.

Allerdings muss dann die Feinfiltration, die bei Druckausgleich der Tanks durchgeführt wird, durch eine dem Filter vorgeschaltete Förderpumpe mit einem Förderdruck versehen werden, der den Filterwiderstand und den statischen Druck im Tank überwindet.

Der Zwischentank bietet den Vorteil, dass beide Klärstufen unabhängig von Reinigungszeiten oder abnehmender Leistung des Filters optimal arbeiten können. Abb. 74 veranschaulicht die Klärung über einen Zwischentank, der gegebenenfalls auch eine zeitliche Verschiebung der Feinfiltration des vorgeklärten, fast hefefreien Sektes ermöglicht.

4.3.9.1 Separatoren

Für die Klärung von Most und Stillwein werden Separatoren seit rund 70 Jahren eingesetzt. Waren es zu Beginn ausschließlich **Kammerseparatoren** mit zwei oder sechs

Einsätzen, die periodisch manuell gereinigt werden mussten, setzten sich Ende der 60er-Jahre nach und nach automatisch arbeitende, selbstreinigende **Tellerseparatoren** durch.

Sektseparatoren sind im Prinzip identisch mit Weinseparatoren. Der entscheidende Unterschied besteht darin, dass höhere Drücke verkraftet werden müssen, um eine Entgasung zu verhindern.

Dazu war in der Vergangenheit die hermetische Abdichtung über Manschetten Mittel der Wahl. Diese Manschetten hatten die Aufgabe, rotierende gegen feststehende Trommelteile zur Atmosphäre hin abzudichten. In der Zwischenzeit ist es gelungen, diese vergleichsweise aufwändige mechanische Abdichtung durch eine hydrohermetische Abdichtung zu ersetzen.

Abb. 75 zeigt Aufbau und Wirkungsweise eines modernen Separators, wie er für die Sektklärung, aber auch für die Most- und die Stillweinklärung eingesetzt werden kann. Der Sekt fließt durch den Zulauf in die Trom-

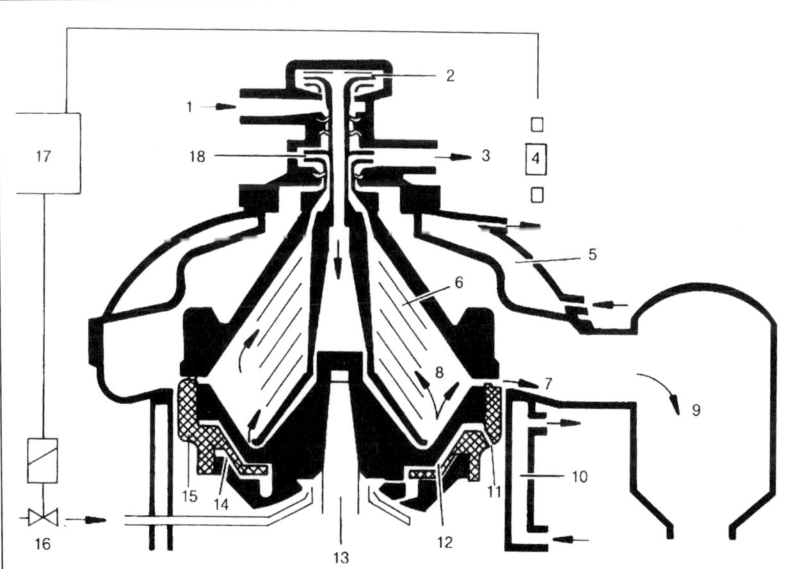

Abb. 75. Aufbau und Wirkungsweise eines selbstentleerenden Tellerseparators.

1 Eigensteuerung durch Abtasten des Feststoffraumes garantiert den optimalen Entleerungszeitpunkt
2 Zulauf, Produkt
3 Ablauf, geklärte Phase; geschlossene Ableitung unter Druck
4 Hydrohermetik; bei Ausführung ohne Eigensteuerung durch Wasserverschluss
5 Ablauf, Feststoff
6 Haubenspülung; Reinigung des Produktraumes zwischen Trommel und Haube
7 HydroStop-System; exakt vorwählbare Teilentleerungsvolumina; geringe Produktverluste
8 Kurzspindelantrieb; unempfindlich gegenüber Trommelunwucht; leistungsübertragung, kupplungsfrei über Flachriemen
9 Dämpfung; ruhiger und vibrationsarmer Lauf durch Schwingungsdämpfer
10 Steuerwasserzulauf; hydraulische Steuerung der Entleerungsvorgänge
11 Schwingungsüberwachung; maximal Betriebssicherheit
12 Doppelwandige Haube und Feststofffänger; kühlbar, geräuschdämmend
13 Hydrohermetischer Zulauf; schonende Produktzuführung garantiert maximalen Klärgrad

mel und wird im Tellerpaket geklärt. Durch einen Greifer wird der geklärte Sekt schaumfrei und unter Druck zum Ablauf gefördert. Der ausgeschleuderte Feststoff sammelt sich im Feststoffraum und wird in periodischen Zeitabständen durch Öffnungen in der Trommelwand schlagartig ausgestoßen.

Die **Trommelentleerungen** werden automatisch über ein Steuergerät eingeleitet. Mögliche Entleerungsarten sind Teilentleerungen mit exakt vorwählbaren Feststoffmengen sowie die Kombination kleiner und großer Teilentleerungen z. B., für schwierigere Austragssituationen im Mostbereich. Die automatische Trommelentleerung bei voller Drehzahl und ohne Unterbrechung des Zulaufs kann bei konstanten Zulauf-Verhältnissen über eine Zeitschaltuhr, bei schwankenden Feststoffmengen über produktbezogene Steuerungen eingeleitet werden. Bei der Sektklärung können über eine Trübungsmessung des geklärten Sektes im Ablauf des Separators Entleerungen ausgelöst werden, wenn ein vorher eingestellter Trübungsgrad im Laufe der Zentrifugation allmählich erreicht und überschritten wird. In dem Maße, in dem sich der Feststoffraum der Trommel mit abgetrennten Hefen und kolloidalen Verbindungen anfüllt, rutschen immer mehr Teilchen in die Klarphase und erhöhen den Trübungswert im Ablauf.

Des Weiteren kann die Entleerung durch Abtasten des Feststoffraumes eingeleitet werden. Über einen Scheideteller wird dazu eine geringe Produktmenge im Nebenstrom abgezweigt, sie wird mittels Steuergreifer zu einem Durchflussmesser geleitet und in den Zulauf zurückgeführt. Verstopft der Fühlerflüssigkeitseinlauf im Scheideteller aufgrund der Feststoffansammlung im Feststoffraum, gibt ein Initiator am Durchflussmesser den Impuls für die Entleerung zum Steuergerät.

Wird der Separator ausschließlich für die Sektklärung eingesetzt, empfiehlt sich die Entleerungssteuerung über Trübungsmessung. Schlecht durchsichtige Produkte wie Rotwein oder Most lassen sich besser über die Feststoffabtastung des Schlammraumes steuern.

Die Trommelentleerung ist ein hydraulischer Vorgang, der durch Steuerwasser betätigt wird. Die Trommelentleerung wird über das Steuergerät eingeleitet. Der Kolbenschieber wird für den Feststoffausstoß hydraulisch bewegt und gibt Bohrungen in der Trommelwand frei. Dieser Vorgang muss möglichst schnell erfolgen, damit in kurzer Zeit ein großer Austragsspalt für ungehinderten Feststoffaustritt frei wird. Bei modernen Separatoren läuft der gesamte Entleerungsvorgang bei offenem Zulauf in weniger als 0,1 Sekunden ab. Der Kolbenschieber ist in Schließstellung, wenn die Schließkammer gefüllt ist. Durch hydraulisches Öffnen des Ringventils läuft das Schließwasser aus der Schließkammer in die Speicherkammer. Ist die Speicherkammer gefüllt, stoppt der Ausfluss aus der Schließkammer, ohne dass das Ringventil in Schließstellung gehen muss. Die Trommel wird kurzzeitig geöffnet und der Feststoff schlagartig durch den Spalt ausgetragen. Die ausgetragene Feststoffmenge hängt vom Flüssigkeitsvolumen in der Speicherkammer ab (kontrollierte Teilentleerung). Über eine Bohrung lässt sich die Speicherkammer vor dem Einleiten der Entleerung teilfüllen, wodurch die Entleerungsmenge vorgewählt werden kann. Während des Entleerungsvorganges läuft Schließwasser zur Schließkammer, wodurch diese wieder aufgefüllt wird. Danach geht das Ringventil wieder in die Schließstellung, die Speicherkammer entleert sich über eine Ablassdüse. Bei schwer austragbaren Feststoffen, z. B. Bentonit oder Kohleresten im Wein, wird nach einigen Teilentleerungen eine Reinigungsentleerung eingeleitet, d. h., es wird eine größere Teilentleerung bei ebenfalls geöffnetem Zulauf eingeschoben.

Die geklärte Flüssigkeit wird durch **Greifer** schaumfrei unter Druck abgeführt. Ein Greifer ist eine umgekehrt wirkende Pumpe. Das Pumpenrad steht fest und greift die in der Trommel rotierende Flüssigkeit ab. Bei sauerstoff- oder entgasungsempfindlichen Produkten wie Sekt und Wein, wird mit einem Produktabschluss zur Atmosphäre gearbeitet. Dabei ist oberhalb des Hauptgreifers eine Tauchscheibe eingebaut, um die Sauerstoffaufnahme auf ein Minimum zu reduzieren. Das überschüssige Sperrmedium, z. B. Wasser, wird ohne Produktberührung abgeleitet. Der Ablaufgreifer und die Tauchscheibe müssen bei Sekt den höheren Anforderungen genügen und auf die zu erwartenden Druckverhältnisse zugeschnitten werden.

Sind schwer austragbare Feststoffe wie Kohle oder Bentonit zusammen mit der Hefe auszuschleudern, ist neben der Durchführung von kombinierten Teilentleerungen eine Schwingungsüberwachung des Separators notwendig. Beim Überschreiten eines vorgewählten Schwingungsgrenzwertes wird zunächst Alarm ausgelöst und der Produktzulauf unterbrochen. Das Bedienungspersonal hat die Chance, manuell in den Prozessablauf einzugreifen. Steigen die Trübungswerte trotzdem weiter an, wird der Separator mit einem Sicherheitsprogramm automatisch abgeschaltet und bei vollgefluteter Trommel abgefahren.

Abb. 76 zeigt beispielhaft eine Installation eines Klärseparators für Sekt. Die hier mobile Einheit besteht aus Schaltschrank mit Motor- und Ventilsteuerung neben dem Separator, der Ventilbestückung und der geschlossenen Feststoffabführung.

Abb. 77 veranschaulicht in einem Planungs- und Installationsdiagramm (P&ID) die Anordnung der notwendigen Mess-, Steuer- und Regelinstrumente, der Ventile und der Produkt- und Nebenstoff-Ströme. In der Ableitung des Separators sind die Klarphasenüberwachung mittels Fotozelle, Manometer, Durchflussmengenmesser und abschließend das Konstantdruckventil angebracht. Für Wasserfahrten oder im Falle einer Sicherheitsabschaltung verfügen moderne Separatoren über einen parallelen Wasserzulauf und Kanalablauf.

Die Separatoren-Hersteller bieten ein breites Spektrum unterschiedlich leistungsfä-

Abb. 76. zeigt beispielhaft eine Installation eines Klärseparators für Sekt. Die hier mobile Einheit besteht aus Schaltschrank mit Motor- und Ventilsteuerung neben dem Separator, der Ventilbestückung und der geschlossenen Feststoffabführung.

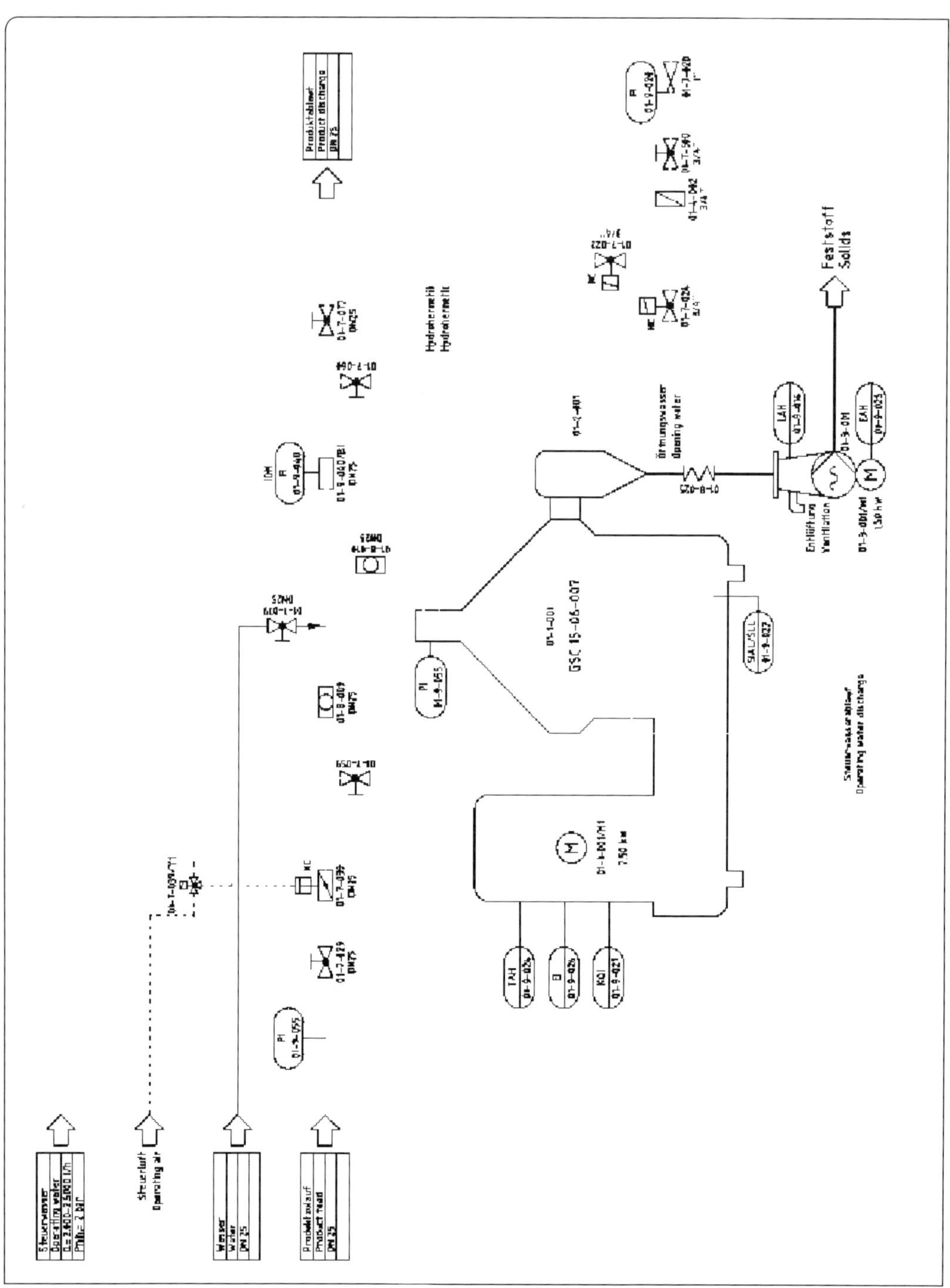

Abb. 77. Planungs- und Installationsdiagramm (P&ID) eines selbstaustragenden Separators (GEA Westfalia).

higer Maschinen mit vielfältigen Steuerungsmöglichkeiten an. Tab. 31 zeigt beispielhaft die Modellreihen der **GEA Westfalia Separator GmbH** und der Firma **Alfa Laval** mit Angabe der effektiven Stundenleistung bei Sekt. Beide Firmen liefern Baugrößen verschiedener Trommelkapazitäten für Feststoffgrößen oberhalb etwa 1 μ und Feststoffgehalten bis 10 Vol.-% im Zulauf.

Unter Effektivleistung ist die in der Praxis durchschnittlich erzielbare Stundenleistung zu verstehen. Die Stundenleistung hängt vom Feststoffgehalt des Sektes, der Natur der Trubstoffe, des Alters der Hefe und des gewünschten Klärgrades ab, sodass große Abweichungen von den genannten Werten vorkommen können.

Aufgrund dieser Schwierigkeit der Charakterisierung von Separatoren wird oft der Begriff „Schluckleistung“ oder hydraulische Leistung angegeben. Darunter ist die Menge an Flüssigkeit pro Stunde zu verstehen, die aufgrund der Bauart maximal durch den Separator gefördert werden kann. Eine Klärung findet dann aber praktisch nicht mehr statt, weil die Verweilzeit in der Trommel sehr gering ist.

Moderne Separatoren-Stationen sind voll in den Betriebsablauf integriert, häufig verknüpft mit einer Tanksteuerung – sie arbeiten vollautomatisch bezüglich des Produktzulaufes –, diskontinuierlich bezüglich der Feststoffabtrennung. Die Feststoffe werden in einem sondengesteuerten Zyklontopf zwischengesammelt, direkt nach dem Austragen aufgefangen und dort über eine Exzenterschneckenpumpe ihrem Bestimmungsort zugeführt. Moderne Separatoren mit schnellem Entleerungssystem sind in der Lage, Trockensubstanzgehalte von bis zu 30 % bei Hefen zu erzielen, sodass eine weitere Aufarbeitung nicht mehr wirtschaftlich sinnvoll ist. Im Falle eines dünnflüssigeren Austrages, wird aus wirtschaftlichen und ökologischen Gründen eine weitere Aufkonzentrierung der Hefe erforderlich.

Die volle Automatisierbarkeit von Zentrifugen-Stationen erlaubt praktisch den wachfreien 24-Stunden-Betrieb, was in großen Betrieben vielfach Stand der Technik ist.

Tab. 31 Klärseparatoren mit selbstklärender Trommel in hermetischer Ausführung (Leistung in l/h bei Schaumwein)

GEA Westfalia		**Alfa-Laval**	
Standard-Ausführung	**Leistung *)**	**Standard-Ausführung**	**Leistung **)**
GSC 15	2000		
GSC 25	4000	Clara 80	4000
GSC 45	8000	Clara 200	10000
GSC 75	10000	BRPX 714	20000
GSC 95	15000	Clara 401S	20000
GSC 150	26000	Clara 501H	35000
		Clara 601S	25000
		Clara 701H	40000

*) Effektivleistung
**) maximale Leistung oder „Schluckleistung“ (siehe Text)

4.3.9.2 Kieselgur, Anschwemmfilter

Anschwemmfilter mit Kieselgur als Filtermaterial, in der Klärung von Wein schon lange bewährt, kamen erst Ende der 60er-Jahre allmählich auch in der Sektherstellung zur Anwendung. Die Wirtschaftlichkeit dieser Klärmethode hängt sehr stark davon ab, wie die Gur dem Sekt zudosiert wird. Nach dem Aufbau der Grundanschwemmung gilt es, den bestmöglichen Kläreffekt mit dem geringstmöglichen Zusatz von Gur einzustellen und bis zum Ende der Filtration beizubehalten. Es hat sich sehr bewährt, den Kläreffekt im Durchlauf mit einem **Photometer** am Filterausgang ständig zu beobachten und die Dosierung danach auszurichten.

Die Anschaffung eines Photometers als Trübungsmessgerät mit angeschlossenem Schreiber macht sich relativ bald durch die Einsparung an Filtermaterial bezahlt.

Bei homogener Durchmischung des zu filtrierenden Schaumweins, bei geeigneter Zusammensetzung der Gurmischung und bei photometrischer Überwachung des Filtrats, gelingt es, so gute Werte zu fahren, (z. B. 0,2 EBC-Trübungseinheiten), dass es keiner anschließenden Feinfiltration bedarf und die Filtrationskosten zugleich auf ein sonst kaum erreichbares Niveau gesenkt werden.

Das Filtermittel **Kieselgur** besteht aus mikroskopisch feinen fossilen Kieselalgen, deren Gerüstsubstanz zu 85 bis 90 % aus Kieselsäuren (SiO_2) und zu etwa 4 % aus Aluminiumoxid (Al_2O_3) besteht. Die in der Praxis zur Verfügung stehenden Filtermittel müssen indifferent sein. Jedoch kann auch hier bei ungeeigneten Herkünften oder unzulänglicher feuchter Lagerung ein dumpfer, auch fauliger Erdgeschmack auftreten. Wie Arbeiten von **Henkelmann** (1990) sowie **Neradt** und **Vosseberg** (1992) zeigen, können je nach Hersteller und Herkunft der Gur unterschiedliche Mengen an Spurenelementen abgegeben werden.

Ein Nachteil der Kieselgurfiltration, der möglicherweise in Zukunft stärker ins Gewicht fallen wird, ist die **Umweltbelastung**, die einerseits bei der Herstellung durch den hohen Energieverbrauch, andererseits nach der Filtration durch das Verbringen auf eine entsprechende Deponie entsteht.

Erslöh (CelluFluxx) und **Begerow** (Becocel) bieten Filterhilfsmittel aus **Cellulose** mit verschiedenen Feinheitsgraden für die unterschiedlichsten Anforderungen an. Es besteht aus hochreinen, geschmacksneutralen Pulvercellulosen. Da Cellulose ein nachwachsender Rohstoff ist, wird es biologisch abgebaut und ist somit auch für die landwirtschaftliche Verwendung geeignet. Der Preis ist jedoch höher als der Preis herkömmlicher Gur.

Ein weiteres Filtermittel, das bei der Anschwemmfiltration Verwendung findet, ist **Perlit**. Es ist ein leichtgewichtiger, elektrisch geladener, durch Expansion vulkanischen Gesteins gewonnener glasartiger Filterstoff, der chemisch vorwiegend aus Aluminiumsilikat besteht. Perlite haben eine flockige Struktur, die durch die Bildung kleiner, aus ursprünglich konzentrischen Schalen bestehenden Kugeln charakterisiert ist. Perlite sind preiswert, aber häufig zu grob, voluminös und zu rasch verstopfend. Die Klärwirkung ist geringer als bei Kieselgur. Durch neuere Mahltechniken wurde der mögliche Klärgrad verbessert. Da Perlit druckstoßempfindlich ist, muss ihnen Cellulose beigemischt werden, um den Filterkuchen zu stabilisieren.

Zur Klärung des Rohsektes mit **Kieselgurfilter** sind verschiedene Techniken im Einsatz. In Abb. 78 ist ein Funktionsschema am Beispiel eines **Kerzenfilters** aufgeführt, wie es im Prinzip für alle Kieselgurfilter gilt. Meist wird nur ein Dosierbehälter eingesetzt (Abb. 78, (2) und (3)), weil Voranschwemmung und Dauerdosierung zeitlich versetzt erfolgen. Die Anschwemmfiltration ist technisch gesehen ein dynamischer Tiefenfilter. Die Filterhilfsmittel geben dabei dem Filterkuchen kontinuierlich eine immer neue Porosität zur Aufnahme von Trubstoffen und zur

Erhaltung einer hohen Durchflussleistung. Vor Beginn der eigentlichen Filtration wird die filtrierende Schicht durch Anschwemmen einer gröberen Gur auf eine flüssigkeitsdurchlässige und nassfeste Unterlage gebildet (Voranschwemmung).

Dieser Arbeitsgang hat zwei Aufgaben zu erfüllen: Die großen Öffnungen der Stützfläche (des Trägersystems) zu überbrücken und die Trubpartikel der zu filtrierenden Flüssigkeit zurückzuhalten. Zu diesem Zwecke erfolgt die **Voranschwemmung** in zwei Abschnitten. Die erste Voranschwemmung dient nicht dem eigentlichen Filtrationseffekt, sondern nur der Überbrückung der Öffnungen in den Stützflächen und wird mit einer groben Gur durchgeführt. Mit der zweiten Voranschwemmung wird der **Filtrationseffekt** festgelegt. Sie wird auf die erste Voranschwemmung aufgetragen und besteht normalerweise aus der gleichen Kieselgurmischung, die zur späteren Dosierung verwendet wird.

Die Menge der zur **Grundanschwemmung** notwendigen Kieselgur wird unterschiedlich angegeben: Zur ersten Grundanschwemmung werden 200 bis 400 g/m² benötigt (Beco) bzw. 400 bis 700 g/m² (SeitzSchenk). Zur zweiten Voranschwemmung werden 400 bis 800 g/m² angegeben (Beco) bzw. 600 bis 800 g/m² (SeitzSchenk). Die unterschiedlichen Mengenangaben sind darauf zurückzuführen, dass sich die Firmen jeweils auf ihre eigenen Gurmischungen, die sich natürlicherweise unterscheiden, beziehen. So empfiehlt z. B. Beco zur Voranschwemmung bei einer Rohsektfiltration eine Mischung ihrer Gur 3500 und 1200 im Verhältnis 1 : 1, wobei bei siebgestützten Filtern eine Beimischung von 30 g/m² Becofloc 7 oder 10 (Cellulose) erfolgen soll. Seitz-Schenk schlägt zur ersten Voranschwemmung eine Mischung aus 100 g/m² Fibroklar I (Cellulose) und 500 g/m² Spezial vor. Für die zweite Voranschwemmung werden je 250 g/m² Spezial und Pura angegeben.

Nicht nur die Menge und Art der Gur ist bei der Voranschwemmung von Bedeutung, sondern auch die **Fließgeschwindigkeit**, mit

Tab. 32 Kieselgurtypen und Mengenleistung (modifiziert nach Marbé-Sans)

Struktur	Begerow (Becogur)	Erbslöh Dicalite	Pall Seitz Schenk	Manville Celite	Kenite	Darcy*)	Leistung
grob	4500	4200 + Speedex	Ultra	555 545	1000	6,00	sehr groß
mittel	3500	Speed-plus + flow	Spezial + Super	Hyflo-Super Cel	900 700	2,00–1,30	groß
fein	1200	Superaid	Pura + Media	Standard Super Cel	200	0,30–0,14	mittel
sehr fein	200		Extra	Filter Cel M	100	0,7	gering
extra fein	100		Extra Fein			0,04	sehr gering

*) = Maß für den Durchfluss. 1 Darcy hat den Wert von 1 ml/s. Das ist der Durchfluss durch einen Würfel filtrierender Filterhilfsmittel von der Kantenlänge 1 cm bei 1m Flüssigkeitssäule der zu filtrierenden Flüssigkeit

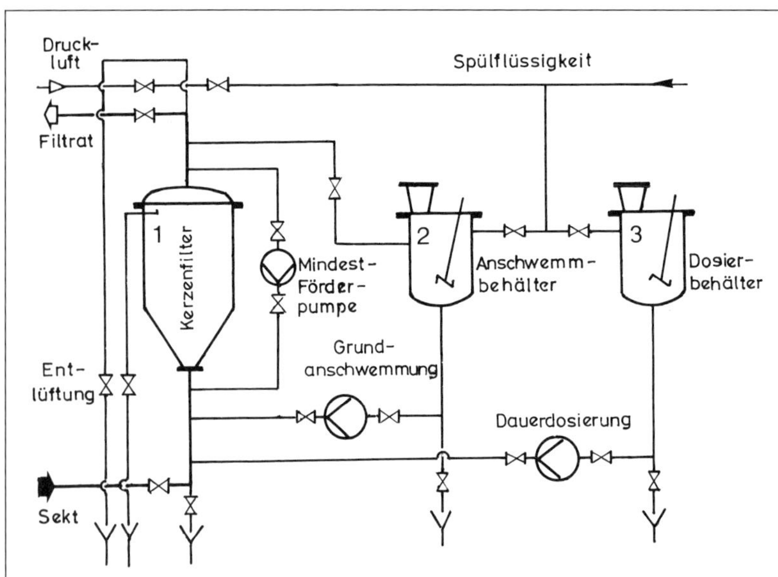

Abb. 78. Fließschema eines typischen Anschwemmsystems (nach Gasper 1990). Das Herzstück der Anlage ist der Kerzenfilter (1) (siehe auch Abb. 81). Die Anlage arbeitet mit 2 Kieselgurarten; einer Grundanschwemmung (2) und einer Dauerdosierung (3).

der sie auf die Stützschicht aufgebracht wird. Berücksichtigt man, dass die groben Partikel manchmal über eine Distanz von mehr als 1 m transportiert werden müssen (und dies bei einer relativ niedrigen Geschwindigkeit) so ist leicht ersichtlich, dass eine regelmäßige Voranschwemmung bei einer langsamen Fließgeschwindigkeit nicht immer gegeben ist. Eine zu **schnelle Anschwemmung** kann jedoch durch eine Wirbelbildung ebenfalls zu einer ungleichmäßigen Belegung der Stützschicht führen. Die Folge davon ist, dass an einzelnen Stellen der Filterelemente unterschiedliche, unkontrollierbare und überhöhte Durchtrittsgeschwindigkeiten entstehen. So können anstelle der ursprünglich geplanten Flächenbelastung von z. B. 1000 l/h · m² um 50 % höhere Werte und mehr auftreten. Dies bedeutet, dass aufgrund der überhöhten Geschwindigkeiten die Siebwirkung der angeschwemmten Filterhilfsmittel nicht mehr ausreicht, um die gewünschten Stoffe herauszufiltrieren, und es kommt zu Filterhilfsmitteldurchbrüchen in das Filtrat. So wird von Beco eine Fließgeschwindigkeit bei der Grundanschwemmung von 300 bis 500 l/h · m² (Anschwemmrahmenfilter) bzw. 500 bis 1000 l/h · m² (Sieb- und Kerzenfilter) angegeben. SeitzSchenk fordert eine Fließgeschwindigkeit bei der Voranschwemmung vom 1,3- bis 1,5-fachen der Stundenleistung (Stützschichtenfilter) von dem 1,5- bis 3-fachen der Stundenleistung (Horizontalfilter) bzw. des 1,2- bis 1,4-fachen der Stundenleistung beim Kerzenfilter. KHS empfiehlt unabhängig vom zu filtrierenden Produkt eine zur Filtration 1,5- bis 2-fache Fließgeschwindigkeit beim Kerzenfilter. Damit diese Fließgeschwindigkeiten garantiert werden, wurde in manchen Systemen früher eine **Mindestförderpumpe** eingebaut (siehe Abb. 78).

Nach der Anschwemmung sollte sich ein Differenzdruck von 0,2 bis 0,3 bar einstellen. Dieser Differenzdruck sollte pro Stunde um 0,2 bis 0,3 bar bei der Filtration mittels Stützschicht bzw. 0,35 bis 0,6 bar bei der Filtration mit einem Kesselfilter ansteigen. Abweichungen davon dienen der Korrektur von Menge und Art der Kieselgurdosierung. Ist der Druckanstieg geringer, so kann mehr Feingur dosiert werden bei gleichzeitiger Verringerung der Gesamtmenge. Ist der Druckanstieg zu hoch, so wird mehr grobe Gur eingeleitet und die Gesamtdosierung erhöht. Die Menge der benötigten Gur kann schlecht angegeben werden. Zwar haben wir bei der Filtration des Rohsektes mit einer relativ gleichmäßigen Trubbelastung des zu filtrierenden Gutes zu tun, doch hängt die Kieselguraufwandmenge noch zusätzlich vom gewünschten Klärgrad, dem verwendeten Filtersystem und der Art der zugesetzten Gur ab.

Die **Voranschwemmung** und **Gesamtstandzeit** haben einen nicht unerheblichen Einfluss auf den Kieselgurbedarf.

Bei der Filtration des Sektes sollte der **Vorspanndruck** mindestens 0,5 bar über dem Sättigungsdruck liegen. Es ist während der Filtration peinlichst darauf zu achten, dass keine **Druckstöße** erfolgen. Druckstöße können dazu führen, dass

- die Filtrationsschicht wie ein Schwamm zusammengepresst wird,
- der gleiche Druck auf die Stützfläche übertragen wird,
- die Kieselgurbrücken der Stützfläche belastet werden,
- die Struktur der angeschwemmten Filtrationsschicht kurzfristig verändert wird,
- die in der Schicht abgelagerten kleinen Teilchen plötzlich von der starken Strömung mitgerissen werden und sich die Filtrationsergebisse verschlechtern.

> Die Gründe für Druckstöße können sein:
> a) Ventile wurden zu schnell betätigt,
> b) die Fließgeschwindigkeit wurde geändert,
> c) der Tank wurde gewechselt,
> d) bei der Pumpe wurde Luft angesogen.
> Am besten können Druckstöße ausgeschaltet werden, wenn vor und nach dem Filter Puffertanks geschaltet sind.
> Der Filter ist erschöpft, wenn entweder der Trubraum voll ist, oder der Differenzdruck von 5 bis 6,5 bar (Kesselfilter) bzw. 3 bar (Rahmenfilter) erreicht ist.

Die Kieselgur gelangt mithilfe einer **Dosiereinrichtung**, die zwischen Pumpe und Filter eingebaut ist, in den Sekt. Die Einrichtung besteht aus dem Rührbehälter, der mit einem Rührwerk ausgestattet ist. Da die Behälter offen sind, ist mit einem CO_2-Verlust des Sektes zu rechnen. Dieser ist jedoch minimal, wenn man pro 1000 l Sekt mit etwa 1 kg Gur rechnet. Es würden dann 0,4 bis 0,7 % der Kohlensäure des Sektes verloren gehen.

Geht der Vorrat an **Kieselguraufschwemmung** im Rührbehälter zu Ende, so kann neue Flüssigkeit in den Behälter gelangen, in der sodann wieder Kieselgur aufgeschwemmt werden kann. Eine Dosierpumpe fördert die Anschwemmung in ein Mischrohr. Da die Leistung der Dosierpumpe frequenzgesteuert geregelt wird, kann die Menge der zu dosierenden Gur eingestellt werden. Bei der Filtration von Sekt muss die Dosierpumpe so ausgelegt sein, dass sie einen Gegendruck von 8 bar überwinden kann. Bei Dosiergeräten größerer Leistung kann die Zudosage der Gur trübungsabhängig erfolgen. Dies erfolgt in der Weise, dass der Trubgehalt des Sektes vor dem Dosiergerät gemessen wird. Je nach Ausgangssignal des Trübungsmessers wird die Dosage beschleunigt oder verlangsamt.

Die Kieselguranschwemmfilter werden in **Kieselgurplattenfilter** und **Kieselgurkesselfilter** unterteilt. Es gibt davon eine große Anzahl verschiedener Bauarten. Will man sich genauer informieren vgl. Troost (1988). Im nachfolgenden soll nur auf die wichtigsten im Sektbetrieb eingesetzten Filtertypen eingegangen werden.

Der **Kieselgur-Anschwemm-Plattenfilter** hat vor allem beim Klein- und Mittelbetrieb einen wirtschaftlichen Vorteil.
Der meist schon vorhandene Schichtenfilter kann durch den Einsatz von **Kieselgurrahmen** leicht zur Kieselgurfiltration verwendet werden. Das Trub- und Kieselgur-

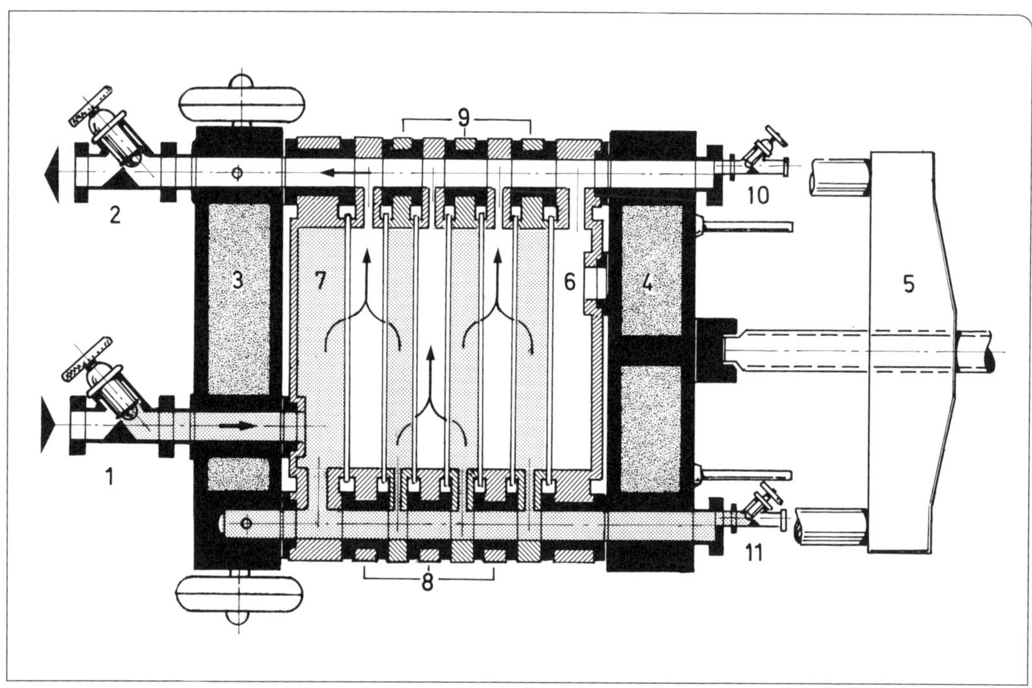

Abb. 79. Plattenfilter mit Kieselgurrahmen bestückt. Unten links (1) gelangt der mit 1–5 g Gur/l dosierte Sekt in den Trubrahmen (7 u. 9) (meist 5 l Trubraum). Der Sekt durchströmt die Kieselgur-Trubschicht, die vorher auf eine Stützschicht aufgetragen wurde, wird dort filtriert und gelangt in eine normale Klarkammer (6 u. 8), wo er dann zwangsweise abgeleitet wird (2). (KHS).
weiterhin: 3 = Armaturendeckel, 4 = beweglicher Deckel, 5 = Traverse mit Spindel, 10 u. 11 = Entlüftungs- bzw. Entleerungsventil.

aufnahmevermögen eines solchen Rahmens (40 x 40) beträgt etwa 5 l. Als Stützschichten werden gerne nassfeste Doppelschichten verwendet, die mehrfach durch Abschaben und Abspülen der Gur zu benutzen sind und dann abwaschbar sein müssen. Die Funktionsweise eines solchen Filters ist in Abb. 79 dargestellt. Dieser Filtertyp hat den Vorteil, dass durch die Installation einer Umlenkkammer mit einem Filtrationsvorgang Klär- und Feinfiltration bewerkstelligt werden kann.

Für größere Betriebe werden **Kesselfilter oder Siebfilter** angeboten. Wie der Name schon andeutet, sind in einem gemeinsamen

Die horizontal angeordneten Filterelemente haben den Vorteil, dem sich gleichmäßig bildenden Kieselgurfilterkuchen eine sichere Auflage zu geben. Damit verläuft die Filtration unabhängiger von eventuellen Unterbrechungen und Druckschwankungen, die bei vertikal angeordneten Filterelementen meist zum Abrutschen der Gurauflage führen (z. B. COSMOS von KHS, ZHF von SeitzSchenk). Die vertikale Anordnung der Filterelemente hat jedoch den Vorteil der doppelseitigen Anschwemmung der Gur und damit der doppelten Filterfläche in fast gleichgroßem Kesselraum bei entsprechend größerer Leistung.

Kesselraum (Trubraum) die Filterelemente aus feinmaschigem Gewebe in Abständen von 2 oder 4 cm auf einer zentralen Sammelachse (Hohlwelle) angeordnet, durch die das geklärte Getränk abgeleitet wird. Die Funktionsweise eines solchen Filters ist in Abb. 80 dargestellt.

Filter mit **Filterstäben oder Kerzen** als Filterelement sind vornehmlich für größere Leistungen in Gebrauch. Als Beispiel eines solchen Filterelementes ist in Abb. 81 b die Kerze eines Getra Eco von KHS abgebildet. **Sechs** Stäbe werden von aufgereihten Ringen umgeben. Da die Ringe mit kleinen Nocken versehen sind, bildet sich zwischen ihnen ein Spalt. Dieser Spalt ist so klein, dass die angeschwemmte Gur auf ihm eine Brücke bilden kann und durch ihn die filtrierte Flüssigkeit abgeleitet wird. Die Rückspülung und der Austrag der erschöpften Gur erfolgen durch Wasserspülung und Leerdrücken mit Druckluft oder CO_2-Gas, wobei die Gur fast trocken anfällt. Die Verfahrensweise ist in Abb. 81, a dargestellt. Die Reinigung dieses Filters kann auch in ein CIP-System integriert werden. Ähnlich funktioniert der ECOFLUX® von SeitzSchenk.

4.3.9.3 Schichtenfilter

Sofern für die Enthefung des Schaumweins weder ein Separator, noch ein Kieselgurfilter zur Verfügung steht, kann die Enthefung auch im Schichtenfilter mithilfe von Klärschichten erfolgen. Hierbei ist aber, anders als bei der Vorschaltung von Separator oder KG-Filter, zu empfehlen, den zu filtrierenden Schaumwein durch **Absitzenlassen** erst der Selbstklärung zu überlassen und danach, im Sinne eines Abstichs, den relativ klaren Schaumwein über den Klarablauf des Tanks zu entnehmen. Würde man auch hier in dem zu klärenden Schaumwein den Trub mithilfe des Rührwerks gleichmäßig verteilen, dann würde die Filterleistung in unvernünftiger Weise herabgesetzt.

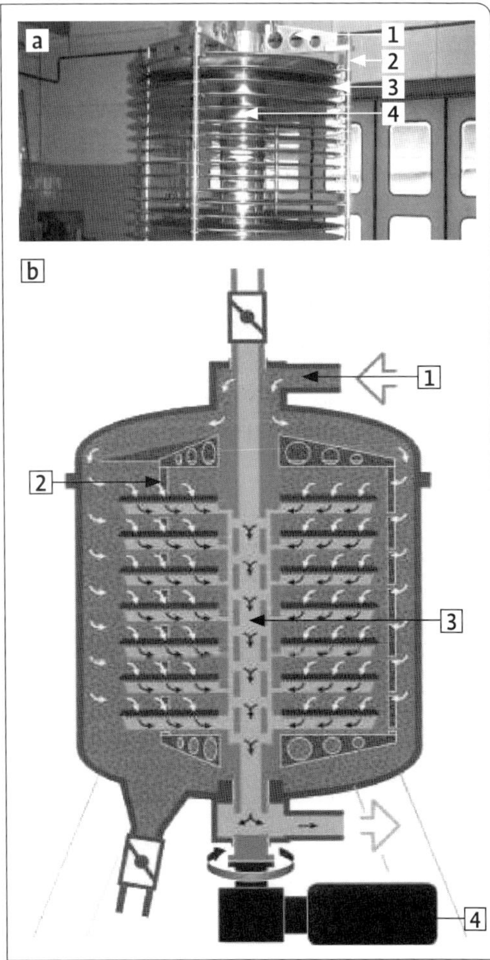

Abb. 80. KHS-Innopro COSMOS-Horizontal Siebfilter.
a = Horizontale Filterplatten
oberes Anpresskreuz (1) mit äußeren Zugankern (2) zur Stabilisierung des Filterpakets, horizontale Filterplatten (3), zentrales Rohr zum Ablauf des Filtrates (4)
b= Funktionszeichnung des Filters
Zulauf des Unfiltrates (mit Gur gemischt) in den Kessel (1), Ablagern auf der Oberseite der Filterplatten (2) mit gleichzeitiger Filtration, Abführung des Filtrates durch ein zentrales Rohr (3), Motor zum Drehen der Filterplatten und gleichzeitigem Abschleudern des Trub/Gur-Gemischs (4), dabei werden die Filterplatten über Düsen mit Wasser gesäubert.
(KHS Maschinenbau AG).

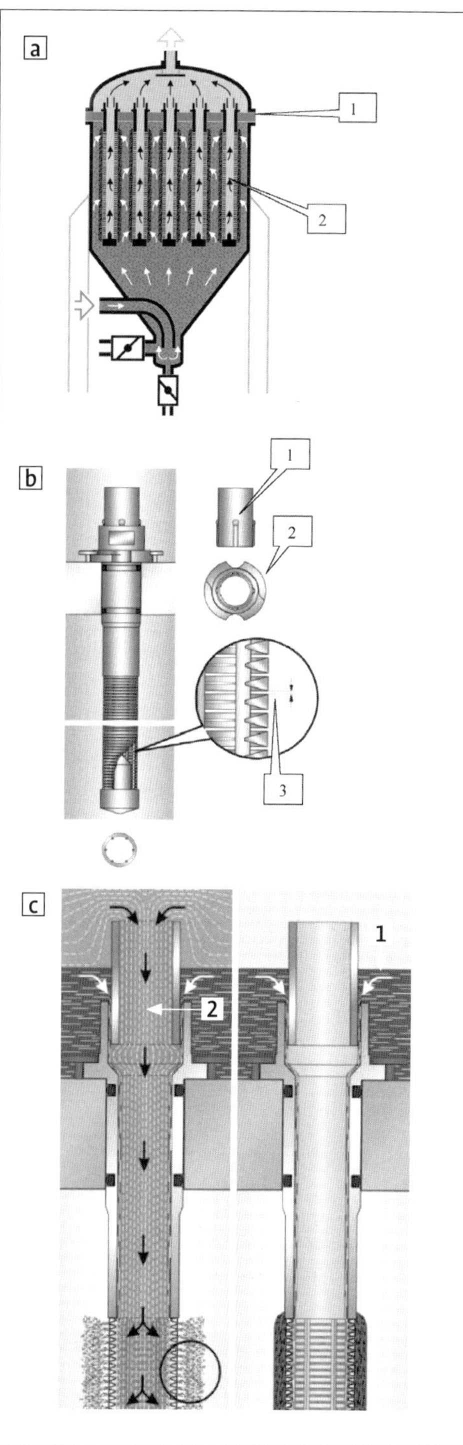

Abb. 81. Kerzenfilter, Spaltfilter.
a = An einer Lochplatte (1), die den Trubraum (unten) vom Klarraum (oben) trennt, sind Stabelemente angebracht (2), an denen Kieselgur aufgeschwemmt ist und durch die die zu filtrierende Flüssigkeit hindurch treten muss.
b = Filterelement – Auf Stäben (1) werden Ringe (2) aufgebracht, zwischen denen nur ein enger Dichtspalt (3) zum Durchlauf des Filtrates Platz lässt, die Gur bleibt auf der Oberfläche als Filtrationsschicht. Innerhalb der Ringe (2) kann dann das Filtrat über die Lochplatte (a 1) ablaufen.
c = Reinigung der Kerze. Zur Reinigung erfolgt mit Wasser eine Rückspülung (1), sodann wird mit steriler Luft pulsierend die Gur von den Ringen geblasen (2) (GETRA ECO von KHS).

Man muss mithin voraussetzen, dass der zu enthefende Schaumwein durch Absitzenlassen oder mit Separator oder mit Kieselgurfilter **vorgeklärt** wurde, bevor eine weitergehende Klärung mit Schichtenfilter erfolgt.

Die **Leistung der Filter** ist eine Funktion von Schichtenanzahl und Schichtenart und hängt von Vorklärgrad und Zusammensetzung des Sektes ab. Sie lässt sich nicht beliebig steigern und hat eine zu beachtende optimale Durchflussgeschwindigkeitsgrenze.

Von den Schichtenherstellern wird die **maximale Durchlaufgeschwindigkeit** bzw. **Filterflächenbelastung** je Stunde, bei 1 bis 1,5 bar Druckdifferenz je Schicht bzw. m² Filterfläche, mit den in Tab. 33 ersichtlichen Richtwerten angegeben.

Die **Gesamtleistung** der jeweilig eingesetzten Filterfläche und damit die Standzeit oder Kapazität des Filters liegt etwa 10- bis 30-mal höher. Sie wird von der Art der Trübung im Sekt und dem Vorklärungsgrad des Vorfilters oder Separators stark beeinflusst.

Wenn man von der Stundenleistung des Separators ausgeht, dann geben die Richtwerte Anhaltspunkte darüber, wie groß das

Filter ausgelegt werden muss, um eine optimale Strömung im nachgeschalteten Filter zu erreichen.

Ein **Separator** von der Leistung des Bautyps GSC 45 mit 8000 bis 10 000 l/h (Tab. 31) erfordert ein Filter mit mindestens 80 Schichten 40 · 40 cm. GSC 95 mit etwa 12 000 l/h Leistung erfordert etwa 45 Schichten 60 · 60 cm oder anders: Wenn 10 000 l/h Sekt geklärt werden sollen, sind dazu Separatoren von der Leistung des GSC 95 erforderlich, sowie ein Filter mit 35 Schichten 60 · 60 oder eine Filterfläche von rund 12 m².

Weil man mit theoretischen, mathematischen Formeln bei der Filtration von Getränken in der Praxis nie zum Ziel kommt, da die vielen nicht berechenbaren Faktoren stören, **ist die Filtration immer noch eine Frage der Empirie.** Das heißt, mit den in der Praxis gewonnenen Erfahrungswerten und dem praktischen Großversuch kommt man besser zum Ziel als mit theoretischen Berechnungen.

Wahl der geeigneten Filterschichten

Für Sekt, der nach der Vorklärung durch Vorfilter oder Separator nur noch Feinsttrub, Kolloide und Mikroorganismen enthält, werden heute **Hochleistungsschichten**, wie z. B. Seitz K 250 oder **Spezialschichten** wie Seitz K 150, K 100 oder Seitz KS 80 verwendet. Sie übertreffen **alle** die Leistungen des früheren K 10-Standards.

KS 80 wird auch für die Abfüll-Filtration eingesetzt, weil neben dem guten Kläreffekt auch sehr **keimarme Filtrate** erzielt werden, die für die biologische Stabilität von Sekt ausreichen. Auf Entkeimungsschichten wird vielfach verzichtet.

Für die Filterschichten gleicher Leistungsstufe anderer Schichtenhersteller, wie Begerow, SeitzSchenk, Strassburger u.a. gelten dieselben Anwendungshinweise.

Heute werden nur noch **asbestfreie Filterschichten** verwendet. Sie sind auf der Klarseite durch eine **faserbindende Kunststoffschicht** verfestigt (flächenfeste Schicht, Faserschutzschicht). Im Übrigen sorgt die Verwendung lebensmittelrechtlich unbedenklicher Kunstharze nicht nur für eine Verbesserung der **Nassfestigkeit**, auch das Ablösen bzw. Ausspülen von Fasern und Partikeln wird hierdurch weitestgehend verhindert (Leistungs- und Qualitätsangaben nach F. Neradt 1993).

Neuerdings bietet Begerow einen Tiefenfilter (Becopad) an, der ausschließlich aus Cellulosefasern und Nassfestmitteln besteht. Er ist somit kompostierbar. Daneben zeichnet sich diese Schicht dadurch aus, dass sie beim Rückspülen/Wässern nur die Hälfte an Wasser benötigt und 20 % Mehrleistung aufweist. Das Material adsorbiert weder Farbe, Aroma- und Geschmacksstoffe. Der Filter ist tropffrei.

Wie bei allen vorher besprochenen Klärtechniken ist auch bei der Klärung des Sektes

Tab. 33 Maximale Durchlaufgeschwindigkeit pro Stunde bei Schichten

Filterfläche	Feinfiltration	Entkeimungsfiltration
400 x 400 mm	bis 120 l = 850 l/m²	bis 75 l = 525 l/m²
600 x 600 mm	bis 280 l = 850 l/m²	bis 170 l = 525 l/m²
Die wirksame Filterfläche ist bei 400 x 400 mm = 0,143 m² 600 x 600 mm = 0,336 m² 1000 x 1000 mm = 0,975 m²		

Abb. 82 zeigt die Veränderung der Struktur einer Filterschicht, wenn ein nicht ausreichender Gegendruck aufgebaut wird. Links (a) ist die Filterschicht dargestellt, die das Schichtengefüge wiedergibt, wenn bei der Filtration mit einem ausreichenden Gegendruck gearbeitet wird. Rechts (b) sieht man eine durch zu geringen Gegendruck aufgeblähte Filterschicht, die dadurch durchlässiger geworden ist und nur eine unsichere Filtration zulässt.

Abb. 82. Einfluss kohlensäurehaltiger Getränke auf die Filtration mit und ohne Gegendruck (nach W. Geiss).
a = Filterschicht nach der Filtration mit Gegendruck: das Schichtengefüge ist unverändert.
b = Filterschicht nach der Filtration ohne Gegendruck: die Filterschicht ist aufgebläht und durchlässiger geworden, die Filtration unsicher (Foto: Seitz Filterwerke).

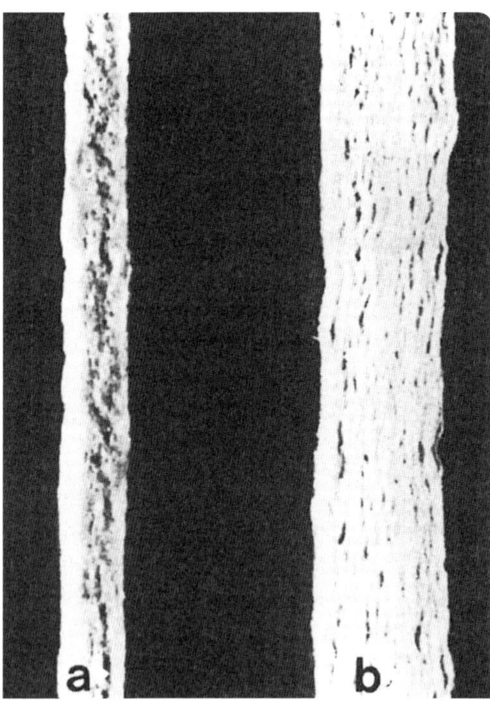

mit Filterschichten für einen Druckausgleich, d. h., für **isobarische Verhältnisse** zu sorgen.

Neben der auch für die Stillweinfiltration bedeutsamen **Druckdifferenz** ist jedoch auch die **Druckbelastung** des Filters insgesamt bedeutsam. Diese setzt sich zusammen aus

- dem CO_2-Sättigungsdruck des Sektes, der 4,5 bis 6 bar Überdruck betragen kann (zuzüglich Zuschlag von 0,5 bis 1 bar),
- dem Druck, der den Filterwiderstand überwinden muss, damit der Sekt überhaupt fließt und höchstens 1,5 bar betragen darf und
- dem Gegendruck, der am Filterausgang eingestellt werden muss (wie beim Stillwein, da Empfangs- und Sendebehälter durch eine Druckausgleichsleitung verbunden sind).

Ist dies nicht der Fall, kommt es durch Freiwerden von CO_2-Gas zum Aufblähen der Filterschichten (wie in Abb. 82 dargestellt) und damit zu Filtrationsstörungen, Verlusten und Trübungen durch schädliche Veränderung des Schichtgefüges.

Entsprechend gefährlich wirken sich **Druckstöße** oder plötzliche Druckentlastungen auf das Filterschichtensystem und die Filterplatten aus, wenn das Filtrat direkt zum Füller fließt und keine zusätzlichen Druckregulierungseinrichtungen verwendet werden, die möglicherweise auftretende Druckstöße durch Veränderung der Füllerleistung auffangen.

Jede Klärfiltration beginnt mit dem Wässern des gepackten Filters. Beim Volllaufen wird die Luft im Filter verdrängt und die Filterschichten im Durchlauf geschmacksfrei gemacht. Dies geschieht durch ein fünf- bis zehnminütiges Wässern, wobei die Durchlaufgeschwindigkeit der Filtrationsgeschwindigkeit (also etwa 500 $l/m^2 \cdot h$) entsprechen muss. Nach dem Wässern werden das Filter-

Zählt man die erforderlichen Teildrücke zusammen, so werden 6,5 bzw. 8,5 bar Überdruck erreicht, die das Filter belasten und das Druckgefälle zwischen Innenfilter und Außenluft bilden. Differenzdruck (max. 1,5 bar) und Gesamtdruck (4 bis 8,5 bar) sind sehr unterschiedliche Größen.
Wenn noch mit Umleitkammern oder mit zwei hintereinander geschalteten Filtern, also mit Vorfilter (Hochleistungsschichten) und Nachfilter (Feinklärschichten oder Membranfilter) geklärt wird, erhöht sich die Druckbelastung noch um weitere 1,5 bar für das Vorfilter, sodass Druckverhältnisse erreicht werden, die das Filter ohne Kühlung des Sektes nicht aushält.
Neben der Kühlung ist auch die Zwischenschaltung eines Puffertanks ein Ausweg, den Gesamtdruck der auf dem Filter lastet, zu mindern.

ausgangsventil, dann die Entlüftungsventile geschlossen. Hat die Wasserleitung so viel Druck wie der zur Aufnahme des Filtrates meist mit 5 bis 6 bar vorgespannte Tank, so kann das mit Wasser gefüllte Filter auf den gleichen Druck gebracht werden. Zum Klären wird der Behandlungstank und Abfülltank auf den Sättigungsdruck (+1 bar) vorgespannt und mit einem Gasdruckschlauch an der Gasarmatur miteinander verbunden. Beim Offnen der Ventile kommt es zum Druckausgleich der Tanks (und des Filters). Sodann wird die Anlage von Wasser auf Sekt umgeschaltet, der das Wasser vor sich herschiebt und verdrängt. Die Trennung von Wasser und Sekt ist an den Schaugläsern gut zu beobachten oder über eine Leitfähigkeitsmessung zu ermitteln.

Die Anlage besteht aus zwei **Leitfähigkeitsmessgeräten**, evtl. einem Volumenzähler, zwei Produktventilen sowie einem Steuergerät. Ein Geber befindet sich vor dem Filter und hat die Aufgabe, die Leitfähigkeit des Wassers und die des Sektes beim Hineinströmen in den Filter festzustellen. Die Messwerte werden im Steuergerät gespeichert. Die somit festgelegten Werte dienen als Sollwertvorgabe für den zweiten Leitfähigkeitsgeber, der hinter dem Filter angeordnet ist. Automatisch werden die Ventile geschaltet und die einzelnen Mengen (Sekt und Vorlauf) im Steuerschrank registriert. Die Leitfähigkeitsgeber sind direkt in die Rohrleitung (ohne Bypass) eingebaut.

Bei allen Umschaltungen müssen die **Manometer-Teildrücke unter Kontrolle** bleiben, um gefährliche Druckstöße zu vermeiden. Bei Beendigung der Filtration wird der versiegende Flüssigkeitsstrom durch das Einsaugen von CO_2 aus dem Rohsekttank unterbrochen und der noch in der Anlage fließende Sekt durch Öffnen eines Wasserventils durch Wasser verdrängt. Danach wird das Tankventil des Filtrattankes geschlossen. Wird der Sekt mit Wasser aus dem Filter gedrückt, so können Nachlauf und Produkt mit der oben beschriebenen Leitfähigkeitsmessung getrennt werden.

Es hat sich in der Praxis ergeben, dass mit einem Filteransatz mehrere, meist zwei bis drei Filtrationen, durchgeführt werden können, ehe das Filter erschöpft ist. Auch kann die Standzeit des Filters durch sachgemäße **Regeneration der Filterschichten** (Neradt 1983) verlängert werden. Dazu wird das Filter entgegen der Fließrichtung mit etwa 52 bis 60 °C warmem Wasser regeneriert. Der Vorgang vollzieht sich mit normaler Fließgeschwindigkeit (500 l/m² · h) und einem leichten Gegendruck von etwa 0,5 bar.

Bei der **Rückspülung des Filters** kann man durch ein Trübungsmesser am Filtereingang viel Wasser sparen. Die Möglichkeit der Regenerierung von Filterschichten ist in deren **Zeta-Potential** begründet. Abb. 83 zeigt, dass dieses Zeta-Potential wesentlich abhängig ist von dem pH-Wert des zu filtrierenden Produktes. Das Zeta-Potential kann als elekt-

Wegen der besseren Ausspülbarkeit von kolloidalen, wasserlöslichen Trubstoffen ist der Regenerationseffekt bei Wassertemperaturen von 52 °C bis max. 55 °C am größten. Wassertemperaturen von mehr als 60 °C verschlechtern den Regenerationseffekt, weil bei diesen Temperaturen Eiweiß und eiweißähnliche Stoffe koagulieren, unlöslich werden und nicht mehr ausspülbar sind. Die Erschöpfung einer Filterschicht lässt sich daran erkennen, dass die Filterleistungskurve abfällt, während die Druckkurve ansteigt.

Als Bautypen finden wir den druckfesten Schichtenfilter NIRO (SeitzSchenk) aus Edelstahl, meist in stationärer Bauweise. Von KHS wäre der Edelstahlschichtenfilter Orion zu erwähnen. Begerow bietet einen Schichtenfilter als Beco Compact Plate 600 an.
Alle diese Filter haben Zentralspindelanpressung, die bei den 40er-Filtern von Hand, bei den 60er-Filtern mittels Schalthandrad und Planetengetriebe (Seitz) bei einer Übersetzung von 6 : 1 bedient werden.

rokinetisches Potential in polaren Flüssigkeiten definiert werden. Das heißt, es werden Trubstoffe, abhängig vom pH-Wert, physikalisch (nicht chemisch) an die Filterschichten gebunden. Diese Bindungskraft lässt mit steigendem pH-Wert nach. Wird nun mit Wasser rückgespült, steigt der pH-Wert und die Bindungskräfte lassen nach; die Trubstoffe werden mitgerissen.

Die Leistung der Filterschichten wird nicht nur vom zu filtrierenden Gut, sondern auch von der Art der Beschickung beeinflusst (Neradt, 1983). Eine pulsationsfreie Beschickung des Filters steigert den Filtrationseffekt. Danach wäre die Nutzung eines **Treibgases** als Fördermittel anzuraten, wenn die übrigen, damit verbundenen Nachteile (siehe Kap. 4.3.6.2 und Abb. 64 bis 66) nicht wären.

An geeigneten **Filtertypen** fehlt es nicht. Verbreitet sind bisher 40er- und 60er-, seltener 100er-Filter. Deren Einsatz ist vornehmlich der Wein- und Bierfiltration vorbehalten (Abb. 84). In Brauereien sind vereinzelt auch 200er-Filter anzutreffen.

4.3.9.4 Membran/Cross-flow-Filter

Zwar wird bei der Sektabfüllung im Allgemeinen keine absolute Sterilität verlangt, doch kann man in Sektkellereien auch Membranfilter antreffen. Der Grund liegt nicht in dem Bedürfnis einer absolut sterilen Arbeitsweise, sondern es sollen mit dem Membranfilter evtl. im Produkt noch vorhandene Partikel zurückbehalten werden. Es kann sich um Partikel handeln, die den Schichtenfilter passiert haben, aber auch um einen Abrieb der Filterschichten selbst. Da diese

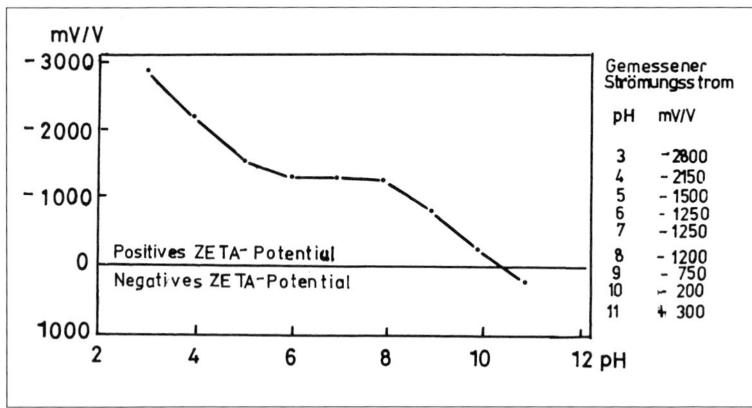

Abb. 83. Die Abhängigkeit des ZETA-Potenzials vom pH-Wert des zu filtrierenden Produktes (nach Neradt). Mit steigendem pH-Wert sinkt die Adsorptionskraft der Filterschicht. Dies erklärt die Möglichkeit, einen Filter mit Wasser freizuspülen.

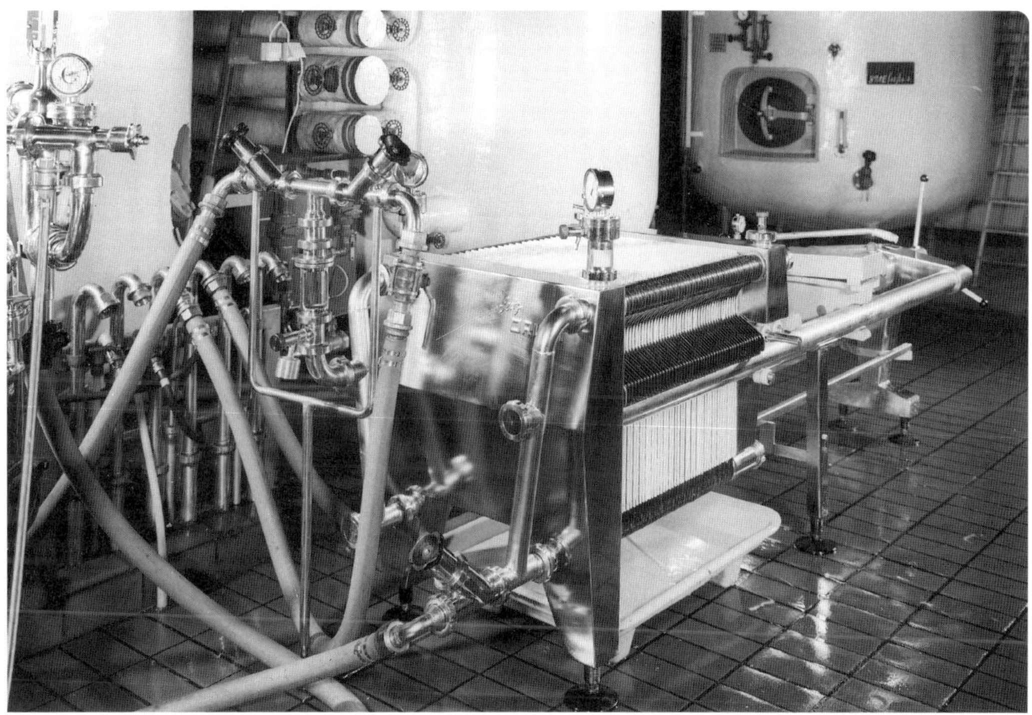

Abb. 84. Klären (Enthefen) von Sekt mittels Separator und nachgeschaltetem 60er-Orion-Filter (Foto: KHS).

Teilchen **Entbindungskeime für** CO_2 darstellen, können sie evtl. die Flaschenfüllung durch eine unruhige Füll- und Entlastungsphase stören oder beim Öffnen der Flasche beim Verbraucher ein Überschäumen des Sektes bewirken.

Filterkerzensysteme sind geschlossene Systeme, die eine Druckbelastung von bis zu 10 bar (wahlweise sogar bis 16 bar) aushalten. Bei der Sektfiltration sollte eine spezifische **Filterflächenbelastung** von 500 $l/m^2 \cdot h$ im Hinblick auf eine lange Standzeit und auf einen guten Filtrationsgrad nicht überschritten werden. Je nach Vorbehandlung des Sektes können einige 100 000 l/m^2 Gesamtdurchflussleistung erreicht werden, bevor die Filterkerze gewechselt werden muss. Gerade bei der Sektabfüllung scheint dieses Filtersystem als Endfilter auch deswegen geeignet, weil Druckstöße vom Füller her möglich und denkbar sind, und eine Beschädigung des Schichtenfilters an der Verstopfung des Membranfilters sichtbar wird.

Filter zur Feinstpartikelabtrennung als „Polizeifilter" vor der Füllung bestehen aus Polypropylen evtl. mit Glasfasern, da diese Materialien Temperaturen von ≈ 0 °C aushalten. Bei der „Warmfüllung" von Sekt können auch Filterkerzen anderer Materialien eingesetzt werden.

Membranen lassen sich durch Spülungen mit warmem Wasser wieder regenerieren, wenn sie verlegt sind. Dies erfolgt in Fließrichtung, wobei die wasserlöslichen Trubstoffe gelöst und ausgespült werden.

Anders als bei der statischen Filtration mit Tiefenfiltern oder Membrankerzen wird bei der dynamischen oder auch **Cross-flow-**Technologie zusätzlich zum Filtrationsdruck eine Strömung an der Oberfläche der Membran erzeugt. Damit sollen Trubstoffe, Mikroorganismen und Kolloide in Schwebe gehalten werden, wodurch deren Ablagerungen auf der Membranoberfläche verhindert werden.

Die Ausbildung einer Deckschicht auf der Membranoberfläche führt zu einer Leistungsabnahme und macht von Zeit zu Zeit die Regenerierung des Systems mit Wasser oder Reinigungsmittel notwendig. Das Unfiltrat wird solange im Kreislauf über die Membranoberfläche geführt, bis die Konzentration der Trubstoffe die Leistung des Filters stark vermindert. Es verbleibt ein sehr trubstoffhaltiger kleiner Unfiltratrest, der in der Regel deutlich unter 0,3 % des Ausgangsvolumens liegt. Es handelt sich bei der Cross-flow-Filtration um ein geschlossenes System, das auch von daher zur Filtration CO_2-haltiger Getränke wie Sekt, Schaumwein und Perlwein geeignet ist.

Cross-flow-Filter gibt es in allen Leistungsbereichen. Ihr Automatisationsgrad ist sehr unterschiedlich und kann so ausgefeilt sein, dass auch ungelernte Arbeitskräfte das Gerät bedienen können. Es existieren benutzerfreundliche Programmierungen, die es möglich machen, auch ohne komplizierte Steuerung eine nahezu vollautomatische Filtration zu fahren. – Die spezifische **Filterflächenbelastung** ist mit 20 bis 80 l/h · m² sehr gering und bedarf deshalb einer entsprechenden Dimensionierung zur Erreichung einer befriedigenden Leistung.

4.3.10 Zeitpunkt des Enthefens

In der Anfangszeit der Herstellung von Schaumwein nach dem Großraumgärverfahren war es üblich, das Getränk unmittelbar vor der Abfüllung auf dem Wege vom Kühltank zum Füller zu enthefen. Es wurden Schichtenfilter, meist mit Umleitkammer verwendet. Man hat sehr bald erkannt, dass die unmittelbare Verbindung von Filter und Füller Nachteile hat. Das häufige Abstellen des Füllers nach Flaschenbruch, um die Scherben zu beseitigen, und die Druckschwankungen beim erneuten Anfahren erzeugten Probleme sowohl am Filter als auch am Füller.

Diese Schwierigkeiten konnten weitgehend vermieden werden, indem man einen kleinen **Puffertank zwischen Filter und Füller** einsetzte, der normalerweise etwa halb voll gehalten wurde. Falls der Füller kurzfristig angehalten werden musste, konnte man für kurze Zeit ungehindert weiter filtrieren, weil der Puffertank noch Produkt aufnehmen konnte. Falls der Filter abgestellt worden war, konnte der Füller anfahren und aus dem Puffervorrat zehren, sodass ohne Hast und mit der nötigen Sorgfalt der Filter wieder angefahren und einreguliert werden konnte.

Es blieb aber der Nachteil der gegenseitigen **Abhängigkeit.** Man konnte nur filtrieren, wenn der Füller füllte und man konnte nur füllen, wenn der Filter Filtrat lieferte.

Nur noch sehr kleine Betriebe mit zu geringer Tankraumausstattung praktizieren auch heute noch das Enthefen des Schaumweins unmittelbar vor dem Füllen.

In den größeren Betrieben ist man schon in den 50er-Jahren dazu übergegangen, besondere **Abfüllbehälter** einzurichten. In diese Behälter wird der Schaumwein ohne Behinderung des Füllers in einem glatten Vorgang eingeleitet, wobei die Enthefung, je nach Situation des Betriebs, nach einer der im Kap. 4.3.9 beschriebenen Methoden stattfindet. Aus diesem Behälter kann der Schaumwein später dem Füller direkt zugeleitet werden. Sowohl hinsichtlich der Druckverhältnisse als auch bezüglich der Arbeitsgeschwindigkeit hat man die Freiheit, die für die jeweilige Aufgabe günstigsten Verhältnisse einzustellen.

Die zeitliche **Trennung der Vorgänge** bietet die Möglichkeit, aus dem Abfülltank Proben zu entnehmen, um den Erfolg der Filtration zu kontrollieren und um die Dosage oder den SO_2-Haushalt zu überprüfen. Auch die **Temperatur** des Schaumweins kann nach Bedarf in dieser Zwischenphase verändert werden. Bei sorgfältiger Arbeit und sofern keine Leerstandszeiten von mehr als 3 bis 5 Tagen vorkommen, kann ein Abfüllbehälter über Monate immer wieder benutzt werden, ohne ihn zu öffnen und zu reinigen.

Die **zeitliche Trennung von Enthefen und Füllen** ermöglicht es außerdem, die Enthefung eventuell um Wochen oder gar Monate früher vorzunehmen als die Abfüllung, falls man davon einen Qualitätsvorteil erwartet oder falls dies aus Gründen des Betriebsablaufs sinnvoll erscheint.

Unabhängig von Art und Zeitpunkt der Enthefung des Schaumweins ist der Einsatz des „Polizeifilters" (z. B. Kerzenfilter) direkt vor dem Füller vorzusehen, dessen Aufgabe es ja ist, sicherzustellen, dass trotz aller Mühen und Kontrollen, kein Fremdkörper mit dem Schaumwein in Füller und Flasche gelangen kann.

4.3.11 Abfüllung des Fertigsektes

Bei der Abfüllung des Sekts gelten hohe Sicherheitsmaßnahmen.

4.3.11.1 Grundsätzliches – theoretische Vorbemerkungen

Seit seinem Entstehen, also seit Beginn der Schaumweingärung, befand sich der Schaumwein wohlgeschützt gegen Einflüsse der Umwelt in der Geborgenheit des Drucktanks. Dieser paradiesische Zustand wird jäh beendet, wenn der Schaumwein zur Abfüllung gelangt. Er wird aus dem Tank durch Schlauch- und Rohrleitung in den Füller gepresst, er muss durch enge Kanäle in die Flasche laufen und er muss, vorübergehend ohne den schützenden Druck, also ohne aufzubrausen, in der Flasche verharren, bis die Flasche verschlossen ist und bis sich danach in der Flasche erneut ein beruhigender Druck aufbaut.

Der zweifache **Wechsel vom Tank zum Füller** und vom Füller in die Flasche ist für den Schaumwein mit großen Gefahren verbunden: Diese heißen Druckverlust, Oxidation, Infektion.

Es kann bei der Abfüllung des Schaumweins zwischen zwei **Druckbereichen** unterschieden werden.

Der erste Bereich betrifft die Beförderung des Schaumweins aus dem Abfülltank durch das Rohrsystem bis in den Vorratskessel des Füllers. Der zweite Bereich umfasst das Einströmen des Schaumweins aus dem Vorratskessel des Füllers in die vorgespannte Flasche.

In diesen zwei Bereichen müssen unterschiedlich hohe Drücke eingehalten werden und die Mittel der Druckerzeugung können ebenfalls unterschiedlich sein. Der Vorratskessel des Füllers ist die Übergangsstelle zwischen den beiden Bereichen.

Man kann folgende Überlegungen anstellen:

- Der Schaumwein soll auf dem ganzen Wege vom Abfülltank bis in die Flasche – und zwar genau bis zu dem Augenblick, da nach dem Erreichen der Füllhöhe das Füllventil geschlossen wird – unter einem Druck gehalten werden, der wenigstens seinem **Sättigungsdruck** entspricht.
- Im zweiten Bereich, also im Füller, wird ein zusätzlicher Druck zur Überwindung der **Fließwiderstände** benötigt, die die im Füller befindlichen Rohrwege und die Ventile für den Flüssigkeitszufluss und für den Gas-Rückfluss verursachen. Hinzu kommt ein Druck, den man ohne ausreichende theoretische Begründung aus Erfahrung draufsetzt, um **Druckschwankungen** zu überbrücken, die infolge von Unterbrechungen des Flüssigkeitsstroms, z. B. beim Anhalten des Füllers, beim Platzen einer Flasche u.s.w entstehen. Dieses Sicherheits-Druckpolster und der Sättigungsdruck bilden zusammen den **Abfülldruck**.

Im ersten Bereich muss, um den Schaumwein vom Abfülltank zum Füller zu befördern, auf den Schaumwein ein Druck ausgeübt werden, der über den Abfülldruck hinaus noch ausreicht, um auf dem Wege vom Tank zum Füller den Fließwiderstand des Rohrwegs mit allen Rohrbogen und Armaturen und die eventuell vorhandene Höhendifferenz zu überwinden.

Druckerhöhung am Abfülltank

Im ersten Bereich muss am Abfülltank ein Druck erzeugt werden, der nach obigem Beispiel um 2 bar höher ist als der Sättigungsdruck.

Diese Druckerhöhung kann erreicht werden

a) durch den Einsatz eines Arbeitsgases,
b) indem eine Druckerhöhungspumpe zu Hilfe genommen wird.

Arbeitsgas

Als Arbeitsgas können dienen:

- reines Kohlensäuregas CO_2,
- ein Gemisch von CO_2 und Druckluft,
- reine Druckluft.

Die Verwendung von CO_2 **als Arbeitsgas** wäre für den Schaumwein die schonendste Möglichkeit. Sie hat aber den Nachteil, dass eine nicht genau vorhersehbare Menge dieses CO_2-Gases, da sein Druck ja beträchtlich über dem Sättigungsdruck liegt, in den Schaumwein diffundiert. Dies trifft vor allem auf den Teil des Schaumweins zu, der dem vom Arbeitsgas direkt überlagerten Flüssigkeitsspiegel am nächsten ist. Hier kann somit eine **CO_2-Anreicherung** stattfinden, die bei den zuletzt abgefüllten Flaschen messbar in Erscheinung tritt und die deshalb nicht erlaubt ist.

Wie viel CO_2 in den Sekt diffundiert und wie tief, das hängt von mehreren Einflüssen ab, z. B. Temperatur des Schaumweins, Zeit der Einwirkung, aber auch Strömung oder Bewegung des Schaumweins an der Oberfläche etc. Die Druckerzeugung mittels CO_2-Gas ist daher nur dort ohne Nachteil anwendbar, wo die über den Sättigungsdruck hinausgehende erforderliche Druckerhöhung nicht groß ist (z. B. wenn der Abfülltank sich in einer Höhe über dem Füller befindet) und wo die zeitliche Dauer der Druckeinwirkung einen normalen Arbeitstag nicht überschreitet.

Ein **Gemisch aus** CO_2 **und Luft** ist dann geeignet, als Arbeitsgas zu dienen, wenn der Anteil CO_2 zu jeder Zeit einen Partialdruck für CO_2 hervorruft, der dem Sättigungsdruck des Sekts bei der gegebenen Temperatur entspricht. Die Kraft, deren man bedarf, um die Fließwiderstände und Höhendifferenzen zu überwinden, muss dann durch den Partialdruck des Luftanteils erbracht werden.

Da die **Fließwiderstände** nur sehr wenig temperaturabhängig sind, der Sättigungsdruck hingegen sehr stark, muss man die Zusammensetzung der Gasmischung nach der jeweiligen Temperatur des Schaumweins ausrichten. So wäre es bei dem vorgenannten Beispiel nötig, dass jeder Normliter Arbeitsgas bei +2 °C aus 3,63 Volumenteilen CO_2 und aus 2,0 Volumenteilen Luft besteht, hingegen aber bei +20 °C aus 7,00 Volumenteilen CO_2 und aus 2,0 Volumenteilen Luft. Die Herstellung derartiger Gasmischungen ist umständlich und aufwendig, deshalb wird sie in der Praxis nicht ausgeübt.

Bei Verwendung **reiner Druckluft** zur Herstellung des Gesamtdrucks wird vermutet, dass das im Gasraum vorhandene CO_2-Gas als trennendes Polster zwischen Schaumwein und Druckluft bestehen bleibt. Diese Vermutung trifft leider **nicht** zu. Selbst wenn es gelingen würde, über die CO_2-Gasschicht im Gasraum des Tanks ganz vorsichtig und erschütterungsfrei eine Luftschicht auszubreiten, die dann von oben nach unten einen Druck auf die darunter liegende CO_2-Schicht und diese wiederum auf den Schaumwein ausüben würde, fände innerhalb überschaubarer Zeit eine Durchmischung, eine gegenseitige Durchdringung der vorhandenen Gase statt. Jedes Gas breitet sich in dem ganzen verfügbaren Raum so aus, als wenn es alleine darin enthalten wäre. Dieses Ausbreiten heißt **Diffusion**. Die Gasmoleküle bewegen sich dabei mit ihrer **Eigenbewegung**, die bei 0 °C zum Beispiel bei Kohlendioxid 362 und bei Sauerstoff 425 m/s (Meter pro Sekunde) beträgt. Allerdings stoßen sie dabei pausenlos an andere Gasmoleküle, sie prallen ab und ändern ihre Richtung. Dennoch führt dieser Hexentanz zu einer gegenseitigen Durchdringung, die zwar vergleichsweise langsam, aber immerhin doch schnell genug vonstattengeht, sodass – orientiert an Laborversuchen (siehe Römpp 1990, Bd. 2, Seite 965) – man ein Fortschreiten der „Durchdringungsfront" annehmen muss, dessen Geschwindigkeit in der Größenordnung von 2 cm pro Minute nach oben und nach unten von der gedachten Anfangslinie beträgt. Die Geschwindigkeit der gegenseitigen Durchdringung wird größer, wenn die Temperatur höher ist, sie wird ferner beeinflusst von der Konzentration der Gase bzw. von der Höhe ihres jeweiligen **Partialdrucks**. Wenn das Kohlendioxid-Polster anfangs eine Schichtdicke von beispielsweise 50 cm über dem Schaumwein hatte, dann wird es nach der Überlagerung mit Luft nur 50 : 2 = 25 Minuten dauern, bis der erste Sauerstoff der Luft am Flüssigkeitsspiegel angelangt ist. Es ist für die Praxis hierbei völlig unerheblich, ob die Durchdringung in Wirklichkeit etwas langsamer oder etwas schneller vor sich geht. Sie wird eher schneller fortschreiten, weil die Druckluft ja nicht **ohne** jede Bewegung auf das CO_2-Gas draufgeschichtet werden kann. Sie strömt durch das Gasrohr ein und setzt zumindest die Grenzschicht in **Bewegung**. Spätestens eine halbe Stunde nach Beginn der Abfüllung ist das ursprüngliche CO_2-Gas-Polster mit der Druckluft gleichmäßig vermischt und der CO_2-Anteil wird immer geringer, je mehr Druckluft zugeführt wird.

An der Grenzfläche zwischen Schaumwein und dem darüberliegenden Arbeitsgas findet ebenfalls eine Diffusion statt. Entsprechend dem Konzentrationsgefälle bzw. dem Gefälle der Partialdrücke diffundieren CO_2-Moleküle aus dem Schaumwein heraus in den Gasraum und es diffundieren Sauerstoffmoleküle aus dem Gasraum in den Schaumwein hinein.

Orientiert am jeweiligen **Litergewicht**, kann man eine Vorstellung davon gewinnen, welche Beweglichkeit die Moleküle haben. So hat Wasser bei 0 °C eine Dichte von 0,999818, das besagt, dass 1 Liter Wasser rund 1000 Gramm wiegt. Zum Vergleich seien die Litergewichte einiger Gase in unten stehender Übersicht genannt.

Das bedeutet, dass die Häufigkeit der Zusammenstöße zwischen den Molekülen in der Flüssigkeit erheblich größer und somit die Geschwindigkeit der Diffusion ganz wesentlich geringer ist, als in den freien Gasen. Nach Römpp sind die Diffusions-Koeffizienten für Gase in Flüssigkeiten etwa 1000-mal kleiner, als in Gasen.

	Litergewicht (g)	Eigenbewegung im Vakuum (m/s)
Wasserdampf (berechnet bei 0 °C)	rund 0,6	567
Sauerstoff	rund 1,43	425
Kohlendioxid	rund 1,98	362

nach Römp, 1990

Wenn man für das Fortschreiten der „Durchdringungsfront" (s.o.) im Gasraum eine Größenordnung von 2 cm pro Minute annimmt, so würde das Diffundieren von Gas in die Flüssigkeit – oder auch aus der Flüssigkeit heraus – etwa 1000-mal langsamer vor sich gehen, also etwa 2 cm : 1000 = 0,002 cm pro Minute betragen. Das entspricht 0,12 cm pro Stunde. Im Falle, dass der Abfüllbehälter innerhalb von 7 Stunden leer wird, würden Sauerstoffmoleküle
7 · 0,12 = 0,8 cm tief in die oberste Schicht der Flüssigkeit eindringen, vorausgesetzt, dass Gas und Flüssigkeit ohne jegliche Bewegung sind, einander eben nur berühren.

Diese Betrachtungen sind zwar nicht geeignet, als Grundlage von Berechnungen zu dienen, aber sie können den Zusammenhang aufzeigen und einen Eindruck von den Größenordnungen vermitteln, die hier vorliegen.

Sie zeigen, dass bei vollkommen unbewegt liegenden, aneinandergrenzenden Schichten von Gas und Flüssigkeit, Gasmoleküle sich in Flüssigkeit recht langsam bewegen, aber immerhin doch so schnell, dass die Diffusion nicht vernachlässigt werden darf. Wenn aber die Flüssigkeit auch nur mäßig bewegt ist, wird die Geschwindigkeit der Gaswanderung auf ein Vielfaches gesteigert.

Die Anwendung reiner **Druckluft als Arbeitsgas** zum Leerdrücken eines Tanks führt jedenfalls dazu, dass in der Nähe des Flüssigkeitsspiegels Sauerstoffmoleküle in den Schaumwein hinein und Kohlendioxidmoleküle aus ihm heraus diffundieren. Dieser Teil der Flüssigkeit kommt zuletzt aus dem Tank heraus. Das heißt, dass die zuletzt abgefüllten 50 bis 200 Liter, je nach Tankdurchmes-

Abb. 85. Einfluss des Vorspanngases auf die Entwicklung der SO_2 (Schloss Wachenheim) – siehe Text.

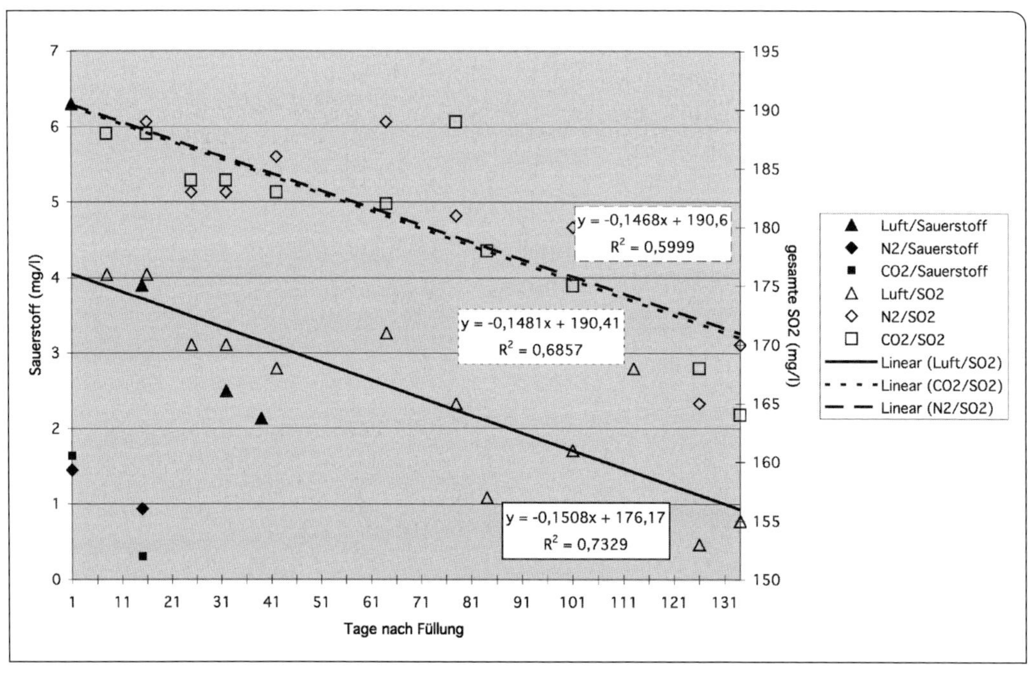

ser, von anderer Beschaffenheit sind, als die Hauptmenge der abgefüllten Flüssigkeit. In der Praxis wird in vielen Betrieben reine Druckluft eingesetzt, dies ist aber aus qualitativen Gründen nicht die beste Lösung.

Die Abb. 85 macht deutlich, dass mit der Verwendung von Luft als **Spanngas** im Tank, direkt nach der Füllung ein erheblicher SO_2-Verlust einhergeht. Zwischen den Gasen N_2 und CO_2 gibt es erwartungsgemäß keinen Unterschied. Aber auch die direkte Messung von Sauerstoff (gefüllte Legendensymbole) zeigt den hohen Eintrag von O_2 durch die Verwendung von Luft als Spanngas.

Bei der Verwendung eines Druckgases als **Druckquelle** muss der Fülltank mit den in Abb. 66 aufgeführten Drücken beaufschlagt werden. Dem sind jedoch durch die maximal zulässige Druckbelastung des Tanks Grenzen gesetzt.

Druckerhöhungspumpe

Die korrekteste und schonendste Methode der Druckerhöhung besteht in der Verwendung einer Druckerhöhungspumpe.

Dem Abfüllbehälter wird während der Abfüllung Schaumwein entnommen. Um ein Absinken des Drucks im Gasraum des Abfüllbehälters zu vermeiden, muss CO_2-Gas in den Gasraum nachgedrückt werden, und zwar im gleichen Maß, wie Flüssigkeit entnommen wird. Die Zufuhr des CO_2-Gases muss, z. B. über ein Druckhalteventil, so gesteuert werden, dass sie ohne nennenswerte Schwankungen stets dem Sättigungsdruck des Schaumweins bei gegebener Temperatur entspricht. Auf diese Weise wird vermieden, dass ein CO_2-Verlust oder eine CO_2-Anreicherung stattfindet.

Bei der **Entnahme von Sekt** aus einem stehenden Tank wirkt auf die Saugseite der Pumpe neben dem Sättigungsdruck des Schaumweines auch der Druck, der durch die Füllhöhe des Tanks ausgeübt wird. Da sich dieser jedoch bei der Entleerung ständig ändert, befindet sich saugseitig an der Pumpe ein Manometer. Wird bei der Entleerung der Druck geringer, gelangt durch ein automatisch gesteuertes Ventil soviel Druckgas in den Kopfraum des Tanks, dass der saugseitige Druck der Pumpe immer gleich bleibt.

Eine andere Möglichkeit, den saugseitigen Druck zu regulieren, ist der **Einbau eines Druckhalteventils**. Damit kann der Gasdruck konstant auf der Höhe des Sättigungsdruckes gehalten werden. Das hat zur Folge, dass die Pumpenleistung zu Beginn des Pumpvorgangs (Tank ist voll) zu hoch ist. Je mehr der Füllstand abnimmt, je geringer also der Vordruck (saugseitiger Druck) wird, desto mehr wird die Pumpenleistung vermindert und somit an den tatsächlichen Bedarf angenähert.

Zur Überwindung des doch relativ hohen Gegendruckes sind Pumpen mit einer steilen Kennlinie geeignet. Diese müssen jedoch pulsationsfrei arbeiten, damit ein dem Füller vorgeschaltetes Filter nicht beschädigt wird. Aber auch Pumpen mit flachen Kennlinien (Strömungspumpen) können zur Druckerhöhung benutzt werden, wenn sie entweder hintereinander geschaltet werden oder wenn eine Pumpe mit zwei oder mehr Läufer hintereinander ausgestattet ist. Die Förderhöhe wird von Stufe zu Stufe linear erhöht (siehe auch Kap. 4.3.7.2).

Wichtig ist, dass die **Fördermenge der Pumpe der Füllerleistung angepasst** werden kann.

Dies geschieht in der Praxis auf dreierlei Arten:

1. Mithilfe eines **Bypass-Ventils**. Auf der Druckseite der Pumpe wird ein Teil des Förderstromes entweder direkt in die Saugleitung zurückgeführt oder wieder in das zu entleerende Behältnis geleitet. Dies ist – wie in Kap. 4.3.7.2 ausgeführt – eine energiewirtschaftlich schlechte Lösung und auch für das Produkt nicht gerade förderlich.

2. Mithilfe eines **Frequenzwandlers** kann die Umdrehungsgeschwindigkeit der Pumpe der Füllerleistung angepasst werden. Diese Regelung ist jedoch nur dann anwendbar, wenn im Füllerkessel ausreichender Pufferraum zur Verfügung steht.
3. Eine exakte Regelung des Sektzulaufes zum Füller ist mit einem **Fülldruckregler** möglich.

Eine solche Regelung des Zulaufes ist auch notwendig, wenn der Füller mit einem randvoll gefüllten Ringkessel arbeitet und von daher kein Leistungspuffer gegeben ist. Wegen ihrer exakten Arbeitsweise werden diese Fülldruckregler auch bei anderen Systemen eingesetzt.

Die Verwendung einer Druckerhöhungspumpe in Verbindung mit dem Einsatz von CO_2 als Vorspann- und Ausgleichsgas ermöglicht es, das Gas nach getaner Arbeit erneut als Vorspann- oder Ausgleichsgas wieder zu verwenden, insbesondere, wenn man mit Kohlensäure-Rückgewinnung arbeitet.

Rohrweg

Hinsichtlich der Fließgeschwindigkeit, des Strömungswiderstands usw. wird auf das Kap. 4.3.7.1 verwiesen.

Für die Verlegung der **Abfüll-Leitung** wird man, je nach den Raumverhältnissen, einen möglichst kurzen Weg wählen und darauf achten, dass enge Rohrbögen und Absperrorgane mit ungünstigen Querschnitten (Ventile, Schieber, Kugelhähne) tunlichst vermieden werden, um den Fließwiderstand möglichst klein zu halten und um jede Stelle zu vermeiden, die zur Entstehung oder zur Ansammlung von **Gasblasen** Anlass geben könnte. Luft- oder Gasblasen, die in den Füller gelangen, können dort ganz erhebliche Störungen hervorrufen.

Wegen der besseren Entleerung und zur besseren Reinigung soll die **Rohrleitung mit Gefälle** verlegt werden, am besten so, dass das Gefälle zum Füller führt und dass es 1 bis 1,5 % beträgt, das ist 1 bis 1,5 cm pro laufenden Meter. **Kunststoffrohre** haben den Vorteil sehr glatter Innenflächen, die gut gereinigt werden können; sie bedürfen aber Unterstützungen in engen Abständen, weil sie sonst durchhängen und somit „Säcke" bilden. In vielen Fällen lohnt es sich, sofern kalt abgefüllt wird, die Abfüll-Rohrleitung zu **isolieren**. Man vermeidet eine unnütze Erwärmung des Schaumweins und die Bildung von **Kondensat** an der Außenseite des Rohrs, wodurch unschöne Tropfspuren entstünden.

Weder der Abfülltank noch der Füller werden direkt und starr an die Abfüll-Rohrleitungen angeschlossen. Die Verbindung wird an beiden Enden entweder durch kurze Schläuche oder, besser, durch kurze, herausnehmbare Rohrstücke hergestellt. Dadurch können die Rohrleitung und der Füller unabhängig voneinander **gereinigt** werden.

Zum Reinigen und Desinfizieren der Abfüll-Rohrleitung sind z. B. Mittel auf der Grundlage von quaternären Ammoniumverbindungen gut geeignet. Danach muss mit Wasser gründlich nachgespült werden. Sofern eine Abfüll-Rohrleitung längere Zeit nicht benutzt wird, lässt man sie am besten mit Wasser gefüllt stehen, dann kann nichts antrocknen. Das Wasser muss nach einigen Tagen erneuert werden. Vor erneuter Inbetriebnahme sollte abermals gereinigt und gut durchgespült werden.

Bevor dann Schaumwein in die Abfüll-Rohrleitung geleitet wird, muss das Wasser ablaufen. Ein anschließendes Durchblasen der Rohrleitung mit Druckluft oder CO_2 kann evtl. kleinere Wasserreste noch hinausbefördern. Das hilft jedoch nicht, wenn sog. „Säcke" in der Leitung sind, weil im Sack das Gas über die Flüssigkeit hinwegströmt, sodass der Flüssigkeitsrest als Sumpf im Rohr bleibt und dann in den nachfolgenden Schaumwein verschleppt wird.

Das gründlich entleerte Rohr wird schließlich mit Druckgas, am besten mit CO_2-Gas, auf einen Druck vorgespannt, der um etwa 0,5 bar über dem Sättigungsdruck des Schaumweins liegt. Danach wird Schaumwein langsam in das Rohr gefördert und am füllerseitigen Rohrende unter kontrollierter Aufrechterhaltung des Vorspanndrucks in dem Maße Gas abgelassen, wie Schaumwein vom Tank her einströmt und auf jeden Fall so, dass kein Schaum entsteht und keine Blasen oder Gasräume im Rohrweg verbleiben (siehe auch Kap. 4.3.7).

Aus dem Vorratskessel (Ringkanal o.Ä.) des Füllers soll der Schaumwein **ruhig und schaumfrei** in die Flasche fließen und nach Beendigung des Füllens sollen die Flaschen ebenso ruhig und schaumfrei aus dem Füller entnommen werden.

Die Abfüllung ist zunächst vom Prinzip her nichts anderes, als ein Umlagern des Schaumweins aus einem Gefäß in ein anderes, wie im Kap. 4.3.6.1 beschrieben.

Der danach folgende Vorgang, nämlich das **Entnehmen der gefüllten Flasche** aus dem Füller, ist jedoch besonders heikel, weil man den hohen Innendruck der Flasche erst auf normalen, atmosphärischen Druck absenken muss, um die noch unverschlossene Flasche zu entnehmen. Hierbei wird der Schaumwein aber nur dann ruhig und schaumfrei bleiben, wenn folgende Ideal-Bedingungen bestmöglich erfüllt werden:

- Der Schaumwein hat die richtige Beschaffenheit, es sind keine Mikroblasen vorhanden.
- Der Füller ist für die Arbeit des Füllens geeignet und wird sachgerecht geführt: laminares, wirbelfreies Fließen.
- Die Flaschen-Innenseite hat eine schaumweingerechte Oberfläche: perfekte Benetzung.

Schaumwein enthält unter Sättigungsdruck bei 20 °C ungefähr 6-mal mehr an gelöstem CO_2-Gas, als er enthalten würde, wenn er bei einem **Partialdruck** von 1 bar unter reiner CO_2-Atmosphäre gesättigt worden wäre. Schaumwein ist also an CO_2 stark übersättigt. Wenn man den hohen Abfülldruck vom Schaumwein ablässt, nachdem die Flasche gefüllt wurde, strebt das im Schaumwein enthaltene CO_2-Gas solange danach, aus dem Schaumwein herauszugehen, bis der im Wein verbliebene CO_2-Rest mit dem in der Luft enthaltenen CO_2 im Druckgleichgewicht steht (Partialdruck!). Das im Schaumwein gelöste Gas ist zu keiner Zeit fähig, alleine von sich aus Blasen zu bilden, weil die einzelnen CO_2-Moleküle bei Weitem nicht genügend Energie haben, sich entgegen der Kraft der Oberflächenspannung des Weins miteinander zu größeren Gruppen (Blasen) zusammenzuschließen.

Wenn allerdings bereits fertige Gasblasen, und mögen sie noch so klein sein, im Wein schwebend vorhanden sind oder an den Wänden, die der Wein berührt, sich festhalten, dann sind diese Blasen in der gleichen Weise durch Grenzflächen gegen den Wein begrenzt, wie die Raumluft am Flüssigkeitsspiegel und es diffundiert dort dann selbstverständlich auch CO_2-Gas aus dem Sekt hinaus in diese Blasen. Ohne solche fertigen Blasen verhält sich der stark übersättigte Schaumwein vollkommen ruhig und die Auswanderung des CO_2-Gases, allein durch den unbewegten Flüssigkeitsspiegel, erfolgt ganz unsichtbar und dauert viele Tage.

Im Idealfall, d. h., wenn keinerlei störende Einflüsse auf ihn einwirken, könnte man den Schaumwein ungekühlt und ohne Vorspanndruck in Flaschen füllen, ohne dass Blasen oder Schaum auftreten.

Erfahrungsgemäß tritt dieser Idealfall nie ein.

Dennoch zeigen Beobachtungen des Alltags, dass ideal-ähnliche Situationen vorkommen können. So kann man Schaumwein aus einer ungekühlten, vorsichtig geöffneten

Flasche in ein erstklassig gereinigtes, spülmittelfreies Trinkglas nahezu ohne Blasenbildung einfüllen, wenn das Glas recht stark geneigt wird und man die Mündung der Flasche am Glas anliegen lässt, sodass der Schaumwein langsam und wirbelfrei aus der Flasche in das Glas gleitet.

Versuchsweise wurde ein Schaumwein, dessen Sättigungsdruck bei 20 °C 5,4 bar Überdruck betragen hatte, vorsichtig geöffnet und dann von Mündung zu Mündung in eine andere Flasche, unter Schräghalten beider Flaschen umgefüllt. Danach wurde er in gleicher Weise wieder in die erste Flasche zurückgefüllt und dieses Spiel insgesamt 10-mal durchgeführt. Danach wurde die zuletzt gefüllte Flasche verschlossen und nach 24 Stunden der Druck gemessen. Er betrug noch 3,2 bar Überdruck.

Diese Beispiele zeigen, dass Schaumwein unter günstigen Verhältnissen durchaus offen umgefüllt oder abgefüllt werden kann, ohne nennenswerten CO_2-Verlust.

Weil aber beim Abfüllen im Kellereibetrieb diese günstigen Verhältnisse nicht vorliegen, nimmt man zwei Maßnahmen zur Hilfe, das Kühlen und den Druck.

Diese Hilfsmaßnahmen müssen umso mehr in Anspruch genommen werden, je weniger gut die Idealbedingungen erfüllt sind. In vielen Fällen reichen die Hilfsmittel aber gar nicht aus, um die Abweichungen von den Idealbedingungen zu überbrücken.

Zu den Idealbedingungen muss Folgendes ausgeführt werden:

Mikroblasen (siehe auch Kap. 6.3 über unerwünschtes Entweichen von CO_2)

Von den Gasen, die in der gewöhnlichen Luft vorkommen, sind Stickstoff (78 %vol) und Argon (knapp 1 %vol) in Wein nur sehr wenig löslich und man kann es als Tatsache annehmen, dass der Wein bzw. Schaumwein im Laufe seiner Entstehung von diesen Gasen schon längst so viel gelöst hat, dass die Löslichkeitsgrenze erreicht, der Wein/Schaumwein an diesen Gasen also gesättigt ist.

Stickstoff und Argon werden „inerte" Gase genannt, weil sie keine chemische Verbindung mit Weinbestandteilen eingehen. Der **Sauerstoff** nimmt eine Sonderstellung ein. Er ist zwar auch nur wenig löslich (etwa 11 mg/l), aber er geht mit verschiedenen Weinbestandteilen **chemische Verbindungen** ein und ist dann als freies Gas nicht mehr vorhanden.

Kohlendioxid hingegen ist zwar auch als inertes Gas zu betrachten, es ist aber in Wein in großen Mengen löslich. Im Gasraum von Tanks oder Flaschen, die geschlossen sind und unter Druck stehen, befindet sich immer ein Gas-Gemisch, dessen weitaus größter Bestandteil normalerweise das Kohlendioxid ist und es hat daher auch den höchsten Partialdruck.

Wenn durch eine mechanische Einwirkung **Luftblasen** in den Wein/Schaumwein hineingelangen, wird deren Sauerstoff-Anteil relativ rasch gelöst und in eine chemische Bindung eintreten, also verschwinden. Der Kohlendioxid-Anteil wird ebenfalls gelöst bzw. zum Teil in den Gasraum des Tanks oder der Flasche diffundieren und somit ebenfalls aus den Luftblasen verschwinden. Der große Stickstoff-Anteil und der kleine Argon-Anteil hingegen werden in den Blasen übrig bleiben und zum Flüssigkeitsspiegel aufsteigen, sofern sie infolge ihrer Größe den nötigen Auftrieb erfahren, um den Reibungswiderstand der Flüssigkeit zu überwinden.

Bei sehr kleinen Blasen ist die Oberfläche aber relativ groß im Vergleich zum Inhalt und der auf sie einwirkende Reibungswiderstand ist so groß, dass der Auftrieb nicht ausreicht, das Bläschen zum Aufsteigen zu bringen. Solche kleinen Bläschen, die sog. **„Mikroblasen"**, sind so klein, dass man sie mit freiem Auge nicht erkennen kann. Sie stehen unter dem gleichen Gesamtdruck, wie der ganze Inhalt des Tanks oder der Flasche, ihr Inhalt ist also komprimiert und sie sind gegen den umgebenden Wein durch die Grenzfläche wie durch eine Haut begrenzt und umschlossen. Solche Mikroblasen können jahrelang im Schaumwein existieren, solange die Druckverhältnisse unverändert bleiben.

Wenn aus irgendeinem Grund der **Gesamtdruck**, dem eine Mikroblase ausgesetzt ist, absinkt, dann dehnt sich das darin eingeschlossene Gas entsprechend aus, das Bläschen wird etwas größer.

Sofern die Absenkung des Gesamtdrucks zugleich auch mit einer Absenkung des Partialdrucks für CO_2 verbunden ist, was nicht immer sein muss, dann werden CO_2-Moleküle aus dem Schaumwein durch alle vorhandenen Grenzflächen heraus in den Gasraum oder in die Gasräume diffundieren, und zwar so lange, bis das Gleichgewicht zwischen den im Wein gelösten Gasmolekülen und den im Gasraum frei schwebenden Gasmolekülen wieder hergestellt ist. So diffundieren CO_2-Moleküle durch den Weinspiegel direkt in den Steigraum und sie diffundieren ebenso aus dem umgebenden Schaumwein durch die Grenzfläche in das Bläschen, wodurch dieses erneut größer wird.

Sobald infolge dieser Vergrößerung seines Inhalts die Auftriebskraft des Bläschens ausreicht, den Reibungswiderstand zu überwinden, beginnt es aufzusteigen. Oben am Weinspiegel angelangt, wird das Bläschen mit vielen anderen „Leidensgenossen" zusammentreffen, also einen Schaum bilden und schließlich platzen.

Mechanische Einwirkungen, durch die aus der in den Wein/Schaumwein gelangten Luft Mikroblasen entstehen können, werden vor allem durch **Pumpen** und **Rührwerke** hervorgerufen. **Luft** kann am Sogtrichter bei niedrigem Flüssigkeitsstand eingesaugt werden, ebenso an Stopfbuchsen oder sonstigen Abdichtungen rotierender Achsen sowie auf der Saugseite von Schlauch- oder Rohrverbindungen usw.

Aber auch Luftsäcke in Rohrleitungen, Luftreste in Armaturen und Ventilen können, insbesondere bei Druckschwankungen, Luftblasen an den Wein abgeben, die dann von der Pumpe oder dem Rührwerk zu Mikroblasen **zerschlagen** werden. Die Gefahr der Mikroblasenbildung besteht bei allen Pump- und Mischvorgängen. Deshalb wird in diesem Buch an den entsprechenden Stellen immer wieder darauf hingewiesen.

Eine **Absenkung des Gesamtdrucks** kann an vielen Stellen im Fließweg des Schaumweins vorkommen. In Schlauch- und Rohrleitungen kommen z. B. Verjüngungen oder Einengungen des freien Querschnitts vor. In Fließrichtung gesehen bewirkt eine Verjüngung, dass vor ihr ein Stau, also ein Druckanstieg entsteht und **hinter** ihr eine Druckverminderung (Düsenwirkung). Das bedeutet, dass immer hinter einer Engstelle vorhandene Mikroblasen anschwellen können und unter entsprechenden Umständen sich zu größeren, sichtbaren Blasen vereinigen, die dann aufsteigen und schließlich dort aus der Flüssigkeit austreten, wo sich passende Gelegenheit dazu bietet.

Solche Querschnittsverjüngungen findet man aber nicht nur an Rohrverbindungen und Armaturen, sondern sehr oft auch in den Kanälen der Füllorgane eines **Füllers**. Die hier hervorgerufenen Blasen stören und erschweren den Füllvorgang.

Die stärkste Absenkung des Gesamtdrucks erfährt der Schaumwein während des Abfüllens in dem Augenblick, da nach dem Schließen des Füllventils der in der Flasche verbliebene Gasraum „entlastet" wird, d. h., wenn dort der Überdruck abgelassen wird, um die Flasche aus dem Füller zu entnehmen. Sofern der Schaumwein Mikroblasen enthält, werden sie infolge der Entlastungen anschwellen und durch das Eindringen von CO_2 zu sichtbaren Blasen anwachsen, Schaum bilden und den Füllvorgang nicht nur stören, sondern ihn unter Umständen unmöglich machen.

Es ist mithin sinnvoll, das **Einwirbeln von Luft** und jedes andere Eindringen von Luftblasen in allen Phasen der Schaumweinherstellung peinlich genau zu vermeiden, um jedes Entstehen von Mikroblasen auszuschließen.

Laminares Fließen

Das lateinische Hauptwort „lamina" bezeichnet eine dünne Platte, eine Scheibe oder ein Blatt. Mit dem Eigenschaftswort „laminar" kennzeichnet man eine Strömung, bei der die Flüssigkeitsteile wie in dünnen Platten oder Schichten ruhig aufeinander liegen und sich somit glatt, gleitend fortbewegen.

Bei sogenannten **„füllrohrlosen" Füllorganen** wird die Flüssigkeit bei ihrem Eintreten in die Flasche schon in der Mündung durch das am Rückluftrohr befindliche Schirmchen oder den Kegel an die Glaswand gelenkt, an der sie wie ein Flüssigkeitsmantel weit ausgebreitet bis zum Flaschenboden herunter gleiten soll. Durch das mantelartige Ausbreiten der Flüssigkeit wird deren Schichtdicke immer dünner, die Fläche des Strömungsquerschnitts also etwas vergrößert und somit die Fließgeschwindigkeit verlangsamt. Wie im Kap. 4.3.6 dargelegt, fließt eine Flüssigkeit umso ruhiger, je größer der Querschnitt und je geringer die Fließgeschwindigkeit sind.

Beim **Einfließen in die Flasche** erleidet der Schaumwein einen Reibungswiderstand an der Glaswand und auch einen Reibungswiderstand entlang der Grenzfläche zum Vorspanngas. An der Grenzfläche zum Vorspanngas bleiben Gasteilchen infolge Adsorption durch „Van-der-Waals-Kräfte" an der Flüssigkeit hängen und werden mitgenommen. Je breiter, das heißt, je langsamer der Schaumwein an der Glaswand entlang fließt, desto ruhiger ist auch seine Grenzfläche gegen das Vorspanngas und desto weniger Gasteilchen werden mitgenommen. Unten angelangt, wird die Flüssigkeit ruhiger und die mitgenommene Luft (oder Vorspanngas) wird von nachfolgender Flüssigkeit verdrängt. Es entstehen dabei vereinzelt größere Blasen, die sogleich aufsteigen und platzen.

Sofern die reine **Füllzeit einer Flasche** (ohne Vorspannen, ohne Beruhigen, ohne Entlasten) z. B. 8 Sekunden beträgt, fließt der Schaumwein an der Unterkante des Verteilerschirmchens (Durchmesser 14 mm) mit einer Geschwindigkeit von rund 0,5 m/s. Wenn aber die Füllzeit nur 5 Sekunden beträgt, dann steigt die Fließgeschwindigkeit auf rund 0,8 m/s. Die in der Praxis anzutreffenden Werte dürften sich zwischen diesen Zahlen bewegen.

Mit **Fließgeschwindigkeiten** dieser Größenordnung ist ein nahezu laminares bzw. ein weitgehend wirbelfreies Einströmen des Schaumweins in die Flasche zu erreichen, sofern die Flüssigkeit weit ausgebreitet wie ein Film am Glas entlang fließt.

Wenn aber die Flüssigkeit sich zu einzelnen Strähnen oder Strängen zusammenzieht, wird die Querschnittsfläche kleiner, der Schaumwein in den Strängen fließt schneller, die Flüssigkeitsteilchen bewegen sich weniger laminar, sondern wirbelnd mit unruhiger Grenzfläche zum Vorspanngas, es werden deutlich mehr Blasen mitgerissen und die ganze Füllung wird unruhiger.

Als Gründe dafür, dass die Flüssigkeit nicht als weit ausgebreiteter Film herunterfließt, kommen hauptsächlich eine **Deformation des Verteilerschirmchens** oder eine **verminderte Benetzbarkeit der Glaswand** in Betracht. Die Verteilerschirmchen können durch Glasscherben von platzenden Flaschen verletzt werden, sie können aber auch altern und rau oder rissig werden. Man sollte sie öfter kritisch betrachten und, falls sie nicht mehr ganz glattrandig und glattflächig sind, gegen neue Schirmchen auswechseln. Der Aufwand ist nicht groß, aber er lohnt sich.

Benetzung der Innenfläche der Flasche

Mit dem Fachausdruck „Benetzung" wird die Fähigkeit einer Flüssigkeit bezeichnet, sich auf der Oberfläche eines Feststoffes auszubreiten, d. h., den Feststoff zu benetzen. Die Bestandteile des Feststoffes und der Flüssigkeit ziehen einander mehr oder weniger stark an (Adhäsion), je nach Substanz. Die Oberflächenspannung einer Flüssigkeit wirkt sich ebenfalls direkt auf die Benetzung aus: Je niedriger die Oberflächenspannung, desto besser die Benetzung.

Glas, dessen Oberfläche ganz sauber ist, wird von Wein ganz besonders gut benetzt (sehr kleiner Randwinkel). Auf einer waagerechten, sauberen Glasfläche, begünstigt durch die Adhäsion und das Eigengewicht (Erdanziehung), kann sich Wein so stark ausbreiten, dass die Flüssigkeitsschicht dünn wird wie ein Film, also nur noch Bruchteile eines Millimeters dick ist. Die Luft oder die Gase, die mit relativ geringer Adhäsionskraft an der Oberfläche der Flasche festgehalten werden, werden durch den sich ausbreitenden Wein restlos verdrängt. Sofern das Glas aber nicht sauber ist, sofern also andere flüssige oder feste Stoffe an der Glasoberfläche mit größerer Adhäsionskraft festgehalten werden und – bei Flüssigkeiten – deren Oberflächenspannung niedriger ist als die des Weines, kann der Wein das Glas nicht benetzen. Dann rollt der Wein tropfenweise über den fremden Belag und kann auch die an diesem Belag anhängende Luft unter ungünstigen Umständen nicht restlos verdrängen, sodass Luftreste mit einer Schichtdicke von wenigen Moleküldurchmessern, trotz des darauf drückenden Weines, zurückbleiben. Ebenso können Luftreste in den feinen Rissen fester Schmutzkrusten, die am Glas kleben, nicht vom Wein verdrängt werden, wenn die Risse so fein sind, dass die **Oberflächenspannung des Weines** das Eindringen der Flüssigkeit in den Riss verhindert.

Oberflächenvergütungsmittel, wie das Zinnstearat, werden am Ausgang des Kühltunnels auf die in breiter Front reihenweise

Fabrikneue Flaschen sind normalerweise so sauber, dass das Einfüllen von Schaumwein keine Schwierigkeit bereitet.
Feinste Mikro-Risse an der Innenseite der Flasche wurden früher gerne für ein unruhiges Verhalten des Schaumweins verantwortlich gemacht. Die heutigen Methoden der Hohlglasherstellung gestatten es, die Glasschmelze so homogen zu mischen und die Abkühlung so gleichmäßig vorzunehmen, dass man das Vorkommen von Mikrorissen völlig ausschließen kann. Bei fabrikneuen Flaschen können aber „andere flüssige oder feste Stoffe" auf der Oberfläche der Flascheninnenseite gelegentlich vorkommen. Es sind vor allem zwei Stoffarten, die in Betracht kommen: Schmierstoffe, mit denen die bewegten Maschinenteile am „heißen Ende" der Fertigungsstraße geschmiert werden und Oberflächenvergütungsmittel, mit denen die Flasche am „kalten Ende" der Flaschenfabrikation außen beschichtet werden.
Wenn ein Schmiermittel in die glühend heiße Flasche tropft – trotz aller Vorkehrungen dies zu vermeiden –, verdampft es entweder sogleich und schlägt sich danach als hauchdünnes Kondensat an der Glaswand nieder, oder es brennt an und bildet eine dünne Haut oder Kruste aus Ölkohle. Wenn ein derartiger Zufall eintritt, wird nicht die ganze Innenseite der Flasche davon betroffen, sondern nur ein örtlich begrenzter, kleiner Bereich. Dort, wo ein Schmiermittelrest das Glas belegt, kann der Wein es nicht benetzen und auch die Luftreste nicht vollständig davon verdrängen.

langsam herauswandernden Flaschen gesprüht. Die Düsen arbeiten im Takt und sollen nur in die Zwischenräume zwischen zwei Flaschenreihen sprühen. Sofern ein Tropfen Vergütungsmittel dennoch in die Flaschenmündung gerät, belegt er einen Teil der Flascheninnenseite. Er haftet so fest am Glas, dass dieser Belag vom Wein nicht verdrängt werden kann. Vergütungsmittel sind in Wasser und Wein nicht löslich, sie sind wasserabweisend (hydrophob) und können daher vom Wein nicht benetzt werden. Auch hier kann der Wein die am Belag hängenden Luftreste nicht vollständig verdrängen. Alle Stellen der Flascheninnenseite, die aus irgendeinem Grund vom Wein nicht benetzt werden können, können adsorptiv Luftreste festhalten.

Allen auch noch so kleinen Luftresten gemeinsam ist, dass sie gegen den Schaumwein durch eine Grenzfläche begrenzt sind. Aus dem an CO_2 stark übersättigten Schaumwein diffundiert CO_2 durch die Grenzfläche in den Luftrest, wodurch dieser zu einer Blase anschwillt. Sobald die Blase so groß geworden ist, dass die Kraft ihres Auftriebs größer ist als die Kraft, mit der sie am Belag der Glaswand festgehalten wird, reißt sie ab und steigt zum Flüssigkeitsspiegel auf, wo sie platzt. Der ursprüngliche Luftrest bleibt aber zurück. Durch seine Grenzfläche dringt erneut CO_2 ein, es entsteht eine neue Blase und der Vorgang wiederholt sich in rascher Folge. Es ist der gleiche Vorgang, wie man ihn auch im Sektglas beobachten kann, insbesondere dann, wenn das Glas einen „Moussierpunkt" hat (siehe Kap. 6.2). Wenn aber mehrere oder gar viele solcher Stellen vorhanden sind, an denen Luftreste hängen, dann steigen ganz viele Blasen gleichzeitig auf, der Schaumwein schäumt dann während der Entlastungsphase im Füller dermaßen, dass die Flasche nur teilgefüllt aus dem Füller herauskommt.

4.3.11.2 Vorspannen der Leerflaschen

(siehe auch Kap. 5.4.5, 4.3.6.2 und Kap. 6)

Wie bei jedem Umfüllen, muss der Empfangsbehälter auch bei der Abfüllung, hier also die Flasche, mithilfe eines Gases gefüllt und auf einen Druck gebracht werden, dessen Höhe wenigstens dem Sättigungsdruck des Schaumweins bei der gegebenen Temperatur entspricht. Dies nennt man Vorspannen.

In dem Maße, wie anschließend der Schaumwein in die Flasche einfließt, verdrängt er das Vorspanngas aus ihr. Das verdrängte Gas heißt **„Rückluft"**.

Es erhebt sich auch hier, wie bei anderen Formen des Umfüllens die Frage, womit vorgespannt werden soll, mit Kohlensäure, mit einem anderen Inertgas oder mit Druckluft.

Vor einer Antwort auf diese Frage muss zunächst die Frage nach dem **Füllsystem** beantwortet werden, nämlich, ob es sich um einen Ein-Kammer-Füller oder um einen Mehr-Kammer-Füller handelt. Der grundsätzliche Unterschied besteht darin, dass im **Mehrkammerfüller** Vorspanngas und Rückluft streng getrennt werden, während im **Einkammerfüller** die Rückluft in das Vorspanngas zurückgeführt wird, wobei die Gase sich mischen.

Da im Mehrkammersystem die Rückluft getrennt abgeleitet wird, muss zum Vorspannen stets neues Gas verwendet werden. Um eine Flasche vorzuspannen, benötigt man z. B. bei 7 bar Abfülldruck = 6 bar Überdruck mindestens das sechsfache Volumen der Flasche als Vorspanngas, das sind $6 \cdot 0{,}78 = 4{,}68$ Normliter Gas pro 1/1 Flasche, zuzüglich eventueller Verluste, also rund 5 Normliter. Wenn CO_2-Gas verwendet wird und bei einem Einkaufspreis von beispielsweise € 0,30 pro kg oder pro 500 Normliter CO_2, kosten die 5 Normliter für jede Flasche € 0,003.

Es steht außer Zweifel, dass bei Betrieb eines **Mehrkammerfüllsystems** die Verwendung von Kohlensäuregas für die Qualität und die Haltbarkeit des Schaumweins die beste

Lösung darstellt. Aber zu den Kosten des relativ hohen Gasverbrauchs kommen die größeren Amortisationskosten des Füllers hinzu und es tritt eine gewisse Umweltbelastung durch das Abblasen der Rückluft ein, sofern diese nicht in einem gesonderten Behälter aufgefangen wird (siehe Abb. 90). Das muss bei diesem System berücksichtigt werden.

Im **Einkammerfüller** ist der Vorratskessel (Zentralkessel oder Ringkessel) etwa zur Hälfte mit Schaumwein gefüllt, in der anderen Hälfte darüber befindet sich das Vorspanngas.

Über die Vorspannleitung fließt zunächst Vorspanngas aus dem Vorratskessel des Füllers in die Flasche. Nach Erreichen des Druckausgleichs strömt über die Flüssigkeitsleitung Schaumwein in die Flasche und verdrängt das Spanngas, das über die Rückluftleitung zurück in den Vorratskessel geht.

Man könnte nun versucht sein, zu vermuten, dass dieses System geradezu ideal geeignet wäre für den Einsatz von Kohlensäuregas als Vorspanngas, da ja ein nahezu perfekter Kreislauf stattfindet, der Gasverlust vermutlich klein ist und eine Umweltbelastung kaum auftritt.

Die Realität ist indes anders: Jede Flasche, die in den Füller gelangt, ist vom Ursprung her mit normaler Raumluft gefüllt. Sofern nicht besondere Künste angewendet werden, bleibt diese Luft in der Flasche und man drückt das Vorspanngas zusätzlich hinein. Wenn zum Beispiel der Abfülldruck 7 bar beträgt, dann werden zu den 780 ml Luft der Flasche (Randvollvolumen) noch 6 · 780 = 4680 Nml Vorspanngas gedrückt.

Wenn zu Beginn der Abfüllung der Gasinhalt der oberen Hälfte des Vorratskessels aus reinem CO_2 bestand, wird der Inhalt der ersten von dort mit Gas vorgespannten Flasche so aussehen:

780 Nml* Luft	=	14,3 %
+ 4680 Nml* CO_2	=	85,7 %
= 5460 Nml* Gemisch	=	100,0 %

* = Norm-Milliliter (siehe Seite 394 unten)

Die 750 ml des einströmenden Schaumweins verdrängen

750 · 7 = 5250 Nml Gasgemisch, während
30 · 7 = 210 Nml als Druckpolster im Kopfraum der Flasche, in der sogenannten „Kammer", verbleiben.

Da nun die Rückluft ein **Gasgemisch** darstellt, wird in den Gasraum des Vorratskessels von jeder weiteren abgefüllten Flasche durch die Rückluft erneut Luft eingeschleppt und der CO_2-Gehalt wird laufend verdünnt. Der CO_2-Gehalt im Gasraum des Vorratskessels nimmt entsprechend ab und zwar sinkt der CO_2-Gehalt im Vorratskessel genau um den Anteil, den die mit der Rückluft eingeschleppte Luft am Gesamtvolumen des Gasvorrats einnimmt. Sofern nach unserem Beispiel mit 7 bar Abfülldruck gearbeitet wird, sinkt der CO_2-Gehalt im Gasraum des Vorratskessels von 100,0 % vor Beginn des Abfüllens auf 97,225 % nach der ersten Füllrunde (bei 40 Füllstellen), das ist also ein Anteil von 0,97225, und er sinkt dann degressiv weiter mit jeder Runde um eine Potenz mehr ab, also

nach der 2. Runde
auf $0{,}97225^2$ = 0,945,
nach der 3. Runde
auf $0{,}97225^3$ = 0,919 usw.,
also nach der n. Runde
auf $0{,}97225^n$.

Man kann sich nun leicht ausrechnen, dass der Gasvorrat im **Füllerkessel** nach 15 Minuten Füllzeit (= etwa 42 Runden) nur noch zu 31 % aus CO_2 und nach 30 Minuten Füllzeit (= etwa 84 Runden) nur noch zu 10 % aus CO_2 besteht. Obwohl der Füller an der CO_2-Flasche oder an der CO_2-Versorgung angeschlossen ist, wird für das Vorspannen nur zu Beginn des Fülltages CO_2 verbraucht, und zwar zum **Vorspannen des Vorratskessels**. Sobald die Füllung in Gang gekommen ist, strömt mehr Rückluft in den Vorratskessel als Vorspannluft verbraucht wird, sodass am Druckhalteventil des Füllers ständig ein kleiner Überschuss abgeblasen wird. Dieser Überschuss kommt dadurch zustande, dass die noch ungefüllte Flasche einen Luftinhalt von 780 Nml mitbringt, von dem nach dem Füllen nur der Inhalt der Kammer (Kopfraum) mit $30 \cdot 7 = 210$ Nml übrig bleiben. Die Differenz von 570 Nml ist der Überschuss pro 1/1 Flasche, er geht mit der Rückluft in den Füller und wird anschließend abgeblasen.

Diese Betrachtung zeigt, dass bei **Einkammerfüllern** von dem zu Beginn verwendeten **Vorspanngas** nach längstens einer halben Stunde Füllzeit praktisch nichts mehr übrig geblieben ist und für den Rest des Tages fährt man, vielleicht ohne es zu wissen, mit Luft.

Wenn man statt der Kohlensäure hier Stickstoff oder Argon als Spanngas einsetzen würde, ergäbe sich genau das gleiche Bild.

So besehen, ist es bei den üblichen Einkammerfüllern zweckmäßig, von Anfang an Druckluft als Spanngas zu verwenden. Die weitaus meisten Füller für Schaumwein sind Einkammerfüller der dargestellten Art. „Besondere Künste", wie weiter oben erwähnt, werden z. B. dann angewandt, wenn die Flaschen im Füller erst **vorevakuiert** werden, bevor man sie vorspannt. Diese Einrichtung ist aber nicht beim Einkammerfüller, sondern nur beim **Mehrkammerfüller sinnvoll**, weil nur dort anschließend mit reinem CO_2 vorgespannt wird und durch das Vorevakuieren der Luftrest in der Flasche auf einen Bruchteil vermindert werden kann. Ähnliches gilt für eine **„Kohlensäurespülung"** vor dem Vorspannen. Alle derartigen Ausrüstungen wirken nur relativ wenig qualitätsfördernd, aber deutlich leistungsmindernd und stark kostensteigernd.

Nun muss aber die Frage gestellt werden, warum bei allen bisher beschriebenen Bewegungen des Schaumweins von Tank zu Tank Wert darauf gelegt wurde, nur **Kohlendioxidgas zum Vorspannen** zu verwenden und warum immer wieder auf die so wichtige Rolle des Partialdrucks hingewiesen wurde, wenn hier beim Vorspannen der Flaschen die **Verwendung von Druckluft** als zweckmäßig dargestellt wird.

Als Antwort kann Folgendes erklärt werden: Es ist technisch möglich, nahezu ohne Luft auch beim Abfüllen zu arbeiten, wenn man **Mehrkammerfüller** mit reiner CO_2-Vorspannung benutzt und an ihnen zusätzlich die **Vorevakuierung** und die CO_2-Spülung einrichtet.

Der Aufwand hierfür ist sehr hoch. Der **qualitative Nutzen** einer solchen Abfüllung besteht in einem **Minimum an Kohlensäureverlust und ebenso einem Minimum an Sauertoffaufnahme** durch den Schaumwein. Um den Nutzen abschätzen zu können, muss man zum Vergleich wissen, wie groß Kohlensäureverlust und Sauerstoffaufnahme sind, wenn mit Einkammerfüllern und mit Druckluft als Vorspanngas gearbeitet wird. Der CO_2-Verlust, der bei Verwendung von Druckluft zum Vorspannen der Flaschen auftritt, wurde von Bach, Hüls und Wintrich (1992) beschrieben. Aus dieser Arbeit (siehe Tab. 34 bis 36) und der jahrelangen Beobachtungen der Abfüllpraxis kann abgeleitet werden, dass der durch das Abfüllen verursachte **CO_2-Verlust** eine **Minderung des Drucks** des Schaumweins um 0,2 bis 0,5 bar zur Folge hat. Das scheint relativ viel zu sein, es ist aber zu erklären durch das große Druckgefälle von etwa 7 bar **Partialdruck für CO_2** im Sekt auf etwa $7 \cdot 0{,}000262$ (= Volumenanteil von CO_2 in 1 l Luft bei Normalbedingungen) = 0,0018 bar Partialdruck für CO_2 in der Druckluft, also auf weniger als den dreitausendsten Teil.

Hinsichtlich der Aufnahme von Sauerstoff aus der Vorspannluft schwanken die Angaben. Kielhöfer und Würdig fanden 1963 bei einfachen Füllventilen eine Sauerstoffaufnahme von 6 bis 20 mg/l. Nach Troost (1980) wurden Werte von etwa 1,5 bis 5,0 mg/l O_2 gemessen. Bach, Hüls und Wintrich (1992) fanden je nach Fülltemperatur 2,2 bis 4,2 mg Sauerstoff/l Sekt (siehe Tab. 35).

Der Versuch, auf rechnerischem Wege zu einer Vorstellung von den Größenordnungen zu gelangen, unter denen die Sauerstoffaufnahme des Schaumweins bei der Abfüllung zustande kommt, führt zu folgendem Ergebnis:

1. Sauerstoffangebot
Der Hohlraum der Flasche umfasst 780 ml.
Darin befinden sich beim Normaldruck von 1 bar = 780 Nml Luft
Durch Vorspannen gelangen in die Flasche weitere
6 · 780 Nml = 4680 Nml Luft
Der gesamte Luftinhalt beträgt somit bei 7 bar = 5460 Nml Luft
Entsprechend seinem Volumenanteil beträgt der Partialdruck des Sauerstoffs
bei 1 bar Normaldruck = 0,208 bar
bei 7 bar Gesamtdruck = 1,46 bar

2. Diffusion
Weiter oben ist unter dem Stichwort „Verwendung reiner Druckluft“ ausgeführt, dass Sauerstoff durch Diffusion ungefähr 0,002 cm pro Minute in den Wein eindringt, und zwar in den ruhenden, allenfalls laminar bewegten Wein und dies bei einem Partialdruck von 1 bar. Da in der mit Luft vorgespannten Flasche unseres Beispiels der Partialdruck für O_2 aber 1,46 bar beträgt, wächst hier die Eindringtiefe auf

1,46 · 0,002 = 0,003 cm pro Minute.

Umgerechnet in Sekunden ist die Eindringtiefe

0,003 : 60 = 0,00005 cm pro Sekunde,

und in den 8 Sekunden Füllzeit pro Flasche beträgt dann die Eindringtiefe den 8-fachen Wert, nämlich 0,0004 cm.

3. Oberfläche, durch welche O_2 diffundiert.
Der Sauerstoff wird während der 8 Sekunden Füllzeit durch die ganze, von Luft berührte Oberfläche des einfließenden Schaumweins bis in die genannte Tiefe diffundieren.
Wie oben, unter dem Stichwort „laminares Fließen“ dargestellt, fließt der Schaumwein während 8 Sekunden weit ausgebreitet, wie ein Mantel, an der Flascheninnenwand herunter. Aus der Fließgeschwindigkeit von 0,8 m/s ergibt sich, dass der einfließende Schaumwein 6,4 m oder 640 cm Weglänge in 8 Sekunden zurücklegt. Wenn man vereinfachend annimmt, dass die Breite des Fließwegs durchweg dem Umfang an der Stelle des größten Innendurchmessers im Flaschenrumpf entspricht, also

(= Ø 8cm) 8 · π = 25,133 cm beträgt, dann fließt der Schaumwein mit einer Oberfläche von 25,133 · 640 = 16085 cm² ein und das mit einer Schichtdicke von 750 : 16085 (Volumen : Fläche) = 0,047 cm.

4. Eindringvolumen und Löslichkeit
Bei einer Eindringtiefe (siehe 2.) von 0,0004 cm und auf einer Fläche von rund 16000 cm² beträgt das Volumen des Schaumweins, in welches O_2 eindringt 16000 · 0,0004 = 6,4 cm³.

Die Löslichkeit des Sauerstoffs in Wein (siehe Tab. 52) beträgt 11,4 mg pro 1000 cm³ bei 1 bar Partialdruck,
also 16,644 mg / 1000 cm³ bei 1,46 bar Partialdruck
und

$$\frac{6{,}4 \cdot 16{,}644}{1000} = 0{,}107 \text{ mg } O_2 \text{ in den } 6{,}4 \text{ cm}^3$$

Diese 0,107 mg O_2 verteilen sich anschließend im ganzen Schaumweininhalt der Flasche, also in den 0,75 Litern und das entspricht einer Sauerstoffaufnahme von 0,107 : 0,75 = rund 0,14 mg pro Liter.

Sofern also der Schaumwein auf breiter Front wirklich laminar in die Flasche einfließt, wird die Sauerstoffaufnahme ungefähr 0,14 mg/l betragen. Dieses Ideal wird in der Praxis aber nicht erreicht. Infolge einer nicht ganz vermeidbaren Wirbelbildung und Unruhe beim Einlaufen in die Flasche ist die tatsächliche Sauerstoffaufnahme um ein Mehrfaches größer. Die bereits weiter oben erwähnten Werte von 1,5 bis 5,0 mg/l (Troost 1980) und 2,2 bis 4,2 mg/l (Bach et al. 1992) erscheinen, gemessen an den rechnerisch ermittelten Werten, durchaus realistisch. Die älteren Angaben von Kielhöfer und Würdig stammen aus einer Zeit der Verwendung anderer Füllorgane (Schieberhähne) bei denen der Schaumwein wesentlich unruhiger einfloss.

Sofern der Füller nicht mit füllrohrlosen Füllorganen mit Rückluftröhrchen ausgerüstet, sondern als **Langrohrfüller** ausgebildet ist, fließt der Schaumwein im Schutze des langen Füllrohrs bis nahe an den Flaschenboden. Dort erst verlässt er das Rohr. Er breitet sich auf dem Flaschenboden aus und steigt dann mit ziemlich ruhiger Oberfläche in der Flasche auf, das Spanngas vor sich herschiebend, bis zum Erreichen der Füllhöhe. Man nennt dies auch die **„unterschichtende Füllung"**.

Hierbei wird die Grenzfläche zwischen Druckluft und Schaumwein durch den Weinspiegel gebildet. Dessen Fläche beträgt bei einem Innendurchmesser der Flasche von d = 8 cm, entsprechend

$$\frac{d^2}{4} \cdot \pi = 50{,}27\ \text{cm}^2$$

Gemessen an der Oberfläche, die der Schaumwein im füllrohrlosen Füllorgan gegen das Spanngas mit 16 000 cm² bildet, ist bei Langrohrfüllern die Oberfläche etwa 300-mal kleiner. Man muss allerdings einräumen, dass durch das zentrale Einfließen eine gewisse Bewegung im Schaumwein und an seiner Oberfläche hervorgerufen wird. Dennoch ist die Diffusion der Gase bei Langrohrfüllern ganz wesentlich geringer. Untersuchungen von Bach und Hüls (1992) ergaben eine O_2-Aufnahme von 0,5 bis 0,8 mg/l (siehe Tab. 35).

Bei der Abfüllung von Bier mit reiner Luftvorspannung und bei Langrohrfüllorganen beträgt die O_2-Aufnahme sogar weniger als 0,05 mg/l (G. Schmidt, 1988), wobei die Arbeitsbedingungen nicht die gleichen sind, wie bei Schaumwein, aber doch sehr ähnlich.

Zusammenfassend kann zum Vorspannen der Flaschen im Füller gesagt werden:

a) Wenn für das **Einfließen** des Schaumweins pro 1/1 Flasche etwa 5 bis 8 Sekunden zur Verfügung stehen, wird auch bei modernen, gepflegten füllrohrlosen Füllorganen eine weitgehend laminare, wirbelarme Strömung erreicht.
b) Bei **Einkammer-Füllern** ist die Verwendung reiner Druckluft (anstelle von Inertgas) als Spanngas durchaus vertretbar, wenn der Füller ein weitgehend wirbelarmes Einfließen erlaubt und wenn der Schaumwein durch fachgerechte Behandlung nur wenig oxidationsanfällig ist.
c) Die **Sauerstoffaufnahme**, die der Schaumwein im Vorratskessel des Füllers und während des Einfließens in die Flasche erfährt, beträgt bei füllrohrlosen Füllorganen in Anlagen mit günstigen Strömungsverhältnissen um 1,5 bis zu 5 mg/l durchschnittlich, und nur bei älteren, strömungstechnisch weniger gut ausgebildeten Füllern erreicht die Sauerstoffaufnahme Werte von deutlich über 10 mg/l. Zur Abbindung eines jeden eingedrungenen Milligramms Sauerstoff müssen 4 mg SO_2 aufgewandt werden (siehe Würdig/Woller 1989, Seite 339).

Wenn der Schaumwein eine gute Haltbarkeit bei relativ geringem Gehalt an SO_2 haben soll, dann lohnt es sich, für laminares, wirbelarmes Einfließen zu sorgen. Nur dann kann ohne Nachteil auch reine Druckluft als Spanngas verwendet werden.

Abschließend sei noch erwähnt, dass das ruhige Einfließen des Schaumweins über die Erfüllung der vorgenannten Bedingungen hinaus auch noch voraussetzt, dass eine „trockene" Vorspannung vorausgeht. Näheres hierüber steht im nächsten Kapitel unter dem Stichwort Füllhöhe.

4.3.11.3 Einfüllen des Schaumweines und Füllhöhe

In den theoretischen Vorbemerkungen unter Kap. 4.3.11.1 wurde darauf hingewiesen, dass das Einfüllen des Schaumweins ruhig und schaumfrei erfolgen kann, wenn der Schaumwein keine Mikroblasen mitbringt, wenn er laminar und wirbelfrei einfließt und wenn die Innenseite der Flasche perfekt benetzt wird. Das laminare, wirbelfreie Strömen und die perfekte Benetzung sind Bedingungen, die auch für die **Innenflächen des Füllorgans** gefordert werden müssen. Vor allem in Füllorganen älterer Konstruktion wird der Schaumwein oft um scharfe Ecken und durch Querschnittsverjüngungen gequält. Zuweilen ragen Stifte oder Spiralfedern in den Weg des Schaumweins. Alle diese, den glatten Durchfluss behindernden Teile oder Stellen, rufen Wirbelbildung oder gar Turbulenz im Schaumwein hervor, die bis in die Flasche nicht wieder zur Ruhe kommen. Die Außenseiten der Füllorgane sind zumeist hochglanzpoliert und glatt. Das sieht schön aus. Für das ruhige Abfüllen aber ist es wichtig, dass **innen im Füllorgan alle** Teile, die mit dem Schaumwein in Berührung kommen, ganz glatte, polierte Oberflächen haben. In aller Regel sind diese Teile aus Edelstahl hergestellt. Eine **polierte** Fläche aus Edelstahl ist, sofern sie ganz sauber und fettfrei ist, ebenso gut benetzbar wie sauberes Glas. Sofern sie aber **nicht poliert** ist, sondern noch Spuren der Bearbeitung, also vom Drehen, Bohren, Schleifen etc. aufweist, ist die Oberfläche übersät mit mikroskopisch feinen bis gröberen Riefen, Kratzern, Rillen, Kratern und sonstigen feinen Unebenheiten, die vom Schaumwein nicht benetzt werden können, sodass dort stets Gasreste haften bleiben und bei Druckschwankungen Ursache von Blasenbildung und somit für unruhiges Füllen sein können. Darüber hinaus sind raue Oberflächen auch nicht gut zu reinigen und somit auch aus hygienischer Sicht unerwünscht.

Die Behinderungen des glatten Durchlaufs und die **Rauheiten der Oberflächen** in den Füllorganen einschließlich der Füllrohre sind es, die in der Vergangenheit bewirkten, dass eine einigermaßen befriedigende Abfüllung von Schaumwein nur erreicht werden konnte, wenn dieser **tiefgekühlt** und zugleich zur „Bändigung" der Unruhe, mit einem hohen **Druckpolster** überlagert wurde.

In den letzten Jahren wurden sowohl in der Konstruktion als auch in der Oberflächenbearbeitung ermutigende Verbesserungen vorgenommen, durch die es z. B. möglich geworden ist, ohne die teuere Hilfsmaßnahme des Kühlens, den **Schaumwein bei Raumtemperatur** abzufüllen. Allerdings werden immer noch recht hohe Druckpolster angewandt, um ein relativ ruhiges Abfüllen zu ermöglichen.

Aus der Sicht der **Schaumweinpraxis** ist zu wünschen und auch zu fordern, dass die Hersteller von Füllmaschinen konsequent danach trachten, dass das Fließen des Schaumweins noch weniger behindert und dass die Benetzung der Oberflächen verbessert wird, mit dem Ziel einer noch ruhigeren Abfüllung bei deutlich weniger hohem Überdruck.

Bei Anschaffung neuer Füllmaschinen sollte man jedenfalls die **Innenflächen der Füllorgane** sehr gewissenhaft und kritisch betrachten. Das Streben nach einer **Abfüllung von ungekühltem Schaumwein bei Raumtemperatur** und bei geringerem Überdruck hat sowohl zum Ziel, die Abfüllkosten zu senken als auch die Qualität des Schaumweins zu verbessern.

Das **Kühlen des Schaumweins** vor der Abfüllung hat nur den einen Vorteil der Absenkung des Sättigungsdrucks durch Steigerung der CO_2-Löslichkeit. Dieser Vorteil wird aber erkauft dadurch, dass die Löslichkeit auch anderer Gase gesteigert wird, was im Falle des Sauerstoffs sehr unerwünscht ist. Ferner werden die Viskosität des Schaumweins und auch seine Oberflächenspannung erhöht, mit der Folge schlechteren Fließverhaltens und geringerer Benetzung. Alle diese Nachteile können entfallen, wenn **durch Verbesserung der Apparatur das Abfüllen ungekühlten Schaumweins** möglich wird.

Die Chance, diese Ziele zu erreichen, ist bei Langrohrfüllern besser als bei füllrohrlosen Füllern.

Die **Füllhöhe** wird bei vielen Füllsystemen dadurch begrenzt, dass die Rückluft durch eine Öffnung entweicht, deren Abstand von der Mündungsoberkante die Füllhöhe bestimmt. Der in die Flasche einfließende Schaumwein steigt nur bis zur Rückluftöffnung auf (= Ende des Rückluftrohrs, seitliche Öffnung des Rückluftkanals etc.) und er steigt dann **im** Rückluftrohr oder -kanal weiter, bis er darin die gleiche statische Höhe erreicht hat, wie der Schaumwein im Füllerkessel. Danach wird das Füllventil geschlossen. Der im Rückluftweg befindliche Schaumwein bleibt drin.

Wenn keine besondere Maßnahme zur **Beseitigung dieses Schaumweinrestes** getroffen wird, gelangt der Inhalt des Rückluftweges beim Vorspannen der nächsten Flasche als Schaum in deren Innenraum und bildet dort den Keim für eine deutliche Beunruhigung des anschließend einfließenden Schaumweins. Früher wurde diese Störung vermieden, indem zwischen dem Abziehen der gefüllten und dem Einlaufen der nächsten leeren Flasche das Gasventil ganz kurz geöffnet wurde. Der Inhalt des Rückluftrohrs spritzte ins Freie und vernebelte zusammen mit dem nachströmenden Spanngas den Abfüllraum. Pro Flasche ging dadurch etwa 1 ml Schaumwein verloren.

Dann verbesserte man die Methode, indem nach dem Schließen des Füllventils und nach dem Entlasten entweder das Spanngasventil kurz geöffnet wird, sodass der Inhalt des Rückluftrohrs in die bereits volle Flasche gelangt noch bevor die Flasche aus dem Füller läuft oder indem der Rückluftweg geschlossen wird kurz bevor das Füllventil schließt, sodass der Schaumwein im Rückluftrohr nicht ganz auf die Höhe des Füllstands im Füllerkessel steigen kann und ein Rest Druckgas im Rohr verbleibt. Sobald die Entlastung geöffnet wird, expandiert dieser Rest des Druckgases und drückt den Schaumwein aus dem Rückluftrohr in die Flasche zurück.

Bei Langrohrfüllern wird die Füllhöhe entweder auch durch die Bohrung des Rückluftkanals begrenzt oder, noch eleganter, auf kapazitivem Wege eingestellt. Man misst an jedem Füllrohr das elektrische Potenzial, das sich während des Füllens zwischen dem in die Flüssigkeit hineinragenden Füllrohr und der davon isolierten Masse des Füllergehäuses aufbaut. Nach dem Schließen des Füllventils wird das Füllrohr durch Einleiten von Druckgas vollständig entleert, wobei der Schaumwein in die noch nicht entlastete Flasche gedrückt wird.

Welches System zur **Einstellung der Füllhöhe** auch gewählt wird, die Genauigkeit der Einstellung hängt immer sehr stark davon ab, ob der Schaumwein **blasenfrei und schaumfrei** einläuft. Durch Blasen oder Schaum wird die Grenze zwischen Gas und Flüssigkeit unscharf und verwischt und die Einstellung mithin behindert oder unmöglich.

Ganz wichtig ist in diesem Zusammenhang, dass, wie dargestellt, keinerlei Flüssigkeitstropfen oder Schaum aus dem Rückluftrohr mit der Spannluft in die nächste Flasche gelangen und Beunruhigung im danach einfließenden Schaumwein hervorrufen kann.

Es muss eine „trockene" Vorspannung stattfinden.

4.3.11.4 Rückluft

Rückluft heißt jene Luft oder Gas-Luft-Mischung, die durch das einfließende Füllgut aus der Flasche verdrängt wird.

Bei **Einkammerfüllern** sind Spannluft und Rückluft identisch, die Rückluft wird in den Gasraum des Füllerkessels zurückgedrückt, wodurch sie wieder zu Spannluft wird.

Bei **Mehrkammerfüllern**, die in Schaumweinkellereien bisher eher selten eingesetzt wurden, dient als Spannluft entweder reines Inertgas oder keimfreie Luft. Rückluft ist hierbei das aus der Flasche in einen separaten Kanal verdrängte Luftgemisch, das nicht wieder verwendet wird. Bei manchen Füllertypen wird die Rückluft durch eine Düse geführt und dadurch die Geschwindigkeit des Schaumwein-Einfließens gebremst, um Wirbelbildung weitgehend zu vermeiden.

Aus önologischer Sicht gibt es keine besonderen Ansprüche an die Rückluft.

4.3.11.5 Entlastung

Wenn jemand Sekt genießen will, dann öffnet er fachmännisch eine Flasche, indem er die Drahtsicherung aufdreht und abnimmt, dann den Stopfen anfasst und ihn durch drehende Bewegung von seinem festen Sitz in der Flaschenmündung löst. Infolge des hohen Drucks in der Flasche wird der Stopfen herausgedrückt, man lässt ihn aber nicht herausknallen, sondern drückt dagegen und lässt ihn nur langsam aus der Mündung gleiten. Schließlich, kurz bevor das Ende des Stopfens den Mündungsausgang erreicht hat, neigt man den Stopfen, sodass sich ein feiner Spalt öffnet, durch den langsam und fast lautlos das Gas aus der Kammer bis zur Drucklosigkeit abbläst. Jetzt kann der Stopfen entfernt werden, der Sekt in der Flasche ist ganz ruhig, nur vereinzelt steigen Blasen bis zum Flüssigkeitsspiegel auf, sie platzen dort und verschwinden.

Dieser Sektgenießer hat nichts anderes gemacht als dass er die Flasche entlastet hat. Er hat sie aus dem Zustand des Überdrucks durch langsames Öffnen in den Zustand der Drucklosigkeit gebracht.

Genau dieses Entlasten ist erforderlich, wenn man die frisch gefüllte, noch unter dem hohen Vorspanndruck stehende Flasche aus der Füllmaschine heraus und drucklos offen in die Verschließmaschine hinein befördern will.

In den fünfziger Jahren war das Entlasten ein aufregendes Abenteuer. Es war ja nur bekannt, dass der Sekt sehr stark mit Kohlensäure übersättigt ist und es wurde vermutet, dass dieses Kohlensäuregas, das ja nur mit der Kraft des Überdrucks in der Flüssigkeit gefangen gehalten worden war, alsbald aus seiner Gefangenschaft entweichen würde, sobald der Überdruck nicht mehr vorhanden war. Also ersann man ein trickreiches Vorgehen, durch das versucht wurde, die Natur dieses Gases zu umgehen und zu überlisten, um das Überschäumen zu vermeiden. In den Entlastungsweg wurden Drosselstifte mit Spezialprofil eingebaut, die gewissermaßen die Rolle eines Dephlegmators zu spielen hatten. Dadurch erfolgte eine Drosselung des Querschnitts und das Entlastungsventil wurde nur stoßweise nach einem Geheimcode geöffnet, z. B. 3-mal kurz, 1-mal lang, 2-mal kurz, 2-mal lang, 1-mal kurz und dann ganz auf. Reihenfolge und Häufigkeit waren eher zufällig. Man hat inzwischen dazugelernt und das Entlasten seines Geheimnisses beraubt. Dieses Geheimnis besteht darin, den Schaumwein so gut wie blasenfrei in die Flasche zu bringen. Damals wie heute war bzw. ist es zweckmäßig, nach dem Schließen des Füllventils eine Beruhigungsphase folgen zu lassen (siehe Abb. 88). Es wird damit den eventuell im Schaumwein vorhandenen Gasblasen Gelegenheit gegeben, aufzusteigen und an der Oberfläche zu platzen. Würde der Überdruck weggenommen, bevor die Blasen aufgestiegen sind, dann würde im Zustand der Drucklosigkeit von allen Seiten CO_2-Gas aus dem übersättigten Schaumwein in diese Blasen diffundieren, sie würden gewaltig anschwellen und dadurch die Flasche zum Überlaufen bringen.

Wie viel Zeit der Beruhigungsphase gelassen werden muss, das hängt ausschließlich davon ab, wie viel Gasblasen in der gefüllten Flasche enthalten sind und das wiederum hängt davon ab, wie gut die schon im vorigen Kapitel genannten Bedingungen erfüllt sind, nämlich

- ob Mikroblasen eingeschleppt wurden,
- wie gut die Oberflächen des Füllorgans und der Flasche benetzt werden konnten, wie weit also die anhaftende Luft restlos verdrängt werden konnte und
- wieweit der Schaumwein wirbelfrei durch das Füllorgan in die Flasche einfließen konnte, ohne Luft mitzureißen und Blasen zu bilden.

Wenn diese Bedingungen einigermaßen gut erfüllt werden, dann reicht eine Beruhigungszeit von etwa 2 Sekunden pro Flasche aus.

Bei manchen Füllertypen folgt danach noch eine kurzzeitige Füllhöhenkorrektur. Anschließend setzt die Entlastung ein. Ein einfaches Auf-/Zu-Ventil öffnet den Entlastungsweg. Die Ausströmgeschwindigkeit wird durch eine in diesen Weg eingebaute Düse begrenzt. Sofern die vorgenannten Bedingungen einigermaßen gut erfüllt wurden, kann die Flasche innerhalb von 1,5 bis 2 Sekunden bis zur Drucklosigkeit entlastet werden.

Sofern man die Dauer der einzelnen Funktionen des Abfüllens durch Verschieben der Schaltböcke des Füllers bestimmen kann, sollte danach getrachtet werden, möglichst viel Zeit für das Einfließen des Schaumweins zu lassen, ggf. durch Drosselung der Rückluft, um das Einwirbeln von Blasen auf das geringstmögliche Maß zu reduzieren. Wenn es gelingt, kann getrost die Zeit für die Beruhigung und die Zeit für das Entlasten sehr knapp gehalten werden. Auch hinsichtlich der Dauer der Abfüllfunktion bieten Langrohrfüller gegenüber den füllrohrlosen Typen die etwas günstigeren Voraussetzungen.

Verschließen der Flaschen

Im Kap. 5.4.6 wird ausführlich über das Verschließen des fertigen Sekts berichtet. Alles, was dort mitgeteilt wird, gilt unverändert auch für transvasierten Schaumwein sowie für Schaumwein, der durch Gärung in Großraumbehältern hergestellt wurde.

Bei Schaumwein, der nach der **klassischen Methode** hergestellt wurde, ist die Kammer im Hals (Kopfraum) der frisch degorgierten Flasche mit CO_2 gefüllt. Bis zum Verschließen der Flasche vergehen nur wenige Sekunden. In dieser kurzen Zeit kann Luftsauerstoff in nur geringer Menge in die Kammer oder in den Schaumwein diffundieren. Siehe aber auch Kap. 5.4.4.

Anders ist die Situation bei **transvasierten** und bei **tankvergorenen** Schaumweinen, bei denen die Flaschen im Füller mit Druckluft vorgespannt werden. Je ruhiger die Abfüllung dieser Schaumweine verläuft und je weniger CO_2-Blasen nach der Entlastung in der Flasche emporsteigen, desto mehr Luft und somit auch Sauerstoff bleibt in der Kammer des Flaschenhalses. Im **Idealfall**, also bei ganz ruhiger Abfüllung, ist die Kammer so gut wie ausschließlich mit Luft gefüllt. Das sind 30 Nml Luft, von denen $30 \cdot 0{,}208 = 6{,}24$ Nml aus reinem Sauerstoff bestehen. Bei einem Litergewicht von 1,429 g sind dies 8,9 mg Sauerstoff pro 1/1 Flasche, entsprechend 11,9 mg/l, zu deren Bindung allein 47,5 mg/l SO_2 benötigt werden! Die Diffusion des CO_2 aus dem Schaumwein in die Kammer geht bei ruhigem Schaumwein so langsam vor sich, dass sie in der kurzen Zeit bis zum Verschließen das Bild nicht nennenswert verbessern kann. So hat die dringend erwünschte ruhige, blasenfreie Abfüllung zur Folge, dass, nach dem Entlasten, der Flaschenhals vorwiegend mit Luft gefüllt ist und somit Oxidationsgefahr besteht.

Um den qualitativen und ökonomischen Erfolg der ruhigen Abfüllung zu erhalten und zu verteidigen, muss etwas unternommen werden, um die Luft aus dem Flaschenhals auszutreiben, bevor die Flasche verschlossen wird. Dieses Problem ist den Bierbrauern schon lange bekannt und sie haben Methoden zu seiner Lösung entwickelt, die von den Schaumweinabfüllern übernommen werden können.

Die gängigste Methode besteht darin, dass in die gefüllte, entlastete, noch offene Flasche durch eine Düse in scharfem Strahl ein wenig CO_2-Gas geblasen wird. Dieser **Gasstrahl** trifft auf die Oberfläche des Schaumweins im Flaschenhals, der Schaumwein wird dadurch zum Aufschäumen gebracht, der Schaum und das austretende Kohlendioxid verdrängen die Luft. Der verbleibende Sauerstoffrest beträgt pro 1/1 Flasche allenfalls noch knapp 1 mg. Solche **Aufschäumvorrichtungen** können am Ausschubstern des Füllers oder am Einschubstern der Verschließmaschine angebracht sein.

Da bis heute der erstrebte Idealfall einer blasenfreien Abfüllung noch nicht erreicht werden konnte, da also auch bei einer sog. „ruhigen Abfüllung" noch etliche CO_2-Bläschen nach dem Entlasten bis zum Verschließen aufsteigen, wird derzeit die Luft aus der Kammer (= Kopfraum) noch durch das entweichende Kohlendioxid zum Großteil verdrängt. Dies ist auch aus der Tab. 34 ersichtlich.

Ausstattung und Lagerung des fertigen Sektes

Es sei auf die Kap. 5.8 bis 5.9 verwiesen. Was dort für Schaumwein aus der „klassischen Methode" beschrieben ist, gilt unverändert auch hier.

4.3.11.6 Gerätschaften zur Füllung

Zur Bewerkstelligung der oben beschriebenen Besonderheiten bei der Abfüllung des CO_2-übersättigten Schaum-/Perlweins stehen verschiedene Geräte zur Verfügung.

4.3.11.6.1 Rinser

Hüttenneue, kühlofenverpackte Flaschen sind zwar steril und benötigen deshalb keine Sterilisation. Auszuschließen ist jedoch nicht, dass **Neuflaschen Staubreste oder Abrieb**, z. B. der Stülpdeckel, aufweisen. Dies kann dazu führen, dass es bei der Füllung des Schaumweines zu einer unerwünschten CO_2-Abgabe kommt. Eine Verringerung der Füllleistung ist die Folge. Dem Füller vorangeschaltet ist deshalb im Allgemeinen ein **Rinser** (Ausspritz-Maschine). Zwar ist auch das Ausblasen der Flaschen denkbar, doch hat sich das Ausspritzen mit sterilem Wasser durchgesetzt. Diese Verfahrensweise hat den zusätzlichen Vorteil, dass die Innenfläche der Flasche benetzt wird und damit mögliche Blasenkeime ausgeschaltet werden.

Das Ausspritzen der Flaschen mit kühlem (evtl. gekühltem) Wasser kann dann von Vorteil sein, wenn das Neuglas warm – möglicherweise unter Sonneneinstrahlung – lagerte. Die Füllung wird damit erleichtert.

Die Leistung der Rinser bewegt sich je nach Maschinentyp zwischen 1500 und 100 000 Flaschen/h. Sie ist abhängig von der Zeit, die der einzelnen Flasche zum Abtropfen gelassen wird. Je schneller das Aggregat läuft, desto mehr Wasser verbleibt in der Flasche. Eine verlängerte Abtropfzeit hingegen vermindert die Stundenleistung des Rinsers.

Damit die Infektionsmöglichkeiten zwischen Rinser und Füller gering gehalten werden, ist entweder die Strecke zwischen den beiden Maschinen kurz zu halten (z. B. Blockbauweise) oder die Flaschen laufen zwischen dem Rinser und dem Füller durch einen Tunnel.

Abb. 86. Funktionsweise eines Rinsers. Im Rundlauf werden die Flaschen in die Senkrechte mit dem Kopf nach unten gebracht, das Wasser eingespritzt, die Flüssigkeit tropft ab, um am Ende des Rundlaufes mit dem Boden nach unten auf das Förderband abgestellt zu werden (Hees).

Die Arbeitsweise der verschiedenen Rinser soll am Beispiel einiger Fabrikate kurz erläutert werden.

Die wohl verbreitetste Bauform der Rinser sind die Rundläufer, wie sie von Perrier, KHS, Hees, GAI u.a. hergestellt werden. Die Arbeitsweise ist in Abb. 86 dargestellt. Die Flaschen werden durch eine Einlaufschnecke auf die Maschinenteilung gebracht und gelangen über einen Einlaufstern unter die Flaschengreifer. Die Übernahme der Flaschen erfolgt noch im Einlaufstern, womit eine genaue Zentrierung möglich ist. Ein um die Wendekurve herum greifender Führungsarm sorgt für das Wenden der Flaschen über die Spritzdüsen.

Am Ende der Arbeitsgänge Ausspritzen und Abtropfen werden die Flaschen wiederum über einen Führungsarm gewendet und in den Auslaufstern gebracht. Die Flaschenhaltezangen können – je nach Fabrikat – eine Flaschenfehlmeldeschaltung auslösen (keine Flasche – kein Spritzvorgang).

Ein anderer Rinsertyp wird unter dem Namen „Saturn“ von **Costral** vertrieben. Die Flaschen gelangen von dem Band in Flaschenmagazine, die satellitenartig in einem senkrechten Rad bewegt werden. Während des gesamten Arbeitsablaufes – außer beim Be- und Entladen – befinden sich die Flaschen in senkrechter Position, den Hals nach unten gerichtet. Die gesamte Durchlaufzeit wird auf diese Weise optimal genutzt und erlaubt zweimaliges Ausspritzen der Flaschen mit verschiedenen Medien sowie ausreichend lange Abtropfphasen.

4.3.11.6.2 Füller

Druckfüller

Bei der Abfüllung von Schaumwein und Perlwein stellt man sich zur Aufgabe, ein CO_2-übersättigtes Getränk ohne nennenswerte Sauerstoffaufnahme und CO_2-Verlust frei von getränkeschädigenden Keimen in die Versandflasche zu bringen. Den Fortschritt, den die Technik in den letzten Jahrzehnten erzielte, lässt sich darin erkennen, dass in den sechziger Jahren Kielhöfer und Würdig eine Sauerstoffaufnahme bei der Sektfüllung von bis zu 4 mg/l feststellten, wogegen man heute bei der richtigen Wahl der Fülltechnik praktisch ohne Sauerstoffaufnahme abfüllen kann (Bach, Hüls und Wintrich, 1992).

Um einen CO_2-Verlust bei der Füllung zu vermeiden, wurde der Schaumwein früher mit -2 bis -3 °C abgefüllt. Dies hatte zwar den Vorteil, dass mit geringeren Fülldrücken gearbeitet werden konnte, doch musste man die **Schwitzwasserbildung an den Flaschen** in Kauf nehmen, die zu beträchtlichen Problemen bei der Verpackung des Fertigsektes führten. Die Entwicklung der Technik erlaubt es heute, den Sekt auch „warm“ (d. h., unter 20 °C) zu füllen. Während bei der **Kaltfüllung** mit 1 bis 1,5 bar über dem Partialdruck des CO_2 gearbeitet wurde, ist es bei der **Warmfüllung** notwendig, mit 2 bis 2,5 bar über dem Partialdruck zu fahren. Dies kann

– wie in Abb. 66 dargestellt – zu Systemdrücken von über 10 bar und Fülldrücken von 8,5 bis 9 bar führen, wohingegen man bei der Kaltfüllung mit Drücken von 6 bis 7 bar (bei 5 bis 6 bar Fülldruck) auskam.

Bei der Beschickung des Füllers mit Schaumwein/Perlwein müssen Störungen und Unterbrechungen bei der Füllung eingeplant werden. Durch sie können **Druckstöße** verursacht werden, die das Gleichmaß des Filtrationsvorganges stören und die Filterschichten schädigen können. Druckstöße müssen also aufgefangen werden. Dies geschieht am einfachsten und billigsten durch ein dem Füller vorgeschaltetes Überströmventil (Abb. 87), das dann eingebaut werden kann, wenn der Füller mit einem ausreichend großen Ringkessel ausgestattet ist. Es wird auf einen bestimmten Solldruck eingestellt.

Abb. 87. Überströmventil NW 25. Das Überströmventil verhindert, vor dem Füllereingang angeschlossen und mit der Rückleitung zum Abfülltank, Druckstöße bei Füllerstillstand usw. Die Verschlussplatte wird dann entgegen dem eingestellten Druck auf die Spiraldruckfeder bis zum Druckausgleich geöffnet. Der Sektfluss wird so nicht unterbrochen, das Filter nicht gestört.

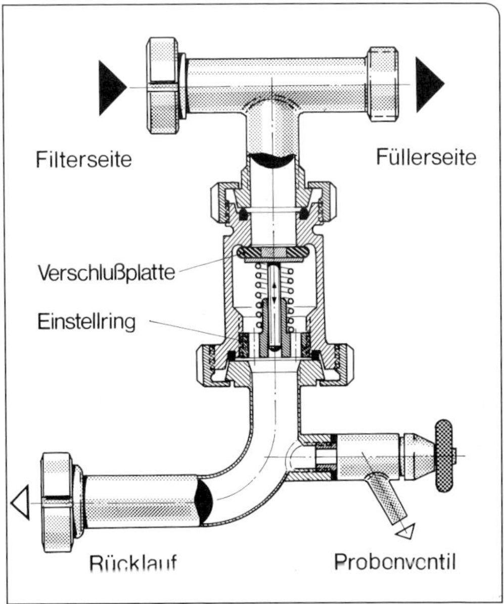

Bei einer Störung im Füller und dem dadurch verhinderten Abfluss erzeugt der Flüssigkeitsstau einen Überdruck, der durch die Rückleitung des Sektes beseitigt wird. Neben dem Druckstoß macht sich vor allem beim Einkammer-Füller auch ein plötzlicher **Druckabfall**, wie er durch platzende Flaschen im Füller auftritt, filterschichten-schädigend bemerkbar, weil dabei CO_2 frei wird und mitunter die Filterschichten aufgebläht werden. In diesem Falle ist das Überströmventil keine Hilfe, da es nicht anspricht, weil die Druckfeder auf die Druckerniedrigung nicht reagiert und die Ventildruckplatte geschlossen bleibt.

Die Zufuhr der Flaschen erfolgt mittels **Transportband**. Die Flaschen gelangen in eine Einlaufschnecke, wo sie auf den Abstand (Teilung) gebracht werden, dass der danach geschaltete Einlaufstern die Flaschen abnehmen und dem Füller zuführen kann. Zufuhr von Flaschen und Leistung des Füllers kann auf verschiedene Weise aufeinander abgestimmt werden.

Kleingeräte für Handbedienung

Halb automatische Rundfüller sind ihrer begrenzten Leistung wegen kaum noch in den Sektbetrieben anzutreffen. Zu ihnen gehörten z. B. der „Flux“ mit 10, der „Monopol“ mit 12 bis 16 Füllorganen in Form konischer Küken- oder Schieberhähne von der Firma Winterwerb, Streng & Co., die für etwa 900 bis 1200 0,75-l-Flaschen Stundenleistung gebaut waren oder der „Druckfulla“ und spätere „Tirax-Füller“ der Seitz-Werke mit 12 Füllstutzen. Diese halbautomatischen Rundfüller werden heute nicht mehr gebaut. Das gilt auch für Füller dieser Art von anderen Firmen.

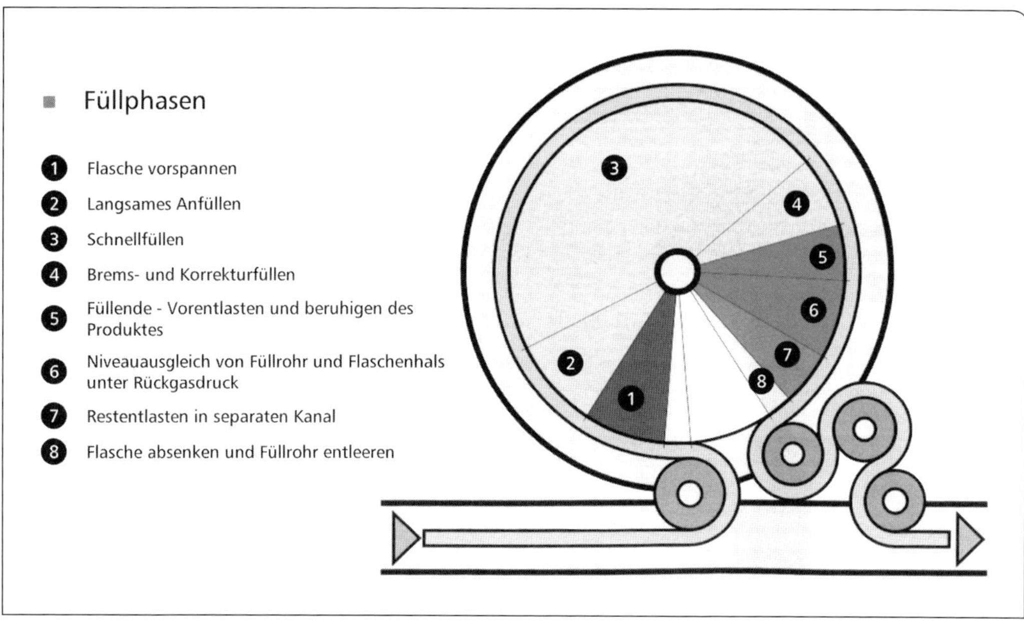

Abb. 88. Schematische Darstellung der verschiedenen Füllphasen am Beispiel des Innofill DRF von KHS (siehe auch Abb. 90).

Füllmaschinen

Zur Abfüllung von Schaumwein, Perlwein und anderen kohlensäureübersättigten Getränken werden **Höhen- oder Niveaufüller** verwendet. Bei ihnen ist die **Flasche** das Maßbehältnis für die einlaufende Menge an Füllgut. Die Höhe des Füllgutspiegels richtet sich nach der Nennfüllmenge der Flasche und ist mit den heute üblichen Füllventilen sehr genau einstellbar.

Verwendet werden von der Bauart her Rundfüller, die als Solomaschinen oder als Kombinat arbeiten. Das heißt, Füller und Verschließer sind zu einem gemeinsamen **Maschinenblock** zusammengefasst und werden durch einen regelbaren Motor gemeinsam angetrieben. Bei Solomaschinen ist der Platzbedarf zwar größer, aber der Arbeitsablauf ist je nach Kombination flexibler und flüssiger.

Die Leistung der Füllmaschinen reicht bei dem derzeitigen Stand der Technik bis 32 000 Flaschen/Stunde. Für die Leistung des Füllers sind die Größe der Füllstrecke und der **Füllwinkel** von Bedeutung. Je größer der Füller, desto günstiger ist der nutzbare Füllwinkel. Während des Flaschenrundlaufs im Füller werden von den Füllorganen verschiedene Funktionen ausgeführt. Entsprechend den einzelnen Ventilschritten, die z.T. durch Anschläge, teils durch auftretende Druckunterschiede durch Federwirkungen oder elektronischen Sensoren ausgelöst werden, wird der Vollkreis des Füllers in verschiedene Bereiche unterteilt. Die Abb. 88 veranschaulicht die einzelnen Arbeitsbereiche am Beispiel des Innofill DRF von **KHS**.

Die Leistung des Füllers hängt aber auch, außer der Beschaffenheit des Füllgutes, vom Bau und der Arbeit der **Füllventile** ab. Einfache Füllventile, deren Tätigkeit sich auf das Vorspannen-Füllen-Entlasten beschränkt, erlauben eine höhere Leistung als die verfeinerten Füllventile, die daneben noch die Flasche mit CO_2-Gas vorspülen oder vorevakuieren und vorfüllen, nach dem Füllen der Flaschen noch eine Füllhöhenkorrektur vornehmen, CO_2 nachfüllen und dadurch mehr Zeit und Wege benötigen.

Heute werden die modernen **Füll-Vollautomaten** mit einem Steuerschrank für die Füllstands- und Leistungsanzeige mit Signallampen, Kontrollleuchten, Schaltern, Armaturenschrank mit Manometer und Regelventilen für Vorspann- und Gegendruck, Fülldruck und Hubzylinderluft und Elektroschrank mit den erforderlichen Schützen- und Schaltgeräten versehen. Sie erleichtern das Auffinden von Störungen und die **Überwachung des Füllvorgangs**. Auch kann mithilfe der Elektronik die Füllerleistung an die vor- oder nachgeschalteten Maschinen angepasst werden. Ebenfalls ist es möglich, den Produktzulauf so zu regeln, dass dieser der Füllerleistung entspricht. Dies ist vor allem bei Dreikammerfüllern notwendig, bei denen der Ringkessel bzw. der Verteilerring vollgefüllt ist.

Spülung, Reinigung und Reinhaltung des Füllersystems sind vielfach durch eigene Spül- und Sterilisiervorgänge im Umlaufverfahren auch vollautomatisch möglich.

Die **Füllorgane der Füllmaschinen** wurden im Laufe der Zeit mit den steigenden Füllleistungen und den erhöhten Anforderungen der Getränke an den Füllvorgang erheblich verändert und verbessert. Die Entwicklung ging beim Druckfüller vom konischen Kükenhahn über den Flachschieber oder Scheibenhahn zum federgesteuerten Ventil. Sie ging vom Füllhahn mit langem oder kürzerem Füllrohr zum füllrohrlosen Füllventil. Die Elektronik macht es heute möglich, wieder die **Vorteile des langen Füllrohrs** zu nutzen. Während bei den älteren Bauformen die Flüssigkeit oftmals umgelenkt wurde, und sich an vielen Ecken und Kanten stieß, wird heute der möglichst direkte und freie Fluss angestrebt. Dadurch wird die Fließgeschwindigkeit gesteigert und der Sekt weniger beunruhigt. Auch die Hygiene des Ventils, die Reinigung und Sterilisation des Füllers wurde sicherer, weil einfacher.

4.3.11.6.3 Einkammer-Gleichdruckfüller, füllrohrlos

Einkammer-Gleichdruckfüller arbeiten im Überdruckbereich und werden deshalb auch **Gegendruckfüller** oder Überdruckfüller bezeichnet. Die Flasche wird auf den Überdruck im Ringkessel oder Ringkanal des Füllers vorgespannt bis zwischen Füller und Flasche eine annähernde Druckgleichheit erreicht ist. Dann fließt das Füllgut lediglich durch Falldruck in die Flasche. Der Falldruck ist durch die Differenz zwischen Füllgutoberfläche im Ringkanal und dem freien Auslauf in die Flasche gekennzeichnet. Die Höhe des Überdruckes ist ohne Einfluss auf die Füllgeschwindigkeit. Sie dient nur der Erhaltung isobarischer Verhältnisse.

Die **Fließgeschwindigkeit** des Sektes wird auch durch dessen Füllstand im Ringkanal des Füllers beeinflusst, also durch die statische Höhe (Falldruck) und den Querschnitt im Füllventil.

Neben dem Ringkessel (heute als Ringkanal bezeichnet) kann der Füller mit einer zusätzlichen Ringkammer für die Entlastung oder noch einer weiteren Kammer für die CO_2-Vorspülung und CO_2-Nachspülung in der Flasche mithilfe besonders konstruierter Füllventile ausgestattet sein (Abb. 89).

Die Flüssigkeitszufuhr erfolgt zentral, die Steuerung des Flüssigkeitsniveaus im Ringkanal mechanisch durch Schwimmersystem oder elektronisch durch Sondensteuerung.

Beides wirkt auf das **Gegendruck-** und **Abluftventil** auf dem Ringkanal oder in der Rohrleitung ein. Steigt das Flüssigkeitsniveau zu hoch (Absaufen des Füllers), dann wird der Füllgutzulauf durch das sich öffnende CO_2-Gegendruckventil gestoppt; sinkt der Flüssigkeitsspiegel infolge des zunehmenden Druckes ab, dann öffnet sich das Abluftventil, der Gasdruck wird abgebaut, es läuft mehr Füll-

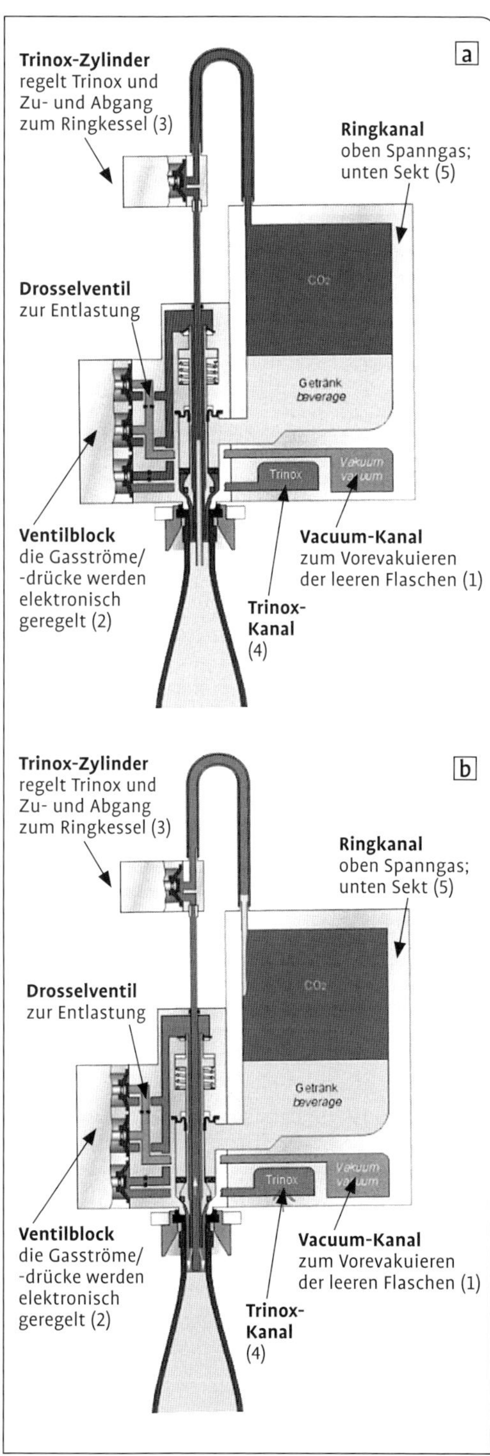

Abb. 89. Arbeitsschema eines füllrohrlosen elektronisch gesteuerten Einkammer-Überdruckfüllsystems mit separater Vorspannung, druckgeregelter zweistufiger Entlastung und TRINOX (am Beispiel des Innofill DNRT von KHS).

a: Gefüllte Flasche, Druckausgleich, Sekt im Rückluftkanal

b: Durch Öffnen des Trinox-Ventils gelangt der Sekt im Rückluftkanal in den Ringkessel; die Höhe des Rückluftrohres in der Flasche, bestimmt die Füllöhe (siehe Text).

gut in den Ringkanal. Dadurch entstehen aber Schwankungen in der Fließgeschwindigkeit, die bei der Auslegung der Rohrleitungen und den Armaturen berücksichtigt werden müssen (Reserven einplanen).

Druckschwankungen während der Abfüllung führen leicht zu einem höheren Stand des Flüssigkeitsspiegels in der Flasche als beabsichtigt ist und dem Rückluftrohranschnitt entspricht. Die Füllhöhenkorrektur, die von modernen Füllventilen vorgenommen wird, erhöht die Füllhöhengenauigkeit erheblich und wird daher von den meisten Firmen wahrgenommen.

Das **Füllschema** beim Einkammer-Gleichdruckfüller und der Ablauf der Funktionen des Füllventiles sind aus der Abb. 89 ersichtlich und soll im nachfolgenden am Beispiel des Innofill DNRT mit separater Vorspannung und druckgeregelter zweistufiger Entlastung der Firma KHS erläutert werden.

Zum Verdrängen der Flüssigkeit aus dem Rückluftrohr kann entweder Druckluft oder CO_2-Gas verwendet werden. Bach, Hüls und Wintrich (1992) verdrängten den Kopfraum über dem Sekt mit Stickstoff und stellten fest, dass im Vergleich zur unbehandelten Variante, in der Luft im Kopfraum verbleibt, bei Weitem nicht der rein rechnerisch zu erwartende Effekt erzielt wird (Tab. 34).

Nach dem Anpressen der Flasche durch ein Huborgan an das Füllventil wird über das Steuergehäuse (Abb. 89 a, 2) eine Verbindung zwischen dem separaten Vakuumkanal (1) und der Flasche geschaltet. Dadurch entsteht in der Flasche ein leichtes Vakuum von etwa 0,9 bar. Sodann wird durch den Trinox-Zylinder (3) eine direkte Verbindung mit dem Gasraum des Ringkessels (5) geöffnet. CO_2 gelangt aus dem Ringkessel in die Flasche und es herrschen isobarische Verhältnisse. Die Füllung beginnt, das Rückgas gelangt in den Ringkanal. Das Füllende ist gegeben, wenn der Sekt das Rückluft-(Trinox-)Rohr erreicht hat. Der Trinox-Kanal (Abb. 89 b, 4) wird geöffnet, dadurch wird mit einem leichten Überdruck von 0,2 bis 0,5 bar der Restsekt aus dem Rückluftrohr in den Ringkanal gedrückt. Gleichzeitig wird die Flüssigkeitsfläche in der Flasche bis zum Ende des Rückluftrohres gesenkt. Mit der Veränderung der Eindringtiefe des Rückluftrohres in die Flasche kann somit die Füllhöhe reguliert werden. Ist die gewünschte Füllhöhe erreicht, schließt der Trinox-Zylinder (3) die Verbindung mit dem Ringkanal. Gleichzeitig wird über den Ventilblock (2) eine Verbindung zum Vakuum-Kanal geschaffen, der die Vorentlastung einleitet. Mit einer Drosselung in dieser Leitung kann die Vorentlastung gesteuert werden. Nach einer Beruhigungsphase wird dieses Drosselungsventil soweit geöffnet, dass die Restentlastung (auf atmosphärischen Druck) erfolgt.

Der Grund für diesen Befund wird darin liegen, dass bei der Druckentlastung und dem Weg vom Füller zum Verschließer geringe Mengen von CO_2 aus dem Sekt diffundieren und damit den Sauerstoff verdrängen. Die zusätzliche Spülung des Kopfraumes mit N_2 zeigt zwar noch einen zusätzlichen Effekt der O_2-Verarmung im Kopfraum, doch wirkt diese Maßnahme nur gering im Vergleich zur Verdrängung des Sauerstoffs durch das sekteigene CO_2.

Nachdem mithilfe des Trinox-Druckes in der Flasche die Füllhöhe einreguliert wurde, wird der Gasweg zwischen Trinox-Kanal (4) und Flaschenhals durch das Steuergehäuse (2) geschlossen. Gleichzeitig wird der Flaschenhals über das im Steuergehäuse integrierte Druckregelventil über den Vakuum-Kanal (1) mit der Atmosphäre verbunden. Das Druckregelventil besteht aus einer Kugel, die von einer Feder mit einem bestimmten Druck gegen die Entlastungsbohrung gedrückt wird.

Tab. 34 Der O_2-Gehalt des Sektes unmittelbar nach der Füllung in Abhängigkeit von dem Gas im Kopfraum der Flasche, dem Füllgas und der Abfülltemperatur (mg/l) – Untersuchung sofort nach der Füllung

Abfüll-temperatur °C	Füllgas	Kopfraumatmosphäre	
		Luft	N_2
7	Luft	3,5	1,5
	CO_2	0,5	0,0
	N_2	0,2	0,0
17	Luft	3,0	2,3
	CO_2	1,2	0,5
	N_2	0,8	0,3

In der Entlastungsbohrung ist eine Düse mit definiertem Querschnitt eingebaut. In der Vorentlastungsphase wird der Druck in der Flasche über diese Entlastungsdüse von Fülldruckniveau auf den am Druckregelventil einjustierten Druck abgesenkt. Der Vorentlastungsdruck kann in der Regel schon deutlich unterhalb des CO_2-Sättigungsdruckes liegen. In diesem Zustand findet bereits eine kontrollierte Entlastung statt, wodurch eine unkontrollierte Schaumkronenbildung verhindert wird. Auf dem so erreichten Druckniveau erfolgt sodann eine Beruhigungsphase, deren Dauer je nach Füllgut geregelt werden kann.

Kurz vor dem Abziehen der Flasche wird über eine weitere Schaltung am Steuergehäuse (2) der Druck in der Flasche auf Atmo-

Tab. 35 Der O_2-Gehalt des Sektes nach der Füllung in Abhängigkeit vom Füllsystem, dem Füllgas und der Abfülltemperatur (unter Ausschaltung des Sauerstoffs im Kopfraum) – Untersuchung direkt nach der Füllung – Die Flaschen wurden direkt nach Füllbeginn entnommen (siehe auch Kap. 4.3.11.6.4)

Abfüll-temperatur °C	Füllgas	Füllsystem	
		Langrohr (3-Kammer)	Füllrohrlose (1-Kammer)
7	Luft	0,8	2,2
	CO_2	–0,1*)	–0,2*)
	N_2	–0,1*)	0,2
17	Luft	0,5	4,2
	CO_2	0,1	0,9
	N_2	0,5	0,1

* Die Minuswerte entstehen dadurch, weil die Zahlen die Differenzen des O_2-Gehaltes im Sekt **vor** der Füllung und direkt **nach** der Füllung darstellen. Bei Werten mit einem Minus-Vorzeichen hat also während der Füllung eine O_2-Auswaschung stattgefunden.

Tab. 36 Der CO_2-Überdruck der abgefüllten Sekte bei einem Ausgangsgehalt von 4,8 bar (Druck bei 20 °C)

Abfülltemperatur °C	Füllgas	Füllsystem	
		Langrohr (3-Kammer)	Füllrohrlose (1-Kammer)
7	Luft	4,3	4,3
	CO_2	4,7	4,9
	N_2	4,4	4,5
17	Luft	4,7	4,4
	CO_2	4,8	5,4
	N_2	4,3	4,5

sphärendruck abgesenkt. Die Restentlastung erfolgt über die gleiche Düse, die auch schon zur Vorentlastung benutzt wurde. Sie beginnt also von einem Druckniveau, das bereits deutlich unter dem Sättigungsdruck des Sektes liegt. Aufgrund dieser geringen Druckdifferenz zum Atmosphärendruck wird in der Restentlastung kein nennenswerter Schaum mehr gebildet bzw. CO_2 freigesetzt. Die Vor- und Restentlastung wird durch separate Bohrungen am Steuergehäuse geleitet.

Arbeitet man auch beim Aufbau des Überdruckes im Ringkanal mit Kohlensäure, kann der Lufteinfluss weiter gesenkt werden, wenngleich die CO_2-Konzentration durch die Rückluft aus der Flasche wieder verdünnt wird, falls diese nicht vorevakuiert und mit CO_2-Gas vorgefüllt ist (siehe auch Kap. 4.3.11.2).

Die Tab. 35 macht den Einfluss der Nutzung eines inerten Gases als Vorspanngas auf den Sauerstoffgehalt des Sektes bei der Füllung mit einem Einkammer-Gleichdruckfüller ohne Füllrohr deutlich. Es bleibt die Frage, ob und wann sich der größere Aufwand an CO_2 oder Stickstoff lohnt.

Es stellt sich dabei auch die Frage, ob CO_2 oder Stickstoff als Vorspanngas verwendet werden soll. Wie Tab. 36 zeigt, hat die Verwendung von CO_2 als Füllgas beim füllrohrlosen Einkammer-Gleichdruckfüller einen Anstieg der Kohlensäure im Sekt zur Folge.

Infolge der CO_2-Vorspannung fand demnach bei der Warmfüllung eine **erhebliche CO_2-Aufnahme** statt. Der Grund dafür liegt darin, dass bei der „Warm"-Füllung (auf gleiche Temperatur bezogen) mit einem höheren Gegendruck gearbeitet wird. Es konnte auch festgestellt werden, dass bei der Anwendung von Stickstoff als Füllgas bei der Entlastung Abspritzverluste auftreten, was eine Verminderung der Füllleistung zur Folge hat.

Bei den **Füllventilen** geht die Entwicklung zum spiralfederfreien Aggregat. Entweder wird die Spiralfeder gekürzt und aus dem Flüssigkeitsniveau herausgehoben oder sie fällt ganz weg. Dann wird sie durch einen **Magnetring** im Flüssigkeitsventil ersetzt, dessen Hubkraft so abgestimmt ist, dass er die Ventilklappe bei erfolgtem Druckausgleich zwischen Ringkanal und Flaschenraum anhebt und damit das Flüssigkeitsventil öffnet. Dadurch sollen ein möglichst glatter Durchgang und eine ruhige, wirbelarme Abfüllung bei CO_2-haltigen Getränken erreicht werden.

Bei den meisten Füllsystemen sind daher die Füllventile radial vor dem Ringkanal angebracht. Es ragen dann keine Ventilteile mehr in den Ringkanal, wodurch eine wirbelfreie Strömung des Füllgutes zustande kommt. Außerdem bringt man mehr Füllorgane auf dem Füllkreis unter.

4.3.11.6.4 Dreikammer-Überdruckfüller, mit langem Füllrohr

Die Sauerstoffaufnahme beim Füllen des Schaumweines mit einem Dreikammer-Überdruckfüller mit langem Füllrohr ist – ausweislich des Versuchsergebnisses in Tab. 35 – minimal.

Dies hat seinen Grund zum einen in der **unterschichtenden** Füllweise, die mit einem langen Füllrohr möglich ist. Zum andern werden Spanngas und Rückgas in zwei verschiedenen Leitungen geführt. Dies hat zur Folge, dass bei der Vorspannung mit Luft nicht wie beim Einkammer-Gleichdruckfüller das Rückgas in den Ringkanal und somit über den zu füllenden Sekt gelangt, sondern in die Atmosphäre abgeleitet wird.

Neben diesen beiden Füllertypen, die beispielhaft für die in der Sektbranche verbreiteten Füller beschrieben wurden, existieren eine große Anzahl anderer Fabrikate und Variationen (Krones, GAI, Bertolaso, Perrier, Kematec u. a.).

Zum Thema Verschlusse und verschließen des fertigen Sektes siehe Kap. 5.4.6.

Die Funktionsweise eines solchen Füllers soll am Beispiel des Innofill DRF von KHS mit der Abb. 90 erläutert werden. Zu Beginn der Füllung wird die Flasche bereits im Einschubstern durch Absenken der Zentriertulpe erfasst. Nach dem Anpressen der Flasche wird aus dem Ringkessel (2) Spanngas in die Flasche geleitet. Das Flüssigventil bleibt während des Vorspannens geschlossen. Wenn die Flasche vorgespannt ist, wird das Spanngasventil geschlossen. Gleichzeitig wird das Flüssigkeitsventil geöffnet. Die Einfließgeschwindigkeit in der Anlaufphase wird vom Querschnitt des Entlastungskanals (4) bestimmt. Das dadurch erzielte geringe Druckgefälle und das lange Füllrohr sorgen für ein langsames Einlaufen des Füllgutes in die Flasche. Ist der Füllgutspiegel etwa 10 bis 20 mm über das untere Füllrohrende angestiegen, gilt die Anlaufphase als beendet. Durch das zusätzliche Öffnen des Rückgas-Kanals (3) wird der Querschnitt der „Rückluft“ vergrößert. Daraus resultiert ein größeres Druckgefälle und somit die höhere Einfließgeschwindigkeit (Schnellfüllphase). Diese Schnellfüllphase wird bei einer bestimmten Füllhöhe von einer Bremsphase abgelöst. Dies geschieht durch das Schließen einer der beiden Kanäle (3), was vom Steuerventil (5) bewirkt wird. Dies führt zu einer Querschnittsverengung in der Rückgasleitung. Damit wird die Einfließgeschwindigkeit reduziert. Der Sekt steigt dann ruhig im Flaschenhals an. Die Dauer dieser drei Füllphasen kann über eine Zeitvorgabe – auch während des Betriebes – verändert und somit dem Füllgut und der Flaschenform angepasst werden. Sobald das Produkt die vorgesehene Füllhöhe erreicht, wird über eine Sonde am Füllrohr ein Impuls abgegeben, der zum Schließen des Flüssigkeitsventils führt. Die Zeitspanne zwischen Sondenimpuls und Schließen des Flüssigkeitsventils ist über eine Zeitvorgabe verstellbar. Damit besteht die Möglichkeit, die Füllhöhe begrenzt zu verändern. Anschließend erfolgt der Druckabbau in der Flasche auf den Rückgasdruck. In einer zweiten Entlastungsstufe wird die Flasche auf atmosphärischen Druck entlastet. Durch eine Verbindung des Gasraumes über dem Flüssigkeitsspiegel mit dem Füllrohr wird die Füllrohrentleerung eingeleitet. Gleichzeitig wird die Flasche vom Füllventil abgezogen.

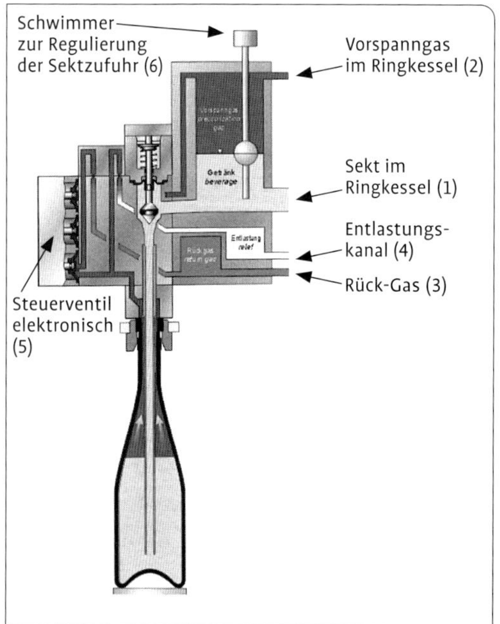

Abb. 90. Arbeitsschema eines elektronisch gesteuerten 3-Kammer-Überdruckfüllsystems mit langem Füllrohr (Beispiel KHS-Innofil DRF).
Sekt (1), Rückgas (3) und Spanngas (2) werden in 3 getrennten Leitungen geführt. Nachdem die Flasche mit einem Hubzylinder gasdicht mit dem System verbunden ist, erfolgt das Vorspannen der Flasche über die Spanngasleitung (2). Nachdem isobarische Verhältnisse herrschen, läuft der Sekt aus dem Ringkessel (1) über das Flüssigkeitsventil in die Flasche. Durch das elektronisch gesteuerte Ventil (5) werden 2 Kanäle gesteuert, über die das Rückgas aus der Flasche in die Atmosphäre entweicht. Wird das Rückgas gedrosselt, erfolgt die Füllung langsamer, wird es geöffnet, schneller. Im Bild ist die Phase der Schnellfüllung dargestellt (Kanal 3 u. 4 sind offen). Am langen Füllrohr befindet sich eine Sonde, die bei beendeter Füllung ein Impuls zum Schließen des Flüssigkeitsventils abgibt. Die Entlastung erfolgt in 2 Stufen (näheres siehe Text).

4.4 Andere Gärverfahren

Neben den beschriebenen Verfahren der Sektherstellung soll im Nachfolgenden auf einige andere Möglichkeiten der Bereitung von Schaumwein eingegangen werden.

4.4.1 Schaumerzeugung durch erste Gärung

Lange bevor man begonnen hatte, stille Weine durch eine zweite Gärung zu Schaumwein zu verwandeln, gab es schäumende Weine, die aus der ersten Gärung hervorgegangen waren (siehe auch Kap. 1.3.2).

Nach H. Arntz ist die Herstellung des französischen Schaumweines **„Blanquette de Limoux"** schon um das Jahr 1540 belegt (Limoux, Ort in SW-Frankreich bei Carcassonne). Die Blanquette wird hauptsächlich aus der Rebsorte **Mauzac** hergestellt, und zwar damals vom Most ausgehend. Seit einiger Zeit geht man aber den bequemeren Weg, man lässt den Most durchgären und unterwirft den Wein dann, wie in der Champagne, einer zweiten Gärung in der Flasche. Ebenfalls hauptsächlich aus der Mauzac-Traube werden im Gaillac (nordöstlich von Toulouse) Schaumweine auch heute noch nach der „méthode rurale" („ländliche Methode") hergestellt.

Aus der Rebsorte **„Clairette"** und unter Mitverwendung von **„Muscat"** werden in der Nähe der Stadt Die, südöstlich von Valence elegante Schaumweine durch erste Gärung, also auch nach der ländlichen Methode gewonnen.

Bei allen Arten der Schaumweinherstellung, die vom Most ausgehen, wird die Gärung unterbrochen, sobald etwa die Hälfte des Zuckers vergoren ist.

Von allen Schaumweinen, die durch erste Gärung hergestellt werden, ist der **Asti Spumante** (Moscato d'Asti spumante oder kurz: Asti) der bekannteste und auch derjenige, der die größte wirtschaftliche Bedeutung erlangt hat. Asti ist ein „aromatischer Qualitätsschaumwein" mit geschützter Ursprungsbezeichnung (D.O.C. = Denominazione di Origine Controllata).

Außerhalb der 27 Gemeinden des Bezirks Asti, der 14 um Cuneo und der 9 um Alessandria dürfen Muskatellertrauben nicht zu Asti Spumante verarbeitet werden. Innerhalb des Astigebietes darf der Wein „Moscato rurale d`Asti" nur aus der Traubensorte Moscato bianco, dem weißen Muskateller gewonnen werden. Andere Rebsorten sind ausgeschlossen. Der Hektarhöchstertrag ist auf 100 hl/ha festgesetzt. Die Mostausbeute beim Keltern darf nur 75 % betragen.

Asti Spumante wird durch fraktionierte Gärung des Mostes hergestellt, also nur durch erste Gärung. Sie verläuft etappenweise bei meist niedriger Temperatur, um das empfindliche Muskatbukett zu erhalten und wird durch Separieren unterbrochen (süßhalten).

Man hat aus der Tatsache eine Tugend gemacht, dass Muskatellermoste auf gewissen Standorten von Natur aus nur schleppend gären. Die Ursache ist in der chemischen Zusammensetzung des Moscato-Mostes zu suchen, im Nährstoffmangel, vor allem von Stickstoff, Kalium und Phosphorsäure, von denen die zugelassenen kalk- und tonhaltigen trockenen Hanglagen wenig hergeben. Die Hefe reagiert auf Nährstoffzugabe, z. B. Ammoniumphosphat, augenblicklich.

Durch Zusatz von Fülldosage (Zuckerlösung + Reinzuchthefe) wird die alkoholische Gärung eingeleitet, sie dauert oft bis 2 Monate (die EG-Verordnung verlangt mindestens 1 Monat). Die Zeitspanne des Kontaktes zwischen Hefe und Wein ist zur Entwicklung des charakteristischen Buketts und der reduktiven Gärung von Bedeutung (Beginn der Hefeautolyse). Dabei ist die Temperaturführung (8 bis 10 °C) wichtig. Diese Gärungsphase erfolgt bevorzugt im Großraumbehalter bis zu einem CO_2-Überdruck von 3 bar/20 °C aufwärts. Der Moscato d'Asti Spumante hat dann mindestens 12 %vol Gesamtalkohol, davon mindestens 7 %vol vorhandenen Alkohol und etwa 80 g/l unvergorenen Restzucker (siehe auch Tab. 4). Die titrierbare Gesamtsäure muss mindestens 5 g/l betragen. Der Zusatz von Versanddosage ist verboten.

4.4.2 Kontinuierliche Gärverfahren

In der Vergangenheit fehlte es nicht an Versuchen, Methoden zu entwickeln, die eine **ununterbrochene** Herstellung CO_2-haltiger Getränke zum Ziel hatten.

So wurde schon im Jahre 1910 der Sektkellerei **Reihlen & Co.** ein „Verfahren zur ununterbrochenen Herstellung CO_2-haltiger Getränke durch Gärung" (DRP Nr. 255 898) patentiert.

Die Kontinuität wurde durch vier doppelwandige, luftdicht verschließbare Gärgefäße A–D mit Mantelkühlung (damals noch Kupferschlangen) erreicht, die mit Rohrleitungen jeweils von unten nach oben verbunden wurden. Das Verfahren arbeitete wie folgt:

Behälter A erhält Grundwein, Zucker und Hefe und wird verschlossen. Sobald in A 1/4 des Zuckers vergoren ist, wird Behälter B gefüllt. Beginnt auch hier die Gärung, so erfolgt mittels eines Ventils in der Verbindungsleitung zwischen zwei Tanks der Druckausgleich, sodass der von B oben ablaufende Wein bei A unten eintritt. Ist in A der Zucker zur Hälfte, in B zu 1/4 umgesetzt, wird Behälter C angeschlossen, und wenn in A 3/4, in B 1/2 und in C 1/4 des Zuckers vergoren ist, wird Behälter D zugeschaltet. Der unten in D eintretende Wein kann alle Behälter der Reihe nach von unten nach oben passieren, wobei die gebildete Kohlensäure in dem geschlossenen System erhalten bleibt.

Wenn Behälter D angeschlossen ist, verläuft die Gärung bis zum Ende. Zuerst ist der Inhalt von A vergoren. Der Behälter A wird abgestellt und entleert, indem der Inhalt in einen Abfüllbehälter umgefüllt wird. A wird dann frisch wieder angesetzt und dem System hinter D angegliedert.

Der Vergärungsgrad des Grundweines ist in den Behältern verschieden, er nimmt von D über C–B–A zu. In A soll die Gärung beendet sein (Probe auf Vergärungsgrad – Dosage – Flaschenfüllung).

Der geleerte und gereinigte Behälter A wird wieder mit einem neuen Gäransatz gefüllt, der das Tanksystem von neuem durchfließt und dabei das entsprechende Quantum Wein verdrängt.

Da der in der Gärung am weitesten fortgeschrittene Wein leichter ist als der noch nicht so weit vergorene und die Fließrichtung im Behälter von oben nach unten zum nächsten Behälter geht, gelangt der am meisten vergorene Weinanteil jeweils in den vorgeschalteten Behälter.

Die Entfernung der Hefe verläuft wie folgt: Wenn Schaumwein A nicht mehr gärt, wird die Gäreinheit A von B abgeschaltet und der Inhalt von A mit einer Pumpe zum Abfülltank gedrückt.

Die Kohlensäure der Behälter B bis D erzeugt den erforderlichen Überdruck und verhindert einen Druckabfall.

Ist A entleert, und der Behälter wieder gereinigt, wird er mit neuem Gäransatz beschickt und hinter D angeschlossen. Dann wird Behälter B entleert und abgefüllt usw.

Für die Güte des Verfahrens wird übrigens angeführt, dass die Flaschen im Anbruch auch noch nach 24-stündigem offenem Stehen kräftig moussieren.

Als ein weiteres Beispiel sei noch ein Patent aus dem Jahr 1919 angeführt, in dem die Deutsche Sektkellerei GmbH Stuttgart einen Patentanspruch erwirkt für ein **„Verfahren zur ununterbrochenen Herstellung CO_2-haltiger Getränke durch Gärung"** (DRP Nr. 336557).

Das Verfahren bestand aus mehreren hintereinandergeschalteten Gefäßen, in denen gezuckerter Wein über **gefesselte Hefe** geleitet wird.

Es ging von der bekannten Tatsache aus, dass die schwebende Hefe sich im Gärgefäß sehr bald absetzt. Daraus wurde ein Verfahren entwickelt, **„Fesselhefe"** auf voluminösen und lockeren Stoffen niederzuschlagen und in poröse Packungen zu bringen, mit denen das Gärgefäß angefüllt wird. Daraus ergibt sich eine raschere Gärung und günstige Verteilung der Hefe. Die Geräte bleiben sauber, die Filter werden nicht verstopft, weil Hefe nicht mit übergeht. Als Vergleich wird angeführt: 800 Liter vergären mit freier Hefe in 21 Tagen, mit Fesselhefe in 7 Tagen.

Dem Verfahren nach wird das zur Füllung der Gärgefäße dienende Trägermaterial (Sägespäne, Kieselgur, Koks usw.) mit der Gärflüssigkeit und Reinzuchthefe vermischt, worauf die Hefe unter geeigneten Bedingungen, etwa bei 20 bis 25 °C, zu kräftigem Wachstum gelangt.

Nach einigen Tagen, wenn sich genug Hefe auf der Trägermasse festgesetzt hat, presst man diese ab und bringt sie in die einzelnen Gärgefäße ein. Danach wird nach **kontinuierlichem** Gärverfahren mit mehreren hintereinandergeschalteten Gefäßen weitergearbeitet, die mit den erforderlichen Hilfsmitteln wie Kühl- und Wärmevorrichtung, mit Mano- und Thermometer, Probierhähne usw. versehen sind und der Überwachung und Regelung dienen, das Gärgut aufnehmen und bis zur Abfüllung weiterleiten.

Die meisten dieser frühen Versuche gingen von dem Wissensstand und der technischen Entwicklung ihrer Zeit aus. Sie hatten das Ziel, den Ablauf der Produktionstechnik zu verbessern und zu beschleunigen. Der Schwerpunkt lag auf betriebstechnischem Gebiet. Neue wissenschaftliche Grundlagen findet man in den Patentschriften natürlich nicht; wohl aber oft technische und apparative, auf eigener Erfahrung und Intuition beruhende Verbesserungsvorschläge.

Ihr Erfolg war begrenzt und so haben die vielen „Erfindungen" und Verbesserungen der Sektbranche auch nur für kurze Zeit – wenn überhaupt – Anwendung gefunden. Zum Teil eilten sie ihrer Zeit voraus, zum Teil scheiterten sie an den noch recht primitiven Hilfsmitteln und technischen Fertigkeiten der Zulieferindustrie oder an entsprechender Nachfrage und oft auch wurden sie von der Entwicklung überrollt.

Im europäischen Raum reifte nur das **diskontinuierliche Großraum-Gärverfahren** zu einer marktbeherrschenden Technik heran. Unberührt blieb daneben die Jahrhunderte alte **Flaschengärung**.

Eine mittlerweile in mehr als 40 Jahren ausgereifte **kontinuierliche Gärtechnik** ist in der Sektindustrie der Sowjetunion entwickelt und vervollkommnet worden. Sie ist wissenschaftlich gut begründet und technisch in der Praxis so weit ausgereift, dass der hergestellte Schaumwein in der Qualität befriedigt und das Verfahren auch wirtschaftlich diskutabel ist. Ein wesentlicher Vorteil besteht darin, dass es unter **Luftabschluss** arbeitet und weitgehend **automatisiert** werden kann.

Abgesehen von wirtschaftlichen Überlegungen dürften die europäischen Sekterzeuger aber **mikrobielle Bedenken**, also die Gefahr von Fehlgärungen, von einer Einführung kontinuierlicher Gärverfahren abgehalten haben. Denn, kommt es dabei zu einer mikrobiellen **Fehlentwicklung**, muss der ganze Prozess mit großen technischen und finanziellen Aufwänden unterbrochen werden. Ein großes Problem dürften auch die bei länger dauerndem Betrieb unvermeidlichen **Zersetzungsvorgänge** der Hefe sein, die nicht nur böckserähnliche Geruchs- und Geschmacksstoffe im Sekt zur Folge haben, sondern eine Unterbrechung und Neubeginn des Prozesses zur Folge haben müssen.

Die **Mengenleistung** einer Tankbatterie ist begrenzt. Der Ausstoß einer gekoppelten Anlage z. B. wird mit 3800 l/Tag oder 1 625 000

0,8-Liter-Flaschen im Jahr angegeben (1967), sodass im Großbetrieb mit mehreren gekoppelten Anlagen zur kontinuierlichen Sektherstellung gearbeitet werden muss, wenn man auf größere Umsätze kommen will. Das erhöht den apparativen Aufwand, da die Gärbehälter zzt. 5000 l nicht überschreiten.

Im Geltungsbereich der EG-Verordnungen besteht keine Möglichkeit, ein kontinuierliches Gärverfahren so anzuwenden, dass es irgendeinen qualitativen oder ökonomischen Vorteil hätte.

4.5 Perlweine

Perlwein (Übersetzung der französischen Bezeichnung „vin pétillant") ist Wein, der den normalen Stillweinen gegenüber um ein typisches Geschmacksmerkmal betonter hergestellt wird, nämlich einem gewissen Überschuss an Kohlensäure, die beim Eingießen ins Glas sichtbar perlt, aber nicht aufbraust, und sensorisch als erfrischend, prickelnd oder spritzig empfunden wird.

4.5.1 Grundsätzliches

Ursprünglich verstand man unter „Perlwein" in den meisten Weinbauländern die Bezeichnung für einen Weiß- oder Rotwein, der von Natur aus spritzig war, weil er mehr CO_2 gelöst enthielt als ein traditionell ausgebauter Stillwein; der Ausbau solcher Weine erfolgte nach überlieferten Methoden.

Die Ursache der **Kohlensäureanreicherung** ist die bei der alkoholischen Gärung durch Hefen beim Zuckerabbau oder beim biologischen Säureabbau entstehende Kohlensäure, von der man mehr im Wein zurückbehält als üblich ist.

Jeder Wein macht bei und nach der Gärung ein Stadium durch, in dem er mit CO_2 gesättigt ist (teilweise gegorener Traubenmost). Von lokaler Bedeutung ist der dann noch gärende und hefetrübe „Federweiße", „Bitzler", „Sauser", „Brauser" oder „Sturm" im Herbst.

Will man den im Jungwein enthaltenen CO_2-Überschuss bewahren, muss der Wein kalt lagern, früh von der Hefe abgestochen, geschwefelt, geklärt und auch frühzeitig auf Flaschen gefüllt werden.

Perlwein entstand ursprünglich in der Absicht, kleinere, zu wenig ansprechende Trinkweine interessanter, schmackhafter, selbstständiger und wertvoller zu machen. Das erreicht man

a) durch den prickelnden Reiz der **Kohlensäure** und
b) durch den harmonischen, abrundenden **Zuckerrest**, wie er ebenso beim Federweißen vorübergehend auftritt.

Perlweine werden in den Weinbauländern schon seit Langem hergestellt, teils natürlich mit einfachen Mitteln, teils nach geeigneten technischen Methoden.

Bekannt sind z. B. in **Frankreich** die „Vins pétillants" im Anjou-Gebiet (Saumur-Pétillant), die aus Vouvray und noch einige andere.

In **Italien** sind es perlende Rot- und Weißweine, die als „Vini frizzanti" mit und ohne CO_2-Zusatz eine nicht unbedeutende Rolle spielen. Sie werden nach traditionellen Verfahren vorwiegend in Nord- und Mitteltalien hergestellt, so in Piemont, Venetien, Emilia. Es sind natürliche Vini frizzanti, keine spumanti. Dafür enthalten sie zu wenig CO_2. Imprägniert sind sie als „gasificato" gekennzeichnet.
Man findet

- Konsumweine mit sehr wenig Kohlensäure,
- früher auch solche mit CO_2-Zusatz und
- typische Vini frizzanti, die zu den Stillweinen gezählt werden, wie die roten Nebbiolo und Freisa im Piemont, den Lambrusco di Sorbara in der Emilia, den roten Bardolino in Verona und den weißen Soave. Es sind einfache Weine, aber auch DOC-Weine (mit kontrollierter Ursprungsbezeichnung) mit höchstens 1,5 bar Druck.

Ihre Herstellung erfolgt durch Gärungsunterbrechung, früher Filtration und Kühlung. Die CO_2-Entwicklung trat früher auch noch auf der Flasche durch Nachgärung eines Zuckerrestes auf, wobei sich die Flaschenweine naturgemäß leicht eintrübten oder einen Bodensatz bildeten.

Auch **Portugal** hat seine „Vinos frisantes" vorwiegend im Vinho verde-Gebiet, die bis zu 2,5 bar Druck aufweisen.

In **Kalifornien** werden leicht schäumende Weine als „crackling wine" nach dem Flaschengärverfahren hergestellt, also auch aus Gärungskohlensäure.

Bekannt sind auch die „Stern-, Sternles- oder Sternli-Weine" der Schweiz, die nach dem Ausgießen ins Glas auf der Weinoberfläche einen charakteristischen „Stern" bilden (Abb. 91), z. B. perlender Chasselas („Perlan") im Kanton Genf und Neuenburg.

Auch die badischen **Markgräfler Gutedelweine** werden besonders als trockene und spritzige Jungweine geschätzt. Es sind Weine, die einen größeren CO_2-Gehalt als Folge von Kaltgärung und Kältelagerung erhalten.

Abb. 91. Typisches Bild eines Perlweines mit „Stern" nach dem Eingießen ins Glas. Beispiel: Sternli-Wein der Schweiz.

Die alten Verfahren bezogen auch die Nachgärung von noch vorhandenen (oder zugesetzten) Zuckerresten als CO_2-Quelle ein oder den bakteriellen Abbau der Äpfelsäure. Dann ist der CO_2-Gehalt zufällig und unterschiedlich hoch. Als Nachteile ergaben sich bei diesen perlenden Weinen die Trübung in der Flasche und die mangelnde Haltbarkeit durch Hefezerfall; wo und so lange man Wein aus Bechern trank, fiel das nicht auf. Sollen aber Perlweine den Erfordernissen des Marktes und den Anforderungen des heutigen Weinverbrauchers angepasst werden, muss **Perlwein klar und haltbar** sein. Dazu bedarf es einer geeigneten Herstellungstechnik.

In **Deutschland** finden wir Anfänge einer bedeutenderen, gezielten Perlwein-Herstellung in den 20er-Jahren, als man nach Auswegen aus der damaligen schweren Wein-Absatzkrise (1930) suchte, die vor allem die kleinen unselbstständigen Rieslingweine betraf (Patent **Rhumbler u. Schilling**, 1930). Vergleiche Kielhöfer (1952).

Ein Höhepunkt der Perlwein-Herstellung lag in den 50er-Jahren, als der Schaumwein mit DM 3 Kriegssteuer je 1/1 Flasche belastet war und man auf den steuerfreien Perlwein zurückgriff, wenn einem nach dem Zweiten Weltkrieg zum „Überschäumen" zumute war.

Nur wenige Großbetriebe beherrschen mit ihren Marken-Perlweinen den Markt, wenngleich in den letzten Jahren auch Winzer den Perlwein als Marktnische entdeckt haben.

4.5.2 Perlwein im Weinrecht

Perlwein ist ein „Erzeugnis" aus frischen Weintrauben. Perlwein ist „Wein" im allgemeinen Sinne dieses Wortes als Oberbegriff (VO (EG) Nr. 479/2008 Anh. IV, Nr. 8 und 9).

Perlwein geht aus Tafelwein hervor oder aus Qualitätswein b.A. oder aus zur Gewinnung dieser Weinarten geeigneten Erzeugnissen. Perlwein gemäß der Definition von Nr. 8 und Perlwein mit zugesetzter Kohlensäure (Nr. 9 des o.g. Anhangs IV) sind eigene Erscheinungsformen des Weins, die sich von anderen Formen des Weins durch abweichende **Mindest- bzw. Grenzwerte** unterscheiden:

- vorhandener Alkohol mindestens 7 %vol,
- Gesamtalkohol mindestens 9 %vol,
- CO_2-Überdruck mindestens 1,0 bar, höchstens 2,5 bar,
- Verkehrsbehältnis bis 60 Liter Füllinhalt

Die Erzeugnisse, aus denen Perlweine hervorgehen, unterliegen den Vorschriften, die auf sie zutreffen, bis zu dem Augenblick, da sie in Flaschen gefüllt, verschlossen und für das Inverkehrbringen bereitgehalten werden. In diesem Augenblick wird aus den Ursprungserzeugnissen Perlwein, dessen Verkehrsfähigkeit und Bezeichnung nunmehr nach den Vorschriften für **Perlweine** zu beurteilen ist.

Einen guten Überblick über die weinrechtliche Entwicklung und ausführliche Erklärungen zur derzeitigen Rechtslage der Perlweine ist im „Kommentar Weinrecht" von Koch im Band **Erläuterungen** zu finden.

4.5.3 Technik der Perlwein-Herstellung

Das Herstellen von Perlwein setzt technische Einrichtungen voraus, Drucktanks mit Kühlvorrichtungen, Schichtenfilter, Druckfüller, Flaschensterilisator, Flaschen mit Mundstücken für Kronenkork, Abreißverschlüsse oder Schraubverschlüsse mit den entsprechenden Verschließmaschinen. Wenn Kohlensäure zugesetzt wird, kommen noch ein CO_2-Imprägniergerät passender Leistung sowie CO_2-Gas in Stahlflaschen oder Speichertanks, je nach dem Umfang der Herstellung, hinzu.

Perlweine sind Weine, die den heutigen weingesetzlichen Vorschriften entsprechen müssen. Danach können Perlweine hergestellt werden:

A. Mit natürlicher Gärungskohlensäure:

1. Durch Unterbrechung der alkoholischen Gärung infolge **Abkühlen** des Gärgutes unter 0 °C und Erhaltung der im Wein bei dieser Temperatur enthaltenen Kohlensäure. Nach Kühlung und Schönung unter Gegendruck und fortdauernder Kühlhaltung in **drucklosen** Tanks oder Fässern wird der perlende Wein keimfrei in Flaschen gefüllt.
2. Durch **Anreichern** von Jungwein (Umgärung) in der Zeit vom 1.10. bis 15.3. des auf die Ernte folgenden Jahres bei vollständiger oder teilweiser **Vergärung im Drucktank** bis zur gewünschten Druckhöhe und Restsüße im Anbaugebiet.
3. Durch **Entspannen von Tankwein**, nach Böhi, der bei 5 bis 8 bar Druck lagert, auf maximal 2,5 bar Überdruck.
4. Durch **Verschnitt** von im Drucktank unter Druck lagerndem Wein mit anderem Stillwein, sodass die Mischung einen Druck von pü = 1,5 bis 2,5 bar/20 °C anzeigt.
5. Durch Zugabe bestimmter Mostmengen zum Wein mit **begrenzter Gärung im Drucktank** mit Kühlmantel.

B. Mit zugesetzter Kohlensäure
durch **Imprägnierung** von ausgebautem und abgestimmtem (gesüßtem) Stillwein mit Kohlendioxid und nachfolgender steriler Flaschenfüllung im Druckfüller.

Das unter A 1 angeführte Verfahren ist traditionell. Es bezieht die zum Perlen erforderliche Menge Kohlendioxid aus der Gärung des Mostes oder Weines in offenen, drucklosen Behältern. Eine Variante hatte einen Patentschutz gehabt (Nr. 514 866 vom Jahr 1931, abgelaufen 1949). Erschwerend war, dass die Gärung in **offenen** Gefäßen stattfand. Dadurch war zwar das bei der Gärung gebildete CO_2 in Mengen vorhanden, aber bei Normal-Luftdruck nur bis zu dieser Sättigungs- oder

Löslichkeitsgrenze im Wein gelöst. Die Löslichkeit war eine Frage der **Gärtemperatur**. Mit Kaltgärhefen und anschließender Erniedrigung der Temperatur unter 0 °C konnte der CO_2-Gehalt so weit angehoben werden, dass die Weine Perlweincharakter bekamen. Das waren höchstens 2 g/l oder 4 g/l CO_2, die einen CO_2-Druck von pü = 1 bar/20 °C entsprachen. Mehr zu erreichen ist bei normalem Luftdruck nicht möglich.

Die Gärung wurde dann durch Unterkühlung zum Stillstand gebracht. Die Gärungsunterbrechung diente dazu, eine bestimmte Menge Zucker unvergoren zurückzuhalten (damals meist um 15 g/l) und diesen Anteil aus dem Gärgut selbst in einer Menge zu entnehmen, die man für die Geschmacksharmonie des Perlweins als optimal ansah.

Das erforderte natürlich ein baldiges Abtrennen des Jungweines von der Hefe und eine scharfe Klärung, um die biologische Stabilität zu sichern.

Die chemisch-physikalische Stabilität des Perlweines war Aufgabe der Weinbehandlung nach dem Abstich. Diese erfolgte jetzt in geschlossenen Behältern (Tanks) unter Gegendruck bei Kühltemperatur. Sie bestand im Einstellen eines stabilen SO_2-Spiegels durch kontrollierte Schwefelung, der Weinsteinstabilisierung während der Kaltlagerung, eventueller Schönungen und der entkeimenden Filtration unter Gegendruck, um CO_2-Verluste oder Aufblähen der Filterschichten zu verhindern (siehe Abb. 82).

Ein **Nachteil** dieses Verfahrens konnte die stärkere Bildung von freiem Acetaldehyd sein, zu dessen Bindung dann höhere SO_2-Dosagen erforderlich waren.

Die **Sterile Flaschenfüllung** mit einem dem Füller vorgeschalteten Entkeimungsfilter erfolgte bei Kühltemperatur, also unter 0 °C. Es leuchtet ein, dass dieses drucklose Verfahren nur wenig CO_2 vermitteln konnte. Aber die Menge reichte aus, um eine Perlung im Wein zu erzeugen.

Das **unter A 2 angeführte Verfahren** verwendete **Drucktanks** zur begrenzten Vergärung der Moste oder Jungweine, wobei die Höhe des zu erhaltenden CO_2-Gehaltes (CO_2-Druckes) und der Endvergärungsgrad (Zuckerrest) zu kontrollieren waren. Der CO_2-Druck über die Sicherheitsventile, der Zuckerrest über das Mostgewicht oder die Zuckeranalyse bzw. Zuckerrestspindel.

Abb. 92 zeigt das Schema einer **„gezügelten Gärung"** im technischen Ablauf. Verwendet werden möglichst gut vorgeklärte Moste oder Jungweine. Nach erforderlicher Anreicherung und/oder Entsäuerung wird das Gärgut nach **Reinzuchthefe**-Zusatz (Flüssig- oder Trockenhefe) im Drucktank so weit vergoren, dass es beim Abstoppen der Gärung noch etwa 35 bis 40 g/l unvergorenen Zucker enthält. Das entspricht etwa 10 bis 12° Oechsle, ist aber unsicher, weil das „Restmostgewicht" vom Alkoholgehalt, dem zuckerfreien Extrakt und dem Zucker bestimmt wird. Die Zuckerbestimmung im Labor ist sicherer.

Dass zur Zügelung der Gärung zwischenzeitlich je nach Größe der Gärtanks oder der Masse des Gärgutes ein CO_2-Druck von 6 bis 8 bar (= <15 g/l CO_2) auftreten und erforderlich sein kann, hat nichts damit zu tun, dass im späteren Perlwein nur maximal 2,5 bar, bei 20 °C gemessen, vorhanden sein dürfen.

Nachteil dieses Verfahrens ist, dass in der EG zzt. nur der zuletzt eingelagerte Jahrgang angereichert werden darf, dass die Anreicherung oder Umgärung nur den Most oder Jungwein betrifft und **nur einmal** erfolgen darf und dass sie auch **zeitlich begrenzt** ist. Außerhalb der Zuckerungsfrist ist eine Alkoholanreicherung mit Saccharose beim Wein nicht möglich. Die Herstellung der „Grundweine" beschränkt sich demnach auf die Zeit vom Beginn der Lese des betr. Anbaugebietes bis zum 15. März des folgenden Jahres. Innerhalb dieser Zeitspanne ist die Gärung nach dem System der gezügelten Gärung im Drucktank möglich; soweit das Gärgut keiner

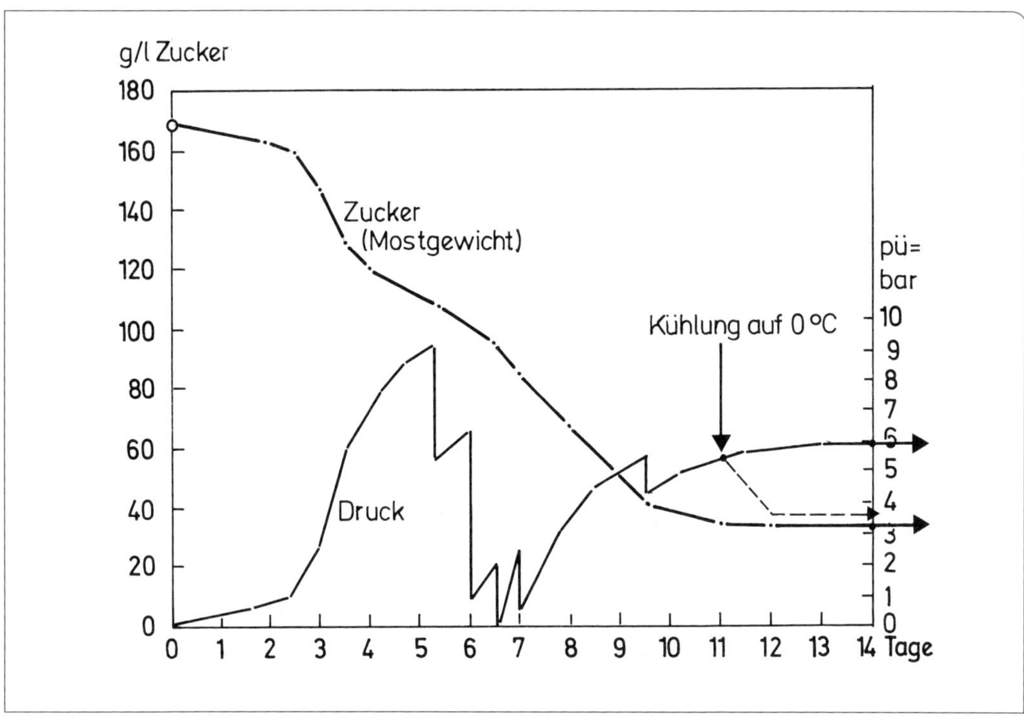

Abb. 92. Vergären von Most zu Perlwein im Drucktank nach der Methode der „gezügelten Gärung", schematisch (nach Geiss 1950).
Die Gärung wird durch wechselnden CO_2-Gehalt, durch CO_2-Druck und -Entspannung gelenkt. Der Endvergärungsgrad ist auf etwa 35 g/l Zuckerrest eingestellt. Der dazu erforderliche CO_2-Gehalt erzeugt rund 6 bar Überdruck, der bei Abkühlung auf 0 °C auf etwa 3,5 bar zurückgeht und später reduziert werden muss.

Anreicherung bedarf, auch später noch. Vgl. Geiss (1951) und Troost (1988).

Zu **A 3. Die Herstellung von Perlwein durch späteres Entspannen** des im Drucktank mit etwa 5 bis 6 bar Druck vergorenen Mostes oder Weines auf den gewünschten Perlweindruck von 1,5 bis 2,5 bar verlängert die Zeitspanne der Herstellungsmöglichkeiten über die Anreicherungsfrist hinaus, erfordert aber Drucktanks (evtl. mit Kühlmantel).

Kurz vor dem erreichten Endvergärungsgrad kühlt man den teilvergorenen Wein auf -2 bis -4 °C (Doppelmanteltank), um die Gärung zu beenden und dabei zugleich auch den überschüssigen Weinstein auszufällen. Danach erfolgt die Klärung, Schönung und Flaschenfüllung bei Temperaturen unter 0 °C und bei isobarischer Arbeitsweise.

Die Süßung muss dann mit Traubenmost oder Süßreserve vorgenommen werden, falls die Gärung nicht schon auf den Erhalt eines ausreichenden Zuckerrestes ausgerichtet war.

Verfahren A 4 ergibt sich aus der Arbeitstechnik von A 3. Wenn schon ein Vorrat von geeigneten, unter CO_2-Druck lagernden Weinen vorhanden ist, kann er auch dazu dienen, mit anderen Stillweinen passender Herkunft und Art so weit **verschnitten zu werden, dass die Mischung einen endgültigen Druck** innerhalb der erlaubten Sättigungsspanne des Perlweins anzeigt.

Dieses Verfahren erschien eine zeitlang, als das Tankgärverfahren beim Stillwein aufkam, bedenklich, weil eine Verordnung von 1941 schäumende Traubenweine nur bei **Gärung im offenen Gefäß** steuerfrei ließ. Darüber gab es nicht nur in den 50er-Jahren verschiedene Ansichten. Tatsächlich sind die unter Druck im Drucktank vergorenen und bevorrateten Weine **„Halbfertigfabrikate"**, die so nicht in den Verkehr kommen und erst zu Perlwein hergerichtet und ausgebaut werden müssen.

Dass die Mischung dann in **Druckbehältern** (Kühltanks) durchgeführt wird, unter Berücksichtigung der für die biologische und chemisch-physikalische Stabilität erforderlichen Maßnahmen wie Kühlhalten, Schönen, Klären, Entkeimen, ist selbstverständlich und nimmt etwa 2 bis 3 Wochen Zeit in Anspruch.

Frühestens nach der entkeimenden Filtration, also kurz vor der Flaschenfüllung, ist – wo erlaubt – gegebenenfalls der Zusatz von Sorbinsäure zu überlegen. Sie ist weingesetzlich zugelassen, wirksam gegenüber Hefen, aber nicht gegen Bakterien und in Mengen bis 200 mg/l bzw. 27 g/hl Kaliumsorbat als **Konservierungsmittel** anwendbar.

Die **unter A 5 angeführte Möglichkeit**, durch Zugabe von Traubenmost, auch Traubenkonzentrat, zum Wein auch nach der Anreicherungsfrist eine begrenzte zweite Gärung im Drucktank mit Kühlmantel durchzuführen, um einen Perlwein von 1,5 bis 2,5 bar Überdruck und etwa 35 g/l Zucker zu bekommen, ist technisch anwendbar, aber gesetzlich umstritten.

Das Verfahren ist aber genau so umständlich und kostenaufwendig wie die unter A 3 und A 2 angeführten Techniken. Es leitet über zu den einfacheren und ohne Gär-Risiko belasteten **Imprägniertechniken**, mit deren Hilfe die gleiche Perlweinqualität erzeugt werden kann, wenn entsprechende Weinqualitäten ausgesucht werden, was bei Tafelwein und Qualitätswein in gleicher Weise möglich ist.

Zu B. Beim **Perlwein mit zugesetzter Kohlensäure** bietet sich der Vorteil, von zuckerfreien und daher stabilen, klaren, probierfähigen und endgültiger zu beurteilenden Weinen ausgehen zu können, die, wie jeder Stillwein, in drucklosen Gärbehältern gelagert und bevorratet werden. Dazu bietet das Imprägnierverfahren die Möglichkeit, Perlwein während des ganzen Jahres herzustellen.

Ausbau und Stabilisierung des Stillweines entsprechen den Normen der kellertechnischen Routinearbeit und bestehen je nach Bedarf im Schwefeln, Schönen, Filtrieren, dem Ausfällen des noch in übersättigter Form vorliegenden Weinsteins durch **Kühllagerung** unter 0 °C, – noch vor der endgültigen Abstimmung.

Zur Einstellung des für den Perlwein harmonischen Zuckergehaltes wird nur Traubenmost verwendet, bei Tafelwein auch in Form von Traubenmost-Konzentrat, die beide aber aus Ländern der EG stammen müssen, wenn der Perlwein in der Gemeinschaft hergestellt wird.

Die Großbetriebe in Deutschland bevorzugen aus Gründen der Preiswürdigkeit und der gleichmäßigeren Art und Qualität heute vielfach **Tafelweine aus EG-Ländern**, wie Italien, Frankreich u.a. als Grundlage ihrer Perlwein-Marken. Sie gehen vom fertigen Wein aus, süßen mit Traubenmost auf einen Zuckergehalt von etwa 30 bis 35 g/l und imprägnieren die Kohlensäure in Höhe der gesetzlich zugelassenen Druckspanne von 1 bis 2,5 bar Überdruck. In der Praxis liegen die CO_2-Drücke beim Perlwein bei 1,5 bis 2,0 bar/20 °C, entsprechend 4 bis 5 g/l CO_2. Man vergleiche dazu die Übersicht in Abb. 1 und Tab. 2.

Für die Bezeichnung des Perlweines ist die Herkunft des CO_2 bedeutsam. Wird nicht endogene Kohlensäure zugegeben, muss dies auf dem Etikett mit „Perlwein mit zugesetzter Kohlensäure“ kenntlich gemacht werden (Anh. VII Abschn. A Nr. 1 lit. c, Nr. 2 VO (EG) Nr. 1493/1999). Ebenfalls ist die Angabe des Jahrganges, der Rebsorte, der Herkunft, der Herstellungsweise sowie Abfüllhinweise (z. B. Erzeugerabfüllung) nicht erlaubt.

Bei der Imprägnierung mit „endogener“ Kohlensäure muss der Zusatz nicht kenntlich gemacht werden. Auch hier darf die Angabe des Jahrgangs, der Lage und der Rebsorte nicht erfolgen, es sei denn, es handelt sich um Qualitätsperlwein b.A. (Stand 2008). Endogene Kohlensäure ist immer das Ergebnis aus der alkoholischen **Weingärung**. Dabei muss sie nicht aus dem gleichen Gebinde stammen.

4.5.3.1 Imprägnierung, Zusatz von Kohlensäure

Während im Normalfall die Kohlensäure durch Gärung in den Schaumwein/Perlwein gelangt, kann unter bestimmten Bedingungen (siehe Kap. 4.6) die Kohlensäure auch zugesetzt werden. Dieses Kohlendioxid stammt aus unterschiedlichen Gewinnungsprozessen, z. B. Gärung, natürlichen Quellen oder chemischen Prozessen, und enthält entsprechend der Herkunft typische Spurengase. Unabhängig von der Herkunft muss die CO_2-Qualität den gesetzlichen Anforderungen für Kohlendioxid als Lebensmittelzusatzstoff sowie den vertraglichen Vereinbarungen zwischen Lieferanten und Kunden, entsprechen.

4.5.3.2 Kohlensäure als Betriebsmittel für Schaum- und Perlwein

Das Gas Kohlendioxid wird von Mensch und Tier durch die Atemluft abgegeben. Ausgeatmete Luft enthält bis zu 4 % CO_2. Ebenso entsteht das Kohlendioxid bei biologischen und chemischen Prozessen, wie z. B. Gärung und Verbrennung. In der Atmosphäre sind normalerweise etwa 0,03 % oder 300 ppm CO_2 enthalten. Unter normalen Temperatur- und Druckbedingungen ist das CO_2 ein farbloses, geruch- und geschmackloses Gas. Es ist 1,5-fach schwerer als Luft. Es ist nicht brennbar und unterhält die Atmung nicht. Unter atmosphärischen Bedingungen existiert es gasförmig und fest. Die flüssige Form ist unter solchen Bedingungen nicht möglich.

Name	Kohlendioxid
Chemische Formel	CO_2
Synonyme Bezeichnungen	
Deutsch	Kohlendioxid, Kohlensäure, Trockeneis,
Englisch	Carbonic acid, dry ice
Französisch	Dioxyde de carbon, anydride carbonique
Spanisch	Acido carbonico
Molekulargewicht	44,01 kg/mol
Dichte des Gases (oder 0,513 m³/kg bei 0 °C und 101,3 kPa)	1,977 kg/m³
Relative Dichte des Gases (Luft = 1 bei 0 °C und 101,3 kPA)	1,529
Kritischer Punkt	31 °C, 73,83 bar
Tripelpunkt	–56,6 °C, 5,18 bar
Sublimationspunkt (Trockeneis)	–78,9 °C, 0,981 bar
Löslichkeit in Wasser	1960 g/m³ Durch Druckerhöhung und Temperaturerniedrigung wird die Löslichkeit erhöht.
Atmosphärengehalt	300 ppm
Nomenklatur bei Zugabe zu Lebensmitteln	E 290

Obwohl Kohlendioxid chemisch gesehen das Anhydrid der Kohlensäure ist, werden im Handel diese beiden Begriffe synonym für das unter Druck gelagerte und gehandelte Gas mit der Formel CO_2 verwendet. Das Kohlendioxidmolekül selbst ist keine Säure, da es Wasserstoffionen nicht zur Verfügung stellen kann. In freier Form ist Kohlensäure nicht bekannt. Leitet man Kohlendioxid gasförmig in Wasser ein, so reagiert ein kleiner Teil, etwa 0,1 %, zur schwachen Kohlensäure:
$CO_2 + H_2O = H_2CO_3$
Die Kohlensäure ist eine zweiprotonige Säure und dissoziiert in zwei Stufen:
$H_2CO_3 + H_2O = H_3O^+ + HCO_3^-$
$HCO_3^- + H_2O = H_3O^+ + CO_3^{2-}$

Bei weiterer Einleitung von Kohlendioxid in Wasser sinkt der pH-Wert bis auf einen Grenzwert ab, der abhängig ist von CO_2-Partialdruck, Hydrogencarbonat-Konzentration sowie von der Temperatur. Diese zweistufige Dissoziation führt zur Bildung von Hydrogencarbonaten und Carbonaten.

Das in Abb. 93 a dargestellte Phasen-Diagramm zeigt die drei Aggregatzustände des CO_2 in Abhängigkeit von Druck und Temperatur.

Im Temperaturbereich zwischen −56,6 °C und 31 °C und einem Druck höher als 5,18 bar ist CO_2 flüssig. Der Tripelpunkt, 5,18 bar und -56,6 °C, beschreibt den Punkt, an dem alle drei Aggregatzustände gleichzeitig vorliegen. Unterhalb des kritischen Punktes kann CO_2 verflüssigt werden; darüber ist Gasphase und Flüssigphase nicht zu unterscheiden. Ist der Druck niedriger als 5,18 bar, ist CO_2 gasförmig und fest. Der feste Aggregatzustand wird als Trockeneis bezeichnet.

Um 1 kg Trockeneis ganz zu verdampfen, sind 573,02 kJ/kg nötig (Sublimationswärme). Um das Trockeneis auf 0 °C zu erwärmen, werden etwa 645 kJ/kg benötigt.
– **Sublimation** benennt den direkten Übergang aus der festen Phase (Trockeneis) in die Gasphase.

In der Imprägniertechnik wird das Verhältnis des gelösten Gases zur Flüssigkeit in **Volumen** ausgedrückt. Vereinfacht wird 1 Volumen (= Liter) Gas mit 2 g CO_2 gleichgesetzt. Demnach entspricht 1 kg verflüssigtes CO_2 etwa 500 l Gas. Das spezifische Volumen in Abhängigkeit von Temperatur und Druck ergibt sich aus der Tab. 37.

Beim Imprägnieren, dem **Sättigen mit CO_2**, spielt der Druck eine wesentliche Rolle. Durch intensiven Kontakt (Bewegung durch intensive Mischung) und nach längerer Berührung kommt es zur Lösung des Gases und zu einem **dem Druck und der Temperatur entsprechenden Sättigungsgleichgewicht** (siehe auch Kap. 6).

Geschichte

Die Römer nutzten die Wirkung des im Wasser gelösten CO_2 auf den menschlichen Körper, was sich darin ausdrückte, dass eine bessere Blutzirkulation ausgelöst wurde. Diese Feststellung wurde durch neuere wissenschaftliche Arbeiten bestätigt. Plinius beschreibt die Gefährlichkeit des Gases. Er benennt – ohne CO_2 zu kennen – ein „spiritus letalis", der das Opfer spurlos tötet. Lavoisier (1743-1794) benennt dieses Gas „acide carbonique". 50 Jahre später wird CO_2 erstmals durch Faraday verflüssigt. Die industrielle Nutzung begann mit dem deutschen Lehrer Dr. Wilhelm Raydt. Er verflüssigte das Gas unter Umgebungstemperatur mittels Kolbenkompressor und Wasserkühler.

Die erste Anwendung erfolgte im Kieler Hafen. Ein Ankerstein wurde mithilfe eines Kautschuk-Ballons, gefüllt mit gasförmigem CO_2 aus einer Stahlflasche, schwimmend an eine andere Stelle versetzt.

Das Wort Kohlensäure ist eine Übersetzung der französischen Bezeichnung „acide carbonique", welches durch Lavoisier (1780) benutzt wurde. Er hat entdeckt, dass dieses

Tab. 37 Spezifisches Volumen von CO_2 in Abhängigkeit von Temperatur und Druck (in dm^3 pro kg). Die Werte oberhalb der Treppenlinie beziehen sich auf die Gasphase, die darunter auf flüssig CO_2. (Quelle: Industriegaseverband e.V., Darstellung modifiziert)

Druck, bar	Temperatur, °C															
	−30	−20	−15	−10	−5	0	5	10	15	20	25	30	35	40	45	50
1	455	474	484	494	503	513	522	532	541	551	561	570	580	589	599	608
2	225	235	240	245	250	255	259	264	269	274	279	284	289	293	298	303
3	149	155	159	162	165	169	172	175	178	182	185	188	191	195	198	201
4	110	115	118	120	123	125	128	131	133	135	138	140	143	145	148	150
5	87,2	91,4	93,5	95,6	97,6	100	102	104	106	108	110	112	114	116	118	120
6	71,8	75,4	77,2	79,0	80,7	82,4	84,2	85,9	87,6	89,3	91,0	92,7	94,4	96,0	97,7	99,4
7	60,8	64,0	65,6	67,1	68,6	70,1	71,6	73,1	74,6	76,1	77,6	79,0	80,5	82,0	83,4	84,8
8	52,6	55,4	56,8	58,2	59,6	60,9	62,2	63,6	64,9	66,2	67,5	68,8	70,1	71,4	72,7	73,9
9	46,2	48,7	50,0	51,3	52,5	53,7	54,9	56,1	57,3	58,5	59,7	60,8	62,0	63,2	64,3	65,4
10	41,0	43,4	44,6	45,7	46,9	48,0	49,1	50,2	51,3	52,3	53,4	54,5	55,5	56,6	57,6	58,6
15	0,96	27,2	28,1	29,0	29,8	30,7	31,5	32,3	33,0	33,8	34,6	35,3	36,1	36,8	37,5	38,3
20	0,93	0,97	20,4	20,5	21,2	21,9	22,6	23,2	23,9	24,5	25,1	25,7	26,3	26,9	27,5	28,1
25	0,93	0,97	0,99	15,3	16,0	16,6	17,2	17,8	18,3	18,9	19,4	19,9	20,5	21,0	21,4	21,9
30	0,93	0,97	0,99	1,05	12,3	12,9	13,5	14,1	14,6	15,1	15,6	16,1	16,5	17,0	17,4	17,8
35	0,92	0,96	0,99	1,01	1,04	1,08	10,8	11,3	11,9	12,4	12,8	13,3	13,7	14,1	14,5	14,9
40	0,92	0,96	0,99	1,01	1,04	1,08	1,12	9,19	10,2	10,7	11,1	11,5	11,9	12,3	12,7	13,4
45	0,92	0,96	0,98	1,01	1,04	1,07	1,11	1,16	8,01	8,53	9,18	9,44	9,84	10,2	10,6	10,9
50	0,92	0,96	0,98	1,01	1,03	1,07	1,11	1,21	6,48	7,06	7,59	8,04	8,45	8,83	9,19	9,52
55	0,92	0,96	0,98	1,00	1,03	1,06	1,10	1,15	1,21	5,72	6,24	6,85	7,29	7,67	8,03	8,36
60	0,92	0,95	0,98	1,00	1,03	1,06	1,09	1,14	1,20	1,29	5,19	5,78	6,27	6,68	7,05	7,38
65	0,92	0,95	0,97	1,00	1,02	1,05	1,09	1,13	1,19	1,33	4,44	4,72	5,33	5,81	6,19	6,54
70	0,91	0,95	0,97	0,99	1,02	1,05	1,08	1,13	1,17	1,26	1,38	3,52	4,41	5,01	5,43	5,80
75	0,91	0,95	0,97	0,99	1,02	1,05	1,08	1,12	1,16	1,24	1,33	2,17	3,46	4,24	4,74	5,14
80	0,91	0,95	0,97	0,99	1,02	1,04	1,07	1,11	1,16	1,22	1,30	1,86	2,71	3,43	4,07	4,53
85	0,91	0,95	0,97	0,99	1,01	1,04	1,07	1,11	1,15	1,21	1,28	1,50	1,82	2,50	3,40	3,98
90	0,91	0,94	0,96	0,98	1,01	1,04	1,06	1,10	1,14	1,19	1,26	1,39	1,56	2,16	2,90	3,45
95	0,91	0,94	0,96	0,98	1,01	1,03	1,06	1,09	1,13	1,18	1,24	1,34	1,47	1,88	2,45	2,96
100	0,91	0,94	0,96	0,98	1,00	1,03	1,06	1,09	1,13	1,17	1,23	1,31	1,42	1,70	2,08	2,54

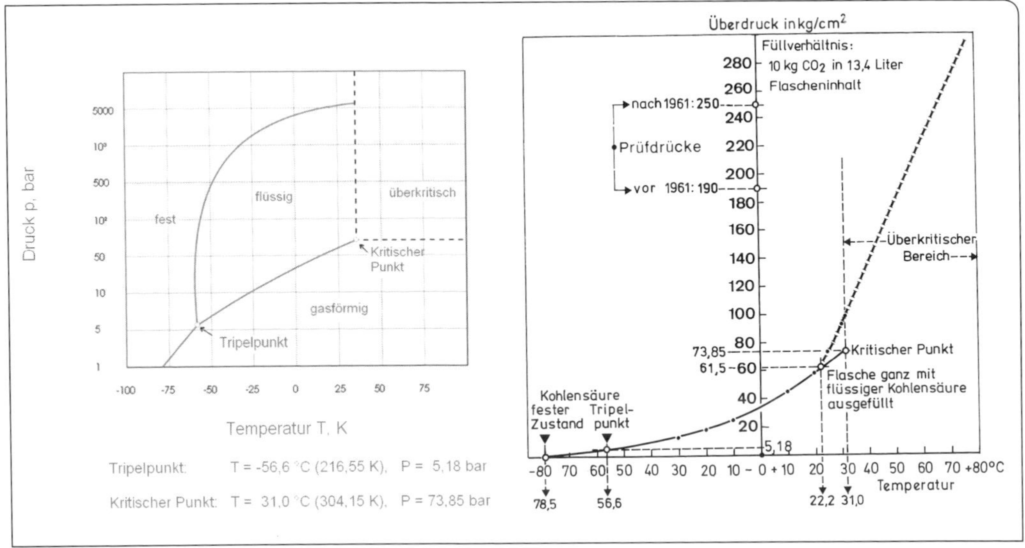

Abb. 93a (links). Druck-Temperatur-Diagramm für Kohlendioxid.

Abb. 93b. CO_2-Drücke in der geschlossenen Stahlflasche, in Abhängigkeit von der Temperatur. Bei 22,2 °C und 61,5 bar Überdruck ist die Stahlflasche ganz mit flüssiger Kohlensäure ausgefüllt. Noch höhere Temperaturen führen durch die Kompression der Flaschenkohlensäure zu gefährlich raschem Druckanstieg im überkritischen Bereich. Bei 31,0 °C und 73,85 bar Überdruck wird der kritische Punkt erreicht, wo die flüssige Phase ohne zusätzlichen Energiebedarf in den gasförmigen Zustand übergeht. Darüber beginnt der überkritische Bereich. Unterhalb des kritischen Punktes ist zum Verdampfen Wärme erforderlich, umso mehr, je niedriger Druck und Temperatur sind.

Gas aus einem Teil Kohlenstoff und zwei Teilen Sauerstoff besteht.

Sicherheit und Gesundheit

Durch das Einatmen von CO_2-Gas treten folgende Symptome auf: Kopfschmerzen, erschwerte Atmung, Muskelschwäche, Schwindel und das mentale Alarmsystem wird abgeschwächt.

Aus Gründen der Sicherheit ist es nicht erlaubt, Räume, die einen Sauerstoffgehalt unter 18 % aufweisen, ohne entsprechende Schutzausrüstung zu betreten.

Kohlensäureflaschen müssen gegen Umfallen gesichert werden (Halterung); sie dürfen nicht in der Sonne oder an anderen Wärmequellen stehen. Der Inhalt wird durch Wägen gemessen, eine Druckmessung ist temperaturabhängig und gibt keinen Hinweis auf den Gasinhalt der Flasche. Die Befüllung der CO_2-Flaschen wird vom Lieferanten entsprechend der gültigen Vorschriften vorgenommen. Eine Überfüllung wird dabei grundsätzlich ausgeschlossen.

In jedem Falle ist für Lagerung, Transport und Handhabung das Sicherheitsdatenblatt des Lieferanten zu beachten.

4.5.3.3 Fremdbezug von CO_2-Gas

Der Imprägnierbetrieb ist überwiegend auf Fremdkohlensäure angewiesen. Auch der Gärbetrieb, in dem CO_2-Gas bei der alkoholischen

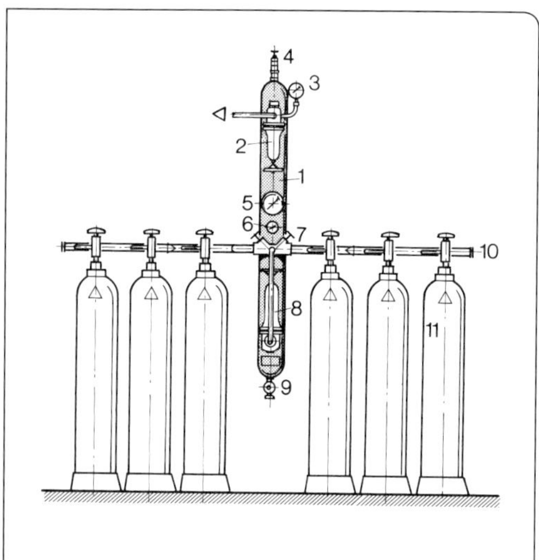

Abb. 94. Kohlensäureentnahme aus Stahlflaschen. Filtersystem Buse (Kaltreduzierstation). Leistung bis etwa 12 kg/h CO_2. Aus einer Stahlflasche können je nach Außentemperatur etwa 10 % vom Inhalt stündlich entnommen werden.
1 = Kaltfilter, 2 = Reduzierventil 2. Stufe, 3 = ND-Manometer 0 bis 16 bar, 4 = Sicherheitsventil 16 bar, 5 = HD-Kontaktmanometer 0 bis 160 bar, 7 = HD-Wechselventil, 8 = Reduzierventil 1. Stufe, 9 = Kondensatablass, 10 = HD-Stahlflaschensammelrohr, 11 = CO_2-Stahlflaschen.

Gärung erzeugt wird (Gärungskohlensäure), ist auf den Bezug eines Teils von CO_2-Gas angewiesen, weil die Gärungskohlensäure im Getränk verbleibt und zur Umfüllung und Abfüllung fast die gleiche, mindestens aber ein Drittel der Menge CO_2-Gas für Vorspann, Abfülldruck usw. benötigt wird.

Der Bezug von CO_2 in Form von **Trockeneis** ist nicht üblich. Es werden dazu isolierte, aber gasdurchlässige Behälter benötigt.

Stahlflaschen erlauben nur eine begrenzte Entnahme des CO_2-Gases. Als Faustregel gilt, dass stündlich, je nach Außentemperatur, etwa 10 % des Inhaltes gasförmig entnommen werden können, weil bei schneller Entnahme die Verdunstungskälte zum Einfrieren der Ventile und Flasche führt. Meist werden daher mehrere Stahlflaschen zu einer Batterie zusammengeschlossen. Abb. 94 zeigt als Beispiel das Filtersystem (Kaltreduzierstation) Buse. Aus solchen Anlagen können stündlich bis 12 kg CO_2-Gas, bei größeren Anlagen bis 200 kg CO_2-Gas, entnommen und auf Arbeitsdruck reduziert werden.

Für die **Druckminderung** werden Reduzierventile verwendet, die den Flaschendruck (etwa 60 bar) auf den Arbeitsdruck reduzieren, z. B.: 1. Stufe = 10 bis 15 bar, 2. Stufe = Arbeitsdruck (siehe auch Abb. 55).

Stahlflaschen erfordern bei Lagerung, Transport und Anschluss manuelle Tätigkeit. Sie sollen maximal nur bis auf den Arbeitsdruck entleert werden. Aus Sicherheits- und Hygienegründen ist das Rückströmen vom Getränk aus dem Prozess in diese Flaschen auf jeden Fall zu verhindern. Zur Erleichterung werden bei der Versorgung Stahlflaschenbündel eingesetzt. Diese bestehen aus 12 und mehr Stahlflaschen mit einem Einzelvolumen von in der Regel 50 l. Diese Flaschenbündel sind auf einer transportablen Palette installiert, sodass sie an den Ort des Verbrauches transportiert werden können.

Kohlensäure-Tankanlagen werden bei größerem Bedarf zur CO_2-Bevorratung eingesetzt. Die Vorratslagerung von flüssigem CO_2 und der Bezug mit Tankfahrzeugen sind vorteilhaft und auch preisgünstig. Das Kohlendioxid wird in stationären Drucktanks gelagert, die mittels einer Pumpe aus einem Tankfahrzeug befüllt werden. Ortsfeste CO_2-Tankanlagen gibt es in der Regel als Niederdruckbehälter und als Mitteldruckbehälter:

- **Niederdruck** (ND-System): Isoliert, Druckbereich bis 22 bar (Abb. 95, oben).
- **Mitteldruckanlage** (MD-Tanksystem): Nicht isoliert, Druckbereich bis 80 bar (Abb. 95, unten).

In Sektkellereien kommen fast ausschließlich Mitteldruckanlagen zur Anwendung.

Buse Niederdruckbehälter werden mit einer **Kälteanlage ausgerüstet**, die einen Temperaturanstieg und damit einen Druckanstieg im Behälter verhindert. Die Kühlmaschine regelt die Temperatur und damit den Behälterdruck in der Regel zwischen 15 und 18 bar. Bei größeren Entnahmemengen werden zusätzliche Verdampfersysteme für die Versorgung mit gasförmigem CO_2 und zur Sicherung des Behälterdruckes installiert.

Die CO_2-Behälter werden auf einer **Waage** montiert oder mit einer Inhaltsmessung ausgerüstet, durch die das Füllgewicht und damit der Verbrauch festgestellt werden kann.

Abb. 95. CO_2-Versorgunganlage – System Buse
oben: Niederdruck
unten: Mitteldruck.

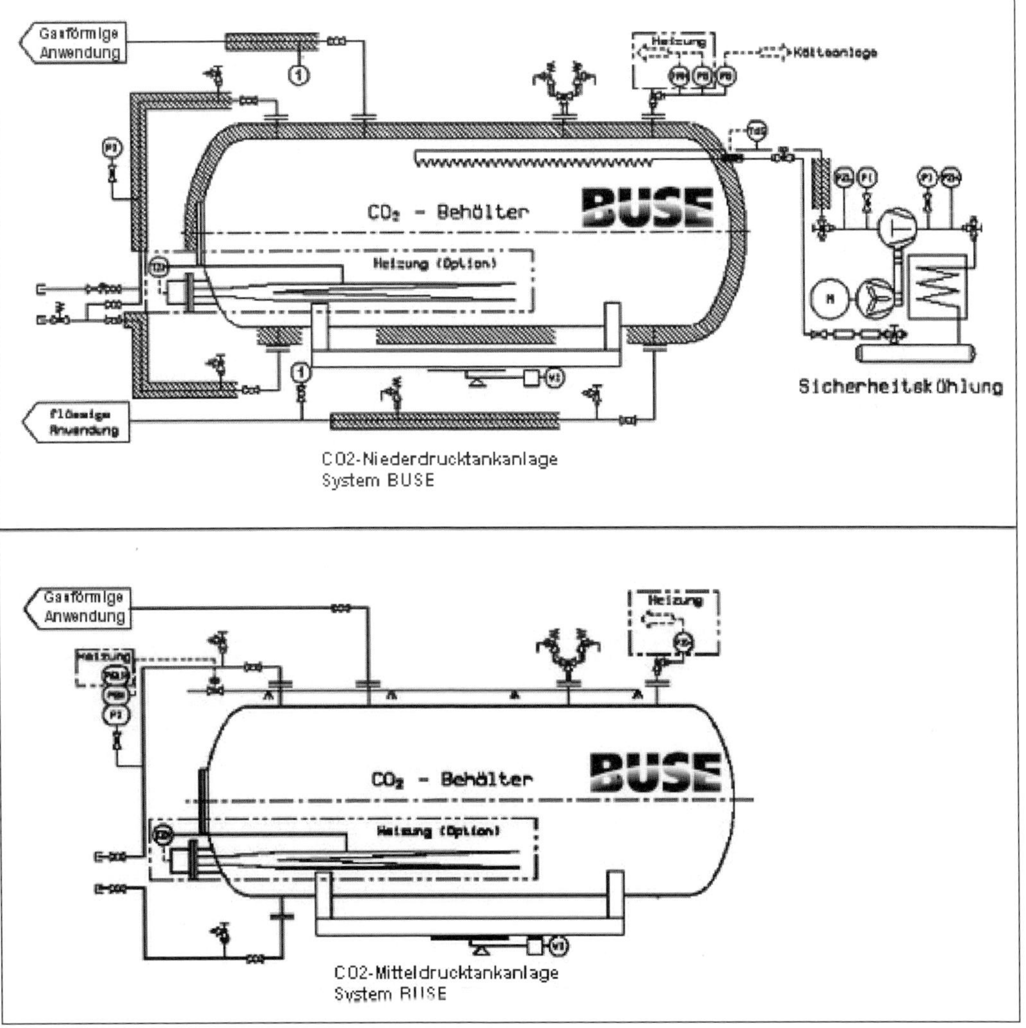

Tab. 38 Unterscheidungsmerkmale verschiedener Buse-CO_2-Tanksysteme

Merkmal		Niederdruck (ND)	Mitteldruck (MD)
Druckbereich	bar	15 bis 18	40 bis 60
maximal zulässiger Betriebsdruck	bar	norm. 22 (max. 30)	norm. 80 (max. 95)
Temperaturbereich	°C	−30 bis −25	bis + 30
Serienmäßige Behältergröße	t	6 bis 50	2,3 bis 10
Überdrucksicherung		Kühlmaschine, Sicherheitsventile	Wasserkühlung Sicherheitsventile
Druckmangelsicherung		Heizgerät	Heizgerät
Inhaltsbestimmung		Waage, Differenzdruckanzeige	Waage
Isolierung		Polyurethan/Vakuum	keine
Entnahme		gasförmig, flüssig	gasförmig

In Tab. 37 ist das Spezifische Volumen von CO_2 in Abhängigkeit von Temperatur und Druck (in dm³ pro kg) aufgeführt. Die Werte oberhalb der Treppenlinie beziehen sich auf die Gasphase, die darunter auf flüssig CO_2.

Beim **Buse-Mitteldruck-Behälter** erwärmt sich die tiefkalt angelieferte Kohlensäure in dem stationären, unisolierten CO_2-Behälter auf **Umgebungstemperatur** und wird unter dieser Temperatur und dem korrespondierenden Dampfdruck bevorratet.

Der **Druck** im CO_2-Behälter wird durch **Druckaufnehmer** überwacht. Mit diesen wird bei unzulässigem Druckanstieg (also bei starker Erwärmung) bei etwa 70 bar das Magnetventil der Wassersicherheitskühlung angesteuert und der CO_2-Behälter über die **Wasserberieselung** zurückgekühlt. Bei Druckanstieg auf den maximal zulässigen Betriebsdruck von z. B. 80 bar öffnet das Sicherheitsventil.

Des Weiteren schalten die Druckaufnehmer eine **innen liegende Heizung**, um den notwendigen Gasanteil bei großen Entnahmemengen sicherzustellen. Die gewählten Schaltpunkte für die Heizung liegen bei etwa 40 bar (für ein) und bei etwa 55 bar (für aus). Zusätzlich ist eine Übertemperatursicherung eingebaut, welche ein Überhitzen der Heizung verhindert.

In welchem Merkmalen sich Niederdruck-CO_2-Tanks (ND) und Mitteldruck-CO_2-Tanks (MD) unterscheiden, ist in Tab. 38 aufgeführt.

4.5.3.4 CO_2-Rückgewinnung

Eine Rückgewinnung des durch Gärung erzeugten CO_2-Gases kann unter Berücksichtigung der Preis- und Mengensituation in Erwägung gezogen werden. Kleinere Betriebe machen davon kaum Gebrauch. In Großbetrieben sind die jeweiligen Kosten für eine **Rückgewinnungsanlage** zu ermitteln und den Kosten für einen Fremdbezug gegenüberzustellen (siehe auch Rechenbeispiel in Kap. 4.2.1.). Dazu ist u.a. ein geschlossenes CO_2-Leitungsnetz erforderlich, ein Gasometer oder Ballon, eine Kompressor- und Reinigungsanlage sowie der erforderliche CO_2-Lagerbehälter. Neben den ökonomischen Erwägungen sind eine Vielzahl von Faktoren, wie z. B. die Liefersicherheit für CO_2, Anlagenverfügbarkeit oder die Qualitätsanforderungen für das gelieferte sowie für das eigene CO_2 zu berücksichtigen.

Die **Rückgewinnung des CO_2-Gases** ist schematisch und vereinfacht in Abb. 96 wiedergegeben. Es ist notwendig, das CO_2 aus dem eigenen Betrieb vor der Verflüssigung und erneuter Verwendung zu reinigen. Das erfolgt in Waschtürmen über Füllkörper mit Wasser, Aktivkohle oder, wo notwendig, mit Katalysator. Die **Verdichtung** des gewaschenen Gases erfolgt mittels mehrstufigem Trockenlauf-Kompressor. Nach dem Trocknen wird das CO_2 durch Kühlung verflüssigt. Die Lagerung des CO_2 erfolgt tiefkalt verflüssigt in geeigneten Behältern.

Die analytische Überwachung des Gases, z. B. auf Spurengase (z. B. **Luftsauerstoff**), ist nicht zu umgehen. Die Qualitätsanforderungen sollten in jedem Falle dem geltenden Lebensmittelrecht oder den eigenen Anforderungen an das zugelieferte CO_2 entsprechen. Da in Schaumweinbetrieben häufig mit Druckluft anstatt mit Kohlendioxid gearbeitet wird, sind **Rückgewinnungsanlagen** selten. In Sektkellereien, die nach dem **Transvasierverfahren** arbeiten, kann die Rückgewinnung aber interessant sein. Dort werden das CO_2-Druckgas, das zum Leerdrücken der Flaschen dient, und das Gas, das den Kühltank verlässt, im Rundlauf zurückgewonnen und wieder verwendet.

4.5.3.5 Imprägniereinrichtungen

Die Löslichkeit von CO_2 steigt bei gleich bleibendem Druck mit sinkender Temperatur an. Das Kühlen des Fertiggetränkes wird daher auch als Vorstufe zur Imprägnierung angesehen.

Getränke lassen sich umso besser imprägnieren, je weniger Fremdgase, wie Stickstoff,

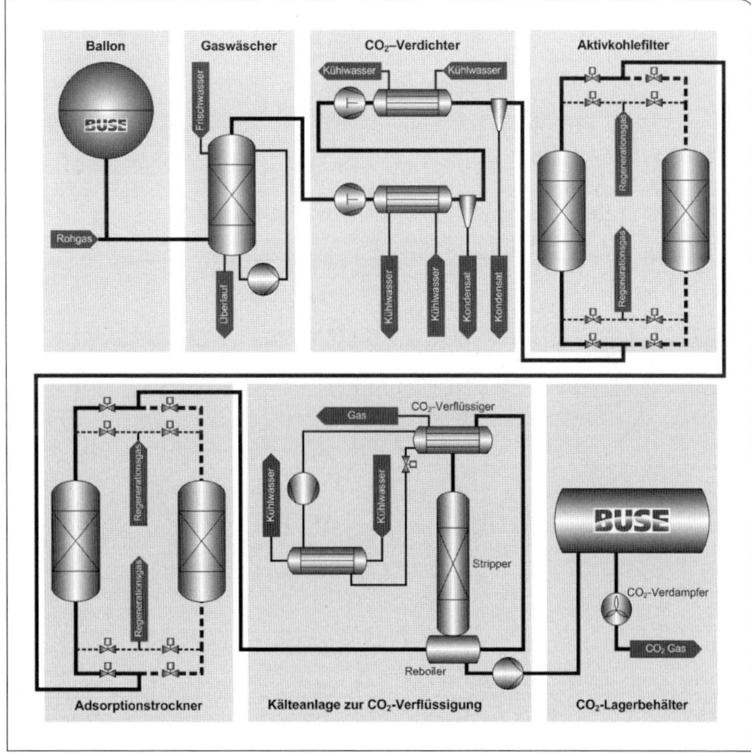

Abb. 96. Schematische Darstellung einer Rückgewinnungs- und Reinigungsanlage für Betriebs- oder Gärungs-Kohlensäure.

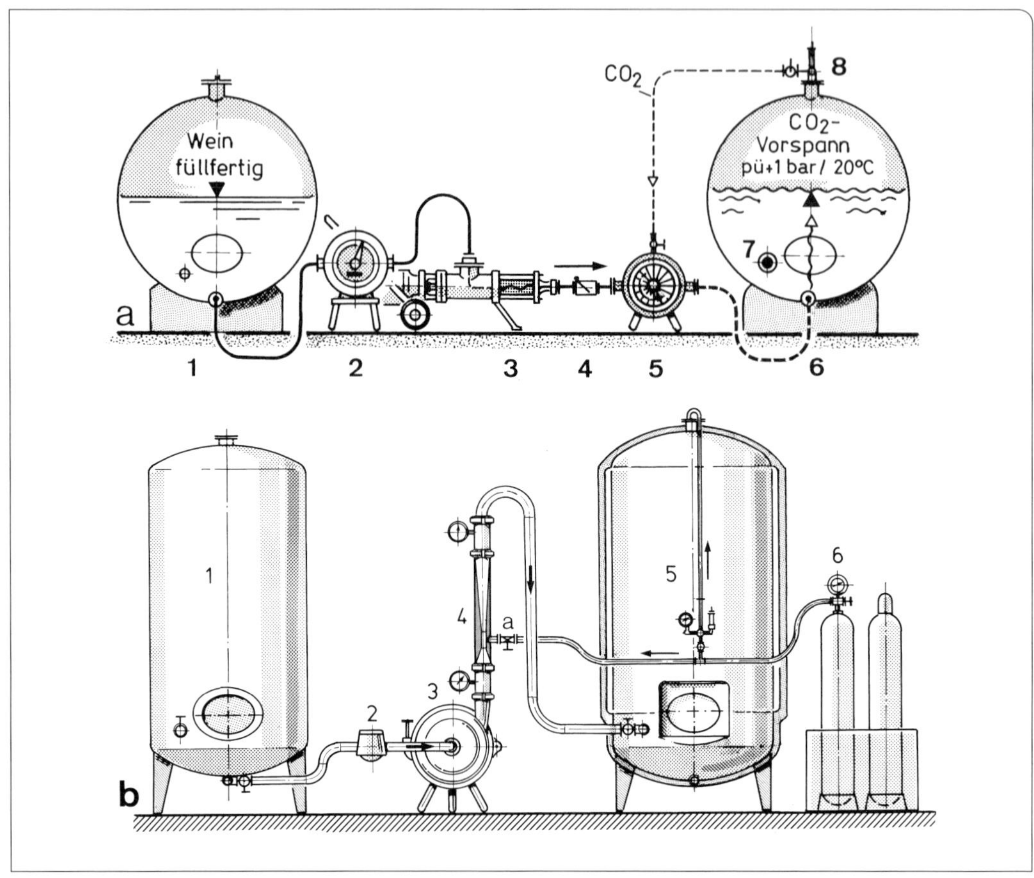

Abb. 97. Einfache Imprägniereinrichtungen.
a: Arbeitsschema zur CO_2-Imprägnierung ohne Dosiergerät.
1= das füllfertige Getränk wird in der drucklosen Stufe über den Mengenzähler (2) mittels Druckpumpe (3) (Mohnopumpe oder ähnliches) und Rückschlagklappe (4) als Sicherung zur Kreiselpumpe (5) gefördert. Der Drucktank (6) ist mit 1 bar über dem Druck des zu imprägnierenden Produktes vorgespannt (Wasser durch CO_2 verdrängen). In die Saugleitung der Kreiselpumpe (5) (z.B. Entleerungshahn, im Bild über die Pumpe eingezeichnet) wird beim Durchlauf aus dem vorgespannten Tank (6) CO_2 eingeleitet und durch den rotierende Kreisel in den Wein eingemischt. Das Rührwerk (7) hilft bei der Sättigung des Weines bis zum Druckausgleich.
b: Kohlensäure-Imprägnierung durch Stabilomat-Strahlapparat von Hilge.
1 = vorgeklärter Grundwein, 2 = Durchlaufzähler, 3 = Hochdruckpumpe, 4 = Stabilomat-Injektor mit Manometer und a = Drosselventil, 5 = Drucktank (als Kühltank mit Wärmeisolierung), 6 = Kohlensäureflaschen oder CO_2-Netzleitung.
Verfahrenstechnik: 1. Drucktank (5) mit Wasser füllen; 2. Wasser durch CO_2-Gas verdrängen und Tank auf Sättigungstemperatur p + 1 bar vorspannen; 3. geklärter und abgestimmter Grundwein (1) über 2, 3 und 4 in Drucktank pumpen.
c: Karbonisierung mittels Hohlfasermembran (Emrich, Meddersheim).

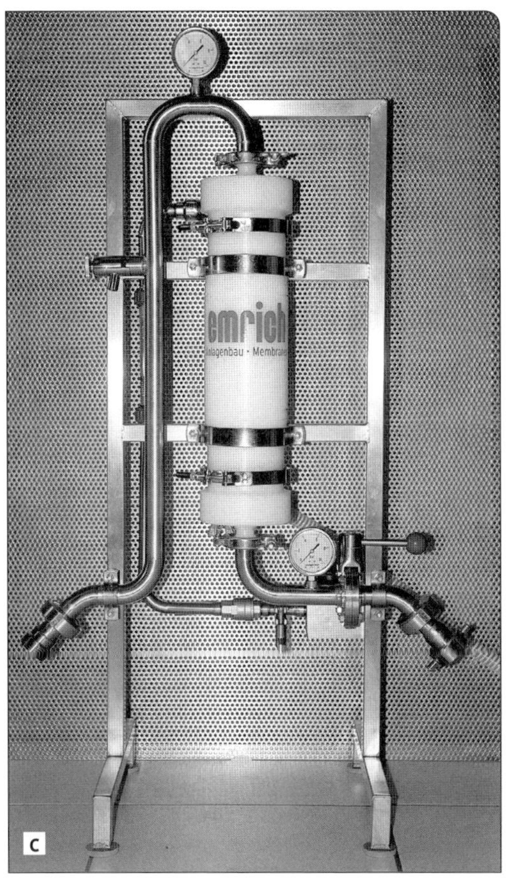

Luftsauerstoff usw. sie gelöst haben. Zur Imprägniertechnik gehört daher bei sauerstoffhaltigen Getränken die **Entlüftung** im Luftabscheider. Die Füllleistung kann dadurch erheblich gesteigert werden.

Das Entlüften geschieht im Vakuumbehälter mit schwachem auch bis zu 98-prozentigem Vakuum durch Einsprühen des Grundstoffes (Fertig-Getränk). Es kann und sollte bei Wein, der von seiner Gärung, Behandlung und Lagerung eher einen gewissen CO_2-Schutz hat und auch möglichst unter Luftabschluss gelagert wird, unterbleiben, weil dabei Alkohol- und Aromaverluste auftreten.

Beim Imprägnieren von Wasser, wie bei Limonaden, Brausen und weinhaltigen Getränken spielt die **Entlüftung vor dem Imprägnieren** eine wesentliche Rolle. Wasser ist zumeist sauerstoffgesättigt, während Obst- und Fruchtweine durch ihren Gehalt an sauerstoffbindenden Phenolen kaum nennenswerte Sauerstoffmengen gelöst haben und auch in der zugesetzten schwefligen Säure und evtl. Ascorbinsäure einen wirksamen Oxidationsschutz enthalten.

In vielen Betrieben wird die berechnete Menge an Zucker, Konzentrat usw. vor dem Karbonisieren bereits in den mit Wein gefüllten **Vorratstank** gegeben, durch Rühren oder CO_2-Einblasen darin gleichmäßig verteilt und der so vorbehandelte fertig zusammengestellte Grundwein dann zur **Imprägnieranlage** gepumpt, mit CO_2 bis zum vorgesehenen Sättigungsdruck versetzt und im Druckfüller auf Flaschen gefüllt.

Das Imprägnieren ist mit verschiedenen Techniken möglich. Die Kohlensäure kann gelöst werden durch

- Einrühren mit eingebautem Rührwerk unter Sättigungsdruck oder durch Rundpumpen des **Getränkes** im Drucktank bei Sättigungsdruck über eine gewisse, meist aber unwirtschaftlich lange Zeit, bis das Druckgleichgewicht erreicht ist (Abb. 97 a).
- Einpressen von CO_2 in das Getränk nach dem **Injektorprinzip** in die Rohrleitung des Zulaufs (Abb. 97 b). Statt Injektor kann auch eine hydrophobe Hohlfasermembran eingesetzt werden (Emrich, Meddersheim). Dadurch wird nach Herstellerangaben das CO_2 nicht als Blase, sondern als Molekül zugeführt. Dies führt zu einer effizienteren Imprägnierung (Abb. 97 c).
- **Zerstäuben des Getränkes** im CO_2-Gasraum mittels Düsen.
- Imprägnieren im **Plattenapparat**, wobei die Platten die Aufgabe von **Rieselflächen** übernehmen und einen innigen Kontakt von Gas und Flüssigkeit infolge Turbulenz bewirken. Druck und Temperatur

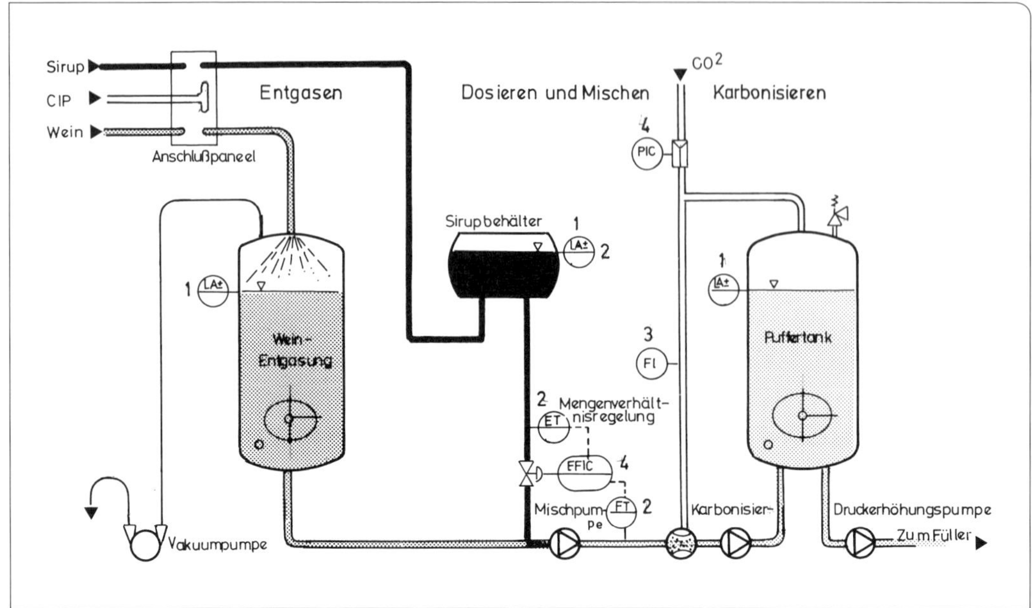

Abb. 98. Verfahrensablauf der CO_2-Imprägnierung in einer Paramix-Anlage (KHS). Das zu imprägnierende Produkt gelangt von oben in einen Behälter, der an eine Vakuumpumpe angeschlossen ist. (Bei der Imprägnierung von Wein nicht empfehlenswert, weil Aromastoffe verloren gehen.) Hinter der Dosierung des entgasten Getränkes mit Sirup erfolgt die Zugabe des CO_2 über eine Karbonisierpumpe. Das karbonisierte Getränk gelangt in einen Puffertank, von wo es über eine Druckerhöhungspumpe in den Füller befördert wird.

bestimmen hier in erster Linie neben der Ausgestaltung des Plattenprofils und einer evtl. Entlüftung des Grundstoffes den Sättigungsgrad mit CO_2.

- **Berieseln** oder Fließen des Getränkes in CO_2-Atmosphäre über **Füllkörper**, wie Raschigringe oder Kaskaden bzw. Glockenbödensysteme. Wegen der hygienischen Probleme, die mit diesem Verfahren verbunden sind, wird es in der Praxis kaum noch eingesetzt.
- **Eindüsen** von CO_2-Gas in den mit Flüssigkeit gefüllten, auf Sättigungsdruck vorgespannten Druckbehälter mit gleichzeitiger Verteilung des CO_2-Gases durch **Vibro-Mischer**.

Der **Wirkungsgrad** der verschiedenen Imprägniertechniken hängt von dem angewendeten System ab. Er ist – wenn man ihn auf die Zeiteinheit bezieht – beim **Verdüsen** am besten, weshalb die meisten Geräte mit dem Düsen- oder Strahlprinzip arbeiten.

Man kann mit Miller (1965) sagen, dass heftige Bewegungen in der Flüssigkeit die Lösung des Gases und das Erreichen des Sättigungsgleichgewichtes zum vorliegenden Druck beschleunigen. Ohne Störung bzw. Bewegung dauert das Lösen zu lange, und der Zeitfaktor macht das Verfahren unpraktisch. Dabei haben Rührorgane mit großem Durchmesserverhältnis einen besseren CO_2-Übergang zur Folge (Kepke 1991).

Die Art der Imprägnierung hat keinen Einfluss darauf, wie das CO_2 später im Glase aus dem Getränk entweicht (Mousseux). Für diesen Vorgang ist es auch unerheblich, ob

CO_2 durch die Gärung in den Schaumwein gelangt oder durch Imprägnierung, gleiche Bedingungen vorausgesetzt. Anders ist es jedoch, wenn mit der Karbonisierung **Fremdgase** (Luft, Stickstoff) in das Getränk gelangen. Diese **beschleunigen** später das Freiwerden oder Aufbrausen von Kohlendioxid erheblich. Sind Fremdgase im Getränk, so sollten diese möglichst vor der Imprägnierung entfernt werden. Nach der Imprägnierung ist eine Ruhezeit des Getränkes vor der Füllung sinnvoll, damit evtl. gelöstes Fremdgas aus dem Schaumwein austreten kann. Deshalb ist es auch empfehlenswert, den Tank nach der Imprägnierung nicht ganz zu füllen und bis zur Abfüllung in die Flaschen einen Tag zu warten.

- Die wohl einfachste und kostengünstigste **Imprägniertechnik** ist in Abb. 97 a dargestellt. Sie wird etwa bei der Imprägnierung von Most (Böhi-Verfahren) und bei der Perlweinbereitung genutzt. Manche Betriebe bedienen sich mit Erfolg eines noch einfacheren Verfahrens. Der zu befüllende Tank wird mit Wasser belegt, das anschließend mit CO_2-Druck wieder aus dem Gebinde abgelassen wird. Der Tank behält einen leichten Überdruck, sodass die gesamte Tankatmosphäre aus CO_2 besteht. In diesen Behälter wird nun der zu imprägnierende Wein gepumpt. Je nach gewünschtem CO_2-Gehalt wird das **Sicherheitsventil am Tank auf den entsprechenden Druck eingestellt**. Sodann wird der CO_2-Vorratsbehälter an die Druckleitung zwischen Pumpe und Tank angeschlossen. Während der Befüllung des Tanks fließt nun die berechnete Menge an CO_2 in den Wein.
- Das Wirkungsprinzip der **Karbonisierstrahlpumpe** (Abb. 97 b) ist das einer Wasserstrahlpumpe. Staut man an einer Stelle eines Rohres die Flüssigkeitsströmung, kommt es zwischen Injektor-Eintritt und Injektor-Austritt zur Geschwindigkeitsabsenkung. Die starke Querschnittsverengung bewirkt eine Geschwindigkeitserhöhung in der Engstelle. Diese verursacht anschließend eine Druckerniedrigung, sodass ein Unterdruck entsteht, der Saugwirkung hat. Dieser wird zum Einführen des CO_2-Gases genutzt. Es kommt dabei zum Übergang vom laminaren zum turbulenten Fließverhalten und zur Grenzflächenablösung der Flüssigkeit von der Wandung mit einem Rückstromeffekt der Fließrichtung und damit zum Vermischen von Flüssigkeit und Gas. Wie Abb. 97 b zeigt, erfolgt die **Imprägnierung** vom Lagertank zum mit CO_2 auf Sättigungsdruck vorgespannten Drucktank (evtl. Kühltank) über Durchlaufzähler (2), Hochdruckpumpe (3) und Strahlapparat „Stabilomat" von **Hilge**. Es wird durch

Die angewandte CO_2-Zugabetechnik besteht darin, dass der füllfertige Wein über ein Zählwerk (2) mittels Mohnopumpe oder einer anderen Druckpumpe (3) zur Kreiselpumpe (5) gefördert wird und von dort in den mit CO_2-Gas auf Sättigungsdruck (+1 bar) vorgespannten, luftfrei gemachten Drucktank hineingepresst wird. Das Rückschlagventil (4) verhindert Druckverluste oder den Rücklauf. Vom Drucktank (6) geht eine Gas-Rückleitung von (8) zur Saugseite der Kreiselpumpe (5), in der das CO_2-Gas durch den umlaufenden Kreisel mit dem einlaufenden Wein vermischt wird. Diese Pumpe hat also nur Verteilerfunktion. Die Lösung des CO_2-Gases wird durch das eingeschaltete Motor-Rührwerk (7) im Tank (6) noch erhöht. Die Sättigung wird bis zum erreichten Druckgleichgewicht zwischen Flüssigkeit und Gasraum durchgeführt, das sich nach einiger Zeit einstellt. Eine Kühlung (Kühltank) beschleunigt die Lösung des Kohlendioxids im Wein (siehe Abb. 97a).

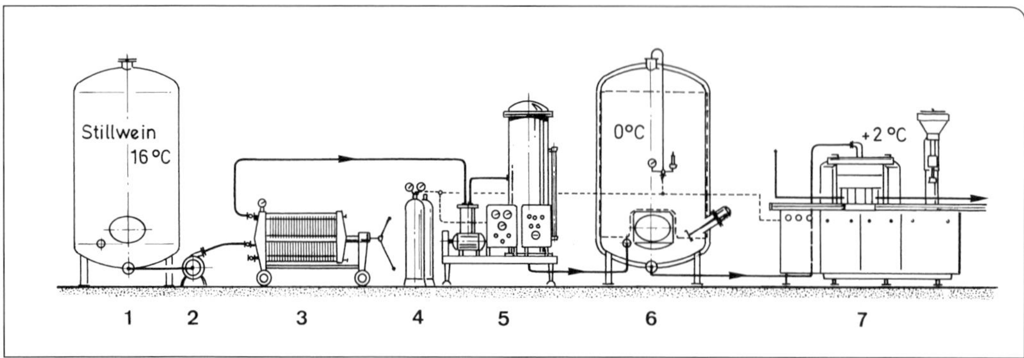

Abb. 99. Perlweinherstellung durch CO_2-Imprägnieren, Schema, mittels Abkühlung, wenn man den Imprägniervorgang von dem der Abfüllung trennen will. 1 = Stillweintank (evtl. mit Sorbinsäure) und Dosage versetzt, 2 = Förderpumpe, 3 = entkeimende Filtration, 4 = CO_2-Stahlflasche, 5 = Imprägnieranlage, 6 = Kühl- Drucktank mit Rührwerk, 7 = Druckfüller und Verschließer.

eine Hochdruck-Kreiselpumpe (Eurohygia II oder Eurohygia III) eine gemessene Menge des abgestimmten Grundweines im Injektor (4) mit CO_2-Gas vermischt und zum Drucktank (5) weitergepumpt. Das CO_2-Gas wird der Gasnetzleitung und der Kohlensäureflaschen (6) entnommen. Die zufließende Menge wird kontrolliert und geregelt (a). Die Druck-Temperaturkontrolle gibt Aufschluss über das erreichte Gleichgewicht im Fertiggetränk. Die in Abb. 97 c dargestellte Imprägniertechnik nutzt die große Oberfläche einer Hohlfasermembran, um CO_2 molekular in den Wein zu überführen.

- Die CO_2-Imprägnierung z. B. von **Perlwein** nach dem **Sprüh-Verfahren**. Die einzelnen Verfahrensschritte:
- 1. Entgasen der Flüssigkeit im Sprüh-Verfahren zur Minderung eines störenden Sauerstoffgehaltes
- 2. die Imprägnierung des entgasten Getränkes erfolgt in einem Behälter nach dem Sprüh-System. Der Wein wird über den Weinzerstäuber in eine CO_2-Atmosphäre gesprüht. Über Glockenböden tröpfelt er in der CO_2-Atmosphäre hinunter und wird im unteren Teil gesammelt und als imprägniertes Getränk abgeleitet. Das ganze Verfahren ist im Großbetrieb vom Zuckerlösen und Mischen bis zum Karbonisieren bzw. Abfüllen weitgehend automatisierbar.

Imprägnierung von Perlwein:

Der Ablauf der CO_2-Imprägnierung spielt sich wie folgt ab:

1. Der für das Fertigprodukt (z. B. Perlwein) zugerichtete, dosierte und füllfertig gemachte Stillwein wird gekühlt, mit Filter keimfrei gemacht und anschließend in einer aseptischen Imprägnieranlage mit CO_2 auf den gewünschten Sättigungsgrad gespannt und etwa 12 bis 24 Stunden im Druck-Kühltank kalt, d. h. unter 0 °C gelagert. Diese **Zwischenlagerung** empfiehlt sich dann, wenn man den Imprägniervorgang von dem der Flaschenfüllung trennen und unabhängig machen will. Die Flaschenfüllung erfolgt dann mit Druckfüller bei etwa 0 °C (siehe Abb. 99). Da die **Abfüllung unter sterilen Bedingungen** erfolgen muss, ist diese Geräteanordnung nicht absolut sicher, weil der Arbeitsablauf mit **keimfrei** gemachten Geräten erfolgen muss. Sicherer und einfacher wäre die Umstellung des **Entkeimungsfilters**

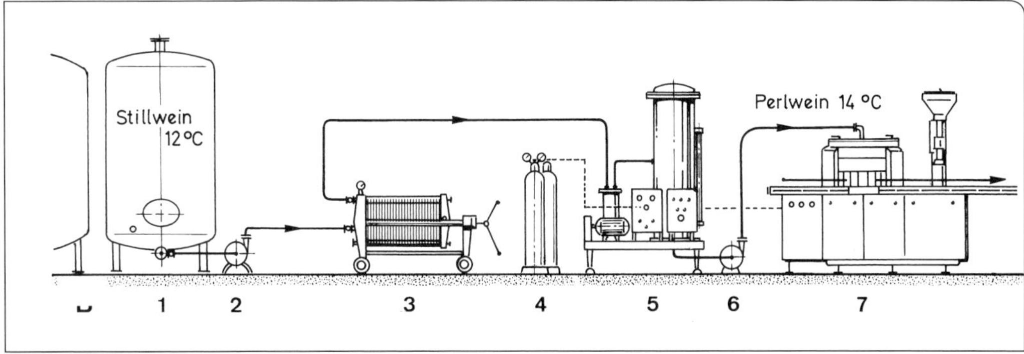

Abb. 100. Perlweinherstellung durch CO_2-Imprägnieren, Schema, ohne Abkühlung: zur anschließenden Flaschenfüllung.
1 = vorbereiteter Stillwein, (evtl. mit Sorbinsäure) und Dosage versetzt, 2 = Förderpumpe, 3 = Entkeimungsfilter, 4 = CO_2-Quelle, 5 = Imprägnieranlage, 6 = Druckerhöhungspumpe für Fülldruck, falls nicht schon in Anlage eingebaut, 7 = Druckfüller und Verschließer.
Falls ohne Sorbinsäure als Konservierungsmittel gearbeitet wird, ist das Entkeimungsfilter zweckmäßiger hinter die Imprägnieranlage, also vor den Füller einzusetzen. Flaschen, Füller, Verschließer, die Verschlüsse, müssen dann entkeimt bzw. desinfiziert werden.

zwischen Position 6 und 7, also direkt vor dem Füller. In diesem Falle wären nur das Filter und der Weg des Perlweins vom Filter-Ausgang bis zur Verschließmaschine, einschließlich Flasche und Verschluss durch Dämpfen, Hitze oder eines der üblichen Desinfektionsmittel keimfrei zu machen.

2. Eine **einfachere Möglichkeit** zeigt das Beispiel der Abb. 100. Hier wird auf die Kühlung verzichtet und der füllfertige Stillwein bei **Keller- oder Raumtemperatur imprägniert** und auf Flaschen gefüllt. Das ist bei dem geringen CO_2-Gehalt des Perlweines und dem sich dabei einstellenden Überdruck zwischen 1,5 bis 2 bar ohne Weiteres möglich, weil man mit einem **Imprägnierdruck** von etwa 3,0 bis 3,5 bar und einem **Fülldruck** von maximal 4,5 bar auskommt. Die Druckerhöhung für den Fülldruck erfolgt mit einer Druckerhöhungspumpe hinter dem Imprägniergerät, falls eine solche nicht schon in der Imprägnieranlage eingebaut ist. Ein ausreichender **Gegendruck** ist für eine ruhige Abfüllung aber Voraussetzung.

Auch hier macht die aus Gründen der biologischen Haltbarkeit notwendige **sterile Abfüllung** Umstände. Gerade CO_2-haltige Getränke sind schwierig und oft nicht mit letzter Sicherheit keimfrei auf die Flasche zu bringen. Die Entkeimung von Wein, Gerät und mit dem Wein zusammenkommendes Material ist zeitraubend, umständlich und kostenerhöhend. Man muss das Verfahren zudem auch beherrschen. Die Technik der Sterilfüllung kann in den Fach-Lehrbüchern nachgelesen oder aus den Betriebsanweisungen der Lieferfirmen von Filtern u.Ä. entnommen werden.

Es sei jedoch auch auf Kap. 4.3.9.4 verwiesen und die dort beschriebene Möglichkeit des Einsatzes von Membranfiltern, welche das sterile Abfüllen sicherer und leichter machen.

Eine einfachere und **zusätzliche Sicherheit** gegenüber Nachgärung bietende Methode, biologisch haltbare Perlweine zu erzeugen, ist die Verwendung von **Sorbinsäure** oder deren besser lösliches Kaliumsalz (Kaliumsorbat), die in Deutschland und in einer Reihe anderer Länder gesetzlich zugelassen ist; in Deutschland in Mengen von 200 mg/l oder 26,8 g/hl Kaliumsorbat zum scharf vorgeklärten, d. h. **keimarmen** Wein.

Der Zusatz der Sorbinsäure erfolgt im Abfülltank. Für eine gründliche Verteilung muss gesorgt werden (Rührgerät). Der keimarm oder gar keimfrei gefilterte Wein darf nicht mehr als 3000 Hefezellen pro l enthalten oder 3 je ml, wenn man mit den gesetzlich erlaubten Mengen von 200 mg/l Erfolg haben will. Vergleiche dazu Müller-Späth und Loescher (1974) und Dittrich (1987), Seite 187. Wegen der mit der Zugabe von Sorbinsäure verbundenen Gefahr der Bildung eines unerwünschten Geranientons, sollte der erhöhte Aufwand einer Sterilfiltration nicht gescheut werden.

Der im Perlwein vorhandene CO_2-Gehalt reicht im Gegensatz zum Sekt nicht aus, um die Vermehrung noch vorhandener Hefen zu unterdrücken. Das ist erst bei Mengen von 12 bis 15 g/l CO_2 der Fall (Seitz-Böhi-Verfahren).

Vom Abfülltank wird der Perlwein dann – ohne Zwischenschalten eines Filters – zum Füller gefördert und bei dem erwähnten Gegendruck gefüllt. Eine **Abkühlung** ist bei diesen Drücken nicht unbedingt erforderlich, wenn **geeignete Füllventile** verwendet werden, die die Füllung ohne Beunruhigung (z. B. durch Flüssigkeit im Rückluftrohr) durchführen.

Es sei hier daran erinnert, dass Perlweine mit etwa 20 bis 35 mg/l **freier schwefliger Säure** auf die Flasche kommen sollen, um schädlichen Oxidationen vorzubeugen. Der letzte SO_2-Gehalt des Weines ist vor der Füllung zu überprüfen. Ebenso die tatsächliche Höhe des CO_2-Gehaltes und des CO_2-Druckes.

Zur Flaschenfüllung von Perlwein sind **Stillweinflaschen** in üblicher Form (Schlegelform usw.) zwar nicht vorgeschrieben, doch muss darauf geachtet werden, dass keine Verwechslung mit Schaumwein möglich ist. So wird Perlwein, wenn er mit einem Schaumweinstopfen und besonderer Haltevorrichtung (Bügel) verschlossen ist, wie Schaumwein versteuert (Koch, 2007).

Altglas ist vorher zu reinigen und keimfrei zu machen. **Neuglas** enthält erfahrungsgemäß keine Hefen, wenn es kühlofenverpackt von Paletten entnommen wird. Es ist jedoch zu empfehlen, dass die Flaschen vor der Füllung mit sterilem Wasser **ausgespritzt** werden (Rinser) und mit nasser oder **feuchter Flascheninnenwand** zur Abfüllung kommen (siehe Kap. 4.3.11.6). Die Abfüllleistung ist größer, die Füllung ruhiger als bei **trockenen** Flaschen, bei denen sich an der trockenen Glaswand mehr CO_2 „entbindet“.

Als Flaschenverschlüsse können Naturkorke verwendet werden, wenn sie mindestens 26 mm Durchmesser haben. Als praktischer haben sich **Kronenkork**- oder **Abreißverschlüsse** durchgesetzt, die druckfester sind und sich gegenüber Sektflaschenverschlüssen genügend abheben, ebenso Schraubverschlüsse. Von Philipp Schneider, Bad Münster-Ebernburg, wird eine maschinell aufbringbare Kordel angeboten, die den Naturkork zusätzlich sichert (Abb. 146).

4.6 Obst- und Beerenschaumwein

Neben dem Schaumwein, der nach den weingesetzlichen Vorschriften hergestellt werden muss, sind Obst- und Beerenschaumweine Produkte, die dem Lebensmittelrecht unterliegen.

4.6.1 Grundsätzliches

Nach geltendem EG-Recht ist die Herstellung von Schaumwein mit zugesetzter Kohlensäure zwar erlaubt, es wird aber so gut wie kein solcher Schaumwein hergestellt, weil kein wirtschaftliches Interesse mehr dafür besteht.

Es gibt aber eine auf alter Tradition beruhende, jedoch in der Menge recht begrenzte Herstellung von „dem Schaumwein ähnlichen Getränken“, die auch **Obst- oder Fruchtschaumwein** genannt werden und ggf. unter Angabe der Fruchtart, z. B. „Erdbeerschaumwein“, bezeichnet werden. Sie sind keine Erzeugnisse im Sinne des Weingesetzes, jedoch im Sinne des Lebensmittel- und Futtermittelgesetzbuchs (LFGB). Die rechtlichen Grundlagen sind zurzeit enthalten in der Alkoholhaltige Getränke-Verordnung (AGeV). Auch die Lebensmittel-Kennzeichnungs-Verordnung (LMKV) sowie die Zusatzstoff-Zulassungsverordnung (ZZulVO) regeln die Herstellung dieser Produkte. Die „Fruchtwein-Richtlinie 2001“ beschreibt den „redlichen Handelsbrauch“ und die Verbrauchererwartung. Sie ist rechtsverbindlich.

Während ein Schaumwein (aus Traubenwein), sofern ihm Kohlensäure zugesetzt wurde, deutlich als „Schaumwein mit zugesetzter Kohlensäure“ bezeichnet werden muss, ist die Angabe des CO_2-Zusatzes bei dem Schaumwein ähnlichen Getränken **dann** nicht vorgeschrieben, wenn ein Verzeichnis der Zutaten im Sinne der LMKV erstellt wird, indem der Zusatz von CO_2 angegeben ist (vgl. H.-J. Koch, 2007, Kommentar, Erläuterungen).

4.6.2 Dem Schaumwein ähnliche Getränke

Die Herstellung von schäumenden Obst- und Fruchtweinen ist in Deutschland wohl älter als die von schäumendem Traubenwein, dessen Anfänge um 1810 liegen. So produzierte z. B. K.S. Häusler aus Hirschberg, in Grünberg/Schlesien schon um 1820 einen „Apfelchampagner“ oder „Apfel-Mousseux“, 1824 seinen ersten Champagner aus Grünberger Trauben, den er dann ab 1826 als **Häusler, Förster u. Grempler** weiterproduzierte. Um 1900 gab es bereits feinen „Apfelsekt“, „Beerensekt“, „Kaisersekt“ (mit Kennzeichnung der Fruchtart ab 1901). Noch Mitte der 50er-Jahre war die Bezeichnung „Obstsekt“ handelsüblich (vgl. Winkler 1969). Das ist heute nicht mehr erlaubt.

Es sind vorwiegend preiswerte Obst- und Fruchtschaumweine, bei deren Bezeichnung dem Wort „Schaumwein“ der Name der Obstart voranstehen muss, aus der der Inhalt besteht, z. B. Obst-Schaumwein, Apfel-Schaumwein, Erdbeer-Schaumwein usw. Der Ausdruck „Sekt“ (Obstsekt, Erdbeersekt) ist verboten. „Sekt“ ist dem Qualitätsschaumwein vorbehalten.

Die analytischen Grenzwerte, die bei den Ausgangsprodukten zur Herstellung schaum- oder perlweinähnlicher Weine eingehalten werden müssen, sind in Tab. 39 festgehalten.

Tab. 39 Grenzwerte verschiedener Ausgangsweine zur Herstellung schaumweinähnlicher Getränke. (Leitsätze für wein- und schaumweinähnliche Getränke)

		Apfel-/Birnenwein	Fruchtwein (max. 25 %vol Apfel-/Birnenwein)
vorhandener Alkohol	% vol.	mind. 5	mind. 5,5
zuckerfreier Extrakt	g/l	mind. 18	mind. 16
nichtflüchtige Säure (berechnet als Weinsäure)	g/l	mind. 4	mind. 5
flüchtige Säure (berechnet als Essigsäure)	g/l	max. 1,0	max. 1,2

Der **Gehalt an Kohlendioxid** kann aus Gärungskohlensäure und aus gasförmigem oder verdichtetem, reinem technischen CO_2 bestehen und muss im verschlossenen Behältnis bei 20 °C mindestens 3 bar Überdruck betragen.

4.6.2.1 Apfelwein

Wie beim Schaumwein, der aus Traubenmost oder Wein hergestellt wird, dient auch beim Obst-Schaumwein der entsprechende Obst- oder Fruchtwein als Grundstoff für die Weiterverarbeitung und Imprägnierung mit Kohlendioxid.

Gemäß den Leitsätzen für weinähnliche und schaumweinähnliche Getränke (2002) wird unterschieden zwischen Apfel- und Birnenwein sowie Fruchtwein. Der letztere Begriff beinhaltet alle Erzeugnisse, die aus Früchten hergestellt werden, die nicht Äpfel oder Birnen sind. Weine und Schaumweine, die nur aus Beeren hergestellt sind, werden üblicherweise als Beerenwein oder Beerenschaumwein bezeichnet (Buchstabe D, Nr. 5 der Leitsätze).

Die Saftausbeute aus 100 kg **Äpfeln** beträgt im Mittel etwa 52 bis 74 Liter Saft, die von **Birnen** etwa 63 bis 76 Liter. Apfelwein (Most, Viez, lat. Vice Vinum = Weinersatz) ist der Obstwein mit dem niedrigsten Alkoholgehalt, dessen Säure zudem fast nur aus Äpfelsäure besteht und deshalb durch den biologischen Säureabbau besonders gefährdet ist. Seine Gärung muss daher rasch, und möglichst als **Reingärung** erfolgen, bei kühler Gärtemperatur. Die Qualität ist von der Apfelsorte abhängig (Wirtschaftsobst mit höherem Säuregehalt).

Apfelwein oder Birnenwein haben mindestens 18 g/l zuckerfreien Extrakt, 5 %vol vorhandenen Alkohol, 4 g/l nichtflüchtige Säure (als Weinsäure berechnet) und höchstens 1 g/l flüchtige Säure (als Essigsäure berechnet). Fruchtweine – also Weine aus allen anderen Früchten – weisen mindestens 5,5 %vol vorhandenen Alkohol auf, 16 g/l zuckerfreien Extrakt, 5 g/l nichtflüchtige Säure und höchstens 1,2 g/l flüchtige Säure. Die entsprechenden Schaumweine und Perlweine entsprechen – außer dem nötigen CO_2-Überdruck – den Anforderungen des Apfel-/Birnenweins bzw. des Fruchtweins (siehe auch Tab. 39).

Die **Behandlung der Obstweine** unterliegt weitgehend den Regeln der Weinbereitung und darf als bekannt vorausgesetzt werden. Zur Weiterverarbeitung und CO_2-Imprägnierung gelangt nur der zeitig abgestochene und klar gefilterte Apfelwein.

4.6.2.2 Erdbeerwein

Als Beispiel für einen Grundstoff für **Frucht-Schaumweine** sei hier noch der Erdbeerwein angeführt. Er hat seine Liebhaber auch als Schaumwein, obwohl die Ergebnisse auf dem Markt nicht immer befriedigend ausfallen. Das hängt mit der Erdbeerfrucht und den ihr eigenen Inhaltsstoffen zusammen. Erdbeeren sind teuer, durch Wasserzusatz werden sie zwar billiger, aber auch anfälliger für Bakterienkrankheiten.

Wichtig sind für die Weinbereitung die **Säurekorrektur** schon vor der Gärung und die Vergärung mit **Reinzuchthefe**. „Ohne Reinzuchthefe ist überhaupt kein reintöniger Erdbeerwein zu erzielen“ (Schanderl, Koch, 1972 und Kolb, Demuth, Schurig, Sennewald, 1999).

Erdbeeren können ohne Maischung abgepresst werden. Eine **Maischegärung** über 1 bis 2 Tage ergibt aber eine bessere Farbausbeute und mehr Aroma und Extrakt. Von Vorteil ist es, die Maische durch **Filtrationsenzym**-Zusatz aufzuschließen. Eine **Maischeschwefelung** von 5 g/hl SO_2 (10–15 g Kaliumdisulfit je 100 kg Früchte) ist von Vorteil. Die **Saftausbeute** aus 100 kg Erdbeeren schwankt zwischen 70 bis 84 Liter Saft.

Erdbeersäfte müssen mit Zucker angereichert werden, um haltbare Weine zu ergeben. Der unverdünnte Erdbeersaft enthält im

Mittel nur 35 bis 40 g Zucker im Liter. Der **Zuckerzusatz** muss, um einen haltbaren Tischwein zu erzeugen, je Liter etwa 150 bis 200 g Zucker betragen. Es sind etwa 10 bis 12%vol. Alkohol anzustreben. Bei der Herstellung von Beerenschaumwein wird jedoch ein vorhandener Alkoholgehalt von unter 6 %vol eingestellt, weil bis zu diesem Wert die Steuer 0,38 € pro ganze Flasche beträgt, während bei einem Schaumwein mit höherem Alkoholgehalt die volle Schaumweinsteuer von 1,02 € pro ganze Flasche anfällt. Der Saft kann in Deutschland bis auf 1:1 mit Zuckerwasser verdünnt werden, jedoch muss der Fruchtanteil mindestens 35 % betragen. Dann ist die Säure aber durch Zusatz von **Mostmilchsäure** um max. 3 g/l zu erhöhen, von der ein Teil vor und der andere nach der Gärung zugegeben wird, hier nach Geschmacksprobe. 5 ‰ nicht flüchtige Säuren sollten Erdbeer-Schaumweine wenigstens aufweisen. Notfalls kann auch **Citronensäure** bis zur Höchstmenge von 1,5 g/l zugegeben werden. Dabei darf der Gesamtsäuregehalt, als Weinsäure berechnet, 7,5 g/l nicht übersteigen.

Erdbeerwein ist nicht lange haltbar. Das Aroma verliert sich und die Farbe oxidiert nicht nur ins Bräunliche, sondern sie zerfällt auch mit der Zeit. Erdbeer-Wein und Erdbeer-Schaumwein müssen daher bald verbraucht werden.

Farbkorrekturen werden in der Praxis häufig mit Kirschsaft o.Ä. vorgenommen, höchstens 2 % der Gesamtflüssigkeit werden toleriert.

Bei der Herstellung des Grundweines geht man heute meist vom **Erdbeermuttersaft** aus, den man bezieht oder von tiefgefrorenen Erdbeermaischen, die aufgetaut und sofort abgepresst werden. Die Gärung wird mit **Reinzuchthefe**, auch Trockenhefe, durchgeführt. Die Gärtemperatur soll dabei niedrig gehalten werden. Der Abstich von der Hefe erfolgt rasch, damit es nicht zu einem bakteriellen Säureabbau kommt. Oxidationsschutz ist die schweflige Säure.

Sowohl beim Gärverfahren als auch bei der Imprägniertechnik muss der Grundstoff klar filtriert und möglichst arm an Bakterien sein, am besten **keimfrei** zur Weiterverarbeitung und Füllung gelangen, damit Nachtrübungen und Geschmacksveränderungen durch die Bakterien des biologischen Äpfelsäureabbaues im Fertig-Schaumwein unterbleiben.

Heute werden Beerenschaumweine überwiegend nach der Méthode rurale (also mittels 1. Gärung) hergestellt. Der Beerensaft wird also direkt zu Schaumwein vergoren ohne den Umweg über den Beerenwein.

Aus Gründen der bakteriologischen Reinheit sollen Erdbeermoste entweder vor der ersten Gärung, aber auf alle Fälle vor der zweiten, der Schaumweingärung, einer Hoch-Kurz-Zeit-Erhitzung unterzogen werden. Gleichzeitig beugt man dadurch dem gefürchteten Mäuselgeschmack vor.

Zu achten ist auf möglichst dauernden **Luftabschluss**, um die empfindliche Farbe möglichst lange zu erhalten und die Bildung von Essigsäure zu verhindern. In den „Leitsätzen“ werden höchstens 1,2 g/l flüchtige Säuren toleriert (siehe Tab. 39). Im Einzelnen vergleiche man Schanderl und Koch (1972) sowie Schobinger (1978).

4.6.2.3 Kennzeichnung und Aufmachung der Flaschen

VO (EG) Nr. 1924/2006 Art. 4 Abs. 3 UAbs. 1 bestimmt, dass Getränke mit einem Alkoholgehalt von mehr als 1,2 %vol keine gesundheitsbezogenen Angaben tragen dürfen. Demnach entfällt also der Hinweis „für Diabetiker geeignet“.

Zurzeit gelten folgende Vorschriften:
Das Etikett muss enthalten:

a) Den Namen und Ort des Herstellers oder desjenigen, der das Erzeugnis in den Verkehr bringt.

b) Die handelsübliche Bezeichnung Frucht-Schaumwein, Obst-Schaumwein, Apfel-Schaumwein, Erdbeer-Schaumwein etc. (nicht Sekt!).
c) Ein Zutatenverzeichniss, wenn der Alkoholgehalt 1,2 %vol übersteigt.
d) Den vorhandenen Alkoholgehalt.
e) Die Verwendung von nicht aus der Gärung stammender Kohlensäure (§ 11 Satz 4 AGeV). Diese Angabe kann entfallen, wenn auf der Fertigpackung ein Verzeichnis der Zutaten im Sinne der LMKV angegeben ist.
f) Die Angabe „Enthält Sulfite" oder „Enthält Schwefeldioxid" (§ 6 Abs. 6 S. 2 LMKV). Dies gilt nicht, wenn in einem Zutatenverzeichnis die Angaben „Sulfite" oder „Schwefeldioxid" enthalten sind.
g) Die Kennzeichnung des **Loses** (§ 1 Los-Kennzeichnungsverordnung).

Obst- und Fruchtschaumwein darf nur in drucksicheren Flaschen abgefüllt in den Verkehr kommen, deren Schaumweinstopfen durch Draht, Schnur oder Bügel gesichert ist. Flaschen mit einem Inhalt von 200 ml und darunter können auch mit einem Schraubverschluss oder Kronenkork verschlossen sein.

Phantasiebezeichnungen sind erlaubt, sofern Irreführung ausgeschlossen ist. Eine bildliche Darstellung der verwendeten Frucht ist üblich.

Zur Imprägniertechnik gilt das in Kap. 4.5.3.1 Ausgeführte. Die Höhe des anzustrebenden CO_2-Gehaltes liegt bei etwa 6,0 bis 7,5 g/Liter beim Obst-Schaumwein, etwas höher beim Frucht-Schaumwein mit 6,0 bis 8,0 g/Liter.

4.6.3 Abstimmungsdosage

Zur Imprägnierung gelangt in der Regel der fertig ausgebaute, vergorene, klare Grundwein mit oder ohne einer abrundenden **Zucker-Dosage**. Man wird vor der Imprägnierung der Kohlensäure durch **Geschmackstest** ermitteln, wie viel Zucker zuzusetzen ist, um ein Geschmacksoptimum zu erreichen.

Über die **Höhe der Dosage** bestehen zurzeit keine gesetzlichen Grenzen, daher ist sie in erster Linie eine Frage der Geschmacksharmonie und richtet sich nach der jeweiligen Obst- oder Fruchtart, deren (eingestelltem) Säuregehalt und den Geschmacksvorstellungen der Verbraucher. Eine als harmonisch empfundene Süße ist immer ein Qualitätsmerkmal, auch beim Obst- oder Beeren-Schaumwein, falls man nicht grundsätzlich einen „trockenen" Geschmackstyp bevorzugt. Vgl. dazu auch Kap. 1.3.5.6.

Bei den modernen Imprägnier- und Karbonisiertechniken, wo mit Vorliebe Dosierpumpen eingesetzt werden, erfolgt die Dosage kurz vor dem Imprägniervorgang, aber im gleichen Arbeitsgang.

Dosierpumpen sind oszillierende Verdrängerpumpen mit Tauchkolben- oder Membrankonstruktion. Sie sind zugleich Förderpumpe, Mengenmessgerät und Regler. Die Fördermenge wird durch Verändern der Kolbenhublänge von 0 bis max. bzw. durch Drehzahlregelung eingestellt.

Es können mehrere Komponenten vermischt bzw. verhältnisgleich einer großen Menge zugemessen werden. Die Mischung erfolgt in der Leitung. Hersteller sind u.a.: Bran u. Lübbe, Burdosa, Lewa, Orlita (siehe auch Abb. 68).

In vielen Betrieben wird die berechnete Menge an Zucker, Konzentrat usw. vor dem Karbonisieren bereits in den mit Wein gefüllten **Vorratstank** gegeben, durch Rühren oder CO_2-Einblasen darin gleichmäßig verteilt und der so vorbehandelte, fertig zusammengestellte Grundwein dann zur **Imprägnieranlage** gepumpt, mit CO_2 bis zum vorgesehenen Sättigungsdruck versetzt und im **Druckfüller** auf Flaschen gefüllt.

Eine vorausgegangene chemische Kontrolle des Obst-Grundweines auf den eingestellten Alkohol- und Säuregehalt, die freie und gesamte schweflige Säure (Grenzwerte!) sichert ein einwandfreies Erzeugnis.

Eine andere Möglichkeit der Dosage bieten die **„Saftvorfüller"** (siehe Abb. 46), die nach dem Messkolbenprinzip arbeiten und die vorgesehene Menge an Dosage der leeren Flasche im eingestellten Verhältnis kurz vor dem Füllen eingeben. Die vorgefüllte Flasche wird dann mit dem im Füller einlaufenden, mit CO_2 imprägnierten Grundwein gefüllt und verschlossen.

4.7 Traubensaft, schäumend

Eine weitere Variante schäumender Getränke ist der CO_2-haltige Traubensaft. Es ist ein „neues" Produkt, bei dem das CO_2 die Süße des Saftes abmildert und erfrischt. Es gibt keine Begrenzung des Kohlensäuregehaltes. Als Rebsorten werden die Bukettsorten als besonders geeignet genannt, wie auch Rosé-Säfte.

Die Herstellung fällt unter die Fruchtsaftverordnung (ähnliche Vorschriften wie beim Frucht- und Beerenschaumwein). So muss der Zusatz der Kohlensäure vermerkt werden und in einem besonderen Zutatenverzeichnis evtl. auch die Behandlungsmittel, wie z. B. Citronensäure und Ascorbinsäure. Wird letzteres als „Vitamin C" angegeben, müssen mindesten 90 mg/l enthalten sein, und zwar bis zum angegebenen Mindesthaltbarkeitsdatum.

Als Verkehrsbezeichnung wird „roter" oder „weißer" Traubensaft angegeben. Bei Nennung einer Rebsorte muss der Saft zu 100 % aus dieser Rebsorte stammen. Auf dem Etikett muss auch der Hersteller bzw. der Verkäufer aufgeführt sein sowie eine Loskennzeichnung und Nennfüllmenge.

Weitere Herstellungsvorschriften entsprechen dem „stillen" Traubensaft. So darf das Produkt max. 1,0 %vol Alkohol sowie nicht mehr als 0,4 g/l flüchtige Säure und 0,5 g/l Milchsäure enthalten (Litty, 2008).

5 Flaschengärung nach der „klassischen Methode“

Im Laufe der Jahre hat die „klassische Methode“ durch den technischen Fortschritt und den ständigen Zwang der Kostenminimierung und der Qualitätssteigerung eine fortlaufende Entwicklung erfahren. Daher ist es nicht verwunderlich, dass verschiedene Verfahren existieren, die sich nicht unerheblich unterscheiden.

Dazu sei in Tab. 40 eine Übersicht von Valade und Rinville (1990) dargestellt. Sie haben darin sieben verschiedene Verfahren der Sektherstellung mit den Kosten der verschiedenen Verfahrensschritte dargestellt. Dabei wurde unterstellt, dass pro Jahr 50 000 Flaschen degorgiert werden. Aus der Betrachtung der Kosten der einzelnen Arbeitsschritte im Vergleich zu den Gesamtkosten des Verfahrens kann ersehen werden, dass beim Verfahren 1 (klassische Hefe, rütteln per Hand, Lagerung auf Stoß) der Anteil der Kosten, der auf das Degorgieren entfällt, 20,5 % beträgt. Dieser Wert steigt bei den mechanischen Rüttelsystemen (Verfahren 3 bis 6) zwar etwas an, was darauf zurückzuführen ist, dass bei diesen Verfahren die Kosten für das Rütteln abnehmen und dadurch der Anteil der übrigen Verfahrensschritte an den Gesamtkosten ansteigt.

Die unteren 5 Zeilen der Tab. 40 zeigen die Kosten der einzelnen Verfahren und Arbeitsschritte, wobei die Arbeitsschritte des Verfahrens 1 mit 100 gleichgesetzt werden. Daraus wird deutlich, dass mit den Verfahren 2 bis 6 keine Einsparung beim Degorgieren zu erreichen ist. Die Anwendung der immobilisierten Hefen (Verfahren 7) lassen die Kosten sogar auf 112 % des Verfahrens 1 ansteigen, was darauf zurückzuführen ist, dass beim Degorgieren mehr Sekt verloren geht als bei der klassischen oder der agglomerierenden Hefe. Andererseits entfällt das Rütteln, was in der Summe dazu führt, dass die Gesamtkosten 80 % des Verfahrens Nr. 1 ausmachen (letzte Zeile).

Es muss nun dem Unternehmen überlassen bleiben, wo er in seinem Betrieb den Hebel ansetzt, um seinen Arbeitsablauf bzw. seine Kosten zu optimieren.

5.1 Flaschenfüllung oder Tirage

Die Flaschenfüllung oder Tirage am Anfang der Flaschengärung muss von langer Hand und sorgfältig vorbereitet werden. Der Wein (siehe Kap. 2), um den es geht, wurde schon seit seiner Entstehung im Hinblick auf seine Bestimmung zur Schaumweinherstellung bereitet und behandelt und mit geeignetem anderem Wein zur Cuvée zusammengestellt. Die **Zuckerlösung** für die sog. Fülldosage, also der Tiragelikör (siehe Kap. 3.1.1) ist hergestellt und in ausreichender Menge auf Vorrat gehalten. Die **Hefe** (siehe Kap. 3.2), sofern sie als flüssige Kultur eingesetzt werden soll und sofern sie nicht ohnehin vorhanden war, wurde schon frühzeitig vor dem Fülltermin vermehrt und herangeführt, sodass auch sie in ausreichender Menge zur Verfügung steht.

Falls **Trockenhefe** zum Einsatz gelangen soll, muss ebenfalls eine hinreichende Zahl von Packungen beschafft und bereitgestellt werden. Die **Rüttelhilfe** (siehe Kap. 3.5), deren man sich bedienen will, wurde bezogen und steht bereit.

Natürlich müssen auch **Flaschen** und **Verschlüsse** in ausreichender Menge bereitstehen. Je nach der angestrebten Art der Flaschenlagerung müssen ferner entweder Setzlatten, Lagerhölzer, Lagerklötzchen und Korkkeile oder Holzkisten oder metallene Gitterbehälter (Gitterboxen) verfügbar sein und

Tab. 40 Die Wirtschaftlichkeit einiger Verfahrensschritte bei der traditionellen Flaschengärung (nach Valade und Rinville, 1990)

Verfahren ⇨	1	2	3	4	5	6	7
Arbeitsschritte ⇩	Klassische Hefen				agglomerierende Hefen		Immobilisierte Hefen
Rütteln	per Hand 10 Rüttelvorgänge pro Jahr		mechanisch 50 Rüttelvorgänge pro Jahr		mechanisch 100 Rüttelvorgänge pro Jahr		kein Rütteln notwendig
Lagerung	auf Stoß	Gitterboxen (Holz)	Gitterboxen (Holz)	Rüttelboxen	Gitterboxen (Holz)	Rüttelboxen	Gitterboxen (Holz)
Kosten jedes Arbeitsschrittes in Prozent der Gesamtkosten jedes Verfahrens							
Abfüllen	22,5	24,0	30,0	28,5	31,0	29,5	55,5
Lagerung	20,0	14,0	17,5	31,0	18,0	32,0	16,5
Rütteln	37,0	39,5	25,0	14,0	23,0	11,5	–
Degorgieren	20,5	21,5	27,5	26,5	28,0	27,0	28,0
insgesamt	100,0	100,0	100,0	100,0	100,0	100,0	100,0
Kosten jedes Arbeitsschrittes im Verhältnis zum Verfahren in Spalte 1							
Abfüllen	100	100	100	100	101	101	203
Lagerung	100	67	67	124	67	124	67
Rütteln	100	100	51	30	46	24	–
Degorgieren	100	100	100	100	100	100	112
insgesamt	100	93	75	79	74	77	80

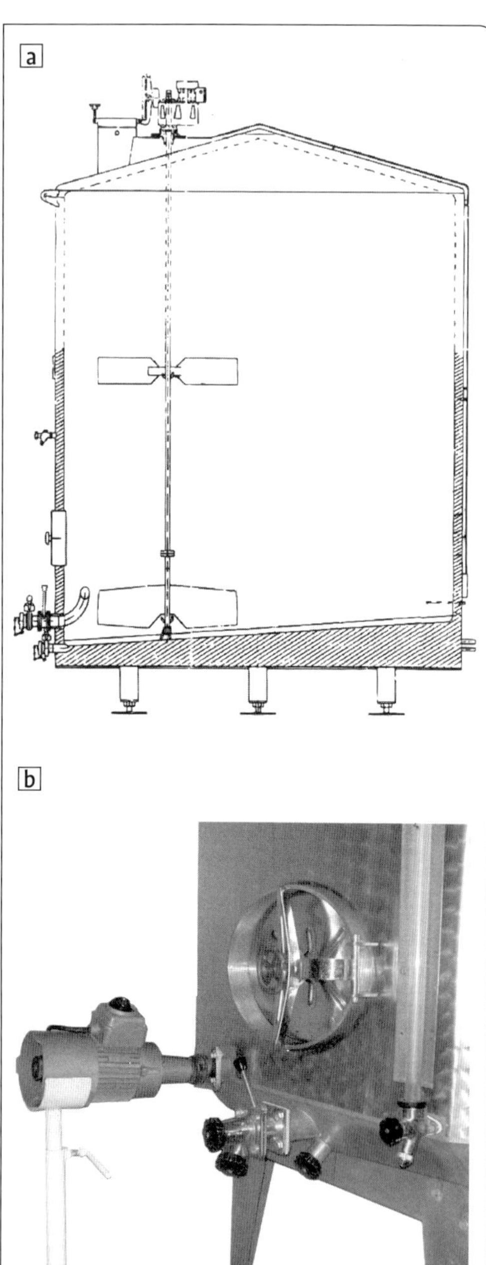

Abb. 101. a) Rührgerät mit innen liegender senkrechter Welle (Laurant u. Vallade, 1998) b) Unterstützung für Rührgerät.

es muss ein geeigneter Raum für die Lagerung der gefüllten Flaschen zur Verfügung stehen.

Schließlich braucht man noch Arbeitskräfte und ausreichendes Hilfsgerät wie Hubwagen, Gabelstapler oder andere Fahrzeuge, Sammelbehälter für Bruchglas, Mülltonnen, Beleuchtung usw. sowie den Füller und den Verschließer.

Die richtige Zeit für die Füllung ist da, wenn die Weine der letzten Ernte fertig behandelt, sauber und frisch sind, und wenn die Kellerräume nach der Kälte des Winters wieder etwas wärmer geworden sind, also eine Temperatur von 14 bis 16 Grad Celsius haben, sodass die Hefe sich wohlfühlt und sie ihr schweres Werk verrichten kann. Diese Zeit ist ungefähr erreicht, wenn die Reben beginnen auszutreiben.

Wegen des großen Arbeitsaufwandes, der zum Füllen erforderlich ist, bemühte man sich seit eh und je, das Füllen, die Tirage innerhalb möglichst kurzer Zeit, also z. B. innerhalb eines Monats hinter sich zu bringen. In kleinen und mittelgroßen Betrieben wird das auch heute noch so gemacht. Nur wenn die Menge des benötigten Schaumweins sehr groß ist, erstreckt sich die Zeit der Tirage über einen längeren Zeitraum und in den ganz großen Kellereien muss man die Tirage fast über das ganze Jahr ausdehnen.

5.1.1 Tiragetank

Ansatz: Je nach der Zahl der Flaschen, die an einem Tag gefüllt werden sollen, benötigt man eines oder mehrere Füllfässer oder Füllbehälter. Ein **Füllfass** (Tiragetank) von beispielsweise 4800 Liter Fassungsvermögen, wird mit 4500 Liter Ansatz beschickt, das ist der Füllinhalt von 6000 Flaschen à 0,75 l.

Als **Ansatz** bezeichnet man den Teil der Cuvée, der für die Schaumweingärung dadurch vorbereitet wird, dass ihm die berechnete Zuckerlösung (= Tiragelikör) zugesetzt und – nach gründlichem Mischen – die erforderliche Menge Hefe zugegeben wird. Bei flüssiger Hefe wird ein Zwischengefäß benötigt, um mit seiner Hilfe das sog. Auswechseln zu vollziehen. Aus dem Füllfass entnimmt man hierfür z. B. 180 l zuckerhaltige Cuvée und pumpt sie zunächst in das Zwischengefäß, danach werden 180 l der flüssigen Hefekultur oder Hefesuspension in das Füllfass gegeben und schließlich der zuckerhaltige Wein aus dem Zwischengefäß als Ersatz für die entnommene Hefe in den Hefebehälter gepumpt (siehe auch Kap. 3.2.1).

Im Füllfass sind nun Cuvée, Tiragelikör und Hefe enthalten. Sie werden mithilfe des Rührwerks gründlich miteinander vermischt. Schließlich gibt man noch bei laufendem Rührwerk die Rüttelhilfe hinein. Nun ist der Ansatz, gemeint ist der **Gäransatz**, fertig. Die Tirage, also das Abfüllen in die Gärflaschen, kann beginnen.

Es muss dabei gewährleistet sein, dass dessen Bestandteile nicht nur perfekt gemischt werden, damit sie gleichmäßig in alle Flaschen gelangen, sondern darüber hinaus ist es notwendig, die Homogenität der Mischung während der gesamten Tiragefüllung zu erhalten, damit die Sedimentation der Hefen und der Rüttelhilfen vermieden wird.

Der Tiragetank ist mit einem oder mehreren Rührgeräten ausgestattet. Ihre Anordnung und ihr Prinzip sind je nach der Bauart des Tanks unterschiedlich.

Bei kleineren Tanks (unter 10 000 Liter) sind die Propeller-Rührgeräte meistens so nahe wie möglich am Boden des Behälters angebracht. Es sollte eine Unterstützungsvorrichtung für das Rührgerät angebracht werden, damit die Befestigung am Tank (z. B. Klarablauf) entlastet wird (Abb. 101 b).

Am Boden des Tanks bewirkt diese Art des Rührens eine gute Durchmischung und ist vor allem für die letzten Liter empfehlenswert, weil sie bis zur völligen Entleerung des Tanks über den Restablauf oder das Mannloch eine gute Homogenität der Mischung gewährleistet.

Für größere Tanks (über 10 000 Liter) ist grundsätzlich ein Rührgerät vorzuziehen, das aus einer senkrechten Welle mit seitlich angebrachten Ruderblättern besteht. Diese Blätter sind sowohl am Boden als auch in verschiedenen Höhen des Tanks angebracht (Abb. 101 a). Der Umlauf soll – wie auch beim Propellerrührgerät – langsam erfolgen.

Früher war es üblich, nach Fertigstellung des Ansatzes erst noch einen halben oder ganzen Tag abzuwarten, bevor die Abfüllung begonnen wurde, weil man sicher sein wollte, dass die Gärung tatsächlich in Gang kommt. Dieses bange Abwarten war aus der bitteren Erfahrung abgeleitet, dass es oft genug Pannen gegeben hatte. Seit aber die Grundweine so zubereitet und behandelt werden, dass sie so gut wie keine Schwermetalle enthalten, also keiner Blauschönung bedürfen, seit mit einem Minimum an Schwefel gearbeitet wird, seit man es versteht, Weine zu bereiten, deren Gehalt an Polyphenolen und an Acetaldehyd sehr gering ist, und nicht zuletzt, seit man hygienisch so sauber arbeiten kann, dass Infektionen mit wilden Hefen und diversen Bakterien vermieden werden, seitdem ist das Risiko der Gärstörung auf einen kleinen Bruchteil zurückgegangen.

Diese gute **Betriebssicherheit** ist ständig durch **Kontrollen** zu überprüfen, um notfalls rechtzeitig Maßnahmen ergreifen zu können.

Den guten Verlauf der Gärung ist dadurch zu unterstützen, indem im Gärlokal für konstante Temperatur um 15 °C gesorgt wird. Das Auftreten von Luftzug sollte vermieden werden.

5.1.2 Flaschen

Die zur Abfüllung von Schaumwein und Perlwein dienenden Flaschen müssen mannigfaltigen **Vorschriften** genügen. So regelt die Fertigpackungsverordnung (FertigPackV) die **Mindestgröße**. Die DIN-Norm 6129 befasst sich ebenfalls mit dem Volumen der Flaschen als auch mit den zulässigen Abweichungen der Maße des Flaschendurchmessers, der Gesamthöhe der Flasche sowie deren Achsabweichung. Die DIN-Norm 6094, Teil 5 aus dem Jahr 2000 (Abb. 104) beschreibt die Mundstücke für Schaumweinflaschen, die DIN/ISO 9009 die Prüfverfahren der Höhe und Nichtparallelität der Mündung und Behältnisboden. Daneben existiert eine allgemeine technische Lieferbedingung (ATLB) für Sekt- und Schaumweinflaschen, die in Zusammenarbeit des Verbandes Deutscher Sektkellereien und der Fachvereinigung Behälter-Glasindustrie erstellt wurde.

Auch das am 01. Januar 1990 in Kraft getretene **Produkthaftungsgesetz** (ProdHaftG) ist bei der Abfüllung von Schaumwein und Perlwein zu bedenken. Danach haben der Hersteller von Flaschen und der Abfüller für Schäden aus dem Bersten, Explodieren und Zersplittern der Flaschen zu haften. Dabei liegt die Beweislast für das spätere Entstehen des Fehlers ausschließlich bei dem Hersteller (Abfüller). Er kann sich zwar gegen die Produzentenhaftung mit einer Haftpflicht versichern, doch wird er unbeschadet dessen bei der Abfüllung des Sektes auch das Gefahrenpotential bedenken müssen, das aus einer abgefüllten Sektflasche resultiert.

Überwiegend wird Schaumwein und Perlwein in Flaschen mit einer Größe von 0,75 l abgefüllt. Abweichungen nach unten und oben sind seltener (siehe Tab. 5). Die Fertigpackungsverordnung (i.d. Fassung von 2008) lässt Flaschengrößen bis 9 l zu. Zur Füllung gelangen 0,75-l-Flaschen, seltener 1,5-l-Flaschen, aber auch 0,2- und 0,375-l-Flaschen. Andere Flaschengrößen werden daraus umgefüllt. Größere Flaschen als die 0,75-l-Flasche tragen je nach ihrem Inhalt traditionelle Bezeichnungen:

Inhalt 2 Flaschen = Magnum
Inhalt 4 Flaschen = Doppelmagnum
Inhalt 6 Flaschen = Rehobeam
Inhalt 8 Flaschen = Methusalem
Inhalt 12 Flaschen = Salmanassar
Inhalt 16 Flaschen = Balthasar
Inhalt 20 Flaschen = Nebukadnezar
Inhalt 24 Flaschen = Melchior

In der Form der Flaschen gibt es heute eine große Variation. Einige davon sind in der Abb. 102 dargestellt. In Abb. 103 ist die klassische Form der Sektflasche mit ihren Maßen am Beispiel der 0,75-l-Flasche und der 0,2-l-Flasche gezeichnet. Die erstere hat einen Inhalt von randvoll 780 ml und eine Höhe von 297 mm (±1,8 mm). Der Durchmesser beträgt 84,5 mm (±1,6 mm). Der Boden ist mindestens 22 mm tief eingezogen. 105 mm unterhalb der Mündung hat die Flasche einen Durchmesser von 52 mm. Wegen der Vielzahl verschiedener Flaschenformen sind die Flaschenabmessungen nicht genormt. Umso wichtiger ist es für den Abfüller, dass er mit dem Flaschenlieferanten die Flaschenmaße vereinbart, die seinen betrieblichen Bedingungen entsprechen (Füller, Verschließer, Verschlüsse, Etikettierer, Verpacker usw., **aber auch Rüttelpaletten** [Abb. 110]).

So vielfältig wie die Flaschenformen sind auch die **Flaschenglasfarben**. Zwar erfolgt die Auswahl der Farbe eher aus Marketing-Gesichtspunkten, doch hat die Farbe einen Einfluss auf die Qualität des Produktes (Lichtgeschmack). So fand Maujean (1981) eine Veränderung schwefelhaltiger Aminosäuren bei der Lagerung von Sekt unter Licht. Perscheid und Zürn (1980) konnten nachweisen, dass das Licht von 180 gaschromatographisch aufgetrennten Komponenten im Sekt zu der Neubildung von fünf Verbindungen, zu der Zunahme von zwei und dem Verschwinden von vier Verbindungen geführt hat. Glas aus grüner Farbe und farbloses Glas lässt vor allem kurzwelliges, energiereiches Licht passieren, was eine besonders starke photolytische Kapazität aufweist. Je dunkler das Flaschenglas, desto geringer ist dessen Lichtdurchlässigkeit und damit die Gefahr unerwünschter Veränderungen durch Lichteinwirkung. Abb. 105 macht deutlich, dass die Lagerung von Sekt unter Licht in weißem Glas bereits nach 6 Monaten eine signifikante Verschlechterung der Sensorik bewirkt, wohingegen beim Wein der negative Einfluss des Lichtes erst später eintritt (Bach, in Vorbereitung).

Die **Flaschengewichte** betragen für die 0,75-l-Flasche 540 bis 850 g. Soll der Sekt in den Flaschen vergären, ist ein Mindestgewicht von 850 g notwendig. Wird die Flasche mehrfach als Gärgebinde benutzt (Transvasierverfahren), so sollte sie ein Gewicht von über 750 g aufweisen. In diesem Fall sollten die Flaschen **nur als Gärflaschen** Verwendung finden und nicht zum Endverbraucher gelangen. Die Festigkeit der Sektflasche wird sehr stark von Oberflächenbeschädigungen beeinflusst. Je schwerer die Flaschen, desto geringer ist der Einfluss einer Oberflächenbeschädigung auf die Bruch-Festigkeit. Rücklaufflaschen sollten nicht wieder in den Verkehr gelangen. Jeder Kratzer ist gewissermaßen ein potentieller Zeitzünder, der infolge allmählicher „Ermüdung“ des Glases manchmal erst Monate später zum Bruch, also zur Explosion der Flasche führen kann. Darin besteht das Heimtückische solcher „kleiner“ Beschädigungen der Flasche, dass die schädliche Auswirkung nicht sofort auftritt. Man wird dadurch leicht dazu verführt, mit den Flaschen weniger sorgfältig umzugehen.

Abb. 102. Moderne Sektflaschenformen, die noch unter dem Begriff „herkömmlich“ verstanden werden.
Flaschen: a = langhalsige Sektflasche in vornehmer Aufmachung; b = bauchige, sich rasch verjüngende Flaschenform mit charakteristischem Hausetikett; c = klassische Schaumweinflasche mit verbreitertem Hals, der langsam in den Bauch übergeht; d = moderne Flaschenform, rascher Übergang zu lang gezogenem Hals, am meisten von der typischen Form abweichend; e = Flasche mit länger ausgezogenem schlanken Hals, dafür stärkerer Bauchdurchmesser.

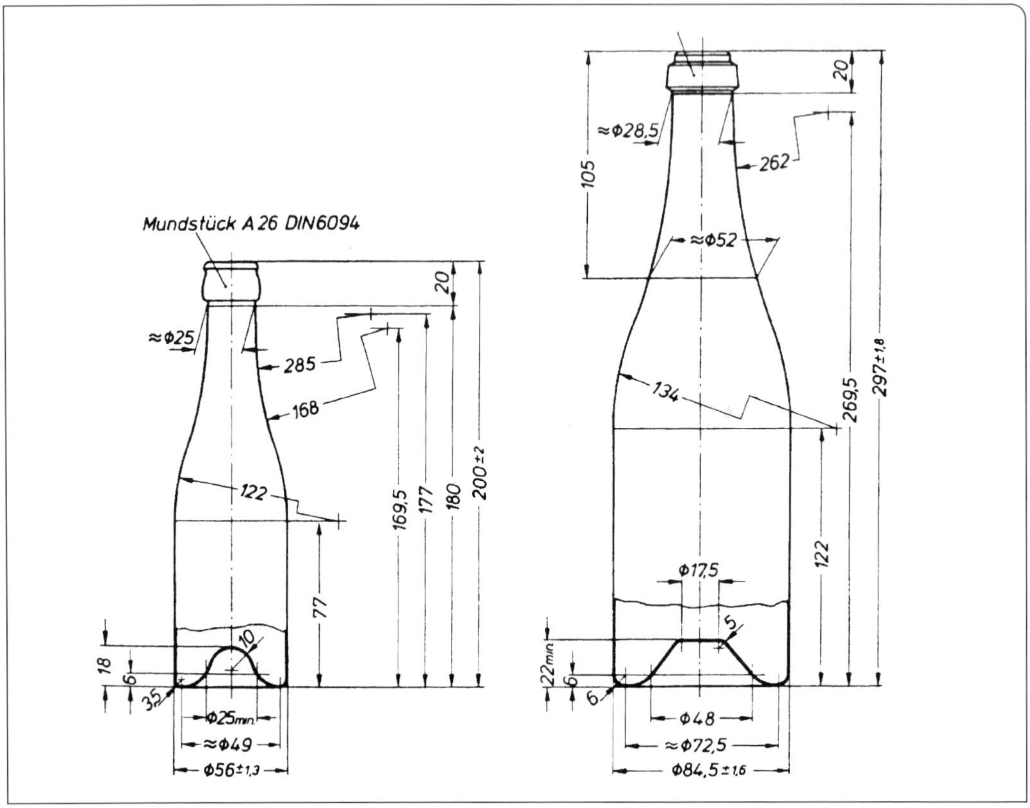

Abb. 103. Formen und Maße von Sektflaschen mit 0,75 l (rechts) und 0,2 l (links) Nenninhalt gemäß der DIN 6096.

Abb. 104. Formen und Maße der zwei gebräuchlichsten Mundstücke für Schaumweinflaschen gemäß der DIN 6094 Teil 5 vom Januar 2000. Links die Form K (Bandmündung), rechts die Form L (Kronenkorkmündung).

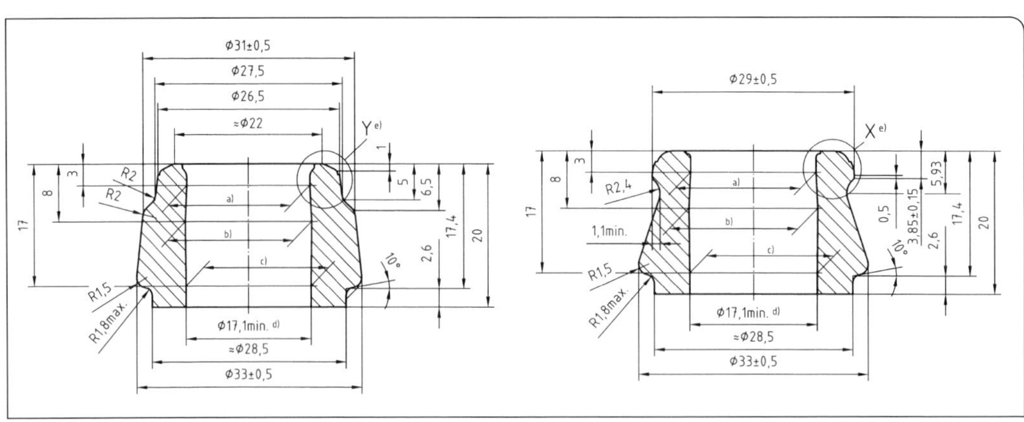

Dass das Flaschengewicht immer mehr zurückgeht (früher verwendete man bei der Flaschengärung Flaschen mit einem Gewicht von 1050 g und darüber), ist der Oberflächenvergütung des Glases zu verdanken. Bei der Herstellung von Sektflaschen durchlaufen diese nach einer Heißendvergütung zum Zwecke der Vermeidung schädlicher Spannungen einen Kühlofen. Danach werden die Flaschen bei Temperaturen von 80 bis 200 °C mit einer Polyethylendispersion besprüht. Dabei wird darauf geachtet, dass die Mündung und das Innere der Flasche nicht vergütet werden. Lemperle (1986) konnte nachweisen, dass, entgegen einer ursprünglichen Befürchtung, Sekt in vergüteten Flaschen nicht zu einem verstärkten Auftreten von „Schäumern" führt. Da eben diese Oberflächenvergütung wesentlich die Statik der Flasche verbessert, ist bei dem gesamten Handling (Entpalettieren, Flaschentransport auf dem Band, Verpacken usw.) peinlichst darauf zu achten, dass die Vergütung nicht beschädigt wird.

Sektflaschen werden beim Hersteller auf eine Ein-Minuten-Innendruckfestigkeit von mindestens 18 bar geprüft. Die Schlagfestigkeit muss 50 ips (= inch per second) betragen, was einem Wert von 127 cm/sec entspricht.

Für **Mundstücke** (Mündungen) von Schaumweinflaschen gilt DIN 6094, Teil 5. Zeichnung und Maße dieser Mündungen sind in Abb. 104 aufgeführt. Andere, früher anzutreffende Mündungen (Hofmann-Mündung, Spezialmündungen) werden nicht mehr verwendet.

Die K-Form (Abb. 104, links) ist ein typisches altes Sektflaschenmundstück. Es ist geeignet für Naturkork und Polyethylen-Stopfen mit Bügel- oder Drahtsicherung. Diese Mündung wird auch **Bandmündung** genannt. Die **Kombinationsmündung** ist in Abb. 104, rechts als Form L dargestellt. Sie ist geeignet für Kronenkork, Polyethylen-Stopfen und Naturkork. Es kann sowohl die **Bügel-** als auch die **Drahtsicherung** verarbeitet werden. Beide Mundstücke laufen nach innen konisch auseinander. Die Mündung hat am Eingang der Flasche (in 3 mm Tiefe) einen Durchmesser von 18,0 mm und verbreitert sich in 8 mm Tiefe um min. 0,2 und max. 0,8 mm. In 17 mm Tiefe erweitert sich der Durchmesser wiederum um 0,2 mm. Dadurch, dass Schaumwein heute bei Raumtemperatur abgefüllt wird, entspricht dieser Mündungsverlauf vor allem den Bedürfnissen der Sektkellereien, die ihr Produkt mittels Großraumgärung herstellen.

Bei dem Einkauf von Flaschen ist darauf zu achten, dass auch Mündungen nach der **französischen Norm** NF-H 35-029 und NF-H 35-042 in Deutschland aber auch in allen anderen EG-Ländern im Umlauf sind. Die Norm NF-H 35-029 unterscheidet sich von der DIN-Norm darin, dass der Eingangsdurchmesser 17,5 mm beträgt, wohingegen die DIN-Norm 18 mm angibt. – Daneben existiert noch die französische Norm NF H35-106, welche die Flaschenmaße tankvergorener Sekte beschreibt.

Für nahezu alle 0,2-l-Sektflaschen kommen heute **Schraubverschlüsse** (28er MCA-8-Gang) zum Einsatz. Auch Perlwein wird überwiegend in Flaschen mit 28er MCA-Mündungen abgefüllt.

Neben den Maßen der Mündungen ist jedoch auch deren Parallelität zum Flaschenboden wichtig. Denn nur, wenn Flaschenmündung und Flaschenboden parallel zueinander verlaufen, ist die Dichtigkeit der stirnabdichtenden Verschlüsse gewährleistet. Verfahren zur Prüfung der Parallelität ist in der Norm DIN/ISO 9009 festgehalten.

Das Material zur Herstellung von Sektflaschen ist heute noch ausschließlich Glas. Es muss jedoch festgestellt werden, dass durch die zunehmende Verwendung von Altglas bei der Sektflaschenherstellung Pro-

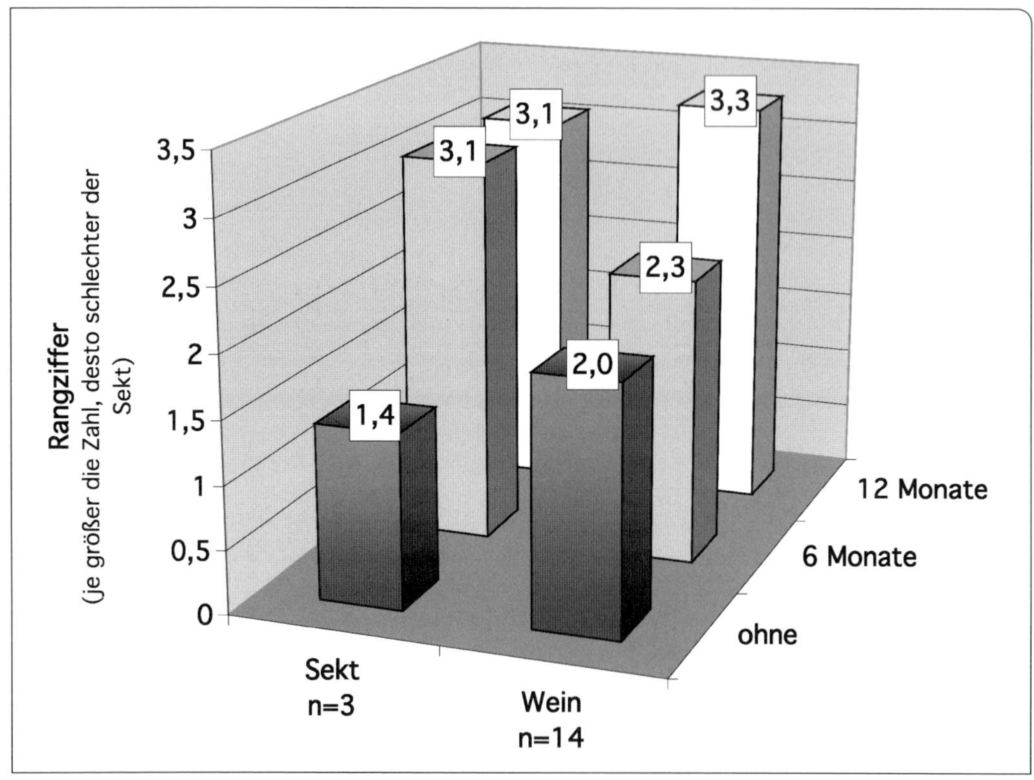

Abb. 105. Bewertung von Wein und Sekt in Abhängigkeit von der Lagerung unter Licht.

bleme auftauchen. So führt z. B. der Einschluss von Keramikteilchen in der Sektflasche zu erhöhter Bruchgefahr.

Zwar werden aus Italien (Spera, 1991) erfolgversprechende Versuche mit der Abfüllung von Schaumwein und Perlwein in PET-Flaschen berichtet, doch ist deren Einsatz wegen der zu erwartenden geringen Akzeptanz der Verbraucher und den geltenden gesetzlichen Vorschriften in überschaubarer Zukunft eher unwahrscheinlich.

Die Gärflaschen müssen auf jeden Fall einwandfrei sauber sein, sie dürfen innen weder Staub (Sporen von Hefen, Pilzen u. Bakterien) noch einen Niederschlag von kondensierten Dämpfen (Wasser, Öl, Schmiermittel, Vergütungsmittel) enthalten.

Fabrikneue, „hüttenreine“ Flaschen, die lagenweise mit Folien abgedeckt auf Paletten stehend eingeschrumpft wurden, erfüllen in aller Regel diese Reinheitsforderung. Kritische Beobachtung und stichprobenartige Kontrollen sind dennoch unerlässlich, wenn sich der Schaumweinhersteller vor Schaden bewahren will.

Dort wo die erforderliche Reinheit nicht gegeben ist, müssen die Flaschen regelrecht gespült oder zumindest mit dem Rinser ausgespritzt werden (siehe Kap. 4.3.11.6).

5.1.3 Tiragefüllung

Als Füller wird im Mittel- wie Großbetrieb heute der Unterdruck- oder Vakuumfüller als geeignetes Gerät eingesetzt. Der ältere und preiswerte Niveau- oder Heberfüller ist als

Reihen- und auch als Rundfüller überholt. Unterdruckfüller, die in verschiedener Größe oder Stundenleistung hergestellt werden, garantieren eine gleichmäßige Füllhöhe, was bei den nachlaufenden Heberfüllern nie der Fall war. Es entsteht dadurch weniger Abschüttwein.

Ungeachtet des Füllprinzips und der Stundenleistung, müssen, mit Rücksicht auf die Qualität des Schaumweins, stets folgende Anforderungen beim Füllen erfüllt werden:

Hygiene: Zuckerhaltige Weinreste sind für Hefen, Schimmelpilze und Bakterien eine sehr willkommene Nahrungsquelle. Um jeder Infektion und Keimentwicklung vorzubeugen, ist es unerlässlich, alle weinberührenden Teile des Füllers am Ende jedes Fülltags gründlich zu reinigen. Besonders gefährdet sind solche Stellen, in denen nach ordnungsgemäßer Entleerung der Anlage immer noch Weinreste verbleiben. Dies sind die Stellen, an denen sich solche Schmarotzer mit Vorliebe ansiedeln und von denen immer wieder Infektionen ausgehen.

Bei Anschaffung eines Füllers und bei Verlegung von Rohrleitungen sollte sehr kritisch darauf geachtet werden, dass derartige Verstecke nicht vorkommen.

Mikroblasen: Kleine Luftbläschen, so klein, dass man sie mit freiem Auge nicht sehen kann, können den Keim dafür bilden, dass später im Sekt, z. B. beim Degorgieren, unerwünschte Blasen sowie Schaum entstehen, dass der Sekt wild ist, dass er überschäumt oder es gar zum **Gushing** kommt. Näheres hierzu siehe im Kap. 6.4 über das unerwünschte Entweichen von CO_2. Größere Blasen steigen leicht zum Flüssigkeitsspiegel auf und platzen dort. Kleinstblasen aber haben zu wenig Auftrieb, sie bleiben in der Flüssigkeit in Schwebe und, da in den Bläschen hauptsächlich Luftstickstoff enthalten ist, wird dieses Gas auch nicht vom Wein aufgenommen, weil er bereits an Stickstoff gesättigt ist. Sie bleiben also bestehen. Wo größere Blasen entstehen, werden immer auch kleinere und kleinste gebildet. Es ist deshalb wichtig, während aller Vorgänge der Schaumweinherstellung, von der Cuvée bis zum fertigen Erzeugnis, die Bildung oder die Einwirbelung von Blasen aller Art strengstens zu vermeiden.

Die **Pumpen**, mit denen Cuvée, Tragelikör und Hefe zum Ansatz zusammengepumpt werden, das Rührwerk des Füllfasses und natürlich auch die Pumpe, die den Ansatz zum Füller befördert, dürfen keine Luft einziehen. Im **Füller** selbst soll der Weg der Flüssigkeit ganz glatt und ohne tote Winkel sein, was schon aus Gründen der Hygiene zu fordern ist, damit keine Luftreste darin verbleiben, von denen auch bei kleinen Druckschwankungen immer wieder kleinste Bläschen abgehen können. Ganz wichtig ist es aber auch, dass der Wein so in die Flasche einläuft, dass keine neuen Blasen entstehen. Gerade diese Forderung wird sehr oft nicht erfüllt. Wenn das Füllorgan oder das Füllrohr richtig geformt ist, dann läuft der Wein bzw. der Ansatz als glatter, breiter, wirbelfreier Strom an der Flascheninnenseite herunter oder es erfolgt bei Verwendung eines langen Füllrohrs eine schonende, unterschichtende Befüllung. Je weniger Blasen hierbei gebildet werden, desto besser ist es für das spätere Erzeugnis.

Füllhöhe: In der Vergangenheit wurde in manchen Betrieben die Füllhöhe danach bemessen, ob der Schaumwein später z. B. als „brut" oder als „mild" dosiert werden sollte. Die für „brut" vorgesehenen Flaschen wurden voller, die anderen weniger voll gefüllt, um dadurch den Füllweinverbrauch nach dem Degorgieren möglichst klein zu halten. Der wirtschaftliche Vorteil dieser Unterscheidung war nicht überzeugend. Oftmals weiß man zum Zeitpunkt der Tirage noch gar nicht, wie der Schaumwein später dosiert werden soll. Oft genug werden Teilmengen der gleichen Cuvée mit unterschiedlichen

Dosagen fertiggestellt und die Entscheidung dazu kann erst kurz vor dem Degorgieren getroffen werden. Deshalb ist es heute allgemein üblich, die Flaschen mit 750 ml zu füllen, also auf eine solche Füllhöhe, dass der Abstand von der Mündungsoberkante bis zum Flüssigkeitsspiegel bei Normalflaschen 75 mm beträgt.

Zwar kann der gleiche Füller sowohl zur Tiragefüllung als auch zur Füllung des Stillweines verwendet werden, doch ist anzuraten, für die Tiragefüllung immer den gleichen Füller zu benutzen.

Über Füller informiere man sich auch bei Troost (1988) und Kettern (1987 und 1989).

5.1.4 Kronenkorkverschlüsse (Bidules)

Der **Kronenkork** ist ein Verschluss, der bei der Tiragefüllung aufgebracht wird. Er verschließt die Flasche nur während der Flaschengärung bis zum Enthefen.

Früher, und bis weit in das vergangene Jahrhundert hinein, verschloss man die Gärflaschen mit **Naturkork-Stopfen** und sicherte sie mit starken Bügeln aus Stahl (siehe Abb. 148, links), den so genannten Agraffen. Die Verluste infolge undichter Stopfen überstiegen in aller Regel 1 %.

Der Kronenkorken wurde 1892 von seinem Erfinder William Painter zum Patent angemeldet und kam um die Jahrhundertwende auf. Er setzte sich erst bei Bier, später auch bei Schaumwein allmählich durch. Bei Kronenkorken bewegen sich die Verluste, die infolge Undichtheit auftreten, in der Größenordnung von 0,1 Promille, also nur noch bei einem Hundertstel dessen, was man bei Naturkork ertragen musste. Diese sehr niedrige Ausschussquote wird man allerdings nur dann verzeichnen, wenn die Kronenkorkverschlüsse korrekt auf die Flaschenmündung aufgebracht werden. Korrekt heißt, dass der Kronenkork mit einer Kraft von etwa 4 kN (≈ 400 kp) auf die Mündung gedrückt und dann in dieser Position von der Seite radial so gestaucht wird, dass die Zacken stramm unter die Mündungslippe eingreifen und der Verschluss von Hand nicht mehr gedreht werden kann. Da die Spannkraft der Druckfedern im Verschließkopf nachlassen kann, ist es ratsam, zur Vermeidung von Ausläufern, die Kraft des Verschließdrucks wiederholt mit einer „Druckmessflasche“ zu kontrollieren. Notfalls müssen die Federn mehr vorgespannt oder ganz ausgewechselt werden.

Für die Dichtigkeit dieses Verschlusses – wie aller stirnabdichtenden Verschlüsse – ist die Parallelität von Mündung und Flaschenboden sehr wichtig.

Kronenkorken werden aus verschiedenen Materialien hergestellt. So gibt es Verschlüsse aus verzinntem Eisen, das den Nachteil hat, nicht rostfrei zu sein und in feuchten Kellern rostet. Die Lagerung damit verschlossener Flaschen ist maximal zwei Jahre möglich. Kronenkorken aus einer **Sonderlegierung** (Scelnox) haben eine Lagerfähigkeit von drei bis sechs Jahren. Bei Verschließern, die eine magnetische Verschlusshalterung aufweisen, muss beachtet werden, ob die Kronenkorken magnetisierbar sind. Der Gesamtdruck, der auf die Kronenkorken ausgeübt werden muss, hängt von dessen Material ab und muss bei der Anschaffung erfragt werden.

Die **stirnabdichtende Fläche** des Kronenkorkens besteht entweder aus einer Einspritzmasse aus Weich-PVC, die temperaturunabhängig ist, geschmacksfrei und gut abdichtet oder sie ist mit einer Presskorkeinlage und Kaschierung durch ein PVC-Plättchen versehen (Abb. 106). Diese Einlage wird wegen der hohen Quote von Ausläufern und der häufigen Beobachtung von Geschmäcken, die muffig sind und an nasses Holz erinnern, kaum noch verwendet. Auch wurden während der Lagerung höhere CO_2-Verluste festgestellt (Valade und Tribault-Sohier, 2001). Heute werden überwiegend Kronenkorken mit synthetischen Einsätzen (Polyethylen) eingesetzt.

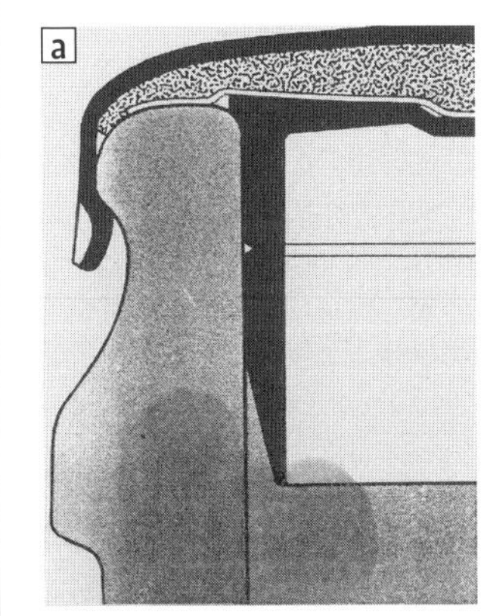

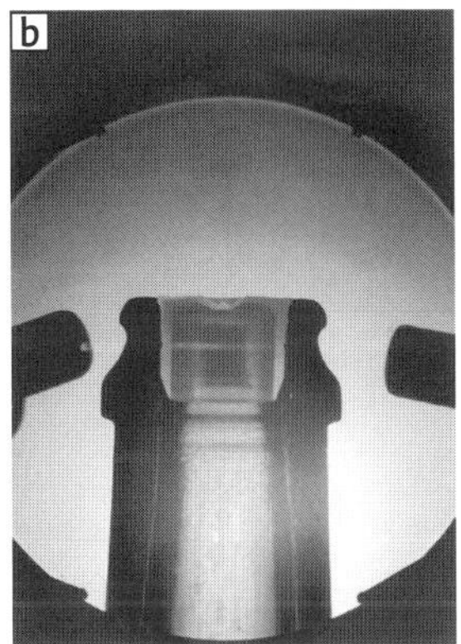

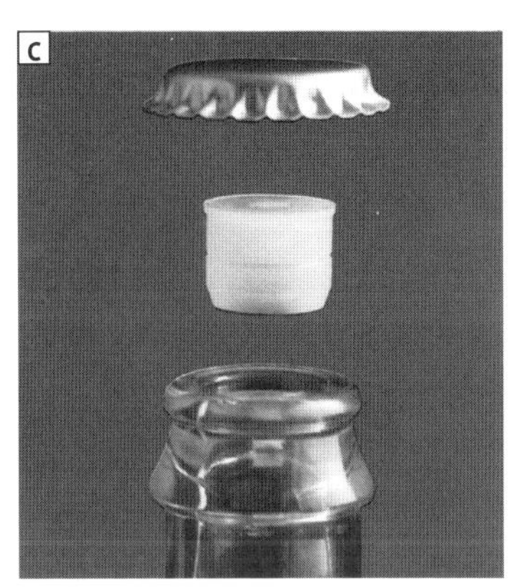

Abb. 106. Kronenkork als Tirageverschluss. a) Oben der eigentliche Kronenkork, darunter eine mit einem Kunststoffplättchen versehene Presskorkeinlage, darunter ein Bidule; b) Kronenkork und Bidule sachgerecht aufgebracht (Werkfoto: Solocap).

Die **Abmessung des Kronenkorkverschlusses** hängt von der zu verschließenden Flasche ab. So werden Verschlüsse mit einem Durchmesser von 29 mm für französische und deutsche Flaschen und mit 26 mm für US-Flaschen hergestellt. Besonders exakt müssen Kronenkorken mit innen dichtenden Lupoleneinsätzen der Flaschenmündung angepasst sein. Da die deutschen und französischen Normen sich weitgehend angeglichen haben, sind hier große Unterschiede nicht zu erwarten. Auf jeden Fall müssen Flaschenmündung, Kronenkork und Bidule aufeinander abgestimmt sein.

Kronenkorken mit **Presskorkeinlage** benötigen besondere Lagerbedingungen, solange sie noch nicht verarbeitet sind. Sie sind empfindlich gegen Hitze und Feuchtigkeit. Die Lagertemperatur sollte 15 bis 25 °C betragen, die relative Feuchtigkeit 60 bis 70 %. Eine Lagerdauer von zwei Jahren sollte nicht überschritten werden. Es ist demnach sinnvoll, die Kartons mit den Verschlüssen mit einem Eingangsdatum zu versehen, damit immer zuerst die ältesten verwendet werden.

Die Verschließqualität der Kronenkorken ist sehr unterschiedlich. So wurde von Tribaut-Sohier und Valade (2007) der CO_2-Verlust der auf dem Markt befindlichen Kronenkorken geprüft. Die Autoren fanden eine Schwankung von 0,08 cm³ CO_2/24 Stunden bis zu einem Wert von 0,69 cm³. Da zu erwarten ist, dass diese Gasdurchlässigkeit auch beim Sauerstoff vorhanden ist, kann im Laufe der Lagerzeit mit einer entsprechenden Oxidation gerechnet werden. So lange die Flasche gärt, wird der eintretende Sauerstoff verstoffwechselt. Danach führt eine Berührung des Rohsektes mit Sauerstoff zu einer starken enzymatischen Oxidation, weil die Enzyme der Hefe dann von Reduktion auf Oxidation „umschalten“.

In Frankreich ist es üblich, in die Mündung der frisch gefüllten Gärflasche einen Bidule einzusetzen und danach erst mit dem Kronenkork zu verschließen. Bidule heißt wörtlich übersetzt „Dingsda“ und man meint damit einen zylindrischen Hohlkörper aus Polyethylen, der nach oben geschlossen, zum Wein hin aber offen ist – wie ein Fingerhut.

Es werden **Bidules** mit einem Schaftdurchmesser von 18 mm, 15 und 18,30 mm angeboten. Welches Maß man verwendet,

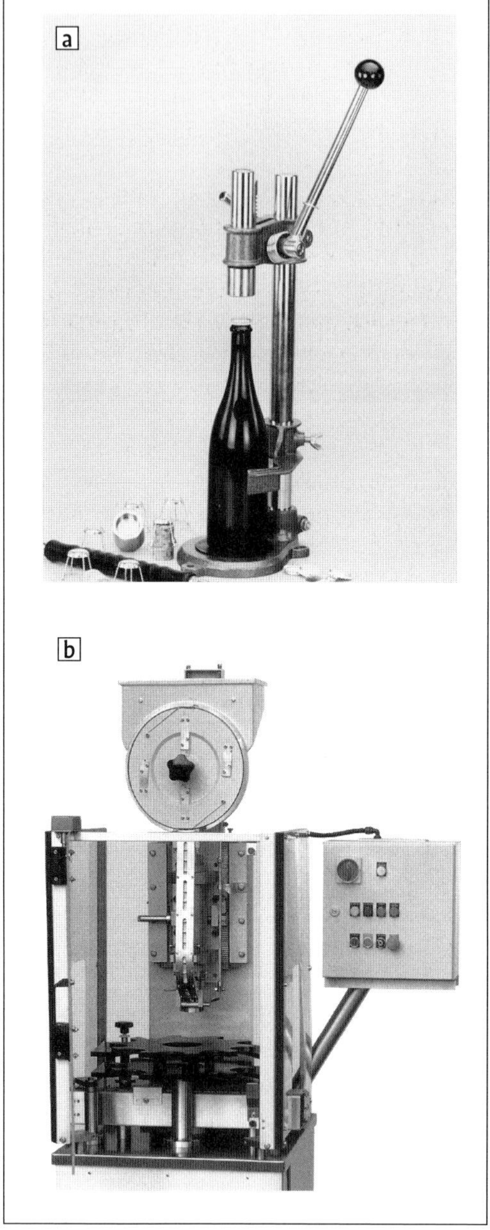

Abb. 107. Verschließer für Kronenkorken; a) per Hand, b) automatisch (Kematec) mit einer Leistung von 500 bis 3 000 Fl/h. Die Kronenkorken werden orientiert und über eine Schiene dem Verschließkopf zugeführt.

hängt von den Mündungsmaßen der zu verschließenden Flaschen ab.

Die Einbringung der Bidules in die Flasche erfolgt in der Weise, dass das Bidule zuerst 2 mm in den Flaschenhals gedrückt wird. Sodann erfolgt das endgültige Eindringen in den Flaschenhals mit einer maximalen Kraft von 40 kp. Beim Verschließen ist darauf zu achten, dass das Bidule nicht verkantet und damit beschädigt wird.

Man begründet den Einsatz des Bidules damit, dass dann das abgerüttelte Depot beim Degorgieren besser aus der Flasche gleitet und die Mündung sauberer bleibt. Die Flaschen werden besser abgedichtet und es kommt zu weniger Ausläufern (Valade und Tribault-Sohier, 2001, Tribault-Sohier, Valade und Moncomble, 2007).

5.1.5 Kronenkorkverschließer (mit und ohne Bidules)

Das Aufbringen der Kronenkorken sollte nicht von Hand erfolgen. Es gibt zwar Handverschließer, doch ist nicht immer gewährleistet, dass der erforderliche Anpressdruck von 400 kp bei jeder Flasche eingehalten wird. Ausläufer sind die Folge. Aber auch bei automatischen Kronenkorkern soll von Zeit zu Zeit der Anpressdruck geprüft werden. Dies ist z. B. mit einem Spezial-Kraftmesser, der auch „Druckmessflasche“ genannt wird, möglich. Mit einer entsprechenden Leere kann man sich auch von dem richtigen Sitz des Verschlusses überzeugen.

Kronenkorkmaschinen sind im Allgemeinen mit einem Sortierwerk versehen, das die Verschlüsse richtig positioniert, in eine Führung gibt, in der sie durch Falldruck auf die Flasche gelangen.

Verschließer mit einer hohen Leistung können mit einer pneumatischen Beschickungseinrichtung ausgestattet werden. Damit entfällt die ständige Kontrolle der Füllhöhe der Sortiereinrichtung. Die Verschlüsse werden aus dem Lieferkarton manuell oder bei Liefercontainern über Kippvorrichtung in den Vorratsbehälter gestürzt. Ein in der Leistung regulierbarer Längsvibrator fördert die Verschlüsse in den Einfalltrichter des Fördergebläses. Über die Verbindungsrohrleitung erfolgt der Transport in einen Zyklon. Aus diesem fallen die Verschlüsse in die Sortiereinrichtung. Diese ist mit einer Niveauregelung ausgestattet, welche automatisch die Förderung ein- und ausschaltet.

Der eigentliche Verschließvorgang wird durch die Zufuhr des Kronenkorkens aus dem Zuführkanal in den Druckstempel eingeleitet. Bei der Abwärtsbewegung des Verschließkopfes wird die Flasche zentriert, der Verschluss aufgelegt und beim weiteren Abwärtsgleiten durch den Verschließkonus angepresst. Bei der halb automatischen Verschließmaschine aber, bei der die Flasche von Hand eingeführt und die **Flasche** an den Verschließkopf gedrückt wird, muss vor allem darauf geachtet werden, dass die Flasche zentriert unter dem Verschließkopf zu stehen kommt.

Verschließer, bei denen die Verschlüsse aus der Förderschiene in eine federunterstützte Halterung gelangen und die Flaschen von unten durch einen Hubzylinder in den Verschließkonus gepresst werden, haben den Vorteil, dass auch Verschlüsse, die nicht magnetisierbar sind, verarbeitet werden können.

Kronenkorkverschließer gibt es in allen Leistungsgrößen und Automatisierungsstufen. Es beginnt mit der manuellen Zugabe der Kronenkorken und der manuellen Betätigung des Verschließkopfes (auf die damit verbundene Problematik ist oben hingewiesen). Bei Halbautomaten erfolgt zwar die Zufuhr der Flaschen und deren Herausnahme aus dem Verschließer per Hand, der Rest der Arbeiten wird aber automatisch ausgeführt. Automatisch arbeitende Kronenkorkverschließer (Abb. 107 b) sind mit einem Führungssystem ausgestattet, das die Flaschen automatisch unter dem Verschließkopf zentriert und nach dem Verschließen wieder abführt. Je nach Leistung sind sie mit bis zu 36 Verschließelementen ausgestattet und können dann bis zu 90 000 Kronenkorken pro Stunde verarbeiten.

Bidules können auch von Hand bis vollautomatisch mit einer hohen Stundenleistung auf die Flasche gebracht werden. Bei der Aufbringung von Bidules ist besonders darauf zu achten, dass die Flaschen zentriert unter dem Verschließkopf stehen. Kronenkorker und Geräte zum Aufbringen der Bidules sind naturgemäß nebeneinander angeordnet. Vollautomatische Verschließer arbeiten meist im Monoblock.

Bei der Vergärung des Sektes mit **Immobilisaten** ist der Einsatz von kombinierten Füll- und Verschließmaschinen nicht anzuraten. In diesem Falle sollten Füller, Immobilisatdosierer und Verschließer getrennt arbeiten können (siehe auch Kap. 3.2.4). Es sei denn, die leeren Flaschen werden bereits mit Immobilisat beschickt.

5.2 Gärung in der Flasche, Gärkontrolle

Lagerung der Gärflaschen

Die überlieferte, handwerkliche Methode der Flaschenlagerung besteht darin, dass man die Flaschen nebeneinander und übereinander hinlegt und auf diese Weise platzsparend, sehr dichte, kompakte Stapel bildet. Solch ein Stapel heißt „Stoß“ und das Hinlegen der Flaschen heißt „setzen“. Die Person, welche die Flaschen auf Stoß setzt, ist der „Setzer“.

Der traditionelle Stoß wird aufgebaut aus Lagerhölzern, die auf Lagerklötzchen liegen. Darauf setzt man eine Lage Flaschen, hierauf, als Abstandshalter und zugleich als verbindendes Element, ein Paar Setzlatten, dann die nächste Lage Flaschen und das nächste Paar Latten, usw. Die Endflaschen

Abb. 108. Flaschengärung, auf Stoß gesetzte Flaschen (Freistoß). (Foto: Deutscher Sektverband).

am linken und rechten Ende jeder Lage werden gegen Wegrollen und Herunterfallen dadurch gesichert, dass man je einen Stopfenkeil von außen auf der Setzlatte bis unter die Flasche schiebt. Die Stopfenkeile wurden früher aus gebrauchten Tiragekorken von Hand geschnitten. Ein richtig gesetzter Stoß, ein **„Freistoß“** (Abb. 108), muss, von unten nach oben betrachtet, genau im Lot stehen und von vorne nach hinten sowie von links nach rechts genau in der Waage liegen. Wenn man den Stoß in seiner Mitte anfasst und zieht oder drückt, dann muss der richtig gesetzte Stoß elastisch nachgeben und in seine Ausgangslage zurückkehren, sobald er losgelassen wird. Im Stoß berühren sich die Flaschen nicht, es kann Luft zwischen ihnen zirkulieren und, falls eine Flasche platzt, kann die austretende Flüssigkeit nach unten weglaufen.

Ein normaler Stoß (Abb. 108) fasst 500 Flaschen, bestehend aus 20 Lagen zu 25 Flaschen (= 13 + 12). Er bedeckt eine Grundfläche von rund 0,38 · 1,5 = 0,57 m² und erreicht eine Höhe von rund 2,14 m. Sein Volumen beträgt rund 1,2 m³. Sofern der Platz dafür ausreicht, können zwei Stöße direkt nebeneinandergesetzt werden. Durch Hinzufügen oder Weglassen von Lagerhölzern, auch von halblangen Hölzern, können die Flaschenstöße recht gut der Form des Raumes angepasst werden, wodurch eine sehr gute Raumausnutzung gegeben ist.

Die Lagerung der Gärflaschen in großen Holzkisten, Blechkästen oder in Drahtgitterbehältern ist weniger arbeitsintensiv und die Kisten können von „ungelernten“ Hilfskräften befüllt werden.

Der Platzbedarf der Kisten ist allerdings, je nach Raumverhältnissen, um 20 bis 30 % größer. Holzkisten haben, ebenso wie die Drahtgitterbehälter oder wie die ähnlich geformten Blechkisten, einen Grundriss, der ungefähr dem Grundriss einer Palette entspricht. Diese Behältnisse können auf ebenem Boden leicht mit Gabelhubwagen oder Gabelstaplern befördert werden.

Bei Neuanschaffung von **Kisten oder Gitterbehältern** sollte darauf geachtet werden, dass die Flaschen bequem in die Kiste passen, sodass weder unter den Böden, noch unter den Köpfen, noch an einer Seite Holzleisten zum Ausgleich benötigt werden. Der nur einmal erforderliche Aufwand des sorgfältigen Messens und des kritischen

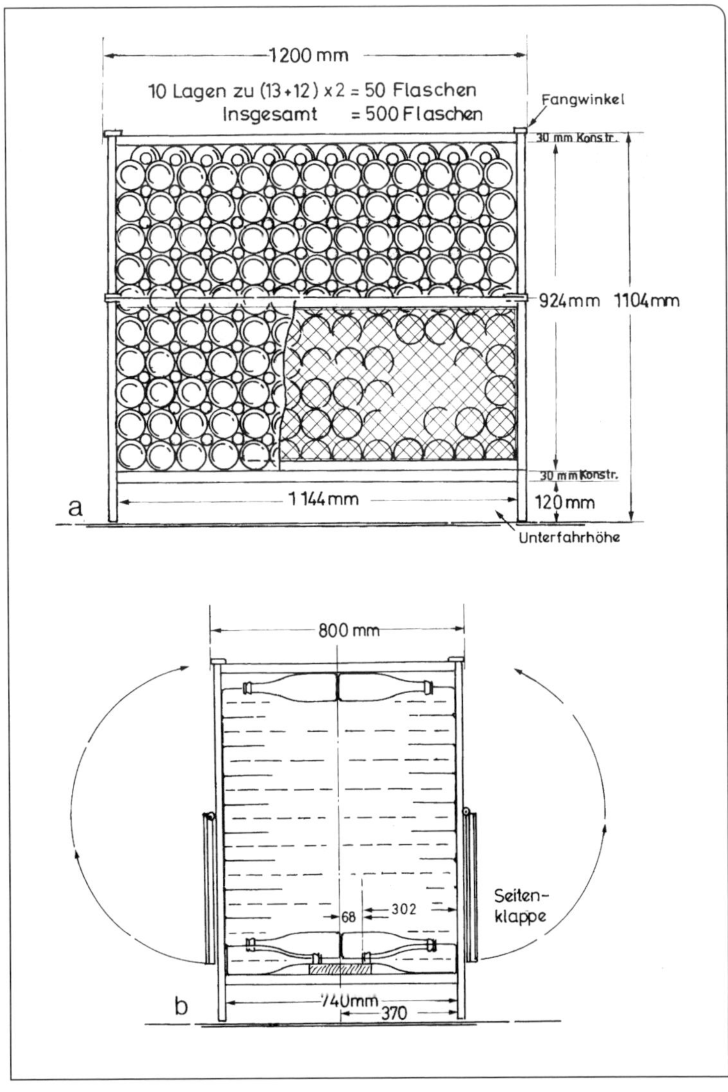

Abb. 109. Skizze einer optimalen Belegung von Gitterbehältern, a im Längsschnitt, b im Querschnitt (Maße in mm). Vgl. Text.

Aufpassens beim Einkauf der Kisten lohnt sich sehr, weil er über Jahre hinweg ärgerliche und leistungsmindernde „Stoppelarbeit" erspart.

Es gibt keine genormten Kisten für Gärflaschen. Die Hersteller von Kisten oder Gitterbehältern haben ihre eigenen Hausstandards, sie sind aber auch bereit, Kisten nach den Wünschen der Schaumweinbetriebe herzustellen. Die Verwendung von Flaschen mit einem Durchmesser von 88,4 mm macht es erforderlich, dass die Paletten anders dimensioniert sind, als wenn Flaschen mit einem Durchmesser von z. B. 85,9 mm Verwendung finden. Wer Kisten kaufen will, tut gut daran, nicht nur auf Preis und Lieferzeit zu sehen, sondern sehr sorgfältig auf die Maße und die technischen Details. Im Zweifelsfalle probiert man an einem **Musterkasten** aus, ob man mit den im Hause üblichen Flaschen und in den vorhandenen Räumen (Deckennutzlast, Gangbreiten, Türöffnungen, Lastenaufzug, Gabelstapler etc.) zurechtkommt. Verzinkte Kästen sind teurer, aber nicht besser als lackierte, weil die Verzinkung zwar gegen Kondenswasser sehr gut, gegen auslaufenden Wein (Bruchflaschen, Recouleuse) aber überhaupt nicht schützt. Gegen Wein schützt nur ein säurebeständiger Lack, z. B. auf Epoxydharzbasis.

Rüttelkisten oder Rüttelboxen (Abb. 110) können ebenfalls zum Lagern von Gärflaschen eingesetzt werden. Zum Befüllen der Kisten ist eine Seitenwand zu öffnen. In diesen Kisten liegen die Flaschen alle in der gleichen Richtung: Der Kopf der einen Flasche ragt in den Bodeneinstich der anderen. Der Platzbedarf ist erheblich größer als bei den oben beschriebenen Lagerkisten und man blockiert die Rüttelkisten für eine lange Zeit. Rüttelkisten, die auch zum Lagern von Gärflaschen benutzt werden, sind sowohl an einer Seite als auch am Boden mit Füßchen versehen, sodass man sie mit dem Gabelstapler auf zweierlei Weise unterfahren kann, einerseits, wenn die Flaschen liegen, andererseits, wenn die Flaschen stehen. Diese Rüttelkisten sind nach Ablauf der Gär- und Lagerzeit direkt in die **Rüttelapparate** einsetzbar, ohne dass die Flaschen umgeräumt werden müssen. Die Einsparung der Kosten des Umräumens der Flaschen gleicht wenigstens zu einem Teil die Kosten aus, die aus dem größeren Platzbedarf und aus der Blockierung der Kisten entstehen.

In den Abb. 110 a bis d ist das System TSR 504 von **Oeno Concept** dargestellt. Es zeigt die Palette beim Befüllen (Abb. 110 a), bei der Lagerung, während und nach der zweiten Gärung (Abb. 110 b), vorbereitet zum automatischen Rütteln (Abb. 110 c) und im gerüttelten Zustand „auf Spitz" (Abb. 110 d).

Seit etwa 1975 wurden in Frankreich Vorrichtungen entwickelt, mit deren Hilfe Flaschen, die auf einem Transportband ankommen, reihenweise umgelegt und mit Sauggreifern erfasst werden. Sie können anschließend in die Gärkisten aus Holz oder Blech oder auch in Rüttelkisten eingelegt werden. Es gibt für diese Arbeitsweise Kleingeräte zur Handbedienung, mit denen eine Person bequem alleine so viele Flaschen in Kisten einlegen kann, wie bei reiner Handarbeit zwei Personen leisten würden. Für größere Leistungen gibt es Vollautomaten.

Es sind auch Maschinen entwickelt worden, ebenfalls mit **Sauggreifern** arbeitend, die die auf Transportband ankommenden Flaschen direkt auf den Kellerboden „auf Stoß" setzen. Es werden hierbei weder Lagerhölzer noch Setzlatten benutzt. Die seitliche Begrenzung wird durch die Kellerwände gebildet. Das maschinelle Setzen erfordert einen glatten, ebenen Kellerboden und glatte, parallele Kellerwände. Dort, wo diese Voraussetzungen gegeben sind, kann man mit wenig Personaleinsatz und mit guter Raumausnutzung große Mengen Flaschen zur Gärung und Lagerung setzen. Die genannten

Vorrichtungen mit Sauggreifern können nach Bedarf umprogrammiert werden, sodass man mit ihnen auch Flaschen aus der Kiste oder vom Stoß greifen und auf Transportband stellen kann.

Zeit der Gärung

Die frisch gefüllten und verschlossenen Flaschen müssen für die Zeit der Gärung und die anschließende Zeit „der Nichttrennung der Cuvée vom Trub", also für mindestens

Abb. 110. Paletten zum gleichzeitigen Lagern, Rütteln und Transportieren (System TSR 504 von OENO CONCEPT:
a: Die Palette wird nach der Tiragefüllung befüllt,
b: Die Palette ist voll, mit einem Schutzgitter versehen und gelangt in den Gärkeller,
c: links gestapelte Paletten, rechts eine Palette mit Rüttelportal ausgerüstet, bereit zum Rütteln,
d: nach dem Rütteln lagern die Flaschen auf Spitz.

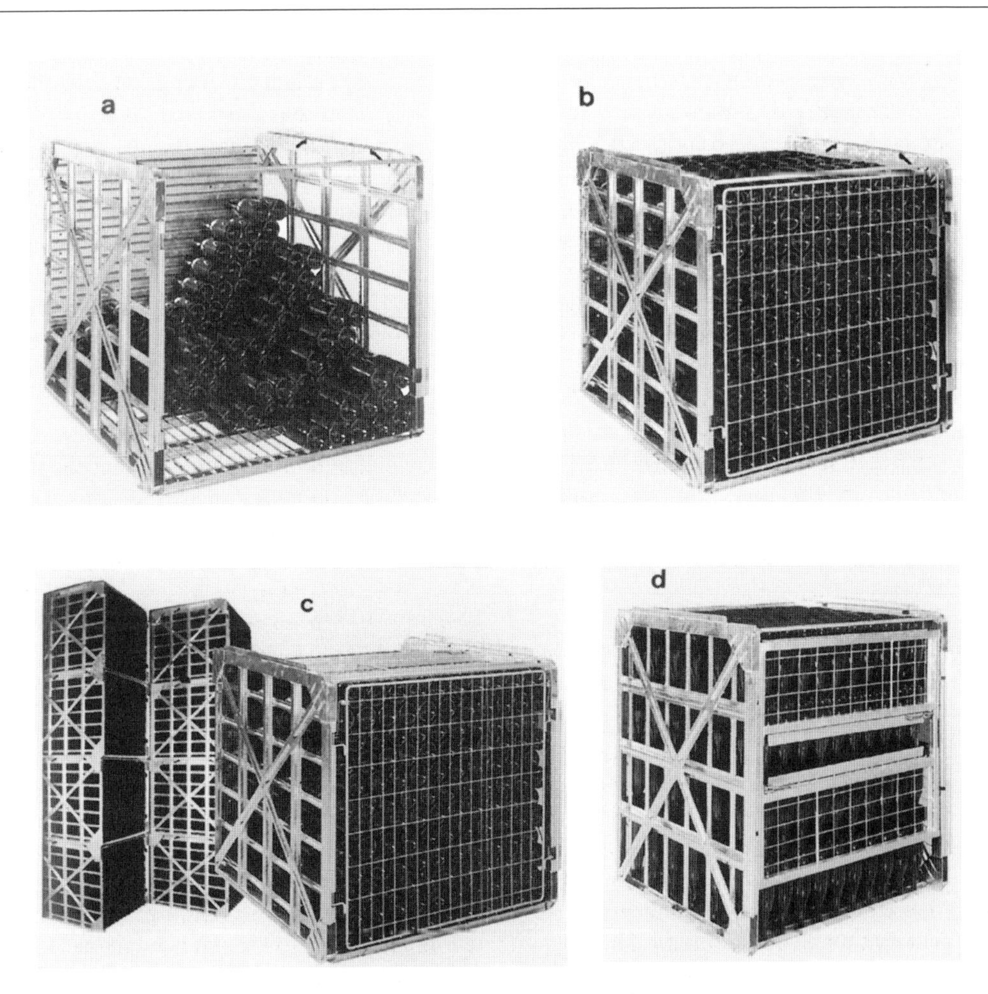

neun Monate aufbewahrt werden. Da die Gärungskohlensäure aus der dicht verschlossenen Flasche nicht entweichen kann, entsteht in der Flüssigkeit auch keinerlei Bewegung, durch welche die Hefe, wie man es vom Fass her kennt, während der Gärung im Gärgut herumgewirbelt würde. Die Hefe setzt sich daher zu Boden und der Zucker gelangt allmählich, nur durch Gewichtsunterschied, durch Molekularbewegung und Diffusion zur Hefe. Der Wein bleibt auch während der Gärung klar. Ob die Flaschen während dieser langen Zeit aufrecht stehen oder ob sie liegen oder gar auf die Spitze gestellt sind, hat einen wesentlichen Einfluss auf den Verlauf der Gärung. Die Gärung verläuft in der liegenden Flasche weniger langsam als in der aufrecht stehenden und sie dauert noch ein wenig länger, wenn die Flaschen auf die Spitze gestellt sind. Nach Beobachtungen von Bach (1996) kann bei Einsatz agglomerierender Hefen die letztgenannte Lagerart zu einem nicht gewünschten unvergorenen Zuckerrest führen. Das ist eine Frage der Größe der Oberfläche des Depots und der Länge der Diffusionswege. Ob nun der Zucker nach vier Wochen oder erst nach acht Wochen restlos vergoren wurde, ist angesichts der vorgeschriebenen Zeit der Lagerung auf dem Trub von neun Monaten, das sind etwa 40 Wochen, unerheblich.

Valade und Laurent (1999, Nr. 5) vergoren einen Sekt liegend, stehend und auf Spitz (also mit dem Hals nach unten). Die beiden letztgenannten Lagerarten führten zu einem unbefriedigenden Endvergärungsgrad und zu einem geringeren Hefewachstum. Zu einem ähnlichen Ergebnis gelangten die Autoren, wenn erst nach 10 Tagen liegender Lagerung die Flaschen gestellt bzw. auf Spitz gelagert wurden.

Eine wesentliche Behinderung der Hefetätigkeit stellt der Druck bzw. der CO_2-Gehalt des Sektes dar. So fanden Valade und Laurent (1999) eine Steigerung der Hefezellzahl in Abhängigkeit vom vorhandenen Druck (siehe Tab. 41). Es wurden vier Varianten geprüft. Variante 1: Flaschen verschlossen, ein Mal am Tag aufgeschlagen, Variante 2: Flaschen geöffnet (dann wieder verschlossen) bei einem bereits erreichten Druck von 2 bar, Variante 3: ebenso, aber bei einem Druck von 1 bar, Variante 4: Es wurde jeden Tag die Flasche geöffnet und wieder verschlossen und darauf geachtet, dass der Druck unter ein bar blieb. – Das Ergebnis ist in Tab. 41 dargestellt. Die Zellzahl steigt mit der Verminderung des Druckes von $5{,}6 \cdot 10^6$ Zellen/ml auf $12{,}2 \cdot 10^6$ Zellen/ml. Dieses Ergebnis könnte auch die Beobachtung bestätigen, dass eine Erhöhung der Temperatur auf über 20 °C – und damit einer Steigerung des Druckes – die Gärung eher hemmt. (Nicht auszuschließen ist aber auch die Wirkung des „warmen“ Alkohols als Hefegift.)

Tab. 41 Einfluss des Druckes auf die Zellzahl (siehe auch Text)

		Gesamte Hefezellzahl (10^6 Hefen/ml)
1	Sektgärung bis 6 bar	5,6
2	Druck max. bis 2 bar	8,0
3	Druck max. bis 1 bar	10,0
4	Druck unter 1 bar	12,2

Temperatur

Wesentlichen Einfluss auf den Verlauf der Gärung hat aber die Temperatur! Da die Gärung langsam verläuft, reicht die aus der Gärung stammende Wärmeentwicklung zu einer Erwärmung des Flascheninhalts nicht aus. In der Flasche herrscht praktisch die gleiche Temperatur, wie in der Umgebung.

Angesichts der Erschwernis, die das Vergären der Cuvée in der verschlossenen Flasche für die Hefe bedeutet, wäre es sehr hilfreich, die Gärung dadurch zu unterstützen, dass man im Gärlokal eine Temperatur von z. B. 20 °C aufrecht erhält. Eine höhere Temperatur ist kontraproduktiv, weil der warme Alkohol als „Hefegift" wirkt. Dies entspricht auch durchaus der Erfahrung mit Cuvées, deren vorhandener Alkoholgehalt zu Beginn der Gärung nicht über dem Bereich von 10,5 bis 11,0 %vol liegt. In früheren Jahren war es üblich, die frisch gefüllten Flaschen in ein eigens dafür vorgesehenes Gärlokal zu legen, dessen Temperatur konstant bei etwa 20 °C gehalten wurde. Nach dem Ende der Gärung, also 4 bis 5 Wochen später, wurden die Flaschen in einen Lagerkeller, dessen Temperatur möglichst bei 10 bis 12 °C lag, umgeräumt.

Die höhere Temperatur des Gärlokals war früher mehr notwendig, als heute. Da man inzwischen gelernt hat, die Cuvée so zu bereiten, dass Gärstörungen infolge von Schwermetallen, von SO_2, von zu hohem Alkoholgehalt etc. nicht mehr zu erwarten sind und da die heutigen Reinzuchthefen daraufhin selektioniert wurden, auch bei niedriger Temperatur zu gären, entfällt die Notwendigkeit des warmen Gärlokals, zumal zu erwarten ist, dass bei niedrigeren Temperaturen die sensorische Bewertung steigt (Köwerich et al., 1995).

Bezüglich der Bildung von Nebenprodukten der Gärung wirkt es sich auf den Geschmack des Erzeugnisses vorteilhafter aus, wenn die Gärung bei einer weniger hohen Temperatur von etwa 15 °C stattfindet. Bei dieser Temperatur ist auch die Gefahr, dass eventuell eingeschleppte **Milchsäurebakterien** sich entwickeln, sehr vermindert.

Hinsichtlich der **Reifung** lehrt uns die Erfahrung, dass Geschmack, Aroma und Mousseux des Schaumweins edler und feiner geraten, wenn das Reifelager bei niedrigerer Temperatur, also bei etwa 11 °C stattfindet. Da das **Umsetzen und Umschlagen** der Flaschen, das früher zwei- oder dreimal pro Jahr vorgenommen wurde, um den Kontakt von Wein und Hefe zu intensivieren und um den Stoffaustausch zu fördern, einen großen Arbeitsaufwand erfordert, der die Gestehungskosten stark erhöhen würde und der in keinem vernünftigen Verhältnis zum erzielbaren Nutzen stünde, ist man sowohl in Deutschland als auch in Frankreich oder Spanien ganz davon abgekommen.

So hat das tägliche Aufschlagen der Sektflaschen von Hand während der Gärung weder zu einer Vermehrung der Hefe noch zu einer Beschleunigung der Gärung geführt (Valade und Laurent, 1999).

Deshalb strebt man heute danach, und zwar im Einklang mit den biochemischen Erkenntnissen, mit dem Streben nach Qualität und dem Bemühen um Kostenminderung, das Umsetzen gänzlich zu unterlassen und während Gärung, Lagerung und Reifung durchgehend und konstant eine Temperatur von etwa 15 °C einzuhalten.

Chemische Veränderungen

Die Veränderungen der chemischen Zusammensetzung infolge der Vergärung der Cuvée zu Schaumwein sind im Prinzip von der gleichen Art, wie bei der Vergärung des Mostes zu Wein. Bei der Vergärung des Mostes werden aber etwa 180 g/l Zucker abgebaut, bei Vergärung der Cuvée sind es nur etwa 24 g/l. Entsprechend geringer ist auch die Menge der gebildeten Gärungsnebenprodukte. Die Tatsache, dass die Gärung im geschlossenen Gefäß stattfindet, dass also das Kohlendioxid nicht entweichen kann und folglich die CO_2-Konzentration und der CO_2-Druck in der Flüssigkeit bis zum Ende der Gärung steigen, bewirkt **keine** Veränderung des Hefestoffwechsels. Sofern die Gärung nicht aus anderem Grunde gestört wird, wird der Zucker vollständig vergoren und auch die Zwischenprodukte Pyruvat (= Brenztraubensäure) und

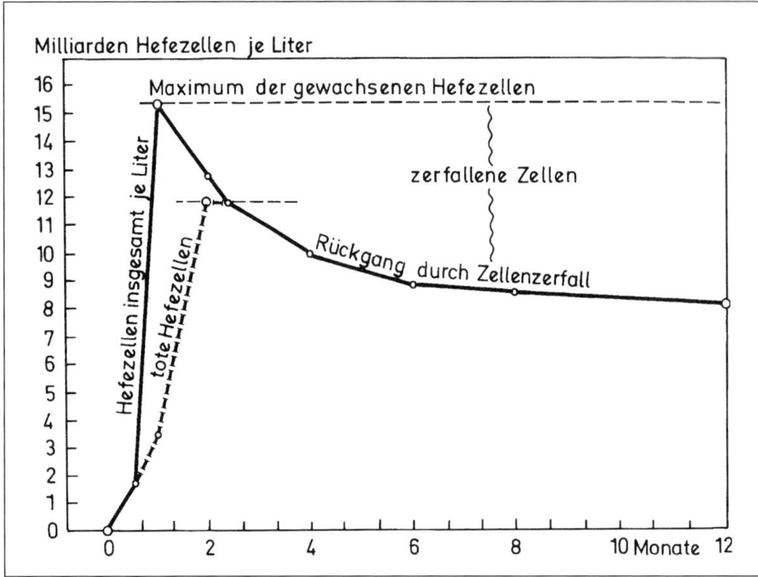

Abb. 111. Hefewachstum und Hefezerfall in nicht entheften Schaumweinen (nach Schanderl 1959). Die Zahlen schwanken je nach Cuvée zwischen 14 und 21 Milliarden Hefezellen je 0,75 l-Flasche.

Acetaldehyd (= Ethanal) werden sehr weitgehend abgebaut. Je länger der Rohsekt lagert, umso mehr (Bach, 1996).

Auch die **Aminosäuren** und der **Gesamtstickstoff** des Weines, auf die von manchen Autoren immer wieder hingewiesen wird, unterliegen während der Gärung nur relativ geringen Veränderungen. Zu Beginn der Gärung verzehrt die Hefe anscheinend geringe Mengen einiger Aminosäuren, wahrscheinlich auch andere Stickstoffverbindungen. Die Veränderungen sind jedoch gering und sie bewegen sich bei den meisten Aminosäuren in Dimensionen, die sehr nahe der Größenordnung der Analysenfehler liegen. Schon während der Gärzeit beginnt aber auch eine schwache Rückwanderung von Aminosäuren aus der Hefe in den Wein. Das hängt einerseits damit zusammen, dass im geschlossenen Gefäß und ohne Sauerstoff die Hefevermehrung und somit der Verbrauch an Stickstoffverbindungen sehr bald zum Stillstand kommen, andererseits damit, dass zu jeder Zeit, also auch während der Gärung, Hefezellen sterben und zerfallen, sodass der Inhalt ihrer Zellen einschließlich einiger Aminosäuren im Wein gelöst werden, also einen kleinen Zuwachs bewirken. Siehe zu diesem Themenkomplex auch Kap. 4.3.5.

Die einzigen Veränderungen während der Gärung, die von grundlegender Bedeutung sind, bestehen im Verschwinden des Zuckers und im Entstehen von Alkohol und Kohlensäuregas.

Bei der Beurteilung von Analysen, die sich auf die Cuvée im Vergleich zum daraus entstandenen Schaumwein beziehen, muss stets berücksichtigt werden, welche Veränderungen durch den Zusatz der Hefe und durch den Zusatz der Zuckerlösung sowie der evtl. eingesetzten Rüttelhilfe in der Cuvée hervorgerufen werden (z.T. Verdünnung, z.T. Zuwanderung). Die Nichtbeachtung dieser Veränderungen führt zu unverzeihlichen Fehlinterpretationen.

Gärkontrolle

Die Kontrolle der Flaschengärung erstreckt sich auf den Gärverlauf, die Entwicklung der Hefe, den Vergärungsgrad und den erreichten Druck. Sie wird zum Teil als **mikroskopi-**

sche Untersuchung durchgeführt, zum Teil als **chemische Analyse** der wichtigsten Sektinhaltsstoffe und ist im einfachsten Fall eine temperaturbezogene **Druckprüfung** mit einem Druckprüfgerät, dem Druckmesser oder Aphrometer, dessen Bezugstemperatur heute 20 °C beträgt. Die Abb. 112 bis 114 zeigen einige Beispiele.

Druckmessgeräte (Klein-Rohrfeder-Manometer) mit einem Durchmesser von 50 mm sind meist ungenau. Feinmessmanometer sind empfindlich und mit ihrem größeren Durchmesser unhandlich. Sie müssen eichfähig sein. Heute erfolgt die Druckmessung auch elektronisch mittels Druckmessumformer.

Die Druckeinheit kann je nach Art des Messgerätes kg/cm² sein oder at, atü, bar, also Druck oder Überdruck bedeuten. Sie kann sich auf verschiedene Messtemperaturen beziehen. Vgl. Kap. 6.7.1 Druckmessung (Tab. 59).

In der EG gelten die Bestimmungen des SI (Système International d'Unités), des Internationalen Einheitssystems.

Demnach ist der **Druck eine Kraft pro Flächeneinheit.** Die Einheit des Druckes ist 1 Pascal (Pa) und bedeutet

$$1 \text{ Pa} = 1 \text{ N} \cdot \text{m}^{-2}$$

Newton ist die Einheit für die Kraft und nachdem Kraft das Produkt aus Masse und Beschleunigung ist, ergibt sich für

$$1 \text{ N} = 1 \text{ kg} \cdot \text{m} \cdot \text{s}^{-2}$$

Weiterhin gültig, aber ohne eine SI-Einheit zu sein, ist das bar (bar)

1 bar = 10^5 Pa = 10^5 N · m^{-2}; 1 Pa = 10^{-5} bar,
1 bar = 100 000 Pa
1 Pa = 0,00001 bar.

Zu den nicht mehr gültigen Einheiten, technische Atmosphäre (at), physikalische Atmosphäre (atm) Kilopond je Quadratzentimeter (kp · cm^{-2}), Millimeter Quecksilbersäule (mm Hg) und Meter Wassersäule (mWS), ergeben sich verschiedene Beziehungen (siehe Tab. 59).

Die Verfahren zur Messung des CO_2-Druckes sind ständig verbessert worden, um die früher unvermeidlichen oder unbeachteten Fehler auszuschalten. Damit wurden auch die Instrumente und die Messtechnik verbessert. Dazu vergleiche man auch Hennig und Lay (1962), Rentschler und Tanner (1967), Hempel (1973), Jaulmes (1973) und Frank, Weinanalytik 1974, C IV 39 j Seite 9, sowie VO (EG) Nr. 2676/90, Anhang 37, Abschnitt 4, geändert durch VO (EG) 1293/2005.

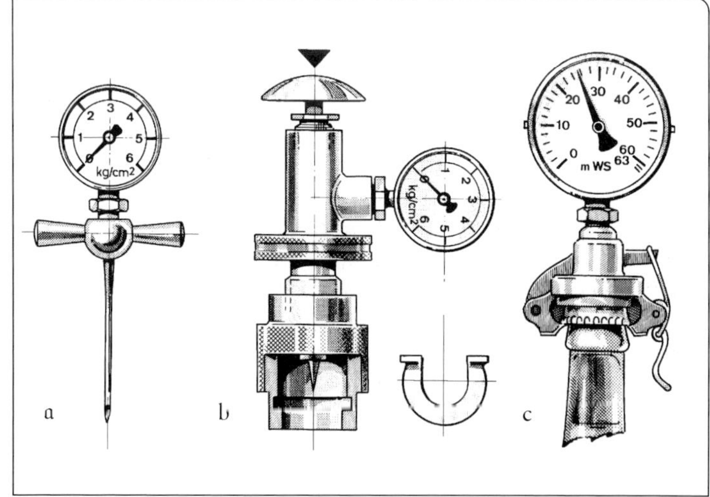

Abb. 112. Kohlensäure-Druckprüfer verschiedener Bauart. a = für Flaschen mit Naturkork-Verschluss mit Nadel. b = für Flaschen mit 26- und 29-mm-Kronenkork. Die geschlossene Flasche wird eingeschoben und der Dorn durch einen Schlag auf den Kopfteil durch den Kronenkork getrieben. c = mit Hebelverschluss und Durchsteckdorn für Flaschengärsekt, Perlwein und andere mit Kronenkork verschlossene, CO_2-haltige Getränkeflaschen.

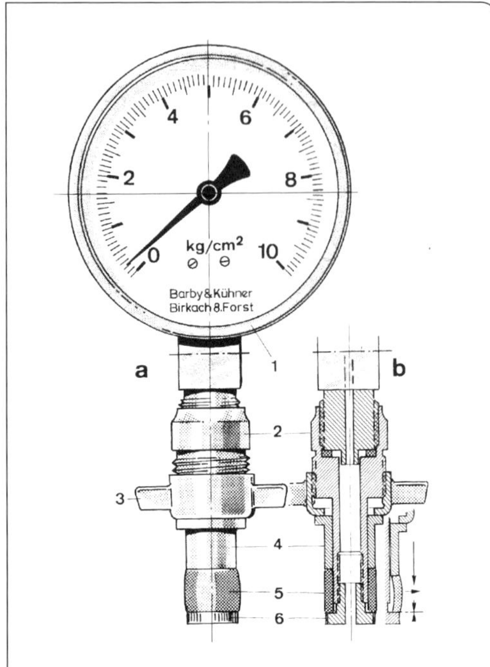

Abb. 113. Druckmesser zum Prüfen des CO_2-Druckes in der Sektflasche von Barby und Kühner. Druckmesser 1 gibt es mit Nadel zum Durchstechen der Korke und PE-Stopfen und mit Gummiabdichtung (a). Durch Linksdrehen der Flügelmutter 3 am Aufsatz 2 wird der Gummiring 5 durch die Hülse 4 gestaucht, weicht nach außen hin aus und dichtet so den geöffneten Flaschenhals ab; 6 = Rändelschraube. b = Aufsatz im Schnitt, links beim Einführen, rechts abdichtend.

In neuerer Zeit berichteten Laurent, Tusseau und Valade (2008) von einer Messmethode, die den Druck in der Flasche durch einen piezoresistiven Druckaufnehmer erfasst und an einen Datalogger weiterleitet. Es kann eine große Anzahl Flaschen gleichzeitig gemessen werden. Die Messung erfolgt im Abstand von sechs Stunden (Vertrieb Institut Oenologique de Champagne).

Die gleichen Autoren beschreiben eine Messeinrichtung, die ebenfalls mit einem piezoresistiven Sensor arbeitet. Das Gehäuse ist ein Edelstahlzylinder von 45 mm Länge und einem Durchmesser von 15 mm und wird als Ganzes in die Flasche eingebracht. Eine digitale Anzeige gibt sowohl den Druck als auch die Temperatur wieder. Das System wurde auf den Namen Oenotilus getauft und wird von Station Oenotechnique de Champagne Martin Vialatte vertrieben.

5.3 Rohsekt oder Brutsekt, Lagerung und Reifung

Die Gärung endet mit dem Verbrauch des Zuckers und dem weitgehenden Abbau der Gärungszwischenprodukte. Die Hefezellen würden in der freien Natur sich der veränderten Situation anpassen und zur Fettsynthese übergehen. Mithilfe ihrer Enzyme bilden sie dann Fettsäuren aus Carbonsäuren, aus Alkohol etc. und aus Sauerstoff. Dies ist im natürlichen Lebensablauf der Hefe die Vorstufe zur Sporenbildung.

In der künstlichen Abgeschlossenheit der Schaumweinflasche und **ohne** Sauerstoff ist die Fettsynthese aber normalerweise nicht möglich. Die Hefe findet unter diesen Umständen keine Gelegenheit zu weiterem Energiegewinn. Sie vegetiert noch ein Weilchen, bis die „Reservestoffe“ ihrer Zelle aufgezehrt sind und verhungert dann. Bei Eintreten des Zelltodes enden alle zentral gesteuerten Lebensfunktionen der Zelle. Die Membrane, also die Zellhaut, wird schlaff und durchlässig. Der Inhalt der Zelle löst sich im umgebenden Wein auf. Die leere Zellhaut aus unlöslichen Polysacchariden bleibt übrig.

Während der Gärung sterben zwar schon einige Zellen. Nach dem Ende der Gärung sterben aber die allermeisten Zellen, und zwar innerhalb von 2 bis 3 Monaten. Nur wenige, sehr lebenszähe Individuen halten noch länger durch, bis nach etwa 10 bis 12 Monaten auch die allerletzten Zellen zugrunde gehen.

Hefekontakt

Die Frage, welchen Einfluss nach Abschluss der Gärung die Dauer des Hefekontakts auf die Qualität des Schaumweins habe, wird immer wieder angeschnitten. Oft entspricht sie dem Bemühen, glaubhaft zu machen, dass durch längeres Lagern auf der Hefe der Schaumwein automatisch an Qualität gewinnen würde.

Um es vorwegzunehmen: Die Dauer des Hefekontaktes ist nicht maßgebend. Man hat wiederholt vermutet, dass die Veränderungen im Bereich der Stickstoffverbindungen als Maß für den Qualitätsgewinn gelten würden. Ein Blick auf die Veröffentlichungen der letzten Jahre ergibt ein recht diffuses, nicht überzeugendes Bild.

Es ist zu bedenken, dass jedes Mal eine andere Flasche der gleichen Partie unter sucht wurde. Es treten mithin sowohl die unvermeidlichen Unterschiede von Flasche zu Flasche in Erscheinung als auch die ebenso unvermeidlichen methodisch bedingten Fehler oder Ungenauigkeiten der Analyse.

Vergleicht man die Ergebnisse der französischen Forscher (Bidan, Feuillat, Moulin 1985), die eine Cuvée über 27 Monate untersuchten, mit den Ergebnissen von Postel und Ziegler (1991), die zwei Cuvées über 12 bzw. 24 Monate beobachteten, dann ist daraus ersichtlich, dass es durchaus Auf- und Ab-Bewegungen gibt, wie die Zusammenstellung in Tab. 42 aus den umfangreichen Analysen zeigt.

Nach dem 4. Monat gibt es bei keiner Aminosäure mehr einen signifikanten Zuwachs.

Es gibt, bei nüchterner Betrachtung der Zahlen, keine auffallenden großen Veränderungen. Aminosäuren, die schon zu Beginn in höherer Konzentration vorlagen, wie Arginin und Prolin, sind auch nach langer Zeit des Hefekontakts immer noch in höherer Konzentration vorhanden und die anderen, deren Werte niedrig waren, bleiben bis zum Ende der Beobachtung niedrig.

Abb. 114. Gerät zur Druckmessung in Sekt- und Perlweinflaschen bei der Betriebskontrolle. Glasbläserei des Instituts für Gärungsgewerbe, Berlin. Höheneinstellung mittels Befestigungsschraube am Stativ bis 8 mm über dem Flaschenverschluss. Abdichtung durch Niederdrücken des Hebelarmes bis er einrastet. Anstichdorn durch Drehen des Handrades durch den Stopfen drücken. Druck ablesen. Danach Entlüftungsschraube öffnen, Druck langsam ablassen, Anstichdorn hochdrehen, Hebelarm hochdrücken, um Hebelsystem zu lösen. Flasche vor der Messung auf 20 °C im Wasserbad temperieren.

Aus der sehr gewissenhaft durchgeführten Arbeit von Postel und Ziegler ergibt sich ferner, und das allein ist von Bedeutung, dass zwischen der Dauer des Hefekontakts und der sensorischen Beurteilung **kein** statistisch gesicherter Zusammenhang besteht.

L. Usseglio-Tomasset hat schon 1985 als Verfasser des italienischen Nationalberichts vor der Generalversammlung des O.I.V.

Tab. 42 Aminosäuren und Gesamtstickstoff

	Feuillat Aminosäuren als N mg/l			Postel I Aminosäuren in mg/l				Postel II Aminosäuren in mg/l		
Aminosäuren	Anzahl	Tirage	4. Monat	Anzahl	Cuvée	Tirage	4. Monat	Cuvée	Tirage	4. Monat
Arginin		130,1	173,0		48,0	29,0	39,0	74,0	75,0	66,0
Prolin		47,5	40,2		353,0	363,0	348,0	309,0	317,0	274,0
Alanin		32,6	34,0		36,0	20,0	31,0	51,0	53,0	50,0
Lysin		5,2	11,9		42,0	16,0	33,0	52,0	54,0	44,0
Zwischensumme	4	215,4	259,1	4	479,0	428,0	451,0	486,0	499,0	434,0
andere zusammen	12	53,9	46,8	22	221,0	157,0	237,0	352,0	376,0	322,0
Summen	16	269,3	305,9	26	700,0	585,0	688,0	838,0	875,0	756,0
Gesamtstickstoff		mg/l N			229,6	190,4	203,2	261,8	267,4	242,7
∅ aus 5 anderen Versuchen	Tirage	Gärende								
Amino-N	169,0	165,0								
Gesamt-N	390,0	393,4								

nachgewiesen, dass allenfalls 4 bis 5 mg/l Stickstoff, das entspricht ungefähr 16 bis 20 mg/l als Aminosäuren, bei vollständiger Hydrolyse der Proteine und bei vollständigem Zerfall der Hefe, in den Schaumwein gelangen könnten. Das ist eine Größenordnung, deren Nachweis vom analytischen Standpunkt her sehr schwierig ist und es erscheint noch schwieriger, dass sie irgendeinen Einfluss auf die Qualität des Schaumweins habe. Die sensorische Prüfung der über 33 Monate beobachteten und nach verschieden langer Kontaktzeit entheften Teilmengen einer großen Cuvée ergab dann, wie später auch von Postel und Ziegler festgestellt, dass zwischen der Dauer des Hefekontaktes und der Qualität des Schaumweins **kein** signifikanter, statistisch abgesicherter Zusammenhang besteht. Es sei jedoch einschränkend angemerkt, dass es methodisch sehr schwierig ist, den Einfluss des Hefelagers auf die Sensorik zu messen.

Reifung

Aus den toten Hefezellen heraustretende Enzyme bleiben im Wein noch längere Zeit wirksam. Sie und andere, noch im Wein vorhandene Enzyme tragen zu den Veränderungen bei, die sich nach der Gärung, und im Übrigen aber ohne Mitwirkung der Hefe, im Schaumwein einstellen. Dies ist die **Reifung**. Es handelt sich im Wesentlichen um drei Vorgänge, die nebeneinander ablaufen. Da alle anderen Begleitumstände gegeben sind, ist der Ablauf dieser Vorgänge eine reine Zeitfunktion und er wird von außen nur durch die Temperatur beeinflusst. Die Erfahrung lehrt, dass die Reifung qualitativ am besten gelingt, wenn sie bei konstant etwa 15 °C stattfindet.

Ester

Von großem Einfluss auf die Qualität und den Wohlgeschmack des Schaumweins ist die Bildung von **Estern aus Carbonsäuren und Alkoholen**. Hauptbeteiligte sind Essigsäure und Milchsäure sowie der Ethylalkohol und höhere Alkohole. Bei den aus diesen Umsetzungen hervorgehenden Estern handelt es sich um flüchtige, das heißt **riechbare** Verbindungen, deren Menge zwar sehr gering ist, die aber dennoch das Geruchs- und Geschmacksbild des Schaumweins deutlich und nachhaltig prägen. Sie bilden das Lagerbukett oder das Reifearoma.

Phenolische Verbindungen

Für die Rundung des Geschmacks von positivem Einfluss sind auch die Veränderungen, die sich im Bereich der **phenolischen** Verbindungen ergeben, und zwar teils dadurch, dass sie oxidieren und kondensieren, teils dadurch, dass sie mit Eiweißen (= Proteinen) reagieren und Gerinnsel bilden. Ein Teil der aus diesen Vorgängen entstehenden Verbindungen wird unlöslich, setzt sich ab und tritt im Geschmacksbild nicht mehr in Erscheinung. Der Wein wird glatter und runder.

Kolloide

Im Bereich der Kolloide auftretende Veränderungen, soweit sie nicht aus Polyphenolen oder Eiweißen bestehen, betreffen vornehmlich **Polysaccharide**. Einerseits nehmen die Polysaccharide infolge des Absterbens der Hefe etwas zu, andererseits verändern sie sich durch **„Alterung"**. Sie werden zum Teil unlöslich und sie verlieren zum Teil ihre Wirkung als **Schutzkolloid**. Sofern z. B. im Wein eine Übersättigung mit Weinstein vorlag, kann diese durch Kristallbildung in dem Maße abgebaut werden, wie die hemmende (inhibierende) Wirkung der Schutzkolloide nachlässt. Der Zustand des Weines nähert sich im gleichen Maße dem Löslichkeitsgleichgewicht.

Eine aktuelle Arbeit von Vuchot et al. (2007/2008) ergab eine Steigerung des Mannoprotein-Gehaltes während einer Lagerung des Weines während 13 Monaten von etwa 10 mg/l auf über 150 mg/l. Bei höheren Temperaturen (hier 28 °C im Vergleich zu 15 °C)

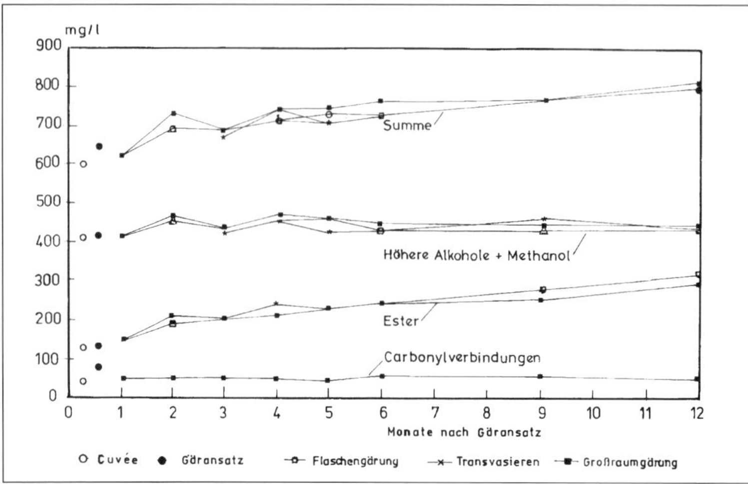

Abb. 115. Entwicklung der flüchtigen Verbindungen während einer zwölfmonatigen Lagerzeit auf der Hefe in Abhängigkeit von Herstellungsverfahren (die Cuvée bestand überwiegend aus französischen und italienischen Grundweinen). (nach Postel und Ziegler 1991).

ist die Zunahme ausgeprägter. Da Mannoprotein eine Stabilisierung des Schaumes bewirkt, wird damit eine Beobachtung von Bach (1990) bestätigt, wonach ein längeres Hefelager zu einer Stabilisierung der Schaumkrone beim Einschenken des Sektes ins Glas führt.

Abgesehen von den genannten Veränderungen, die sich hauptsächlich durch qualitative Umbildung in den genannten drei Bereichen ergeben, die sich aber nur in sehr kleinen Dimensionen äußern, bleiben die Analysedaten der Inhaltsstoffe nach dem Ende der Gärung unverändert. Dies zeigen die Untersuchungen von Usseglio-Tomasset (1985) und Postel und Ziegler (1991).

Die Veränderungen im Bereich der flüchtigen, d. h., riechbaren Verbindungen, die im Wesentlichen aus Esterbildung bestehen und die hauptsächlich zeitabhängig zustande kommen, sind in den Abb. 115 und 116 dargestellt.

Postel und Ziegler haben 13 Alkohole, 2 Terpene, 7 Carbonylverbindungen und 19 Ester, zusammen 41 flüchtige Stoffe untersucht und ihre Befunde summarisch in den Abb. 115 u. 116 wiedergegeben.

Daraus ist ersichtlich, dass die größten Veränderungen während und unmittelbar nach der Gärung stattfinden. Es finden aber auch weiterhin Veränderungen im Sinne der Reifung statt, die z. B. bei Versuch 2 (Abb. 116) nach etwa 15 bis 18 Monaten zum Stillstand kommen. Dies betrifft insbesondere die Gruppe der Ester.

Bei der Beobachtung flüchtiger Inhaltsstoffe während der Lagerung auf der Hefe fanden Pozo-Bayón et al. (2003), dass Abbau und Synthese simultan verlaufen. Sie erklären sich die unterschiedlichen Ergebnisse verschiedener Autoren mit dem Zeitpunkt der Probenname.

Weitergehende Veränderungen äußern sich hauptsächlich in der Oxidation von Inhaltsstoffen. Sie sind dann aber nicht mehr der Reifung zuzurechnen, sondern dem nächsten Entwicklungsabschnitt, der **Alterung**. Analysen bezüglich der Alterung liegen nicht vor.

Sofern der Grundwein nach den im Kap. 2 beschriebenen, neuzeitlichen Erkenntnissen korrekt bereitet und behandelt wurde, ergeben sich aus den Vorgängen der Reifung positive Qualitätsveränderungen, die nur um den Preis der Lagerzeit erreichbar sind.

Die verschiedentlich beschriebenen Versuche, rascher zu solchen Qualitätsveränderungen zu kommen, indem der Schaumwein einer Hitzebehandlung unterzogen wird oder indem man ihm Hefeautolysat oder andere Zubereitungen aus Hefe zusetzt, haben zwar

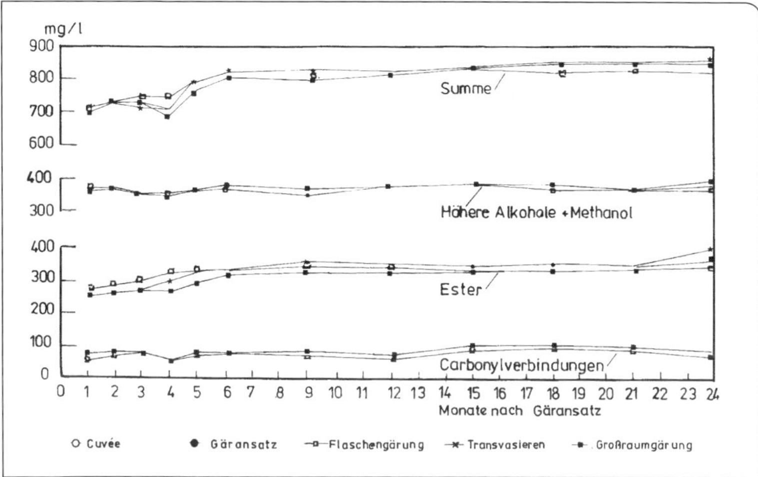

Abb. 116. wie Abb. 115, nur bestand die Cuvée überwiegend aus deutschen Riesling-Grundweinen und die Lagerzeit betrug 24 Monate (nach Postel und Ziegler 1991).

zur Folge, dass der Geschmack des Schaumweins mehr oder weniger verändert wird. Einen Ersatz für den durch die Reifezeit erzielbaren Qualitätsgewinn bringen diese Versuche in keinem Fall.

Wurden aber Fehler bei der Mostgewinnung bzw. bei der Weinbereitung gemacht, dann können sich daraus während des Reifelagers auch negative Folgen einstellen.

Sofern durch unsachgemäßen Umgang mit Trauben und Maische zu viele **flavonoide Polyphenole** in den Most bzw. Wein gerieten und die Trauben auch noch von **Botrytis** befallen waren, sind die daraus hervorgehenden **p-Chinone** geeignet, nach Schluss der Gärung der hungernden, um das Überleben ringenden Hefe, den für ihre Fettsynthese erforderlichen Sauerstoff zu liefern.

Die Hefe kann sich eine weitere **Sauerstoffquelle** erschließen, sofern geeignete Randbedingungen vorliegen, indem sie vorhandenes Sulfat über Sulfit bis zu elementarem Schwefel (S_8) reduziert. Dieser Schwefel wird in die Hefezelle aufgenommen und darin eingelagert, wobei er deutlich im Mikroskop erkennbare, gelb-orange gefärbte Kügelchen bildet. Die Fähigkeit zur sog. **Schwefel-Atmung** überzugehen, ist bei den verschiedenen Hefestämmen vermutlich unterschiedlich ausgebildet. Eine erhöhte Schwefelaufnahme kann eine Verformung der Hefezelle zur Folge haben. Eine Missbildung (Zellhypertrophie), die schließlich zur Auflösung der Zelle unter Bildung von klebrigen Fladen, sog. „plaques“ führt. Dieser Zusammenhang wurde von H. Schanderl erkannt und in seinem Buch „Mikrobiologie des Mostes und Weines“ 1959 als Hypothese beschrieben. Die Hefe bildet dann mithilfe des aus Polyphenolen oder aus Schwefelverbindungen gewonnenen Sauerstoffs, aus Alkohol und ggf. auch aus Carbonsäuren niedere und mittlere Fettsäuren und lagert sie in ihrer Zelle ein. Infolge solcher Einlagerungen wird die Dichte oder das spezifische Gewicht der Hefezellen geringer, sie erfahren einen Auftrieb und steigen zum Flüssigkeitsspiegel empor. Sie bleiben am Rande der Gasblase stehen. Wenn noch mehr Sauerstoff zur Verfügung steht, geht die Fettbildung weiter, weitere Hefen steigen auf und besiedeln die Oberfläche der Gasblase. Die **Fettbildung** kann so ausgeprägt sein, dass den Hefezellen das Fett buchstäblich aus den Poren quillt und die Hefen dadurch an der Glaswand festkleben. Dieser Vorgang ist sogar zu beobachten: Man sieht am Rande der Blase einen Hefering, auf dem Flüssigkeitsspiegel einige Hefeinseln und sogar ausgetretenes Fett

Abb. 117. Schaumwein in liegenden Flaschen während der Gärung (Foto: G. Troost).
oben: Glanzgärung, die Hefe hat sich zu einem lockeren (sandigen) Depot abgesetzt.
unten: Fehlgärung, die Hefe hat sich nur zum Teil abgesetzt, auch auf der Gasblase siedeln sich Hefen an und lassen sich von da nicht abrütteln.

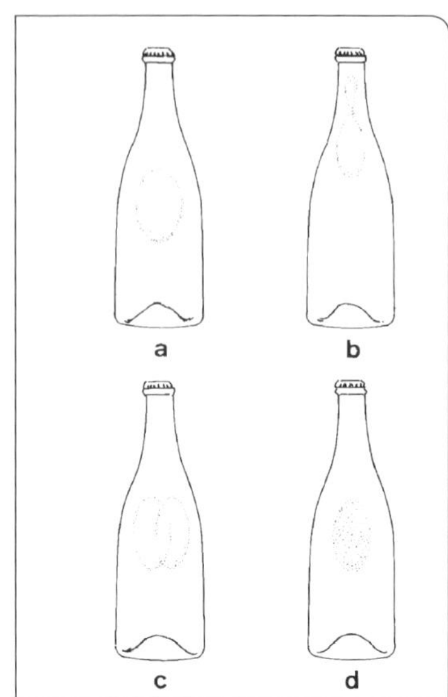

Abb. 118. Die verschiedenen Formen von sog. „Eiermasken“ (Schanderl 1959).
a) „normale“ Eiermaske; die Sprossvegetation zeichnet genau die jeweilige Gasblase ab. b) wie a), jedoch lagerte die Flasche mit einer leichten Neigung (Hals etwas höher). c) die Flaschen wurden umgesetzt, ohne dass die Ovalmaske durch Schütteln der Flasche entfernt wurde. d) die Hefevegetation spannt sich wie eine Gewölbedecke über die Gasblase.

schwimmen, wie Fettaugen auf eine Suppe (Abb. 118).

Die festklebende Hefe bildet einen ovalen Ring, eine sog. **Eiermaske**, die auch durch Bewegen und Schütteln der Flasche nicht vom Glas gelöst werden kann. Sofern in dieser Maske noch lebensfähige Zellen enthalten sind, werden sie nach dem Degorgieren und Dosieren Gelegenheit haben, sich zu vermehren und den Schaumwein zu trüben.

Die noch von H. Schanderl vertretene Auffassung, dass die Hefe den für die Fettsynthese benötigten Sauerstoff aus der Luft der Luftblase beziehe, kann heute nicht mehr aufrecht erhalten werden. Der während der Tirage in die Flasche geratene und darin eingesperrte Sauerstoff wird schon in den ersten Stunden nach der Tirage von der Hefe vollkommen aufgezehrt und für die aerob verlaufende Vermehrung gebraucht. Erst wenn dieser direkt verfügbare Sauerstoff restlos verschwunden ist, schaltet die Hefe auf den anaeroben Stoffwechsel der alkoholischen Gärung um. Es wäre der Hefe auf keinen Fall möglich, nach Abschluss der alkoholischen Gärung zur Fettsynthese mit Maskenbildung überzugehen, und in den meisten Fällen kommt das ja auch nicht vor, wenn nicht ausnahmsweise, wie oben dargestellt, infolge von önologischen Fehlern sich ihr in den p-Chinonen oder in Schwefelverbindungen eine willkommene Sauerstoffquelle bieten würde.

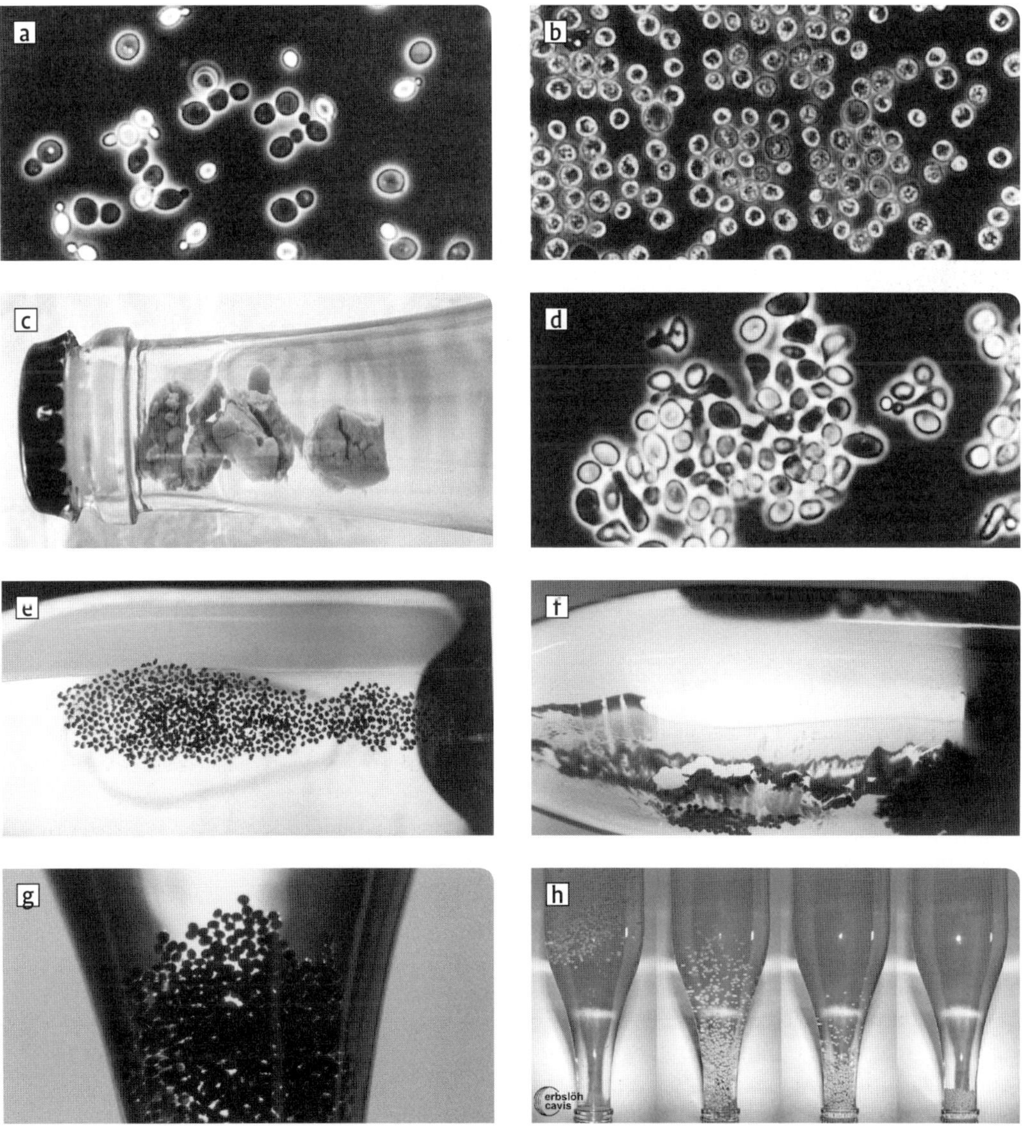

Abb. 119. a) Drei Tage alte sprossende Hefe (*Saccharomyces cerevisiae*) im Traubenmost. Vergrößerung 800-fach (Foto: Lemperle und Kerner).
b) „Ruhende" Hefezellen nach der Gärung. Vergrößerung 800-fach (Foto: Lemperle und Kerner).
c) Agglomerierende Hefe, deutlich sichtbar ist der kompakte Niederschlag. (Foto: Lallemand)
d) Plaquen-bildende Hefe. *Schizosaccharomyces*, Vergrößerung 800-fach (Foto: Minarek).
e) Immobilisierte Hefen, intakt (Foto: Bach).
f) Immobilisierte Hefen, ausgewachsen (Foto: Bach).
g) Immobilisierte Hefen, einen festen Verband bildend (Foto: Bach).
h) Immobilisierte Hefen, sedimentierend (Foto: Erbslöh Cavis).

Abb. 120 links. Sogenannte Eiermaske in der Flasche nach dem Rütteln. Sie erzeugt Ausfallflaschen, die umgefüllt werden müssen, weil die festsitzende Hefe nicht abgerüttelt werden kann (Foto: Deutscher Sektverband).
rechts. Schneckenmaske, bei Altglas seltene Maskenbildung durch Schneckenspuren, an denen sich Hefen festsetzen (Foto: G. Troost).

Mikrobiologische Sicherheit

Der Qualitätsgewinn, den der Schaumwein durch langes Lagern und Reifen erfährt, ist nur ein Effekt der langen Lagerzeit. Ein anderer, ursprünglich viel wichtigerer Effekt besteht darin, wie die Erfahrung lehrte, dass nach 9, besser noch nach 12 Monaten die Hefezellen samt und sonders abgestorben sind, sodass auch bei unvollkommenem Abtrennen des Trubs beim Degorgieren normalerweise keine Vermehrung der Hefe und folglich keine Trübung des fertigen Schaumweins zu befürchten ist.

5.4 Rütteln, Enthefen, Dosieren

Früher war es nötig, unmittelbar vor dem Aufstecken des Schaumweins auf die Rüttelpulte, die Flaschen „umzuschlagen“ oder „aufzuschlagen“. In manchen Kellereien wird das Umschlagen auch heute noch praktiziert. Man versteht darunter das drehende Bewegen der Flaschen zum Zwecke der vollständigen Ablösung des Trubdepots von der Glaswand und seine Aufschwemmung im Schaumwein. Die praktische Ausführung sieht so aus, dass man mit jeder Hand eine Flasche vom Stoß nimmt. Die Hände umfassen jeweils den Flaschenhals. Zunächst lässt man die beiden Flaschen mit gestreckten Armen nach unten hängen und führt mit ihnen mehrmals eine nach unten gerichtete, stoßende Bewegung aus. Das hat zum Ziel, den Trub zu lockern und eventuell außen an der Flasche befindliche Glasscherben, Reste zerplatzter Flaschen, abzuschütteln. Alsdann werden die Arme halb hochgehoben und die Ellenbogen angewinkelt, sodass sich die Hände mit den Flaschen in Kopfhöhe befinden. Die Flaschen werden so gehalten, dass sie sich ungefähr in waagerechter Lage befinden, die Flaschenmündungen liegen an den Ballen der kleinen Finger an. Die Schultern der Flaschen ruhen zwischen Zeigefinger und Daumen und die Flaschenböden zeigen nach hinten. Nun dreht man die Flaschen um ihren eigenen Schwerpunkt, wobei die Flaschen stets waagerecht liegend halbkreisförmig abwechselnd vorwärts und rückwärts ziemlich rasch bewegt werden. Nach zehnmaligem Drehen ist der Trub restlos abgelöst und gleichmäßig im Schaumwein verteilt. Das Umschlagen ist beendet und die Flaschen werden abgestellt oder weitergereicht an denjenigen, der sie dann auf Rüttelpulte steckt.

Für größere Leistungen und zur Einsparung von Arbeitskräften wurden Geräte für

Handbedienung oder Rundlaufmaschinen mit Transportband konstruiert, bei denen die Flaschen um ihre Längsachse gedreht wurden, und zwar mehrmals abwechselnd links herum und rechts herum.

Die Fortschritte in der Weinbehandlung und in der Hefeselektion machten es möglich, dass man heute normalerweise die Flaschen nicht mehr umschlägt. Das Depot ist körnig und es klebt nicht.

5.4.1 Rütteln einzelner Flaschen von Hand Rüttelpulte aus Holz

Rüttelpulte sind hölzerne Vorrichtungen, die aus zwei einander zugeneigten, stehenden, miteinander durch Scharniere verbundenen Tafeln bestehen. Jede Tafel hat 60 ovale Löcher, ein komplettes Pult also 120 Löcher. Damit man in diese Löcher Flaschen mit den Mündungen voran so einstecken kann, dass sie in Schräglage mit veränderbarer Neigung verbleiben, bestehen die Tafeln aus einem Rahmen mit einer Lage innerer und einer Lage äußerer Deckbretter. Die Löcher der inneren Deckbretter sind nur gerade so groß, dass die Flaschenmündungen hindurchgehen, die Löcher der äußeren sind etwas größer und oval, sodass der Flaschenhals bis zur Schulter eingeschoben werden kann.

Bei den sog. „französischen" Rüttelpulten verlaufen die Deckbretter senkrecht von oben nach unten. Bei den sog. „deutschen" Rüttelpulten verlaufen die Deckbretter waagerecht. Das Rütteln verursacht eine Abnutzung der Lochkanten. Abgenutzte Deckbretter müssen ausgewechselt werden. Die Löcher der nach französischer Art senkrecht angebrachten Deckbretter werden schneller ausgeschlagen und das Auswechseln ist etwas schwieriger, als dies bei den waagerecht verlaufenden Deckbrettern nach deutscher Art der Fall ist.

Es stehen zwei Arten zur Auswahl: Ein naturfarbenes Rüttelpult ist I. Wahl und damit etwas teurer. Ein geschwärztes Rüttelpult ist II. Wahl. Als Zubehör gibt es Verstrebungen aus verzinktem Stahl, auf welche die Rüttelpulte gestellt werden können. Damit wird es möglich, die Rüttelpulte mit einem Hubwagen oder Stapler zu transportieren.

„Laden", d. h. Einstecken der Flaschen in die Pulte. Die vom Stoß genommenen, früher stets umgeschlagenen, heute meist nicht umgeschlagenen Flaschen werden, von unten beginnend, so in die Löcher des Rüttelpults gesteckt, dass sie eine nahezu waagerechte Lage haben und so, dass die „Wange" der Kronenkorkmündungen sich hinter die Kante des Lochs im inneren Deckbrett setzt. So hat die Flasche eine sichere Lage und kann nicht aus dem Rüttelpult herausrutschen.

Sofern die Flaschen nicht umgeschlagen wurden, wird zweckmäßigerweise darauf geachtet, dass das Trubdepot nicht aufgewirbelt wird. Das würde die Klärzeit nur unnütz verlängern. Man achte vielmehr darauf, dass das Trubdepot beim Einsetzen der Flasche in das Rüttelpult unten im Bauch der Flasche liegen bleibt und auch im Pult nach unten zu liegen kommt. Früher immer, heute nur noch selten, wird jede Flasche schon auf dem Gärstoß durch einen weißen Schlämmkreidestrich auf dem Flaschenbauch über der Luftblase markiert. Der Strich zeigt, wo „oben" ist. Das Trubdepot befindet sich „unten", also folglich auf der dem Strich gegenüberliegenden „Seite" der Flasche.

> Der Schlämmkreidestrich kann angebracht werden, während man die Flaschen auf den Gärstoß setzt. Gelegentlich wurde er früher vor dem Umschlagen angebracht, damit die Flasche nach dem Umschlagen wieder in gleicher Stellung auf Stoß gesetzt werden konnte. Sofern die Flaschen direkt vor dem Rütteln umgeschlagen werden, bringt der Schlämmkreidestrich keinen Nutzen. Wenn aber die Flaschen in das Rüttelpult eingesetzt werden, ohne vorheriges Umschlagen, dann ist der Schlämmkreidestrich sehr nützlich.

Sofern die Flaschen unmittelbar vor dem Einsetzen in die Rüttelpulte umgeschlagen werden, werden sie nun für 8 bis 10 Tage in Ruhe gelassen, damit sich der Schaumwein in der Flasche klärt und die Trubteile sich absetzen können. Die Flaschen stecken nahezu waagerecht in den Löchern. Man benutzt die Ruhepause, um die Flaschen zu markieren. Mithilfe eines schmalen Pinsels und mit Schlämmkreide wird in jeden Flaschenboden von der Mitte an senkrecht nach unten ein Strich oder ein Schmiss (Schmitz) gemacht. Diese Tätigkeit heißt deshalb auch „schmitzen". Der Schmiss dient als Orientierungszeichen, damit später beim Rütteln die Position der Flaschen erkannt werden kann.

Wichtig ist, dass der Raum, in dem die Rüttelpulte stehen, absolut **frei von Luftzug** ist. Mauer- oder Deckendurchbrüche, Schächte, Fenster und Türen müssen geschlossen oder verstopft werden. Durch Luftbewegung kommt in aller Regel eine, wenn auch geringe, Absenkung der Lufttemperatur zustande. Dort, wo die kühlere Luft auf die Flaschenwand trifft, tritt in der Flasche eine **Abkühlung** der an der Glaswand anliegenden Flüssigkeit ein. Die abgekühlte Flüssigkeit ist dann spezifisch etwas schwerer, als der übrige Flascheninhalt, sie sinkt folglich langsam nach unten und verdrängt dadurch den Teil der Flüssigkeit, der sich vorher unten befand. Es kommt eine Kreisbewegung zustande, eine Konvektion. Durch diese Kreisbewegung werden Trubteile, insbesondere die leichten Anteile des Trubs mit der Flüssigkeit mitgeschleppt.

Es tritt somit **keine** vollständige Klärung ein.

So lange Flaschen sich auf Rüttelpulten befinden, also vom Einsetzen oder „Laden" bis zum Ende des Rüttelns und dem Herunternehmen der Flaschen, muss gewährleistet sein, dass kein Luftzug die Flaschen trifft, weil sonst Trübungsgefahr besteht.

Wenn die Flaschen nicht umgeschlagen werden, setzt man sie, möglichst ohne den Trub aufzuwirbeln, direkt in die Rüttelpulte ein. Trotz aller Vorsicht ist dabei nicht ganz zu vermeiden, dass leichte Trubpartikel in Bewegung geraten. Es ist darum auch in diesem Fall zweckmäßig, die Flaschen nach dem Aufstecken wenigstens 2 Tage ruhen zu lassen, damit die aufgewirbelten Trubteile sich wieder absetzen. In dieser Zeit werden die Flaschenböden „geschmitzt", s.o.

Durchleuchten der Flaschen

Bevor das Rütteln beginnt, muss man von verschiedenen Stellen des Raumes, in welchem sich die Pulte befinden, Flaschen vorsichtig herausnehmen und prüfen, ob sich der Trub gut abgesetzt hat und ob die Flüssigkeit kristallklar geworden ist.

Es ist dabei ganz und gar unzweckmäßig, die Flaschen ganz hoch zu heben, um sie gegen eine Deckenleuchte oder eine andere helle Lampe zu betrachten, weil man geblendet wird und weil bei der direkten Durchleuchtung der Flasche, die feinen Trubteilchen nicht erkannt werden können.

Die einzig richtige **Prüfung der Klarheit** der Schaumweine erfolgt im vollkommen dunklen Raum mithilfe einer schwachen Lichtquelle. Generationenlang bestand diese schwache Lichtquelle in einer Kerze. Heutzutage ist es selbstverständlich möglich, auch eine elektrische Lichtquelle zu verwenden, sofern sie ein schwaches Licht abgibt und das Licht von einer eng begrenzten, nahezu punktförmigen Stelle ausgeht. Der Kerzenhalter oder die Halterung der elektrischen Lichtquelle wird für die Durchleuchtung entweder am Rüttelpult selber oder auf einem besonderen Ständer so angebracht, dass sie sich ungefähr in Nabel- oder Brusthöhe des Prüfers befinden.

Zur Prüfung wird die Flasche vorsichtig und ohne ihre Stellung zu verändern aus dem Pult genommen. Man hält die Flasche ungefähr in 25 bis 30 cm Höhe über die Lichtquelle so, dass sie fast in Augenhöhe des

Prüfers ist und das Licht von unten durch die Flasche geht, man sieht aber von der Seite durch die Flasche. Ein an der Lichtquelle seitlich angebrachter Schirm kann dabei als Blendschutz sehr hilfreich sein.

Hierbei kommt dem Prüfer die **Lichtstreuung** zu Hilfe, eine Erscheinung, die auch nach ihrem Entdecker, dem irischen Physiker „Tyndall"-Effekt benannt wird und deren man sich u.a. bei mikroskopischen Arbeiten im sog. Dunkelfeld bedient. Dieser Effekt ist sehr einfach erklärbar, wenn man sich des Bildes erinnert, das man wahrnimmt, wenn in einen abgedunkelten Raum ein Lichtstrahl dringt, z. B. ein Sonnenstrahl durch einen Schlitz des Rollladens. Man sieht dabei nicht direkt in den Lichtstrahl, weil man geblendet würde, sondern das Bild wird von der Seite betrachtet.

In diesem Fall werden, dank der Lichtstreuung, selbst allerkleinste Stäubchen wahrgenommen, Fusselchen und Dampftröpfchen (Rauch), die in der Luft schweben. Bei kräftigem, großflächigem Licht würden diese niemals erkannt.

In der gleichen Weise werden auch im Schaumwein winzigste Trubteilchen, die sich in Schwebe befinden oder die an der Glaswand hängen, sichtbar und die Gestalt und die Oberfläche des Depots einschließlich eventueller Rutschspuren schwererer Trubteile ist zu erkennen.

Bei dieser Betrachtung muss der Prüfer außerdem lernen, die Tiefenschärfe seines Sehens so einzustellen, dass er nicht den Schmutz sieht, der außen an der Flasche haftet, sondern die Partikel, die etwa 5 mm tiefer an der **Innenseite** der Flaschenwand sitzen oder diejenigen, die noch weiter innen in der Flüssigkeit schweben.

Diese Art der Prüfung muss schon ausgiebig und mit Geduld geübt werden, bis gelernt ist, das zu erkennen, worauf es ankommt. Man wird aber erstaunt, vielleicht sogar begeistert darüber sein, wie viel dann, stets unter geeigneten Lichtverhältnissen, zu erkennen ist. Selbst winzigste Hefen und Milchsäurebakterienklümpchen werden sichtbar. Sie sind zwar nicht einzeln zu sehen, aber, solange sie in der Flüssigkeit schweben, sind sie dadurch kenntlich, dass die Flüssigkeit glanzlos, matt, blind oder sogar neblig erscheint, weil die eindringenden Lichtstrahlen durch die Fremdkörperchen gestreut, d. h. seitlich abgelenkt oder reflektiert werden.

Das Rütteln

Wenn nun nach ausreichender Klärzeit der Inhalt der Flaschen kristallklar geworden ist und sich die Trubstoffe breitflächig und dicht abgesetzt haben, kann das Rütteln, das in Frankreich „le remuage" heißt, beginnen.

Das Rütteln besteht aus drei Tätigkeiten:

- dem eigentlichen Rütteln oder Lockern und Ablösen,
- dem Drehen mit „Satz",
- dem Neigen.

Abb. 121. Flaschen auf dem Rüttelpult, typischer Handgriff des Rüttlers. Die Flaschen sind markiert oder durch einen Kreidestrich gezeichnet (Foto: Deutscher Sektverband).

Abb. 122. Rüttelkeller. Rüttelpulte im Gewölbekeller mit aufgesteckten Flaschen (Foto: Deutscher Sektverband).

Das Ziel dieser Tätigkeiten besteht darin, die in der Flasche abgesetzten Trubstoffe dazu zu bringen, dass sie an der Glaswand nach vorne zur Mündung hin abgleiten und sich schließlich auf dem Flaschenverschluss auf engstem Raum versammeln.

Würde die Flaschen einfach senkrecht auf die Mündung gestellt werden, dann könnte zwar ein großer Teil des Trubdepots innerhalb kurzer Zeit bis zum Flaschenverschluss sinken, darin wären allerdings nur die gröberen Teile des Trubs. Die feineren, leichteren Teile aber blieben schon in der Schulter der Flasche hängen und wären kaum noch zu bewegen, weiter zur Mündung zu rutschen.

Im Laufe der Zeit hat sich als sicherste Methode herausgestellt, wenn man die Flaschen, wie oben schon beschrieben, nahezu waagerecht in die Rüttelpulte einsteckt und sie so belässt, bis sie sich geklärt haben. Dann werden sie in kleinen Schritten abwechselnd so gedreht, dass der Schmiss einmal nach links, einmal nach rechts zeigt. Dies hat zur Folge, dass das breit liegende Depot einmal von seiner linken, dann von seiner rechten Seite jeweils ein bisschen mehr zur Mitte rutscht. Dies geht so oft, bis das Depot zu einem schmalen Streifen zusammengerutscht ist. Nun werden die Bewegungen etwas größer und es wird zugleich die Neigung vergrößert, indem man die Flasche etwas steiler ins Loch drückt. Jetzt wandert der Depot-Streifen schrittweise auf einer Zick-Zack-Bahn abwärts. Sobald er weit genug vorgewandert ist, wird die Neigung abermals vergrößert. Die Hin- und Her-Bewegungen gehen nun in eine Kreisbewegung über, die in 1/4- oder 1/2-Drehschritten vollzogen wird, sodass das immer dichter werdende Depot sich spiralig im Flaschenhals herunterwindet, bis es schließlich ohne „Schwanz" oder Rückstand vollständig und auf engstem Raum am Flaschenverschluss angelangt ist.

Für die Durchführung des Rüttelns sind zahlreiche „Rüttelpläne" entwickelt worden. Ein solcher Plan, ein Rüttelschema, ist in Abb. 123 als Beispiel dargestellt.

Kein Plan oder Schema passt für jeden Schaumwein. Der geübte Rüttler kontrolliert vor Einleitung des nächsten Schrittes mithilfe der Kerze, wie oben beschrieben, ob sich das Depot nach dem vorigen Schritt in der gewünschten Weise bewegt hat und ob kein Rückstand zurückgeblieben ist. Wenn das Bild seinen Zielvorstellungen nicht entspricht, dann muss der Plan geändert werden, indem z. B. ein Schritte-Paar wiederholt wird. Der Rüttler wird außerdem erkennen, ob der Trub leicht gleitet und ob er sich dabei als gleichmäßiger Belag zeigt, oder ob die groben, schweren Teile voraneilen und in der dünnen, zurückbleibenden Schicht entsprechende Kratzspuren erkennen lassen. Dies Bild sieht aus, wie ein gespreizter Federkiel. Wenn ein solches Bild erscheint, dann haften die Feinteile des Depots zu fest. Man muss sie deshalb lockern und vom Glas lösen, damit sie besser gleiten. Das geschieht im einfachsten Falle durch den „Satz". Damit meint man, dass die Flasche während des Drehens leicht angehoben wird und man sie danach mit Kraft in die neue Position setzt, sodass ein deutliches Knacken ertönt. Wenn der Satz nicht ausreicht, dann muss richtig gerüttelt werden. Das ist meistens bei schleimigen, zähen Depots erforderlich. Die Flasche wird leicht angehoben, ohne ihre Neigung zu verändern, wobei alle fünf Finger einer Hand den Flaschenboden erfassen. Man dreht nun die Flasche um ihre Längsachse mit Bewegungsschritten, die etwa einem Achtel einer ganzen Umdrehung entsprechen, in rascher Folge hin und her. Je fester das Depot hängt, desto öfter wird hin und her bewegt. Dabei ist ein gedämpftes Schnarren von den Berührungen des Glases am Holz des Pults zu hören. Dann setzt man die Flasche mit hörbarem Satz in die neue Position. Dieses eigentliche Rütteln darf nicht aus einem schlichten Hin-und Her-Wackeln bestehen. Dadurch würde der Trub nur aufgewirbelt werden. Es muss eine richtige Drehbewegung stattfinden, wobei gewissermaßen dem Trub „den Boden unter den Füßen" weggezogen wird, ohne dass er aufwirbelt.

Zu Beginn des Rüttelns wird der Schmiss pro Tag nur um eine kleine Teil-Drehung nach links oder nach rechts gedreht. Wenn das Depot gut gleitet und der Streifen nach mehrmaligem Wechsel in der Schulter angelangt ist, kann man pro Tag zwei Bewegungen, eine morgens, die andere gegen Abend vornehmen. Die Kontrollen mit der Durchleuchtung sind täglich auszuführen. Unter Umständen kann es nützlich sein, eine Pause von einem halben oder einem ganzen Tag einzuschieben, um das Nachrutschen der feinen Teile zu ermöglichen.

Beim Drehen und Rütteln erfasst der Rüttler mit jeder Hand eine Flasche. Bei „normalem" Schaumwein, bei dem das Rütteln keine besondere Schwierigkeit bereitet, wird für einen kompletten Zyklus für Flaschen, die umgeschlagen wurden, etwa folgende Zeit benötigt:

	Arbeitstage
für das Laden der Pulte, also das Einsetzen der Flaschen	1
für die einwandfreie Klärung	8
für das Drehen und ggf. Rütteln 4 Wochen · 5 Tage =	20
für das Abladen der Pulte, also das Wegnehmen der Flaschen	1
= Zusammen 6 Wochen à 5 Arbeitstage =	30

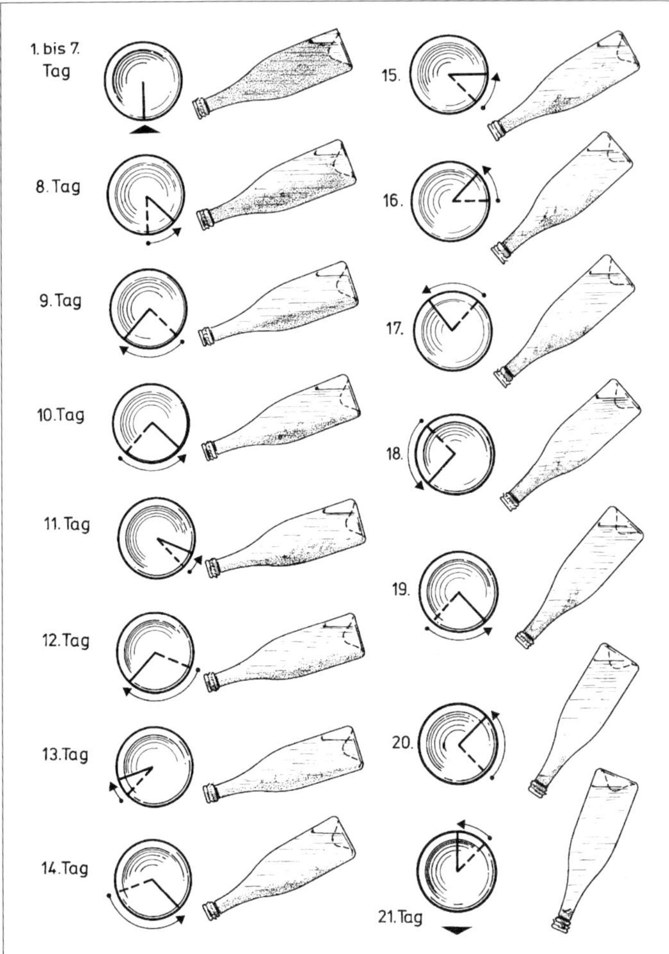

Abb. 123. Schematische Darstellung des Rüttelvorganges während 3 Wochen bis die Hefe auf dem Kork angelangt und die Flasche glanzhell ist. Vgl. Text.

Beim Drehen und Rütteln schafft ein geübter Rüttler oder eine Rüttlerin während der ersten Woche etwa 24 000 Flaschen innerhalb von etwa 7,5 Std. reiner Arbeitszeit eines Tages, ohne Rüstzeit.

Während der folgenden zwei Wochen ist im Normalfall eine Steigerung auf etwa 30 000 Flaschen pro Tag möglich und in der letzten Woche, da die Bewegungen kleiner geworden sind, ist erneut eine Steigerung auf etwa 40 000 Flaschen pro Tag möglich. Es ergibt sich daraus eine durchschnittliche Zahl von 30 000 Flaschen, die rein rechnerisch ein Rüttler täglich in die Hand nehmen muss, und zwar an 20 Arbeitstagen. Die anderen 10 Arbeitstage, während denen der Rüttler beispielsweise in einer anderen Rüttelabteilung weiter rütteln kann, werden benötigt, um die Pulte abzuladen, eine neue Partie aufzuladen und klären zu lassen.

Eine zusammengehörige Gruppe von Rüttelpulten, also ein „Block“, kann mithin nach diesem Beispiel alle 30 Arbeitstage einmal umgeschlagen werden, das geht also 8-mal im Jahr. Mit diesen Angaben kann man sich ausrechnen, welche Anzahl Rüttelpulte benötigt wird, um eine bestimmte Jahresleistung zu erbringen.

Für einen rationellen und gleichmäßigen Einsatz des Rüttlers oder mehrerer Rüttler ist es zweckmäßig, die Gesamtheit der Rüttelpulte z. B. in sechs gleichgroße Blocks einzuteilen, die genau mit einer Woche Abstand, z. B. immer am Mittwoch, geladen werden und sechs Wochen später jeweils am Dienstag wieder abgeladen werden. Dann steht in jeder Woche diejenige Anzahl Flaschen zum Degorgieren zur Verfügung, die der Kapazität eines Blocks entspricht und der Rüttler kann jeden Tag die gleiche Leistung erbringen, indem er vier Blocks entsprechend ihrer unterschiedlich fortgeschrittenen Rüttelstadien rüttelt. Die anderen zwei Blocks befinden sich jeweils schon oder noch im Stadium der Klärung.

Neulinge lässt man an einem Übungspult mit wassergefüllten Flaschen üben, bis die Drehbewegung, z. B. „1/8 links" bei allen Flaschen gleich gelingt und bis der „Satz" gleichmäßig zu hören ist. Sehr wichtig ist es, danach das Rütteln zu üben, erst mit der einen Hand, dann mit der anderen und schließlich mit beiden Händen zugleich. Besonders schwierig ist es, die unterste Reihe eines Pults zu rütteln.

Es sind immer sechs Flaschen in einer Reihe eines Rüttelpults. Man beginnt links oben und fasst mit der linken Hand die Flasche Nr. 1, mit der rechten Hand die Flasche Nr. 4. Dann kommen die Flaschen 2 und 5, danach 3 und 6 an die Reihe. Anschließend geht man mit beiden Händen eine Reihe tiefer und arbeitet sich nun entgegengesetzt, also von rechts nach links hin vor, usw. Sobald die ganze Pultseite fertig gerüttelt ist, überprüft der Rüttler die Stellung der Schmisse. Falls nötig, muss die eine oder andere Flasche nachgedreht werden, sodass alle Flaschen ganz gleichmäßig so ausgerichtet sind, wie es nach Lage der Dinge bzw. nach Plan erforderlich ist.

Der verantwortungsbewusste Rüttler führt ein Heft oder eine Kladde und vermerkt darin blockweise jeden von ihm ausgeführten Rüttel- oder Drehschritt, ggf. mit Anmerkung des Grundes, warum vom Standardplan abgewichen wurde. Diese Aufzeichnungen sind sehr aufschlussreich und sie lassen Rückschlüsse oder Vergleiche zu, z. B., wenn von der gleichen Cuvée erneut eine Partie gerüttelt wird oder wenn eine andere Rüttelhilfe verwendet wird usw.

Sehr wichtig ist schließlich die **Kennzeichnung** der Flaschen, die sich auf Rüttelpulten befinden. Dies verlangt sowohl die Wein-Überwachungsverordnung (Wein-ÜberwV) als auch die praktische Vernunft. Bewährt haben sich Holztafeln von etwa. 20 x 30 cm, auf die man mit Kreide die genaue Bezeichnung der Cuvée schreibt und an jedes Rüttelpult hängt oder Hängekarten aus steifem Papier (Paketanhänger), die mit Schnur an einen Flaschenhals gehängt werden. Man kann auch, um nur Anfang und Ende eines Blocks zu markieren, diese beiden Punkte

Abb. 124. Flaschen während des Rüttelvorganges. Man erkennt den abrutschenden Hefestreifen im Flaschenhals, der Sekt ist klar. (Foto: Deutscher Sektverband).

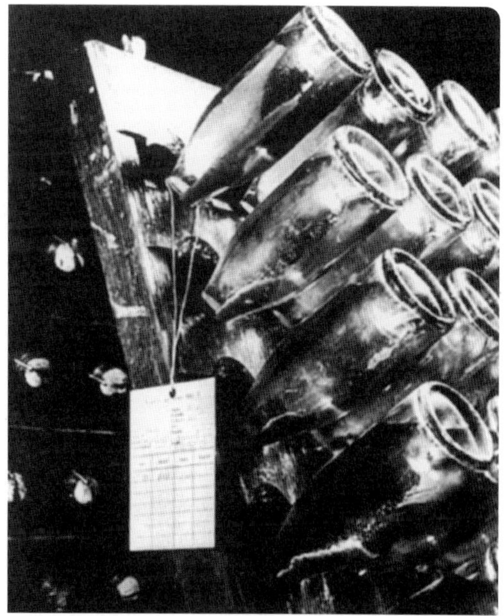

durch je eine Karte erkennbar machen (Abb. 124). Entscheidend ist, dass die Flaschen jederzeit identifizierbar sind.

Nachschau und aussuchen

Früher war es normal, heute ist es nur noch ausnahmsweise erforderlich, dass man alle Flaschen nachprüft, sobald eine Partie oder ein Block fertig gerüttelt war bzw. ist, um die wohlgeratenen von den missratenen zu trennen. Die Flaschen werden im dunklen Raum durchleuchtet, wie weiter oben beschrieben, indem jede Flasche in die Hand genommen und sorgfältig überprüft wird. Die Guten gelangen auf ein als „gut“ gekennzeichnetes Rüttelpult, die mangelhaften Flaschen, je nach ihrer Zahl, belässt man auf dem Pult oder sie werden ebenfalls umgesteckt, aber auf ein mit „schlecht“ gekennzeichnetes Pult.

Anlass für derartige Nachschau kann die **Bildung von Masken** (Eiermasken, Fettmasken) sein, wie sie im Kap. 5.3 Rohsekt oder Brutsekt beschrieben wurde.

Ein anderer Grund kann darin bestehen, dass in manchen Flaschen das Trubdepot nicht vollständig abgerutscht ist. Es ist ein „Schwanz“, eine feine Spur oder gar eine breitere Bahn sehr feiner Ablagerungen zu sehen, die von der Mündung her in den Flaschenhals oder gar bis in die Schulter verfolgt werden kann. Ursache dieser Erscheinung kann z. B. ein anhaltender kühler Luftzug sein, von dem dann vielleicht nur die Flaschen der unteren Reihen in den Pulten betroffen wurden oder möglicherweise nur die Pulte, die nahe der Eingangstür stehen etc. Es ist zuweilen ein detektivischer Spürsinn nötig, um die Ursache herauszubekommen.

Sehr unangenehm ist es auch, wenn an der Innenseite der Glaswand im Flaschenbauch, manchmal sogar vom Boden bis in den Hals reichend, ein breiter, außerordentlich dünner Belag zu erkennen ist, in den zahlreiche winzige helle Pünktchen eingestreut sind, wie Sterne in der Milchstraße. Hier zeigt sich, dass während der Sektgärung oder direkt im Anschluss an sie, Milchsäurebakterien Gelegenheit fanden, sich zu entwickeln. An der Außenseite ihrer Zellwände bilden sie einen Schleim aus Polysacchariden, mit dem sie an der Glaswand kleben bleiben und an dem auch kleine Teilchen der Rüttelhilfe, sowie viele Hefezellen festhängen (siehe auch Rhein in Würdig/Woller 1989, Seite 715).

Alle Mängel, die beim Rütteln auftreten können – handwerklich richtiges Rütteln vorausgesetzt – sind auf **Fehler** zurückzuführen, die entweder bei der Weinbereitung gemacht wurden oder die durch mangelnde Hygiene zustande kamen oder/und die von ungünstigen kleinklimatischen Einflüssen herrühren (zu warme Lagerung, Luftzug im Rüttelkeller). Sofern mehrere Fehler zusammenkommen, werden die Probleme kompliziert und undurchschaubar.

Die Nachbehandlung der als „schlecht“ ausgesuchten Flaschen ist schwierig und sie führt nur selten zum Erfolg.

Bei Flaschen, in denen sich ein Belag von **Milchsäurebakterien** gebildet hat, hilft das Nachrütteln nicht. Man kann hier nur versuchen, diejenigen Flaschen herauszusuchen, bei denen der Belag geringer und weniger auffällig ist, um sie als „noch gut“ weiterzugeben, getragen von der Hoffnung, dass man’s nicht merkt, wozu eine gewisse Berechtigung dann gegeben ist, wenn seit Beginn der Flaschengärung mehr als 18 Monate vergangen sind. Die übrigen Flaschen muss man „stürzen“, d. h., ausleeren und den daraus gewonnenen Anfallwein als Grundwein verwenden.

In jüngerer Zeit werden, wie im Kap. 3.2.3 beschrieben, auch **agglomerierende Hefen** zur Schaumweingärung eingesetzt. Der Vorteil, den diese Hefen bieten, kann nur dann voll zur Auswirkung kommen, wenn der Wein der Cuvée nach den Gesichts-

Flaschen mit Masken wurden früher „gedengelt", „elektrisiert" oder „geklopft". Das bedeutet: Auf einem Arbeitsbock, geschützt durch einen durchsichtigen Schutzschirm, wurde eine Flasche in Schräglage auf eine Unterstützung gelegt, während die eine Hand die Flasche in passender Position hielt, hatte die andere Hand einen Stahlstab und schlug in schneller Folge auf die Stelle der Glaswand, an der die Maske klebte. Der harte Schlag bewirkte infolge der durch die Schwingungen hervorgerufenen Kavitation in der Flüssigkeit ein örtlich sehr begrenztes Freiwerden winziger Kohlensäurebläschen, die bei ihrem Auseinanderstieben kleinere Teile der Maske vom Glas rissen. Die Flaschen mussten abermals gerüttelt werden. Ausbeute gering, Unfallgefahr groß, Arbeitsaufwand ganz unwirtschaftlich. Dank besserer Kellerwirtschaft treten Masken nur noch selten auf. Wo die Möglichkeit gegeben ist, wird man Flaschen mit Masken transvasieren. Wo das nicht geht, bleibt nur das Ausleeren oder „Stürzen" der Flaschen.

Flaschen mit „Schwanz" kann man in einfachen Fällen nachrütteln, in schwierigen Fällen ist es sicherer, sie regelrecht umzuschlagen und von Anfang an erneut zu rütteln.

punkten bereitet und behandelt wurde, die im Kap. 2 beschrieben wurden. Es muss beachtet werden, dass die agglomerierende Hefe, wie alle anderen Hefen, ebenfalls zur **Fettsynthese** übergeht, sofern sich ihr nach dem Ende der alkoholischen Gärung eine Sauerstoffquelle darbietet. Dies ist, wie beschrieben, z. B. dann der Fall, wenn der Wein flavonoide Polyphenole enthielt, die zu p-Chinonen oxidiert sind. Fettbildende, verfettete Hefe hat ein geringeres spezifisches Gewicht, sie sedimentiert nur sehr langsam oder auch gar nicht, im Extremfall steigt sie sogar im Wein auf und kann **Masken** bilden.

Die Verwendung agglomerierender Hefe bietet keinen Freipass für önologische Nachlässigkeit.

Im Normalfall ballt sich die agglomerierende Hefe schon während der Gärung und Lagerung zu kleinen Knoten oder Klumpen zusammen, die gut und rasch zum Tiefpunkt des Gefäßes absinken, sobald man dessen Lage verändert. Sofern die Flaschen sich während der Lagerung liegend auf Stoß befanden, gilt es nun, sie mit nach unten gerichteter Mündung in eine senkrechte oder nahezu senkrechte Position zu bringen. Das kann auf verschiedene Weise geschehen. Zum Beispiel: Die Flaschen werden „auf Spitze" in eine Kellerecke gestellt (siehe Kap. 5.4.3) oder man stellt sie in Boxpaletten oder Gitterbehältern auf Spitze. Wo entsprechende apparative Voraussetzungen vorhanden sind, können die Flaschen schon unmittelbar nach der Tirage aufrecht auf Paletten stehen, in der gleichen Weise, wie Neuglas in der Hütte palettiert wird. Hierbei wird über die erste und über jede weitere Flaschenlage eine Lochtafel aus Hartfaserplatte oder Pressspan gelegt, sodass die Flaschenhälse durch die Löcher hervorschauen. Die Lochtafeln haben nach oben hin einen Rahmen aus Kantholz, der als seitliche Begrenzung der Flaschenböden bzw. als Abstandshalter dient. Auf die oberste Flaschenlage wird zum Abschluss eine Flachpalette gelegt. Das ganze Paket aus unterer Flachpalette, den fünf Flaschenlagen und oberer Flachpalette wird anschließend mit Blechband oder Plastikband umreift und zusammengezurrt. Zur Gärung und während der langen Lagerung bleiben die Flaschen aufrecht stehen. Zum Abtrennen der Hefe werden die vollen Paletten mithilfe eines Gabelstaplers mit Wendevorrichtung hochgehoben, um 180 Grad gedreht und wieder abgesetzt, sodass jetzt alle Flaschen auf dem Kopf stehen. Die agglomerierte Hefe, bzw. das Trubdepot sinkt sichtbar durch den Flaschenhals bis auf den Verschluss herunter, sobald die Flaschen auf den

Kopf gestellt wurden. Trubteile, die unterwegs z. B. in der Schulter der Flasche hängen bleiben, können leicht dazu gebracht werden, vollends abzurutschen, indem man die Flaschen leicht hin und her bewegt. Bei **Gitterbehältern** und bei **Wendepaletten mit Lochtafeln** hilft es meistens, mit dem ganzen Paket hin und her zu wackeln. Dort, wo keine Möglichkeit besteht, die Flaschen in Gitterbehälter zu stellen etc., kann man die Flaschen auch in **Rüttelpulte** einstecken und zwar sogleich in die steilste Lage. Nach zwei- bis dreimaligem Drehen sind die Flaschen normalerweise bereits fertig zum Degorgieren (siehe auch Seite 304).

Sicherer können Sekte, die mit agglomerierenden Hefen vergoren sind, mittels automatischen Rütteleinrichtungen geklärt werden. Hierbei kann sich die Rüttelzeit auf drei Tage verkürzen.

5.4.2 Rütteln von Flaschen in Kisten oder Gitterbehältern, mechanisch oder elektromechanisch automatisierte Rüttelsysteme

Das Zusammentreffen der Fortschritte in der Weinbereitung mit den Erfolgen in der Hefeselektion und Reinzucht verbesserte das Absetzen des Trubdepots und seine Rüttelfähigkeit in so bemerkenswerter Weise, dass innerhalb kurzer Zeit mehrere Ideen entwickelt und passende Apparate gebaut wurden, die es gestatten, mehrere Flaschen gleichzeitig so zu bewegen, dass das Trubdepot in die Flaschenmündung gleitet. Die Konstruktion eines **Rüttelpultes mit senkrecht stehender Tafel**, deren Löcher Formteile zum Festhalten der Flaschen enthielten, die über einen gemeinsamen elektrischen Antrieb die Flaschen nach Programm rüttelten und drehten, war ein erster Versuch. Dieses in Frankreich entwickelte System hielt noch an der überlieferten, individuellen Bearbeitung jeder einzelnen Flasche fest, es funktionierte, aber es war relativ teuer.

Dann kam, ebenfalls in Frankreich, das **System „Gyropalette“** auf, bei dem man von der individuellen Bearbeitung der einzelnen Flasche abging, und zur gleichzeitigen Bearbeitung eines ganzen Blocks von Flaschen überging. Es handelt sich dabei um würfelförmige Gitterbehälter, in die übereinander drei Lagen zu 168 Flaschen, zusammen 504 Flaschen so eingesetzt werden, dass die Mündungen alle nach unten zeigen.

Diese Gitterbehälter werden auf Spezial-Untergestelle gesetzt und festgeklemmt. Jedes Untergestell hat eine Drehscheibe sowie einen Neigungsschlitten, beide mit Elektroantrieben, die von einem Kommandopult gesteuert werden. Mit der Drehscheibe dreht man den Gitterbehälter nach den gleichen Gedanken, wie dies beim Handrütteln geschieht, also z. B. 1/8 links, dann 1/8 rechts etc. Mit dem Neigungsschlitten stellt man die Neigung des Gitterbehälters einschließlich der Drehscheibe, auf der er festgeklemmt ist, so ein, dass die Flaschen zu Beginn des Rüttelns sich in fast waagrechter Position befinden und sie mit Fortschreiten des Rüttelns immer steiler gestellt werden. Die Gitterbehälter sind so konstruiert, dass sie mit eigens dafür geschaffenen Apparaten vollautomatisch befüllt oder entleert werden können. Das ganze System funktioniert recht gut. Die Anschaffungskosten sind sehr hoch.

Sehr viel einfacher und billiger in der Anschaffung arbeitet das **System „Rotopal“**, bei dem etwas kleinere Drahtgitterbehälter auf einem Zentraldorn geneigt stehen und ohne Veränderung der Neigung abwechselnd auf einem von acht rundum angeordneten Stützpunkten gekippt werden. Das Kippen wird von Hand mit Muskelkraft bewirkt.

Der nächste Schritt in der Entwicklung des Rüttelns bestand darin, dass man sich davon löste, das **Handrütteln** nachzuahmen. Beobachtungen hatten ergeben, dass ein Kleben oder Festhängen der Hefe oder des Trubdepots kaum noch vorkamen. Man konnte es

Abb. 125. Halbautomatische Rütteleinrichtungen, mit denen die Flaschen palettenweise gerüttelt werden. a = System Remupal (Petitdemange), b = Eigenbau der Bischöflichen Weingüter, Trier.

also wagen, das komplizierte Drehen der Flaschen aufzugeben und statt seiner, einfache Kippbewegungen auszuführen, um das Absinken des Depots zu fördern.

In Spanien wurde zunächst eine als **„Ringverfahren“** bezeichnete Apparatur entwickelt, die aus einer einfachen Schaukel mit zwei Kufen besteht, auf der ein Ring mit Drehkreuz den Gitterbehälter trägt. Diese Vorrichtung diente ebenfalls noch dem Bemühen, das Handrütteln zu imitieren und die Bewegungen wurden von Hand ausgeführt. Man sah aber sehr bald, dass das Drehen gar nicht nötig war. Ring und Drehkreuz wurden entfernt und man stellte die **Gitterbehälter direkt auf das Schaukelgestell**. Der Gitterbehälter wurde nur noch hin und her geneigt und zwar an einem Tag vor, am nächsten Tag zurück, stets in gleicher Winkelstellung, indem man eine Holzstütze einmal vorn, einmal hinten unter die Kufe stellte.

Inzwischen gibt es mehrere, auf dem Dreh- und Neigungsprinzip beruhende Vorrichtungen, in denen einfache **Gitterbehälter** oder auch **Holzkästen** bearbeitet werden (siehe Abb. 110, 125 bis 127). In dem Maß, wie die agglomerierenden Hefen Eingang in die Kellereien finden und die Eigenschaften

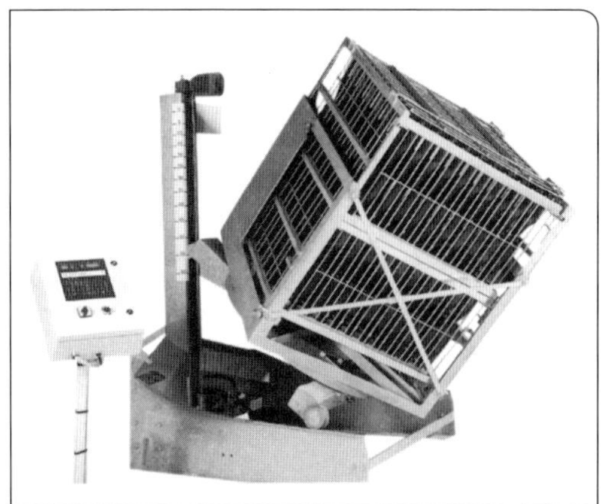

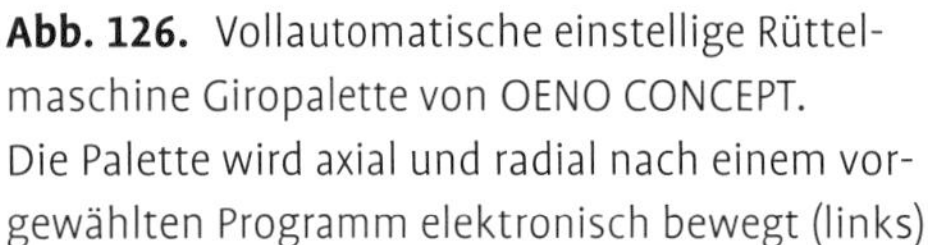

Abb. 126. Vollautomatische einstellige Rüttelmaschine Giropalette von OENO CONCEPT. Die Palette wird axial und radial nach einem vorgewählten Programm elektronisch bewegt (links).

Abb. 127. Automatisch arbeitendes Rüttelsystem in 2 Etagen (Remupal). a = Die in Paletten lagernden Flaschen werden mit einem Gabelstapler in die Gestelle geschoben und dort arretiert. b = Nach dem Rütteln werden die Paletten aus den Gestellen entnommen und mit dem Gabelstapler entweder zum Zwischenlager auf Spitz oder zum Degorgieren transportiert.

dieser Hefen durch weitere Selektion noch verbessert werden, kann durch die mechanischen und automatisierten Rüttelvorrichtungen das Rütteln stark vereinfacht und zeitlich verkürzt werden.

Dort, wo Kügelchen mit **immobilisierten Hefen** zum Einsatz gelangen, haben Rüttelvorrichtungen aller Art ausgedient. Der Wunsch, sich in dieser Weise vom Rütteln abzuwenden, kann aber nur bei dem Schaumweinhersteller in Erfüllung gehen, der ganz diszipliniert und konsequent die Auswahl seiner Grundweine und die Art ihrer Verarbeitung darauf ausrichtet, ein Milieu zu schaffen, in dem sich die Hefe entsprechend verhalten kann.

In den Abb. 125 a und b sind einige Bemühungen aufgeführt, das Rütteln zu vereinfachen. Alle Verfahren haben gemeinsam, dass sich die Flaschen mit dem Rohsekt in einem Behälter befinden, der eine dem Rütteln nachempfundene Bewegung ausgesetzt ist, an dessen Ende die Flaschen senkrecht stehen und das Hefedepot sich im Flaschenhals befindet.

Das **System Remupal**, das in Abb. 125 a dargestellt ist, besteht aus einer Holzpalette, die in einem Eisengestell zentriert ist. Die einzelnen Rüttelvorgänge werden per Hand durchgeführt. Am Ende des Rüttelvorganges, wenn die Flaschen senkrecht stehen, kann die Holzpalette mit einem Gabelstapler aus dem Eisengestell entnommen werden.

Einrichtungen zur **manuellen Betätigung** mechanischer Rüttler sind vielfältig. Findige Tüftler haben eigene Konstruktionen entwickelt, die sie erfolgreich in ihrem Betrieb einsetzen. So zeigt Abb. 125 b ein solches Gerät der Bischöflichen Weingüter in Trier, bei dem man den mit Flaschen gefüllten sechseckigen Behälter mit einem so geringen Kraftaufwand in die gewünschte Stellung bringt, dass dies mit dem „kleinen Finger" geschehen kann.

Bei den automatisierten Rüttelsystemen erfolgt die Bewegung der Paletten mit zwei Motoren. Der eine sorgt für die Drehung der Paletten, der andere für die Veränderung der Neigung. Die Motoren werden elektronisch gesteuert. Es ist auch möglich, den Rüttelvorgang individuell mit einem Programm zu steuern. Die Vielzahl der angebotenen Systeme (REM 200, Giromatic, Giratec, Gyropalette und Remupal) erschwert den Überblick. Vor einer Anschaffung sollte man sich neben dem Preis und der Leistung auch darüber informieren, welchen Platzbedarf die Einrichtung benötigt, welche Paletten erforderlich sind, ob die Programme frei programmierbar sind und wie Beschickung und Entladung erfolgen. Hierbei gibt es zwischen den angebotenen Systemen große Unterschiede.

Maschinen zum Rütteln einer Palette haben eine Jahresleistung von etwa 20 000 Flaschen. Abb. 126 zeigt ein solches Aggregat am Beispiel Gyropalette. Auch können auf einem Gestell zwei Paletten gerüttelt werden. Es ist der Ausbau der Rütteleinrichtungen zu einem größeren, in zwei Etagen arbeitenden System möglich. Abb. 127 zeigt dies am Beispiel des Remupalsystems. In Abb. 127 a wird die Rütteleinrichtung mit einem Gabelstapler beschickt, Abb.127 b zeigt die Entnahme der fertig gerüttelten Flaschen aus der Haltevorrichtung.

Durch die erhebliche **Einsparung von Platz und geschultem Personal** zum Rütteln, haben diese Systeme schon weite Verbreitung gefunden. Es wäre jedoch falsch, sich ihnen blind anzuvertrauen. Die **önologische Behandlung** der Cuvée ist auch hier Voraussetzung für ein problemloses Rütteln. Manche Betriebe führen vor Beginn des automatischen Rüttelvorganges ein „Proberüt-

Abb. 128. Automatische Beschickung der Rüttelpaletten mit anschließendem Aufschlagen der Flaschen (rechts), Champagel.

teln“ auf Rüttelpulten durch, um sich zu vergewissern, ob und wie der jeweilige Rohsekt gerüttelt werden kann.

Das früher sehr aufwendige Aufschlagen der Flaschen vor dem Rütteln kann, sofern man diese Manipulation überhaupt durchführen will, mit dem in Abb. 128 dargestellten Apparat erfolgen. Dabei wird die Beschickung der Palette und deren Bewegung automatisch ausgeführt.

5.4.3 Lagerung der gerüttelten Flaschen „auf Spitze“

Bei den nach überlieferter, alter Weise auf Rüttelpulten hellgerüttelten Flaschen ist es in den seltensten Fällen möglich, die Flaschen zur gleichen Zeit und in der gleichen Geschwindigkeit zu degorgieren, wie sie von den Rüttelpulten abgeräumt werden. Da der Rhythmus des Rüttelns nicht mit dem Rhythmus des Degorgierens übereinstimmt, werden die hell gerüttelten Flaschen, ggf. nach Durchleuchtung, vom Pult abgeräumt und **zwischengelagert**, indem man sie „auf Spitze“ stellt. Traditionsgemäß dient dazu ein Kellerraum, der, ebenso wie der Rüttelkeller, eine gleichbleibende Temperatur von etwa 15 °C hat und frei von Luftzug ist. Sofern es sich um ein langes Kellergewölbe handelt, werden links und rechts vom Mittelgang kleinere Abteile gebildet, die durch halbhohe Backsteinwände voneinander getrennt werden. Es entstehen auf diese Weise offene Rechtecke, die durch die Kellermauer als Rückwand und durch die beiden Seitenwände begrenzt sind. Hier werden die Flaschen auf den Kellerboden, beginnend an der Rückwand, auf den Kopf, d. h., „auf Spitze“ gestellt, sodass sie mit sehr geringer Seitenneigung, aber mit etwas größerer Neigung nach hinten an die Rückwand angelehnt werden. Wenn die erste Reihe dicht aneinander gestellter Flaschen gefüllt ist, muss der evtl. verbleibende Spalt mit dünnen Holzlatten ausgefüllt werden. Die zweite Reihe wird in gleicher Weise an die erste angelehnt. Die Flaschen sollen nicht „auf Lücke“ stehen. Es folgt die dritte Reihe in gleicher Weise auf dem Boden. Dann stellt man die nächsten Flaschen in den „ersten Rang“. Die Flaschen werden mit ihrem Verschluss in den Bodeneinstich der Flaschen in der zweiten Bodenreihe gestellt und gegen die Rückwand gelehnt. Wenn den Bodenlagen die richtige Neigung gegeben wurde, dann bilden die Längsachsen der Flaschen im ersten Rang genau die Fortsetzung der Längsachsen der Flaschen in der Bodenlage. Nun folgen abwechselnd eine Reihe Flaschen in Bodenlage, dann eine Reihe im ersten Rang. Wenn die fünfte Reihe der Bodenlage und die dritte Reihe des ersten Ranges vollgestellt sind, stellt man die erste Reihe Flaschen in den zweiten Rang, und zwar wiederum so, dass sie mit ihrem Verschluss in Bodeneinstich der zweiten Reihe des ersten Rangs eingreifen. Nach diesem Schema kann man bis zu fünf Lagen Flaschen aufeinander auf Spitze stellen. In dieser Lage können die Flaschen ohne Nachteil verweilen, bis sie an die Reihe kommen, degorgiert zu werden, wobei selbstverständlich auch Teilentnahmen möglich sind. Bis die letzte Flasche verbraucht wird, können manchmal 1 bis 2 Jahre vergehen.

Hell gerüttelte Flaschen können ohne Nachteil in Kisten oder Körben auf flachen Wagen oder auf Paletten befördert werden. Sie werden nicht trüb werden, solange ihre Lage mit der Spitze nach unten nicht verändert wird.

Wo es die Betriebsverhältnisse zulassen, kann man die hellgerüttelten Flaschen vom Rüttelpult weg in palettengerechte Holzkisten oder Drahtgitterbehälter auf Spitze stellen und sie in diesen Behältnissen an geeignetem Ort stehen lassen, bis sie verbraucht werden. Auch die Beförderung solcher auf Spitze stehender Flaschen in Kisten auf LKW ist ohne Nachteil möglich, sofern die Straße einigermaßen eben ist.

5.4.4 Enthefen durch Degorgieren

Das französische Wort „gorge“ heißt „Kehle“ und die Tätigkeit „degorger“ bedeutet „Kehle öffnen“ oder „herausspülen“. Es ist also eindeutig, was gemeint ist. Man öffnet die Flasche, lässt das Trubdepot herausspringen und spült nach.

Bis etwa 1890 gab es nur eine Art zu degorgieren, nämlich das, was wir heute als **„Warmdegorgieren“** bezeichnen. Französisch nennt man diese Art „à la volée“ und das bedeutet soviel, wie „im Flug“, womit bereits angedeutet wird, dass es zur korrekten Ausführung dieser Arbeit einer akrobatischen Geschicklichkeit bedarf.

Da das Warmdegorgieren auch heute noch da und dort praktiziert wird, soll es hier kurz beschrieben werden, jedoch nur in Bezug auf Flaschen, die mit Kronenkork verschlossen sind. Mit Naturkork und Agraffen verschlossene Flaschen findet man allenfalls noch im Museum.

Der **Degorgeur** benötigt zum Öffnen der **Kronenkorken** einen hakenförmigen Schlüssel mit langem Hebel. Die hellgerüttelten Flaschen befinden sich auf die Spitze gestellt in einem Transportbehältnis. Diesem entnimmt der Degorgeur eine Flasche, sodass ihre Mündung schräg nach unten zeigt. Er führt die Flasche an eine Kerze, die sich neben der Öffnung seines Degorgierfasses befindet und durchleuchtet sie (siehe Absatz „Nachschau“), um zu prüfen, ob sie degorgierfähig ist. Gegebenenfalls stülpt er über die Flasche eine Schutzmanschette aus sehr solidem Segeltuch und nimmt sie so in die linke Hand, dass er sie mit dem Kronenkork auf den angewinkelten Zeigefinger stützt. Mancherorts werden auch Schutzärmel für den linken Arm verwendet, an denen eine Längsschiene mit einem halbrund gewölbten, hochklappbaren Drahtgitter befestigt ist. In diesem Fall nimmt der Degorgeur die Flasche in die linke Hand und klappt das Drahtgitter über die Flasche. Ziel dieser Schutzvorrichtung ist es, den Degorgeur vor Verletzungen durch die Glassplitter einer explodierenden Flasche zu schützen.

Mit der rechten Hand wird der lange **Hakenschlüssel** über den Kronenkork geschoben, wobei der Zeigefinger der linken Hand hilft, dass die Kralle des Schlüssels festgreifend an den Zacken des Kronenkorks angesetzt wird. Nun kommt die Akrobatik. In einer schnellen und sicheren Folge von Bewegungen reißt der Degorgeur die Flasche aufwärtsdrehend hoch, bis sie schräg nach oben in die Öffnung des Degorgierfasses hineinragt. Während dieser Bewegung bleibt das Trubdepot stabil in der Mündung, weil es durch die Zentrifugalkraft an den Kronenkork gedrückt wird. Kurz bevor die oberste Position dieser Bewegung erreicht ist, drückt die rechte Hand den Hebel des Hakenschlüssels herunter, wodurch der Kronenkork aufgerissen wird. Wenn das Aufreißen des Kronenkorks zu früh beginnt, ist der Weinverlust groß. Wenn das Aufreißen aber zu spät, nämlich erst dann stattfindet, wenn die Gasblase bereits ganz bis zur Flaschenmündung aufgestiegen ist, dann bahnt sich das Gas einen Weg durch das Trubdepot, es fliegt nur ein Teil des Depots heraus und der Rest bleibt in der Flaschenmündung zurück. Nach dem Degorgieren zieht der Degorgeur die Manschette von der Flasche und dreht die Flasche, die nun mit der Mündung schräg nach oben zeigt, um ihre Längsachse über seiner Kerze, um mit dem aufsteigenden Schaum eventuell übriggebliebene Depotreste wegzuspülen. Falls nötig, hilft der Degorgeur mit einem Finger nach, festhängende Trubteile aus der Mündung zu entfernen. Der Degorgeur beobachtet während des Drehens und Spülens auch den Geruch des Schaumweins, um Flaschen mit Geruchsfehlern auszusondern. Früher, als noch Stopfen aus massivem Naturkork zum Verschließen der Tirageflaschen verwendet wurden, konnten beim Degorgieren schon viele **Korkschmecker** aussortiert werden.

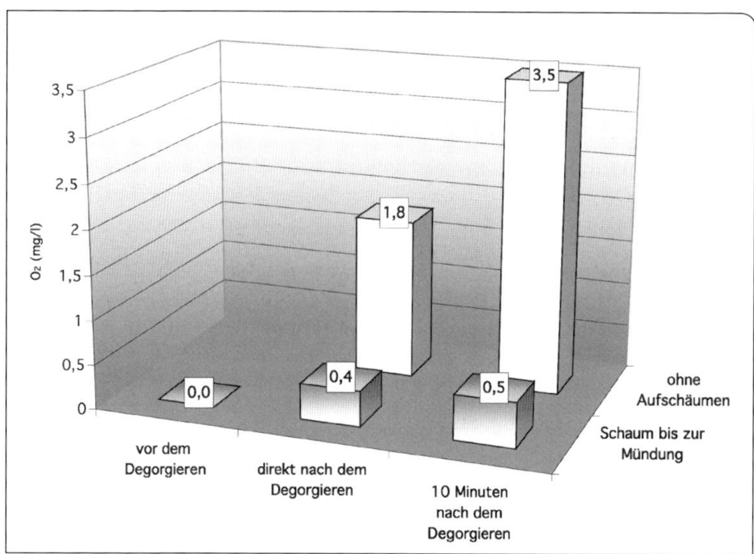

Abb. 129. Sauerstoffeintrag beim Degorgieren (Bunner et. al., 2008).

Dann stellt der Degorgeur die degorgierte Flasche auf den bereitstehenden Tisch oder er setzt sie in einen rotierenden **„Mousseuxschützer“** oder, noch besser, direkt in die **Dosiermaschine** ein.

Sofern der Schaumwein schon vom Grundwein her korrekt hergestellt wurde, sodass er nicht sonderlich schäumt und sofern der Degorgeur sein Handwerk versteht, hält sich der beim Degorgieren auftretende **Weinverlust** in recht engen Grenzen, in der Größenordnung von 20 bis 30 ml. Beim Warmdegorgieren mit Kronenkorken beträgt die durchschnittliche Stundenleistung eines Degorgeurs etwa 125 Flaschen (siehe dazu auch Abb. 131).

Gegen Ende des vorigen Jahrhunderts verbreitete sich die Technik des **„Kaltdegorgierens“**. Nachdem um 1870 Carl von Linde, Wiesbaden, die Kältemaschine erfunden hatte, meldete 1891 Armand Walfard in Frankreich ein Verfahren zum Einfrieren der Mündungen von Schaumweinflaschen zum Patent an. 1895 wurde es in verbesserter Form auch in Deutschland patentiert.

Die hell gerüttelten Flaschen werden mit den Köpfen nach unten in eine **Kühlflüssigkeit** eingetaucht, deren Temperatur um -20 °C beträgt. Innerhalb von etwa 10 Minuten – je nach Raumtemperatur – gefriert der Inhalt des Flaschenhalses, bestehend aus Trubdepot und Sekt, zu einem Eispfropf. Da die Abkühlung des Flaschenhalses von außen erfolgt, beginnt die Eisbildung innen an der Glaswand und sie schreitet langsam zu der Mitte hin fort. Je dicker das Eis wird, desto langsamer geht der Wärmetransport vonstatten. Man muss schon etwa 10 Minuten warten, bis die Masse auch in der Mitte des Flaschenhalses fest gefroren ist. Nun kann die Flasche bedenkenlos aufgestellt werden, das eingefrorene Trubdepot sitzt fest in der Mündung und fällt nicht zurück in den Wein. Nach Überstülpen der Schutzmanschette wird der Kronenkork mit dem langen Hakenschlüssel entfernt, wobei die Flasche mit der Mündung schräg nach oben in das Degorgierfass hineinragt. Mit dem Öffnen des Kronenkorks fliegt der Eispfropf mitsamt der eingefrorenen Hefe und mit lautem Knall aus der Mündung heraus in das Degorgierfass. Die geöffnete Flasche wird, wie oben beschrieben, kontrolliert und zum Dosieren weitergegeben.

Das **Kaltdegorgieren** ist weit weniger schwierig als das **Warmdegorgieren**. Es bedarf keiner besonderen Geschicklichkeit. Der Flüssigkeitsverlust ist um 5 bis 10 ml pro Flasche geringer und die Stundenleistung des Degorgeurs kann bei geschickter Anordnung seines Arbeitsplatzes 250 bis 300 Flaschen, also etwa das Zweifache des Warmdegorgierens betragen.

Die allgemeinen Fortschritte in der Mechanik eröffneten die Möglichkeit, das Degorgieren ebenfalls zu mechanisieren und schließlich zu automatisieren. So gibt es Geräte, mit denen einzelne Flaschen warm degorgiert werden können (siehe Abb. 130).

Beim **Kaltdegorgieren** ist man gleich weiter gegangen und hat Geräte entwickelt, die gleichzeitig drei oder vier Flaschen kalt degorgieren können. Diese Geräte sind darauf angelegt, mit anderen, einfachen Apparaten kombiniert zu werden, um auch das Dosieren gleich anschließen zu können. Daraus wurden dann Kombinationen entwickelt, die alle erforderlichen Tätigkeiten in einer Maschine vereinen. Diese beherrschen heute den Markt für Maschinen mit kleinen Leistungen, d. h. ab 500 Flaschen pro Stunde aufwärts. Selbstverständlich gibt es auch große Maschinen, die auf den gleichen Arbeitsprinzipien beruhen und Leistungen von, bis zu mehr als 12 000 Flaschen pro Stunde erbringen. Näheres darüber findet man im folgenden Kapitel.

Sauerstoffeintrag beim Degorgieren

Nach der Gärung ist im Sekt kein Sauerstoff vorhanden, weil die Hefe allen evtl. vorhandenen Sauerstoff vor und während der Gärung verstoffwechselt hat. Bunner et. al. (2008) fanden nach dem Degorgieren 1,8 mg/l O_2 und 10 Minuten später 3,5 mg/l. Durch das Eindüsen flüssigen Stickstoffs, was zum Aufschäumen des Sektes führte, konnte der Sauerstoff reduziert werden (Abb. 129).

5.4.4.1 Warmdegorgieren

Das Degorgieren à la volée (Warmdegorgieren) ist weitgehend durch das Kaltdegorgieren (à la glace) verdrängt worden. Dies hat seinen Grund in der großen Geschicklichkeit, die das **Warmdegorgieren** erfordert (siehe auch Kap. 5.4.4). Eine Einrichtung, wie sie in Abb. 130 dargestellt ist, übernimmt die komplizierte Handhabung des Warmdegorgierens und macht dieses Verfahren auch für Ungeübte durchführbar. Die Einrichtung ist in einem Kunststoffkasten aus Glasfaser in Arbeitshöhe installiert. Sie funktioniert in der Weise, dass die Flasche schräg mit dem Hals nach unten in einen Greifer geführt wird, der den Vorgang des Degorgierens auslöst. Die

Abb. 130. Gerät zur halbautomatischen Durchführung des Warmdegorgierens (TDD).

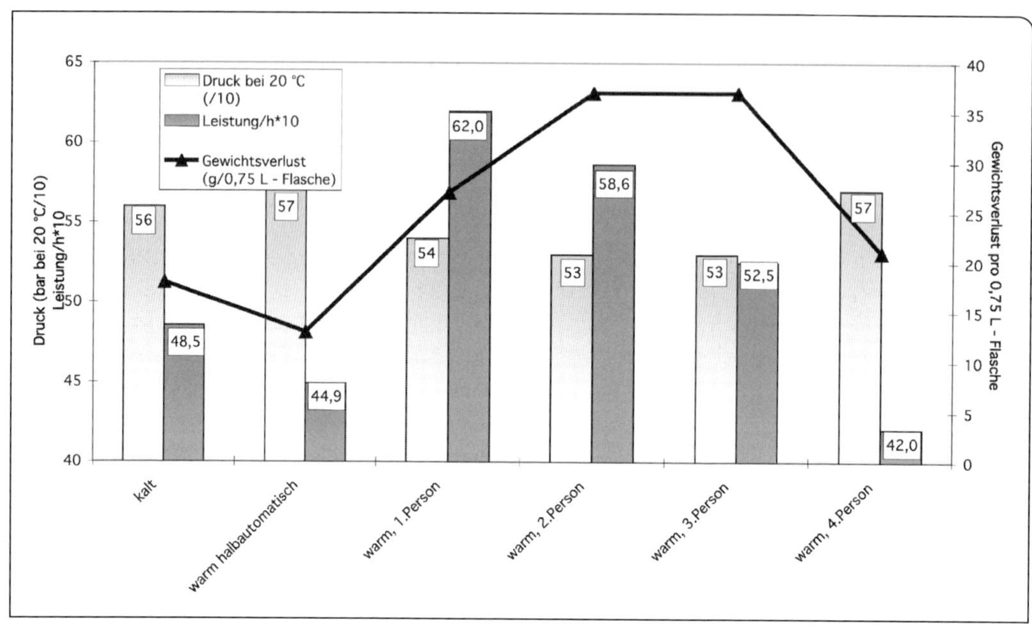

Abb. 131. Einfluss des Druck- und Gewichtsverlustes und der Stundenleistung bei verschiedenen Degorgierverfahren.

Flasche wird geöffnet, die Hefe schießt heraus, und ein „Daumen“ verschließt die Flasche. Während dieses Vorgangs wird die Flasche automatisch in eine vertikale Position gebracht.

Das Gerät benötigt 4 m³ Druckluft von 6 bar. Die einzelnen Arbeitsschritte können jeweils auf die eigenen Bedingungen eingestellt werden (Bewegungszyklus des „Daumens“ und der Flasche). Dies ist dann bedeutsam, wenn der Sekt z. B. mit immobilisierten Hefen vergoren ist.

Ein Versuch (Bach, Friedrich, Kohl, 1996 a) bei dem das Warmdegorgieren per Hand mit einem Halbautomat von TDD (Abb. 130) und dem Kaltdegorgieren verglichen wurde, ergab Ergebnisse, die im Folgenden zusammenfassend dargestellt werden.

In Abb. 131 sind die CO_2-Drücke nach dem Degorgieren (linke Balkenreihe), der Gewichtsverlust pro Flasche (Linie) und die Leistung in Flaschen pro Stunde aufgeführt. (Der Übersichtlichkeit wegen wurden die Werte der Drücke mit 10 multipliziert und die Leistung durch 10 dividiert. Die Zahlen stellen Mittelwerte von jeweils 10 Flaschen dar.). Es ist daraus zu ersehen, dass das Warmdegorgieren mithilfe des Halbautomaten den geringsten Druckverlust zur Folge hat. Die so degorgierten Sekte haben sogar einen höheren Druck als die kaltdegorgierten Schaumweine. Per Hand arbeiteten vier geübte Degorgeure. Die Unterschiede zwischen diesen vier Personen sind erheblich. Sie reichen von 5,3 bar (Degorgeur Nr. 3) bis zu 5,7 bar (Degorgeur Nr. 4). Die diesbezügliche Arbeitsqualität ist demnach stark von dem handwerklichen Geschick des Degorgeurs abhängig.

Die Gewichtsverluste ergeben logischerweise ein spiegelbildliches Ergebnis von dem, wie es für den CO_2-Druck dargestellt ist. D. h., je höher der Druck des Sektes nach dem Degorgieren desto geringer ist der Flüssigkeitsverlust während dieses Arbeitsvorgangs (oder umgekehrt). Dies ist deutlich beim Degorgieren von Hand zu beobachten. Wird z. B. der Degorgeur Nr. 1 mit seinem Kollegen Nr. 4 verglichen, so kann leicht festgestellt werden, dass die Arbeitsleistung einen Einfluss auf die Qualität der Arbeit hat. Nr. 4 arbeitete langsam, aber mit einem geringen Druckverlust, wohingegen Nr. 1 zwar schnell arbeitet, aber unter Inkaufnahme eines höheren CO_2-Verlustes. Beim Gewichtsverlust pro Flasche sind analoge Verhältnisse zu beobachten.

Beim Vergleich des Kaltdegorgierens und dem Warmdegorgieren mit dem halbautomatischen Gerät von TDD ist zusammenfassend festzustellen, dass das TDD-Gerät zwar eine etwas geringere Leistung bewirkt (449 Fl./h), dafür aber eine bessere Arbeitsqualität, was an dem höheren Druck und dem geringeren Gewichtsverlust beim Degorgieren ersichtlich ist. Die Klarheit der Sekte ist vergleichbar.

Es ergeben sich jedoch zwischen den verschiedenen Degorgierverfahren Unterschiede in Abhängigkeit von der Temperatur während des Degorgierens, was im praktischen Betrieb für die Handhabung bedeutsam ist. Abb. 132 zeigt, dass der Gewichtsverlust beim **Kaltdegorgieren** mit der Steigerung der Temperatur sinkt. Das hat mit großer Wahrscheinlichkeit seinen Ursprung darin, dass bei tiefer Degorgiertemperatur die Flasche so wenig Druck aufweist, dass sie geschüttelt werden muss, um den Eispfropfen aus der Flasche zu befördern. Bei dieser Verfahrensweise geht natürlich Flüssigkeit verloren. Anders beim **Warmdegorgieren** mit dem Halbautomat. Hier steigt der Sektverlust mit der Temperatur an. Je nach Außentemperatur scheint also beim Warmdegorgieren eine Kühlung der Flaschen angezeigt, bzw. sind die Temperaturbedingungen so zu wählen, dass eine möglichst tiefe Temperatur vorherrscht.

5.4.4.2 Kaltdegorgieren (siehe auch Kap. 2.4.5)

Zum **Einfrieren des Trubpfropfens** im Flaschenhals der gerüttelten Flaschen bedient man sich Geräten, die mit Kühlsole befüllt sind. Eine Haltevorrichtung nimmt die Flaschen auf, sodass diese etwa 3 cm in die Flüs-

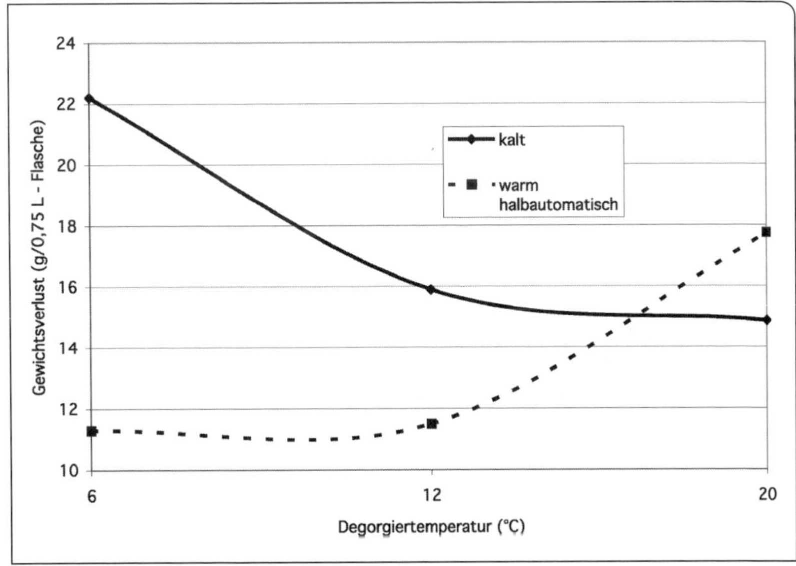

Abb. 132. Einfluss der Degorgiertemperatur auf den Gewichtsverlust.

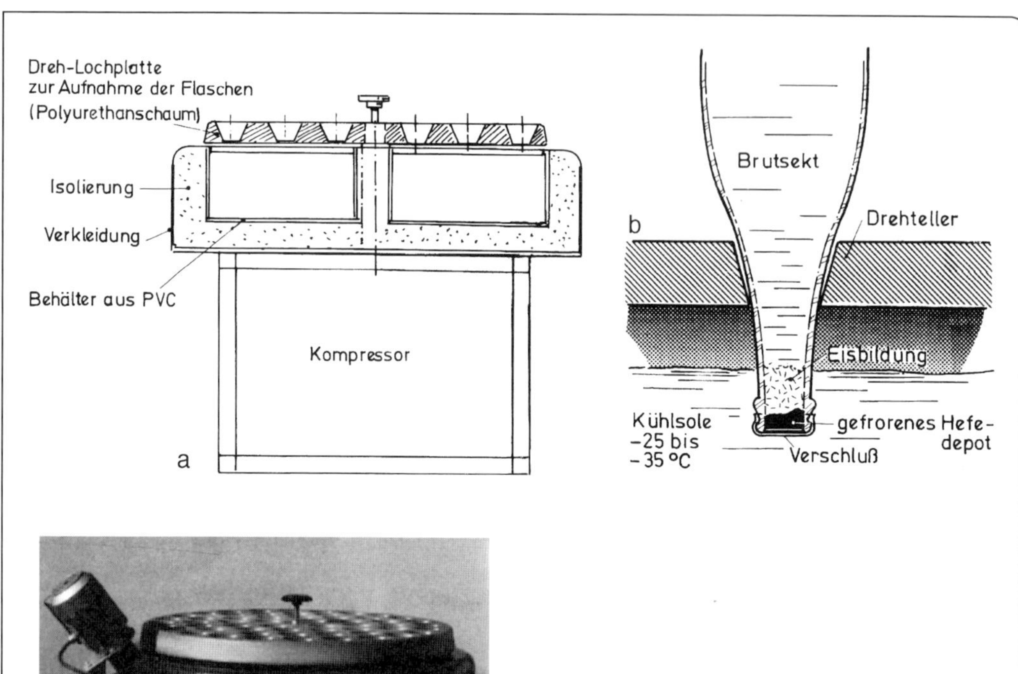

Abb. 133. a = Gefrier-Tauchbottich mit Drehlochscheibe zur Aufnahme der Flaschen. Der Behälter zur Aufnahme der Kühlsole ist isoliert, um die Kälteabstrahlung zu vermindern. Die Sole wird durch die Verdampfung eines Kältemittels gekühlt, das durch den Kompressor wieder verdichtet wird.
b = Sektflasche während des Einfrierens des Hefedepots in einer Flaschenhals-Einfrieranlage. Eintauchtiefe in die Sole bis 6 cm.
c = Gesamtansicht eines Gefriertauchbottichs.

sigkeit ragen. Die notwendige Verweildauer in der Kühlsole (5 bis 15 Minuten) und die Größe des Solebehälters (Anzahl der Flaschen, die gleichzeitig eingetaucht werden können) bestimmen die Stundenleistung einer Gefrieranlage, wie sie in Abb. 133 dargestellt ist. Ein Rührgerät oder eine Umwälzpumpe sorgt für eine stets gleichbleibende Temperatur der Sole.

Das Behältermaterial, in dem sich die Sole befindet, muss der Sole angepasst sein, d. h., es darf bei dem gegebenen Behältermaterial nur die Sole Verwendung finden, die den Werkstoff nicht angreift (korrodiert).

Im Wesentlichen kann zwischen zwei Bauformen der Flaschenhalsgefrieranlagen unterschieden werden. Das eine ist die runde Bauform, bei der ein **Dreh-/Lochtisch** die Flaschen aufnimmt (Abb. 133). Je nach Größe und Leistung der Anlage wird der Drehtisch manuell weiter bewegt, oder – ab einer Leistung von etwa 800 Fl./h – kann die

Lochplatte auch mit einem Schrittmotor weiterbewegt werden.

Als Beispiel für ein kontinuierliches Flaschenhalsgefrierbad ist in Abb. 134 das System Gasser (55232 Alzey-Heimersheim) dargestellt. Die Flaschen werden im zickzack in einem Endlosband durch das Bad geführt. Sie gelangen am Ende des Gefriervorganges in einen Flaschenwender, in dem sie senkrecht, mit dem Flaschenhals nach oben, auf ein Band gestellt werden. Sodann werden sie in die Degorgiermaschine befördert.

Auch die Beschickung dieser großdimensionierten Gefrieranlagen kann automatisch erfolgen. Ein Greifer entnimmt aus einer Palette eine Lage der auf Spitz stehenden Sektflaschen und übergibt sie auf die Flaschenträgerelemente, die sich auf dem Gefrierbad bewegen. Die Geometrie der die Flaschen aufnehmenden Flaschentabletts muss dabei der Lage Flaschen in der Palettenkiste entsprechen.

Die Leistung der Gefrieranlagen bewegt sich zwischen 150 und 16000 Fl./h.

Abb. 134. Solebad für eine Einfrierleistung von 1 200 bis 3 000 Flaschen/h. a) Die Flaschen werden mit einem Endlosband im Zickzack kontinuierlich durch das Solebad geführt. b) Am Ende werden die Flaschen gewendet und gelangen über ein Förderband, mit dem Eispfropfen nach oben, in die Degorgieranlage (Gasser, 55232 Alzey-Heimersheim).

5.4.4.3 Kostenvergleich

Neben der Stundenleistung eines Systems, und dessen einfacher Handhabung sowie die Arbeitsqualität, sind für den Anwender natürlich auch die damit verbundenen Kosten von Bedeutung und bei einer Investition entscheidend. Beim Vergleich der Kosten wurde der Leistungsbereich von etwa 500 Fl./h dargestellt (Bach, 1996 b). Diese Leistung wird den überwiegenden Teil der in Deutschland Sekt herstellenden Betriebe entsprechen. (Für Lohnversekter und größere Betriebe gelten sicherlich andere Bedingungen.)

Beim **Kaltdegorgieren** wird für eine Stundenleistung von 500 Fl. eine Flaschenhalseinfrieranlage und 60 l Glykollösung benötigt. **Das Warmdegorgieren** mit dem Halbautomaten von TDD setzt eine Investition von etwa 4100 € (ohne MwSt. und Kompressor) voraus. Wird per Hand warm degorgiert, entfällt jede Investition, sieht man von dem Schilderhäuschen und dem Degorgierschlüssel ab, die bei allen Verfahren zum Ansatz kommen und damit bei der Kalkulation keine Berücksichtigung finden. Oft werden die beiden letztgenannten Kleinteile auch selbst gefertigt.

Bei den variablen Kosten schlagen die Lohnkosten entscheidend zu Buche. Beim Warmdegorgieren von Hand sind dies – da keine Investitionen notwendig sind – die ein-

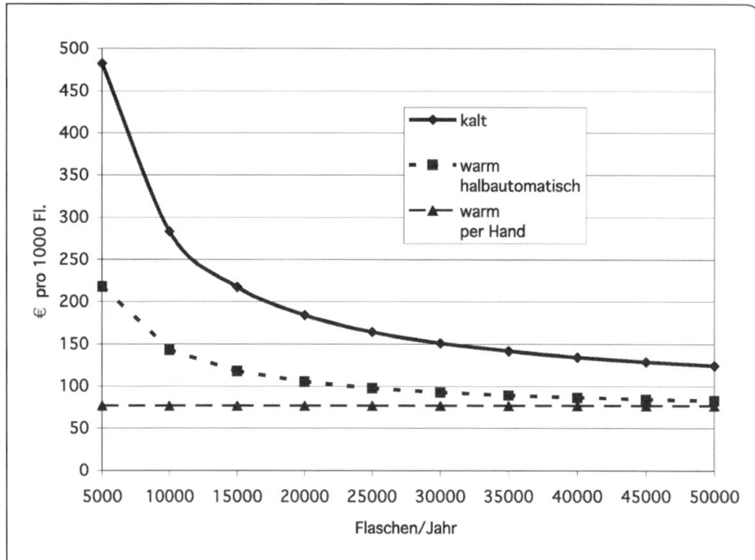

Abb. 135. Kosten verschiedener Degorgierverfahren.

Abb. 136. Degorgiergruppe (Chantier de Dégorgement) vor 100 Jahren (Holzstich aus W. Hamm, Leipzig, 1865). Von rechts nach links arbeiten: 1. Dégorgeur oder Enthefer; 2. Vidangeur, der das „Zuviel an Wein“ abgießt (= Entleerer); 3. Opérateur, der dem Champagner mit einem Kännchen Zuckerlikör zudosiert; 4. Recouleur (recouler = zurückgießen) füllt die Flaschen wenn nötig nach; 5. Boucheur (Korker) presst den Korken vor und schlägt ihn mit einem Holzhammer in die Flasche; 6. Ficeleur (Schnurbinder) sichert den Kork durch kreuzweise gebundene Schnur; 7. Ficeleur au fil de fer (Drahtbinder). Der 8. der Gruppe stanniolierte den Flaschenkopf und -hals, der 9. etikettierte, der 10. wickelte die Flaschen ein. „Zu den letzten drei Arbeiten nimmt man gewöhnlich Weiber.“ Tagesleistung der Gruppe 1 450 bis 1 600 Flaschen.

Abb. 137. Automatisch arbeitende Anlage mit einem Einfriergerät, einem Rinser, der die Flaschen von der anhaftenden Sole befreit, Degorgier- und Dosiergerät, Verschließer, Agraffierer und Umschlagmaschine. Die Bedienungsperson kann – bei entsprechender Vorbereitung – pro Tag etwa 1200 Flaschen verarbeiten. (Bischöfliche Weingüter, Trier).

zigen Kosten, die in Rechnung zu stellen sind.

Das teuerste Verfahren ist das Kaltdegorgieren (siehe Abb. 135). Die preiswerteste Methode, Sekt zu degorgieren, ist das Warmdegorgieren von Hand. Wie oben ausgeführt, ist sowohl die Leistung als auch die Qualität des Arbeitsergebnisses sehr von dem Geschick des Degorgeurs abhängig. Wenn Arbeitsqualität, Kosten und Leistung berücksichtigt werden, bietet das halb automatische Warmdegorgieren mit dem Gerät der Firma TDD eine echte Alternative zum Kaltdegorgieren. – Für größere Leistungen werden stärker automatisierte Systeme (z. B. als Kombinat mit einem Dosierer) angeboten (siehe Kap. 5.4.5.2.).

5.4.4.4 Degorgiergeräte

Der Vergleich der Abb. 136 und 137 zeigt die Entwicklung der Technik der letzten 130 Jahre auf dem Gebiet des Degorgierens. Während damals etwa acht Personen am Tag etwa 1600 Flaschen degorgierten, dosierten und verschlossen, ist es bei geschickter Anordnung der Geräte und überlegter Logistik der Flaschenzufuhr und des Flaschenabtransportes möglich, am Tag mit einer Person 1200 Flaschen zu verarbeiten (siehe Abb. 137).

Nachdem die Flaschen dem **Gefrierbad** entnommen wurden, wird der Flaschenhals kurz in einen Eimer mit lauwarmem Wasser gespült, um evtl. anhaftende Kühlsole zu entfernen. Zu diesem Zweck gibt es auch kleine Rinser (Abb.138, links), in die man die Fla-

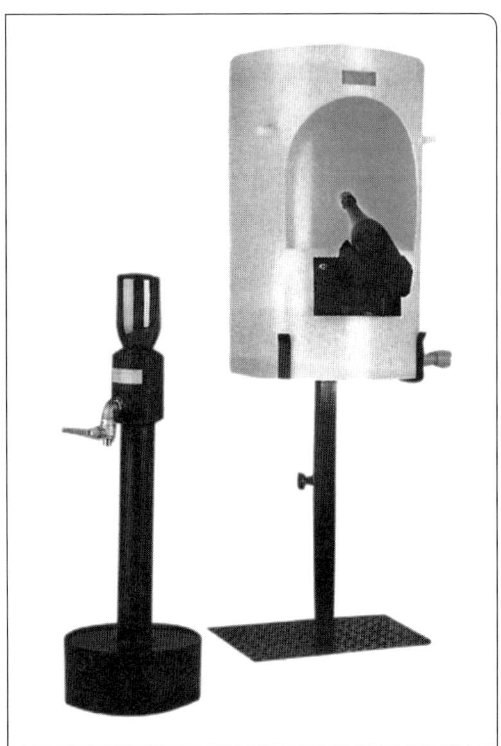

Abb. 138. Rinser zum Abspülen der Sole vom Flaschenhals (links) und ein „Schilderhaus“ (rechts) aus Kunststoff ersetzt das früher gebräuchliche Degorgierfass.

schen kopfüber steckt, wobei sie am Flaschenhals mit Wasser überspült werden. Ein zusätzlicher Effekt ist, dass dann, wenn mit warmem Wasser gearbeitet wird, der Eispropfen „geschmeidiger“ wird und dadurch leichter die Flasche verlässt. Sodann wird die Flasche in einem „Schilderhaus“ (früher nahm man dazu ein vorne offenes Fässchen) degorgiert (Abb. 138, rechts).

Auch diese Arbeit kann man sich erleichtern, und dabei die Leistung erhöhen. Nachdem der Flaschenhals eingefroren ist, gelangt die Flasche stehend auf ein Band. Das laufende Band transportiert die Flasche durch einen Abwaschtunnel, in dem evtl. anhaftende Sole entfernt wird. Dann wird sie automatisch geneigt und kann in dieser Stellung degorgiert werden.

Die Vereisung des Trubdepots hat die Automatisierung des Degorgiervorganges möglich gemacht. Die Flaschen gelangen aus dem Gefrierbad über ein Band stehend in die Entkroner- und Degorgiermaschine. Dort werden die Kronenkorken nacheinander im Rundlauf entfernt und ausgeworfen (Abb. 139 a, b). Danach werden die wegen der damit geringeren Schaumbildung auf 45° geneigten Flaschen wieder auf das Band geführt und gelangen so zur Dosiermaschine. Meist sind Entkroner-, Degorgier- und Dosiermaschinen eine Kombination. Dies hat den Vorteil eines geringeren CO_2-Verlustes, der evtl. auf dem Transport zwischen den Maschinen stattfinden könnte (siehe dazu auch Kap. 5.4.5.2, Dosiermaschinen).

5.4.5 Dosieren, Versanddosage, Expeditionslikör

In den Kap. 1.3.5.6 und Kap. 3.6 wird ausgeführt, woraus die Versanddosage bestehen darf, welche Mengen üblicherweise angewandt werden und wie die vorgeschriebenen Bezeichnungen lauten.

Die **Versanddosage**, in der Fachsprache **Expeditionslikör** genannt, ist in jedem Fall eine ziemlich konzentrierte, sirupöse Lösung.

Beim Degorgieren treten Verluste auf, die normalerweise zwischen 15 und 50 ml pro Flasche betragen können, je nachdem, wie die Temperatur des Schaumweins ist und wie wenig oder viel er schäumt.

Das **Dosieren**, also der Zusatz des Expeditionslikörs oder der Versanddosage bringt hingegen einen Volumenzuwachs, der dem Verlust des Degorgierens entgegen wirkt.

Zur Veranschaulichung sei hier dargestellt, wie viel Milliliter Expeditionslikör mit einem Gehalt von 700 g/l vergärbarem Zucker (nach Inversion) benötigt werden, um 1 Liter (bzw. 0,75 l oder 1/1 Flasche) eines

Abb. 139. Entkronungs- und Degorgiermaschine MC 25 von Perrier für 1/1 Sektflaschen (a) mit Auffang und heizbarem Abführungsrohr (b) für die Kronenkorke und das angefrorene und vereiste Hefedepot. Leistung 5 000–6 000 Fl/h.

völlig durchgegorenen Schaumweins zu dosieren, wenn im fertigen Sekt ein bestimmter Gehalt an vergärbarem Zucker (n.I.) eingestellt werden soll (siehe Tab. 43).

Es ist zu erkennen, dass nur sehr kleine Dosagen ohne Weiteres dem Schaumwein zugesetzt werden können, insbesondere, wenn der Verlust beim Degorgieren so gering war, wie man es sich wünscht.

Für alle etwas höheren Dosagen muss erst einmal Platz geschafft werden, indem der Flasche eine entsprechende Menge Flüssigkeit entnommen wird. Man entnimmt also das, was „zuviel an Wein" in der Flasche geblieben ist. Diese Menge heißt französisch „le trop de vin".

Bei der alten Arbeitsweise und bei reiner Handarbeit wird das „zuviel an Wein" in ein sauberes Sammelgefäß abgeschüttet. Danach wird die Dosage mithilfe eines **Dosiergerätes** (früher mit Mäßchen von Hand) in die Schaumweinflasche eingefüllt. Schließlich wird von dem im Sammelgefäß befindlichen Wein wieder so viel in die Flasche zurückgefüllt, wie nötig ist, um den Flüssigkeitsstand genau auf „Normalniveau", d. h., auf rund 75 mm unter Mündungsoberkante einzustellen.

Es sind also drei Operationen erforderlich, nämlich:

- Schaumwein entnehmen, um Platz zu schaffen,
- dosieren, d. h., Expeditionslikör zusetzen,
- „beifüllen", d. h., mit nicht dosiertem Schaumwein der gleichen Cuvée wieder auffüllen.

Die einfachsten und kleinsten Dosierapparate, die es heute zu kaufen gibt, sind geeig-

Tab. 43 Likörbedarf bei der Versanddosage (siehe auch Tab. 21 und Tab. 30)

Die Dosage soll eingestellt werden auf g/l vergärb. Zucker n.I. im fertigen Schaumwein	Es werden verbraucht von einem Expeditionslikör von 700 g/l verg. Zucker (nach Inv.)	
	pro 1 Liter Sekt Milliliter	pro 1/1 Flasche Milliliter
5	7,1	5,3
10	14,3	10,7
20	28,6	21,5
30	42,9	32,2
40	57,1	42,8
50	71,4	53,6

net, recht genau zu dosieren und ebenso genau beizufüllen.

Nur geringfügig mehr ausgebaute Apparate sind außerdem auch schon eingerichtet, um das „zuviel an Wein“ zu entnehmen. Bei allen größeren Apparaten, ob mit Handbedienung oder mit elektromechanischem Antrieb, bis zu den großen Hochleistungsanlagen, werden immer alle drei genannten Operationen nach dem gleichen Prinzip ausgeführt.

Aus önologischer Sicht ist dazu Folgendes zu bemerken:

Die Entnahme des „zuviel an Wein“ erfolgt selten durch Absaugen, sondern überwiegend durch **Herausdrücken** mithilfe von Kohlensäuregas aus der Stahlflasche.

Die Kohlensäureflasche darf niemals ohne Reduzierventil angeschlossen werden und sie darf nie direkt von der Sonne beschienen werden oder neben dem Heizkörper **stehen! Unfallgefahr!** Die kritische Temperatur des CO_2 beträgt 31 °C! **Achtung!** Benötigt wird ein sehr niedriger Überdruck von weniger als 0,5 bar. Es wird mithin ein **Reduzierventil** benötigt, das zuverlässig auf so niedrigen Druck eingestellt werden kann. Meist wird ein gröberes Reduzierventil vorgeschaltet, danach eines mit Feineinstellung eingesetzt. Man reduziert also in zwei Stufen.

Die im Schaumwein enthaltene Menge Kohlendioxid ist sehr groß, sie entspricht ungefähr einem Sättigungsdruck von 5 bis 6 bar Überdruck bezogen auf 20 °C. Nach dem Degorgieren ist die Flasche drucklos, aber es ist noch nahezu die ganze vorherige Menge Kohlendioxid im Schaumwein gelöst enthalten. Der Schaumwein ist stark übersättigt.

Wird nun die frisch degorgierte Flasche druckdicht in die Dosiermaschine eingesetzt, wird in der Station für das Entleeren CO_2 auf die Oberfläche des Schaumweins gedrückt. Der geringe Druck ist gerade groß genug, um Flüssigkeit durch das eintauchende Füllröhrchen zu drücken, bis der Flüssigkeitsspiegel in der Flasche bis zur Öffnung des Röhrchens abgesunken ist. Mehr Flüssigkeit kann nicht hinausströmen, weil dann das Gas ins Röhrchen dringt, sodass der Strom abreißt. Dieses Entleeren würde auch ohne die Zufuhr von Flaschengas zustande kommen, man müsste nur ein Weilchen warten, bis durch das Austreten von Kohlensäuregas aus dem Schaumwein sich ein ausreichender Druck im Hohlraum der Flasche aufgebaut hat. Dieser Kohlensäureverlust soll aber vermieden werden und es muss zu lange gewartet werden, weil die Vorgänge mit einem gleich bleibenden Takt ablaufen sollen. Deshalb wird **Koh-**

lendioxidgas als Arbeitsgas zu Hilfe genommen.

Würde man **Stickstoff** oder **Druckluft** als Arbeitsgas verwenden, dann könnten diese Gase genau so gut die mechanische Arbeit des Hinausdrückens leisten, aber es ginge jedenfalls mehr Kohlensäure verloren. Näheres hierzu siehe unter dem Stichwort **Partialdruck** im Kap. 6.1 Löslichkeit und Überdruck. Im Falle von Druckluft käme noch die Gefahr der **Oxidation** hinzu. Mit Kohlensäure aber kann kein Nachteil eintreten. Auch die Befürchtung, es käme zu einer unerwünschten Anreicherung des Schaumweins mit CO_2 ist völlig unberechtigt. Der geringe Überdruck von knapp 0,5 bar ist nur geeignet, den CO_2-Verlust des Schaumweins, der ja bei 5 bis 6 bar Überdruck gesättigt ist, ein wenig zu bremsen.

Der herausgedruckte Schaumwein, das „zuviel an Wein", strömt in ein geschlossenes, druckloses Sammelgefäß. Es besteht aus Glas oder durchsichtigem Kunststoff, damit man den Füllstand und den Zustand der Flüssigkeit beobachten kann. Der hier gesammelte Schaumwein wird dazu benutzt, um nach dem Dosieren die Flaschen wieder beizufüllen. Davon wird später noch die Rede sein.

Nach dem Entnehmen des „zuviel an Wein" wird die Flasche in der Maschine zur Position **„Dosieren"** weiterbefördert. Es handelt sich hier um einen drucklosen Vorgang. Aus einem an erhöhter Stelle angebrachten Vorratsbehälter fließt **Expeditionslikör** zur Maschine und wird da in speziellen Glaszylindern abgemessen und mittels des in dem Zylinder befindlichen Edelstahlkolbens durch dessen Eigengewicht anschließend in die Flasche gedrückt.

Das Dosieren kann nur dann gut vonstattengehen, wenn der Schaumwein **nicht** schäumt. Aufsteigender Schaum hindert das Einfließen des Expeditionslikörs. Die Dosage wird dann sehr ungenau oder gar ganz verhindert. Im Normalfall, also ohne das Aufsteigen von Schaum, soll der Expeditionslikör durch sein natürliches Gefälle und durch den sanften Druck, den der Kolben mit seinem Gewicht ausübt, langsam in die Flasche einlaufen, während das hierbei verdrängte Gas-Luft-Gemisch durch ein seitliches Kanälchen nach oben entweichen kann.

Es gilt, hier vor allem drei Dinge zu beachten:

1. Der **Expeditionslikör** soll auf keinen Fall wärmer sein, als der Schaumwein in der Flasche, wenn möglich lieber etwas kühler. Der Expeditionslikör, der selbstverständlich blitzblank filtriert ist, muss vollkommen frei von Luftbläschen sein. Auch winzigste Luftbläschen sind rundherum gegen die Flüssigkeit durch eine Grenzfläche begrenzt. Sobald diese Bläschen mit dem Likör in die Schaumweinflasche befördert werden, dringt sofort CO_2-Gas aus dem stark übersättigten Schaumwein durch die Grenzflächen in die Bläschen ein. Sie wachsen dadurch rasch zu beachtlicher Größe an und steigen als Schaum auf. Der Zufluss des Likörs wird dadurch behindert und der Schaumwein bleibt auch danach noch so lange unruhig, bis die Flaschen schließlich verschlossen werden. Sowohl die Dosierung als auch das Einstellen der Füllhöhe fallen hierbei sehr ungenau aus. Es ist deshalb wichtig, im Umgang mit dem Expeditionslikör zu **jeder Zeit** das Entstehen von Luftbläschen zu vermeiden.
   Expeditionslikör ist eine zähe, viskose Flüssigkeit. Es dauert sehr lange, bis eingewirbelte Blasen aufsteigen und platzen. Bei kleinen und sehr kleinen Blasen reicht der Auftrieb überhaupt nicht aus, um sie hinauszubefördern, sie bleiben u.U. tagelang im Expeditionslikör in Schwebe!
   Wenn Expeditionslikör aus einem Gefäß in ein anderes umgefüllt werden soll, darf er nie im freien Fall in das nächste Gefäß

fallen oder „platschen“, sondern er muss entweder mit einem Schlauch durch ein Bodenventil von unten einlaufen oder mithilfe eines Trichters mit langem Auslaufrohr so eingefüllt werden, dass sich das Ende des Auslaufrohrs in Nähe des Gefäßbodens unter der Flüssigkeitsoberfläche befindet, sodass keine Luft eingewirbelt wird.

Es hat sich darüber hinaus bewährt, wenn zwischen dem Einfüllen des Likörs in das Vorratsgefäß der Maschine und dem Beginn des Verbrauchs wenigstens eine Nacht vergeht, damit Blasen aufsteigen können. Im Bedarfsfall muss man eben zwei Vorratsgefäße nebeneinander verwenden, um Zeit zu gewinnen.

2. Aus dem **Füllröhrchen** der Dosierstation muss der Expeditionslikör so herauskommen, dass er an der Innenwand der Flasche entlang fließt, ohne Wirbel zu bilden und vor allem, ohne Luft mitzureißen und Blasen zu bilden. Man findet oft Füllröhrchen, die 3 oder 4 oder 5 kleine Austrittsöffnungen haben. Bei solchen Füllröhrchen sind Blasen- und Wirbelbildung kaum zu vermeiden. Es ist viel besser, wenn das Füllröhrchen eine einzige größere Austrittsöffnung hat, die seitlich schräg nach unten gegen die Innenwand des Flaschenhalses gerichtet ist. Hier kann der Likör ohne wirbelbildende Einengung, glatt und ruhig in breiter Bahn am Glas entlang in die Flasche einlaufen und sozusagen „unter den Schaumwein“ gleiten.
   In den Messzylindern der Dosierstation erfolgt die **Mengenmessung** dadurch, dass der Kolbenhub nach oben hin mithilfe einer Schraube mit Handrad begrenzt wird (Abb. 140 a). An der Gewindestange selbst, oder an einer seitlich angebrachten Schiene ist eine Maßeinteilung eingraviert. Diese Maßeinteilung ist hilfreich, aber für eine genaue Einstellung nicht ausreichend.
   Es ist zu empfehlen, die eingestellte Menge dadurch nachzumessen, dass man unter das Füllröhrchen einen kleinen gläsernen Messzylinder hält und dann die Dosierung von Hand auslöst. Aus dem Messzylinder läuft der zähe Likör nicht gut aus. Da man normalerweise mehrere Messungen nacheinander vornehmen will, ist es zweckmäßig, den Messzylinder nach einer Messung auszuleeren, mit Wein oder Wasser auszuspülen und mit einem Tuch zu trocknen. Wenn man das Spülen unterlässt, wird die Messung ungenau. Es können aber auch mehrere Messzylinder verwendet werden, deren Inhalt abgewogen wird. Da das Gewicht des Messzylinders (Tara) und die Konzentration der Versanddosage bekannt sind, kann so die Genauigkeit der Dosierstation ermittelt und evtl. neu justiert werden.
3. Die dritte Operation bei der Dosierung besteht im **„Beifüllen“**. Also darin, durch Nachfüllen mit undosiertem Schaumwein der gleichen Partie den Füllstand der Flaschen auf **Normalniveau** zu bringen.
   Der zum Beifüllen verwendete Schaumwein kann aus zwei Quellen kommen. Aus dem bereits beschriebenen Sammelgefäß für das „zuviel an Wein“ und aus einer frisch degorgierten Flasche dieser Partie, die auf eine seitlich an der Maschine befindliche Aufnahmevorrichtung aufgesteckt wird und deren Inhalt mithilfe einer speziellen Entleerungsmechanik ebenfalls in das Sammelgefäß entleert wird.
   Wenn der Schaumwein als „extra brut“, „brut nature“ oder „extra herb“ verkauft werden soll, dann wird ihm so gut wie keine Dosage zugesetzt. Dann fällt auch kein „zuviel an Wein“ an und der durch das Degorgieren entstandene Mengenverlust muss alleine durch Schaumwein aus Flaschen, die zum Entleeren aufgesteckt wurden, ausgeglichen werden. Bei sehr geringen Dosagen wird mehr Schaumwein zum Beifüllen benötigt, als aus dem „zu-

viel an Wein“ gesammelt wurde, es muss hier daher aus aufgesteckten Flaschen zugefüttert werden. Wenn der Schaumwein allerdings sehr hoch dosiert wird, dann wird kein Füllwein aus den aufgesteckten Flaschen benötigt, es kann sogar von dem „zuviel an Wein“ etwas übrig bleiben. Dieser Rest wird dann als „Anfallwein“ weiter verwertet.

Bei der Operation des Beifüllens sollte ebenfalls streng darauf geachtet werden, dass **Blasenbildung** wo irgend möglich, vermieden wird. Das beginnt schon bei der ersten Operation, der Entnahme des „zuviel an Wein“. Diese Weinmenge wird mithilfe von CO_2-Gas aus der Flasche herausbefördert, indem das Gas von oben auf den Wein drückt und die Flüssigkeit dadurch gezwungen wird, durch das Füllröhrchen zu entweichen. An dieser Station wird die Flüssigkeit durch Schieber und Kanäle zum Sammelgefäß geführt. In das Sammelgefäß gelangt die Flüssigkeit durch Einlassöffnungen, die sich entweder am Boden des Gefäßes oder in Bodennähe an der Seitenwand befinden.

Sobald in der Flasche unter dem Druck des Gases der absinkende Flüssigkeitsspiegel die Bohrung(en) des Füllröhrchens erreicht hat, reißt der Flüssigkeitsstrom ab und es dringt nur noch Gas in das Füllröhrchen. Es gelangt durch die Einlassöffnung in das Sammelgefäß und durchsprudelt dort kräftig den angesammelten Beifüllwein, wodurch dieser zu heftigem Schäumen gebracht wird. Nach Lage der Dinge ist das Eindringen von Blasen in das Sammelgefäß nicht ganz zu vermeiden. Es sollte aber auf ein Mindestmaß beschränkt werden. Das ist möglich, wenn das Karussell der Maschine z. B. um den halben Abstand zwischen zwei Stationen weiter gedreht wird. Dadurch werden die Bohrungen des Schiebers im Oberteil der Maschine verschlossen und es werden alle Fließ- oder Strömungsbewegungen unterbrochen. Dieses Weiterdrehen soll stattfinden, sobald in der Flasche, aus der das „zuviel an Wein“ verdrängt wird, der Flüssigkeitsspiegel an der Bohrung des Füllröhrchens angelangt ist, also sobald Gas in das Röhrchen eindringt.

Bei größeren Maschinen ist in die Leitung, durch die das „zuviel an Wein“ zum Sammelgefäß strömt, ein kleiner **Schwimmer** eingebaut, der, sobald das Gas ihn erreicht, vor die Öffnung gedrängt wird und sie verschließt. Dort wird das Durchsprudeln des Füllweins mithin automatisch frühzeitig gestoppt.

Ein anderer Vorgang ist ebenfalls zu beachten, er betrifft den **Füllwein** aus der aufgesteckten Flasche.

Die **Aufnahmevorrichtung für die Füllweinflasche** ist um eine quer liegende Achse mit Verschlussschieber drehbar. Wenn der Arm mit Spannfeder und der Entleerungskopf mit dem langen Röhrchen nach unten gedreht sind, ist der Schieber geschlossen. Sobald die Aufnahmevorrichtung nach oben zeigt, ist der Schieber geöffnet. Wenn eine Füllweinflasche leer geworden ist, dreht man die Aufnahmevorrichtung nach unten, öffnet die Spannfeder und entnimmt die leere Flasche. Sodann wird eine frisch degorgierte Flasche eingesetzt. Hierbei muss das lange Röhrchen vorsichtig durch die Mündung in die Flasche eingeschoben werden. Die Feder wird geschlossen, die Flasche wird dadurch in der Aufnahmevorrichtung festgehalten und hermetisch abgedichtet und man dreht die Vorrichtung mit der Flasche nach oben. In der oberen Position ist der Schieber geöffnet. Aus der CO_2-Leitung dringt CO_2-Gas durch das lange Röhrchen in die Flasche, es drückt auf den Flüssigkeitsspiegel und verdrängt den Schaumwein, der durch den Entleerungskopf über Schieber und Leitung zum Sammelgefäß fließt und durch die Einlassöffnung in das Sammelgefäß gelangt.

Es ist hierbei wichtig, dass das Röhrchen so lang ist, dass es bis in den Boden der Flasche reicht. Man kann sich notfalls leicht helfen, indem über das Ende des Metallröhrchens ein Stück eines passenden Plastikschlauchs (PE, PVC) gezogen wird und diesen passend abschneidet. Es ist ferner wichtig, dass die Kohlensäurezufuhr unterbrochen wird, sobald die Flasche leer geworden ist. Das wird erreicht, indem man die Aufnahmevorrichtung wieder nach unten dreht. Die leere Flasche bleibt in der Vorrichtung und die nächste Flasche wird erst aufgesteckt, wenn der Füllstand im Sammelgefäß dies erforderlich macht. Auch hier geht es darum, dass das Durchblasen von Kohlensäuregas durch den Sekt, sowohl in der Füllweinflasche, als auch, wenn sie leer ist, im Sammelgefäß vermieden wird.

Der Schaumwein ist, wie schon wiederholt festgestellt, eine an Kohlensäuregas stark übersättigte Flüssigkeit. Das Gas kann aus dieser Flüssigkeit aber nur über Grenzflächen entweichen. Grenzflächen sind der Flüssigkeitsspiegel und die Oberflächen der Bläschen.

Die zahlreichen kleinen Bläschen einer Bläschenwolke bzw. einer Schaumwolke haben zusammengenommen eine Oberfläche, die bedeutend größer sein kann, als die Fläche des Flüssigkeitsspiegels. Durch die Oberfläche der Bläschen tritt eine sehr bemerkenswerte Menge CO_2 aus dem Sekt in die Atmosphäre heraus. Dies ist ein Verlust, der sehr empfindlich sein kann, wenn keine Maßnahmen gegen seine Entstehung ergriffen werden.

Wenn Blasen und Bläschen in das Sammelgefäß gelangen, werden sie dort im Füllwein aufsteigen und am Flüssigkeitsspiegel platzen. Die sehr kleinen Bläschen können aber nicht so schnell aufsteigen, sie gelangen mit dem Flüssigkeitsstrom auf dem Wege des Beifüllens in die kurz vorher dosierte Flasche, wobei eine Vermischung der aufeinandertreffenden Flüssigkeiten stattfindet. Die auf diesem Wege eingeschleppten Bläschen wirken als **Entbindungskeime** für das im Schaumwein hoch konzentrierte CO_2, es kommt zur Schaumbildung und es wird dadurch zuweilen unmöglich gemacht, die Flasche korrekt auf Normalniveau beizufüllen.

Sobald die Zeit für das Beifüllen verstrichen ist, dreht sich das Karussell der Maschine um eine Position weiter. Bei den meisten Maschinen ist hier eine Beruhigungsstation eingerichtet, die dazu dient, dass CO_2-Bläschen Zeit bekommen, aufzusteigen. In der nächsten Position wird dann die Flasche entnommen, bzw. bei größeren Maschinen automatisch auf das Transportband geschoben, um zum Verschließer befördert zu werden. Oft genug kommen die Flaschen aber nicht ruhig aus der Maschine heraus, sondern es zischt, wenn sie die Station verlassen und Schaum quillt aus der Mündung.

Auf dem **Transportband** stehen die Flaschen dicht nebeneinander und man kann sehr deutlich die unterschiedlichen Füllhöhen erkennen, die der Bläschenverschleppung und Schaumbildung zu „verdanken" sind. Da das nicht sein soll, gehen geschickte Personen her, ergreifen eine solche Flasche und versuchen damit, die **unterfüllten Flaschen** im Vorbeifahren aufzufüllen. Dabei wird oft mehr Schaumwein verschüttet, als in die Flaschen gelangt. Das Bild, das man hierbei gewinnt, bestätigt in peinlicher Weise, dass bei diesem Vorgang des Dosierens, sehr wahrscheinlich aber schon im Vorfeld Fehler gemacht wurden, die man hätte vermeiden können.

Wenn aber der Schaumwein vom Grundwein her wirklich in Ordnung ist und seine Verarbeitung und Lagerung bis hin zum Degorgieren und Dosieren korrekt nach den Regeln der Kunst stattgefunden hat, dann ist es eine Freude, zu sehen, wie ruhig und gleichmäßig gefüllt die Flaschen zum Verschließer gelangen.

Dosiermaschinen sind wegen des zuckerhaltigen Expeditionslikörs besonders anfällig für **Infektionen**. Diese Maschinen müssen daher mit erhöhter Sorgfalt und Gründlichkeit durchgespült, gereinigt und getrocknet werden, und zwar am Ende jeder Tagesarbeitszeit.

5.4.5.1 Geräte mit Handbedienung

Das **Dosieren des entheften Brut-Schaumweines** erfolgte früher von Hand mittels Messkännchen. Heute wird vereinzelt in kleinen Betrieben dazu behelfsmäßig ein Dispenser benutzt. Dabei wird die Flasche schräg gehalten, um einen unnötigen CO_2-Verlust zu vermeiden. Diese Methode hat den nicht unerheblichen Nachteil, dass sowohl die Füllhöhe als auch der Zuckergehalt des Sektes von Flasche zu Flasche stark schwanken kann. Die Einhaltung der Vorschriften der **Fertigpackungsverordnung** ist somit nur unzureichend gewährleistet. Auch wird die Identitätsprüfung bei der Erteilung der Amtlichen **Prüfungsnummer** zusätzlich erschwert. Diese Probleme haben ihren Ursprung in dem beim Degorgieren von Flasche zu Flasche unterschiedlichen Weinverlust. Eine unabdingbare Voraussetzung für eine **exakte Dosage** des Expeditionslikörs ist deshalb die Möglichkeit, überschüssigen Schaumwein aus der Flasche zu entnehmen, zu dosieren und die Flasche wieder vollzufüllen (Genaueres darüber entnehme man dem

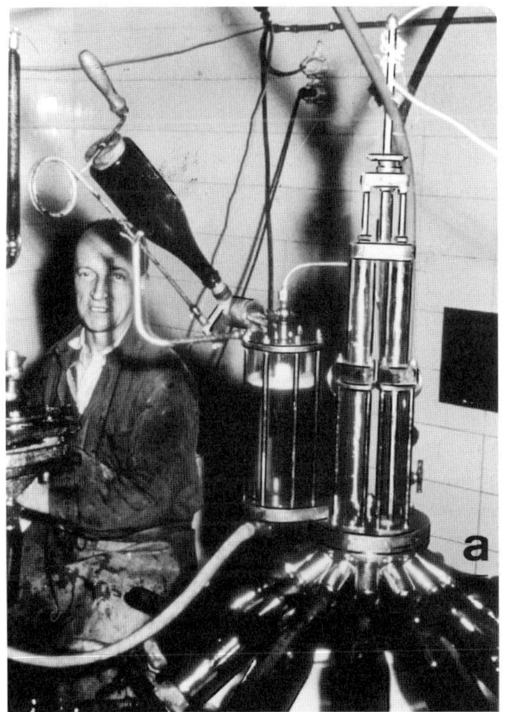

Abb. 140a. Abstimmen des entheften Sektes mit Versanddosage. Die zwölfstellige Maschine drückt den Sekt soweit aus der Flasche, dass eine gleichmäßige Höhe gegeben ist, dosiert und füllt wieder auf eine konstante Füllhöhe. System Grilliat.

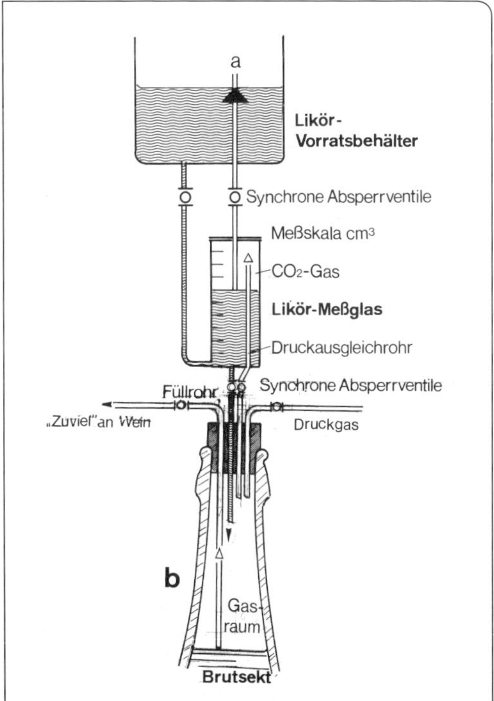

Abb. 140b. Arbeitsprinzip einer Sektdosiermaschine. Nach einer gleichmäßigen Einstellung der Sektmenge erfolgen die Dosierung des Expeditionslikörs und die nachfolgende Auffüllung evtl. fehlenden Sektes auf die Nennfüllmenge (vgl. Text).

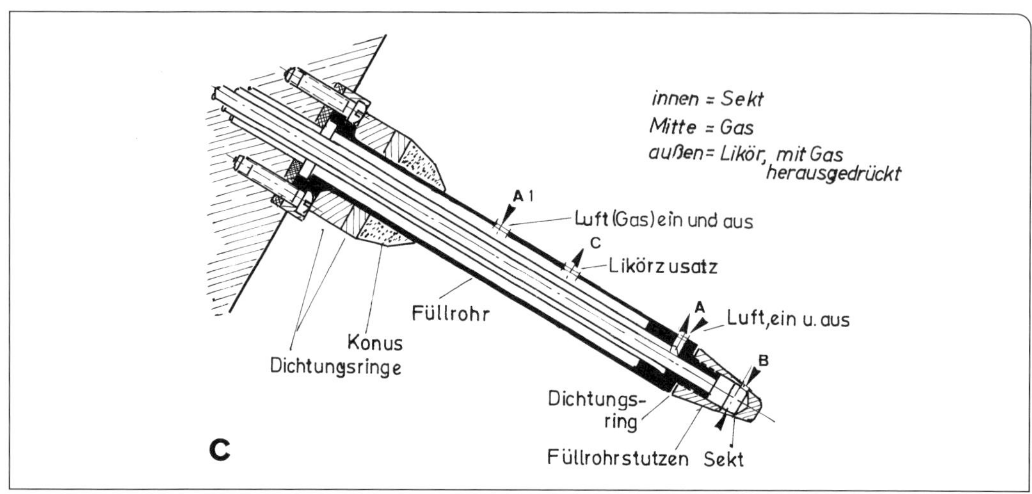

Abb. 140c. Dosierventil von Firma Grilliat. Es besteht aus drei übereinander liegenden Rohren. Das innere Rohr führt den Sekt (sowohl zur Entnahme des „Zuviel an Sekt“ als auch für das Auffüllen der dosierten Flasche) (B). Das darüber liegende Rohr nimmt das Gas zum Hinausdrücken des „Zuviel an Sekt“ auf und dient als Rückluftrohr beim Dosieren und Auffüllen (A u. A 1). Im außenliegenden Rohr gelangt der Likör aus dem Vorratsbehälter in die Flasche (C). Durch Einfügen oder Herausnehmen des oder der Dichtungsringe (= Distanzringe) ragt das Dosierventil mehr oder weniger tief in die Flasche (je süßer der Sekt dosiert wird, desto weniger Dichtungsringe und desto tiefer ragt das Ventil in den Sekt, damit mehr Platz für die Dosage gemacht werden kann).

Kap. 5.4.5). Die einfacheren – und preiswerteren – Dosierer, die per Hand bedient werden, erfüllen meist nur die Arbeiten Auffüllen und Dosieren.

Das **Arbeitsprinzip eines Dosierers** ist in Abb. 140 b dargestellt. Zunächst wird mit einem leichten CO_2-Überdruck (rechtes Rohr „Druckgas“) das Zuviel an Sekt aus der Flasche herausgedrückt (linkes Rohr „Zuviel“ an Wein). Sodann läuft durch das Öffnen der beiden unteren Absperrventile (zwischen Likör-Messglas und Flasche) die vorher eingestellte Menge an Likör durch das Füllrohr in die Flasche, währenddessen das so verdrängte CO_2 durch das Druckausgleichsrohr in das Likör-Messglas entweicht. Nach erfolgter Dosage werden die beiden Absperrventile zwischen Likör-Messglas und Flasche geschlossen und die beiden Absperrventile zwischen Likör-Vorratsbehälter und Likör-Messglas geöffnet. Sodann läuft aus dem Likör-Vorratsbehälter die vorher eingestellte Menge des Likörs in das Likör-Messglas. Während des letztgenannten Arbeitsvorgangs wird die Flasche aus dem Rohr „Zuviel an Wein“ auf das gewünschte Niveau aufgefüllt, dies ist dasselbe Rohr, mithilfe dessen der überschüssige Sekt entnommen wurde.

Die Realisierung dieser Vorgänge erfolgt mit unterschiedlichen Techniken.

Die Abb. 140 c zeigt ein Dosierventil von **Grilliat**. Dieses Ventil besteht aus drei ineinander liegenden Rohren. Innen liegt die Sektleitung, darüber die Gasleitung, und das äußere Rohr nimmt den Likör auf. Zu Beginn des Arbeitsganges tritt aus der Öffnung A das Gas heraus und drückt den Wein durch die Öffnung B in das innen liegende Rohr so weit, bis die Flüssigkeit auf das Niveau der Öffnung B abgesunken ist. Sodann wird mit einem Druckgas (oder Falldruck) der Likör über das außen liegende Rohr durch die Öffnung C in die Flasche geleitet. Danach folgt durch das innen liegende Rohr aus der Öffnung B das Auffüllen der Flasche mit Sekt. Die verdrängte Luft (CO_2) wird durch die Öffnung A 1 abgeleitet. Durch das Hinzufügen weiterer Distanzringe (Dichtungsringe) gelangt das Dosierventil nicht so tief in die Flasche. Dies ist dann sinnvoll, wenn nicht so viel Zucker dosiert wird und deshalb nicht so viel überschüssiger Sekt entnommen zu werden braucht. Im umgekehrten Falle werden Distanzringe entnommen, sodass das Dosierventil tiefer in die Flasche ragt und somit mehr Sekt aus der Flasche gedrückt wird. Dies ist bei einer höheren Zuckerdosage sinnvoll.

Die einzelnen Arbeitsvorgänge werden durch ein Schieberventil gesteuert.

Eine andere Verfahrensweise wird von TDD realisiert. Die degorgierten Flaschen gelangen in eine schräge Führung. Taktweise werden sie unter die einzelnen Ventile: Entleeren, Dosieren, Auffüllen, transportiert.

Neben diesen in Reihe arbeitenden Dosierern gibt es auch Rundläufer.

5.4.5.2 Dosiermaschinen

Bei den **automatisch arbeitenden Dosiermaschinen** werden die Flaschen per Band zu- und abgeführt. Für kleinere Leistungen von 600 bis 1200 Fl./h gibt es Dosierer, die in Reihe arbeiten (z. B. TDD). Größere Leistungen sind jedoch nur mit Rundläufern zu erreichen.

Die in Abb. 141 dargestellte Kombination Degorgier- und Dosiermaschine von TDD (EDDA 10) degorgiert warm nach dem in Kap. 5.4.4.1 dargestellten Prinzip. Die Leistung beträgt 800 bis 1200 Flaschen pro Stunde. Es können auch 0,375- und 1,5-Liter-Flaschen verarbeitet werden.

Es werden jeweils zwei Flaschen im Takt verarbeitet. Die höchstens zu dosierende Menge Likör beträgt 60 ml, was wohl in allen Fällen ausreicht (dies entspricht nach Tab. 43 über 50 g/l Zucker). Es können 55 bis 100 ml beigefüllt werden.

Da die Einrichtung pneumatisch arbeitet, benötigt sie Luft mit einem Druck von 6 bar. Der Luftverbrauch beträgt 10 m³ pro Stunde. Die Anschlusswerte: 380 Volt (dreiphasig) und 0,9 kW.

Meist arbeiten die Dosiermaschinen im Kombinat mit einer Degorgiermaschine. Die Flaschen gelangen per Band durch eine Abspritzeinrichtung, in der sie von der anhaftenden Kühlsole gereinigt werden. Danach werden sie in die Degorgiereinrichtung transportiert, in der sie in einem Winkel von etwa 45° degorgiert werden. Sofort danach erfolgt die Übergabe in die Dosiereinrichtung. Dort wird die Flasche, nachdem der überschüssige Sekt herausgedrückt wurde, wieder in einen 45°-Winkel gebracht, damit die Dosage des Expeditionslikörs ohne nennenswerten CO_2-Verlust erfolgen kann. Nach dem Wiederauf-

Abb. 141. Automatische Warmdegorgier- und Dosiermaschine von TDD (EDDA 10) Leistung 800 bis 1 200 Fl./h.

füllen der Flasche gelangt diese über ein Band zur Verschließeinrichtung.

5.4.6 Verschließen des fertigen Sektes in Flaschen

Während mehr als zwei Jahrhunderten waren **Korkstopfen** die alleinige Verschlussart. Nach 1900 kamen Stopfen auf, die aus Korkschrot zusammengeklebt wurden, sog. **Agglomerat-Stopfen** oder Agglomeré- oder Agglo-Stopfen. Die Korkstopfen aus „Vollkork“ sind inzwischen nahezu vollständig vom Markt verschwunden.

Wegen des großen Überdrucks in der Flasche müssen die Stopfen dagegen gesichert werden, aus der Flaschenmündung herausgedrückt zu werden. In der ersten Zeit der Schaumweinherstellung sicherte man die Stopfen mithilfe einer **Schnur** (Kordel, Seil, Spagat), die am Flaschenhals unter dem Mündungsband angelegt und quer über den Kopf des Stopfens mit einem „Apothekerknoten“ fest gespannt und verknotet wurde (siehe Abb. 148, rechts).

Man ist später dazu übergegangen, einen dünnen, verzinkten **Draht** anstelle der Schnur zu verwenden. Dann wurde die Arbeit dadurch erleichtert, indem man aus diesem Draht „Körbchen“ vorfertigte, die dann nur noch aufgesetzt und festgedrillt werden mussten. Hinzu kam ein Blechplättchen, das zwischen Draht und Kork gelegt wurde, um ein Einschneiden des Drahts in den Kork zu verhindern.

Etwa um 1955 begann man **Stopfen aus Polyethylen** herzustellen, deren Gestalt in groben Zügen den Korkstopfen ähnelte. Auch sie wurden mit Drahtverschlüssen gegen Herausspringen gesichert.

Nach Anhang VIII, Abschnitt G, Nr. 1 a) der VO (EG) Nr. 1493/99 dürfen Schaumweine in Flaschen nur mit pilzförmigen Stopfen aus Kork oder aus einem anderen Stoff und mit Haltevorrichtung in Verkehr gebracht werden.

Eine Ausnahme wird bei den Kleinflaschen mit Nennvolumen bis 0,2 Liter zugelassen. Diese dürfen auch mit sonstigen geeigneten Verschlüssen verschlossen werden.

Sonstige geeignete Verschlüsse sind z. B. **Kronenkorken** oder **Alu-Abreißverschlüsse** oder **Schraubkappenverschlüsse**. Bei diesen Metallverschlüssen mit Dichtungseinlage kommt es darauf an, dass sie mit relativ großer Kraft von oben auf die Mündung gedrückt werden (Kopfdruck) und, sobald dieser erreicht ist, dann seitlich so verformt werden, dass sie unter Beibehaltung des Kopfdrucks, sich selbst an der Mündung festhalten. Dazu dienen die Zacken des Kronenkorks oder die Sicke des Alu-Abreißverschlusses, die unter die Mündungslippe eingreifen, oder die Rillen, die bei Schraubkappenverschlüssen in das Gewinde der Flaschenmündung angerollt werden.

Im Gegensatz zu diesen „sonstigen“ Verschlüssen, erfolgt bei den Stopfen der größeren Flaschen die Abdichtung nicht von oben, sondern dadurch, dass der Stopfen, nachdem er in den oberen, nahezu zylindrischen Teil der Mündung eingesetzt wurde, dort mit großer Spannung seitlich gegen die Glaswand drückt. Diese große Spannung kann nur erreicht werden, wenn der Stopfen elastisch ist und mit der erforderlichen Kraft erst zusammengedrückt und dann so in die Mündung eingebracht wird, dass dort, infolge seiner „Rückstellkraft“, das feste, abdichtende sich Anpressen an die Glaswand zustande kommt.

Polyethylenstopfen haben zwar geringe Elastizität, sie können aber mit ausgezeichneter **Maßhaltigkeit** hergestellt werden und PE besitzt recht gute Gleiteigenschaft. PE-Stopfen schließen sehr dicht, wenn ihr Durchmesser in dem Bereich, der sich bis etwa 10 oder 12 mm unter Mündungsoberkante befindet, um 2 mm größer ist als der Innendurchmesser der Mündung in dieser Höhe, und wenn die Oberfläche des PE-Stopfens glänzend glatt und ohne Unebenheiten oder Verletzungen ist.

PE-Stopfen werden von oben in die Flaschenmündung gedrückt. Das PE gleitet hierbei an der Glasoberfläche und es wird, da die Mündung etwas enger ist, radial, also zur Mittelachse des Stopfens hin, gerade nur so viel zusammengedrückt, wie es seine Elastizität zulässt, ohne dass die „Kriechgrenze" überschritten wird. Fabrikneue **PE-Stopfen** sind sauber, hygienisch und völlig frei von Geschmack oder Geruch.

Verglichen mit „guten" Kork-Agglomerat-Stopfen kann Luftsauerstoff durch einen PE-Stopfen etwas schneller diffundieren, als beim Agglo-Stopfen. Diese Feststellung ist allerdings nur dort von Bedeutung, wo im fertigen Schaumwein flavonoide, oxidierbare Polyphenole, sowie Acetaldehyd in größerer Konzentration vorhanden sind. Wenn der Schaumwein hingegen nach den „Regeln der Kunst" bereitet bzw. hergestellt wurde, dann wirkt sich die etwas größere Gasdiffusion nicht aus, sie erreicht innerhalb von 2 Jahren keine sensorisch wahrnehmbare Größe.

Das **Material Kork** ist der traditionelle Stoff zur Herstellung von Schaumweinstopfen. Dank der Tatsache, dass die Zellen des Korkgewebes von Natur aus mit Luft gefüllt sind, ist Kork elastisch und kompressibel. Er verhält sich in dem Sinne wie ein Schaumstoff. Nach der Anfangszeit der Agglomeratherstellung mit etlichen Kinderkrankheiten, sind die meisten Agglomeratstopfen heute in Bezug auf Zuverlässigkeit und Qualität mindestens ebenso gut, wie es früher sehr gute Stopfen aus Vollkork waren (Abb. 142 bis 144).

Agglostopfen sind an einem Spiegel, manchmal auch an beiden Spiegeln, mit einer oder zwei, manchmal auch drei Scheiben aus Vollkork versehen. Es gibt auch Agglostopfen ohne aufgeklebte Korkscheiben.

Die aufgeklebten Korkscheiben sind gut geeignet, das Aussehen der Stopfen zu verbessern und sie helfen auch, den Preis der Stopfen zu begründen. Die Vermutung, dass die Korkscheiben dazu dienen würden, die Abdichtung zu verbessern, ist zutreffend. Näheres siehe im Kap. 5.4.6.2. Entscheidend wichtig für die Abdichtung ist vor allem, dass das Korkagglomerat durch und durch undurchlässig für Flüssigkeit und Gas ist. Ferner muss die Manteloberfläche des zylindrischen Stopfens eben, glatt, ohne harte Einschlüsse, ohne Risse oder Verletzungen und ohne Falten oder Rillen sein. Auch beim **Korkstopfen** kommt es darauf an, dass diese Eigenschaften speziell in dem Bereich gegeben sind, der sich nach dem Verschließen in der Mündung bis etwa 10 oder 12 mm unter der Mündungsoberkante befindet, weil der Mündungseingang aus herstellungstechnischen Gründen nur bis 10 bis 12 mm Tiefe genau maßhaltig hergestellt werden kann.

Für das Verschließen der Flaschen nach dem Degorgieren sind einige Punkte zu beachten.

Da die **Agglostopfen** mit wasserunempfindlichen Klebstoffen (Polyurethan) verklebt, an der Oberfläche entstaubt und mit einem Gleitmittel imprägniert oder beschichtet sind, ist es nicht mehr nötig, wie das früher war, die Stopfen vor Gebrauch in Wasser **einzuweichen**. Sie müssen sogar **trocken verarbeitet** werden, wenn sie maschinell orientiert werden sollen.

Jeder zylindrisch geformte Stopfen hat zwei runde Stirnseiten, die sog. Spiegel. Bei den meisten Stopfen ist der eine **Spiegel** dazu bestimmt in der Flasche zum Wein zu zeigen und der andere soll folglich nach außen gerichtet sein. Mit dem Auge kann man die beiden Spiegel meistens daran unterscheiden, dass auf der Weinseite sich die Korkscheibe befindet und dass ein bestimmter Aufdruck zu sehen ist. Bevor der Stopfen in die Korkmaschine eingesetzt wird, muss er daher richtig ausgerichtet oder orientiert werden. Nur bei Stopfen, deren beide Spiegel gleich aussehen, ist keine Orientierung erforderlich.

Für schnell laufende **Korkmaschinen** gibt es Hilfsmaschinen, die den Korkstopfen automatisch orientieren und ihn dann der Korkmaschine zuleiten (Abb. 152). Zur besseren Unterscheidung ist bei vielen Stopfen der Rand des oberen Spiegels abgeschrägt (abgefast). Diese Abschrägung ist außerdem dafür gedacht, dass das Blechplättchen des Drahtbügels beim Aufsetzen besser zentriert wird und nicht einseitig über den Rand des Stopfens herausragt (Verletzungsgefahr bei Verbrauchern).

Alle Korkmaschinen arbeiten nach dem gleichen Schema.

Der Korkstopfen wird mit dem weinseitigen Spiegel nach unten in das Korkschloss gebracht. Das **Korkschloss** hat vier Stahlbacken, die durch die Mechanik des Schlosses nach Art einer Irisblende zur Mitte hin zusammengeschoben werden, sodass der zylindrische Stopfen zusammengepresst wird. Der Durchmesser des Stopfenzylinders wird dabei von etwa 30 mm auf 15,8 mm zusammengedrückt (Zürn et al., 1997), ohne dass die Länge von 48 mm nennenswert verändert würde. Es findet also eine sehr große Komprimierung in radialer Richtung statt, wobei der Umfang des Stopfens auf der ganzen Mantelfläche gleichmäßig von vorher 97 mm auf nachher 47 mm zusammengeschoben wird. Dazu werden im Mittel etwa 1600 kg (≈ 15 690 N) – je nach Material – benötigt (Zürn et al., 1997). Dieses Zusammenschieben der Mantelfläche erfordert, dass Kork und Stahl aneinander vorbei gleiten. Da die Gleiteigenschaft des Korks von Natur aus aber sehr schlecht ist (Bremsbelag), wird die Oberfläche des Stopfens mit **Gleitmittel** imprägniert bzw. beschichtet. Dennoch tritt hier während des Zusammenschiebens eine sehr bedeutende Reibung auf. Diese enorme **Reibung** kann zu zwei Arten von Fehlern oder Schäden führen. Wenn das Korkgewebe entlang der Mantelfläche Festigkeitsunterschiede aufweist, wie sie bei Stopfen aus Vollkork an den angeschnittenen Jahresringen immer auftreten, kann es zur Ausbildung von **Falten** auf der Mantelfläche kommen, die parallel zur Längsachse des Stopfens, also von unten nach oben verlaufen. Bei Agglostopfen treten diese Fehler kaum auf, weil hier die Korkteilchen ungeordnet zusammengeklebt sind. Es gibt also keine durchgehenden Jahresringe.

Bei einzelnen Korkstopfen, deren Material etwas härter ist, und/oder wenn die Stahlfedern hinter den Korkschlossbacken erlahmt sind, und/oder wenn die Stahlbacken infolge Abnutzung oder infolge mangelhafter Einstellung nicht messerscharf und ohne jeglichen Spalt aneinander gleiten, dann wird während des Zusammenschiebens der Backen ein haarfeiner Spalt zwischen ihnen geöffnet, in welchen sogleich Korkmaterial hineingepresst wird. Es entsteht eine **Quetschfalte**. Wenn anschließend der zusammengepresste Korkstopfen durch den Stößel von oben nach unten in die Flaschenmündung gestoßen wird, gibt es in dieser Quetschfalte auch noch eine Schnittverletzung durch die scharfe Kante des Schlossbackens. Dies ist ein relativ oft vorkommender Fehler. Man kann ihn erkennen, wenn man aus einer frisch verkorkten Flasche den Stopfen herausnimmt und ihn bei gutem Licht prüft. Manchmal ist die Quetschfalte so stark ausgeprägt, dass man sie mit der Fingerkuppe fühlen kann. Zuweilen befinden sich an einem Stopfen nicht nur eine, sondern zwei, ja sogar vier solcher Falten als genaue Abdrücke der vier Backen. Quetschfalten, die von unten herauf bis etwa Stopfenmitte oder noch höher hinauf verlaufen, bilden Kanäle, durch die Gas austreten und ggf. auch Flüssigkeit aussickern können. Es lohnt sich, täglich mehrmals einige **frisch verschlossene Korkstopfen zu prüfen**, damit die Maschine sogleich repariert wird und damit das unerkannte Entstehen eines größeren Schadens vermieden werden kann.

Der **Stößel oder Dorn**, der den zusammengepressten Korkstopfen in die Flaschenmündung drückt, kann hinsichtlich seiner Eindringtiefe verstellt werden. Er soll so eingestellt sein und den Stopfen nur soweit in die Mündung drücken, dass die Unterkante des hineingedrückten Stopfens ziemlich genau 26 mm unter Mündungsoberkante steht. Früher nannte man das „bis strohhalmbreit unter das Band der Mündung". Dann ragen noch etwa 22 mm der Stopfenlänge oben heraus. Der zusammengepresste Teil in der Mündung ist der Stopfenschaft, der herausragende Teil ist der Stopfenkopf. Gelegentlich, wenn die Unterkante der Backen abgenutzt und sehr scharf geworden ist, wird der Stopfen, nachdem er schon in die Flasche gedrückt wurde, genau im Übergang zwischen Schaft und Kopf rundherum scharf eingekerbt oder eingeritzt. Dieser Ritz bildet dann ungewollt die **„Sollbruchstelle"**, an welcher ein sehr fest sitzender Stopfen abbrechen kann. Er bricht ab, wenn man beim Öffnen den Stopfenkopf kräftig dreht und kippt. Zuweilen ist dieser Ritz so scharf, dass direkt nach dem Verkorken schon beim Öffnen des Korkschlosses, wenn sich der Kopf wieder auf den ursprünglichen Durchmesser ausdehnt, das Oberteil abbricht, noch ehe es zur Verdrahtung kommt. Zum Auftreten dieses Schadens kann allerdings auch das Material des Korkstopfens wesentlich beitragen, wenn die Aggloteilchen infolge eines Fabrikationsfehlers im Inneren des Stopfens nicht richtig zusammengeklebt wurden.

Die Korkmaschinenbacken sollten ersetzt werden, noch ehe derartige Schäden auftreten. Die Gleitflächen im Korkschloss müssen des Öfteren nachgearbeitet werden.

Sobald die frisch degorgierten Flaschen verkorkt sind, sollen sie auch sogleich verdrahtet werden. Der Zweck der **Verdrahtung** besteht darin, den Stopfen in seiner Position festzuhalten. Zu der Zeit, wenn die Flasche verdrahtet wird, steht der Flascheninhalt noch nicht, oder noch kaum unter Druck. Aus dem Schaumwein diffundiert CO_2-Gas allmählich in den Hohlraum des Flaschenhalses, wodurch sich in der Flasche ein Druck aufbaut, der nach einigen Stunden, wenn Gleichgewicht zwischen Gasraum und Flüssigkeit eingetreten ist, seine größte Höhe erreicht. Später, wenn die Flaschen über Land transportiert werden, z. B. im Sommer im LKW oder im Kofferraum des Pkw, erwärmt sich der Schaumwein in der Flasche, wodurch der Überdruck im Inneren der Flasche ohne Weiteres auf 8 bar ansteigen kann. Das bedeutet, dass auf jeden Quadratzentimeter des sektseitigen Stopfenspiegels 8 bar, entspr. 8 kg drücken und, da seine Oberfläche 2,5 cm^2 beträgt, dass der Stopfen mit der Kraft von rund 20 kg aus der Flasche gedrückt wird. Das entspricht dem Gewicht von zwei vollen Eimern Wasser. Gegen diese Kraft muss der Stopfen in seiner Lage durch den Drahtverschluss zuverlässig festgehalten werden.

Die Reißfestigkeit des Drahtes ist für diese Belastung allemal ausreichend. Dennoch kann es vorkommen, dass die Drahtsicherung den Stopfen nicht halten kann, und zwar vor allem dann, wenn der Drahtring nicht stramm genug **unter** das Band oder die Wange der Mündung angedrillt wurde. Der Drahtring muss rundherum, also allseits, und einschließlich der Ösen an den Beinen des Körbchens oder einschließlich der Einrollung an den Enden des Blechbügels fest unter dem Band oder der Wange sitzen. Wenn auch nur eine Öse zu hoch sitzt, kann schön langsam der ganze Drahtring über die Kante gezogen werden und dann schießt der Stopfen heraus.

Bei Handarbeit, d. h., wenn die Drahtsicherung von Hand aufgesetzt und mit Handkurbel oder Handdriller angezogen wird, dann hat man es buchstäblich „in der Hand", den Drahtring fest anzuziehen.

Bei allen motorisch angetriebenen **Verdrahtungsmaschinen** aber ist die Anzahl der Umdrehungen, mit denen der Haken den Drahtring andrillt, unveränderbar festgelegt. Die Drillung kann nur fester oder weniger

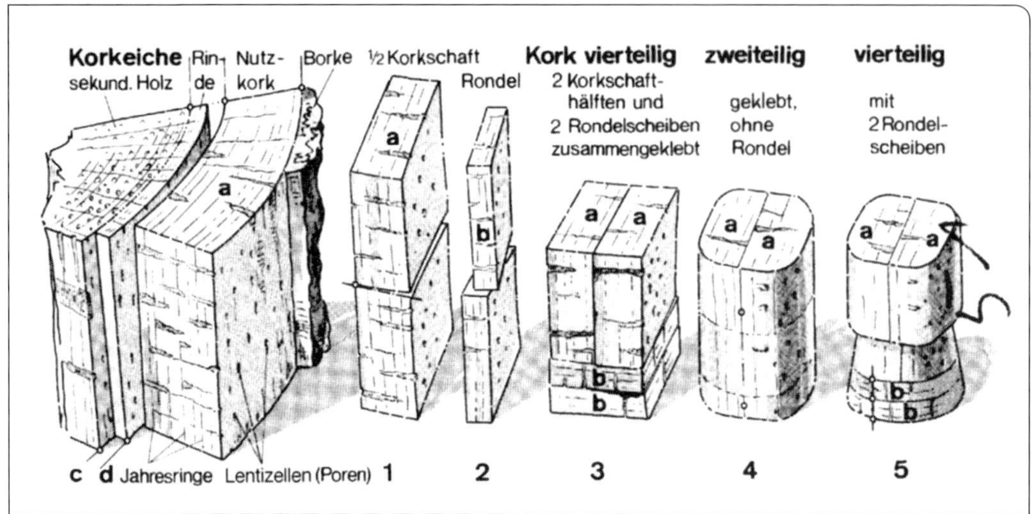

Abb. 142. Darstellung der Fertigung zusammengesetzter Sektkorke aus der Korkrinde der Korkeiche. Oller & Co., Reims.
a = Rohkork; 1 a = Teilstück für den Korkschaft; 2 b = Teilstück für die Rondelscheiben; 3 = zusammengeklebter vierteiliger Kork im Rohzustand; 4 = fertiger Sektkork aus 2 Teilen zusammengesetzt mit Paraffinring; 5 = Sektkork vorgeformt mit 2 Rondelscheiben (b) und Paraffinring wie bei 3; c = Rindenkambium; d = Korkkambium (Phellogen) mit abgeschälter Korkrinde (Borke). Man beachte die Stellung der Jahresringe und der Korkporen (Lentizellen) (Zeichnung: G. Troost).

fest eingestellt werden, indem man in den Driller einen etwas dickeren oder einen etwas dünneren Haken einsetzt. Die Haken sind normalerweise austauschbar. Das Austauschen des Hakens kann durchaus öfters notwendig werden, wenn z. B. Flaschen aus einer anderen Lieferung oder Drahtverschlüsse von einem anderen Lieferanten kommen, wenn also der Halsdurchmesser der Flasche und die Drahtverschlüsse nicht aufeinander abgestimmt sind.

Die **Drahtöse** wird nach dem Andrillen nach oben gebogen und fest gegen das Glas gedrückt, damit sie nicht absteht und beim Anbringen der Halsverkleidung (Kapsel, Folie) nicht stört. Bei Handarbeit war es sogar üblich, die Drahtöse des Rings und auch die kleinen Ösen an den Beinchen des Körbchens mit einem Klopfholz anzuklopfen.

5.4.6.1 Vollkorkstopfen

Der **Naturkorkstopfen** war nach dem Weidenholzstopfen zu Beginn der Sekterzeugung lange Zeit der einzige Verschluss sowohl bei der Tiragefüllung als auch zum Verschließen des fertigen Sektes (Abb. 143). Sektkorken aus einem Stück sind in der dafür erforderlichen Stärke aus der Korkeiche kaum noch zu gewinnen, da hierfür mindestens 10 bis 12 Jahresringe erforderlich wären, und die Korkernte in kürzeren Abständen (alle 9 Jahre) gesünderes Korkholz bringt. Sie sind auch zu teuer. Daher halbierte man den Korkschaft und setzte ihn aus zwei Längshälften zusammen, die sich leichter gewinnen ließen, weil dazu Korkeichen mit etwa fünf bis sieben Jahresringen ausreichten (vgl. Abb. 142). Das garantierte besseres Korkholz, weil davon mehr anfiel und ausgesucht werden konnte. Die

Längshälften wurden so geschnitten, dass ihre Jahresringe senkrecht stehen, die Lentizellengänge (Poren) waagerecht (quer) verlaufen. Es wurde auf einen einwandfreien Spiegel geachtet. Ein Problem bestand darin, dass die Korken dann einreißen konnten, wenn die Agraffe in falscher Richtung aufgesetzt wurde (Abb. 143 b, 4).

Eine Weiterentwicklung bestand darin, dass die Korken dreiteilig hergestellt wurden. Zu den beiden Längshälften kam eine gemeinsame Korkplatte als Unterlagsscheibe für den Innenspiegel. Der wurde um 90° versetzt, sodass die Lentizellengänge nicht mehr quer, sondern senkrecht zu stehen kamen, die Jahresringe aber waagerecht verliefen. Die Unterlagsscheibe (Rondel) war ein besonders ausgesuchtes Stück Kork, da es mit dem Sekt direkt in Berührung kam. Der so aufwendig hergestellte Verschluss war dicht, weil die angeschnittenen Poren der Korkscheiben sich nicht deckten, und die Randabdichtung vollkommener wurde. Durch die verleimten Flächen wurden die senkrecht stehenden Lentizellengänge der Innenfläche unterbrochen, sodass auch hier keine durchlaufenden Porengänge entstehen konnten.

5.4.6.2 Korkagglomerat-Stopfen

Während die **Vollkorkstopfen** nur noch als Raritäten anzutreffen sind, besteht der heute fast ausschließlich verwendete Korkstopfen aus Korkagglomerat. Er besteht zu einem Teil aus in grobe Stücke zermahlenen und dann mit Polyurethan-Kleber verleimten Naturkork und zum anderen aus zwei Korkscheiben, die als Spiegel wirken und in der Flasche dem Sekt zugewandt sind (Abb. 143 b, 6–11). Nach Lemperle (1994) vermitteln Agglomeratkorken, wenn sie nicht mit einer Korkscheibe versehen sind, dem Sekt bereits nach drei bis vier Monaten einen muffigen Fehlton.

Im Vergleich zum Agglomeratteil haben die beiden Korkscheiben eine hohe Elastizität und dichten daher die Flasche gut ab. Sie verhindern vor allem die Migration sensorisch aktiver Stoffe aus dem Agglomerat in den Sekt. Diese Naturkorkscheiben gehören wegen ihrer feinen Holzstruktur, seiner geringen Porenzahl und den sehr schmalen

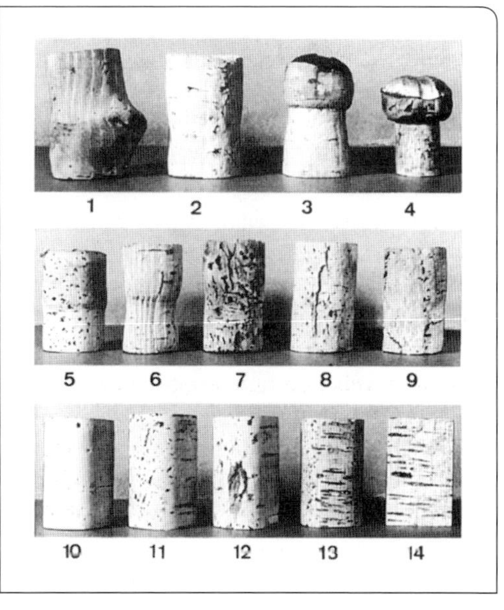

Abb. 143a. Naturkorke verschiedener Verarbeitung und Güte. 1 = alter Tiragekork, wiederaufbereitet mit Auswuchs; 2 = Tiragekork, regeneriert; 3 = Versandkork, junge Füllung (Pilzform angedeutet); 4 = Versandkork, alte Füllung, abgelagerter Sekt (Pilzform); 5 = Tiragekork, schwammiges, porenreiches Gewebe, schlecht; 6 = Tiragekork, unreifes Gewebe mit eingesunkenen Jahresringen; 7 = borkiger Kork, nicht brauchbar; 8 = Kork mit Längsriss, nicht brauchbar, weil undicht; 9 = Kork mit schwammigem, durchlässigem Korkparenchymgewebe; 10 = guter, einwandfreier Naturkork, ungeteilt; 11 = brauchbare Korkqualität; 12 = fehlerhafter Korkschnitt, borkige Rinden-Fehlstelle, undicht; 13 = schlechter, sehr porenreicher Kork (Lentizellengänge); 14 = der gleiche Kork im Schnitt, schlechte Qualität (Foto: G. Troost)

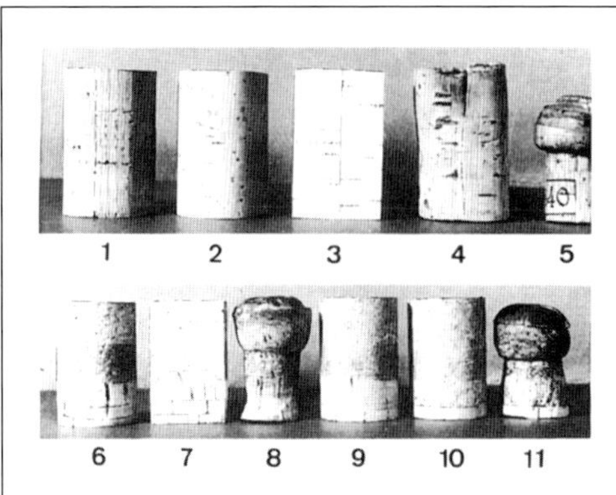

Abb. 143b. Naturkorke, zusammengesetzt, veredelt. Vgl. Abb. 142.
1 = geteilter Kork von harter holziger Struktur;
2 = Korkstopfen in einwandfreiem Zustand;
3 = Kork 2 im Längsschnitt mit geklebten Hälften;
4 = der gleiche Kork nach dem Degorgieren (Tiragekork); 5 = Versandkork, Kork mit Pilzform nach Öffnen der Flasche; 6 = zusammengesetzter Kork, Zylinder aus Presskork mit 3 Korkscheiben zur Abdichtung des Innenspiegels; 7 = der gleiche Kork im Schnitt; 8 = der gleiche Kork nach längerer Lagerung der Sektflasche; 9 und 10 = Korke mit einer Abschlussscheibe (Rondel); 11 = der gleiche Kork nach dem Gebrauch.
Die Reihe 6 bis 11 ist mit einem Paraffin-Gleitring versehen, um das Festkleben der Korke beim Öffnen der Flasche zu verhindern (Foto: G. Troost).

Jahresringen zu den teuersten Korkhölzern (Jäger, 2003). Sie werden mit Casein- oder Polyurethankleber mit dem Agglomeratkörper verleimt.

Während früher alle Korkvarianten mit einem etwa 2 cm breiten, umlaufenden **Paraffinstreifen** versehen waren, um das Gleiten des Korkens beim Öffnen der Flasche zu erleichtern, weisen die Korken heute eine Ganzbeschichtung auf. Diese besteht entweder aus einer wasserbasierten Paraffin/Silikon-Emulsion oder siliziumorganische Elastomere.

Man unterscheidet bei der Produktion des Agglomeratteiles des Sektkorkens zwei verschiedene Produktionsverfahren:

- Stangenfertigung.
- Einzelanfertigung.

Unter Stangenanfertigung versteht man, dass die Agglomeratteile in Stangen gefertigt und später nach dem Austrocknen auf die nötige Länge geschnitten werden. Bei der Einzelanfertigung wird jeder Agglomeratteil eines Korkens einzeln angefertigt. Nach dem Abschleifen des Agglomeratkörpers werden die Korkscheiben aufgeklebt. Für die Qualitätsbeurteilung eines Sektkorkens sind die Scheibe und deren Porenzahl mit ausschlaggebend. Dies jedoch weniger wegen der damit verbundenen unterschiedlichen Dichtigkeit, denn diese ist durch das Korkagglomerat gegeben, als durch die Gefahr des Korkgeschmackes bei einer zu großen Anzahl von Poren. Je mehr Poren, desto mehr Lentizellen-Inhalt kann an den Sekt abgegeben werden.

Die Abmessungen der Korkstopfen sind: Länge 47,5 mm und Durchmesser wahlweise 30,5 mm oder 29,5 mm, je nachdem, welche Flasche verwendet wird (siehe auch Kap. 5.1.2).

Bei der sensorischen Beurteilung von mit **Presskork** verschlossenen Weinen (Schmitt, Curschmann, Köhler und Miltenberger, 1986) wurde festgestellt, dass der Wein dann besser bewertet wurde, wenn der Presskorken weinseitig mit einer Naturkorkscheibe versehen ist. Zu ähnlichen Ergebnissen kommen auch Lemperle (1994) und Zürn et al. (1997) bei Sekt.

Die Korkagglomerat-Stopfen werden nach Wunsch weinsteril geliefert. Es ist durch eine entsprechende Imprägnierung keine Vorbehandlung (z. B. Einweichen) notwendig.

Es gibt zwar bei den Korken noch keine DIN-Norm, doch muss von einem Sektstopfen die Einhaltung folgender Bedingungen erwartet werden:

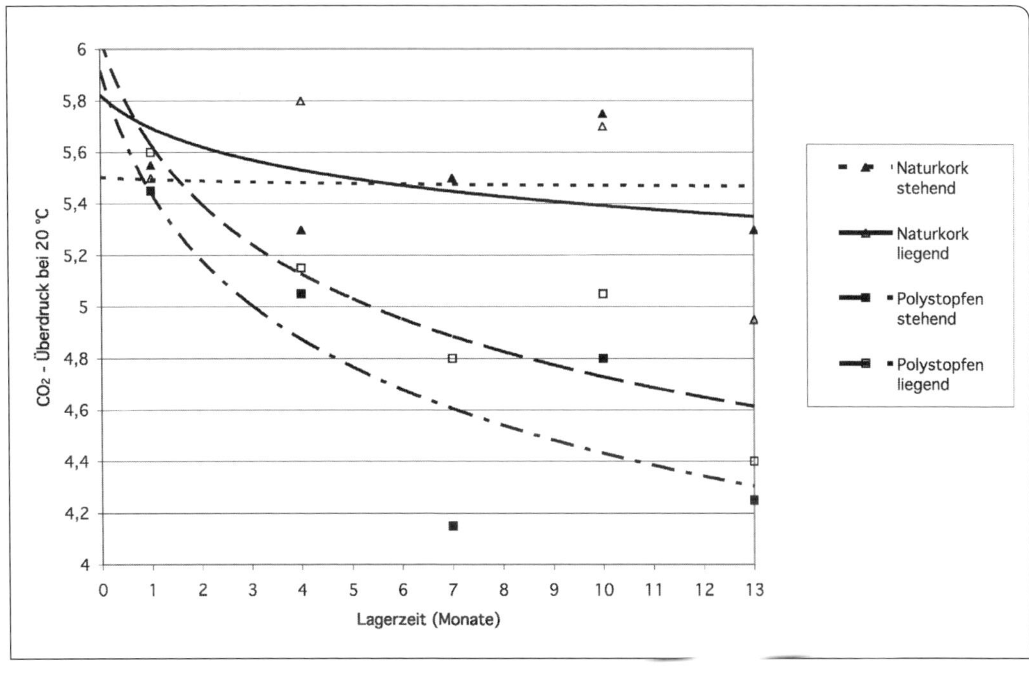

Abb. 144a. Die Veränderung des Druckes beim Sekt in Abhängigkeit vom Verschluss und Lagermethode während einer Lagerzeit von 13 Monaten (logarithmische Anpassung der Originaldaten nach Lemperle und Rhein, 1986).

Abb. 144b. Korkspiegel nach 20-monatiger Lagerung: links: stehend; rechts: liegend (aufgeweitete Lentizellen). (Lemperle).

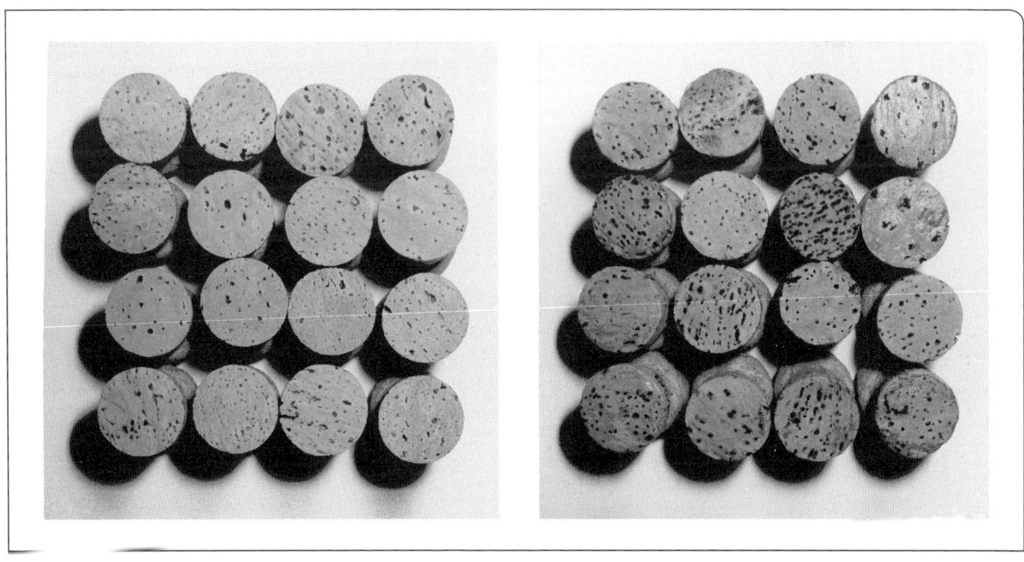

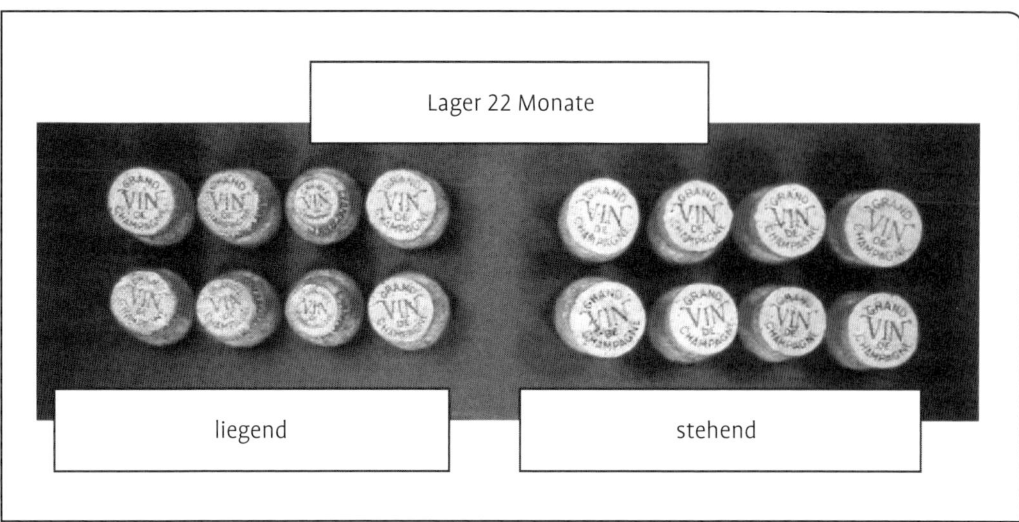

Abb. 144c. Korkspiegel nach 22-monatiger Lagerung stehend/liegend (Tribaut-Sohier, 1996).

- gute Verarbeitbarkeit beim Verschließen (druckfest),
- Dichtigkeit beim Lagern,
- leichtes Handling beim Öffnen der Flasche (kein Abbrechen des Korkens),
- keine Geruchs- oder Geschmacksabgabe.

5.4.6.3 Polyethylen(PE)-Stopfen

Seit 1955 sind **Polyethylenstopfen** als Flaschenverschlüsse für Sekt bekannt. Polystopfen, wie sie allgemein genannt werden, haben Vor- und Nachteile. Die Vorteile sind überzeugend. Ihr größter ist die dem Hochdruck-Polyethylen eigene **Geschmacksindifferenz**. Es gibt bei ihm keine Korkschmecker und keine abbrechende Korkstopfen. Zu den Vorzügen der Polystopfen zählt auch die gute Verarbeitbarkeit, die saubere, hygienische Ausführung, die sehr geringe Ausschussquote und das einfache „Entkorken“ bzw. Öffnen der Sektflasche beim Verbraucher ohne Hilfsmittel (Stephan, 1964).

Als Nachteile des Plastikstopfens wird die **Gasdurchlässigkeit** des Polyethylens angeführt, das Eindringen von Luftsauerstoff und damit die größere Oxidationsgefahr. Anfangs wurde auch ein stärkerer CO_2-Verlust und mangelnde Dichtigkeit beobachtet. Darüber haben Kielhöfer und Würdig (1963), Stephan (1964), Vogtländer (1968) und Peiler (1968) berichtet. Heute gehören diese Undichtigkeiten der Vergangenheit an. Wegen geringerer Toleranzen der Flaschenmündung (siehe Abb. 104) und hochmoderner Spritzgießwerkzeuge, die keine unterschiedliche Wandstärke des Stopfenschaftes zulassen, entspricht die Dichtigkeit voll den Anforderungen. Bei den heute üblichen zweiteiligen Kunststoff-Sektstopfen (Kappe plus Stopfenschaft) ist die Dichtigkeit in Kombination mit der richtigen DIN-Flasche gewährleistet.

Der Nachteil der stärkeren Oxidation in mit PE-Stopfen verschlossenen Schaumweinen als Folge der größeren **Sauerstoffdurchlässigkeit** ist deutlicher als beim guten Naturkork. Eine Sauerstoffschädigung liegt aber in einem zeitlich so weiten Bereich, dass es zwei bis drei Jahre dauert, ehe es zu nachteiligen Veränderungen des Sektes kommt.

Man hat versucht, die Sauerstoffdiffusion durch zusätzliche Bearbeitung und Ausstat-

Dass der CO_2-Innendruck der Sektflasche (4 bis 6 bar) das Eindringen von Luftsauerstoff (1 bar) nicht verhindert, hängt mit den **Partialdrücken der Gase** zusammen. So können sowohl CO_2-Gas (von innen nach außen) als auch Luftsauerstoff (von außen nach innen) gleichzeitig durch den PE-Stopfen diffundieren. Die CO_2-Verluste sind dabei weniger bedeutsam als die unerwünschte Sauerstoffaufnahme.

tung des PE-Stopfens zu verringern. So durch Innenlackierung, Ausfüllen des Stopfen-Hohlraumes durch Kork- oder Gummieinsätze, und hat damit auch Erfolg gehabt.

PE-Stopfen mit unten offenem **Hohlzylinder** sind aus diesem Grunde ungeeignete Verschlüsse (Abb. 145, rechts). Sie vergrößern den Gasraum der Flasche zusätzlich um einen 6 bis 9 ml großen luftgefüllten Raum, was etwa 1,7 bis 2,5 mg/l O_2 entspricht und die vorzeitige Alterung des Sektes begünstigt, weil es den Verlust von 6 bis 10 mg/l freier schwefliger Säure bedeuten kann (4 mg SO_2 binden 1 mg O_2). Kielhöfer und Würdig (1963) verglichen Flaschen, die mit Hohlstopfen und mit Kompaktstopfen verschlossen wurden, wobei die Werte am Ende der Füllzeit bestimmt wurden. Druckgas war Druckluft. Die Ergebnisse sind in Tab. 44 aufgeführt.

Daraus ergibt sich, dass durch die Verwendung des Hohlstopfens der O_2-Gehalt in der Flasche um fast 4 mg/l bedeutend höher ist als in den Flaschen mit Kompaktstopfen (letzte Zeile).

Nach Untersuchungen der BASF (Stephan 1964) verhält sich die Sauerstoffdiffusion bei Lupolen im Vergleich zum Naturkork wie in Tab. 45 dargestellt.

Neuere Untersuchungen stammen von Lemperle und Rhein (1986). Der stärkste SO_2-Verlust tritt aber kurz nach der Flaschenfüllung auf und hat noch nichts mit dem Flaschenverschluss zu tun. Seine Ursache ist die SO_2-Bindung durch beim Ab-

Tab. 44 Vergleich wichtiger Analysedaten bei der Verwendung von Hohl- bzw. Kompaktstopfen (Kielhöfer und Würdig, 1963)

		Hohlstopfen	Kompaktstopfen
Volumen Gasraum in der Flasche	ml	28	20
Volumen Sekt in der Flasche	ml	745	747,5
Gasmenge i.d. Flasche beim atm-Druck	ml	146	119
davon $O_2 + N_2$	ml	24,5	15,5
O_2 im Gasraum	%vol	3,4	2,8
N_2 im Gasraum	%vol	13,35	9,75
CO_2 im Gasraum	%vol	83,25	87,45
Anteil O_2 an $O_2 + N_2$	%vol	20,1	22,3
O_2 im Gasraum, bezogen auf 1 l Sekt	mg/l	9,6	6,5
O_2 im Sekt gelöst, bzw. auf 1 l Sekt	mg/l	1,7	1,2
O_2 insgesamt, bezogen auf 1 l Sekt	mg/l	11,3	7,7

Tab. 45 Sauerstoffübergang bei Stopfen aus verschiedenem Material (Stephan, 1964)

Es wurden im Gasraum der Flasche gefunden bei:		
1	Natur- bzw. Presskork	ca. 0,01 Ncm^3 Sauerstoff je Monat
2	Polyethylenstopfen, handelsüblich	ca. 0,16 Ncm^3 Sauerstoff je Monat
3	Gleicher Stopfen innen beschichtet	ca. 0,03 Ncm^3 Sauerstoff je Monat
4	Polyethylenstopfen in Verbundausführung	ca. 0,02 Ncm^3 Sauerstoff je Monat
Auf 1 Jahr umgerechnet und auf den SO_2-Verlust im Sekt bezogen entspricht das theoretisch bei:		
1	= 0,12 ml/Jahr = 0,17 mg/l O_2* ≙ 0,68 mg/l SO_2-Verlust	
2	**= 1,92 ml/Jahr = 2,69 mg/l O_2* ≙ 10,76 mg/l SO_2-Verlust**	
3	= 0,36 ml/Jahr = 0,50 mg/l O_2* ≙ 2,00 mg/l SO_2-Verlust	
4	= 0,24 ml/Jahr = 0,34 mg/l O_2* ≙ 1,36 mg/l SO_2-Verlust	

* 1 ml O_2 = 1,4 mg

füllen mit Druckluft aufgenommene Menge Luftsauerstoff. Die unterschiedliche O_2-Diffusion je Monat oder Jahr führt erst nach zwei bis drei Jahren zur schmeckbaren Alterung oder zum Abbau der Sektqualität. In der ersten Zeit äußert sich der O_2-Einfluss mehr in Richtung Reifung anstatt Alterung. Siehe dazu auch Troost (1988). Über den Einfluss der Lagerart des fertigen Sektes in Abhängigkeit vom Verschluss geben die Abb. 144 a bis c Auskunft (siehe auch Kap. 5.9.2).

Polystopfen werden als Sektflaschenverschlüsse weltweit eingesetzt. In den meisten Ländern sind allerdings die sogenannten einteiligen Sektstopfen (mit unten offenem Hohlzylinder) im Einsatz, die insbesondere für billige Sektmarken Verwendung finden. Ab einem bestimmten Preisniveau werden fast ausschließlich Naturkorken verwendet.

Anders verlief die Entwicklung in Deutschland. Erfindungsreiche Unternehmer (wie z. B. **Pfefferkorn**) arbeiten seit 1955 kontinuierlich an der Weiterentwicklung und Verbesserung insbesondere von zweiteiligen Kunststoff-Stopfen. In Deutschland beträgt der Marktanteil dieser Verschlüsse etwa 50 %.

Heute stehen für ganze und halbe Sektflaschen folgende Polystopfen zur Auswahl:

1. Zweiteilige Stopfen mit geschlossenem Schaftende und einer Kappe (Abb. 145, links).
2. Dreiteilige Stopfen, die im Schaft mit einem Naturkorken ausgefüllt sind.
3. Einteilige Stopfen mit geschlossenem Kopf und unten offenem Schaftende. Diese preiswerten Verschlüsse werden nur für billige Fruchtschaumweine, meistens Cidre, eingesetzt, die nach der Abfüllung auf der Flasche pasteurisiert werden. Der bei der Pasteurisierung entstehende erhebliche Überdruck in der Flasche presst den Stopfenschaft an die Flaschenmündung. Die Flaschen bleiben dicht. Stopfen mit geschlossenem Schaftende würden der Pasteurisierung nicht standhalten. Sie werden deformiert und es kommt zu Ausläufern (Abb. 145, rechts).

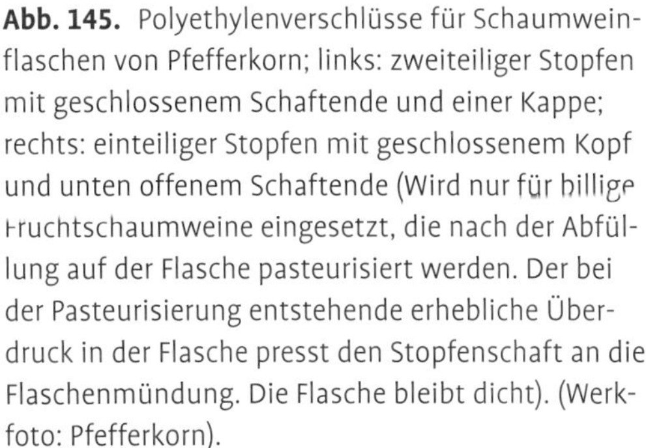

Abb. 145. Polyethylenverschlüsse für Schaumweinflaschen von Pfefferkorn; links: zweiteiliger Stopfen mit geschlossenem Schaftende und einer Kappe; rechts: einteiliger Stopfen mit geschlossenem Kopf und unten offenem Schaftende (Wird nur für billige Fruchtschaumweine eingesetzt, die nach der Abfüllung auf der Flasche pasteurisiert werden. Der bei der Pasteurisierung entstehende erhebliche Überdruck in der Flasche presst den Stopfenschaft an die Flaschenmündung. Die Flasche bleibt dicht). (Werkfoto: Pfefferkorn).

Abb. 146. Traditionelles Gestaltungselement aus Naturfaser mit einem verzinkten Drahtkern zur Ausstattung von Perlweinen. Durch maschinelle Fertigung wird eine hohe Präzision des Gestaltungselementes erzielt. Diese erlaubt es, die Secco-Kordel industriell auch in schnelllaufenden Abfülllinien zu integrieren. Damit eignet sie sich von Kleinstserienfertigung bis hin zu Großabfüllungen. (Werkfoto: Schneider, Bad Ebernburg).

Abb. 147. Pilzförmiger, einteiliger Schraubverschluss aus Polypropylen, der beim Öffnen den gewünschten Plop-Effekt erzeugt (Werkfoto: Pfefferkorn).

Werden Polystopfen eingesetzt, spielen die **Mündungsinnendurchmesser** der Sektflaschen eine wichtige Rolle. In jedem Falle sollte sich der Mündungsinnendurchmesser von der Oberkante bis etwa 17 mm Tiefe (an dieser Stelle sitzt der unterste Dichtring eines Polystopfens) erweitern. Man spricht auch von der A-Form der Sektflaschenmündung. Die neue Norm (DIN 6094, Teil 5 aus 2000) entspricht dieser Forderung.

Abhängig von dem Mündungsinnendurchmesser des vom Abfüller verwendeten Flaschentyps muss der geeignete Stopfentyp verwendet werden. So betragen die Mündungsinnendurchmesser bei deutschen Flaschen am Mündungseingang in der Regel etwa 18,0 mm (± 0,3 mm). Die französische Norm (NF H35-106) hat sich diesen Maßen weitgehend angepasst. Bei nordamerikanischen Flaschen beträgt der Eingangsdurchmesser etwa 16,8 mm. Für alle diese Flaschentypen gibt es passende Polystopfen.

Immer mehr Sektkellereien stellen in letzter Zeit auf die Abfüllung bei **Raumtemperatur** um. Die Stopfenhersteller haben sich bei der Gestaltung der Stopfenschäfte und der Auswahl des richtigen Rohmaterials auf diese Füllmethode eingestellt. Gleiches gilt für die Flaschenmündung. Diese wird für die „Warmfüllung" konisch, d. h. nach unten stetig erweiternd, gefertigt (analog DIN 6094-5). Damit wird erreicht, dass bei vorübergehenden kurzen Störungen in der Ausstattungs- und Verpackungslinie die Stopfen zwischen Verschließen und Verdrahten nicht von den Flaschen springen.

In Abb. 144 a ist ein Versuchsergebnis von Lemperle und Rhein (1986) dargestellt. Der Vergleich von Polystopfen mit Kork zeigt deutlich, dass während der Lagerzeit von 13 Monaten der Sekt, der mit Polystopfen verschlossen war, mehr CO_2 verlor als der Naturkork. Der Naturkork hat keinen nennenswerten Druckverlust zu verzeichnen. Die SO_2-Abnahme (hier nicht dargestellt) unterscheidet sich zwischen den beiden Verschlussarten nur insofern, als der liegend gelagerte Polyethylenstopfen während der gesamten Lagerzeit den geringsten Gehalt an freier SO_2 aufweist. Interessant ist bei der Betrachtung der Abb. 144 a auch, dass die Lagerung (liegend oder stehend) des mit Naturkork verschlossenen Sektes kaum einen Einfluss auf die Entwicklung des Druckes hat. Dasselbe trifft auf das freie SO_2 zu.

5.4.6.4 Schraubverschlüsse

Für das Verschließen von 1/4-Sektflaschen, aber auch von Perlwein, haben sich Schraub- oder Anrollverschlüsse aus Aluminium, auch als **MCA-Verschlüsse** bezeichnet, durchgesetzt. Diese **stirnabdichtenden** Verschlüsse werden mit einer Compound-Einspritzmasse (Plastisol) oder mit Dichtscheiben aus PVC-Kunststoff versehen. Das Material ist elastisch, hitzefest und physiologisch unbedenklich. Gegen Alkohol ist es bis 15 %vol beständig. Mit MCA-Verschlüssen werden die Flaschen absolut dicht verschlossen. Sie halten Flascheninnendrücke von 12 bar aus. Die Druckhaltigkeit hängt mit der Plastisol-Masse zusammen und damit, dass neben der Stirnfläche noch ein Teil des Kappenrandes mit abdichtet. So gibt es MCA-Verschlüsse mit Flachdichtung und mit Schulterdichtung. Man entwickelte dafür eigens „geschulterte" Flaschenmündungen. Mit steigendem Druck wölbt sich die Verschlusskappe etwas nach oben und verringert damit ihren Querschnitt, wodurch sie sich dem äußeren Flaschenmündungsrand immer fester anlegt.

Ein Nachteil des **Anrollverschlusses** ist der große Hohlraum, der über dem Sekt verbleibt. Dieser Nachteil kann durch Eindüsen von CO_2-Gas vor dem Verschließen oder durch die Verwendung eines entsprechenden Füllventils ausgeschaltet werden. Auch ist es denkbar, zwischen Füller und Verschließer gezielt einen Teil des CO_2 aus dem Sekt auszutreiben, was zu einer Verdrängung des Luftsauerstoffes im Kopfraum führt. Auch bei der Verwendung dieses Verschlusses ist darauf zu achten, dass Verschluss, Flaschenmündung und Verschließer aufeinander abgestimmt sind.

Einen Vorteil für den Verbraucher bietet der Verschluss insofern, als er die Flasche ohne Werkzeug öffnen kann. Ebenfalls ermöglicht dieser Verschluss das Wiederverschließen der Flasche, wenn sie nicht bei einem Mal geleert wurde. Bemängelt wird, dass der so verschlossene Sekt nicht knallt, sondern nur zischt, was der Verbraucher, dem es auf den Knalleffekt ankommt, übel vermerkt.

Die Industrie trägt dem Rechnung: **Bramlage** liefert einen „Twist and Plop"-Verschluss, der eine spezielle Flaschenmündung erfordert. Pfefferkorn hat den Top 28 auf den Markt gebracht, der auf MCA 1 und MCA 2 Schraubgewindemündungen passt (Abb. 147). Voraussetzung ist, dass die Flascheninnendurchmesser kalibriert sind. Die beiden Verschlüsse sind pilzförmige, einteilige Schraubverschlüsse aus Polypropylen, die beim Öffnen den gewünschten Plop-Effekt erzeugen.

Nachdem die Firma Henkell 1978 erstmals die Schraubverschlüsse ihrer Henkell-Trocken-Piccolo-Flaschen mit pilzförmigen **Überkappen** aus Kunststoff ausstattete, sind in der Zwischenzeit andere Kellereien ebenfalls dazu übergegangen. Die von Henkell und Pfefferkorn entwickelten Überkappen bieten drei Vorteile: Sekttypisches Aussehen auf den kleinen Fläschchen, leichteres Öffnen durch bessere Griffigkeit der festverbundenen Kombination Überkappe/Metallschraubverschluss und Schutz des Metallschraubverschlusses vor Beschädigungen und Gasverlust.

Andere stirnabdichtenden Verschlüsse haben sich nicht durchgesetzt. So wurde früher der **Alca-Abreißverschluß** mit Zunge auf Kleinflaschen aufgebracht. Zuerst waren sie mit Presskorkplättchen und Kaschierung und später mit Lupolenzapfen versehen. Mit den Zungen hatte man zuweilen Ärger.

Über Kronenkorkverschlüsse lese man das Kapitel 5.1.4.

5.4.6.5 Drahtsicherungen

Wie in Kap. 5.1.4 und 5.4.6 deutlich gemacht wurde, kann auf dem Verschluss einer Sektflasche eine Kraft von rd. 20 kg lasten. Würde unter dieser Bedingung der Verschluss nicht gesichert, träte dieser aus der Flasche aus.

Die Lösung dieses Problems war ein großer Fortschritt in der Technologie der Sektbereitung. Zu Beginn der Sektherstellung im 18. Jahrhundert wurden die Flaschen bei der Tiragefüllung mit Kork verschlossen und mussten gesichert werden. Dies geschah mit einer **Kordel**, die in kunstvoller Weise um den Flaschenhals und über den Korken verschnürt wurde (Abb. 148, rechts). Der Flaschenhals wurde anschließend in Pech oder Flaschenlack getaucht, um die Schnur für die lange Lagerung, während und nach der zweiten Gärung zu schützen.

Im vorigen Jahrhundert benutzte man dann **Drahtbügel**, die vom Material her eine

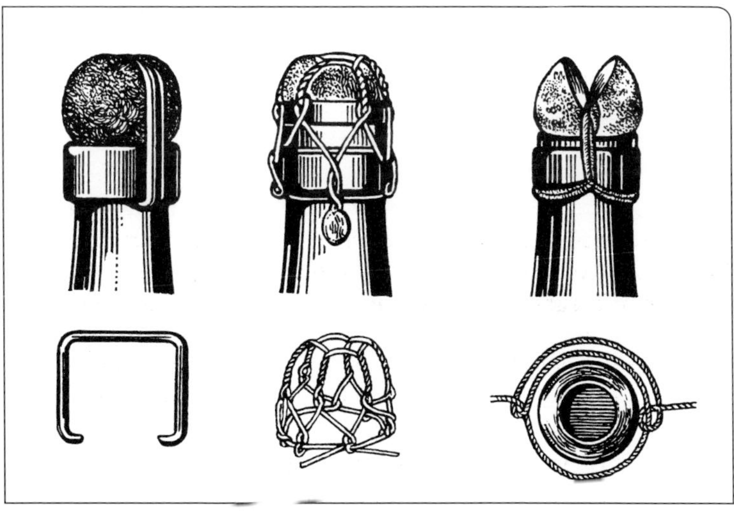

Abb. 148. links: Drahtbügel zum Befestigen des Tiragekorks (die eigentliche Agraffe); rechts: Befestigen des Korkens durch einen Bindfaden (ficelle) mit einem Apothekerknoten (zum Schutz des Bindfadens wurde der Flaschenhals in Pech oder Flaschenlack getaucht); Mitte: Drahtkörbchen der Anfangszeit (wurden häufig von Kellereiarbeitern in Heimarbeit gefertigt).

Abb. 149. Heute bei Sektflaschen gebräuchliche Drahtsicherungen: oben = Drahtbügel (Kunststoffstopfen); Mitte = Körbchen mit 4 Seitendrähten und Kappe (Kork); unten = Körbchen mit 4 Seitendrähten (Kunststoffstopfen) (Werkfoto: Schneider, Bad Ebernburg).

größere Sicherheit für den festen Sitz des Korkens boten. Es entwickelten sich zwei Ausführungen. Das eine ist die eigentliche **Agraffe** (Abb. 148, links), die ein quadratisch gebogener Drahtbügel darstellt, dessen unterer Teil offen ist, und dessen beide Enden mit einer Festhaltevorrichtung versehen sind (Lexique de la vigne et du vin sowie Pacottet und Guittonneau 1918). Sie diente ausschließlich zur Sicherung des **Tiragestopfens**. Das andere waren Drahtkörbchen als Korkensicherung für die Endausstattung (Muselet). Diese Körbchen dienten in Verbindung mit Plomben, Siegeln und Ähnlichem sehr oft auch als Sicherung für den unverfälschten Inhalt der Flaschen. Bei der Herstellung der Verschlüsse bemühte man sich, mit Draht die kunstvollen Verknüpfungen des Bindfadens nachzuahmen, was zu immer kunstvolleren Drahtgebilden führte (Abb. 148, Mitte).

Während man früher die **Drahtbügel** (die aus halbkreisförmigen Stahlstäben mit einem Radius von 2,5 mm gefertigt wurden) – also die eigentlichen Agraffen – nach dem Degorgieren säuberte und immer wieder verwendete, wurden die Drahtkörbchen (Muselets) in Handarbeit – zumeist in den Familien der Kellereiarbeiter – gefertigt. Als Weiterentwicklung der Agraffe entstand in Deutschland der maschinell gefertigte Bügelverschluss mit Drahtschleife (Abb. 149, oben).

Heute werden die Drahtsicherungen konfektioniert von den einschlägigen Firmen geliefert. Ihre Maßhaltigkeit ist so exakt, dass sie auch mit hoher Leistung automatisch auf die Flasche gebracht werden können (siehe auch Kap. 5.5.4.2).

Je nach Aufgabenstellung kann unter verschiedenen Drahtsicherungen ausgewählt werden. Für den Naturkork ist am weitesten verbreitet der **Vierdrahtverschluss mit Deckel** (Abb. 149, zweiter von oben). Letzterer diente zur Begrenzung des gewollten pilzförmigen Auswachsens des Korkens und zum Schutz des Korkens gegenüber der Verdrahtung. Alternativ hierzu kommt der Bügelverschluss mit Deckel zum Einsatz, seltener der Vierdrahtverschluss oder Bügelverschluss ohne Deckel. Die Sicherung der Polystopfen erfolgt wegen der hohen Steifigkeit des Stopfenmaterials vornehmlich mit dem preislich günstigeren Bügelverschluss (Abb. 149, oben) seltener mit Vierdrahtverschluss ohne Deckel (Abb. 149, dritter von oben).

Angebrochene Sektflaschen

Dem Verbraucher werden **Sektflaschenverschlüsse** angeboten für den Fall, dass eine Flasche Sekt im angebrochenen Zustand aufbewahrt wird. Zürn (1993) hat einen solchen „Sekt-Ausschank-Konservator“ von **Chambrair** geprüft und festgestellt, dass ein solcher, recht aufwendiger und teurer Verschluss drei Tage nach Anbruch der Flasche sensorisch keine besseren Ergebnisse erbringt als das Verschließen der Sektflasche mit einfachem Polystopfen.

In einer sehr aufwändigen und exakten Arbeit hat sich Lemperle (1996) mit dieser Frage ebenfalls beschäftigt und verschiedene „Verschlüsse“ geprüft. Das Ergebnis war, dass bei einer 24- und 48-stündigen Lagerung des Sektes bei einer Temperatur von 7 °C – im Vergleich zu der Vielzahl der getesteten Alternativen – die original sowie die mit Kronenkork verschlossene Flasche sensorisch vorgezogen wurde. Was den CO_2-Gehalt betrifft, war der lange Suppenlöffel effektiv. Zu vermuten ist, dass mit dem gut wärmeleitfähigen Löffel die Temperatur des Kühlschranks gut an den Kopfraum der Flasche abgegeben wurde und damit die Löslichkeit des CO_2 verbessert war. Empfohlen wird, die angebrochene Flasche mit einem mündungsabdichtenden Verschluss zu versehen.

5.5 Verschließmaschinen

(zu Kronenkorkverschließer siehe Kap. 5.1.5)

Das Wesentliche zum Verschließen der Sektflaschen und zur Aufbringung der Drahtsicherung ist in Kap. 5.4.6 und 5.4.6.5 ausgeführt. Beim Transport der Flaschen zur Verschließmaschine ist darauf zu achten, dass keine größeren Mengen an CO_2 „verloren gehen“. Andererseits ist aber eine leichte CO_2-Abgabe kurz vor dem Verschließen auch wünschenswert, weil damit evtl. vorhandener Sauerstoff im Kopfraum entfernt wird (siehe auch Abb. 129). Bei der Abfüllung von Bier z. B. erfolgt zu diesem Zwecke ein gezieltes Aufschäumen kurz vor dem Verschließen.

Der großen Variabilität der Verschlüsse entspricht die Vielzahl von Verschließtechniken. Hinzu kommt – je nach Leistung der Maschine – ein unterschiedlicher Automatisierungsgrad.

5.5.1 Für Korkstopfen

Das Einbringen der **Naturkorken** erfolgt in zwei Stufen: Erst wird der Kork auf einen engeren Querschnitt gebracht. Dies erfolgt bei den Sektkorken heute überwiegend mit dem Vierbacken-Schloss, wie es in Abb. 150 dargestellt ist. Sodann wird der Kork mit einer Stößelstange so weit in die Flaschenmündung eingetrieben, dass die Unterkante des Stopfens 26 mm unter der Mündungsoberkante steht (siehe auch Kap. 5.4.6). Der überstehende Teil des Korkens erhält beim Verdrahten die typische Pilzform. Der Korkstößel ist aus Edelstahl.

5.5.1.1 Mit Handbedienung

Auch heute noch werden Handmaschinen zum Einbringen des Sektkorkens angeboten. Da Sektkorken teilweise aus Presskork beste-

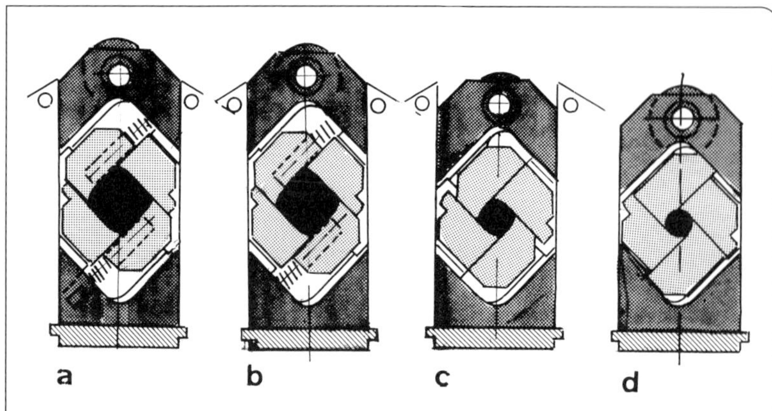

Abb. 150. Funktionsablauf eines Vierbackenschlosses. In der Stellung (a) gelangt der Kork in das Schloss, wird von (a) nach (d) allseitig zusammengepresst, um in der Stellung (d) durch einen Stößel in die Flasche getrieben zu werden. (nach Kematec).

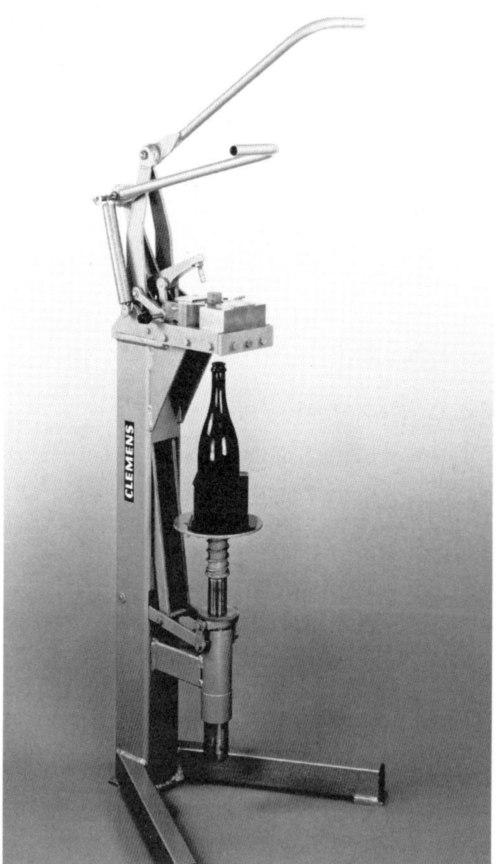

Abb. 151a. Gerät zur Aufbringung der Sektkorken per Hand (Clemens).

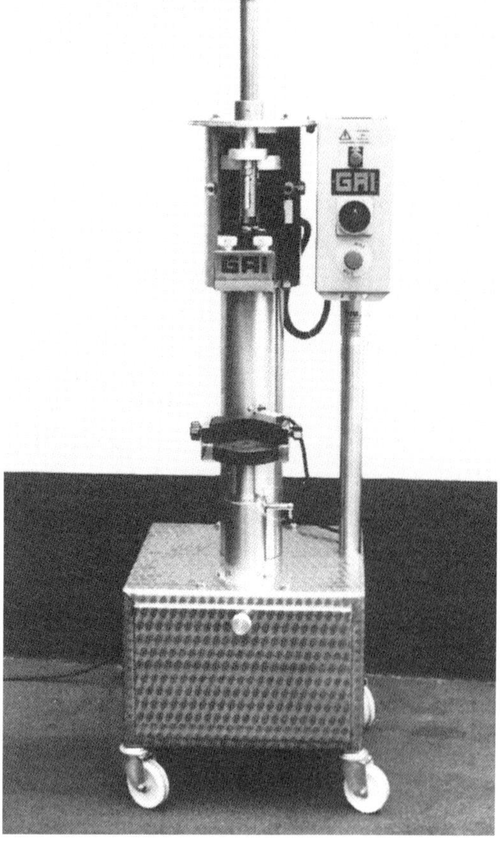

Abb. 151b. Halbautomatische Naturkork-Verschließmaschine für Sekt (GAI/Clemens). Die Korken müssen per Hand – richtig positioniert – zugeführt werden.

hen, ist zur Verengung ihres Querschnittes eine Kraft von 1600 kg zu überwinden (siehe Kap. 5.4.6). Hinzu kommt noch der Kraftbedarf zum Einbringen in die Flasche. Aus diesem Grunde nutzt man entweder die Hebelwirkung (Abb. 151 a), oder man bedient sich der Pneumatik als Hilfskraft. Die Leistung geht nicht über 300 Fl./h hinaus.

Auf eine Leistung von bis zu 1000 Fl./h kommen **Halbautomaten** (Abb. 151 b). Diese haben den Vorteil, dass die Maschine – und nicht die Bedienungsperson – die hohen Kräfte überwindet, um die Sektkorken in die Flaschen zu treiben. Flaschen und Korken müssen von Hand zugeführt werden.

5.5.1.2 Mit automatischer Zuführung der Flaschen und Korken

Die kleinsten Verschließautomaten sind mit nur einem Verschließkopf ausgestattet. Die Flaschen werden zwar per Band zugeführt, die Korken müssen aber von Hand in das Rohr über dem Schloss gesteckt werden. Die Leistung beträgt bis zu 3000 Fl./h.

Vollautomaten hingegen sind mit bis zu 16 Verschließköpfen ausgestattet und haben eine Leistung von 20 000 Flaschen und darüber. Die kombinierten Naturkorkverschließ- und Verdrahtungsmaschinen (Monoblock) werden in Kap. 5.5.4.2 beschrieben.

5.5.1.3 Positionierung der Korken

Da die Sektkorken aus einem Agglomeratteil und zwei Korkscheiben bestehen und die letzteren in der Flasche dem Sekt zugewandt sein müssen, erfolgt bei der automatischen Zuführung der Korken eine Positionierung (Orientierung). Dies geschieht in der in Abb. 152 dargestellten Weise. Die Korken gelangen über eine Führung waagerecht auf eine Schneide. Der schwerere Teil des Korkstopfens, das ist das Agglo-Teil, neigt sich nach unten, sodass der Stopfen mit den Korkscheiben nach oben in ein Rohr gelangt. In diesem Rohr wird er pneumatisch transportiert und gelangt so von oben in die Zuführung des Korkschlosses.

5.5.2 Für PE-Stopfen

Die Polyethylenstopfen werden manuell oder über eine Beschickungseinrichtung einem Sortier- bzw. Positioniergerät zugegeben. Die Sortiereinrichtung hat die Aufgabe, die Verschlüsse in die richtige Lage zu bringen und sie über die Rinne dem Verschließer zuzuführen.

Die **Verschließtechnik** bei kleinerer Leistung (unter 20 000 Fl./h) geschieht in der Weise, dass die Stopfen aus einer Rinne in einen Verschließkopf gelangen. Die Flasche wird von unten in diesen Verschließkopf gestoßen und damit verschlossen. Gleichzeitig spreizen sich zwei Backen, welche den Stopfen vorher festhielten und geben diesen so-

Abb. 152. Automatische Positionierung der Naturkorken. Die Korken gelangen über eine Führung waagerecht auf einen Dorn. Der schwerere Teil (das Agglo-Teil) sinkt nach unten und wird in dieser Position dem Verschließapparat zugeführt. (Valentin).

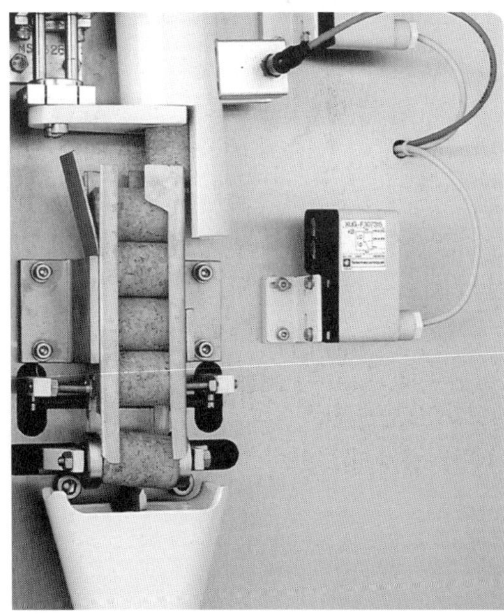

mit frei. Die verschlossene Flasche wird abgesenkt und über das Band abgeführt.

Die **Verschließtechnik**, wie sie bei rundlaufenden Verschließmaschinen mit einer Leistung von über 20 000 Fl./h anzutreffen ist, erfordert einen anderen Verfahrensablauf. Der Verschluss gelangt aus der Rinne in eine sogenannte Abpick-Station. Dort wird er genau fixiert, vom Verschließkopf erfasst und auf die Flasche aufgebracht. Eine Sicherheitseinrichtung verhindert, dass eine Flasche ohne Verschluss durch die Verschließmaschine läuft. Über einen Detektor in der Verschlusszuführung wird die Maschine abgeschaltet, sobald eine Störung in der Verschlusszufuhr auftritt.

5.5.3 Für Schraubverschlüsse

Bei der Verwendung von Schraubverschlüssen (Perlwein und 0,2-l-Sektflaschen) ist besonders auf die **Gleichmäßigkeit der Flaschen** zu achten. So darf die Flaschenmündungsebene aus Sicht der Verschlusshersteller maximal 0,5 mm von der Bodenebene abweichen (Kettern, 1987), d. h., die beiden Ebenen müssen – wie bei allen stirnabdichtenden Verschlüssen – parallel verlaufen, die Mündung darf nicht schief sein. Da Anrollverschlüsse stirnabdichtend sind, muss darauf geachtet werden, dass beim Füllen und Verschließen der Mündungsbereich der Flasche nicht beschädigt wird. So ist z. B. beim Füller die Verwendung von Zentriertulpen aus Kunststoff bzw. mit Kunststoffeinlagen sinnvoll. Auch können Schraubverschließer selbst Beschädigungen am Gewinde und an der Mündung verursachen. Bei der Verwendung von Gebrauchtglas ist auf eine intakte Mündung zu achten.

Der Verschließmaschine vorgeschaltet ist eine **Sortiereinrichtung**. Sie hat die Aufgabe, die Verschlüsse in die richtige Lage zu bringen und sie über eine Rinne zu der Übergabestation zu führen. Man unterscheidet mechanische Sortierer, Fliehkraftsortierer und Vibrationssortierer.

Je nach der gewünschten Leistung werden Verschließmaschinen mit einem Verschließkopf (Halbautomaten) bis zu Maschinen mit 20 Verschließköpfen (60 000 Fl./h) angeboten.

5.5.4 Für Drahtsicherungen

Die Maschinen zur Aufbringung der Drahtsicherungen arbeiten in der Weise, dass die Flasche hochgehoben wird, wobei die Flaschenmündung mit dem Stopfen ansteigt und dabei eine Drahtsicherung mitnimmt. In der Höhenstellung wird die Flasche mit dem Stopfen so stark zusammengedrückt, dass der Drahtring unterhalb des Mündungswulstes zu liegen kommt. Ein rotierender Haken dreht die Drahtschlaufe zusammen und ein „Andrücker" biegt darauf die entstandene Öse nach oben an die Flasche (Abb. 153 a).

Die Übergabe des Schraubverschlusses auf die Flasche selbst erfolgt durch automatisches Abschleppen aus einem speziellen Kappenschuh. Beim Sekt bzw. Perlwein verhindert ein nachgeschalteter Niederhalter ein Hochheben und Herunterfallen des Verschlusses (Kettern 1987). Der Verschließkopf wirkt in axialer und radialer Richtung. Mit dem Kopfdruck von etwa 190 bis 230 kp wird der Verschluss auf die Flaschenmündung gedrückt. Bei diesem Vorgang verformt ein innenliegender Plunger des Verschließkopfes den Verschluss um eine vorgegebene Ziehtiefe auf dem Mündungsbereich. Dadurch wird das im Innern der Kappe befindliche Dichtungsmaterial auf der Flaschenmündungs-Ober- und -Seitenfläche angepresst. Durch den radialen Druck zweier Gewinderollen erfolgt eine Gewindeausformung am Glasgewinde. Somit wird die mit dem Kopfdruck erzielte Abdichtung erhalten.

Bei der Wahl einer Verdrahtungsmaschine muss berücksichtigt werden, welche Drahtsicherung aufgebracht werden soll (siehe Kap. 5.4.6.5). Je nach verwendeter Drahtsicherung kann es notwendig sein, den Verdrahtungskopf zu wechseln, den Haken durch einen solchen mit einem anderen Durchmesser auszutauschen.

Heute werden aber häufig Verdrahtungsmaschinen, insbesondere bei höherer Leistung (bis 20 000 Fl./h), mit zwei Zuführsystemen für die Verarbeitung sowohl von Vierdrahtverschlüssen als auch Bügelverschlüssen ausgestattet. Die Umstellung von einem Verschlusstyp auf den anderen ist ohne nennenswerten Zeitaufwand und ohne

Abb. 153. Aufbringen der Drahtsicherung.
a: ein Haken greift in eine Öse, dreht diese, sodass der untere Draht unter die Unterkante des Bandes bzw. der Wange der Flaschenmündung eng anliegt. Anschließend drückt ein „Andrücker" die abstehende Öse an die Flasche (Kematec)
b: halbautomatische Verdrahtungsmaschine. Die Drahtkörbchen werden manuell (optional auch mit automatischer Zuführung) auf den Korken gesteckt (Leistung max. 800 Fl/h) (Kematec)
c: Vollautomat (Kematec).

Austausch der Verdrahtungshaken möglich. Ein Austausch der Verdrahtungshaken kann jedoch notwendig sein, wenn Sektflaschen eingesetzt werden, deren Halsdurchmesser von dem Normalmaß (28,5 mm) abweicht (siehe Abb. 104).

Das Ziel muss es sein, die Ösen der Drahtsicherung unter die Unterkannte des Bandes bzw. der Wange der Flaschenmündung zu positionieren.

5.5.4.1 Mit Handbedienung

Die einfachste Form, die Drahtsicherung aufzubringen, ist das Arbeiten mit einem Drillgerät. Dies funktioniert aber auch nur dann, wenn der Korken ausreichend stark zusammengedrückt ist; sonst kommt der Drahtring nicht unterhalb des Mündungswulstes zu liegen.

Es existieren Geräte zur manuellen Aufbringung der Drahtsicherung. Mit dem Hebel wird die Flasche mit dem Stopfen und der darauf befindlichen Drahtsicherung gegen ein Widerlager gedrückt. Sodann erfolgt das Drillen des Drahtes durch die Betätigung eines Fußhebels. Die Leistung, die mit diesem Gerät erzielt werden kann, wird mit maximal 300 Fl./h angegeben. Durch Austauschen eines Bolzens kann es auch zur Aufbringung von Kronenkorken bei der Tiragefüllung genutzt werden (Clemens).

Eine Arbeitserleichterung bieten die Halbautomaten, bei denen sowohl das Anheben der Flasche als auch das Drillen des Drahtes maschinell erfolgt. Die Leistung liegt bei max. 800 Fl./h. Abb. 153 b zeigt einen solchen Halbautomaten.

5.5.4.2 Automaten

Automatische Verdrahtungsmaschinen sind Rundläufer. Die Übergabe der Drahtsicherungen aus dem Magazin erfolgt magnetisch auf eine Kette (Abb. 153 a). Die Flaschen werden in der Umlaufbahn von Tellern hochgehoben, während dessen die Drahtsicherungen aufgesetzt werden. Sodann erfasst ein Verdrahtungshaken die Drahtsicherung und befestigt diese durch Verdrehen mit dem Haken an die Flasche. Anschließend wird die abstehende Öse an die Flasche gedrückt (Abb. 153 a, rechts im Bild). Die Beschickung der Magazine wird entweder per Hand durchgeführt oder kann so weit automatisiert werden, dass die Drahtsicherungen in speziellen Paletten angeliefert, mit Automaten entpalettiert und über ein Transportsystem der Verdrahtungsmaschine zugeführt werden.

Mit diesem Entpalettier- und Zuführsystem (Philipp Schneider & Co., Bad Münster-Ebernburg) ist die wahlweise Beschickung von bis zu drei Verdrahtungsmaschinen mit Vierdrahtverschlüssen oder Bügelverschlüssen möglich. Der Umstellungsaufwand von dem einen auf den anderen Verschlusstyp ist minimal.

Abb. 154. Flaschenumschlagmaschine. Zur Verteilung der Versanddosage im Sekt werden die Flaschen mehrfach um ihre eigene Achse gedreht. Leistung etwa 2 000 Fl./h. (TDD).

Häufig werden **Kombinatmaschinen** eingesetzt. Dies sind Maschinen, bei denen die Funktionen Verschließen und Verdrahten auf einem gemeinsamen Maschinenblock zusammengefasst sind. Sie haben den Vorteil des geringen Platzbedarfs, des gemeinsamen Antriebs, des sicheren Synchronlaufs, einer gemeinsamen Steuer- und Regelvorrichtung. Es fallen Puffertische oder Pufferstrecken weg.
Aber auch die Aufstellung der Einzelaggregate, die sowohl bei Halbautomaten als auch bei Vollautomaten möglich ist, kann in speziellen Fällen von Vorteil sein. So ist der Arbeitsablauf flexibler bei kurzen Störungen, an der Maschine stoppt nicht der ganze Linienfluss, Flaschen können während des Arbeitsablaufs aussortiert oder zugegeben werden, die Kombination der Einzelaggregate mit anderen Linien ist möglich, und Reparaturen sind leichter auszuführen.
Vollautomaten funktionieren nur dann, wenn die Drahtsicherungen präzise vorgefertigt und nicht beschädigt sind und die vorgegebenen Toleranzen eingehalten werden.

5.6 Flaschen-Umschlagmaschinen und Mischmaschinen

Damit der Expeditionslikör gut in dem fertigen Sekt verteilt wird und sich nicht schichtet, erfolgt nach dem Verschließen der Flaschen deren **Umschlagen**. Dazu gibt es eine Reihe von Techniken. Die einfachste Möglichkeit besteht darin, die verschlossenen Flaschen in eine waagerecht arbeitende **Flaschenaußenwaschmaschine** zu legen. Durch die Rotation der Bürsten erfolgt eine recht gute Durchmischung der Dosage. Auch gibt es Maschinen, die nach dem gleichen

Abb. 155. Automatische Flaschenumschlagmaschine (Rundläufer). Die Flaschen werden mit beweglichen Greifarmen festgehalten. Durch Führungsschienen erfolgt deren axiale Drehung im Rundlauf. (Perrier).

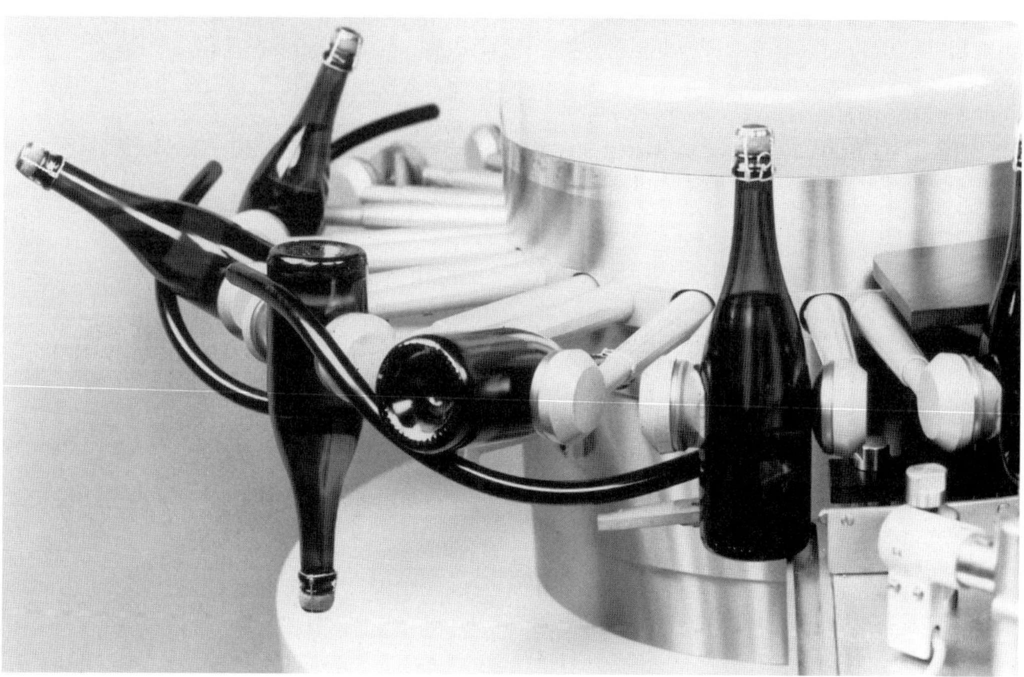

Prinzip arbeiten. Die Flaschen werden in waagerechter Stellung in dem Gerät um ihre eigene Achse gerollt.

Eine andere Möglichkeit ist in Abb. 154 dargestellt. Hier werden die Flaschen nach dem Verdrahten mehrfach um ihre eigene Achse gekippt. Rundläufer drehen die Flaschen ebenfalls axial (Abb. 155). Ihr Vorteil ist die Automatisierung dieses Arbeitsvorganges und die hohe Stundenleistung.

Eine Komplettierung erfährt dieser Arbeitsbereich durch eine visuelle Begutachtung der Klarheit des fertigen Sektes. Die Flaschen bewegen sich vor einem beleuchteten Schirm, wo sie von einer Person begutachtet werden können. Beim Vorhandensein von Partikeln können diese Flaschen entweder per Hand entnommen werden, oder die Bedienungsperson löst bei der fehlerhaften Flasche ein Signal aus, worauf diese dann automatisch ausgesondert wird.

Wenn die Flaschen sofort verpackt werden, durchlaufen sie nun eine **Flaschenaußenwaschmaschine und eine Trockenmaschine** (siehe Kap. 5.7.2), werden ausgestattet und verpackt.

5.7 Etikettierung, Ausstattung, Aufmachung, Verpackung

Für das abgefüllte Erzeugnis bilden die Flasche und der Verschluss eine Einheit, die als **Fertigpackung** im Sinne des Eichgesetzes (Neufassung vom 11.6.2008) in Verbindung mit der Richtlinie 2007/45/EG vom 5. September 2007 gilt. Die Nennfüllmenge ist in die Glaswand der Flasche erhaben geprägt, meistens am Flaschenboden, z. B. 0,75 l. Flasche und Verschluss sind zugleich Teil der **Aufmachung**. Durch ihre Gestalt und ihr Aussehen lassen sie außerdem einen Schluss auf Art und Menge des Inhalts zu.

Weitere Teile der Aufmachung sind die Verkleidung des Verschlusses und des Flaschenhalses mit Folien oder Kapseln und die an der Flasche angebrachten Aufschriften, Zettel, Schilder oder Etiketten. Diese normalerweise erst nach dem Abfüllen angebrachten Teile der Aufmachung bezeichnet man als **Ausstattung**.

Die Fertigpackung mit ihrer Ausstattung ist die kleinste geschlossene Verkaufseinheit. Sofern die Flasche oder einige Flaschen in Einzelpacks (z. B. Faltschachteln) oder in Multipacks stecken, dienen diese Hüllen weniger als Transportschutz, sondern vornehmlich als gestaltgebende Verkaufshilfe und sind dann ebenfalls Teil der Ausstattung.

Der äußere Umkarton – wie auch die früher üblichen Holzkisten – und die in diese Einheiten eingesetzten Trennkörper, wie Einwickelpapier, Papp- oder Strohhülsen, Kartonstege oder Plastiktrays zusammen bilden die **Verpackung**, sie alle dienen als Transportschutz.

Mit dem Begriff **„Etikettierung“** bezeichnet man sowohl die Tätigkeit des Anbringens von Etiketten (Rumpf-, Rücken-, Hals-, Zusatzetiketten, Zetteln und Schildern) auf den Flaschen oder sonstigen Verkaufsbehältnissen als auch die Eigenschaft der Flaschen, mit einem Etikett ausgerüstet zu sein.

Das Anbringen der Etiketten auf den Flaschen ist ein Arbeitsvorgang, der nicht sekttypisch ist. Zahlreiche Lebensmittel, Getränke und sonstige Verbrauchsgüter werden ebenfalls etikettiert. Die Hilfsmittel, Geräte und Maschinen, die in den vielen Etikettiervorgängen eingesetzt werden, arbeiten in allen Anwendungsbereichen nach den gleichen Prinzipien. Es wird hier auf eine Beschreibung des Etikettierens, sowie des sonstigen Ausstattens und Verpackens verzichtet. Eine sehr ausführliche Beschreibung dieser Vorgänge findet man in Troost (1988), Seite 925–946. Sehr wertvolle Informationen und Hinweise findet man außerdem im „Handbuch der Ausstattungstechnik“, das von Krones herausgegeben wurde. Einige technische

Einzelheiten sind auch in den nachfolgenden Kapiteln zu finden.

Die Etikettierung der Sektflaschen muss die Bezeichnung des Inhalts und weitere obligatorische Angaben enthalten und sie kann ergänzt werden durch andere Angaben. Die diesbezüglichen Einzelheiten sind in der VO (EG) Nr. 1493/99, Anhang VIII enthalten. Eine wertvolle Hilfe zum Verständnis dieser VO stellt der „Leitfaden für die Bezeichnung und Aufmachung von Schaumwein" dar, den der Verband Deutscher Sektkellereien für seine Mitglieder verfasst hat.

5.7.1 Die „Direktausstattung" und das Problem kalter, nasser Flaschen, Flaschenerwärmung

Die Zwischenlagerung des fertigen, noch nicht ausgestatteten Schaumweins war bis in die 60er-Jahre allgemein üblich. Der Zwang zu rationalisieren und Platzmangel führten zum Verzicht auf die Zwischenlagerung, also zur Ausstattung direkt nach dem Verschließen der Flaschen, d. h. zur „Direktausstattung".

Flaschen aus der Sektherstellung nach dem traditionellen Verfahren sind nach dem Verschließen noch verschmutzt vom Staub des Brutsektlagers und verkleckert vom Degorgieren und Dosieren. Nach entsprechender Außenreinigung können diese Flaschen, da sie etwa Normaltemperatur haben, problemlos direkt ausgestattet werden.

Flaschen, die mit **gekühltem** Sekt aus der Transvasierung oder aus der Großraumgärung gefüllt wurden, sind nach dem Verschließen zwar sauber, aber kalt. Die Oberfläche der Flaschen wird von Kondenswasser aus der Raumluft mehr oder weniger stark beschlagen. Die Menge des auf einer Flasche niedergeschlagenen **Kondensats hängt von Lufttemperatur und relativer Luftfeuchte** des Arbeitsraums und von der Temperatur der Flaschenoberfläche ab. In krassen Fällen sammeln sich bis zu 8 ml Kondensat in Gestalt feiner Tautröpfchen auf der Oberfläche jeder einzelnen Flasche. Infolge dieses Kondensats kann es Ärger beim Aufkleben der Etiketten geben („schwimmende" Etiketten, mangelhafter Sitz, Selbstklebeetiketten kleben nicht) und es kann dazu kommen, dass die Kartons nach dem Einsetzen der Flaschen das Kondenswasser aufsaugen und dadurch weich werden. Die Kartons werden deformiert und unansehnlich und bei Stapelung von zwei oder mehr Paletten übereinander kann es zum Umstürzen des Stapels kommen. Man vermeidet diese Unannehmlichkeiten entweder durch das Anwärmen und Trocknen der Flaschen, bevor sie zur Ausstattung gelangen oder dadurch, dass der Sekt bei weniger niedriger Temperatur abgefüllt wird, wie dies heute technisch möglich ist (siehe Kap. 4.3.11).

Zum Trocknen der kalten, nassen Flaschen ist das Abblasen des an den Flaschen haftenden Wassers nicht ausreichend, weil sofort neues Kondensat nachgebildet wird. Die Flaschen mit ihrem kalten Inhalt müssen angewärmt werden.

Um eine 1/1 Flasche um 10 °C anzuwärmen, müssen ihr etwa 36 500 J (Joule) zugeführt werden, das sind nach früheren Begriffen rund 8,7 kcal. Diese Wärmemenge wird dadurch auf die Flasche übertragen, indem sie entweder mit Warmluft angeblasen oder mit Warmwasser berieselt wird. In beiden Fällen muss man mit Vorsicht zu Werke gehen, um das Platzen der Flaschen zu vermeiden.

Warmluft hat sich nicht bewährt. **Warmwasser** ist besser zu handhaben und wirtschaftlicher einsetzbar. Zum Erwärmen werden die Flaschen im Durchlauf durch einen Berieselungs- und Wärmetunnel geleitet. Das ablaufende Wasser wird gereinigt und erhitzt und kann so wieder zum Erwärmen der Flaschen verwendet werden. Zum Transport der Flaschen innerhalb der Maschine dient ein Drahtösenband, durch welches das Wasser zu einer Sammelstation ablaufen kann, in der es wieder aufbereitet wird.

Je nach Temperaturen und Berieselungstechnik dauert es etwa 15 Minuten, bis eine Flasche angewärmt ist, das bedeutet, dass der Wärmetunnel so viele Flaschen fassen muss, wie innerhalb von 15 Minuten, also in einer Viertelstunde gefüllt werden. Der Platzbedarf ist groß, der Energieaufwand ist beträchtlich.

Wesentlich weniger Energie wird verbraucht, wenn der Sekt während der Abfüllung eine Temperatur oberhalb 15 °C aufweist (siehe auch Kap. 4.3.11), wenn also ungekühlter oder wieder erwärmter Sekt abgefüllt wird. Das Problem der nassen Flaschen tritt dann nicht auf.

5.7.2 Die Außenreinigung der Fertigsektflaschen

Sowohl Flaschen, die vom Degorgieren und Verschließen direkt zum Ausstatten kommen als auch Flaschen, die nach dem Verschließen erst noch eine Zwischenlagerung erfuhren, sind äußerlich durch Staub, durch Flüssigkeitsreste und durch Glassplitterchen von zerbrochenen Flaschen verunreinigt. Sie müssen deshalb vor der Ausstattung äußerlich gereinigt werden.

Die Reinigung erfolgt stets mit Wasser und unter Einsatz von Bürsten oder Schwämmen. Nach dem Waschen wird das restliche Wasser von den Flaschen mit Gummiabstreifern abgestreift oder mit Luft weggeblasen. Es gibt ein breites Angebot, das von Geräten für reinen Handbetrieb bis zu Maschinen für große Stundenleistungen reicht.

Auch wenn nicht sofort nach dem Degorgieren und Verschließen ausgestattet wird, hat die **Flaschenaußenwaschmaschine** ihren Sinn. Durch die starke Bewegung, die mit dem Waschvorgang verbunden ist, wird die Versanddosage gut mit dem Sekt vermischt. Eine **Flaschenumschlagmaschine und Mischmaschine** (siehe auch Kap. 5.6) wird damit zwar nicht ersetzt, ihr Effekt aber unterstützt. Maschinen mit liegender Bauweise bewirken eine besonders gute Durchmischung der Versanddosage.

In manchen Betrieben ist der Einsatz einer Flaschenaußenwaschmaschine vor dem

Diese Arbeit wird in kleinen Betrieben und bei der Verarbeitung kleiner Mengen **per Hand** durchgeführt (Abb. 156 a). Aber auch für diesen Arbeitsgang stehen dem Sekthersteller eine Vielzahl von Geräten und Maschinen zur Verfügung, um die Leistung zu steigern und den Arbeitsablauf zu automatisieren.
Ein **Halbautomat** ist in Abb. 156 b dargestellt. Die Flaschen werden waagerecht in eine Reinigungsmaschine gelegt (1), in der sie von einem Schwammsystem vom Schmutz befreit werden. Das anhaftende Wasser wird durch zwei Gummiringe abgestreift, durch den die Flaschen gedrückt werden. Danach stellt ein Flaschenaufsteller (2) die Flaschen senkrecht auf ein Förderband, von wo sie in die Etikettiermaschine (3) gelangen.

In Abb. 157 ist eine vollautomatische Einrichtung zum Säubern und Trockenblasen von Flaschen zu sehen, die eine Leistung von 2000 Fl./h aufweist. Die Flaschen gelangen über das Förderband zu einer Bürstenstation, in der sie von rotierenden Bürsten gesäubert werden. Durch eine entsprechende Anordnung der Bürsten werden sowohl Flaschenboden als auch Flaschenhals gereinigt. Danach gelangen die Flaschen zur Trocknung in eine zweite Station (rechts). Dort werden sie unter ständiger Drehung durch ein Gebläse getrocknet. Flaschenaußenwasch- und Abblasmaschinen werden in verschiedenen Leistungsbereichen auch von Krematec, Teningen, angeboten. Flaschentrockner bis zu einer Leistung von 25 000 Fl./h. stellt Leppin, Trier, her.

Aufsetzen des Rohsektes auf das Rüttelpult üblich. Man verbindet damit die Säuberung der Flasche mit dem Aufschlagen des Rohsektes. Die festsitzende Hefe wird durch die rasche Rotation der Flasche in der Waschmaschine von der Flascheninnenwand gelockert. Auch bei diesem Arbeitsgang ist die liegende Bauweise besonders effektvoll.

Abb. 156.
a: Flaschenaußenreiniger von Hand; die nasse Flasche wird durch einen Gummiring geführt, das Wasser wird abgestreift (Clemens).
b: Kombinierte Flaschenaußenreinigung und Etikettierung. 1 = die Flaschen werden waagerecht in eine Bürstenmaschine gelegt, die Flüssigkeit wird durch das Hindurchschieben durch einen Gummiring abgestreift. Anschließend kommt die Flasche in einen Flaschenaufsteller (2). Von dort gelangt sie über ein Förderband in die Etikettiermaschine (3). (Clemens).

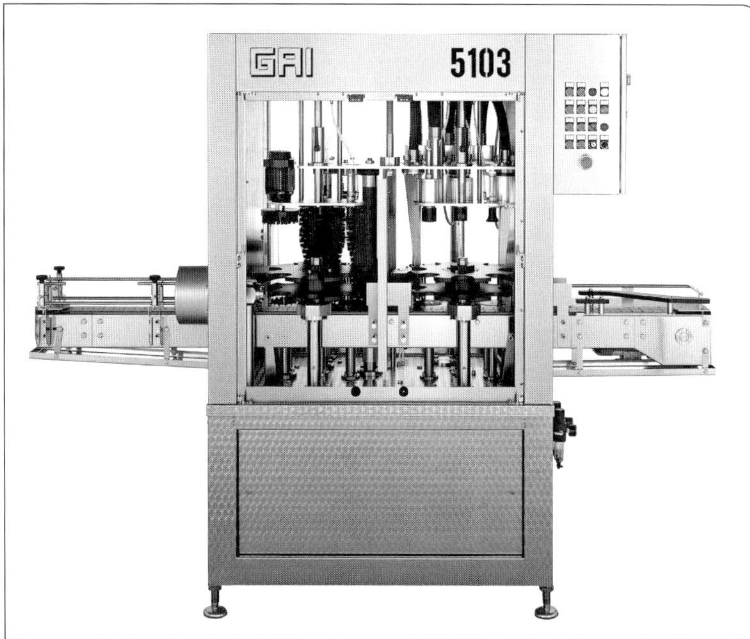

Abb. 157. Vollautomatische Flaschenaußenreinigungs- und Trocknungsmaschine (Leistung ca. 2 000 Fl/h) GAI/Clemens). Die Flaschen gelangen über ein Förderband in eine Bürstenstation (links). Danach werden sie durch ein Gebläse getrocknet (rechts), gleichzeitig drehen sie sich um ihre eigene Längsachse. Wahlweise kann die Luft zur Vermeidung von Kondenswasser auch erwärmt werden.

5.7.3 Die Bekleidung des Flaschenhalses

Nach Anhang VIII, Buchstabe G, Abschnitt 1 a) der VO (EG) Nr. 1493/99 darf Sekt nur in Glasflaschen in Verkehr gebracht werden, die mit einem zugelassenen Verschluss verschlossen sind und bei denen „der Stopfen ganz und der Flaschenhals ganz oder teilweise mit Folie umkleidet ist“. Die zur Verwendung gelangenden Folien (auch Kapseln) dürfen nicht unter Verwendung von Blei hergestellt sein. Es ist also klar, dass die früher verwendeten Bleikapseln und Bleifolien nicht mehr verwendet werden dürfen, und zwar zum Schutz des Verbrauchers.

Die Umkleidung des **Flaschenhalses** geht zurück auf die Zeit, als man das Bedürfnis hatte, die Schnur, bzw. das Drahtkörbchen aus schwarzem Eisendraht, also die Sicherung des Versandstopfens vor dem Verrotten und Verrosten und den Korkstopfen selbst vor Schimmel und Korkwürmern zu schützen, also auf die Mitte des 19. Jahrhunderts.

Für den Export nach Übersee wurden die Flaschenköpfe in heißen Siegellack getaucht, für die weniger gefährdeten Flaschen des europäischen Marktes genügte es, den Flaschenkopf, also Stopfen und Halsansatz, mit einer Stanniolfolie zu umhüllen. Diese Stanniolfolie bestand aus einem dünnen Bleiblech, das beiderseits verzinnt war. Man hatte bald erkannt, dass diese Stanniolfolie nicht nur als Schutz, sondern auch als Zierde dienen konnte, wenn sie z. B. farbig lackiert war.

Pacottet und Guittonneau (1918) schrieben in ihrem Fachbuch über den Champagner: „Das, was äußerlich eine Flasche Champagner charakterisiert, wenn sie auf dem Tisch des Verbrauchers präsentiert wird, ist ihre besondere Aufmachung. Der Stopfen, die Mündung und der Hals sind von einer Stanniolfolie bedeckt, deren Farbe variabel und im Allgemeinen recht auffällig ist. Eine Etikette gibt die Marke und meistens zugleich auch die Kategorie an, der dieser Wein angehört ... Diese Aufmachung wird manchmal ergänzt durch eine Halsschleife mit oder ohne Schild, welche die Schulter der Flasche umschließt und die Basis der Stanniolfolie bedeckt."

Die Halsumkleidung hatte schließlich noch einen weiteren Sinn. Da die Füllhöhe der Flaschen in gewissen Grenzen schwankte, konnte die Halsumkleidung diese kleine Unregelmäßigkeit kaschieren.

Die Halsumkleidung mit Metallfolie oder Metallfolienkapsel ist ein ganz typisches, ureigenes, traditionelles und artbestimmendes Ausstattungsmerkmal des Schaumweins.

Seit es nicht mehr gestattet ist, Blei in Ausstattungsfolien zu verwenden, werden Folien aus **Aluminium** hergestellt. Da Aluminium aber sehr wenig anschmiegsam ist, werden keine glatten, sondern geprägte, gekörnte oder genarbte Folien verwendet. Das im Prägeprofil eingearbeitete Material kann nachgeben und gestattet es, die Folie an die Umrisse der Flasche und des Verschlusses eng anzuschmiegen.

Zuweilen werden Verbundfolien aus Aluminium und Papier mit einer Zwischenschicht aus Paraffin hergestellt, diese präsentieren sich noch schöner und sie haben den Vorteil, dass sie im Falle der Wiederverwendung der Flaschen (z. B. Bier) in der Flaschenspülmaschine leichter vom Glas abgelöst werden können.

Noch edler ist das Aussehen von solchen Verbundfolien, bei denen eine Polyethylenhaut zwischen zwei Alufolien eingearbeitet ist. Aus solchem Material werden z. B. auch **Folienkapseln** hergestellt, die der Sektflasche ein sehr gutes Aussehen verleihen (Duplokapseln). Das perfekte Aussehen der früheren bleihaltigen Kapseln wird allerdings nicht ganz erreicht.

5.7.3.1 Kapseln

Man unterscheidet zwischen Kapseln, Folienzuschnitten und Folien von der Rolle. Die letzteren finden bei der Ausstattung von Sekt- und Schaumweinflaschen kaum noch Anwendung.

Abb. 158. Die Sektkapseln werden vorgefaltet (links und Mitte) bevor sie ihre endgültige Form erhalten (rechts). (Beer).

Abb. 159. Gerät zur Aufbringung der Kapseln von Hand. Die Flaschen müssen zum Vorfalten in den linken Zylinder gedrückt werden, bevor sie dann im rechten Zylinder ihre endgültige Form bekommen. Das Gerät arbeitet pneumatisch und benötigt deshalb einen Kompressor. (Clemens).

Abb. 160. Vollautomatische Sektkapselaufsetz- und Faltmaschine SEKAM-1 AF. (Kematec). Die Kapseln kommen über ein Magazin in eine Zuführeinrichtung, in der sie durch eine Halterung vereinzelt werden. Ein pneumatischer Greifer entnimmt die Kapsel aus der Halterung und lässt diese auf die senkrecht darunter stehende Flasche fallen. Durch einen Niederhalter wird die Kapsel weiter nach unten gedrückt bevor sie in die Anfaltmaschine gelangt, die als Monoblock im System integriert ist (rechts). Leistung 1 500 Fl. pro Stunde.

Sekte höherer Preisgruppen werden vornehmlich mit Kapseln ausgestattet. Ihr Preis liegt über dem doppelten der Folienzuschnitte (Krones-Handbuch 1985).

Kapseln bestanden früher oft aus Stanniol (ein Verbund von Zinn-Blei-Zinn). Diese und ähnliche bleihaltige Halsbekleidungen dürfen gemäß der VO (EWG) Nr. 3309/85 (geändert durch VO (EWG) Nr. 3899/91) nicht mehr verwendet werden. – Demzufolge werden in Deutschland seit dem 01.01.1993 **keine** bleihaltigen Halsbekleidungen aufgebracht.

Etwa halb so teuer wie die Stanniolkapseln sind die **Aluminiumkapseln**. Sie werden auch als Verbundfolie (Duplo-Folie) aus Aluminium und Polyethylen angeboten. Zwischen zwei etwa 0,025 mm starken Aluminiumfolien wird eine etwa 0,015 mm starke **Polyethylenfolie** kaschiert. Ihr wesentlicher Vorteil liegt in der Steifheit des Materials, was eine gute Verarbeitbarkeit ermöglicht. Sektkapseln können bis zu 150 mm lang sein und haben meist einen mehrfarbigen Druck, incl. eines bedruckten Deckelblättchens. Sie haben meist Ausstanzungen im oberen Bereich zur Belüftung des Korkens. Der obere Teil der Kapsel ist perforiert und kann beim Öffnen der Sektflasche leicht entfernt werden.

Sektflaschenkapseln werden in verschiedenen Stufen an den Flaschenhals gedrückt (Abb. 158). Dazu werden entweder pneumatische oder mechanische **Anfaltköpfe** verwendet. Diese Anfalttechnik macht die Erkennbarkeit der Kapselaufschrift möglich. Ein Anfaltkopf muss in der Lage sein, kleinere Mängel an den Flaschen, wie Unrundheiten, mangelhafte Axialität, abweichende Formgebung verschiedener Flaschenlieferanten auszugleichen. Auch müssen Anfaltköpfe in der Lage sein, Kapseln verschiedener Materialstärken zu verarbeiten.

5.7.3.2 Geräte für Handbedienung

Für kleinere Leistungen von etwa 400 Fl./h werden **Sekt-Kapselmaschinen** angeboten, wie sie als Beispiel in Abb. 159 dargestellt sind. Sie arbeiten pneumatisch bei einem Druck von 4 bis 6 bar Überdruck und benötigen je nach Fabrikat zwischen 2000 bis 5000 l Luft/h. Die Sektflasche mit der aufgestülpten Kapsel wird zuerst in die linke Tulpe eingeführt, in der vier Falten vorgepresst werden. Anschließend gelangt die Flasche in die rechte Tulpe, in der die Falten sauber angelegt werden. Bei der Einführung der Flaschen in die Tulpen wird das Andrücken der Kapsel an die Flasche automatisch ausgelöst.

Vor dem Kapseln kann der Flaschenhals angeleimt werden, damit die Kapseln während der Faltvorgänge nicht verrutschen. Kematec bietet einen **Sekt-Kapsel-Anfalter** an, bei dem die beiden Arbeitsgänge in einem Kopf durchgeführt werden.

5.7.3.3 Kleinmaschinen

Für die Verkapselung bis zu einer Leistung von 1000 Fl./h sind **Halbautomaten** auf dem Markt. Die Kapseln werden per Hand aus einem Kapselspender entnommen und auf die Flaschen gesteckt. Die Bedienungsperson stellt die mit der Kapsel versehene Flasche unter den Kapselkopf. Dabei berührt die Flasche

Abb. 161. Positionieren der Flasche mittels optischer Abtastung der Kapsel. (Foto: Bach).

zwangsweise einen Impulsgeber, der den Kapselkopf zum Absinken bringt und damit das Anfalten der Kapseln auslöst.

5.7.3.4 Automatische Kapselung

Zum automatischen Kapseln gehören das Aufsetzen der Kapseln auf die Flasche und deren anschließendes Falten an die Flasche. Beide Aggregate arbeiten meist als Monoblock, können aber auch als Einzelaggregate hintereinander geschaltet werden (Abb. 160).

Eine **Kapselaufsetzmaschine** ist mit einem Magazin versehen, von dem aus die Kapseln in eine Gleiteinrichtung geführt werden. Nachdem sie vereinzelt sind, werden sie von einem pneumatischen Kopf aus der Führung genommen und auf die darunter positionierte Flasche fallen gelassen. Vor dem Aufsetzen der Kapseln wird geprüft, ob Korken und Agraffen fehlerhaft angebracht sind. Je nach Automatisationsgrad werden solche Flaschen auf ein separates Band ausgesondert. Die locker auf den Flaschen aufsitzenden Kapseln werden mit einem Stößel axial auf die Flasche gedrückt, damit sie ihren richtigen Sitz haben.

Vor dem Anfalten prüft eine optische Einrichtung (Abb. 161) die Position der Kapsel, sofern Kapsel und Etikett eine einheitliche Ausrichtung erfordern (z. B. bei der Beschriftung der Kapsel). Sodann erfolgt die Flaschenausrichtung mittels Schrittmotoren. Ist die Flasche in der richtigen Position, wird sie während des gesamten Anfaltvorganges nicht mehr losgelassen. Damit ist gewährleistet, dass die Beschriftung der Kapsel nicht eingefaltet wird.

Die **Leistung dieser Automaten** liegt zwischen 3000 und 22 000 Fl./h. Auch der Automatisierungsgrad schwankt in weiten Bereichen und richtet sich nach den Wünschen des Anwenders.

5.7.3.5 Folienzuschnitte

Die **Halsbekleidung** der Sektflaschen kann auch mit einer Flaschenhalsfoliierung angebracht werden. Es wird dazu eine Aluminiumfolie benutzt, die entweder von der Rolle oder als Folienzuschnitt verarbeitet wird. Folien von der Rolle werden bei der Sektherstellung selten benutzt, weil es damit nicht möglich ist, eine lesbare Beschriftung am Flaschenhals anzubringen.

Bei der am weitesten verbreiteten Halsbekleidung, der sogenannten **Blattfoliierung**, werden die vorher zugeschnittenen Folien wie die Papieretiketten aus dem Etikettenmagazin entnommen. Anders als bei der normalen Etikettierung von zylindrischen oder kegeligen Flaschenteilen bedarf es bei der Flaschenhalsfoliierung einer sehr guten Anpassung an die in mehreren Ebenen gewölbten Teilflächen von Flaschenbrust bis Flaschenmündung. Dies wird dadurch erleichtert, dass bei der Aluminiumfolie nicht glattes, sondern **mustergeprägtes Material** (Würmchenprägung) verwendet wird. Mit der Anbringung von Folienzuschnitten (Blattfoliierung) ist es möglich, Folienformate mit zentrierter Bedruckung symmetrisch mit den übrigen Vorderseitenetiketten auf die Flaschen zu bringen. Dies setzt allerdings voraus, dass das Anlegen der Folie und deren inniges Anschmiegen an den Flaschenhals exakt vonstattengehen. Diese Bürst- und Glättoperationen sind dann vor der eigentlichen Etikettierung durchzuführen, wenn eine Sektschleife je zur Hälfte auf die Foliierung und zur Hälfte auf das Glas geklebt werden soll.

5.8 Etikettierung

Etiketten sind von ihrer ursprünglichen Zweckbestimmung her sozusagen **Merkzettel des in der originalverschlossenen Flasche befindlichen Inhalts**. Auf den Etiketten ist vermerkt, was sich in den Flaschen befindet. Darüber hinaus können Etiketten durch die Formgebung und die graphische Gestaltung als Blickfang und als Werbeträger dienen. In jüngerer Zeit greift der Staat in zunehmendem Maße regelnd ein, was als Angaben auf dem Etikett angegeben wird. Aus der Verordnung (EG) Nr. 1493/99, Anhang VIII ergibt sich, dass z. B. die Verkehrsbezeichnung, das Nennvolumen und die Art des Erzeugnisses ebenso anzugeben sind, wie Name und Sitz des Herstellers oder des Verkäufers. Diese teils vorgeschriebenen, teils fakultativen Angaben haben vor allem zwei Aufgaben zu erfüllen: Sie sollen den Konsumenten wahrheitsgemäß, unmissverständlich und umfassend informieren und sie sollen es den Überwachungsorganen ermöglichen, schnell und einfach nachzuprüfen, ob die Angaben korrekt gemacht wurden und ob das Produkt verkehrsfähig ist.

Gemäß § 50 Abs. 1 der Weinverordnung (WeinVO) ist auch Schaumwein sowie Schaumwein mit zugesetzter Kohlensäure mit einer Angabe zu versehen, aus der das Los zu ersehen ist, zu dem er gehört. Diese Vorschrift lässt hierfür auch die Verwendung der A.P.Nr. zu. Diese ist nur bei Qualitätsschaumwein b.A. stets noch obligatorisch, sonst nur bei Qualitätsschaumwein mit Rebsortenangabe auf Antrag zuteilbar. Ist eine A.P.Nr. erteilt, so ist sie auf den Behältnissen anzugeben (§ 19 Abs. 3 WeinG) (Koch, 2008).

Das Los ist eine vom Hersteller selbst festzulegende „Gesamtheit von Verkaufseinheiten eines Erzeugnisses, das unter praktisch gleichen Bedingungen erzeugt, hergestellt oder abgefüllt wurde."

Sofern dem Schaumwein eine amtliche Prüfungsnummer erteilt wurde, kann diese auch zur Kennzeichnung des Loses verwendet werden und es muss dann vor die Worte „Amtliche Prüfungsnummer" oder „A.P.Nr." der Buchstabe „L" vorangestellt werden. Es kann also diejenige „Gesamtheit von Verkaufseinheiten", die unter einer A.P.Nr. zusammengefasst ist, als Los im Sinne dieser Bestimmung betrachtet werden.

Schaumweine, die nicht der amtlichen Prüfung unterliegen, müssen in ähnlicher Weise cuvéeweise oder chargenweise in Lose eingeteilt und fortlaufend gekennzeichnet werden.

Der Zweck der Loskennzeichnung besteht in der Möglichkeit, mithilfe des Loskennzeichens das einzelne Produkt zu identifizieren (zurückzuverfolgen). Ein Bedarf dafür besteht vor allem in den Mitgliedstaaten der EG, die keine amtliche Prüfung eingeführt haben.

Wie schon bisher bei Benutzung der A.P.Nr., so ergibt sich auch bei der **Los-Kennzeichnung** in der Praxis die Schwierigkeit, dass die Zahl der Flaschen, die mit der gleichen A.P.Nr. oder mit dem gleichen Loskennzeichen zu etikettieren sind, im Voraus nie genau festgelegt werden kann. Dies resultiert daraus, dass die Gebindegrößen nicht vollkommen gleich sind, dass die Verarbeitungsverluste unterschiedlich ausfallen und dass u.a. auch die Dosagen verschieden sind.

Hinzu kommt erschwerend, dass die Druckerei aus technischen Gründen die bestellte Stückzahl Etiketten nicht exakt liefern kann, sondern sie immer um einen mehr oder weniger großen Betrag überschreitet. Das führt dazu, dass in aller Regel am Ende eines Loses von den Etiketten mehrere Prozent der Gesamtheit übrig bleiben und auch nicht anderweitig verwertet werden können. Es entstehen zuweilen beträchtliche Verluste.

Nur dort, wo die Kellerei darauf eingerichtet ist, die A.P.Nr oder das Los-Kennzeichen mit eigenen Mitteln auf die Etiketten zu drucken, wird es möglich sein, diese Etiketten-Verluste weitgehend zu vermeiden.

Da die **Ausstattung der Flaschen ein wesentliches Marketing-Instrument** darstellt, muss sich die Technik der Etikettierung weitgehend an den Wünschen der Werbefachleute orientieren. Dies hat dazu geführt, dass der Markt eine Vielzahl von Papierarten und Beschichtungen zur Verfügung stellt. Auch kommen verschiedene Etikettenformen zur Anwendung (z. B. Brustetikett, Rumpfetikett, Rückenetikett, Rundumetikett, Prämiierungsstreifen usw.). Da die Flaschenform und ihre Vergütung großen Variationen unterliegen, ist bei der Wahl der Etikettiermaschine auch darauf zu achten.

5.8.1 Handarbeit mit Leimbrett oder mit Anleimmaschinen

In kleinen Betrieben oder unter Bedingungen, bei denen sich die Automatisierung dieses Arbeitsvorganges nicht lohnt, erfolgt die **Ausstattung der Flaschen noch von Hand**. Die einfachste Methode ist das **Leimbrett**. Dabei wird ein Brett mit Leim bestrichen und die Etiketten rückseitig auf den Leim aufgebracht. Die so beleimten Etiketten gelangen dann per Hand auf die Flasche.

Eine sauberere Arbeit erlaubt der Einsatz einer **Anleimmaschine**. Eine rotierende Walze nimmt aus einem darunterstehenden Behälter Leim auf. Gleichzeitig wird ein Etikett mit der Rückseite über die Walze geleitet. Damit ist eine saubere Beleimung möglich. Die Stundenleistung wird mit etwa 800 Flaschen angegeben.

Clemens, Leppin und Brücher bieten Handgeräte an, bei denen sich ein Etikettenträger horizontal bewegt, indem er zuerst über ein Walzenleimwerk gleitet und dabei beleimt wird. Der beleimte Etikettenträger hebt die Etiketten vom flach gepressten Etikettenstapel ab und führt die beleimten Etiketten zur Anpressvorrichtung. Dort wird die Flasche eingelegt, herunter gedrückt und seitlich aus der Maschine entnommen. Mit einer solchen Einrichtung können drei Etiketten gleichzeitig angebracht werden.

Bei Halbautomaten werden die oben beschriebenen Vorgänge zwar per Hand ausgelöst, laufen dann jedoch selbsttätig ab. Die Leistung kann mit einer solchen Einrichtung auf 1000 Etikettierungen/h erhöht werden.

5.8.2 Automatische Etikettiermaschinen

Bei den Etikettiermaschinen handelt es sich beim größeren Leistungsbereich um **Rundläufer** verschiedener Bauarten. Die Etiketten werden automatisch aus dem Etikettenmagazin entnommen. Bei Etikettiermaschinen im niederen Leistungsbereich erfolgt die Entnahme der Etiketten aus oszillierenden (sich hin und her bewegenden) Etikettenmagazinen. Dabei rotieren die beleimten Entnahmezylinder bzw. Trommeln kontinuierlich.

Bei Etikettiermaschinen mit mittlerer bis sehr hoher Arbeitsgeschwindigkeit (bis 140 000 Etikettierungen/h ≙ 70 000 Fl./h) werden zwar auch Etikettiersysteme mit beleimten Entnahmeflächen angewandt. Es stehen dabei jedoch die Etikettenmagazine still, und die Entnahmeflächen oszillieren und entnehmen jeweils nach erfolgter Beleimung ihrer Haftfläche beim Vorbeilauf am Etikettenbehälter je ein Etikett. Die Bewegungsbahn der Entnahmepaletten wird von der Bewegungsbahn umlaufender Greiforgane tangiert. Von den Entnahmepaletten mit bereits aufgenommenen Etiketten werden letztere dann von den Greifern eines Greiferzylinders abgezogen und im Rundlauf mit der zu etikettierenden Flasche in Klebekontakt gebracht. Sodann erfolgen das Anbürsten der Etiketten sowie das nachfolgende Andrücken durch Schwammrollen.

Damit sowohl die Bedruckung der Sektkapsel wie auch die, deren Unterrand bedeckende Sektschleife und das Rumpfetikett exakt zueinander orientiert angebracht werden können, erfolgt vor der Etikettierung der Sektflaschen eine **opto-elektronische Abtastung** mit Ausrichtung (Abb. 161).

Maschinen mit einer hohen Stundenleistung sind mit einer automatischen **Leistungsregulierung** ausgestattet. Die Notwendigkeit ist damit begründet, dass bei jedem Maschinenstop die Etiketten an den Beleimungspaletten antrocknen und beim Wiederanfahren entweder abreißen oder vorher mühsam abgewaschen werden müssen.

> Die sich hin- und herbewegenden Etikettenmagazine werden so gesteuert, dass das jeweils im Etikettenmagazin zuvorderst liegende Etikett mit der beleimten Entnahmetrommel synchron läuft. Die Übergabe der beleimten Etiketten an die Flasche erfolgt dadurch, dass ein in die Nuten des beleimten Etikettenentnahmezylinders eingreifender Kamm die Etiketten vom Zylinder abhebt und mit den in die Maschine einlaufenden Flaschen so in Kontakt bringt, dass sie jeweils ein Etikett übernehmen und dieses während des weiteren Durchlaufes durch die Maschine auf den Flaschenrumpf aufrollt und danach andrückt.

5.8.3 Etiketten, Leim und Flaschen

Etiketten müssen vier Eigenschaften aufweisen:

1. Sie müssen Kaufimpulse auslösen,
2. sie müssen die gesetzlich vorgeschriebenen Angaben beinhalten,
3. sie müssen einen störungsfreien Maschinenlauf gewährleisten,
4. sie müssen wirtschaftlich sein.

Daraus folgt, dass nicht allein der Preis für die Etiketten ausschlaggebend ist, sondern auch die Funktionsfähigkeit des Papiers (Deister, 1989).

Etikettenpapier soll trotz einer geringen Steifigkeit eine ausreichende Reißfestigkeit aufweisen. Dies ist notwendig, damit beim Abziehen von den Beleimungspaletten Einrisse vermieden werden. Vor allem bei schneller abbindenden bzw. höher konzentrierten Klebstoffen, welche beim Abziehen von den Beleimungspaletten größeren Widerstand bieten, ist eine genügende **Reißfestigkeit** von großer Bedeutung. Damit die Etiketten von der Klebekraft des Klebstofffilms an den Wandungen der Flaschen festgehalten werden, müssen sie ausreichend schmiegsam sein.

Vor allem bei der **Etikettierung nasser Flaschen** ist eine raue Rückseite der Etiketten von Vorteil. Sie gewährleistet eine rasche Aufnahme einer bestimmten Menge Wasser. Auch wird die Entstehung elektrostatischer Aufladungen dadurch weitgehend vermieden. Andererseits helfen etwas weniger raue Rückseiten, Klebstoff zu sparen. Zu glatte Etikettenrückseiten vergrößern die Rollneigung des Papiers.

Damit die Etiketten möglichst schnell nach Verlassen der Etikettiermaschine einen festen Sitz auf der Flasche bekommen, ist es notwendig, dass das Wasser an den Flaschenwandungen und im Klebstoff möglichst schnell von dem Etikett aufgenommen wird. Besonders aufnahmefähig für Wasser sind die nicht von Leim benetzten Stellen der Rückseite eines Etikettes. Solche Saugflächen können durch Anwendung der sogenannten Wabenbeleimung, der Streifenbeleimung oder anderer Arten von Leimflächenaussparungen geschaffen werden.

Probleme bei der Entnahme der Etiketten aus dem Stapel rühren zuweilen von der Stanzgratverfilzung zwischen den einzelnen Etiketten her. Etiketten mit sehr glatter Vorder- und Rückseite können sich nach längerer Lagerzeit bei starker Stapelpressung aneinander festsaugen und erschweren dann die Entnahme. Die **Lagerung** der Etiketten soll bei einer Temperatur von 18 bis 22 °C und einer Luftfeuchtigkeit von 60 bis 70 % relativer Luftfeuchte erfolgen. Folienetiketten benötigen 55 % Luftfeuchte bei der Lagerung.

Etwa 95 % der **Leime**, die zur Anbringung der Etiketten auf die Sektflaschen benutzt werden, sind Kaseinklebstoffe. Kasein ist ein Eiweiß, das aus Milch gewonnen wird. Es ist ein im Wasser quellendes, nicht lösliches Pulver, das durch geeignete Aufschlussmethoden im alkalischen Bereich bei Temperaturen zwischen 50 und 90 °C gelöst wird. Es ist ein **hochpolymeres Protein** und zeigt in Lösung ein für Polymere anormales Verhalten. Ein Maß für das Molekulargewicht ist die Viskosität in Lösung. Auch hinsichtlich der Temperaturabhängigkeit der **Viskosität** zeigt Kasein ein abweichendes Verhalten. Bei Temperaturen um 30 °C sind Kasein-Klebstoffe dünnflüssig bis honigartig fließend (Betz und Schultz 1993).

Die **Verklebung** selbst geschieht in zwei Phasen:

1. Zunächst erhöht der Kasein-Klebstoff durch Kontakt mit der kalten Flasche schlagartig seine Viskosität, sodass er von einem zähflüssigen Zustand in ein Gel übergeht.

2. Die eigentliche Verklebung erfolgt dann durch die Wasserabgabe aus dem Klebstoff in das Etikett. Dieser Prozess wird durch die Menge des anfallenden Schwitzwassers mehr oder weniger hinausgezögert (Deister 1989).

Der Einsatz von **Kasein-Klebstoffen** ist vor allem dann von Vorteil, wenn die **Glasflächen** oberflächenvergütet sind, Schwitzwasser oder auch Eiswasser ausgesetzt sind oder wenn die Sektflaschen in einem sehr kalten Zustand ausgestattet werden. Für Kasein-Klebstoffe spricht auch, dass ihre Viskosität durch Veränderung der Verarbeitungstemperatur vermindert werden kann und damit die Verarbeitbarkeit auch bei sehr hohen Arbeitsgeschwindigkeiten der Etikettiermaschine möglich ist. Zur Erzielung der optimalen Verarbeitungstemperatur werden sowohl Leimheizung als auch Leimkühlung angeboten.

Die **Wirtschaftlichkeit der Beleimung von Etiketten** wird nicht alleine von deren Preis bestimmt, sondern auch davon, wie viel Flaschen mit 1 kg Klebstoff störungsfrei etikettiert werden können. Dies hängt einmal von dem **Klebstofftyp** ab, den man unter den jeweiligen Etikettierbedingungen anwendet (hier existieren Klebstofftabellen, die bei der Auswahl behilflich sind), aber auch von der Einhaltung der für den jeweiligen Klebstoff **optimalen Temperatur** (zu tiefe Temperatur = zu dicker Leimfilm). Maschinenseitig können Leimwalzenoberflächen mit rillenartigem Verschleiß zu einem höheren Leimverbrauch führen.

Erfolgt ein **Klebstoffwechsel** in der Etikettiermaschine (z. B. von Kasein zu Stärkeklebstoff oder umgekehrt) so sind unbedingt die Behälter und Walzen zu säubern, damit der **Verderb** des nachgefüllten Klebstoffes vermieden wird.

Die **Lagerung von Kasein-Leimen** sollte zwischen 15 und 18 °C betragen. Unter 0 °C wird jeder Kasein-Leim unbrauchbar.

Die Flaschenwand ist ebenfalls wichtig für den Erfolg des Etikettierens. Normalerweise sind Flaschenwand und Etikettenrückseite nicht übermäßig glatt und somit klebetechnisch ideal. Durch die „raue“ Oberfläche der beiden Materialien wirkt bei der Klebeverbindung nicht nur die Kohäsion und Adhäsion, sondern auch eine Mikroverzahnung der Oberflächen von Flaschen und Etiketten mit dem Klebstofffilm. Wenn jedoch die Unebenheiten der Glasoberfläche weitgehend durch die Stoffe zur Oberflächenvergütung des Glases eingeebnet sind, so ist diese Verzahnung nicht mehr gegeben. Ein zusätzliches Problem stellt dar, dass Flaschenvergütungen meist aus anti-adhäsiven Stoffen bestehen, was bei der Wahl des Klebstoffes bedacht werden muss.

5.8.4 Selbstklebeetikettierung, Neuentwicklungen

Bei diesem Verfahren, die Etiketten auf die Flaschen aufzubringen, entfällt die Anpassung von Leim und Papier, die langen Rüst- und Reinigungszeiten oder die lästigen Feinjustierungen der Maschinen und Etikettiermagazine, die mit der Nassklebetechnik verbunden sind (Weik 1993).

Die Vorteile der **Selbstklebeetikettierung** liegen vor allem in der Möglichkeit, auch sehr kleine Etikettenformate zu verarbeiten, welche mittels Nassklebetechnik nicht mehr kostengünstig aufgebracht werden können.

Die **Etikettiermaschinen** verfügen über ein bis zwei Trägerband-Abroller (Abb. 162), auf die die Trägerbänder mit den Etiketten aufgesetzt werden und die Trägerband-Aufrollvorrichtung, die das leere Trägerband aufnimmt. Der Ablauf der Arbeiten, wie die genaue Zentrierung der Etiketten, der Flaschenvereinzelung sowie die Orientierung der Flaschen mittels Kapselmarkierungen erfolgt computergesteuert (siehe auch Erklärung zur Abb. 162). Die Programme für die Etikettierung der unterschiedlichen Formate sind im Rechner gespeichert, womit eine schnelle Umstellung ermöglicht wird. – Neben dem hier abgebildeten Gerät von GAI/Clemens, sind auch die beiden Halbautomaten ACM 1 und ACM 2 von Kematec zu nennen, die eine ähnliche Funktion aufweisen.

In Abb. 163 ist ein Monoblock dargestellt, der sowohl die Flaschenreinigung, Trocknung, Kapsel aufsetzen und falten sowie das Anbringen von Selbstklebeetiketten bewerkstelligt (GAI 941CH).

Die **optimale Lagertemperatur** liegt zwischen 18 und 20 °C bei 50 bis 60 % Luftfeuchtigkeit. Die Lagerdauer beträgt maximal vier Jahre, eine Garantie wird von den Herstellern jedoch nur für zwei Jahre abgegeben.

Die Technik der Selbstklebeetikettierung ist derzeit teurer als die der Nassetikettierung.

Neben den genannten Etikettiertechniken sind **Neuentwicklungen** zu beobachten. So können mit Thermodruckern variabel **vorgefertigte Etiketten** auf der Flasche bedruckt werden. Neben dem Drucker ist ein Computer mit der entsprechenden Software erforderlich.

Zur Aufbringung von **Chargennummern** (und Losnummern) sind verschiedene Techniken auf dem Markt. So kann der Anwender zwischen frei programmierbaren **Tintenstrahldruckern** und **Laserdruckern** auswählen. Letztere haben den großen Vorteil, dass sie weder Tinte noch Lösungsmittel benöti-

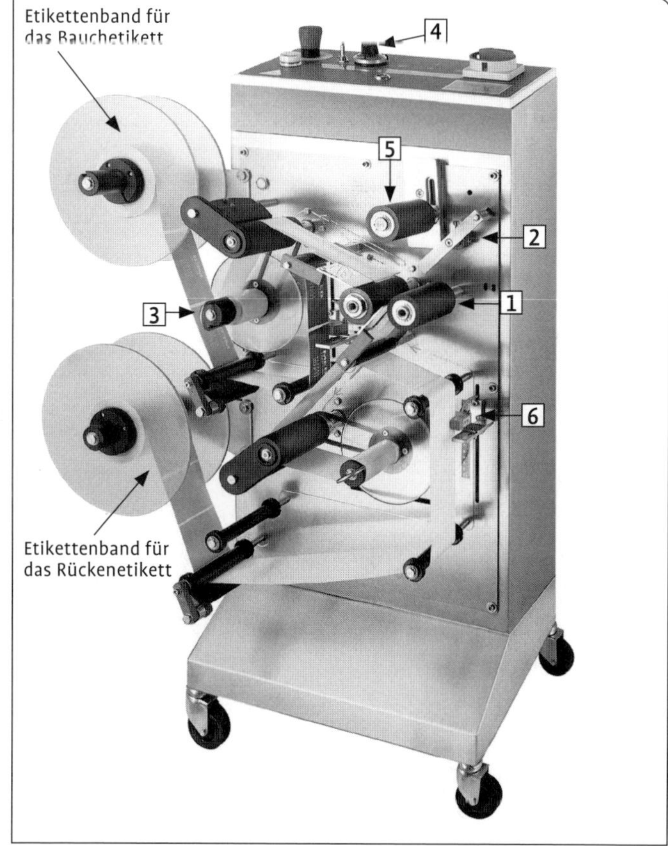

Abb. 162. Handgerät zum Etikettieren Flaschen mit Selbstklebeetiketten.
Die Flasche wird auf die beiden Rollen (1) gelegt. Hier erfolgt die Ausstattung, die dadurch ausgelöst wird, indem die Flasche gegen den Schalter (2) gedrückt wird. Die Rolle (5) bewegt sich nach unten, hält die Flasche fest, die Bedienungsperson lässt sie los. In einem Schritt, dessen Länge durch einen Sensor analog (6) vorgegeben wird, bewegt sich die aufnehmende Rolle (3). Das Etikett wird von dem Trägerpapier auf die Flasche übergegeben. Ebenso ist der Arbeitsgang für das Rückenetikett. – Durch den Potentiometer (4) kann die Entfernung zwischen Ende Bauch- und Anfang Rückenetikett eingestellt werden. Damit ist es möglich, den Etikettiervorgang an verschiedene Flaschen (Bauchumfang) anzupassen.

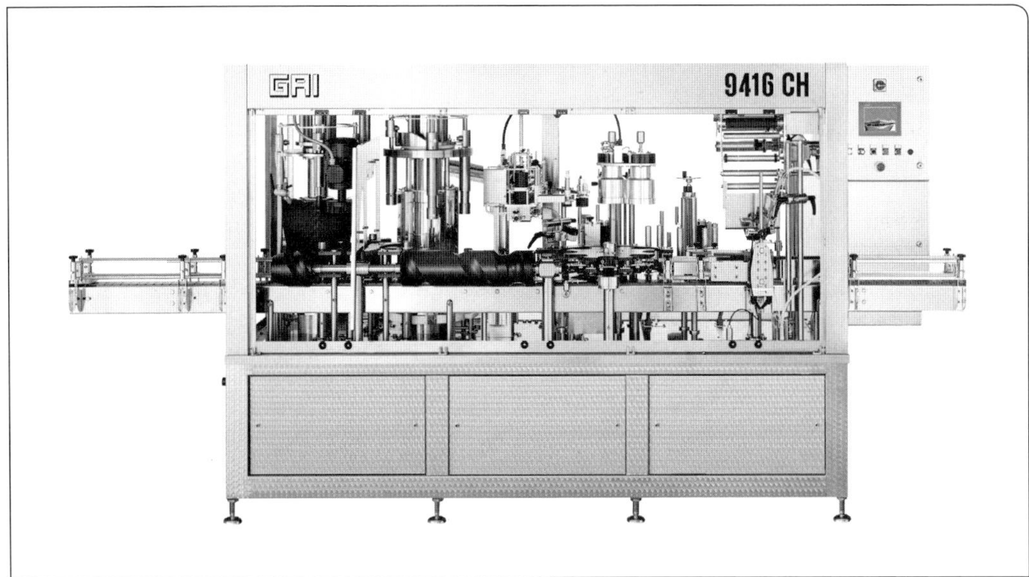

Abb. 163. Monoblock mit (von links) Flaschen – Außenwascher, Flaschentrockner, Sekt-Kapselaufsetzer mit Vor- und Anfalter sowie Selbstklebe-Etikettiermaschine GAI 9416CH.

gen. Damit entfällt die Trockenzeit, und die Codierung ist sofort wischfest. Auch feuchte oder nasse Oberflächen können mit einem Laser codiert werden.

5.9 Sektlager – Sektausgangslager

Wenn der Sekt nach dem Verdrahten nicht sofort zur Ausstattung und Verpackung gelangt (siehe Kap. 5.7.1 Direktausstattung), wird er noch einmal zwischengelagert.

5.9.1 Zwischenlager nach dem Degorgieren

Die **Zwischenlagerung** des unausgestatteten fertigen Schaumweins war bis in die 60-er-Jahre allgemein üblich. Mit fortschreitender Mechanisierung und Rationalisierung der Arbeitsvorgänge verzichtete man in den größeren Betrieben auf die Zwischenlagerung. Sie wird aber auch heute noch immer dort betrieben, wo der Rhythmus des Degorgierens und Verschließens nicht mit dem Rhythmus des Ausstattens übereinstimmt.

Zur Lagerung des fertigen Schaumweines werden die Flaschen entweder, wie früher, in platzsparender Weise **auf Stoß gesetzt** oder, in arbeitssparender Weise, in Gitterbehälter oder in palettengerechte **Holzkisten** gelegt.

Die Zwischenlagerung des fertigen Sekts dient nicht nur als zeitlicher **Puffer zwischen Enthefen und Ausstatten**, sie bietet auch den Vorteil, dass man die Flaschen überprüfen kann, ob sie während der Zwischenlagerung hell und klar geblieben sind und ob die Stopfen dicht gehalten haben. Früher wurde als Vorteil auch hervorgehoben, dass die Korkstopfen während der mehrwöchigen Zwischenlagerung sich erst richtig entfalten würden, um beim Öffnen die erstrebte Pilzform zu zeigen.

Beim Qualitätsstandard der heutigen Agglostopfen bietet die Zwischenlagerung diesbezüglich keinen Vorteil.

Flaschen im Zwischenlager für fertigen Sekt müssen, wie ja auch sonst überall im

Herstellungsbetrieb durch angehängte Tafeln, Schilder oder Karten und mit entsprechenden Worten oder Zeichen so gekennzeichnet sein, dass sie jederzeit identifiziert werden können.

5.9.2 Stehend oder liegend lagern?

Seit dem Beginn der Verwendung von Korkstopfen als Verschluss für Schaumweinflaschen galt es als ganz wichtige Regel, die verschlossenen Flaschen so zu verpacken, dass die Flaschen jedenfalls lagen, sodass der Korkstopfen stets von der Flüssigkeit berührt wurde und somit nicht austrocknen, schrumpfen und undicht werden konnte. Diese Regel beruhte auf langjähriger Erfahrung und es hatte sich bewährt, sie zu befolgen.

Die Eigenschaften der Korkstopfen wurden wesentlich verändert, als man dazu überging, **Agglomerat Stopfen** herzustellen. Heute, da der Schaumwein nahezu ausnahmslos nur noch mit diesen Stopfen verschlossen wird und die Methoden der Herstellung und Veredlung dieser Verschlussart sehr verbessert wurden, werden diese Stopfen ohne vorheriges Einweichen verarbeitet und sie schrumpfen nicht, wenn sie ohne Flüssigkeitskontakt sind, weil sie dank ihrer Verarbeitung wasserabweisend und wasserundurchlässig geworden sind (Abb. 144). Auch die Diffusion der Gase durch das Material des Stopfens hindurch ist sehr gering und Stopfen einer Produktions-Charge weisen untereinander in Bezug auf Diffusion nur sehr geringe Unterschiede auf.

Sektflaschen, die mit **Polyethylenstopfen** verschlossen sind, wurden schon lange aus Gründen der Kostenersparnis stehend verpackt. Sofern man aber auch Agglo-Kork-verschlossene Flaschen ebenfalls kostensparend stehend verpackte, stellte man die Kartons so auf die Paletten, dass die Flaschen mit den Köpfen nach unten zeigten, sodass die Stopfen stets feucht blieben und man nach der früheren Regel kein Risiko einging.

Sektflaschen, die mit Agglo-Korkstopfen verschlossen sind, können bedenkenlos aufrecht stehend gelagert und transportiert werden. Hinsichtlich der Gasdiffusion des Sauerstoffs, von außen kommend durch den Stopfen in die Flasche hinein und umgekehrt, der Kohlensäure, von innen kommend durch den Stopfen aus der Flasche heraus, bestehen **keine Unterschiede zwischen stehender und liegender Lagerung** (Abb. 144 a).

In der Champagne wurden diesbezügliche Versuche angestellt (Tribaut-Sohier, 1996). Dabei war der Unterschied zwischen den Korken aus den unterschiedlich gelagerten Flaschen augenscheinlich (siehe 144 b und 144 c). Die Eigenschaften des Korkens wurden bei stehender Lagerung besser erhalten als bei liegender. So war

- die notwendige Drehkraft beim Öffnen der Flasche bei **stehender** Lagerung höher (gute Elastizität),
- die Feuchtigkeit der Rondelle bei **liegender** Lagerung höher und
- die Elastizität bei **stehender** Lagerung deutlich besser.

Der Korkspiegel zeigt nach der stehenden Lagerung die Form eines Pilzes und aufgeweitete Lentizellen am Spiegel. Einen Unterschied in der Häufigkeit eines Korkgeschmacks konnte nicht festgestellt werden.

Dieses Ergebnis ist mittlerweile durch die Erfahrung der Praxis Millionenfach bestätigt worden und es hat sich auch gezeigt, dass bei Flaschen, die stehend gelagert und befördert wurden, Korkschmecker wesentlich seltener auftreten (aber nicht ausgeschlossen werden), als bei liegend gelagerten Flaschen. Es ist daher zu empfehlen, Agglo-Kork-verschlossene Sektflaschen **stehend zu verpacken und zu lagern**, sofern nicht aus anderen Gründen, z. B. wegen Platzmangels, doch liegend gelagert werden muss.

Zu der Frage, ob die Lichtlagerung einen Einfluss auf die Sensorik hat, sei auf die

Abb. 105 hingewiesen. Daraus geht hervor, dass ein längeres Lager unter Licht die Qualität beeinträchtigt. Bei der Vollgutlagerung in Kartons tritt dieses Problem naturgemäß nicht auf.

5.9.3 Verpackung

Nach der Ausstattung gelangt die Sektflasche in die **Packstraße**. Sie kann je nach der gewählten Art der Verpackung sehr vielseitig sein. Die Frage, ob die Flaschen stehend oder liegend verpackt werden, ist in der Praxis weitgehend zugunsten der **stehenden** Lagerung entschieden. Für sie spricht die bessere Statik bei der Lagerung auf Paletten. Eine Qualitätsminderung (z. B. CO_2-Verlust) konnte im Vergleich zur liegenden Lagerung nicht festgestellt werden. Dies wird aus den Versuchsergebnissen, die in der Abb. 144 a dargestellt ist, deutlich. Dort wo die Logistik eine geringere Rolle spielt als Marketinggesichtspunkte (wie z. B. in kleineren Erzeugerbetrieben), ist vereinzelt auch noch die liegende Verpackung anzutreffen.

Im Lager für verpackte Fertigware benötigt man für die gleiche Menge Sekt bei liegender Verpackung nur etwa 60 % des Raumes wie bei stehender Verpackung.

Da **Kartonagen** gleichzeitig als Transportschutz wie auch als Werbeträger genutzt werden, steht dem Sekthersteller eine Vielzahl von Verpackungsarten zur Verfügung:

1. Die **Faltschachtel**. Sie ist industriell verklebt und wird als fertiger Karton angeliefert.
2. **Kartons** mit flach liegendem, hülsenartigem Zuschnitt. Der Karton wird beim Abfüller aufgerichtet, gefaltet und geklebt. Es gibt vier- oder achteckige Faltschachteln.
3. **Kartons mit flachem Zuschnitt**. Die Flaschen werden nicht in einen Karton gesteckt, sondern es erfolgt eine Umkartonierung (Wrap-around).
4. **Mehrstückpackungen**. Es werden vornehmlich 0,2-l-Flaschen in 2er-, 3er-, 4er- oder 6er-Kartons verpackt.
5. **Geschenkpackungen**. Für Flaschengrößen von 0,2, 0,75 und 1,5 l gibt es 1er-Packungen. 2er- und 3er-Packungen werden für 0,2-l- und 0,75-l-Flaschen angeboten.
6. **Displayverpackung**. Die Verpackungen zur Präsentierung des Produktes sind auf Euro-Paletten, 1/2 Euro- oder Düsseldorfer-Palette, 1/3 und 1/4 Palette z.T. mit Plakataufstellern gesetzt. Sie sind mit einem Stülpboden ausgestattet und auf der letzten Lage befindet sich ein Stülpdeckel. Es existieren Trays für 6er-, 12er- (0,75 l) oder 24er- (0,2 l) Packungen.
7. **Materialsparende Verpackungen**. Es sind derzeit einige materialsparende Verpackungen in der Erprobung, so z. B. Puzzle-Pack, Tangapack und andere.

Einheiten. Es sind 6er-Kartons mit oder ohne Gefache im Handel (für 0,75-l- und 1,5-l-Flaschen); 12er-Kartons mit Gefache (für 0,375 l und 0,75 l); 24er-Kartons mit oder ohne Gefache für 0,2-l-Flaschen sowie 24er-Umkarton für Mehrstück- oder Geschenkpackung für lose Flaschen.

Zur Bearbeitung der meisten dieser genannten Verpackungsarten werden **Verpackungsmaschinen- und Anlagen** benötigt. Die Einzelmaschinen mit bestimmten Aufgaben bilden eine Packstraße.

Faltschachteln (mit oder ohne Bodenverklebung) durchlaufen zuerst einen Kartonaufrichter. Dann werden die Gefache (vor oder nach dem Einpacker) in den aufgerichteten Karton gesteckt. Mittels der Flascheneinpackmaschine gelangen dann die Flaschen in den Karton. Ein anschließendes Aggregat verschließt und verklebt die Deckel.

Auch die flachen Zuschnitte benötigen einen **Kartonaufrichter**, der die Zuschnitte faltet und verklebt. Je nach dem Zuschnitt kann der Flascheneinschub von der Seite erfolgen.

Die **Umkartonier- oder Wrap-around-Maschine** verarbeitet überwiegend gefachelose Verpackungen von losen Flaschen oder Mehrstück-/Geschenkpackungen.

Die **Geschenk-Packungs-Maschinen** werden parallel zur Verpackungslinie zur wahlweisen Benutzung angeordnet. Es sind meist separate Anlagen mit entsprechender Umverpackung. Häufig erfolgt diese Arbeit auch von Hand. – Dabei werden Bodenklappe und die Deckelklappen wahlweise mit

- Heftklammern in speziellen Klammerapparaten,
- Selbstklebebändern aus Abrollern,
- Nassklebern und anschließendes Pressen oder
- Schmelzklebern (Hot melt) aus Schmelzpistolen

verschlossen.

Am Ende der Verpackungsstraße erfolgt (meist elektronisch) eine **Karton-Vollzähligkeitskontrolle.** Diese ist vielfach mit der Ausschleusung der unterfüllten Kartons verbunden. Ganz zum Schluss werden die Kartons dann etikettiert und signiert.

Die **Displayverpackung** erfolgt überwiegend manuell, da eine vollautomatische Anlage im Verhältnis zur Nutzung zu aufwendig wäre. **Displaypaletten** werden mit Folie geschrumpft oder gestretcht. Dies ist notwendig, um den Staub von der Verpackung fernzuhalten und zur Transportsicherung.

Die verpackten Kartons werden mittels einer **Palettieranlage** auf Paletten gestapelt. Die einzelnen Verpackungseinheiten können zur Verbesserung der Stabilität der bepackten Palette entweder im Verbund palettiert werden oder mit integrierten Lücken. Die Lagenanzahl ist einstellbar.

Es können unterschiedliche Paletten verarbeitet werden (Maße in mm):

- Europaletten 1200 · 800 · 144,
- Industriepaletten 1200 · 1000 · 150,
- Einwegpaletten 1200 · 1000 · 150,
- Düsseldorfer- oder Chep-Paletten 800 · 600 · 165.

Letztere ggfs. auch auf Unterpaletten.

Die Paletten können auf verschiedene Arten **gesichert** werden. Entweder sie werden mit einer Schnur oder einem Kunststoffband horizontal oder diagonal umwunden oder mit Folie gestretcht. Zunehmend seltener erfolgt die Schrumpfung mit Folie.

Zwischen den einzelnen Kartonlagen erfolgt ein **Anti-Slip-Auftrag** (heiß oder kalt), der ein Rutschen der Kartons zusätzlich verhindert.

Eine **Palettieranlage** kann mit verschiedenem Zubehör wie z. B. Leerpalettenmagazin oder automatischem Palettenzulauf und -ablauf ausgerüstet sein.

Verpackungsanlagen und **Verpackungsmaschinen** werden ihrer zunehmenden Bedeutung wegen von einer Reihe von Firmen hergestellt. Es ist üblich, dass mit der Planung und dem Aufbau einer Füllkolonne **nur ein Unternehmen der Kellereimaschinenbranche** beauftragt wird, die den erforderlichen Überblick über das Maschinenangebot des Marktes und der Maschinenleistungen besitzt, Maschinen, die ja schon lange in den Brau- und Mineralwasserbetrieben arbeiten.

5.9.4 Zollrechtliche Bestimmungen

Das Sektflaschenlager ist nicht nur aus technischer, wirtschaftlicher und qualitativer Sicht zu sehen, sondern es müssen daneben zollrechtliche Bestimmungen beachtet werden.

Da die Sektsteuer eine Verbrauchssteuer ist, wird sie erst fällig, wenn der Sekt in den Verkehr gelangt. So lange sich der Schaumwein im **Steuerlager** befindet, fällt keine Steuer an. Das hat zur Folge, dass

- das Steuerlager definiert werden muss und
- die Bewegungen (Eingang/Ausgang) dokumentiert werden müssen.

Das Steuerlager muss als solches gekennzeichnet sein – es ist nicht notwendig, dass es sich um einen abgeschlossenen Raum handelt. In Absprache mit der Zollbehörde kann auch vereinbart werden, dass der ganze Sektherstellungsbetrieb als Steuerlager gilt. Es können aber auch spezielle Flächen oder sogar nur einzelne Paletten als Steuerlager gelten. Bei der Anmeldung als sektverarbeitender Betrieb sollte diese Modalität mit dem Zollamt besprochen werden.

Die Bewegungen im Steuerlager (Eingang durch Degorgieren/Abfüllung bzw. Ausgang durch Verkauf, Proben etc.) werden in dem „Schaumweinsteuerbuch“ festgehalten. Einmal im Jahr wird eine **Bestandsmeldung** beim Zollamt abgegeben. Dieses Dokument beinhaltet Anfangsbestand, Zugänge, Abgänge und Endbestand. Der so dokumentierte Ist-Zustand unterliegt dann einer Prüfung durch die Zollbehörde.

Bis zum 10. des Folgemonats an dem eine Entnahme erfolgte, wird dem Zollamt eine **Steueranmeldung** zugestellt. Aufgrund dieses Dokumentes wird dann die Steuerschuld berechnet.

Es kann auch sinnvoll sein, ein eigenes Steuerlager dann einzurichten, wenn der Sekt von einem Lohnunternehmer hergestellt wird. Mit entsprechenden Begleitpapieren wird die gesamte degorgierte Sektmenge vom Lohnunternehmer in das eigene Steuerlager überführt und unterliegt erst dann der Steuerschuld, wenn der Sekt aus diesem Lager entnommen wird. Selbstverständlich unterliegt auch dieses Steuerlager der Aufsicht des Zollamtes.

6 Kohlendioxid (CO_2, Kohlensäure, Kohlenstoffdioxid, Kohlensäureanhydrid)

Kohlensäure (H_2CO_3) ist eine Säure, die eine Lösung von Kohlenstoffdioxid (CO_2) in Wasser darstellt. Kohlenstoffdioxid oder im normalen Sprachgebrauch auch Kohlendioxid, wird oft (fälschlicherweise) umgangssprachlich als Kohlensäure bezeichnet.

6.1 Löslichkeit, Druck und Überdruck von CO_2 und anderen Gasen (siehe auch Kap. 1.3.5.1)

Das Verhalten dieser Gase entweder im Gaszustand oder als Lösung (Wasser/Sekt) und die Konsequenzen, die sich daraus bei der Sektherstellung ergeben, soll im Nachfolgenden dargestellt werden.

6.1.1 Einleitung

Als **Lösung** bezeichnet man eine Mischung von zwei oder mehr Stoffen, bei der die Stoffe molekülweise verteilt und vollständig miteinander vermischt sind. Es können Gase in Gasen gelöst werden, aber auch Gase in Flüssigkeiten, Flüssigkeiten in Flüssigkeiten, Feststoffe in Flüssigkeiten und sogar Gase oder Flüssigkeiten in festen Stoffen. Am häufigsten und bekanntesten sind Lösungen in Flüssigkeiten. Ganz alltäglich sind z. B. Lösungen von Zucker im Kaffee, Salz in der Suppe, Essig in der Soße und Seife im Waschwasser, also Vorgänge, die mit freiem Auge zu beobachten sind. Obwohl es gut zu sehen ist, ist seltener Gelegenheit zu beobachten, wenn ein Gas in Wasser gelöst wird. Manche Kellereien stellen für den Eigenbedarf z. B. wässerige Lösungen von schwefliger Säure (H_2SO_3) her: Schwefeldioxid (SO_2) wird gasförmig aus einer Stahlflasche mithilfe eines Schlauchs durch eine feinporige Fritte in Wasser eingeleitet. Aus der Fritte treten, gut sichtbar, sehr feine Gasblasen aus und steigen auf. Sie verschwinden aber sehr bald, noch ehe sie am Flüssigkeitsspiegel angekommen sind, weil die Moleküle des Gases auseinanderstrebend einzeln die Blase verlassen und sich zwischen die Moleküle der Flüssigkeit begeben.

Das Beispiel der SO_2-Lösung wurde gewählt, weil es sehr anschaulich ist. Andere Gase verhalten sich prinzipiell ebenso, auch wenn ihre Löslichkeit in Wasser bzw. in Wein sehr unterschiedlich ist.

Ein Gas kann allerdings nicht in unbegrenzter Menge in der Flüssigkeit gelöst werden. Irgendwann kommt der Augenblick, da die in der Flüssigkeit gelösten Gasmoleküle so dicht und eng beieinanderstehen, dass für weitere Gasmoleküle der gleichen Art kein Platz mehr vorhanden ist.

Wenn sich dieser Zustand einstellt, dann hat man die **Löslichkeitsgrenze** erreicht, dann ist die Lösung bezüglich des eingeleiteten Gases **gesättigt**. Es ist unter gewöhnlichen Umständen nicht möglich, durch weiteres Einleiten in einer gesättigten Lösung noch mehr Gas unterzubringen. Die nach Sättigung aus der Fritte austretenden feinen Gasblasen steigen daher zum Flüssigkeitsspiegel auf und platzen dort, wobei das Gas in die Atmosphäre entweicht.

Wenn man aber die Flüssigkeit in ein druckfestes Gefäß füllt und nun weiteres Gas einleitet, dann wird aus der gesättigten Lösung zwar auch Gas entweichen, es sammelt sich aber in dem Kopfraum über der Flüssigkeit, es staut sich und bildet einen **Druck**, der über den gewöhnlichen Druck der umgebenden Atmosphäre hinausgeht. Es entsteht ein **Überdruck**. Das Entstehen des Überdrucks hat nun zur Folge, dass die Gasmoleküle in dem Hohlraum über der Flüssigkeit enger zusammenrücken und dass folglich auch in die

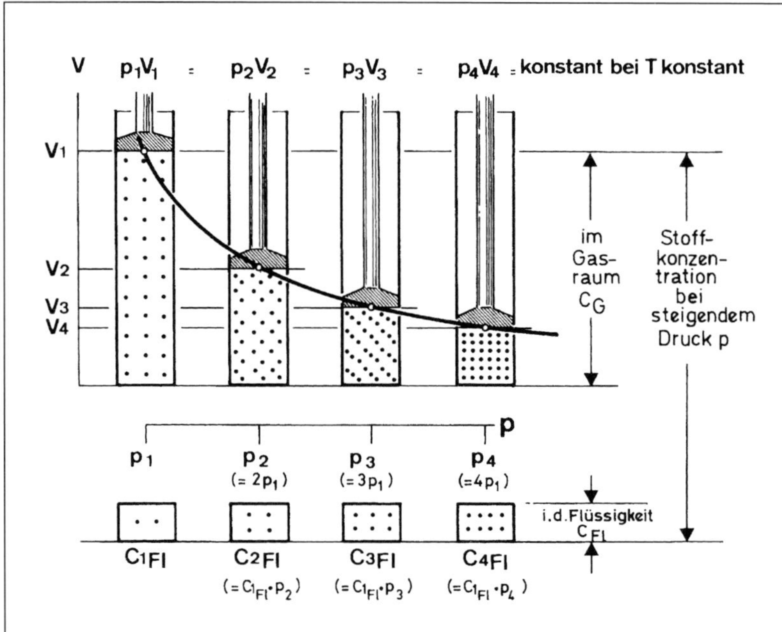

Abb. 164. Das Boyle-Mariotte'sche Gesetz, angewendet auf die Gasabsorption. Vgl. Text und Tab. 37.

Flüssigkeit zwischen die Gasmoleküle, die dort gelöst sind, weitere Gasmoleküle eindringen, bis zwischen den Gasmolekülen des Hohlraums und den Gasmolekülen in der Flüssigkeit ein **„Gleichgewicht"** besteht. Je mehr dieser Vorgang fortschreitet, desto deutlicher wird die Lösung **„übersättigt"**, d. h., dass mehr Gas in der Flüssigkeit gelöst ist, als unter gewöhnlichen oder **„normalen"** Bedingungen darin gelöst werden könnte.

Die Löslichkeit verschiedener **Gase in Wasser** ist sehr unterschiedlich. So lösen sich z. B. in 1 Liter Wasser von Raumtemperatur und bei Normaldruck 40 Liter SO_2-Gas bzw. 0,88 Liter Kohlendioxid, aber nur 0,03 Liter Sauerstoff. Dennoch gelten für alle Gase die gleichen Gesetzmäßigkeiten. Die Löslichkeit eines Gases in einer Flüssigkeit ist dabei vom Druck und der Temperatur abhängig.

In Verbindung mit Schaumwein interessieren uns vor allem das Gas **Kohlendioxid** oder **CO_2** und sein Verhalten, weil erst das Kohlendioxid den stillen Wein zum Schaumwein macht.

Im Zeitalter der Aufklärung, also im 17. und 18. Jahrhundert, entwickelten sich u.a. auch die Naturwissenschaften. Man hatte verstanden, dass die Dinge unserer Welt nicht von verborgenen mystischen Kräften gelenkt werden, sondern dass sie von einer erfassbaren, dem Verstande zugänglichen Ordnung abhängen, nämlich von den „Naturgesetzen". Innerhalb kurzer Zeit wurden auch die Grundlagen der „Gas-Gesetze" erkannt und in der Folgezeit vielfach überprüft und genauer formuliert. Im Rahmen dieses Buchs ist es nicht möglich, diesen wichtigen und interessanten Stoff darzustellen, es muss vielmehr auf die einschlägige Fachliteratur und vor allem auf die Lehrbücher der Physik verwiesen werden. Aus der Fülle des Stoffes werden hier nur einige Regeln und wenige Zahlenangaben herausgegriffen und ggf. in Erinnerung gebracht, soweit sie für das Verständnis der Vorgänge dienlich, und soweit sie für die Belange der Praxis (Kontrollrechnungen etc.) von Nutzen sind.

6.1.2 Gasgesetze im Telegrammstil

Jahr

1660 Boyle-Mariotte (Boyle aus England, Mariotte aus Frankreich): Das Produkt aus dem Druck und dem Volumen eines Gases ist bei gleichbleibender Temperatur konstant. $p \cdot v = const.$ Wenn z. B. das Volumen eines Gases auf die Hälfte zusammengedrückt wird, steigt der Druck auf das Doppelte (siehe Abb. 164 und Tab. 37).

1802 Gay-Lussac (Frankreich) entdeckte den thermisch-kubischen Ausdehnungs-Koeffizienten: das Volumen eines Gases von 0 °C dehnt sich bei gleichbleibendem Druck mit jedem Grad Temperaturerhöhung um $\frac{1}{273{,}15}$ aus. Wenn aber das Volumen gleich bleibt, dann steigt der Druck mit jedem Grad Temperaturerhöhung um $\frac{1}{273{,}15}$ an.

1803 Henry (England) erkennt:
Die Löslichkeit eines Gases in einer Flüssigkeit ist stets proportional dem Partialdruck.

1805 Dalton (England) stellt fest: Der Gesamtdruck einer Gasmischung ist die Summe der einzelnen Partialdrücke dieser Mischung.

1807 (etwa) Henry und Dalton: Die Löslichkeit der Komponenten einer Gasmischung ist direkt proportional den Partialdrücken dieser Komponenten in der Gasphase.

1811 Avogadro (Italien) findet:
1 Mol eines jeden Gases enthält bei 0 °C und 1013,25 mbar Druck = $6{,}0221367 \cdot 10^{23}$ Moleküle (Avogadrozahl) und jedes Mol Gas nimmt im Normalzustand ein Volumen von 22,414 l ein (= Molvolumen).
Diese Zahl trifft nur bei den sog. „idealen" Gasen zu, bei allen anderen ist sie aber sehr ähnlich.

6.1.3 Erklärung einiger Begriffe

Diffusion

„Diffusion" (lat.) heißt das Ausdehnen, Ausbreiten, Zerstreuen. Man meint damit die Eigenschaft von Molekülen der Gase und Flüssigkeiten innerhalb eines verfügbaren Raumes (oder Volumens), auseinanderzustreben, bis zu ihrer gleichmäßigen Verteilung bzw. ihrer vollständigen Durchmischung in diesem Raum.

Gasmoleküle zerstreuen sich in einem Gasraum ziemlich rasch, man kann z. B. am Geruch erkennen, ob jemand zur Türe hereinkommt oder ob die Milch anbrennt. Gasmoleküle durchdringen aber auch Flüssigkeiten. Die Diffusion verläuft hier jedoch etwa tausendmal langsamer.

Die kinetische Gastheorie (Bernoulli, Frankreich, 1738) besagt, dass die Geschwindigkeit eines Gasmoleküls bei gegebener Temperatur umso größer ist, je **leichter** das Molekül ist. Die Bewegungsenergie der Gasmoleküle (Brown'sche Molekularbewegung) ist gleichbedeutend mit ihrer Temperatur.

Grenzfläche

Die Berührungsfläche zwischen einem Gas und einer Flüssigkeit heißt **Grenzfläche**. Als Grenzfläche sind sowohl der Flüssigkeitsspiegel selbst zu verstehen als auch alle anderen Stellen, an denen Flüssigkeit mit Gas in Berührung kommt, z. B. anhaftendes Gas an der Gefäßwandung oder an losen Feststoffen, sowie an allen frei schwebenden Luft- oder Gasblasen, einschließlich der Mikroblasen.

Gasmoleküle diffundieren ständig durch die Grenzflächen, sowohl in die Flüssigkeit hinein, man nennt dies **„Absorption"**, als auch aus der Flüssigkeit wieder heraus, dies heißt dann **„Exsorption"**.

Sättigung

Wenn pro Zeiteinheit gleichviel Gasmoleküle in die Flüssigkeit hinein und aus der Flüssig-

Tab. 46 CO_2-Löslichkeit in Wasser, in Abhängigkeit von der Temperatur

in °C	Kohlendioxid	
	α Nl/l	g/100 g
0	1,713	0,3346
1	1,646	0,3213
2	1,584	0,3091
3	1,527	0,2978
4	1,473	0,2871
5	1,424	0,2774
6	1,377	0,2681
7	1,331	0,2589
8	1,282	0,2492
9	1,237	0,2403
10	1,194	0,2318
11	1,154	0,2239
12	1,117	0,2165
13	1,083	0,2098
14	1,050	0,2032
15	1,019	0,1970
16	0,985	0,1903
17	0,956	0,1845
18	0,928	0,1789
19	0,902	01737
20	0,878	0,1688
25	0,759	0,1449
30	0,665	0,1257
35	0,592	0,1105
40	0,530	0,0973
45	0,479	0,0860
50	0,436	0,0761
60	0,359	0,0576

α = Bunsenscher Löslichkeitskoeffizient
= Volumen der gelösten Gasmenge im Normzustand (0 °C und 1,01325 bar)

keit heraus diffundieren, dann steht das in der Flüssigkeit gelöste (absorbierte) Gas mit dem freien Gas des Gasraums in einem **„dynamischen“** Gleichgewicht. Eine Lösung, deren Gas im dynamischen Gleichgewicht steht, ist **„gesättigt“** unter dem Partialdruck dieses Gases, der dann auch **„Sättigungsdruck“** heißt.

Löslichkeit als Normbegriff

Grundsätzlich können alle Gase in Flüssigkeiten eindringen und dort gelöst verbleiben. Die Flüssigkeiten zeigen allerdings sehr verschiedene Bereitschaft, Gase aufzunehmen und zu lösen. Es können, je nach Gas, sehr unterschiedliche Mengen in einer Flüssigkeit gelöst werden.

Unter **Löslichkeit** eines Gases in einer Flüssigkeit versteht man dasjenige Volumen des Gases, gemessen in Liter, das in einem Liter der Flüssigkeit bei bestimmter Temperatur und Druck maximal gelöst werden kann, wenn sich im Gasraum über der Flüssigkeit **ausschließlich** das zu lösende Gas (und der Dampf der Flüssigkeit) befindet und das **gelöste** Gas mit dem **im Gasraum befindlichen Gas** in einem dynamischen Gleichgewicht steht. Hierbei ist der Partialdruck des Gases gleich dem Gesamtdruck.

Als Beispiel für dieses Stichwort mag die Löslichkeit von CO_2 in reinem Wasser gelten. Die Tab. 46 zeigt die Abhängigkeit der Löslichkeit von der Temperatur der Lösung. Die Angaben beziehen sich auf eine Lösung unter reiner CO_2-Atmosphäre bei Normaldruck.

Es handelt sich hierbei um eine theoretische Situation. Um es deutlich hervorzuheben: Bei z. B. 20 °C können in 1 Liter reinen Wassers 0,878 Norm-Liter CO_2-Gas nur dann gelöst werden, wenn die Atmosphäre über dem Wasser zu 100 % aus CO_2 besteht und der Druck allein dieses CO_2-Gases 1,01325 bar beträgt.

Der Begriff **„Norm-Liter“** bezeichnet die Volumeneinheit eines Gases bei der Temperatur 0 °C und dem Druck von 1 atm. Er wird auch als Maß für den Bunsen'schen Löslichkeitskoeffizienten „α" verwendet (siehe Tab. 46). In der Praxis der Sektherstellung und in der Weinanalytik beziehen sich jedoch alle Messungen und Konzentrationsangaben stets auf die Temperatur von 20 °C.

Der **Ostwald'sche Löslichkeitskoeffizient** „L" gibt die Löslichkeit der Gase dergestalt an, dass die Volumeneinheit des Gases bei 20 °C und 1 atm (= 1,01325 bar) angegeben wird. Die Umrechnung des Bunsen'schen in den Ostwald'schen Koeffizienten erfolgt mithilfe des thermisch-kubischen Ausdehnungskoeffizienten nach Gay-Lussac, mit folgender Formel:

$$\alpha = L \cdot \frac{273{,}15}{293{,}15} = L \cdot 0{,}931776$$

In den folgenden Ausführungen wird in allen Angaben und Berechnungen der Zustand der Gase bei 20 °C angegeben und für Löslichkeitsberechnungen der Ostwald'sche Koeffizient „L" benutzt.

Für Druckangaben wird die „veraltete" Einheit physikalische Atmosphäre „atm" verwendet, weil damit bei Berechnungen mit glatten ganzen Zahlen operiert werden kann. Die gesetzliche Einheit des Drucks nach dem SI (Système International) ist das Pascal „Pa":

100 000 Pa entsprechen 1 bar und 1,01325 bar sind exakt 1 atm. (siehe auch Tab. 59).

Der Mindestdruck für Qualitäts-Schaumwein beträgt 3,5 bar bei 20 °C, das sind 3,5 : 1,01325 = 3,45 atm. Bei Druckberechnungen ist es bequemer mit 1 atm zu rechnen als mit 1,01325 bar. Bei Bedarf und in Grenzfällen ist die Umrechnung leicht möglich.

Im normalen Alltag ruht auf einem offenen, mit Wasser gefüllten Gefäß, die gewöhnliche Luft, die bei normalem Luftdruck in jedem Liter Luft nur 0,0003 Normliter CO_2 enthält (siehe Tab. 50). Die Menge des CO_2, das unter diesen Umständen im Wasser gelöst wird, ergibt sich aus Löslichkeit · Partialdruck und das sind in unserem Beispiel der Tab. 46 (bei 20 °C):

0,878 Nl · 0,0003 = 0,00026 Nl CO_2 pro Liter Wasser. Bei einem Litergewicht des CO_2 von 1,842 (siehe Tab. 49) entspricht das gelöste Gas 1,842 · 0,00026 = 0,00048 g oder 0,48 mg/l!

Will man mehr CO_2 im Wasser lösen, dann muss in der Atmosphäre über dem Wasser, z. B. im geschlossenen Gefäß, der **Partialdruck für CO_2** entsprechend erhöht werden. Eine weitere Möglichkeit, mehr CO_2 im Wasser zu lösen, besteht darin, das Wasser auf niedrigere Temperatur **abzukühlen**. Die Tab. 46 zeigt deutlich, dass die Löslichkeit bei niedriger Temperatur erheblich größer ist als bei höherer. Diese Beobachtung trifft auch auf **Schaumwein** zu, es gelten bei Schaumwein aber etwas geringere Werte für die Löslichkeit.

Übersättigung

Sofern der Partialdruck (= Sättigungsdruck) des Gases höher war als der Normaldruck, während die Lösung mit Gas gesättigt wurde, wenn also ein Überdruck bestand und danach der Überdruck abgelassen wurde, befindet sich die Lösung im Zustand der **Übersättigung**. Aus der übersättigten Lösung entweichen bzw. diffundieren solange mehr Gasmoleküle durch die zum Gasraum hin bestehende Grenzfläche als im entgegengesetzten Sinne hineindiffundieren, bis erneut Gleichgewicht zwischen „außen" und „innen" erreicht ist.

Blasenbildung

Für eine spontane Entstehung von Gasblasen in der übersättigten Lösung wäre eine ganz ungewöhnlich hohe Konzentration des gelösten Gases oder ein ganz außergewöhnlich hoher Energiegehalt der Gasmoleküle erforderlich, wie sie erst dann vorlägen, wenn die Lösung bei etwa 1000 atm gesättigt worden wäre (Guggenberger, 1962 und Kap. 6.4). Bei Schaumwein, dessen Sättigungsdruck, je nach Temperatur, höchstens bei etwa 8 atm

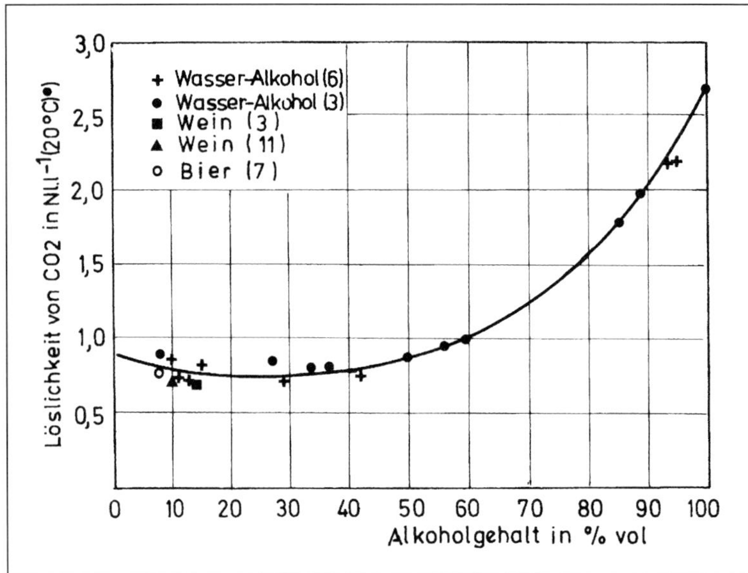

Abb. 165. Die Löslichkeit von CO_2 bei 20 °C und 760 Torr in Abhängigkeit vom Alkoholgehalt ausgedrückt in Nl CO_2/l Lösungsmittel. (3) nach Agabaliantz (1954), (6) nach Showalter und Ferguson (1936), (7) nach Zahm und Nagel (1934), (11) nach dem Schweizerischen Lebensmittelbuch (Jaulmes 1973).

Abb. 166. Änderung der Löslichkeit von Kohlensäure in reinem Wasser sowie in trockenen und zuckerhaltigen Weinen in Abhängigkeit von der Temperatur (nach Agabaliantz 1954).
1 = Wasser, 2 = trockener Wein von 10 und 14 °Alkohol, 3 = Wein mit 110 g/l Zucker bei 10 und 14 °Alkohol (Nl/l = Normalliter bei t = 0 °C und p = 1,01325 bar = 1 atm).

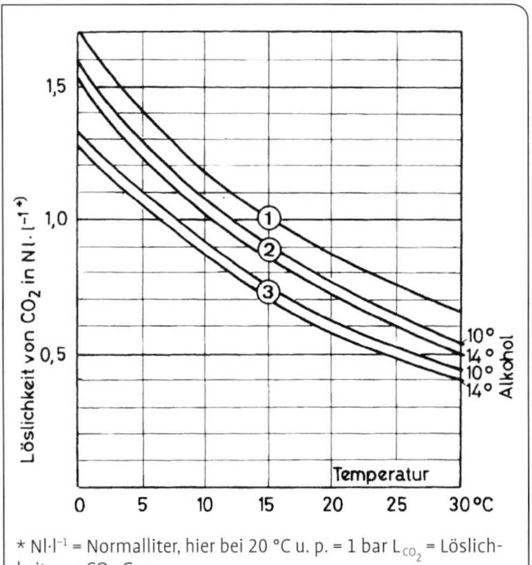

* $Nl \cdot l^{-1}$ = Normalliter, hier bei 20 °C u. p. = 1 bar L_{CO_2} = Löslichkeit von CO_2-Gas

liegt, ist daher die spontane Entstehung von Blasen unmöglich.

Im **Schaumwein** kommt **Blasenbildung** ausschließlich dadurch zustande, dass sogenannte „Gas-Nuklei“ (lat. nucleus = Kern) in der Flüssigkeit vorhanden sind. Man meint damit winzige Gasmengen, die an der Gefäßwand oder an Feststoffen oberflächlich festhängen, weil die Oberflächen vom Schaumwein nicht benetzt wurden, oder die als freischwebende winzige Blasen (**Mikroblasen**) sich im Schaumwein befinden (siehe auch Kap. 6.4).

6.1.4 Löslichkeit des CO_2 im Wein

Obwohl die Löslichkeit für CO_2 in reinem Alkohol (Ethanol) wesentlich höher ist als in reinem Wasser, ist sie in Mischungen der beiden zunächst geringer als im Wasser, und zwar nimmt die Löslichkeit von 0 %vol Alkohol bis etwa 30 %vol Alkohol ab, um von da an bis zu 100 %vol wieder anzusteigen (siehe Abb. 165).

Das Wissen um dieses ungewöhnliche Löslichkeitsverhalten ist langsam gewachsen (Müller, 1889; Findlay und Shen, 1911; Show-

Tab. 47 CO_2-Löslichkeit bei 20 °C in l CO_2/l Wein (nach Agabaliantz)

Zuckergehalt	Alkohol %vol				
g/l	10	11	12	13	14
0	0,76	0,75	0,74	0,73	0,72
10	0,75	0,74	0,73	0,72	0,71
20	0,74	0,73	0,72	0,71	0,71
30	0,73	0,72	0,71	0,70	0,70
40	0,72	0,71	0,70	0,69	0,68
50	0,71	0,70	0,69	0,68	0,67
60	0,69	0,68	0,67	0,66	0,65
70	0,68	0,67	0,66	0,65	0,64
80	0,67	0,66	0,65	0,64	0,63
90	0,66	0,65	0,64	0,63	0,62
100	0,65	0,64	0,63	0,62	0,61
110	0,63	0,62	0,61	0,60	0,60

alter und Ferguson, 1936; Zahm und Nagl, 1934; Agabaliantz, 1954; Siegrist, 1958,1962; Deinhardt, 1961, 1969; Jaulmes, 1973) und hat sich erst Ende der 50er-Jahre allgemein durchgesetzt. Möglicherweise hängt dieses Löslichkeitsverhalten mit der **Volumenkontraktion** zusammen, die bekanntermaßen bei Mischungen von Alkohol mit Wasser auftritt. Durch Hydratbildung rücken die Teilchen des Alkohols und des Wassers enger aneinander als dies in einer gewöhnlichen Lösung vorkäme; dadurch entsteht die Volumenverminderung, also die Kontraktion und dadurch ist der Freiraum für CO_2-Gasmoleküle kleiner als er in reinem Wasser und in reinem Alkohol jeweils für sich wäre. Man vergleiche hierzu Abb. 165 mit einigen Einzelwerten für verschiedene Modelllösungen und Getränke und mit einer idealisierten Kurve.

Die **Löslichkeit des CO_2** wird im Wein weiterhin vermindert durch den Gehalt des Weines an sonstigen gelösten Stoffen, d. h., durch den Extraktgehalt, wobei der zuckerfreie Extrakt innerhalb sehr enger Grenzen schwankt, sein Einfluss also als nahezu konstant angesehen werden kann, während der unvergorene Zuckergehalt in relativ weiten Grenzen **von 0 bis etwa 110 g/l** schwanken kann und deshalb einen Einfluss auf die Löslichkeit ausübt.

Das bedeutet für die Praxis, dass die Verminderung der Löslichkeit infolge des Zuckers der Versanddosage bei gleichem CO_2-Gehalt gleichbedeutend ist mit einer, wenn auch mäßigen, Erhöhung des Drucks.

Es sind verschiedene Versuche angestellt worden, die Einflüsse des Alkohols und der Extraktstoffe mithilfe von Formeln zu berechnen. Die Ergebnisse weisen mit einer gewissen Schwankungsbreite in die gleiche Richtung. Als Orientierungsbeispiele mögen die Abb. 166 sowie die Tab. 47 nach Agabaliantz über die Löslichkeit des CO_2 in Wein bei 20 °C dienen.

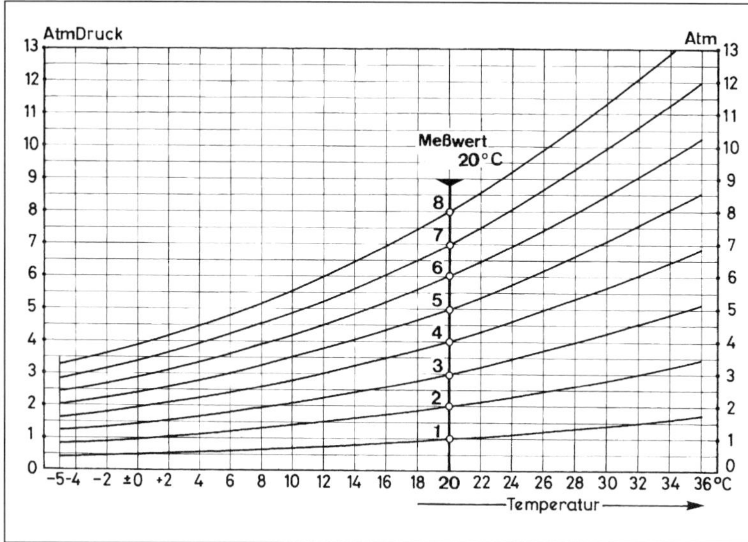

Abb. 167. Grafische Darstellung der Tab. 48 (Spalte Agabaliantz), woraus der bei der jeweiligen Temperatur gemessene Druck auf den vergleichbaren Druck bei 20 °C abgelesen werden kann.

Einen erheblich größeren Einfluss auf die Löslichkeit von CO_2 als Alkohol und Zuckergehalt zeigt die **Temperatur**. Da das Kohlensäuregas bei den pH-Werten des Weines so gut wie vollständig als CO_2 in Gasform gelöst vorliegt und nicht als Kohlensäure (H_2CO_3) mit ihren Dissoziationsformen, steigt oder sinkt der Druck des Schaumweins proportional zur Temperatur. Dieses Druckverhalten des Schaumweins ist von erheblicher Bedeutung für die Praxis, insbesondere bei allen Vorgängen des Umfüllens und des Abfüllens.

Die Tab. 48 enthält die Faktoren zum Umrechnen des Drucks, der bei 20 °C in einem bestimmten Schaumwein besteht, auf den entsprechenden Druck des gleichen Schaumweins bei niedrigerer oder höherer Temperatur. Es werden die Zahlen von Agabaliantz und der VO (EG) Nr. 2676/90, Anhang 37, Abschnitt 4, geändert durch VO (EG) 1293/2005 gegenübergestellt. D. h., der bei der jeweiligen Temperatur gemessene Druck muss mit den angegebenen Faktoren multipliziert werden, um den Druck bei 20 °C zu erhalten.

Die Zahlen beziehen sich auf den Druck in einer normal abgefüllten Flasche, also auf ein Gefäß mit einem Füllstand von 96,15 % und einen Gasraum von 3,85 % des Randvollvolumens dieser Flasche.

Aus Abb. 167 können die Werte ebenfalls abgelesen werden.

In einem Gefäß, das nur mit CO_2-Gas gefüllt ist, also ohne Wein, steigt oder fällt der Druck nahezu linear, je nach Temperaturänderung. Die Änderungen folgen dem von Gay-Lussac formulierten thermisch-kubischen Ausdehnungskoeffizienten (siehe Kap. 6.1.2 Gasgesetze). Die Änderung der Temperatur um 1 °C bewirkt eine Druckänderung um

$\frac{1}{273,15}$, der Faktor lautet also

$1 + \frac{1}{273,15}$ oder $1 + 0,003660992$

für jedes Grad.

Wird die Temperatur z. B. um 10 °C geändert, dann lautet der Faktor $1 + 0,003660992 \cdot 10 = 1 + 0,03660992$, das sind also 1,03660992.

Beispiel: In einem nur mit Gas gefüllten Gefäß herrscht bei + 20 °C ein Druck von 7 atm absolut. Durch Abkühlung um 10 °C sinkt der Druck auf 7 : 1,03660992 =

Tab. 48 Darstellung des absoluten Druckes p_{20} von Schaumweinen bei 20 °C im Verhältnis zum absoluten Druck p_t bei einer Temperatur von t °C (nach Agabaliantz und VO (EG) Nr. 2676/90, Anhang 37, Abschnitt 4, geändert durch VO (EG) 1293/2005)

t °C	$\frac{P_{20}}{P_t}$ Agabaliantz	$\frac{P_{20}}{P_t}$ VO EG 2676/90	t °C	$\frac{P_{20}}{P_t}$ Agabaliantz	$\frac{P_{20}}{P_t}$ VO EG 2676/90	t °C	$\frac{P_{20}}{P_t}$ Agabaliantz	$\frac{P_{20}}{P_t}$ VO EG 2676/90
−5	2,44		7	1,61	1,50	19	1,03	1,03
−4	2,36		8	1,55	1,45	20	1,00	1,00
−3	2,29		9	1,50	1,40	21	0,97	0,97
−2	2,21		10	1,44	1,36	22	0,93	0,95
−1	2,14		11	1,39	1,32	23	0,9	0,93
0	2,07	1,85	12	1,40	1,28	24	0,87	0,91
1	2,00	1,80	13	1,29	1,24	25	0,84	0,88
2	1,93	1,74	14	1,24	1,20	26	0,81	
3	1,86	1,68	15	1,2	1,16	27	0,78	
4	1,80	1,64	16	1,16	1,13	28	0,75	
5	1,73	1,59	17	1,11	1,09	29	0,72	
6	1,67	1,54	18	1,07	1,06	30	0,70	

6,75 atm. Durch Erwärmen um 10 °C würde der Druck auf 7 · 1,03660992 = 7,26 atm steigen.

Anders verhält sich die Druckentwicklung in einem Gefäß, wenn es, wie in Tab. 48 angenommen, zu 96,15 % mit Sekt gefüllt ist.

Da die Löslichkeit bei niedriger Temperatur wesentlich höher ist, ist der Druck des gleichen Sektes dann wesentlich geringer als er bei Normaltemperatur wäre. In Abb. 168 a ist dargestellt, wie der Druckanstieg verlaufen würde, wenn

A. ein Behältnis zu 96,15 % mit Sekt gefüllt ist,
B. das Behältnis nur mit reinem CO_2 gefüllt ist und in beiden Fällen der Partialdruck für CO_2 = 3,380 atm absolut bei 0 °C beträgt.

Je wärmer das Produkt, desto geringer wird die Löslichkeit, desto stärker steigt folglich der Druck.

Bei höherem Füllstand verläuft die Kurve des mit Sekt gefüllten Gefäßes steiler, bei niedrigerem Füllstand entsprechend flacher.

Aus Abb. 168 b ist die praktische Konsequenz dieser Gesetzmäßigkeit ersichtlich.

Der Gasraum einer Flasche beträgt optimal 30 ml bei einer Flasche mit einem Randvollvolumen von 780 ml und einem Nennvolumen von 750 ml. Hat Sekt in dem dargestellten Beispiel 9,8 g/l CO_2, so weist er bei 20 °C einen Überdruck von 5,3 bar auf. Bei höherer Befüllung steigt der Druck bei gleichem CO_2-Gehalt an, bei geringerer Befüllung sinkt er ab. Hat die Flasche demnach einen Kopfraum von 100 ml, so wer-

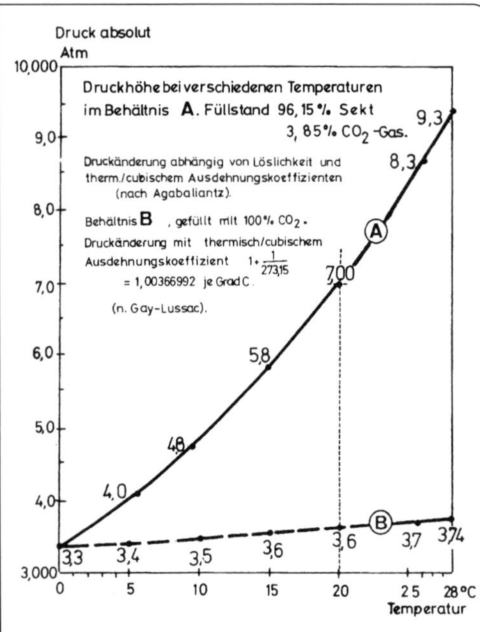

Abb. 168a. Das Verhältnis von Druck : Temperatur in Abhängigkeit vom Füllstand des Behältnisses. A das Gefäß ist mit Sekt gefüllt, B es handelt sich um einen leeren, nur Gas enthaltenden Behälter.

den – immer bei dem gleichen CO_2-Gehalt des Sektes – nur 4,4 bar gemessen.

Die Veränderungen entsprechen den in der Abb. 168 b dargestellten Funktionen. Daraus ist ersichtlich, dass die Veränderungen bei verschiedenen Temperaturen unterschiedlich sind. (Berechnung erfolgte nach der Formel von Rammert.)

Den Zusammenhang von Druck und Temperatur, bezogen auf den CO_2-Gehalt des Schaumweines in **Gramm pro Liter**, also nicht auf die Löslichkeit, die ja in Liter pro Liter ausgedrückt wird, zeigt sehr anschaulich das Diagramm von Bachmann (1967) in Abb. 1.

Dieses Diagramm ist, wie alle anderen schematischen Darstellungen, gut geeignet, einen orientierenden Eindruck zu vermitteln. Für exakte Berechnungen kann es jedoch nicht dienen, weil man dem Diagramm bei seiner Ausarbeitung ganz bestimmte Verhältnisse der Weinzusammensetzung (Alkohol, Extrakt, Zucker) und des Füllstandes im Behältnis zu Grunde legen musste. Die Aussage des Diagramms trifft daher allenfalls für die angenommenen Verhältnisse zu. Für alle anderen Weine und Situationen gilt, dass der Zusammenhang zwar den gleichen Grundsätzen folgt, die Zahlenwerte indes mehr oder weniger deutlich von der Darstellung abweichen können.

6.1.5 Der Gasraum über dem Sekt

In einer verschlossenen Flasche oder im verschlossenen Tank befindet sich über dem Sekt stets ein Hohlraum, der mit einer **Gasmischung** gefüllt ist. Den Wünschen des Schaumweinherstellers würde es sicherlich am besten entsprechen, wenn der Hohlraum ausschließlich mit reinem Kohlendioxidgas gefüllt wäre. In der Praxis aber besteht der Inhalt des Hohlraums zwar hauptsächlich aus CO_2, es sind jedoch auch andere Gase in wechselnder Menge in dem Hohlraum enthalten, je nach Arbeitsweise des Betriebes. Die anderen Gase können einen großen Einfluss auf den CO_2-Gehalt des Schaumweines ausüben, und sie können seine Eigenschaften und sein Verhalten fühlbar mitbestimmen. Man spricht gelegentlich über diese anderen Gase, es ist aber zu wenig über sie bekannt und es wird daher des Öfteren nicht sachgerecht mit diesen Fremdgasen umgegangen.

Es ist das Ziel dieses Kapitels, **einige physikalische Daten dieser Gase** mitzuteilen und Anregungen für den Umgang mit ihnen zu geben. Da die Daten in Fachbüchern und Nachschlagewerken enthalten sind, die den Praktikern der Schaumweinherstellung nicht ohne Weiteres zugänglich sind, wurden sie hier, soweit sie für die Schaumweinpraxis Bedeutung haben, aus diesen Werken zusammengetragen. Es werden einige Erläuterungen dazu gegeben, soweit sie für das Grund-

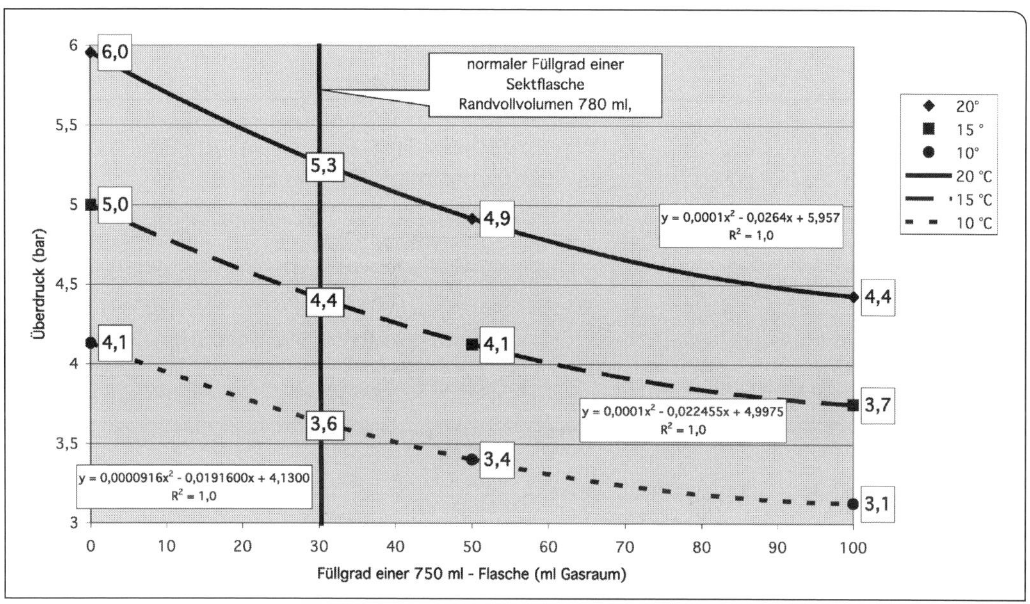

Abb. 168b. Die Abhängigkeit des Druckes vom Füllgrad der Flasche und der Messtemperatur – Gehalt des Sektes 9,8 g/l CO_2 (nach Rammert).

lagenverständnis notwendig erschienen. Für weiterführende Details wird auf die einschlägige Fachliteratur und vor allem auf die Lehrbücher der Physik bzw. der Physikalischen Chemie verwiesen.

6.1.5.1 Eigenschaften der Gase (= Dampfphase) im Gasraum

Das physikalische Verhalten der Gase wird von den drei Größen **Volumen**, **Druck** und **Temperatur** bestimmt.

6.1.5.1.1 Physikalische Eigenschaften

(zusammengestellt aus Römpp, D'ans & Lax, Handbook of Chemistry & Physiks, Jost & Troe)

Für vergleichbare Aussagen und Berechnungen zum Verhalten der Gase müssen Gewichtsangaben in Volumenangaben umgerechnet werden!

Beispiel: Stickstoff (N_2) hat das Molekulargewicht 28,016. Ein Mol Stickstoff enthält daher 28,016 Gramm Stickstoff.

Ein Mol Kohlendioxid (CO_2) sind 44,010 g Kohlendioxid.

Das **Molvolumen** gibt an, welches Volumen (= Rauminhalt) ein Mol des betreffenden Gases unter Normalbedingungen (d. h. 0 °C, 1 atm) einnimmt. Es wird in der Maßeinheit cm^3 (Kubikzentimeter) angegeben. Bei einem „idealen" Gas beträgt das Molvolumen 22414 cm^3.

Die mit dem Wein üblicherweise in Berührung kommenden „realen" Gase besitzen Molvolumina, die sehr nahe an das Molvolumen eines idealen Gases herankommen.

Obwohl also die Molekulargewichte von Stickstoff und von Kohlendioxid sehr verschieden sind, ist der Raum, den jeweils 1 Mol dieser Gase einnimmt, fast gleich dem anderen.

Zur Berechnung des Partialdrucks muss der **Molenbruch** berechnet werden, das ist der Anteil (= Bruchteil), den die Mole eines

Gases an der Summe der Mole aller Gase einer gegebenen Mischung haben.

Wenn man nun vereinfachend so verfährt, als ob die Mole der Gase (= Massenangabe) sich proportional zu den Molvolumina derselben (= Volumenangabe) verhielten, dann kann man aus den analytisch bestimmten Massen (= Gramm) über die Dichte (= Litergewicht) in Volumenanteile umrechnen und diese sodann als Anteile des Gesamtdrucks zur Ermittlung des Partialdrucks einsetzen.

Innerhalb der für die Schaumweinherstellung typischen, relativ engen Bereiche für Temperatur von -5 bis +30 °C und für Druck

Tab. 49 Physikalische Eigenschaften einiger Gase

Gase		Molekulargewicht MG	Mol-[*] Volumen cm³/Mol	Litergewicht		Siedepunkt °C
Name	chem. Zeichen			Wichte 0 °C g/l	bei 20 °C g/l	
Stickstoff	N_2	28,016	22 404	1,25050	1,16585	-195,8
Sauerstoff	O_2	32,000	22 393	1,42895	1,33146	-182,97
Argon	Ar	39,948	22 420	1,78390	1,66219	-185,9
Kohlendioxid	CO_2	44,010	22 262	1,97680	1,84193	-78,5 [**]
Wasserdampf	H_2O	18,016	23 450	0,768	0,7156	+100,0 (= 373,15 K)
Ethanoldampf	C_2H_5OH	46,070	22 550	2,043	1,9036	+78,32

[*] Mol-Volumen: Ein Mol ist diejenige Masse eines Stoffes in Gramm, die seinem Molekulargewicht entspricht. Mol-Volumen = Volumen von 1 Mol Gas bei 0 °C und 1,01325 bar = 1 atm.
[**] = Sublimationspunkt

Tab. 50 Zusammensetzung trockener Luft (nach Römpp)

Gase		Temperaturabhängig Gramm Gas in 1 Liter Luft		Temperaturunabhängig	
Name	chem. Zeichen	bei 0 °C	bei 20 °C	Gewichtsanteil	Volumenanteil
Stickstoff	N_2	0,9765	0,9099	0,7553	0,7810
Sauerstoff	O_2	0,2990	0,2786	0,2313	0,2093
Argon	Ar	0,0165	0,0154	0,0128	0,0093
Kohlendioxid	CO_2	0,0005	0,0005	0,0004	0,0003
andere, Mittelwert geschätzt		0,0003	0,0002	0,0002	0,0001
Luft, gesamt		1,2928	1,2046	1,0000	1,0000

Anmerkung: Der Wasserdampfgehalt der Luft schwankt in weiten Grenzen, je nach Temperatur und Luftdruck. Unter Normbedingungen, d.h., bei 20 °C und 1 atm enthält Luft, die mit Wasserdampf gesättigt ist, 0,019069 g/l = 19,069 mg/l H_2O-Dampf, entsprechend 0,024829 Nl/l = 24,829 Nml/l (= 100 % rel. Feuchte) (Angaben umgerechnet aus „Enzyklopädie"„Luft")

Tab. 51 Löslichkeit von Gasen im „Wein“

Gase		Bunsen'scher Absorptionskoeffizient – α – Nl Gas von 0 °C in 1 l Wein von 20 °C bei Partialdruck 1 atm	dies entspricht einer Konzentration von mg/l	Oswald'scher Löslichkeitskoeffizient – L – Liter Gas von 20 °C in 1 l Wein von 20 °C bei Partialdruck 1 atm
Name	chem. Zeichen			
Stickstoff	N_2	0,01929	24,1	0,0207
Sauerstoff	O_2	0,03569	51,0	0,0383
Argon	Ar	0,03727	66,5	0,0400
Kohlendioxid	CO_2	0,740 *)	1462,8	0,7942

siehe auch Erläuterungen zu Löslichkeit als Normbegriff unter 6.1.3

*) = Agabaliantz¥

von 1 bar bis etwa 10 bar, verursacht die genannte Vereinfachung einen Fehler, der sich erst in den Dezimalen der Druckangaben äußert und daher für die Belange der Praxis vernachlässigbar ist.

Sofern beispielsweise das Volumen des Gasraums = gleich 1 gesetzt wird und darin ein Druck von 7,76 atm herrscht, beträgt für Stickstoff N_2, dessen Volumenanteil nach der Gärung 0,1006 ist (siehe Kap. 6.1.6, Beispiel 1), der Partialdruck = 7,76 · 0,1006 = **0,78 atm**.

6.1.5.1.2 Zusammensetzung von trockener Luft unter Normalbedingungen

Der Normzustand nach DIN 1343 ist definiert als der Zustand, der vorliegt bei Normtemperatur entweder als
T_n = 273,15 K (= Kelvin) oder als
t_n = 0 °C
und bei Normdruck als
p_n = 101.325 Pa (= Pascal) oder als 1,01325 bar, entsprechend 760 Torr (= alt, = 760 mm Hg = 1 atm)

6.1.5.1.3 Löslichkeit von Gasen in „Wein“

Die Löslichkeit der Gase speziell im Wein wurde bisher nur für CO_2 untersucht.
Eine näherungsweise Aussage über die Löslichkeit auch der anderen Gase bietet der Vergleich mit einer entsprechenden Alkohollösung. Von den Untersuchungen zur CO_2-Löslichkeit (Agabaliantz, Jaulmes) weiß man, dass die als Extrakt im Wein enthaltenen Stoffe, insbesondere der Zucker, einen vermindernden Einfluss auf die Löslichkeit ausüben. So wird bei einem Wein von 12 %vol Alkoholgehalt die Löslichkeit des CO_2 von 0,74 Nl/l Wein ohne Zucker auf 0,71 Nl/l Wein mit 30 g/l Zucker herabgesetzt (Tab. 47). Das entspricht einer Minderung von etwa 4 %. Die Löslichkeit der anderen Gase in Wein ist, gemessen an CO_2, sehr gering, sodass die bei ihnen durch den Extraktgehalt hervorgerufene Minderung der Löslichkeit vernachlässigbar ist.

6.1.5.1.4 Tatsächlich gelöste Luft in Wein

Die Gasphase über dem Wein besteht normalerweise aus Luft. Es geht daher aus den Gasen der Luft nur so viel im Wein in Lösung, wie dem jeweiligen **Partialdruck** entspricht.

Bei einer Temperatur von 20 °C und bei normalem Luftdruck von 1 atm sind die Volumenanteile der Gase in der Luft gleich ihrem Partialdruck.

Bei **Sektgrundwein**, der fertig ausgebaut ist, kann man unterstellen, dass er seit Beginn der Mostbereitung hinreichend oft Berührung mit der Luft hatte, sodass die Gase der Luft sich darin bis zum Erreichen des Gleichgewichts gelöst haben.

Eine Ausnahme bildet nur der **Sauerstoff**, weil er in chemische Vorgänge des Weines einbezogen ist und alsbald verzehrt wird. Deshalb bemüht man sich, das Eindringen von Luft und somit Sauerstoff von der Gärung des Mostes an zu verhüten, weil er immer wieder an Weinbestandteile gebunden wird und dort sein oxidatives Unheil anrichtet.

Die Tatsache, dass der Sektgrundwein mit den Gasen der Luft de facto gesättigt ist (Ausnahme Sauerstoff) bedeutet, dass z. B. bei Pumpvorgängen eingewirbelte Luft vom Wein nicht mehr gelöst werden kann. Besonders kleine Blasen können als Mikroblasen sehr lange Zeit im Wein bestehen bleiben und Anlass für ein unerwünschtes Freiwerden von CO_2 sein (Gas-Nuklei) (siehe auch Kap. 6.3 und 4.3. etc.).

Die folgenden Werte für die Löslichkeit von Gasen wurden dem Werk „Zahlenwerte und Funktionen" von Landolt-Börnstein entnommen und auf eine Ethanol-Wasser-Lösung von 12 %vol umgerechnet.

Die Löslichkeitsangaben von Wilhelm, Battino und Wilcook (1977), zitiert im Gase-Handbuch von Messer Griesheim decken sich weitgehend mit den Angaben von Landolt-Börnstein, sie beziehen sich aber ausschließlich auf Wasser. Aus Landolt-Börnstein, die die Löslichkeit der Gase auch u.a. in Ethanol angeben, ist zu ersehen, dass N_2, O_2, und Ar in 12 %vol Ethanollösung etwas besser löslich sind als in reinem Wasser, nur CO_2 ist deutlich weniger löslich.

Danach sind in einem Liter dieser Lösung bei 20 °C und nur, wenn der Kopfraum ausschließlich aus dem jeweiligen Gas besteht, die betreffenden Gase wie in der Tab. 51 zusammengestellt, löslich.

6.1.6 Rechnungen und Rechenbeispiele

Nach den Gasgesetzen und den Erklärungen der Begriffe (siehe Kap. 6.1.2 und 6.1.3) kann ausgerechnet werden, wie sich vorhandene Gase auf die in der Flüssigkeit gelösten

Tab. 52 Tatsächlich gelöste Gase der Luft im „Wein"

Name	Gase chem. Zeichen	Volumenanteil des Gases in der Luft = Partialdruck P	Oswald'scher Löslichkeitskoeffizient – L – Liter Gas von 20 °C in 1 L Wein von 20 °C bei Partialdruck 1 atm	Es stehen im Gleichgewicht mit den Gasen der Luft im Wein gelöste l/l	mg/l
Stickstoff	N_2	0,7810	0,0207	0,0162	20,3
Sauerstoff	O_2	0,2093	0,0383	0,0080	11,4
Argon	Ar	0,0093	0,0400	0,0004	0,7
Kohlendioxid	CO_2	0,0003	0,7942	0,00024	0,47
andere, geschätzt		0,0001	–	–	–
Luft, gesamt		1,0000		etwa 0,02484	ca. 32,87

und die im Gasraum befindlichen freien Gasanteile verteilen. Alle Berechnungen beziehen sich auf Normaltemperatur von 20 °C. Die Volumenangaben der Gase betreffen immer ihren Zustand ebenfalls bei 20 °C und 1 atm Normaldruck.

Die am Gesamtgeschehen beteiligten Gase müssen einzeln betrachtet werden. Die Druckberechnungen gelten sowohl für die Partialdrücke als auch für den Gesamtdruck.

6.1.6.1 Berechnung der anteilmäßigen Verteilung einer Gasmenge

Die Menge eines vorhandenen Gases verteilt sich in einem geschlossenen Behälter auf das in der Flüssigkeit gelöste und das im Gasraum freie Gas im Verhältnis des Volumens des maximal Lösbaren zum Volumen des Gasraums.

Es sind folgende vier Rechenschritte erforderlich:

1. **Ermittlung der Sättigungsmenge** eines bestimmten Gases für ein Behältnis bekannter Größe:
   Die Multiplikation der Löslichkeit „L" mit der Litermenge „l" des im Behältnis enthaltenen Weines ergibt das maximal lösbare Gasvolumen, ausgedrückt in Liter Gas bei Normaldruck.
   Das Volumen des maximal Lösbaren (L·l) = ... l
   \+ Volumen des Gasraums in Liter = ... l
   = Sättigungsmenge des Behältnisses = ... l

Tab. 53 Ermittlung der vorhandenen Gasmenge und der Verteilung in einem Tank (drucklos). Der Wein ist „luftgesättigt" (wegen „L" siehe Kap. 6.1.5.1.4). **Beispiel:** Berechnung der anteilmäßigen Verteilung einer Gasmenge für einen 1 000-Liter-Tank, der mit 900 Liter Wein von 12 %vol Alkoholgehalt gefüllt ist und einen luftgefüllten Gasraum von 100 Liter aufweist

	Alle Mengenangaben in Liter bei 20 °C			
	N_2	O_2	Ar	CO_2
1. Ermittlung der Sättigungsmenge:				
Max. Lösbares = L · l	18,63	34,47	36,00	714,78
+ Vol. Gasraum	100,00	100,00	100,00	100,00
= Sättigungsmenge	118,63	134,47	136,00	814,78
2. Ermittlung der vorh. Gasmenge:				
a) L · l · p	14,55	7,21	0,33	0,21
b) aus Verfahren	0,00	0,00	0,00	0,00
c) Hohlraum · p	78,18	20,93	0,93	0,03
= vorhanden	92,65	28,14	1,26	0,24
3. Umlagefaktor:				
vorhanden / Sättigungsmenge	0,7810	0,2093	0,0093	0,0003
4. Verteilung des Vorhandenen:				
max. Lösb. · Umlage	14,55	7,21	0,33	0,21
+ Hohlraum · Umlage	78,10	20,93	0,93	0,03
= Vorhanden	92,65	28,14	1,26	0,24

2. **Ermittlung des vorhandenen Gases**
   Als vorhanden gelten
   a) jene Menge des Gases in Liter, die der Wein schon aus der Luft aufgenommen hat (siehe Seite 403, 404).
      Sie wird berechnet: Liter Wein · Löslichkeitskoeffizient „L" · Partialdruck „p" (= Volumenanteil)
   b) jene Menge des Gases in Liter, die verfahrensbedingt (z. B. durch Gärung oder Vorspannen) in den Wein/Sekt geraten ist,
   c) diejenige Menge des Gases, die sich im Gasraum (Hohlraum) des Behältnisses über der Flüssigkeit befindet. Sie wird berechnet:
      Liter Hohlraum · Partialdruck „p" (Volumenanteil) des Gases.
      Die Summe von a + b + c ergibt die Menge des im Behältnis vorhandenen Gases.

3. **Berechnung des Umlagefaktors**
   Der Umlagefaktor ist der Quotient aus der Menge des vorhandenen Gases und der nach Punkt 1. ermittelten Sättigungsmenge, nach der Formel

$$\frac{\text{Menge des vorhandenen Gases .... Liter}}{\text{Sättigungsmenge .... Liter}}$$

   = Umlagefaktor.

4. **Anteilmäßige Verteilung** des vorhandenen Gases.
   Die Verteilung des vorhandenen Gases erfolgt nach folgender Formel:
   max. Lösbares (siehe Punkt 1.) · Umlagefaktor
   = ... Liter im Wein gelöstes Gas
   + Volumen des Gasraums · Umlagefaktor
   = ... Liter freies Gas im Gasraum
   = Menge des vorhandenen Gases
   = ...Liter Gas

6.1.6.2 Rechenbeispiele

Rechenbeispiel 1: Ansatz zur Schaumweingärung in einem Tank, übliche Methode, mit vorhandener Luft im Gasraum.

Betrachtung der Gasanteile im Gasraum und im Wein

a) unmittelbar vor Beginn der Gärung (siehe Tab. 54),
b) unmittelbar nach Ende der Gärung (siehe Tab. 55).

Ein Tank von 1000 l Fassungsvermögen wird mit 900 l Göransatz gefüllt. Im verbleibenden Gasraum von 100 l befindet sich normale Luft.

Sobald der Tank frisch gefüllt ist und die Gärung noch nicht begonnen hat, steht die Menge der aus der Luft im Wein gelösten Gase im Gleichgewicht mit den Gasen der im

Tab. 54 Die Verteilung der Gase in einem Tank vor der Sektgärung

Volumenanteile der Gase in der Luft (siehe Tab. 50)	Alle Volumenangaben in Liter/20 °C					
	N_2 0,7810	O_2 0,2093	Ar 0,0093	CO_2 0,0003	andere 0,0001	Summe: 1,0000
in 100 l Gasraum (Gasraum · Umlage)	78,10	20,93	0,93	0,03	0,01	100,00
in 900 l Wein (L · 1 · Umlage) (siehe Tab. 53)	14,55	7,21	0,33	0,21	–	22,30
gesamte vorhandene Gasmenge	92,65	28,14 *	1,26	0,24	0,01	122,30

*) siehe Anmerkung zu Sauerstoff auf Seite 404

Gasraum verbliebenen Luft. Es ergibt sich folgende Situation:
a) Vor der Gärung (Tab. 54).
Der Gäransatz enthält 24 g/l vergärbaren Zucker. Daraus entstehen 24 · 0,46 = 11,04 g/l CO_2. Für die Berechnung des Drucks muss das Gewicht des Gases in Volumen umgerechnet werden

$$\frac{\text{Gewicht des Gases}}{\text{Litergewicht 20 °C}} = \frac{11{,}04}{1{,}84193} = 5{,}9937$$

Liter CO_2 je Liter Wein

Insgesamt entstehen durch Gärung
900 · 5,9937 = 5 394,60 Liter CO_2.

b) Nach der Gärung (Tab. 55).

Rechenbeispiel 2: Einlagerung von Stillwein (ggf. auch v. Ansatz) **unter reiner CO_2-Atmosphäre**

Ein Tank von 1000 l Fassungsvermögen wird zur Verdrängung der Luft erst mit Wasser gefüllt. Danach wird das Wasser mit CO_2-Gas aus dem Tank herausgedrückt, sodass der Tank nun mit reinem CO_2-Gas gefüllt ist. Der Gasinhalt des Tanks hat nur normalen Druck von 1 atm (absolut). Der Tank soll mit Stillwein gefüllt werden, und es soll mit dieser Maßnahme bewirkt werden, dass kein Sauerstoff in den Wein gelangt. Es werden 900 l Wein eingefüllt und anschließend die Ventile geschlossen. Danach wird der Wein durch Einschalten des Rührwerks zwecks Homogenisierung durchmischt.

Es ist Folgendes zu beobachten:
Nach dem Ende des Einfüllens, aber noch vor Beginn des Umrührens, befinden sich im Gasraum des Tanks 100 l CO_2-Gas von normalem Druck und Raumtemperatur.

In dem eingefüllten Wein sind gemäß Tab. 51 in jedem Liter 0,7942 l CO_2 löslich. Da hier keine anderen Gase vorkommen, ist der vorhandene Gesamtdruck zugleich auch der Partialdruck.

Nach Einschalten des Rührwerks löst sich alsbald so viel CO_2-Gas im Wein, wie erforderlich ist, das Gleichgewicht zwischen Gasraum und Wein herzustellen. Die Berechnung nach Rechenbeispiel 1 ergibt Folgendes:

Die Sättigungsmenge:

max. Lösbares = 0,7942 l/l · 900	= 714,78 l
+ Gasraum	100,00 l
= Sättigungsmenge	814,78 l

Umlage des Vorhandenen:

$$\frac{\text{im Gasraum vorhanden}}{\text{Sättigungsmenge}} = \frac{100}{814{,}78} =$$

Umlagefaktor 0,1227

Verteilung:
es löst sich im Wein
max. Lösbares · Umlagefaktor
714,78 · 0,1227 = 87,73 l
es bleiben im Gasraum
100 · 0,1227 = 12,27 l
100,00 l

Es befinden sich nur noch 12,27 l Gas im Gasraum von 100 Liter.

Der Druck im Gasraum beträgt 12,27 : 100 = 0,12 atm, das ist ein starker **Unterdruck**, der Tank **muss** implodieren, d. h. er wird eingezogen! Wenn das Rührwerk aber nicht eingeschaltet wird, kann das CO_2-Gas nur auf dem Wege der Diffusion durch die ruhig liegende Oberfläche in den Wein gelangen; dann kann es viele Tage dauern, bis das Gleichgewicht erreicht ist.

Rechenbeispiel 3: Umfüllen oder Umpumpen von Sekt **Vorspannen mit Stickstoff N_2**

In einem Tank „A“ von 1000 l Fassungsvermögen befinden sich 900 l durchgegorener Sekt. Die Zusammensetzung der Gase ent-

Tab. 55 Die Verteilung der Gase im Tank nach der Gärung (Rohsekt)

Volumenanteile der Gase in der Luft (siehe Tab. 50)	**Alle Volumenangaben in Liter/20 °C**					
	N_2 0,7810	O_2 0,2093	Ar 0,0093	CO_2 0,0003	andere 0,0001	Summe: 1,0000
Ursprünglich vorhanden aus der Luft (siehe Tab. 54)	92,65	28,14 *	1,26	0,24	0,01	122,30
+ Zugang aus Gärung	–	–	–	5 394,60	–	5 394,60
gesamte vorhandene Gasmenge	92,65	28,14 *	1,26	5 394,84	0,01	5 516,90
davon: gelöst in Wein	14,55	7,21	0,33	4 732,72	–	4 754,81
in 100 l Gasraum	78,10	20,93	0,93	662,12	0,01	762,09
Volumenanteil der Gase im Gasraum	0,1025	0,0275	0,0012	0,8688	0	1,0000
Partialdruck atm	0,78	0,21 *	0,01	6,62	0	7,62
Gesamtdruck atm						7,62

*) Anmerkung
Die in den Zeilen „gesamte vorhandene Gasmenge" genannte Menge von 28,14 l O_2 = Sauerstoff bleibt im Tank nicht bestehen, sie wird vielmehr innerhalb kurzer Zeit vom Wein verzehrt.
28 l O_2 sind 28 · 1,33146 = 37,3 g oder 37 300 mg, die bei gleichmäßiger Verteilung auf die 900 l Wein einem Sauerstoffeintrag von 37 300 : 900 = 41,44, also fast 42 mg/l entsprechen. Diese bemerkenswert große Menge bleibt hier im Wesentlichen ohne nachteilige Folgen für den Wein, weil die Hefe des Gäransatzes den Sauerstoff begierig aufnimmt und für ihren aeroben Stoffwechsel mit Zellvermehrung verbraucht. Sobald der Sauerstoff aufgezehrt ist, geht die Hefe zum **an**aeroben Stoffwechsel über, d.h. zur alkoholischen Gärung.
In der Praxis wird in manchen Betrieben nach dem Einfüllen des Gäransatzes in den Druckbehälter das Gasventil noch für etwa 24 bis 36 Stunden offen gelassen, bis durch die Gärung so viel Gas gebildet ist, dass man ein Ausströmen am Gasventil merkt. Es findet also eine Gasverdrängung statt, bei der die Gärungskohlensäure einen Teil der Luft, die im Gasraum war, verdrängt. Der Wert dieser Praxis besteht allerdings kaum in der Minderung der Sauerstoffaufnahme des Weines als hauptsächlich darin, dass eventuell vorhandene **Mikroblasen aus eingewirbelter** Luft infolge des Eindringens von CO_2 anwachsen und dabei so groß werden, dass sie aus dem Wein herausgetragen werden.
Obwohl der gefundene Gesamtdruck 7,62 atm (absolut) beträgt, erreicht der „auf aus der Gärung stammendes gelöstes Kohlendioxid" zurückzuführende Druck (= Partialdruck) hier nur 6,62 atm (absolut), entsprechend einem Überdruck von 5,62 atm (=5,55 bar; siehe VO (EG) Nr. 479/2008, Anhang IV, Nr. 4 und 5). Dieses ungünstige Ergebnis ist dem Umstand zuzuschreiben, dass beim Befüllen des Tanks 10 % Hohlraum als Steigraum oder Gasraum freigelassen wurden. Hätte man nur 1 % Gasraum belassen, wäre das Druckergebnis günstiger ausgefallen.

spricht jener von Rechenbeispiel 1 (Tab. 55), mit Ausnahme des Sauerstoffs, der vollkommen verbraucht wurde. Dieser Sekt soll in einen ebenso großen Tank „B" umgefüllt werden.

Für das Verhalten des Gases ist es unerheblich, ob der Sekt dem Tank „B" direkt zugeleitet wird, oder ob er unterwegs eine Behandlung erfährt. In diesem Beispiel wird angenommen, dass der Tank „B" zunächst drucklos normal mit Luft gefüllt war und nun vor dem Umpumpen auf den gleichen Druck vorgespannt wird wie Tank „A". Um aber jeglichem Verdacht einer CO_2-Anreicherung vorzubeugen, wird der Tank „B" mit reinem Stickstoffgas N_2 vorgespannt. Es wird in diesem Beispiel angenommen, dass während des Umpumpens der Flüssigkeit infolge ihrer turbulenten Bewegung ein vollständiger Ausgleich der Gase im Gasraum und in der Flüssigkeit stattfindet.

Es ergibt sich das in Tab. 56 aufgezeigte Verhalten der Gase.

Der Grund dafür besteht in zwei Tatsachen:

1. Stickstoff ist im Wein nur sehr wenig löslich. Von den hier vorhandenen 7283,65 Liter N_2 sind nur gerade 1,7 % im Wein gelöst. Die Hauptmenge des Stickstoffs ist gezwungen, im Gasraum zu bleiben.
2. Das Kohlensäuregas ist zwar sehr gut löslich im Wein, aber es ist zu wenig davon im Gasraum vorhanden, folglich wandert CO_2 so lange aus dem Wein heraus, bis zwischen dem gelösten Gas und dem Gas im Gasraum Gleichgewicht besteht. Hierbei ist für das Verhalten des CO_2 ganz alleine sein **Partialdruck** (also **nicht** der Gesamtdruck!) maßgebend und es wird auch nicht im Geringsten davon beeinflusst, dass so viel Stickstoff vorhanden ist. Der Effekt der CO_2-Auswanderung erklärt die starke Erhöhung des Gesamtdrucks.

Anmerkung zu Beispiel 3:
Hier ist die Bedeutung der Gasgesetze besonders deutlich zu erkennen. Obwohl die beiden Tanks sehr genau auf den gleichen Druck von 7,41 atm eingestellt waren, ergibt sich bis zum Ende des Umpumpens eine bedeutende Erhöhung des Drucks im gesamten System auf 9,68 atm.

Tab. 56 Die Verteilung der Gase nach der Umlagerung des Sektes beim Vorspannen mit Stickstoff

	Alle Volumenangaben in Liter bei 20 °C						atm
	N_2	O_2	Ar	CO_2	andere	zusammen	Druck
Es befinden sich in: **Tank A** (siehe Tab. 55) nach der Gärung als Gesamte vorhandene Gasmenge, * O_2 = verbraucht	92,65	-	1,26	5 394,84	0,01	5 488,76	7,41
Tank B, aus ursprüngl. vorhandener Luft 1 000 l	781,00	209,30	9,30	0,30	0,10	1 000,00	
Vorspannen mit N_2	6 410,00	–	–	–	–	6 410,00	
Tank B zusammen	7 191,00	209,30	9,30	0,30	0,10	7 410,00	7,41
Gesamte vorhandene Gasmenge A + B zusammen	7 283,65	209,30	10,56	5 395,14	0,11	12 898,76	
davon: gelöst in 900 l	121,30	6,36	0,33	2 124,96	–	2 252,95	
im Gasraum 1100 l	7 162,35	202,94	10,23	3 270,18	0,11	10 645,81	9,68
Volumenteil der Gase im Gasraum, nach dem Umpumpen	0,6728	0,0190	0,0010	0,3072	0	1,0000	
Partialdruck	6,51	0,18	0,01	2,98	0	9,68	
Gesamtdruck							9,68

* siehe auch Anmerkung zu Beispiel 1

Es bleibt außerdem festzustellen, dass nach diesem Beispiel der Partialdruck des CO_2 auf 2,98 atm (absolut) gesunken ist. Dadurch verliert dieses Erzeugnis das wichtigste Merkmal eines Schaumweins!

Nach der Definition der VO (EG) Nr. 479/2008, Anh. IV, Nr. 4 und 5 gilt als Schaumwein nur das Erzeugnis, das im geschlossenen Behältnis bei 20 °C einen auf gelöstes Kohlendioxid zurückzuführenden Überdruck von mindestens 3 bar aufweist. Der auf gelöstes CO_2 zurückzuführende Überdruck unseres Beispiels beträgt aber nur

2,98 atm = 3,02 bar, absolut
abzüglich 0,99 atm = 1,00 bar
verbleiben 1,99 atm = 2,02 bar Überdruck.
Ein solcher Wert ist für Sekt/Schaumwein zu niedrig.

Rechenbeispiel 4: Umfüllen oder Umpumpen von Sekt, jedoch Vorspannen mit Kohlendioxidgas CO_2.

Es wird die gleiche Ausgangslage wie in Beispiel 3 angenommen. Der einzige Unterschied besteht in der Verwendung von CO_2-Gas zum Vorspannen.

Tab. 57 Die Verteilung der Gase nach der Umlagerung des Sektes beim Vorspannen mit CO_2

a) Gesamtmengen der Gase von Tank A + Tank B zusammen

	Alle Volumenangaben in Liter bei 20 °C						atm
	N_2	O_2	Ar	CO_2	andere	zusammen	Druck
Es befinden sich in: **Tank A** (siehe Tab. 55) nach der Gärung als Gesamte vorhandene Gasmenge, * O_2 = verbraucht	92,65	–*	1,26	5 394,84	0,01	5 488,76	7,41
Tank B, aus ursprüngl. vorhandener Luft 1000 l	781,00	209,30	9,30	0,30	0,10	1 000,00	
Vorspannen mit CO_2	–	–	–	6 410,00	–	6 410,00	
Tank B zusammen	781,00	209,30	9,30	6 410,30	0,10	7 410,00	7,41
Gesamt vorhandene Gasmenge A + B zusammen	873,65	209,30	10,56	11 805,14	0,11	12 898,76	
davon: gelöst in 900 l	14,55	6,36	0,33	4 649,64	–	4 670,88	
im Gasraum 1.100 l	859,10	202,94	10,23	7 155,50	0,11	8 227,88	7,48
Volumenanteil der Gase im Gasraum, nach dem Umpumpen	0,1044	0,0247	0,0012	0,8697	0	1,0000	
Partialdruck	0,78	0,18	0,01	6,51	0	7,48	
Gesamtdruck atm							7,48

*s. auch Anmerkung zu Beispiel 1

b) Verteilung der Gase auf die beiden Tanks

	Alle Volumenangaben in Liter bei 20 °C						atm
	N_2	O_2	Ar	CO_2	andere	zusammen	Druck
Nach Ende des Umpumpens und nach Schließen der Ventile befinden sich **in Tank A** „leer" = kein Wein Gasraum 1000 l	781,00	184,49	9,30	6 505,00	0,10	7 479,89	
Volumenanteil der Gase	0,1044	0,0247	0,0012	0,8697	0	1,0000	7,48
Partialdruck	0,78	0,18	0,01	6,51	0	7,48	
Tank B:							
gelöst in 900 l	14,55	6,36	0,33	4 649,64	0	4 670,88	
im Gasraum 100 l	78,10	18,45	0,93	650,50	0,01	747,99	7,48
Tank B zusammen	92,65	24,81	1,26	5 300,14	0,01	5 418,87	
Volumenanteil der Gase im Gasraum	0,1044	0,0247	0,0012	0,8697	0	1,0000	
Partialdruck	0,78	0,18	0,01	6,51	0	7,48	
Gesamtdruck atm							7,48

Anmerkungen zu Beispiel 4:
Die geringe Druckerhöhung von 7,41 atm vor dem Umpumpen auf 7,48 atm nach dem Umpumpen, also um 0,07 atm ergibt sich daraus, dass einerseits erneut etwas Sauerstoff aus der Vorspann-Mischung von Tank B in den Wein gelangte, wobei das Verschwinden dieses Sauerstoffs sich druckmindernd auswirkte, andererseits etwas mehr CO_2 aus dem Wein in die Vorspannluft beider Tanks austrat, bis für CO_2 das Gleichgewicht wieder hergestellt war, wodurch eine sehr schwache Druckerhöhung zustande kam.
Es ist wichtig zu erkennen, dass das Vorspannen mit CO_2 ohne vorherige Verdrängung der Luft, also so, wie es in der Praxis meistens vorgenommen wird, auf keinen Fall zu einer Erhöhung des Partialdrucks für CO_2 und mithin auch nicht zu einer Anreicherung des Sektes mit CO_2 führt. Im Gegenteil, es tritt eine geringe Senkung des CO_2-Gehaltes ein.
Ferner muss darauf hingewiesen werden, dass aus der Vorspann-Mischung erneut Sauerstoff mit dem Wein in Berührung kommt. Im Falle des hier vorgestellten Beispiels sind es 24,81 Liter oder 33,03 Gramm Sauerstoff, die, falls der Sauerstoff vollständig von dem Wein verzehrt würde, einem Zugang von 36,7 mg/l entsprechen würden. Zu ihrer Abbindung wären theoretisch 36,7 · 4 = 147 mg/l SO_2 erforderlich! (Würdig/Woller 1989, Seite 339). Wären die Tanks aber voller gefüllt worden, sodass statt 10 % jeweils nur 1 % Gasraum verblieben wäre, dann hätte die Sauerstoffaufnahme nur ein Siebentel des genannten erreicht.

6.2 Das Mousseux, die erwünschte Form des CO_2-Entweichens

Das Fachwort „Mousseux" ist französischen Ursprungs.

Das Hauptwort „mousse" heißt sowohl „Moos" als auch „Schaum" und das Eigenschaftswort „mousseux" bedeutet „schäumend". Ein „vin mousseux" ist ein „schäumender Wein" oder „Schaumwein". Das Eigenschaftswort wurde inzwischen zum Hauptwort und man benutzt „le mousseux" oder auf deutsch „das Mousseux", um damit das Erscheinungsbild der feinen Kohlensäurebläschen zu benennen, wenn sie im Sektglas sichtbar sind.

Ein grober Schaum hingegen heißt französisch „écume" (= Gischt). Unter **Mousseux im engeren** Sinne versteht man das durch Aufsteigen von Bläschen gekennzeichnete Entweichen von Kohlensäuregas aus dem in ein Trinkglas eingeschenkten Schaumwein.

Das Mousseux kann grobblasig oder feinblasig sein, es kann „lange anhalten", d. h., etwa 30 Minuten dauern, bis das ständige Aufsteigen von Bläschen abgeklungen ist und nur noch vereinzelt Blasen folgen, es kann aber auch schon innerhalb weniger Minuten zum Erliegen kommen. Die aufsteigenden Bläschen kommen meistens in der Mitte des Flüssigkeitsspiegels an, sie stieben an der Oberfläche des Schaumweins strahlenförmig auseinander. Am Rande des Glases angelangt, platzen sie sogleich oder sie bilden erst ein Schaumkrönchen oder sie steigern sich zu einem Schaumpolster von 1 oder 2 oder 3 mm Dicke. Das Platzen der Bläschen erzeugt ein knisterndes Geräusch.

Wenn auf dem Flüssigkeitsspiegel entlang der Glaswand sich ein Schaumkranz befindet, dann wirkt dieser **Schaumkranz als „Dämmschicht"**, durch die die Schwingungen des Glases weitgehend abgedämmt werden, deshalb klingen frisch eingeschenkte Gläser nicht, wenn man mit ihnen „anstößt".

Wenn aber das Mousseux etwas nachlässt und kein Perlenkranz mehr besteht, dann ist eine akustische Kuriosität zu beobachten.

Sobald ein Bläschen platzt, zerreißt der Flüssigkeitsfilm, der das Gas jedes Bläschens umgibt, in mehrere Teile, die sich infolge ihrer Oberflächenspannung sogleich zu kugeligen Tröpfchen zusammenziehen. Zahlreiche dieser Tröpfchen fliegen sichtbar und fühlbar umher. Einige treffen auf die Wand des Glases auf und versetzen diese in Schwingungen, die man – eine geräuscharme Umgebung vorausgesetzt – als ganz zartes **Glöckchenklingen** hören kann. Je feiner und dünnwandiger das Glas, desto schöner sind die Akkorde dieser Töne und Obertöne zu hören. Auf diese feinen Glockentöne hat als erster H. Schanderl in den 60er-Jahren hingewiesen.

Seit vielen Generationen bemühen sich die Schaumweinhersteller, ihren Schaumwein so herzustellen, dass er ein feines und gutes Mousseux hat. Man erachtet es als sehr erstrebenswert und es wird angenommen, dass das auch als Qualitätsmerkmal gilt, wenn der Schaumwein „ein lang anhaltendes, feinperliges Mousseux" hat. Man begegnet in der Tat manchmal einem Schaumwein, dessen Mousseux einfach phantastisch ist. Dann aber gibt es auch Schaumwein, dessen Gas in groben Blasen schnell entweicht, wie bei Mineralwasser, und gelegentlich ist im Glase so gut wie nichts vom Mousseux zu sehen, obwohl die Flasche beim Öffnen Druck hatte und das Getränk eigentlich auch ganz ordentlich schmeckt.

Es wurde natürlich erkannt, dass die **modernen Geschirrspülmittel** zwar die Gläser sehr gründlich reinigen, aber, sofern danach Reste des Spülmittels an der Glaswand zurückbleiben, dass sie das Mousseux sehr schwächen oder sogar ganz verhindern. Man spült die Gläser deshalb gründlich mit klarem Wasser nach und lässt sie abtropfen und an der Luft trocknen, letzteres um jeglichen Einfluss eines Trockentuchs zu vermeiden.

Dennoch kann festgestellt werden, dass immer wieder unerklärliche **Unterschiede im Mousseux** auftreten. Diese rätselhaften Unterschiede gaben schon des Öfteren Anlass zur Bildung von Hypothesen und Spekulationen.

Man weiß von der physikalischen Chemie aus Erkenntnissen, die an anderen Flüssigkeiten gewonnen wurden, dass an **Grenzflächen** oder Oberflächen (Gas/Flüssigkeit) besondere Verhältnisse der elektrischen Ladungsverteilung auftreten. Insbesondere **Kolloide** spielen hierbei eine Rolle. Sie können, vor allem bei länger gestreckten Molekülen, zwei Enden mit gegensätzlichen Eigenschaften besitzen, z. B. ein wasserfreundliches oder hydrophiles und ein wasserabweisendes oder hydrophobes Ende. Das eine Ende kann aber auch elektropositiv, das andere elektronegativ geladen sein, oder sie können sich in magnetischer Hinsicht unterscheiden. Solche Kolloide können sich entlang der Grenzfläche vermehrt ansammeln. Sie sind möglicherweise allein dadurch, dass sie in der Grenzschicht so dicht beisammen stehen, geeignet, die Diffusion der Gase zu behindern. Es wäre auch nicht auszuschließen, dass kolloidale Weinbestandteile in der Grenzschicht miteinander **chemische Verbindungen** eingehen, die danach vielleicht unlöslich werden und eine feste Haut bilden, sie würden dann das Gasbläschen so umschließen wie eine Luftballonhülle.

Da im Wein zahlreiche Kolloide recht unterschiedlicher Art in einer Gesamtmenge von mehreren Hundert mg/l vorkommen, bietet sich hier ein großes Feld für Hypothesen. Bisher konnte noch keine von diesen Hypothesen durch exakte Versuche und Untersuchungen bestätigt werden.

Der eigentliche Grund dafür, dass man in der Erforschung des Mousseux noch nicht weitergekommen ist, besteht in dem Umstand, dass es bis vor kurzem keine Möglichkeit gab, das Mousseux zu messen, und zwar so sicher und zuverlässig, dass man zu reproduzierbaren und vergleichbaren Ergebnissen kommt (siehe auch O.H. Rhein in: Chemie des Weines, 1988, 7.1.3.2 Mousseux, „Normale CO_2-Entbindung“).

In einer aufwändigen Arbeit haben Bach und Zimmer (1989) erkannt, dass man vergleichbare und reproduzierbare Messergebnisse nur dann erzielen kann, wenn die Sektproben stets auf die gleiche Ausgangsbasis für das Moussieren gestellt werden, und zwar durch Zugabe von „Moussierpunkten“ in der Form von standardisierten, porösen Körnchen. Sobald sich diese Körnchen im Messgerät befinden, bieten sie dem Sekt stets die gleiche Art und Anzahl von Blasenkeimen an. Dadurch wird die Untersuchung befreit von den Zufälligkeiten anhaftender Blasenkeime an der jeweiligen Gefäßoberfläche.

Die gleichen Autoren haben darüber hinaus eine **Meßmethode** hoher Präzision angewandt, indem sie ein Phasen-Doppler-Anemometer für ihre Messungen benutzten. Sie konnten damit die Anzahl der Blasen und die Blasengröße messen und u.a. zeigen, welcher Zusammenhang zwischen Oberflächenspannung bzw. Viskosität des Schaumweins und der Form des Mousseux besteht.

In einer weiteren Arbeit haben Bach, Fay und Baltes-Götz (1992) gezeigt, dass man auch ohne den großen apparativen Aufwand des Phasen-Doppler-Anemometers eine Aussage über das Mousseux machen kann, wenn, stets unter Verwendung standardisierter Moussierpunkte, die durch das Entweichen von CO_2 verursachte **Gewichtsabnahme** über eine definierte Zeit mithilfe einer elektronischen Waage gemessen wird.

Sie fanden einen eindeutigen Zusammenhang zwischen der Gewichtsabnahme infolge

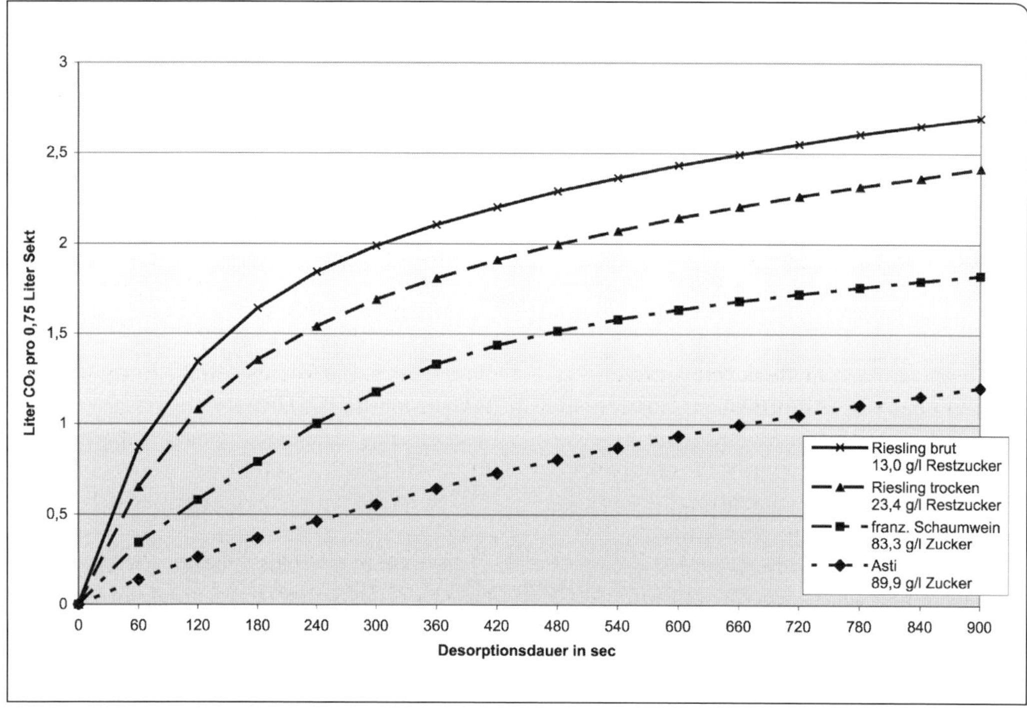

Abb. 169. Einfluss des Zuckers auf die CO_2-Desorption (nach Bach, Fay und Baltes-Götz 1992).

CO_2-Desorption und dem ursprünglichen CO_2-Überdruck und auch zwischen Gewichtsabnahme und Zuckergehalt des Schaumweines, wie folgende Abb. 169 zeigt.

Um die durch Wägung erzielbare quantitative Aussage durch eine qualitative Aussage zu ergänzen, müssen optische Mittel herangezogen werden. Das Mousseux ist in erster Linie ein sichtbarer Vorgang. Die von Bach vorgestellten standardisierten **Moussierpunkte** ermöglichen es, Maßstäbe und Meßmethoden nunmehr auch für die objektive Beurteilung der optischen, also sichtbaren Eigenschaften des Mousseux zu erarbeiten. Sobald man gelernt haben wird, das Mousseux durch exakte **Messung der physikalischen Parameter**, wie Viskosität, Dichte, Grenzflächenspannung, elektrische Leitfähigkeit, CO_2-Übersättigung etc. zu beschreiben sowie die sichtbaren Qualitäten einzubeziehen, wird man auch erforschen können, welche Rolle dabei den chemischen Bestandteilen des Weines zukommt. Daraus kann dann abgeleitet werden, welche Maßnahmen zu ergreifen sind, um ein bestimmtes Mousseux zu erreichen.

Wie weit man derzeit noch davon entfernt ist, zu wissen, wie ein bestimmtes **gutes Mousseux** erzielt werden kann, zeigt die von Bach und Zimmer (1989, Teil 3) beobachtete CO_2-Abgabe nach dem Einschenken von Schaumwein. Aus vielen untersuchten Schaumweinen wurden zwei Proben herausgegriffen, die ein stark unterschiedliches Moussierverhalten zeigten, um daran zu demonstrieren, in welcher Größenordnung und in welcher Streubreite sich die CO_2-Abgabe vor den Augen des Sektverbrauchers bewegen kann. Die wesentlichen Messergebnisse sind in der Tab. 58 dargestellt.

Tab. 58 Verteilung der CO_2-Abgabe auf das Entleeren und auf die Verweilzeit im Glas

CO_2	Sekt rot, stark schäumend		Sekt weiß, wenig schäumend	
	g/l	%	g/l	%
Gehalt in der Flasche	8,9	100	9,1	100
Gehalt nach dem Einfüllen ins Glas	5,3	60	7,3	80
Abgabe während 1 Stunde	2,3	26	4,4	48

Der beim Öffnen **stark schäumende**, in diesem Fall **rote Schaumwein**, verliert beim Einschenken 40 % seines anfänglichen CO_2-Gehaltes. Weitere 26 % gibt dieser Schaumwein während der Beobachtungszeit von einer Stunde als Mousseux im Glas ab, das Mousseux ist nur mäßig.

Der beim Öffnen **wenig schäumende**, in diesem Fall **weiße Schaumwein**, verliert beim Einschenken nur 20 % seines anfänglichen CO_2-Gehaltes. Während der einstündigen Beobachtungszeit gibt er 48 % seines CO_2-Gehaltes in der Form des Mousseux ab, dieses Mousseux ist lebhaft und schön.

Da die Beobachtungen unter streng vergleichbaren und reproduzierbaren Versuchsbedingungen gemacht wurden, wird es offensichtlich, dass **das Mousseux der Schaumweine recht verschieden ausfallen** kann.

Sowohl der Gehalt an Eiweiß als auch die Filtrationsschärfe haben einen Einfluss auf die Schaumstabilität des Sektes (Maujean und Marchal, 2000). Je höher der Eiweißgehalt, desto stabiler der Schaum. Eine zu starke Bentonitschönung hat somit einen negativen Einfluss auf diesen Parameter. Die Behandlung mit Kohle geht in dieselbe Richtung. Je kleiner die Porengröße bei der Membranfiltration, desto weniger stabil ist der Schaum (Robillard et al., 1993). Bach und Zimmer (1990) konnten nachweisen, dass mit der Dauer des Hefelagers die Stabilität der Schaumkrone ansteigt. Offenbar eine Folge der Anreicherung des Sektes mit Autolyse-Produkte der Hefe.

Die Frage nach den Ursachen dieser Unterschiede ist noch offen.

Bis jetzt kann Folgendes als gesichert angesehen werden:

Das **Mousseux ist das entscheidende Merkmal der Gattung schäumender Weine**. Das Mousseux besteht in dem langsamen Entweichen des Kohlensäuregases aus dem Schaumwein in Gestalt vieler kleiner, feiner Bläschen, die im Glase, vom Boden aufsteigend und dabei größer werdend, an die Oberfläche gelangen, dann strahlenförmig auseinander streben, am Rande des Glases einen mehr oder minder dicken Schaumring oder eine Schaumkrone bilden und schließlich platzen und verschwinden.

Je feiner die Bläschen des Mousseux sind und je länger das so beliebte Schauspiel des Moussierens andauert, umso mehr erfüllt das Mousseux die Erwartung des Genießers und umso mehr wird es von ihm als Zeichen für hohe Qualität und lange Reifung verstanden.

Die Hersteller schätzen das **Mousseux indes nur im Sektglas**, jedoch nicht, wenn der Schaumwein im Verlaufe der Herstellung zuweilen sich kurzfristig nicht unter einem Druckpolster befindet.

Eine spontane Bildung von Blasen ist im Sekt nicht möglich (siehe Kap. 6.1.3 „Blasenbildung“).

Damit Blasen im Sekt entstehen und wachsen können, ist die Anwesenheit von

„Blasenkeimen" oder **„Gas-Nuklei"** erforderlich (siehe auch Kap. 6.4).

Wegen der durchaus **unerwünschten Auswirkungen der Blasenkeime** (Benetzung, anhaftende Luftreste, Mikroblasen) auf das Verhalten des Schaumweins **während der Herstellung** (Überschäumen beim Degorgieren, Um- oder Abfüllen und beim Entlasten etc.) bemüht man sich sehr, das Einschleppen, das Entstehen, das Vorhandensein von Blasenkeimen zu **vermeiden**, und zwar in **allen** Stufen der Herstellung des Schaumweins.

Ein Schaumwein, der keine Blasenkeime enthält, kann nach dem Einschenken im Sektglas nicht moussieren. Nur wenn an der Wand des Sektglases Blasenkeime vorhanden sind (unbenetzte Stellen, anhaftende Luft), kommt ein Mousseux zustande. Das Erscheinungsbild und die Intensität dieses Mousseux sind aber von Glas zu Glas verschieden, je nachdem, wo zufällig und wie viele Blasenkeime am Glas haften.

Man vermeidet die Abhängigkeit von diesem Zufall und man schafft eine zuverlässige, dauerhafte Voraussetzung für das Auftreten des Mousseux, indem man Sektgläser verwendet, bei denen auf dem Grunde des Kelches ein runder **Moussierpunkt** von 1 mm Durchmesser eingeschliffen ist. Für Prüfgläser ist dies von Rhein als Voraussetzung für objektive Vergleiche schon 1986 vorgeschlagen worden (siehe Abb. 3, sowie J. Koch et al. (1986), Kap. 6.2, Stichwort „Prüfgläser").

Manche handelsüblichen Sektgläser sind bereits mit einem Moussierpunkt versehen. Es ist erstrebenswert, dass neue Gläser nur noch mit Moussierpunkt in Verkehr gebracht werden. Das Nachrüsten älterer Gläser ist möglich, wenn man sie zum Glasschleifer bringt.

Robillard und Duteurtre (2000) empfehlen bei der Behandlung der Sektgläser folgende Verfahrensweise, um das Mousseux voll zur Entfaltung zu bringen:

- Waschen der Gläser per Hand in warmem Wasser, das nur wenig Geschirrspülmittel enthält,
- Ausspülen mit viel Wasser,
- Trocknen des Glases mit dem Kopf nach unten (dabei sollen Kalkspuren entfernt werden) ohne ein Handtuch zu benutzen,
- Aufbewahren des Glases an einem sauberen Ort (Achtung: Küchengerüche) und
- Keine Geschirrspülmaschine benutzen – Gläserspülmaschinen können dann eingesetzt werden, wenn das Wasser entmineralisiert ist und keine Mittel zugesetzt sind.

Objektive, reproduzierbare Messungen und Vergleiche des Mousseux sind nur dann möglich, wenn Moussierpunkte mit standardisierten Eigenschaften vorgegeben werden (z. B. Zeolithstäbchen 1/16 Zoll, 4 Å, wie von Bach und Zimmer (1992) vorgeschlagen).

6.3 Unerwünschtes Entweichen von CO_2 (wilde Flaschen, Entlastungsprobleme im Druckfüller, Überschäumer)

Als unerwünschtes Entweichen kann man jede Art des CO_2-Entweichens bezeichnen, die nicht zum eigentlichen Mousseux und auch nicht zur normalen, einfachen Gasdiffusion durch die Oberfläche (Exsorption oder Desorption) zählt, zum Beispiel

- heftiges Schäumen bei durch Degorgieren frisch geöffneten Flaschen (siehe Kap. 4.3.11.1 und 5.1.3 Flaschenfüllung, Stichwort Mikroblasen),
- Aufbrausen und Überschäumen der degorgierten Flasche während des Zusatzes der Versanddosage oder bei Zugabe des Beifüllweines (siehe Kap. 5.4.5 Dosieren, Expeditionslikör),
- anhaltendes Schäumen der im Druckfüller frisch gefüllten Flaschen während des Entlastens sowie ggf. Weiterschäumen des Sektes in der bereits entlasteten Flasche

bis zum Verschließen (siehe Kap. 4.3.11.1 Abfüllung, theoret. Vorbemerkungen, Stichwort Mikroblasen und Stichwort Benetzung und Kap. 4.3.11.5 Entlastung),
- heftiges und anhaltendes Überschäumen des Sektes nach dem Öffnen beim Konsumenten,
- springbrunnenartiges Herausschießen des Sektes aus der durchaus sachgemäß geöffneten Flasche = **Gushing**.

Es wurde in Kap. 6.1.3 unter dem Stichwort **Blasenbildung** ausgeführt, dass das im Schaumwein gelöste Kohlensäuregas keinesfalls aus sich selbst, also spontan, Blasen bilden kann. Das Entstehen von Blasen setzt jedenfalls voraus, dass **Blasenkeime** oder **„Gas-Nuklei“** im Schaumwein selbst oder an der Wand des Gefäßes, in dem er sich befindet, vorhanden sind, sodass nach Absenkung oder Aufhebung des Überdrucks Gasteilchen aus der Flüssigkeit in die Blasenkeime diffundieren und sie zu Blasen aufblähen.

Die in verschiedenen Veröffentlichungen der letzten 30 Jahre, auf die hier nicht eingegangen wird, geäußerten **Vermutungen,** dass das Auftreten von Blasen mit den Kolloiden des Schaumweins oder mit freien Eisenionen zusammenhänge, beziehen sich auf die Beobachtung der Ansammlung solcher Substanzen in der Grenzschicht der bereits vorhandenen Blasenkeime und die möglicherweise damit zusammenhängende Hemmung der Gasdiffusion. Diese Vermutungen ändern indes gar nichts an der Tatsache, dass das Entstehen von Blasen immer das Vorhandensein von Blasenkeimen voraussetzt.

Blasenkeime befinden sich aber nicht von Natur aus im Wein oder im Schaumwein, sondern sie gelangen durch die Art der Bearbeitung oder durch das verwendete Material in das Produkt, also durch Vorgänge der menschlichen Mitwirkung. Das Vorkommen von Blasenkeimen im Schaumwein und das unerwünschte Entweichen von CO_2 aus dem Schaumwein können bei sachgerechter Weinbereitung und Schaumweinherstellung **vermieden** werden.

Die wichtigste **Vorbeugung** besteht darin, auf dem ganzen Werdegang des Grundweins und des Schaumweines das Einwirbeln von Luft oder das sonstige Hervorrufen oder Auftreten von Blasen zu vermeiden, wobei die schon mehrfach beschriebenen **Mikroblasen** (s.o.) die **Hauptverursacher** der Probleme sind. Hinweise auf die Gefahren und ihre Vermeidung sind in diesem Buch überall da beschrieben, wo die Gefahren erfahrungsgemäß auftreten können.

Auf die Existenz von Mikroblasen und ihre Rolle beim unerwünschten Entweichen von Kohlensäuregas aus Bier, Mineralwasser und Schaumwein, insbesondere beim **Gushing**, hat Guggenberger (1962 und 1964) hingewiesen.

Dass Mikroblasen im Schaumwein sehr lange erhalten bleiben, ergibt sich aus einer Arbeit von Würdig und Müller (1979) zum Phänomen des Überschäumens von Schaumwein. Sie beobachteten eine Sektpartie während 591 Tagen, also während fast zwei Jahren und stellten erwartungsgemäß einen Zusammenhang zwischen dem allmählichen Absinken des CO_2-Überdruckes und dem Nachlassen der Stärke des Überschäumens fest.

Von den verschiedenen Formen des unerwünschten CO_2-Entweichens werden im Folgenden zwei auffällige Arten beschrieben:

1. **Nicht benetzte Stelle** an der Wand eines geöffneten Gefäßes, in dem sich der Sekt befindet. An der Innenseite, z. B. eines Flaschenrumpfs, sitzt ein kaum sichtbarer dünner Belag. In den Unebenheiten seiner zerklüfteten Oberfläche hängen einzelne winzige Luftreste, die vom Schaumwein nicht verdrängt werden können. Man sieht hier, wie – immer an der gleichen Stelle – ein Bläschen entsteht, es wird schnell größer, dann reißt es von seinem

Entstehungsort ab und steigt auf, wobei es an Größe sichtbar zunimmt. Kaum ist das Bläschen abgerissen, beginnt an der gleichen Stelle erneut ein Bläschen zu wachsen.

Erklärung: Dort wo der winzige Luftrest und der Sekt sich berühren, an der Grenze zwischen Gas und Flüssigkeit, bildet die Flüssigkeit eine **Oberfläche oder Grenzfläche**. Aus der CO_2-übersättigten Flüssigkeit diffundieren Gasmoleküle durch die Grenzfläche in den Luftrest. Der Druck im Luftrest wird größer, die Grenzfläche wird zur Flüssigkeit hin vorgewölbt, es entsteht eine starke Ausstülpung. Die verdrängte Flüssigkeit drückt auf die Ausstülpung, sodass sie einen Auftrieb erfährt. Schließlich reißt die Ausstülpung vom Entstehungsort ab, sie bildet nunmehr eine kleine **Blase** und beginnt aufzusteigen.

Von der Flüssigkeit diffundieren aus allen Richtungen Gasmoleküle in die schwe-

Eindrucksvoll ist das folgende, zu diesem Thema ausgeführte Experiment über die Wirkung von nicht benetzten Feststoffpartikeln auf das Entweichen von CO_2 aus einem Schaumwein.

Kieselgur, wie sie als Filtermaterial bekannt ist, besteht aus den Kieselsäure-Gerüsten einzelliger, mikroskopisch kleiner Algen. Jedes dieser Skelette enthält außerordentlich viele feinste Rillen und Vertiefungen. In einem Kubikzentimeter (= 0,2 g Kieselgur) sind mehr als 1 Milliarde derartiger Diatomeenskelette enthalten. Wird Kieselgur in Wein eingestreut, dann kann der Wein die Kieselgur nicht vollständig benetzen. In vielen feinen Rillen verbleiben **Luftreste als Blasenkeime** oder „Gas-Nuklei". Nur mit brutalen Mitteln gelingt es, diese Luftreste zu beseitigen, z. B. mithilfe von Laugen, Phosphaten, Netzmitteln etc.

Die Abb. 170 zeigt vier Messzylinder, in die Schaumwein eingefüllt wurde. Zu zweien dieser Zylinder wurde eine normale Kieselgur-Aufschwemmung zugesetzt, mit der Folge, dass der Schaumwein wild aufbrauste, sodass die Gur von der freigewordenen Kohlensäure empor getragen wurde. Den beiden anderen Zylindern wurde ebensoviel Kieselgur zugesetzt, die aber in dem einen Fall mit **Netzmittel** und in dem anderen mit 4%iger **Kalilauge** (KOH) vorbehandelt worden war. Die mit Netzmittel vorbehandelte Probe zeigte nur schwache Blasenbildung. Bei der mit Kalilauge behandelten Probe trat gar keine Blasenbildung auf. Bei den letzten zwei Proben waren die Luftreste, die Blasenkeime, durch die Benetzung verdrängt worden.

Hinzu kommt des Öfteren, dass solche Feststoffpartikel, wenn sie klein sind, von den anschwellenden Gas-Ausstülpungen empor getragen werden. Sobald die entstandenen Blasen abgerissen sind, sinkt das Feststoffpartikelchen sichtbar wieder herunter und wird von neuen Gas-Ausstülpungen erneut empor getragen. So tanzt dieses Teilchen sichtbar auf und ab. Sofern allerdings mehrere oder gar viele solcher Teilchen vorhanden sind, schäumt der Sekt oder er läuft sogar über.

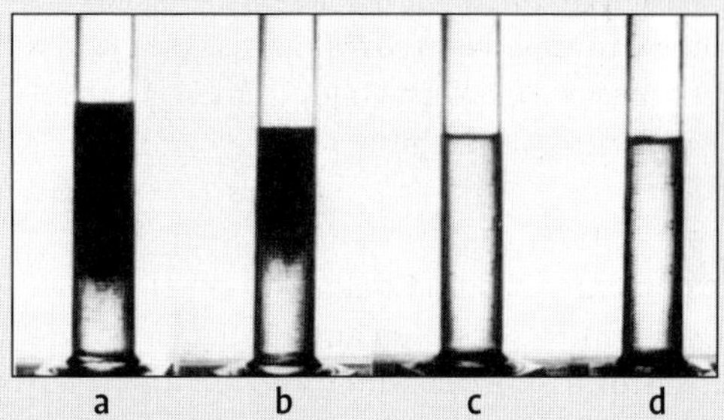

Abb. 170. Einfluss der Benetzung auf das Entweichen von CO_2.
In CO_2-übersättigtem Sekt werden kleine Mengen verschieden vorbehandelter Kieselgur einpipettiert und das CO_2-Entweichen beobachtet. a und b = nur aufgeschwemmt, sonst unbehandelt: starkes CO_2-Entweichen; c = mit Netzmittel vorbehandelt: schwache Blasenbildung; d = mit 4%iger KOH vorbehandelt: keine Blasenbildung.

bende Blase, sie wächst schnell an und steigt umso schneller auf. Oben angelangt, platzt sie.
Da die nächste Blase direkt nach dem Abreißen der vorherigen entsteht und da sie ebenfalls abreißt, kaum, dass die vorherige Blase etwas aufgestiegen ist, sieht man, stets von dem einen Ausgangspunkt ausgehend, wie sich, Blase an Blase, aufsteigend eine Blasen-Kette bildet.
Je mehr solcher Ausgangspunkte vorhanden sind, desto mehr Blasen entstehen, sodass sehr bald die Flüssigkeit schäumt oder überschäumt.

2. **Feststoffpartikel, lose in der Flüssigkeit liegend oder schwebend.** Feststoffpartikel können sein: kleine, schwarzbraune Körnchen aus den Lentizellen des Korks, Kartonfäserchen vom Stülpboden der Flaschenpalette, Staubkörnchen, die aus der Luft in die Flasche oder das Glas gefallen sind usw. Gemeinsames Merkmal ist, dass ihre Oberfläche feine Risse oder Klüfte aufweist, die von der Flüssigkeit nicht benetzt werden können, sodass winzige **Luftreste** darin zurückbleiben. Durch die Grenzfläche zwischen Flüssigkeit und Luftrest diffundiert Gas.
Erklärung siehe unter 1.

6.4 Gushing

Den erstaunlichsten Effekt, die größte Überraschung und zuweilen auch die unangenehmsten Folgen des unerwünschten CO_2-Entweichens bereitet das Gushing.

Das englische Hauptwort „gush" bedeutet u.a. „Erguss" oder „Flut" und mit „gushing" (= überströmend) meint man bei kohlensäurehaltigen Getränken ein plötzliches, scheinbar aus heiterem Himmel kommendes Überströmen oder Überschießen des Getränks aus der frisch geöffneten Flasche.

Eine These zum Ursprung des Phänomens beginnt da, wo durch mechanische Einwirkung Luft in das Getränk eingewirbelt und feinst verteilt wird, sodass **Mikroblasen** entstehen. Solche Mikroblasen können u.U. jahrelang im Getränk verbleiben und eine latente Gefahr bilden. Mikroblasen wirken als Blasenkeime oder als Gas-Nuklei. Sie kommen häufig vereinzelt oder in kleiner Zahl pro Flasche vor, zuweilen aber sind viele Hunderte davon im Inhalt der Flasche verteilt. Sie sind so klein, dass sie nicht zum Flüssigkeitsspiegel aufsteigen können. An der Grenzfläche der Flüssigkeit, von der die Mikroblasen umhüllt werden, sammeln sich mit Vorliebe elektrisch geladene, oberflächenaktive Weinbestandteile an. Das kann zur Folge haben, dass wegen dieser Ansammlung die Mikroblasen sogar etwas schwerer werden als die Flüssigkeit; sie sinken dann langsam zu Boden. Wenn man die ruhig gelagerte und gekühlte Flasche aus dem Kühlschrank holt, um seinen Gästen die Freude eines Sektgenusses zu bereiten, dann gerät die Flüssigkeit in Bewegung und die unsichtbaren Mikroblasen rotieren nun in der Mitte, also im Bauch der Flasche herum. Die Flasche wird vom Gastgeber vorsichtig und nach den Regeln der Kunst geöffnet, er lässt den Überdruck langsam abblasen und hat den Stopfen schon in der Hand, der spannende Teil des Flaschenöffnens ist also gut überstanden, da wird der Flascheninhalt in der Mitte plötzlich trüb und eine Schaumfahne schießt 30 cm oder 50 cm oder gar über 100 cm hoch aus der Flaschenmündung. Man hat noch nicht richtig erfasst, was los ist, da hört der Spuk auch schon auf. Die Flasche ist noch knapp halb voll und der Sekt in der Flasche ist so ruhig und unschuldig, als wäre nichts gewesen.

Was ist passiert? Durch das vorsichtige Abblasen des Überdrucks wird die Flasche drucklos und die vielen Mikroblasen, die bis dahin ja auch unter Druck standen und komprimiert waren, dehnen sich nun auf etwa das Sechsfache ihres vorherigen Volumens aus. Durch die vergrößerte Oberfläche jeder Mikroblase diffundieren CO_2-Moleküle aus dem stark übersättigten Getränk in die Mikroblasen, wodurch diese gewaltig an Größe zunehmen. In diesem Moment werden sie sichtbar. Sie erscheinen als milchig-weiße Trübung. Innerhalb von 0,5 bis 1,0 Sekunden diffundiert so viel CO_2 in die vielen Bläschen, dass sich der Schaum weit über das Fassungsvermögen der Flasche ausdehnt. Es entsteht in der Flasche wieder ein Druck, der den Flascheninhalt explosionsartig durch die Mündung hinaustreibt. In dem herausschießenden Schaum sind sämtliche ehemaligen Mikroblasen enthalten gewesen. In dem Bereich unterhalb des „Flaschenbauchs" blieb der Sekt ganz ruhig und völlig ungerührt in der Flasche zurück.

Das schönste Entschuldigungsschreiben des Sektherstellers ist nicht in der Lage, den entstandenen Sachschaden und vor allem den Schaden am Image des Produkts wettzumachen.

Mikroblasen müssen keinesfalls immer zum Gushing führen, das Gushing ist eher ein sensationeller Extremfall. Nahezu alltäglich ist aber das **Auftreten einzelner oder weniger Mikroblasen.**

Sie machen sich beim traditionell hergestellten Schaumwein erstmals beim **Degorgieren** bemerkbar, indem unverhältnismäßig viel Flüssigkeit herausschießt. Damit ist die Gefahr aber noch nicht endgültig gebannt. In der **Versanddosage** können erneut Mikroblasen in das Produkt eingeschleppt werden, die nach dem Verschließen der Flasche unter Druck geraten und später, wenn die Flasche beim Genießer geöffnet wird, ein Schauspiel nach obigem Vorbild hervorrufen.

Bei Schaumwein, der mithilfe von **Druckfüllern** aus Tanks in Flaschen gefüllt wird, bewirken **Mikroblasen** eine „Unruhe", die sich vor allem in der Schaumbildung bei der Entlastung bemerkbar macht. Diese „Unruhe" verursacht Flüssigkeitsverluste und Leistungsminderung. Auch nach einer Gegendruckabfüllung können im Schaumwein Mikroblasen vorkommen und später beim Genießer das Schauspiel des Gushings hervorrufen. Dies belegt die Erfahrung. Eine Erklärung dafür, wie Mikroblasen trotz der im Füller erfolgten Entlastung im Produkt bleiben können, steht uns zurzeit nicht zur Verfügung.

Wegen dieser Unkenntnis und der Beobachtung, dass Gushing überwiegend bei Rotsekten auftritt (es ist anzunehmen, dass Blasenkeime unabhängig von der Sektfarbe in das Getränk gelangen), wurden zur Ursachenermittlung und Vermeidung von Gushing beim Sekt umfangreiche Untersuchungen angestellt (Bach, 2001 und Bach, Görtges, Burger, Schneider, Portugall, 2001), über die hier kurz und zusammenfassend berichtet werden soll.

Grundsätzlich muss zwischen „echtem" und „unechtem" Gushing unterschieden werden. „Unechtes" Gushing setzt Blasenkeime voraus, die auf vielfältige Weise in den Sekt gelangen. So kann der Abrieb von Zwischenlagen oder Stülpdeckel aus Pappe in das Neuglas gelangen. Auch kommt es vor, dass von der Glashütte Staubreste in der Flasche verbleiben. Durch den Einsatz eines Rinsers werden diese Partikel aus der Flasche entfernt. Kieselgur oder Filterfasern, die ebenfalls Blasenkeime darstellen, können mittels einer Membranfiltration vor der Füllung aus dem Sekt entfernt werden. Es konnte beobachtet werden, dass ein Ablösen von Paraffin vom Kork Gushing auslöst (Pröbsting, 1997). Hier handelt es sich um einen Vorgang, der eher dem „echten" Gushing zuzuordnen ist, denn an der hydrophoben Oberfläche des Paraffins kann (auch ohne Gaseinschluss, der ein Blasenkeim bildet) eine CO_2-Blase entstehen – wie weiter unten ausgeführt wird.

Das „echte" Gushing ist im Wein/Sekt selbst begründet.

Es stellen sich einige Fragen, welche die Mikroblasentheorie kritisch hinterfragen:

- Weshalb liegen die Mikroblasen nur (oder überwiegend) beim Rotsekt vor?

- Es hat sich herausgestellt, dass eine etwa 15-minutige Behandlung mit Ultraschall kurzfristig das Gushing unterband, um nach etwa 1 Stunde wieder aufzutreten (Friedrich, G., 1996).
  Die Untersuchung eines gushenden Sektes auf die Molekülgröße mittels Gelpermeationschromatographie (GPC) ergab, dass nach der Ultraschallbehandlung eine signifikante Reduzierung der hochmolekularen Komponenten bei > 500 kD eintrat (Reh, E., 1998).
  Es ist eher unwahrscheinlich, dass die durch diese Behandlung emulgierten Teile der Blasenhaut sich anschließend so ordnen, dass sie wieder zu einer Blasenhaut zusammenfinden.
- Beobachtungen zeigen, dass Gushing verstärkt bei tiefen Temperaturen auftritt. Unter diesen Bedingungen verbessert sich die Löslichkeit des CO_2 und seine Diffusion in die Mikroblase müsste eher geringer werden.
- Gushing tritt nicht bei der Entlastung in/hinter dem Füller auf, sondern erst nach geraumer Zeit. Vor allem dann, wenn ein Transport stattgefunden hat. Wären Mikroblasen die Ursache, müsste der Sekt bereits vor dem Verschließen überschäumen.
- Da bei der Füllung eines Tanks davon ausgegangen werden kann, dass dessen Inhalt homogen verteilt ist, müssten beim Vorhandensein von Blasenkeimen alle Flaschen mit diesem Fehler behaftet sein. Es hat sich aber herausgestellt, dass nicht alle Flaschen einer Füllung gushen, sondern mehr oder weniger vereinzelt.
- Schließlich sei noch eine Arbeit aus Weihenstephan erwähnt (Fischer, S. et al., 1997) wonach die am Gushing beteiligten Teilchen mit einer Größe von 50 bis 150 nm nicht komprimierbar sind. Wären es Mikroblasen, müssten Sie – wenn auch in geringem Maße – mit einem aufgebrachten Druck an Volumen verlieren.

Unter normalen Bedingungen kann sich zwischen einer festen Phase (z. B. Sektflasche) und einer mit CO_2-übersättigten Lösung (z. B. Sekt) – wie schon mehrfach ausgeführt – keine neue Blase bilden. (Ist trotzdem ein Blasenaufstieg an der Flaschenwandung zu beobachten, so hat dies seinen Ursprung in einem dort vorhandenen Blasenkeim.) Voraussetzung für eine spontane (oder heterogene) Blasenbildung – also der Bildung einer Blase ohne vorhandenen Blasenkeim – wäre eine Übersättigung der Flüssigkeit an CO_2 von etwa 1200 bar, also eine Bedingung, die beim Sekt nicht vorliegt.

Wilt hat in einer Arbeit von 1985 rechnerisch nachgewiesen, dass bei hinreichend großem Kontaktwinkel (also starker Hydrophobie) der festen Phase unter den Bedingungen, wie sie beim Sekt vorhanden sind, sich spontan (also ohne einen Blasenkeim) zwischen fester und flüssiger Phase Blasen bilden können.

Die hydrophobe Kraft ist vergleichbar mit der Beobachtung, dass ein gut gefetteter Lack eines Autos das darauf befindliche Wasser abstößt. Die Tropfen verringern ihre Oberfläche, indem sie eine Kugelform annehmen. Eine etwas vereinfachte Erklärung für diesen Sachverhalt, der die Bedingungen im Sekt wiedergibt, ist aus (Abb. 171) zu ersehen. Zwischen hydrophober, fester Phase und Flüssigkeit bildet sich durch die Wasser abstoßende Kraft des Untergrundes ein „Vakuum“, welches den CO_2-Molekülen im Sekt die Möglichkeit gibt, zwischen den beiden Phasen eine dritte Phase, nämlich die Gasphase zu bilden und sich zu einer Blase zu formen.

Dieser Vorgang ist jedoch auch abhängig von der Geometrie der Oberfläche. So hat Wilt in seiner oben zitierten Arbeit rechnerisch nachgewiesen, dass eine bestimmte Geometrie (Einkerbung, Vertiefung) notwendig ist, um eine Blasenbildung ohne Blasenkeim zu ermöglichen.

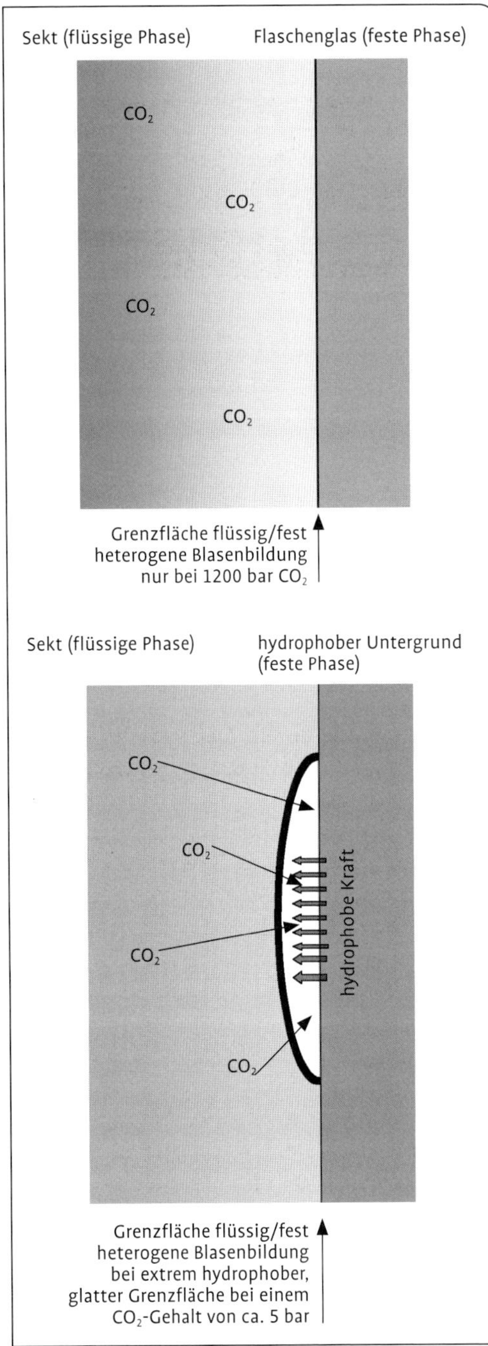

Abb. 171. Wirkung der hydrophoben Kraft (Kontaktwinkel) auf spontane Blasenbildung.

Voraussetzung für die Bildung hydrophober Grenzflächen sind Moleküle, die prinzipiell den in (Abb. 172) dargestellten Aufbau aufweisen, der typisch für die Fettsäuren ist. Diese Verbindungen befinden sich nicht nur in Fetten, sondern in fast allen Lebensmitteln. Das Molekül hat einen hydrophoben (Wasser abstoßenden) und einen hydrophilen (Wasser liebenden) Bereich. Einen entsprechenden Aufbau weisen die Emulgatoren auf, die man sich in der Lebensmittelherstellung in vielfacher Weise zu Nutze macht. Damit können in wässrigen Lösungen sonst nicht darin lösbare Stoffe in Lösung gehalten bzw. in Lösung gebracht werden. Dies geschieht vereinfacht dargestellt so, dass sich ein solches Molekül, z. B. mit seiner hydrophoben Seite, zu einem Öltröpfchen hin orientiert, während der hydrophile Teil für die Löslichkeit im Wasser sorgt.

Solcherart größere und kleinere Moleküle gibt es im Wein/Sekt zuhauf. Die Ester und Salze vieler Weininhaltsstoffe sind Bestandteile von auf dem Markt angebotenen Emulgatoren. Vorher hydrophile Kolloide (z. B. Eiweiß) können durch Anlagerung von Fettsäuren an ihren Oberflächen hydrophoben Charakter erhalten (Schuster, G., 1985). Durch die Zugabe von Tannin können aus hydrophilen Kolloiden hydrophobe Kolloide entstehen (Wucherpfennig in Würdig/Woller). Russische Arbeiten berichten von Lipidtrübungen, die ein hohes hydrophobes Potential haben.

Die Herkunft hydrophober Kolloide ist so mannigfaltig wie ihre Zusammensetzung. Sie können ihren Ursprung haben:

- Wachs aus der Kutikulaschicht der Beerenhaut,
- Zellwandfragmente aus der Beerenhautzelle,
- Fettsäuren aus den Kernen,
- evtl. Bildung von pilzinhibierenden Faktoren in der Traube (RIF bei Getreide)
- Fettbildung durch die Hefe.

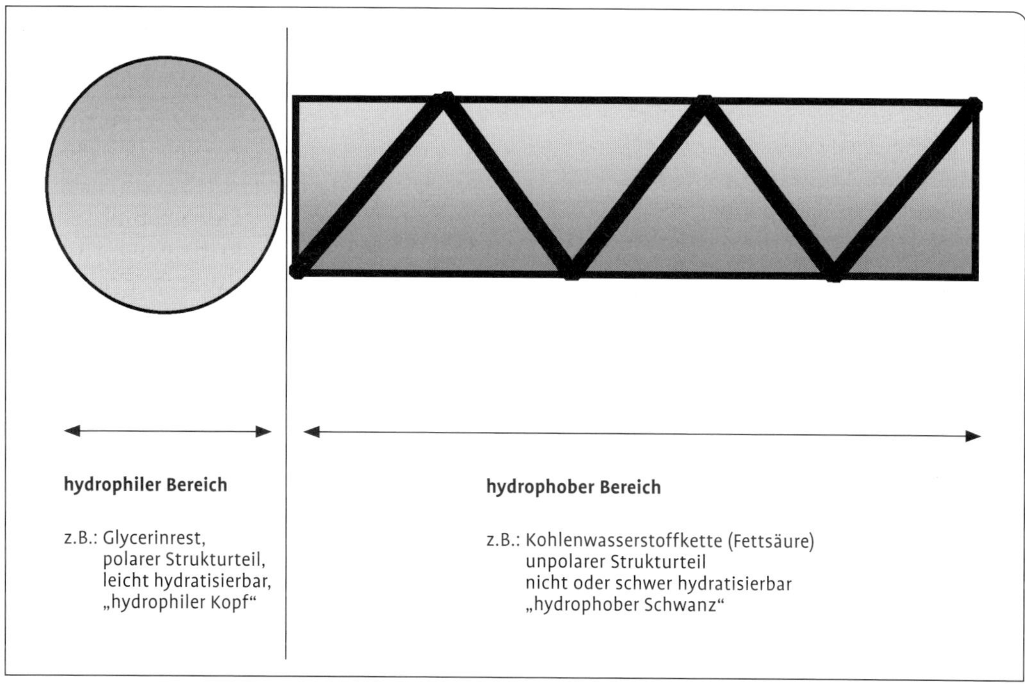

Abb. 172. Fettsäuren und ihre hydrophile/ hydrophobe Wirkung (nach Schuster 1985).

Da die überwiegende Menge der Kolloide aus der Beere stammt (Punkt 1–4) liegt es nahe, das Auftreten von Gushing mit einem verstärkten Aufschluss der Beerenhaut in Verbindung zu bringen. Dies erklärt auch die Beobachtung, dass Gushing überwiegend beim roten Sekt beobachtet wird.

Aus all diesen Beobachtungen kann der Schluss gezogen werden, dass der Wein/Sekt bei der hier angestellten Betrachtung als **Emulsion aufgefasst werden muss**. Solange die Moleküle eine bestimmte Größe nicht überschreiten, ist der Sekt stabil. Bricht aber die Emulsion, lagern sich also die Teilchen zu größeren Verbänden zusammen, kann Gushing entstehen. So ist es bekannt, dass durch Schütteln oder Schlagen eine Emulsion brechen kann. Als Beispiel kann die Herstellung von Butter dienen. Durch die mechanische Zerstörung des Proteinfilms der Fetttröpfchen bricht die Emulsion Milch und sie wird zu Butter.

So ist es auch erklärlich, dass eine Partikelmessung von Fischer, S. et al., 1997, ergab, dass durch das Schütteln des Bieres unter Druck eine Vergrößerung der Teilchen gemessen werden konnte. In einer Eisenchloridlösung mit einem pH-Wert von 4,2 und einem CO_2-Gehalt von 4,0 bar Druck erhöhte sich der mittlere Partikeldurchmesser von 80 nm auf 140 nm.

Die Bedingungen, die zur Zusammenlagerung von Molekülen notwendig sind, können beim Sekt durchaus auftreten. Da die Koagulation, d. h., die dreidimensionale Zusammenlagerung verschiedener Moleküle, in einem gewissen Bereich zufällig erfolgt, wird sowohl die Form (Geometrie) als auch die Größe der entstehenden Teilchen nicht immer gleich sein. Dies erklärt auch, weshalb in einer Flasche Gushing auftritt, in der nächsten aber nicht, obwohl sie aus **einem** Tank unter den **gleichen** Bedingungen abgefüllt wurden.

Dass Verbindungen mit einer hydrophoben Oberfläche Gushing hervorbringen können, haben Versuche mit Modelllösungen gezeigt. So hat Zepf, M. (1998) durch die Zugabe von 15 mg/l Sorbitanmonostearat (Span 60) starkes Gushing erzeugt. Ortmann, S. (1995) konnte durch die Zugabe von 500 mg/l Carrageenan zum Sekt ebenfalls das Überschäumen provozieren.

Voraussetzung für das Auftreten von Gushing ist:
- Teilchen mit einer bestimmten Größe (von etwa 50–150 nm),
- die Teilchen müssen eine hydrophobe Oberfläche haben und
- ihre Geometrie muss eine Blasenbildung ermöglichen.

Allen für das Gushing möglicherweise in Betracht kommenden Kolloiden ist gemeinsam, dass sie nicht bei Wärme koagulieren (wie z. B. das wärmelabile Eiweiß), sondern bei Kälte. Sie sind also **kältelabil**. Dies ist aus der Beobachtung zu schließen, dass Gushing stärker bei tieferen Temperaturen auftritt.

Problematisch bei der Erfassung der gushing-induzierenden Substanzen ist, neben der Vielzahl der infrage kommenden Stoffe, dass das Problem erst nach der Füllung in der Flasche auftritt.
Gründe dafür könnten sein:
- Durch das „Altern“ (Oxidation?) der Kolloide erfolgt erst eine Zusammenballung.
- Durch oxidative Veränderung der Fettsäuren (Verlängerung der Ketten und/oder Überführung in die gesättigte Form oder durch Abbau der Gushing-inhibierenden Linolsäure) erfolgt deren Koagulation.
- Durch die Scherkraft, die bei der Füllung auftritt, werden Teilchen zerschlagen (emulgiert) und finden erst in der Flasche wieder zusammen.
- Lipide können im Wein echt gelöst sein. Die Löslichkeit wird durch Anthocyane erhöht. Fallen diese löslichkeitsfördernden Substanzen durch Oxidation oder Kondensation aus, kann es zu „Lipidtrübungen“ kommen, die zu den Trübungen gehören, die bei Kälte entstehen (russische Arbeiten).
- Aus der Tensid-Chemie weiß man, dass sich Moleküle mit ausreichend hohem hydrophilen/hydrophoben Potential zu Mizellen zusammenlagern können. Eine entsprechende Anordnung könnte auch die Ursache von Gushing sein, zumal die Mizellenbildung mit sinkender Temperatur ansteigt und die Mizellgröße den für das Gushing erforderlichen Wert erreichen kann.
- Das Schütteln (Transport) der Sektflaschen kann zum „Brechen“ der Emulsion führen. So hat es sich gezeigt, dass die axiale Bewegung der Sektflaschen (also liegend) bei zu Gushing neigenden Sekten eher und mehr zum Überschäumen führte als die Bewegung der Flaschen im stehenden Zustand. Grund für diese Beobachtung ist die stärkere Bewegung des Flascheninhaltes bei liegender Lagerung.

Mit einem Partikelladungsdetektor (oder auch: Particle Charge Detektor [PCD]) der Firma Mütek GmbH (Müller, R.H., 1996 und Titze, J., 2008), der das hydrophobe Potential einer Flüssigkeit erfasst, kann die Gushingneigung eines Sektes erfasst werden.

So wies ein **entschäumter Sekt** signifikant geringere Werte (hydrophobe Substanzen) auf als ein nicht entschäumter Sekt und die Flüssigkeit des Schaumes selbst. Die daraus gewonnenen flaschenvergorenen Sekte wurden nach acht Monaten degorgiert. Der Sekt aus dem Schaumkonzentrat verlor dabei 238 ml/Flasche, wohingegen der Sekt aus dem entschäumten Wein nur einen Verlust von 63 ml/Flasche verzeichnete.

Die chemische Zusammensetzung des Sektes müsste theoretisch bei jedem Schaumwein

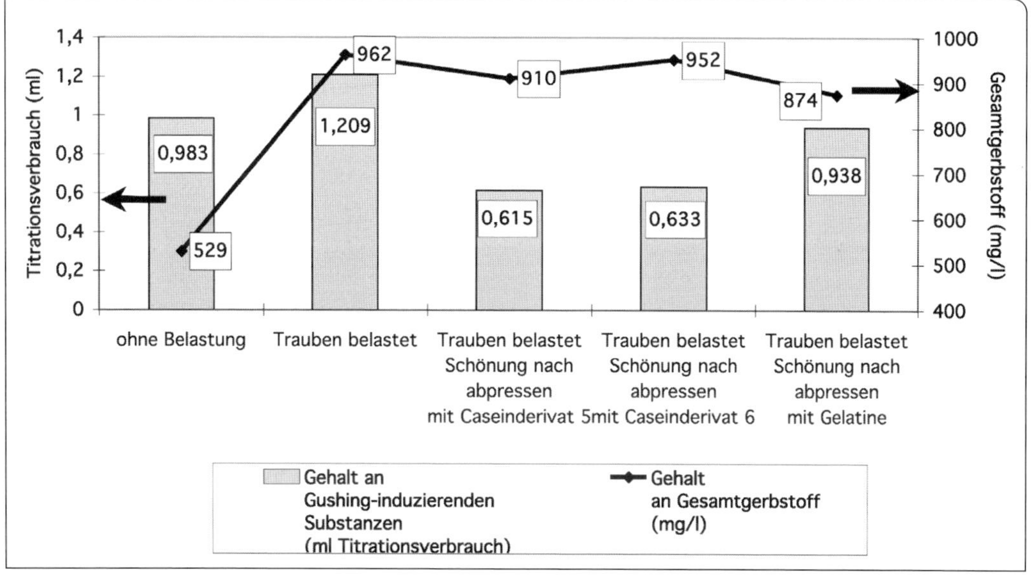

Abb. 173. Einfluss der Casein/Gelatine-Schönung auf den Gerbstoffgehalt und die Gushing-induzierenden (hydrophoben) Substanzen (Bach).

das Überschäumen auslösen, wenn die von Zepf (1998) als Gushing auslösende Substanzen benannten Verbindungen zu Grunde gelegt würden. Da dies aber nicht der Fall ist, darf angenommen werden, dass im Sekt/Wein vorhandene Schutzkolloide die Koagulation zu „Blasenkeimen" verhindern. Tatsächlich führte die Zugabe von Mannoprotein zu einer Unterbindung des Überschäumens. Ein längeres Hefelager (evtl. unterstützt durch die Zugabe von Enzymen mit einer β-Glucanase-Nebenaktivität) könnte demnach Gushing verhindern. Da zwischenzeitlich auch die Zugabe von Mannoprotein zum Zwecke der Weinstein- und Eiweißstabilisierung erlaubt ist (VO EG 1493/99, Anhang IV, Abschnitt 3 zd) könnte Gushing durch Zugabe von Mannoprotein bei der Großraumgärung unterbunden werden.

Eine andere Strategie liegt im Entfernen hydrophober Substanzen.

Die Abb. 173 macht deutlich, dass Wein aus belastetem Lesegut einen Gerbstoffgehalt von 962 mg/l im Vergleich zur nicht belasteten Variante von 529 mg/l aufweist. Gleichzeitig bewirkt die mechanische Beanspruchung des Lesegutes eine Anreicherung hydrophober Substanzen (Steigerung des Titrationsverbrauches von 0,983 auf 1,209 ml). Es darf deshalb davon ausgegangen werden, dass der Aufschluss der Beerenhaut-Zellwände zu einer verstärkten Gushing-Neigung führt. (Zellmembrane bestehen aus einem hydrophilen Inneren und einem hydrophoben Äußeren.) Dies ist auch dadurch erklärlich, dass überwiegend bei rotem Schaumwein dieses Phänomen beobachtet wird. Die Extraktion der roten Farbstoffe ist automatisch mit einem Aufschluss der Beerenhaut-Zellwände verbunden. Es ist demnach bei der Bereitung von rotem Sektgrundwein darauf zu achten, dass das Lesegut schonend behandelt wird, d. h. keine große mechanische Belastung und keine zu starke Auspressung der Maische (evtl. die letzten 10 % des Pressmostes gesondert behandeln).

Da aber der Sekthersteller nur bei eigener Traubenerzeugung die Maischebehandlung selbst beeinflussen kann, ist es wichtig, zu wissen, wie sich diese nicht gewünschten Stoffe aus dem Wein entfernen lassen. Eine Schönung mit Caseinderivaten mit den Nummern 5 und 6 (Abb. 173) führte zu einer Minderung der hydrophoben Substanzen (auf 0,615 bzw. 0,633 ml Titrationsverbrauch) unter den Wert der schonend behandelten Varianten. Gleichzeitig wird aber der Gerbstoffgehalt nicht in dem gleichen Maße beeinflusst. Diese Feststellung begründet auch die Beobachtung, dass die Farbe des Weines im Rahmen der für die Verhinderung von Gushing erforderlichen Schönung keinen nennenswerten Rückgang erfährt. Das Caseinderivat Nr. 5 gelangt unter der Bezeichnung Gush-Ex durch die Firma Erbslöh in den Handel.

6.5 Die physiologische Wirkung des mit dem Sekt, Schaumwein, Perlwein aufgenommenen CO_2 beim Menschen

In Anbetracht des in den letzten Jahren ständig steigenden Gesundheitsbewusstseins der Verbraucher ist es notwendig, den CO_2-Gehalt des Schaumweines auch von seiner gesundheitlichen Bedeutung her zu beleuchten. Wenngleich über das CO_2 im Sekt und seine Auswirkung auf das Wohlbefinden des Menschen kaum Literatur zu finden ist, sind doch die Untersuchungen, die sich mit CO_2 in alkoholfreien Getränken und in Bier beschäftigen, sehr aufschlussreich. Aus den zahlreichen Publikationen sollen im nachfolgenden die wichtigsten Ergebnisse von Piendl und Aumann (1990), Piendl und Haberl (1980), Glatzel (1975, 1976), (Gloger, 2000) sowie von Dachs (1961) zusammengefasst und interpretiert werden.

Unterstellt man einen Gehalt des Schaumweines von 12 g CO_2 pro Liter, so entspricht dies etwa 6 Liter CO_2 pro Liter Sekt. Davon entweichen beim Einschenken ins Glas in die Atmosphäre etwa 30 % (siehe Tab. 58). Es darf davon ausgegangen werden, dass durch das Mousseux im Glas wieder etwa 20 % „verloren gehen“, sodass etwa 3 Liter CO_2 pro Liter Sekt übrig bleiben. Da selten mehr als 0,5 Liter Sekt von einer Person getrunken werden, wird dem menschlichen Organismus über den Sekt maximal 1,5 Liter CO_2 zugeführt. Dies ist wenig, wenn man bedenkt, dass diese Menge durch den Körperstoffwechsel des Menschen im Ruhezustand in 15 Minuten produziert wird.

Ein Teil des mit dem Sekt aufgenommenen CO_2 wird über die **Atemluft** aufgenommen, da der Geruch einen wesentlichen Sinneseindruck beim Genuss dieses Getränkes darstellt. Die atmosphärische Luft hat einen Anteil von 0,03 % CO_2; die ausgeatmete Luft einen solchen von 4 %. Wird mehr CO_2 eingeatmet als in der Luft normal vorhanden ist, so beschleunigt sich die Atmung. Der Hauptregulator der Atmung ist der Kohlensäuregehalt des Blutes. Der Sauerstoffgehalt steht erst an zweiter Stelle. Die Erhöhung des Kohlensäuregehaltes in der Einatmungsluft und damit des Kohlensäuredruckes im Blut wirkt über das Atemzentrum im Zentralnervensystem als kräftiger Atemreiz. – Es konnte festgestellt werden, dass selbst bei gezielter Einatmung des CO_2 beim Öffnen einer Flasche mit Sprudelgetränk 2 %vol in der Einatmungsluft nicht erreicht wird. Da erst bei einem Anteil von 8 % CO_2 in der Atemluft Atemnot eintritt, ist die mit dem Sektgenuss über die Atemwege aufgenommene CO_2-Menge physiologisch eher positiv zu bewerten.

In der **Mundhöhle** wirkt CO_2 durch die Empfindung des **Prickelns**, das die erfrischende Wirkung des Getränks erhöht. Der Grund dafür könnte sein, dass bei diesem Expansionsvorgang **Wärme** für Volumenarbeit verbraucht wird. So wird für die Entwicklung von 1 l Gas gegen den atmosphärischen Druck die Volumenarbeit von 10,33 kpm =

101,33 J (Joule) geleistet. Diese Energie wird bei der Ausdehnung des Gases dem Mundraum in Form von Wärme entzogen. Die Schleimhäute werden stark durchblutet. Ein spezifischer CO_2-Effekt ist auch, dass bei der Aufnahme der Kohlensäure über die Haut (also auch der Zunge), Wärmerezeptoren stimuliert und Kaltrezeptoren gebremst werden (Hartmann, mündliche Mitteilung).

Wahrscheinlich löst das CO_2 in der Mundhöhle auch **Nervenreizungen** aus, die ein Teil des Reflexspiegels des gesamten Verdauungstraktes sind und den Appetit anregen. – Schlürft man ein CO_2-haltiges Getränk, kommt es zu einem verstärkten **Speichelfluss**, der die Stärkeverdauung im Magen beschleunigt und störendem Druck- und Völlegefühl vorbeugt.

Durch das Schäumen vergrößert sich die Oberfläche und der kühle Sekt passt sich schneller an die Temperatur der Mundhöhle an. Damit können **unerwünschte Wirkungen durch das schnelle Trinken** kalter Getränke – z. B. ein unangenehmer Druck im Oberbauch – vermieden werden.

Im **Magen** wirkt CO_2 **säureregulierend**. Bei Menschen mit zu wenig Magensäure wirkt CO_2 in Richtung Magensäurebildung. Es kann dann zu einer Verringerung der Magensäure führen, wenn zu viel Magensäure im Magen vorliegt. – Es ist nachgewiesen, dass CO_2-haltige Getränke die Entleerung des Magens fördern. Der Grund dafür wird der durch das CO_2 erhöhte **Spannungszustand** (Tonus) des Magens sein. Bedeutsam ist die Tatsache, dass CO_2 sowohl die Aufnahme von Alkohol als auch von Arzneimitteln **beschleunigt**. – Untersuchungen ergaben, dass ein gewohnheitsmäßiger Genuss von CO_2-haltigen Getränken bei gesunden Menschen weder Gastritis noch Magen- und Zwölffingerdarmgeschwüre hervorruft.

Im **Darm** soll CO_2 vornehmlich die Aktivität der Darmzotten und nicht so sehr die der Darmmuskulatur steigern.

Ein Anstieg des CO_2-Gehaltes (p_{CO_2}) in den **Organen** bewirkt u.a. eine erhöhte Durchblutung der Skelettmuskulatur sowie des Herzmuskels und damit eine gesteigerte Leistungsfähigkeit des Herzens (Gloger, 2000).

CO_2-haltige Getränke erhöhen die Wasserausscheidung durch die **Nieren** und fördern damit die Ausscheidung harnpflichtiger Stoffe aus dem Blut.

Eine Voreingenommenheit gegenüber dem Verzehr CO_2-haltiger Getränke ist die Vorstellung, dass nach dem Genuss solcher Getränke Magen und Darm aufgebläht, das Zwerchfell nach oben gedrückt und die Leistungsfähigkeit des Herzens und der Lunge herabgesetzt würden.

Die Vermehrung des Gasinhaltes im Magen bildet sich hingegen so schnell zurück, dass die Gasblase bereits zwei Minuten später kaum noch größer ist als vor dem Trinken, obgleich die Kohlensäure weder durch Aufstoßen noch durch den Darm abgegeben wurde.

Es wird oft die Vermutung geäußert, dass Sekt (u.a. CO_2-haltige Getränke) zum **Sodbrennen** führen. – Unter Sodbrennen versteht man brennende Schmerzen, die auftreten, wenn der Magenmund zur Speiseröhre nicht verschlossen ist (Reflux). Meist erzeugt ein saurer oder übersäuerter **Magensaft** diese Empfindung. Diese Säuren sind im Wesentlichen Essigsäure, Milchsäure und Propansäure, die aus reichlich genossenen Süßigkeiten oder fetten Speisen gebildet werden. Hier kann eine **Neutralisierung des Magensaftes** Erleichterung bewirken und weniger das Austreiben evtl. vorhandener Kohlensäure. Zur Säureabstumpfung sollten Tabletten benutzt werden, die keine Kohlensäure bilden.

Eine übermäßige **Ansammlung von Gasen im Magen-Darm-Kanal** wird als **Flatulenz** bezeichnet. Sie versucht der Betroffene durch vermehrten Abgang von Winden zu beseitigen. Die Ursache für eine vermehrte Gasansammlung im Magen-Darm-Bereich liegt im krankhaften Luftschlucken. So wird beim normalen

Genuss von 0,5 l Milch 1,5 l Luft verschluckt. Beim gewohnheitsmäßigen **Luftschlucken** (z. B. beim Kaugummikauen, Rauchen oder Lutschen von Bonbons) oder beim krankhaften Luftschlucken (Aerophagie) können diese Mengen bei Weitem überschritten werden.

Die zweite Hauptquelle für eine vermehrte Gasbildung im Magen-Darm-Bereich ist ein gestörter Abbau der **Darminhalte**. Vom normalen Gasgesamtumsatz im Darm von etwa 10 l pro Tag entfallen etwa 9 bis 38 % auf CO_2; der Rest auf Stickstoff (11–65 %), Wasserstoff (1–55 %), Methan (0–56 %) sowie Schwefelwasserstoff, Ammoniak und andere Gase. Der CO_2-Anteil steigt je nach Ernährung teilweise stark an. So konnte bei einer Kartoffel-Milchkost ein zwei- bis dreimal so hoher CO_2-Gehalt festgestellt werden wie bei einer Eiweiß-Fett-Kost. Beim Bohnenverzehr beobachtete man einen Anstieg des Gasvolumens um beinahe das Zehnfache, wobei im Tierversuch gefunden wurde, dass dabei der CO_2-Anteil auf 90 % steigt. Die krampfartig-schmerzhafte Einklemmung von Winden ist demnach weniger auf einen vermehrten Genuss CO_2-haltiger Getränke zurückzuführen, als mehr auf krankheitsbedingte Störungen, vermehrtes Luftschlucken und auf einen gestörten Abbau von Darminhaltsstoffen.

6.6 Fremd-CO_2

Nach der VO EG 479/2008, Anhang IV, Nr. 4b, 5b und 8c darf die Kohlensäure des Sektes oder Perlweines nur ausschließlich aus der Gärung stammen. Anderes CO_2 muss als zugesetzte Kohlensäure deklariert werden.

Grenzwerte für den technisch unvermeidbaren Übergang von Fremd-CO_2 in den Sekt bei der Großraumgärung oder dem Transvasierverfahren existieren derzeit nicht.

Der Nachweis kann jedoch durch die Messung des Isotopenverhältnisses des Kohlenstoffes des Kohlendioxids $^{13}C/^{12}C$ erfolgen (Boner und Förstel, 2001). Ausgedrückt wird dieser Unterschied in der Abweichung von einem Standard-CO_2, das aus einer bestimmten Gesteinsformation (PD-Formation aus South Carolina = PDB-Standard) stammt (Weiskopf). Die relative Häufigkeit der ^{13}C-Isotopen liegt bei 1,07 %. Die Abweichung wird in Promille (‰) ausgedrückt.

So beträgt die Abweichung der Zucker von C3-Pflanzen (zu denen die Rebe und die Zuckerrübe zählt) um minus 24 ‰ bis minus 32 ‰ vom Standard. Vergleichbare Werte für Technisches Kohlendioxid liegen bei minus 30 bis minus 50 ‰, Quellendioxid weist Abweichungen von < 10 ‰ auf. Durch Zusatz dieser beiden CO_2-Arten wird demnach das Isotopenverhältnis des „Sekt-CO_2“ verschoben, woraus der Zusatz ersichtlich ist.

Neben der Messung des Isotopenverhältnisses existiert die Radiocarbonmethode, mit welcher der ^{14}C-Gehalt des Kohlendioxids gemessen werden kann. Die Nachweisgrenze ist niedriger und das Messergebnis unabhängig von der Herkunft des Fremdkohlendioxids (GDCh – Jahresbericht 2005).

6.7 Messung des CO_2

Gemäß den gesetzlichen Regeln werden die Gehalte des Sektes und Perlweines an CO_2 in **bar Druck** beschrieben. So fordert z. B. die VO (EG) 479/2008 in Anhang IV, dass Qualitätsschaumwein „in geschlossenen Behältnissen bei 20 °C einen auf **gelöstes Kohlendioxid** zurückzuführenden Druck von mindestens 3,5 bar aufweist.“

6.7.1 Druckmessung

Der mit dem Manometer messbare Druck der einzelnen Flasche oder des Tanks ist das Maß für den **Gesamtdruck**, der im Gasraum, also im Hohlraum des Behältnisses **über** der Flüssigkeit herrscht.

Da die Drücke in vielerlei Einheiten angegeben werden, soll Tab. 59 am Ende dieses Kap. Die Möglichkeit der Umrechnung geben.

Wie groß innerhalb dieses **Gesamtdrucks** der Anteil des CO_2, d. h., sein **Partialdruck** ist, das kann man am Manometer nicht ablesen. Der Partialdruck des CO_2 kann bei gleichem Gesamtdruck unterschiedlich groß sein, je nach dem Volumenverhältnis des Gasraums zur Flüssigkeit und je nach Art des Vorspanngases.

Bei der **Druckmessung** an Sektflaschen kann der Einfluss der anderen Gase auf das Messergebnis weitgehend ausgeschlossen werden, wenn die Flasche erst bis nahe an den Gefrierpunkt des Schaumweins gekühlt, dann der Originalstopfen entfernt und die Flasche sogleich mit einem Stopfen mit **Prüfmanometer** verschlossen wird. Nach Anwärmen der Flasche auf 20 °C wird der Druck am Manometer abgelesen. Während der kurzen Zeit des Stopfenwechsels entweicht die im Gasraum der Flasche enthaltene Gasmischung. Der Druck, der sich nach dem Stopfenwechsel im Gasraum (Hohlraum, Kammer) der Flasche wieder aufbaut, ist nunmehr so gut wie ausschließlich auf reines CO_2 zurückzuführen und die, infolge des Entweichens der Gasmischung, vorkommende Minderung des Gesamtdrucks um maximal 0,3 atm entspricht hauptsächlich dem Anteil der entwichenen Fremdgase.

Da während der Schaumweingärung ständig CO_2 neu gebildet wird, besteht in dieser Zeit ein Ungleichgewicht zwischen dem CO_2-Gehalt in der Flüssigkeit und im Gasraum, weil der Ausgleich bei ruhender Flüssigkeit nur durch Diffusion möglich ist und deren Geschwindigkeit ist sehr gering (siehe auch Kap. 6.1.3). Um echte, aktuelle Messergebnisse zu bekommen, muss man vor dem Ablesen des Drucks dafür sorgen, dass durch kräftige Bewegung, d. h., durch das sog. Umschlagen oder Umschütteln der Flasche oder durch das Umrühren des Tanks, der Ausgleich herbeigeführt wird. Infolge der Bewegung steigt die Anzeige des Manometers solange an, bis der Ausgleich erreicht ist. Erst wenn die Anzeige nicht mehr ansteigt, soll der Druck abgelesen werden.

In der Praxis wird des Öfteren die Meinung vertreten, durch das Rühren würde die Kohlensäure aus dem Sekt herausgetrieben und der Druck dadurch übermäßig erhöht werden. Man beobachtet den Druckanstieg, aber es wird der falsche Schluss daraus gezogen. Es kann durch keine Art der Bewegung im geschlossenen Gefäß zu viel Gas ausgetrieben werden, sondern es wird einzig und allein durch das Bewegen innerhalb kurzer Zeit die Einstellung des wahren Gleichgewichts erreicht.

Im Rahmen der Betriebskontrolle gibt die **Druckmessung** Information darüber, ob die Schaumweingärung normal verläuft und ob am Ende der Gärung der gewünschte Enddruck erreicht wurde.

Bei der **Gärung in Flaschen** ist es zweckmäßig, von jeder zur Gärung gefüllten Partie wenigstens eine Flasche durch Stopfen mit Prüfmanometer zu verschließen. Hierdurch ist es möglich, sich fortlaufend über den Gärverlauf zu informieren. Wo solche Prüfmanometer nicht verfügbar sind, wird man von Zeit zu Zeit eine Flasche zur Druckprobe entnehmen. Diese Flasche scheidet aber nach der Druckmessung aus der Partie aus. Ihr Inhalt kann danach als Anfallwein verwertet werden. Bei der Gärung in Tanks ermöglichen die zur Standardausrüstung der Drucktanks gehörenden Manometer eine fortlaufende Beobachtung des Gärverlaufs.

Von der Vielzahl der möglichen Messverfahren (Heilmann, 1999) seien hier drei der manometrischen Messmethoden aufgeführt.

- Haffmans bietet eine Druckmesseinrichtung für Flaschen an, die elektronisch den gemessenen Druck mit der ebenfalls gemessenen Temperatur korrigiert.
- Anton Paar misst mit dem „Mehrfach-Volumen-Expansionsverfahren". Dabei wird

Tab. 59 Druckäquivalente

	Pa	Atm	at	Bar	Torr (mm Hg)	Mikron (µ)	dyn/cm²	Ws/cm³	cal/cm³
Pa = N/m² = kg/ms²	1	$9,86923 \cdot 10^{-6}$	$1,019716 \cdot 10^{-5}$	10^{-5}	$7,50061 \cdot 10^{-3}$	7,50061	10^{1}	10^{-6}	$2,3882 \cdot 10^{-7}$
Atm	$1,01325 \cdot 10^{5}$	1	1,033227	1,01325	760	$7,6 \cdot 10^{5}$	$1,01325 \cdot 10^{6}$	$1,01325 \cdot 10^{-1}$	$2,420 \cdot 10^{-2}$
at = kp/cm²	$9,80665 \cdot 10^{4}$	0,96784	1	$9,80665 \cdot 10^{-1}$	735,56	$7,3556 \cdot 10^{5}$	$9,80665 \cdot 10^{5}$	$9,80665 \cdot 10^{-2}$	$2,342 \cdot 10^{-2}$
Bar	10^{5}	0,986923	1,019716	1	750,061	$7,50061 \cdot 10^{5}$	10^{6}	10^{-1}	$2,3882 \cdot 10^{-2}$
Torr = mm Hg	$1,333224 \cdot 10^{2}$	$1,3158 \cdot 10^{-3}$	$1,3595 \cdot 10^{-3}$	$1,333224 \cdot 10^{-3}$	1	10^{3}	$1,333224 \cdot 10^{3}$	$1,333224 \cdot 10^{-4}$	$3,184 \cdot 10^{-5}$
Mikron (µ)	$1,333224 \cdot 10^{-1}$	$1,3158 \cdot 10^{-6}$	$1,3595 \cdot 10^{-6}$	$1,333224 \cdot 10^{-6}$	10^{-3}	1	1,333224	$1,333224 \cdot 10^{-7}$	$3,184 \cdot 10^{-8}$
dyn/cm²	10^{-1}	$0,987 \cdot 10^{-6}$	$1,019716 \cdot 10^{-6}$	10^{-6}	$7,5 \cdot 10^{-4}$	$7,50061 \cdot 10^{-1}$	1	10^{-7}	$2,3882 \cdot 10^{-8}$
Ws/cm²	10^{6}	9,86923	$1,019716 \cdot 10^{1}$	10	$7,50061 \cdot 10^{3}$	$7,50061 \cdot 10^{6}$	10^{7}	1	$2,3882 \cdot 10^{-1}$
cal/cm³	$4,187 \cdot 10^{6}$	41,3	42,7	41,9	$3,1388 \cdot 10^{4}$	$3,1388 \cdot 10^{7}$	$4,187 \cdot 10^{7}$	4,187	1
mm Ws= kp/m²	9,80639	$0,9678 \cdot 10^{-4}$	$9,99973 \cdot 10^{-5}$	$9,80639 \cdot 10^{-5}$	$7,35528 \cdot 10^{-2}$	$7,35528 \cdot 10^{1}$	$9,80639 \cdot 10^{1}$	$9,80639 \cdot 10^{-6}$	$2,342 \cdot 10^{-6}$
lb. · ft^{-2}	47,876	$4,72541 \cdot 10^{-4}$	$4,88242 \cdot 10^{-4}$	$4,7876 \cdot 10^{-4}$	$3,5913 \cdot 10^{-1}$	$3,5913 \cdot 10^{2}$	$4,7876 \cdot 10^{2}$	$4,7876 \cdot 10^{-5}$	$1,1434 \cdot 10^{-5}$
lb. · in^{-2}	6894,76	$6,8046 \cdot 10^{-2}$	$7,0307 \cdot 10^{-2}$	$6,89476 \cdot 10^{-2}$	$5,1715 \cdot 10^{-1}$	$5,1715 \cdot 10^{4}$	$6,89476 \cdot 10^{4}$	$6,89476 \cdot 10^{-3}$	$1,6466 \cdot 10^{-3}$
tn.sh. ·ft^{-2}	$9,576 \cdot 10^{4}$	0,94508	0,97648	$9,576 \cdot 10^{-1}$	$7,1826 \cdot 10^{2}$	$7,1826 \cdot 10^{5}$	$9,576 \cdot 10^{5}$	$9,576 \cdot 10^{-2}$	$2,287 \cdot 10^{-2}$
ltn. · ft^{-2}	$1,0725 \cdot 10^{5}$	1,0585	1,09367	1,0725	$8,0446 \cdot 10^{2}$	$8,0446 \cdot 10^{5}$	$1,0725 \cdot 10^{6}$	$1,0725 \cdot 10^{-1}$	$2,561 \cdot 10^{-2}$
tn.sh. · In^{-2}	$1,37894 \cdot 10^{7}$	$1,3609 \cdot 10^{2}$	$1,40612 \cdot 10^{2}$	$1,37894 \cdot 10^{2}$	$1,03428 \cdot 10^{5}$	$1,03428 \cdot 10^{8}$	$1,37894 \cdot 10^{8}$	$1,37894 \cdot 10^{1}$	3,293
ltn. · In^{-2}	$1,5444 \cdot 10^{7}$	$1,524 \cdot 10^{2}$	$1,5746 \cdot 10^{2}$	$1,5444 \cdot 10^{2}$	$1,15824 \cdot 10^{5}$	$1,15824 \cdot 10^{8}$	$1,5444 \cdot 10^{8}$	$1,5444 \cdot 10^{1}$	3,688

das Volumen der Messkammer mit dem Sekt zwei Mal expandiert. Aufgrund des Umstandes, dass Stickstoff und Sauerstoff wesentlich schlechter löslich sind als CO_2, nimmt bei der Expansion des Volumens der Partialdruck des Fremdgases schneller ab als das von CO_2. Die Differenz zwischen den beiden Messergebnissen wird herangezogen, um rechnerisch den Anteil des Partialdruckes zu eliminieren, der auf die Fremdgase entfällt.
- Hach Ultra (Orbisphere) erfasst drei Messgrößen:
  - den Druck im Kopfraum,
  - elektrochemisch den Sauerstoff in der Flüssigkeit und
  - CO_2 mittels Wärmeleitfähigkeit (dabei wirkt N_2 nicht störend).

Die Verrechnung der Daten ergibt dann den CO_2-Gehalt ohne Fremdgase.

Siehe auch Kap. 5.2 Stichwort Gärkontrolle zu weiteren Möglichkeiten der Druckmessung.

6.7.2 Chemische Messung

Die analytische Bestimmung des CO_2-Gehalts, angegeben in g/l, ist möglich. Die chemische Methode ist relativ aufwendig und wird in der VO (EWG) Nr. 2676/90 im Anhang, Nr. 37 beschrieben.

In der Praxis werden Bestimmungen des CO_2-Gehalts für die Zwecke der Betriebskontrolle nicht durchgeführt, weil die Kenntnis dieses Wertes keinen Nutzen bringt.

Für die Beobachtung des Verlaufs der Gärung, sowie für die Beurteilung der Verkehrsfähigkeit und der Schaumweinsteuerpflicht ist allein der **CO_2-Druck** maßgebend.

In neuerer Zeit wird über ein Messverfahren berichtet, das mithilfe der Laserspektroskopie die CO_2-Konzentration in einer verschlossenen Flasche ermitteln kann.

7 Qualitätssicherung (QS) oder Qualitätsmanagement (QM)

Um auf dem Markt bestehen zu können, ist es selbstverständlich, ein qualitativ hoch stehendes Produkt herzustellen. Beim Sekt bestimmt eine öffentliche Einrichtung dann die Qualität, wenn ein Sekt b.A. hergestellt wird, dessen Wertigkeit von einer dafür eingerichteten Prüfstelle festgestellt wird. Auch kann durch Prämiierungen (DLG, Landwirtschaftskammer, Landesprämiierungen, private Wettbewerbe [wie z. B. MUNDUSvini oder Goldene Perle]) die Qualität des Sektes festgestellt werden.

Qualität im weiteren Sinne beinhaltet aber darüber hinaus auch die Anforderungen der Mitarbeiter (z. B. Arbeitsschutz), der Kapitalgeber (Minimierung der Kosten) und der Öffentlichkeit (rechtliche Vorgaben). Die Planung, Steuerung und Kontrolle der dazu notwendigen Tätigkeiten erfolgt mithilfe des Qualitätsmanagements. In diesem Kapitel werden einige strukturierte Verfahren vorgestellt.

Der Sekthersteller wird bei der Einrichtung eines QM nicht bei Null anfangen müssen, hat er doch rechtliche Vorgaben, die durchaus als Bestandteil eines QM genutzt werden können, zu beachten. Ein wesentliches Element der Qualitätssicherung ist die Rückverfolgbarkeit. Durch die Regelung, dass Wein nur mit „Begleitschein" transportiert werden darf (VO (EG) 884/2001, Weingesetz sowie Weinüberwachungsverordnung) kann der Weg des Weines, seine Identität und die zulässige Bezeichnung belegt werden.

Damit unzulässig behandelte Erzeugnisse und verbotene Behandlungsstoffe rasch ausfindig gemacht werden können, sind nach VO (EG) 178/2002 (Art. 18) alle Lebensmittelunternehmen (also auch die Sekthersteller) verpflichtet „geeignete Systeme und Verfahren" einzurichten, um Lieferanten und Abnehmer ermitteln zu können.

Weinbuchführung, Herbstbuch und die Zollbücher sind weitere Dokumente, die ein QM unterstützen und darin systematisch eingearbeitet werden können. Nicht zuletzt werden im Rahmen einer staatlichen Förderung einschlägige Aufzeichnungen, was die Lebensmittelsicherheit betrifft, gefordert (Cross Compliance).

Bei allem muss bei der Einrichtung eines QM-Systems bedacht werden, dass es Geld kostet. Sowohl die Einrichtung (Beratung) als auch die Zertifizierung durch eine dafür akkreditierte unabhängige Organisation müssen bezahlt werden. Innerbetrieblich erfolgt eine stetige Pflege, die ebenfalls Arbeit und Kosten verursacht. Dem gegenüber stehen jedoch auch Sparpotentiale, wie Senkung der Ausschussquote, weniger Reklamationen, verringerte Krankheitskosten und Optimierung der Betriebsabläufe. Im Rahmen des Produkthaftungsgesetzes kann der Unternehmer die Erfüllung seiner Sorgfaltspflicht nachweisen.

7.1 DIN EN ISO 9000

Die Qualitätsmanagementnorm DIN EN ISO 9000 beschreibt, welchen Anforderungen das Management eines Unternehmens genügen muss, um einer bestimmten Qualität zu entsprechen. Jedes Produkt unterliegt anderen spezifischen Anforderungen und ist demnach nur unter individuellen Qualitätssicherungsmaßnahmen zu erzeugen. So wird auch für Sekt Qualität mithilfe objektiv messbarer Merkmale (Analyse, Gewicht, Materialspezifikation, Kundenerwartung) bestimmt.

Die Norm beschreibt einen international anerkannten Grundstock von Elementen zur Aufbau- und Ablauforganisation eines Qualitätsmanagementsystems, mit denen Qualitätsmanagementsysteme eingeführt und dargelegt werden können (Freund, M., Marbé-Sans, D., 1997). Demnach werden sinnvoll bei der Einführung der in diesem Kapitel behandelten anderen Systeme die Strukturen dieser Norm genutzt.

Die Norm 9000 gibt grundsätzliche Informationen zum Umgang mit der Normenreihe (9001, 9002, 9003) und vermittelt Hinweise darüber, welches der drei Modelle anzuwenden ist. Die Tab. 60 (nach Steinmaßl, 1994) gibt Aufschluss über die einzelnen Schritte der verschiedenen Normen. So beinhaltet DIN ISO 9001 die Bestandteile eines Systems zur Entwicklung eines Produktes, 9002 beinhaltet die Produktion selbst und 9003 die Endprüfung. DIN ISO 9004 ist der Leitfaden für ein Qualitätsmanagement und beschreibt Elemente eines QM-Systems.

Tab. 60 DIN ISO 9000 Qualitätsmanagement und Qualitätssicherungsnormen (nach Steinmaßl, 1994)

<table>
<tr><th>DIN ISO 9001</th><th>DIN ISO 9002</th><th>DIN ISO 9003</th></tr>
<tr><td colspan="3">Verantwortung der obersten Leitung</td></tr>
<tr><td colspan="3">Qualitätssicherungssystem</td></tr>
<tr><td colspan="2">Vertragsprüfung</td><td></td></tr>
<tr><td>Designlenkung</td><td colspan="2"></td></tr>
<tr><td colspan="3">Lenkung der Dokumente</td></tr>
<tr><td colspan="2">Beschaffung</td><td></td></tr>
<tr><td colspan="2">Vom Auftraggeber bereitgestellte Produkte</td><td></td></tr>
<tr><td colspan="3">Identifikation und Rückverfolgbarkeit von Produkten</td></tr>
<tr><td colspan="2">Prozesslenkung in Produktion und Montage</td><td></td></tr>
<tr><td colspan="3">Prüfungen</td></tr>
<tr><td colspan="3">Prüfmittel</td></tr>
<tr><td colspan="3">Prüfstatus</td></tr>
<tr><td colspan="3">Lenkung fehlerhafter Produkte</td></tr>
<tr><td colspan="2">Korrekturmaßnahmen</td><td></td></tr>
<tr><td colspan="3">Handhabung, Lagerung, Verpackung und Versand</td></tr>
<tr><td colspan="3">Qualitätsaufzeichnungen</td></tr>
<tr><td colspan="2">Interne Audits</td><td></td></tr>
<tr><td colspan="3">Schulung</td></tr>
<tr><td>Kundendienst</td><td colspan="2"></td></tr>
<tr><td colspan="3">Statistische Methoden</td></tr>
<tr><td colspan="3">DIN ISO 9004 Qualitätsmanagement und Elemente des Qualitätssicherungssystems
– Leitfaden –</td></tr>
</table>

Die in der Tab. 60 (nach Steinmaßl, 1994) fett gedruckten Elemente gelten für alle drei Normen.

Danach obliegt die **Verantwortung** für das QM der obersten Leitung. Der von ihr Beauftragte ist nur der Betriebsleitung verantwortlich.

- In einem Qualitätssicherungshandbuch wird das **Qualitätssicherungssystem** beschrieben. Es enthält Richtlinien und Anweisungen, wie qualitätsrelevante Abläufe durchzuführen sind.
- Sowohl Handbuch, Richtlinien und Anweisungen sind **Dokumente**, deren **Handhabung** festgelegt ist (z. B. Überprüfung und Genehmigung, Änderung veralteter Dokumente, Verfügbarkeit der richtigen Dokumente am richtigen Arbeitsplatz).
- Bei dem QM-Element **Identifikation und Rückverfolgbarkeit** des Sektes sind vor allem die weinrechtlich vorgeschriebenen Aufzeichnungen, wie Kellerbuch, Begleitscheine, Aufzeichnung über angewendete önologische Verfahren zu nennen. Aber auch die Rückverfolgbarkeit von Sektflaschen und Verschlüssen ist eine wichtige Komponente dieses Elementes und hilft Rückrufaktionen zu vermeiden.
- Es wird festgelegt „Wer, Wie, Wo, Wann, Was" **prüft**. Das **Wie** kann z. B. das HACCP-Konzept (siehe Kap. 7.2) darstellen.
- Die **Prüfmittel** (Software, Messgeräte und Einrichtungen) müssen funktionsfähig und an den qualitätsbeeinflussenden Verfahrenspunkten verfügbar sein.
- Der **Prüfstatus** muss am Produkt erkennbar sein (z. B. „frei" oder „gesperrt").
- Was geschieht mit **fehlerhaften Produkten**? Wie werden sie identifiziert? Wer ist für die Weiterbehandlung verantwortlich? Wie wird ein unbeabsichtigter Gebrauch verhindert?
- Die Prüfung der **Handhabung, Lagerung, Verpackung** und **Versand** soll gewährleisten, dass durch die Lagerung z. B. nicht die Verpackung oder das Etikett beschädigt wird.
- Qualitätsaufzeichnungen müssen jederzeit verfügbar sein. Sie beinhalten z. B. Prüfergebnisse, Statusberichte oder Schulungsnachweise.
- Alle mit dem QM befassten Personen müssen regelmäßig **geschult** (und motiviert) werden. Eine wichtige Frage ist, wer was können muss.
- Es müssen für den Betrieb angemessene **statistische Methoden** genutzt werden, die auch von den Mitarbeitern beherrscht werden.

Daneben gibt es für die jeweilige Norm spezifische Qualitätssicherungselemente. So muss bereits bei der Entwicklung (**Designlenkung**) die Forderung des Kunden an das Produkt (den Sekt) berücksichtigt werden, was den vorbeugenden Charakter des QM verdeutlicht. In einem weiteren Element (**Kundendienst**) wird die Behandlung von Anfragen und Reklamationen des Kunden geregelt. Die beiden letztgenannten Elemente werden speziell in der Norm 9001 (Entwicklung) gefordert.

Für die Norm 9001 (Entwicklung) und 9002 (Produktion) gemeinsam gelten die Elemente

- **Vertragsprüfung**. Es wird dabei geprüft, ob die Verträge sowohl mit dem Kunden (Abnehmer) als auch mit dem Lieferanten eingehalten werden können.
- Das Element **Beschaffung** regelt die Prüfung der Lieferanten auf ihre Eignung und die Wareneingangskontrolle.
- Vom **Auftraggeber bereitgestellte Produkte** können z. B. spezielle Flaschen, Etiketten, Verpackungen sein. Sie müssen gesondert behandelt und es muss geprüft werden, ob sie die Erfüllung der Qualitätsanforderungen gewährleisten.
- Zur **Prozesslenkung** gehören Herstell- und Arbeitsanweisungen sowie Reinigungs- und Wartungspläne. Sie müssen

aktuell dokumentiert und dem Personal zugänglich sein.

- Zur Einleitung von **Korrekturmaßnahmen** müssen die Ursachen für fehlerhafte Produkte gesucht werden. Dazu dienen u.a. Kundenreklamationen und Qualitätsaufzeichnungen. Die durchgeführten Verfahrensänderungen werden dokumentiert.
- Im Rahmen **interner Qualitätsaudits** werden im Betrieb Teams zusammengestellt und ausgebildet. Ihre Aufgabe ist es, im Betrieb regelmäßig alle Aspekte des Qualitätssystems zu überprüfen.

Die praktische Handhabung der Einrichtung eines QM beginnt mit der Einschaltung eines externen Beraters. Nachdem die Ziele klar definiert sind, wird ein Qualitätsbeauftragter (und sein Team) ernannt. Der Ist-Zustand des Unternehmens wird erfasst und aufgrund dessen ein Maßnahmekatalog erstellt. Zeitgleich werden Mitarbeiter geschult, daneben geschieht die eigentliche Projektarbeit (dabei wird ein QM-Handbuch verfasst, dass u. a. die in Tab. 60 aufgeführten Elemente beinhaltet) und die Zusammenarbeit mit der Zertifizierungsstelle. Zur Auswahl einer solchen Stelle erkundige man sich bei der Deutschen Gesellschaft für Zertifizierung von Qualitätssicherungssystemen GmbH (DQS) und dem TÜV CERT e.V.

Ein von Freund, M. und Marbé-Sans, D., 1997 in Zusammenarbeit mit einigen deutschen Weinkellereien gefertigter **ausführlicher Leitfaden** kann unter der Adresse freund@fa-gm.de angefordert werden!

7.2 HACCP (Hazard Analysis and Critical Control Points) – Gefahrenanalyse und kritische Kontrollstellen

Wein- und lebensmittelrechtliche Regelungen umschreiben **Hygienevorschriften**, die bei der Herstellung von Wein und Sekt zu befolgen sind. So befassen sich derzeit die VO (EG) 852/2004, die Weinverordnung (§ 14), das Weingesetz, die Lebensmittelhygiene-Verordnung des Bundes (LMHV) und das Lebensmittel- und Bedarfsgegenständegesetz (LMBG) mit der Hygiene bei der Wein-/Sektherstellung. Schließlich bestehen noch „Leitlinien für eine gute Hygienepraxis in der Weinwirtschaft“, die verbindlichen Charakter haben und unter http://www.dwv-online.de zu beziehen sind.

Vorschriften für die Hygiene in der Wein-/Sektkellerwirtschaft sind schwierig allgemeingültig zu formulieren. Einmal ist Wein im Vergleich zu Bier und Erfrischungsgetränken oder gar Milch ein wenig gefährdetes Getränk, zum Anderen ist die Struktur der Wein oder Sekt erzeugenden Betriebe sehr unterschiedlich. So kann für eine große Kellerei ein dokumentiertes System erforderlich sein, bei einem kleinen Familienbetrieb ist es jedoch nicht verhältnismäßig.

Nach Art. 5 der VO (EG) 852/2004 wird vorgeschrieben, wie die Pflicht zur **Feststellung** gesundheitlicher Gefahren zu verwirklichen ist und wie gewährleistet wird, dass **„angemessene Sicherungsmaßnahmen** durchgeführt und überprüft werden“ (Koch, 2007). Dies soll mithilfe eines Eigenkontrollsystems geschehen, das den Grundsätzen folgt, die dem HACCP-System entnommen sind.

Als Ergebnis soll eine Dokumentation vorliegen, die dem Nachweis der Beachtung der allgemeinen Hygienevorschriften dient (Weinkontrolle) und mithilfe dessen evtl. Produkthaftungsansprüche begegnet werden kann. Nicht zuletzt dient es auch dem eigenen Betrieb, weil durch eine kritische Prüfung des Gefahrenpotenzials – evtl. mit einer Beratung Dritter – die Betriebssicherheit verbessert werden kann.

Im Mittelpunkt der Bemühungen steht das Bedürfnis, eine Gefahr vom Verbraucher abzuwenden. Nicht so sehr durch eine Prüfung des **Produktes**, sondern des **Herstellungsprozesses** und damit dem Ursprung einer möglichen Gefahr. Ergebnis soll ein betriebliches Kontrollsystem sein, das vorbeugend wirkt und zukünftige Fehler ausschließt.

Die folgenden Ausführungen zu HACCP sind überwiegend der Dissertation von Maximilian Freund (2000) entnommen, der am Beispiel des Weingutes der Forschungsanstalt Geisenheim ein Gefahrenidentifizierungs- und Bewertungskonzept erstellt hat.

Bei der Einrichtung eines HACCP-Systems können Strukturen der DIN ISO 9000 Norm genutzt werden. Fast alle der in Tab. 60 aufgeführten Elemente werden ebenfalls bei HACCP benötigt. Auch betriebsinterne Aufzeichnungen wie Kellerbuch, Analysen, Lieferscheine usw. können in das System integriert werden.

Als Erstes werden die im Betrieb vorkommenden Prozessschritte gemäß Abb. 174 formuliert. Da in einem Sekt herstellenden weinbaulichen Betrieb nicht nur Sekt bereitet wird, sind in diesem Flussdiagramm die entsprechenden Entscheidungspunkte Sekt/ Wein aufgeführt. So kann z. B. nach der Traubenannahme die Traubenbehandlung unterschiedlich sein (Crémant), Ähnliches gilt für die Schweflung nach der ersten Gärung. Daneben erfolgt eine Aufstellung der möglichen Gefahren (chemisch, biologisch, physikalisch).

Als Erläuterung der Vorgehensweise soll die Tab. 61 dienen, in der beispielhaft für das Weingut der Forschungsanstalt Geisenheim die Vorgehensweise dargestellt wird (Freund 2000). Nachdem die Prozessschritte formuliert und die möglichen Gefahren (chemisch, biologisch, physikalisch) aufgelistet wurden (Spalte 1 und 2 der Tab. 61), erfolgte die Erfassung der möglichen Maßnahmen, mithilfe derer eine Gefährdung des Verbrauchers **vorgebeugt** werden kann (Spalte 3). Im Rahmen der möglichen Lenkungsverfahren (Spalte 4–6) wird festgelegt, welche Überwachungsmaßnahmen im Betrieb vorhanden sind und welche wünschenswert. Aufgrund einer Risikoanalyse erfolgt sodann eine Bearbeitungsreihenfolge der Überwachungsmaßnahmen (wann, wie, wo). Voraussetzung zur Durchführung einer solchen Maßnahme ist natürlich die Ermittlung des „Kritischen Kontrollpunktes“ (CCP) – Spalte 4 – und die Festlegung von Grenzwerten, ab der eine Maßnahme zu erfolgen hat (Spalte 5). Eine Korrekturmaßnahme (Spalte 7) kann das Sperren der Produktion oder eine Sonderfreigabe zur Essigproduktion darstellen. Das Ergebnis aller Aufzeichnungen muss in einer entsprechenden Dokumentation festgehalten werden (Spalte 8). Meist ist diese Dokumentation, wie Kellerbuch, Gebindekarte, Analysebuch usw. schon vorhanden und muss nur systematisch eingeordnet werden. Schließlich wird für jeden Prozessschritt ein Bevollmächtigter benannt. Wichtig hierbei ist eine zweifelsfreie Abgrenzung der Zuständigkeiten (Schnittstellen).

Die Einrichtung des vorgenannten Systems, aber auch dessen ständige Überprüfung auf Verbesserungen liegen im Zuständigkeitsbereich der Betriebsleitung. Damit sich nicht eine gewisse „Betriebsblindheit“ einschleicht, ist die Hilfe einer externen Stelle empfehlenswert. Auch muss auf eine Schulung und Motivation der Mitarbeiter geachtet werden.

7.3 International Food Standard (IFS)

Dieses QM-System ist eine auf **privater** Basis organisierte Übereinkunft von Unternehmen (Händler), einen international vergleichbaren Standard zur Beurteilung von Eigenmarkenproduzenten (Lieferanten) zu ermöglichen. Das System nutzt die oben beschriebenen QM-Systeme (HACCP und ISO EN DIN 9000) und gewährleistet die Einhaltung spezifischer Händleranforderungen. Die Einhaltung dieser Anforderung wird durch Audits (Ergänzungsprüfung, Überwachungsaudit) wie auch durch den möglichen Besuch des Abnehmers beim Hersteller gewährleistet.

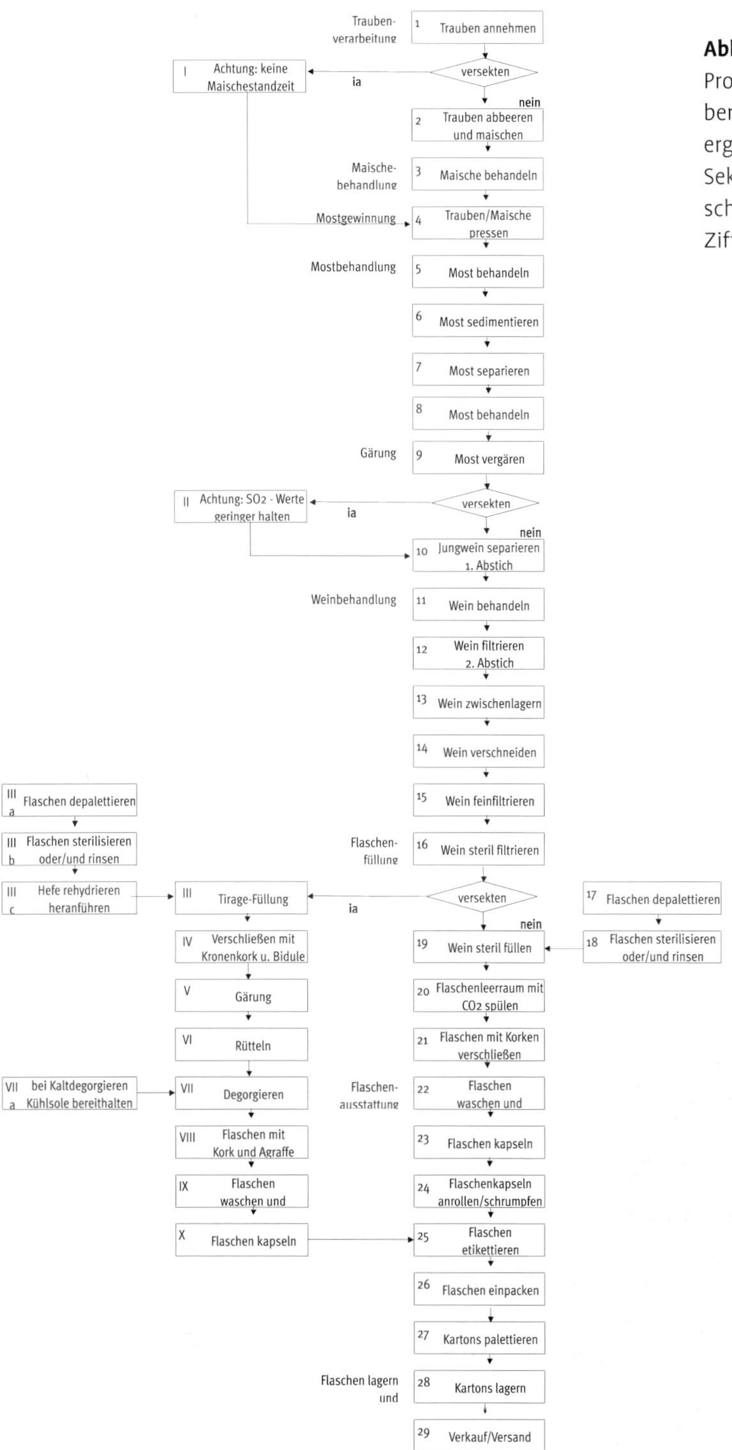

Abb. 174. Flussdiagramm Prozess „Weiß- und Roséweinbereitung (nach Freund, 2000), ergänzt für eine beispielhafte Sekterzeugung nach dem Flaschengärverfahren (römische Ziffern).

Tab. 61 Kritische Lenkungspunkte des Gefahrenidentifizierungs- und Beherrschungskonzeptes des Weingutes der Forschungsanstalt Geisenheim (Auswahl nach Freund, 2000) – siehe Text

Nr.	Prozessschritt Rohware	Gefahr	präventive Maßnahme (n)	Lenkungsverfahren Kontrollpunkt	Lenkungsverfahren Kritische Grenzwerte	Überwachungs-Maßnahme (wie, wann, wo)	Korrektur-Maßnahme (n)	Dokumentation	Verantwortlichkeit
	Spalte 1	2	3	4	5	6	7	8	9
3	Wein behandeln	Cyanverbindungen	• geschultes Personal, • Oberfläche aus nicht korrodierendem Material, • Vermeiden von Schwermetalleintrag, • ausgeliterte Behälter, • Anweisung zum Durchmischen, • Voruntersuchungen, • geeichte Waage, • Sicherheitsfaktor (Abzug 1,5–3,5 g/l)	Wein bei Schönungs-Untersuchung	Kein Nachweis von Eisen	Untersuchung auf Schönungsbedarf, jeder blaugeschönte Wein	Sperren, Untersuchung auf Cyanid	• Gebindekarte, • Analysenblatt, • Analysenordner, • Weinbuchführung	Labor, Kellermeister
		Hefen, Bakterien, Schimmelpilze	• verschiedene Maßnahmen in vorgelagerten Schritten	Wein bei Schönungs-Untersuchung	Flüchtige Säure < 0,8 g/l	Bestimmung der flüchtigen Säure, Partien, die sensorisch auffallen	Sperren, gesetzlich nicht verkehrsfähig, Sonderfreigabe für Essigproduktion	• Gebindekarte, • Analysenordner, • Analysenblatt, • Weinbuch	Kellermeister, Labor
5	Wein steril filtrieren	Hefen, Bakterien	• Reinigen der Füllanlage, • Schichtenfiltration, • Dämpfen, • Membranfilter (restsüße Weine)	Membranfilter	> 4,4 kPa Druckabfall nach 5 min (kerzenabhängig)	Integritätstest vor Füllbeginn	Kerze wechsel, Anlage neu sterilisieren	• Füllprotokoll, • Gebrauchsanweisung Seitz-MEMBRA-cart, • Arbeitsanweisung, • Nährboden • Analysenordner	Kellermeister, Füllaufsicht
7	Flaschen sterilisieren	Glassplitter und Fremdkörper	• Depalettieren per Hand, • vorsichtiges Entfernen der Zwischenlagen, • Anweisung an Personal, • Tauchbadsterilisator	Tauchbadsterilisator	Düsen funktionieren nicht	Sichtkontrolle bei Füllbeginn	Sperren, Reparatur, stichprobenartige Überprüfung der letzten Füllpartie	• Füllprotokoll	Füllaufsicht, Kellermeister
		Hefen, Bakterien	• Messung Redoxpotential, • Kontrolle Wasserzufuhr, • Sterilkontrolle	Tauchbadsterilisator	Redoxpotential < 700 mV	In-Prozess-Kontrolle	Produktion stoppen, Reparatur	• Füllprotokoll, • Arbeitsanweisung	Füllaufsicht, Kellermeister, Labor
8	Wein füllen	Glasbruch	• Unterdruckfüllsystem, • Unterbrechung der Füllung und Reinigung d. Füllers, • Neuglas	Füller	Glasbruch	optische Kontrolle durch Füllaufsicht	Produktion anhalten, entfernen der Glassplitter, desinfizieren	• Füllprotokoll, • Arbeitsanweisung	Füllaufsicht, Kellermeister
9	Flaschen verschließen	Hefen, Bakterien	• verschiedene Maßnahmen in vorgelagerten Schritten	abgefüllte Flaschen	Positiver Befund	Membranfilter-Methode	Sperren der Partie, Wiederholung der Prüfung, Stufenkontrolle, Aufziehen der Partie	• Füllprotokoll, • Arbeitsanweisung, • Nährboden, • Analysenordner	Kellermeister, Füllaufsicht, Labor
		Glassplitter, Korkstaub	• Unterbrechung der Füllung und Reinigung des Füllers • Neuglas	Verschließer	Glasbruch	optische Kontrolle durch Füllaufsicht	Produktion anhalten, entfernen der Glassplitter, desinfizieren	• Füllprotokoll, • Arbeitsanweisung	Füllaufsicht, Kellermeister

Bei der Bewertung des QM-Systems durch ein Zertifizierungsbüro gibt es keine Ja-/Nein-Entscheidung, sondern die Qualität des Systems kann in drei Stufen definiert werden:

- Erfüllung der Mindestanforderungen,
- höchster Stand in der Lebensmittelindustrie oder
- nachahmenswerte Praktiken.

Auf dem Internetportal http://www.ifs-online.eu/ hat jeder der Beteiligten einen unterschiedlichen Zugang, je nachdem zu was er frei geschaltet ist. So können

- Zertifizierungsstellen nur auf die Audits zugreifen, die sie durchgeführt haben,
- der Lieferant kann die Freigabe seiner Daten für bestimmte Händler ermöglichen und
- der Händler hat Zugriff auf die für ihn freigeschalteten Auditdaten.

Es besteht also eine weitgehende Transparents.

7.4 EcoStep

Hierbei handelt sich um ein preiswertes QM-System vor allem für kleinere Winzer (und Sekterzeuger). Es orientiert sich an den gültigen Normen des Qualitätsmanagements, des Umweltmanagements, der Lebensmittelsicherheit und für Arbeitsschutz. Es ist eine gute und preiswerte Grundlage für die Einführung anspruchsvollerer Systeme (wie ISO und IFS).

Das Verfahren zur Einführung des Systems beginnt damit, dass eine Gruppe von 6 bis 15 Unternehmen gemeinsam in einem Zeitraum von 6 bis 9 Monaten begleitet werden. In vier bis fünf ganztägigen Workshops werden die Grundlagen vermittelt. Zwischen den Workshops und danach gehen die Berater in die Betriebe. Es erfolgt eine Aufnahme der Ist-Situation, sodann die Anpassung des Systems an die bereits vorhandenen Grundlagen. Danach werden sinnvolle und notwendige Maßnahmen ermittelt, beschrieben und geplant. Nach jedem Workshop erhält der Betrieb „Hausaufgaben" bei denen Dokumentations- und Planungsarbeiten, die der Betrieb selbst beiträgt, erledigt werden.

Ebenso wie die Einführung, erfolgt die Zertifizierung in der Gruppe. Es wird in einer gemeinsamen Veranstaltung geprüft, ob die Kernbedingungen (Qualitätsmanagement, Umwelt- und Arbeitsschutz, sowie Hygieneanforderungen) erfüllt sind. Im zweiten Schritt erfolgt die Auditierung im Betrieb durch Einsicht in die Dokumente als auch eine Betriebsbegehung. Die Gültigkeit der Zertifizierung erstreckt sich auf drei Jahre. Während dieser Zeit muss das Unternehmen mit einem unangekündigten Zwischenaudit rechnen. Nach Wunsch kann eine (kostenpflichtige) Wiederholung des Audits erfolgen.

7.5 DLG QM – Wein

Die Deutsche Landwirtschaftsgesellschaft bietet ebenfalls ein spezielles Qualitätsmanagementsystem **Wein** an, das einen Kriterienkatalog beinhaltet, der die gute fachliche Praxis im Umfeld der Weinbereitung beschreibt. Es gilt zwar nur für weinerzeugende Betriebe, kann aber nach Bedarf auch auf den Sekt ausgedehnt werden.

Die Entscheidung des Betriebsleiters, welches System zu seinem Unternehmen passt – oder ob er überhaupt ein strukturiertes QM einführen soll – wird demnach wesentlich davon beeinflusst, was der Abnehmer verlangt. Auch müssen die Kosten in einem realistischen Verhältnis zum Nutzen stehen. Der Unternehmensvorteil liegt aber nicht zuletzt darin, dass Strukturen und Arbeitsabläufe im Betrieb hinterfragt und optimiert werden können. Auch werden rechtliche Vorschriften berücksichtigt, sodass durch eine Dokumentation des QM die jeweilige staatliche Kontrolle ausreichenden Einblick erhält.

Service

Literaturverzeichnis

Verwendete und empfohlene Literatur sowie Quellen

Anonym: 1 x 1 der Gase. AIR LIQUIDE (2006) 2. Auflage.

Anonym: CO_2 Tanker Driver Manual. IGC Doc 56/08 E European Industrial Gases Association AISBL.

Anonym: Eigenschaften der Kohlensäure. Industriegaseverband e.V.

Anonym: Handbook of Chemistry & Physics.- CRC Press 66 (1985) Boca Raton.

Blüml, S., S. Fischer: Handbuch der Fülltechnik. Herausgeber Krones AG: Neutraubling (2004).

d'Ans J., Lax E.: Taschenbuch für Chemiker und Physiker. Springer-Verlag 3 (1967).

Dellweg, H., R.D. Schmid, W.E. Trommer: Römpp-Lexikon-Biotechnologie. Verlag G. Thieme, Stuttgart (1992).

Deutsche Gesellschaft für Qualität e.V., Frankfurt (Hrsg): Begriffe und Formelzeichen im Bereich der Qualitätssicherung. Beuth-Verlag (1980).

Deutsche Gesellschaft für Qualität e.V., Frankfurt (Hrsg): Qualität und Haftung. Beuth-Verlag (1977).

Deutsche Gesellschaft für Qualität e.V., Frankfurt (Hrsg): Qualitätssicherung in kleineren Unternehmen. Beuth-Verlag (1980).

Dittrich, H.H., M. Großmann: Mikrobiologie des Weines. 3. Auflage Verlag Eugen Ulmer, Stuttgart (2005).

Dohm, H., R. Klein, U. Schmitt, H. Pilz: Sekt Magazin. Meininger Verlag (1999) 46 pp.

Dullinger, K.: Krones-Handbuch der Ausstattungstechnik. 5. Auflage Eigenverlag Krones AG, Neutraubling (1985).

Fachverband Kohlensäure-Industrie e.V.: Eigenschaften der Kohlensäure. – (1986).

Falbe, J., M. Regitz: Römpp Chemie Lexikon. Verlag G. Thieme 9. (1989-1993).

Filterkerzen Handbuch. Begerow (2008) ISBN 978-3-00-025335-5.

Frank/Junge: Weinanalytik.-Deutschsprachige Ausgabe des Recueil des Méthodes Internationales d'Analyse des Vins, OIV Paris (1978).

Gasper, H.; Handbuch der industriellen Fest/Flüssig-Filtration. Hüthig Buch Verlag Heidelberg: 1990; 3-7785-1784-8.

Hausen, H., A. Kruis: Landolt-Börnstein Zahlenwerte und Funktionen – Technik Gleichgewicht der Absorption von Gasen in Flüssigkeiten. Springer (1976).

Hilge: Reintechnik-Fibel. Eigenverlag Hilge, Bodenheim (1989).

Jakob, L. (Ed.), J. Hamatschek, G. Scholten: Der Wein. Verlag Eugen Ulmer, Stuttgart (1997) 383 pp., 10. Aufl.

Jakob, L.: Taschenbuch der Kellerwirtschaft. Fachverlag Dr. Fraund (1998) 395 pp., 7. Aufl.

Jakob, L.: Untersuchungsmethoden für Wein und ähnliche Getränke. Begr. von K. Hennig Verlag Eugen Ulmer, Stuttgart (1973).

Jost, W., J. Troe: Kurzes Lehrbuch der physikalischen Chemie. Verlag Dr. Dietrich Steinkopf, 18 (1973).

Kliewe, H.: Wein und Gesundheit. D.Meininger: Neustadt/Weinstraße 1981.

Koch, H.J.: Weinrecht – Kommentar. – Stand Februar 2008 Deutscher Fachverlag, Frankfurt/Main Herausgeber: Deutsches Weininstitut, Mainz und Institut für Weinrecht, Trier.

Koch, J.: Getränkebeurteilung. Verlag Eugen Ulmer, Stuttgart (1986).

Krinninger, K.-D.: Kohlendioxid – Kohlensäure – CO_2: Herstellung, Verteilung, Anwendung. Verlag Moderne Industrie, 1996 (Bibliothek der Technik, Band 126).

KTBL: Weinbau und Kellerwirtschaft. Datensammlung. 92 pp.; 13. Aufl. 2007 .

Masing, W.: Einführung in die Qualitätslehre. Herausgeber Deutsche Gesellschaft für QualitätBeuth-Verlag Berlin und Köln (1989).

Maul, D., B. Weik: Anforderungen an einen optimalen Arbeitsplatz in der Kellerwirtschaft unter besonderer Berücksichtigung der Arbeitssicherheit. Abschlussbericht über das ATW-Vorhaben Nr. 81. 74 pp.; (2001).

Pilz, H.: Sekt aus Moselwein. Herstellung und Vermarktungsorganisation. Schriftenreihe des Bundesministers für Ernährung, Landwirtschaft und Forsten, Reihe A: Angewandte Wissenschaft (1987) Nr. 342, 244 pp.

Schanderl, H.: Mikrobiologie des Mostes und Weines. Verlag Eugen Ulmer, Stuttgart (1959).

Schanderl, H., J. Koch: Die Fruchtweinbereitung. 6. Auflage Verlag Eugen Ulmer, Stuttgart (1972).

Schiever, K.H., F. Schuh: Enzyklopädie Naturwissenschaft und Technik. Verlag Moderne Industrie (1980).

Schobinger, U.: Frucht- und Gemüsesäfte. Verlag Eugen Ulmer, Stuttgart (1987).

SKM: Pumpen, vom Produkt bis zum Abwasser. Eigenverlag SKM-Pumpen-Center, Wiesbaden-Schierstein (1991).

Südzucker: Handbuch: Alkoholfreie Erfrischungsgetränke. Stand Februar 2005, Eigenverlag Südzucker .

Tanner, H., R. Brunner: Getränke-Analytik. Verlag Heller Chemie- und Verwaltungsgesellschaft GmbH, Schwäbisch Hall (1987).

Troost, G.: Technologie des Weines. 6. Auflage Verlag Eugen Ulmer, Stuttgart (1988).

Uhr, D.: Alles über den Durst. Zur Psychologie des Trinkens und der Getränke. (1979).

Verein Deutscher Ingenieure: Emissionskennwerte technischer Schallquellen; Maschinen in Flaschen-Abfüllanlagen. Bd. VDI-Nr.3741, Beuth Verlag: Berlin (1981).

Verein Deutscher Ingenieure: Magnetisch-induktive Durchflussmessung. Bd. VDI-Nr.2641, Beuth Verlag: Berlin (1985).

Verein Deutscher Ingenieure: Persönlicher Schallschutz. Bd. VDI-Nr.2560, Beuth Verlag: Berlin (1983).

Verein Deutscher Ingenieure: Sicherung von Ladeeinheiten. Bd. VDI-Nr.3968 Bl. 1 E bis 6 E, Beuth Verlag: Berlin (1991/92).

Verein Deutscher Ingenieure: Ultraschall-Durchflussmessung von Flüssigkeiten in voll durchströmten Rohrleitungen. Bd. VDI-Nr.2642, Beuth Verlag: Berlin (1991).

Vogel, W.: Wein aus eigenem Keller. Trauben-, Apfel- und Beerenweine. Verlag Eugen Ulmer, Stuttgart (1998) 159 pp.; 6. Aufl.

Vogt, E: Handbuch der Kellerwirtschaft. III. Weinchemie und Weinanalyse. Verlag Eugen Ulmer (1970) 3. Aufl., pp. 399.

Würdig, G., R. Woller: Chemie des Weines. Verlag Eugen Ulmer, Stuttgart (1989).

Ein ausführliches Literaturverzeichnis finden Sie unter www.ulmer.de.
Bitte den webcode **1288585** ins Suchfenster unserer Homepage eingeben.

Stichwortverzeichnis

Die in diesem Buch enthaltenen Empfehlungen und Angaben sind vom Autor mit größter Sorgfalt zusammengestellt und geprüft worden. Eine Garantie für die Richtigkeit der Angaben kann aber nicht gegeben werden. Autor und Verlag übernehmen keinerlei Haftung für Schäden und Unfälle.

Bibliografische Information der Deutschen Nationalbibliothek.
Die Deutsche Nationalbibliothek verzeichnet diese Publikation in der Deutschen Nationalbibliografie; detaillierte bibliografische Daten sind im Internet über http://dnb.d-nb.de abrufbar.

Wollgrasweg 41, 70599 Stuttgart (Hohenheim).
E-Mail: info@ulmer.de.
Internet: www.ulmer.de.
Lektorat: Werner Baumeister.
Herstellung: Gabriele Wieczorek.
Umschlagentwurf: Atelier Reichert, Stuttgart.
Satz: BUCHFLINK, Rüdiger Wagner, Nördlingen.
Druck und Bindung: Friedrich Pustet, Regensburg.
Printed in Germany.
ISBN 978-3-8001-6412-7.

Variantenreich.
Ein- und zweiteilige Kunststoff-Sektstopfen.
Pfefferkorn & Co GmbH · Im Boorstück 11 · D-55469 Simmern
Tel. +49 (0) 6761 9333-0 · Fax 9333-33 · www.pepco.de
pfefferkorn

rekru berät und liefert zubehör zur produktion und vermarktung von:
spirituosen
brand
wein
bier
likör
saft
bionahrungsmittel
trockenfrüchte
essig
rekru
richtungsweisend in qualität und leistung
brennerei-, kellerei- und mostereibedarf
betznauer straße 28 · d-88079 kressbronn
fon +49(0)75 43-77 44 · fax +49(0)75 43-51 35
www.rekru.de · team@rekru.de

Edle Gewächse und ihre Verpackung:
Sekt und Schaumwein brauchen eine wertige Präsentation. Als zuverlässiger Partner von Kellereien und Winzern haben wir die passenden Flaschen im Sortiment. Gerne helfen wir Ihnen, die geeignete Verpackung für Ihr Produkt zu finden.
BAUER
Flaschen · Gläser · Dosen · Verschlüsse
Bauhofring 25 Tel. (0 71 41) 64 36 90
71732 Tamm Fax (0 71 41) 64 36 929
www.flaschenbauer.de

PRIVAT-SEKTKELLEREI
Methode Traditionell